# ASSOCIATION FRANÇAISE

POUR

# L'AVANCEMENT DES SCIENCES

# ASSOCIATION FRANCAISE

POUR

# L'AVANCEMENT DES SCIENCES

FUSIONNÉE AVEC

## L'ASSOCIATION SCIENTIFIQUE DE FRANCE

(Fondée par Le Verrier, en 1864)

*(Reconnues d'utilité publique)*

---

## COMPTE RENDU DE LA 51e SESSION

---

# CONSTANTINE

1927

---

PARIS

AU SECRÉTARIAT DE L'ASSOCIATION

**Rue Serpente, 28** (6e arr.)

ET CHEZ MM. MASSON ET Cie, LIBRAIRES DE L'ACADÉMIE DE MÉDECINE

**Boulevard Saint Germain, 120** (6e arr.)

—

1927

# LISTE DES CONGRÈS ET DE LEURS PRÉSIDENTS

## VOLUMES

| ANNÉES | | | VILLES | | | | PRÉSIDENTS | |
|---|---|---|---|---|---|---|---|---|
| 1872 | 1re | Session. | Bordeaux | 1 | volume. | | Claude Bernard | (Décédé.) |
| 1873 | 2e | — | Lyon | 1 | — | | de Quatrefages | (Décédé.) |
| 1874 | 3e | — | Lille | 1 | — | | Adolphe Wurtz | (Décédé.) |
| 1875 | 4e | — | Nantes | 1 | — | | Adolphe d'Eichthal | (Décédé.) |
| 1876 | 5e | — | Clermont-Ferrand | 1 | — | | J.-B. Dumas | (Décédé.) |
| 1877 | 6e | — | Le Havre | 1 | — | | Paul Broca | (Décédé.) |
| 1878 | 7e | — | Paris | 1 | — | | Edmond Frémy | (Décédé.) |
| 1879 | 8e | — | Montpellier | 1 | — | | Agénor Bardoux | (Décédé.) |
| 1880 | 9e | — | Reims | 1 | — | | J.-B. Krantz | (Décédé.) |
| 1881 | 10e | — | Alger | 1 | — | | Auguste Chauveau | (Décédé.) |
| 1882 | 11e | — | La Rochelle | 1 | — | | Jules Janssen | (Décédé.) |
| 1883 | 12e | — | Rouen | 1 | — | | Frédéric Passy | (Décédé. |
| 1884 | 13e | — | Blois | 2 | volumes | (1) | A. Bouquet de la Grye | (Décédé.) |
| 1885 | 14e | — | Grenoble | 2 | — | » | Aristide Verneuil | (Décédé.) |
| 1886 | 15e | — | Nancy | 2 | — | » | Charles Friedel | (Décédé.) |
| 1887 | 16e | — | Toulouse | 2 | — | » | Jules Rochard | (Décédé.) |
| 1888 | 17e | — | Oran | 2 | — | » | Aimé Laussedat | (Décédé.) |
| 1889 | 18e | — | Paris | 2 | — | » | H. de Lacaze-Duthiers | (Décédé.) |
| 1890 | 19e | — | Limoges | 2 | — | » | Alfred Cornu | (Décédé.) |
| 1891 | 20e | — | Marseille | 2 | — | » | P.-P. Dehérain | (Décédé.) |
| 1892 | 21e | — | Pau | 2 | — | » | Edouard Collignon | (Décédé.) |
| 1893 | 22e | — | Besançon | 2 | — | » | Charles Bouchard | (Décédé.) |
| 1894 | 23e | — | Caen | 2 | — | » | E. Mascart | (Décédé.) |
| 1895 | 24e | — | Bordeaux | 2 | — | » | Emile Trélat | (Décédé.) |
| 1896 | 25e | — | Carthage (Tunis) | 2 | — | » | Paul Dislère | |
| 1897 | 26e | — | Saint-Etienne | 2 | — | » | J.-E Marey | (Décédé.) |
| 1898 | 27e | — | Nantes | 2 | — | » | Edouard Grimaux | (Décédé.) |
| 1899 | 28e | — | Boulogne-sur-Mer | 2 | — | » | Paul Brouardel | (Décédé.) |
| 1900 | 29e | | Paris | 2 | — | » | Hippolyte Sebert. | |
| 1901 | 30e | — | Ajaccio | 2 | — | » | E.-T. Hamy | (Décédé.) |
| 1902 | 31e | — | Montauban | 2 | — | » | Jules Carpentier | (Décédé.) |
| 1903 | 32e | — | Angers | 2 | — | » | Emile Levasseur | (Décédé.) |
| 1904 | 33e | — | Grenoble | 1 | — | (2) | C.-A. Laisant | (Décédé.) |
| 1905 | 34e | — | Cherbourg | 1 | — | (2) | Alfred Giard | (Décédé.) |
| 1906 | 35e | — | Lyon | 2 | — | (1) | Gabriel Lippmann | (Décédé.) |
| 1907 | 36e | — | Reims | 2 | — | (1) | Henri Henrot | (Décédé.) |
| 1908 | 37e | — | Clermont-Ferrand | 1 | — | (3) | Paul Appell. | |
| 1909 | 38e | — | Lille | 1 | — | (4) | Louis Landouzy | (Décédé.) |
| 1910 | 39e | — | Toulouse | 1 | — | (5) | C.-M. Gariel | (Décédé.) |
| 1911 | 40e | — | Dijon | 1 | — | (5) | S. Arloing | (Décédé.) |
| 1912 | 41e | — | Nîmes | 1 | — | (4) | Charles Lallemand. | |
| 1913 | 42e | — | Tunis | 1 | — | (4) | Emile Haug | (Décédé.) |
| 1914 | 43e | — | Le Havre | 1 | — | (6) | Armand Gautier | (Décédé.) |
| 1915-1916 | (Conférences) | | | 1 | — | (7) | Albert Calmette. | |
| 1916-1917 | | — | | 1 | — | » | — | |
| 1917-1918 | | — | | 1 | — | » | — | |
| 1918-1920 | | — | | 1 | — | » | — | |
| 1920 | 44e | Session. | Strasbourg | 1 | — | (8) | — | |
| 1921 | 45e | — | Rouen | 1 | — | | Auguste Rateau. | |
| 1922 | 46e | — | Montpellier | 1 | — | | Louis Mangin. | |
| 1923 | 47e | — | Bordeaux | 1 | — | | Alexandre Desgrez. | |
| 1924 | 48e | — | Liége | 1 | — | | Pierre Viala. | |
| 1925 | 49e | — | Grenoble | 1 | — | | Emile Borel. | |
| 1926 | 50e | — | Lyon | 1 | — | | Alfred Lacroix. | |
| 1927 | 51e | — | Constantine | 1 | — | | Paul Langevin. | |

(1) Les Tomes I et II sont reliés séparément.

(2) Pour la 33e Session, Grenoble 1904, et la 34e Session, Cherbourg 1905, le Tome I a été remplacé par un Bulletin mensuel dont les numéros 8 et 9 de chaque année ont été consacrés aux comptes rendus des séances générales et aux procès-verbaux des Sections.

(3) Le Tome I a été remplacé par deux brochures parues en 1908.

(4) Le Tome I a été remplacé par une brochure parue dans l'année où a eu lieu le Congrès.

(5) Le Tome I a été remplacé par une brochure parue dans l'année où a eu lieu le Congrès. Le volume des Notes et Mémoires existe, divisé en quatre Tomes, dont chacun comprend sa Table des matières et sa Table analytique par ordre alphabétique.

(6) Le Tome I a été remplacé par une brochure parue en mai 1915.

(7) En 1915, 1916, 1917, 1918 et 1919, il n'y a pas eu de Congrès.

(8) La brochure remplaçant le Tome I a été supprimée.

# ASSOCIATION FRANÇAISE
# POUR L'AVANCEMENT DES SCIENCES

*Fusionnée avec*

## L'ASSOCIATION SCIENTIFIQUE DE FRANCE

(Fondée par Le Verrier, en 1864)

RECONNUES D'UTILITÉ PUBLIQUE

MINISTÈRE DE l'Instruction Publique des Beaux-Arts ET des Cultes

CABINET

N° 175

RÉPUBLIQUE FRANÇAISE

## DECRET

Le Président de la République française,

Sur le rapport du Ministre de l'Instruction publique, des Beaux-Arts et des Cultes ;

Vu le procès-verbal de l'Assemblée générale de l'Association française pour l'Avancement des Sciences, tenue à Grenoble le 10 août 1885 ;

Vu le procès-verbal de l'Assemblée générale de l'Association scientifique de France, tenue à Paris le 14 novembre 1885, et les décisions prises par les deux Sociétés ;

Toutes deux ayant pour objet de réunir en une seule Association ces deux Sociétés sus-nommées ;

Vu les Statuts, l'état de la situation financière et les autres pièces fournies à l'appui de cette demande ;

La Section de l'Intérieur, de l'Instruction publique, des Beaux-Arts et des Cultes, du Conseil d'Etat entendue,

Décrète :

Article premier. — L'Association française pour l'Avancement des Sciences et l'Association Scientifique de France, fondée par Le Verrier en 1864, toutes deux reconnues d'utilité publique, forment une seule et même Association.

Les Statuts de l'Association française pour l'Avancement des Sciences fusionnée avec l'Association scientifique de France (fondée par Le Verrier en 1864) sont approuvés tels qu'ils sont ci-annexés.

Art. 2. — Le Ministre de l'Instruction publique, des Beaux-Arts et des Cultes est chargé de l'exécution du présent décret.

Fait à Paris, le 28 septembre 1886.

Signé : Jules Grévy.

Par le Président de la République :

*Le Ministre de l'Instruction publique, des Beaux-Arts et des Cultes,*

Signé : René Goblet.

Pour ampliation,

*Le Chef de bureau du Cabinet,*

Signé : Roujon.

# STATUTS ET RÈGLEMENT

## STATUTS

### TITRE PREMIER

#### But et composition de l'Association

Article premier. — L'Association, fondée en 1872 et reconnue d'utilité publique par décret du 9 mai 1876, sous le titre « d'Association française pour l'Avancement des Sciences, fusionnée avec l'Association Scientifique de France, fondée par Le Verrier, en 1864 », a pour but exclusif de favoriser, par tous les moyens en son pouvoir, les progrès et la diffusion des Sciences au double point de vue de la théorie pure et du développement de leurs applications pratiques.

Elle fait appel au concours de tous ceux qui considèrent la culture des sciences comme nécessaire à la grandeur et à la prospérité du pays.

Sa durée est illimitée.

Elle a son siège social à Paris.

Art. 2. — Les moyens d'action de l'Association sont : des Congrès, des réunions, des conférences, des publications, des dons en instruments ou des subventions en argent aux personnes travaillant à des recherches ou entreprises scientifiques qu'elle aurait provoquées ou approuvées.

Art. 3. — L'Association se compose des personnes ou des établissements qui ont été agréés par le Conseil d'Administration, sur la présentation de deux membres de l'Association.

La cotisation annuelle minimum est de vingt francs.

Tout membre de l'Association a le droit de racheter ses cotisations à venir en versant une somme égale à dix fois le montant de la cotisation annuelle minimum, soit en une seule fois, soit en deux ou quatre versements annuels consécutifs égaux, ou bien en versant cent francs seulement en une seule fois, s'il a déjà payé ses cotisations pendant quinze années consécutives. Il reçoit alors le titre de *membre à vie*.

Tout membre qui aura versé annuellement, pendant dix années consécutives, une somme de dix francs en sus de sa cotisation annuelle, sera également libéré de tout versement ultérieur et réputé *membre à vie.*

Tout membre versant à une époque quelconque, en une seule fois, soit une somme de cinq cents francs au minimum, soit une somme de trois cents francs, après qu'il a racheté sa cotisation, reçoit le titre de *membre fondateur.*

Les noms des membres fondateurs figurent perpétuellement en tête des listes alphabétiques des membres de l'Association et ces membres reçoivent, leur vie durant, autant d'exemplaires de publications de l'Association qu'ils ont versé de fois la souscription de cinq cents francs.

Art. 4. — La qualité de membre de l'Association se perd :

1° Par la démission ;

2° Par le refus de paiement de la cotisation après deux mises en demeure adressées par le Trésorier au membre en retard par lettre recommandée ;

3° Par la radiation prononcée pour motifs graves.

La radiation pour motifs graves d'un membre de l'Association devra être demandée par écrit. Le membre visé sera appelé à fournir ses explications devant le Conseil. Il devra en laisser un exposé écrit entre les mains du Président.

Si le Conseil estime, à une majorité formée par les deux tiers des membres présents, que la justification présentée n'est pas acceptable, il invitera le membre non justifié à remettre sa démission entre les mains du Président.

Au cas où le membre, dans les conditions prévues au paragraphe précédent, se refuserait de donner sa démission, le Conseil en référera à la première Assemblée générale ordinaire de l'Association. Celle-ci, sur le rapport du Conseil, le membre inculpé entendu ou dûment appelé, prononcera, s'il y a lieu, la radiation à une majorité qui ne pourra être inférieure aux deux tiers plus un des suffrages exprimés.

## TITRE II

### Administration et fonctionnement

Art. 5. — L'Association est administrée par un Conseil choisi parmi ses membres dans les conditions suivantes de nombre et de recrutement.

Ce Conseil comprend :

1° *Le Bureau de l'Association*, composé de six personnes, savoir :

un Président, un Vice-Président, un Secrétaire, un Vice-Secrétaire et un Trésorier, élus par l'Assemblée générale, et le Président sortant ;

2° *Les anciens Présidents de l'Association ;*

3° *Les délégués de l'Association*, au nombre de 15 élus par correspondance, au scrutin secret et à la majorité relative des suffrages exprimés, sur une liste préparée par le Conseil. Ils sont renouvelables par tiers chaque année. Ils sont rééligibles ;

4° *Les délégués des Sections*, au nombre de trois par section, élus à la majorité relative par leurs sections respectives. Ils sont renouvelables par tiers chaque année dans chaque section. Ils sont rééligibles ;

5° *Les Présidents de Section* pour la prochaine session. Ils sont élus à la majorité relative par leurs sections respectives.

Leurs fonctions commencent six mois avant ladite session et durent un an.

Les secrétaires des sections de la session précédente sont admis dans le Conseil avec voix consultative.

Art. 6. — Le Conseil se réunit une fois au moins chaque trimestre.

Il se réunit, de plus, chaque fois qu'il est convoqué par son Président, ou lorsque dix de ses membres en font la demande au Bureau. Dans ce dernier cas, la convocation doit indiquer le but de la réunion.

Art. 7. — Les membres de l'Association ne peuvent recevoir aucune rétribution, à raison des fonctions qui leur sont confiées. Cette disposition ne s'applique pas au Secrétaire du Conseil et au Chef des Bureaux présentement en exercice.

Art. 8. — Le Bureau de l'Association est, en même temps, le Bureau de l'Assemblée générale auquel est adjoint, comme Secrétaire chargé de dresser et de rédiger sur un registre spécial le procès-verbal de chaque Assemblée, le Secrétaire du Conseil d'Administration.

L'Assemblée générale entend les rapports sur la gestion du Conseil d'Administration et sur la situation financière et morale de l'Association.

Elle approuve les comptes de l'exercice clos, vote le budget de l'exercice suivant et délibère sur les questions mises à l'ordre du jour.

Le rapport financier annuel et le résumé des comptes sont adressés, chaque année, à tous les membres de l'Association au moins quinze jours avant la session générale.

Art. 9. — Le Conseil d'Administration statue sur toutes les affaires concernant l'administration de l'Association.

Les dépenses sont ordonnancées par le Président du Conseil d'Administration et soldées par le Trésorier.

L'Association est représentée en justice et dans tous les actes de la vie civile par le Président.

Art. 10. — Les délibérations du Conseil d'Administration relatives aux acquisitions, échanges et aliénations des immeubles nécessaires au but poursuivi par l'Association, constitutions d'hypothèques sur lesdits immeubles, baux excédant neuf années, aliénations de biens dépendant du fonds de réserve et emprunts doivent être soumises à l'approbation de l'Assemblée générale.

Art. 11. — Les délibérations du Conseil d'Administration, relatives à l'acceptation des dons et legs, ne sont valables qu'après l'approbation administrative donnée dans les conditions prévues par l'article 910 du Code Civil et par les articles 5 et 7 de la loi du 4 février 1901.

Il en est de même des délibérations relatives aux aliénations de biens meubles ou immeubles constituant le capital de l'Association.

Art. 12. — Un règlement général déterminera les conditions d'administration et toutes les dispositions propres à assurer l'exécution des statuts. Ce règlement sera préparé par le Conseil et voté par l'Assemblée générale à la majorité des membres présents.

## TITRE III

### Capital et ressources annuelles

Art. 13. — Le capital de l'Association comprend :

1° La dotation, formée par le capital de l'Association Scientifique et celui de la précédente Association française, au jour de leur fusion ;

2° Les versements des membres fondateurs ;

3° Les sommes versées pour le rachat des cotisations ;

4° Le capital provenant des libéralités, à moins que l'emploi immédiat n'en ait été autorisé par le donateur ou le testateur.

Art. 14. — Le capital est placé en rentes nominatives sur l'Etat ou en obligations nominatives dont l'intérêt est garanti par l'Etat.

Il peut être également employé à l'acquisition des immeubles nécessaires au but poursuivi par l'Association.

ART. 15. — Les recettes annuelles de l'Association se composent :

1° Des cotisations et souscriptions de ses membres ;

2° Des subventions qui pourront lui être accordées ;

3° Du produit des libéralités dont l'emploi immédiat a été autorisé ;

4° Des ressources créées à titre exceptionnel et, s'il y a lieu, avec l'agrément de l'autorité compétente ;

5° Du revenu des biens ;

6° Du produit de la rétribution perçue pour l'admission aux sessions générales, dont le minimum est fixé à dix francs ;

7° Des produits de *librairie* (*Comptes rendus*).

## TITRE IV

### Modification des Statuts et dissolution

ART. 16. — Les statuts ne peuvent être modifiés que par l'Assemblée générale sur la proposition du Conseil d'Administration.

Les propositions de modification présentées à une session ne pourront être votées qu'à la session suivante. Dans l'intervalle des sessions, un rapport explicatif sera imprimé et distribué à tous les membres. Les propositions seront, en outre, indiquées dans les convocations adressées à tous les membres de l'Association. Lorsque vingt membres en feront la demande par écrit, le vote aura lieu au scrutin secret.

Les statuts ne peuvent être modifiés qu'à la majorité des deux tiers des membres présents.

ART. 17. — L'Assemblée générale convoquée à Paris, sur l'initiative du Conseil, pour se prononcer sur la dissolution de l'Association doit comprendre, au moins, la moitié plus un des membres en exercice.

Si cette proportion n'est pas atteinte, l'Assemblée est convoquée de nouveau, mais à quinze jours au moins d'intervalle et, cette fois, elle peut valablement délibérer, quel que soit le nombre des membres présents.

La dissolution ne peut être votée qu'à la majorité des deux tiers des membres présents.

ART. 18. — En cas de dissolution volontaire, ou prononcée en justice, ou par décret, l'Assemblée générale désigne un ou plusieurs commissaires chargés de la liquidation des biens de l'Association. Elle attribue l'actif net à un ou plusieurs établissements analogues, publics ou reconnus d'utilité publique et poursuivant un but conforme à celui que poursuivait l'Association, tel qu'il est indiqué à l'article premier.

Les clauses stipulées par les donateurs ou testataires, en prévision de cette éventualité, devront être respectées.

Ces délibérations sont adressées sans délai au Ministre de l'Intérieur et au Ministre de l'Instruction publique.

Art. 10. — Les délibérations de l'Assemblée générale, prévues aux articles 16, 17 et 18, ne sont valables qu'après l'approbation du gouvernement.

## TITRE V

### Surveillance

Art. 20. — Le Président du Conseil d'Administration devra faire connaître dans les trois mois, au Préfet de la Seine, tous les changements survenus dans l'Administration ou la Direction.

Les registres et pièces de comptabilité de l'Association seront présentés, sans déplacement, sur toute réquisition du Préfet de la Seine, à lui-même ou à son délégué.

Le rapport financier annuel et les comptes sont adressés chaque année au Préfet de la Seine, au Ministre de l'Intérieur et au Ministre de l'Instruction publique.

Art. 21. — Les règlements intérieurs, préparés par le Conseil d'Administration et votés par l'Assemblée générale, doivent être adressés au Ministre de l'Intérieur et au Ministre de l'Instruction publique.

---

# RÈGLEMENT

## Titre I. — Dispositions générales

Article premier. — Dans les sessions générales, l'Association se répartit en vingt-deux sections formant quatre groupes conformément au tableau suivant :

### 1er Groupe : Sciences Mathématiques

1re Section : *Mathématiques.*
2e Section : *Astronomie, Géodésie, Mécanique.*
3e et 4e Sections : *Génie civil et militaire, Navigation, Aéronautique.*

### 2e Groupe : Sciences Physiques et Chimiques

5e Section : *Physique.*
6e Section : *Chimie.*
7e Section : *Météorologie et Physique du Globe.*

### 3e Groupe : Sciences Naturelles

8e Section : *Géologie et Minéralogie.*
9e Section : *Botanique.*
10e Section : *Zoologie, Anatomie et Physiologie.*
11e Section : *Anthropologie.*
12e Section : *Sciences médicales.*
13e Section : *Electrologie et Radiologie médicales.*
14e Section : *Odontologie.*
15e Section : *Sciences pharmaceutiques.*
16e Section : *Psychologie expérimentale.*
17e Section : *Biogéographie.*

### 4e Groupe : Sciences Economiques

18e Section : *Agronomie.*
19e Section : *Géographie.*
20e Section : *Economie politique et Statistique.*
21e Section : *Pédagogie et Enseignement.*
22e Section : *Hygiène et Médecine publique.*

En outre, des sous-sections peuvent être créées par le Conseil, après avis des sections intéressées.

Art. 2. — Tout membre de l'Association choisit chaque année la section à laquelle il désire appartenir. Il a le droit de prendre part aux travaux des autres sections avec voix consultative, mais il ne vote et ne peut être candidat à la présidence ou aux fonctions de délégué que dans la section choisie par lui.

Art. 3. — Tout membre nouveau verse un droit d'inscription de dix francs, sauf s'il se fait inscrire comme membre à vie ou comme membre fondateur. Ce droit est également dû par les membres démissionnaires qui demandent leur réintégration. Les frais de recouvrement des cotisations sont à la charge des Sociétaires. Les personnes morales : Sociétés, Bibliothèques, Laboratoires, Etablissements, etc., n'ont pas droit au rachat de la cotisation.

Art. 4. — Les personnes étrangères à l'Association, qui n'ont pas reçu d'invitations spéciales, sont admises aux séances et aux conférences d'une session, moyennant un droit fixé à 20 francs. Ces personnes peuvent communiquer des travaux aux sections, mais ne peuvent pas prendre part aux votes.

## Titre II. — Attributions du Bureau et du Conseil d'Administration

Art. 5. — Le Bureau de l'Association est, en même temps, le Bureau du Conseil d'Administration.

Art. 6. — Pendant la durée de la session annuelle, le Conseil tient ses séances dans la ville où a lieu la session.

Art. 7. — Le Conseil d'Administration prépare les modifications réglementaires que peut nécessiter l'exécution des statuts et les soumet à l'Assemblée générale, après qu'elles ont été portées à la connaissance de l'Association par la voie du *Bulletin*.

Il prend les mesures nécessaires pour organiser les sessions de concert avec les Comités locaux qu'il désigne à cet effet. Il fixe la date de l'ouverture de chaque session. Il organise les conférences de l'Association.

Art. 8. — Nul ne peut être en même temps délégué de l'Association et délégué de section.

Art. 9. — Dans le cas de décès, d'incapacité ou de démission d'un ou de plusieurs membres du Bureau ou du Conseil, le Conseil procède à leur remplacement, après qu'avis de la vacance ou des vacances aura été donné aux membres de l'Association, soit par la voie du *Bulletin*, soit par circulaire.

Art. 10. — Le Conseil délibère à la majorité des membres présents.

Art. 11. — Les Commissions permanentes sont composées des six membres du Bureau et d'un certain nombre de membres élus pour un an par le Conseil, dans la première séance qui suit la session annuelle, ou désignés par les sections, lors de la session annuelle.

Elles sont au nombre de cinq :

1° *Commission de publication ;*

2° *Commission des finances ;*

3° *Commission d'organisation de la session suivante ;*

4° *Commission des subventions ;*

5° *Commission des conférences.*

Art. 12. — La Commission de publication se compose du Bureau et de quatre membres élus, auxquels s'adjoint pour les publications relatives à chaque section, le Président ou le Secrétaire, ou, en leur absence, un des délégués de la section.

Art. 13. — La Commission des finances se compose du Bureau et de quatre membres élus.

Art. 14. — La Commission d'organisation de la session se compose du Bureau et de quatre membres élus.

Art. 15. — La Commission des subventions se compose du Bureau, d'un délégué par section, nommé par les membres de la section pendant la durée du Congrès ou de son suppléant et de deux délégués de l'Association nommés par le Conseil.

La Commission fait des propositions pour la répartition des subventions et pour l'attribution de bourses de session, qui ont pour but de faciliter chaque année à deux personnes au maximum la participation au Congrès, en les défrayant de leurs frais de voyage et de séjour.

Les membres de cette Commission ne peuvent en aucun cas bénéficier eux-mêmes de subventions.

Art. 16. — La Commission des conférences se compose du Bureau et de huit membres élus par le Conseil.

Art. 17. — Le Conseil peut, en outre, désigner les Commissions spéciales pour des objets déterminés.

## Titre III. — Du Secrétaire du Conseil

Art. 18. — Le secrétaire du Conseil reçoit des appointements annuels dont le chiffre est fixé par le Conseil.

Art. 19. — Lorsque la place de secrétaire du Conseil devient vacante, il est procédé à la nomination d'un nouveau secrétaire dans une séance précédée d'une convocation spéciale qui doit être faite quinze jours à l'avance et après que tous les membres de la Société ont été avisés de la vacance, soit par la voie du *Bulletin*, soit par circulaire.

La nomination est faite à la majorité absolue des votants. Elle n'est valable que lorsqu'elle est faite par un nombre de voix égal au tiers au moins du nombre des membres du Conseil.

Art. 20. — Le Secrétaire du Conseil ne peut être révoqué qu'à la majorité absolue des membres présents et par un nombre de voix égal au tiers, au moins, du nombre des membres du Conseil.

Art. 21. — Le Secrétaire du Conseil rédige et fait transcrire, sur deux registres distincts, les procès-verbaux des séances du Conseil et ceux des Assemblées générales. Il siège dans toutes les Commissions avec voix consultative. Il a voix consultative dans les discussions du Conseil. Il exécute, sous la direction du Bureau, les décisions du Conseil. Les employés de l'Association sont placés sous ses ordres. Il correspond avec les membres de l'Association, avec les Présidents et secrétaires des Comités locaux et avec les secrétaires des sections, dirige les publications de l'Association, et donne les bons à tirer. Pendant la durée des sessions, il veille à la distribution des cartes, à la publication des programmes et assure l'exécution des mesures prises par le Comité local concernant les excursions.

## Titre IV. — Des Assemblées Générales

Art. 22. — Il se tient chaque année, pendant la durée de la session, au moins une Assemblée générale.

Art. 23. — Conformément à l'article 5 du titre II des statuts, l'Assemblée générale, dans une séance qui clôt définitivement la session, élit au scrutin secret et à la majorité absolue les membres du Bureau suivants : le Président, le Vice-Président, le Secrétaire, le Vice-Secrétaire et le Trésorier. Dans le cas où, pour l'une ou l'autre de ces fonctions, la liste de présentation ne comprendrait qu'un nom, la nomination pourra être faite par un vote à main levée, si l'Assemblée en décide ainsi. L'Assemblée générale proclame le résultat du scrutin pour la désignation des délégués de l'Association, élus dans les conditions prévues à l'article 5 du titre II des statuts.

Elle désigne, une ou deux années à l'avance, les villes où doivent se tenir les assises futures.

Art. 24. — L'Assemblée générale peut être convoquée extraordinairement par une décision du Conseil.

## Titre V. — De l'organisation des sessions annuelles et du Comité local

Art. 25. — La Commission d'organisation, constituée comme il est dit à l'article 14, se met en rapport avec les membres fondateurs appartenant à la ville où doit se tenir la prochaine session. Elle désigne, sur leurs indications, un certain nombre de membres qui constituent le Comité local.

Art. 26. — Le Comité local nomme son Président, son Vice-Président et son Secrétaire. Il s'adjoint les membres dont le concours lui paraît utile, sauf approbation par la Commission d'organisation.

Art. 27. — Le Comité local a pour attribution de venir en aide à la Commission d'organisation, en faisant des propositions relatives à la session et en assurant l'exécution des mesures locales qui ont été approuvées ou indiquées par la Commission.

Art. 28. — Il est chargé de s'assurer des locaux et de l'installation nécessaires pour les diverses séances ou conférences : ses décisions, toutefois, ne deviennent définitives qu'après avoir été acceptées par la Commission. Il propose les sujets qu'il serait important de traiter dans les conférences, et les personnes qui pourraient en être chargées. Il indique les excursions qui seraient propres à intéresser les membres du Congrès et prépare celles de ces excursions qui sont acceptées par la Commission. Il se met en rapport, lorsqu'il le juge utile, avec les Sociétés savantes et les autorités des villes ou localités où ont lieu les excursions.

Art. 29. — Le Comité local est invité à préparer une série de courtes notices sur la ville où se tient la session, les monuments, les établissements industriels, les curiosités naturelles, etc., de la région. Ces notices sont distribuées aux membres de l'Association et aux invités assistant au Congrès.

Art. 30. — Le Comité local s'occupe de la publicité nécessaire à la réussite du Congrès, soit à l'aide d'articles de journaux, soit par des envois de programme, etc., dans la région où a lieu la session.

Art. 31. — Il fait parvenir à la Commission d'organisation la liste des savants français et étrangers qu'il désirerait voir inviter. Le Président de l'Association n'adresse les invitations qu'après que cette liste a été approuvée par la Commission.

Art. 32. — Le Comité local indique, en outre, parmi les personnes de la ville ou du département, celles qu'il conviendrait d'admettre gratuitement à participer aux travaux scientifiques de la session.

Art. 33. — Depuis sa constitution jusqu'à l'ouverture de la session, le Comité local fait parvenir, deux fois par mois, au Secrétaire du Conseil de l'Association, des renseignements sur ses travaux, la liste des membres nouveaux, avec l'état des paiements, la liste des communications scientifiques qui sont annoncées, etc.

Art. 34. — La Commission d'organisation publie et distribue, de temps à autre, aux membres de l'Association, les communications et avis divers qui se rapportent à la prochaine session. Elle s'occupe de la publicité générale et des arrangements à prendre avec les Compagnies de chemins de fer.

## Titre VI. — De la tenue des sessions

Art. 35. — Pendant toute la durée de la session, le Secrétariat est ouvert chaque matin pour la distribution des cartes. La présentation des cartes est exigible à l'entrée des séances.

Art. 36. — Tout membre, en retirant sa carte, doit indiquer la section à laquelle il désire appartenir, ainsi qu'il est dit à l'article 3.

Art. 37. — Le Conseil se réunit dans la matinée du jour où a lieu l'ouverture de la session ; il se réunit pendant la durée de la session autant de fois qu'il le juge convenable. Il tient une dernière réunion pour arrêter une liste de présentation relative aux élections du Bureau de l'Association, vingt-quatre heures au moins avant la réunion de l'Assemblée générale.

Le Président et l'un des Secrétaires du Comité local assistent, pendant la session, aux séances du Conseil, avec voix consultative.

Art. 38. — Les candidatures pour les élections du Bureau doivent être communiquées au Conseil, présentées par dix membres au moins de l'Association trois jours avant l'Assemblée générale.

Le Conseil arrête la liste des présentations qu'il a reconnues régulières, vingt-quatre heures au moins avant l'Assemblée générale. Cette liste de candidatures, dressée par ordre alphabétique, sera affichée dans la salle de réunion.

Art. 39. — La session est ouverte par une séance générale, dont l'ordre du jour comprend les discours du Président de l'Association et des autorités de la ville et du département.

Aucune discussion ne peut avoir lieu dans cette séance.

A la fin de la séance, le Président indique l'heure où les membres se réuniront dans les sections.

Art. 40. — Chaque section, dans sa première séance, procède à l'élection de son Vice-Président et de son Secrétaire, auquel elle peut adjoindre un Secrétaire adjoint, toujours choisis parmi les membres de l'Association. Elle procède, aussitôt après, à ses travaux scientifiques.

Art. 41. — Le deuxième jour de la session, à 10 heures, chaque section élit son Président pour la session suivante, un délégué au Conseil conformément à l'article 5 du titre II des statuts, un délégué à la Commission des subventions et un suppléant de celui-ci.

Dans le cas où, par suite de vacances anormales, il y aurait lieu d'élire plusieurs délégués au Conseil, la section devra spécifier pour combien de temps chacun de ces délégués est élu.

Président, délégués et suppléant doivent être choisis parmi les membres de l'Association.

Les Présidents ne peuvent être réélus, pour la même section, que deux années consécutives.

ART. 42. — Les Présidents de section se réunissent, dans la matinée du second jour, pour fixer les jours et les heures des séances de leurs sections respectives, et pour répartir ces séances de la manière la plus favorable. Ils décident, s'il y a lieu, la fusion de certaines sections voisines.

Les Présidents de deux ou plusieurs sections peuvent organiser, en outre, des séances collectives.

Une section peut tenir, aux heures qui lui conviennent, des séances supplémentaires, à la condition de choisir des heures qui ne soient pas occupées par les excursions générales.

ART. 43. — Pendant la durée de la session, il ne peut être consacré qu'un seul jour, non compris le dimanche, aux excursions générales. Il ne peut être tenu de séances de sections, ni de conférences, et il ne peut y avoir d'excursions officielles spéciales, pendant les heures consacrées à une excursion générale.

ART. 44. — Il peut être organisé une ou plusieurs excursions générales ou spéciales, pendant les jours qui suivent la clôture de la session.

ART. 45. — Les sections ont toute liberté pour organiser les excursions particulières qui intéressent spécialement leurs membres.

ART. 46. — Une liste des membres de l'Association présents au Congrès paraît le lendemain du jour de l'ouverture, par les soins du Bureau. Des listes complémentaires paraissent les jours suivants, s'il y a lieu.

ART. 47. — Il paraît chaque matin un bulletin indiquant le programme de la journée, les ordres du jour des diverses séances et les travaux des sections de la journée précédente.

ART. 48. — La Commission d'organisation peut instituer une ou plusieurs séances générales.

ART. 49. — Il ne peut y avoir de discussions en séance générale. Dans le cas où un membre croirait devoir présenter des observations sur un sujet traité dans une séance générale, il devra en prévenir par écrit le Président, qui désignera l'une des prochaines séances de sections pour la discussion.

ART. 50. — A la fin de chaque séance de section, et sur la proposition du Président, la section fixe l'ordre du jour de la prochaine séance ainsi que l'heure de la réunion.

ART. 51. — Lorsque l'ordre du jour est chargé, le Président peut n'accorder la parole que pour un temps déterminé qui ne peut être moindre que dix minutes. A l'expiration de ce temps, la section est consultée pour savoir si la parole est maintenue à l'orateur ; dans le cas où il est décidé qu'on passera à l'ordre du jour, l'orateur est prié de donner brièvement ses conclusions.

Art. 52. — Les membres qui ont présenté des travaux au Congrès remettent au Secrétaire de leur section leur manuscrit ou un résumé de leur travail, écrits à la machine à écrire ; ils fournissent également une note indicative de la part qu'ils ont prise aux discussions qui se sont produites. Lorsqu'un travail comportera des figures ou des planches, mention devra en être faite sur le titre du mémoire.

Art. 53. — A la fin de chaque séance, les Secrétaires de sections remettent au Secrétariat :

1° L'indication des titres des travaux de la séance ;

2° L'ordre du jour, la date et l'heure de la séance suivante.

Art. 54. — Les Secrétaires de sections sont chargés de prévenir les orateurs désignés pour prendre la parole dans chacune des séances.

Art. 55. — Les Secrétaires de sections doivent rédiger un procès-verbal des séances. Ce procès-verbal doit donner, d'une manière sommaire, le résumé des travaux présentés et des discussions ; il doit être remis au Secrétariat aussitôt que possible et, au plus tard, un mois après la clôture de la session.

Art. 56. — Les Secrétaires de sections remettent au Secrétaire du Conseil, avant leurs procès-verbaux, les manuscrits qui auraient été fournis par leurs auteurs, avec une liste indicative des manuscrits manquants.

Art. 57. — Les indications relatives aux excursions sont fournies aux membres le plus tôt possible. Les membres qui veulent participer aux excursions sont priés de se faire inscrire à l'avance, afin que l'on puisse prendre des mesures d'après le nombre des assistants.

Art. 58. — Les conférences générales n'ont lieu que le soir, et sous le contrôle d'un Président et de deux Assesseurs désignés par le Bureau. Il ne peut être fait plus de deux conférences générales pendant la durée d'une session.

Art. 59. — Les vœux exprimés par les sections doivent être remis pendant la session au Conseil d'Administration qui, seul, a qualité pour les présenter au vote de l'Assemblée générale.

Art. 60. — Avant l'Assemblée générale de clôture, le Conseil décide quels sont les vœux qui devront être soumis à l'acceptation de l'Assemblée générale et qui, après avoir été acceptés, recevant le nom de *Vœux de l'Association française*, seront transmis sous ce nom aux pouvoirs publics.

Il décide également quels vœux seront insérés aux comptes rendus sous le nom de : *Vœux de la ...*e *Section* et quels sont ceux dont le texte ne figurera pas aux comptes rendus.

Il sera procédé, en Assemblée générale, au vote sur les vœux qui sont présentés par le Conseil comme vœux de l'Association.

Il sera ensuite donné lecture des vœux que le Conseil a réservés comme vœux de Section.

Dans le cas où dix membres au moins demanderaient qu'un vœu de cette espèce fût transformé en vœu de l'Association, ce vœu pourra être renvoyé, par un vote de l'Assemblée, à l'Assemblée générale suivante. Avant la réunion de celle-ci, cette proposition sera étudiée par une Commission de cinq membres qui aura à faire un rapport qui sera imprimé et distribué à tous les membres de l'Association. Cette Commission comprendra deux membres de la section ou des sections qui ont présenté le vœu, et trois membres pris en dehors de celle-ci. Les premiers sont désignés par le Bureau de la section (ou par les Bureaux des sections) ayant émis le vœu, qui devront les faire connaître au plus tard lors de la séance du Conseil qui suivra l'Assemblée générale, et, à défaut, par le Bureau de l'Association ; les trois autres membres seront nommés par le Bureau.

## Titre VII. — Des Publications

Art. 61. — L'Association publie :

1° Un *Bulletin*, où sont insérés les documents administratifs intéressant tous les membres de l'Association ;

2° Un *volume* annuel renfermant :

*a*) Le texte ou l'analyse des conférences faites pendant l'année ;

*b*) Le compte rendu de la session ;

*c*) Le texte des notes et mémoires dont l'impression dans le compte rendu a été décidée par la Commission de publication.

Art. 62. — Les comptes rendus doivent être publiés dix mois au plus tard après la session à laquelle ils se rapportent.

La distribution des comptes rendus est annoncée à tous les membres de l'Association par une circulaire qui indique à partir de quelle date ils peuvent être retirés au Secrétariat, ou quelle somme doit être adressée au Secrétariat pour l'envoi du volume à domicile.

Les comptes rendus sont envoyés, aux frais de l'Association, aux personnes morales, membres de l'Association, et aux invités de l'Association.

Art. 63. — Les notes et mémoires dont l'impression *in extenso* est demandée par les auteurs devront être remis au Secrétaire de la section pendant la session ou être expédiés directement au Secrétariat deux mois au plus tard après la clôture de la session. Les planches ou dessins accompagnant un mémoire devront être joints à celui-ci.

Art. 64. — Trois pages, au maximum, peuvent être accordées à un même auteur ; toutefois, la Commission de publication pourra proposer au Conseil d'administration de fixer exceptionnellement une étendue plus considérable.

Art. 65. — Le Conseil d'Administration, sur la proposition de la Commission de publication, pourra décider la publication, en dehors des comptes rendus, de travaux spéciaux que leur étendue ne permettrait pas de faire paraître dans les comptes rendus. Ces travaux seront mis à la disposition des membres qui en auront fait la demande en temps utile. Les exemplaires remis à l'auteur ne peuvent en aucun cas être mis dans le commerce.

Art. 66. — La Commission de publication a tous pouvoirs pour décider l'impression *in extenso* d'un travail présenté à une session. Elle peut également demander aux auteurs des réductions dont elle fixe l'importance ; si le travail réduit ne parvient pas au Secrétariat dans les délais indiqués, l'impression ne pourra avoir lieu.

Aucun travail publié en France avant l'époque du Congrès ne pourra être reproduit dans les comptes rendus. Le titre et l'indication bibliographique figureront seuls dans le procès-verbal.

Art. 67. — Les discussions insérées dans les comptes rendus sont extraites textuellement des procès-verbaux des Secrétaires de sections. Les notes fournies par les auteurs pour faciliter la rédaction des procès-verbaux devront être remises dans les vingt-quatre heures.

Art. 68. — La Commission de publication décide quelles seront les planches qui seront jointes au compte rendu et s'entend, à cet effet, avec la Commission des finances.

Art. 69. — Les épreuves sont communiquées aux auteurs en placards seulement ; une semaine est accordée pour la correction. Si l'épreuve n'est pas renvoyée à l'expiration de ce délai, les corrections sont faites par les soins du Secrétariat.

Art. 70. — Dans le cas où les frais de correction et changements indiqués par un auteur dépasseraient la somme de 25 francs par feuille, l'excédent, calculé proportionnellement, sera porté à son compte.

Art. 71. — Les membres peuvent faire exécuter un tirage à part de leurs communications avec pagination spéciale, au prix convenu avec l'imprimeur par le Conseil d'administration. Ces tirages à part sont imprimés sur un type absolument uniforme.

Art. 72. — Les auteurs des communications présentées à une session ont d'ailleurs le droit de publier à part ces communications à leur gré ; ils sont seulement priés d'indiquer que ces travaux ont été présentés au Congrès de l'Association française.

# CONGRÈS DE CONSTANTINE

# ASSEMBLÉE GÉNÉRALE

**16 AVRIL 1927**

PRESIDENCE DE PAUL LANGEVIN
Président de l'Association
Professeur au Collège de France
Directeur de l'Ecole Municipale de Physique
et de Chimie industrielle de la Ville de Paris

## Procès-Verbal

### I. — ÉLECTIONS

a) *Bureau pour* 1927-1928

Sont élus à l'unanimité :

Président : Professeur Lindet, Membre de l'Institut.
Vice-Président : Colonel G. Perrier.
Secrétaire : Professeur Rabaud.
Vice-Secrétaire : Maurice de Broglie, Membre de l'Institut.
Trésorier : Raoul d'Harcourt.

b) *Délégués de l'Association*

Le vote pour le choix de 5 délégués de l'Association a donné le résultat suivant :

M. le Colonel G. Perrier*, Membre de l'Institut ........ 570 voix
M. G. Rabaud*, Professeur à la Faculté des Sciences de Paris 569 —
M. M. Caullery*, Professeur à la Faculté des Sciences de Paris. . ............................................. 568 —
M. L. Joleaud**, Professeur à la Faculté des Sciences de Paris 568 —
M. Georges Villain, Professeur à l'Ecole dentaire de Paris. . 567 —

* *Membres sortants rééligibles.*
** *En remplacement de M. Langevin nommé Président de l'Association.*

*c) Liste des Présidents de Sections et de Sous-Sections pour 1928, des Secrétaires de Section de Constantine, des Délégués au Conseil et à la Commission des Subventions élus à Constantine.*

| SECTIONS | PRÉSIDENTS POUR 1928 | SECRÉTAIRES EN 1927 | DÉLÉGUÉ AU CONSEIL | DÉLÉGUÉ AUX SUBVENTIONS | DÉLÉGUÉ SUPPLÉANT |
|---|---|---|---|---|---|
| 1er | Du Pasquier | Recouly | Gérardin | Cartan | Clapier |
| 2e | Richard | .............. | Bigourdan | Guillaume | .............. |
| 3e et 4e | Camaret | Larue | Eydoux | Hégly | .............. |
| 5e | Turpain | Bonnet | Dixsaut | Blondin | Tassilly |
| 6e | Bodroux | Abbé Senderens | Abbé Senderens | Tiffeneau | Delepine |
| 7e | Wehrlé | Amable | Dongier | Maurain | Dixaut |
| 8e | Welsch | Ehrmann | Bertrand | Joleaud | Lemoine |
| 9e | Faideau | Tronchet | Chevalier | Danguy | Guillermond |
| 10e | Billard | Gauthier | Ch. Pérez | Lesne | Gruvel |
| 11e | Henri Martin | » | de Mortillet | Cade | Geneau |
| 12e | Lancelot | .............. | Colleville | Delherm | Dumas |
| 13e | Bourguignon | Dr Tillier | Belot | Siffre | Bourguignon |
| 14e | Dr Frison | Derouineau | Rison | Collard | Wallis-Davy |
| 15e | Pr Barthe | Guillaume | Collard | .............. | Braemer |
| 16e | H. Piéron | » | Pierron | Piéron | Rabaud |
| 17e | Fage | Arambourg | Fage | Lemoine | Fage |
| 18e | Dornie | » | Bruno | Fron | Larue |
| 19e | Legendre | .............. | Girardin | Lanquine | Bertrand |
| 20e | A. Girault | Allard | Delmas | Razous | Legendre |
| 21e | Pierron | Cavaillon | Lapierre | Bruneau | Lapierre |
| 22e | Rochaix | Manigol | Dequidt | Loir | Cavaillon |
| Sous-Section d'Archéologie | | | | | |

## II. — RAPPORT DU TRÉSORIER

Raoul D'HARCOURT

Chef de Service au Département de l'Etranger à la Société Générale
Trésorier de l'Association.

Mesdames, Messieurs,

J'ai l'honneur de vous présenter, au nom du Conseil, l'état des recettes et des dépenses de votre Association pour l'année 1926.

### RECETTES

| | |
|---|---|
| Cotisations. . . . Frs | 48.157 » |
| Recettes diverses | 4.071 03 |
| Intérêts du capital | 64.757 57 |
| Legs Girard | 6.000 » |
| Total | 122.985 60 |
| Capital : Rachats de cotisations et parts de fondateurs | 10.520 » |
| Prélèvements sur les réserves antérieures | 12.459 41 |
| | 145.965 01 |

### DEPENSES

| | |
|---|---|
| Loyer, contributions, assurances, achat et réparation du matériel | 12.348 26 |
| Appointements | 24.291 40 |
| Indemnité de M. Hérichard | 3.000 » |
| Frais d'administration (frais de bureau, imprimés, frais de poste, téléphone, divers) | 6.844 15 |
| Recouvrement de cotisations | 1.097 10 |
| Frais afférents aux rentes et valeurs | 918 25 |
| Frais de la session de Lyon | 9.812 25 |
| Subventions ordinaires | 10.000 » |
| Conférences en dehors du Congrès — | 2.771 85 |
| Volume des comptes rendus du Congrès de Grenoble | 41.515 20 |
| Bulletin trimestriel | 11.804 » |
| Dépenses imprévues | 5.042 55 |
| Placement de fonds | 10.520 » |
| Legs Girard | 6.000 » |
| Total | 145.965 01 |

Si nos recettes sont en légère augmentation (cotisations, intérêts du capital, rachat de cotisations), en revanche, nos charges deviennent sensiblement plus lourdes (loyer, frais de poste, de banque, etc...), aussi fallut-il prélever sur la réserve une somme assez importante pour pouvoir accorder les 10.000 francs de subventions inscrits au chapitre VIII des dépenses. Espérons qu'avec la hausse ferme du franc et sa stabilisation probable, nous ne verrons plus à l'avenir nos charges s'accroître davantage.

*Portefeuille:* En 1926, 39 obligations de votre portefeuille ont été amorties et leur montant de Fr. 18.361,76 a été remployé conformément aux statuts. Vos actions Palais de la Nouveauté n'ont pas encore été échangées.

---

# III. SUBVENTIONS DE 1926

## SUBVENTIONS ORDINAIRES

### *Chimie*

| | | |
|---|---|---|
| Dr LESCŒUR | Publication d'une méthode de dosage de certains gaz et son application dans le domaine de la chimie pratique | 800 |
| Dr SANNIÉ | Synthèse et action physiologique des amino nitriles | 900 |

### *Géologie, minéralogie*

| | | |
|---|---|---|
| M. DALLONI | Publication d'un mémoire sur la Géologie des Pyrénées catalanes | 800 |
| A. BUROLLET | Tirage d'une carte du Sahel de Sousse | 500 |

### *Botanique*

| | | |
|---|---|---|
| L. GUILLAUME | Travaux de Physiologie végétale | 500 |

### *Zoologie*

| | | |
|---|---|---|
| MARC ANDRÉ | Mémoire sur les Acariens de la Faune française | 1.200 |
| P. MATHIAS | Recherches expérimentales sur le Cycle évolutif des Trématodes | 1.000 |

### *Anthropologie*

| | | |
|---|---|---|
| Henri MARTIN | Publication sur les fouilles archéologiques de la Vallée du Rac (Charente) | 1.500 |
| Abbé LABRIE | Fouilles du Grand Moulin à Lugassou (Gironde) | 500 |
| CAZEDESSUS | Fouilles de la Grotte abri de Peyort (Haute-Garonne) | 600 |

### *Biogéographie*

| | | |
|---|---|---|
| LUQUET | Travaux de Géographie Botanique du Massif Central | 1.200 |

### *Hygiène et médecine publique*

| | | |
|---|---|---|
| RABATÉ | Recherches sur l'utilisation des sources d'eau potable en Champagne Berrichonne | 500 |
| | TOTAL | 10.000 |

## IV. — RAPPORT DU SECRÉTAIRE

---

### M. le Général PERRIER

Membre de l'Institut

---

*Rapport lu par le Vice-Secrétaire M. Rabaud,*
*Professeur à la Sorbonne*

Monsieur le Président,
Mesdames, Messieurs, mes chers Collègues,

Ce Rapport est le 50e de son espèce que vous ou vos prédécesseurs ont entendu.

Aux termes de nos Statuts, en effet, votre Secrétaire est tenu de présenter à la fin de chacun de nos Congrès annuels, au moment où expirent ses fonctions, un Rapport sur les travaux de l'Association depuis le Congrès précédent inclus. (Vous n'ignorez pas que c'est même à peu près le seul travail que ce Secrétaire ait à fournir pendant l'année de son mandat très éphémère !)

Les fondateurs de l'Association ont rendu obligatoire le renouvellement à chaque Congrès du Président, du Vice-Président, du Secrétaire et du Vice-Secrétaire. Cette stipulation offre l'incontestable avantage d'éviter les inconvénients d'un même Bureau se perpétuant à la tête d'une Société, mais elle se prêterait mal à une bonne gérance administrative et même scientifique, si elle n'était corrigée par l'adjonction au Bureau, d'un administrateur permanent qui prend le titre de Secrétaire du Conseil et devient en fait le rouage le plus important de notre organisme.

Vous savez que, depuis le 1er février 1926, ces fonctions sont remplies par un jeune, M. le Dr Verne, Agrégé d'Histologie à la Faculté de Médecine de Paris, Secrétaire général de la Fédération des Sociétés de Sciences naturelles. M. Verne a succédé au Dr Rivet, de qui notre Association a reçu pendant quatre ans une si vive impulsion, mais à qui de nouvelles et absorbantes fonctions (Secrétaire général de l'Institut d'Ethonologie créé à l'Université de Paris) ne permettaient malheureusement plus de consacrer à l'Association autant de temps que par le passé.

La principale manifestation de notre activité dont je dois vous entretenir a été le Congrès de Lyon en 1926. Le nombre des villes de France qui peuvent nous recevoir est limité ; aussi l'Association doit-elle de plus en plus revenir, pour son Congrès annuel, en quelque ville où elle est déjà allée. Lyon nous a même revus en 1926 pour la troisième fois.

La préoccupation principale de nos fondateurs était, vous le savez, de créer dans le pays un mouvement de décentralisation scientifique, ce qui nous a conduits à ne tenir de Congrès à Paris que dans des cas tout à fait exceptionnels (pendant les trois Expositions universelles de 1878, 1889, 1900). La seconde ville de France se trouvait tout naturellement désignée pour notre premier Congrès. Ce fut à la suite de la mort inattendue de son maire, M. Hénon, que certaines difficultés ayant surgi, Lyon se vit préférer Bordeaux en 1872. Mais le second Congrès, celui de 1873, y tint ses assises ainsi que le 35e, en 1906.

Exactement vingt ans après, nous y avons fêté notre cinquantenaire, ce qui naturellement a donné au Congrès un éclat particulier.

Après cinquante années de rapports annuels, il est vraiment bien difficile à votre malheureux Secrétaire de trouver des expressions nouvelle pour louer les mérites de toute sorte du Comité local d'organisation. Aussi, rappellerai-je seulement que nous avons contracté une dette de reconnaissance envers le Comité lyonnais, dont M. Edouard Herriot, Maire de Lyon, avait bien voulu accepter la Présidence d'Honneur, qui avait pour actif Secrétaire général M. Offret, Professeur de Minéralogie à la Faculté des Sciences, et pour Président M. Hugounenq, Doyen honoraire de la Faculté de Médecine et de Pharmacie. Nul d'entre nous n'a oublié le discours de M. Hugounenq à la séance d'ouverture et son très cordial accueil.

L'Association a tenu ses assises au Palais de la Foire internationale d'échantillons de Lyon, où les Sections ont trouvé aisément les nombreux locaux nécessaires pour leurs réunions. Disons-le franchement, le siège du Congrès était parfaitement organisé dans un cadre magnifique... mais trop loin du centre de la ville et des quartiers où logeaient la plupart des Congressistes. La proximité réciproque des hôtels et des locaux où se tiennent nos sessions est une condition excellente de bon rendement.

Par compensation, d'autres attractions empêchaient les Congressistes de déserter le Palais de la Foire. La principale était l'Exposition de matériel scientifique et industriel, dite *Exposition internationale pour l'Avancement des Sciences*, organisée par un Comité de direction dont MM. Auguste et Louis Lumière avaient accepté la Présidence d'Honneur. L'incontestable succès de l'Exposition est dû en grande partie au dévouement et à l'activité du Secrétaire général de ce Comité, M. Pilon. La lumière et la force motrice répandues à profusion permettaient aux exposants, répartis en 14 groupes, de procéder à toutes les expériences et démonstrations de tous genres intéressant les visiteurs, aussi bien les spécialistes que les non initiés. Il faut bien reconnaître qu'aucun local autre que le Palais de la Foire n'eût permis une aussi complète et intéressante manifestation. N'oublions pas de rappeler la visite à l'Exposition de S. M. le Sultan du Maroc, accompagné de son Ministre plénipotentiaire, Ben Ghabrit, et des plus hautes autorités de Lyon.

Comme d'usage, de nombreuses excursions (pas moins de sept) avaient été organisées pour le jeudi de la semaine du Congrès. Mentionnons spécialement celle de Solutré (Saône-et-Loire), conduite sous la direction scientifique de M. Déperet, Membre de l'Institut, Professeur de Géologie à la Faculté des Sciences de Lyon et Doyen de cette Faculté. Nul n'était mieux qualifié pour présenter aux Congressistes les fouilles de la fameuse station préhistorique. La réception par l'Académie de Mâcon, puis sous la direction de celle-ci, la visite de la ville et de ses collections archéologiques, le déjeuner à Solutré, resteront pour ceux qui y ont pris part, parmi les meilleurs souvenirs du Congrès de Lyon. Tous ont constaté avec satisfaction qu'en Saône-et-Loire le proverbe « Nul n'est prophète en son pays » n'a pas cours, en voyant de quelle manière notre Président, M. Lacroix, était reçu et fêté par ses compatriotes.

L'excursion finale traditionnelle a fait parcourir à nombre d'entre nous des coins bien pittoresques de la Haute-Loire, de l'Ardèche et de la Vallée du Rhône. Ils ont pu, le 2 août, assister à l'inauguration du monument élevé à Vals à Georges Gouy, Membre de l'Institut, Professeur à la Faculté des Sciences de Lyon, décédé le 27 janvier 1926. Dans le discours qu'il a prononcé à cette occasion, notre Vice-Président d'alors, Président d'aujourd'hui, le Professeur Langevin, a mis en évidence les caractéristiques des travaux du savant disparu et il a montré comment l'examen de ceux-ci conduit à réserver à leur auteur une place de premier plan parmi les physiciens modernes.

Enfin, il ne faut pas oublier de citer, parmi les souvenirs que les Congressistes ont rapportés de Lyon, le volume consacré à la ville même, qui leur a été offert à tous. Il est de tradition qu'à l'occasion de chacun de nos Congrès, la ville où il se tient fasse l'objet d'une publication due à la collaboration des personnalités locales le plus hautement qualifiées. Cette fois, la Commission lyonnaise du Livre (1) a véritablement surpassé tout ce qui avait été fait en ce genre. Le beau volume de plus de 600 pages qu'elle a luxueusement édité, dû à 73 collaborateurs, est rédigé à un point de vue spécial : faisant suite au volume analogue publié lors du dernier Congrès tenu à Lyon en 1906, il présente un tableau complet de tous les progrès accomplis par la cité depuis ce Congrès, en vingt ans, dans tous les domai-

(1) Président d'Honneur, M. le Recteur Cavalier ; Président, M. Ehrhard ; Vice-Président, M. Offret ; Secrétaire, M. Guiart.

nes : Enseignement, Arts, Lettres, Sciences, Production, etc... Comme le dit M. Herriot dans la préface qu'il a consacrée à l'ouvrage, celui-ci donne « au lecteur l'impression d'une accumulation d'énergies qui, tranquillement fécondes pendant la paix, exaltées pendant la grande guerre, ont poussé Lyon au premier plan des cités d'avant-garde et fait de cette brève période l'un des moments les plus éclatants de son histoire ».

Chaque Congrès est l'occasion d'attirer à nous un nombre notable de nouveaux adhérents. Nous pouvons déjà constater avec satisfaction que le nombre de trois mille donné par notre Président, M. Lacroix, dans son discours d'ouverture à Lyon, s'est accru depuis cette époque de plus de cinq cents unités. Pour répéter une remarque souvent faite, quelle ne deviendrait pas notre force si chacun de nous recrutait seulement par an un nouvel adhérent à l'Association !

Malheureusement, le nombre de nos Sociétaires est quelque peu diminué par les radiations, conformément aux Statuts, de Membres réfractaires qui, malgré deux mises en demeure par lettre recommandée, n'acquittent pas leurs cotisations, et aussi, hélas, par la mort. L'année qui vient de s'écouler a vu disparaître nombre d'excellents Collègues. Parmi ces pertes, toutes sensibles, la plus cruelle pour la Science est sans contredit celle de M. Daniel Berthelot, survenue brusquement le 8 mars dernier. Fils de l'illustre chimiste, dont le centenaire va être prochainement célébré, Daniel Berthelot, par ses travaux physiques et chimiques, a augmenté l'éclat d'un nom lourd à porter.

Nos Conférences de Paris, pendant l'hiver 1926-1927, ont toujours attiré le même public et le Conseil en a décidé la publication dans le Bulletin trimestriel de l'Association, pour permettre à tous nos Sociétaires d'en profiter au plus tôt. Le Bulletin de mars 1927 a publié celle du 22 décembre 1926, dans laquelle le Commandant Lefebvre des Noettes a développé tant d'aperçus nouveaux et originaux sur *La conquête de la force motrice animale et la question de l'esclavage*. Les autres séances ont été consacrées le 28 janvier à l'*Hérédité*, par M. Rabaud, Professeur à la Sorbonne, et le 8 mars à la *Question du Tanganyika*, par M. Fourmarier, Professeur à l'Université de Liége, un de nos fidèles amis de cette ville.

Notre Association, différant en cela de la plupart des Associations analogues, n'institue pas de concours, ne distribue pas de prix, mais encourage par des subventions les recherches et les travaux originaux qui lui paraissent dignes d'intérêt. Malheureusement, nos subventions se chiffrent aujourd'hui par des nombres de francs du même ordre qu'avant la guerre, c'est-à-dire apportent à leurs destinataires des secours environ cinq fois moins efficaces, situation lamentable, mais inévitable et contre laquelle nous ne pouvons rien.

Le montant des subventions distribuées pendant le dernier exercice s'élève à 10.000 francs.

Nous avions accordé, l'année précédente, notre patronage et notre propagande à une souscription pour la reconstitution au Muséum du Laboratoire de Géographie coloniale de notre Secrétaire d'alors, mon prédécesseur, le Professeur Chevalier, et l'Association s'était elle-même inscrite pour une subvention de 2.000 francs. Nous avons à présent la joie de constater que les nombreuses et généreuses souscriptions émanant d'organismes officiels, de Sociétés savantes ou d'individualités, ont permis cette reconstitution dans d'excellentes conditions. Le nouveau laboratoire a été solennellement inauguré. Nous sommes heureux ainsi d'avoir apporté notre modeste pierre à l'édifice et aidé à réparer un désastre, que l'on pouvait au premier abord croire irrémédiable.

Le tome consacré au Congrès de Lyon paraît actuellement, donc à une date très en avance sur l'époque habituelle de la publication du volume annuel. Félicitons-en l'imprimeur, notre Secrétaire du Conseil et le chef des bureaux, Mme Delmas. Une décision prise en 1925, quelque temps avant le Congrès de Grenoble, et inspirée par une nécessité d'économie, a limité à trois pages l'étendue des communications écrites. Pour des travaux sérieux et de quelque ampleur, ces trois pages, ai-je entendu dire, permettent à peine de donner une table des matières. Certes, nous n'ignorons pas la prolixité regrettable de certains auteurs et il est excellent de leur imposer des limites. Mais, la plupart des auteurs de communications les font en escomptant la possibilité d'en répandre le texte par les tirages à part qu'ils peuvent obtenir à leurs frais. Si la place accordée devient par trop étroite, le travail perd beaucoup de son intérêt, et les auteurs s'adresseront ailleurs ! Espérons donc que la mesure prise n'est que provisoire et pourra être rapportée en des temps meilleurs.

Je n'essaierai même pas de vous donner un aperçu des communications les plus marquantes présentées à Lyon. Vous les trouverez dans le volume. Vous trouverez aussi dans notre Bulletin de novembre 1926 les 14 vœux émis par notre Association au Congrès de Lyon et les réponses qui nous sont déjà parvenues.

En laissant à notre trésorier, M. d'Harcourt, le soin de vous entretenir de notre situation financière, je termine ce rapide exposé de l'activité de l'Association depuis un an. Il vous prouvera, je pense, que le poids de ses cinquante ans n'a pas diminué sa vitalité, au contraire. Je ne saurais oublier de signaler qu'elle s'efforce toujours d'entretenir des liens étroits avec les Associations similaires de l'étranger, au premier rang desquelles il faut compter celles qui portent le même nom : la *British Association for the Advancement of Science*, la *Canadian Association for the Advancement of Science*, la *South African Association for the Advancement of Science*, l'*American Association for the Advancement of Science*, la *Società italiana per il Progresso delle Scienze*, les *Associaciones española y portuguesa para el Progreso de las Ciencias*. En 1925, j'ai eu l'honneur de représenter l'Association Française au Congrès mixte bisannuel des Associations espagnole et portugaise à Coimbra ; ces jours-ci, M. Kœnigs, Professeur à la Sorbonne, est délégué par nous au Congrès de Cadix.

Nous avons été représentés au Congrès de la plus ancienne de ces Associations, la *British Association*, à Southampton, en 1925, par M. le Dr A. Loir, et à Oxford, en 1926, par le Dr Champy. Les comptes rendus, publiés dans nos Bulletins de janvier et de novembre 1926, donnent matière pour nous à de bien suggestives méditations !

Je n'aurai garde d'oublier de signaler qu'à Lyon, à côté du délégué de l'Association pour l'Avancement des Sciences du Canada, M. Amy, et d'un nombre notable de représentants d'Universités et Sociétés savantes étrangères, parmi lesquels M. Constantin A. Ktenas, Professeur à l'Université d'Athènes, nous avons eu la joie de posséder le Sénateur Vito Volterra, l'illustre mathématicien italien, délégué de la *Societa italiana per il Progresso delle Scienze*, auquel notre Président, M. Lacroix, a souhaité la bienvenue comme à un « ami très cher ».

Ces échanges contribuent puissamment à la création et à l'entretien de relations scientifiques internationales cordiales. Dans cette voie, un pas décisif a été fait en 1924, lorsque nous sommes allés à Liége. Certes, le terrain était là spécialement favorable, et de tous nos Congrès, Liége certainement a présenté le plus d'éclat. Mais pourquoi ne pas persévérer dans cette voie en cherchant à renouveler dans quelque ville étrangère amie, l'essai qui a si bien réussi à Liége ?

Depuis la reprise de nos Congrès (Strasbourg 1922), les Compagnies de Chemins de fer de la métropole avaient systématiquement refusé de nous accorder la moindre réduction. Chaque année, inlassablement, notre Président renouvelait une demande dans ce sens ; cette année enfin, après un premier refus, notre insistance a obtenu satisfaction. Mais satisfaction trop tardive pour en pouvoir profiter cette fois : nous avons du moins l'engagement formel qu'à l'avenir, ces réductions seront accordées.

Spécifions bien qu'il s'agit de la France continentale, car suivant l'expression d'un grand soldat, le Général Mangin, la France n'est pas une vieille Nation de 40 millions d'habitants, mais un Empire, continental et colonial, de 100 millions d'âmes. Il semble que la partie coloniale de cet empire soit en avance sur la partie continentale, à en juger par la manière plus élégante dont les Compagnies de navigation, les Chemins de fer algériens et tunisiens n'ont pas hésité à nous faciliter le voyage de Constantine et les belles excursions qui vont commencer.

Pour la cinquième fois, vous venez de passer la mer qui sépare la vieille France de la nouvelle France africaine. Vous avez déjà tenu vos assises à Alger en 1881, à Oran en 1888, à Carthage (Tunis) en 1896, à Tunis en 1913. Cette fois, c'est Constantine qui vous accueille et de là vous allez rayonner sur Biskra, Touggourt, Batna, Timgad, Djemilla, Hamman-Meskoutine, etc. Nous songeons déjà à revenir sur cette terre d'Afrique. Alger nous sollicite et nous désirons vivement tenir une fois ou l'autre nos assises au Maroc.

Parmi vous, certains ressentiront pour la première fois les inoubliables impressions d'un voyage en ces régions, aujourd'hui françaises, si profondément marquées de l'empreinte de Rome. D'autres, ceux qui les ont déjà parcourues, éprouveront une joie intime et profonde à les revoir, à constater les heureux changements accomplis par le génie français, héritier du génie latin.

Permettez-moi de regretter de ne pouvoir être de ces derniers et d'avoir dû laisser à un autre le soin fastidieux de lire ce trop long Rapport.

Je désire ajouter un mot personnel. Le Colonel Perrier serait aujourd'hui des nôtres, et vous auriez eu le plaisir de l'entendre, s'il n'était retenu par une maladie grave. Actuellement hors de danger, il ne pouvait cependant songer à venir jusqu'ici ; je vous propose de lui adresser nos vœux de complet rétablissement.

## V. — PROCHAIN CONGRÈS

L'Assemblée générale décide que le Congrès de 1928 se tiendra à La Rochelle (Charente-Inférieure).

---

## VI. — VŒUX DE L'ASSOCIATION

*Transmis au Gouvernement général de l'Algérie*

1er Vœu. — *L'Association Française pour l'Avancement des Sciences :*

Dans sa séance du 16 avril 1927, clôturant les travaux du Congrès de Constantine, a émis le vœu suivant, après avoir entendu la conférence de M. le Dr Piquet, Directeur des Services d'Hygiène du Département, qui faisait partie de la Délégation constantinoise au voyage transsaharien des Chambres de Commerce d'Algérie, et après avoir délibéré sur la question ;

Considérant qu'à tous les points de vue qui inspirent l'esprit et les travaux de l'A.F.A.S., la construction d'un chemin de fer transsaharien ne peut être que de nature à développer d'une façon considérable toutes les branches de l'activité de la Science française ;

Considérant que c'est un devoir national pour l'A. F. A. S. de joindre son avis et ses efforts à tous ceux qui tendent à obtenir que toutes les possessions de l'Afrique française constituent au plus tôt un tout parfaitement homogène, émet le vœu :

Que le Gouvernement invite les Services intéressés à terminer l'étude technique du transsaharien le plus tôt possible et à passer à l'exécution de cette voie de pénétration qui s'impose.

2e vœu. — *L'Association Française pour l'Avancement des Sciences :*

Demande à l'Administration algérienne, dans un but de développement de la richesse nationale et en présence de l'importance prise par l'industrie des fibres, d'encourager résolument la culture de l'agave sisal qui semble convenir particulièrement aux sols algériens les plus pauvres et qui a donné des résultats remarquables au Sénégal.

3e vœu. — *L'Association Française pour l'Avancement des Sciences :*

Constatant l'excellente disposition de l'Administration algérienne en ce qui concerne la lutte contre les acridiens ;

Demande avec l'opinion publique algérienne et d'accord avec les Syndicats que le texte législatif qui fixe la création des Syndicats de défense contre les sauterelles, soit modifié dans un sens permettant :

1° Une action plus rapide des moyens à engager, et

2° De donner la direction de la lutte à l'Administration qui a en main tous les pouvoirs nécessaires pour organiser un effort collectif.

4e vœu. — *L'Association Française pour l'Avancement des Sciences :*

Soulignant les heureux résultats obtenus par l'organisation administrative des Sociétés indigènes de prévoyance mutuelle, préconise le développement de ces organisations dans un sens plus large encore au point de vue pratique, ainsi que la multiplication dans les communes mixtes des œuvres si utiles des « mutuelles-labours » indigènes.

5e vœu. — *L'Association Française pour l'Avancement des Sciences :*

Vu l'importance des applications de la météorologie en Algérie dans les domaines de l'Agriculture et de la Navigation maritime et aérienne.

Emet le vœu qu'un enseignement graduel de la météorologie, en rapport avec les progrès accomplis par cette science soit donné dans chaque établissement d'instruction.

6e VŒU. — *L'Association Française pour l'Avancement des Sciences :*

Emet le vœu que des crédits locaux permettent de publier les rapports concernant principalement le département de Constantine.

Une brochure illustrée, remplie de chiffres, fixerait techniquement et économiquement le stade expérimental et contribuerait à l'avancement des Sciences Physiques, naturelles et économiques autant qu'à celui de l'Agriculture.

7e VŒU. — *L'Association Française pour l'Avancement des Sciences :*

Considérant les conditions actuelles de pénétration du Sahara ;

Emet le vœu que des missions scientifiques composées de spécialistes français soient organisées en vue de l'exploration méthodique de cette région.

8e VŒU. — *L'Association Française pour l'Avancement des Sciences :*

Après avoir entendu les communications de MM. Viallet et Gaudin, Béraud, Miramond de Laroquette (d'Alger), Allanic (d'Oran), Jaubert de Beaujeu et Guinet (de Tunis) sur la guérison des teignes par la radiothérapie, et l'extrême fréquence de ces affections chez les indigènes (plus de dix pour cent des enfants et des adultes en sont atteints), émet le vœu que la question soit soumise aux pouvoirs publics.

Malgré les difficultés pratiques à prévoir, il est *possible* et *nécessaire* de réduire les foyers de contagion, d'organiser le dépistage des malades et leur traitement en série sur différents points du territoire.

Une commission d'étude administrative et technique pourrait envisager les divers côtés du problème et établir un plan qui permettrait d'appliquer à la population civile la lutte efficace déjà réalisée par le Service de Santé militaire pour les recrues indigènes de l'Algérie.

*Vœux transmis au Ministère de l'Instruction Publique*

1er VŒU. — *L'Association Française pour l'Avancement des Sciences :*

Renouvelle le vœu que, conjointement au contrôle des caractéristiques physiques et chimiques des médicaments, le *contrôle des propriétés physiologiques* essentielles, d'après des méthodes et entre des limites qui devront être fixées au préalable par une *Commission nationale*, soit rendu *obligatoire* pour certains d'entre eux.

2e VŒU. — *L'Association Française pour l'Avancement des Sciences :*

Emet le vœu que la *France* soit largement représentée dans les *Commissions internationales*, qui fixent les caractéristiques, tant physiques et chimiques, que physiologiques des médicaments.

3e VŒU. — *L'Association Française pour l'Avancement des Sciences :*

Emet le vœu que l'enseignement de la *pharmacologie et de la toxicologie* dans les Facultés de Médecine et les Facultés de Pharmacie soit muni de tout l'outillage nécessaire, pour que les élèves soient instruits aussi complètement que possible de tout ce qui concerne le contrôle des propriétés physiologiques des médicaments.

## VI. — REMERCIEMENTS

L'Assemblée générale a voté des remerciements aux personnes suivantes :

MM. le Gouverneur général de l'Algérie.
les Sénateurs et Députés du Département de Constantine.
le Préfet de Constantine.
le Maire, la Municipalité et les membres du Conseil municipal de de Constantine.
DEYRON, Président du Conseil général et le Conseil général.
le Recteur de l'Académie d'Alger.
CALLOT, Président du Comité local.
ALQUIER, Secrétaire général du Comité local.
COUR, Vice-Président du Comité local.
THÉPENIER, Président de la Commission des Excursions.
LALOUM, Trésorier.
les Présidents des Commissions et les Commissions.
ARRIPE, Président du Syndicat d'Initiative de Constantine.
les Membres du Comité local.

Mme SAUCEROTTE, Directrice d'Ecole en retraite.

M. BÉRAUD, Adjoint au Maire de Constantine.

Mlle RENVOISÉ, Directrice du Lycée de jeunes filles de Constantine.

Mme LAVILLAT et le Comité des Dames.

MM. le Dr DUMONT, Directeur du Crédit Foncier de Constantine.
les Directeurs des Compagnies de Navigation transatlantique, Navigation mixte et Transports maritimes.
les Directeurs des Chemins de fer algériens de l'Etat, du P.-L.-M. algérien et Compagnie fermière tunisienne.
CAZENAVE, maire de Biskra.
le Dr CRESPIN, Président du Syndicat d'Initiative.
La Presse locale, régionale et métropolitaine.

M. le Dr VERNE, Secrétaire du Conseil.

Mme DELMAS, Chef des Bureaux

## VII. — REMISE DE MÉDAILLES

*Médailles décernées à l'occasion du Congrès de Constantine*

Les médailles qui ont été accordées par le Conseil sont ensuite remises aux personnalités suivantes :

MM. Viollette, Gouverneur général de l'Algérie.
Morinaud, Maire de Constantine.
Deyron, Président du Conseil général.
Taillart, Recteur de l'Université d'Alger.
Callot, Président du Comité local.
Alquier, Secrétaire général du Comité local.
Ameye, Président de la Commission de Propagande.
Evenou-Norvès, Président de la Commission du Livre.
Thépenier, Président de la Commission des Excursions.
Cour, Président de la Société Archéologique de Constantine.
le Dr Piquet (conférence faite à Constantine, 1927).
Société Archéologique de Constantine (75e anniversaire).
Cazedave, Maire de Biskra.
Laloum, Trésorier du Comité local.
Béraud, Adjoint au Maire de Constantine.
Mlle Renvoisé, Directrice du Lycée de jeunes filles de Constantine.
M. Sicard, Président du Comité des Fêtes.
Si Abdelkader Ben Hadj Saïd, Caïd de Témacine.

# SÉANCE GÉNÉRALE D'OUVERTURE

---

## DISCOURS
## M. MORINAUD
Maire-député

---

Monsieur le Gouverneur,
Monsieur le Président,
Mesdames, Messieurs,

Depuis la guerre, c'est la première fois que l'Association Française pour l'Avancement des Sciences tient son Congrès annuel sur la terre africaine.

La ville de l'éminent historien Ernest Mercier, de l'archéologue Poulle, des explorateurs de Béhagle, Mercuri, Motylinski, la ville du grand écrivain Chaseray — notre Kipling algérien, — cette ville est fière d'avoir été choisie pour cette belle manifestation de la pensée française.

Elle vous exprime, ainsi qu'à M. le Gouverneur général, toujours fidèle à sa noble tâche, ses vœux de respectueuse et de très cordiale bienvenue.

Déjà en 1881, lors du Congrès d'Alger, des excursions archéologiques eurent lieu à Bou-Nouara, au Bou-Merzoug, à Sigus et à Roknia, c'est-à-dire presque à nos portes.

La capitale de l'antique Numidie était infiniment plus digne d'intéresser par elle-même vos savants travaux.

Dans ce site tant de fois célébré — défense naturelle formidable placée à proximité immédiate de sources abondantes et de plaines à la végétation luxuriante — l'homme a vécu dès les temps géologiques.

Plusieurs d'entre vous ont étudié leurs restes et aussi les traces de leur industrie, retrouvées dans les nombreuses grottes percées dans la paroi du Vieux Rocher.

Descendant de ces hommes préhistoriques et n'en étant peut-être pas très différents par leurs caractères ethnographiques, les Berbères ont fondé Cirta, leur race s'est perpétuée sur place jusqu'à nos jours, malgré les révolutions et les guerres.

Me sera-t-il permis, devant les savants que vous êtes, de rappeler en quelques lignes la longue et prestigieuse histoire de ce Rocher ?

Aux temps légendaires, Yarbas, roi des Numides, demanda en mariage Didon, reine de Carthage qui, fidèle à son premier époux, préféra à cette union une mort volontaire.

Annibal, lorsqu'il mit en échec la puissance romaine, avait parmi ses troupes des auxiliaires venus de la Numidie.

Siphax, personnage historique, en épousant la Carthaginoise Sophonisbe, introduisit à Cirta la civilisation punique ; mais les hasards de la guerre donnèrent son royaume et sa capitale à Massinissa, allié des Romains. Il fit appel aux Grecs pour embellir sa ville. Son fils Micipsa fut même surnommé l'Hellène.

Jugurtha, neveu de Micipsa, se crut assez fort pour pouvoir secouer le protectorat romain, mais ni sa fougue, ni son génie militaire ne purent tenir contre la discipline des légions romaines. Elles pénétrèrent dans Cirta.

Après les guerres civiles, Salluste devint proconsul de la Numidie. Cirta, avec trois autres colonies qui étaient ses satellites, forma alors un territoire indépendant sous le Gouvernement de Sittius, allié de César.

C'est alors que régna la grande paix romaine pendant laquelle s'élevèrent ces innombrables monuments dont les restes nous étonnent et prouvent quelle action profonde la civilisation latine exerça sur l'Afrique du Nord.

La religion chrétienne s'y propagea avec rapidité ; mais elle fut aussitôt comme empoisonnée par des schismes.

Aux querelles religieuses s'ajoutèrent les guerres civiles : un usurpateur du nom d'Alexandre régna en maître sur le pays ; il fut assiégé par Maxence dans Cirta qui céda à la force des armes.

Elle fut alors détruite de fond en comble.

En 313, Constantin, le grand pacificateur, releva ses murailles, rebâtit ses monuments et lui donna son nom. L'inscription gravée sur le piédestal de la statue érigée en son honneur par nous, Français, rappelle à tous le souvenir de ce grand fait historique.

A la mort de Constantin le Grand, les guerres civiles reprennent, les Vandales de Genséric, appelés comme arbitres, s'emparent du pays. Ils vont jusqu'à Rome même porter leurs ravages.

Un dernier effort de l'Empire de Byzance permet quelque temps aux généraux Bélisaire et Solomon de reconquérir le pays ; puis l'invasion arabe ne trouve devant elle qu'un faible résistance, illustrée cependant par la reine des Aurès, la Kahéna.

Jusqu'au XIII^e siècle, les populations se convertissent à l'islamisme ; mais elles épousent avec passion toutes les querelles religieuses et politiques qui font déchoir Constantine de son ancien rang de capitale au profit de la Kalaa des Beni Hammad ou de Bougie.

Un moment, sous le règne des Hafsides, Constantine redevient une ville importante ; mais cette époque est encore troublée par des révoltes, des rivalités de Gouverneurs.

Elle est souvent assiégée et quelquefois prise de vive force.

A partir du XVIe siècle, l'influence des Turcs devient prépondérante. Les Beys, qui presque tous périrent de mort violente, gouvernent le pays en cherchant le plus possible à s'affranchir du pouvoir central.

Salah Bey fut le plus populaire de ces Gouverneurs ; il fit construire de très nombreux monuments. Sous son règne, les Tunisiens tentèrent en vain de s'emparer de Constantine.

Ahmed Bey fut le dernier d'entre eux : rendu indépendant en 1830 par la prise d'Alger, il gouverna en despote ; on lui doit le magnifique palais arabe que vous pourrez admirer ; d'aucuns disent qu'il est le plus beau de l'Afrique française.

L'Algérie ne pouvait être pacifiée sans la conquête de Constantine.

Une première expédition, conduite en 1836 par le maréchal Clauzel, ne réussit pas à prendre la ville de force. L'année suivante, le 13 octobre, sous le commandement de Damrémont qui fut tué par un boulet, puis du maréchal Valée, l'armée française, en trois colonnes d'assaut commandées par Lamoricière, Combes et Forbin, pénétra héroïquement dans Constantine par la brèche faite dans son rempart.

Constantine était désormais française ; elle devint Préfecture en 1849 et commune, seulement, en 1854 ; sa population, qui était de 23.000 habitants en 1851, est aujourd'hui de cent mille habitants.

A côté des quartiers indigènes demeurés intacts au cours des siècles, vous verrez les quartiers de construction récente qui sont l'œuvre des Français, nos monuments publics qui peuvent rivaliser avec ceux des Romains.

Vous reconnaîtrez dans nos rues des peuples très divers vivant le même idéal sous la protection de la grande Paix nationale.

La bonne entente qui règne dans notre Algérie entre citoyens français et Français indigènes est le fruit et en même temps la récompense d'une administration — bientôt centenaire — qui fut toujours empreinte, avant tout, de bonté, de douceur et de justice.

Au cours du voyage que vous allez accomplir dans notre « France nouvelle », vous constaterez partout, dans une collaboration loyale et dévouée, le réconfortant accord de nos populations.

La célébration prochaine du centenaire de 1830 ne peut plus être qu'une fête magnifique de l'amitié franco-indigène, si fortement scellée sur les champs de bataille de la grande guerre, du Maroc et de la Syrie !

Chacun peut et doit aujourd'hui comprendre combien Onésime Reclus avait raison quand, après Prévost Paradol, il écrivait ces lignes prophétiques :

« L'avenir de la France est en Afrique. »

L'Afrique française, Afrique du Nord et Afrique noire, par la construction aujourd'hui certaine du Transsaharien, sont appelées à faire de notre France une nation d'au moins 70 millions d'habitants.

D'une telle force, le peuple français, qui sème à travers le monde les pensées de liberté et de justice, ne fera jamais usage que pour la Civilisation, le Droit et l'Humanité.

---

## M. CALLOT

Proviseur du Lycée

---

Monsieur le Gouverneur général,
Monsieur le Président,
Mesdames, Messieurs,

Il est de tradition, dans les Congrès de l'Association pour l'Avancement des Sciences, que le Président du Comité local prenne la parole à la séance inaugurale. Je ne dérogerai pas à la coutume, non point que j'aie l'intention de vous faire un discours qui serait assurément inopportun de ma part dans une manifestation comme celle d'aujourd'hui, mais simplement parce que je désire profiter de l'occasion qui s'offre à moi pour remercier publiquement tous ceux qui ont bien voulu nous aider dans la lourde tâche de l'organisation matérielle de ce congrès.

L'expression de notre gratitude ira d'abord à vous, M. le Gouverneur général, à vous qui après un tout récent voyage dans les Aurès n'avez pas hésité à vous imposer un nouveau déplacement pour venir affirmer par votre présence l'intérêt que vous portez à cette manifestation scientifique et à l'œuvre entreprise par l'Association.

Mais votre sollicitude ne s'est pas bornée à nous honorer d'un appui moral dont nous apprécions toute la valeur, vous avez bien voulu aussi nous accorder une aide matérielle par l'allocation d'une importante subvention qui nous a permis de réaliser le programme que nous nous étions tracé.

Nous vous en remercions, M. le Gouverneur général, et nous vous prions d'agréer l'asurance de notre respectueuse et très vive reconnaissance.

Nous tenons également à assurer de notre gratitude M. le Président du Conseil général et MM. les Membres de l'Assemblée départementale, M. le maire et MM. les conseillers municipaux de la ville de Constantine qui, lorsque nous avons sollicité leur concours pécuniaire qui nous était indispensable, nous ont accordé de larges subventions. Par votre libéralité et par des votes émis sans discussion, vous avez affirmé, vous aussi, Messieurs, l'importance que vous attachez à tout ce qui touche à la science française, source de grandeur et de prospérité nationales, puisque ce sont les progrès de la science et ses innombrables applications qui rendent florissants le commerce et l'industrie.

Votre exemple a été suivi, et, dans la même pensée et avec le même élan généreux, de nombreuses communes du département, malgré les lourdes charges qui pèsent sur elles et en dépit de la modicité de leurs ressources, ont tenu à nous apporter leur encouragement en nous accordant des moyens.

A MM. les Maires et à MM .les Administrateurs de ces communes, nous adressons nos remerciements.

J'ai encore à exprimer notre reconnaissance à M. le Préfet, dont l'appui moral et les bienveillants conseils ne nous ont jamais fait défaut ; à M. le général Odry, à M. le Recteur de l'Académie qui représente l'Université à ce congrès scientifique ; enfin, à MM. les Directeurs des chemins de fer de l'Etat, et de la Compagnie P.-L.-M. et de la Compagnie Fermière Tunisienne qui nous ont accordé très libéralement toutes les facilités de circulation demandées en faveur de nos visiteurs.

Mesdames et Messieurs les Congressistes,

Par suite de l'exiguïté de nos ressources locales, nous vous avons certainement accueillis à Constantine plus modestement que vous ne l'avez été dans les grandes villes de France où ont été tenues jusqu'ici ces assises annuelles de la Science et qui disposent de facilités matérielles dont nous sommes privés, mais c'est de tout cœur, que nous vous offrons cette modeste hospitalité en nous excusant de ne pouvoir faire mieux.

Certains d'entre vous me disaient hier combien l'aspect de notre ville, si étrange et si puissamment originale, les avait impressionnés et surpris. Ce sentiment ne fera que s'accentuer. Mesdames et Messieurs, lorsque vous parcourerez ce département qui n'est pas seulement intéressant au point de vue pittoresque et touristique, mais encore au point de vue historique et archéologique, et où les vestiges d'un passé glorieux surgissent de toutes parts au milieu des sites les plus admirables.

Votre surprise sera peut-être encore plus grande lorsque, au cours de votre trop rapide randonnée, de superbes domaines agricoles, de riches exploitations minières et forestières, de florissantes industries vous montreront comment une patience obstinée et une inlassable énergie ont mis en valeur certaines régions de ce pays dont on ignore trop en France les inépuisables ressources et dont la prospérité serait encore plus grande si les capitaux français n'y émigraient pas aussi timidement.

De tout cela, nous voulons espérer que vous garderez une telle impression que plus tard vous voudrez revenir sur cette terre d'Afrique à peine entrevue, et que vous nous aiderez à la faire mieux connaître en vous faisant les agents autorisés d'une active propagande en faveur de l'Algérie. Et nous vous demandons aussi, quand vous ferez à nos compatriotes de la Métropole le récit de votre beau voyage, de ne pas manquer de leur dire qu'ici, comme de l'autre côté de la mer, le même amour de la Patrie nous tient au cœur et que nous sommes indissolublement unis à eux toutes les fois qu'il s'agit du salut, de la grandeur ou de la prospérité de la France.

---

## ALLOCUTION DE MONSIEUR LE PROFESSEUR

## Charles ABSOLON

Délégué de l'Université Charles, de Prague,
Conservateur des Musées de Moravie

---

Je suis venu du centre de l'Europe, de la Tchécoslovaquie, pour prendre part à votre Congrès. Je viens officiellement comme délégué de la vénérable Université Charles de Prague, et au nom du Musée d'Etat de Moravie. Le peuple tchécoslovaque vit une vie nouvelle dans l'Europe centrale, sous la protection du grand peuple qui a donné à l'humanité un Victor Hugo et un Louis Pasteur.

Je ne pourrai trouver assez de mots pour vous décrire les sentiments avec lesquels le peuple de Tchécoslovaquie admire la France.

Nous autres, naturalistes tchécoslovaques, connaissons bien la grande importance de votre Association française pour l'Avancement des Sciences et je n'ai pu mieux témoigner de notre attachement qu'en faisant avec Mme Absolon le long voyage pour prendre part à cette solennité.

Les décorations que nous portons avec vénération, Mme Absolon et moi, vous prouvent que nous ne sommes pas, pour la première fois, en France.

C'est au nom du peuple tchécoslovaque que je souhaite au Congrès le meilleur succès.

---

# DISCOURS

de

# M. Paul LANGEVIN

Professeur au Collège de France
Président de l'Association Française pour l'Avancement des Sciences

Mesdames, Messieurs,

J'apporte ici le salut de l'Association Française pour l'Avancement des Sciences à la France africaine du Nord et ses remerciements à la Ville de Constantine pour avoir su donner tant d'éclat à notre réunion. Je remercie M. le Gouverneur général, M. le Préfet, ainsi que les élus et les représentants des diverses administrations du pays, du département et de la ville d'avoir, par leur présence, affirmé leur sympathie pour l'œuvre que s'efforce d'accomplir notre Association. Nous devons aussi un remerciement tout particulier au Comité local et à son président, M. le Proviseur Callot, dont le dévouement et l'inlassable activité ont rendu possible le succès de notre Congrès.

Fondée au lendemain de la guerre de 1870 pour contribuer au relèvement de notre pays en groupant les bonnes volontés de ceux qui ont confiance dans l'efficacité de l'effort scientifique, l'Association Française pour l'Avancement des Sciences est entrée, depuis quelques années, dans le second demi-siècle de son existence. Elle compte aujourd'hui trois mille cinq cents membres, dont cinq cents nous sont venus depuis notre cinquantième Congrès, tenu l'année dernière à Lyon. J'ai plaisir à souligner l'importante contribution apportée par l'Afrique du Nord à ce nouveau contingent. Il y a là un témoignage de solidarité qui nous est infiniment précieux.

Notre Congrès de Lyon, ville essentiellement industrielle et technique, fut accompagné d'une exposition des applications de la Science, brillante apothéose des services rendus par la recherche scientifique à l'affranchissement matériel et économique des hommes.

Je voudrais souligner le sens particulier qui s'attache, pour moi, au congrès de cette année, au fait que nos assises se tiennent à Constantine, ville où, comme vient de vous le rappeler M. le député-maire Morinaud, les plus beaux souvenirs du passé s'associent aux plus beaux espoirs d'avenir. Notre Science, elle aussi, est un lien vivant entre le passé et l'avenir ; elle est le flambeau de l'esprit, la flamme toujours plus haute que se transmettent les générations. Cette liaison avec le passé s'affirme ici de manière d'autant plus heureuse que notre congrès coïncide avec le soixante-quinzième anniversaire de la Société archéologique du département de Constantine. Je tiens à remercier pour son œuvre et à saluer ici cette sœur aînée de notre Association, sur la terre si riche en souvenirs qu'elle contribue puissamment à conserver et à mettre en valeur.

D'autre part, dans cette ville riche d'histoire, où se sont exercées au cours des siècles des influences si diverses, où collaborent aujourd'hui dans la paix française, présage de la paix humaine, des races et des civilisations si variées, la présence à ce Congrès des représentants de tant de régions et de pays différents me paraît symbolique du rôle de la Science comme facteur d'évolution, non seulement matérielle, mais encore et surtout intellectuelle et morale, comme moyen puissant de liaison et de rapprochement entre les hommes.

Avant de rappeler les services que rend et que peut rendre, à ce dernier point de vue, une Association comme la nôtre, laissez-moi tout d'abord, à la lumière des progrès récents, analyser rapidement la manière dont se développe la Science, dont se poursuit de plus en plus consciemment cet effort commencé avec la vie elle-même, de pénétration et de domination du monde par l'esprit ou, plus exactement, d'adaptation progressive, douloureuse et lente de la pensée à une réalité extérieure de plus en plus intelligible et docile. Je voudrais vous rappeler quelques-unes des étapes jusqu'ici parcourues dans cette formation vivante de l'esprit au contact d'un monde tout d'abord étranger, impénétrable et hostile, dans cette apparition chez les êtres vivants d'intelligences primitivement débiles puis, grâce à la confrontation constante avec les faits, de mieux en mieux armées pour construire une représentation adéquate et précise. Par une série jamais achevée d'actions et de réactions de la pensée sur le monde et de l'expérience sur notre raison, par un perfectionnement incessant de nos moyens d'investigation matériels et intellectuels, par une précision de plus en plus grande des questions posées par nous à la nature et par un remaniement constant des conceptions anciennes pour tenir compte des réponses obtenues, notre esprit s'adapte, ses notions les plus fondamentales se transforment de manière à refléter, dans la monade vivante et active que représente chacun de nous, une image de plus en plus parfaite de l'Univers.

Nous retrouverons, au cours de chaque étape, un même processus caractéristique des démarches de l'esprit pour obtenir une approximation toujours plus haute de la vérité. C'est, par une sorte de mouvement rampant qui s'appuie sur le terrain déjà conquis pour s'avancer vers le nouveau, un passage constant du connu vers l'inconnu, une tendance légitime et inévitable à généraliser, à étendre vers de nouveaux domaines les modes de représentation ou d'action qui ont réussi dans le passé, à poursuivre aussi loin qu'il se peut l'emploi des formes de pensée héritées de nos ancêtres et sanctionnées par l'usage ancien. Chaque fois une étape nouvelle commence lorsque la représentation mentale ainsi prolongée cesse d'être conforme à la réalité. Un remaniement des notions admises, un retour de l'esprit sur lui-même deviennent nécessaires, une crise de croissance apparaît, plus ou moins douloureuse et plus ou moins profonde suivant l'importance des modifications et la nouveauté des initiatives à trouver et aussi bien souvent, suivant la puissance des intérêts matériels ou moraux liés au maintien des conceptions périmées.

La crise passée, une nouvelle étape commence, au cours de laquelle s'opère un réarrangement des valeurs à la lumière des idées nouvelles ; ce qu'on croyait connu apparaît plus complexe, ce qui passait pour simple parce que familier et qu'on utilisait comme base d'explication doit être expliqué à son tour au moyen de notions plus abstraites et plus générales, jusqu'à ce que celles-ci, utilisées dans un domaine plus large et confrontées avec l'expérience dans des conditions dont elles ont contribué elles-mêmes à augmenter la précision, se montrent insuffisantes à leur tour et qu'un nouveau conflit s'élève entre l'avenir et le passé, entre l'instinct profond qui pousse notre espèce vers des formes de vie de plus en plus riches et de plus en plus complexes et la tendance, également instinctive, à maintenir les formes anciennes, à reculer devant l'effort douloureux nécessaire au changement. Ainsi de balbutiement en balbutiement, d'étape en étape et de crise en crise, s'édifie, dans des esprits de plus en plus adultes, une représentation de plus en plus adéquate et précise du monde, pour la joie de comprendre issue du besoin d'agir.

Nous remarquerons que chacune des étapes, commencée par une découverte, continuée par des générations de plus en plus larges et de moins en moins légitimes ou efficaces aboutit progressivement à la création d'une mystique, à l'illusion que les moyens nouveaux de compréhension et d'action ont une valeur absolue et définitive, que ces moyens sont utilisables dans d'autres domaines que ceux où l'expérience a provoqué leur découverte puis justifié leur emploi. L'idée primitivement jeune et féconde vieillit, accuse la sclérose et l'entêtement sénile et s'éteint plus ou moins doucement en laissant la place à celles qui la prolongent et dont elle-même a provoqué la naissance.

Parmi les découvertes les plus importantes et les plus anciennes figurent celles de la parole et de l'image, de la possibilité de communication avec les autres hommes et de la puissance d'action sur eux qu'elles donnent à chacun de nous. L'exploitation et la sublimation, en quelque sorte, de ces découvertes ont donné naissance à la littérature et aux arts plastiques, domaines légitimes d'application de ces moyens nouveaux d'expression et d'action. Mais par une généralisation, naturelle dans l'ancienne représentation anthropomorphique du monde et que l'expérience a montré illégitime, on a cru pouvoir, par l'incantation ou l'envoûtement par exemple, appliquer ces moyens d'action aux volontés occultes pour les dominer, ou pour les fléchir, ou pour agir à distance sur les hommes ou sur les animaux. Ainsi la magie, selon la belle conception de James Frazer et de Levy-Brühl, nous apparaît comme forme primitive d'une science, comme première tentative de représentation et comme première technique d'action, mais aussi comme premier exemple d'illusion mystique, d'extension et de généralisation illégitime de découvertes aussi importantes que celles de l'existence de volontés analogues à celle de chacun de nous et de la possibilité de communiquer avec elles et d'agir sur elles par le geste, la parole ou l'image. Premier exemple aussi de la persistance d'illusions de ce genre lorsque, comme il est également constant, des individus ou des groupes humains exploitent ces illusions comme moyens de puissance ou de domination.

L'apparition de notions abstraites comme celle de nombre et la découverte de la puissance des combinaisons arithmétiques comme moyen de prévision sont à l'origine des mathématiques qui constituent leur domaine légitime d'extension et de généralisation. Mais il était normal qu'apparaisse également l'illusion, représentée par la kabbale juive ou par la doctrine pythagoricienne, que le nombre constitue la clé du monde comme moyen de représentation ou d'action et que tout se ramène à des questions de nombre.

De même l'astronomie primitive des Chaldéens se trouve à l'origine des sciences d'observation ; elle a permis de prédire l'avenir des astres, de prévoir leurs positions relatives et leurs éclipses grâce à la connaissance de leur passé. L'impression profonde qu'a dû produire ce rudiment de science précise, l'ivresse qu'elle a dû donner à la raison naissante capable en apparence de commander aux astres a donné naissance à la mystique de l'astrologie, à l'illusion que l'observation des astres pouvait aussi permettre de prévoir l'avenir des hommes ou des nations, sinon de commander à leurs destinées. Cette extension illégitime et tenace a subsisté pendant de longs siècles et réapparaît encore quelquefois de nos jours.

Puis est apparu le miracle grec caractérisé surtout par la découverte et par la conquête définitive de la puissance du raisonnement déductif, aboutissant tout d'abord, à la constitution d'une logique et d'une géométrie pure où, à partir d'axiomes et de postulats d'apparente évidence, tellement évidents en apparence que la plupart d'entre eux, comme l'ont montré les travaux récents, ne sont pas énoncés de manière explicite, la déduction permettait de tirer des conséquences singulièrement lointaines et surprenantes.

L'esprit, grisé par cette puissance nouvellement acquise, a cru possible d'en étendre indéfiniment l'emploi et de reconstruire le monde par la seule puissance du raisonnement, sans avoir davantage recours à l'expérience. Ici encore apparaît la tendance naturelle, inévitable, à généraliser des résultats acquis, à essayer dans de nouveaux domaines l'application de ce qui a réussi. La scolastique au moyen âge, l'emploi récent encore par Hegel du moulin dialectique fonctionnant à vide représentent des formes illégitimes d'emploi du raisonnement déductif.

La crise s'est produite lorsque la Renaissance est venue réagir contre cet abus en montrant la nécessité de chercher dans l'expérience et dans la confrontation des prévisions avec les faits, le contenu imprévisible des axiomes et des hypothèses nécessaires à la construction d'une théorie valide.

Le premier grand succès dans cette direction fut celui de la Mécanique céleste issue des travaux de Copernic, de Tycho-Brahé, de Kepler, de Galilée et de Newton, heureux mélange d'observation et de réflexion, de prévision théorique et de contrôle expérimental. La connaissance d'une loi générale d'action entre les astres en était le résultat, singulièrement séduisant et simple. Le développement de la science pendant tout le dix-huitième et pendant une partie du dix-neuvième siècle est dominé et déterminé par ce succès de la mécanique céleste. Il en résulte la constitution d'une mécanique dite rationnelle considérée comme science d'une pureté supérieure à celle des autres sciences expérimentales, fondée sur des notions intangibles quoique obscures et à partir de laquelle on a pu espérer construire toute la physique. L'illusion mécaniste, issue de cette mystique tendant à placer hors de discussion, et à considérer comme applicables à la physique entière des notions et des procédés utilisés avec succès dans un premier domaine, s'est même étendue à la biologie dans l'enthousiasme facile à comprendre des philosophes du dix-huitième siècle.

Il a fallu, pour nous détromper, les insuccès du mécanisme en optique et en électricité, il a fallu l'œuvre de Faraday, de Maxwell, de Hertz, de Lorentz, d'Einstein pour montrer que les conceptions de la mécanique ancienne, classique, ne permettaient qu'une première approximation, que la physique et particulièrement la mécanique des grandes vitesses exigeaient l'abandon, non seulement des notions de masse absolue et de force introduites par Newton, mais encore un remaniement des notions plus anciennes et plus profondes de l'espace et du temps telles qu'Euclide et Galilée nous les avaient transmises, notions qu'une illusion tenace fait encore quelquefois considérer comme intangibles et comme représentant des conditions nécessaires de toute pensée.

La synthèse relativiste est issue de la crise récente qui a marqué la fin de l'étape mécaniste, étape remarquable et importante, riche d'acquisitions nouvelles, incorporées sous une autre forme aux idées actuelles. Et déjà s'annoncent d'autres transformations. Le problème que pose la lumière, problème décevant qu'on a cru résolu à diverses reprises avec la théorie de l'émission de Newton, avec les ondulations de Fresnel, avec la théorie électro-magnétique de Maxwell et de Lorentz et que l'expérience oblige à reprendre chaque fois, nous place aujourd'hui devant des difficultés nouvelles, celles des quanta, qui rapprochent étrangement la structure de la lumière de celle de la matière et qui exigeront de nous, de notre raison infirme encore, des sacrifices et des renouvellements plus douloureux peut-être que ceux de la dernière crise, celle de la relativité. Ainsi se réalisera, dans des conditions que nous commençons à pressentir, une adaptation nouvelle et difficile de notre esprit à la réalité.

La remarque s'impose ici que chacune des étapes franchies par nos ancêtres sur le dur chemin de cette adaptation ne s'achève pas sans laisser, soit au fond de chacun de nous, soit dans les groupes humains actuels les plus voisins des sociétés primitives, des prolongements et des traces profondes. Nous sommes obligés constamment de nous défendre contre des tendances ou des impulsions de forme superstitieuse, écho des vieilles mystiques de la magie et de la kabbale, contre l'illusion que l'avenir peut se prévoir par des méthodes analogues à celles de l'astrologie ou contre l'abus du raisonnement déductif. contre l'illusion que l'avenir peut se prévoir par des méthodes analogues à celles de l'astrologie ou contre l'abus du raisonnement déductif. Il faut un effort pour préserver des fumées d'un passé encore très voisin et maintenir claire en nous la flamme vacillante d'une pensée qui se crée et grandit chaque jour.

L'évolution qui vient d'être esquissée à grands traits prend une grande importance collective et sociale si l'on réfléchit que chacun des progrès de la pensée scientifique, ou plus exactement de la pensée tout court, eut une répercussion profonde sur l'organisation de nos sociétés humaines. On sait que la magie et ses rites, pratiqués aujourd'hui encore par des tribus nombreuses, furent à l'origine de toutes les constructions politiques. L'astrologie a joué aussi, et joue encore dans certains coins du monde, un rôle essentiel dans le gouvernement des Etats, et ce serait une illusion de croire que les méthodes exagérément déductives et scolastiques ont cessé d'avoir une influence profonde sur les décisions des hommes.

Il est incontestable également que la confiance dans la raison préconisée par Descartes et confirmée de manière éclatante par le triomphe de Newton a créé tout le mouvement philosophique du dix-huitième siècle et contribué de la manière la plus efficace, en soumettant au libre examen les principes de l'organisation sociale, à préparer le grand effort d'affranchissement que représente notre Révolution de la fin de ce même siècle.

Enfin qu'il me soit permis de souligner le parallélisme entre l'affirmation relativiste de l'égale légitimité de tous les points de vue d'observateurs différents, de tous les systèmes de référence, les lois de l'Univers étant les mêmes pour tous, et l'affirmation démocratique de l'éminente dignité de la personne humaine, du droit égal de tous devant les lois sociales.

Ainsi par les habitudes mentales qu'elle crée et par les attitudes qu'elle impose à l'esprit devant la réalité, la Science peut servir les hommes ailleurs que dans son propre domaine et préparer, non seulement leur affranchissement économique et matériel par ses applications immédiates, mais encore leur affranchissement intellectuel et moral.

Cette signification collective de la Science, ajoutée au fait qu'elle représente un instrument puissant de rapprochement entre les hommes en construisant une vérité sur laquelle tous puissent être d'accord, en leur proposant un but commun de réflexion et d'action, en établissant entre eux par la complexité croissante de ses applications une solidarité de plus en plus étroite, rend particulièrement utiles des groupements comme le nôtre pour rassembler toutes les bonnes volontés, pour protéger l'idéal scientifique dans une période troublée comme celle que nous traversons, pour accélérer dans la mesure de nos forces, la marche, la progression lente et pénible de l'esprit acharné depuis tant de siècles à la pénétration du grand mystère qui nous entoure et soutenu par l'espoir d'être un jour la conscience du monde.

De même que tout effort, commencé sous la pression d'une nécessité, devient source de joie par la fonction qu'il crée ou développe, de même que la parole et l'image inventés par les hommes pour satisfaire au besoin de communiquer entre eux ont donné naissance à la littérature et à l'art, l'activité scientifique, orientée tout d'abord vers des fins pratiques, a créé progressivement l'organe de la raison et fait apparaître une joie nouvelle, celle de comprendre, qui devient peu à peu le mobile essentiel de notre recherche, en même temps qu'augmente la fécondité de celle-ci.

J'ai insisté sur le caractère profondément humain de notre science, sur ses grandeurs et sur ses faiblesses, sur sa marche hésitante et progressive à la fois, sur l'étroite solidarité qu'elle crée entre les hommes, sur les services qu'elle peut leur rendre et les joies qu'elle peut leur procurer, pour dégager plus nettement le rôle de notre Association et des associations sœurs qui se développent maintenant partout à l'étranger.

C'est tout d'abord un rôle de protection de la Science, en créant autour d'elle un mouvement d'opinion, une atmosphère favorables, en procurant des ressources à ceux qui la cultivent. Nous ne pouvons encore accomplir que de façon bien modeste et rudimentaire cette partie de notre tâche. C'est aussi un rôle de liaison, de rapprochement fécond entre les diverses disciplines scientifiques représentés par nos vingt-trois sections, un rôle de liaison entre les différents pays solidaires les uns des autres dans la marche au progrès. La présence ici de MM. les professeurs Absolon, de Prague, de Selys-Longchamps, de Bruxelles, Pétrovitch, de Belgrade, entre autres collègues venus de l'étranger pour participer à nos travaux, nous est la preuve que ce contact existe et nous donne l'espoir qu'il s'établira de plus en plus étroit.

Nous avons le devoir d'assurer la liaison entre l'avant-garde humaine représentée par ceux qui ont la bonne fortune de cultiver la Science et de connaître les joies qu'elle procure, au sacrifice souvent d'autres satisfactions, et les autres hommes dont ils ont besoin de sentir l'appui moral et la solidarité. Des circonstances réconfortantes comme celle d'aujourd'hui sont pour nous le meilleur des encouragements.

Nous avons le devoir d'éveiller l'intérêt pour la Science au cœur des jeunes gens et de contribuer à ne rien laisser perdre de leur collaboration possible à l'œuvre si urgente et si difficile du progrès humain. La création d'une section de pédagogie et l'introduction à son programme depuis trois ans de la question de l'Ecole Unique témoigne du souci de notre Association dans ce sens.

A ce devoir envers l'avenir s'associe étroitement un devoir envers le passé, celui de conserver pieusement le souvenir des hommes qui ont exercé une influence particulièrement grande sur le mouvement des idées, et de les donner en exemple à nos jeunes. A ce point de vue, je tiens à rappeler ici que notre pays va célébrer en octobre prochain deux centenaires, celui de la naissance de Marcelin Berthelot et celui de la mort d'Augustin Fresnel. A propos du premier, une imposante manifestation d'intérêt général pour la Science est organisée qui doit aboutir à la construction d'une Maison de la Chimie où pourront se réunir ceux qui, en tous pays, développent et appliquent la science à laquelle Berthelot consacra de manière si efficace une vie longue et glorieuse, plus de cinquante années d'un labeur ininterrompu.

Le sort de Fresnel fut tout différent ; malade pendant de longues années et mort avant quarante ans, il a laissé en moins de dix ans, par une succession d'éclairs de génie qui ont créé véritablement la théorie ondulatoire de la lumière, une trace plus profonde peut-être que celle d'aucun autre physicien. A tel point qu'en ce moment même s'élève le plus beau monument qu'on pouvait désirer pour un pareil centenaire. C'est, par un retour aux conceptions de Fresnel, la construction d'une mécanique ondulatoire qui, non seulement nous fait espérer la solution des difficultés de quanta dont je parlais tout à l'heure, mais encore complète l'œuvre du grand physicien, en réalisant pour la mécanique, et par une méthode analogue, un progrès comparable à celui qu'il a réalisé pour l'optique.

Je tiens, en terminant, à insister sur un devoir commun à tous ceux qui aiment la Science et ont confiance en elle : celui de veiller à ce qu'elle ne soit pas détournée de son but essentiel, à ce que, conformément à ses tendances profondes, elle contribue à rapprocher les hommes en créant des pensées qui leur soient communes et des applications qui exigent leur collaboration. Loin d'être indifféremment orientée vers le bien ou le mal, vers la paix ou la guerre, la Science est et doit être de plus en plus créatrice d'harmonie et pacificatrice. Il y a là une question de vie ou de mort pour l'espèce humaine. Nous ne pouvons pas concevoir ni permettre qu'elle soit résolue autrement que dans le sens de la paix.

## DISCOURS DE MONSIEUR LE GOUVERNEUR GÉNÉRAL

Messieurs

L'Algérie se félicite de recevoir aujourd'hui dans cette ville de Constantine, transformée par le génie d'une municipalité active et audacieuse, les hautes personnalités qui viennent marquer l'intérêt qu'elles prennent au progès de la Science.

Vos séances vont se dérouler sous la présidence d'un des premiers parmi les grands savants dont s'honore la France contemporaine, et chacun sait trop, mon cher Président, vos travaux si féconds pour ne pas nuancer de respect la sympathie que tout le monde a pour vous.

Le Congrès pour l'Avancement des Sciences, quel programme formidable, dans un temps où chaque science comporte de véritables bibliothèques et où chaque détail de chaque science particulière peut se réclamer d'une bibliographie que parfois une existence entière n'arriverait pas à pénétrer.

Quand j'entreprends d'imaginer les sciences, je me les représente comme ces forêts extraordinaires ainsi qu'on les voit aux tropiques. De grands arbres géants dont on aperçoit à peine le faîte et qui, d'année en année, bondissent encore de façon étonnante. De grosses branches transversales, elles-mêmes prodigieuses, impossibles à identifier, surchargées de plantes grimpantes et de lianes ; elles se perdent dans ce même fouillis de branches et de feuilles d'où elles ont surgi ; on n'en voit presque que le milieu sans pouvoir discerner d'où elles viennent ni où elles vont. Les sous-bois, inquiétants et prodigieux ; un taillis impénétrable : on ne peut avancer qu'à la hache et il faut songer aux troncs d'arbre qui peuvent être animaux redoutables et aux clairières séduisantes qui sont marécages mortels.

Ainsi : un ensemble de sciences enchevêtrées et inextricables, toules mêlées de fausses sciences, et la science tout court assumant la tâche d'ordonner, de systématiser et de rationaliser pour arriver à obtenir ces petits préceptes courts, tranchants, frappés à l'emporte-pièce qu'on appelle les lois. L'effort est vraiment stupéfiant et d'une audace incomparable.

Qui eût osé penser qu'il y aurait des savants qui, tranquillement, s'attelleraient par exemple à la construction d'une biologie générale et qui émettraient la prétention de trouver des lois communes à toutes les espèces animales, végétales et même minérales, pour soumettre à une même réglementation leur apparition, leur développement et leur transformation ! Oh ! je ne doute pas, parce que je crois tout possible à l'homme, mais mon esprit reste confondu et je me rappelle Hegel prétendant reconstruire le monde et Dieu par la seule dialectique et son cri d'orgueil souverain repris par Renan : « Dieu n'est pas, il sera. »

Et pourtant voilà que désormais on vient nous affirmer que cet univers que nous nous donnons tant de mal à construire, il est tout juste bon pour nous.

Nous arrivons pour notre vie courante à fabriquer des outils qui, en effet, ne travaillent pas trop mal ; nous arrivons à bien les posséder, à bien les manier, mais c'est peut-être plus habileté de notre part que valeur intrinsèque de l'outil. Nous sommes à la façon des premiers hommes qui, avec des haches et des couteaux de pierre, et des aiguilles de silex, arrivaient après tout, grâce à leur ingéniosité, à se défendre, à se nourrir et à se vêtir. Les lois scientifiques dont nous disposons ne sont encore que les outils de l'âge de pierre de la science, elles sont destinées à devenir pièces de musée quand nous pourrons disposer des outils de l'âge de l'électricité qui ne fait encore que s'esquisser.

Et nous y arrivons. Le langage courant peut à peu près satisfaire aux besoins des sciences particulières et encore pas de toutes, mais pour exprimer la science, il est devenu tout à fait insuffisant. « Si vous ne pouvez pas le dire, chantez-le », disait-on jadis. Si vous ne pouvez pas le dire, calculez-le, dit-on aujourd'hui.

Désormais, pour les plus hautes vérités intellectuelles, ou ce que nous considérons comme telles, plus d'autre ressource que de s'exprimer aujourd'hui avec la mathématique, langue de Einstein, de Painlevé et de Langevin. De même pour les plus hautes aspirations morales, les hommes avaient dû inventer un moyen de communication supérieur et en chercher l'expression dans une langue qui soit à la fois sentiment et sensation, rationnelle sans être pesamment raisonnable, qui au delà des choses exprimables atteigne l'essence de l'émotion et puisse, suffisamment immatérielle, s'élancer sans effort vers des sphères de beauté totale lorsque chantent Bach et Beethoven.

Vraiment, à considérer vos travaux, on perd pied totalement. Vous nous enlevez sur de telles cimes que naturellement nous prenons le vertige en considérant ces distances que nous cherchons à mesurer laborieusement en kilomètres, alors que vous nous assurez qu'il est beaucoup plus simple de les exprimer en milliers de siècles d'années-lumière.

Et l'on a parlé de la faillite de la Science ! Oh ! sans doute, quels que soient les prodiges que lui apporte la Science, l'homme est un curieux animal qui ne sera jamais en repos pour cette simple mais décisive raison qu'il a en lui un besoin d'éternité qui ne sera jamais satisfait. Il veut toujours regarder plus loin, et l'au-delà le préoccupe presque plus encore que le présent. Mais pourtant, s'il avait le temps de se retourner et de regarder derrière lui, quel émerveillement !

Bien inutile du reste de le lui demander. Ce qui est acquis, ce que nous savons n'est plus intéressant et c'est ce que nous ignorons qui seulement nous passionne. Ainsi, selon nos forces, selon nos moyens, depuis ceux qui maladroitement font comme ces enfants qui cherchent, sans le trouver, le secret de la durée dans le sable de la plage, jusqu'à ceux qui s'installent comme des titans devant l'infiniment petit ou devant les espaces sidéraux, sans perdre une seconde, tous nous ramassons l'outil qui se trouve à notre taille et nous nous épuisons pour apaiser notre divine curiosité.

Ayant dès lors officiellement ouvert nos travaux, moi profane, je n'ai plus qu'à me retirer en vous laissant apporter votre précieuse contribution à la tâche infinie et sacrée.

---

# SÉANCES DE SECTIONS

1er groupe

# SCIENCES MATHÉMATIQUES

## Première section

## MATHÉMATIQUES

| | |
|---|---|
| *Président* ................ | M. Clapier, docteur ès Sciences. |
| *Vice-Président* ............ | M. Michel Petrowich (Belgrade). |
| *Secrétaire* ................ | M. Recouly, Professeur au lycée de Constantine. |
| *Secrétaire adjoint* ........ | M. Adda, Professeur au lycée de Constantine. |

J. HADAMARD

Professeur au Collège de France

## SUR LE CONTACT DES COURBES GAUCHES ET LEURS INVARIANTS DIFFÉRENTIELS

Dans la recherche des invariants différentiels des courbes gauches, telle que l'a instituée Halphen (1), le premier problème à résoudre est, on le sait, la détermination, en un point quelconque O de la courbe, d'un tétraèdre lié projectivement à elle, et par rapport auquel ces équations prennent une forme canonique. A son tour, ce problème est ramené par Halphen (2) à un autre où l'on prend pour point de départ deux courbes différentes C, Γ ayant, en O, un con-

(1) Sur les invariants différentiels des courbes gauches (*Journal de l'Ecole Polytechnique*, 47e cahier, tome 28, page 1; 1880 = *Œuvres complètes*, tome II, page 353).

(2) Œuvres, *loc. cit.*, n° 13, page 375.

tact d'ordre $n$, de sorte que leurs équations (la tangente commune en O étant prise pour axe des $x$) sont (1)

$$(C) \begin{cases} y = l_2x^2 + l_3x^3 + \ldots + l_nx^n + l_{n+1}x^{n+1} + \ldots \\ z = m_2x^2 + m_3x^3 + \ldots + m_nx^n + m_{n+1}x^{n+1} + \ldots \end{cases}$$

$$(\Gamma) \begin{cases} \eta = l_2\xi^2 + l_3\xi^3 + \ldots + l_n\xi^n + \lambda_{n+1}\xi^{n+1} + \ldots \\ \varsigma = m_2\xi^2 + m^3\xi^3 + \ldots + m_n\xi^n + \mu_{n+1}\xi^{n+1} + \ldots \end{cases}$$

Le problème consiste à faire la perspective de ces deux courbes, sur un plan arbitraire, mais avec un point de vue S convenablement choisi, de manière que les deux perspectives aient entre elles un contact d'ordre supérieur à $n$. Halphen constate qu'il existe une infinité de centres de perspective possédant la propriété demandée, dont le lieu est un plan passant par la tangente commune, qu'il nomme *plan principal* et qu'il est naturel de prendre comme plan des $xz$.

Le plan en question a pour équation

$$(\lambda_{n+1} - l_{n+1})\, z - (\mu_{n+1} - m_{n+1})\, y = 0$$

et le fait de le prendre pour plan des $xz$ revient à supposer $\lambda_{n+1} - l_{n+1} = 0$. Le point S étant pris arbitrairement (l'origine exclue) dans ce plan, les deux perspectives ont entre elles, en général, un contact d'ordre $n + 1$.

Bien que ce premier résultat suffise pour fonder la théorie ultérieure, on ne peut s'empêcher d'être frappé de ce que, en ce qui regarde le problème particulier ainsi traité, le créateur de la théorie des invariants différentiels n'a pas été au bout de sa pensée. Il est clair en effet, qu'après avoir élevé à $n + 1$ l'ordre du contact entre les deux perspectives dans des conditions comportant un large degré d'arbitraire, il y a lieu de se demander si ce même ordre ne pourrait pas être élevé encore davantage par un choix convenable du centre de perspective S dans le plan principal.

Il en est effectivement ainsi. On va voir que l'ordre en question, s'élève à $n + 2$ si S est pris sur une certaine droite du plan principal et à $n + 3$ pour un choix particulier de S sur cette droite.

Partons de la correspondance à établir d'un point $m$ de C et un point $\mu$ de $\Gamma$ (ces deux points devant avoir entre eux une distance infiniment petite d'ordre $n + 1$ lorsqu'on prend $x$ comme infiniment petit principal). La plus simple et la plus classique, — celle d'ailleurs qu'utilise Halphen — consiste à donner aux deux points $m$, $\mu$ même abscisse ; la plus générale qui satisfasse à la même condition de voisinage se déduira évidemment de celle-là en faisant subir à l'un des deux points, sur la courbe qui le porte, un déplacement infiniment petit d'ordre $n + 1$, de sorte que, si l'abscisse $\xi$ du point $\mu$ est sup-

(1) Nous conservons la notation d'Halphen.

posée développable suivant les puissances de $x$, ce développement devra être de la forme

$$\xi = x + h_1 x^{n+1} + h_2 x^{n+2} + h_3 x^{n+3} + \dots$$

Un changement du coefficient $h_1'$ fera tourner la droite $m\mu$ d'un angle fini et changera par conséquent sa position limite $d$. Le fait que ce changement ait nécessairement lieu dans un plan passant par la tangente $Ox$ (ainsi qu'Halphen le constate sur les équations, une fois le plan en question pris pour plan des $xz$) résulte intuitivement de ce que la droite qui joint deux correspondants différents attribués sur Γ à un même point $m$ de C a, à la limite, la direction de la tangente. Un changement du coefficient $h_2$ fait tourner la droite $m\mu$ d'un angle infiniment petit ; un changement sur $h_3'$, d'un infiniment petit du second ordre.

Notons encore que ces ordres s'élèvent d'une unité (1) si l'on considère la figure en projection faite parallèlement à $Ox$, grâce au fait que les dérivées $\frac{dy}{dx}$ $\frac{dz}{dx}$ sont des infiniment petits dont l'un au moins est (en général) du premier ordre, de sorte que l'ordre de la corde qui joint les deux correspondants du même point $m$ s'augmente d'une unité dans la projection, l'ordre de $m\mu$ ne changeant pas.

Cela posé, S étant un centre de perspective quelconque distinct de O, il apparaît élémentairement que l'ordre de la perspective du segment $m\mu$ est (en supposant d'abord, pour fixer les idées, S à distance finie) celui du produit $m\mu . \delta$, en désignant par $\delta$ la distance de S à la droite $m\mu$. Cet ordre s'élève donc d'une unité si S est dans le plan lieu des positions limites de la droite en question : — c'est le résultat d'Halphen ; — il reste à voir si l'on peut s'arranger pour que $\delta$ soit un infiniment petit d'ordre supérieur à un.

Nous considérerons la figure successivement en projection sur le plan des $yz$ et sur celui des $xz$, une élévation de l'ordre de $\delta$ ne pouvant être obtenue que si elle apparaît dans l'un et dans l'autre de ces deux modes de projection. Il est un point de la droite $d$, position limite de $m\mu$, dont la distance à $m\mu$ a, en tout état de cause, pour projection sur $yOz$ un infiniment petit du second ordre ; c'est l'origine des coordonnées ; mais c'est précisément celui que nous nous sommes interdit (2) de prendre pour le point S. Pour qu'un autre point S de $d$ possède la même propriété, il faut que celle-ci appartienne à la droite tout entière, la projection de $m\mu$ faisant avec $Oz$ un angle infiniment petit du second ordre. Or, c'est ce qui pourra être obtenu par un choix convenable, et un seul, du coefficient $h_1'$, puisque nous avons vu qu'un changement dans ce coefficient fait tourner

(1) D'une unité exactement si, comme nous le supposons, il n'y a pas inflexion en O.

(2) Si l'on prenait O comme point de vue, l'ordre du contact entre les perspectives serait abaissé et non élevé.

d'un angle infiniment petit du premier ordre la projection de $m\mu$ sur le plan des $yz$.

$h_1$ étant déterminé, il en sera de même de la position de la droite dans le plan principal et l'on pourra, si l'on veut, prendre cette droite particulière pour axe des $z$. Mais de plus, *tout point S sur cette droite donnera, entre les deux perspectives, un contact d'ordre* $n+2$ ; car, la distance $\delta$, déjà infiniment petite du second ordre en projection sur $yOz$, le sera également sur $xOz$ si l'on choisit convenablement le coefficient $h_2$. Ce choix de $h_2$ dépend d'ailleurs de celui du point S sur notre nouvel axe $Oz$ ; ou, si l'on veut, la correspondance étant choisie, il y aura une position correspondante du point S, à savoir le point de contact entre cet axe $Oz$ et l'enveloppe de la projection de $m\mu$ sur le plan des $xz$.

Examinons enfin si l'on peut choisir d'une manière plus précise le point S et, d'autre part, le coefficient $h_2$ de manière à élever d'une unité encore l'ordre de $\delta$. Pour cela, reprenons encore la projection sur $yOz$. $h_2$ étant maintenant déterminé, la projection de $m\mu$ ne peut plus, pour chaque position de $m$, être modifiée que d'un infiniment petit du troisième ordre et (la distance du point $m$ projeté à $Oz$ étant infiniment petite du second ordre) le point $i$ où cette projection coupe $Oz$ a une position limite déterminée. *C'est cette dernière que nous prendrons pour le point S.* Dès lors, la projection de $d$ sur $yOz$ sera, quel que soit $h_3$, un infiniment petit du troisième ordre.

En projection sur $xOz$, le point de contact de la droite $m\mu$ projetée avec son enveloppe dépend, comme nous l'avons dit, de la valeur de $h_2$ : nous choisirons donc cette valeur de manière à faire coincider le point de contact en question avec le point S qui vien d'être obtenu. Ceci fait, un choix convenable de $h_3$ élèvera au troisième l'ordre de la distance $\delta$ projetée, laquelle est, en général, du second. Pour cette position du point S, *les deux perspectives auront entre elles un contact d'ordre* n + 3.

On voit que l'ordre d'idée initial d'Halphen permet à lui seul de déterminer non seulement une face, mais, dans cette face, un sommet d'un tétraèdre de référence lié à nos deux courbes. Si d'ailleurs, par une homographie convenable, on fait passer ce sommet à l'infini, cela reviendra à annuler les trois différences $\lambda_{n+1}-l_{n+1}$, $\lambda_{n+2}-l_{n+2}$, $\lambda_{n+3}-l_{n+3}$. Il resterait à voir si des considérations plus ou moins analogues ne permettraient pas de choisir les deux derniers sommets du tétraèdre, situés dans le plan osculateur commun aux deux courbes, et aussi si, pour l'application de ces considérations ainsi que des précédentes, la cubique gauche introduite par Halphen pourrait être remplacée par une autre courbe liée projectivement à C, telle que l'intersection du plan osculateur avec la développable qui a C pour arête.

C. CLAPIER

Docteur ès Sciences mathématiques

## SUR LE QUADRILATÈRE INSCRIPTIBLE

Soit un quadrilatère ABCD inscrit dans un cercle (O) dont le centre sera pris pour origine dans le plan orienté ; prenons des coordonnées symétriques avec (O) comme cercle fondamental et désignons par $t_1 t_2 t_3 t_4$ les affixes des 4 sommets du quadrilatère.

Le milieu I du segment *mn* qui joint le milieu des diagonales a pour affixe $x_1 = \dfrac{t_1 + t_2 + t_3 + t_4}{4}$; et le symétrique $\omega$ du centre O par rapport à ce point I, a pour affixe $x\omega = \dfrac{t_1 + t_2 + t_3 + t_4}{2}$.

Ce point se nomme l'anticentre du quadrilatère et ses propriétés résultent de sa définition analytique :

1° Soit $H_1$ l'orthocentre du triangle BCD, $x_{H_1} = \dfrac{t_2 + t_3 + t_4}{}$, $x_A = t_1$ ; $\omega$ est donc le milieu de $AH_1$. Soit $M_a$ le milieu de AB ; $H_1B$

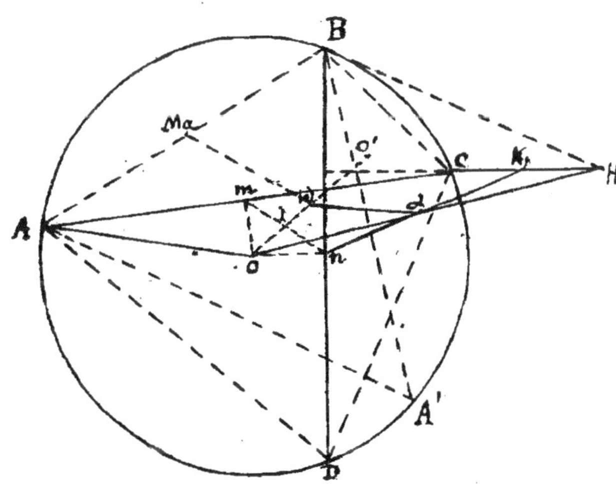


**m et n milieux do AC et BD om ω n parallélogramme $CH_1$ perp à BD et égal à 2. on ω o=ω o'.**

**A ω $H_1$ en ligne droite, ω A=ω $H_1$ AA' perpendiculaire à OD et parallèle à $BH_1$ et $M_a$ ω α milieu de $OH_2$ $M_a$ milieu de AB.**

étant perpendiculaire à CD, il en est de même de sa parallèle $\omega M_1$ : Les droites qui joignent un sommet à l'orthocentre du triangle formé par les 3 autres sommets du quadrilatère ; les perpendiculaires menées du milieu d'un côté sur le côté opposé forment un faisceau ayant pour centre le point $\omega$.

2° Soit $K_1$ le milieu de $CH_1$; le point $\alpha$ intersection de $nK_1$ et de $OH_1$ est le centre du cercle des neuf points du triangle BCD ; $\alpha n = \alpha k_1 = \frac{1}{2}$, mais $\alpha$ étant le milieu de $OH_1$, $\omega\alpha = \frac{OA}{2} = \frac{1}{2}$. Si on prend O' symétrique de O par rapport à $\omega$, $O'H_1 = 2.\omega\alpha = 1$ : Les centres $\alpha$, $\beta$, $\gamma$, $\delta$ des cercles de neuf points pour les triangles formés avec 3 sommets du quadrilatère sont situés sur le cercle $(\omega)$ de rayon $\frac{1}{2}$; les orthocentres des mêmes triangles sont situés sur le cercle (O') égal au cercle (O).

3° De la relation $\overline{Om}^2 + \overline{mA}^2 = \overline{On}^2 + \overline{nB}^2$, on déduit en remarquant que $Om\omega n$ est un parallélogramme, $\overline{mA}^2 - \overline{\omega m}^2 = \overline{nB}^2 - \overline{\omega n}^2$, qui exprime que $\omega$ est sur l'axe radical des cercles décrits sur les diagonales comme diamètres. Il est de même sur l'axe radical des cercles décrits sur deux côtés opposés comme diamètre :

Ces six cercles ont même centre radical $\omega$.

4° La droite de Simpson $\Delta_A$ relative au triangle BCD passe par le milieu de $AH_1$, c'est-à-dire par l'anticentre $\omega$. Si on mène la corde AA' perpendiculaire à CD, la droite $\Delta_A$ est parallèle à BA'. L'équation de CD en coordonnées isotropes $(x, x^0)$ est

$$x + x^0 t_3\, t_4 = t_3 + t_4$$

l'équation de la perpendiculaire AA' s'en déduit facilement :

$$x - x^0 t_3\, t_4 = t_1 - \frac{t_3 t_4}{t_1}$$

et l'affixe du point A' est $x_{A'} = -\frac{t_3 t_4}{t_1}$; en sorte que l'équation de BA' est connue ; et celle de $\Delta_A$ aura la forme

$$x - \frac{t_2 t_3 t_4}{t_1} x_0 = \lambda$$

en exprimant qu'elle passe par $\omega$ on aura la valeur de $\lambda$ ; et

$$tx - t_2 t_3 t_4 x^0 = \frac{1}{2}\left(t_1 S - \frac{S_3}{t_1}\right) \quad (\Delta_A)$$

$$S_1 = \Sigma t_1 \qquad S_3 = \Sigma t_1 t_2 t_3.$$

Les 4 droites de Simpson $\Delta_A$, $\Delta_B$, $\Delta_C$, $\Delta_D$ passent par le point $\omega$ elles forment un faisceau dont le rapport est harmonique

$$R = (t_1^2,\ t_2^2,\ t_3^2\ t_4^2)$$

5° Le quadrilatère ABCD est harmonique si les diagonales AC et

BD forment deux cordes conjuguées par rapport au cercle fondamental, ce qui donne la condition

$$2\ (t_1t_3 + t_2t_4) = (t_1 + t_3)\ (t_2 + t_4)$$

Si on mène la tangente BS au cercle (O), il est clair que le faisceau (B.ADCS) est un faisceau harmoniques.

Relations entre les rayons des cercles tangents aux côtés et aux diagonales. — Considérons les centres des cercles inscrits dans les 4 triangles formés avec les 4 sommets du quadrilatère ; pour les obte-

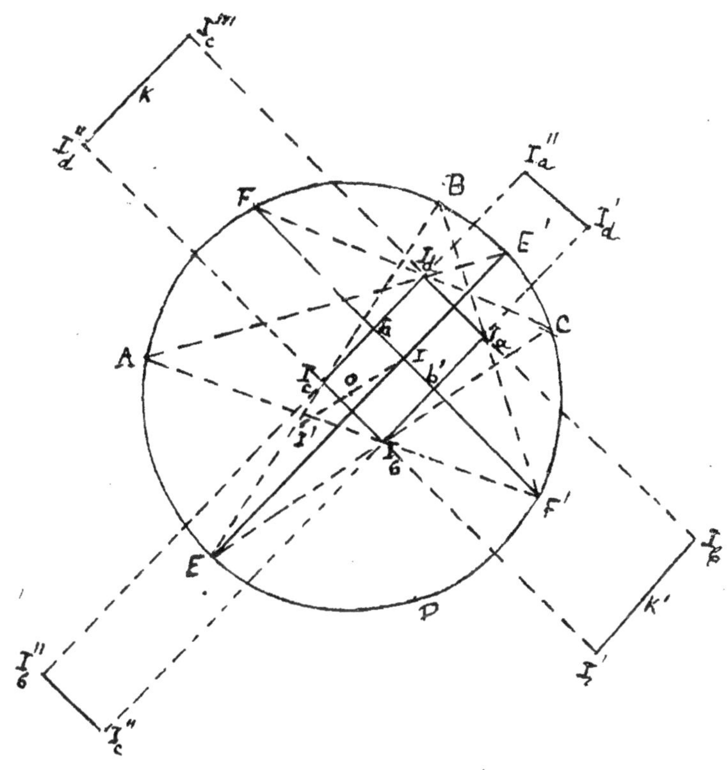


Quadrilatère ABCD

Explication — E et E′ milieux des axes $\overline{AD}$ et $\overline{BC}$, F et F′ milieux des axes $\overline{AB}$ et $\overline{CD}$. EE′ et FF′ se coupent en I

Les 4 p′ $I_b$ $I_c$ $I''_b$ $I''_c$ sont sur un cercle de centre E et de rayon EA, ainsi que sur les droites EB et EC.

Les 4 p′ $I_a$ $I_d$ $I''_a$ $I'_d$ sont sur un cercle de centre E′ et de rayon EA, ainsi que sur les droites E′ A, E′ D.

De même F et F′ sont les centres des rectangles $I_c$ $I_d$ $I'''_c$ $I''_d$ et $I_a$ $I_b$ $I'_a$ $I'_b$ les droites $I''_a$ $I'_d$ , $I'_a$ $I'_b$ , $I''_b$ $I''_c$ , $I''_d$ $I'''_c$ étant prolongées se coupent en 4 points $I'_c$ $I''_d$ $I''_a$ $I'''_b$ formant un rectangle dont le centre est I′, symétrique de I par rapport au centre O du cercle. En tout 16 points I.

nir prenons les milieux des arcs $\overline{AB}$, $\overline{CD}$ et $\overline{BC}$, $\overline{AD}$ ; les droites EE′, FF′ qui joignent ces milieux sont rectangulaires et se coupent en un point I. Les centres $I_a$ et $I'''_a$ des cercles inscrit et ex-inscrit au triangle triangle ABC se trouvent sur la bissectrice DE′ et sur une circonférence de centre E′ et de rayon E′B ; cette circonférence passera par les centres $I_d$ et $I'_d$. On obtiendra de même à l'aide de la circonférence EA, les centres $I_c$ $I_b$ $I''_c$ $I''_b$; et à l'aide des circonférences FB et F′C les centres $I'_a$ $I'_b$ $I''_d$ $I''_c$ ; l'ensemble de ces 12 centres forment une croix rectangulaire dont les deux bras se coupent suivant le petit rectangle $I_a$ $I_b$ $I_c$ $I_d$ ayant pour centre le point I. Les bords extérieurs prolongés vont se couper aux points $I''_a$ $I''_b$ $I'_c I''_a$, centre des 4 derniers centres de cercles ex-inscrits; ceux-ci forment un grand rectangle dont le centre I′ est le symétrique de I par rapport au point O. En effet, soit μ le milieu de FF′ et P le milieu des points K et K′ où la corde FF′ rencontre les côtés du grand rectangle considéré′, $\mu F + FK = \mu F' + F'K'$ ; mais d'après la construction des centres à l'aide des cercles FB et F′C, $FK = Fh$, $F'K' = F'h'$

$$\mu F' - \mu F = Fh - F'h' = IF - IF' \text{ et } \frac{\mu F' - \mu F}{2} = \frac{IF - IF'}{2} \quad \mu P = IP$$

et la perpendiculaire au milieu de KK′ passe par le point I′. **Relations entre les rayons des 16 cercles inscrits et exinscrits** : Considérons le rectangle $I_a$ $I_b$ $I_c$ $I_d$ et ses deux diagonales ; nous avons d'après la formule de la médiane

$$\overline{OI}^2 = \frac{\overline{OI_a}^2 + \overline{OI_d}^2}{2} - \frac{\overline{I_aI_c}^2}{4} = \frac{\overline{OI_b}^2 = \overline{OI_d}^2}{2} - \frac{\overline{I_bI_d}^2}{4};$$

$$\overline{OI_a}^2 + \overline{OI_d}^2 = \overline{OI_b}^2 + \overline{OI_d}^2.$$

Or, d'après la formule d'Euler $\overline{OI_a}^2 = R^2 - 2Rr_a$ ; on en déduit

$$r_a + r_d = r_b + r_c$$

relation connue entre les rayons des cercles inscrits aux 4 triangles formés avec les diagonales du quadrilatère.

On aurait des relations analogues en considérant l'un des rectangles du damier formé par les 16 centres (I) ; par exemple pour le rectangle $I_a$ $I_d$ $I''_a$ $I'_d$ on aura d'abord

$$\overline{OI_a}^2 + \overline{OI_a'''}^2 = OI_d^2 + \overline{OI'_d}^2 \quad \text{et comme} \quad \overline{OI_a'''}^2 = R^2 + 2Rr_a'''.$$

$$r_a''' - r_a = r_d' - r_d.$$

De même pour le grand rectangle extérieur $I''_a$ $I''_b$ $I'_c$ $I''_d$, nous aurons

$$r_a'' + r_c' = r_b''' + r_d''$$

Emile TURRIÈRE

Professeur à la Faculté des Sciences de Montpellier

## 1° DÉMONSTRATION D'UNE PROPOSITION D'ÉDOUARD LUCAS

1. La solution complète de la proposition suivante, énoncée en 1882, par Édouard Lucas semble n'avoir pas encore été donnée :

« *Si par un point de la courbe ayant pour équation*

$$x^3 + y^3 = A,$$

« *on mène des tangentes, démontrer que, des quatre autres points de* « *contact, deux sont réels et deux sont imaginaires. Démontrer que les* « *points de contact réels ne peuvent avoir en même temps leurs coordon-* « *nées commensurables* (1).

La première partie de cette proposition peut être rattachée aux propriétés générales de la cubique de Weierstrass d'équation

$$Y^2 = 4X^3 - g_2X - g_3\,;$$

la laméenne considérée se projette en cette cubique au moyen de la transformation

$$x + y = \frac{A}{3X}, \qquad x - y = \frac{Y}{X};$$

les invariants sont $g_2 = 0$, $g_3 = \frac{A^2}{27}$. Le discriminant étant négatif, la courbe se réduit à une branche infinie ; des quatre tangentes menées par un point de la courbe, deux sont toujours réelles et deux sont toujours imaginaires. Cette propriété est bien connue.

Il reste donc à établir que, pour une laméenne du troisième degré $x^3 + y^3 = A$, les tangentes en deux arithmopoints $M_1$ et $M_2$ de la courbe ne peuvent se couper en un point de la courbe (qui serait nécessairement un arithmopoint soit au titre d'intersection de deux droites d'équations à coefficients rationnels soit comme conséquence du théorème d'addition des fonctions elliptiques).

La conique polaire de cette cubique, relativement au point $M_0$ $(x_0y_0)$ de la cubique, a pour équation

$$x_0x^2 + y_0y^2 = A\,;$$

elle peut être paramétriquement représentée par des équations en fonction du paramètre $\lambda = \frac{y - y_0}{x - x_0}$; les points d'intersection de la

(1) *Journal de mathématiques spéciales*, t. I, 1882, question n° 50.

conique avec la cubique correspondent aux racines de l'équation du quatrième degré :

$$(\lambda^2 y_0 + x_0)^2 + 4\lambda\,(\lambda x_0 - y_0)^2 = 0,$$

les invariants de cette équation du quatrième degré sont :

$$g_2 = 0,$$
$$g_3 = -\left(1 + \frac{x_0^3}{y_0^3}\right)^2 = -\frac{A^2}{y_0^6}.$$

Si le point $M_0$ provient de deux arithmopoints $M_1M_2$, cette équation doit avoir deux racines rationnelles, coefficients angulaires des tangentes $M_1M_0$ et $M_2M_0$. Soient $\lambda_1$ et $\lambda_2$ ces racines rationnelles ; si elles sont maintenant supposées associées en vue de la résolution de l'équation par la méthode de FERRARI, la résolvante cubique a nécessairement une racine rationnelle. Mais alors cette racine $e$ satisfait à la condition

$$4e^3 + \frac{A^2}{y_0^6} = 0;$$

$-\,e$ est un carré ; soit $e = -\varepsilon^2$ ; il vient :

$$\frac{A}{y_0^3} = 2\varepsilon^3,$$

et par suite A est le double d'un cube, ou ce qui revient au même A doit être pris égal à 2. Or, d'après Fermat, l'équation $x^3 + y^3 = 2$ est impossible (elle n'admet comme solution que l'arithmopoint à l'infini et le sommet $x = y$ de la cubique).

Ainsi, par la méthode par l'absurde, se trouve établie la proposition négative de LUCAS.

II. — Au sujet de cette question, on peut observer qu'il existe évidemment des cubiques admettant trois arithmopoints $M_0M_1M_2$, tels que $M_1M_2$ soient points de contact de tangentes issues de $M_0$. Il suffit de se donner arbitrairement les trois points et de remarquer que les cubiques passant par $M_0M_1M_2$, tangentes à $M_0M_1$ en $M_1$ et à $M_0M_2$ en $M_2$ ne satisfont qu'à cinq conditions.

Soient $u_0$,

$$u_1 = -\frac{u_0}{2} + \tilde{\omega}_1, \qquad u_2 = -\frac{u_0}{2} + \tilde{\omega}_2,$$

($\tilde{\omega}_1$ et $\tilde{\omega}_2$ étant deux demi-périodes quelconques) les arguments des points $M_0M_1M_2$. La tangente en $M_0$ rencontre à nouveau la cubique en un point $M'_0$ d'argument $u'_0$

$$u'_0 = -2u_0;$$

la droite $M_1M_2$ rencontre la cubique en $M_3$ d'argument $u_3$,

$$-u_3 = -u_0 + \tilde{\omega}_1 + \tilde{\omega}_2,$$

et la tangente en $M_3$ rencontre à nouveau la courbe au point d'argument $-2u_3 = -2u_0$ c'est-à-dire au point $M'_0$. Ainsi cet arithmopoint $M'_0$ jouit de la propriété du point $M_0$. Donc, si, sur une cubique, il existe un système de trois arithmopoints $M_0M_1M_2$ de l'espèce considéré, il existe généralement une infinité de tels systèmes de trois arithmopoints.

Pour traiter par le calcul cette question, il y a lieu de rejeter $M_1M_2$ à l'infini. Prenant $M_0$ pour origine, $M_0M_1$ et $M_0M_2$ pour asymptotes, les cubiques de cette nature peuvent être représentées par l'équation à quatre paramètres

$$lx + \frac{l'}{x} + my + \frac{m'}{y} = n.$$

Posant alors

$$lx + \frac{l'}{x} = 2\left(t + \frac{n}{4}\right),$$

$$my + \frac{m'}{y} = 2\left(-t + \frac{n}{4}\right),$$

avec un paramètre arbitraire $t$, la représentation elliptique de cette cubique exige que $t$ soit choisi de telle sorte que les deux trinômes du second degré

$$t^2 + 2\,at + a^2 - ll' = U^2,$$
$$t^2 - 2at + a^2 - mm' = V^2,$$

$\left(a = \frac{n}{4}\right)$ soient simultanément carrés parfaits. La question de la représentation elliptique de la cubique se présente donc comme une application de « la double équation de Fermat ». Il n'y a plus qu'à appliquer les formules générales que j'ai données dans un article *Sur les équations de Fermat* du *Bulletin de la Société mathématique de France.*

---

## 2° SUR LES PROPRIÉTÉS FOCALES DES COURBES PLANES DE GENRE UN

---

Étant donnée une courbe plane (C), définie paramétriquement en fonction d'une variable $u$, si $u_0$ est l'argument d'un point $M_0$ à tangente isotrope, si F est un point fixe de cette même tangente, le carré $\overline{MF}^2$ de la distance de ce point au point courant M de la courbe est une fonction de $u$ qui admet $u_0$ pour zéro double ; les autres zéros sont les paramètres des points d'intersection de la courbe (C) avec le système des deux droites isotropes issues de F.

Si, d'autre part, D est une droite déterminée, mais choisie arbitrairement parmi les droites issues de $M_0$, le carré du rapport des distances MF et MP au point F et à cette droite D, du point courant M, est une fonction de $u$ qui, en général, n'admet plus $u_0$ ni pour zéro ni pour infini.

Ces remarques préliminaires posées, soit F un foyer pluckérien de la courbe (C). Il est l'intersection de deux tangentes isotropes $M_0F$, $M'_0F$ dont les points de contact $M_0$, $M'_0$ correspondent à deux valeurs $u_0$, $u'_0$ du paramètre de représentation. La distance $\overline{MF}^2$ admet pour zéros doubles $u_0$, $u'_0$ et pour zéros simples les paramètres $u_1$, $u_2 ...$, $u_{m-2}$, $u'_1$ $u'_2 ...$ $u'_{m-2}$ des points d'intersection de la courbe (C) avec les droites isotropes de F ; $m$ est le degré de cette courbe, supposée algébrique.

Pour la droite D, il y a lieu d'associer au foyer F la droite $M_0M'_0$, naturellement indiquée pour jouer ce rôle de directrice. La distance MP de M à cette droite est une fonction de $u$ admettant les zéros simples $u_0$, $u'_0$, $W_1$, $W_2 ...$, $W_{m-2}$, paramètres des points d'intersection de la droite et de la courbe.

Lorsque le point M s'éloigne à l'infini, le rapport $\frac{\text{MF}}{\text{MP}}$ reste, en général fini et sa limite n'est pas nulle. Dans ces conditions, la fonction

$$\left(\frac{\text{MF}}{\text{MP}}\right)^2 = f(u)$$

est, après suppression du facteur $(u - u_0)^2$ $(u - u'_0)^2$ commun aux deux termes, une fonction $f(u)$ qui, en général, n'admet plus ni $u_0$ ni $u'_0$ pour zéro ou infini. Les zéros de la fonction sont :

$$u_1, u_2, \ldots u_{m-2},$$
$$u'_1, u'_2, \ldots u'_{m-2} ;$$

ses pôles, tous doubles :

$$w_1, w_2, \ldots w_{m-2}.$$

Appliquons ces généralités aux courbes de genre *un*. Les coordonnées du point courant M d'une courbe (C) étant fonctions rationnelles de $pu$ et $p'u$, les sommes d'arguments (aux périodes près et avec un choix convenable d'arguments).

$$u_1 + u_2 + \ldots + u_{m-2} + 2u_0 = 0,$$
$$u'_1 + u'_2 + \ldots + u'_{m-2} + 2u'_0 = 0,$$
$$w_1 + w_2 + \ldots + w_{m-2} + u_0 + u'_0 = 0,$$

sont toutes trois nulles ; par suite :

$$2 (w_1 + w_2 + \ldots + w_{m-2}) = u_1 + \ldots + u_{m-2} + u'_1 + \ldots + u'_{m-2};$$

la somme des zéros est bien égale à la somme des infinis; et l'expression de la fonction $f(u)$ est

$$\left(\frac{\text{MF}}{\text{MP}}\right)^2 = \text{C}.\frac{\sigma(u - u_1)\,\sigma(u - u'_1) \ldots \sigma(u - u_{m-2})\,\sigma(u - u'_{m-2})}{\sigma^2(u - w_1) \ldots \sigma^2(u - w_{m-2})},$$

à un facteur constant près, dont la valeur est :

$$\text{limite}\left(\frac{\text{MF}}{\text{MP}}\right)^2_{u=0} = \text{C}.$$

Dans le cas le plus simple, d'une cubique (C), $u_1 = -2u_0$, $u'_1 = -2u_0$, $w_1 = -u_0 - u'_0$, la fonction est :

$$f(u) = \text{C}.\frac{\sigma(u + 2u_0).\sigma(u + 2u'_0)}{\sigma^2(u + u_0 + u'_0)},$$

$$= -\text{C}.\sigma^2(u_0 - u'_0).[p(u + u_0 + u'_0) - p(u_0 - u'_0)].$$

Telle est la formule qui résume les propriétés focales de la cubique plane.

Par exemple, pour la cubique d'équation

$$y^2 = 4x^3 - g_2x - g_3,$$
$$g_2 = -4, \qquad g_3 = 16,$$
$$x = pu, \qquad y = p'u,$$

aux points $\text{M}_0$ $\text{M}'_0$ d'arguments définis par $pu = \pm i$, correspondent le foyer F ($x = -4$, $y = 1$) et la directrice $y = 4x$ définie par l'origine et l'arithmopoint ($x = 4$, $y = 16$) de la courbe. Le rapport étudié

$$\left(\frac{\text{MF}}{\text{MP}}\right)^2 = 17\frac{(pu + 4)^2 + (p'u - 1)^2}{(4pu - p'u)^2},$$

$$= \frac{17}{4}.\frac{4p^2u + 17pu - 4 + 8p'u}{(pu - 4)^2},$$

est identique à

$$\left(\frac{\text{MF}}{\text{MP}}\right)^2 = \frac{17}{4}.p(u + \alpha),$$

avec $$p\alpha = 4, \qquad p'\alpha = -16.$$

A remarquer que dans le cas d'une conique, considérée comme dégénérescence de courbe de genre un, la fonction $\left(\frac{\text{MF}}{\text{MP}}\right)^2$ se présente comme n'ayant ni zéro ni infini et qu'elle se réduit donc à une constante.

Michel PETROVITCH

Belgrade.

## FONCTIONS ENTIÈRES ENGENDRÉES PAR LES ÉQUATIONS DIFFÉRENTIELLES ALGÉBRIQUES DU PREMIER ORDRE

Lorsque $x$ ne figure pas explicitement dans l'équation $F=0$, où F est un polynôme en $x$, $y$, $y'$, l'intégrale générale $y$, si elle est une fonction *entière* de $x$, est un polynôme en $x$ ou en $e^{ax}$, où $a=$ const. Quelle est la forme explicite des fonctions *entières* de $x$ engendrées par l'équation $F=0$ comme intégrales générales, dans le cas où $F$ contient $x$?

La réponse est implicitement contenue dans le théorème connu de Poincaré sur les équations différentielles algébriques du premier ordre à points critiques fixes. D'après ce théorème, étant donnée une équation $F=0$ de telle espèce, en désignant par $p$ le genre de $F=0$ en $y$ et $y'$ :

1° Si $p=o$, l'intégrale $y$ est une fonction rationnelle (à coefficients fonctions algébriques des coefficients $\varphi_i(x)$ de F) de l'intégrale générale $u$ d'une équation de Riccati à coefficients algébriques en $\varphi_i$;

2° Si $p=1$, $y$ est une fonction rationnelle (à coefficients algébriques en $\varphi_i$) de l'expression

$$\lambda\left[\int\chi(x)\,dx+C\right]$$

où $\lambda$ est le symbole d'une fonction méromorphe doublement périodique, C désignant la constante d'intégration, et $\chi$ étant une fonction algébrique en $\varphi_i$;

3° Si $p>1$, $y$ est une fonction algébrique des $\varphi_i$.

D'après les conditions de notre problème, on ne peut pas avoir $p=1$, car dans ce cas $y$ aurait certainement des pôles mobiles. Il faut donc qu'on ait $p>1$ ou bien $p=0$. Dans le premier cas $y$ est un polynôme en $x$. Dans le second cas on a

$$y'=R\,(x,\,u)$$

où R est une fonction algébrique en $\varphi_i$ et rationnelle en $u$ qui est, elle-même, l'intégrale générale d'une équation de Riccati. Comme $u$ est de la forme

$$u=\frac{v'+Cw'}{v+Cw}$$

($v$ et $w$ étant fonctions de $x$, et C la constante d'intégration), pour que $y$ n'ait pas des pôles mobiles, il faut que l'équation de Riccati se réduise à une équation soit linéaire, soit de Bernouilli. Dans ces cas $u$ a l'une ou l'autre des formes

$$u = u_1 (C + u_2) \qquad u = \frac{1}{u_1 (C + u_2)}$$

où

$$u_1 = e^{\int f(x)\, dx} \qquad u_2 = \int \frac{\varphi(x)\, dx}{u_1}$$

$f$ et $\varphi$ étant fonctions algébriques des $\varphi_i$.

L'intégrale $y$ est alors nécessairement un polynôme $U$ en $C$ (sans quoi il y aurait des pôles mobiles) et par suite aussi en $u_1$ et $u_2$, à coefficients fonctions des $\varphi_i$. Une discussion facile fait alors voir que les seuls polynômes $U$ pour lesquels $y$ peut être une fonction entière de $x$, sont ceux où les coefficients des puissances de $C$ sont eux-mêmes polynômes

en $\qquad x, \qquad e^{P(x)} \qquad \int Q(x) e^{-P(x)}\, dx$

$P$ et $Q$ étant polynômes en $x$.

On arrive ainsi au théorème suivant :

*Toutes les fois que l'intégrale générale d'une équation différentielle du premier ordre, algébrique en $x$, $y$, $y'$, est une fonction entière de $x$, elle peut s'écrire sous la forme d'un polynôme en constante d'intégration, à coefficients qui seront eux-mêmes polynômes en $x$, $P(x)$ et un nombre limité d'expressions*

$$\theta(x) = \int x^{\alpha} e^{-P(x)}\, dx$$

*où $P(x)$ est un polynôme et $x$, et $\alpha$ un entier positif.*

Les transcendantes $\theta(x)$, généralement non exprimables en termes finis, ont comme développement en série de puissances une série convergente pour toute valeur de $x$, dont le coefficient de $x^n$ est

$$\frac{a_{n-\alpha-1}}{n}$$

où $a_m$ est défini par la loi de récurrence

$$m a_m = A_1 a_{m-1} + A_2 a_{m-2} + \ldots + A_h a_{m-h}$$

$h$ étant un entier fixe, et les $A_i$ étant des constantes indépendantes de $m$.

Lorsque l'équation différentielle ne contient pas $x$ explicitement, les fonctions $f$ et $\varphi$ sont des constantes, et le polynôme $P(x)$ est linéaire en $x$, ou bien n'en dépend pas. L'intégrale $y$ est polynôme en $x$ ou en $e^{\alpha x}$.

Dans les cas où l'intégrale *générale* n'est pas une fonction entière, l'équation peut avoir une ou plusieurs intégrales *particulières* entières.

Dans mes recherches antérieures (1) j'ai indiqué des cas généraux où toute intégrale particulière uniforme est rationnelle ; *si elle est entière, elle se réduit donc à un polynôme en* x.

Pour les intégrales particulières *transcendantes* j'ai indiqué des limites supérieures du nombre des intégrales uniformes *distinctes*, c'est-à-dire telles qu'il n'existe entre elles aucune relation algébrique à coefficients fonctions algébriques de $x$. Les résultats trouvés *fournissent des limites supérieures du nombre des intégrales particulières entières transcendantes et distinctes*, ainsi que les types d'équations pouvant avoir des telles intégrales.

---

# Ch. BIOCHE

---

## SUR LES CONIQUES CIRCONSCRITES A UN TRIANGLE

---

L'équation d'une conique circonscrite à un triangle peut s'écrire, si on prend celui-ci pour triangle de référence,

$$\alpha YZ + \beta ZX + \gamma XY = 0 \qquad \text{ou} \qquad \frac{\alpha}{X} + \frac{\beta}{Y} + \frac{\gamma}{Z} = 0.$$

Il est naturel de faire correspondre à la conique le point P de coordonnées $\alpha$, $\beta$, $\gamma$, d'autant plus que la position du point P étant donnée, il est facile d'en déduire, avec la règle seule, la droite ayant pour équation

$$\frac{X}{\alpha} + \frac{Y}{\beta} + \frac{Z}{\gamma} = 0$$

qu'on appelle quelquefois la *polaire* de P par rapport au triangle, (je dirai pour abréger la *polaire* de P) et qui coupe les côtés de celui-ci aux pieds des tangentes dont les points de contact sont ses sommets.

On obtient immédiatement les propriétés suivantes :

(I) Aux coniques qui passent par un point $M_1$ ($X_1$, $Y_1$, $Z_1$) correspondent des points P situés sur la droite

$$\frac{X}{X_1} + \frac{Y}{Y_1} + \frac{Z}{Z_1} = 0$$

c'est-à-dire sur la *polaire* de $M_1$.

---

(1) Sur les zéros et les infinis des intégrales des équations différentielles algébriques (Thèse de doctorat, Gauthier-Villars, Paris).

(II) Le 4e point d'intersection de deux coniques circonscrites au triangle est le pôle de la droite qui passe par les points correspondant à ces coniques.

(III) L'enveloppe des *polaires* des points correspondant aux coniques qui passent par un point $M_1$ $(X_1, Y_1, Z_1)$ est la conique inscrite dans le triangle de référence et telle que les droites qui joignent les sommets de celui-ci aux points de contact avec ses côtés se coupent en $M_1$.

(IV) Les coniques tangentes à une droite D d'équation

$$UX + VY + WZ = 0$$

ont leurs points correspondants sur la conique

$$U^2X^2 + V^2Y^2 + W^2Z^2 - 2vwYZ - 2wuZX - 2uvXY = 0$$

qui touche les côtés du triangle de référence en des points tels que les droites qui les joignent aux sommets de celui-ci passent par le pôle de la droite D.

En particulier on a les paraboles circonscrites au triangle si D est rejetée à l'infini, ce qui arrive si la conique lieu des points correspondants touche les côtés en leurs milieux.

Les points correspondant aux ellipses sont intérieurs à la conique dont il vient d'être question, et les points correspondant aux hyperboles sont extérieurs.

Les diverses propriétés que je viens d'énumérer permettent de traiter un certain nombre de questions relatives à des systèmes de coniques assujetties à passer par trois points, notamment de déterminer le nombre des coniques satisfaisant à un ensemble de cinq conditions simples.

Parmi les systèmes de coniques rentrant dans les catégories dont je viens de parler je me permets de signaler les coniques formant le système des projections d'une cubique gauche, le centre de projection étant pris sur la courbe. J'ai étudié ce système dans une note parue aux *Nouvelles Annales de Mathématiques* de 1898. Ce système de coniques est caractérisé, en particulier, par ce fait que les points correspondants ont des *polaires* passant par un point fixe. Ce point est celui où se coupent les plans osculateurs de la cubique qui ont pour points de contact les points où la cubique coupe le plan des coniques.

V. THEBAULT

Le Mans

## TRIANGLE BORDÉ DE CARRÉS (1)

Nos développements succincts utilisent les notations habituel es employées pour les éléments d'un triangle ABC.

1. Sur les côtés d'un triangle ABC on construit *extérieurement*, pour fixer les idées, les carrés $BCA_1A_2$, $CAB_1B_2$, $ABC_1C_2$. Soient ($\beta_2$, $\gamma_1$), ($\alpha_1$, $\gamma_2$), ($\beta_1$, $\alpha_2$) les projections orthogonales de ($B_2$, $C_1$), ($A_1$, $C_2$), ($B_1$,

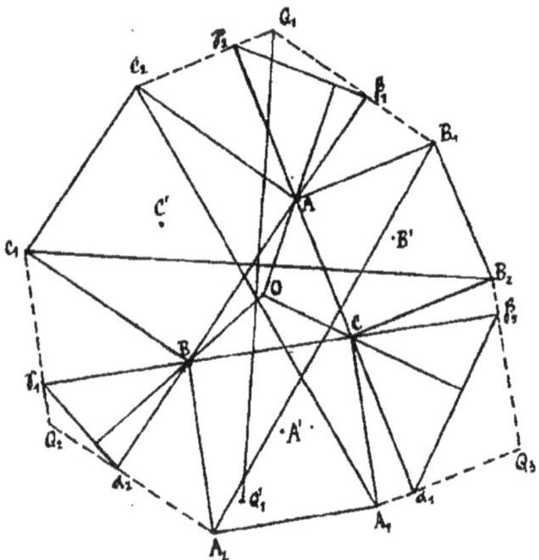


$A_2$) sur BC, CA, AB respectivement. Les triangles $A\beta_1\gamma_2$, $B\gamma_1\alpha_2$ $C\alpha_1\beta_2$ ont pour côtés deux des hauteurs de ABC.

$$A\beta_1 = h_c = B\alpha_2; \qquad A\gamma_2 = h_b = C\alpha_1; \qquad B\gamma_1 = h_a = C\beta_2.$$

Les points, $\beta_1$, $\gamma_2$, $\gamma_1$, $\alpha_2$, $\alpha_1$, $\beta_2$ sont inverses de A, B, C dans des inversions de centres A, B, C et de module $ah_a = bh_b = ch_c = 2S$.

$\beta_1\gamma_2$ et Bc, $\alpha_2\gamma_1$ et CA, $\alpha_1\beta_2$ et AB sont ainsi des couples de droites antiparallèles par rapport aux angles A, B, C de ABC et $\beta_1\gamma_2$, $\alpha_2\gamma_1$, $\alpha_1\beta_2$ sont respectivement perpendiculaires aux rayons OA, OB, OC du cercle ABC de rayon R. Les hauteurs des triangles $A\beta_1\gamma_2$, $B\alpha_2\gamma_1$, $C\alpha_1\beta_2$ sont égales à $\dfrac{S}{R}$ et les droites $\beta_1\gamma_2$, $\gamma_1\alpha_2$, $\alpha_1\beta_2$ touchent un cercle

(1) Compléments, peut-être inédits, à deux importantes communications de Collignon, AFAS. 1891-38 et J. Neuberg, AFAS, 1893-26.

de centre O et de rayon $R + \frac{S}{R}$.

Soit (T) le triangle obtenu en prolongeant $\beta_1\gamma_2$, $\gamma_1\alpha_2$, $\alpha_1\beta_2$, Il est semblable au triangle orthique de ABC, son cercle inscrit de rayon $R + \frac{S}{R}$ est concentrique à (O). Les côtés sont également inclinés sur BC, CA, AB et les bissectrices intérieures de ses angles sont les médiatrices de ABC. Son point K′ de Lemoine appartient au diamètre de Brocard OK de ABC ; $OK' : OK = \frac{S + R^2}{R^2}$. La figure montre aussi que $\beta_1\gamma_2 = \frac{a^2}{2R}$; $\alpha_2\gamma_1 = \frac{b^2}{2R}$; $\alpha_1\beta_2 = \frac{c^2}{2R}$. Les rayons des cercles circonscrits aux triangles $A\beta_1\gamma_2$, $B\gamma_1\alpha_2$, $C\gamma_1\beta_2$ sont $\frac{a}{2}$, $\frac{b}{2}$, $\frac{c}{2}$, Les centres de ces cercles sont aux milieux de $B_1C_2$, $C_1A_2$, $A_1B_2$ sur les hauteurs de ABC.

Les projections orthogonales $\beta_2\gamma_1$, $\gamma_2\alpha_1$, $\alpha_2\beta_1$ de $B_2C_1$, $C_2A_1$, $A_2B_1$, sur BC, CA, CA, AB sont $a + 2h_a$, $b + 2h_b$, $c + 2h_c$.

$$B_2\beta_2 + C_1\gamma_1 = a; \quad C_2\gamma_2 + A_1\alpha_1 = b; \quad A_2\alpha_2 + B_1\beta_1 = c.$$

$\theta_1$, $\theta_2$, $\theta_3$ étant les angles respectifs de $B_1C_2$, $C_2A_1$, $A_2B_1$ avec BC, CA, AB.

$$(a^2 + 4S)\,\mathrm{tg}\,\theta_1 + (b^2 + 4S)\,\mathrm{tg}\,\theta_2 + (c^2 + 4S)\,\mathrm{tg}\,\theta_3 = 0.$$

Les milieux des diagonales $B_2C_1$, $C_2A_1$, $A_2B_1$ sont les centres des carrés construits *intérieurement* sur BC, CA, AB. Les carrés dont $B_2C_1$, $C_2A_1$, $A_2B_1$ sont des diagonales ont pour autres sommets ceux $Q'_1$, $Q'_2$, $Q'_3$ du triangle anticomplémentaire de ABC et les intersections $Q_1$, $Q_2$, $Q_3$ de $B_1\beta_1$ et $C_2\gamma_2$, $C_1\gamma_1$ et $A_2\alpha_2$, $A_1\alpha_1$ et $B_2\beta_2$.

La somme des projections orthogonales de $B_1C_2$, $C_1A_2$, $A_1B_2$ sur BC, CA, AB égale $2(h_a + h_b + h_c)$. Si $\lambda_1$, $\lambda_2$, $\lambda_3$ sont les angles de BC, CA, AB avec $B_1C_2$, $C_1A_2$, $A_1B_2$ respectivement,

$$\mathrm{tg}\,\lambda_1 + \mathrm{tg}\,\lambda_2 + \mathrm{tg}\,\lambda_3 = 0.$$

Les segments de droites qui unissent l'orthocentre du triangle A′B′C′ des centres des carrés $BCA_1A_2$, $CAB_1B_2$, $ABC_1C_2$, à $Q_1$, $Q_2$, $Q_3$ sont proportionnels, $\left(\text{rapport } \frac{1}{2}\right)$, et perpendiculaires aux côtés du triangle $w_aw_bw_c$ dont les sommets sont les centres des carrés construits extérieurement sur $B_1C_2$, $C_1A_2$, $A_1B_2$.

2. Les remarques qui précèdent conduisent à d'intéressantes transmutations d'un triangle.

*a*) Sur une droite fixe OX portons trois longueurs $OA' = \beta_1\gamma_2 = \frac{a^2}{2R}$, $OB' = \gamma_1\alpha_2 = \frac{b^2}{2R}$; $OC' = \alpha_1\beta_2 = \frac{c^2}{2R}$; puis formons les angles XA′M,

XB'N, XC'P respectivement égaux à ceux A, B, C du triangle ABC.

Les droites A'M, B'N, C'P se rencontrent en un point D. $A'D = \frac{bc}{2R} = h_a$; $B'D = \frac{ac}{2R} = h_b$; $C'D = \frac{ab}{2R} = h_c$. La distance DQ de D à OX égale $\frac{S}{R}$, hauteur des tirangles $AB_1\gamma_2$, $B\gamma_1\alpha_2$, $C\alpha_1\beta_2$, et $OQ = \frac{a^2 + b^2 + c^2}{4R} = \frac{1}{2}(OA' + OB' + OC')$; $OD^2 = \frac{1}{4R^2}(b^2c^2 + c^2a^2 + a^2b^2) = h_a^2 + h_b^2 + h_c^2$.

*b*). Par un point O d'un axe $xy$, traçons deux demi-droites $Oz$, $Ot$ telles que $(Ox, Oz) = B$; $(Oz, Ot) = A$; $(Ot, Oy) = C$; A, B, C étant les angles du triangle ABC. Marquons sur $Ox$, $Oz$, $Ot$, $Oy$ des points A', C', B', A'' tels que $OA' = h_a = OA''$; $OC' = h_c$; $OB' = h_b$; $O\alpha = a = O\delta$; $O\gamma = c$, $O\beta = b$. Puisque

$$2S = O\alpha.OA' = O\gamma.OC' = O\beta.OB' = O\delta.OA'',$$

les triangles A'OC', C'OB', B'OA'' sont semblables à ABC. Les rayons $\rho_a$, $\rho_b$, $\rho_c$ des cercles circonscrits $(w_a)$, $(w_b)$, $(w_c)$ à A'OC', C'OB', B'OA'' sont $\frac{a}{2}, \frac{b}{2}, \frac{c}{2}$.

$$A'C' = \frac{b^2}{2R}; \qquad C'B' = \frac{a^2}{2R}; \qquad B'A'' = \frac{c^2}{2R}.$$

Les hauteurs du triangle A'OC', C'OB', B'OA'', issues de O, sont égales à $\frac{S}{R}$. Les droites A'C', C'B', B'A'' déterminent un triangle C'PB' semblable au triangle orthique de ABC. Son cercle $(\varphi)$ circonscrit a pour diamètre $\frac{a}{2\cos A}$ Le triangle A'PA'' est isocèle et $(w_a)$ touche $xy$ en O. Le centre I du cercle inscrit à C'PB' est situé sur $(w_a)$ et $OI = a$. Le centre du cercle ex-inscrit dans l'angle P est O.

Les côtés du triangle $w_a w_b w_c$ sont $w_a w_b = \frac{c}{2}$, $w_c w_a = \frac{b}{2}$, $w_b w_c = m_a$.

Le quadrilatère $w_a w_b w_c O$ est un parallélogramme de côtés $\frac{b}{2}$, $\frac{c}{2}$ et de diagonales $\frac{a}{2}$, $m_a$, Le cercle (O') circonscrit à $w_a w_b w_c$ a pour diamètre $m_a$. il contient le point K commun à $(w_a)$, $(w_b)$, $(w_c)$. Le cercle $(\varphi)$ contient aussi K.

Le quadrilatère $w_a K w_b w_c$ est symétrique par rapport à $O\varphi$. La droite $\varphi w_a$ est symédiane du triangle $w_a w_b w_c$ et $\varphi$ est l'intersection de cette symédiane avec la médiatrice de $w_a w_b w_c$ correspondant au côté $w_b w_c$. Les points O et $\varphi$ sont conjugués isogonaux dans $w_a w_b w_c$ et sont les foyers d'une conique, (hyperbole), dont le cercle principal a pour diamètre celui du cercle $(\varphi)$.

Le quadrilèlatère $w_b \varphi w_a O'$ est inscrit dans un cercle $(\Sigma)$ de diamètre $O'\varphi = m_a : \sin 2A$.

Les cerlces $(O')$ et $(\Sigma)$ se coupent sous l'angle A.

*Remarque.* — Toutes ces propriétés peuvent être étendues au cas où les carrés construits sur BC, CA, AB le sont intérieurement ou bien si l'on remplace les carrés par des rectangles semblables.

---

G. CANDIDO

Proviseur du Lycée (Galatina, Italie)

---

## NOUVELLE CONTRIBUTION A L'ÉTUDE DES FONCTIONS $U_n$ ET $V_n$ DE LUCAS

---

Rappelons que en disant $a$ et $b$ les racines de l'équation

$$x^2 - px + q = 0$$

les fonctions de Lucas sont

$$\left\{ V_n(p, q) = a^n + b^n, \quad U_n(p, q) = \frac{a^n - b^n}{a - b} \right\} \ldots \qquad (I)$$

L'UNICITÉ de ces deux fonctions fut par nous indiquées dans un autre rapport présenté au dernier Congrès de Liège, où se trouve noté que retenant $V_n(p, q)$ et $U_n(p, q)$ fonctions de $p$ on a.

$$V_n(p, q) = nU_n(p, q).$$

Dans cette communication il y a une application de ces fonctions; application que nous ne croyons pas encore faite et qui nous semble importante non seulement par elle-même, mais encore parce que d'elle découle, entre autres la proposition de Gauss, qui est à la base de sa fameuse thèse de 1799 sur les équations algébriques.

THÉORÈME. *La condition nécessaire et suffisante afin que le polinôme*

$$f(x) = x^u + A_1x^{n-1} + \ldots + A^{n-}x_1 + A_n$$

*soit divisible par le trinôme $x^2 - px + q$ est que soient vérifiées en même temps les deux relations*

$$\left. \begin{array}{l} V_n + A_1V_{n-1} + \ldots + A_{n-1}V_1 + A_n = 0 \\ U_n + A_1U_{n-1} + \ldots + A_{n-1}U_1 = 0 \end{array} \right\} \qquad (II)$$

*en supposant* $p^2 - 4q \neq 2$.

La condition est nécessaire. En effet, on a

$$\{ f(a) = 0 \text{ et } f(b) = 0 \} \quad (1)$$

d'où

$$\{ f(a) + f(b) = 0, \text{ et } f(a) - f(b) = 0 \} \quad (2)$$

et ces dernières, puisque $a \neq b$, se traduisent dans les (II).

La condition est suffisante. En effet, si les (II) sont satisfaites, celles-ci se réduisent à les (2), comme à dire à les (1), ce qui nous prouve la chose ; et le théorème est complètement démontré.

Le cas $p^2 - 4q = 0$ se réduit à la vérification simultanée des deux identités

$$f(a) = 0, \qquad f'(a) = 0.$$

Supposons maintenant qu'on ait

$$p = 2\rho \cos\varphi \quad \text{et} \quad q = \rho^2,$$

alors on a aussi

$$V_n = 2\rho \cos n\varphi, \qquad U_n = -\frac{2\rho^n \sin n\varphi}{\sin\varphi}, \text{ avec } V_0 = 2$$

et les relations (II) se transforment dans le suivant.

THÉORÈME DE GAUSS. *Si la quantité* $\rho$ *et l'angle* $\varphi$ *satisfont à ces deux équations*

$$\rho^n \cos n\varphi + A_1 \rho_{n-1} \cos(n-1)\varphi + \ldots + A_{n-2}\rho^2 \cos 2\varphi + A_1 \rho \cos\varphi + A_1 = 0,$$
$$\rho^n \sin n\varphi + A_1 \rho_{n-1} \sin(n-1)\varphi + \ldots + A_{n-2}\varphi_2 \sin 2\varphi + A_{n-1}\rho \sin\varphi = 0,$$

alors la fonction

$$f(x) = x^n + A_1 x^{n-1} + \ldots + A_{n-} x_1 + A_n$$

*sera divisible par le trinôme* $x^2 - 2\rho x \cos\varphi + \rho^2$; *pourvu que* $\rho \sin\varphi$ *ne soit pas nul.*

On peut observer que cette proposition est la généralisation de la décomposition en facteurs due à *Moivre* du trinôme $x^{2n} - 2x^n \cos\varphi + 1$.

Une étude détaillée de cette décomposition on peut l'obtenir directement par la résolution de l'équation de *Moivre* et sa dérivée, ce que nous faisons au moyen des fonctions $U_n$ et $V_n$ en repliant les équations

$$V_n(x, q) + k = 0, \qquad U_n(x, q) = 0$$

et ceci, peut-être, sera l'objet d'une autre Note.

Je me permets d'appeler l'attention sur ce qui a été dit précédemment, parce que cela, si je ne me trompe, ouvre un autre champ aux applications des fonctions $U_n$ et $V_n$.

André BLOCH
Saint-Maurice (Seine)

## 1° SUR LE MÉMOIRE DE LAGUERRE RELATIF A LA FONCTION $\left(\frac{x+1}{x-1}\right)^{\omega}$

Dans le mémoire en question (*Œuvres*, tome I), Laguerre développe en fraction continue la fonction $\left(\frac{x+1}{x-1}\right)^{\omega}$, et obtient entre autres choses une équation linéaire du second ordre vérifiée par les termes de la réduite de degré $n$. Voici une méthode simplifiée, s'appliquant à toutes les questions analogues, pour obtenir cette équation.

Soient à trouver deux polynômes $f_n$, $\varphi_n$ de degré $n$, tels que, pour $|x| > 1$ :

$$(x+1)^{\omega} f_n - (x-1)^{\omega} \varphi_n = (x^{\omega-n-1}) \tag{1}$$

où le second membre est une série dont les termes sont de la forme $ax^{\omega+k}$ ($k$ entier positif, nul ou négatif), ceux de degré supérieur à $\omega - n - 1$ étant tous nuls ; la détermination de deux tels polynômes est certainement possible, comme revenant à la résolution d'un système de $2n+1$ équations linéaires homogènes à $2n+2$ inconnues ; le second membre, hormis le cas banal où $\omega$ est un entier au plus égal à $n$ en valeur absolue, ne peut être identiquement nul.

En dérivant (1), il vient :

$$(x+1)^{\omega-1}[\omega f_n-(x+1)f'_n]-(x-1)^{\omega-1}[\omega\varphi_n-(x-1)\varphi'_n]=(x^{\omega-n-2}) \tag{2}$$

et, en résolvant ce système de deux équations linéaires en $(x+1)^{\omega-1}$, $(x-1)^{\omega-1}$ :

$$(x+1)^{\omega-1}(x-1)^{\omega-1}[(x^2-1)(f_n\varphi'_n-\varphi_n f'_n)+2\omega f_n\varphi_n] = \ldots = \ldots. \tag{3}$$

Au terme de plus fort degré du second membre de (1) correspond, au second et au troisième membre de (3), un terme de plus fort degré qui ne peut disparaître ; il en résulte, en égard à tous les degrés, que la quantité entre crochets est une constante *non nulle* :

$$(x^2-1)(f_n\varphi'_n-\varphi_n f'_n)+2\omega f_n\varphi_n = \text{A}. \tag{4}$$

En dérivant (4), nous avons :

$$\varphi_n[(x^2-1)f''_n+2xf'_n-2\omega f'_n] = f_n[(x^2-1)\varphi''_n+2x\varphi'_n+2\omega\varphi'_n] \tag{5}$$

d'où, puisque A n'est pas nul, et eu égard au degré :

$$(x^2-1) f''_n + 2 (x-\omega) f'_n - n (n+1) f_n = 0;$$

$$(x^2-1) \varphi''_n + 2 (x+\omega) \varphi'_n - n (n+1) \varphi_n = 0 \qquad (6)$$

équations d'où Laguerre déduit sous forme explicite les polynômes $f_n$ et $\varphi_n$.

Des considérations analogues, jointes aux relations de récurrence entre les réduites de toute fraction continue, s'appliqueraient à l'obtention des équations (supposant les facteurs constants convenablement choisis) :

$$(x^2-1) f'_n = [\omega - (n+1) x] f_n + f_{n+1}$$

$$f_{n+1} - (2n+1) x f_n + (n^2 - \omega^2) f_{n-1} = 0$$

également trouvées par Laguerre, et des équations analogues pour $\varphi_n$.

La méthode précédente s'applique sans modification au développement en fraction continue de $[F(x)]^{\omega}$, où $F(x)$ est une fraction rationnelle égale à 1 pour $x$ infini.

---

## 2° SUR UNE ÉQUATION INTÉGRALE NON LINÉAIRE

Soit à résoudre :

$$\int_0^x \varphi(u) \varphi(x-u) du = f(x) \qquad (1)$$

Guidons-nous sur l'extraction de la racine carrée d'une fonction définie par son développement taylorien. Nous avons :

$$\left[\int_0^\infty \varphi(x) y^x dx\right]^2 = \int_0^\infty \int_0^x \varphi(u) \varphi(x-u) y^x du\, dx = \int_0^\infty f(x) y^x dx \quad (2)$$

Dérivons par rapport à $y$ :

$$2 \int_0^\infty \varphi(x) y^x dx \times \int_0^\infty \frac{x}{y} \varphi(x) y^x dx = \int_0^\infty \frac{x}{y} f(x) y^x dx. \qquad (3)$$

Donc, eu égard à (2) :

$$2 \int_0^\infty x\varphi(x) y^x dx \times \int^\infty f(x) y^x dx = \int_0^\infty \varphi(x) y^x dx \times \int_0^\infty x f(x) y^x dx \quad (4)$$

c'est-à-dire :

$$\int_0^\infty \int_0^x 2u\varphi(u) f(x-u) y^x du\, dx = \int_0^\infty \int_0^x \varphi(u)(x-u) f(x-u) y^x du\, dx \quad (5)$$

On doit donc avoir :

$$\int_0^x (3u-x) \varphi(u) f(x-u) du = 0 \qquad (6)$$

formule qu'il y aurait intérêt à établir par un raisonnement direct et général. On est ainsi ramené à une équation intégrale linéaire et homogène.

Si $f(x)$ est une constante, l'équation (6) se résout aisément par dérivation ; on trouve $\varphi(x) = \frac{A}{\sqrt{x}}$. Or, pour $f(x) = \pi$ et $\varphi(x) = \frac{1}{\sqrt{x}}$, l'équation (1) est vérifiée.

Ainsi, d'une manière générale, l'on aura au voisinage de l'origine :

$$\varphi(x) \sim \sqrt{\frac{f(0)}{\pi x}}$$

---

# M. B. HOSTINSKY

---

## SUR LA FORMULE DE M. HADAMARD RELATIVE A LA VARIATION DE LA FONCTION DE GREEN

---

Soient $A$ et $B$ deux points pris à l'intérieur d'une surface fermée $S$ sans point double. Désignons par $g(A, B)$ la fonction de Green qui, envisagée comme fonction au point variable $B$, satisfait à l'équation

$$\frac{\partial^2 u}{\partial x^2} + \frac{\partial^2 u}{\partial y^2} + \frac{\partial^2 u}{\partial z^2} = 0 \quad \text{ou} \quad \Delta u = 0$$

à tout point intérieur à $S$ ; lorsque $B$ s'approche du point $A$, $g$ devient infiniment grande comme $r^{-1}$, $r$ étant la distance $AB$ ; on a de plus $g(A, B) = 0$, $B$ étant un point de $S$.

Soit $M$ un point pris sur $S$ et portons, sur la normale intérieure $Mn$ menée à ce point, un segment infiniment petit $\delta n$. Le lieu de l'extrémité de ce segment est une surface que nous désignons par $S'$. Les points $A$ et $B$ étant fixes, la variation $\delta g$ de la fonction $g$ due à la déformation de la frontière $S$ est exprimée par la formule de M. Hadamard (1) :

$$\delta g(\mathrm{A}, \mathrm{B}) = -\frac{1}{4\pi}\int\int \frac{\partial g(\mathrm{A}, \mathrm{M})}{\partial n} \cdot \frac{\partial g(\mathrm{B}, \mathrm{M})}{\partial n} \cdot \delta n \, d\omega,$$

$d\omega$ étant l'élément de surface au point M et l'intégration étant étendue à la surface $S$.

Je me propose de montrer que cette formule s'applique aussi à la fonction de Green relative à l'équation

$$\Delta u + k^2 u = 0 \qquad \text{(1)}$$

(1) *E. Picard* : Traité d'Analyse, t. II, 2e édition, p. 27.

$k$ étant une constante réelle. La fonction de Green $[G(A, B)]$ relative à l'équation (1) est égale à

$$[G(A, B)] = \frac{\cos kr}{r} + u(A, B),$$

où $u$ représente une fonction régulière qui satisfait à l'équation (1); il faut déterminer $u$ de telle façon que G devienne égale à zéro lorsque le point $B$ vient sur la frontière $S$. Un raisonnement connu (1) montre qu'il n'y a qu'une seule fonction de Green relative à l'équation (1) pourvu que la constante $k$ soit suffisamment petite. La fonction $G(A,B)$ est symétrique par rapport aux points $A$ et $B$. Désignons par $G'(A, B)$ la fonction de Green relative à la même équation et à la frontière $S'$. Lorsque $r$ est infiniment petit, les deux fonctions G et G' peuvent être mises sous la forme générale

$$\frac{1}{r} + v(A, B),$$

$v$ étant une fonction régulière. Cela va nous permettre d'appliquer un procédé connu pour trouver la variation cherchée $\delta G = G - G'$. Décrivons des deux points $A$ et $B$ comme centres deux surfaces sphériques $\Sigma_1$ et $\Sigma_2$ aux rayons infiniment petits. Soit $D$ le domaine à trois dimensions limité par les trois surfaces $S$, $\Sigma_1$ et $\Sigma_2$ et $M$ un point situé à l'intérieur de $D$. Les symboles $\Delta$ étant pris par rapport aux coordonnées du point $M$, on a

$$\Delta G(A, M) = -k^2 G(A, M), \qquad \Delta G'(A, M) = -k^2 G'(A, M)$$

donc

$$\int\int\int [G'(B, M) \Delta G(A, M) - G(A, M) \Delta G'(B, M)]\, d\tau = 0$$

$d\tau$ étant l'élément de volume au point $M$ et l'intégration étant étendue au domaine $D$. Une transformation classique donne

$$\int\int \left[ G'(B, M) \frac{\partial G(A, M)}{\partial n} - G(B, M) \frac{\partial G'(A, M)}{\partial n} \right] d\omega = 0,$$

$d\omega$ étant l'élément de surface sur la frontière de $D$ et l'intégration étant étendue à cette frontière qui se compose de $S$, de $\Sigma_1$ et de $\Sigma_2$. Lorsque les rayons de $\Sigma_5$ et de $\Sigma_2$ tendent vers zéro, on trouve

$$\delta G(A,B) = -\frac{1}{4\pi} \int\int \frac{\partial G(A, M)}{\partial n} . \frac{\partial G(B, M)}{\partial n} . \delta n . d\omega.$$

La formule de M. Hadamard s'applique donc aussi à la fonction $g$. On voit que, les points $A$ et $B$ étant fixes, la variation infiniment petite de G due à la déformation de la frontière $S$ est symétrique par rapport aux points $A$ et $B$.

---

(1) *J. Hadamard* : Leçons sur le calcul des variations, Paris, 1910 ; p. 305.

J. RICHARD
Professeur au Lycée de Châteauroux

## DE LA RIGUEUR EN GÉOMÉTRIE

Quelques personnes prétendent que la géométrie, telle qu'on l'expose dans les classes n'est pas rigoureuse et ne saurait l'être ; que la seule géométrie rigoureuse est celle de Hilbert et de Bruce Halsted, trop abstraite et trop compliquée pour prendre place dans l'enseignement.

Dans la géométrie courante on emploie le déplacement sans déformation. On définit les figures égales en disant qu'elles peuvent être amenées en coincidence à l'aide d un pareil *déplacement.* Mais d'autre part un déplacement sans déformation c'est un déplacement qui, tout en changeant la figure de place, la laisse *égale à elle-même.*

Ainsi l'égalité se définirait par le déplacement, et celui-ci par l'égalité. Cela constitue un cercle vicieux entachant toute la géométrie élémentaire.

Cette opinion que la géométrie manque de rigueur est-elle fondée? Devons-nous nous résigner à n'enseigner à nos élèves qu'une géométrie imparfaite et de mauvaise qualité ? Pour ma part je proteste énergiquement ; j'ai la prétention d'enseigner à mes élèves une géométrie parfaitement rigoureuse et tout à fait à leur portée.

Justifions d'abord l'emploi en géométrie du déplacement sans déformation.

On ne peut tout définir, car pour définir on emploie des mots, et ces mots à leur tour devraient être définis. De là résulte l'obligation d'introduire dans la science certaines notions indéfinissables dites notions primitives. On peut admettre comme notion primitive, soit celle de *figures égales,* soit celle de *déplacement sans déformation.* L'une des deux notions étant adoptée ainsi, l'autre est susceptible de définition, sans aucun cercle vicieux.

Hilbert n'admet ni l'une ni l'autre de ces deux notions, il admet en revanche celles de *distances égales,* et d'*angles égaux.*

Dans son essai critique sur les principes fondamentaux de la géométrie élémentaire, Houel dit que tous les auteurs modernes admettent, au moins tacitement le postulat suivant : « Une figure peut être déplacée d'une façon quelconque dans l'espace, sans qu'aucun de ces éléments, *distances* ou *angles,* change de grandeur ». L'axiome ainsi formulé est une définition du déplacement sans déformation, les notions *de distances égales* et *d'angles égaux* étant admises comme primitives. Or, Hilbert admet sans définition ces mêmes notions ; on ne peut reprocher à Houel d'en faire autant. Je pourrais montrer que les *distances égales* suffisent, et que les angles sont de trop, mais passons.

Les personnes qui soutiennent le manque de rigueur de la géométrie usuelle, semblent ignorer les travaux importants sur les fondements de la géométrie, travaux qui sont fort nombreux. Je citera particulièrement les géomètres italiens, Peano, Padoa, Pieri.

Hilbert admet beaucoup plus de notions premières qu'il n'est nécessaire, point, droite, plan, distances égales, angles égaux, et il y en a d'autres. Peano n'admet que les notions de *point*, de *segment de droite*, et *de mouvement*, c'est-à-dire de déplacement sans déformation. Il nomme *affinités* les correspondances point par point pour lesquelles à un segment de droite correspond un segment de droite et il formule au sujet du mouvement sept postulats très simples, dont le premier est que *tout mouvement est une affinité*. Cette conception du déplacement ne suppose en rien la notion de temps, et n'a rien d'empirique.

Padoa n'admet que les notions de *point* et de *distances égales*, et avec ces notions il définit tout le reste, y *compris le déplacement.*

Cependant je veux me tenir à la géométrie du débutant, à celle qu'on enseigne aux élèves. On y admet simplement qu'une figure sans cesser d'être identique à elle-même peut occuper dans l'espace différentes positions. Est-ce donc si mauvais ?

Il faut un axiome pour indiquer le degré d'arbitraire existant dans un déplacement. Considérons une figure formée *d'un point O*, d'une *demi-droite OX* partant de O, et d'un *démi-plan P* limité à OX. Une telle figure pourra être appelée *figure élémentaire.* On pourra alors admettre la proposition suivante : Deux figures élémentaires étant. données, il existe un déplacement *et un seul* amenant l'une sur l'autre

Quelques personnes prétendent aussi que pour raisonner avec rigueur on doit bannir toute intuition, chose impossible avec les débutants. Je ne puis partager cette opinion, et bannir l'intuition serait bannir tout intérêt de la géométrie et paralyser de plus la faculté d'inventer.

Un débutant pourra sans doute confondre intuition et raisonnement, mais il apprendra vite à reconnaître les bonnes démonstrations, dans lesquelles une chaîne de propositions relie l'hypothèse à la conclusion. Chacune de ces propositions doit découler des précédentes en vertu d'un théorème connu, ou d'une définition ou d'un axiome. Lorsqu'on sait bien reconnaître la correction des démonstrations, on ne peut plus se laisser tromper par l'intuition.

Concluons. — La manière d'Hilbert est bonne pour philosopher, encore qu'on puisse je crois philosopher sans elle, mais pour enseigner tenons-nous à la manière ordinaire ; *nous pouvons le faire en restant rigoureux.* On n'étudie pas l'espace en géométrie, on étudie les figures, les corps de l'espace. Et comme tout se déplace, comme il n'y a rien de fixe, il faut bien supposer que ces corps en se déplaçant restent les mêmes. Sans cela leur étude n'aurait aucun sens. Il est donc nécessaire d'admettre le déplacement sans déformation.

D'autre part *l'intuition est nécessaire* pour découvrir. Nous avons souvent l'esprit trop compliqué. Autrefois on disait : « Un axiome est une vérité évidente par elle-même. » On se contentait de cela; c'est fort insuffisant. Maintenant on dit : « Il n'y a pas d'axiomes il y a des postulats, et on peut les prendre arbitrairement pourvu qu'ils ne se contredisent pas. » Cela est bien aussi un peu inexact ; avec vos postulats arbitraires, sans contact avec la réalité concrète, vous ferez bien une science, mais ce ne sera peut-être pas la géométrie applicable au réel. Il faut choisir nos hypothèses ou postulats de façon que notre science s'applique commodément à la nature, sans quoi ce ne sera qu'un jeu logique et sans réalité. Or, dans ce choix nous sommes guidés par une sorte de sentiment parfois assez vague. C'est celui de l'évidence. Dans le choix des postulats il empêche de se perdre dans l'arbitraire.

---

Edmond REME
Ingénieur des Ponts et Chaussées

---

## SUR LES OVALES DE DESCARTES

---

1. — Je me propose d'établir par le seul secours de la géométrie élémentaire quelques propriétés, fort connues, des ovales de Descartes, en partant du théorème suivant que je démontrerai tout d'abord :

On prend chaque point $\omega$ d'une circonférence $(o)$ donnée comme centre d'un cercle dont le rayon est dans un rapport donné avec la distance de ce point à un point donné A du plan. Montrer qu'il existe un point P qui a même puissance par rapport à tous les cercles $(\omega)$.

Deux cercles infiniment voisins $(\omega)$ et $(\omega')$ se coupent en deux points M et M' tels que

$$\frac{\overline{\omega M}}{\overline{\omega' M}} = \frac{\overline{\omega A}}{\overline{\omega' A}} = \frac{\overline{\omega M'}}{\overline{\omega' M'}} = \lambda$$

Donc M et M' appartiennent au lieu des points dont les distances aux points $\omega$ et $\omega'$ sont dans le rapport $\lambda$ c'est-à-dire à un cercle DMAA', D étant le pied de la bissectrice de l'angle $\omega$ AA' et A' le symétrique de A par rapport à la droite $\omega\omega'$. A la limite $\omega'$ et D se confondent avec $\omega$ et le cercle devient le cercle circonscrit au triangle $\omega AA_1$, $A_1$ étant le symétrique de A par rapport à la tangente en $\omega$ au cercle (O).

Les points M et M' de contact de ($\omega$) avec son enveloppe sont donc les intersections de ce cercle avec le cercle ($\omega AA_1$) que j'appellerai ($\Gamma$). ($\Gamma$) est orthogonal à (O) il coupe OA en un point B tel que

$$\overline{O\omega^2} = R^2 = \overline{OB}.\overline{OA} \qquad \text{R rayon du cercle (O).}$$

Donc B est un point fixe quel que soit ($\omega$).

Je dis que P intersection de MM' et de OA est également fixe. Si

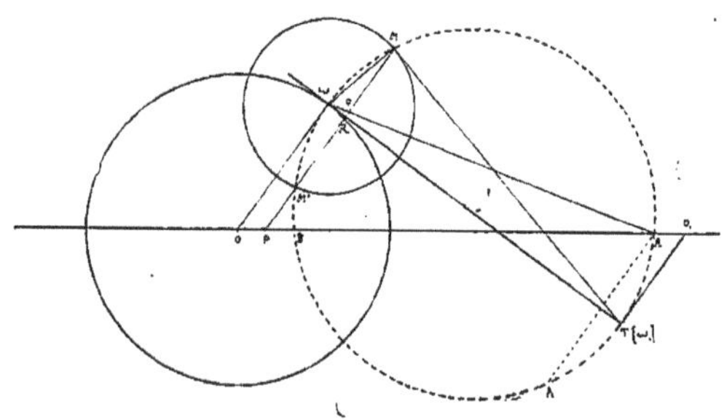

Q est l'intersection de MM' et $\omega$A les deux triangles semblables $\omega$AQ et QAP donnent

$$\frac{\omega A}{\omega Q} = \frac{OA}{OP}$$

De plus si T est le deuxième point d'intersection de $\omega$ $\Gamma$ avec le cercle ($\Gamma$).

$$\overline{\omega M^2} = \overline{\omega R}.\overline{\omega T}$$

(R intersection de MM' et $\omega$T).

Le quadrilatère inscriptible RQAT donne ensuite

$$\overline{\omega R}.\overline{\omega T} = \overline{\omega Q}.\overline{\omega A} \qquad \text{ou} \qquad \overline{\omega M^2} = \overline{\omega Q}.\overline{\omega A}$$

d'où enfin sans difficulté

$$\overline{OP} = \lambda^2 \overline{OA} \text{ et P est un point fixe. C.Q.F.D.}$$

2. — Définissant les ovales de Descartes comme le lieu des points M vérifiant les relations $MF \pm hMF' = \pm k$ où F et F' sont des points fixes, $h$ et $k$ des constantes je dis que

1°) *L'enveloppe des cercles ($\omega$) est un couple d'ovales de Descartes admettant pour foyers les points P et A.*

Cette enveloppe est le lieu des points M et M'. La relation

$$\overline{MP} = \overline{MQ} + \overline{QP}$$

dans laquelle on remplace MQ par $\lambda$MA, et PQ par $R(1-\lambda^2) = -\frac{R}{a}PA$ que fournissent respectivement les triangles semblables OA$\omega$, PAQ; — $\omega$MQ, $\omega$AM donne de suite

$$MP - \lambda MA = -\frac{R}{a}PA$$

et on a de même pour M'

$$M'P + \lambda M'A = \frac{R}{a}PA$$

ce qui établit la proposition.

2° *Sur la droite PA il y a un troisième foyer qui joint à l'un quelconque des points P et A peut définir le couple d'ovales. C'est le point B.*

Cela résulte de ce que, si l'on échange le rôle de A et B le cercle ABM ne change pas : le cercle ($\omega$) a son rayon proportionnel à $\omega$B.

On obtient finalement les trois relations de définition des ovales.

$$\begin{cases} MP \pm \lambda MA \mp \frac{R}{a}PA = 0 & \text{(foyers PA)} \\ MP \mp \lambda \frac{a}{R}MB \mp \frac{a}{R}PB = 0 & \text{(foyers PB)} \\ \frac{R}{a}MA \pm MB \pm \lambda AB = 0 & \text{(foyers AB)} \end{cases}$$

3° *Relation entre les segments* $\overline{PB}$, $\overline{BA}$, $\overline{AP}$.

Elle s'obtient en remplaçant dans la relation d'Euler

$$\overline{OP}.\overline{BA} + \overline{OB}.\overline{AP} + \overline{OA}.\overline{PB} = 0$$

les segments OP, OB, OA par leurs valeurs $\lambda^2 a$, $\frac{R^2}{a}$ et $a$. Elle est :

$$BP + \lambda^2 AB + \frac{R^2}{a^2}PA = 0$$

4° *Les trois foyers P, A, B sont les centres d'anallagmatie des ovales, les modules d'unversion correspondants étant respectivement égaux aux produits* $\overline{PA}.\overline{PB}$, $\overline{AB}.\overline{AP}$, $\overline{BA}.\overline{BP}$.

La proposition a été établie pour le point P puisque

$$\overline{PM}.\overline{PM'} = \overline{PA}.\overline{PB}$$

le lieu du centre du cercle ($\omega$) orthogonal au cercle de centre P et de rayon $\sqrt{PA.PB}$ est un cercle de centre (O) : c'est la déférente correspondante.

Pour l'établir en ce qui concerne les foyers A et B il suffit de monrer qu'on peut déterminer deux cercles de centre O et de rayons R'' et R″ de façon que pour tous les points $\omega'$ et $\omega''$ de ces circonférences les rapports $\frac{\omega' M}{\omega' P}$ et $\frac{\omega'' M}{\omega'' P}$ soient constants et que les points A et B aient une puissance constante respectivement par rapport à ces cercles. Ces conditions se traduisent par

$$OB = m^2 OP \qquad OP.OA = R'^2 \qquad \text{si } \frac{\omega' M}{\omega' P} = m$$

qui donnent

$$\frac{OB}{R'^2} = \frac{m^2}{OA} \text{ d'où } R'^2 = \frac{R^2}{m^2} \text{ et } m^2 = \frac{R^2}{a^2\lambda^2}$$

et

$$OA = n^2 OB \qquad OB.OP = R''^2$$

qui donnent

$$\frac{n^2}{OP} = \frac{OA}{R''^2} \text{ d'où } R''^2 = \frac{\lambda^2 a^2}{n^2} \text{ et } n^2 = \frac{a^2}{R^2}$$

donc

*Les lieux des centres des cercles $\omega$, $\omega'$, $\omega''$ c'est-à-dire les déférentes correspondant aux foyers P,A,B sont des cercles concentriques de rayons R, $a\lambda$ et $\lambda R$.*

5° *Par tout point M du plan il passe deux ovales ayant pour foyers trois points en ligne droite et qui se coupent orthogonalement en ce point.*

Si $\lambda$ est la valeur constante pour un ovale de $\frac{\omega M}{\omega A}$ l'ovale est défini par

$$MP + \lambda MA - \frac{R}{a} PA = 0 \tag{1}$$

avec

$$BP + \lambda^2 AB + \frac{R^2}{a^2} PA = 0 \tag{2}$$

Tirons $\frac{R}{a}$ de (1) portons dans (2) nous obtenons une équation du 2e degré en $\lambda$ (1) dont le (discriminant) est égal à

$$- PA\,(\overline{MA}^2.BP + \overline{MP}^2 AB + \overline{BP}.\overline{AB}.\overline{PA})$$

le facteur entre parenthèses est égal d'après le théorème de Stewart à $- \overline{MB}^2.\overline{PA}$ donc $\Delta = \overline{MB}^2.\overline{PA}^2 > 0$ et l'équation en $\lambda^2$ donne toujours 2 racines réelles $\lambda_1$, $\lambda_2$.

Les tangentes en M aux deux ovales (D) et ($D_1$) qui y passent sont rectangulaires. En effet le point P est centre d'inversion pour les deux ovales le module étant le même ($\overline{PB}.\overline{PA}$). Le pont M′ leur est donc commun. D'autre part le centre ($\omega_1$) du cercle bitangent à ($D_1$) en M et M′ se trouve sur le cercle ($\Gamma$) qui est le même pour (D) et ($D_1$)

(1) Ce raisonnement a été utilisé par M. Bérard dans la « Revue de l'Enseignement des Sciences » pour l'année 1919, p. 13.

puisqu'il passe par A, B et M. Donc $\omega_1$ est confondu avec T. La tangente en T à $(\Gamma)$ coupe PAB en $O_1$. L'ovale $(D_1)$ peut être définie comme l'enveloppe d'un cercle dont le centre $(\omega_1)$ décrit le cercle de centre $(O_1)$ et de rayon $O_1T$ et dont le rayon $\omega_1 M$ et égal à $\lambda_2 \omega_1 A$. La normale en M à $(D_1)$ est $\omega_1 M$ perpendiculaire à $\omega M$ normale en M à (D). C.Q.F.D.

*Remarque.* — De ce qui précède on déduit la construction des deux ovales de Descartes passant en un point donné M et admettant pour foyers trois points en ligne droite P, B, A : par les points H, A, B on fait passer un cercle $(\Gamma)$, on joint PM et on mène au cercle $(\Gamma)$ les deux tangentes parallèles à PM, qui coupent PAB en O et $O_1$. Décrivons les cercles de centres O et $O_1$ et de rayon $O\omega$, $O_1\omega_1$ ($\omega$ et $\omega_1$ points de contact avec $(\Gamma)$ des tangentes parallèles à PM). Les cercles de centres $\omega$ et $\omega_1$ et dont les rayons sont proportionnels respectivement à $\omega A$ et $\omega_1 A$ le rapport de proportionnalité étant $\lambda = \frac{\omega M}{\omega A}$ $\lambda_1 = \frac{\omega_1 M}{\omega_1 A}$ enveloppent les ovales cherchés dont les points d'intersection sont faciles à construire.

---

T. LEMOYNE

**Paris**

---

## SUR L'ENVELOPPE DES CORDES D'UNE CONIQUE OU D'UNE COURBE D'ORDRE M QUI SATISFONT A UNE CONDITION ALGÉBRIQUE QUELCONQUE

---

Nous nous proposons de rechercher la classe de l'enveloppe de ces cordes. Or, lorsqu'on assujettit les cordes d'une courbe d'ordre $m$ à une condition algébrique quelconque, on établit entre leurs extrémités une certaine correspondance $(\alpha, \beta)$.

Le problème est résolu pour une conique, dans le cas le plus général, par le théorème suivant :

Théorème I. — *Si sur une conique on considère deux séries de points tels qu'à un point A de la première série correspondent $\beta$ points a de la deuxième, et à un point a de la deuxième $\alpha$ points A de la première, et que de plus les homologues d'un point quelconque de la conique* *considéré successivement comme appartenant à la première série puis à la seconde soient tous distincts,* [*nous dirons pour abréger que la correspondance* ($\alpha$, $\beta$) *est régulière*], *l'enveloppe des cordes Aa est une courbe de la classe* ($\alpha + \beta$) *tangente à la conique aux* $\alpha + \beta$ *points doubles de la correspondance.*

La démonstration de ce théorème général est immédiate : il suffit de considérer un point quelconque M de la conique, d'abord comme appartenant à la première série (et il lui correspond alors $\beta$ points de la seconde série, ce qui donne $\beta$ cordes passant par M) ; puis comme appartenant à la seconde série, ce qui donne encore $\alpha$ cordes passant par M. D'après l'hypothèse faite, ces ($\alpha + \beta$) cordes sont distinctes et il n'y a pas d'autres cordes de la conique passant par M et satisfaisant à la condition, puisqu'une conique n'est coupée par une droite qu'en deux points. Du point quelconque M de la conique on peut donc mener ($\alpha + \beta$) tangentes à l'enveloppe, et par conséquent celle-ci est de classe ($\alpha + \beta$). Elle touche les ($\alpha + \beta$) tangentes à la conique aux ($\alpha + \beta$) points doubles de la correspondance. Les 2 ($\alpha + \beta$) tangentes communes à la conique et à l'enveloppe se réduisent à ces ($\alpha + \beta$) tangentes, de sorte que l'enveloppe passe par les ($\alpha + \beta$) points doubles de la correspondance et est tangeante en ces points à la conique, comme on le voit facilement.

Le cas particulier le plus simple de ce théorème est le suivant, qui est bien connu :

*Les cordes qui joignent deux à deux les points homologues de deux divisions homographiques sur une conique enveloppent une conique bitangente à la première, les points de contact étant les points doubles des deux divisions.* (Chasles, *Traité des sections coniques*, p. 332.)

Les applications du théorème I sont d'ailleurs très nombreuses : nous nous bornerons ici à la précédente.

Lorsque la correspondance est de la forme ($\alpha$, $\alpha$) et qu'elle est réciproque (nous dirons pour abréger qu'elle est involutive d'ordre $\alpha$), les $\alpha$ cordes obtenues en considérant le point M comme appartenant à la première série se confondent avec les $\alpha$ cordes obtenues quand M est considéré comme appartenant à la seconde série ; l'enveloppe est alors une courbe de la classe $\alpha$.

Théorème II. — *Si sur une conique on considère deux séries de points formant une involution d'ordre* $\alpha$, *les cordes qui joignent les points homologues enveloppent une courbe de la classe* $\alpha$, *dont les* 2 $\alpha$ *tangentes communes avec la conique sont les* 2 $\alpha$ *tangentes à celle-ci aux points doubles de l'involution.*

En particulier lorsque $\alpha = 1$, on a :

Théorème de Frégier. — *Si sur une conique on considère deux séries de points formant une involution ordinaire, les cordes qui joignent les points homologues sont concourantes.*

Lorsqu'on remplace la conique des théorèmes I et II par une courbe d'ordre *m*, on démontre très facilement au moyen du principe de correspondance que :

Théorème III. — *L'enveloppe des cordes d'une courbe* (C) *d'ordre m qui joignent deux séries de points* A, *a de la courbe en correspondance régulière* ($\alpha$, $\beta$), *telle qu'en aucun point double de* (C) *ne coïncident deux points homologues de la correspondance, est une courbe de la classe* $m(\alpha + \beta) - k$, *k désignant le nombre des points doubles de la correspondance.*

*Lorsque la correspondance est involutive d'ordre* $\alpha$, *l'enveloppe est de la classe* $m\alpha - \frac{k}{2}$.

Exemple. — Quand des coniques passent par quatre points fixes d'une cubique, les cordes qu'elles interceptent dans la courbe sont concourantes.

Le nombre $k$ des points doubles de la correspondance est donné par le théorème de Cayley-Brill. Il est égal à $\alpha+\beta$ dans le cas d'une courbe (C) unicursale; il est encore égal à $\alpha+\beta$ quel que soit le genre de (C) quand A étant donné, la ligne variable $\Gamma$ qui détermine par ses intersections avec (C) les points $a$ correspondants ne passe pas en A.

Les applications du théorème III sont extrêmement nombreuses ; nous nous bornerons aux deux exemples suivants :

*Les cordes qu'un angle de grandeur donnée tournant autour de son sommet intercepte dans une courbe d'ordre* m *enveloppent une courbe de classe* 2 m (m—1); *lorsque l'angle est droit, la classe de la courbe est* m (m—1). (Chasles.)

*L'enveloppe des cordes de longueur constante d'une courbe d'ordre* m *qui n'est pas tangente à la droite de l'infini et qui ne passe pas aux points cycliques est une courbe de la classe* 2 m (m—1). (Steiner.)

Quand la courbe (C) est unicursale, le théorème III prend la forme suivante :

Théorème IV. — *L'enveloppe des cordes d'une courbe* (C) *unicursale d'ordre* $m$ *qui joignent deux séries de points* A, *a de la courbe en correspondance régulière* $(\alpha, \beta)$ *telle qu'en aucun point double de* (C) *ne coïncident deux points homologues de la correspondance, est une courbe de la classe* $(m - 1)(\alpha + \beta)$.

*Lorsque la correspondance est involutive d'ordre* $\alpha$, *l'enveloppe est de la classe* $(m - 1)\alpha$.

Quand le point variable A de la première série de points vient en un point double O de la courbe (C) en suivant l'une des branches qui passent en O, il peut arriver qu'un de ses homologues $a$ de la seconde série vienne en O en suivant la seconde branche de courbe : O n'est pas alors point double de la correspondance, bien que deux points homologues y coïncident : dans ce cas, toute droite passant en O joint deux points homologues, l'enveloppe des cordes comprend le point O et la classe de l'enveloppe effective diminue. Elle diminue de deux unités si la correspondance n'est pas involutive et qu'au nœud O considéré comme point de l'une des branches et regardé successivement comme appartenant à la première puis à la seconde série de points corresponde dans les deux cas le même point O, en tant que point de la seconde branche qui passe en O; elle diminue seulement d'une unité si la correspondance est involutive. Si la courbe a $p$ nœuds jouant par rapport à la correspondance le même rôle que O, la classe de l'enveloppe diminue en conséquence soit de 2 $p$, soit de $p$, suivant l'un des cas précédents.

En voici un exemple extrêmement simple :

*Si par le point double O d'une cubique de quatrième classe on mène des couples de droites en involution, les cordes interceptées dans la cubique par ces couples de droites enveloppent une conique. Mais lorsque les tangentes au point double O forment un couple de droites appartenant à l'involution, les cordes interceptées sont concourantes.* (Chasles.)

Corrélativement on peut considérer deux séries de tangentes à une courbe algébrique telles qu'à une tangente de la première série correspondent $\beta$ tangentes de la seconde, et à une tangente de la seconde $\alpha$ tangentes de la première. Si la courbe, supposée de classe $n$, a son nombre maximum de bitangentes (nous dirons qu'elle est unicursale de sa classe), le nombre des rayons doubles des deux séries de tangentes sera $\alpha + \beta$. Si la courbe n'est pas « unicursale de sa classe », le nombre des rayons doubles de la correspondance sera donné par le théorème corrélatif de celui de Cayley-Brill, et l'on pourra démontrer directement les résultats suivants, qui découlent par dualité de ce qui précède :

Théorème V. — *Si on considère deux séries de tangentes à une conique en correspondance* $(\alpha, \beta)$ *et telles que les homologues d'une tangente quelconque considérée successivement comme appartenant à la première puis à la seconde série soient toutes distinctes le lieu du point d'intersection de deux tangentes correspondantes est une courbe d'ordre* $\alpha + \beta$ *tangente à la conique aux* $\alpha + \beta$ *contacts des rayons doubles de la correspondance.*

Théorème VI. — *Si on considère deux séries de tangentes à une conique en correspondance* $(\alpha, \alpha)$ *réciproque (autrement dit formant une involution de droites d'ordre* $\alpha$*), le lieu du point d'intersection de deux tangentes correspondantes est une courbe d'ordre* $\alpha$ *qui coupe la conique aux* $2\alpha$ *points de contact des rayons doubles de l'involution.*

Théorème VII. — *Si à une courbe de classe n on mène deux séries de tangentes en correspondance* $(\alpha, \beta)$ *et que de plus les homologues d'une tangente quelconque considérée successivement comme appartenant à la première puis à la seconde série soient toutes distinctes, la correspondance étant telle qu'il n'y ait pas deux tangentes homologues ayant respectivement pour point de contact chacun des points de contact d'une bitangente, le lieu du point d'intersection de deux tangentes correspondantes est une courbe d'ordre* $n(\alpha + \beta) - k$, *k désignant le nombre des rayons doubles de la correspondance.*

*Lorsque la correspondance est involutive d'ordre* $\alpha$, *le lieu est d'ordre* $n\alpha - \frac{k}{2}$.

Théorème VIII. — *Si à une courbe de classe n, unicursale de sa classe, on mène deux séries de tangentes en correspondance* $(\alpha, \beta)$ *et que de plus les homologues d'une tangente quelconque considérée successivement comme appartenant à la première puis à la seconde série soient toutes distinctes, la correspondance étant telle qu'il n'y ait pas deux tangentes homologues ayant respectivement pour point de contact chacun des points de contact d'une bitangente, le lieu du point d'inter-*

*section de deux tangentes correspondantes est une courbe d'ordre* $(n-1)(\alpha+\beta)$.

*Lorsque la correspondance est involutive d'ordre* $\alpha$, *le lieu est seulement d'ordre* $(n-1)\,\alpha$.

Ces théorèmes donnent immédiatement les degrés de l'isoptique et de l'orthoptique d'une courbe de classe $n$.

---

3e et 4e sections

# NAVIGATION & AÉRONAUTIQUE - GÉNIE CIVIL & MILITAIRE

*Président* ................ M. Bouyer, Doyen de la Faculté des Sciences d'Alger.
*Vice-Président* ........... M. Vaudrey, industriel, Reims.
*Secrétaire* ................ Larue, Gurgy.


## M. A. LAURET

Directeur technique, Société du Carburateur Zénith


### ALIMENTATION ET CARBURATION DES MOTEURS D'AVIATION

Il est évident que le bon fonctionnement des moteurs d'aviation ne présente pas de difficultés spéciales dans le voisinage du sol ou aux faibles altitudes (jusqu'à 2.000 mètres). Il y a même, relativement aux moteurs d'automobiles, une difficulté moins grande au point de vue carburation, parce que la bonne carburation donnant le maximum de rendement avec le minimum de consommation n'est pas utile aux régimes inférieurs pleine charge et que le minimum de consommation n'est pas non plus utile aux régimes inférieurs à charge réduite. Par exemple, un moteur tournant à 1.800 tours pleine charge pour donner la vitesse maximum de l'avion ne sera jamais utilisé à moins de 1.200 tours minimum pleine charge, même dans les cas les plus défavorables de l'avion, comme incidence, charge, etc... et, d'autre part, le moteur ne peut tourner à 1.000 tours en utilisation pour entraîner l'avion, la vitesse de l'hélice étant alors insuffisante pour assurer la sustentation.

Mais, comme difficultés pratiques de réalisation des carburateurs, il faut que ces appareils permettent :

1° De fortes inclinaisons longitudinales et transversales, dues à la nature des avions, sans trouble aucunement de carburation ;

2° Une étanchéité absolue, de façon à ce que l'essence ne puisse s'écouler, dans aucun cas, dans le capot ou dans le fuselage et que les retours de flamme ne puissent atteindre aucune partie de l'avion ;

3° Que les carburateurs puissent prendre l'air avec surpression, cet air étant pris derrière l'hélice ou, en tout cas, dans le sens de l'avancement. Il est évident que le remplissage de la cylindrée doit être aussi bon que possible et cela est de plus en plus nécessaire à mesure qu'on s'élève et que la puissance du moteur diminue. Il y a donc intérêt à prendre l'air avec la pression maxima (c'est-à-dire le mieux possible dans le courant d'air maximum de l'hélice) à moins que le moteur ne soit alimenté par une turbine ou un compresseur quelconque, ce qui est la solution proposée et réalisée, en premier par M. Rateau, solution qui est la base de l'aviation de demain : celle du vol en altitude. Il est à remarquer aussi que l'alimentation forcée des carburateurs, alimentation par simple pression de l'air derrière l'hélice donne une grande sécurité au point de vue incendie car, dans ce cas, le carburateur pour pouvoir fonctionner doit être rigoureusement étanche, évitant ainsi toute propagation de flamme ou vapeur d'essence et que dans le cas du turbo-compresseur Rateau, les retours de flamme sont pratiquement impossibles et, en tout cas, sans effet nuisible possible.

*Influence de la température*

La densité de l'air aspiré variant avec la température, la puissance du moteur diminue quand la température s'élève. Si P est la puis-

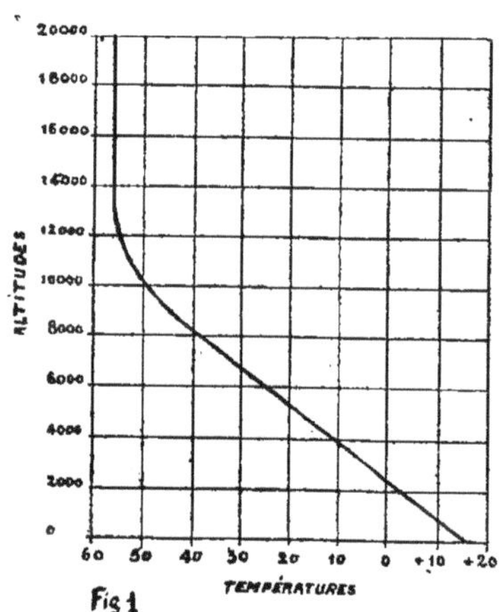


Fig 1

sance à 15°, cette puisasnce à t degrés devient $P \times \frac{275+15}{275+t}$ (1), t étant la température à l'entrée même des cylindres. Il peut donc sembler, à priori, qu'il y aurait intérêt à ne pas réchauffer l'air aspiré au fur et à mesure qu'on s'élève, cet air subissant une baisse de température en fonction de l'altitude (courbe ci-contre) fig. 1. Malheureusement, si l'on peut, dans la plupart des cas, aspirer l'air sans ennui à sa température ambiante, il faut, pour que la carburation soit possible, réchauffer le carburateur et les tuyauteries afin que l'essence soit vaporisée avant son entrée dans les cylindres. Un calcul simple montre que la température des gaz admis doit être de —20° minimum à l'entrée des cylindres pour que la tension de vapeur d'essence en ce point soit suffisante pour que toute l'essence puisse être vaporisée dans le volume d'air aspiré (ceci en supposant la proportion *essence* correcte).

Comme la vaporisation supposée totale de l'essence a abaissé la température de l'air de 24° environ entre l'entrée au carburateur et l'endroit où cette vaporisation est complète, il faut si l'air atmosphérique aspiré n'est pas au moins à + 4°, réchauffer le carburateur et la tuyauterie, de façon à retrouver au moins la température de — 20° à l'entrée des cylindres.

Il faut d'ailleurs tenir compte aussi du phénomène du givrage. Par suite de l'abaissement de température de 24° environ, dû à la vaporisation de l'essence, la vapeur d'eau contenue dans l'air se condense et se transforme en glace qui se dépose aux points les plus froids du carburateur et de la tuyauterie et gêne, par suite d'obstruction plus ou moins partielle du passage de l'air, le fonctionnement mécanique du papillon ou boisseau d'étranglement des gaz, qui devient dur ou impossible.

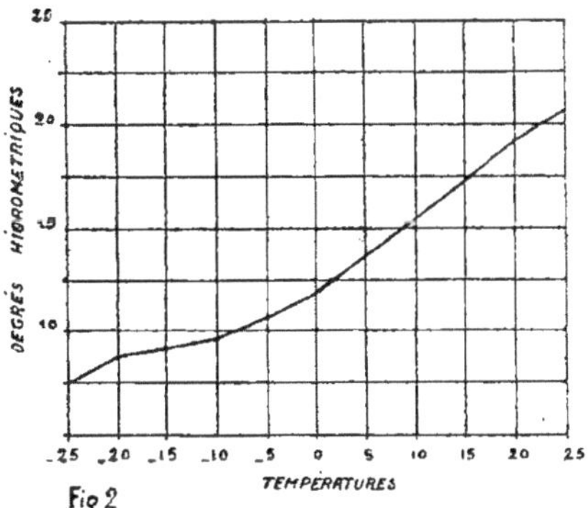

Fig 2

Par conséquent, la condition indiquée pour le réchauffage nécessaire à la vaporisation n'est pas forcément suffisante pour empêcher le givrage qui se produit si la température au point le plus froid n'est pas suffisante pour maintenir au moins à l'état de vapeur saturée, la quantité d'eau contenue dans l'air aspiré.

La figure 2 indique en fonction des températures de l'air, les degrés hygrométriques auxquels on peut aspirer cet air en évitant le givrage, même sans réchauffage du corps de carburateur et des tuyauteries.

Le réchauffage est donc toujours indispensable aux grandes altitudes et son degré devrait être réglé automatiquement par un thermostat et les essais en cours font espérer prochainement l'emploi de thermostats pratiques. On a reproché, à tort, aux turbo-compresseurs Rateau d'élever excessivement la température de l'air et, par suite, de perdre l'avantage de la basse température à mesure qu'on s'élève. Le turbo-compresseur remplit, en réalité, et sans aucune complication, une fonction nécessaire pour les raisons de carburation que nous venons d'indiquer. Cela ne veut pas dire que cette élévation de température due à la compression de l'air n'est pas excessive dans certains cas. Mais le refroidissement de l'air comprimé par le turbo est facile et M. Rateau l'a parfaitement fait réaliser sur les avions montés avec son turbo-compresseur.

Un thermostat, pourrait aussi dans le cas du turbo, avantageusement par la suite, régler automatiquement au minimum nécessaire pour la carburation, la température de l'air qui entre au carburateur, la chaleur éliminée pouvait être employée utilement au réchauffage de l'intérieur du fuselage pour le plus grand bien des pilotes et passagers.

*Correction altimétrique*

A mesure qu'on s'élève, le poids d'air aspiré diminue proportionnellement à la densité de l'air. Le poids d'essence aspiré varie comme la racine carrée de la densité de l'air et diminue donc moins vite que celui de l'air. Par conséquent, le mélange $\frac{\text{essence}}{\text{air}}$ s'enrichit à mesure que l'avion monte, et sensiblement suivant la formule $\frac{\text{essence}}{\text{air}} = K\sqrt{\frac{A}{P}}$ étant un coefficient constant. P le poids spécifique de l'air à son entrée au carburateur et A un coefficient dépendant des sections d'écoulement de l'air à travers le carburateur. Les corrections en pourcentage du débit d'essence sont sensiblement données par la courbe ci-contre (fig. 3).

Il faut donc faire la correction de débit à la main ou mieux automatiquement, en rapport avec l'altitude. Bien des solutions : entrée d'air supplémentaire, réglage des orifices de giclage, dépression dans la cuve à niveau constant, etc... ont été employées avec plus ou moins de succès.

M. Rateau a proposé, dès 1917, d'utiliser le dispositif si utile déjà pour la bonne pulvérisation des venturis multiples (employés dans les carburateurs Zénith par exemple) en diminuant la dépression au corset du petit venturi par une olive *a* placée devant l'orifice de sortie de la tuyère ou venturi central *e*. Lorsque l'olive se déplace légèrement en a' vers l'orifice, elle diminue le passage de sortie de l'air et par conséquent, diminue la vitesse de l'air dans la tuyère *e*, et par suite la dépression en G au corset où aboutit, par le conduit *h*, l'émul-

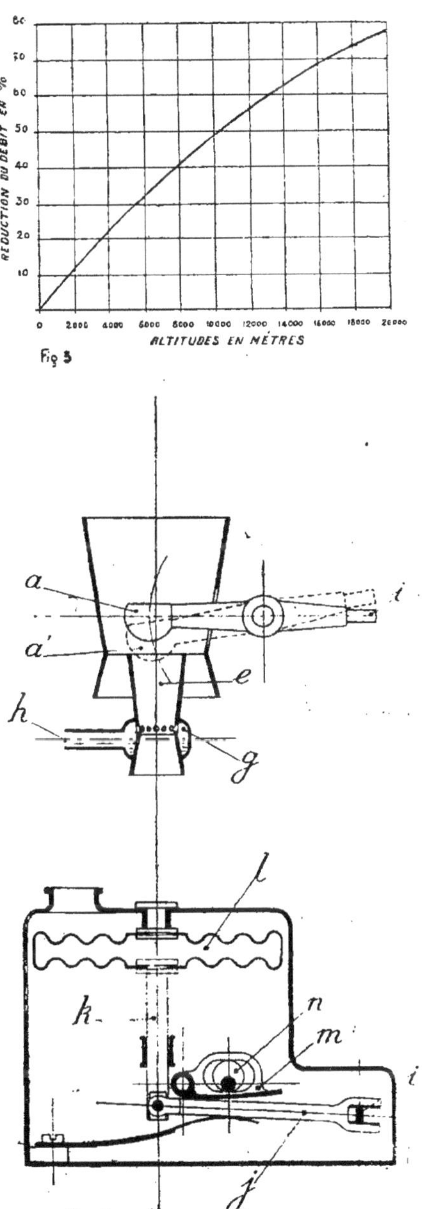

Fig 3

Fig. 4

sion d'essence des gicleurs. Le débit des gicleurs diminue donc à mesure qu'on abaisse l'olive. M. Rateau a réalisé la commande automatique de son système par une capsule barométrique actionnant par un renvoi *k j i* l'extrémité du levier *i* portant à son autre extrémité l'olive *a* placée au-dessus de la tuyère centrale. Le levier *j* s'appuyant sur une rampe courbe déplaçable par un excentrique *n* mobile à la main, on peut donc corriger à la main la correction automatique. Cette correction peut tenir compte de la variation de température en

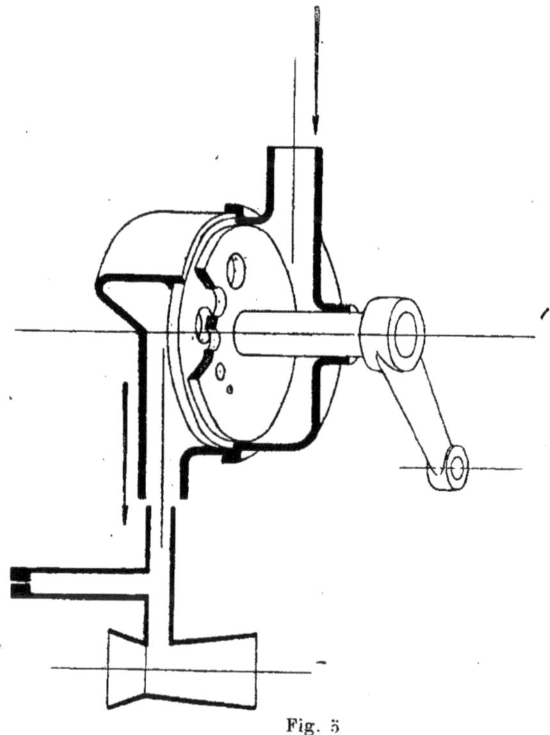

Fig. 5

laissant de l'air dans la capsule barométrique au lieu d'y faire le vide.

Le dispositif employé par la Société Zénith pour la correction consiste aussi à diminuer la dépression sur les gicleurs à mesure que l'altitude augmente ; cela simplement par une entrée d'air commandée (figure 5) dans la canalisation amenant l'émulsion des gicleurs au venturi. Cette entrée d'air se fait progressivement par des orifices successifs et de dimensions appropriées placés sur un disque venant par la rotation de ce disque établir un passage régulièrement croissant.

Nous avons aussi établi à la Société Zénith un dispositif automatique de commande du correcteur d'altitude (fig. 6). De l'air comprimé ou des gaz comprimés venant par exemple des cylindres arrivent en *a* et peuvent pénétrer en quantité variable dans la chambre *l* suivant la position du clapet commandé par la membrane *d* au moyen du renvoi *c* à leviers. Dans la chambre *e* est enfermé de l'air à la pression et température normales au sol (soit,par exemple 760 et 15°) et par suite, la membrane *d* se déplace de façon à maintenir dans la chambre *l* quelles que soient les fuites de cette chambre, une pression égale à celle de la pression constante existant dans la chambre *l*. L'air introduit dans la chambre *l* permet donc d'exercer une pression constante sur la face supérieure d'un piston *f*, dont la face inférieure est à la pression atmosphérique ambiante. Ce piston dont la course est réglée par un ressort *g* ou tout autre système analogue se déplace donc proportionnellement à la différence Ph-Ph° des pressions atmosphériques

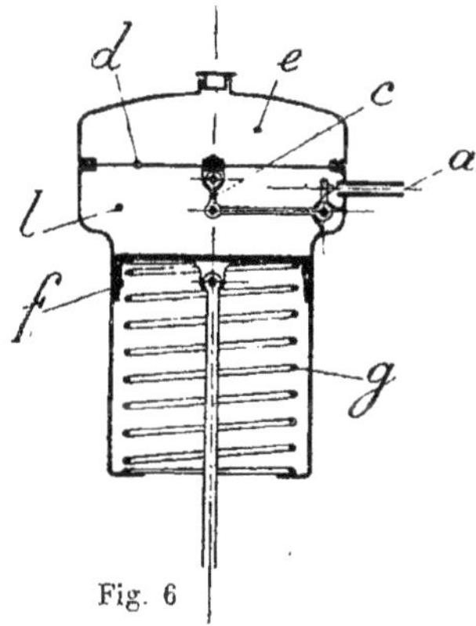

Fig. 6

à l'altitude considérée, h) et à l'altitude 0. La commande peut être aussi puissante qu'on le désire et un seul dispositif de production d'air ou de gaz à pression constante peut servir pour plusieurs pistons convenablement placés, commandant le correcteur d'altitude, la course du volet d'admission des gaz, l'organe de réglage du turbo-compresseur, etc... C'est là une réalisation simple et pratique de la servo-commande automatique de tous les organes à manœuvrer suivant l'altitude.

Il est à remarquer que la commande automatique par capsule barométrique employée par M. Rateau pour son élégant dispositif de correction pourrait aussi commander par un relai électrique ou à air comprimé tous les mêmes organes que peut commander la servo-commande du type Zénith.

*Le turbo-compresseur Rateau*

Il n'y a donc pas d'autres difficultés sérieuses pour la marche en altitude des moteurs d'aviation, que celles de la carburation, difficultés actuellement résolues théoriquement et pratiquement et que nous avons, en particulier, étudiées et traitées avec succès dans les Laboratoires de la Société Zénith.

Mais, il est bien évident que le problème essentiel est celui du maintien de la puissance des moteurs à toutes altitudes, en les alimentant d'air par un organe approprié qui doit être simple et de très bon rendement.

M. Rateau a, comme on le sait, indiqué le premier l'intérêt et la possibilité de faire le remplissage du moteur en l'alimentant avec une turbine soufflante, cette turbine étant préférablement entraînée par une autre turbine actionnée par les gaz d'échappement.

Les résultats obtenus avec les moteurs munis de turbo-compresseurs sont connus et il suffit de mentionner que le gain considérable de vitesse aux altitudes de 6.000 est acquis et incontestable et que ce gain de vitesse à 10.000 et 12.000 serait encore plus considérable et permet d'espérer que les vitesses de 400 et 500 kms deviendront commerciales. Il convient aussi de rappeler que le record de la hauteur, 12.422 mètres, vient d'être battu encore, le 23 août 1926, par Callizo, avec moteur Lorraine-Dietrich, muni de turbo-compresseur Rateau, ce qui démontre, une fois de plus, la nécessité du turbo-compresseur aux grandes altitudes.

Pour modifier les moteurs, les hélices, les avions, pour permettre le vol pratique à grande vitesse entre 10.000 et 12.000, il faudrait une collaboration active des constructeurs de moteurs, d'avions et des spécialistes du turbo-compresseur, en même temps qu'un appui efficace des pouvoirs publics.

M. A. Bréguet et M. Rateau ont déjà indiqué d'une façon lumineuse, les points principaux qui permettront la réalisation du vol pratique de l'avenir.

A mon avis, le turbo-compresseur aura encore un rôle plus grand que celui prévu à l'origine, il verra sa fonction plus intimement liée au cycle même du moteur à explosion.

Supposons, figure 7, un moteur à explosion de 20 litres de cylindrée, ayant par exemple une chambre de compression étudiée pour la compression 3. Le carburateur est alimenté pour un ventilateur donnant un volume d'air double de celui de la cylindrée et assurant un remplissage de 40 litres ; en fin de compression la compression sera d'environ 6,5 si le ventilateur-compresseur a été établi à cet effet, ce qui n'est pas très difficile ; l'échappement se fera avec une pression élevée supérieure au 1/3 de la pression maxima d'explosion, cette pression est employée à actionner une turbine utilisant la détente des gaz d'échappement, jusqu'à la pression atmosphérique et cette turbine actionne directement le ventilateur-compresseur et transmet son excédent de puissance au moteur lui-même, grâce à un démultiplicateur. Le calcul montre que la turbine donne un excédent de puissance assez considérable en plus de celle utilisée pour actionner le ventilateur, et que le moteur donnera par suite une puissance sensiblement égale à celle d'un bon moteur actuel de 40 litres et cela avec une diminution de poids très importante.

L'échappement est monté (fig. 7) pour pouvoir être dirigé sur le turbo-ventilateur du moteur ou sur une deuxième turbine importante actionnant directement une hélice. Cette deuxième turbine ne fonc-

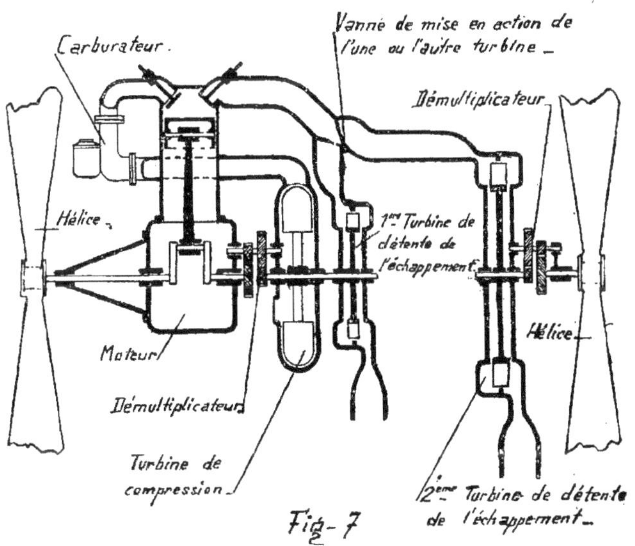


Fig-7

tionne pas au sol et l'hélice tourne folle, par suite du mouvement de l'avion, mais ne fait qu'une résistance à l'air fort minime. En altitude, on dirige l'échappement vers cette turbine qui peut alors utiliser plus d'un 1/3 de la puissance du moteur, ce moteur se trouve donc diminué de puissance d'autant et c'est lui-même qui entraîne son ventilateur mécaniquement. Comme son couple a fortement diminué la vitesse de rotation de son hélice reste convenable et la deuxième hélice permet d'utiliser toute la puissance du moteur qui reste la même que celle du sol grâce au turbo-compresseur et à la deuxième turbine. Je crois d'ailleurs également à l'utilisation du moteur d'automobile avec turbo-compresseur, comme indiqué ci-dessus.

Paul AMANS

Docteur ès Sciences

## NAVIGATION A VOILE PAR PALES TOURNANTES

Soit l'incidence d'un vent horizontal sur le plan équatorial d'un moulin à vent, plan supposé vertical. Soit Fx la poussée du vent parallèle à la direction du vent, Fy l'autre composante horizontale, normale à cette direction, Fz la composante verticale.

Dans une note récente à l'Académie des Sciences (*C. R.*, 29 mars 1926), j'ai mesuré les composantes Fx et Fy sur un moulin à 4 pales zooptères, pouvant à mon gré avoir une torsion positive ou négative. Ces pales pouvaient, en outre, se mouvoir sur le moyeu, de manière à faire varier soit ($\alpha$) l'incidence du profil sur l'équateur, soit ($\beta$) l'inclinaison du bras principal (longeron proximo-distal) sur l'axe du moulin.

On a jusqu'ici peu étudié l'action du vent en fonction de ces trois angles, ainsi que du mode de torsion (1). La torsion positive serait même considérée comme une hérésie (2).

J'ai montré que : 1° aux petits angles (i), la torsion positive me donnait une dérive Fy beaucoup plus forte que la torsion négative. Elle est, en outre, un peu plus élevée que celle d'un rectangle plan convexe de même surface ; 2° Pour $i=90°$, elle est trois fois plus grande que celle du rectangle, et presque 20 % de plus que celle du cercle balayé.

Dans des recherches ultérieures inédites, j'ai installé ce type de moulin sur un pylône vertical, autour de l'axe duquel il peut tourner de manière à faire varier l'incidence sur le vent. Il est, en outre, muni d'une girouette spéciale qui permet d'avoir automatiquement l'incidence désirée.

Fort de ces expériences, je proposerais une application de ce moulin à la navigation maritime. Pour naviguer au plus près, au voisinage de 20° par ex., on installerait les moulins au-dessus de mâts,

---

(1) Il faut citer cependant : 1° la voilure tournante de *De la Cierva*, ou $\beta$ varie automatiquement ;

2° Un mémoire récent de l'Institut central hydro-aérodyn. de Moscou (Caractéristiques d'un moulin à vent en fonction de la direction du vent par Sabinin, 1926).

(2) Je dis qu'il y a torsion positive, si le profil distal de la pale fait avec l'équateur un angle plus grand que le profil proximal.

analogues aux mâts habituels (misaine, grand mât, artimon). On peut aussi concevoir une installation spéciale pour naviguer aux grands angles.

Comparé au système habituel de voitures fixes, le nouveau type à voitures tournantes ferait réaliser une grande économie de voilure et de personnel. Les manœuvres seraient d'autant plus simplifiées que la girouette me donne un réglage instantané, du moins dans ma rivière aérienne homogène, à vitesse constante. Les expériences en pleine atmosphère me donneront les modifications pratiques pour les diamètres des moulins, et le sens de rotation le plus convenable.

---

Pierre LARUE

à Gurgy

---

## RÉSEAUX D'OMNIBUS AUTOMOBILES

---

Dr BERNARD

Rouïba

---

## 1° L'INSUBMERSABILITÉ DES NAVIRES

## 2° APPAREIL DE PROTECTION DE L'HELICE ET CONTRE L'HELICE DÉS AVIONS ET DES BATEAUX

## 3° NOUVEAU PROCÉDÉ DE SAUVETAGE A BORD DE NAVIRES EN PERDITION

---

2e groupe

# SCIENCES PHYSIQUES

5e section

## PHYSIQUE

*Président* ................ M. VÉRAIN, Professeur de Physique industrielle à l'Université d'Alger.
*Vice-Président* ............ M. DIXSAUT, Professeur au Lycée Pasteur.
*Secrétaire* ................ M. BONNET, Professeur au Lycée de Constantine.

L. VERAIN
Professeur de Physique industrielle à l'Université d'Alger

### 1° SUR LA MESURE DES DÉBITS LIQUIDES AU MOYEN DU TUBE DE VENTURI

J'ai réalisé au Laboratoire de Physique Industrielle de la Faculté des Sciences d'Alger une installation qui permet l'étude du fonctionnement des pompes et des turbines hydrauliques ainsi que la mise en œuvre des divers procédés de mesure des grandeurs qui se présentent dans les fluides en mouvement.

En principe, l'installation se compose d'un circuit d'eau fermé dont certaines parties sont en conduites forcées et da'utres à l'air libre. La pompe P (fig. 1) puise l'eau dans le bassin A et l'injecte dans le réservoir tampon D ; le'au arrivan sous pression comprime l'air au-dessus d'elle et s'échappe par la conduite forcée E ; cette conduite s'incurve sur un seuil pratiqué dans la paroi verticale du bassin B au-dessus duquel sont installés des turbines, roues et différents appareils d'utilisation de le'au sous pression. L'eau qui a travaillé dans ces appareils tombe dans le bassin B et regagne A par le canal à l'air libre C. Elle est reprise par la pompe P pour recommencer le même cycle.

La pompe P est mue par un moteur électrique M dont les caractéristiques fixent la puissance maxima mise en jeu dans l'installation. La source d'alimentation du moteur M est une batterie d'accumulateurs de 120 éléments pouvant débiter 50 ampères et marchant en parallèle avec, soit une commutatrice, soit un groupe convertisseur à vapeur de mercure pouvant fournir également 50 ampères sous 240 volts. La puissance disponible pour l'alimentation du moteur est donc de 24 kw et ce moteur est capable de l'absorber.

En P peuvent être placées différentes sortes de pompes de la puissance du moteur. Actuellement le Laboratoire possède une pompe

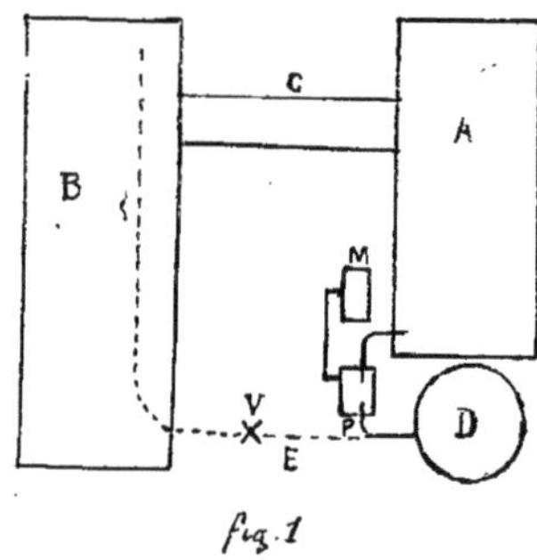


*Fig. 1*

centrifuge de 25 m. de hauteur de refoulement et une pompe multicellulaire de 100 m., pression maxima à laquelle la conduite et l'installation ont été éprouvées. Le régime de la pompe peut être modifié par le réglage de la vitesse du moteur d'entraînement.

A l'heure où, de toutes parts, se multiplient les efforts pour suivre dans toutes les industries l'évolution des matières et de l'énergie, il m'a paru intéressant d'installer sur la conduite forcée E le dispositif qui jouit actuellement et justement de la plus grande faveur pour la mesure des débits de fluides : un tube de Venturi V avec manomètre différentiel.

De nombreux constructeurs français et étrangers livrent tout un appareillage de Venturi destiné à ces sortes de mesures ; un tel dispositif, offert par la Compagnie pour la Fabrication des Compteurs et Matériel d'Usines à Gaz, sera d'ailleurs prochainement installé au Laboratoire. Mais ces appareils sont coûteux et je me suis demandé quelle précision on pouvait atteindre dans la mesure de débits liquides avec un tube de Venturi fabriqué sur place, muni d'un manomètre différentiel et étalonné par application des formules connues de l'hydrodynamique.

La conduite E ayant un diamètre de 175 mm., le plus élevé qui fût compatible avec les dispositions locales, et d'ailleurs suffisant pour livrer passage à un courant d'eau de 75 litres par seconde sans perte de charge exagérée, j'ai remplacé une longueur de 94 cm. de cette conduite par un tube de Venturi dont les dimensions sont données dans la figure 2. Ce tube a été fabriqué en tôle d'acier découpée, roulée et soudée à l'autogène ; il est raccordé à la conduite par le dispositif bien connu de joints à anneaux de caoutchouc et brides du type Précis de la Société des Hauts Fourneaux et Fonderies de Pont-à-Mousson.

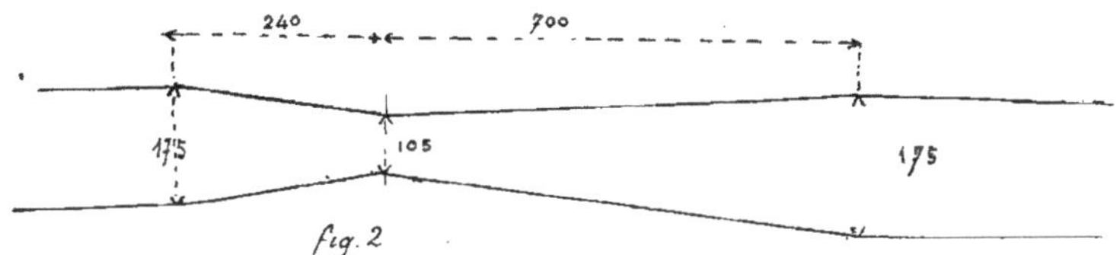

Fig. 2

Trois robinets placés à l'entrée, au cercle de gorge et à la sortie du Venturi permettent d'y brancher, suivant les besoins, le manomètre différentiel (Fig. 3).

Ici se pose la question du choix du manomètre différentiel à utiliser. L'application de la formule montre que pour des débits attei-

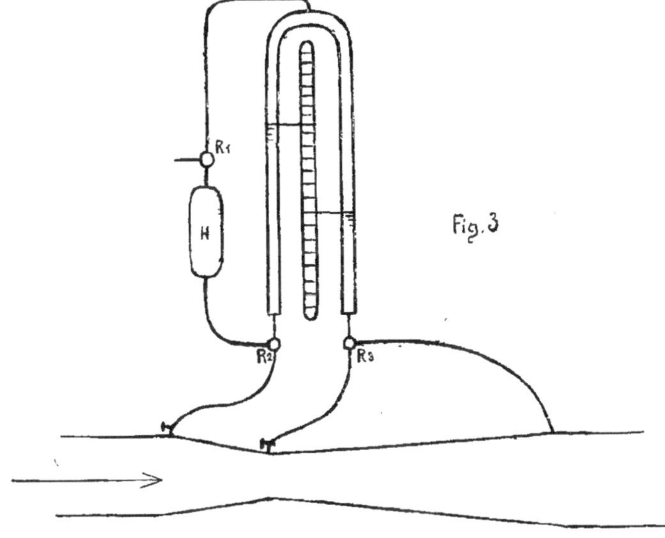

Fig. 3

gnant une cinquantaine de litres par seconde on peut escompter des pertes de charge dans le convergent du Venturi égales à environ 2 m. ; un manomètre à eau et mercure pourrait être utilisé, mais la sensibilité se trouverait considérablement diminuée pour les faibles débits. Il n'est pas, par ailleurs, nécessaire de recourir à un manomètre à deux liquides non miscibles, eau et pétrole par exemple, de densités voisines comme on le fait quelquefois ; on sait que ces manomètres se comportent comme un manomètre à un seul liquide de densité égale à la différence entre les densités des deux liquides.

Reste la solution du manomètre différentiel ordinaire constitué par un tube en U renversé contenant de l'air à la partie supérieure. Mais l'emploi de ces manomètres présente une difficulté de ce fait que l'air étant compressible, suivant la pression statique de la canalisation, les niveaux dans les deux tubes peuvent ne pas se trouver dans des endroits où la lecture soit commode ou même simplement possible. C'est ainsi que j'ai été amené à adjoindre au manomètre différentiel le dispositif que voici :

Dans le cas où il y a trop d'air dans le manomètre, il est extrêmement facile d'en laisser échapper par un robinet ; si au contraire, l'air qui se trouvait primitivement dans le manomètre est comprimé sous un volume trop petit, il devient nécessaire d'en introduire en supplément.

On pourrait dans ce but utiliser une pompe de compression, par exemple une pompe servant à gonfler les pneumatiques des bicyclettes ou des automobiles pour des pressions ne dépassant pas quelques dizaines de mètres en ayant soin de munir le tube d'amenée de cet air d'une valve.

Il est plus commode de recourir à un réservoir d'air comprimé et, pour être certain de l'avoir à une pression suffisante, de le faire comprimer par l'eau de la conduite elle-même. A cet effet, une bouteille en tôle d'acier soudée à l'autogène H, primitivement remplie d'air à la pression atmosphérique, peut être mise en communication par la partie inférieure avec l'entrée du Venturi. L'air s'y comprime alors à la pression statique de la conduite. Le robinet dont il a été question ci-dessus peut alors être ramené à la partie supérieure de la bouteille et transformé en un robinet à trois voies $R_1$ qui permet de mettre la bouteille et le manomètre en communication entre eux ou avec l'atmosphère ou de les isoler.

Pour la commodité des manœuvres, le robinet $R_2$ qui se trouve à base du tube manométrique réuni à l'entrée du Venturi est également un robinet à trois voies qui permet de réunir à la conduite soit le manomètre soit la bouteille à air.

Un troisième robinet $R_3$, placé à la base du second tube manométrique, possède une troisième voie qui permet de le mettre en communication avec l'extrémité du divergent du Venturi et d'utiliser pour diminuer la sensibilité la perte de charge dans le Venturi entier qui est d'environ les 4/10$^e$ de celle du convergent. Il devient ainsi possible de pousser les mesures plus loin que ne le permettrait l'utilisation du convergent tout seul.

Le manomètre différentiel proprement dit est constitué par deux tubes de verre cylindriques de 2 m. de hauteur, 1 cm. de diamètre intérieur, raccordés à leurs extrémités par des pièces de cuivre avec garniture de caoutchouc, analogues à celles qu'on utilise dans l'industrie pour l'établissement des niveaux d'eau. Entre les tubes de verre, qui sont fixés sur une planche, se trouve disposée une règle en laiton divisée en millimètres, sur laquelle coulissent deux curseurs permettant de faire les mesures des différences de niveaux.

Le débit Q dans le Venturi est donné par la formule :

$$Q = \frac{S_1 S_2 \sqrt{2g\,(h_1 - h_2)}}{\sqrt{S_1^2 - S_2^2}}$$

dans laquelle $S_1$ et $S_2$ désignent les sections d'entrée et d'étranglement ($h_1$-$h_2$) la différence des hauteurs d'eau mesurant les pressions en ces points.

L'application de cette formule donne pour chaque valeur de la différence de niveaux mesurée une valeur du débit en litres par seconde dans la canalisation. Il est intéressant de comparer cette valeur avec la mesure du débit réel. A cet effet, j'ai fait passer le débit contrôlé au Venturi sur un déversoir en V, à mince paroi, à côtés perpendiculaires, et à bissectrice verticale dont la formule suivante :

$$Q = 0{,}01391\ h^{5}/_{2}$$

donne le débit en fonction de la hauteur de lame déversante h, mesurée comme d'habitude dans le cas de déversoirs ordinaires.

La formule ci-dessus, qui a fait l'objet au Laboratoire d'Hydraulique de l'Institut Electrotechnique et de Mécanique appliquée de Nancy, d'une vérification serrée, est très sûre moyennant certaines précautions

| Débit au venturi | Débit au déversoir | Rapport |
|---|---|---|
| en 1 seconde | | |
| 8,45 | 8,2 | 0,97 |
| 16,37 | 16,2 | 0,99 |
| 20,05 | 19,9 | 0,993 |
| 29,7 | 30,0 | 1,01 |
| 34,35 | 34,8 | 1,013 |
| 38,85 | 39,5 | 1,017 |
| 42,35 | 43,2 | 1,02 |

d'emploi. Le déversoir en V est, pour de semblables mesures, beaucoup plus avantageux que le déversoir ordinaire à seuil horizontal, car il donne une grande précision même pour les débits faibles.

Le tableau ci-dessous fait connaître les valeurs comparatives du débit données simultanément par le Venturi muni du manomètre différentiel et par le déversoir en V :

On constate par la dernière colonne que l'écart entre les deux mesures ne dépasse pas 2 %. Il en résulte que dans le cas où on n'a pas la possibilité de se procurer un appareil étalonné, on peut, avec une précision très suffisante, pour les besoins de la pratique, se contenter d'un tube de Venturi dont la constante a été déterminée par le calcul en appliquant la formule rappelée plus haut.

---

## 2° SUR UN APPAREIL D'ÉCLAIRAGE SANS OMBRE PORTÉE POUR SALLES D'OPÉRATIONS CHIRURGICALES : LE SCIALYTIQUE

---

Je m'excuse de présenter à l'Association Française pour l'Avancement des Sciences un appareil qui n'est plus une nouveauté et qui est peut-être déjà connu d'un certain nombre d'entre vous. Le « Scialytique » a, par contre, déjà reçu la sanction de l'expérience et la courte description que je vais en donner y gagnera sans doute en intérêt.

Avant la guerre, la Maison Zeiss construisait, pour l'éclairage des opérations chirurgicales, un dispositif comportant un certain nombre de projecteurs à arc aménagés sur une monture fixée au plafond et réglés de façon que les faisceaux se croisent précisément sur le champ opératoire. De la sorte, si le chirurgien ou l'un de ses aides venait à intercepter l'un des faisceaux avec sa tête, sa main ou un instrument quelconque, le champ opératoire restait néanmoins éclairé par les autres faisceaux.

J'ai pensé qu'il serait possible d'arriver au même résultat en utilisant convenablement une seule source lumineuse; il suffit pour cela de capter la plus grande partie possible de son flux lumineux par une optique rapprochée et d'y adjoindre un système éloigné chargé de rassembler sur le champ opératoire tout le flux lumineux utilisé. Je suis ainsi arrivé à la conception de l'appareil que j'ai dénommé Scialytique (en grec : qui dissout l'ombre) et qui est construit par la Société des Anciens Etablissements Barbier, Bénard et Turenne.

Soit L la section principale d'une lentille convergente et S une source lumineuse placée à son foyer ; si l'on imagine que le système tourne autour de l'axe SX, le flux lumineux émis par la lampe et recueilli par la lentille donne un faisceau parallèle. Mais si nous imaginons que le système tourne autour de l'axe vertical SY, le profil L va engendrer une optique de révolution analogue à celles qui sont utilisée dans les phares. En donnant à cette optique et au filament de la lampe des formes et des dimensions convenables, on peut faire en sorte que 90 % du flux émis par la lampe tombe sur l'optique. Après réfraction, ce flux lumineux est transformé en une nappe horizontale rayonnante et des miroirs, tels que M, rangés en couronne tout autour de l'appareil, rabattent vers l'axe la portion du flux lumineux qu'ils reçoivent. On réalise ainsi l'éclairage d'une petite surface centrée sur l'axe par des sources élémentaires en nombre égal au nombre des miroirs : c'est là qu'il convient de placer le champ opératoire. L'éclairage obtenu par ce procédé est d'une nature toute particulière et saisissante : outre que le grand nombre de sources fait disparaître l'ombre portée par un objet quelconque interposé entre l'appareil et le champ opératoire, le fait que la lumière est convergente permet un éclairage très fouillé des objets présentant des cavités plus ou moins prononcées.

Ce dispositif présente de plus certains avantages. Comme il a été expliqué ci-dessus, la majeure partie du flux lumineux émis par la lampe est utilisé ; il en résulte qu'avec une lampe de 100 bougies, placée dans l'appareil à 1 mètre du champ opératoire, on peut facilement réaliser sur ce dernier un éclairement de l'ordre de 5 à 600 lux : on voit par là combien l'utilisation de la source est parfaite. D'autre part, tous les rayons utilisés passent dans un cône creux en se dirigeant vers le bas ; le chirurgien ne peut donc à aucun moment voir la source, il conserve ainsi constamment son acuité visuelle intacte ; il travaille dans une demi-obscurité avec seulement un champ opératoire parfaitement éclairé.

L'appareil se construit en plusieurs tailles de 30 cm. à 1 mètre de diamètre ; même le plus grand modèle ne pèse qu'une quinzaine de kilogs, il peut être suspendu par un système à contrepoids qui permet de le monter, de le descendre et de l'orienter convenablement.

Le Scialytique est actuellement utilisé par plus d'un millier de chirurgiens de toutes les parties du monde qui tous se plaisent à reconnaître les bons services qu'ils en tirent.

Ch. FERY
Docteur ès Sciences

# 1° LA MALADIE DE L'ACCUMULATEUR AU PLOMB LA SULFATATION, SON REMÈDE

## I

A part le grave défaut désigné sous le nom de « sulfatation », l'accumulateur au plomb ne présente que des avantages sur l'accumulateur fer-nickel : sa force électromotrice est plus élevée ($2^v$ au lieu de 4), sa résistance intérieure moindre et son encombrement plus faible pour une puissance donnée. Son poids est toutefois un peu plus grand pour la même puissance.

La durée des positions correspond à 500 décharges et celle des négatives à 1.000 décharges.

Toutefois, si des soins minutieux ne sont donnés à une batterie, c'est généralement par sulfatation des négatives qu'elle périt.

Cette sulfatation se produit par une diminution plus ou moins grande de la capacité, les plaques refusant de prendre la charge.

Quant aux positives, leur durée est limitée par l'attaque des grilles elles-mêmes qui se rongent pendant la charge par oxydation.

## II

Dans la théorie longtemps admise de la double sulfatation, exprimée par la réaction réversible

$$Pb + 2SO^4H^2 + PbO^2 \rightleftarrows PbSO^4 + 2H^2O + PbSO^4$$

due à Glastone et Tribe (1882), le phénomène de la sulfatation est inexplicable.

On ne comprend pas, en effet, comment le sulfate de plomb formé normalement pendant la décharge est réductible par une charge qui suit cette décharge, tandis que celui formé par abandon au repos d'une batterie déchargée, ne l'est pas.

C'est surtout sur de petits éléments que la sulfatation se produit le plus facilement, ce qui explique pourquoi ce défaut prend une grande importance dans les batteries tension plaque de T.S.F., dont la capacité n'est que 1 à 2 Ah.

Ce sont ces petites batteries qui ont attiré mon attention sur ce point et qui m'ont amené à faire des analyses chimiques des matières chargées et déchargées que contiennent les grilles.

De cette étude qui a duré 3 ans (1916-1919), il résulte que la véritable réaction réversible qui donne le fonctionnement de l'accumulateur est Pb

$$Pb^2 + SO^4H^2 + Pb^2O^5 \rightleftarrows Pb^2SO^4 + H^2O + 2PbO^2$$

$Pb^2O^6$ est un superoxyde noir qui passe en se réduisant pendant la décharge, à l'état de $PbO^2$. D'autre part, il se fait à la négative, après décharge, du sulfate *plombeux* $Pb^2SO^4$, d'un gris noir.

Ce dernier sel, qui est conducteur, est réduit facilement par le courant, mais il n'en est plus de même si la batterie est abandonnée au repos après avoir été déchargée.

En effet, sous l'influence de l'oxygène de l'air et de celui dégagé par la positive, ce sel passe à l'état plombique par la réaction

$$Pb^2SO^4 + SO^4H^2 + O = 2\,PbSO^4 + H^2O$$

Tel est le mécanisme de la sulfatation.

On comprend qu'une fois formé, le sulfate plombique Pb $SO^4$, qui est isolant, ne puisse être réduit par le courant.

III

Le remède très simple à ce gros défaut de la combinaison Planté, est de soustraire la négative à l'action néfaste de l'oxygène.

Il suffit pour cela de disposer cette plaque au fond de l'élément où l'oxygène ne peut redescendre pour venir l'attaquer.

Des accumulateurs ainsi disposés ont pu rester déchargés pendant *deux ans* et reprendre ensuite correctement la charge (1).

La Société de la Pile Hydra a entrepris la fabrication de ce modèle d'éléments, tant pour les batteries Tension plaque de T.S.F., que pour l'alimentation du filament des lampes triodes.

---

## 2° REDRESSEUR DE COURANT ÉLECTROLYTIQUE

---

I

Si on insère dans le circuit d'un redresseur Pb-Al ordinaire un ampère-mètre continu et un ampère-mètre alternatif, on peut remar-

(1) Un accumulateur transportable et insulfatable. Par E. Reynaud-Bonin, ingénieur en chef des P.T.T. (Annales des Postes, Télégraphes et Téléphones, 24 décembre 1924).

quer qu'en faisant varier l'enfoncement de la lame d'Al dans la solution de Phosphate de Sodium, l'intensité alternative augmente avec la surface immergée de cette plaque, tandis que l'intensité redressée, *passe par un maximum*.

Ceci s'explique par la *non formation* de la pellicule d'alumine isolante sur les régions supérieures de la lame d'Al quand celle-ci est trop immergée. A ce moment, en effet, les bulles d'Hydrogène qui montent le long de la lame, y amènent un liquide désoxyadé et incapable d'y produire l'attaque du métal.

On a d'ailleurs souvent ajouté avec succès des produits oxydants à l'électrolyte (permanganate), dans le but de faciliter la production de cette couche d'alumine.

## II

Afin de mettre tous les points de l'électrode d'aluminium dans les mêmes conditions d'oxydation, j'ai été amené à donner aux redresseurs la disposition suivante :

Les deux électrodes sont formées par des spirales plates des métaux choisis, placées *horizontalement* l'une au-dessous de l'autre, l'aluminium en dessus.

Dans ces conditions, l'aluminium est frappé par le courant oxydant de liquide ayant traversé la spirale de plomb et on obtient un fonctionnement très régulier.

On peut employer avec avantage la combinaison Aluminium-Nickel dans une solution de bicarbonate de Sodium.

Des redresseurs de ce genre peuvent être employés avantageusement pour la recharge des batteries d'accumulateurs employés en T.S.F.

---

L. DIXSAUT
Professeur au Lycée Pasteur

---

# ÉTALONNAGE D'UN FLUXMÈTRE POUR LA MESURE DES TEMPS

---

Le fluxmètre Grassot est un galvanomètre Despretz-d'Arsonval sans couple de torsion appréciable ; un cadre rectangulaire, monté sur pivots, peut se déplacer dans le champ radial d'un aimant permanent à armatures de fer doux avec noyau cylindrique central ; le champ sensiblement uniforme est de 1100 gauss environ. Le courant est amené au cadre par 2 très minces rubans d'argent, assez minces et longs pour que le couple de torsion soit négligeable. La théorie et les usages de cet appareil ont été exposés dans : Darmois et Ribaud, *Annales de Physique*, mars-avril 1924 ; *Cours d'Electricité* de Bruhat ou Ollivier ; Cotton, *Bulletin de l'Union des Physiciens*, février-mars 1927.

On sait que cet appareil ne fonctionne pas absolument comme un galvanomètre balistique qui mesure *Sidl*, il permet de déterminer *Sedl*. On a pu l'utiliser pour mesurer : 1° une quantité d'électricité à condition d'introduire une résistance connue ; 2° un flux, la déviation de l'appareil étant proportionnelle à la variation de flux, les appareils utilisés pendant la guerre donnaient une division pour M = 20.000 maxwells ; 3° un champ avec une surface de bobine connue (étude des aimants) ; 4° une capacité sous réserve de disposer de différences de potentiel assez élevées ; 5° une force électromotrice en déterminant la vitesse de déplacement de l'aiguille ; 6° un temps, et c'est là un des emplois les plus importants de l'appareil.

En effet, une variation de flux de un maxwell équivaut à une tension appliquée pendant une seconde de une unité em (cgs) ou $10^{-8}$ volt. Si on connaît la constante M de l'appareil, c'est-à-dire le nombre de maxwells pour une division, on peut dire que une division mesure M.$10^{-8}$ volt-seconde. Par exemple pour M = 20,000 maxwells on trouve que le fluxmètre dévie de 5 divisions pour 1 seconde sous 1 millivolt, ou de 10 divisions pour 1/10^e^ de seconde sous 20 millivolts. En augmentant la différence de potentiel on pourra obtenir une précision plus grande. Il suffira donc de mettre le fluxmètre en dérivation sur une faible résistance parcourue par un courant connu et réglée de telle façon que l'on ait aux bornes de l'appareil le nombre de millivolts voulu.

La nécessité dans laquelle on se trouve (pour réaliser deux opérations identiques et pour éliminer les équations personnelles des opérateurs) de déterminer l'intervalle de temps par deux ruptures de circuits automatiquement produites, a conduit à adopter le dispositif du pont de Wheatstone, les ruptures étant produites sur les deux branches et le fluxmètre shunté étant mis en pont. Ce dispositif a été utilisé pendant la guerre pour la mesure des vitesses de projectiles et surtout pour le repérage (procédé Cotton-Weiss), il permettait d'atteindre 1/400^e^ de seconde pour une division du fluxmètre.

Mais, pour cet emploi du fluxmètre à la mesure de très petits intervalles de temps, il est indispensable d'étalonner l'appareil. Une étude précise de cette question a été faite par M. Quevron (Thèse de Doctorat, Paris, juin 1926). L'auteur utilise un lourd volant de 220 kgs tournant avec une vitesse angulaire constante, portant sur ses deux faces deux bras diamétraux solidaires du volant et faisant entre eux un angle A que l'on peut faire varier à volonté. Ces bras débordent le volant à une de leurs extrémités et constituent ainsi deux saillies que l'on utilise pour provoquer sur deux rupteurs situés dans un même plan horizontal les ruptures brusques des circuits électriques. Le temps se mesure directement à l'aide d'un diapason par enregistrement photographique sur une plaque immobile, grâce à un miroir monté sur l'axe du volant lui-même.

Ce dispositif, qui a permis une étude très complète de la question,

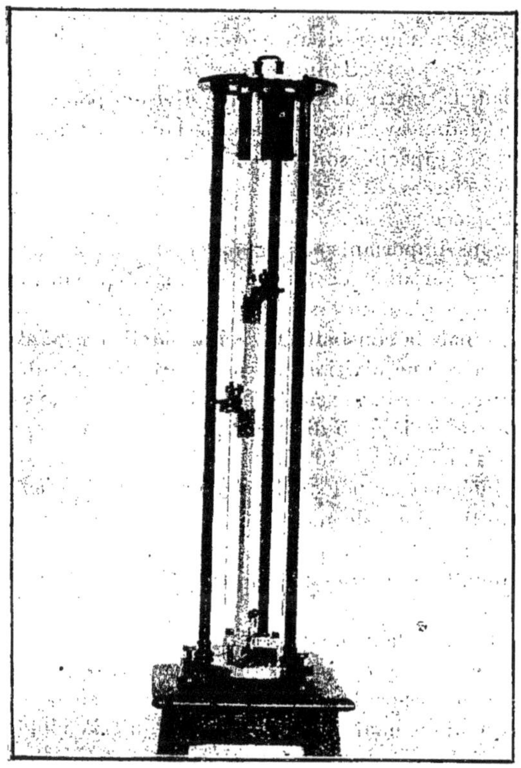

est un peu complexe lorsqu'il s'agit simplement d'étalonner le fluxmètre ; aussi ai-je pensé qu'on pouvait revenir à un montage plus simple rappelant le dispositif à chute employé en vue du repérage par MM. Cotton et Ollivier, mais avec des rupteurs différents.

L'appareil, dont l'ensemble est donné par la fig. 1, se compose essentiellement d'un bati (fonte et acier) très rigide, de 1 mètre environ de hauteur, monté sur 3 vis calantes. A la partie supérieure, un électro peut supporter une plaque métallique pesant 1 kg. et assujettie à tomber en chute libre le long de 2 fils. La forme de la plaque, des glissières, a été étudiée de façon à réduire à une valeur négligeable les frottements dans cette chute. Un amortisseur (ressort actionnant une pince à mors de caoutchouc) freine la plaque à fin de course, évite les secousses brusques à l'appareil et empêche le rebondissement.

Devant la plaque est montée une règle en laiton graduée portant 2 curseurs qui supportent les 2 rupteurs. Plusieurs difficultés se présentent dans l'établissement de ce rupteur (fig. 2).

1° Eviter toute percussion sur son axe de rotation. Dans ce but,

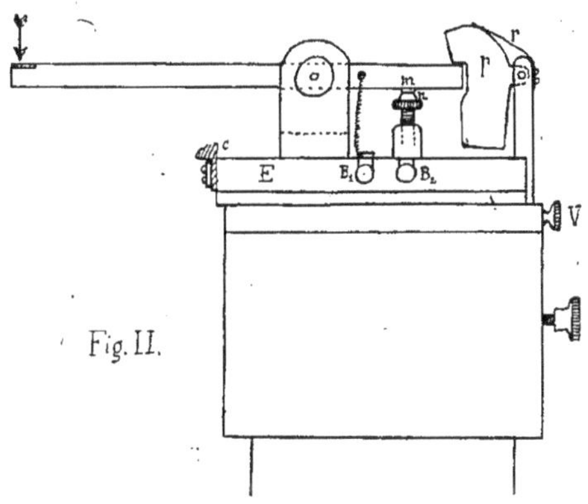

Fig. II.

l'appareil se compose d'une barre de laiton réglée horizontalement ; la direction de la percussion est perpendiculaire au plan contenant l'axe de rotation et le centre de gravité, l'axe étant un axe principal d'inertie pour le point où il rencontre le plan de symétrie de l'appareil contenant la force instantanée. Enfin la distance de la force de percussion à l'axe de rotation a pour valeur : $a + k^2/a$ (a distance du centre de gravité à l'axe, k rayon de gyration). Dans ces conditions, la barre tend spontanément à tomber, elle est retenue en arrière par une pièce p qui maintient par son propre poids le contact mn.

2° Avoir un très bon contact. Le contact est réalisé par 2 plaques d'argent nettoyées au collodion suivant le procédé indiqué par M. Ollivier. Le courant arrivant par la borne B passe par un fil souple à la barre du rupteur, puis à la première plaque argent. La deuxième plaque argent est portée par une vis dont le but est de permettre le réglage de la barre du rupteur qui sera amenée à l'horizontalité parfaite sans quitter le contact, cette vis étant reliée à la borne B ; le tout étant monté sur une plaque d'ébonite E.

3° La rupture doit être définitive. La barre risque sous la percussion brusque de rebondir et par suite, ou de rétablir le contact, ce qui fausserait toute mesure, ou d'exercer sur la plaque en cours de chute un choc ou un frottement, ce qui modifierait sa vitesse. Dans ce but la barre frappe sur une masse de caoutchouc mousse c qui amortit le choc, et elle est retenue à son autre extrémité par le bord supérieur de la pièce p qui, amenée sous la barre au moment de la rupture, grâce au ressort r, empêche tout retour vers la position horizontale.

Deux rupteurs identiques mis de part et d'autre de la règle graduée sont montés sur les 2 branches d'un pont de Wheatstone et permettent de produire la déviation du fluxmètre. La lecture de la distance entre les 2 rupteurs (faite sur la règle), permet d'en déduire le temps qui sépare les 2 ruptures du courant.

Les 2 rupteurs étant montés sur une même règle (ce qui est nécessaire pour assurer la précision de la mesure des longueurs) il existe un minimum de distance réalisable, de 5 cm. dans l'appareil construit. On peut, si on le désire, utiliser des courses et par suite des temps plus faibles. Dans ce but, un curseur faisant saillie peut se déplacer sur la plaque tombante et être immobilisé à une distance connue de son bord inférieur. On recule, grâce à une vis de rappel V, l'un des rupteurs sur son charriot de façon qu'il ne soit choqué que par ce curseur et non par la plaque ; dans ces conditions, on compense en partie par ce déplacement du bord percutant la différence de hauteur des deux rupteurs, et on arrive à obtenir 2 ruptures séparées par une différence de hauteur de chute égale à 2 ou 1 cm, ce qui vers le bas de l'appareil correspond à un temps de l'ordre de 3/1000$^e$ à 4/1000$^e$ de seconde.

L'appareil décrit ici a été réalisé en vue de l'étude de ce procédé d'étalonnage des fluxmètres ; aucune difficulté n'a résulté de l'emploi de ces rupteurs sur une hauteur de chute de 1 mètre, ils restent parfaitement intacts, malgré de nombreux chocs subits, et le réglage se conserve. En pratique l'appareil construit ne permet pas d'atteindre des intervalles de temps aussi courts que ceux obtenus par M. Quevron, mais on remarquera que rien ne s'oppose à la construction d'appareils permettant de plus grandes hauteurs de chute (à part la résistance de l'air pour les grandes vitesses, mais on pourrait en tenir compte par le calcul) et on réaliserait facilement le 1/1000$^e$ de seconde.

---

# MARSAT

Ingénieur

---

## APPAREIL DE VÉRIFICATION POUR LAMPES A INCANDESCENCE

---

Vivement frappé de la difficulté qu'il y a, pour les gardiens des phares maritimes, à placer une lampe électrique à incandescence de façon à ce que l'appareil produise son meilleur effet, j'attendais avec impatience que les fabricants de lampes se décident à construire des lampes assez précises pour éviter tout réglage. En 1922, ayant trouvé le principe d'optique géométrique qui permettait d'obtenir un phare puissant répondant aux prescriptions du premier Code de la Route, je compris de suite que le public ne pourrait utiliser ce nouvel appareil que si l'on pouvait trouver dans le commerce des lampes précises. Je m'adressai à un fabricant de lampes avec qui j'étais en relations depuis de nombreuses années et je lui exposai la nécessité de construire des lampes précises en grand nombre pour les automobiles, en nombre plus restreint pour les phares. Il me conseilla de chercher moi-même le dispositif qui pourrait donner satisfaction au besoin que je lui avais exposé. C'est ainsi que je fus amené à créer la lampe à deux culots, l'un sphérique, lisse extérieurement, emboîté dans l'autre cylindrique et lisse à l'intérieur, mais pourvu d'ergots à la partie extérieure. Après scellement du culot sphérique sur l'ampoule, la lampe était placée sur un banc de réglage où l'on utilisait les déplacements possibles du culot sphérique à l'intérieur du culot cylindrique pour amener le filament éclairant à avoir exactement la position voulue par rapport aux ergots de fixation, puis on soudait l'un à l'autre les deux culots. Dès ce moment, je cherchai un appareil qui permît de contrôler rapidement l'exactitude des lampes fabriquées ; tout récemment le succès commercial des nouvelles lampes ayant suscité l'éclosion d'un grand nombre de lampes présentées comme très précises, je repris mes recherches : j'ai abouti à un appareil fort simple que l'on construit actuellement à un assez grand nombre d'exemplaires : constructeurs d'automobiles, marchands d'accessoires, marchands de lampes électriques pourront facilement juger les lampes qui leur seront présentées et porter leur choix sur celles qui seront réellement précises.

Voici la description de l'appareil :

Un léger bati en bronze ayant la forme d'un fer à cheval supporte aux extrémités de ses branches deux tubes : l'un contient à son extrémité libre un verre dépoli portant sur sa face intérieure trois lignes de repère et vers le centre deux lentilles qui donnent une image aérienne des lignes de repère dans un plan qui passe par l'axe du bati ; l'autre contient vers le centre une lentille d'assez court foyer et à son extrémité libre une bonnette percée en son centre d'un œilleton de 2 millimètres de diamètre. En plaçant l'œil près de la bonnette, on voit avec un certain grossissement l'image aérienne des traits de repère. A la partie centrale du fer à cheval une douille massive reçoit la lampe à examiner ; elle porte une petite poignée et des butées qui

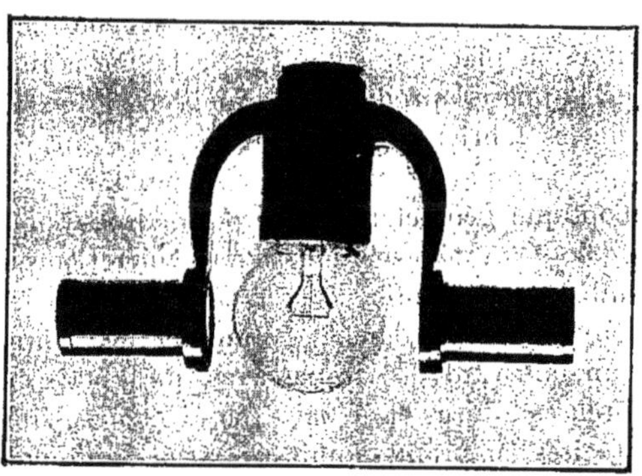

permettent de la faire tourner sûrement de 90 degrés. La douille présente, en outre, en face du logement prévu de l'un des ergots du culot un repère qui, aux termes d'une décision de la Chambre syndicale des fabricants d'accessoires d'automobiles doit être frappé sur le culot lui-même à côté de l'ergot qui se place à la partie supérieure.

La douille est placée par construction pour qu'un filament rectiligne placé à 26 mm. 2 (cote normale fixée par la Chambre syndicale) au-dessus du plan tangent à la partie supérieure des ergots soit vu exactement entre les images des deux lignes horizontales tracées en repère sur le verre dépoli. En faisant tourner la douille de 90° le filament doit être vu exactement en bout et il doit être placé à cheval sur une ligne verticale, image d'un troisième trait tracé sur le verre dépoli. On peut ainsi vérifier très rapidement toutes les caractéristiques de la lampe, hauteur et position du filament.

Cet appareil dérive d'un appareil de réglage déjà décrit en 1925 au Congrès de Grenoble, mais il se présente sous une forme plus ramassée et il est, en outre, plus précis, le filament étant vu avec un grossissement très appréciable ; il ne comporte aucune source lumineuse, il suffit d'opérer dans un endroit qui ne soit pas spécialement obscur. Il permet de voir avec plus de détails l'aspect du filament et de mieux se rendre compte de sa qualité apparente.

# Paul CIROU

## L'ASCENSEUR D'EAU AUTOMATIQUE

L'élévation d'eau gratuite réalisée par les Aéro-Moteurs avec le vent par le bélier hydraulique et la turbine motrice au moyen de chutes soigneusement captées, est assurée par une chute libre non captée, avec l'ascenseur d'eau.

Cet appareil permet, par le moyen d'une chute pouvant être de moins de 1 mètre ou de beaucoup plus, l'élévation automatique de l'eau des rivières, des sources, des fontaines et des marées. L'eau peut être trouble et boueuse (fait de haute importance), sans entraver le fonctionnement d'un ascenseur, alors que de telles conditions rendent un bélier inutilisable.

L'Ascenseur d'eau, qui représente une application très particulière du principe de la balance et constitue essentiellement une bascule élévatoire d'eau, diffère encore de la roue de Damas avec laquelle il offre des analogies très superficielles, parce qu'il est composé d'une chaîne sans fin d'auges disposée sur un pylone vertical, d'où part un bras supportant une poulie qui marque l'origine de la chute et détermine le dispositif triangulaire du bâti qui supporte la chaîne. Il n'est pas limité dans son emploi par les diamètres excessifs de la circonférence, peut fonctionner par le débit d'une fontaine et est susceptible de rendements infiniment supérieurs, grâce à ses auges spirales.

Il est à la roue hydraulique ce que l'Aéro-Moteur est au moulin à vent.

Les auges spirales caractérisent essentiellement l'appareil qui est une simple chaîne d'auges disposée en triangle sur un pylône vertical ; la surcharge apportée par un poids d'eau dans ces auges détermine la mise en marche instantanée par la rupture d'équilibre ; une partie de l'eau prélevée par les auges est captée par la spirale intérieure qui peut conserver la moitié de l'eau prélevée par les auges sans en perdre une parcelle dans son ascension verticale, quelle qu'en soit la longueur, et ne la déverse qu'au moment où elles basculent au sommet, par des exutoires latéraux, déversement que l'action de la force centrifuge n'entrave pas.

Le moteur est représenté dans l'ascenseur, par le poids d'eau contenu dans les auges engagées dans la chute et dont le renouvellement plus ou moins rapide assure la marche automatique, sans nécessiter ni main-d'œuvre, ni surveillance.

C'est ce poids chute qui détermine le poids d'eau qui peut être monté par une seule révolution de la chaîne et qui est égal à deux fois ce poids. Il est réparti entre les spirales ; si une chute de 1 mètre pré-

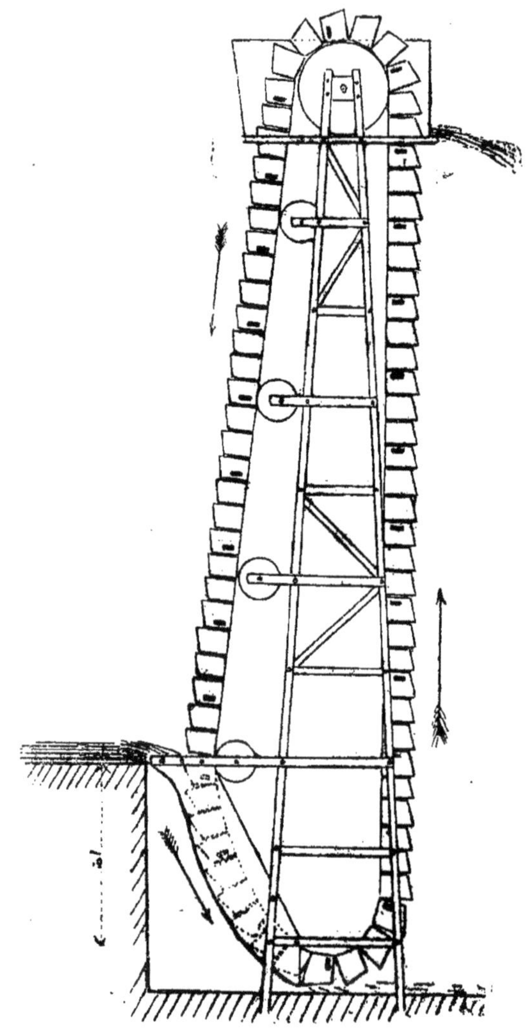

lève 100 kilos, on peut installer 2 fois 100 kilos dans le tour de chaîne, lesquelles spirales déversent 200 litres chaque fois qu'il est accompli.

Pour assurer la continuité de la chaîne d'auges sur laquelle sont échelonnées les auges spirales et prélever le plus d'eau motrice dans la chute, on associe aux auges dites spirales, des auges intercalaires, dites d'allègement. Celles-ci se vident à la sortie de la chute, tandis que les auges spirales montent la moitié de l'eau qu'elles ont prise en charge, charge égale sensiblement pour chaque auge à celle de l'auge intercalaire qui l'accompagne.

Le débit de l'ascenseur est évalué par la quantité d'eau déversée dans un tour de chaîne et contenue dans les seules spirales ; le rendement est le rapport entre l'eau montée et l'eau prélevée dans la chute, qui se traduit en fait par le plus ou moins grand nombre d'intercalaires d'allègement nécessaires à l'équilibre à obtenir.

Le rendement est proportionnel, comme pour tous les élévateurs, à la hauteur de la chute et à la hauteur à atteindre ; pour une chute de 1 mètre, un ascenseur déverse à 5 mètres 1/5 de l'eau qu'il prélève, à 10 m. 1/10 ; si la chute est de deux mètres, le rendement sera de 2/5, de 2/10.

En conséquence, l'ascenseur d'eau peut être défini : *une simple chaîne d'auges qui prélève une quantité d'eau déterminée et déverse la* 1/2, *le* 1/4, *le* 1/10, *selon la hauteur de la chute qu'elle traverse.*

*Les appareils peuvent être de grande ou de petite contenance, de forte ou de faible élévation, sans que rien ne soit modifié au principe qui les caractérise.*

En pratique, il faut distinguer l'eau prélevée par la chaîne et qui seule peut être évaluée dans les calculs du rendement, de l'eau en excès qui produit la force vive et détermine la vitesse du tour de chaîne. En principe, la chaîne parcourt un trajet égal à la longueur de la chute chaque fois que le poids contenu dans cette chute est renouvelé ; cette vitesse ne peut pas être supérieure à un tour de chaîne minute à 12 mètres élévation, sans nuire au déversement d'une chaîne chargée de nombreuses spirales. Une progression de 0,50 par seconde, soit de 2 auges de 0,25 (0,25, 0,25 sur 1,32 = 100 l.) est la vitesse maxima désirable à obtenir.

Avec ces données, on peut évaluer approximativement les quantités d'eau que l'ascenseur d'eau automatique est susceptible d'élever dans des cas différents.

S'il s'agit d'élever l'eau sur les berges des rivières encaissées, à 12 mètres par exemple, par le moyen d'une chute de 2 mètres, un apport de 300 litres seconde, lequel correspond au quart du débit moyen d'une rivière algérienne comme la Tafna de 1.200 litres seconde, on peut élever 1.000 à 3.000 mc. par jour.

Dans le premier cas, l'eau est fournie en excès et en vitesse. Dans le second cas, elle alimente lentement des appareils plus volumineux par lesquels elle est intégralement prélevée et proportionnellement élevée, 2.000 à 6.000 mc, sont élevés à six mètres dans les mêmes conditions, par jour.

Pour réaliser la chute nécessaire, il suffit de créer un canal latéral à ciel ouvert, simple tranchée dont la longueur varie pour chaque cas selon la pente de la rivière ; si pour l'élévation à de faibles hauteurs, une chute de un mètre est suffisante, il est désirable d'obtenir davantage chaque fois qu'on le peut ; car la quantité d'eau prélevée est proportionnelle à la chute.

Un Ascenseur d'eau de 12 mètres qui comporte une chaîne élévatoire de 100 auges de 50 litres, (auges ayant cotés en trapèze de 0 m. 25 sur 0 m. 25 sur 0 m. 35 et 0 m. 66 de longueur) pour une chute de 2 mètres et un apport d'eau suffisant pour assurer un tour de chaîne par minute, déversera 800 litres répartis en 32 spirales (dont chacune abandonne la moitié de l'eau qu'elle charge, charge sensiblement égale à celle de l'auge intercalaire de mêmes dimensions qui l'accompagne).

Sa force motrice est de 400 kilogs répartis dans 8 auges engagées dans la chute, auxquels s'ajoute la force vive variable avec l'excès d'eau fourni.

Lorsque le tour de chaîne est accompli en une minute, une auge progressant par demi-seconde environ, le rendement est de quinze litres par seconde, soit 1.200 mc. par jour. En principe, la chaîne parcourra 2 mètres chaque fois qu'elle prélèvera 800 litres d'eau, mais une quantité supérieure d'eau est nécessaire pour lui imprimer la vitesse maxima dont elle est susceptible sans nuire au déversement.

Des ascenseurs d'eau établis pour des bennes de 100 litres donneront un rendement de 30 litres seconde, soit 2.500 mc. par jour et des appareils très voloumineux peuvent être installés sous de grandes chutes, mais il semble préférable de les dédoubler et de les associer en batterie que de leur donner des dimensions trop considérables. On peut également concevoir des batteries verticales en paliers.

D'un grand intérêt, et beaucoup plus général, sont d'autre part les ascenseurs d'eau de petite dimension ayant des auges de un litre par exemple (côtés du trapèze 0,10/0,10/0,15 sur 0,10 longueur), avec lesquels des filets d'eau peuvent être accumulés dans des réservoirs et fournir, ensuite des énergies suffisantes à quelques heures d'arrosage intensif ou d'électricité rurale.

Un ascenseur d'eau ainsi établi pour une élévation de six mètres peut déverser 20 litres par tour de chaîne avec une chute de 1 mètre et accumuler 86 mc. par jour, s'il accomplit trois tours de chaîne par minute et débite un litre seconde.

La chaîne parcourt 1 mètre chaque fois qu'elle prélève 10 litres d'eau et c'est la rapidité de ce prélèvement qui imprime la vitesse au tour de chaîne par laquelle est réglé le débit.

De véritables barrages de dérivation sont créés par des ascenseurs d'eau pour lesquels la hauteur de chute est la moitié de la hauteur à atteindre, lesquels déversent 50 % de l'eau prélevée ; ils sont composés uniquement d'auges spirales, sans nécessiter l'adjonction d'intercalaires d'allègement. Pour de faibles élévations, de tels appareils pourront être volumineux et un ascenseur établi pour 4 mètres d'élévation et 2 mètres de chute avec 34 auges de 100 litres (côtés du trapèze 0,25, 0,25, 0,35 longueur 1 m. 32), pourra abandonner 1.700 litres par tour de chaîne en 30 secondes, soit 5.000 mc. par jour.

L'association en batterie d'ascenseurs semblables permet de détourner des quantités d'eau illimitées et si l'on considère que des batteries d'aéro-moteurs dont chacune a un rendement maximum de 400 mc. par jour pour 15 mètres d'élévation et est nécessairement espacé à 300 mètres de l'autre, fournissent l'énergie électrique à des pays du Nord, si l'on envisage encore que le prix de revient du mc. d'eau élevé à 12 mètres est en France de 1 fr. avec certains moteurs à essence (frais accessoires compris), on entrevoit les possibilités nouvelles créées aujourd'hui pour l'Agriculture et l'Industrie par les ascenseurs d'eau.

De l'eau de mer, apportée par des canalisations provenant de bassins qui se remplissent par l'effet des marées, peut être élevée avec des chutes de deux mètres, de façon automatique et régulière, par des élévateurs situés sur le rivage, puis transportée à distance pour les nécessités de l'hygiène des ports.

---

Jules DAYAN
Architecte E. N. B. A.

---

## DE L'IMPORTANCE DE LA FORME DU MUR DE SOUTENEMENT DE LA SCÈNE SUR LE RENDEMENT ACOUSTIQUE

---

Comité Central d'Etudes

---

## NOTION D'ETHER ET ÉTHER CONDENSÉ

---

## 6e Section

# CHIMIE

*Président* ................ M. le Dr Maillard, Professeur de Chimie biologique et Toxicologie. Faculté de Médecine et de Pharmacie d'Alger.


Jean BANCE
Docteur en Pharmacie
Chef de Laboratoire à l'Institut Pasteur, à Tunis


## ÉPURATION CHIMIQUE DES EAUX FORTEMENT CALCAIRES ET MAGNÉSIENNES

Nos expériences ont porté spécialement sur les eaux du Sud-Tunisien, mais s'appliqueraient aussi bien à celles du Sud-Algérien. Ces eaux offrent les caractéristiques suivantes :

Elles sont très chargées en sels de chaux et de magnésie. Caractère particulier, on n'y trouve pas d'acide carbonique, ou des traces insignifiantes ; la chaux et la magnésie ne s'y rencontrent pas à l'état de bicarbonates, mais à l'état de sulfates et de chlorures. On y trouve souvent aussi une notable proportion de chlorure de sodium.

De telles eaux ne se troublent pas à l'ébullition ; elles présentent un extrait sec très élevé, nous en avons eu jusqu'à 10 et 12 grammes par litre. Leur dureté atteint des chiffres peu connus ; l'eau de Bir-Pistor, par exemple, mesure 440 degrés hydrotimétriques.

L'épuration chimique n'a pas la prétention de supprimer les sels qui encombrent les eaux ; elle arrive à éliminer certains éléments, des bases en particulier, mais à la condition de leur substituer une autre base qui ne soit pas gênante. Tous les procédés connus s'appuient ainsi sur la loi de la double décomposition des sels ; leur application n'est donc qu'une substitution. Les éléments les plus gênants dans les eaux sont la chaux et la magnésie ; ce sont eux qui empêchent la cuisson des légumes et le savonnage, sans parler des autres inconvénients. C'est bien à l'élimination de ces deux bases que tendent les divers procédés tentés jusqu'à ce jour, en particulier le procédé « chaux-carbonate de soude » utilisé par les Compagnies des Chemins de Fer de Tunisie pour épurer l'eau de leurs machines. I rant la guerre, ce procédé fut employé à l'épuration des eaux d'alimentation humaine pour les Troupes du Sud-Tunisien, soit tel quel, soit avec des modifications, par exemple en remplaçant la chaux par la soude caustique (procédé « soude-carbonate de soude »).

Le procédé de choix doit utiliser des produits que l'on puisse se procurer facilement et surtout des produits inoffensifs pour l'organisme humain. Cette dernière condition nous assure un double avantage, puisque, d'une part, l'application du procédé d'épuration ne nécessite pas la surveillance spéciale et continue d'un chimiste compétent, et que, d'autre part, il n'y a aucun risque d'accident à la suite de l'absorption de l'eau épurée contenant même un fort excès du réactif épurant.

*Choix du Réactif*

Pour rester fidèle au principe qui précède, nous ne pouvions songer à employer des produits tels que l'oxalate, cet excellent précipitant des sels de chaux étant toxique. Nous avons écarté également la chaux, la soude et la baryte, tous corps caustiques ou toxiques. C'est alors que nous avons mis à profit la connaissance d'un fait observé longtemps auparavant. En dissolvant dans l'eau de Zaghouan (eau du Service des Eaux de Tunis, qui marque 30° hydrotimétriques environ), les trois sels qui composent la formule de Bourget, de Lausanne : bicarbonate, phosphate et sulfate de soude, nous observions une précipitation abondante qui ne pouvait être que des sels calcaires. Nous avons entrepris une longue série d'essais de précipitation des sels calcaires et magnésiens dans une eau prise à une nappe souterraine, à l'Ecole Coloniale d'Agriculture. Les caractéristiques de cette eau sont: 240° hydrotimétriques, 6 grammes d'extrait sec, dont 5 de sels de chaux et de magnésie (sulfate et chlorure).

Nous avons mis en œuvre tous les modes d'application du sel précipitant sur l'eau : addition à froid, addition à froid suivie de repos puis d'ébullition, addition à froid et chauffe immédiate, addition à l'ébullition, filtration après refroidissement, enfin filtration du liquide bouillant. Nous avons utilisé pour nos essais : le bicarbonate, le carbonate et le phosphate de soude, puis leurs mélanges dans des proportions infiniment variées, afin de nous arrêter aux proportions les plus favorables.

Et nous sommes arrivés à cette conclusion que c'est un certain mélange de phosphate et bicarbonate qui donne les résultats les plus satisfaisants.

*
* *

Les quantités de ce mélange à employer ont été déterminées d'après la dureté de l'eau. D'une façon générale :

pour les premiers 100° hydrotimétriques, prendre 3 grammes par litre,

pour 100° hydrotimétriques ou fraction de 100° en supplément, 1 gr. 50 en supplément.

Il n'est pas indispensable de calculer plus exactement la dose, puisque nous n'introduisons rien de nocif dans l'eau. Le seul ennui est de risquer d'ajouter un excès un peu considérable de réactif, excès qui ne fera qu'augmenter l'extrait sec de l'eau épurée.

Pour faire une épuration, on porte à l'ébullition un volume connu d'eau à épurer, 5 litres par exemple ; quand l'eau bout, on y projette le produit en quantité calculée d'après le degré hydrotimétrique. On laisse bouillir une minute, pour que la réaction soit complète, et on filtre bouillant. Il y a intérêt à filtrer vite, parce que par refroidissement les phosphates se redissolvent un peu.

Suivant la quantité de produit ajoutée, on obtient des eaux présentant une dureté très faible ou nulle. Nous avons fait passer très facilement des eaux de 240° hydrotimétriques à 0°.

L'eau traitée est légèrement alcaline, limpide, d'un goût agréable. Elle trouble un peu quand on la chauffe ; son extrait sec est sensiblement celui de l'eau primitive. On n'y trouve que peu ou pas de chaux et de magnésie. Elle cuit très bien les légumes, elle mousse très bien avec le savon. On peut la consommer sans risque, seule ou mélangée à du vin.

On pourrait même la rendre gazeuse en la saturant de gaz carbonique.

Dans la région au sud de Gabès, où les eaux sont franchement mauvaises et impropres aux usages domestiques, nous avons pu, avec ces eaux traitées par notre procédé, faire du café excellent, cuire des légumes, faire de petits savonnages délicats et laver nos têtes, alors que l'eau non traitée revêt les cheveux de savon calcaire et magnésien qui les englue et dont on ne peut les débarrasser que très difficilement.

Le seul inconvénient du procédé est le chauffage à l'ébullition, difficile à réaliser dans les régions du Sud où l'on manque de combustible. Mais les avantages en sont considérables. On obtient une eau consommable, d'un prix de revient bien inférieur aux eaux minérales importées. Les produits utilisés n'étant pas nocifs, tout le monde peut faire l'épuration sans le moindre risque.

L'eau est alcaline, mais sans alcali libre, ce qui n'est pas le cas du procédé « chaux-carbonate de soude » et du procédé « soude-carbonate de soude ». Pour cette raison, ces derniers procédés d'épuration nécessitent une surveillance constante et éclairée, ce qui en diminue l'intérêt. C'est d'ailleurs ce qui les a fait rapidement abandonner par le Service de Santé durant la Guerre.

Il est certains points de cet exposé que nous ne précisons pas :

proportions des sels qui composent le mélange épurant, nature du phosphate employé, tour de main dans l'application ,etc... et cela parce que nous avons pris des brevets d'invention en Tunisie et en France, brevets que nous pensons pouvoir utiliser dans un avenir prochain.

Nous avons la conviction qu'il serait possible de monter dans les territoires du Sud une entreprise d'épuration des eaux par notre procédé. On pourrait imaginer des appareils qui feraient l'épuration de façon continue, permettant de débiter en grande quantité des eaux propres à l'alimentation, à un prix de revient avantageux.

NOTE. — Au cours de l'excursion dans le Sud-Algérien une expérience d'épuration a été faite à l'Infirmerie de Touggourt, en présence du Commandant de la Place, des Caïds et des notabilités de l'endroit et des environs, et d'un certain nombre de Congressistes.

Tous ont pu se rendre compte du résultat positif de nos recherches et des avantages qu'en pourraient retirer les populations des Territoires du Sud-Atlas, lesquelles ont particulièrement à souffrir de la mauvaise qualité des eaux.

---

7ᵉ section

# MÉTÉOROLOGIE ET PHYSIQUE DU GLOBE

*Président* ................ M. PETITJEAN, Chef du service de la Prévision du Temps, Université d'Alger.

*Vice-Président* ............ M. GINESTOUS, Chef du service météorologique tunisien.

*Secrétaire* ................ M. AMIABLE, Assistant au Service botanique tunisien.

Lucien PETITJEAN

Chef du Service de la Prévision du temps à l'Université d'Alger

## 1° LES PROGRÈS DE LA MÉTÉOROLOGIE EN ALGÉRIE

Ce n'est que depuis l'époque où les mesures et les observations météorologiques ont été reliées entre elles, d'abord par des règles empiriques et ensuite par des lois théoriques que la science de l'atmosphère a réellement accompli de sérieux progrès. Une telle évolution était fatale : on la constate également dans les autres domaines des connaissances humaines et nous pourrions même objecter aux critiques qui proclament la vanité de nos efforts, qu'en météorologie, elle ne fait que commencer. On peut aussi constater que cette évolution a obéi à une loi ascendante très rapide au cours des vingt dernières années, à tel point que les esprits portés à établir des classifications pourraient distinguer une « *paléo* » et une « *néo-météorologie* ».

Des voies nouvelles ont été ouvertes par les beaux travaux des Ecoles de Vienne, de Leipzig et de Bergen. Avec un enthousiasme communicatif, le célèbre fondateur de cette dernière, le savant norvégien *V. Bjerknes* a pu récemment annoncer que la météorologie prendrait bientôt rang parmi les sciences exactes. Et, en toute justice, je ne veux pas oublier d'accoler aux efforts des étrangers ceux de l'Ecole française qui, sous l'énergique et active direction du général *Delcambre*, porte à l'étranger le renom de notre pays.

Bref, un irrésistible mouvement entraîne maintenant les savants du monde entier dans les voies qui viennent d'être frayées. En parcourant la bibliographie météorologique des dernières années, on s'aperçoit, en effet, que, partout, des chercheurs se passionnent pour les conceptions modernes de notre science.

L'Algérie pouvait-elle demeurer à l'écart de ce qui se passait autour d'elle ? Pour l'exercice de leur profession, la plupart de ses habitants ont besoin d'être renseignés avec précision et rapidité sur l'état de l'atmosphère : agriculteurs et viticulteurs dont l'activité est la principale source de la richese du pays ; navigateurs et pêcheurs échelonnés sur douze cents kilomètres de côte ; aviateurs qui demain, seront une pléïade pour relier la colonie à la métropole et aux possessions de l'Afrique occidentale et centrale.

Or, placée dans des conditions géographiques spéciales entre la mer et le tropique, véritable champ de combat entre vents méditerranéens et vents sahariens, l'Algérie offre un merveilleux terrain d'application aux théories nouvelles de la météorologie. Le relief accidenté du pays, suscite, en vérité, bien des complications, mais, n'est-ce pas en étudiant les exceptions que l'on parvient souvent à découvrir les règles ? Et puis, la peine que les chercheurs éprouvent dans la conquête de la vérité n'est pas perdue : une ample moisson de faits nouveaux en a déjà été le prix et les plus belles espérances sont désormais justifiées.

La limpidité de l'atmosphère sur les Hauts Plateaux et au Sahara a tenté des physiciens soucieux d'étudier, voire même d'utiliser la radiation solaire. Je tiens, à cette occasion, à exprimer ici, l'hommage de ma vive admiration à l'éminent savant polonais et au grand ami de la France, *Ladislas Gorczynski* qui s'est fait en Afrique du Nord le pionnier infatigable de l'actinométrie.

A côté du météorologiste, il y a son humble auxiliaire, l'observateur. Ce doit être pour ce dernier un encouragement à redoubler d'attention et de précision dans ses mesures s'il peut se dire certain qu'elles serviront à quelque but utilitaire : vérification ou perfectionnement des conceptions existantes, avertissements, renseignements d'ordre statistique. En Algérie et au Sahara, l'observation météorologique rencontre parfois de grandes difficultés dues aux rigueurs du climat ou à la précarité des communications. De plus en plus, ces difficultés sont vaincues et c'est un progrès important que de faire pénétrer toujours plus avant vers le Sud les postes d'observation et de sondage ainsi que d'en transmettre sans retard les renseignements par T.S.F.

A côté de ce qui a été fait, que reste-t-il à faire ? La météorologie doit devenir une *science populaire* puisque ses applications intéressent l'ensemble des habitants du pays. Il faut donc mettre le public en mesure de mieux comprendre la météorologie et, pour cela, l'intéresser en l'initiant. On ne demandera certes pas à un homme du « bled » de dresser une carte synoptique ou d'établir un pronostic, mais on lui fournira les moyens de savoir lire la première et de saisir la portée du second. En Allemagne, l'enseignement de la météorologie a pénétré à tous les degrés de l'instruction d'une manière graduelle, en rapport avec la culture de l'élève ou de l'étudiant. Imitons cet exemple et n'hésitons pas à diffuser le plus largement possible la partie didactique de la science de l'atmosphère.

Ceci, m'amène à vous dire qu'il existe en Algérie bon nombre de chercheurs qui s'efforcent, soit d'améliorer les ressources en eau de la colonie par des condensations artificielles, soit d'utiliser l'énergie du vent, soit de capter la radiation solaire. Si faibles que puissent nous paraître les rendements de ces diverses tentatives, nous devons guider et conseiller ces modestes semeurs qu'anime souvent la foi d'un grand idéal et, surtout, bien nous garder de porter *ex cathedra* un jugement sur ce qui peut sembler *a priori* osé ou téméraire

Dans le domaine de la *science « officielle »*, il faut mettre à la disposition des savants le personnel auxiliaire nécessaire pour l'élaboration du travail préparatoire ; il faut, en outre, faciliter les missions d'études indispensables au développement d'une science où l'observation personnelle joue un si grand rôle. Il faut procéder avec méthode aux sondages de la haute atmosphère à l'aide de moyens d'investigation perfectionnés. Il faut rendre rapides au maximum la concentration des observations et la diffusion des avertissements. Il faut enfin collaborer à l'œuvre de progrès accomplie par le *Comité géodésique et géophysique international*, suivre ce qui se fait à l'étranger et mettre celui-ci au courant de ce qui se fait chez nous.

---

## 2° L'ACCÉLÉRATION DU VENT ET LA PRÉVISION DU TEMPS

---

L'atmosphère est stratifiée en « *corps aériens* » de vitesse, de température et d'humidité différentes. Des couches transition relativement minces, assimilables, dans un but de simplification théorique, à des *surfaces de discontinuité*, les séparent les uns des autres. L'étude de leur structure se poursuit depuis quelques années au moyen des observations de montagnes et des sondages par ballons, avions et cerfs-volants. Le résultat de ces investigations est traduit sous la forme synoptique de coupes verticales de l'atmosphère (1). Dans ce

(1) *G. Stüve.* Aerologische Untersuchungen zum Zwecke der Wetterdiagnose. (*Arbeiten des preuss. aeron. Observ. Lindenberg* 1922; *IV; page* 104.)

but, on calcule, à l'aide des données d'enregistreurs, les *températures potentielles* (2) à différentes alitutudes au-dessus du lieu de l'observation. On peut utiliser les résultats de sondages simultanés exécutés en plusieurs stations ou bien faire plusieurs lancers en une même station à intervalles plus ou moins espacés. En réunissant les points de même température potentielle, on obtient un réseau de lignes dites « *identropiques* » qui sont les intersections d'un plan vertical avec les surfaces d'égale température potentielle ou surfaces isentropiques. Un fait important est la grande concentration des surfaces isentropiques dans les couches de transition entre « corps aériens ».

Nous nous proposons, en nous basant sur cette particularité, de montre que le déplacement d'un corps aérien peut être suivi au moyen de l'accélération du vent en altitude afin de suppléer, dans une certaine mesure, à l'absence des sondages de température, de pression et d'humidité (3). Nous allons d'abord établir une relation entre les variations du vent et de la température potentielle dans l'espace et dans le temps en suivant une marche analytique déjà employée par MARGULES et EXNER et, plus récemment, par G. STUVE (1).

Considérons une masse d'air d'unité animée d'un mouvement stationnaire, rectiligne et sans frottement de vitesse $v$ le long de l'axe OY d'un système de trois axes coordonnées rectangulaires (Fig. 1). En vertu du choix des axes, les équations du mouvement se réduisent à la suivante :

$$\text{lv} = -\frac{1}{\rho}\cdot\frac{\partial p}{\partial x} \qquad (1)$$

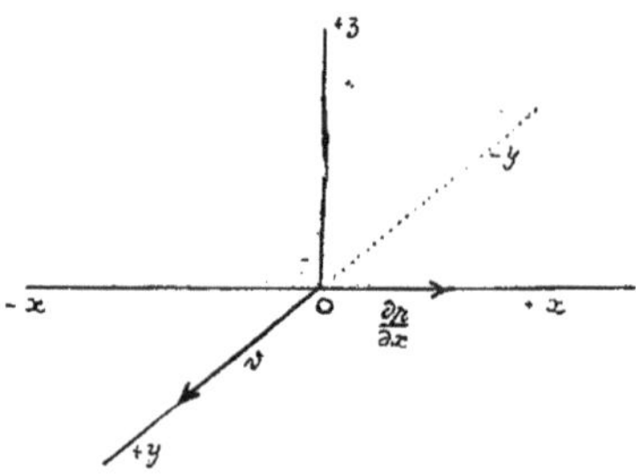


Fig. 1.

(1) *V. G. Stüve.* Gleitflächen und Pilotwindmessungen (*Meteorologische Zeitschrift*, mars 1925, p. 98).

(3) Le déplacement des « *corps aériens* » est à la base de la prévision du temps par les méthodes synoptiques puisqu'ils sont accompagnés de véritables « *systèmes nuageux* ».

dans laquelle :

$l = 2\omega \sin \varphi$.

$\omega$ = Vitesse angulaire de rotation de la terre.

$\varphi$ = Latitude du lieu considéré.

$\rho$ = densité de l'air.

$\frac{\partial p}{\partial x}$ = composante horizontale du gradient de pression suivant ox.

Joignons à cette équation, l'équation exprimant l'équilibre vertical statique :

$$g = -\frac{1}{\rho}.\frac{\partial p}{\partial z} \tag{2}$$

$g$ = intensité de l'accélération de la pesanteur.

$\frac{\partial p}{z}$ = composante verticale du gradient de pression.

La condition pour que les équations (1) et (2) soient réalisées simultanément est donnée par l'égalité suivante :

$$\frac{\partial}{\partial z}(\rho l v) = -\frac{\partial}{\partial x}(\rho g) = -\frac{\partial^2 p}{\partial x \, \partial z} \tag{3}$$

En effectuant les opérations indiquées sous le signe de différentiation et en introduisant la valeur de $\rho$ tirée de l'équation des gaz parfaits : $\rho = p/RT$ , où R est la constante de l'air sec et T la température absolue, on tire :

$$\frac{\partial v}{\partial z} = v.\frac{\partial\,(\text{Log T})}{\partial z} - \frac{g}{l}.\frac{\partial\,(\text{Log T})}{\partial x}. \tag{4}$$

D'autre part, la température potentielle $\theta$ nous est fournie par la formule $\theta = T\left(\frac{p_0}{p}\right)^{\varkappa}$ où $p_0$ est la pression conventionnelle à laquelle on ramène adiabatiquement la masse d'air considérée et $\varkappa$ une constante. On en déduit :

$$\frac{d\theta}{\theta} = \frac{dT}{T} - \varkappa\,\frac{dp}{p}$$

et : $$d\,(\text{Log T}) = d\,(\text{Log}\,\theta) + \varkappa.d\,(\text{Log}\,p).$$

L'équation (4) peut alors s'écrire :

$$\frac{\partial v}{\partial z} = v.\frac{\partial(\text{Log}\,\theta)}{\partial z} + \varkappa v.\frac{\partial(\text{Log}\,p)}{\partial z} - \frac{g}{l}.\frac{\partial(\text{Log}\,\theta)}{\partial x} - \varkappa\frac{g}{l}.\frac{\partial(\text{Log}\,p)}{\partial x}.$$

Si nous remarquons que les 2e et 4e termes du second membre sont égaux, en vertu des équations (1) et (2), l'équation précédente se réduit à la suivante :

(2) La notion de *température potentielle*, introduite en météorologie par *von Bezold*, joue un rôle de plus en plus important dans l'étude de l'atmosphère au point de vue thermodynamique (V. *F. M. Exner. Dynamische Meteorologie* 1925.)

$$\frac{\partial v}{\partial z} = v.\frac{\partial(\text{Log}\,\theta)}{\partial z} - \frac{g}{l}.\frac{\partial(\text{Log}\,\theta)}{\partial x}. \tag{5}$$

En effectuant les calculs indiqués sous le signe de différentiation et en introduisant ensuite dans l'équation obtenue l'inclinaison des surfaces isentropiques :

$$\text{tg}\,A = \frac{\partial\theta}{\partial x} : \frac{\partial\theta}{\partial z}$$

et celle des surfaces isobariques :

$$\text{tg}\,B = -\frac{lv}{g}$$

l'équation (5) prend la forme suivante :

$$\frac{l\theta}{g}.\frac{\partial v}{\partial z} = -\frac{\partial\theta}{\partial x}\left(1 + \frac{\text{tg}\,B}{\text{tg}\,A}\right)$$

Au voisinage d'un « corps aérien », nous pouvons négliger le quotient $\text{tg}B/\text{tg}A$ vis-à-vis de l'unité car la pente des surfaces isobariques est bien plus faible que celle des surfaces isentropiques. Il reste donc:

$$\frac{\partial v}{\partial z} = -\frac{g}{l\theta}.\frac{\partial\theta}{\partial x}. \tag{6}$$

Dérivons les deux membres de cette équation par rapport au temps, il vient :

$$\frac{\partial^2 v}{\partial z.\partial t} = \frac{g}{l}.\frac{1}{\theta^2}\frac{\partial\theta}{\partial t}.\frac{\partial\theta}{\partial x} - \frac{g}{l\theta}.\frac{\partial^2\theta}{\partial x\partial t}.$$

Comme $1/\theta^2$ est environ 300 fois plus petit que $1/\theta$, on peut écrire :

$$\frac{\partial^2 v}{\partial z\,\partial t} = -\frac{g}{l\theta}.\frac{\partial^2\theta}{\partial x.\partial t.}$$

Si nous admettons que $\theta$ est pratiquement constant en raison de sa faible variation relative dans le temps et dans l'espace, nous arriverons à l'équation suivante, dans laquelle K représente une quantité constante négative :

$$\frac{\partial^2 v}{\partial z\partial\theta} = K.\frac{\partial^2\theta}{\partial x.\partial t}$$

et qui peut ainsi s'écrire sous cette forme :

$$\frac{\partial}{\partial z}\left(\frac{\partial v}{\partial t}\right) = K.\frac{\partial}{\partial t}\left(\frac{\partial\theta}{\partial x}\right). \tag{7}$$

Cette équation exprime qu'il y a *proportionnalité entre le gradient vertical de l'accélération locale et la variation locale du gradient isentropique* et peut s'appliquer au cas d'un « corps aérien » indéformable animé d'un mouvement de translation uniforme. Prenons le cas d'une masse d'air froid M se déplaçant de gauche à droite (Fig. 2) et cherchons, d'après l'équation (7), comment varie l'accélération locale à différents niveaux. Il nous suffira de chercher comment varie par unité de temps le gradient isentropique en différents points d'une droite verticale liée à la terre pendant le déplacement du « corps aérien cette droite occupant par rapport à ce dernier différentes positions successives $o$, 1, 2, 3, 4,...

Le long de la verticale $o$, à l'approche du front froid F, le gradient $\partial\theta/\partial x$ augmentant au cours du temps, la quantité $\partial/\partial t\ (\partial\theta/\partial x)$ est positive. D'après l'équation (7), l'accélération décroît en altitude ; en outre, elle décroît plus rapidement dans les couches inférieures où le gradient isentropique augmente plus vite que dans les couches élevées. (Les courbes pointillées de la fig. 2 représentent la loi de variation de l'accélération suivant les verticales 0, 1, 2,.. ; elles sont obtenues en portant de gauche à droite des longueurs proportionnelles aux valeurs scalaires de l'accélération suivant des droites hori-

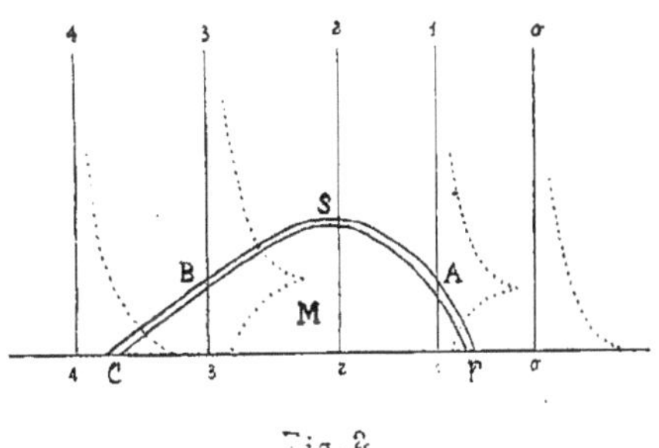


Fig. 2

zontales passant par différents niveaux. Quant à la rotation du vecteur accélération en altitude, elle s'effectue dans le même sens que celle du gradient isentropique au cours du temps. Pour une masse d'air froid se dirigeant de l'Ouest à l'Est ou une langue d'air polaire allant du Nord au Sud, la rotation du gradient isentropique s'effectue vers la gauche ; il en est de même pour celle du vecteur accélération en altitude.

Lorsque le front froid F a franchi le lieu de l'observation (verticale 1), le gradient isentropique diminue d'abord lentement au cours du temps dans les couches inférieures puis plus rapidement jusqu'à un niveau A de plus en plus élevé correspondant à celui de la couche de transition. Le gradient isentropique croît ensuite d'après une loi analogue à celle obtenue le long de la verticale $o$. L'accélération, représentée par la ligne ponctuée située à droite de la verticale 1, croît d'abord lentement puis rapidement jusqu'au niveau de la couche de transition. Elle décroît ensuite, d'abord rapidement puis lentement.

Lorsque le sommet S de la masse froide passe au-dessus du lieu d'observation (verticale 2), le gardient isentropique change de signe et la constante K de la formule (7) prend une valeur positive de sorte que la variation de l'accélération le long d'une droite verticale 3 s'effectue dans le même sens que la variation du gradient isentropique pendant le déplacement de la masse froide : ainsi, à l'approche, du front chaud C, l'accélération croît en altitude d'abord lentement puis, plus rapidement mais, cette fois, jusqu'à un niveau B de plus en plus bas. Elle décroît ensuite vers le haut, d'abord rapidement puis lentement. Enfin, après le passage du front chaud C (verticale 4) l'accélération décroît d'abord rapidement dans les couches basses puis lentement dans les couches élevées. Le sens de rotation du vecteur accélération est encore donné par celui du gradient isentropique au cours du temps ; par exemple, dans le cas d'une langue d'air tropical se dirigeant du Sud au Nord, ce gradient tourne vers la droite.

Pour appliquer les résultats précédents à la prévision du déplacement des « corps aériens », on déduira l'accélération moyenne à diverses altitudes de la variation vectorielle du vent à ces altitudes pendant des intervalles de quelques heures. Suivant la loi de variation de l'accélération en altitude, on pourra conclure qu'un front s'approche ou s'éloigne et on pourra déterminer la nature de ce front. Le cas d'une « *occlusion* » est d'ailleurs aussi facile à traiter que celui des fronts simples.

Les résultats seraient plus rigoureux si l'on pouvait disposer d'accéléromètres enregistreurs placés à différents niveaux. A notre connaissance, il n'existe pas actuellement d'appareils de ce genre mais il serait facile d'en imaginer un basé sur les phénomènes d'induction électrique (1).

(1) Un anémomètre à composantes basé sur un principe analogue a été décrit par *K. Fuji*, dans le « *Japan Journal of Physics* » (juin 1924).

F. BŒUF
Chef du service botanique de Tunisie

## 1° REMARQUES SUR LE FONCTIONNEMENT DE L'ACTINOMÈTRE A DISTILLATION DU TYPE BELLANI

Ayant eu besoin pour des travaux de physiologie végétale et d'agronomie de mesurer l'intensité de la radiation solaire (directe, diffusée ou réfléchie par la voûte céleste, sur surface normale et sur surface horizontale), nous avons entrepris, depuis 1922, la constitution au Service Botanique de Tunisie d'une station d'actinométrie répondant à nos desiderata.

Le premier appareil employé fut un actinomètre à distillation à boule bleue (janvier 1922 à avril 1925), puis furent installés des pyrhéliographes et solarigraphes thermoélectriques (à partir de juillet 1924).

L'actinomètre à distillation présente des inconvénients bien connus : il n'absorbe qu'une partie des radiations qui représente une proportion de la radiation solaire variable avec l'importance et la nature de l'absorption atmosphérique.

Les surfaces et les masses absorbantes ne sont pas physiquement définies ni invariables.

Le tube constituant la paroi froide n'est pas abrité.

Le volume de l'alcool dans les deux enceintes est variable.

La température ambiante influe sur la quantité d'alcool distillé.

Il ne paraît pas possible de préciser les phénomènes complexes qui affectent l'actinomètre à distillation ; son étalonnage en calories est difficile sinon impossible faute d'appareils de mesure fonctionnant dans les mêmes conditions, et tout étalonnage n'est valable que pour la température à laquelle il a été effectué.

Nous donnons ci-après en un tableau et quelques graphiques, les totalisations horaires d'un actinomètre Bellani, celles d'un pyrhéliographe Moll-Richard-Gorczynski et les températures moyennes des mêmes périodes, pour quelques jours de l'été et de l'hiver 1924.

L'actinomètre Bellani utilisé nous avait été envoyé par le regretté M. Vallot, qui l'avait étalonné lui-même en calories par comparaison

*Totalisations horaires, en calories*

| Dates | Appareils | Unités | Totalisations horaires | | | | | | | | | | | | | | | Total de la journée | Observations |
|---|---|---|---|---|---|---|---|---|---|---|---|---|---|---|---|---|---|---|---|
| | | | 5 h. à 6 h. | 6/7 | 7/8 | 8/9 | 9/10 | 10/11 | 11/12 | 12/[illegible] | 13/14 | 14/15 | 15/16 | 16/17 | 17/18 | 18/19 | 19/20 | | |
| 1924 | | | | | | | | | | | | | | | | | | | |
| 26 Juil. | Pyrhéliographe. | Calories-gr. | 7,6 | 53,8 | 79 | 87,4 | 94,1 | 97,4 | 99,1 | 99,1 | 99,1 | 99,1 | 97,4 | 94,1 | 85,7 | 62,2 | 15,7 | 1172,4 | Ciel très clair. |
| | Actinomètre.... | — | 6 | 58 | 82 | 93 | 104 | 166 | 110 | 117 | 110 | 103 | 113 | 90 | 78 | 49 | 0 | 1279 | Vent du Nord assez fort. |
| | Thermomètre... | Dégrés cent. | 21,25 | 22 | 24 | 25.5 | 26.5 | 27,5 | 28.9 | 29 | 30 | 29,5 | 29 | 28 | 27 | 25 | 24 | | |
| 28 Juil. | Pyrhéliographe. | Calories-gr. | 9,2 | 48,7 | 70,6 | 79 | 82,7 | 90,7 | 91,6 | 92,4 | 91,6 | 90,7 | 86,5 | 80,6 | 68,9 | 40,3 | 0 | 1021,7 | Ciel clair — temps calme. |
| | Actinomètre.... | — | 6 | 42 | 70 | 86 | 101 | 114 | 108 | 102 | 100 | 111 | 98 | 90 | 63 | 59 | 0 | 1150 | Vent frais du Nord. |
| | Thermomètre... | Degrés-cent. | 20 | 21 | 23 | 26 | 26.5 | 28 | 28 | 27 | 27 | 27 | 27 | 26,5 | 25,5 | 24,5 | 24,5 | | |
| 29 Juil. | Pyrhéliographe. | Calories-gr. | 3,9 | 37,8 | 63,8 | 77,3 | 81,6 | 82,3 | 79 | 50.8 | 40,3 | 45,4 | 50.4 | 53,4 | 48,7 | 20,2 | 0 | 738.5 | Ciel gris brumeux, siroco S; à midi vent tourne au NW. |
| | Actinomètre. .. | — | 6 | 34 | 39 | 87 | 99 | 106 | 102 | 116 | 113 | 105 | 92 | 87 | 68 | 39 | 0 | 1084 | |
| | Thermomètre... | Degrés-cent. | 20,5 | 23 | 27 | 30 | 33 | 36 | 40 | 41 | 37 | 36 | 35 | 34 | 32,5 | 30,5 | 29 | | Forte voile gris. |
| 30 Juil. | Pyrhéliographe. | Calories-gr. | 0 | 36,7 | 72,2 | 84 | 87 | 95,8 | 97,4 | 95,8 | 95,7 | 64,3 | 86,5 | 82,3 | 72,2 | 42 | 2,7 | 1018,6 | Ciel clair; vent frais du Nord |
| | Actinomètre.... | — | 0 | 50 | 73 | 87 | 91 | 99 | 107 | 112 | 114 | 82 | 98 | 90 | 75 | 46 | 0 | 1130 | Légers nuages entre 14 et 15 heures |
| | Thermomètre... | Degrés-cent. | 23,5 | 24 | 24,5 | 26,5 | 27,5 | 28,5 | 28.8 | 30 | 31 | 30 | 30,5 | 29,7 | 29,3 | 27,5 | 26,5 | | |
| 4 Nov. | Pyrhéliographe. | Calories-gr. | 0 | 0 | 48,7 | 80,6 | 92.4 | 97,4 | 99,4 | 100 | 98,5 | 94,1 | 84 | 67,2 | 11,8 | 0 | 0 | 873,6 | Ciel parfaitement clair. |
| | Actinomètre.... | — | 0 | 0 | 46 | 54 | 85 | 93 | 116 | 105 | 93 | 95 | 87 | 61 | 5 | 0 | 0 | 840 | |
| | Thermomètre... | Dégrés-cent. | » | » | 12 | 17,5 | 21,5 | 25 | 26,5 | 28.5 | 30.5 | 29,5 | 27,5 | 25 | 23 | 21 | 20 | | |
| 28 Déc. | Pyrhéliographe. | Calories-gr. | 0 | 0 | 6,2 | 60,5 | 80.6 | 94,1 | 99.4 | 100,8 | 99,4 | 95,8 | 87,4 | 57,1 | 4,7 | 0 | 0 | 782,3 | Ciel parfaitement clair. |
| | Actinomètre.... | — | 0 | 0 | » | 43 | 69 | 76 | 84 | 87 | 84 | 77 | 66 | 44 | 0 | 0 | 0 | 630 | |
| | Thermomètre... | Degrés-cent. | » | » | 4 | 6 | 7,5 | 9,5 | 11 | 13 | 14 | 15,5 | 16 | 15,5 | 12.5 | 8,5 | | | |

avec un actinomètre d'Arago mesurant la radiation totale directe et diffusée, lequel avait été préalablement étalonné avec un actinomètre bimétallique de Michelson (1).

Le pyrhéliographe thermoélectrique employé est celui qu'a établi M. Gorczynski en enregistrant, au moyen d'un millivoltmètre Richard, le courant d'une pile de Moll placée sur une monture équatoriale (2). Il a été installé par M. Gorczynski. Ce dernier appareil donne la radiotion directe (voûte céleste exclue), sur surface normale.

Les rayonnements mesurés par les deux appareils ne sont pas comparables et nous n'établirons aucune comparaison entre les données des deux appareils. Nous n'aurions pas jugé utile de les rapprocher dans un même tableau si ce rapprochement ne permettait quelques observations.

Les courbes établies avec les lectures horaires du Bellani se rapprochent de celles du rayonnement direct sur une surface normale, ce qui semble indiquer que la principale surface absorbante de cet appareil est la boule bleue.

Ces courbes, sauf celle du 28 décembre, sont irrégulières même pour des jours à ciel très clair, malgré tous les soins apportés dans les lectures et malgré l'égalité des intervalles de temps séparant les lectures. Nous n'avons pas réussi à élucider les causes de cette irrégularité.

Pendant les journées des 26, 28, 29, 30 juillet, les totalisations journalières du Bellani sont supérieures à celles du pyrhéliographe, ce qui est acceptable, puisque le premier est affecté par la radiation totale et le second mesure la radiation directe seulement.

La journée du 30 juillet montre l'influence de quelques nuages entre quatorze et seize heures ayant agi simultanément sur les deux appareils.

Les journées des 4 novembre et 28 décembre, jours où le ciel a été parfaitement clair, indiquent une totalisation plus faible pour l'actinomètre que pour le pyrhéliographe, ce qui est contraire aux résultats obtenus en juillet.

La journée du 29 juillet permet des constatations particulièrement intéressantes par suite de circonstances météorologiques très spéciales ; le siroco souffla le matin jusqu'à midi et fut alors remplacé par le vent du Nord-Ouest ; le ciel prit à ce moment-là une teinte grise comme s'il était obscurci par la poussière ou plutôt par une condensation de vapeur d'eau dans la haute atmosphère (phénomène accompa-

---

(1) Voir C. R. Académie des Sciences, 1920, t. 170, page 720.
(2) Voir C. R. Académie des Sciences, 1924, t. 178, page 1200.

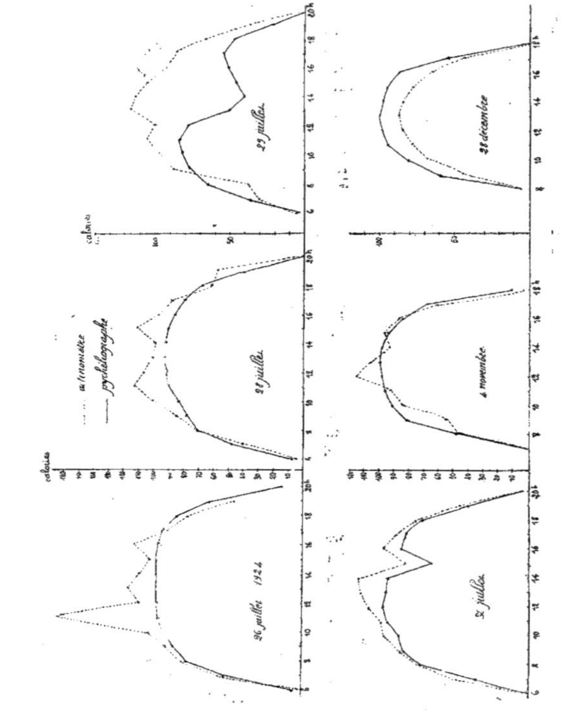
calories
actinomètre
26 juillet 1924
28 juillet
29 juillet
4 novembre
28 décembre

gnant presque toujours le siroco) ; la température fut beaucoup plus élevée que les jours précédents, sans sautes brusques.

Le pyrhéliographe a nettement traduit la brusque et *très apparente* diminution de la radiation, tandis que l'actinomètre a continué, à notre grand étonnement, à distiller suivant une courbe très analogue à celle de la veille.

Il se dégage de l'examen des chiffres et graphiques ci-joints que l'actinomètre à distillation a une marche assez régulière en hiver, le matin et le soir en été, mais qu'il est influencé par la température élevée du milieu de la journée. Nous en avons conclu que son étalonnage, fait en France, ne pouvait pas être utilisé sous notre climat (il est possible que le fonctionnement de cet appareil soit moins capricieux à basse température) et qu'il est illusoire de vouloir le comparer à d'autres appareils qui ne sont pas affectés de la même manière par le rayonnement solaire.

---

## 2° CLIMAT SOLAIRE THÉORIQUE SOUS LA LATITUDE DE 36°49' N

---

L'un des plus importants facteurs du climat d'un lieu est, sans contredit, la quantité de radiation solaire reçue par ce lieu. Les effets de cette radiation, soit calorifiques, soit chimiques, conditionnent, pour une bonne part, les autres éléments climatiques : température et humidité de l'air, du sol, et affectent directement et indirectement le développement des êtres vivants.

La mesure de la radiation solaire est actuellement assez simple grâce aux pyrhéliographes thermoélectriques enregistreurs.

Pour faciliter la discussion des résultats obtenus au moyen de ces appareils, il nous a paru désirable de pouvoir les rapporter à une donnée théorique : la quantité de radiation envoyée à notre station (et à tous les points placés sous le même parallèle) par le soleil.

Ces calculs ont été effectués, sur notre demande, pour les 1er, 11 et 21 de chaque mois, pour les diverses heures de la journée et pour des coefficients de transmission de 1 — 0,9 — 0,8 — 0,7 — 0,6, par M. Milánkovitch, Professeur à la Faculté des Sciences de Belgrade. Les tableaux et graphiques correspondants ainsi qu'un commentaire détaillé seront publiés dans un prochain fascicule des Annales du Service Botanique.

Pour les besoins de l'agriculture, il est nécessaire de connaître la quantité de radiation reçue par une surface normale au soleil et par une surface horizontale. Une plante érigée (la cime globuleuse d'un arbre, par exemple) ne reçoit pas la même quantité de radiation que la projection de cette plante sur le sol et l'échauffement de ce dernier suit une marche différente de celle de l'échauffement d'un végétal.

Nous ne parlons pas de la variation des quantités de radiations reçues au cours d'une journée, le phénomène étant bien connu ; il est plus intéressant, au point de vue climatologique, d'envisager les variations au cours de l'année.

### 1. *Variation annuelle de la quantité de radiation reçue par une surface normale*

En l'absence de l'absorption atmosphérique (coefficient de transmission 1), *le maximum journalier* ne subirait d'autre variation que celle qui résulte de la distance de la Terre au Soleil. Si l'on arrondit à 2 cal. gram. min. la valeur de la constante solaire, les valeurs de la radiation sont :

2 vers les 1er avril et 1er octobre ;
1,93 vers le 1er juillet ;
2,07 vers le 31 décembre.

L'absorption atmosphérique rend de moins en moins apparent l'effet de l'excentricité de l'orbite terrestre et déplace le maximum du 1er janvier vers le 1er juillet :

21 mars pour le coefficient 0,9 ;
21 avril au 21 mai pour le coefficient 0,8 ;
1er mai au 11 juillet pour le coefficient 0,7,
et le 11 juin pour le coefficient 0,6.

L'amplitude des variations s'accroît aussi à mesure que le coefficient s'abaisse au-dessous de 0,9.

| Coefficients | Minimum | Maximum | Moyenne | Ecarts | Ecarts / Moyenne |
|---|---|---|---|---|---|
| 1 | 1,93 | 2,07 | 2 | 0,14 | 0,07 |
| 0,9 | 1,67 | 1,77 | 1,72 | 0,10 | 0,058 |
| 0,8 | 1,32 | 1,55 | 1,445 | 0,23 | 0,159 |
| 0,7 | 1,01 | 1,34 | 1,175 | 0,33 | 0,281 |
| 0,6 | 0,74 | 1,15 | 0,945 | 0,41 | 0,434 |

Pour les trois derniers coefficients, les variations du maximum sont très faibles du 21 avril au 21 août.

Les *courbes journalières* de la radiation diurne sont très étalées, l'intensité de la radiation varie peu pendant plusieurs heures avant et après midi ; l'ascension et la chute de la courbe sont d'autant plus brusques, le matin et le soir, que le ciel est plus pur (régions désertiques, régions de haute altitude).

Les *quantités diurnes* de calories reçues s'accroissent rapidement du 21 janvier au 21 avril et décroissent de même du 21 août au 21 novembre. Entre le 21 avril et le 21 août et surtout entre le 21 mai et le 21 juillet, la variation est faible, il en est de même du 21 novembre au 21 janvier.

Les *sommes de calories* reçues par saison peuvent être représentées par les chiffres suivants, en prenant pour unité la quantité de calories parvenues à la limite de l'atmosphère :

| Coefficients de transmission. | 1 | 0,9 | 0,8 | 0,7 | 0,6 |
|---|---|---|---|---|---|
| Saisons : Hiver | 1 | 0,69 | 0,50 | 0,36 | 0,26 |
| Printemps | 1 | 0,76 | 0,60 | 0,48 | 0,37 |
| Eté | 1 | 0,76 | 0,61 | 0,45 | 0,38 |
| Automne | 1 | 0,70 | 0,52 | 0,38 | 0,27 |
| Année entière | 1 | 0,73 | 0,56 | 0,43 | 0,32 |

Dans nos régions où le coefficient se trouve compris entre 0,6 et 0,8, c'est une proportion du tiers à la moitié de la radiation qui nous parvient sur une surface normale aux rayons, lorsqu'il n'y a pas de nuages. L'absorption atmosphérique contribue à accentuer l'écart existant entre la demi-année estivale (printemps et été) et la demi-année hivernale (automne et hiver).

### 2. *Variation annuelle de la quantité de radiation reçue par une surface horizontale*

Dans ce cas, les valeurs de la radiation sont affectées par la distance zénithale du soleil.

Le *maximum journalier* varie dans de larges proportions, même pour un coefficient de transmission égal à l'unité. L'effet de l'excentricité de l'orbite terrestre se fait encore sentir, mais il est plus atténué que pour la radiation normale. Le maximum forme un plateau du 21 mai au 1er juillet pour le coefficient 1 ; du 11 juin au 1er juillet pour le coefficient 0,9 ; du 11 au 21 juin pour le coefficient 0,8 ; il est limité au 21 juin pour le coefficient 0,7 et s'étend à nouveau du 11 juin au 1er juillet pour 0,6. Dans ce dernier cas, l'absorption atmosphérique est assez faible pour ne laisser apparaître, ni les variations de la distance de la terre au soleil, ni celle de la distance zénithale du soleil, alors très faible.

L'amplitude des variations du maximum est la suivante :

| Coefficients | Minimum | Maximum | Moyenne | Ecarts | Ecarts Moyenne |
|---|---|---|---|---|---|
| 1 | 1,02 | 1,88 | 1,45 | 0,86 | 0,593 |
| 0,9 | 0,83 | 1,69 | 1,26 | 0,86 | 0,683 |
| 0,8 | 0,65 | 1,50 | 1,075 | 0,85 | 0,791 |
| 0,7 | 0,50 | 1,31 | 0,905 | 0,81 | 0,895 |
| 0,6 | 0,37 | 1,11 | 0,74 | 0,74 | 1,000 |

C'est seulement du 21 mai au 21 juillet que les variations du maximum sont faibles.

Les *courbes journalières* présentent une ascension et une descente lentes, montrant un maximum toujours net à midi vrai.

Les *quantités diurnes* de radiations suivent, au cours de l'année, une marche ascendante et descendante analogue, dans ses grandes lignes, à celle que nous avons indiquée pour une surface normale, mais avec des variations beaucoup plus considérables pour ce qui concerne le milieu de la journée.

Les *sommes de calories* reçues par saisons peuvent être représentées par les chiffres suivants, en prenant pour unité la quantité de calories qui parviendrait au sol sans l'absorption atmosphérique.

| Coefficients de transmission. | 1 | 0,9 | 0,8 | 0,7 | 0,7 |
|---|---|---|---|---|---|
| Saisons : Hiver | 1 | 0,78 | 0,60 | 0,48 | 0,35 |
| Printemps | 1 | 0,84 | 0,71 | 0,58 | 0,47 |
| Eté | 1 | 0,85 | 0,72 | 0,59 | 0,47 |
| Automne | 1 | 0,79 | 0.60 | 0.48 | 0,36 |
| Année entière | 1 | 0,82 | 0,67 | 0,55 | 0,43 |

Pour les coefficients de 0,6 à 0,8, c'est donc de 0,43 à 0,67 de la radiation qui parvient au sol. L'absorption atmosphérique accentue la différence entre la demi-année hivernale et la demi-année estivale.

### 3. *Variation annuelle du rapport* $\frac{Rh}{Rn}$

Dès que l'absorption atmosphérique intervient, même pour le coefficient 0,9, le rapport $\frac{Rh}{Rn}$ prend une valeur plus grande, cette valeur s'accroît à mesure que le coefficient de transmission devient plus petit.

Le rapport entre l'insolation du sol horizontal et la radiation normale s'accroît à mesure que l'absorption atmosphérique est plus intense ; cette influence est surtout marquée en mai, juin, juillet, août et (à un moindre degré) en décembre-janvier. Il en résulte que dans les régions à forte absorption atmosphérique (littoral), il y a moins de différence, entre la quantité de radiation qui frappe le sol et celle que reçoivent les objets érigés, que dans les contrées à air sec et pur (régions désertiques).

## *Conclusions*

L'influence de l'excentricité de l'orbite terrestre, de la hauteur du soleil et de l'absorption atmosphérique se manifeste comme suit selon que la radiation est reçue sur une surface normale aux rayons ou sur une surface horizontale :

| *Surface normale* | *Surface horizontale* |
| --- | --- |
| Accroissement et décroissance rapides le matin et le soir, faible variation pendant la majeure partie de la journée. | Accroissement et décroissance lents au cours de la journée et maximum à midi vrai. |
| Maximum diurne peu variable au cours de la journée, presque constant d'avril à août, plus fortement influencé par le coefficient de transmission pendant la demi-année hivernale que pendant la demi-année estivale ; influence visible de l'excentricité de l'orbite terrestre. | Maximum diurne variable au cours de l'année ; influence du coefficient de transmission plus marquée pendant la période estivale que pendant la période hivernale ; influence de l'excentricité de l'orbite terrestre très peu apparente. |

La quantité diurne de radiation varie annuellement surtout avec la durée du jour ; la variation est peu importante pour le milieu de la journée ; elle est lente aux époques avoisinant les solstices, rapide et régulière entre ces deux époques. L'absorption atmosphérique allonge les périodes d'accroissement et de décroissance lents.

La quantité diurne de radiation varie annuellement en fonction de la durée des jours et de la hauteur du soleil ; la variation est très importante au milieu de la journée ; les périodes de variation lente aux époques des solstices sont allongées ; l'augmentation pendant les périodes intermédiaires est plus rapide que dans le cas de la surface normale.

L'absorption atmosphérique atténue la vitesse d'accroissement et de décroissance de la quantité diurne de radiation.

L'influence de l'absorption atmosphérique est beaucoup plus importante pendant la demi-année hivernale que pendant la demi-année estivale ; la différence s'atténue quand l'absorption atmosphérique augmente.

L'influence de l'absorption atmosphérique s'exerce de la même manière, mais elle est relativement moins marquée que pour la surface normale.

Ces différences montrent qu'il est indispensable de mesurer la radiation reçue sur une surface normale et sur une surface horizontale, celle-ci ne pouvant être déduite de celle-là que si l'on connaît à la fois la hauteur du soleil et le coefficient de transmission de l'atmosphère. Il apparaît très utile de déterminer la valeur, au moins approximative, de ce coefficient.

G GINESTOUS

Chef du Service météorologique Tunisien

# FICHE MÉTÉOROMÉTRIQUE

## NOTE

M. Ginestous, Chef du Service Météorologique Tunisien, Vice-Président de la Section de Météorologie au Congrès de Constantine, a déposé sur le Bureau de cette Section des travaux de statistiques climatologiques suivants dont nous ne pouvons donner que le titre, la longue chiffraison qu'ils comportent dépasant le cadre prévu pour nos communications.

I. — *Pluviométrie tunisienne.* — Moyennes saisonnales et annuelles des principales stations du réseau météorologique, période 1901-1925.

II. — *Pluies de la Tunisie.* — Moyennes mensuelles pour 75 stations du réseau, période 1911-1920.

III. — *Températures moyennes et extrêmes quotidiennes de Tunis* calculées sur la période 1901-1925.

IV. — *Températures moyennes mensuelles horaires de Tozeur* calculées sur l'année 1910.

V. — *Températures moyennes et extrêmes mensuelles* de 21 stations tunisiennes pour la période 1901-1925.

VI. — *Observations actinométriques au Michelson* faites en mars 1927 à Kairouan, Gafsa, Metlaoui et Tozeur.

VII. — « *Fiche météorologique* ».

*Station :* Tunis

*Alt. :* 73 m. *Long. :* 7°49′47″ E. *Lat. :* 36°47′49″ N.

*Région naturelle :* Nord-Est *Contrôle de :* Tunis

*Zone pluvieuse :* Zone pluvieuse *Dénominotion de la région :* Région de Tunis

| | Températures (1901-1925) | | | | |
|---|---|---|---|---|---|
| | Moyennes | | | Extrêmes | |
| | Max. | Min. | Moy^es | Max. | Min. |
| Sept.... | 30.11 | 18.92 | 24.16 | 44.0 | 11.0 |
| Octobre. | 25.39 | 14.46 | 19.92 | 40.0 | 2.0 |
| Nov. ... | 20.26 | 10.64 | 15.45 | 32.0 | 1.0 |
| **Automne..** | **25.26** | **14.67** | **19.84** | **44.0** | **1.0** |
| Déc..... | 16.03 | 6.83 | 11.43 | 27.0 | —1.0 |
| Janv.... | 14.41 | 6.09 | 10.25 | 23.0 | —1.0 |
| Févr.... | 16.39 | 6.41 | 11.40 | 34.0 | 0.0 |
| **Hiver....** | **15.61** | **6.44** | **11.02** | **34.0** | **—1.0** |
| Mars ... | 18.53 | 7.93 | 13.23 | 33.0 | · 1.0 |
| Avril... | 21.22 | 10.07 | 15.14 | 40.0 | 3.0 |
| Mai .... | 24.83 | 13.38 | 19.10 | 39.0 | 0.0 |
| **Printemps,** | **21.52** | **10.46** | **15.82** | **40.0** | **0.0** |
| Juin.... | 29.18 | 17.17 | 23.17 | 42.0 | 11.0 |
| Juillet . | 32.96 | 19.77 | 26.36 | 48.0 | 10.0 |
| Août... | 33.37 | 20.14 | 26.75 | 47.0 | 11.0 |
| **Eté......** | **31.83** | **19.02** | **25.42** | **48.0** | **10 0** |
| **Année....** | **23.55** | **12.64** | **18.02** | **48.0** | **—1.0** |

| | Pluies (1901-1925) | | | | Humidité relativité | | |
|---|---|---|---|---|---|---|---|
| | Moyennes extrêmes | | | | | | |
| | millim. | jours | mensulles de la période | | Moy^es | Max. | Min. |
| Sept.... | 28 | 5 | 68 | 00 | 64 | 100 | 11 |
| Octobre. | 47 | 7 | 139 | 60 | 71 | 100 | 10 |
| Nov. ... | 51 | 9 | 143 | 3 | 72 | 100 | 10 |
| **Automne..** | **126** | **21** | | | **69** | | |
| Déc..... | 55 | 11 | 149 | 9 | 74 | 100 | 19 |
| Janv ... | 57 | 11 | 158 | 5 | 76 | 100 | 28 |
| Févr ... | 50 | 11 | 132 | 14 | 74 | 100 | 14 |
| **Hiver....** | **162** | **33** | | | **75** | | |
| Mars ... | 42 | 8 | 124 | 5 | 68 | 100 | 10 |
| Avril... | 36 | 8 | 73 | 4 | 67 | 100 | 13 |
| Mai .... | 16 | 5 | 64 | 00 | 63 | 100 | 10 |
| **Printemps.** | **94** | **21** | | | **66** | | |
| Juin.... | 10 | 3 | 59 | 00 | 60 | 100 | 10 |
| Juillet . | 2 | 1 | 18 | 00 | 57 | 100 | 10 |
| Août... | 4 | 1 | 27 | 00 | 60 | 100 | 11 |
| **Eté .....** | **16** | **5** | | | **59** | | |
| **Année....** | **398** | **80** | **568** | **243** | **67** | | |

| | Nébulosité | | | | Nomb. moyen de jours de : | | | | | Fréquence moyenne des Vents : | | | | | | | | | | |
|---|---|---|---|---|---|---|---|---|---|---|---|---|---|---|---|---|---|---|---|---|
| | jours de ciel | | | | | | | | | | | | | | | | | | | |
| | Beau 0-2 | Nuag. 3-7 | Couv^t 8-10 | Nébulosité moyenne | rosées | brouillard | orages | grêle | gelées | N | N.-E. | E. | S.-E. | S. | S.-W. | W. | N.-W. | S-E+E+S-W | N-E+N+N-W | Siroco |
| Automne .......... | 38 | 37 | 16 | 4.0 | 6 | 2 | 5 | 1 | 0 | 10 | 6 | 8 | 7 | 11 | 12 | 15 | 28 | 30 | 4 | 8 |
| Hiver ............ | 30 | 41 | 19 | 4.5 | 4 | 4 | 4 | 1 | 1 | 8 | 5 | 4 | 4 | 9 | 12 | 21 | 33 | 25 | 46 | 4 |
| Printemps......... | 46 | 34 | 12 | 4.3 | 4 | 2 | 4 | 2 | 2 | 9 | 5 | 7 | 9 | 9 | 10 | 48 | 10 | 28 | 24 | 2 |
| Eté ........... ..... | 65 | 24 | 3 | 2.3 | 2 | — | 2 | 2 | 0 | 12 | 9 | 5 | 4 | 4 | 3 | 8 | 46 | 11 | 67 | 2 |
| Année............ | **179** | **136** | **50** | **3.73** | **16** | **8** | **15** | **6** | **3** | **39** | **25** | **24** | **24** | **33** | **37** | **92** | **117** | **94** | **181** | **16** |

*Observations particulières :*

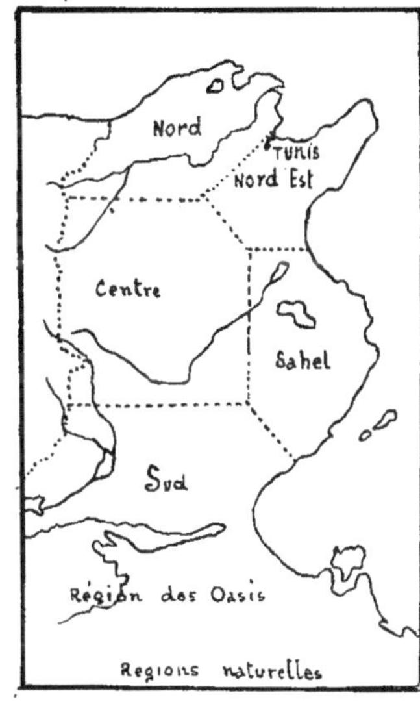


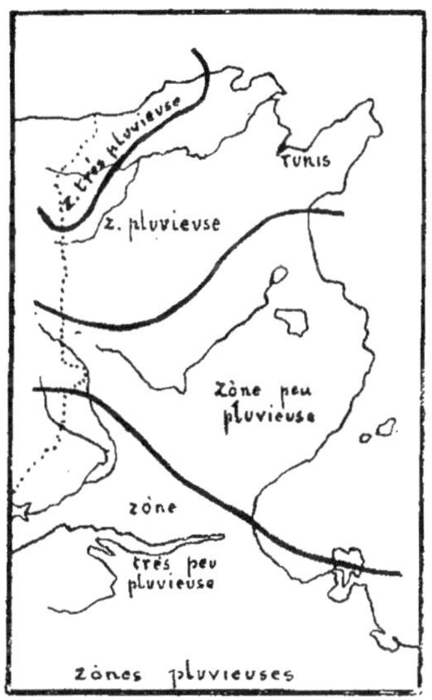


*Régions naturelles de la Tunisie*

I. — *Tunisie du Nord.* — Khroumirie, plaines de Tabarca, des Nefzas Mogod, Reg. des Chiahia, des Amdeun, des Hedills et du Béjaoua. Vallée de la Méajenhad.

II. — *Tunisie du Nord-Est.* — Régions de Zaghouan, Fahs-Maghrane, Goubellat, Khanguet. Plaine de Soliman-Crombalia. Presqu'île du Cap-Bon. Enfidon.

III. — *Tunisie centrale.* — Hautes plaines : Kef Thala Moctar. Vallées des O'Tarre Siliane. Le Sers. Versant sud de la Dorsale Tunisienne (O. Zéroud.)

IV. — *Tunisie de l'Est ou Sahel.* — Sahel de Sousse, Sahel de Sfax, Sahel de la Skira. Région de Maknassy.

V. — *Tunisie du Sud et des Oasis.* — Régions de Sened Gafsa, Metlaoui. Arad, Matmata, Oasis de Nefta, Torrur, Kebilli, Gabès Zarizis Yerba.

*Zones pluvieuses de la Tunisie*

I. — *Zone très pluvieuse.* — 600 à 1.480 mill. annuellement. Khroumine, Bejaoua, Chiahia, Nefzaria, Mogods.

II. — *Zone pluvieuse.* — 400 à 600 mill. annuellement. Vallée de la Medjerdah, Hautes plaines, régions de Bizerte, Tunis, Cap-Bon.

III. — *Zone peu pluvieuse.* — 200 à 400 mill. annuellement. Régions de Gafsa, Djerid, Nefzaoua, Arad, Golfe à Gabès.

J.-V. AMIABLE

Assistant au service botanique tunisien

# MESURES DE LA RADIATION SOLAIRE REÇUE SUR UNE SURFACE NORMALE PENDANT LES ANNÉES AGRICOLES 1924-25 ET 1925-26 AU SERVICE BOTANIQUE DE TUNISIE

Les quantités journalières de calories mesurées par un pyrhéliographe thermo-électrique de Gorczynski ont été totalisées par décades allant, pour chaque mois, du 26 au 5, du 6 au 15 et du 16 au 25, de façon à présenter, comme moyenne, les valeurs journalières aux 1er, 11 et 21, dates qui correspondent à celles que nous avons choisies pour l'étude du climat solaire théorique.

Le tableau ci-joint donne les moyennes par décade et les moyennes mensuelles pour les deux années agricoles 1924-25 et 1925-26. Nous avons dû donner les moyennes au lieu des totalisations parce que les observations manquent pour un petit nombre de jours (21 la première année et 9 la deuxième). Ces arrêts, de courte durée, sont dus pour la plupart à des modifications dans la partie mécanique de l'installation, qui fonctionne maintenant à peu près sans interruption.

*Radiation normale — Moyennes des totalisations journalières par décade et par mois.*

| Mois | IX | X | XI | XII | XI | II | III | IV | V | VI | VII | VIII |
|---|---|---|---|---|---|---|---|---|---|---|---|---|
| *Année 1924-1925* | | | | | | | | | | | | |
| Moyenne au 1er | 619 | 299 | 418 | 257 | 449 | 360 | 505 | 330 | 647 | 609 | 622 | 571 |
| Moyenne au 11 | 569 | 509 | 305 | 252 | 213 | 283 | 275 | 400 | 378 | 612 | 723 | 686 |
| Moyenne au 21 | 499 | 303 | 325 | 343 | 467 | 313 | 251 | 420 | 413 | 594 | 589 | 555 |
| Moyenne mensuelle ....... | 564 | 370 | 351 | 296 | 347 | 320 | 332 | 482 | 490 | 605 | 638 | 605 |
| Moyenne mensuelle théorique (coef. 0,6) | 520 | 420 | 314 | 250 | 262 | 353 | 455 | 554 | 617 | 647 | 639 | 596 |
| Température moyen. mens. | 25,35 | 20,90 | 16,85 | 12,50 | 10,35 | 11,15 | 11,30 | 14,16 | 18,10 | 22,90 | 24,30 | 26,75 |
| *Année 1925-1926* | | | | | | | | | | | | |
| Moyenne au 1er | 448 | 255 | 299 | 273 | 370 | 393 | 295 | 367 | 434 | 605 | 567 | 605 |
| Moyenne au 11 | 379 | 307 | 223 | 161 | 388 | 253 | 472 | 355 | 546 | 754 | 575 | 625 |
| Moyenne au 21 | 392 | 471 | 329 | 235 | 224 | 533 | 466 | 430 | 310 | 505 | 809 | 680 |
| Moyenne mensuelle ....... | 408 | 344 | 284 | 223 | 329 | 398 | 419 | 383 | 430 | 621 | 653 | 665 |
| Moyenne mensuelle théorique (coef. 0,6) | 520 | 420 | 314 | 250 | 262 | 353 | 455 | 554 | 617 | 647 | 639 | 596 |
| Température moyen. mens. | 24,60 | 19,55 | 15,65 | 12,45 | 12,00 | 12,55 | 13,35 | 16,05 | 18,05 | 21,55 | 24,10 | 24,45 |

L'examen de ces chiffres ou mieux des courbes qu'ils permettent d'établir suggère un certain nombre d'observations.

Les moyennes mensuelles, plus faciles à suivre, parce que présentant une variation plus régulière, montrent des différences très sensibles entre les deux années.

L'année 1925-26 a été moins ensoleillée que la précédente de septembre à janvier, davantage en février-mars, moins en avril-mai et davantage en juin-juillet. Ces particularités ont été certainement très favorables à la végétation, car celle-ci a bénéficié, pendant la période de grande croissance de février-mars d'une quantité importante de radiation qui a accéléré le développement et permis aux céréales de former leurs épis de très bonne heure.

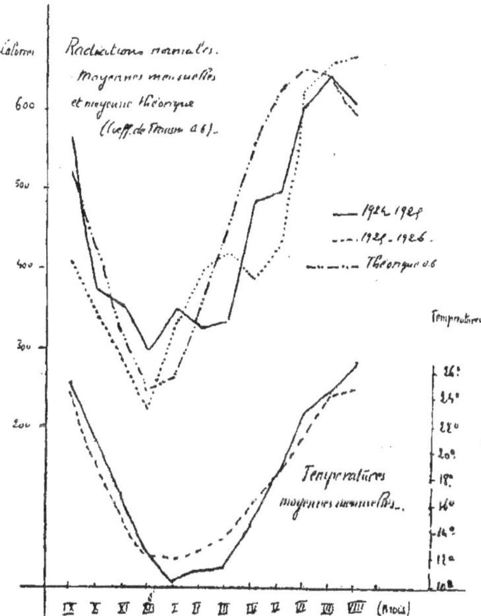


Les courbes de température moyenne traduisent beaucoup moins bien ces particularités, leur allure est plus régulière que celle des courbes de radiation moyenne. Au point de vue écologique, les deux facteurs, température et radiation, ont leurs actions propres. Il sera probablement possible d'expliquer, au moyen de leurs courbes, des particularités de végétation dont la cause nous échappait. Pour aborder cette étude, il est toutefois nécessaire de faire entrer en ligne de compte les quantités de radiations reçues par le sol et les variations de température de ce dernier. Nous ne saurions dire, actuellement, dans quelles mesures respectives, température et radiation interviennent dans le développement des cultures.

Les courbes des moyennes par décade montrent de brusques écarts atteignant et dépassant 200 calories, elles proviennent du nombre d'heures d'insolation, très variable d'une période à l'autre.

Si nous comparons l'allure des deux courbes avec celle des courbes théoriques pour les coefficients de transmission de 0,6 et 0,7, nous constatons que les moyennes des valeurs journalières de radiation avoisinent la courbe du coefficient 0,6 en automne, la dépassent en janvier-février, lui sont inférieures en mars-avril-mai, pour reprendre à peu près la même valeur en juin et juillet.

Bien que les chiffres se rapportant à la radiation comprennent tous les jours (clairs et nuageux) et ne permettent pas une comparaison avec la courbe théorique, le rapprochement des deux courbes montre cependant, avec évidence, un relèvement du coefficient de transmission en janvier-février et juillet-août, et un fort abaissement en mars-avril-mai-juin ; cette dernière période correspond à celle de la plus grande évaporation de l'eau du sol qui atténue la transparence de l'atmosphère par l'interposition de masses de vapeur d'eau.

Nous donnons dans une autre note une étude spéciale du coefficient de transmission.

---

F. BŒUF et J.-V. AMIABLE

## ÉVALUATION DU CŒFFICIENT DE TRANSMISSION DE L'ATMOSPHÈRE POUR LA RADIATION SOLAIRE (1er SEPTEMBRE 1924 A 31 AOUT 1926) AU SERVICE BOTANIQUE DE TUNISIE

Nous avons donné dans notre note sur le climat solaire théorique sous notre latitude, les quantités de radiation solaire reçues par une surface normale aux différentes heures du jour pour chaque dixième jour de l'année. Ces chiffres permettent de construire, par interpolation graphique, des courbes donnant l'intensité de la radiation solaire à un moment quelconque et pour les coefficients de transmission 0,6, 0,7, 0,8, 0,9 et 1.

Si nous reportons sur ces graphiques les mesures de l'intensité solaire à un moment donné (lecture d'un pyrhéliographe enregistreur ou lecture directe d'un pyrhéliomètre), le point obtenu tombe entre les courbes d'insolation théorique pour les coefficients ci-dessus et l'on peut avoir une évaluation du coefficient de transmission pour le moment considéré. Cette constatation ne peut être faite évidemment que par ciel clair, lorsqu'aucun écran de vapeur condensée (nuages, voiles) n'intercepte la radiation.

Il ne peut être question d'obtenir par cette méthode une mesure exacte du coefficient de transmission, mais il semble cependant que l'évaluation obtenue puisse apporter à la météorologie une donnée intéressante.

On admet que la valeur du coefficient de transmission varie surtout

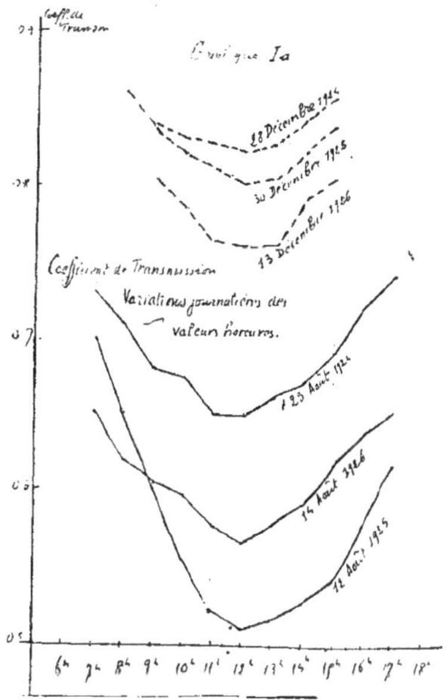


en raison de la quantité de vapeur d'eau contenue dans l'atmosphère, à l'état invisible. Sa détermination paraît être un moyen de nous renseigner sur la richesse de la masse atmosphérique en vapeur d'eau. L'étude de la corrélation entre l'absorption atmosphérique et la masse de vapeur d'eau de l'atmosphère a été ébauchée et montre une corrélation directe toutefois peu marquée. Les résultats en seront publiés ultérieurement.

Cette note préliminaire a seulement pour objet de montrer que la méthode très simple dont nous venons de parler permet de déterminer des variations journalières et annuelles du coefficient de transmission, qui semblent bien constituer un facteur important et peu connu du climat. Il est probable que la comparaison entre les résultats que nous avons obtenus dans notre zone littoralienne avec ceux

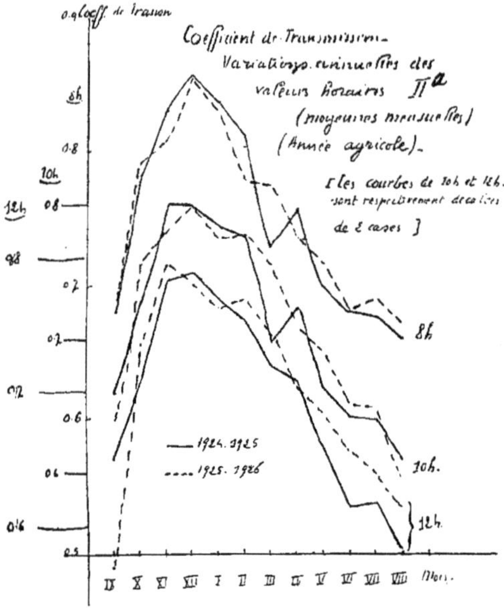

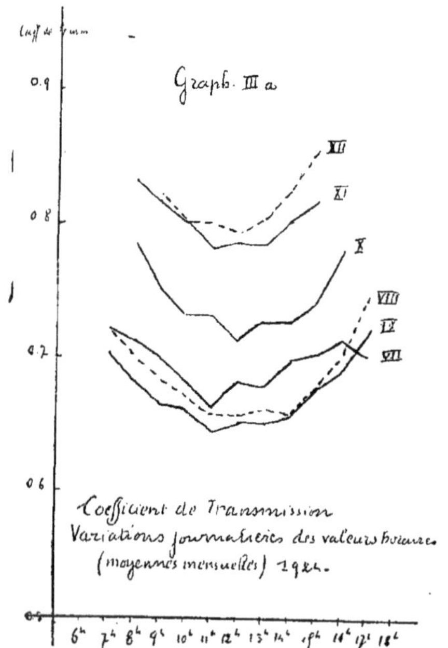

que l'on obtiendrait dans des zones continentales et désertiques de même latitude compléterait la connaissance des climats de ces diverses stations.

*Variation journalière.* — Nous donnons ci-dessous les valeurs horaires du coefficient de transmission pour six journées à ciel très clair (une d'été et une d'hiver, pour les années 1924-1925-1926), les moyennes annuelles de ces valeurs pour deux années agricoles (1924-25 et 1925-26) et l'ensemble d'une période de 27 mois.

TABLEAU I. — *Coefficient de transmission. Variations au cours de la journée.*

| | 6h | 7h | 8h | 9h | 10h | 11h | 12h | 13h | 14h | 15h | 16h | 17h | 18h |
|---|---|---|---|---|---|---|---|---|---|---|---|---|---|
| Valeurs pour 6 journées à ciel clair : | | | | | | | | | | | | | |
| 25 Août 1924. | | 7.30 | 7.10 | 6.80 | 6.75 | 6.50 | 6.50 | 6.60 | 6.70 | 6.90 | 7.20 | 7.40 | |
| 28 Déc. 1924 . | | | | 8.35 | 8.30 | 8.25 | 8.20 | 8 25 | 8.40 | 8.55 | | | |
| 12 Août 1925 | | 7.00 | 6.50 | 6.00 | 5.55 | 5.20 | 5.10 | 5.15 | 5.25 | 5.40 | 5.75 | 6.15 | |
| 30 Déc. 1925 . | | | | 8.35 | 8.20 | 8.10 | 8.00 | 8.05 | 8.20 | 8.35 | | | |
| 14 Août 1926. | | 6.50 | 6.20 | 6.05 | 5.95 | 5.75 | 5.65 | 5.75 | 5.90 | 6.15 | 6.25 | 6.50 | |
| 13 Déc. 1926 . | | | | 8.05 | 7.85 | 7.65 | 7.60 | 7.60 | 7.90 | 8.05 | | | |
| Moyennes de 27 mois : Juillet 1924 - Sept. 1926.. | 7.80 | 7.35 | 7.30 | 7.00 | 6.90 | 6.80 | 6.75 | 6.75 | 6.85 | 6.95 | 7.15 | 7.30 | 7.85 |
| Moyennes annuelles : | | | | | | | | | | | | | |
| 1924-1925... | 7.70 | 7.35 | 7.30 | 6.95 | 6.85 | 6.75 | 6.65 | 6.70 | 6.75 | 6.80 | 7.05 | 7.30 | 7.65 |
| 1925-1926... | 7.75 | 7.40 | 7.35 | 7.10 | 7.00 | 6.95 | 6.90 | 6.90 | 7.00 | 7.10 | 7.30 | 7.35 | 7.90 |

Ces chiffres et les courbes qu'ils permettent d'établir montrent que le coefficient de transmission est beaucoup plus élevé au début et à la fin de la journée qu'à midi. Lorsque les moyennes de valeurs horaires portent sur une longue période (27 mois), la courbe devient très régulière et presque symétrique.

Quelle est la raison de la diminution du coefficient de transmission au milieu de la journée ? Il est compréhensible que l'évaporation de l'eau pendant le jour enrichit l'atmosphère locale de vapeur d'eau et la baisse du coefficient de transmission du lever du soleil jusqu'à midi pourrait trouver dans ce phénomène une explication. Mais ce coefficient se relève après midi, alors que l'évaporation continue et il est aussi élevé au coucher du soleil qu'au lever du lendemain, ce qui ne traduit aucune influence de la condensation de la vapeur d'eau pendant la nuit. Il ne semble donc pas que la masse de vapeur d'eau évaporée par le sol pendant la journée explique la variation journalière du coefficient de transmission.

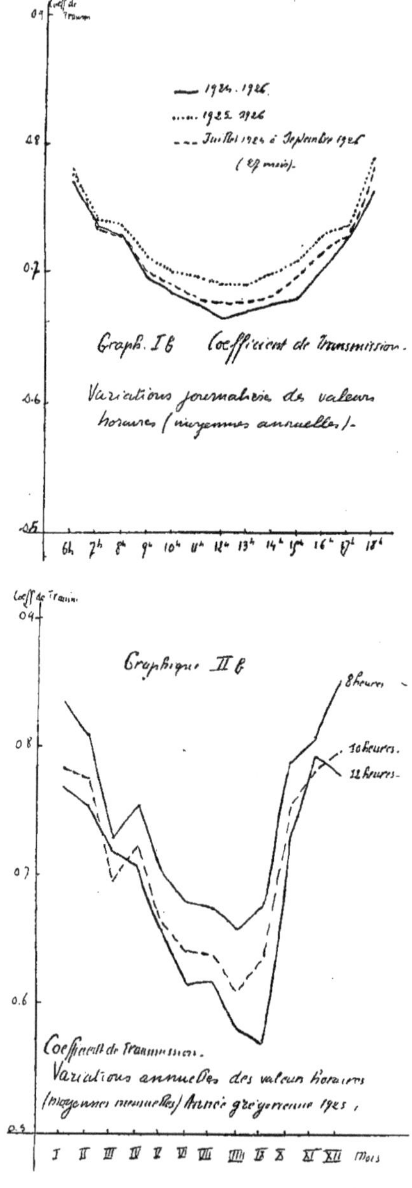

Ce coefficient subit d'autres influences que celle de la vapeur d'eau. Celles des poussières, de la polarisation de la lumière, de l'état d'ionisation de la haute atmosphère sous l'action des rayons solaires ultraviolets ont déjà été invoquées par divers expérimentateurs. Il n'est pas impossible que ce dernier phénomène s'accompagne de la formation de gouteleltes d'eau constituant une sorte de voile invisible qui arrête une partie importante des rayons, particulièrement dans le rouge et l'infra-rouge. Il est fréquent de constater un trouble atmosphérique sensible, en été, au milieu de la journée, trouble qui se traduit par l'irrégularité de la courbe du pyrhéliographe et qui est parfois visible sur la trace de l'appareil de Campbell.

Ces faits sont en concordance avec l'enregistrement de la partie infra-rouge de la radiation solaire, qui montre une proportion plus élevée le matin et le soir qu'à midi. Cette complexité des causes de la variation du coefficient de transmission de l'atmosphère nous explique pourquoi la corrélation entre ce coefficient et la masse de vapeur d'eau contenue dans l'atmosphère est faible.

*Variation annuelle.* — Le tableau suivant donne les variations (moyennes mensuelles) à 8 h., à 10 h. et à 12 h. pour les années agricoles 1924-25 et 1925-26 et pour l'année grégorienne 1925 (chiffres soulignés).

Tableau II. — *Variations annuelles des valeurs horaires (moyennes mensuelles)*

| | | IX | X | XI | XII | I | II | III | IV | V | VI | VII | VIII |
|---|---|---|---|---|---|---|---|---|---|---|---|---|---|
| Année agricole 1924-1925 | 8h | 6.80 | 7.85 | 8.30 | 8.55 | 8.35 | 8.10 | 7.30 | 7.55 | 7.00 | 6.80 | 6.75 | 6.60 |
| | 9h | 6.60 | 7.30 | 8.00 | 8.00 | 7.85 | 7.75 | 6.95 | 7.25 | 6.65 | 6.45 | 6.40 | 6.10 |
| | 10h | 6.50 | 7.10 | 7.85 | 7.90 | 7.70 | 7.55 | 7.20 | 7.10 | 6.60 | 6.10 | 6.20 | 5.85 |
| Année agricole 1925-1926 | 8h | 6.80 | 7.90 | 8.10 | 8.55 | 8.30 | 7.80 | 7.75 | 7.35 | 7.15 | 6.80 | 6.90 | 6.70 |
| | 9h | 6.40 | 7.55 | 7.85 | 8.00 | 7.75 | 7.80 | 7.55 | 7.10 | 6.90 | 6.50 | 6.50 | 5.95 |
| | 10h | 5.70 | 7.35 | 7.95 | 7.80 | 7.65 | 7.70 | 7.45 | 7.05 | 6.85 | 6.55 | 6.40 | 6.15 |

Soulignés (mois de l'année grégorienne 1925)

Les variations au cours des deux années agricoles, pour chacune des trois heures données, suivent la même marche, ce qui indique une véritable périodicité annuelle. Le coefficient est très élevé en novembre-décembre, époque à laquelle il atteint un maximum, il s'abaisse ensuite graduellement jusqu'en août septembre, où il présente son minimum, pour rebondir brusquement en octobre et novembre.

Les variations de la masse de vapeur d'eau répandue dans l'atmosphère aux diverses saisons n'expliquent que partiellement les variations annuelles du coefficient de transmission. Il est probable que les premières pluies d'octobre-novembre en lavant l'atmosphère des poussières qu'elle renferme et qui s'y accumulent au cours de la saison sèche ont une part importante dans l'ascension brusque du coefficient de transmission à cette époque.

On peut suivre beaucoup mieux encore les variations annuelles du coefficient de transmission, aux différentes heures de la journée et pour les différents mois dans le tableau suivant.

TABLEAU III. — *Variation journalière des valeurs horaires (moyennes mensuelles)*

| | 6h | 7h | 8h | 9h | 10h | 11h | 12h | 13h | 14h | 15h | 16h | 17h | 18h |
|---|---|---|---|---|---|---|---|---|---|---|---|---|---|
| **1924** | | | | | | | | | | | | | |
| Juillet ..... | | 7.20 | 7.10 | 7.00 | 6.80 | 6.60 | 6.80 | 6.75 | 6.95 | 7.00 | 7.60 | 7.00 | |
| Août ....... | | 7.20 | 7.00 | 6.85 | 6.70 | 6.55 | 6.55 | 6.60 | 6.55 | 6.75 | 7.00 | 7.45 | |
| Septembre .. | | 7.05 | 6.80 | 6.65 | 6.60 | 6.45 | 6.50 | 6.50 | 6.55 | 6.75 | 6.90 | 7.20 | |
| Octobre .... | | | 7.85 | 7.50 | 7.30 | 7.30 | 7.10 | 7.25 | 7.25 | 7.40 | 7.80 | | |
| Novembre .. | | | 8.30 | 8.15 | 8.00 | 7.80 | 7.85 | 7.85 | 8.00 | 8.15 | | | |
| Décembre .. | | | | 8.20 | 8.00 | 8.00 | 7.90 | 8.05 | 8.25 | 8.75 | | | |
| **1925** | | | | | | | | | | | | | |
| Janvier .... | | | 8.35 | 8.05 | 7.85 | 7.75 | 7.70 | 7.75 | 7.80 | 8.10 | | | |
| Février .... | | | 8.10 | 7.90 | 7.75 | 7.60 | 7.55 | 7.45 | 7.60 | 7.80 | 8.05 | | |
| Mars ....... | | 7.65 | 7.30 | 7.30 | 6.95 | 7 15 | 7.20 | 7.30 | 6.90 | 7.25 | 7.50 | 8.00 | |
| Avril ...... | | 7.30 | 7.55 | 7.25 | 7.25 | 7.30 | 7.10 | 7.05 | 7.15 | 7.30 | 7.25 | 7.80 | |
| Mai ........ | | 7.30 | 7.00 | 6.70 | 6.65 | 6.50 | 6.60 | 6.65 | 6.80 | 6.85 | 7.15 | 7.50 | |
| Juin ....... | | 7.05 | 6.80 | 6.50 | 6.45 | 6.30 | 6.15 | 6.20 | 6.40 | 6.35 | 6.75 | 7.10 | |
| Juillet ..... | 7.25 | 7.02 | 6.75 | 6.55 | 6.40 | 6.30 | 6.20 | 6.25 | 6.20 | 6.20 | 6.40 | 6.75 | 7.00 |
| Août ....... | | 7.00 | 6.60 | 6.30 | 6.10 | 5.95 | 5.85 | 5.90 | 6.00 | 6.15 | 6.35 | 6.70 | |
| Septembre . | | | 6.80 | 6.60 | 6.40 | 6.05 | 5.70 | 5.95 | 5.95 | 6.15 | 6.40 | 7.00 | |
| Octobre .... | | | 7.90 | 7.65 | 7.55 | 7.40 | 7.35 | 7.40 | 7.40 | 7.45 | | | |
| Novembre .. | | | | 7.85 | 7.85 | 7.80 | 7.95 | 8.05 | 7.90 | 8.00 | | | |
| Décembre .. | | | | 8.15 | 8.00 | 7.90 | 7.80 | 7.90 | 8.00 | 8.15 | | | |
| **1926** | | | | | | | | | | | | | |
| Janvier .... | | | | 7.90 | 7.75 | 7.75 | 7.65 | 7.55 | 7.80 | 7.90 | | | |
| Février .... | | | 7.80 | 8.00 | 7.80 | 7.70 | 7.70 | 7.80 | 7.80 | 7.80 | 8.10 | | |
| Mars ....... | | | 7.75 | 7.50 | 7.55 | 7.60 | 7.45 | 7.45 | 7.30 | 7.30 | 7.55 | | |
| Avril ...... | | 7.50 | 7.35 | 7 20 | 7.10 | 7.05 | 7.05 | 7.00 | 7.25 | 7.25 | 7.30 | 7.25 | |
| Mai ........ | | 7.30 | 7.15 | 7.00 | 6.90 | 6 90 | 6.85 | 7.00 | 6 90 | 7.10 | 7.40 | 7.45 | |
| Juin ....... | | 7.10 | 6.50 | 6.65 | 6.50 | 6.55 | 6.55 | 6.55 | 6.65 | 6.95 | 7.20 | 7.35 | |
| Juillet ..... | 7.65 | 7.20 | 6.90 | 6.70 | 6.50 | 6.40 | 6.40 | 6.45 | 6.40 | 6.80 | 6.95 | 7.20 | 7.60 |
| Août ....... | | 7.10 | 6.70 | 6.10 | 5.95 | 6.10 | 6.15 | 6.15 | 6.25 | 6.55 | 6.60 | 7.05 | |
| Septembre . | | 7.60 | 7.00 | 6.70 | 6.45 | 6.45 | 6.15 | 6.30 | 6.45 | 6.65 | 6.80 | | |

Ces chiffres, ou mieux, les courbes qui les traduisent (voir année 1925 complète) permettent, en outre des constatations énoncées ci-dessus, l'observation suivante :

Le coefficient de transmission plus élevé en hiver qu'en été, varie assez peu au cours de la journée pendant les mois de décembre, janvier, février ; il présente des variations déjà plus amples mais irrégulières en mars et avril, sans doute sous l'influence des fluctuations importantes de la teneur de l'atmosphère en vapeur d'eau à cette époque de l'année (répartition des pluies et de la chaleur) ; les variations s'amplifient, mais se réfularisent ensuite jusqu'en septembre, puis diminuent en octobre-novembre.

Considérées dans leur ensemble, les variations du coefficient de transmission constituent une cause de régularisation de la quantité de

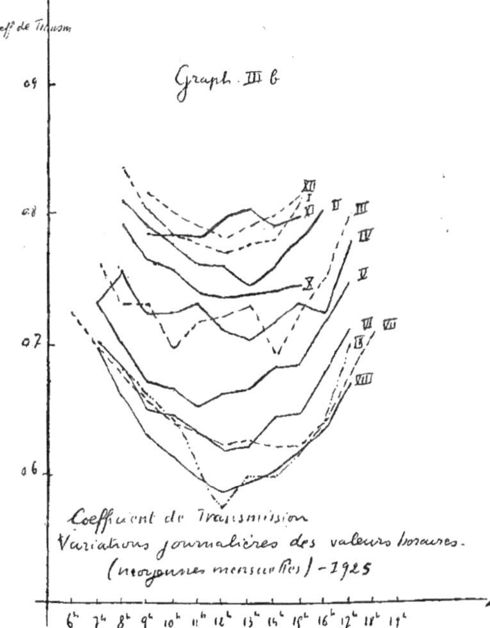


radiation qui nous parvient, et ce fait constitue un des exemples de balancement ou de compensation si fréquents dans l'enchevêtrement des phénomènes naturels.

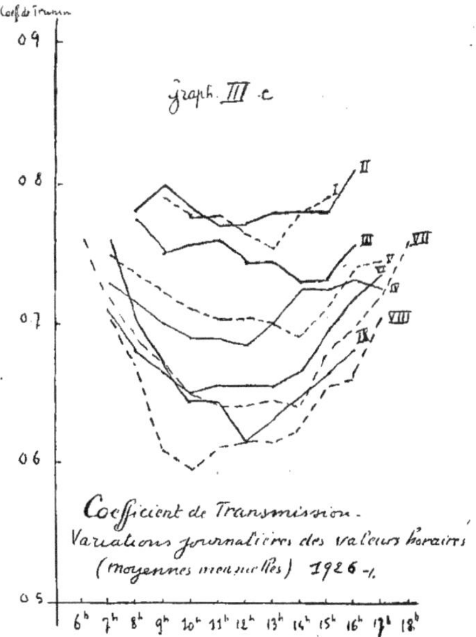

Lad. GORCZYNSKI

Docteur ès Sciences

# QUELQUES RÉSULTATS DE MESURES DE L'INTENSITÉ DU RAYONNEMENT SOLAIRE OBTENUES AU SAHARA EN 1924-1926 AVEC LES PYRHÉLIOMÈTRES ET LES SOLARIMÈTRES

Le mémoire complet (1) se compose de l'Introduction et des quatre chapîtres suivants :

I. — Maxima diurnes de l'intensité du rayonnement solaire observés à l'Oasis de Ouargla en 1926.

II. Sur les maxima de l'intensité du rayonnement solaire obtenus à l'Ariana (près Tunis) pendant la période 1924-1926.

III. Quelques comparaisons entre le Sahara, le littoral africain et l'Europe (Montpellier et Varsovie).

IV. Quelques maxima observés dans les régions équatoriales et dans les hautes montagnes.

Dans l'introduction, on a souligné l'importance des valeurs maxima dans l'étude des variations diurnes et mensuelles du rayonnement solaire suivant la règle que — parmi les différentes mesures obtenues dans les mêmes conditions — c'est la valeur la plus élevée qui est caeteris paribus la plus caractéristique ou la plus probable.

A côté de l'intensité du rayonnement qui tombe sur une surface exposée normalement aux rayons solaires, on a souligné le grand intérêt — surtout pour les applications climatologiques, botaniques et agricoles — des mesures de l'intensité du rayonnement qui vient non seulement du soleil, mais aussi par diffusion et réflexion de toute la voûte céleste. On se sert pour ces mesures d'un instrument thermoélectrique très simple, construit par les Etablissements Richard à Paris sous le nom de solarimètre. Ce solarimètre consiste en une pile thermoélectrique hermétiquement enfermée sous un verre hémisphérique et montée directement dans un millivoltmètre approprié. Les déviations de l'aiguille du millivoltmètre donnent directement l'intensité du rayonnement qui tombe du soleil et de l'ensemble de la voûte céleste sur une surface horizontale. Si l'on veut mesurer l'intensité du rayonnement du soleil à l'incidence normale, on se sert du même millivoltmètre relié à un tube monté sur un pied spécial et contenant une pile thermoélectrique et une lentille sphéro-cylindrique.

(1) Le mémoire complet a été préparé pour la publication dans la Revue mensuelle « La Météorologie ».

L'examen des maxima de l'intensité du rayonnement solaire, obtenus soit à l'oasis saharienne de Ouargla (lat. géogr. 32° Nord) en 1926 (janvier à mi-avril), soit pendant le voyage de Ouargla par Touggourt et l'Atlas saharien en avril 1926 et enfin à l'Ariana près Tunis pendant la période 1924-1926 et à Montpelier en 1926, montre que c'est entre novembre et avril qu'on obtient les maxima annuels de l'intensité du rayonnement solaire à l'incidence normale. Ces valeurs sont voisines de 1,5 calorie-gramme pour 1 minute et un centimètre carré de surface exposée normalement aux rayons, tandis que les maxima plus bas tombent généralement en août.

Par contre, le caractère des variations mensuelles est différent dans les enregistrements solarigraphiques qui nous donnent les valeurs de l'intensité totale (du soleil et du ciel) sur une surface horizontale. Sous nos latitudes géographiques, le minimum se produit en décembre quand le soleil est le plus bas à midi ; les maxima du printemps et d'été sont très élevés, ce qui est dû à l'action du rayonnement diffusé surtout par de gros nuages blancs qui peuvent réfléchir temporairement des quantités même excessives.

Voici un exemple frappant que nous avons observé le 26 avril 1926 au Col Telmet (altitude 1.861 mètres) dans l'Atlas Algérien près de Batna (Constantine). L'intensité était près de 1,6 cal. gr. entre 11 et 13 heures à l'incidence normale ; le ciel était sans nuages le matin, mais vers midi, quelques gros cumuli s'approchèrent du soleil. Or à un moment donné, vers 12 h. 30 m., deux gros cumuli avec des faces éblouissantes prirent une telle situation par rapport au disque solaire qu'une réflexion intense se produisit, juste dans la direction de la pile sensible placée sous un verre hémisphérique ; notre solarimètre nous indiqua pendant un moment une valeur dépassant même un peu 2,10 gr. cal. par $cm^2$ et minute d'une surface horizontale. Pour une distance zénithale du soleil de 25°, cela représente plus de 40 % du rayonnement diffusé, lequel oscille généralement seulement autour de 10 % du rayonnement reçu normalement vers midi par un ciel clair.

Rappelons qu'une particularité très importante des solarigraphes consiste en ce qu'ils donnent des courbes intéressantes par un temps non seulement clair, mais aussi par un ciel voilé ou quand le soleil est caché plus ou moins par des nuages. Il arrive bien souvent que les courbes solarigraphiques totalisées atteignent plusieurs dizaines de grammes calories pour un jour pendant lequel un pyrhéliographe donnant l'intensité des rayons solaires à l'incidence normale ne marque rien du tout.

Si l'on prend les maxima observés dans les régions équatoriales, on constate aussitôt que les intensités du rayonnement solaire y sont bien souvent moins élevées qu'en Europe et surtout dans les régions désertiques du Sahara.

D'après les données de l'expédition polonaise au Siam et Java, on a observé à Bangkok en mai 1923 des valeurs qui n'ont pas dépassé généralement 1,2 cal. gr. pour le soleil près du zénith, tandis qu'on a observé près de 1,6 en février 1926 à l'Oasis de Ouargla pour une distance zénithale de 45°.

Cela montre déjà bien le grand intérêt scientifique et pratique d'un examen des conditions de l'insolation au Sahara pour le rayonnement normal, total et dans les différentes parties du spectre.

---

Georges DUGAST

Aide-météorologiste au service météorologique d'Algérie.

---

## SUR LA VARIATION DIURNE ET ANNUELLE DU VENT A ALGER

---

Dans un centre comme Alger, station climatique, possédant un port important, une base aéronautique, l'étude de la circulation atmosphérique et du régime des vents s'impose d'une manière toute spéciale.

I. — A cet effet, nous avons établi une statistique aussi complète que possible sur la fréquence des vents des seize directions principales pour les douze mois de l'année. Les résultats de ces calculs portent sur la période 1916-1924 et ont été traduits sous forme de graphique dans la planche 1.

En les examinant colonne par colonne, on peut déduire aisément la direction du vent dominant de chaque mois, et en les examinant ligne par ligne, on peut suivre les fluctuations d'un seul et même vent durant l'année. On remarque alors que les vents de directions NNE-NE et du secteur Ouest présentent des maxima ; les premiers aux mois de juillet-août, les seconds aux mois de décembre-janvier, et que les vents compris entre Est et SSW ont une fréquence presque nulle. Nous pouvons donc distinguer deux courants bien nets, un d'Ouest et un d'Est et deux régimes correspondants : le régime d'hiver et le régime d'été.

*Régime d'hiver.* — Le régime d'hiver est caractérisé par la prédominance des vents du secteur Ouest. Cette direction est bien en rapport avec la circulation générale des courants et la carte isobarique moyenne (1) de la saison froide, où l'on voit les fortes pressions sur

(1) V. Thevenet, Essai de Climatologie Algérienne.

les Hauts-Plateaux algériens et les basses pressions sur le Golfe de Gênes, ce qui implique une direction du gradient SW-NE et une direction de vents du secteur Ouest.

Ce régime commence au mois d'octobre et finit avec le mois de janvier et on sait que c'est durant cette période que les pluies sont les

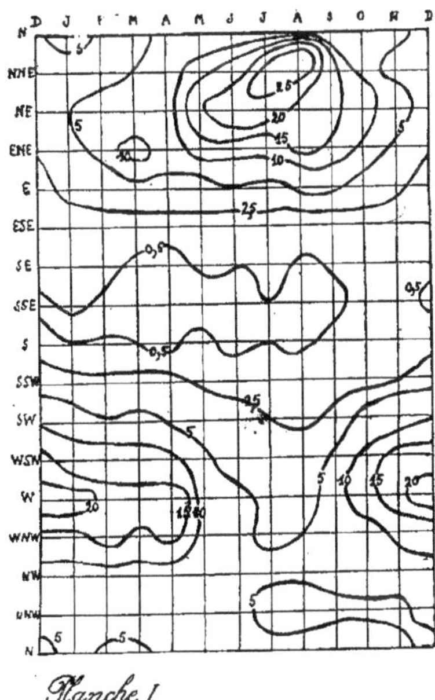


Planche I

plus fréquentes. La distribution des pluies est en rapport avec cette dominance des vents d'Ouest comme l'indique le tableau suivant donnant pour chaque direction le pourcentage de la fréquence des précipitations (calculé pour la période novembre à avril de 1917 à 1923).

| N | NNE | NE | ENE | E | ESE | SE | SSE |
|---|---|---|---|---|---|---|---|
| 5.0 | 4.8 | 1.4 | 2.6 | 0.6 | 0.4 | 0.2 | 0.5 |
| **S** | **SSW** | **SW** | **WSW** | **W** | **WNW** | **NW** | **NNW** |
| 0.4 | 1.7 | 4.1 | 16.8 | 20.5 | 18.8 | 8.6 | 13.6 |

Nous remarquerons que les vents des quadrants NE-SE sont plutôt rares pendant la saison hivernale.

*Régime d'été.* — Le régime d'été est caractérisé par la prédominance des vents de NE, ce qui est conforme à la situation isobarique moyenne de la saison chaude où l'on voit une dorsale de pressions élevées s'avancer de l'anticyclone des Açores sur la Méditerranée et un minimum barométrique sur les Hauts-Plateaux Algériens et le Sahara

Occidental. La direction du gradient est sensiblement Nord-Sud et la direction du vent du secteur NE, renforcée d'ailleurs pendant cette période estivale par la brise de mer qui se fait sentir d'une façon particulièrement forte à Alger. Nous reviendrons plus loin sur l'importance de cette brise.

Le régime d'été commence en avril et finit à la fin septembre. Les pluies sont rares en général durant cette saison. La fréquence des vents des quadrants SW-NW est très réduite.

Enfin on remarque sur la figure l'absence de maximum secondaire dans les directions Sud durant les mois chauds. Il s'ensuit que le siroco, tant redouté en Afrique du Nord, peut être considéré comme un cas anormal dû au passage de dépressions en Méditerranée au Nord

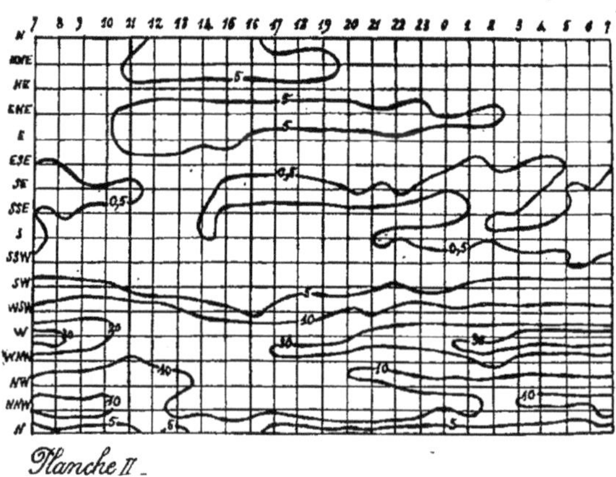


Planche II.

d'Alger, coïncidant avec l'existence de hautes pressions sur le Sahara oriental.

II. — Pour bien caractériser ces deux régimes, nous avons cru devoir ajouter à la statistique mensuelle sur la fréquence des vents à Alger deux autres statistiques portant sur les deux mois principaux des saisons froide et chaude (janvier et juillet), en ce qui concerne la fréquence des directions de vents pour chaque heure de la journée.

La figure de la planche II se rapporte au mois de janvier. On y voit qu'en général la direction des vents est comprise entre WSW et NNW avec maximum pour les vents d'Ouest entre 0h et 8h. Les vents allant du Nord au SSW par l'Est ont une fréquence presque nulle. Entre 12 heures et 2 heures, le vent prédominant tend à quitter l'Ouest pour prendre la direction NNW. On peut expliquer cette variation par l'effet de la brise de mer qui commence à se faire sentir à midi, puis on constate que le vent retourne vers Ouest et WSW de 21 h. à midi sous l'influence de la composante due à la brise de terre qui se fait sentir quoique bien plus faiblement avec un maximum vers 8 ou 9 heures du matin.

Quoi qu'il en soit de l'effet des brises de terre ou de mer, le vent durant la journée a une composante bien déterminée (Ouest) dont la fréquence dépasse de beaucoup celle des autres directions ; cela tient à ce qu'en hiver, le gradient dynamique est de beaucoup plus élevé que celui déterminé par les différences d'échauffement entre la terre et la mer.

La planche III se rapporte au mois de juillet. En général, la direction des vents est comprise entre Nord et ENE avec maximum pour les

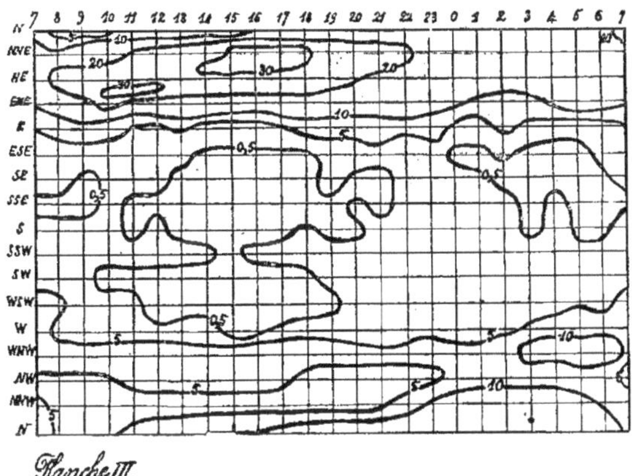

Planche III

vents de NNE-NE entre 9 h. et 18 h. On remarque une absence presque complète des directions de l'ESE au NNW par le Sud. Quelques directions NNW subsistent entre 22 h. et 6 h. Nous avons vu d'après la figure I que la fréquence des vents de NE en été est aussi grande que celle des vents d'Ouest en hiver (26.4 % de NE, 23,4 % d'Ouest pour l'année) et d'après les figures II et III (34,8 % de NE pour 34,6 % d'Ouest par jour), et cependant, on sait d'après les cartes isobariques moyennes que les vents déterminés par le gradient isobarique sont plus forts en hiver qu'en été ; l'effet de la brise de mer à Alger se fait donc sentir d'une manière toute particulière pendant l'été.

Les brises de terre et de mer sont dues aux différences d'échauffement des terres et des mers, les minima moyens de juillet-août sont de 20° pour Alger et 15° pour les Hauts-Plateaux, les maxima moyens y sont respectivement de 30° et de 35° à 40°. Ces écarts de température élevés donnent lieu en été à la brise de mer et cette dernière est favorisée par l'état du ciel presque toujours pur. L'écart de température reste à peu près constant tandis qu'en hiver, la différence est beaucoup moins grande ; 2 à 3° et le ciel souvent couvert tend à réaliser l'égalité de température entre la terre et la mer et la brise tend à s'annuler.

De plus, le climat d'Alger étant en été chaud et humide, si l'air se refroidit suffisamment pour amener une condensation de la vapeur d'eau, cette condensation dégage de la chaleur qui, par conséquent, augmente le mouvement ascensionnel de la couche d'air de la région chaude ; une diminution de pression en résulte avec une augmentation de l'appel d'air. L'humidité est ainsi entretenue par un apport constant dû au vent qui vient de la mer.

Il s'ensuit que, si la situation isobarique ne donne que des vents faibles (pressions uniformes sur la Méditerranée et l'Afrique du Nord), la brise peut être très forte par temps clair et humide et si la situation isobarique est favorable, on peut arriver à avoir des vents de NE de 6 à 7 mètres.

La brise de terre se fait plus faiblement sentir l'été, elle est contrebalancée dans son effet par la direction des vents dus à la circulation générale atmosphérique.

Il serait intéressant, pour les besoins de l'aéronautique, de compléter ces statistiques sur la fréquence du vent au sol à Alger par des statistiques aux différentes altitudes, notamment entre 200 et 1.000 mètres, hauteur où l'avion cherche un courant favorable. L'été principalement où, d'après des sondages (1), la brise ne se fait presque plus sentir entre 750 et 1.000 mètres.

Nous nous proposons de compléter ce travail, en étudiant la force du vent, car si sa direction est un élément important, sa vitesse est aussi nécessaire à connaître.

---

Jean DUBIEF

Aide-météorologiste au service météorologique d'Algérie.

## SUR LA VARIABILITÉ DE LA PRESSION A TIZI-OUZOU ET A FORT-NATIONAL

Dans cette note, nous nous proposons de chercher, au moyen du calcul du coefficient de corrélation, si l'influence thermique est plus importante en été qu'en hiver dans la variabilité inter-diurne de la pression à Tizi-Ouzou et à Fort-National.

(1) V. Rouch (Notice Météorologique sur les côtes de France et d'Algérie).

Ces deux localités ont été choisies parce que peu éloignées l'une de l'autre et situées à des altitudes nettement différentes. Tizi-Ouzou se trouve par 36°42' de latitude et 1°54' de longitude Est Greenwich. Cette localité se tient au fond d'une vallée, à 222 mètres d'altitude, et est séparée de la mer par les montagnes de la Petite Kabylie. Fort-National, à 36°48' de latitude et 2° de longitude Est Greenwich, est perchée à 942 mètres d'altitude sur le flanc nord des montagnes de la Grande Kabylie.

Nous avons donc calculé le coefficient de corrélation entre la variation interdiurne de la température moyenne entre Tizi-Ouzou et Fort-National, d'une part, et la variation du poids de la colonne d'air comprise entre ces deux stations, d'autre part.

Nous avons effectué les calculs pour les mois de janvier, mois d'hiver, et de juillet, mois d'été.

Pour cela, nous avons d'abord calculé les variations en 24 heures à 7 h., 13 h., et 18 h., de la température et de la pression en chacune des stations. Soit $\Delta T_T$ et $\Delta P_T$ les variations de la première et de la seconde à Tizi-Ouzou, $\Delta T_F$ et $\Delta P_F$ désignant les mêmes quantités à Fort-National.

La variation de la température moyenne de la colonne d'air comprise entre Tizi-Ouzou et Fort-National est alors donnée par la demi-somme des variations de température dans les deux stations : $\Delta T_m = \dfrac{\Delta T_T + \Delta T_F}{2}$. Le poids de la colonne d'air correspondante sera la différence entre les deux pressions de Tizi-Ouzou et de Fort-National, les pressions étant réduites à 0° et corrigées de la gravité. La variation de ce poids sera, par suite, la différence entre les variations des pressions à Tizi-Ouzou et à Fort-National.

Nous avons ainsi posé :

$$\Delta^2 P = \Delta P_T - \Delta P_F$$

Le coefficient de corrélation sera alors donné par la formule :

$$r^2 = \frac{S\,(\Delta^2 P - \Delta T^{m})}{\sqrt{S\,(\Delta^2 P)^2 . S\,(\Delta T_m)^2}}$$

qui est applicable dans le cas particulier où nous nous trouvons, où la somme des quantités $\Delta^2 P$ et $\Delta T_m$ a été ramenée à être égale à zéro (1).

Les causes d'erreur qui ont pu se glisser sont dues aux erreurs d'observation dans les stations. Elles peuvent tenir au manque de synchronisation dans les heures d'observation, erreur surtout importante en été à sept heures du matin, moment où la température monte rapidement.

(1) V. l'article de Montessus de Ballore sur La Méthode de Corrélation, *Revue Générale des Sciences*, 15 avril 1926.

Elles peuvent également tenir aux erreurs de lecture, erreurs qui ont pu être corrigées à Tizi-Ouzou dont nous avons les diagrammes d'enregistreurs, mais qui ne l'ont pu être que difficilement et d'une manière approchée à Fort-National, cette station n'ayant pas de barographe.

Voici les résultats auxquels nous sommes arrivé :

| Années | $Sxy$ | $S(\Delta^2P)^2$ | $S(\Delta T_m)^2$ | |
|---|---|---|---|---|
| **Janvier** | | | | |
| 7 h. | | | | |
| 1926 | — 27.68 | 23.92 | 133.03 | |
| 1925 | — 10.87 | 12.11 | 54.69 | |
| 1924 | — 45.24 | 34.23 | 149 58 | |
| 1923 | — 12.61 | 16.13 | 72.38 | r = -0.48 |
| 1922 | — 24.14 | 18.39 | 141.96 | |
| 1921 | — 9.35 | 16.06 | 58.69 | |
| Total | —129.89 | 120.84 | 610.33 | |
| 13 h. | | | | |
| 1926 | — 3.88 | 16.25 | 219.46 | |
| 1925 | — 22.02 | 27.13 | 188.02 | |
| 1924 | + 4.07 | 17.31 | 212.19 | |
| 1923 | — 5.34 | 6.43 | 154.88 | r = -0.20 |
| 1922 | — 21.00 | 10.83 | 260.73 | |
| 1921 | — 20.64 | 20 27 | 181.86 | |
| Total | — 68.91 | 98.22 | 1217.14 | |
| 18 h. | | | | |
| 1926 | — 11.25 | 25.78 | 81.91 | |
| 1925 | — 12.73 | 34.51 | 36.78 | |
| 1924 | — 28.32 | 32.7 | 133.53 | |
| 1923 | — 17.88 | 28.56 | 69.05 | r = -0.40 |
| 1922 | — 41.67 | 44.85 | 224.24 | |
| 1921 | — 29.36 | 27.64 | 113.81 | |
| Total | —141.21 | 194.04 | 659.32 | |

| Années | $Sxy$ | $S(\Delta^2P)^2$ | $S(\Delta T_m)^2$ | |
|---|---|---|---|---|
| **Juillet** | | | | |
| 7 h. | | | | |
| 1926 | — 32.93 | 24.57 | 142.88 | |
| 1925 | — 38.09 | 11.91 | 172.43 | |
| 1924 | — 52.32 | 28.13 | 160.03 | |
| 1923 | + 3.92 | 10.02 | 59.28 | r = -0.58 |
| 1922 | — 27.58 | 11.13 | 123.06 | |
| 1921 | — 24.58 | 10.93 | 77.79 | |
| 1913 | — 40.13 | 37.50 | 254.88 | |
| Total | —211.71 | 134.19 | 990.35 | |
| 13 h. | | | | |
| 1929 | — 48.74 | 23.67 | 305.86 | |
| 1925 | — 46.82 | 17.37 | 183.66 | |
| 1924 | — 45.94 | 29.39 | 443.99 | |
| 1923 | — 21.61 | 13.72 | 237.09 | r = -0.46 |
| 1922 | — 72.57 | 33.50 | 381.09 | |
| 1921 | — 30.09 | 10.95 | 134.98 | |
| 1913 | — 32 80 | 74.34 | 347.90 | |
| Total | —298.57 | 202.94 | 2034.57 | |
| 18 h. | | | | |
| 1926 | — 51.25 | 39.33 | 205.29 | |
| 1925 | — 26.82 | 51.16 | 128.83 | |
| 1924 | —101.08 | 39.49 | 430.70 | |
| 1923 | — 46.09 | 40.42 | 240.66 | r = -0.51 |
| 1922 | — 66 36 | 25.50 | 274.88 | |
| 1921 | — 54.69 | 22.50 | 209.52 | |
| 1913 | — 13.43 | 64.16 | 211.23 | |
| Total | —359.72 | 282.56 | 1701.11 | |

D'après M. Montessus de Ballore, lorsque le coefficient r est plus petit que 0,30, la corrélation est nulle ; ce qui est le cas pour janvier 13 h. Pour r=0.40 la corrélation est faible, mais elle existe.

Nous avons donc bien corrélation pour janvier 7 h. et 18 h., ainsi que pour juillet ; nous voyons, de plus, que, conformément à notre hypothèse, elle est plus forte en été qu'en hiver.

Il nous reste donc à expliquer l'anomalie relevée pour janvier 13 h.

La corrélation qui existe entre les variations de température et de pression est due vraisemblablement à l'existence d'un courant d'advection circulant dans la couche d'air comprise entre nos deux stations, or, à l'effet thermique de ce courant s'ajoute l'effet thermique du rayonnement, mais, comme ce dernier est plus intense pour la station basse que pour la station élevée, on peut admettre qu'il n'influe pas également *dans toute la couche* sur la variation de pression.

En raison de l'importance que le courant d'advection prend en été, l'effet du rayonnement ne produit en cette saison qu'un affaiblissement minime de r. Par contre, en hiver, le rayonnement à Tizi-Ouzou, qui est dû surtout aux conditions topographiques, prend à 13 h. une influence prépondérante qui masque en grande partie celle du courant d'advection.

L. CHAPTAL
Directeur de la station de Physique et de Climatologie agricoles de Montpellier

# DE L'UTILISATION DES GRAPHIQUES DE TEMPÉRATURE D'HUMIDITÉ ET DE PRESSION EN BIOLOGIE AGRICOLE

*Dépouillement des graphiques.* — Quand on étudie l'action des facteurs climatériques sur le développement des plantes cultivées, on constate que les valeurs moyennes de ces facteurs sont des éléments beaucoup moins importants à considérer que leurs valeurs extrêmes, le temps pendant lequel la courbe représentative reste comprise entre certaines limites et le nombre de fois que cette condition se trouve réalisée.

En physique agricole, il faut donc dépouiller les graphiques de température, d'humidité et de pression de manière à fournir aux biologistes les indications qui peuvent leur être utiles et non en vue d'obtenir avant tout, des moyennes météorologiques.

C'est ainsi que, pour répondre à une question qui nous a été posée par un phytopathologiste qui désirait connaître le nombre de fois que certaines conditions atmosphériques favorables au développement d'un parasite étaient réalisées et le temps pendant lequel elles persistaient, nous avons adopté un mode de dépouillement des graphiques du thermomètre et de l'hygromètre différent de celui qui est généralement suivi.

Au lieu de relever pour chaque heure, de 0 à 24, la valeur de la température et celle de l'humidité, et de calculer ensuite les moyennes journalières correspondantes, nous déterminons chaque jour, après avoir corrigé les courbes d'après les observations directes, le nombre d'heures et de minutes pendant lequel le thermomètre est resté entre 0° et 5°, 5° et 10°, 10° et 15°, etc..., et l'hygromètre entre 0 et 10, 10 et 20, etc... Nous cherchons ensuite les valeurs et les heures des extrêmes.

Les valeurs moyennes journalières, mensuelles, saisonnières et annuelles des différents éléments climatériques, bien qu'ayant moins d'intérêt pour l'agriculteur que les données dont nous venons de parler, sont cependant utiles à connaître.

Elles permettent de faire des comparaisons dans le temps et dans l'espace, et sont les premiers éléments à envisager dans les tentatives d'acclimatation.

L'essentiel est d'obtenir des valeurs moyennes suffisamment exactes sans perdre trop de temps pour les calculer.

*Température moyenne.* — Pour la température, la question a été souvent discutée. Diverses méthodes ont été proposées. Il est certain que le calcul de l'ordonnée moyenne de la courbe quotidienne est la méthode la plus rigoureuse ; le quotient de la somme des températures relevées toutes les heures par 24 donne aussi une valeur très approchée ; de nombreuses formules ont été préconisées, mais en général, on calcule la moyenne journalière par la relation :

$$T = \frac{M+m}{2}.$$

Nous avons calculé, pour l'année 1922 (à Montpellier), l'écart entre

TEMPÉRATURE (MONTPELLIER — ANNÉE 1922)

Différence : Moyenne de 24 observations — $\frac{M+m}{2}$

| Dates | D | J | F | M | A | M | J | J | A | S | O | N |
|---|---|---|---|---|---|---|---|---|---|---|---|---|
| 1 | 2.1 | —0.4 | —0.2 | —0.8 | —0.8 | —0.6 | —0.4 | 0.2 | —0.7 | —0.6 | —0.5 | 0.1 |
| 2 | 0.9 | 1.1 | 0.0 | 0.0 | —1.8 | 0.1 | —0.9 | —0.3 | —0.6 | —1.0 | —0.7 | 0.3 |
| 3 | —1.4 | —0.2 | 2.2 | —0.6 | —0.8 | 0.2 | 0.1 | —0.3 | —0.6 | —0.4 | —0.8 | —0.3 |
| 4 | —0.9 | —0.2 | 0.4 | 0.0 | —0.3 | 0.1 | 0.8 | —097 | 0.5 | —0.2 | —1.2 | 0.6 |
| 5 | —1.4 | 0.3 | —0.6 | —1.2 | —0.5 | 0.2 | 0.9 | 0.6 | —0.6 | —0.2 | 0.6 | —0.3 |
| 6 | —1.3 | —0.4 | 0.5 | 0.3 | 0.0 | 1.1 | —0.5 | —0.2 | 0.0 | —0.5 | —1.0 | 1.6 |
| 7 | 0.2 | —0.3 | —1.1 | 0.3 | —0.1 | —0.5 | —0.2 | 0.2 | 0.1 | —0.3 | —0.9 | —0.7 |
| 8 | 0.1 | —2.2 | —0.1 | —0.3 | —1.5 | 0.6 | —1.0 | —0.5 | —0.2 | —0.5 | —0.6 | —0.5 |
| 9 | —0.5 | —0.2 | —1.1 | —0.3 | —0.3 | —0.4 | —1.6 | —0.3 | 0.3 | —0.1 | —0.8 | 0.9 |
| 10 | —0.9 | —0.7 | —0.3 | —0.7 | —1.6 | —0.6 | —1.0 | 1.1 | —0.3 | —0.6 | —1.3 | —0.3 |
| 11 | —0.4 | 0.2 | 0.5 | —0.3 | —1.5 | —0.6 | —0.1 | —0.7 | 0.5 | 0.6 | —0.2 | 0.6 |
| 12 | 0.2 | 0.4 | —0.3 | 0.2 | —0.9 | —2.5 | 0.9 | —0.3 | —0.2 | 0.4 | —0.4 | —1.2 |
| 13 | —0.6 | 0.2 | —0.1 | —0.6 | 0.0 | —1.5 | 0.5 | 0.4 | —1.0 | —0.6 | —1.0 | —1.9 |
| 14 | 0.4 | 0.9 | —1.2 | —0.6 | —0.9 | —0.1 | —0.3 | —0.3 | —0.6 | 0.4 | —0.3 | —1.6 |
| 15 | —0.8 | —1.4 | —0.8 | 0.3 | —0.9 | —0.6 | —1.1 | —1.0 | 0.5 | 0.4 | —0.9 | —1.1 |
| 16 | —2.0 | 0.3 | —0.7 | —1.1 | —0.3 | —0.6 | 0.0 | —0.1 | 0.8 | —1.1 | —1.2 | 0.1 |
| 17 | 1.6 | 0.9 | —0.8 | —1.2 | —0.7 | —0.9 | —0.4 | 0.5 | 0.0 | —0.3 | 0.3 | —0.9 |
| 18 | —0.9 | —0.4 | —0.8 | 0.3 | —0.3 | —0.7 | —0.6 | 1.3 | 0.0 | 0.0 | —1.5 | —0.6 |
| 19 | —1.5 | —0.1 | 0.8 | —0.3 | —1.1 | 0.5 | 0.3 | 0.5 | 0.7 | 0.1 | —1.3 | —0.6 |
| 20 | —0.8 | 0.0 | —0.7 | 0.1 | 1.3 | 0.1 | 0.3 | 0.2 | —1.4 | —0.5 | —0.4 | —1.4 |
| 21 | —0.4 | —1.1 | 0.8 | —0.5 | 0.6 | —0.6 | 0.3 | 0.3 | —0.8 | —0.7 | —0.3 | 0.2 |
| 22 | —0.8 | —0.7 | 1.0 | —1.2 | —0.8 | 0.0 | —0.4 | —0.7 | —0.9 | —1.1 | —0.3 | —0.6 |
| 23 | —0.6 | 0.6 | 0.7 | —0.1 | —0.4 | 0.7 | 0.0 | —0.6 | —0.5 | —0.3 | —0.2 | —0.7 |
| 24 | 0.1 | 0.1 | 0.7 | —0.4 | —0.6 | 0.3 | —1.2 | 1.2 | —0.8 | 0.3 | —1.4 | —1.2 |
| 25 | —0.8 | —0.3 | —0.5 | 0.0 | —0.6 | 2.0 | —0.9 | —0.9 | 0.5 | —0.4 | —0.4 | —1.0 |
| 26 | 0.8 | —0.6 | —0.7 | —0.3 | —0.5 | —1.3 | —0.4 | 1.1 | —0.3 | 0.2 | 0.0 | —2.0 |
| 27 | 0.6 | 0.4 | —0.6 | —0.1 | 0.2 | 1.0 | —0.7 | 0.4 | 0.2 | —0.9 | 0.6 | —0.9 |
| 28 | 0.0 | —1.0 | —1.0 | —0.1 | —1.2 | 0.1 | —0.3 | 0.2 | —1.2 | 0.1 | —0.2 | 0.4 |
| 29 | 0.9 | 0.0 | | —0.5 | —0.2 | —1.1 | 0.1 | 0.1 | —0.9 | —0.4 | 1.7 | —1.7 |
| 30 | 0.0 | —1.0 | | 0.6 | —0.6 | —1.8 | 0.3 | —0.2 | —1.0 | —0.5 | 0.4 | —1.1 |
| 31 | 0.7 | —0.2 | | 0.1 | | —0.3 | | —0.3 | —1.9 | | —0.8 | |

la moyenne des 24 observations et $\frac{M+m}{2}$. Voici les résultats obtenus en dixièmes de degré :

Ce tableau montre que la différence entre les deux valeurs moyen nes peut atteindre 2°5, ce qui est un écart assez fort, la température moyenne annuelle étant : 14°.

La courbe de la fréquence des écarts (voir graphique page 4) ne présente aucune symétrie par rapport à l'ordonnée des écarts nuls avec laquelle est loin de coïncider le maximum.

*Humidité moyenne.* — Dans les relevés météorologiques, on se contente, en général, d'indiquer les valeurs moyennes de ces éléments à une heure déterminée de la journée. Ces chiffres ne font pas connaître la véritable moyenne journalière de l'élément considéré : ils sont

ÉTAT HYGROMÉTRIQUE (MONTPELLIER — ANNÉE 1920)

Différence : Moyenne de 24 observations $\frac{M+m}{2}$

| Dates | D | J | F | M | A | M | J | J | A | S | O | N |
|---|---|---|---|---|---|---|---|---|---|---|---|---|
| 1 | 3.4 | 1.7 | —2.5 | 1.7 | 1.0 | 5.1 | —1.2 | 3.7 | 1.2 | — 2.9 | 3.7 | —0.2 |
| 2 | 7.7 | —10.2 | 0.3 | 1.8 | 1.1 | 7.4 | —3.6 | 8.7 | 2.7 | 0.7 | 5.4 | 7.3 |
| 3 | 4.8 | — 2.7 | 22.9 | —1.3 | 5.5 | —5.0 | —1.4 | 7.4 | 3.9 | 2.2 | 8.8 | —2.3 |
| 4 | —5.1 | — 3.7 | 3.9 | 3.4 | 3.3 | 1.3 | —4.0 | 0.4 | 2.9 | — 1.6 | 4.0 | 4.3 |
| 5 | —0.6 | 3.5 | 2.2 | 7.6 | —0.1 | —2.5 | —5.3 | —6.7 | —0.3 | 0.7 | 3.8 | 5.9 |
| 6 | 4.7 | 4.8 | 8.4 | 0.7 | 3.4 | —1.4 | 0.8 | —0.9 | —3.4 | 0.0 | 0.1 | 6.9 |
| 7 | —4.2 | 5.4 | 2.8 | 7.8 | —2.1 | —3.6 | —6.3 | 0.2 | —1.6 | 0.4 | 2.7 | 1.1 |
| 8 | —4.8 | 5.7 | 7.5 | 3.7 | 1.4 | —2.0 | 0.4 | —1.9 | —3.1 | — 1.5 | 10 9 | —4.1 |
| 9 | —3.1 | 0.8 | —1.8 | —0.9 | 2.7 | 0.4 | —5.3 | —6.8 | —5.4 | 1.0 | 5.2 | 4.4 |
| 10 | —2.8 | 3.0 | 1.4 | —0.9 | 1.6 | —3.8 | —1.5 | —8.3 | —2.1 | 2.5 | 5.3 | 5.6 |
| 11 | —0.4 | — 1.7 | —0.6 | —1.1 | —5.7 | —2.4 | —3.0 | —3.6 | —4.8 | — 2.1 | 1.9 | 5.3 |
| 12 | —2.3 | — 2.2 | —1.9 | 0.9 | 8.7 | 0.9 | 4.5 | 13.8 | —1.7 | —10.0 | 2.9 | 3.8 |
| 13 | 6.1 | — 1.6 | 6.8 | 0.6 | —7.6 | —0.5 | 0.4 | —9.7 | 4.7 | — 2.4 | 6.1 | 5.8 |
| 14 | 6.3 | — 0.5 | 8.6 | —2.9 | —1.1 | 0.6 | —0.5 | —1.6 | 2.4 | — 0.9 | 1.4 | 0.3 |
| 15 | 4.3 | — 0.6 | 0.6 | 3.1 | 5.1 | —1.2 | —3.4 | 4.9 | —6.5 | — 0.3 | 4.3 | 4.7 |
| 16 | 4.0 | 1.6 | —0.8 | —6.9 | 1.5 | 5.5 | 3.9 | 2.8 | 0.5 | 1.2 | 3.2 | 7.7 |
| 17 | 2.4 | 5.9 | 5.9 | —6.3 | 7.4 | 0.2 | —5.1 | 2.0 | —1.9 | 6.2 | 6.3 | 6.3 |
| 18 | 1.9 | — 3.4 | —1.7 | —2.0 | 1.5 | 5.4 | —5.6 | —0.9 | 13.4 | 3.6 | —3.9 | 2.2 |
| 19 | —2.7 | 7.7 | 1.9 | —1.7 | —1.9 | 1.2 | —0 4 | —4.9 | 5.1 | 3.9 | 2.4 | 3.9 |
| 20 | —2.0 | — 3.6 | —0.5 | —5.1 | —1.6 | 1.3 | —1.7 | —2.9 | —3.0 | 0.5 | 4.9 | —3.0 |
| 21 | —1.4 | 1.2 | 2.8 | —3.6 | 2.4 | —2.9 | —0.3 | —3.7 | —1.8 | 2.3 | 4.1 | 3.7 |
| 22 | 1.4 | 0.8 | 0.3 | 0.6 | —2.4 | —6.9 | —7·6 | 1.4 | —0.2 | 1.2 | 3.3 | 0.7 |
| 23 | 5.2 | 3.2 | 6.5 | 0.6 | —1.7 | 0.2 | —3.0 | —3.5 | —1.5 | 5.0 | 0.3 | 9.3 |
| 24 | 4.6 | 0.3 | 5.1 | —1.4 | —3.2 | 8.9 | —9.2 | 0.2 | —3.8 | 3.9 | —0.1 | —1.0 |
| 25 | —3.4 | 3.3 | 1.9 | 1.5 | —1.4 | 4.9 | —5.1 | —1.6 | —2.8 | 3.7 | 4.9 | —2.5 |
| 26 | 1.4 | + 3.4 | 2.4 | 5.5 | —2.5 | —0.1 | —0.3 | —1.2 | 1.6 | 0.8 | 5.9 | 4.6 |
| 27 | 4.5 | 6.1 | —1.1 | 0.4 | —1.4 | —2.8 | 5.1 | —8.8 | —4.7 | 4.4 | 7.2 | 1.1 |
| 28 | 5.8 | 1.2 | 1.1 | 3.4 | 1.5 | —6.5 | 1.8 | —5.2 | 0.6 | 5.7 | 1.5 | 0.7 |
| 29 | 4.2 | — 5.9 | —0.9 | —0.1 | —0.6 | 2.5 | 10.6 | —3.1 | —0.6 | 3.9 | 2.2 | 4.3 |
| 30 | 8.4 | — 3.9 |  | 2.2 | 5.6 | —8.1 | —1.0 | —4.6 | —0.2 | 1.5 | —0.5 | 7.3 |
| 31 | 11.0 | — 2.9 |  | 5.9 |  | —3.1 |  | 0.2 | —0.8 |  | 3.0 |  |

insuffisants pour le phytopathologiste qui désire connaître les limites entre lesquelles a varié l'humidité atmosphérique au cours d'une journée et la valeur moyenne qu'elle a atteinte, plutôt que l'état hy-

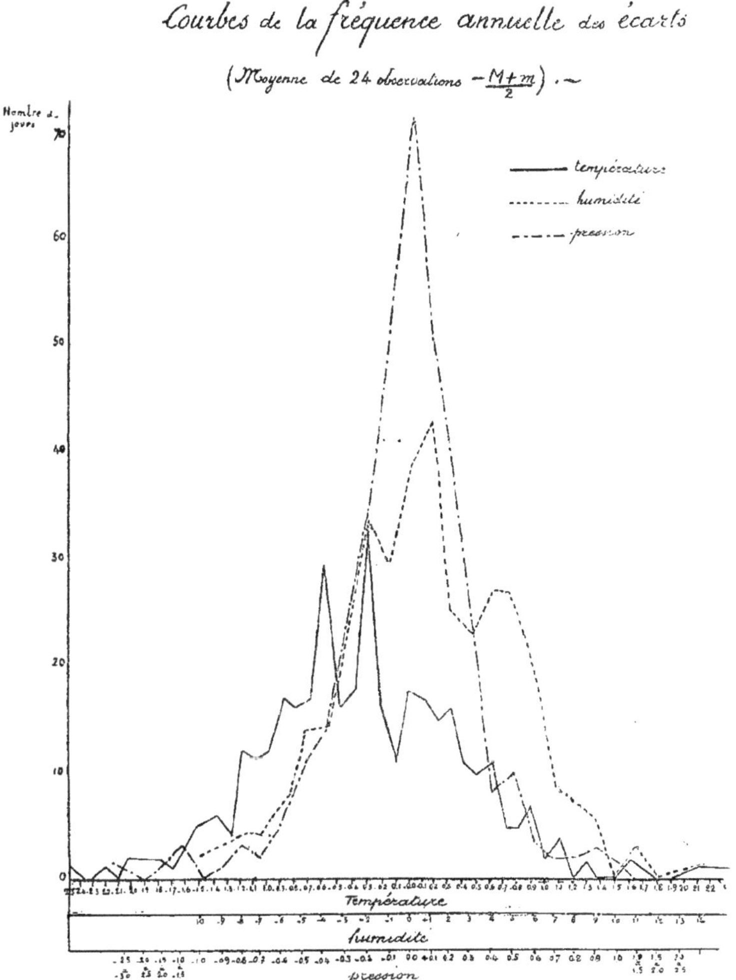


grométrique à une heure arbitrairement **choisie.**

Nous avons cherché à déterminer le degré de précision de la valeur moyenne quotidienne de l'humidité et de la pression calculée par la relation $\frac{M+m}{2}$, qui met en évidence les extrêmes.

Comme pour la température, nous avons calculé les différences entre les moyennes des 24 observations journalières et le quotient $\frac{M+m}{2}$. Pour l'humidité, ces différences, exprimées en degrés, sont :

Quant à la courbe de la fréquence des écarts, si le maximum ne

PRESSION (MONTPELLIER — ANNÉE 1920)

Différence : Moyenne de 24 observations — $\frac{M+m}{2}$

| Dates | D | J | F | M | A | M | J | J | A | S | O | N |
|---|---|---|---|---|---|---|---|---|---|---|---|---|
| 1 | -0.2 | -2.0 | 0.1 | 0.1 | 0.2 | 0.0 | -0.3 | 0.0 | 0.0 | -0.2 | 0.0 | -0.6 |
| 2 | -0.1 | -1.5 | -0.1 | -0.2 | -0.1 | -0.3 | 0.0 | 0.2 | 0.2 | -0.1 | -0.1 | 1.0 |
| 3 | 0.1 | 0.1 | -0.2 | -0.3 | 0.0 | -0.3 | -0.2 | 0.5 | 0.2 | 0.2 | -0.2 | 0.2 |
| 4 | -0.4 | -0.4 | 0.2 | -0.2 | -0.4 | -0.1 | -0.3 | 0.0 | 0.0 | -0.5 | -0.2 | -0.5 |
| 5 | -0.2 | 0.7 | -0.1 | -0.2 | 0.1 | -0.1 | -0.1 | 0.2 | -0.1 | 0.3 | 0.2 | 0.1 |
| 6 | 0.9 | -0.7 | -0.1 | 0.3 | 0.0 | -0.4 | 0.5 | 0.0 | 0.1 | 0.2 | -0.3 | 0.0 |
| 7 | 0.3 | 0.9 | 0.2 | 0.3 | 0.0 | 0.0 | 0.2 | 0.3 | 0.2 | 0.2 | -0.3 | 0.1 |
| 8 | -0.2 | 0.0 | -0.3 | -1.2 | -0.1 | -0.2 | 0.0 | -0.4 | 0.1 | 0.5 | 0.2 | -0.8 |
| 9 | 0.5 | -0.6 | 0.2 | 0.4 | -0.6 | 0.0 | -0.4 | -0.2 | 0.2 | -0.2 | 0.3 | 0.1 |
| 10 | 0.1 | -0.2 | 0.1 | 0.1 | -0.7 | 0.1 | 0.3 | 0.1 | 0.4 | 0.0 | -0.1 | 0.0 |
| 11 | 0.1 | 0.0 | -0.5 | 0.2 | -0.1 | -0.1 | 0.0 | -0.1 | 0.2 | 0.0 | -0.3 | -0.2 |
| 12 | 0.2 | 0.2 | 0.0 | 0.1 | -0.8 | 0.1 | -0.3 | 0.2 | 0.2 | -0.3 | 0.5 | -0.1 |
| 13 | 0.3 | 0.8 | 0.1 | -0.6 | -0.6 | 0.2 | 0.2 | -0.2 | 1.0 | -0.4 | 0.5 | 0.4 |
| 14 | -0.1 | -0.1 | 0.0 | 0.8 | -0.1 | -0.1 | 0.1 | 0.0 | -0.2 | 0.0 | 0.0 | 0.0 |
| 15 | -0.3 | 0.1 | -0.1 | -2.7 | 0.1 | -0.2 | -0.1 | 0.6 | -0.3 | 0.1 | 0.0 | -0.1 |
| 16 | -0.4 | 0.5 | -0.1 | 0.6 | 0.3 | -0.1 | 0.2 | 0.0 | 0.3 | 0.0 | -0.1 | 0.0 |
| 17 | -0.3 | 0.0 | 0.0 | -0.9 | 0.1 | 0.2 | -0.1 | -0.2 | 0.1 | -0.2 | 0.1 | -0.1 |
| 18 | 0.6 | -0.3 | 0.3 | 0.5 | 0.1 | 0.1 | 0.3 | 0.3 | 0.0 | 0.0 | 0.0 | 0.0 |
| 19 | 0.2 | 0.3 | 0.4 | 0.0 | -0.1 | 0.1 | 0.3 | 0.1 | -0.3 | 0.3 | -0.2 | -0.1 |
| 20 | -0.2 | 0.4 | -1.5 | 0.2 | 0.1 | -0.2 | 0.0 | 0.1 | 0.0 | -0.4 | 0.2 | -0.2 |
| 21 | 0.1 | 0.5 | 0.1 | -0.4 | -0.3 | 0.0 | -0.3 | -0.1 | 0.1 | 0.0 | 0.0 | -0.2 |
| 22 | -0.5 | 0.3 | -0.1 | -0.8 | 0.0 | -0.1 | 0.2 | 0.5 | 0.1 | -0.1 | -0.4 | -0.5 |
| 23 | -0.5 | 0.0 | -0.2 | -0.2 | -0.4 | -0.1 | 0.3 | 0.3 | 0.1 | 0.4 | 0.1 | -0.5 |
| 24 | 0.1 | 0.1 | 0.0 | -0.2 | 0.0 | -0.2 | 0.0 | -0.2 | 0.0 | 2.4 | 0.0 | -0.4 |
| 25 | -0.3 | -0.1 | 0.1 | 0.3 | 0.0 | 0.0 | 0.3 | 0.1 | 0.1 | -0.1 | -0.3 | -0.2 |
| 26 | 0.9 | -0.1 | -0.3 | 0.0 | 0.0 | 0.0 | 0.0 | 0.2 | -0.1 | 0.2 | 0.2 | -0.3 |
| 27 | 0.0 | -0.1 | 0.1 | 0.0 | -0.1 | -0.1 | 0.1 | -0.5 | 0.3 | 0.1 | -0.1 | -0.3 |
| 28 | -0.2 | 0.0 | -0.5 | 0.4 | 0.0 | 0.2 | -0.1 | 0.0 | 0.0 | 0.0 | -0.1 | 0.2 |
| 29 | 0.1 | -0.4 | 0.1 | -0.8 | 0.0 | -0.3 | 0.0 | 0.2 | 0.0 | 0.0 | 0.0 | 0.2 |
| 30 | 0.1 | -0.1 |  | 0.6 | -0.2 | 0.4 | 0.2 | 0.1 | 0.1 | 0.7 | 0.3 | -0.5 |
| 31 | 0.0 | -0.1 |  | -0.6 |  | 0.0 |  | 0.0 | -0.5 |  | 0.3 |  |

correspond pas ici non plus avec l'ordonnée 0, il s'en éloigne peu, de plus, le graphique est symétrique et les deux branches se rapprochent rapidement de 0. Les écarts les plus grands correspondent en général à des jours pluvieux.

L'unité adoptée, 1° hygrométrique, est évidemment plus grande que celle choisie pour la courbe de température, mais il faut tenir compte que la mesure de l'état hygrométrique donne des chiffres un peu différents selon le type d'instrument utilisé (hygromètre à condensation, hygromètre à cheveux, psychromètre), et que la valeur annuelle moyenne de cet élément est de 66.

*Pression moyenne.* — Des constatations analogues pourraient être faites pour la pression ; nous n'insisterons pas sur cette dernière qui a beaucoup moins d'importance en biologie agricole que l'humidité. Nous signalerons toutefois la concordance du maximum de la courbe de fréquence avec le 0, la grande valeur relative de ce maximum, la symétrie parfaite des deux branches, et la rareté des grands écarts, qui sont d'ailleurs très faibles par rapport à la moyenne annuelle de l'élément considéré, 756 mm.

Le tableau ci-après donne les écarts entre les résultats trouvés par les deux méthodes utilisées pour calculer la pression moyenne :

Les remarques qui précèdent et la comparaison entre les courbes examinées et relatives à la température, à l'humidité et à la pression montrent :

1° que les méthodes à suivre pour le dépouillement des graphiques météorologiques doivent être adaptées aux buts poursuivis, et qu'il est indiqué, par conséquent, que ce travail soit exécuté par ceux qui doivent l'utiliser ;

2° que pour la détermination des valeurs moyennes de l'humidité et de la pression, il convient de généraliser la méthode rapide employée pour la détermination de la température moyenne qui a l'avantage de faire connaître les extrêmes.

---

A. GIAO

Ingénieur-Géophysicien
(Institut de Géophysique, Bergen

---

## APPLICATION DES BAROGRAMMES A L'ÉTUDE DES OCCLUSIONS

---

L'étude des variations de pression peut-elle nous renseigner sur la structure des perturbations météorologiques au point de vue des surfaces de discontinuité ?

Quelles sont les applications d'une telle étude à l'analyse et à la prévision du temps ?

Nous allons faire un résumé rapide des résultats déjà obtenus dans cette voie pour les perturbations qui sont dans le stade d'occlusion et dont la grande fréquence en Europe est bien connue.

*
* *

I. *Les variations instantanées de pression sous l'action d'une discontinuité.* — Avant tout, il est nécessaire d'obtenir une expression mathématique donnant la variation instantanée de pression dans un endroit soumis à l'action d'une surface de discontinuité en fonction des éléments thermiques et géométriques de la surface. Un raisonnement très simple permet d'établir cette expression.

Considérons (fig. 1) une surface de discontinuité d'inclinaison $\alpha$. Soit $S$ la station d'observation. Sur la verticale de la station, les températures absolues de part et d'autre de la discontinuité et au voisinage immédiat de celle-ci, sont $T$ et $T'$ respectivement dans l'air chaud et dans l'air froid ($\Delta T = | T - T' |$).

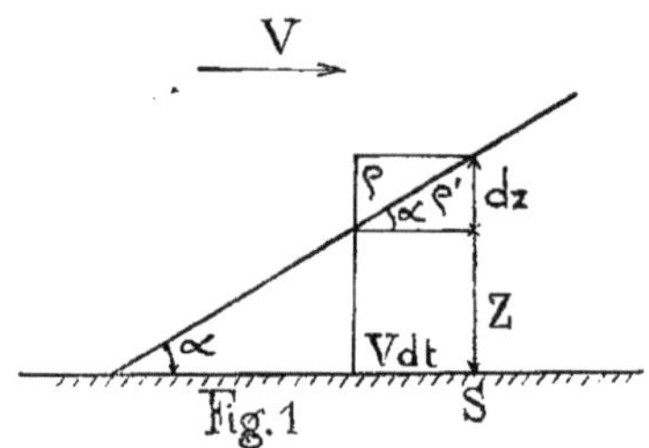

Fig. 1

La vitesse de propagation du front étant $V$, le chemin qu'il parcourt pendant le temps $dt$ est : $de = Vdt$ ; et la variation de pression au niveau $z$ pendant le même temps $dt$ sera égale à la différence de poids de deux colonnes d'air de densités $\rho$ (air chaud) et $\rho'$ (air froid) de section unité et hauteur $dz$. Mais, $dz = Vdt\ tg\ \alpha$. Donc :

$$dp = g\,(\rho - \rho')\,Vdt\ tg\ \alpha$$

En introduisant les températures absolues, on a :

$$\frac{dp}{dt} = \frac{g}{R}\,V tg\alpha\,\frac{\Delta T}{TT'}\,p$$

$p$ étant la pression au niveau $z$ au voisinage immédiat de la discontinuité.

Si la température moyenne de la colonne d'air froid comprise entre la discontinuité et la station $S$ reste constante, la variation de pression au sol ($dpo$) sera donnée par : $po = \dfrac{po}{p}dp$, $po$ étant la pres sion qu'on observe à la station. Donc :

$$\frac{dp_0}{dt} = \frac{g}{R} V \, tg\,\alpha \frac{\Delta T}{TT'} p_0 \qquad (1)$$

Dans une étude actuellement en préparation, nous comparerons le champ isollobarique instantané d'une perturbation à celui qui est déduit de la formule fondamentale (1). Pour le moment, nous nous bornerons à l'appliquer aux *occlusions*.

II. *La structure des occlusions et les barogrammes.* — Dans les occlusions, il y a superposition de deux surfaces de discontinuité principales : la surface de front chaud et la surface d'occlusion dans le cas d'une occlusion à caractère de front froid (type d'été en Europe, fig. 2a), la surface de front froid et la surface d'occlusion dans le cas d'une occlusion à caractère de front chaud (type d'hiver. fig. 2b). Nous donnerons le nom de front double à la ligne d'intersection des deux surfaces de front chaud et de front froid rejetés en altitude.

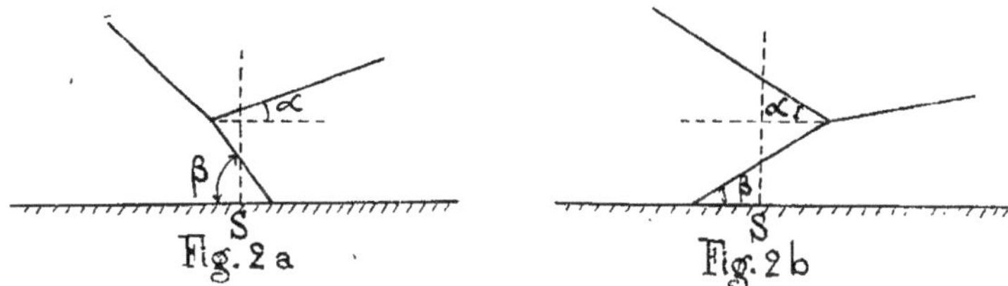

Fig. 2a    Fig. 2b

Les variations de pression dues aux discontinuités d'une occlusion se retranchent, et par application de la formule (1) nous aurons des expressions donnant la valeur de la variation instantanée de pression due à l'action unique de chaque surface de discontinuité ou bien à leurs actions conjuguées.

Pour toute station comprise entre le front double et l'occlusion au sol, cette variation totale sera :

$$\frac{dp_0}{dt} = \frac{g}{R} V p_0 \left[ \frac{(\Delta T)_1}{T_1 T_1'} tg\alpha - \frac{(\Delta T)_2}{T_2 T_2'} tg\beta \right]$$

$(\Delta T)_1$, $T_1$ et $T'_1$ étant les éléments thermiques et la pente de la discontinuité supérieure, et $(\Delta T)_2$, $T_2$, $T'_2$ les mêmes éléments pour la surface d'occlusion.

Lorsque :

$$\frac{(\Delta T)_1}{T_1 T'_1} tg\alpha > \frac{(\Delta T)_2}{T_2 T'_2} tg\beta$$

c'est-à-dire, quand la pression au sol est commandée par les surfaces de discontinuité supérieures, les barogrammes auront l'aspect schématique de la fig. 3a pour l'occlusion-front chaud, ou celui de la fig. 3b pour l'occlusion-front froid. Quand par contre :

$$\frac{(\Delta T)_1}{T_1T'_1} tg\alpha < \frac{(\Delta T)_2}{T_2T'_2} tg\beta$$

la pression au sol est commandée par la surface d'occlusion. La fig. 3a correspond alors à l'occlusion à caractère de front froid et la fig. 3b à l'occlusion à caractère de front chaud.

En considérant la grandeur relative des rapports : $\frac{(\Delta T)_1}{T_1T'_1}$ et $\frac{(\Delta T)_2}{T_2T'_2}$ dans les deux classes d'occlusion (à caractère de front chaud et à caractère de front froid), on arrive facilement à la conclusion que

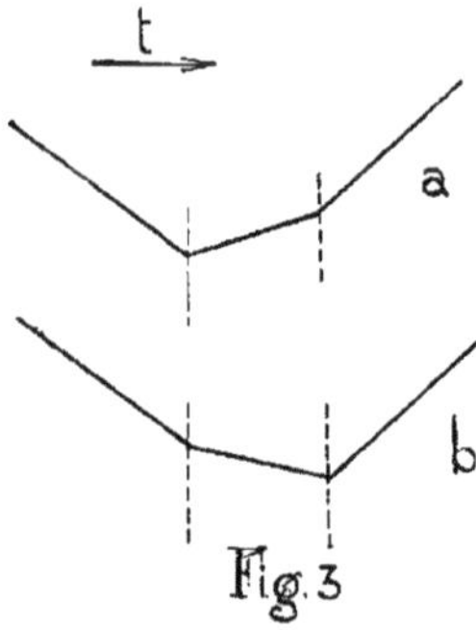

Fig. 3

*l'aspect de la fig. 3a constitue le type des barogrammes des occlusions à caractère de front chaud. Les barogrammes des occlusions à caractère de front froid sont moins uniformes.*

Il arrive assez souvent que les variations instantanées de pression de signes contraires, dues à l'action des deux surfaces de discontinuité de l'occlusion, se compensent. Il y a alors sur les cartes de variations instantanées une *bande de variations nulles* plus ou moins étendue.

Pour ce cas particulier, la relation qui existe entre les éléments thermiques et les pentes est la suivante :

$$\frac{(\Delta T)_1}{T_1T'_1} tg\alpha = \frac{(\Delta T)_2}{T_2T'_2} tg\beta$$

Cette relation montre que *l'endroit de prédilection pour l'effet de compensation est l'occlusion-front froid.*

On comprend que l'étude de l'effet de compensation jointe aux données d'un sondage peut être très utile pour dévoiler la structure des occlusions.

Nous allons indiquer quelques applications pratiques des considérations ci-dessus.

La détermination sur une carte du temps de la position des fronts doubles en altitude est bien souvent très difficile. On se base généralement pour cela sur la nébulosité et en particulier sur l'intensité des précipitations. Il est évident que si l'on connaît la vitesse de la perturbation, on peut déterminer la distance entre le front double et l'occlusion au sol (dont la position est en général bien connue) en transformant en longueur l'intervalle de temps compris entre les deux « points anguleux » des barogrammes. On peut aussi déterminer quelle est la partie de la perturbation qui est passée sur la station, et savoir aussi dans beaucoup de cas si l'occlusion est jeune ou ancienne.

Dans un mémoire qui sera publié ultérieurement, nous donnons quelques exemples d'analyse d'occlusions au moyen des barogrammes, pour illustrer les considérations ci-dessus à caractère théorique. Faute

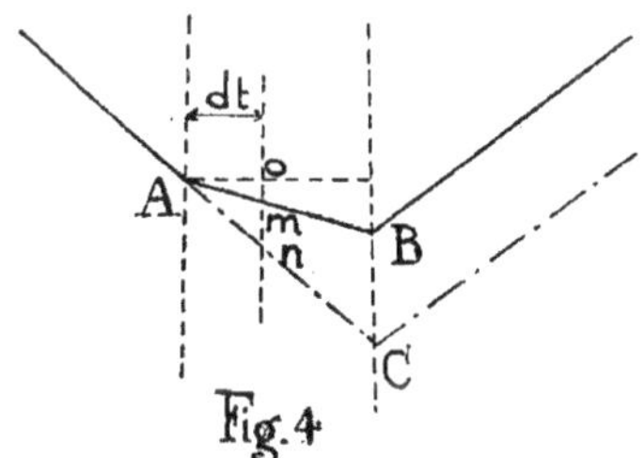

Fig. 4

de place nous ne pouvons pas en parler ici, mais nous mentionnerons tout de même quelques conclusions qui se dégagent de l'étude de ces exemples.

Tout d'abord, il est intéressant de remarquer que, contrairement à ce que l'on avait cru jusqu'ici, les occlusions, comme les perturbations à secteur chaud, peuvent donner des *barogrammes en U*, c'est-à-dire avec deux points anguleux nets.

D'autre part, dans beaucoup de cas, le système nuageux de la surface d'occlusion est aussi intense ou même plus intense que le système nuageux des surfaces de discontinuité principales.

Il convient de faire ressortir la très grande importance que peut prendre la surface d'occlusion tant au point de vue des variations de pression que de la formation des nuages, car il nous semble qu'on n'avait pas encore attiré l'attention sur cette question.

III. — Une autre application des formules qui donnent la variation de pression, c'est la détermination de la pente des discontinuités en altitude par la connaissance de la pente de la surface d'occlusion, des éléments thermiques des discontinuités et de la variation de pression au sol. Supposons en effet (fig. 4) un barogramme schématique d'une occlusion à caractère de front froid, par exemple.

Admettons que la variation de pression due à la seule action du front chaud garde la même valeur dans toute la région comprise entre le front double et l'occlusion au sol. Soient, $p$, $p_m$ et $p'_m$ les pressions en A, B et C. La variation totale dans l'intervalle de temps entre le passage de deux fronts et due seulement au front supérieur sera : $p_o - p_m$. La variation due à la surface d'occlusion est $p_m - p'_m$. Ces deux variations se retranchent et donnent la variation réellement observée :

$$\Delta p_o = p_o - p_m.$$

Considérons une ordonnée PQ passant par l'abscisse qui correspond au temps *dt* « *très petit* » après le passage de l'occlusion au sol. On arrive facilement à la formule :

$$\frac{tg\alpha}{tg\beta} = \frac{(\Delta T)_2}{(\Delta T)_1} \cdot \frac{T_1 T'_1}{T_2 T'_2} \frac{\overline{on}}{\overline{mn}}$$

L'intérêt de cette formule pour le calcul de la pente des discontinuités, c'est que la détermination peut être faite avec les données *d'un seul sondage de température*, ce qui n'est pas le cas avec la méthode directe.

*
* *

Nous croyons avoir démontré que l'analyse des barogrammes est très utile pour se faire une idée de la constitution des perturbations au point de vue des fronts et que cette étude peut aider la prévision.

Un examen de quelques barogrammes de l'Europe Méridionale nous a d'ailleurs convaincu que nos résultats présentent un caractère de généralité et sont d'aussi facile application dans les contrées où ne passent le plus souvent que les échos des perturbations.

G. REMPP

Maître de Conférences à la Faculté des Sciences,
Institut de Physique du Globe, Strasbourg

---

# NOTES POUR SERVIR A L'ÉTUDE DES SUITES DES HAUSSES ET DES BAISSES

## (qui se présentent dans la succession des valeurs d'une grandeur météorologique)

---

Les notes qui suivent ne prétendent nullement à l'originalité. Elles résultent en grande partie de l'étude d'un important mémoire de M. L. Besson (1), et ne sont, pour le reste, que des applications des théorèmes les plus élémentaires du calcul des probabilités. Leur but est simplement de servir de guide, de préciser les points de départ entre lesquels il faut choisir suivant les cas, et d'indiquer les méthodes possibles et les formules qui se rapportent à chacune d'elles.

Nous considérons une longue série de valeurs numériques données plus ou moins directement par l'expérience. Nous admettons, pour simplifier, qu'il n'arrive pas qu'une valeur quelconque se répète identiquement deux ou plusieurs fois à la file — et si ce cas se présente, nous rayons les répétitions — de façon à n'avoir affaire qu'à des hausses et des baisses à l'exclusion des variations nulles. Nous demandons si la succession des valeurs se fait au hasard (*hypothèse* $\alpha$) ou s'il s'y manifeste, au contraire, des tendances d'ordre météorologique. Si la courbe de fréquence de la grandeur en question satisfait à une certaine condition — condition généralement remplie pour les grandeurs météorologiques —, le problème sera résolu par l'application des résultats de M. Besson (2). Exemple : la succession des températures moyennes de tel ou tel mois au cours des années.

Parfois, par exemple, dans la série des températures diurnes, il est de prime abord évident que chaque valeur dépend de la précédente (3). Nous choisissons alors comme point de départ les nombres de hausses

---

(1) « *Sur la comparaison des résultats météorologiques et des effets du hasard* ». Annales des Services techniques d'hygiène de la Ville de Paris, tome I, 1921, p. 54-76.

(2) Ces formules sont démontrées pour deux cas : 1° La courbe de fréquence est une courbe de Laplace-Gauss ; 2° toutes les valeurs de la grandeur ont le même degré de probabilité. On peut donc admettre que les formules de M. Besson sont valables dans tous les cas, excepté ceux où les valeurs extrêmes seraient les plus probables, et peut-être encore ceux où la courbe de fréquence serait très dissymétrique.

(3) C'est ce qui justifie l'étude des variations et de la variabilité interdiurnes.

et de baisses réellement observés et nous demandons si la probabilité d'une hausse ou d'une baisse est invariable (*hypothèse* $\beta$) ou si elle dépend du nombre de hausses ou baisses précédentes. Dans ce cas, il s'agit d'appliquer simplement le théorème de la probabilité composée.

Quelle que soit l'hypothèse initiale à vérifier, nous avons le choix entre deux méthodes :

**1.** Nous calculons, pour les suites de 1, 2,... **m** hausses et baisses, le nombre le plus probable (**1a**), nous le comparons avec le nombre observé et nous examinons si la différence entre ces deux nombres peut ou ne peut pas être elle-même attribuée au hasard (**1b**).

**2.** Nous calculons empiriquement la probabilité qu'une suite se prolonge ou sarrête après la $1^{re}$, $2^e$, ...$m^e$ hausse ou baisse, et nous comparons cette probabilité à celle que donne l'hypothèse $\alpha$ ou l'hypothèse $\beta$. Ce calcul peut se faire séparément pour les suites de hausses et pour celles de baisses (**2a**) et encore, en les comparant les unes aux autres (**2b**). Chacun de ces deux modes de calcul fournit des nombres ayant une signification particulière. Ils doivent être employés conjointement et sont alors à peu près équivalents à la méthode (**1**), sauf que celle-ci permet, jusqu'à un certain degré, d'apprécier si le désaccord entre l'observation et l'hypothèse peut être lui-même considéré comme un effet du hasard ou s'il y a lieu d'admettre des tendances d'ordre météorologique

**1a** *Notations* : H = nombre des hausses, B des baisses, N = H + B. Probabilités théoriques : h d'une hausse ; b = 1 — h d'une baisse; s d'un changement de signe ; $h_1$, $h_2$,.... $h_m$, $b_1$, $b_2$,.... $b_m$ d'une suite de 1, 2, .... m hausses et baisses. Les nombres les plus probables seront désignés par les majuscules ; les nombres observés seront distingués de ceux-là par l'indice «'».

Hypothèse $\alpha$ :

$$s = 2/3; \quad h_1 = b_1 = 5/24; \quad h_2 = b_2 = 11/120; \quad h_3 = b_3 = 19/720;$$

$$\ldots\ldots h_m = b_m = \frac{1 + m(m+3)}{(m+3)!}.$$

Hypothèse $\beta$ : On calcule $h = \mathrm{H} : \mathrm{N}$ et $b = \mathrm{B} : \mathrm{N}$, d'où l'on tire :

$$s = 2bh; \quad h_1 = b^2h; \quad h_2 = b^2h^2; \quad \ldots \quad h_m = b^2h^m;$$

$$b_1 = bh^2; \quad b_2 = b^2h^2; \quad \ldots \quad b_m = b^m h^2.$$

Dans les deux cas :

$$\mathrm{S} = s(\mathrm{N}-1); \quad \mathrm{H}_1 = h_1(\mathrm{N}-2); \quad \mathrm{B}_1 = b_1(\mathrm{N}-2); \quad \ldots$$

$$\mathrm{H}_m = h_m(\mathrm{N}-m-1); \quad \mathrm{B}_m = b_m(\mathrm{N}-m-1).$$

La valeur de $\mathrm{H}_m$, etc., ainsi obtenue sera remplacée par celui des deux entiers voisins qui est le plus probable, c'est-à-dire par l'entier suivant, si la différence à celui-ci est, en valeur absolue, $< h_m$, et par l'entier précédent dans le cas contraire.

**1b.** Nous calculons le rapport des probabilités p et p' de trouver respectivement, au hasard, le nombre $H_m$ calculé et le nombre $H'_m$ observé.

$$\frac{p}{p'} = \frac{H'_m!\,(N - H'_m - m - 1)!}{H_m!\,(N - H_m - m - 1)!}\left(\frac{1 - h_m}{h_m}\right)^{H-H'} \qquad (1)$$

Suivant que le rapport p/p' est plus ou moins élevé, nous attribuerons la différence entre $H_m$ et $H'_m$ à une cause systématique ou au hasard. Pour nous guider dans cette appréciation, nous considérons une courbe de LAPLACE-GAUSS et nous calculons le quotient p/p', p se rapportant à l'écart nul et p' à différents multiples et sous-multiples de *l'écart probable* $\eta$.

| | 0 | $\eta$ | $2\eta$ | $2{,}5\eta$ | $3\eta$ | $3{,}5\eta$ | $4\eta$ | $4{,}5\eta$ | $5\eta$ | $6\eta$ | $7\eta$ |
|---|---|---|---|---|---|---|---|---|---|---|---|
| $p/p' =$ | 1,00 | 1,26 | 2,48 | 4,1 | 7,7 | 16 | 38 | 100 | 295 | 3600 | 69300 |

Les écarts $\geqq 3\eta$ sont peu fréquents et ceux $\geqq 4\eta$ très rares.

L'examen portera en première ligne sur les changements de signe et sur les hausses et baisses isolées, car pour celles-ci et ceux-là, il est le plus facile de faire la part du hasard et celle d'une tendance réelle. Cette distinction est beaucoup moins aisée — on le démontre sans difficulté — pour les suites de 2, 3, 4 hausses ou baisses.

2a. Nous calculons les probabilités empiriques :

$b'^{(1)} = H'_1 : (H'_1 + H'_2 + ...)$; ... $b'^{(m)} = H'_m : (H'_m + H'_{m+1} + ...)$ (1).

Le nombre $b'^{(o)}$ représente la probabilité empirique d'un changement de signe pour l'ensemble des suites de hausses (2) et les nombres $b'^{(1)}, b'^{(2)}, \ldots\ldots b'^{(m)}$ cette même probabilité après 1, 2, ... m hausses. Nous faisons les mêmes calculs pour les baisses.

Dans le cas où l'hypothèse $\alpha$ serait réalisée, nous aurions :

$$b'^{(0)} = h'^{(0)} = 2/3 = 0{,}667; \quad b'^{(1)} = h'^{(1)} = 5/8 = 0{,}625;$$
$$b'^{(2)} = h'^{(2)} = 11/15 = 0{,}733; \quad ...$$
$$b'^{(m)} = h'^{(m)} = \frac{m}{m+1} + \frac{1}{(m+1)(m+3)}.$$

Dans le cas de l'hypothèse $\beta$, tous les b' et tous les h' doivent être identiques et respectivement = b et = h. En particulier, si $b'^{(o)} + h'^{(o)} > 1$, il y a, au point de vue de cette hypothèse, trop de changements de signe, et si $b'^{(o)} + h'^{(o)} < 1$, trop peu.

2b Nous calculons les nombre q par la relation :

$$(q'^{(m)})^m = (H'_{m+1} + H'_{m+2} + ...) : (B'_{m+1} + B'_{m+2} + ...),$$

---

(1) On pourra souvent se servir des « *tables à 12 décimales de log n! pour toutes les valeurs de n. de 0 à 1000* » de R. DE MONTESSUS DE BALLORE et F. J. DUARTE. Mémorial de l'Off. Nat. Météorol., n° 10.

(2) On calcule parfois la « *durée moyenne* » d'une hausse ou d'une baisse. La seule signification réelle qu'on puisse, à mon avis, attribuer à ces notions, c'est d'être l'inverse de nos probabilités b' (o) et h' (o).

et nous en tirons les probabilités :

$$h''^{(m)} = q^{(m)} : (q^{(m)} + 1) \text{ et } b''^{(m)} = 1 : (q^{(m)} + 1).$$

La signification de ces valeurs est la suivante : la tendance à se prolonger au delà du $m^e$ jour étant posée = 1 pour l'ensemble des hausses et des baisses, $h''$ (m) exprime cette tendance pour les seules variations positives et $b''$ (m) pour les seules variations négatives. Les séries des h'' et des b'' permettent par conséquent de se rendre compte si la série des suites de hausses et celle des suites de baisses se développent parallèlement, malgré les discordances que nous aurons pu constater précédemment par rapport aux hypothèses $\alpha$ ou $\beta$ — en d'autres termes, si les causes physiques en jeu ont indépendantes du signe de la variation ou si, au contraire, elles en dépendent. Ce parallélisme existe, si tous les h'' et tous les b'' sont égaux entre eux. Si l'hypothèse $\alpha$ est vraie, ils devront, en outre, être les uns et les autres = 1/2, et dans le cas respectivement = h et = b.

---

# J. LACOSTE

Maître de Conférences à la Faculté des Sciences de Strasbourg

---

## OBSERVATIONS MÉTÉOROLOGIQUES ET SÉISMOLOGIQUES A L'OCCASION D'UN GRAIN ORAGEUX A STRASBOURG LE 17 AOUT 1926

---

*Insolation.* — D'après les indications de l'héliographe, le ciel était resté clair ou très peu nuageux du matin à 13 h. 27 m. (heure légale). La nébulosité devient à peu près totale à partir de cette heure.

*Les parasites.* — On a montré récemment que l'écoute des parasites atmosphériques pouvait servir à la prévision du temps. Or le mardi dès 9 h. 20, ces parasites étaient si nombreux et si intenses, qu'il nous a été impossible de capter le message météo-France et plus tard le météo-Europe. On voit donc que plus de 5 heures avant le grain. et par ciel clair sur Strasbourg, on devinait de très fortes perturbations atmosphériques.

*Vent.* — Dans la matinée, le vent avait soufflé du S. S. W.

A 12 h. 45, il passe au S. E. et s'y maintient pendant une dizaine de minutes.

---

(1) Voir F. v. HANN, « *Lehrbuch der Meteorologie* », 3e éd., p. 629.

Vers 12 h. 55 il revient au S.S.W.
à 13 h. 28 — S.S.E. 
13 h. 35 — S.S.W. } 2 m. 1 environ.
13 h. 40 — E.S.E.
13 h. 50 au S. et s'y maintient pendant quarante minutes avec une vitesse de 1 m. par seconde.

14 h. 30 le vente passe à W.S.W. pendant près de 50 minutes, il atteint son maximum vers 14 h. 45 avec une vitesse de 18 *mètres par seconde.*

Pendant ces 50 minutes, la vitesse moyenne a été 10 mètres-secondes.

15 h. 20 à 15 h. 50 W.N.W.
15 h. 50 a 16 h. 10 N.N.W.
16 h. 10 à 16 h. 20 N.N.E.
16 h. 20 à 16 h. 30 E.
16 h. 30 à 16 h. 55 E.N.E.

Vers 17 h., il retourne à S.S.W. par le S.S.E.

On remarquera qu'en moins de 1 h. 1/2, le vent a accompli une rotation complète.

*La pression barométrique.* — Le baromètre avait baissé lentement et régulièrement de 0 mm. 7 de 7 h. 30 à 11 h. 30 ; de 1 mm. 3 de 11 h. 30 à 12 h. 45. Stationnaire pendant 30 minutes. Baissé de 0 mm. 7 en 25 minutes jusqu'à 13 h. 40. De 13 h. 40 à 14 h. 30. hausse légère de 0 mm. 1.

14 h. 30. Au moment où le vent passe à W.S.W., le baromètre subit une hausse rapide et oscillante de 3 mm. 6.

La pression atteint son maximum vers 15 h. 20, elle est stationnaire jusqu'à 16 h. 20 avec des vents des régions N.N.W. à N.N.E.

Nouvelle baisse rapide de 2 mm. vers 16 h. 20 lorsque les vents pasent à l'E.; baromètre stationnaire jusqu'à 17 h., alors nouvelle hausse brusque de 1 mm. ; les vents retournent au S.S.W. ; à partir de cet instant, hausse progressive.

*Le thermomètre.* — C'est vers 13 h. 55 que la température commence à baisser. Elle était alors de 28°.

La baisse totale qui s'est produite entre 13 h. 55 et 14 h. 50 a été de 13°. Mais la plus grande chute de température a eu lieu entre 14 h. 30 et 14 h. 45 ; elle a donc été de 10° dans un quart d'heure, c'est-à-dire au moment où le vent passe du S. au S.S.W., en prenant la force que l'on connaît.

*La pluie.* — Elle est arrivée à 14 h. 45. Très abondante au cours de l'orage : il a été mesuré 20 mm. 5 de 14 h. 45 à 17 heures. Au plus fort de l'averse, on peut estimer la précipitation à 10 mm. par 1/4 d'heure.

On sait que 1 mm. de pluie correspond à 1 litre par mètre carré.

*L'orage.* — Le premier éclair a été aperçu sur la station séismologique à 14 h. 44 m. 22 s., on voit qu'il correspond au début de la pluie en ce lieu, par vent de W.S.W.

Les heures des plus forts coups de tonnerre sont :

14 h. 54 m. 34 s
14 h. 56 m. 55 s.
15 h. 31 m. 41 s. (très fort)
15 h. 41 m.
15 h. 49 m. 42 s. (le plus fort).

A 16 h. 01 m. 06 s., magnifique éclair en zigzag dans les nuages *sans tonnerre*. Cet éclair, vu sous 45° environ au-dessus de l'horizon, a dû se produire à une grande hauteur. C'était, en effet, sur la fin de la bourrasque et les nuages paraissaient plus élevés que précédemment. Ce phénomène a été constaté par deux observateurs.

On remarquera que le plus fort coup de tonnerre correspond à l'heure du passage du vent de W.N.W. à N.N.W.

*Les séismographes.* — A partir de 14 h. 30, heure à laquelle se produit la bourrasque, la plupart des appareils séismographiques ont été perturbés. Le vent soufflant avec violence, soit sur les édifices, soit sur les arbres, on comprend des vibrations du sol de périodes variables. Comme l'amplification des vibrations par les divers appareils dépend de leur période propre et de celle des oscillations du sol, on conçoit qu'à première vue les inscriptions paraissent dissemblables.

L'examen des séismogrammes montre toutefois qu'il y a eu des vibrations de très courtes périodes enregistrées en permanence par le 19 tonnes de 14 h. 30 à 14 h. 43 m. 30.

Sur les appareils Wiechert, on retrouve des ondes plus longues de 5 à 12 secondes entre les mêmes limites d'heure, le maximum ayant lieu entre 14 h. 35 et 14 h. 38, c'est-à-dire au début de la bourrasque.

Sur les appareils à enregistrement photographique, genre Galitzine, les perturbations sont aussi évidentes.

Sur les composantes N.S. et E.W., elles débutent nettement à 14 h. 30 pour se terminer vers 14 h. 58 avec un maximum qui, comme sur les Wiechert, apparaît à 14 h. 35.

Si on considère maintenant la composante verticale, soit sur les Wiechert, soit sur les Galitzine, il est facile de constater que le mouvement est moins apparent. On ne distingue bien que les phases maxima à 14 h. 35, les autres phases disparaissent dans l'ensemble de l'agitation microséismique.

L'examen approfondi des séismogrammes Galitzine montre au moment du plus fort de la bourrasque les amplitudes suivantes pour le mouvement du sol :

Composante N.S. ...................... 1, μ 6
Composante E.W. ...................... 0, μ 8

la résultante de direction W.S.W., c'est-à-dire de la même direction que le vent à cette heure, n'atteint même pas 2 μ. ; mais tandis que dans le mouvement microséismique ordinaire la période, au cours du mois d'août, varie de 3 à 5 secondes, nous avons enregistré de 10 à 12 secondes fort probablement en relation avec les coups de vent au cours des bourrasques. D'autre part, le séismographe de 19 tonnes, plus sensible aux mouvements de courtes périodes, a indiqué un frémissement continu du sol que nous avons pu distinguer nettement de celui occasionné par les différentes usines de la ville, ce dernier présentant plus de régularité.

Ce fait particulier confirme d'une façon éclatante l'influence de la variabilité de la pression barométrique de la température et de la vitesse du vent sur l'amplitude et la période du mouvement microséismique.

---

Albert BALDIT

## SUR LA FRÉQUENCE COMPARÉE DES ORAGES DANS UN DÉPARTEMENT (HAUTE-LOIRE)

Le problème de l'origine des parasites atmosphériques donne actuellement une certaine importance à la question de la fréquence des orages. Mais une notion nouvelle s'impose.

La fréquence des orages observés en une station n'est pas le seul élément qui intéresse les réceptions radiotéléphoniques en ce point. Il faut y joindre les fréquences des orages qui se manifestent dans des étendues croissantes entourant cette station. Une station n'est donc pas caractérisée seulement par le nombre des orages qu'on y observe annuellement, mais par le nombre des orages qu'on observe dans des cercles de rayons de plus en plus grands tracés autour d'elles.

Il est inutile de dire que nous avons très peu de données sur ce point. Nous savons il est vrai qu'il n'existe en moyenne en France que 71 journées par an *indemnes* de toute manifestation orageuse et que, de mai à août, il n'existe aucun jour sans orage (1). Nous con-

(1) Hann. Lehrbuch der Meteorologie, Leipzig 1906, p. 493.

naissons en outre le nombre moyen de jours d'orage observés annuellement dans quelques stations. Mais entre ces deux données extrêmes, nous n'avons pas d'intermédiaires.

C'est dans le but de répondre à cette question *partiellement et dans un cas tout à fait particulier* que nous avons repris et résumé toutes les observations d'orage faites sous les auspices de la Commission Météorologique de la Haute-Loire depuis 1912. Nous avons réuni ainsi 11 années d'observations complètes (1912 à 1914 et 1919 à 1926).

En une station de ce département, Le Puy-en-Velay, tous les orages sont observés sans exception. Disséminés dans le département, des observateurs en nombre variable, mais assez élevé, signalent tous les orages entendus, même ceux qui consistent en un simple roulement de tonnerre (1).

1. Fréquence des orages dans le département et dans une station, Le Puy. — Le tableau I renferme pour chacune des 11 années et par mois les nombres d'orages observés dans le département de la Haute-Loire, c'est-à-dire les nombres de jours où le bruit du tonnerre a été entendu dans une station quelconque située à l'intérieur du département. La dernière ligne donne les totaux, *N*, pour les 11 années.

Tableau 1. — *Nombre de jours d'orages dans la Haute-Loire*

| Année | Mois | | | | | | | | | | | | Année |
|---|---|---|---|---|---|---|---|---|---|---|---|---|---|
| | Janv | Fév. | Mars | Avr. | Mai | Juin | Juil. | Août | Sept. | Oct. | Nov. | Déc. | |
| 1912 | 1 | 1 | 0 | 4 | 9 | 10 | 13 | 7 | 0 | 2 | 0 | 0 | 47 |
| 1913 | 0 | 0 | 2 | 3 | 7 | 5 | 8 | 11 | 11 | 7 | 2 | 0 | 56 |
| 1914 | 0 | 1 | 1 | 3 | 6 | 15 | 9 | 10 | 4 | 1 | 0 | 2 | 52 |
| 1919 | 0 | 0 | 2 | 2 | 7 | 10 | 8 | 4 | 7 | 1 | 0 | 0 | 41 |
| 1920 | 0 | 0 | 0 | 3 | 6 | 12 | 9 | 8 | 5 | 3 | 0 | 0 | 46 |
| 1921 | 2 | 0 | 2 | 6 | 13 | 14 | 13 | 8 | 6 | 1 | 0 | 1 | 66 |
| 1922 | 0 | 0 | 1 | 3 | 8 | 12 | 7 | 11 | 4 | 4 | 0 | 0 | 50 |
| 1823 | 0 | 1 | 1 | 7 | 2 | 8 | 8 | 6 | 3 | 4 | 2 | 0 | 42 |
| 1924 | 0 | 0 | 4 | 3 | 7 | 4 | 9 | 4 | 5 | 2 | 3 | 1 | 42 |
| 1925 | 0 | 4 | 0 | 9 | 14 | 11 | 12 | 7 | 3 | 1 | 0 | 1 | 62 |
| 1926 | 0 | 1 | 4 | 2 | 7 | 5 | 9 | 6 | 5 | 4 | 5 | 0 | 48 |
| Totaux N | 3 | 8 | 17 | 45 | 86 | 106 | 105 | 82 | 53 | 30 | 12 | 5 | 552 |

(1) Le département de la Haute-Loire a une étendue de 5.001 kmq. égale à un peu moins du centième de la superficie totale de la France (550.985 kmq.). Il est partagé en trois arrondissements dont les étendues en kmq. sont les suivantes : Brioude, 1588 ; Le Puy, 2241 ; Yssingeaux, 1172.

La superficie de la Haute-Loire est celle d'un cercle qui aurait un diamètre de 80 km. (en chiffres ronds exactement 79,8 km.)

Pendant les 11 années étudiées, nous avons reçu 7530 bulletins d'orage, soit une moyenne de 685 par année.

Le tableau II donne pour la même période les nombres des orages observés à la station du Puy, située à peu près au centre du département. Sur la dernière ligne sont inscrits les totaux *n* pour les 11 années.

TABLEAU II. — *Nombres de jours d'orages à la station du Puy.*

| Année | Mois | | | | | | | | | | | | Année |
|---|---|---|---|---|---|---|---|---|---|---|---|---|---|
| | Janv | Fév. | Mars | Avr. | Mai | Juin | Juil. | Août | Sept. | Oct. | Nov. | Déc. | |
| 1912 | 1 | 1 | 0 | 3 | 3 | 4 | 7 | 5 | 0 | 1 | 0 | 0 | 25 |
| 1913 | 0 | 0 | 1 | 1 | 2 | 2 | 3 | 5 | 6 | 2 | 1 | 0 | 23 |
| 1914 | 0 | 1 | 1 | 2 | 3 | 9 | 7 | 7 | 1 | 1 | 0 | 2 | 34 |
| 1919 | 0 | 0 | 1 | 0 | 2 | 6 | 4 | 3 | 5 | 1 | 0 | 0 | 22 |
| 1920 | 0 | 0 | 0 | 1 | 4 | 8 | 5 | 6 | 3 | 1 | 0 | 0 | 28 |
| 1921 | 0 | 0 | 1 | 5 | 12 | 10 | 8 | 5 | 2 | 0 | 0 | 0 | 43 |
| 1922 | 0 | 0 | 0 | 0 | 6 | 9 | 3 | 4 | 1 | 1 | 0 | 0 | 24 |
| 1923 | 0 | 0 | 0 | 1 | 1 | 4 | 6 | 3 | 2 | 3 | 1 | 0 | 21 |
| 1924 | 0 | 0 | 1 | 2 | 6 | 3 | 5 | 3 | 2 | 0 | 1 | 1 | 24 |
| 1925 | 0 | 2 | 0 | 3 | 9 | 8 | 8 | 5 | 1 | 0 | 0 | 1 | 37 |
| 1926 | 0 | 1 | 2 | 1 | 3 | 3 | 6 | 5 | 4 | 3 | 3 | 0 | 31 |
| Totaux n | 1 | 5 | 7 | 19 | 51 | 66 | 62 | 51 | 27 | 13 | 6 | 4 | 312 |

Le tableau III renferme les différences N-n et les rapports $\frac{N-n}{N}$, c'est-à-dire les nombres d'orages qui, observés en un point du département, ne l'ont pas été à la station du Puy, ainsi que les valeurs relatives de ces nombres d'orages.

TABLEAU III. — *Nombres totaux d'orages qui n'ont pas été observés au Puy.* (*pour 11 années*)

| | Janv | Fév. | Mars | Avr. | Mai | Juin | Juil. | Août | Sept. | Oct. | Nov. | Déc. | Année |
|---|---|---|---|---|---|---|---|---|---|---|---|---|---|
| N-n | 2 | 3 | 10 | 26 | 35 | 40 | 43 | 31 | 26 | 17 | 6 | 1 | 240 |
| $\frac{N-n}{N}$ | 0,67 | 0,38 | 0,59 | 0,58 | 0,41 | 0,38 | 0,41 | 0,38 | 0,49 | 0,57 | 0,50 | 0,20 | 0,43 |

Ainsi, en 11 années d'observations, on a enregistré dans le département de la Haute-Loire

552 journées d'orages,

tandis qu'à la station du Puy, on n'en a observé que

312,

soit une différence relative de 43 %.

Cette différence n'est d'ailleurs pas la même au cours des différents mois. Elle est soumise à deux régimes différents. Pendant les 4 mois de mai à août, c'est-à-dire pendant la saison véritablement orageuse, cette différence est sensiblement constante et égale en moyenne à

40 % (valeur relative).

tandis que, pendant le reste de l'année, elle est variable, généralement plus élevée, et égale en moyenne à

50 % (valeur relative).

Ce résultat peut se traduire ainsi : c'est pendant les 4 mois de mai à août qu'une journée orageuse a le plus de chance de s'étendre jusqu'au centre du département lorsqu'elle est observée en un point quelconque. C'est pendant cette période que les orages ont la plus grande généralité.

2. Les orages observés dans un seul arrondissement ou dans plusieurs arrondissements a la fois. — Pour élucider plus complètement ce point, nous avons divisé les journées d'orages en trois catégories :

1° journées d'orages observées dans un seul des 3 arrondissements ;

2° journées d'orages observées dans deux arrondissements ;

3° journées d'orages observées dans les trois arrondissements à la fois.

Nous donnons dans le tableau IV le partage en ces trois catégories.

Tableau IV. — *Nombres de journées d'orages observées dans un seul, dans deux, ou dans trois arrondissements (11 années.)*

| | Janv | Fév. | Mars | Avr. | Mai | Juin | Juil. | Août | Sept. | Oct. | Nov. | Déc. | Année |
|---|---|---|---|---|---|---|---|---|---|---|---|---|---|
| 1 arrond. | 3 | 5 | 7 | 21 | 17 | 15 | 26 | 20 | 19 | 11 | 3 | 2 | 149 |
| 2 — | 0 | 2 | 6 | 17 | 25 | 26 | 30 | 24 | 20 | 7 | 5 | 1 | 163 |
| 3 — | 0 | 1 | 4 | 7 | 44 | 65 | 49 | 38 | 14 | 12 | 4 | 2 | 240 |
| Totaux. | 3 | 8 | 17 | 45 | 86 | 106 | 105 | 82 | 53 | 30 | 12 | 5 | 552 |

a) *Orages observés dans un seul arrondissement.* — Leur nombre total est de 149 pour les 11 années étudiées.

Ce sont des orages faibles, limités dans l'espace, se rattachant à des dépressions, à des fronts, ou marquant le début et la fin de mouvements d'ensemble. Leur variation annuelle présente deux maxima (avril, juillet) séparés par un minimum (juin). Les 3 arrondissements ne se comportent pas de la même manière. Le total de 149 se divise ainsi : 75 journées appartiennent à l'arrondissement de Brioude, 44 à celui du Puy, 30 à celui d'Yssingeaux. En tenant compte de la superficie, les 3 arrondissements se classent dans l'ordre : Brioude, Yssingeaux, Le Puy. Brioude vient nettement en tête. La région qui entoure cette ville semble particulièrement sensible aux manifestations orageuses isolées. C'est un fait que les observations de la Commission Météorologique ont depuis longtemps mis en évidence. Yssingeaux vient ensuite.

b) *Orages observés dans deux arrondissements à la fois.* — Leur nombre varie régulièrement dans le cours de l'année, avec maximum en juillet. Le total, 163, est un peu plus élevé, mais du même ordre que le précédent.

c) *Orages observés à la fois dans les 3 arrondissements.* — Ils sont au nombre de 240. Ce sont les orages généraux du département. Leur variation annuelle a une allure caractéristique (voir fig. 1). On remarque le saut brusque qui se produit entre avril et mai. En avril,

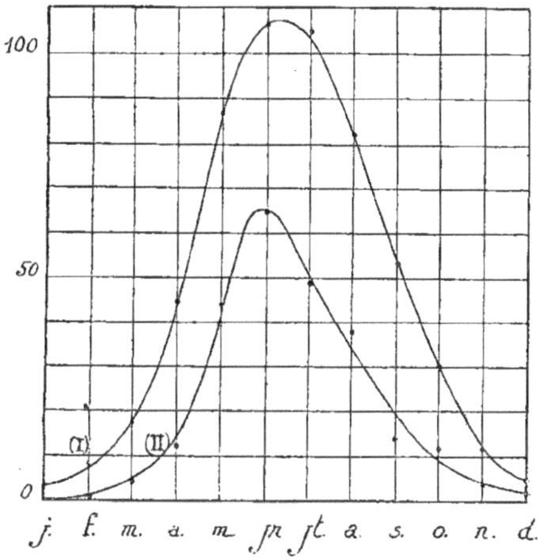


Fig. 1. Variation annuelle du nombre des jours d'orage dans le département de la Haute-Loire.
Courbe I, Nombres de jours d'orage observés en un point quelconque ;
Courbe II, Nombres de jours d'orage observés dans les 3 arrondissements à la fois (orages généraux).

7 orages généraux seulement ; en mai, 44. Il existe entre ces deux mois, au point de vue de l'élément orageux, une discontinuité analogue à celle que l'on rencontre parfois dans les températures moyennes de ces deux mois. Remarquer encore la dissymétrie de la courbe. Celle-ci s'élève brusquement d'avril à mai, atteint son maximum en juin, puis descend moins rapidement qu'elle est montée. Cet effet d'hystérésis est caractéristique et se prolonge jusqu'au delà d'octobre. Ce dernier mois présente des orages généraux en nombre relativement considérable.

3. Conclusion. — D'après 11 années d'observations (1912-1914 et 1919-1926), les caractères orageux du département de la Haute-Loire peuvent se résumer ainsi :

*a)* On a observé pendant cette période et dans tout le département 552 jours d'orage. Ce nombre est loin de correspondre à des jours d'orage ayant atteint la superficie entière de la Haute-Loire, puisque 240 fois seulement — moins de la moitié des cas — les 3 arrondissements ont noté à la fois une journée orageuse.

*b)* Sur ces 240 jours d'orages généraux, 196 appartiennent aux 4 mois de mai, juin, juillet et août qui constituent la saison réellement orageuse.

*c)* L'observation des orages en une seule station ne peut représenter le nombre des orages dans tout le département, puisque, sur 552 journées orageuses (50,2 par an), 312 (28,4 par an) seulement sont notées au Puy.

*d)* Partons d'une station telle que Le Puy où 28,4 orages sont observés annuellement et traçons autour de ce point un cercle de 40 kilomètres de rayon (représentant la superficie de la Haute-Loire). Le nombre des jours d'orage observés à l'intérieur de ce cercle est en augmentation de 21,8 sur le précédent. C'est le résultat principal que nous avions en vue.

*e)* Si nous traçons des cercles de rayons de plus en plus grands, le nombre des jours d'orage s'accroît encore. Cette loi d'accroissement, variable pour chaque station, est une caractéristique de la station. *Nous n'avons calculé, dans un cas tout particulier, que le premier terme de cet accroissement.*

*f)* Si l'on considère que dans la France entière, le nombre de jours d'orages est annuellement de 294, et si l'on admet que ce chiffre est valable encore pour un cercle de même étendue que la France (420 kilomètres de rayon) tracé autour du Puy, on voit que l'augmentation du nombre de jours d'orages qui est de 22 en chiffres ronds lorsqu'on passe d'une station isolée au cercle de 40 kilomètres de rayon, est de 244 lorsqu'on passe du cercle de 40 kilomètres au cercle de 420 kilomètres de rayon. Le seul rapprochement de ces nombres indique que l'accroissement n'est pas proportionnel à la surface, mais plutôt au rayon du cercle. Ce résultat pourrait peut-être s'expliquer à la fois par la nature des perturbations météorologiques (frontales pour une partie) et par la vitesse de leur mouvement.

Mais nous ne donnons cette conclusion qu'à titre d'indication. Peut-être l'étude des parasites atmosphériques à laquelle nous avons fait allusion au début de cette étude permettra-t-elle de préciser cette loi de variation des phénomènes orageux avec la distance, loi dont l'observation actuelle ne peut donner qu'une expression incomplète.

---

E. ROTHÉ

Directeur du Bureau Central Séismologique

et

Ch. BOIS

Assistant à l'Institut de Physique du Globe (Strasbourg)

# INTERPRÉTATION DES INSCRIPTIONS DE L'EXPLOSION D'OPPAU DANS LA THÉORIE DE MOHOROVICIC

Le 21 septembre 1921, à 6 h. 32 m. 13 s. (1), une explosion terrifiante a détruit presque totalement les usines d'Oppau, près de Ludwigshafen, sur le Rhin : c'est sans doute la plus grande catastrophe industrielle qu'on ait eu à déplorer dans ces dernières années. Elle s'est produite à proximité d'un gazomètre d'une capacité de 50.000 m$^3$, dans un « silo » où étaient emmagasinées environ 4.000 tonnes de nitrosulfite d'ammoniaque et de nitrate de soude. substances réputées jusqu'alors ininflammables et inexplosibles. A la suite de l'explosion principale, les gazomètres et autres dépôts éclatèrent à leur tour. Il se forma un cratère de 150 m. de largeur et de 30 m. de profondeur. De nombreux dégâts se produisirent dans les environs, il y eut des morts et des blessés.

L'étude des explosions étant particulièrement importante tant pour les recherches théoriques sur la propagation des ondes que pour les applications pratiques relatives à la prospection du sous-sol, un phénomène atteignant une aussi rare intensité que celui d'Oppau devait tout naturellement être l'objet de travaux successifs. Ils avaient surtout en vue la mesure des vitesses de propagation. Nous nous proposons aujourd'hui de profiter des très belles inscriptions obtenues avec les appareils de Wiechert de la station de Strasbourg pour donner dans la théorie de Mohorovicic une interprétation des différentes phases inscrites. A cet effet, un positif sur verre des séismogrammes a été agrandi 20 fois par projection (fig. 1).

*L'hypothèse de Mohorovicic* consiste à admettre l'existence à une profondeur de 50 km. d'une surface de discontinuité où les pro-

(1) Cette heure provient des travaux faits avec grand soin d'après l'ensemble des inscriptions, d'une part par B. Gütenberg, de l'autre par V. Inglada Ors, (voir plus loin).

priétés physiques se modifient brusquement ; la vitesse de propagation des ondes séismiques change, il se produit des réflexions et des réfractions. Il prend naissance ainsi toute une série d'ondes qui peu-

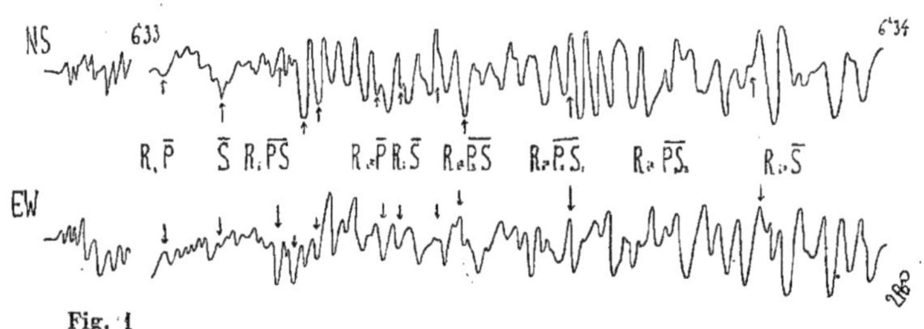


Fig. 1

vent être déterminées sur les séismogrammes obtenus lors des tremblements rapprochés et des fortes explosions (fig. 2).

*Nomenclature pour un séisme dont le foyer est situé à la surface du sol (cas d'une explosion).* — Les lettres désignant les ondes se propageant dans la couche supérieure sans traverser la surface de discontinuité sont surmontées d'un trait ($\overline{P}$, $\overline{S}$). Il y a d'abord les ondes longitudinales $\overline{P}$ (P soulignées ou ondes uniformes) et les ondes transversales correspondantes $\overline{S}$. D'autres ondes arrivent à la station après s'être réfléchies une fois sur la surface de discontinuité (trajet EAS). On les désigne par $R_i$ : elles peuvent être longitudinales ($R_i\overline{P}$) ou transversales ($R_i\overline{S}$), elles peuvent accomplir une partie du trajet en ondes longitudinales, une autre en transversales ($R_i\overline{PS}$) à partir des points de réflexion. Les ondes peuvent également subir deux réflexions sur la surface de discontinuité, et une à la surface du globe trajet (B C D S) : ce seront les $R_{i2}$. Le trajet comporte 4 éléments de

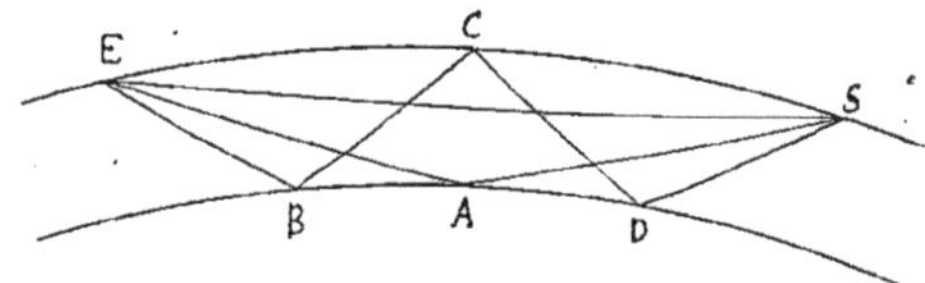


courbes avec 3 réflexions : suivant que les ondes changent de nature ou non à la réflexion on aura les ondes suivantes :

$R_{i2}\overline{P}$ longitudinales $R_{i2}\overline{S}$ transversales

| | | | | | | |
|---|---|---|---|---|---|---|
| $R_{i2}\overline{PS_3}$ | 3 éléments en ondes longitudinales, | | | 1 en ondes transversales | | |
| $R_{i2}\overline{P_2S_2}$ | 2 | — | — | 2 | — | — |
| $R_{i2}\overline{P_3S}$ | 1 | — | — | 3 | — | — |

On ne connaît pas d'une façon rigoureuse les coordonnées du cratère, mais d'après les publications d'origine allemande (1), la dis-

(1) Hecker (*loc. cit.*).

tance serait de 117 km. Dans le tableau ci-dessous, on a indiqué la signification des chiffres pour chaque colonne. On a calculé d'après la théorie les heures d'arrivée à Strasbourg pour deux heures origine différant d'une seconde. On voit que l'heure 6 h. 32 m. 12 s. conviendrait mieux aux données de Strasbourg.

| Phases | Heures observées | Durée de trajet | Heures calculée pour H 0 $6^h 32^m 13^s$ | O-C | Heures calculées pour H.0.$6^h 32^m 12^s$ | O-C | Remarques |
|---|---|---|---|---|---|---|---|
| $\overline{P}$ | $6^h 32^m 33^s,4$ | 21,2 | $6^h 32^m 34^s,2$ | —0,8 | $6^h 32^m 33^s,2$ | +0,2 | |
| Ri$\overrightarrow{p}$ | 41 ,7 | 28,9 | 41 ,9 | —0,2 | 40 ,9 | +0,8 | très net sur le NS. |
| $\overline{S}$ | 46 ,2 | 35,0 | 48 ,0 | —1,8 | 47 ,0 | —0,8 | très net sur le NS. |
| Ri$\overline{PS}$ | 51 ,0 | 38,9 | 51 ,9 | —0,9 | 50 ,9 | +0,1 | très net sur l'EW. |
| $Ri_2\overline{P}$ | 58 ,8 | 45,5 | 58 ,5 | +0,3 | 57 ,5 | +1,3 | commencent par de petits crochets très nets sur NS ; phases peu importantes |
| Ri$\overline{S}$ | 33 00 ,6 | 49,1 | 33 02 ,1 | —1,5 | 33 01 ,1 | —0,5 | |
| $Ri_2\overline{P_3S}$ | 05 ,5 | 53,4 | 06 ,4 | —0,9 | 05 ,4 | +0,1 | important sur les deux composantes. |
| $Ri_2\overline{P_2S_2}$ | 14 ,0 | 61,5 | 14 ,5 | —0,5 | 13 ,5 | +0,5 | groupe important sur le NS. |
| $Ri_2\overline{PS_3}$ | 21 ,4 | 69,4 | 22 ,4 | —1,0 | 21 ,4 | 0 | perturbé par les ondes superficielles. |
| $Ri_2\overline{S}$ | 28 ,8 | 77,5 | 30 ,5 | —1,7 | 29 ,5 | —0,7 | important sur les deux composantes. |

[Il n'y a pas de phases nettement marquées sur l'appareil vertical.]

On voit donc que les inscriptions de Strasbourg permettent de distinguer avec beaucoup de vraisemblance les ondes de Mohorovicic. Au point de vue pratique, l'intérêt consiste dans les inscriptions des impulsions différentes, ne rentrant pas dans les définitions générales et qui peuvent alors être attribuées à des anomalies rencontrées sur le parcours. Ainsi dans le cas actuel on distingue deux phases, très nettes à 6 h. 32 m. 52 s, 5 et 6 h. 32 m. 54 s, 0, et une impulsion importante à 6 h. 33 m. 03 s, 0, ne correspondant pas aux phases prévues par la théorie de Mohorovicic. Elles proviennent peut-être de réflexions ou de réfractions dues à des particularités du trajet.

(I)
HECKER, Die Explosionskatastrophe von Oppau (Publication de la station centrale séismologique, Iéna 1922).
D. WRINCH et H. JEFFREYS, On the seismic waves from the Oppau explosion

(Monthly Notices of the royal Astronomical Society, Geophysical Supplement, vol. 1, n° 2, janvier 1923).

B. GUTENBERG, Neue Auswertung der Aufzeichnungen der Erdbebenwellen in Folge der Explosion von Oppau ,Physikalische Zeitschrift, Januar. 1925, s. 259-260).

V. INGLADA ORS. Estudio de la propagacion de las ondas P registrados en el sismo producido por la explosion de Oppau (Memorias del Instituto geografico y catastral, t. XV, 6, Madrid 1926).

(II)

A. MOHOROVICIC, Das Beben vom 8.X.1909 (Jahrbuch des meteorologischen Omservatoriums in Zagreb für das Jahr 1909).

E. ROTHÉ, Sur la propagation des ondes séismiques au voisinage de l'épicentre. Exposé d'après les travaux de A. Mohorovicic (Publications du Bureau Central Séismologique International, Série A, Travaux Scientifiques, fascicule 1, Toulouse, 1924).

TABLES DE A. MOHOROVICIC (Publications du Bureau Central Séismologique International, Série A, Travaux Scientifiques, Fascicule 3, Paris 1925).

---

MM. MIRONOVITCH et WEHRLÉ

---

# SUR UN CAS DE PSEUDO-FRONT INDÉPENDANT AU SEIN DE L'AIR TROPICAL

---

## Paragraphe 1. — *Introduction*

L'un de nous a indiqué par ailleurs (1), la possibilité des formations cycloniques au sein de l'air polaire ou de l'air tropical. Le travail présent porte sur un cas de front saharien du 4 au 8 mai 1924 et met en évidence son indépendance du front polaire.

## Paragraphe 2. — *Situation atmosphérique générale*

A. — Pendant toute la dernière quinzaine d'avril, l'Atlantique Nord est occupé par une vaste zone cyclonique de sorte que l'air du bassin polaire ne peut gagner les tropiques. Le front polaire passe entre les 40° et 50° parallèles. Un courant de perturbations de Sud-Ouest puis d'Ouest est établi, dont la dernière baisse $M^2$ aborde les Iles Britanniques le 2 mai et se dirige vers l'Est, puis le Nord-Est. On peut la suivre avec sa discontinuité (occlusion) jusqu'à l'extrême Nord de la Scandinavie (7 mai). L'inflexion de $M^2$ vers le Nord-Est

---

(1) Ph. Schereschewsky et Ph. Wehrlé : *a*) Les courants de perturbations et le front polaire, C.R., t. 179, 1924, p. 285; *b*) Les pseudo-fronts polaires, *ibid.*, t. 179, 1924, p. 1183.

s'effectue le 4 mai sous l'influence d'un anticyclone puissant R, occupant à partir de cette date la Russie centrale.

B. — Le 26 avril à l'arrière du cyclone atlantique, on observe une invasion polaire qui apparaît sur les cartes comme un front froid. On peut le suivre à travers tout l'Atlantique qu'il traverse de WNW à l'ESE (voir la carte 1, front X). Le 4 mai, le front froid X se trouve aux environs de Madère. L'air polaire est déjà réchauffé à cause de son long voyage au-dessus de l'Océan relativement chaud et la discontinuité ne se manifeste, à défaut des températures, que dans le champ des vents et par divers phénomènes caractéristiques des passages du front froid.

Le 3 mai, une baisse X naît sur le front X aux environs de Madère

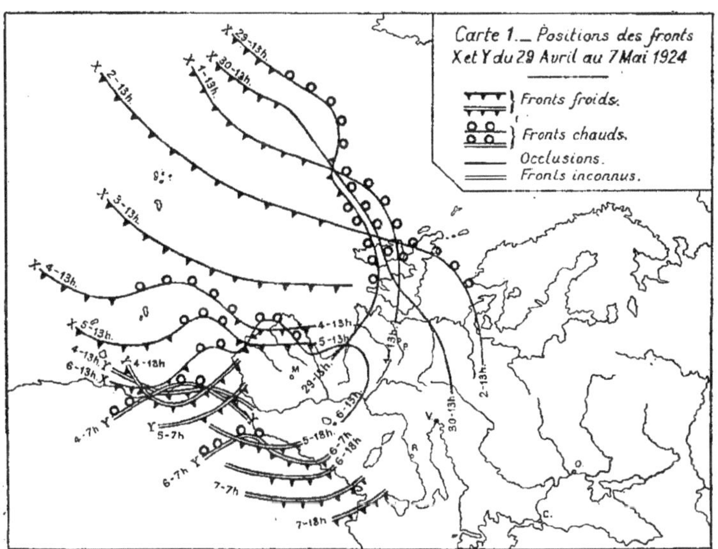


(carte 3) et se dirige vers le NE le long du front. Elle devient de plus en plus profonde (—5 m/m, le 4 mai, 10 m/m. le 6 mai, 13 m/m. le 7 mai, en 24 heures), traverse toute l'Europe (Espagne, France, Danemark, Scandinavie), en interférant le 7 mai avec une baisse $C^2$ appartenant à une nouvelle famille du front polaire et qui a abordé l'Irlande par l'Ouest le 6 mai.

C. — Vers la fin d'avril, le couloir des basses pressions sur l'Atlantique (voir A), repousse l'anticyclone des Açores au Sud des Canaries et les gradients ainsi formés favorisent l'attraction vers l'Ouest de l'air saharien. En effet, on note la présence de l'air très chaud, même à Izana (Canaries, $\varphi = 28^o19^o$ N $\lambda = 15^o6'$W, h = 2.367 m), dès le 30 avril. Le front chaud X entre l'air saharien (S) et l'air tempéré (1) (T) apparaît au sol le 4 mai à 7 h. (voir la carte 1). Le front X,

(1) Air tropical des Norvégiens.

intervention et mélange du contre alizé, se déplace vers le NW, mais dès le même jour 18 heures, il s'est transformé en front froid (T-S) et commence son mouvement vers l'Est le long de l'Afrique du Nord. La baisse correspondant au front Y peut être notée sur les cartes de variations le 2 mai à 18 h., au sud des Canaries ; elle se déplace vers le NW à la rencontre de la baisse X (carte 3). L'interférence des deux noyaux de la baisse X et Y ne peut malheureusement pas être étudiée d'une façon complète faute d'observations (les observations des navires, assez nombreuses pour esquisser les fronts, ne le sont pas assez pour permettre la construction précise des noyaux de variation).

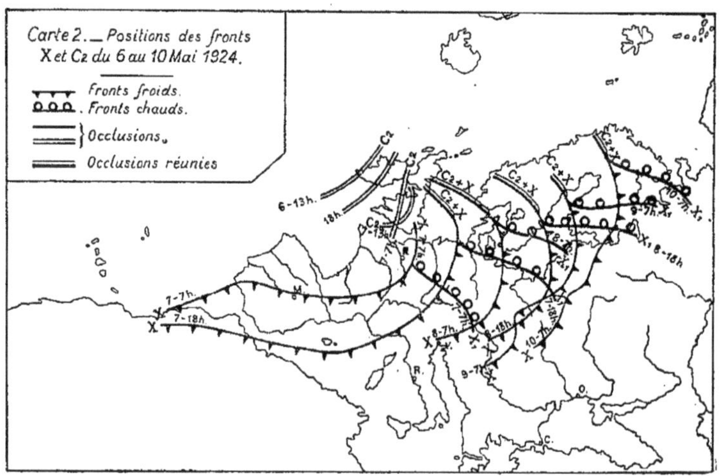

Carte 2. — Positions des fronts X et C2 du 6 au 10 Mai 1924.

Pourtant, la forme allongée du noyau commun de X et Y, montre que leur soudure n'est pas complète. A partir du 5 mai, les deux noyaux X et Y sont bien distincts, X se déplaçant vers le NE à travers l'Espagne, Y vers l'Est le long de l'Afrique du Nord.

Paragraphe 3. — *Indépendance des fronts X et Y*

Pendant la période du 4-10 mai 1924, les cartes synoptiques permettent de distinguer dans la région des Canaries, trois sortes d'air : l'air polaire P de 13° de température ; l'air tempéré T de 18° (cette masse d'air n'a pas subi d'afflux polaire depuis fort longtemps (cf. parag. 2 A); l'air chaud (saharien) S à 30° (les températures données dont les moyennes calculées sur une assez grande région aux environs des fronts). L'examen des cartes montre nettement, que les deux fronts X (P/T) et Y (T/S) ont des mouvements indépendants ; les trajectoires divergentes des noyaux de baisse et de hausse de X et Y le prouvent également (voir cartes 1, 2, 3). Le caractère du passage des fronts X et Y, étudié à l'aide des diagrammes des enregistreurs aux Canaries, au Maroc et en Algérie, est sensiblement différent et cela pour les divers éléments météorologiques.

Paragraphe 4. — *Interférences*

Pendant la période considérée, on observe deux cas d'interférence plus ou moins complets, du front Y avec X (parag. 2, B) et du front X avec $C^2$ (parag. 2, C). Dans les deux cas, les interférences des noyaux de baisse se traduisent par leur allongement (cf. la carte 3, où les noyaux allongés sont représentés par leurs grands axes). Le noyau X se détache de Y le 5 mai à 7 h. pour interférer avec $C^2$ le 7 mai à 18 h. (cf. carte 3). Du fait que les fronts X et Y ne sont jamais soudés (cf.

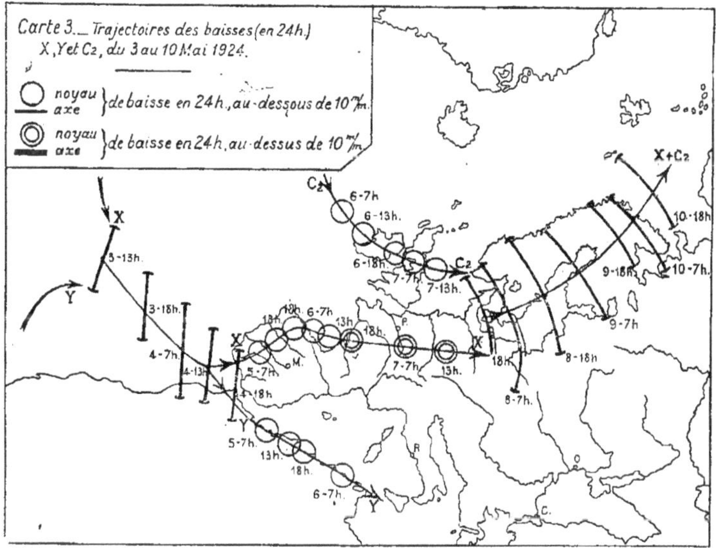


carte 1) on peut conclure que l'interférence de X et Y n'est qu'apparente, due à l'impossibilité de distinguer les noyaux, les observations des navires étant peu nombreuses. Quant à la deuxième interférence, on peut la suivre sur la carte 2. L'occlusion $C^2$ aborde l'Irlande le 6 mai à 13 heures, et avance vers l'Est, puis l'E.N.E. Sous l'influence du mouvement rapide de X vers le N.E., l'occlusion $C^2$ rétrograde un peu dans sa partie méridionale, le 7 mai à 13 h. Enfin, le 7 mai à 18 h., l'occlusion $C^2$ et la partie occlue de X sont réunies ($C^2 + X$ trait double sur la carte 1) et se meuvent ensemble vers le N.E. On constate comme il est de règle, une recrudescence remarquable des précipitations dans le corps et la traîne du système nuageux lié au front $X + C^2$. Il s'agit là d'un cas assez fréquent d'interférence d'une famille à l'autre du front polaire, la dernière formation en vague d'une famille venant interférer avec une des perturbations de tête de la famille suivante.

### Paragraphe 5. — *Conclusions*

A) L'étude de la situation atmosphérique du 1er au 10 mai 1924 montre que l'air tropical n'est pas toujours caractérisé par son uniformité. Le front Y s'est formé au sein de l'air tropical, l'air T étant « froid » par rapport à l'air S. Cela montre la relativité des concepts « air polaire », « air tropical ».

B) La perturbation Y est un exemple du courant M du pseudo-front méditerranéen. Les conditions favorables pour le large développement des perturbations de type M sont les suivantes :

a) L'afflux de l'air chaud saharien vers l'ouest ;

a) L'arrivée d'une nouvelle invasion polaire repoussant vers l'Est, la perturbation constituée par cet air saharien et par l'air tempéré intermédiaire.

C) Les observations d'Izana et les sondages marocains permettent de se rendre compte de la structure verticale de l'atmosphère. Le 4 mai, la perturbation X est un front froid entre l'air tempéré et l'air polaire nouveau et la perturbation Y, un front chaud (qui s'inverse ultérieurement en front froid) entre ce même air tempéré et l'air saharien d'Est. On constate la présence du contre-alizé de SW, au Maroc, au-dessus de l'air saharien et à Izana à l'altitude des nuages élevés. Progressivement, ce contre-alizé descend au sol sur le Maroc et l'Algérie. Et, dès le 5 mai, il se produit, probablement sous l'action de l'échauffement au sol, un mélange de l'air saharien et du contre-alizé qui le surmontait (1). Finalement, 3 masses d'air (air polaire frais, air tempéré (air tropical des Norvégiens), air plus chaud (provenant du mélange d'air saharien et du contre-alizé) entrent enfin dans la structure des fronts X et Y. Et l'on voit, que le front Y, constitue une discontinuité au sein de l'air tropical qui, en l'espèce ne'st pas homogène et se divise en air tropical tempéré et en air tropical chaud.

D) Les observations de la station élevée d'Izana sont très importantes pour la météorologie de la région de la Méditerranée et donnent souvent la clef de la situation. Dans le cas étudié, les fronts X et Y passent l'Izana le 4 et le 5 mai respectivement ; les mêmes fronts traversent l'Afrique du Nord et la Méditerranée du 5 au 8 mai.

Nous espérons publier ultérieurement dans le Mémorial de l'Office National Météorologique, l'étude détaillée de ce cas intéressant.

---

(1) Cf. Dedebant (Bulletin mensuel de l'Institut Scientifique Chérifien du Maroc, 1926, n° 6).

Commandant J. ROUCH

# LA MÉTÉOROLOGIE DANS SALAMMBO

*Salammbô* déçoit le météorologiste. L'occasion était belle, pourtant, de noter les caractères remarquables d'un climat différent de celui de France, que Flaubert avait subi, et dont il connaissait l'importance : « Il y a des choses du climat qui sont éternelles », écrivait-il à Sainte-Beuve.

Est-ce donc si difficile de faire des observations météorologiques, qu'un Flaubert n'y réussit qu'à moitié, comme nous allons le voir, et qu'il reste, bien qu'il s'en défende, superficiel. Peut-être, après tout, dans Salammbô, s'est-il moqué de la météorologie, comme il avouait s'être moqué de la botanique, tout en ayant cependant l'ambition de « faire vrai » (1).

Je relève une douzaine d'observations météorologiques, la plupart très sommaires, telles que celles-ci :

Un vent chaud soufflait..
Un vent froid soufflait, des petits nuages couraient dans le ciel plus pâle.
Le vent du soir souffla...
Quelquefois la pluie d'un orage, telle qu'une longue écharpe pendait du ciel, tandis que la campagne restait partout couverte d'azur et de sérénité; puis un vent tiède chassait les tourbillons de poussière.

Vigny avait déjà comparé à « une longue robe vaporeuse » les traînées de pluies qui pendent à la suite des nuages d'orage.

Leurs membres étaient raides, comme si le froid pendant la nuit les eut tous gelés.
Malgré le froid on n'alluma pas de feu. Au milieu de la nuit des rafales de vent s'élevèrent.
Les chaleurs du mois d'Eloul, excessives cette année-là...
Le brouillard, déchiré par les rayons du soleil, formait de petits nuages qui se balançaient, et peu à peu, en s'élevant, ils découvraient les étendards, les casques et la pointe des piques.
Un brouillard lourd et tiède, comme il en arrive dans ces régions à la fin de l'hiver, s'abattit sur l'armée. Ce changement de température amena des morts nombreuses... La bruine qui tombait sur les cadavres, en les amollissant, fit bientôt de toute la plaine une large pourriture. Des vapeurs blanchâtres flottaient au-dessus... Deux jours arpès, le temps redevint pur .

(1) « Quant à l'archéologie, elle sera probable, voilà tout. Pour ce qui est de la botanique. je m'en moque complètement. » (*Correspondance.*)

On le voit, jamais la direction du vent n'est précisée, simplement un vent chaud, un vent froid. Les auteurs anciens, qui avaient donné des noms spéciaux à chaque vent, furent toujours plus explicites.

Le froid des nuits tunisiennes est exact. La température minima observée sur les côtes du golfe de Tunis est de —2°5 en hiver, et les températures de 0° ne sont pas rares, même au printemps et en automne. En été, après des maxima diurnes qui atteignent normalement 30°, il arrive que le thermomètre descende pendant la nuit à 10°.

Les chaleurs excessives de l'été, dues à des poussées de sirocco — il est dommage que Flaubert n'ait pas parlé plus longuement de ce vent du désert qui donne au climat tunisien une couleur locale particulière — peuvent dépasser 40°. On a observé 48° à l'ombre au voisinage de Tunis. Ces fortes chaleurs se produisent chaque année pendant plusieurs jours consécutifs, et durent chaque jour pendant 6 à 7 heures. Flaubert n'y fait que la courte allusion, vraiment insuffisante, que nous avons citée.

Les brumes tiennent peut-être une place exagérée, elles ne sont pas très fréquentes dans le golfe de Tunis : en moyenne deux fois par mois en hiver, et cinq fois par mois dans les autres saisons. Je me demande où Flaubert est allé chercher « ce brouillard lourd et tiède, comme il en arrive dans ces régions à la fin de l'hiver ».

Deux phénomènes météorologiques jouent dans *Salammbô* un rôle important : c'est d'abord l'orage qui éclate tandis que Salammbô se livre à Matho afin de lui reprendre le voile de la déesse, et ensuite la pluie qui sauve Carthage assiégée par les Barbares et privée d'eau par la rupture de l'aqueduc.

La description de l'orage est bien courte. Flaubert, dans une lettre à Sainte-Beuve, se félicite de cette brièveté : « Mon pauvre orage ne tient pas en tout trois lignes et à des endroits différents. »

Recherchons ces trois lignes dans le chapitre XI, intitulé *Sous la Tente*.

D'abord une très courte préparation :

La nuit descendait, le ciel était bas et couvert de nuages.

C'est tout, et l'orage, assez inattendu, vient nous surprendre.

Ils ne parlaient plus. Le tonnerre au loin roulait. Des moutons bêlaient, effrayés par l'orage.

...Les flammes de la lampe oscillaient sous des rafales d'air chaud. Il venait, par moment, de larges éclairs; puis l'obscurité redoublait.

Et enfin, plus loin :

L'orage s'en allait; de rares gouttes d'eau en claquant une à une faisaient osciller le toit de la tente.

Flaubert, dans sa lettre à Sainte-Beuve, se félicite de nous avoir épargné la descriptions classique de l'orage. Certes, il n'en a pas abusé. Il essaie cependant de justifier cet orage, comme si l'on pouvait penser qu'il fût de trop. « Ce n'est pas ma faute, écrit-il, si les orages sont fréquents dans la Tunisie à la fin de l'été. Chateaubriand n'a pas plus inventé les orages que les couchers de soleil, et les uns et les autres, il me semble, appartiennent à tout le monde. Notez d'ailleurs que l'âme de cette histoire est Moloch, le Feu, la Foudre. Ici le Dieu lui-même, sous une de ses formes, agit ; il dompte Salammbô. »

Voilà une bien grosse explication pour ces trois lignes, au demeurant fort banales. Il est vrai, en tout cas, que les orages sont assez fréquents à la fin de l'été à Tunis : on en observe cinq par an en automne.

Voyons maintenant la pluie torrentielle qui sauve Carthage, après des sacrifices d'enfants à Moloch. La description est plus importante (chapitre XIV, *Le Défilé de la Hache*) :

Les Carthaginois n'étaient pas rentrés dans leurs maisons que les nuages s'amoncelèrent plus épais ; ceux qui levaient la tête vers le colosse sentirent sur leur front de grosses gouttes et la pluie tomba.

Elle tomba toute la nuit, abondamment, à flots ; le tonnerre grondait ; c'était la voix de Moloch ; il avait vaincu Tanit ; — et, maintenant fécondée, elle ouvrait du ciel son vaste sein. Parfois on l'apercevait dans une éclaircie lumineuse étendue sur les coussins de nuages ; puis les ténèbres se refermaient comme si, trop lasse encore, elle se voulait rendormir ; les Carthaginois, — croyant tous que l'eau est enfantée par la lune — criaient pour faciliter son travail.

La pluie battait les terrasses et débordait par-dessus, formait des lacs dans les cours, des cascades sur les escaliers, des tourbillons au coin des rues. Elle se versait en lourdes masse tièdes et en rayons pressés ; des angles de tous les édifices de gros jets écumeux sautaient ; contre les murs il y avait comme des nappes blanchâtres vaguement suspendues, et les toits des temples, lavés, brillaient en noir à la lueur des éclairs. Par mille chemins des torrents descendaient de l'Acropole ; des maisons s'écroulaient tout à coup ; et des poutrelles, des plâtras, des meubles passaient dans les ruisseaux, qui couraient sur les dalles impétueusement.

On avait exposé des amphores, des buires, des toiles ; mais les torches s'éteignaient ; on prit des brandons au bûcher de Baal, et les Carthaginois pour boire, se tenaient le cou renversé, la bouche ouverte. D'autres, au bord des flaques boueuses, y plongeaient leurs bras jusqu'à l'aisselle, et se gorgeaient d'eau si abondamment qu'ils la vomissaient comme des buffles. La fraîcheur peu à peu se répandit ; ils aspiraient l'air humide en faisant jouer leurs membres, et dans le bonheur de cette ivresse, bientôt un immense espoir surgit. Toutes les misèrent furent oubliées. La partie encore une fois renaissait.

Il n'y a aucune exagération dans cette très belle page. On a observé assez souvent, aux environs de Tunis, des pluies torrentielles, dépassant 100 millimètres en une journée, c'est-à-dire plus du cinquième de toute la pluie qui tombe à Paris en une année. Pour ne citer que des exemples récents, à Porto Farina, le 11 novembre 1911, il est tombé 110 millimètres d'eau, 200 millimètres le 7 juin 1915 ; à Selma, 103 millimètres le 19 octobre 1911, 107 millimètres le 21 janvier 1915 ; à Gromballa, 160 millimètres le 18 octobre 1911 ; à Keliba 105 millimètres le 6 février 1911, 136 millimètres le 13 octobre 1912.

---

Constant RIET

---

## AU SUJET DE LA RÉPARTITION ET DE LA RÉCOLTE DE L'ÉNERGIE ÉOLIENNE DANS LE TEMPS ET DANS L'ESPACE

---

H. DESSOLIERS

---

## ACCROISSEMENT DES PLUIES DES RÉGIONS ARIDES DISPOSITIFS A ADOPTER

---

Henri MURAT

---

## MÉTÉOROPHOTOGRAPHIE

---

8e Section

# GÉOLOGIE - MINÉRALOGIE

| | |
|---|---|
| *Président* ................ | M. Brives, Professeur à la Faculté des Sciences d'Alger. |
| *Vice-Président* ............ | M. Laborde, Ingénieur des Arts et manufactures, Directeur de la Société des Mines du Djebel Ressas. |
| *Secrétaire* ................ | M. Ehrmann, Assistant de Géologie, Minéralogie à la Faculté des Sciences d'Alger. |


## F. EHRMANN

Assistant de Géologie-Minéralogie à la Faculté des Sciences d'Alger


### 1° SUR L'EXTENSION DU PRIMAIRE FOSSILIFÈRE EN BORDURE OUEST DU MASSIF DE COLLO-PHILIPPEVILLE

J'ai retrouvé à l'Est de la région des Beni-Afeur, où j'avais signalé la présence du primaire fossilifère (1) (Silurien et Dévonien) en 1922, de nombreux affleurements indiquant l'extension de ces formations vers l'Est.

Sur les feuilles d'El-Milia et de Sidi-Mrouane, des arkoses, quartzites, grés verts et conglomérats se montrent en discordance sur les schistes X et forment une série de lignes de relief en direction Nord-Sud. Les mêmes arkoses, quartzites et grés verts se montrent en situations analogues et toujours dirigés Nord-Sud sur la feuille de Djidjelli (Beni-Siar). Aux Beni-Aïcha (feuille d'El-Milia) les calcaires à orthocères ont été en grande partie démantelés et repris dans les conglomérats de l'éocène (Numidien). Il n'en reste plus que quelques débris, véritables chicots qui constituent néanmoins d'indiscutables témoins de l'extension du Dévonien vers l'Est.

Aux Sidi-Marouf (feuille de Sidi-Merouane) des calcaires à orthocères ont été conservés entre des schistes feuilletés, argileux, noirâtres

(1) F. Ehrmann : Découverte du Silurien, etc. C.R.A.S. Paris. Juin 1922.

ou gris blanc que je n'ai pu dater, et les schistes charbonneux considérés comme houillers. Les calcaires forment une longue bande qui descend du Kef Sidi Marouf à la Mtat Agrayène.

Ayant à poursuivre les contours géologiques de ces feuilles, j'ai dû différer l'étude détaillée de ce primaire.

---

## 2° AU SUJET DE L'AGE DES SCHISTES DE BLIDA (Alger)

---

Dans le massif de Blida, des schistes présentant un facies ancien, ont été considérés comme paléozoïques par E. Ficheur et ses prédécesseurs, et figurés comme tels sur la carte géologique au 1/50.000$^e$. Ils sont même attribués au Silurien sous l'indice « S » sans aucune preuve paléontologique.

C'est une formation puissante de schistes argileux ou gréseux, de grés et de quartzites. Les schistes et quartzites présentent parfois l'*aspect* de phyllades et quartzophyllades. Je n'ai rencontré nulle part de couches métamorphiques. A part l'opinion de Ponsot (1) qui les a considérés comme liés au Néocomien, il y a toujours eu doute, même après la visite de la Société Géologique de France, en octobre 1896, dans l'attribution de ces schistes au paléozoïque (2).

Cette note n'a pas pour but d'en fixer définitivement l'âge, mais plutôt d'indiquer qu'une certaine partie tout au moins de ces schistes, figurés sur la carte sous l'indice S, doivent être rattachés au Crétacé inférieur par suite de la découverte de fossiles.

Depuis de nombreuses années, j'ai eu l'occasion de parcourir le massif blidéen et j'y ai trouvé à plusieurs reprises, dans des schistes dits siluriens, des empreintes d'*ammonites pyriteuses* comparables à celles du crétacé inférieur d'autres régions du Tell Algérien. Lors d'une excursion avec la Société d'Histoire Naturelle de l'Algérie, j'en ai même trouvé dans les gorges de la Chiffa (aux environs de l'Oued-el-Hammam et du Rocher des Civils) dans des couches d'aspect ancien.

Il importe de noter que le Crétacé inférieur est parfois très détritique ; on y trouve des ripple-marks et même des *conglomérats* (3) à

(1) E. Ficheur : Les plissements de l'Atlas de Blida. B.S.G.F., t. XXIV, p. 986-1896.

(2) E. Ficheur : Les plissements du massif de Blida, loc. cit., p. 995.

(3) E. Ficheur : C.R. des excursions de la Société Géologique de France en Algérie, oct. 1896. B.S.G.F., t. XXIV, p. 1136-1896.

éléments liasiques, témoins de plissements *pré-pyrénéens* comme dans la Kabylie des Babors (1).

Cet aspect particulier (facies très peu profond) du Crétacé inférieur peut donc ici prêter à confusion.

D'autre part, je n'ai pas retrouvé dans le massif de Blida le Jurassique sous son aspect si typique, que j'ai signalé tout à côté, au Bou-Zega. Les schistes de la Chiffa ne représentent donc pas une série compréhensive comprenant tout ou partie du Jurassique.

En résumé, il résulte de mes découvertes de fossiles crétacés, dans les schistes de Blida à facies ancien (2), qu'une très grande partie de ces schistes doit être considérée comme post-liasique.

Au cas où certaines assises des schistes de la Chiffa seraient réellement d'âge paléozoïque, ceux-ci n'occuperaient qu'un affleurement très restreint, dans la partie axiale du massif.

De ce fait, la tectonique de ce massif se trouverait considérablement simplifiée.

J'ajouterai que les roches primaires que je connais à l'Est (Djurdjura, Bougie, Beni Afeur, etc.) ne présentent pas d'analogie réelle avec celles de la Chiffa.

---

## DÉCOUVERTE DU JURASSIQUE AU BOU-ZEGZA (Alger)

Le massif du Bou-Zegza dont on voit se profiler la silhouette au delà de la baie d'Alger à environ 50 km. en direction Sud-Est prolonge vers l'Ouest la chaine du Djurdjura.

J'avais trouvé en 1925, dans les gorges de Keddara, au pied de ce massif, des couches rouge brique et violacées, au-dessus du lias supérieur. Le temps me fit défaut pour y chercher des fossiles. Lors d'une excursion d'élèves au début de 1926, j'ai pu étudier cette région avec un peu plus de détail, caractériser l'oolithique moyen et attribuer à l'oolithique inférieur les assises marno-calcaires, calcaires marneux et marnes conchoïdes qui s'intercalent entre le callovien-oxfordien et le lias supérieur typique à harpoceratidoe.

Cette note n'ayant pour but que d'indiquer la présence et la situation

---

(1) F. Ehrmann : Résumé tectonique et stratigraphique sur la Kabylie des Babors. B.S.C.G.A., Fasc. 1, 1924, p. 51.

F. Ehrmann : Sur un important mouvement orogénique au début du Crétacique dans la Kabylie des Babors. C.A. Ac. Sc. Paris, 1921.

(2) La distinction entre les « schistes S » et crétacés de Blida à Chréa est très difficile à établir. Le faciès ancien s'accentue dans la coupure de la Cliffa où l'érosion jeune de l'oued met à nu les couches profondes, dures, d'aspect rocheux.

du Jurassique dans cette région, je schématise la constitution du Dj. Bou-Zegza.

Une coupe Nord-Sud, abstraction faite des couches éocènes, nous montre la succession des assises suivantes :

Entre le village de l'Arbatache et le pied de Bou-Zegza (Oulad Marchia) se développent les schistes *paléozoïques* à quartz laiteux si typiques dans les massifs anciens du littoral de la Berbérie. Sur ces schistes s'appuient avec pendage sud, les conglomérats et psammites rouges violacés et marnes de teintes vives du *Permien*. L'oued Melah qui coule à cet endroit indique à juste titre la présence du sel gemme (mela = sel), c'est-à-dire du *Trias* confirmé également par la présence d'ophites et de marnes irisées avec cargneules. Le *lias* qui repose sur son trias normal et autochtone se montre complet avec le lias supérieur qui apparaît sur le flanc sud, présentant ses deux zones rouges (Ammonitico Rosso comparables à ceux du Cap Carbon de Bougie) avec harpoceras cf falciferum etc. En concordance se montrent des petits bancs bien réglés de calcaires marneux, de marnes schisteuses ou conchoïdes qui passent à des calcaires plus épais, parfois dolomitiques, jaunâtres, verdâtres, blanchâtres, puis à des schistes, marnes schisteuses et grés rouges violacés, verdâtres, présentant de nombreuses macules bien typiques de l'*Oxfordien* (Argovien). J'y ai trouvé des aptychus. Ces couches, à partir du lias supérieur, représentent l'oolithique inférieur et moyen que j'ai signalé dans la Kabylie des Babors.

Lias supérieur et *Jurassique* sont couronnés en discordance au sud du pic par des conglomérats éocènes (e, a de la carte géologique). Plus au sud, l'oolithique supérieur, de teinte vert clair ou crème, est recouvert par le flysch (Crétacé-Eocène).

Donc dans l'ensemble, l'infrastructure du Bou-Zegza est constituée par la série normale : trias, lias, jurassique, s'appuyant au nord sur les schistes anciens. La complication apparente résulte de l'intrication des affleurements liasiques et éocènes

J'ai déjà indiqué (1) que les calcaires nummulitiques de formation récifale s'étaient moulés, soudés aux reliefs liasiques émergés ou sous-marins de la mer nummulitique. Les matériaux résultant du démantèlement de ces reliefs ont précisément occupé les dépressions de la chaîne ou les cavités mêmes du calcaire liasique, érodé d'où l'apparence d'enchevêtrement sur une carte géologique de détail.

J'ai signalé plus à l'Est (région de Djidjelli) un cas remarquable de soudure de calcaires nummulitiques à des calcaires à orthoceras, d'une façon si intime qu'à quelque distance la confusion est possible. Au Bou-Zegza, les plissements alpins ont pu amener des complications, mais elles demeurent locales.

(1) F. Ehrmann : Résumé stratigraphique et tectorique de la Kabylie des Babors, etc. B.S.C.G.A. 1924. F. 1, p. 177.

M. PIROUTET
Assistant de Géologie appliquée à l'Université d'Alger

## 1° OBSERVATIONS SUR LE CALLOVO-OXFORDIEN DE SAIDA

La région de Saïda a déjà fait l'objet d'études de la part de MM. Bleicher, Welsch, Azéma et Flamand.

Une certaine incertitude régnait encore au sujet de la distribution des fossiles, des Ammonites surtout, dans la série Callovo-Oxfordienne. Les listes données citaient ensemble des formes rencontrées ordinairement ailleurs à des niveaux différents ou même dans des étages distincts. Flamand avait essayé de montrer que la confusion n'était qu'apparente, mais sa démonstration était uniquement basée sur des arguments que l'on pourrait appeler *de sentiment*, et non sur des observations de détail précises et sur la récolte minutieuse des fossiles de chaque niveau séparément. Chargé d'établir les concours géologiques de la feuille de Saïda au 1/50000$^{e}$, j'ai pu effectuer à ce sujet, sur les Dolomies bathoniennes ravinées. Elle est constituée par des santes, qui non seulement m'ont permis de constater la succession exacte des niveaux, mais encore de préciser les limites entre Callovien, Oxfordien stricto sensu et Argovien.

La série, souvent décrite, repose, ainsi que Flamand l'a indiqué, sur les Dolomies bathoniennes ravinées. Elle est constituée par des marnes avec intercalations de quelques bancs parfois calcaires marneux, mais le plus souvent gréseux ou même gréso-dolomitiques. Ces bancs sont plutôt de grandes lentilles et ne peuvent aucunement servir de repères shratigraphiques. Souvent les marnes renferment des plaquettes gréseuses avec empreintes de pistes ; on y rencontre aussi parfois des cristaux de gypse. Les parties fossilières sont celles calcaréo-marneuses et celles marneuses, mais non gréseuses, où les fossiles sont alors pyriteux. J'ai pu reconnaître, de bas en haut, la succession suivante d'horizons fossilifères distincts dont je ne cite que les Ammonites les plus typiques :

— 1° Série marneuse, puissante de plusieurs dizaines de mètres ; *Oecoptychius refractus*, *Stringoceras pustulatum*, *Reinekeia anceps* Reinecke (variété coronatiforme de d'Orbigny), nombreux *Perisphinctes* voisins de *P. rjasanensis*, *retrocostatus*, *bernensis*, *scopinensis*, *furcula*, *subtilis*, *etc.*, *Hecticoceras*, *Phylloceras* nombreux, voisins de *Ph. Riazi* et *Ph. Lajouxense*, *Lytoceras*.

— 2° Quelques mètres de calcaire marneux. *Phylloceras plicatum*, *Phylloceras* voisins de *Ph. Kudernatschi* et de *Ph. Kunthi*, *Phylloceras* du groupe de *Ph. tatricum* et de *Ph. ptychoïcum*, *Reinecheia* nombreuses proches de *R. Greppini*, *R. Grossourei*, *R. Domilles*, *R. oxyptychallum*, *R. multicostala*, *Hecticoceras* notamment des types proches de *H. navense* et de *H. punctatum*.

— 3° Ici quelques mètres de marnes gréseuses et stériles sur le flanc E. du Dj. Irlem et renfermant quelques *Ph. cf. Riazi* sur le versant W du sommet 935 dominant à l'E la route de Daya. Ce niveau est très peu important.

— 4° Quelques mètres de calcaire marneux très fossilifère, à Ammonites de grande taille : *Peltoceras cf. A. thleta*, *Stepheoceras Ajax*, nombreuses Reineckeia dont *R. Richei* et *R. cf. decora*, *Hecticoceras* dont *H. cf. punctatum*.

— 5° Horizon marneux à *Distichoceras Baugieri*, *D. bipartitum Stephanoceras* sp (cf. Gemmellaro Studie allume fauna giuresi... della Sicilia, pl. XIX, fig. 2).

— 6° Puissante série marneuse avec quelques bancs de grès. Des lits calcaréo-marneux apparaissent dès la base ; ils renferment :

*Perisphinctes* plusieurs espèces, *Hecticoceras nb.* dont *H. cf. Bonarelli* et *H. cf. Chatillonense*, *Taramelliceras Aspidoceras Peltoceras* du groupe de *P. arducennense*, *Macrocephalites c. Greppini*, *Perisphinctes* nombreux.

Il existe certainement dans cette série plusieurs subdivisions à distinguer ; l'une des plus anciennes serait le niveau de la Tuilerie. Dès la base apparaissent Taramelliceras et Aspidoceras, on se trouve donc ici en présence de l'Oxfordien.

— 7° A un niveau beaucoup plus élevé, dans une série de marnes, grés et calcaires marneux impossible à distinguer, sans fossiles, de la précédente, dans un banc calcaréo-marneux j'ai recueilli :

*Ochetoceras canaliculatum-hispidum*, *Macrocephalites Tornquisti*, *Aspidoceras cf. Oegir*, *Harpoceras cf. delemontanum*, *Perisphinctes* nombreux.

Dans tous les niveaux précédents abondaient des Phylloceras du groupe de *Ph. tortisulcatum* qui, ici, apparaît encore.

— 8° Encore bien plus haut, 20 ou 30 m. plus bas que le sommet du Dj. Irlem, s'intercale un banc à nombreux Polypiers, paraissant se rattacher aux Thamnastrea, Montlivaultia, etc. Ce banc gréseux et dolomitique dans l'W du Dj. Irlem est dolomitique dans l'E où aucune trace d'organisme n'est plus visible. Des bancs identiques, gréso-dolomitiques, sont intercalés dans les marnes entre celui-ci et l'horizon 7.

Les horizons de 1 à 5 inclus représentent le Callovien, débutant ici avec la zone à Reineckein anceps bien distincts de celle à Peltoceras athleta.

La série 6, avec Aspidoceras, Taramelliceras et Peltoceras de types divésiens, représente l'Oxfordien et est susceptible d'être elle-même encore subdivisée.

Enfin, le niveau 7 appartient à l'Argovien, tandis que 8 est soit encore Argovien, soit déjà Rauracien.

Le Callovien et l'Oxfordien présentent, parfois en abondance, *Posidonomya alpina.*

---

## 2° SUR L'EXISTENCE D'UNE PLAGE AU NIVEAU DE 3 MÈTRES DANS LA BAIE D'ALGER

---

Sur la côte orientale de la baie d'Alger, se voient, entre l'embouchure de l'Oued Hamiz et Fort de l'Eau, au niveau même de la mer et recouverts par les flots lorsqu'elle est très agitée, des restes d'une formation d'anciennes dunes cimentées et durcies, aujourd'hui en butte à l'érosion marine.

Reposant en transgression sur la formation dunaire ancienne, on rencontre les restes d'une plage antique, mais de beaucoup plus récente. Sa base est cimentée tandis que les couches plus élevées sont demeurées meubles. Les coquillages que l'on rencontre dans ces sables sont identiquement les mêmes que ceux rejetés maintenant par la mer ; leur état de conservation est tout différent de ce que l'on constate dans le dépôt quaternaire, et la coloration elle-même des coquilles est conservée ; les coquilles sont aussi de dimensions bien moindres.

Cette formation, dont le niveau supérieur atteint environ 2 à 3 mètres au-dessus des très fortes mers, est recouverte d'un dépôt sableux, d'origine dunaire. Tous deux sont très fortement attaqués par l'érosion marine. Par place, on reconnaît facilement le rivage correspondant marqué, dans la falaise sableuse, par le lit de coquillages rejetés et abandonnés par les vagues à la limite qu'elles atteignaient alors.

Ce dépôt marque qu'à une phase postquaternaire la mer s'est avancée un peu plus loin qu'actuellement. Cette phase, relativement récente, remonte à une date bien postérieure à celle de la plage quaternaire à Pectoncles, dont on voit les restes dans la région et formant une terrasse à 7,8 ou 9 m. au-dessus du niveau actuel.

Cette date est, en outre, postérieure au mouvement d'affaissement qui a fait descendre au niveau actuel de la mer le dépôt littoral quaternaire ainsi que la dune, maintenant cimentée, qui a pris naissance pendant le retrait de la mer consécutif à la sédimentation qui a laissé la plage quaternaire.

J'ajouterai, en terminant, que c'est surtout sur la partie du littoral comprise entre vis-à-vis la Rassauta d'une part et Ben Mered de l'autre, que l'on peut observer ce que je viens d'indiquer.

---

Mme Paul LEMOINE

Docteur ès-Sciences

---

## ÉTUDE DES MÉLOBÉSIÉES TERTIAIRES D'ALGÉRIE

---

A toutes les époques de l'ère tertiaire, les mers d'Algérie ont offert des conditions favorables à l'existence des algues calcaires de cette famille. Les « calcaires à Mélobésiées » qui s'y sont déposés ont frappé par leur développement tous les géologues algériens.

Au cours de ces dernières années, j'ai reçu d'importantes collections de MM. Dalloni, Ehrmann, Glangeaud, recueillies dans des régions et à des niveaux différents. L'étude de ces matériaux m'a été facilitée par une subvention que m'a accordée le Consul de l'A. F. A. S. D'autre part, M. Savornin a bien voulu me communiquer une importante collection de plaques minces.

Bien que le sujet soit loin d'être épuisé par mes recherches, j'ai cru utile de grouper mes études en un mémoire unique ; je ne puis en donner ici que les conclusions générales.

Les Mélobésiées ne sont connues en Algérie qu'à partir de l'Eocène ; mais comme cette famille existe déjà à l'époque crétacée en France, en Lybie, en Afrique du Sud, etc., il est probable qu'on en découvrira aussi des restes en Algérie dans des dépôts de faible profondeur par exemple dans les facies à *Ostrea* du Cénomanien et du Sénonien.

Dès l'Eocène, les Mélobésiées sont représentées par les genres *Archæoltihothamnium* (1 espèce), *Lithothamnium* (2 espèces), *Lithophyllum* (1 espèce), *Melobesia* (1 espèce) ; les gisements éocènes qui ont fourni ces espèces se trouvent au S. E. d'Alger, dans la vallée de la Mina (région d'Uzès-le-Duc), dans la région de Sidi bel Abbès (Parmentier) et dans celle d'Oran (Bou Djebaa).

Avec les couches à Lépidocyclines apparaissent les « calcaires à Mélobésiées » caractérisés par quelques espèces communes à un grand nombre de localités ; à cette époque, on constate l'existence d'un sous-genre de *Melobesia*, *Lithoporella*, inconnu à l'Eocène en Algérie. Les autres sont, comme à l'Eocène, *Archæolithothamnium* (1 espèce), *Lithothamnium* (2 espèces), *Lithophyllum* (4 espèces).

Les faciès à Mélobésiées prennent au Burdigalien (Cartennien) un développement considérable dans l'Algérie orientale : la région du Hodna, avec ses bassins peu profonds, offrait à ces algues des conditions extrêmement favorables ; d'autres gisements existent dans l'Algérie centrale : Oued Djer, Rivet, Miliana, Tiaret ; il ne semble pas en exister dans l'Algérie occidentale : vallée de la Mina et région de Bou Djebaa. Bien que les échantillons que je possède soient peu nombreux, j'ai pu y reconnaître les genres *Lithothamnium* (2 espèces) et *Lithophyllum* (2 espèces) ; l'une d'elles m'a paru se rapporter à une espèce déjà connue du Burdigalien d'Albanie.

Au Tortonien, nous voyons les Mélobésiées réapparaître dans la région de la Mina et de l'Oued Riou ; d'autre part, des gisements contenant des échantillons admirablement conservés existent dans l'Algérie occidentale à Saint-Denis du Sig ; d'autres sont connus dans le Bassin de la Tafna ; les espèces de ces niveaux appartiennent aux genres *Lithothamnium* (2 espèces), *Lithophyllum* (6 espèces), *Pseudolithophyllum* (1 espèce), *Mesophyllum* (nov. gen. 3 espèces).

Le Sahélien ne montre des Mélobésiées qu'en des dépôts isolés : Constantine, Alger, Oran, Saint-Denis du Sig, Tafna ; j'y ai noté : *Lithothamnium* (4 espèces), *Lithophyllum* (2 espèces dont une de *Dermatolithon*).

Au Pliocène, le genre *Lithothamnium* est représenté par 4 espèces ; les autres genres paraissent absents.

*
* *

Parmi les genres actuellement représentés en Méditerranée, *Lithothamnium* et *Lithophyllum* apparaissent à l'Eocène et existent à tous les niveaux jusqu'au Sahélien. *Pseudolithophyllum* apparaît à l'Helvétien-Tortonien ; il n'est pas connu au Pliocène en Algérie, mais à cette époque il existe en Italie.

*Archæolithothamnium* et *Lithoporella*, qui vivent dans des régions chaudes, sont, à l'époque actuelle, absents en Méditerranée ; dans le Tertiaire d'Algérie, la présence du genre *Archæolithothamnium* a été signalée par M. Savornin à l'Eocène ; je l'ai observée également dans les couches à Lépidocyclines et dans une plaque mince provenant du Miocène moyen d'Orléansville ; quant aux *Lithoporella*, je ne les ai observées que dans les couches à Lépidocyclines : il serait intéressant de préciser, dans ces deux cas, l'époque de la disparition d'espèces dont l'existence est liée aux questions climatiques.

La période tortonienne montre l'apparition en Algérie d'espèces dont les caractères sont intermédiaires entre ceux des genres *Litho-*

*thamnium* et *Lithophyllum* et que, pour cette raison, je propose de placer dans un nouveau genre qui sera décrit ultérieurement : le genre *Mesophyllum*.

*
* *

La comparaison des espèces du Tertiaire d'Algérie avec celles des régions européennes déjà étudiées : France, Italie, Bavière, Autriche, Albanie, donne quelques renseignements intéressants.

A l'Eocène, il semble qu'une seule espèce soit commune à l'Algérie et à l'Europe (Alpes).

Dans les couches à Lépidocyclines, je signale en Algérie l'apparition du *Melobesia (Lithoporella) melobesioides* Fosl.; cette espèce, qui existe aux Antilles dans des couches rapportées à l'Eocène supérieur ou à l'Oligocène inférieur, apparaît presque simultanément en France (oligocène du Bordelais) et en Algérie.

L'époque burdigalienne montre l'existence d'une espèce commune à l'Algérie et à l'Albanie (*Lithothamnium Bourcarti*). Les relations entre ces deux régions persistent d'ailleurs au Tortonien où nous voyons que deux espèces algériennes ont des affinités marquées avec deux espèces du Burdigalien d'Albanie ; à cette même époque du Tortonien, trois espèces sont communes à l'Algérie et au Leithakalk de Bavière et d'Autriche.

Les ancêtres d'espèces actuelles commencent à apparaître au Tortonien ou peut-être à l'Helvétien ; *Pseudolithophyllum expansum* et *Lithophyllum papillosum* continuent leur évolution dans des régions voisines (Italie) où nous les observons au Pliocène.

En résumé, l'étude des Mélobésiées d'Algérie montre l'existence d'un très grand nombre d'espèces qui paraissent pour la plupart localisées à un étage déterminé et dont la présence pourra avoir une certaine valeur en stratigraphie.

Les faits importants qui se dégagent de cette étude sont les suivants :

Apparition des principaux genres à l'Eocène ;

Augmentation du nombre des espèces au Néogène ;

Disparition des genres à caractère chaud au Néogène supérieur.

Espèces communes avec la Bavière, l'Autriche ou l'Albanie pendant les étages Burdigalien-Tortonien.

---

Gaston ASTRE
Chargé d'un Cours de Géologie à la Faculté des Sciences de Toulouse

## GRAINES DE CÆSALPINIÉES DANS LES CALCAIRES LACUSTRES DU CASTRAIS

Les calcaires d'eau douce du Bassin d'Aquitaine renferment des petits corps ovoïdes, qui se trouvent dans les collections sous les dénominations les plus fantaisistes, mais dont la nature est absolument incertaine et sur lesquels personne n'a attiré l'attention. C'est dans les formations de l'Eocène supérieur du Castrais, et spécialement au Rocher de Lunel (niveau voisin du Bartonien), que leur abondance est extrême, au point que l'assise qui les contient en acquiert l'aspect d'un calcaire à Foraminifères (1). Mais si c'est en ce lieu qu'ils jouent un rôle important dans la constitution de la roche, il s'en faut de beaucoup qu'il n'y ait que là qu'on les connaisse. Bien que plus rares, on les observe en effet dans presque tous les étages d'eau douce de ce Bassin, aussi bien au-dessous qu'au-dessus de l'horizon de Castres. Deux exemples extrêmes en suffiront : dès le Thanétien, ils existent dans le calcaire à Physes de Montolieu, sur le versant méridional de la Montagne-Noire ; bien plus tard, vers le milieu du Miocène, les barres calcaires de l'Armagnac contiennent des corpuscules identiques, mais presque exceptionnels. En un mot, leur présence dans les formations continentales est un fait assez général ; c'est leur fréquence seule qui varie, et cela dans de grandes limites.

Ces organismes problématiques ne sont pas limités au Bassin d'Aquitaine. La Provence les possède à des niveaux divers au sein de ses assises lacustres si épaisses et si classiques. Dans les Bassins tertiaires de la Péninsule ibérique, ils coexistent avec les faunes de Mollusques dulcicoles et de Vertébrés terrestres. Ils peuvent donc être associés à tout faciès continental, et non plus seulement à celui d'une région déterminée.

De petite taille, les corps dont il s'agit ici ont une forme constante, ovoïde-allongée, presque cylindrique, à extrémités arrondies et assez obtuses (Fig.). Leur longueur atteint généralement 8 mm. environ, leur largeur 4 mm. Leurs dimensions sont parfois plus faibles ; mais

(1) Au Rocher de Lunel, selon les blocs de calcaire de Castres examinés, ces organismes existent soit seuls soit mélangés aux Mollusques fossiles de cette formation (*Ischurostoma formosum, var. minutum*, *Planorbis pseudo-ammonius*, *Pl. Rouxi*, *Limnaea Michelini*, *Helix Vialai*, etc.).

ce n'est que très rarement qu'elles dépassent, et de fort peu, la valeur précédente. Leur galbe ressemble à s'y méprendre à celui de nombreux exemplaires de l'Alvéoline de la mer nummulitique sous-pyrénéenne. Un bloc de calcaire de Castres de 5 cm. de côté peut en renfermer jusqu'à près d'une centaine.

Des lames minces effectuées à travers la roche ne laissent voir conservée aucune disposition intérieure, mais seulement une masse de calcaire crayeux ou spathique homogène. La périphérie de ces corps ovoïdes ne présente même pas une compacité plus grande du calcaire. Il existe simplement une solution de continuité suffisante pour leur permettre de se détacher assez bien de la gangue qui les empâte. L'ab-

Graines de Caesalpiniés des Calcaires de Castres.
1. Vue latérale.
2. Vue d'une extrémité, avec le hile.
(Grandeur naturelle)

sence de couches périphériques pouvant représenter un test est à noter ; car elle ne saurait être imputée à la fossilisation, puisque les Gastéropodes inclus dans les mêmes fragments ont leur coquille conservée, même quand celle-ci est très mince. Aussi sommes-nous amenés à penser que ces corps devaient être, à l'origine, entourés d'une enveloppe non calcaire, mais de résistance suffisante pour ne se détruire qu'à la longue, après que l'organisme ait eu le temps d'être moulé par les fines particules calcaires du dépôt. Les membranes chitineuses ou cellulosiques sont seules dans ce cas.

A cela se bornent les seuls renseignements certains qu'on ait sur ces productions, tout au moins à ne considérer que l'état sous lequel elles se présentent à peu près toujours. Avec une documentation aussi incomplète, est-il possible de savoir à quoi elles correspondent ? Il est bien entendu qu'il ne s'agira ici que des corps ovoïdes de petite taille (8 mm. de longueur environ), subcylindriques, allongés, et qui sont les seuls à pulluler au Rocher de Lunel de Castres ; car il peut exister, dans les calcaires lacustres, d'autres corps oviformes, plus gros ou de contour bien différent.

Une origine purement minérale est à éliminer. Il ne peut s'agir de concrétions : on n'y retrouve pas la moindre disposition en couches emboîtées ou zonées. De plus, dans les concrétions, ou bien il n'y a pas de forme exclusive et alors tous les aspects possibles peuvent se montrer ; ou bien il existe une forme dominante, et c'est alors la forme arrondie, ce qui n'est pas le cas ici.

Une origine organique est dès lors à envisager. Deux seules possibilités à retenir : épigénies d'Alvéolines ou fossilation d'œufs ou de graines.

L'épigénie d'Alvéolines, à laquelle certaines collections les attribuent, a pour elle la ressemblance extérieure avec *Alveolina subpyrenaïca* Leym., de l'Eocène sous-pyrénéen. D'où l'idée que ces corps pouvaient devoir leur origine à la transformation d'Alvéolines arrachées par l'érosion aux calcaires nummulitiques et charriées par les eaux des temps tertiaires dans les lacs où se déposaient les calcaires qui les renferment. Mais dans leur répartition stratigraphique, aucune disposition soit fluviale, soit torrentielle n'autorise cette hypothèse. On connaît de plus ces fossiles fort loin des calcaires à Alvéolines et dans des faciès tels qu'aucun de ces Foraminifères ne pouvait y être normalement transporté ; c'est le cas des calcaires de Castres. Leur existence est constatée sur le versant méridional de la Montagne-Noire à une époque antérieure à l'arrivée de la mer nummulitique et des Alvéolines dans tout le bassin dont dépend cette contrée ; les calcaires thanétiens de Montolieu en fournissent la preuve. En outre, autres arguments probants, leur surface est toujours lisse, sans la moindre trace de quelque chose qui puisse correspondre aux côtes des Alvéolines, et leur forme constamment allongée ne reproduit pas le galbe arrondi des variétés flosculinisées que l'on trouve en abondance chez les Alvéolines.

Il ne peut donc s'agir que d'organismes ayant possédé une enveloppe résistante, de nature chitineuse ou cellulosique, tout au plus faiblement incrustée de calcaire, et non un test calcaire épais. Ce serait donc des œufs d'insectes ou de mollusques ou bien des graines.

Entre ces deux possibilités, il est malaisé de se prononcer, si l'on se borne aux caractères précédemment mentionnés et qui sont les seuls de la presque totalité des spécimens ; car la taille et la forme correspondent aussi bien à l'une qu'à l'autre. Toutefois, l'abondance absolument exceptionnelle de ces petits fossiles et le fait qu'ils sont répartis, non en poches, mais sur de grandes distances, donnant parfois l'impression d'une sorte de cordon littoral lacustre, semble déjà nous inciter à y voir plutôt des graines que des œufs.

Parmi près d'un millier de ces corpuscules que j'ai pu isoler complètement du calcaire du Roc de Lunel, j'ai été assez heureux pour rencontrer deux exemplaires, dont l'état de conservation est meilleur et qui permettent de décider entre les deux possibilités précédentes. *Ils présentent au centre de l'une de leurs extrémités un petit hile bien régulier*, d'où divergent quelques sillons à peine marqués. Ce sont donc des graines. Et avec cette position du hile et cette forme droite du fossile, on peut ajouter que ce sont des graines dérivant d'un ovule anatrope ou semi-anatrope. La comparaison montre qu'il s'agit de graines de Caesalpiniées, certains genres de cette famille ét de sa voisine, celle des Papilionacées, ayant des graines exactement de même contour (2).

Les faibles variations de taille qu'on observe dans les divers exemplaires sont de l'ordre de celles qui l'on constate actuellement entre les graines incluses dans une même gousse de Légumineuse.

Quant à préciser le genre et l'espèce, ce serait illusoire. Les paléobotanistes ont montré depuis longtemps l'impossibilité de déterminer sûrement des Légumineuses, quand la structure de la graine et des téguments n'est pas conservée, ce qui est le cas à peu près général. Et ici non seulement cette structure n'est pas conservée, mais encore nous n'avons aucune indication sur la forme des gousses.

*Les petits fossiles allongés que l'on trouve dans les calcaires de Castres et qui figurent dans certaines collections sous le nom d' « Epigénies d'Alvéolines » ou parfois sous celui plus extravagant d' « Œufs de Tortues » correspondent donc certainement à des graines et même on peut préciser qu'il s'agit de graines de Caesalpiniées.*

---

Jean CUVILLIER

Professeur au Lycée français, Membre de l'Institut d'Egypte, Le Caire

## SUR LA CLASSIFICATION DU MÉSONUMMULITIQUE EN ÉGYPTE

Les calcaires à *Nummulites Gizehensis* qui marquent d'une façon à peu près constante la partie inférieure de l'étage Lutétien en Egypte, sont abondamment développés depuis Minieh dans la vallée du Nil jusqu'au Gebel Mokattam, près du Caire, au Fayoum, vers l'ouest de la dépression, dans l'Oasis de Baharia, aussi dans quelques localités aux environs de Suez. Les sédiments qui recouvrent ce niveau remarquable de continuité sont presque toujours des calcaires à Nummulites plus petites, appartenant aux espèces *discorbina* et *subdiscorbina ;* leur partie supérieure, généralement un horizon à Bryo-

(2) Détermination confirmée par M. Paul Dop, chargé de Cours de Botanique à la Faculté des Sciences de Toulouse.

zoaires, indique le sommet du Mokattam inférieur (j'avais fait (1) de ce banc le type de Mokattam moyen, en raison même de son assez grande répartition géographique, et Fourtau (2) lui avait auparavant assigné l'âge Auversien).

Par analogie avec les conclusions qui ont récemment modifié la classification du nummulitique du Bassin de Paris et des régions méditerranéennes, je serais tenté de voir dans ce que nous appelons Mokattam inférieur (auquel je rattache le Mokattam moyen de ma précédente classification), un ensemble de formations à rapporter entièrement au Lutétien ; il faudrait donc faire disparaître l'étage Auversien de cette nouvelle nomenclature déjà adoptée en Europe pour les régions où le Nummulitique a été étudié dans le plus grand détail.

M. Abrard (3), qui a révisé l'Eocène dans le Bassin de Paris, puis M. Moret (4), dont les efforts ont principalement porté sur le Nummulitique des Alpes de Savoie, sont arrivés à grouper le Lutétien et l'Auversien de la classification jusqu'alors admise, en un étage unique pour lequel ils conservent le nom de Lutétien. Reprendre les arguments qui les conduisent à cette synthèse serait trop long, et je renvoie à cet effet à leurs travaux respectifs, ainsi qu'aux intéressantes discussions auxquelles ils ont donné lieu. Quant aux raisons qui me font réunir, pour le Nummulitique d'Egypte, ce qui doit être l'équivalent des étages Lutétien et Auversien, je vais les exposer brièvement.

Au Gebel Mokattam, par exemple, on peut avec précision suivre une coupure nettement établie entre les puissantes séries des couches blanches appartenant au Mokattam inférieur et les couches brunes du Mokattam supérieur ; indépendamment de cette différence d'aspect, on retrouve dans les caractères lithologiques une variation qui à elle seule justifierait presque la séparation ; en effet, le Mokattam supérieur (Priabonien) est constitué par des calcaires siliceux passant par des grès calcaires à de véritables meulières. Au contraire, dans la masse compacte des calcaires inférieurs, il n'existe pas de niveaux distincts ayant la valeur d'étages. Tout au plus pourrait-on attribuer à la présence du banc à Bryozoaires à peu près cryptogènes, un changement dans les conditions bathymétriques, peut-être une diminution de la profondeur des eaux ; néanmoins, ce sont bien là des dépôts accumulés par une sédimentation continue et ne présentant dans leur consti-

(1) Contribution à l'étude géologique du Mokattam. Bull. Inst. Egypte. T. VI. 1923-24, p. 93.

(2) Faune des sables de Chars, de Cresnes, de Marines et de Ruel. Conclusions à en tirer. C.R.S. Société geol. France. 19 janvier 1925. — Critique de la Classification de l'Eocène supérieur du Bassin de Paris. Id., 2 février 1925.

(3) Sur les divisions de l'Eocène en Egypte. C.R.A.S., t. 155, p. 1116, 1912.

(4) Sur la classification du Nummulitique des chaînes subalpines de Savoie. C.R. S.G.F. du 16 février 1925.

tution pétrographique aucune modification sensible de la base au sommet.

Au point de vue paléontologique, on doit admettre une grande ressemblance entre les calcaires lutétiens et auversiens ; parmi les Mollusques, les espèces communes sont très nombreuses ; telles sont : *Corbula gallica, Pecten Caillaudi, Vulsella deperdita, Macrosolen uniradiatus, Natica Newtoni, Cardita pharaonum*... etc. La faune échinitique présente dans les deux étages des caractères presque identiques et le nombre des formes particulières à l'étage auversien semble tout à fait limité.

Tout ceci n'est du reste pas spécial aux dépôts nummulitiques de la vallée du Nil. J'ai eu l'occasion de montrer (1) que dans le Fayoum la succession des faciès était très comparable à celle des environs du Caire, le niveau à Bryozoaires et les couches de la pierre à bâtir s'y rencontrent comme au Gebel Mokattam qui a donc pu à juste titre être pris comme type des formations mésonummulitiques d'Egypte.

Aussi, nous revenons à la subdivision du Nummulitique moyen en Mokattam inférieur et supérieur, le premier correspondant à l'étage Lutétien, le second au Priabonien ; le niveau à Bryozoaires conserve son importance comme zone paléontologique, marquant avec certitude la partie terminale du Mokattam inférieur, mais ne méritant pas cependant la création d'un étage particulier ; il pourra être considéré désormais comme l'équivalent du Lutétien supérieur.

---

(1) Sur l'âge des formations nummulitiques du Fayoum. Bull. Inst. Eg. 1925-26, p. 251, et Note complémentaire sur le nummulitique du Fayoum. Id., 1926-27.

Yves MILON et Louis DANGEARD
Assistants de géologie à la Faculté des Sciences de Rennes

# NOTE PRÉLIMINAIRE SUR LA PLATEFORME D'ABRASION MARINE QUATERNAIRE AUX ENVIRONS D'AUDIERNE

M. Barrois (1) a signalé les importantes levées de galets quaternaires qui s'observent en plusieurs points de la côte occidentale du Finistère depuis la Baie des Trépassés jusqu'à Penmarch. Ces levées sont particulièrement intéressantes dans les environs d'Audierne (2) où elles présentent les caractères suivants :

1° Elles s'élèvent depuis le niveau actuel de la haute mer jusqu'à une dizaine de mètres de hauteur : elles semblent donc se rattacher aux niveaux marins monastiriens signalés en d'autres points de la France.

2° Elles contiennent des roches étrangères à la région dont M. Barrois a attribué le transport à des glaces flottantes : porphyres rouges d'un type spécial, silex, etc...

3° Elles ont fourni la plupart des éléments du cordon de galets actuels qui provient en majeure partie du démantèlement de la terrasse marine quaternaire.

Nous avons eu l'occasion d'observer en falaise la base de cette terrasse et de constater qu'elle est constituée par une plate-forme d'abrasion marine dont la surface est parsemée de marmites et d'autres formes d'érosion remarquables. Au sud de Brigneoch se montre une coupe très instructive à cet égard. La côte présente une série de couloirs profonds où la mer déferle avec violence. Au fond de l'un d'eux se trouve accumulée une masse de galets qui sont lancés par les vagues à l'assaut des parois en y provoquant un polissage intense. Le plancher du couloir montre également des traces d'usure et de polissage : marmites nombreuses souvent de grand diamètre, gouttières profondes et ramifiées, champignons dont la base est évidée par le frottement continuel des graviers et des galets.

A quelques mètres au-dessus se trouve un couloir ancien dont les

(1) C. Barrois : Sur les plages soulevées de la côte occidentale du Finistère. Ann. S.G.N., t. IX, p. 239, séance du 21 juin 1882.
(2) Carte géologique. Feuille n° 72. Quimper.

caractères sont identiques à ceux du couloir actuel. On y observe dans un état de conservation parfait les mêmes traces d'érosion marine : marmites, gouttières, encoches, etc... L'érosion de ce couloir est datée par la présence d'une masse épaisse de galets, qui empâtent les formes d'usure qu'ils ont provoquées ; ces galets sont la continuation de la terrasse quaternaire de la région ; en avant d'eux, grâce à un hasard heureux, la plate-forme d'abrasion marine se trouve dégagée sur un vaste espace et montre tous les détails de sa surface. Nous avons retrouvé des coupes presque aussi typiques entre ce couloir et la pointe de Lervily. Le cordon de galets est à peu près continu et presque partout il surmonte une plate-forme d'abrasion marine, présentant des traces d'érosion remarquablement conservées. Même lorsque la masse de galets a disparu, on retrouve aisément la plate-forme ancienne ; son altitude est variable : en certains points, elle arrive au niveau de la plate-forme actuelle et se confond plus ou moins avec elle ; ailleurs, on la voit s'élever insensiblement jusqu'à 5 ou 6 mètres de hauteur.

C'est la première fois, à notre connaissance, qu'on signale en Bretagne une coupe montrant aussi nettement les formes d'érosion d'une plate-forme d'abrasion marine quaternaire, et les relations de cette plate-forme avec les galets qui la surmontent et avec le rivage actuel. Ces formes d'érosion sont bien conservées grâce à la dureté de la roche granulitique qui forme les falaises de cette région. La granulite se retrouve aux environs de la Pointe du Raz et depuis la Pointe du Van jusqu'à Audierne ; il y a donc lieu d'espérer qu'une étude systématique de ces falaises fournira des documents importants concernant les terrasses marines quaternaires de Bretagne.

Paul CORBIN

et

Nicolas OULIANOFF

# RELATION DE CERTAINES SOURCES DE LA VALLÉE DE CHAMONIX AVEC LA TECTONIQUE DE LA RÉGION

Les sources qui existent sur les deux versants de la vallée de Chamonix appartiennent à deux catégories :

1. Les unes sont alimentées par les magasins d'eau dans les roches en place ;

2) Les autres servent d'écoulement aux eaux, accumulées dans les terrains meubles (glaciaire, éboulis).

Plusieurs sources de la première catégorie, et notamment les plus importantes, se trouvent en relation singulièrement constante avec certaines formations géologiques. Nous parlons de ces zones complexes dont les éléments constitutifs sont : les calcaires anciens (cipolin, calcaire à silicates, cornéennes calcaires), et les schistes amphibolitiques et amphibolites. Nous avons déjà démontré (1, 2), que dans le massif du Mont Blanc (Aiguilles Rouges comprises) toutes ces roches sont liées, génétiquement, aux calcaires anciens. Elles représentent les différents termes du métamorphisme régional et du métamorphisme de contact (exomorphe aussi bien qu'endomorphe) des sédiments anciens, riches en chaux (calcaires, calcaires dolomitiques, calcaires marneux, calcaires siliceux).

Pour la plupart les zones des roches en question ne sont pas de grande puissance ; elles sont, par contre, d'une constance remarquable, et en outre, appartiennent aux noyaux des anciens synclinaux dans les schistes cristallins.

Voyons maintenant dans quelles conditions les sources apparaissent à la surface, en commençant par le versant nord-ouest de la chaîne du Mont Blanc.

Une grande source se trouve dans le Vallon de Bourgeat entre la Montagne de Taconnaz (avec le Gros Béchard) et la Montagne des Faux. Cette source a été brièvement décrite par J. Revil (3). Selon cet auteur, elle débitait, en novembre 1921, 13 litres à la seconde. La source est située sur le versant droit du vallon de Bourgeat au bas d'un placage d'éboulis de faible épaisseur et de petite étendue, à une altitude approximative de 2.100 mètres (M. J. Revil l'estime à 2.200 mètres). Il n'y a, sur la pente au-dessus de la source, aucune accumulation de neige, et encore moins, de glace. Le glacier suspendu de Bourgeat se trouve sensiblement plus à gauche. Mais un peu au-dessus de la source, la pente est traversée, obliquement, par une zone d'amphibolites et de cornéennes calcaires, que l'on peut suivre déjà depuis Tête Rousse.

En sortant des Tissours (localité au sud de Chamonix) par le sentier qui mène à la cascade du Dard, on voit après la bifurcation du sentier menant au plan de l'Aiguille, de nombreuses sources jaillir sur la pente rocheuse. L'eau coule en abondance et d'après le témoignage des habitants de l'endroit, le débit de ce complexe de sources est très constant. L'examen des roches de cette zone montre qu'ici, comme dans le vallon de Bourgeat, les sources se trouvent dans la zone des amphibolites, des calcaires et des gneiss amphibolitiques. (Cette zone est en partie métallisée ; on y voit encore les restes de galeries d'exploitation. L'accumulation de minerai s'est produite ici par la substitution métasomatique de la calcite des calcaires anciens). Cette zone à calcaire et à amphibolite peut être suivie dans la direction du glacier des Bossons.

Sur le sentier de Chamonix au Montenvers, à une altitude approximative de 1.500 mètres, se trouvent les ruines de l'ancienne buvette de la Fontaine Caillet. La source n'existe plus ; l'eau s'écoule goutte à goutte. On suppose, peut-être avec raison, que la zone d'alimentation de cette source a été modifiée par la construction de la ligne du chemin de fer Chamonix-Montenvers, de sorte que l'eau aurait trouvé une autre voie d'écoulement. L'examen sur place montre que cette source, de même que les deux précédentes, se trouve dans une zone de calcaires anciens, de cornéennes calcaires et d'amphibolites.

Fort caractéristique également est la position d'une grande source qui sort à 1.400 mètres, immédiatement à la limite de la pente boisée, au-dessous du Montenvers et des rochers à nu, rabotés par le glacier, dits Les Mottets. La roche en place n'est pas visible à la sortie de la source, étant couverte d'éboulis, mais on constate facilement, un peu plus au Nord-Est, dans Les Mottets, qu'ici comme dans les trois cas précédents, la source est liée à une zone amphibolitique.

La relation de certaines grandes sources avec les zones à calcaires anciens et à amphibolites n'est pas moins nette dans la chaîne des Aiguilles Rouges. Nous avons déjà indiqué (1) que le massif du Brévent (avec son noyau de gneiss granitique) est flanqué, à l'Ouest et à l'Est de deux zones d'amphibolites, de cornéennes calcaires et de calcaires anciens. La zone orientale est celle dans laquelle est situé le lac Cornu. Vers le Sud, elle traverse la crête de la chaîne des Aiguilles Rouges à l'Ouest de l'Aiguille de Charlanoz. Les couches de cette zone sont presque verticales, et leur direction est sensiblement Nord-Sud (avec une tendance à dévier vers le Nord-Ouest dans la partie septentrionale de la zone). Dans la région de Planpraz, la zone n'est pas visible par suite du développement considérable du Quaternaire. L'existence, ainsi que l'emplacement du couloir où serpente la partie supérieure du sentier Chamonix-Planpraz sont très probablement déterminés par le passage à cet endroit de la zone à calcaires anciens.

Au-dessous de Planpraz, la pente est couverte par les éboulis gigantesques du Brévent. Les roches de la zone qui nous intéresse se retrouvent plus bas dans la région des lacs dits « les Gaillands ». Dans les falaises qui dominent deux petits hôtels en cet endroit, on retrouve la zone amphibolitique du Lac Cornu, mais avec une puissance fortement réduite. Quelques sources sortent directement de ces rochers ; l'eau coule abondamment et alimente les lacs artificiels des Gaillands.

La zone d'amphibolites et de calcaires anciens situés à l'Ouest du Brévent, est orientée à peu près de même façon que la zone du lac Cornu. Elle est presque verticale et sa direction est Nord-Sud. Cette zone coupe obliquement le versant des Aiguilles Rouges et son prolongement atteint le fond de la Vallée de Chamonix, sur la rive droite de l'Arve, en aval de la gare des Bossons, et là précisément, au pied des parois taillées dans les roches graphiteuses, qui accompagnent ordinairement les calcaires anciens, jaillit une source importante, dont la sortie est protégée par une construction en bois qui sert de buanderie.

Toujours sur la rive droite de l'Arve, quelques mètres en amont du pont du Chemin de fer, entre les Bossons et les Houches, on trouve encore une grande source. Des éboulis recouvrent ici la pente. Mais la source est trop importante pour qu'on puisse supposer qu'elle est déterminée par ces éboulis. D'autre part, si l'on suit la direction des couches du cristallin, on arrive rapidement à un point, quelque peu au Sud-Ouest de Merlet, où l'on constate la présence des calcaires anciens.

Il est très naturel que les niveaux contenant des calcaires encaissés dans les gneiss et les micaschistes, c'est-à-dire dans les roches imperméables, puissent emmagasiner les eaux par suite de la dissolution partielle du calcaire et c'est au niveau le plus inférieur, de l'intersection de ces couches-magasins d'eau avec la surface topographique que se forment naturellement les sources.

Nous avons cité seulement les plus remarquables. Mais elles montrent suffisamment combien important est le rôle de ces zones de roches basiques pour l'hydrographie de la Vallée de Chamonix.

## BIBLIOGRAPHIE

1. P. Corbin et N. Oulianoff. Continuité de la tectonique hercynienne dans les massifs du Mont Blanc et des Aiguilles Rouges. *Bull. Soc. Géol. de France*, vol. 25 (1926), pp. 541-553, avec 4 figures.

2. N. OULIANOFF. Le massif de l'Arpille et ses abords « Matériaux pour la carte géologique de la Suisse », 84e livraison, 1924.

3. J. REVIL, Hydrologie de la Savoie. *Bullet. de la Soc. d'Hist. Nat. de Savoie*, XX, 1925.

---

HEMMER

---

## NOTICE SUR LES CARRIÈRES D'ALBATRE D'OULED-DJELAL

---

9e section

# BOTANIQUE

*Président* ................ M. Maire, Professeur à la Faculté des Sciences d'Alger.


## Dr R. MAIRE

Professeur à la Faculté des Sciences d'Alger


## CONTRIBUTION A L'ÉTUDE DE LA FLORE DES MONTAGNES DE NUMIDIE

Au cours d'excursions faites en 1924 et 1925 dans les montagnes de Numidie (Aurès, Djebel Ouenza, Bellezma, Bou-Taleb, etc.), nous avons eu l'occasion de récolter un certain nombre de plantes nouvelles pour l'Afrique du Nord, et de préciser la distribution de beaucoup d'autres par la découverte de localités nouvelles. Nous donnerons ci-dessous la liste de nos récoltes les plus intéressantes, rangées dans l'ordre de l'*Index generum Phanerogamorum* de Durand.

*Clematis Vitalba L.* — Rochers gréseux dans les cédraies du Ras Faraoun, versant N vers 1.800 m. Abondant au pied de la même montagne dans le ravin d'Aïn-Mimoun. Cette plante, que nous avons indiquée en 1920 dans un ravin du versant N. du Chélia, n'était pas connue d'une façon certaine auparavant dans l'Afrique du Nord. En particulier, elle manque dans le *Compendium* de Cosson ; cependant Boissier, dans son *Flora orientalis*, mentionne l'Algérie dans l'aire géographique de la plante. Or, nous avons eu entre les mains des spécimens de *C. Vitalba* récoltés aux environs de Batna par Hénon, déterminés par Cosson comme *C. flammula*, et distribués par lui sous ce nom erroné. L'indication vague de Boissier repose sans doute sur la reconnaissance, par cet auteur, du *C. Vitalba* dans un de ces spécimens de Hénon.

*Thalictrum minus* L. ssp *saxatile* (D. C. Schinz et Kell. — Ras Faraoun, cédraies et chênaies du versant nord, sur les grès et les calcaires, 1.500-1.700 mètres, localité nouvelle.

*Berberis hispanica* Boiss. — Ras Faraoun, cédraies sur calcaire, 1.900-2.000 m.

*Arabis turrita* L. — Ras Faraoun, rocailles gréseuses ombragées, 1.500 m. Nouveau pour les Aurès.

*A. ciliata* R. Br. var. *Balansae* Coss. — Ravins ombreux à Aïn-Mimoun sur les grès, 1.400-1.500 m.

*Draba hispanica* Boiss. — Ras Faraoun, roches calcaires, 2.000 m.

Var. *longistyla* Batt. — Bou-Taleb, rochers calcaires de l'Afgan, 1.900 mètres.

*Brassica dimorpha* Coss. — Aïn Mimoun, broussailles sur les argiles, 1.300-1.400 m.

*Lepidium rigidum* Pomel. — Bou-Taleb, ravin d'Attafi, 1.300 m.

*Aethionema saxatile* R. Br. — Ras Faraoun, éboulis calcaires, 1.700-1.900 m.

*Thlaspi perfoliatum* L. — Ras Faraoun, grès et calcaires, 1.400-2.000 mètres. Bou-Taleb, sommet de l'Afgan, 1.800-1.900 m.

*T. Tineanum* Huet. — Aïn-Mimoun, pentes du Ras Faraoun, 1.400-1.500 m.

*Iberis ciliata* All. var. *Balansae* (Jord.) Coss. — Ras Faraoun, éboulis calcaires, 1.700-1.800 m.

*Fumaria atlantica* Coss. — Bou-Taleb, éboulis calcaires du Bou-Hellal, 1.550-1.600 m. (teste Pugsley).

*Viola tricolor* L. ssp. *minima* Gaud. — V. *Kitaibeliana* R. et Sch. — Bou-Taleb, cédraies de l'Afgan, calcaire, 1.800-1.900 m. — Nouveau pour l'Afrique du Nord.

*Silene conica* L. var. *australis* Maire. — Bou-Taleb, pâturages et chênaies claires à Attafi, 1.300-1.400 m.

*S. muscipula* L. — Bou-Taleb, Tinzert, 1.250 m.

*Moehringia trinervia* Clairv. ssp. *eu-trinervia* Briq. — Ras Faraoun, chênaies et cédraies, sur les grès, 1.500-1.700 m.

*Arenaria grandiflora* L. All. — Ras Faraoun, rochers calcaires du coup de talon du Pharaon, 1.900-2.000 m.

*Geranium pyrenaicum* L. — Ravin d'Aïn Mimoun, 1.400 m.

*Erodium montanum* Coss. — Chênaies et cédraies du Ras Faraoun, 1.400-2.000 m.

*Rhamnus alpina* L. — Ras Faraoun, rochers calcaires, 1.900-2.000 mètres.

*Acer monspessulanum* L. — Ras Faraoun, Coup de talon du Pharaon, rocailles calcaires, 1.900 m.

*Cytisus Balansae* Boiss. et Reut. — Djebel Touggour, rochers calcaires, 1.900-2.000 m.

*Genista capitellata* Coss. — Maadid, dans le *Juniperetum phoeniceae* près du Medjez, 1.000-1.100 m.

*Ononis cenisia* L. var. *biflora* Batt. — Ras Faraoun, cédraies sur calcaire, 1.800-2.000 m.

*Astragalus geniculatus* Desf. — Bou Taleb, cédraies de l'Afgan, 1.600-1.900 m.

*A. Glaux* L. — Bou-Taleb, dans le *Pinetum halepensis* au pied du Bou-Hellal, sur calcaire, 1.400 m.

*Coronilla pentaphylla* Desf. — Ras Faraoun, chênaies sur les grès, 1.400-1.500 m.

*Hedysarum pallidum* Desf. — Aïn-Mimoun, terrains argileux, 1.400 m.

*Vicia glauca* Presl. — Ras Faraoun, rocailles calcaires, 1.800-2.000 mètres.

*Lathyrus filiformis* J. Gay. — Djebel Touggour, chênaies claires sur calcaire, 1.800-1.900 m. entre Tahouint-Azger (la source rouge) et le sommet, très rare. Cette plante était, lorsque nous l'avons découverte là en 1924, nouvelle pour l'Afrique du Nord ; elle a été depuis retrouvée par JAHANDIEZ et par nous-même dans le Moyen Atlas marocain

*L. Nissolia* L. — Djebel Touggour, clairières des chênaies et des cédraies.

*Prunus insititia* L. — Ras Faraoun, ravins d'Aïn-Mimoun, 1.300-1.400 m. — Nom berbère local : « ombakra ».

*P. communis* (L.) Fritsch. — *Amygdalus communis* L. — Bou-Taleb, chênaies près d'Attafi, 1.300-1.400 m.

*P. prostrata* Labill. — Ras Faraoun, rochers et éboulis calcaires du coup de talon du Pharaon, 1.900 m.

*Sorbus Aria* L. — Avec le précédent.

*Crataegus laciniata* Ucria. — Ras Faraoun, Djebel Touggour.

*Cotoneaster nummularia* F. et M. var. *racemiflora* (Desf.) Wenzig. subvar. *tomentella* Maire (pro var. *C. Fontanesii* Spach.). — Ras Faraoun.

*Sedum caeruleum* L., Vahl. — Bou-Taleb, rochers calcaires du Bou-Hellal, 1.500-1.600 m.

*Chaerophyllum temulum* L. — Ras Faraoun, ravins humides d'Aïn-Mimoun, 1.400 m.

*Chaerefolium Anthriscus* (L.) Sch. et Thell. — Bou-Taleb, chênaies à Attafit. 1.300 m.

*Scandicium stellatum* (Soland.) Thell. — *Scandix pinnatifida* Vent. — Djebel Touggour, clairières des chênaies du versant S., sur calcaire, 1.600 m.

*Caucalis bifrons* (Pomel) Maire. — Bou-Taleb, rocailles calcaires à Tinzert, 1.200-1.250 m.

*Lonicera arborea* Boiss. — Ras Faraoun, cédraies, 1.600-2.000 m.

*Galium Murbeckii* Maire. — Ras Faraoun, rochers calcaires du Coup de talon du Pharaon, 1.900 m.

*Petasites fragrans* L. — Ras Faraoun, ravins humides sur les grès, 1.500-1.600 m.

*Doronicum atlanticum* Chabert. — Avec le précédent. — Bou-Taleb, chênaies à Attafi, 1.300 m.

*Senecio Balansae* Boiss. et Reut. — Bou-Taleb, cédraies de l'Afgan, sur calcaire, 1.700-1.900 m.

*Calendula suffruticosa* Vahl (sensu lato). — Bou-Taleb, rochers calcaires du Bou-Hellal, 1.550-1.600 m.

*Centaurea Balansae* Boiss. et Reut. — Ras Faraoun, rocailles calcaires de la crête, 1.900-2.000 m. Forme à épines involucrales faibles, différente du var. *Pharaonis* (Pomel) Batt., décrit de cette localité.

*C. pullata* L. — Aïn Mimoun. Forme à fleurs blanches.

*C. vesceritensis* Boiss. — Djebel Touggour, chênaies et broussailles sur les marnes, 1.300-1.400 m.

*Carduncellus pinnatus* Desf., var. *purpureus* Maire. — Ras Faraoun.

*Leontodon cichoraceum* (Ten.), Boiss. — *Millina leontodontoides* Cass. — Ras Faraoun, rocailles calcaires, 2.000 m.

*Taraxacum obovatum* L. — Ras Faraoun.

*Hieracium pseudo-Pilosella* Ten. subsp. *Atlantis* Zahn (teste ZAHN) Djebel Touggour, clairières des chênaies et cédraies, 1.500 m. Nouveau pour l'Algérie.

*Rochelia disperma* L. Hochr. — Bou-Taleb, cédraies claires de l'Afgan, sur calcaire, 1.700-1.900 m.

*Cynoglossum montanum* L. var. *maroccanum* Brand. — Ras Faraoun, chênaies sur les grès, 1.400-1.600 m.

*Alkanna tinctoria* (L.) Tausch. — Rocailles calcaires au sommet du Ras Faraoun, 2.000 m.

*Convolvulus Cupanianus* Tod. var. *guttatus* Batt. et Maire, n. var. — A typo differt corolla in annulo albo maculis 5 atro-caeruleis guttata. — Champs argileux de Mdaourouch à l'Ouenza (MAIRE) ; Guelma (BATTANDIER).

*Veronica hederifolia* L. ssp. *maura* Murb. — Ras Faraoun ; Djebel Touggour.

*Satureia Hochreutineri* Briq. — Djebel Touggour, rochers calcaires du versant S, 1.600 m.

*Sideritis incana* L. var. *aurasiaca* Batt. — Djebel Ouenza, dans le *Pinetum halepensis*, 1.200 m.

*Ballota hispanica* (L.) Munby var. *bullata* (Pomel). — Djebel Ouenza, rocailles calcaires, 1.200 m.

*Stachys Guyoniana* De Noé. — Bou-Taleb, rochers calcaires de l'Afgan, 1.900 m.

*Plantago lanceolata* L. ssp. *altissima* Rouy. — Les Tamarins, lieux humides. Forme ayant les sépales postérieurs obtus, mais passant au type de l'espèce par ses scapes à 5 sillons.

*Paronychia aurasiaca* Webb. — Bou-Taleb, cédraies claires de l'Afgan, sur calcaire, 1.[illegible]0-1.900 m.

*Rumex thyrsoides* Desf. var. *sagittatus* Batt. — Khenchela. Djebel Touggour.

*Euphorbia atlantica* Coss. — Ras Faraoun.

*Salix pedicellata* Desf. — Ras Faraoun, ravins humides.

*Populus alba* L. — Bou-Taleb, ravin d'Attafi, sur calcaire, 1.300 m.

*Ophrys subfusca* Murb. — Bou-Taleb, chênaies claires à Attafi, 1.300-1.400 m.

*Avena compressa* Heuffel. — Djebel Ouenza, dans le *Pinetum halepensis* sur calcaire, 1.200 m.

*A. macrostachya* Bal. — Ras Faraoun, cédraies sur calcaire, 1.800-2-000 m.

*Poa flaccidula* Boiss. et Reut. — Djebel Touggour ; Ras Faraoun ; cédraies sur calcaire, 1.700-2.000 m.

*Poa trivialis* L. var. *glabra* Döll. — Aïn-Mimoun.

*Festuca triflora* Desf. — Ras Faraoun, chênaies sur les grès, 1.400-1.600 m.

*F. ovina* L. ssp. *leavis* Hack. var. *gallica* (Hack.) Saint-Yves subvar. *Costei* St-Yves in R. de Lit., Bull. Soc. R. Bot. Belgique, 55, p. 107 (1923), Bull. Soc. Bot. France, 71, p. 39 (1924) ; teste R. de Litardière. — Ras Faraoun, rochers et rocailles calcaires, 1.900-2.000 m. — Nouveau pour l'Afrique du Nord.

ssp. *frigida* Hack. var *Djurdjurae* (Trab.) Hack (teste R. de Litardière. — Djebel Touggour, rochers calcaires, 1.900-2.000 m. — Nouveau pour le Bellezma, connu seulement du Djurdjura.

var. *numidica* (Trab.) St-Yves (teste R. de Litardière). — Bou-Taleb, rochers calcaires au sommet de l'Afgan, 1.950 m.

*F. algeriensis* Trab. var. *Battandieri* St-Yves (teste R. de Litardière). — Bou-Taleb, chênaies à Attafi, 1.300-1.400 m.

*Bromus erectus* Huds. — Djebel Touggour.

*Juniperus communis* L. — Ras Faraoun, cédraies sur les grès, 1.800 mètres.

*Cystopteris Filix-fragilis* (L.) Chiov. — Ras Faraoun, rochers calcaires, 1.900 m.

*Allium roseum* L. var. *typicum* Asch. et Gr. subvar. *maiale* (Cir.), Asch et Gr. — Djebel Ouenza, ravins, sur calcaire, 1.200 m.

*Ornithogalum comosum* L. var. *atlanticum* Baker in Ball. — Bou-Taleb, pâturages sur calcaire à Tinzert, 1.250 m. — Nouveau pour l'Algérie.

*Muscari atlanticum* Boiss. et Reut. — Ras Faraoun. Djebel Touggour.

*Tulipa australis* Link. — Ras Faraoun, cédraies, 1.700-2.000 m.

*T. primulina* Baker. — Djebel Touggour, cédraies près du sommet,

2.000 m. Bou-Taleb, cédraies claires de l'Alfan, sur calcaire, 1.700-1.900 m.

*Fritillaria messanensis* Raf. — Bou-Taleb, chênaies à Attafi, 1.300-1.400 m.

*Gagea Granatelli* Parl. — Bou-Taleb, cédraies de l'Afgan, sur calcaire, 1.700-1.900 m.

*Cynosurus effusus* Link. — *C. elegans* Auct. non Desf. — Bou-Taleb, cédraies de l'Afgan, sur calcaire, 1.700-1.900 m.

*Puccinia Phlomidis* Thüm. — I. sur *Phlomis herba-venti* L. : Bou-Taleb, à Attafi, 1.400 m.

*P. Arrhenatheri* Kleb. — I. sur *Berberis hispanica* Boiss. : Ras Faraoun.

*Uromyces Anthyllidis* (Grev.) Schroet. (sensu lato). — II. III. sur *Hedysarum carnosum* Desf. : Les Tamarins.

*Taphridium algeriense* Juel. — Sur *Ferula communis* L. : Bou-Taleb à Attafi.

*Peronospora Nesleae* Gaümann. — Sur *Vogelia apiculata* (F. et M.). Vierh. : pied du Bou-Taleb au Bordj Régnier.

*P. arborescens* (Berk.) De Bary (*sensu lato*). — Sur *Hypecoum pendulum* L. : avec le précédent.

*Sorosphaera Veronicae* Schroet. — Sur *Veronica hederifolia* L. ssp. *maura* Murb. — Djebel Touggour, cédraies près du sommet. Nouveau pour l'Afrique.

---

Dr L. TRABUT

Directeur du Service botanique de l'Algérie

---

## 1° L'INDIGÉNAT DU *SACCHARUM BIFLORUM* FORSK, *S. ÆGYPTIACUM* WILTO A BONE

---

Dans l'Exploration scientifique de l'Algérie, Glumacées, Cosson décrit le *Saccharum aegyptiacum* comme spontané à Bône où il a été découvert en novembre 1857 par A. Letourneux. Cette graminée se présente en effet avec une allure spontanée dans les Oueds qui descendent en ravins de l'Edough : l'Oued Kouba et l'Oued Fourka.

Dans ces stations, on ne trouve le Saccharum que dans les parties inaccessibles au bétail qui en est très friand.

Les échantillons recueillis ont des fleurs fertiles avec caryopses bien constitués, et cependant cette plante est restée cantonnée dans les stations découvertes en 1857.

Les essais de culture que je poursuis depuis une vingtaine d'années m'ont démontré que ce Saccharum se plaît sur toutes les dunes du littoral et s'y naturalise.

En Sicile, sur la côte orientale dans la région de Messine depuis très longtemps, le Saccharum est très employé comme abri et a pris l'allure d'une plante naturalisée. Parlatore dans le *Flora italica* signale le *Saccharum œgyptiacum* comme spontané à Palerme : *il ponte della Grazia* et *il ponte di Corleone.*

A Bône, on pourrait supposer que le Saccharum a été introduit de

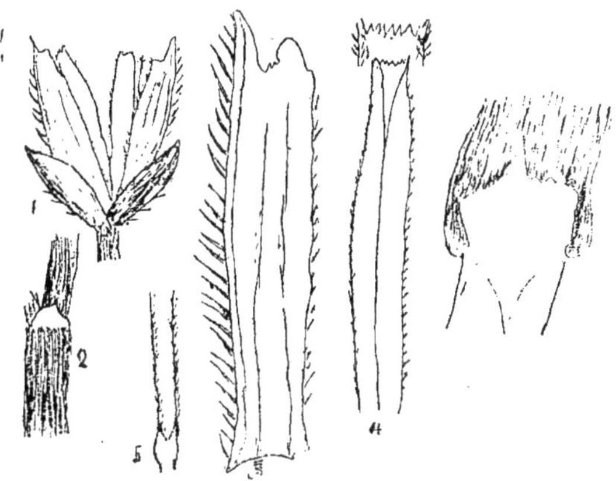

1. epillet, 2. bractu rudimentaire de la panicule, 3. glumelle, 4. glumelle supérieure, 5. pistil, 6. ligule.

Sicile ; mais si cette introduction a été faite, ce serait bien avant notre occupation et on trouverait le Saccharum employé comme haies de séparation ou comme abris, alors qu'il reste parfaitement ignoré dans des fonds de ravin. Depuis cinquante ans, l'exploration minutieuse du littoral ne m'a pas permis de découvrir une autre station. Cependant, à Port-Say, j'ai vu quelques touffes à proximité du domaine de M. Say, mais il se peut que cette graminée y ait été plantée.

On peut supposer que le Saccharum est resté comme une relique cantonnée dans les ravins inaccessibles au bétail, parce que les bovidés et les chevaux se montrent très avides de ce fourrage, cependant coriace.

Au sujet d'une tentative de culture faite dans les Basses-Pyrénées, à Guéthary, M. Arné m'écrit qu'il a été obligé d'entourer de fil de fer ses touffes de Saccharum pour éviter que ses chevaux ne les détruisent, en broutant les pousses.

La dénomination de *Saccharum biflorum* Forskal de 1775 est plus ancienne que celle de *S. ægyptiacum* Willd, 1800.

Le *S. spontaneum* de l'Inde est, comme le fait observer Cosson, une plante assez différente pour être distinguée comme espèce. Le *S. biflorum* occupe encore dans le bassin oriental de la Méditerranée quelques stations ; mais c'est en Egypte qu'il est largement répandu et la station de Bône peut être considérée comme un témoin d'une ancienne extension vers l'Occident.

---

## 2° SESLERIA CIRTENSIS SP NOV

---

Souche cespiteuse à gaines luisantes, chaumes dressés feuillés 10-12 centimètres, feuilles radicales linéaires, 1 mm. 5, obtuses brusquement avec marges scabres, les caulinaires plus larges, longues atteignant l'inflorescence, ligule saillante tronquée et prolongée en pointe au milieu ; panicule spiciforme, courte compacte, une bractée rudimentaire mucronée, épillets brièvement pédicellés à deux fleurs normales et une fleur rudimentaire, glumes courtes atteignant le milieu des glumelles contiguës, généralement égales, parfois l'inférieure plus longue, scabres sur les bords et sur la carène qui se prolonge en subule, glumelle inférieure ovale tronquée pubescente longuement ciliée sur la carène, terminée par un épais mucron généralement recourbé en dehors, sommet denté scabre sans subules latérales, nervures latérales s'évanouissent avant d'atteindre le sommet : 3 étamines, 2 styles très courts, stigmates non divergents, longs.

Rochers calcaires au Kef Sidi Mcide, Constantine.

---

Dr H. FOLEY
Laboratoire saharien de l'Institut Pasteur d'Algérie

## NOTE SUR LA RÉPARTITION GÉOGRAPHIQUE DE *MORICANDIA FOLEYI* BATTANDIER (Crucifères)

Au cours d'un voyage scientifique dans les oasis du Gourara et du Touat (Sahara Oranais), au printemps de 1913, nous avons rencontré un *Moricandia* remarquable au premier aspect par sa taille élevée. Il a été étudié, d'après les spécimens que nous avions récoltés, par le regretté Professeur J.-A. Battandier, qui l'a décrit comme une espèce nouvelle, sous le nom de *Moricandia Foleyi*, dans le *Bull. de la Soc. Botan. de France*, 1914, t. XIV, p. 52, puis dans ses *Contributions à la flore atlantique*, 1919, pp. 10-11. Il a été enfin décrit et figuré dans le 5e fascicule de l'*Atlas de la flore d'Algérie* (1920), p. 61-62, pl. XLVIII.

Ce *Moricandia* a été cependant omis par O.-E. Schulz dans le fascicule 84 du *Pflanzenreich* (1923), consacré aux Cruciferae Brassicae, II, dans lequel l'auteur passe en revue la tribu des Moricandiinae.

Cette plante constitue un groupe tout à fait à part dans le genre *Moricandia*, d'après J.-A. Battandier, qui la qualifie de « merveilleuse espèce, la plus belle du genre ».... et « probablement la plus belle Crucifère du Nord de l'Afrique ». Recherchée par les dromadaires, elle est bien connue des chameliers indigènes qui la désignent, en arabe, sous le nom de *bejiq*, appellation générique des *Moricandia*.

Elle n'a été jusqu'à présent signalée que dans le Sud oranais et dans les stations où nous l'avons trouvée en grande abondance. Elle était en pleine floraison, le 8 mars 1913, dans le lit desséché d'un oued, affluent de la rive gauche de la Zousfana, qui se forme dans le col d'El Aouedj, à 20 kilomètres environ à l'Est de Beni Ounif-de-Figuig. Nous l'avons rencontrée les jours suivants, en magnifiques spécimens, dans la vallée de l'oued Namous, qui suit une direction à peu près exactement Nord-Sud, entre le 32° et le 31° de latitude Nord. De véritables prairies recouvraient les dépôts alluvionnaires qui existent de place en place dans le large lit de l'oued. C'est aux abords du point d'eau de Haci Mamoura, et à une vingtaine de kilomètres au Sud de ce point, à la hauteur du Djorf el Atfal, que se trouvaient les stations les plus importantes. Dans les parties limoneuses, la plante atteignait une très grande taille : ses tiges, portant de nombreux rameaux chargés de fleurs violacées, dépassaient parfois un mètre. Elle formait par endroits de véritables champs.

Il est probable que *Moricandia Foleyi* croît dans toute la vallée de l'oued Namous, et qu'on la rencontrera aussi dans certains lits d'oueds, affluents de la rive gauche de la Zousfana, sous la même latitude.

---

P. E. PINOY

---

## SUR LES CHAMPIGNONS DU STIRPE DE L'ASPERGILLUS (sterigmatocystis) NIDULAS. LEUR POUVOIR PATHOGÈNE POUR L'HOMME ET LES ANIMAUX

---

Eidam en 1883 a découvert sur des nids de bourdons une espèce d'*Aspergillus* parfaitement caractérisée par ses périthèces noir-brun contenant des asques à 8 spores. Les ascospores brun-pourpre de 4 à 5 μ de diamètre présentent une membrane épaissie dans laquelle se trouve creusée une gouttière circulaire leur donnant l'aspect d'une lentille biconvexe.

Les périthèces sont entourées d'hyphes renflées à leur extrémité, stériles, à paroi épaisse, ornementales.

L'appareil conidien consiste en une tête glancescente parfois brunâtre, conique, de 12 μ sur 10 μ, hérissée de stérigmates primaires portant eux-mêmes deux ou quatre stérigmates secondaires, produisant chacun une chaînette de conidies rondes verdâtres de 3 μ de diamètre. Cet *Aspergillus* a été tout d'abord trouvé par Siebenmann dans deux cas d'otomycose chez l'Homme.

Depuis, avec Ch. Nicolle, nous l'avons vu provoquer chez l'Homme un mycétome du pied et avec Masson, nous l'avons rencontré dans une mycose du poumon chez l'âne.

Plus récemment, avec le Dr Nanta, nous avons constaté que c'était un champignon du même stirpe qui, dans certaines splénomégalies, détermine dans la rate la formation des nodules décrits pour la première fois par Gandy et parfaitement définis par Gamna.

L'*Aspergillus versicolor* que Mlle Mirsky a isolé des crachats d'un malade est une espèce voisine.

Est-ce le fait d'avoir vécu en parasite ou, par elle-même, l'espèce est très variable, les cultures obtenues nous montrent toujours des formes qui ne sont pas identiques à l'espèce type et qui diffèrent entre elles.

On a parfois des cultures qui demeurent stériles, chez lesquelles on n'observe ni formation de conidies, ni formation d'ascospores, donnant seulement quelques petits sclérotes noirs.

De telles cultures diffèrent fort peu de celles de *Madurella mycetomi* et on peut se demander si *Madurella mycetomi* n'est pas une forme stérile de *Sterigmatocystis nidulans*. Peut-être l'action du radium sur les cultures de *Madurella mycetomi* nous permettra-t-elle de fixer ce point particulier.

La forme *Nicollei* Pinoy de *l'Aspergillus nidulans* a des conidies plus petites que l'espèce type, 2 µ à 3 µ.

La forme *Nantae* Pinoy a de même des conidies plus petites 2 µ 5 à 2 µ,6. La forme *Cesarii* Pinoy, isolée du poumon de l'âne a des conidies semblables à l'espèce type. *Aspergillus versicolor* Mirsky a des conidies plus grosses 3 µ, 5.

La forme *Nicollei* donne dans les cultures des périthèces à membrane mince et stériles. La forme *Nantae* nous a montré dans les tissus un périthèce semblable ; dans les cultures, jusqu'ici, nous n'avons pas obtenu de périthèces. La forme *Cesarii* produit dans les cultures des périthèces fertiles, mais les ascospores ont des dimensions plus petites que l'espèce type ; elles ne mesurent que 4 µ. En outre, la tête conidienne de la forme *Cesarii* est souvent couverte de stérigmates qui s'insèrent sur la moitié de la tête comme chez *Aspergillus fumigatus*, si bien que Grijns qui a rencontré une forme analogue l'a décrite comme une forme ascosporée d'*Aspergillus fumigatus*.

L'aspect des cultures varie beaucoup aussi. Tantôt, c'est le pigment rouge qui domine (*Cesarii*, *Versicolor*, *Nicollei*), tantôt le pigment vert (*Nantae*).

L'épaisseur de la membrane mycélienne dans les différentes races montre de grandes variations. La forme *Nantae* à ce point de vue, est très remarquable. Aussi bien dans les cultures que dans les tissus, on peut trouver des filaments très fins, n'ayant pas plus de 1 µ de diamètre, à membrane à peine visible. On trouve aussi des filaments à membrane épaissie et diffluente, difficiles à distinguer dans les tissus de fibres élastiques ou conjonctives dégénérées.

---

P. A. BUROLLET

Pharmacien-Major, Rabat (Maroc)

## RECHERCHES PHYTOSOCIOLOGIQUES DANS LE SAHEL TUNISIEN

J'ai déjà exposé devant la section de botanique du Congrès de Montpellier (1922) et du Congrès de Grenoble (1925), quelques observations sur la flore des sables littoraux et la végétation des sebkhas du Sahel de Sousse. Je ferai maintenant connaître les résultats principaux de mes recherches phytossociologiques dans la steppe.

Tout près de sa limite septentrionale représentée par les avancées de la dorsale tunisienne, la steppe sub-désertique n'a point dans le Sahel le déroulement imposant et monotone qu'elle possède dans le centre et dans le sud de la Régence. Topographiquement fragmentée par les mamelons travertineux autour desquels elle s'insinue, la steppe est soumise ici, et depuis des siècles, à des alternatives d'extension et de régression dues à la mise en culture plus ou moins intensive du Sahel et aux fluctuations de la forêt d'oliviers.

L'analyse des peuplements végétaux qui constituent la steppe du Sahel a comme premier résultat de mettre en évidence l'absence totale des arbres et l'inconstance des grands arbustes qu'on y peut trouver, arbustes dont le *Zizyphus-Lotus* est le plus caractéristique. Ce jujubier, qui a certainement été mieux représenté autrefois, est actuellement un élément assez commun de l'ensemble de notre paysage végétal, mais il ne joue qu'un rôle sociologique et dynamique négligeable au sein des associations où on le rencontre, à cause de la rareté ou de la dispersion de ses représentants. Son action écologique elle-même a pour limite la projection de l'ombre portée de chacun de ses exemplaires (1).

Les relevés sociologiques, confirmant l'observation directe, révèlent la dominance des Graminées, dominance qui est l'un des attributs né cessaires de la notion de steppe. Nous retiendrons particulièrement le *Vulpiella incrassata*, psammophile continentale, et le *Stipa tortilis*, plus souple à l'égard des facteurs édaphiques, qui pénètre dans les sa-

(1) Ces buissons isolés constituent cependant des unités de végétation intéressantes et même, vraisemblablement, des unités biologiques plus larges, des biocoenoses selon Gams. Cf. aussi BRAUN-BLANQUET et MAIRE, *Etudes sur la Végétation et la Flore marocaines*; C.R. des herb. de la Soc. Bot. de Fr. au Maroc; 1924, p. 26.

bles à *Vulpiella*, dans les diverses pelouses sèches ou semi-mésophiles, et forme avec le *chih* (*Artemisia Herba-alba*) des peuplements mixtes ayant tous les caractères d'une bonne association.

Le *Stipetum* à *Stipa tortilis*, qui forme dans le Sahel la très grande majorité de la végétation de la steppe, paraît donc être ici un véritable *climax* vers lequel tendent un certain nombre d'unités sociologiques continentales. Il s'étend, en effet, aux dépens de divers groupements préexistants, des pelouses et des cultures abandonnées notamment. L'inventaire floristique du *Stipetum* donne de nombreuses espèces communes à l'association à *Stipa tortilis* et à plusieurs groupements végétaux. Ce fait tient en premier lieu à la souplesse et à l'amplitude des caractères écologiques spécifiques et ensuite au climat même du Sahet (1). Il faut, en outre, se souvenir que des réactions anthropozoogéniques se sont, depuis l'antiquité historique la plus reculée, exercées sur la végétation du Sahel. On sait qu'elles ont comme conséquence l'extension des espèces à dispersion facile, souples à l'égard des facteurs écologiques et peu exigeantes quant à la qualité du substratum. Il s'ensuit qu'au sein des associations ouvertes de telles espèces, apparaissent aujourd'hui comme des constantes et parfois même, en certains points, donnent à l'association dont elles font partie un faciès quasi rudéral (2).

L'extension du *Stipa tortilis* est aussi, dans plusieurs cas, nettement subordonnée au passage de l'homme. Un ou plusieurs stades préalables sont alors nécessaires avant la dominance du *Stipa* ; c'est ainsi que dans les pelouses autrefois cultivées, un stade à *Lamarckia aurea* précède le *Stipetum*. Faut-il en conclure que la steppe à *Stipa tortilis* n'est, dans le Sahel, qu'une formation subordonnée à la destruction anthropique des associations naturelles ? L'étude du *Vulpielletum* à *Vulpiella incrassata* permet d'en juger autrement.

On sait que les collines tabulaires, dont la strate supérieure est constituée par un banc de travertin, sont formées dans leur masse par des sables plus ou moins agglomérés en grès. L'érosion des pentes a comme conséquence des « coulées » de sables qui viennent ensuite s'étaler sur la plaine en traçant des rigoles suivant la ligne de plus grande pente. Après la chute des sables, un profil d'équilibre temporaire s'établit et la végétation intervient. Dans les parties hautes des coulées, où le substratum est instable, la flore ne comporte que des espèces à système souterrain développé, chaméphytes ou hémicryptophytes :

(1) Cf. Onésime Reclus, « Pour tout conter, la mer est là dans le voisinage et grâce à son embrun, à son imperceptible émanation, le Steppe tunisien n'est pas aussi Steppe qu'en Algérie ; on peut le traiter de demi-Steppe, et à la rigueur un demi-Steppe est un demi-Tell. Le Sahel le prouve bien... » *Sites et monuments* (Tunisie). Touring Club. Paris 1902. Préface.

(2) Le Kentrophyllum lanatum, par exemple.

| | |
|---|---|
| *Andropogon hirtus* | *Echiochilon fruticosum* |
| *Helianthemum sessiliflorum* | *Scabiosa maritima* |
| *Anagallis linifolia* | *Lygeum Spartum* |
| *Lotus cytisoides* | etc... |

Les sables qui viennent s'étaler sur la plaine, d'un grain assez grossier, abrités des vents violents par les collines d'où ils sont descendus, sont peu mobiles. Leur végétation comporte donc dès le début des espèces annuelles ; l'une de ces dernières, le *Vulpiella incrassata*, domine nettement et joue ici le rôle du *Vulpia uniglumis* dans les sables bas du littoral (1.)

Par une lente évolution, dont le caractère obligatoire paraît bien établi pour la majorité des individus du Sahel, le *Vulpielletum* passe au *Stipetum* à *Stipa tortilis* grâce à la progression croissante des chiffres de quantité de cette dernière espèce. Les valeurs successives du rapport $\frac{\textit{Vulpiella incrassata}}{\textit{Stipa tortilis}}$ caractérisent tous les stades intermédiaires entre les deux groupements. La présence du *Stipa tortilis* peut donc être indépendante des facteurs biotiques et la genèse du *Stipetum* a pu être établie à partir des sables vierges continentaux. De l'association à *Vulpiella incrassata*, qui est probablement son siège primitif dans le Sahel et au sein de laquelle il doit se confiner aux époques de mise en culture intensive, le *Stipa tortilis* peut se lancer à la conquête de la steppe chaque fois que l'occasion lui en est offerte grâce à l'intervention des facteurs biotiques favorables.

---

(1) Cf. aussi l'association à *Vulpia geniculata* des sables littoraux de Mogador (Braun-Blanquet et Maire).

G. NICOLAS
Professeur à la Faculté des Sciences de Toulouse

# NOUVELLES OBSERVATIONS SUR DES CULTURES PURES D'HÉPATIQUES ET ESSAIS D'ACCLIMATATION DE QUELQUES ESPÈCES DANS LA RÉGION TOULOUSAINE

Au Congrès de Lyon, en 1926, j'ai signalé avoir obtenu en cultures pures sur milieu Marchal gélosé, neutralisé ou non, les hépatiques suivantes : *Targionia hypophylla* L., *Reboulia hemisphaerica* Raddi, *Pellia Fabbroniana* Raddi, *Fossombronia angulosa* Raddi.

Depuis cette date, les cultures ont continué à évoluer et je rapporte ici quelques observations à leur sujet.

Malgré les insuccès constatés, en 1925 et 1926, relativement à la germination des spores de *Fegatella conica* Corda, j'ai tenté, au début de mars 1927, de nouveaux essais qui me laissent espérer, sinon le succès, tout au moins peut-être l'explication de la germination si capricieuse de ces spores et la contamination à peu près constante des thalles par un endophyte.

TARGIONIA HYPOPHYLLA *L.* — Quatre cultures provenant de spores ensemencées, le 23 février 1925, sur Marchal gélosé non neutralisé. — Deux d'entre elles, toujours sur le milieu initial, ont des thalles peu allongés, moyennement larges, moins cependant que dans la nature, et sont stériles ; les deux autres proviennent de repiquages, le 22 mai 1925, sur le même milieu ; quelques thalles d'une culture ont produit, dès avril 1926, des archégones et de très rares anthéridies ; cette sexualité n'a pas été suivie de la production de sporogones, la fécondation n'ayant pas eu lieu, par suite d'une quantité d'eau insuffisante pour permettre le transport des spermatozoïdes jusqu'à l'archégone. Depuis cette date, les thalles à archégones, toujours vivants, ne se sont pas allongés, mais émettent de petits rameaux latéraux ; les parties les plus anciennes des thalles se dessèchent et meurent. L'autre culture, entièrement stérile, comprend des thalles très longs, mesurant jusqu'à 4-5 centimètres, très étroits à leur sommet (1 mm.), vert-clair, pourvus d'abondantes ramifications latérales, qui n'existent pas dans les conditions naturelles.

REBOULIA HEMISPHAERICA Raddi. — Deux cultures sur Marchal non neutralisé ; l'une, du 11 mars 1925, a produit des thalles allongés, mais très étroits (1-2 mm.) ; l'autre, du 27 mars 1925, requiquée, le

18 mai 1925, sur un milieu identique au premier, a donné des thalles moins longs, étroits, mais nettement dichotomisés à leur sommet. Les deux cultures sont restées stériles, sans le moindre organe sexué.

Pellia Fabbroniana Raddi. — Plusieurs cultures de février-mars 1925. — Les unes, encore sur le milieu initial neutralisé, ont des thal-

Targronia hypophylla — Culture fertile — 1926

les très allongés, étroits (1 mm.), non ou peu ramifiés ; d'autres, repiquées sur Marchal non neutralisé, deux mois après l'ensemencement, comprennent des thalles plus vigoureux, très ramifiés, nettement dichotomisés, à un tel point que l'on croirait se trouver en présence d'une autre espèce, rappelant un peu certains *Aneura* ; certaines ramifications sont extrêmement ténues. Quelques thalles provenant d'une culture sur Marchal neutralisé ont été repiqués, le 17 janvier

1926, sur Marchal non neutralisé, dont le sulfate de calcium avait été remplacé par le chlorure de sodium ; les thalles, ramifiés, sont restés petits, bien moins vigoureux que sur Marchal ordinaire. Toutes les cultures sont restées jusqu'à maintenant stériles.

FOSSOMBRONIA ANGULOSA Raddi. — Deux cultures comprenant un

Pallia Pabbroniana — 1926

gazon dense de thalles allongés, à feuilles espacées. De nombreux thalles portent des anthéridies bien visibles et probablement aussi des archégones, ce dont je ne suis pas certain, n'ayant osé prélever quelques thalles dans ces cultures par crainte de contamination. Jusqu'à maintenant, pas de sporogones, vraisemblablement pour la raison indiquée plus haut au sujet de *Targionia*.

Des quatre hépatiques obtenues en culture pure, *Targionia hypo-*

*phylla* et *Fossombronia angulosa* ont donné des organes reproducteurs, mais pas de sporogones, l'eau étant en quantité insuffisante dans les cultures pour permettre l'arrivée des spermatozoïdes jusqu'à l'archégone, ce qui ne peut se faire, chez ces espèces dioïques, que par l'eau. Des essais seront tentés dans le but de faciliter la fécondation.

Fossombronia angulosa — 1926

Dans tous les cas, la culture sur un milieu gélosé, en atmosphère saturée d'humidité, retentit considérablement sur la forme des thalles et y produit les modifications suivantes, constatées maintes fois : allongement et rétrécissement accompagnés quelquefois de la ramification et du redressement des thalles.

***

Malgré les recherches minutieuses de Jeanbernat et tout récemment d'un élève de mon laboratoire, M. Chalaud (1), qui a enrichi la flore hépaticologique de la région toulousaine de plus de 23 espèces, *Targionia hypophylla*, *Reboulia hemisphaerica* et *Fossombronia angulosa* sont inconnues dans cette région. Communes dans la région méditerranéenne, elles se retrouvent sur les bords de l'Atlantique ou de la

Targonia hypophylla — Culture stérile — 1926

Manche et, pour les deux premières, plus ou moins loin vers l'Est, dans l'intérieur des continents. Ayant replanté des thalles de ces trois espèces venant de Saint-Pons (Hérault), de janvier à mars 1925, dans

(1) Chalaud : Etude biologique et géobotanique des Hépatiques de la région de Toulouse. Mémoire présenté pour l'obtention du Diplôme d'Etudes supérieures de Botanique, Faculté des Sciences de Toulouse, 1925, et Bulletin de la Société d'Histoire naturelle de Toulouse, tome LVI, 1927.

la cour du Laboratoire de Botanique, à l'abri d'un mur orienté Est-Ouest, ces thalles ont parfaitement repris, constituant un tapis dense ; en 1926, ces Hépatiques ont toutes trois donné de nombreux sporogones, mûrs en mars-avril. En 1927, *Reboulia* et *Fossombronia* ont seules persisté et se sont même propagées à une certaine distance du point où elles avaient été placées ; leurs sporogones, en 1927, ne sont pas encore mûrs le 31 mars. Quant à *Targionia*, elle a complètement disparu, en 1927, vraisemblablement par suite de la concurrence qu'elle a eu à supporter avec *Reboulia* et surtout *Lumularia cruciata* (L.) *Dum.*, espèce très envahissante grâce à ses propagules. Actuellement, *Reboulia*, *Fossombronia* et *Lunularia* forment un tapis très dense, dans lequel cette dernière hépatique, se multipliant, dans cette station comme dans la majorité des cas, par voie végétative, par ses propagules, tend à prendre la prédominance ; fort heureusement pour l'association, *Reboulia* et *Fossombronia* ont des sporogones pédonculés qui permettent la dissémination des spores à une certaine distance, ce qui n'a pas été le cas pour *Targionia*.

---

Abbé P. FREMY

Licencié ès Sciences naturelles
Professeur à l'Institut libre de Saint-Lô (Manche)

---

## LES *RIVULARIA* DE LA NORMANDIE

---

Dans cette note, nous entendrons le genre *Rivularia* (Roth) Ag. (*Syst. Algarum*, 1824, p. 19), non dans le sens étendu que lui a donné Kirchner (*in* Engler u. Prantl, Nat. Pflanzenfam. I, 1a, 1887), en lui adjoignant le genre *Gloeotrichia* J. Ag (1842), mais dans le sens restreint où l'ont pris Bornet et Flahault dans leur *Révision des Nostocacées hétérocystées* (1re partie, 1886).

Ainsi compris, le genre *Rivularia* peut se définir comme il suit : *Cyanophycées filamenteuses anhomocystées, à filaments disposés radialement, plusieurs fois ramifiés, s'atténuant progressivement en poils, réunis entre eux par une matière muqueuse ou gélatineuse et formant des frondes définies, globuleuses, hémisphériques ou à lobes plus ou moins bombés se confondant parfois en plaques d'étendue variable. Hétérocystes basilaires. Spores inconnues. Plantes marines, d'eau saumâtre ou d'eau douce.*

## Clef analytique des espèces normandes

I. Plantes d'*eau douce.*

A. Frondes adultes *globuleuses, légèrement incrustées de calcaire à leur intérieur, non zonées.*

1. Trichomes épais de 4-9 μ, *gaines étroites*, continues, *non dilatées en entonnoirs* ....................................—1. *R dura*

2. Trichomes épais de 9-12,5 μ, *gaines dilatées, formant de nombreux entonnoirs superposés*..................... 2 *R. minutula*

B. Frondes adultes *hémisphériques*, n'ayant pas plus de 1 millimètre de large, dures mais *nullement calcifiées;* trichomes épais de 3-7 μ ; gaines étroites, peu lamelleuses, dilatées en haut, hyalines ou jaunâtres. . . . . . ................................... 3 *R. Beccariana*

II. Plantes *marines* ou d'*eau saumâtre.*

A. Frondes *incrustées de calcaire* jusqu'à leur surface ; hémisphériques, confluentes, étendues ; filaments épais de 18 ; gaines amples, lamelleuses, à entonnoirs superposés, hyalines ou jaunes ; trichomes épais de 5-9 μ prolongés en un poil flexueux très long et très fin ; plante d'*eau saumâtre* ........................... 4 *R. coadunata*

B. Frondes *nullement inscrustées de calcaire.*

1. Frondes toujours *pleines*, sphériques, solitaires ou confluentes ; gaines très étroites, élargies en haut, hyalines ou jaunâtres ; trichomes épais de 2,5-5 μ, éruginеux, prolongés en poils mince ; plantes marines. 5 *R. atra.*

2. Frondes *creuses* à l'état adulte.

*a.* Frondes *fermes.*

α. Frondes étendues, *verruqueuses*, d'un *vert olivâtre ;* gaines étroites, difficiles à distinguer, élargies en haut, hyalines ou jaunâtres, trichomes épais de 2-5 μ ; plantes d'*eau saumâtre*........ 6 *R. bullata*

β. Frondes *vésiculeuses*, plus ou moins *lobées*, d'un *vert érugineux* ; gaines comme dans l'espèce précédente ; trichomes épais de 5-8 (rarement 10) μ ; *plante marine* .................... 7*R. bullata*

γ. Frondes *vésiculeuses, plissées*, lobées-verruqueuses, d'un *vert olivâtre sale ;* gaines comme dans les deux esp. précédentes ; trichomes épais de 7-12 μ ; *plantes marines* .......... 8 *R. Mesenterica.*

*b.* Frondes *molles*, se partageant facilement, hémisphériques, finalement sinuées, solitaires ou grégaires, d'un vert noirâtre sale ; gaines amples, lamelleuses, à nombreuses couches en entonnoir, d'abord hyalines puis jaunâtres ; trichomes épais, en bas de 4-5 μ, en haut de 8-13,5 μ, prolongés en poil épais ; *plante marine* .... 9 *R. polyotis.*

## Habitat et distribution géographique

1. **R. dura** Roth, 1802 ; Desmazières, Crypt. de Fr. I, fasc. XXXIII, n° 1602 ; Rab. Algen, n° 1451 (*Limnactis dura* Kütz.). — Dans les eaux tranquilles, en particulier sur *Chara hispida.* — Europe septentrionale et centrale, France (Saumur), Amérique du N.

NORMANDIE. *Calvados* : Falaise et Saint-Pierre-sur-Dives (Bréb. !).

2. **R. minutula** Born. et Flah. *Révision* ; RAB., Algen, n$^{os}$ 235, 239, 771, 928, 1372, 1836 ; WITTR. et NORDST. Alg. exs. n° 275. — Dans les eaux tranquilles surtout tourbeuses, attaché aux plantes immergées, aux pierres, à la terre. — Toute l'Europe : Amérique du Nord.

NORMANDIE. *Manche* : landes de Lessay ! — *Eure* : Marais Vernier (Bréb. *in herb.* Pelvet !).

3. **R. Beccariana** (De Not.) Born. et Flah. *loc. cit.* — Sur rochers, dans les petits cours d'eau. — Irlande, France méridionale, Terre de feu.

NORMANDIE. A rechercher.

4. **R. coadunata** Foslie (=*R. Biasolettiana* Menegh. et Born. et Flah. *Révision*) ; LLOYD, algues de l'O. N. n° 304, *p. p.* ; RAB. Algen, n° 570 et 631 WITTR. et NORDST. Alg. exs. N$^{os}$ 576, 577, 662, 861. — Eaux saumâtres, et plus rarement eaux tourbeuses, parfois sur terre nue, attaché à la terre, aux pierres, aux bois. — Toute l'Europe ; Amérique du Nord.

NORMANDIE. A rechercher. — Indiqué à tort à Querqueville, par J. Chalon, *Liste*, p. 46.

5. **R. atra** Roth, 1806 ; CROUAN, Alg. n° 336 ; LE JOLIS, Algues de Cherbourg, n$^{os}$ 129, 189 ; WITTR. et NORDST. Alg. exs. n° 663 ; RAB. Algen, n° 1990. — Sur la terre, les pierres, les bois, les coquilles, les autres algues, au niveau de la limite supérieure du flot. — Cosmopolite.

NORMANDIE. Toute la côte.

6. **R. nitida** Ag. 1817 ; LLOYD, Algues de l'O. n° 304, *pp.* ; CROUAN, Algues du Finist., n° 333. — Sur la terre nue ou rocheuse, entre les autres plantes, dans les endroits saumâtres. — Cosmopolite.

NORMANDIE. *Manche* : Saint-Vaast (Hariot et Malard !) ; Barfleur, anse de crabet ! ; env. de Cherbourg ; Chausey : anse de la Truelle !

7. **R. bullata** Berk. 1833 ; CROUAN, Alg. du Finist., n$^{os}$ 42, 332 ; DESMAZIÈRES, II, n° 7 ; LE JOLIS, Alg. de Cherbourg, n° 97. — Sur rochers et pierres, zone supérieure. — Europe septentrionale et occidentale, côtes du Maroc, Adriatique, Australie.

NORMANDIE. *Manche* : Saint-Vaast (Hariot et Malard !) ; environs de Cherbourg, Flamanville (Godey !) ; Granville et Chausey (Chauvin et Pelvet !).

8. **R. mesenterica** Thur., RAB. Algen, n° 571. — Sur pierres et roches, zone supérieure. — Méditerranée, Adriatique, Baléares, Iles Anglo-Normandes.

NORMANDIE. A rechercher.

9. **R. polyotis** (Ag.) Born. et Flah. ; RAB. Algen, n° 1.449 ; WITTR. et

Nordst. Alg. exs. n° 661. — Sur rochers recouverts de boue, zone supérieure. — Méditerranée, Adriatique, Mer Noire, Côtes du Maroc, Europe occidentale, Amérique du Nord.

Normandie. *Manche* : Saint-Vaast, près l'Ilet (Hariot et Malard !).

---


# P. BUGNON

Maître de conférences-adjoint à la Faculté des Sciences de Caen


---

## RACINE ET DIFFÉRENCIATION VASCULAIRE

---

Dans un important ouvrage d'ensemble que P. Vuillemin a consacré aux anomalies végétales (1), l'auteur, appréciant la valeur relative des trois membres de la plante, tige, feuille et racine, soutient que « la racine est aussi nécessaire à la différenciation vasculaire que le thalle à la formation de la plante et de ses parties » (*loc. cit.*, p. XVI) ; l'examen qu'il fait de la théorie de la phyllorhize de G. Chauveaud (2) l'amène ailleurs à exprimer la même opinion :

« Le système vasculaire, dont Gaudichaud a senti l'importance, n'a sa raison d'être que par la différenciation des racines qui puisent les solutions du sol.

---

(1) P. Vuillemin, Les anomalies végétales. Leur cause biologique. Paris, 1926.

(2) G. Chauveaud, contrairement à ce que j'ai écrit en 1923 (*Sur l'évolution du concept de phyllorhize*, Bull. Soc. bot. Fr., LXX, p. 838, note 1), n'a pas le mérite de la priorité pour le terme de phyllorhize. Ce terme avait déjà été employé dans un autre sens par Clos (*Des organes intermédiaires entre la racine et la feuille, et de l'appareil végétatif des Utriculaires*, Mém. Acad. Sc., Inscript. et B.-L. de Toulouse, 8e sér., IV, 1er sem. 1882, p. 102-120) : « N'y a-t-il pas lieu d'appeler *phyllorhizes* ces organes mixtes de la Macre, des *Salvinia*, de l'*Azolla* et des *Limnophylla* cités, terme qui rappelle leur double origine? » (*loc. cit.*, p. 105). « Il est un groupe de plantes appartenant à des familles diverses qui montrent des organes intermédiaires entre la feuille et la racine adventive, passant, soit brusquement (*Trapa*, *Salvinia*, *Azolla*), soit insensiblement, chez des espèces aux feuilles verticillées (*Limnophylla racemosa*, *L. polystachya*, *Myriophyllum intermedium*, *M. siculum*, *M. verticillatum*, *Elatine Alsinastrum*), de l'une à l'autre, organes que l'on peut appeler *phyllorhizes*, et dont les fonctions sont multiples. » (*loc. cit.*, p. 120).

Dix ans plus tard, Clos remplaçait, il est vrai, *phyllorhizes* par *rhizophylles* (*Des liens d'union des organes ou des organes intermédiaires dans le règne végétal*, Mém. Acad. Sc., Inscript. et B.-L. de Toulouse, 9e sér., IV, 1892, p. 17). Quoi qu'il en soit, le terme de phyllorhize était créé et n'était plus disponible lorsque G. Chauveaud l'a repris, avec une autre acception.

La phyllorhize est, après tout, un phyton dans lequel la racine a pris le rang qui lui est dû. attendu que les dispositions vasculaires de la feuille et de la tige dérivent de celles de la racine » (*loc. cit.*, p. XIV).

C'est là une façon de voir souvent exprimée, que Lignier avait également adoptée dans son *Essai sur l'évolution morphologique du règne végétal* (1) ; la différenciation des rasines dans le thalle entièrement cellulaire des ancêtres des Xylophytes aurait été la cause de la différenciation ultérieure d'un appareil vasculaire. Les prévisions de Lignier, si heureusement confirmées dans leur ensemble, ne l'ont cependant pas été sur ce point. Comme je l'ai fait ressortir ailleurs (2), la différenciation vasculaire paraît avoir précédé phylogéniquement la différenciation morphologique du thalle ; il y a eu des Xylothallophytes (Rhyniacées) ; les Rhizophytes n'en sont vraisemblablement que des descendants évolués.

Des *a priori* physiologiques du même genre ne sont pas rares. J'ai eu l'occasion récemment (3) de montrer le mal-fondé de celui d'après lequel l'ornementation et le calibre des premiers vaisseaux différenciés dans un faisceau conducteur s'expliqueraient par les conditions physiologiques actuelles auxquelles ces éléments sont soumis ou auxquelles ils doivent satisfaire. On a voulu expliquer aussi, par des considérations semblables (4), les différences que présentent la racine et la tige de beaucoup de Plantes Vasculaires dans la position relative de leur protoxylème, dans la direction et le sens de leur différenciation ligneuse, sans songer que, chez les Lycopodinées, par exemple, placées cependant dans les mêmes conditions physiologiques que les autres Xylophytes, ces différences n'existent pas.

Des plantes vasculaires ont donc existé chez lesquelles l'absorption des liquides du sol se faisait de la même manière que chez les Bryophytes et chez les prothalles libres des Ptéridophytes. Des plantes vasculaires existent encore (Tmésiptéridées) chez lesquelles il en est exactement de même et pour lesquelles l'absence de racines peut être regardée comme un caractère primitif, au même titre que chez les Rhyniacées. Parmi les faits ontogéniques qui plaident en faveur de la préexistence des vaisseaux par rapport aux racines, je ne citerai ici que ceux qui viennent encore d'être mis récemment en lumière par

---

(1) Comptes rendus du Congrès de Clermont-Ferrand (1908) de l'Ass. Fr. Av. Sc., p. 533, 1909.

(2) P. BUGNON, L'origine phylogénique des Plantes Vasculaires d'après Lignier et la nouvelle classe des Psilophytales (Bull. Soc. Linn. Normandie, 7e sér., IV, p. 196-212, 1921).

(3) P. BUGNON, Origine, évolution et valeur des concepts de protoxylème et de métaxylène. (Bull. Soc. Linn. Normandie, 7 sér., VII, p. 123-152, 1925).

(4- G. BONNIER, Sur la différenciation des tissus vasculaires de la feuille et de la tige (Comptes rendus Ac. Sc., t. 131, p. 1285-1286, 1900).

P. Chouard (1) : dans les plantules du type « Narcisse-Endymion » de cet auteur (*loc. cit.*, p. 313-320), la différenciation et la vascularisation des cordons conducteurs du cotylédon, et même de la première feuille qui le suit, sont réalisées alors que la radicule est encore à l'état entièrement méristématique. Peut-on prétendre ici que « les dispositions vasculaires de la feuille et de la tige dérivent de celles de la racine ?

En définitive, un ensemble important de faits paléontologiques, anatomiques et ontogéniques s'oppose actuellement à ce qu'on puisse admettre l'hypothèse dont P. Vuillemin s'est constitué à nouveau le défenseur, et l'incorporation de la racine au phyton pour en faire une phyllorhize ne semble donc pas donner à ce dernier concept une valeur plus grande.

---

Armand MONOYER
Docteur ès Sciences
Assistant à l'Université de Liége

---

## ÉTUDE DE L'ACCROISSEMENT DIAMÉTRAL CHEZ LE LIVISTONA CHINENSIS MART

---

Dans une note précédente (2) et dans un mémoire publié à l'Académie des Sciences de Belgique (3), nous avons exposé le mécanisme qui permet au *Cocos botryophora* de s'accroître diamétralement bien qu'il ne possède ni cambium ni périméristème.

Rappelons que cet épaississement du stipe est dû principalement à l'hypertrophie énorme des cellules du parenchyme.

L'étude que nous venons de faire, d'un *Livistona Chinensis*, confirme complètement ce que nous avons avancé à propos du *Cocos botryophora*. Ce *Livistona* provient comme le *Cocos* de l'une des serres du Jardin Botanique de Liége où les plus vieux jardiniers le connais-

---

(1) P. CHOUARD, Germination et formation des jeunes bulbes de quelques Liliiflores (*Endymion, Scilla, Narcissus*). (Ann. Sc. nat., Bot., 10e sér., VIII, p. 299-353, 1926).

(2) C.R. A.F.A.S., 48e session, Liége, 1924.

(3) Anatomie du Cocos botryophora Mart., in-8°, t. VIII. 1925.

N.-B. — Dans notre note: Contribution à l'anatomie des Palmiers. A.F.A.S., 49e session (Grenoble). C.R., p. 340, 7e ligne en commençant par le bas, lire : comme ils *ne* se déplacent *pas* suivant un plan radial.

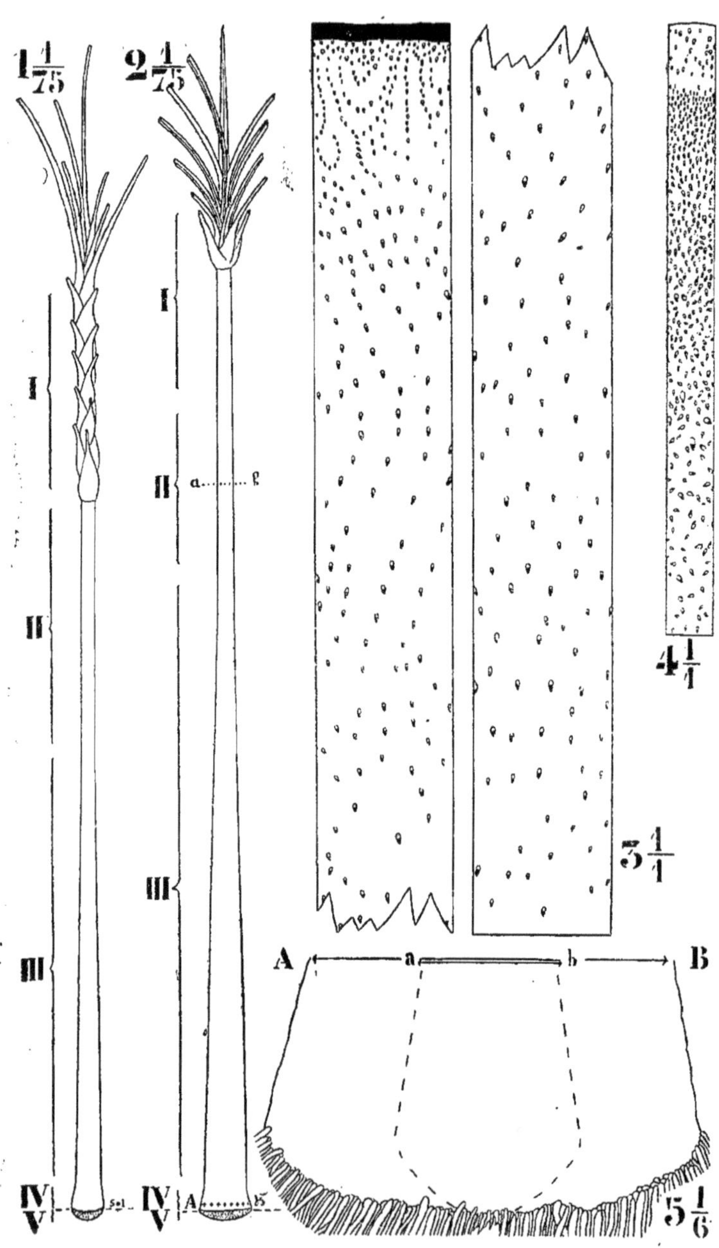


Accroissement diamétral de Livistona Clinousris Marc

saient depuis quarante ans. Il avait à cette époque un diamètre deux fois et demi moindre que le diamètre actuel.

En 1895, il fut tiré de la caisse où il se trouvait à l'étroit et planté en pleine terre au centre de la serre. En 1926, on dut l'abattre : ses feuilles atteignaient le toit vitré situé à une hauteur de plus de 12 mètres.

Son stipe portait 473 cicatrices foliaires, sa forme générale (fig. 2) était semblable à celle du *Cocos Botryophora* (fig. 1) et présentait les cinq régions, que nous avons décrites chez ce dernier. Le bourgeon terminal long d'environ 1 m. 75 et conique reposait sur une région cylindrique de 20 cm. de diamètre et de 1 m. 80 de longueur. A cette région cylindrique succédait une région légèrement conique de 6 m. 50 de longueur, dont la base inférieure avait 42 cm. de diamètre. La 4e région fortement conique, longue seulement de 24 cm., atteignait 52 cm. de diamètre. Enfin une calotte très aplatie portant 2.400 racines environ, offrait une large base de sustentation et d'absorption. Des coupes exécutées dans ces différentes régions du *Livistona* montrent que les causes d'accroissement diamétral sont les mêmes que chez les *Cocos botryophora* : hypertrophie du parenchyme et formation d'un réseau radicifère. Les fig. 3 et 4 représentent des coupes dont l'une (fig. 4) a été exécutée dans la région de diamètre constant (en ab fig. 2) et l'autre (fig. 3) dans la région basale (en AB fig. 2).

Ces deux coupes dont les surfaces sont proportionnelles au diamètre de la région où elles ont été exécutées contiennent sensiblement le même nombre de faisceaux. Dans la fig. 4, le parenchyme est constitué de cellules assez petites isodiamétriques ; les faisceaux sont très voisins. Dans la fig. 3, le parenchyme est constitué de cellules très grandes qui se sont allongées dans un sens seulement et ont fortement écarté les faisceaux les uns des autres. Ainsi le nombre des faisceaux du palmier ne devient pas plus grand avec l'âge ; seul leur écartement s'accentue. La fig. 5 est un schéma qui représente la base du stipe du *Livistona* ; AB est le diamètre actuel, ab le diamètre de 1895. Ce schéma fait comprendre comment la surface disponible pour l'insertion des racines augmente au fur et à mesure de l'accroissement diamétral du stipe.

W. RUSSELL
Docteur ès Sciences

# VARIATIONS DE LA STRUCTURE DU BOIS DU HÊTRE AU COURS DE L'ANNÉE 1926

L'épaisseur de la couche ligneuse des arbres est, on le sait, intimement liée aux conditions qui régissent la végétation pendant la belle saison ; lorsque l'été est sec, l'accroissement en épaisseur, peu marqué, n'atteint parfois que le quart de celui qui se produit dans les étés humides. Ce n'est pas seulement l'épaisseur de l'anneau ligneux qui est sujette à des variations, mais également le calibre et l'agencement de ses éléments ; aussi l'étude de ces variations fournit les documents précis qui permettent de lire l'histoire de la croissance durant la période végétative.

*
* *

Au cours de recherches poursuivies dans un autre but, j'ai été amené à étudier les diversités de structure du bois du Hêtre (*Fagus silvatica* L.) pendant l'année 1926. Cette année, on se rappelle, a été caractérisée par une longue période de pluie qui s'est étendue jusqu'aux premiers jours de Juillet et à laquelle a succédé une extrême sécheresse qui n'a pris fin qu'au mois d'Octobre.

L'examen microscopique d'échantillons de Hêtre prélevés régulièrement sur une même cépée m'a montré que l'accroissement en épaisseur a repris au début d'Avril et s'est terminé vers le 20 Juillet.

L'activité de la zone génératrice favorisée par la douce température du commencement d'Avril a d'abord été assez grande : plusieurs rangs de vaisseaux de 35-40 mm. furent successivement engendrés ; vers la fin du mois, à la suite de l'abaissement considérable de température qui s'est produit, la formation de nouveaux éléments s'est ralentie : à peine quelques vaisseaux de petit calibre (20-30 mm.) se sont différenciés çà et là et le parenchyme dans lequel ils étaient éparpillés ne s'est sclérifié que tardivement. Lorsque, vers le 20 Mai, le réchauffement est survenu, la formation des gros vaisseaux a recommencé et s'est poursuivie pendant tout le mois de Juin ; ces vaisseaux, de diamètre généralement supérieur (45-55 mm.) à celui des vaisseaux nés au moment de la reprise de végétation ne se sont différenciés que lentement (1).

Quand la période pluvieuse s'est terminée, le diamètre des vaisseaux est brusquement tombé à 30 mm., puis est descendu progressivement jusqu'à 10 mm.

La production des vaisseaux s'est complètement arrêtée dès le 15 Juillet : la zone génératrice a encore continué son fonctionnement pendant quelques jours pour donner naissance à des fibres vite lignifiées et avant la fin du mois, la phase de repos a commencé.

---

# Professeur SV. MURBECK

---

## APERÇU DES VERBASCUM DU NORD-OUEST DE L'AFRIQUE

---

L'étude des *Verbascum* de la Berbérie d'après les matériaux de divers herbiers (en particulier l'Herbier Cosson, l'Herbier de l'Université d'Alger, l'Herbier de l'Université de Lund) a permis de reconnaître d'une façon certaine 13 espèces et 3 hybrides. Le *Verbascum Warionis* Franchet in Batt. doit être rapporté comme variété à l'espèce portugaise *V. simplex* Hoffmg et Link, 1809, ainsi que le *V. Dyris* Lit. et Maire inéd., du Grand Atlas. Le *V. repandum* Batt. suppl. Phanérog. non Willd. doit être rapporté au *V. maurum* Maire et Murbeck ; le *V. repandum* Batt. Fl. Alg., non Willd., nec Batt. Suppl. Phanérog. et le *V. pseudo-Blattaria* Batt. Contr. Fl. Atlant. 1919, non Schleich. in Koch, doivent être tous deux rapportés au *V. atlanticum* Batt. Le *V. Boerhaavei* Batt. Fl. Alg. non L. doit être rapporté au *V. rotundifolium* Ten., et les *V. numidium* Pomel et *V. Kabylianum* Batt. doivent lui être subordonnés comme variétés. Le *V. Cossonianum* Ball est identique au *V. granatense* Boiss. Le *V. tagadirtense* Murb. est une variété du *V. Hookerianum* Ball ; une autre variété inédite est le var. pseudo-calycinum Maire et Murbeck. Le *V. rotundatum* Jah. et Maire paraît être basé sur un spécimen anomal de *V. sinuatum* L.

---

(1) En 1925, l'épaisseur moyenne de la couche ligneuse du Hêtre que j'ai étudié a été d'environ 500 mm., tandis qu'elle a été de 900 mm. en 1926. Le calibre des vaisseaux en 1925 n'a pas été supérieur à 40 mm.

M. A. GUILLAUME

Professeur à l'Ecole supérieure des Sciences de Rouen

## CONTRIBUTION A L'ÉTUDE ET LA MIGRATION DES ALCALOIDES CHEZ LES PLANTES

Il y a deux ans, au Congrès de Grenoble, nous avions exposé la méthode chimique de dosage que nous employons depuis pour étudier la migration des alcaloïdes chez les plantes, et en particulier chez les lupins : méthodes basées sur la précipitation à l'état de silicotungstate suivie de l'incinération du produit.

L'an dernier au Congrès de Lyon, nous avons donné les résultats de nos expériences sur les variations quantitatives des alcaloïdes et des matières protéiques, comparatiment, chez Lupinus mutabilis, var. Cruiskhanks, au cours de la végétation normale de la plante. Nous avions constaté une augmentation progressive des alcaloïdes dans les feuilles jusqu'à l'époque de la floraison, puis accumulation dans les fleurs puis dans les fruits et surtout dans les graines qui présentaient la plus forte teneur en alcaloïdes (0 gr. 954 % ; soit 1 mg. 81 par graine rapporté au poids sec). Il y avait donc eu migration des alcaloïdes vers les organes de reproduction et diminution dans la partie végétative avec l'âge de la plante. Mais il y avait un point que nous n'arrivions pas à expliquer : des graines qui renfermaient 2 mg d'alcaloïdes produisaient des plantes qui, un mois et demi environ après la germination, ne contenaient plus que 1 mg, 1 d'alcaloïdes par pied, c'est-à-dire environ moitié moins. Qu'était devenue la différence, c'est-à-dire presque 1 mg. par graine, au moment de la germination ? — C'est une question que nous nous sommes posée après d'autres chercheurs et sur laquelle nous avons essayé de jeter un peu de lumière cette année.

Pour cela, nous avons mis à macérer plusieurs lots de 150 graines chacun de Lupinus mutabilis, pendant des durées variables : 24 heures, 48 heures, 72 heures, les uns dans de l'eau ordinaire, les autres dans cette eau additionnée de III, V, X gouttes $SO^4H^2$ par 200 $c^3$ d'eau.

Puis nous avons semé les graines de chaque lot séparément dans de la terre de jardin contenue dans des caisses. Dix jours après, elles ont germé et, quand les plantules ont eu atteint une hauteur de 0 m. 10-0 m. 12, c'est-à-dire après 15 jours, nous les avons recueillies, séchées à l'étuve à 35° et nous avons effectué le dosage des alcaloïdes dans chacun des lots. D'autre part, l'eau de macération des graines a décélé la présence d'alcaloïdes que nous avons également dosés. Ce sont les résultats de ces analyses que nous donnons dans les deux tableaux ci-dessous.

Nous sommes partis de graines préalablement titrées et qui renfermaient 1 gr. 20 d'alcaloïdes pour 100 grammes, soit par graine 2 mg, 14 (560 graines pèsent 100 gr.).

I. — *Dosage des alcaloïdes dans l'eau de macération des graines*

| Durée | Eau ordinaire | | Eau ordinaire (200c³) + $SO^4H^2$ par goutte | | | | | |
|---|---|---|---|---|---|---|---|---|
| | | | III | | V | | X | |
| | % de graine | par graine | % de graine | par graine | % de graine | par graine | % de graine | par graine |
| heures | gr | mg | gr | mg | gr | mg | gr | mg |
| 24 | 0,018 | 0,03 | 0,022 | 0,04 | 0,075 | 0,13 | 0,158 | 0,28 |
| 48 | 0,065 | 0,11 | 0,079 | 0,14 | 0,144 | 0,26 | 0,324 | 0,57 |
| 72 | 0,108 | 0,19 | 0,115 | 0,20 | 0,169 | 0,30 | 0,363 | 0,65 |

II. — *Dosage des alcaloïdes dans les plantules provenant de graines ayant macéré dans :*

| Durée | Eau ordinaire | | Eau ordinaire (200c³) + $SO^4H^2$ par goutte | | | | | |
|---|---|---|---|---|---|---|---|---|
| | | | III | | V | | X | |
| | % de plantules | par pied | % de plantules | par pied | % de plantules | par pied | % de plantules | par pied |
| heures | gr | mg | gr | mg | gr | mg | gr | mg |
| 24 | 0,806 | 1,44 | 0,761 | 1,36 | 0,767 | 1,37 | 0,717 | 1,28 |
| 48 | 0,767 | 1,37 | 0,767 | 1,37 | 0,728 | 1,30 | 0,554 | 0,99 |
| 72 | 0,767 | 1,37 | 0,750 | 1,34 | 0,705 | 1,26 | 0,509 | 0,91 |

L'interprétation de ces résultats nous permet de conclure :

1° Qu'il y a eu passage des alcaloïdes des graines dans l'eau au cours de la macération, et cela en quantités d'autant plus considérables que cette macération a été plus prolongée et que l'acidité de l'eau était plus forte ;

2° Que la quantité d'alcaloïdes que nous retrouvons dans les plantules est toujours inférieure à celle existant primitivement dans les graines ; même si nous additionnons les doses trouvées dans l'eau de macération, après des temps variables, et celui des plantules correspondantes, nous ne trouvons pas de chiffre voisin de 2 mg, 14, mais des chiffres toujours plus faibles. Mais nous sommes en droit de supposer que si nous avions pu laisser les graines dans l'eau jusqu'au moment de la germination, c'est-à-dire pendant 10 jours, elles auraient continué à perdre de leurs alcaloïdes selon une progression sensiblement croissante. Or, en ajoutant à la somme calculée cidessus, les alcaloïdes qui ont pu passer dans l'eau (ou dans la terre) pendant le reste de la durée de la germination (c'est-à-dire 9, 8 ou 7 jours), nous arrivons à des doses très voisines de 2 mg, 14 par graine.

Les résultats de ces expériences semblent donc être en parfaite concordance avec des faits semblables déjà observés par Clautrian, Tunmann et Feldhaus il y a quelques années, mais dans des conditions différentes, et qui les avaient amenés à conclure qu'une partie des alcaloïdes de la graine pouvait passer dans le sol humide pendant la germination, sans être utilisée par la plante ; alors que, pour Hieckel, l'alcaloïde perdu serait transformé en substance assimilable par l'embryon.

Les expériences que nous avons tentées viendraient renforcer l'hypothèse de l'alcaloïde substance de déchet de la plante. Il semblerait alors que ce dernier produit pendant tout le cours de la végétation, viendrait s'accumuler progressivement dans les fleurs, puis dans les fruits et finalement dans les graines, bloqué dans certaines cellules de l'organisme, sans pouvoir être éliminé au dehors par le végétal, ainsi que le sont les produits d'excrétion chez les animaux. — Mais la plante profiterait de la période de germination de ses graines au cours de laquelle il se produit une sorte de ramollissement des tissus, pour les expulser dans l'eau (ou la terre), sinon entièrement, du moins en partie. Et les alcaloïdes que l'on trouve ensuite dans les plantules seraient peut-être la sommes des alcaloïdes non éliminés et de ceux de nouvelle formation.

---

Maurice LENOIR
Assistant de Botanique à la Faculté des Sciences de Nancy

# NOTE SUR LES PHÉNOMÈNES CARYOCINÉTIQUES PENDANT LES DIVISIONS II (HOMÉOTYPIQUE), III ET SUR LA FÉCONDATION DANS LE SAC EMBRYONNAIRE DU *FRITILLARIA IMPERIALIS* L.

Dans un mémoire sur l'*Evolution des Chromatines* (1), j'ai exposé la suite des phénomènes qui se déroulent pendant la période prosynaptique, la division I (ou hétérotypique), la division II (ou héméotypique), dans le sac embryonnaire du *Fritillaria imperialis* L.

Quelques stades m'ont échappé, particulièrement pendant le cours de la division II, laissant ainsi des lacunes dans mon travail. De nouvelles préparations m'ont permis de combler ces lacunes. Nous allons voir comment, à partir des deux noyaux à *N chromosomes doubles*, formés à la fin de la division hétérotypique, se constituent *quatre* noyaux dans le sac embryonnaire : *deux* synergides primordiales à 2 *N chromosomes* et *deux* antipoles primordiales à 2 *N chromosomes.*

En effet, à la suite de la division I, deux noyaux sont constitués qui, a priori, semblent absolument identiques. Or le noyau père des synergides, par deux divisions successives, donne *quatre* noyaux à *N. chromosomes*, tandis que le noyau père des antipodes donne des noyaux à 2 *N chromosomes.* Comment se produit le doublement chromosomique dans le cas de la formation des antipodes ? C'est par un dédoublement, accompagné ou suivi d'un clivage normal des chromosomes géminés hétérotypiques, pendant la fin de la prophase et le cours de la métaphase II, que se réalise le nombre 2 *N chromosomes* dans ces noyaux.

Le Noyau père des synergides donne *quatre* noyaux, le noyau père des antipodes n'en donne que *deux*, au moins dans tous les cas que j'ai eu l'occasion d'observer jusqu'ici. Les *deux* noyaux à 2 *N chromosomes*, en effet, provenant de la première division du noyau père des antipodes, prennent ordinairement une assez forte taille, puis ils entrent en prophase, mais seul, le noyau antérieur évolue jusqu'à la constitution d'une paire de noyaux à 2 *N chromosomes*. L'autre,

(1) *Biologie de la Cellule : Evolution des Chromatines ; leurs rapports entre elles et avec la cinèse.* Archives de Morphologie générale et expérimentale. Fascicule 26. Paris. O. Doin, éditeur, 1926.

après avoir ébauché un semblant de prophase, subit la dégénérescence pycnotique. De sorte que le résultat de la division III donne un sac embryonnaire contenant, non pas les *huit* noyaux classiques chez les liliacées, mais bien *six* noyaux : quatre noyaux à *N chromosomes* et *deux* antipodes à 2 *N chromosomes* outre le noyau en pycnose.

L'un des noyaux à *N chromosomes* s'accolle à l'un des deux antipodes à 2 *N chromosomes*. Il n'y a pas fusion mais simple accollement.

A ce moment, le sac embryonnaire est prêt pour la fécondation par les deux noyaux reproducteurs du tube pollinique. L'un de ceux-ci s'établit dans le voisinage ou au contact du noyau de l'oosphère, l'autre va s'accoller aux *deux* noyaux qui composent le noyau secondaire du sac embryonnaire. Le groupe ainsi constitué de *trois* noyaux est le noyau père de l'albumen. Il n'y a toujours entre ces noyaux qu'un simple contact.

La division du noyau père de l'albumen donne *deux* noyaux *tétraploïdes,* deux noyaux à 4 *N chromosomes* dont le nombre s'établit ainsi : *Un* antipode à 2 *N chromosomes*. *Un* synergide à *N chromosomes* et *un* noyau générateur à *N chromosomes* provenant du tube pollinique soit, évidemment, 4 N *chromosomes*.

Chacun des trois noyaux du groupe père de l'albumen évolue pour son propre compte jusqu'à la métaphase commune pendant laquelle les 4 *N chromosomes* forment une seule plaque équatoriale. Ces chromosomes opèrent leur clivage et il en résulte *deux* noyaux à 4 *N chromosomes* qui sont les deux premiers noyaux de l'albumen.

De leur côté, le noyau de l'oosphère et le noyau générateur mâle en contact ou seulement dans le voisinage l'un de l'autre, mais cependant inclus dans la cellule constituée autour du noyau femelle, évoluent comme dans le groupe des trois précédents, chacun pour son compte. A tel point que, non seulement le contact entre eux n'est pas toujours établi, mais que même l'un des deux peut avoir sur l'autre un retard assez considérable dans son évolution.

La nécrobiose du noyau antipodial semble avoir quelques rapports morphologiques avec celle que j'ai étudiée à propos des noyaux des vaisseaux du bois chez l'*Equisetum arvense* L. (1).

Dans un travail postérieur, je donnerai la série des figures sur lesquelles s'appuient les brèves conclusions que j'expose dans cette note et leur apporterai une extension plus considérable.

---

(1) *La Nécrobiose dans le sééments du Cambium ligneux chez l'Equisetum arvense L.* — Revue génér. de Bot., t. 39, pp. 615 4 631, 1926.

10e section

# ZOOLOGIE, ANATOMIE ET PHYSIOLOGIE

*Président* ................ M. Seurat, Professeur de Zoologie appliquée à la Faculté d'Alger.
*Vice-Président* ............ Professeur de Sélys-Longchamp, Bruxelles.
*Secrétaire* ................ M. H. Gauthier, Professeur à l'Université d'Alger.


## J.-L. DANTAN

Professeur à la Faculté des Sciences d'Alger


## OBSERVATIONS SUR LA REPRODUCTION DU *TRYPANOSYLLIS ZEBRA* (GRUBE)

Parmi les syllidiens stolonifères, le *Trypanosyllis Zebra* est une des espèces les plus communes en Méditerranée.

Les stolons comme l'ont observé Viguier (1886 et 1902), de Saint Joseph (1895) et Malaquin (1893) sont bien *tétraglènes :* leur tête, contrairement aux observations de Marion et Bobretzky (1875) ne montre ni antennes ni palpes mais seulement deux paires d'yeux. Ces bourgeons sexués, à parapodes pourvus de longues soies épitoques, se rencontrent fréquemment dans la baie d'Alger et les pêches au feu permettent d'en recueillir aisément à toutes les époques de l'année, mais jamais en grand nombre.

Les stolons des deux sexes se distinguent facilement les uns des autres. Les mâles, de plus petite taille, sont très aplatis et chacun de leurs segments renferme une paire de glandes génitales qui tranchent par leur couleur foncée. Les femelles généralement gonflées d'œufs, jaunâtres, sont moins agiles tant qu'elles n'ont pas évacué leurs produits sexuels et leurs parapodes sont beaucoup moins saillants. Après la ponte, elles ressemblent aux mâles dont elles ne se distinguent plus que par leur taille et leur transparence complète ; cependant,

(1) Depuis cette communication, j'ai pu observer deux bourgeons sexués mâles pourvus d'une paire d'antennes, dont l'un, au moins, ne me paraît pas appartenir à cette espèce. Les antennes existent peut-être toujours et sous toutes les formes, mais elles sont si menues et si caduques qu'il est fort difficile de les observer.

elles renferment encore, presque toujours, quelques œufs résiduels. Il y a lieu de remarquer que, parmi ces femelles, certaines sont tronquées, ayant perdu, accidentellement ou non, la dernière partie de leur corps.

Dans les stolons des deux sexes, quelques cirres dorsaux, et parfois aussi les cirres terminaux, ont une coloration brunâtre due à l'accumulation de granulations pigmentaires. Cette abondance de pigment est fréquente chez les Annélides en voie de reproduction comme L. Fage et R. Legendre l'ont montré dans leur étude sur le *Polyophthalmus pictus* (Dujardin) (1926).

Les œufs des bourgeons femelles ne remplissent pas absolument tout le corps ; il existe, toujours, sur les individus entiers, à la partie postérieure, immédiatement en avant du pygidium, une région transparente, dont la longueur varie entre 1 mm. et 0 mm. 5 environ, constituée par un nombre de segments variable généralement de six à vingt ; ces segments sont difficiles à compter, les derniers, à peine ébauchés, étant peu distincts.

Cette région n'est pas toujours dépourvue de produits sexuels ; elle peut renfermer des amas cellulaires, disposés par paires dans chaque segment, que le carmin et l'hématoxyline teintent fortement à cause du grand nombre de noyaux qu'ils renferment. Ces amas étaient au nombre de onze paires bien distinctes dans le stolon le plus avancé à cet égard : les segments suivants n'en renfermaient que des ébauches et, dans les derniers, ils n'étaient pas distincts. Par leur forme, ces masses fortement colorées ressemblaient étrangement à des testicules, aussi avais-je cru tout d'abord à des bourgeons hermaphrodites.

L'étude, par la méthode des coupes, de cette partie terminale m'a montré que ces amas cellulaires étaient bien des glandes génitales, mais non des testicules. Dans un premier stolon à huit paires de glandes, les cellules ne présentaient aucun caractère qui permît de déterminer le sexe, mais leur disposition rayonnée semblait indiquer une glande mâle. Le cœcum sanguin était, en effet, entouré d'une gaine conjonctive assez épaisse d'où partaient des ramifications, disposées radiairement, allant jusqu'à l'enveloppe conjonctive périphérique : les cellules génitales, rangées le long de ces cloisons, avaient, par suite, une disposition considérée comme caractéristique d'une gonade mâle. Mais ce caractère, bon pour certaines espèces, ne vaut pas pour le *Trypanosyllis Zebra*, puisque l'étude du stolon le plus avancé, renfermant onze paires de glandes bien développées, a montré que les premières renfermaient des ovules jeunes. Les stolons ne sont donc pas hermaphrodites dans leur partie terminale.

Les cellules germinales ne naissent pas sur le cœcum génital, émané du vaisseau ventral, mais sur la paroi inférieure du vaisseau ventral lui-même et elles émigrent, ensuite, sur les côtés du corps, formant, à droite et à gauche, une masse divisée en deux lobes plus ou moins distincts.

Il résulte de ceci que les bourgeons sexués du *Trypanosyllis Zebra*, après avoir produit des œufs, ne forment pas des spermatozoïdes comme pourrait le faire croire l'examen de stolons entiers colorés et montés dans le baume de Canada.

De ces observations ne résulte pas seulement cette constatation négative, il est facile d'en déduire d'autres et tout d'abord celle-ci :

Le zoonite formateur, situé en avant du pygidium donne, sans doute après un temps d'arrêt, une prolifération nouvelle dont chaque segment produit, sur la paroi du vaisseau ventral, des cellules sexuelles ; celles-ci émigrent ensuite sur les côtés, autour d'un cœcum du vaisseau ventral, et forment, dans chaque anneau, une paire de glandes.

La partie antérieure de cette région nouvellement formée ne montre aucune différenciation ; il est donc probable qu'elle ne produit pas une tête et qu'il n'y a pas, par suite, formation d'un nouveau stolon, le premier jouant le rôle de souche. Cependant, le fait que certaines femelles sont tronquées tendrait à faire admettre cette interprétation.

Il est possible — et paraît même probable — qu'après l'évacuation des œufs mûrs, il se produise une nouvelle poussée génitale aux dépens des segments formés les derniers.

Cette poussée n'a pas toujours lieu au même moment. Parfois, comme dans les cas que nous venons de citer, elle se produit avant que les œufs mûrs ne soient expulsés, alors que, dans d'autres individus, elle ne se montre qu'après leur évacuation. Ceci expliquerait que certains stolons bourrés d'œufs mûrs aient leur partie terminale non encore pourvue de gonades et que d'autres, complètement vides, n'aient pas encore commencé à produire de nouvelles glandes.

Quoi qu'il en soit, que ces stolons détachent ou non leur partie terminale, issue d'une prolifération nouvelle, il en résulte qu'ils montrent plusieurs poussées sexuelles.

---

Ch. GRAVIER
Membre de l'Institut

et

J.-L. DANTAN
Professeur à la Faculté des Sciences d'Alger

## SUR LA FAMILLE DES NÉRÉIDIENS (Annélides Polychètes) ET LEURS FORMES SEXUÉES

Parmi les Annélides Polychètes, la famille des Néréidiens est certainement l'une des plus homogènes. Ces vers annelés ont une apparence si uniforme que les caractères les plus importants à considérer sont tirés de l'examen de l'armature de la trompe qui est très généralement pourvue de denticules cornés ou *paragnathes* de formes et de dispositions très variées. Il s'en faut, d'ailleurs que ces caractères, si précieux qu'ils soient pour le systématicien, aient une valeur absolue, à tel point que l'un des annélidologues les plus compétents à l'heure actuelle, le Professeur P. Fauvel, s'est demandé (1) s'il ne conviendrait pas de ramener toutes les espèces connues jusqu'ici à un seul genre, le genre *Nereis*, qui donne son nom à la famille.

Certaines espèces, comme la *Nereis diversicolor* (O. F. Müller), la *Nereis caudata* (Delle Chiaje), de nos côtes françaises, ne semblent pas changer de forme à l'époque de la reproduction. Mais ce sont là des cas exceptionnels. Le plus généralement, à l'époque de la maturité sexuelle, les Néréidiens subissent des modifications morphologiques si profondes que les zoologistes ont longtemps désigné les formes mâles et les femelles sous le nom d'*Heteronereis*, qu'ils regardaient comme un genre autonome. Ces changements externes dits *épigamiques* ou *épitoques* s'accompagnent de remaniements internes considérables, encore fort incomplètement connus, en relation intime avec la formation des éléments génitaux. Les premiers consistent dans les modifications de la tête (yeux, palpes) l'accroissement des cirres dorsaux et des cirres ventraux des segments antérieurs et surtout dans la transformation complète des parapodes, qui se pourvoient de grands lobes foliacés et de soies à palettes, dites natatoires.

(1) P. Fauvel, Polychètes errantes, *Faune de France*, 1923, p. 328. Id. *Perinereis macropus* (Claparède), var. *conodonta* et le genre Perinereis, *Bull. Soc. Zool. France*, t. XLIX, 1924, p. 389-394, 2 fig. dans le texte.

L'animal, à maturité sexuelle, présente alors deux régions : l'une, antérieure, où les parapodes ont conservé presque intégralement la même forme que chez l'animal asexué, l'autre, postérieure où les deux rames des parapodes ont pris une physionomie très spéciale. Les mâles ne se distinguent guère des femelles — et ce n'est point général — que par les verrues des cirres dorsaux (1), les appendices pygidiaux affectant ordinairement la forme de rosettes et le développement moindre des cirres aux premiers parapodes du corps des femelles. Ce type est parfaitement réalisé chez la *Platynereis Dumerilii* Aud. et Edw., par exemple.

Chezs certaines espèces, les transformations épigamiques ne s'étendent pas sur toute la longueur du corps et n'affectent que la région moyenne, de sorte que l'animal sexué présente alors trois régions : une antérieure et une postérieure où les parapodes présentent les mêmes traits fondamentaux que chez l'être asexué et une moyenne, plus large, à parapodes transformés dans le sens épigamique. L. Fage (2) a étudié particulièrement ces formes hétéronéréidiennes à « métamorphose incomplète », représentées sur nos côtes françaises par la *Perinereis Marionii* Aud. et Edw., la *Leptonereis Glauca* Clpd et la *Perinereis* (Arete) *tennisetis* Fauvel, dont on ne connaissait que l'Heteronereis mâle, et par un seul exemplaire recueilli dans le port de Syracuse par le Prince de Monaco.

Il est à noter que, chez ces Néréidiens à trois régions très nettes s'établit un dimorphisme sexuel plus ou moins fortement accusé. Ce dimorphisme paraît se manifester au plus haut degré chez la *Leptonereis glauca* Clpd, dont le mâle a une physionomie bien spéciale et bien reconnaissable, avec sa « queue » constituée par la troisième région du corps et la seconde région, plus large, par suite du développement de ses lobes foliacés et de son double éventail de soies à palettes natatoires à chaque parapode. La femelle en revanche, n'a subi qu'une légère transformation : elle n'a, chez toutes celles que nous avons recueillies, en pêche nocturne à la lumière, à Alger, pendant les années 1923, 1924, 1925 et 1926, ni lobes foliacés, ni soies natatoires. Le seul changement qu'elle offre à considérer se réduit à l'allongement des soies à arête longue, à un certain nombre de parapodes de la région moyenne du corps. Les deux sexes sont donc complètement dissemblables et on ne les rattacherait pas à la même espèce si on

(1) Ces verrues n'existent pas sur les cirres ventraux d'ordinaire; nous les avons cependant observées sur ces appendices, chez une forme sexuée que nous avons trouvée dans la baie d'Alger et que nous décrirons prochainement.

(2) L. Fage, Sur quelques Néréidiens à métamorphose incomplète. *Bull. Soc. Zool. France*, t. XLIX, 1924, p. 46-58, 3 fig. dans le texte.

n'examinait pas l'armature de la trompe qui est la même chez le mâle et chez la femelle (1).

D'autre part, chez le *Nereis* (*Neanthes*) *funchalensis* Langerhans. que nous avons trouvée dans la baie d'Alger, le mâle n'a, comme la majorité des Néréidiens à métamorphose complète que deux régions distinctes, mais la femelle mûre, comme nous l'avons montré (1925), ne s'écarte que fort peu de sa physionomie à l'état asexué. Chez elle, la région moyenne est fort peu différente de la partie antérieure ; les parapodes sont un peu plus aplatis et un peu plus saillants latéralement que ceux qui les précèdent, avec des lobes foliacés peu développés, de même que les éventails des soies natatoires. De plus, les derniers segments du corps (au nombre de 5 à 7 chez les individus examinés par nous) sont dépourvus de soies à palettes natatoires. Il y a donc ici, chez la femelle, comme une sorte de troisième région, tandis que chez le mâle, la transformation est plus complète et les soies à palettes natatoires existent jusqu'à l'extrémité postérieure du corps. C'est, dans une certaine mesure, l'inverse de ce qui a lieu chez le mâle de la *Leptonereis glauca* Claparède. La femelle, chez les deux espèces en question, est moins bien pourvue que le mâle, en ce qui concerne les organes locomoteurs : il en est ainsi fréquemment dans la nature.

Enfin le dimorphisme est tout aussi accentué chez la *Perinereis* (*Arete*) *tenuisetis* Fauvel, dont E. G. Racovitza et L. Fage ont pu recueillir cinq mâles et deux femelles à la pointe nord du Cap Creus, près de Banyuls. Nous en avons récolté un assez grand nombre des deux sexes dans les pêches nocturnes à la lumière que nous pratiquons depuis 1923 dans la baie d'Alger. L. Fage a fait connaître (1924) les caractères de la femelle, qui est à trois régions, comme le mâle et dont la troisième région prend, après la ponte, un aspect vraiment étrange qu'on ne rattacherait pas, à première vue, à un Néréidien, par suite de l'étirement du corps et de la distance énorme qui sépare les parapodes les uns des autres.

Le très court résumé qui précède indique le contraste frappant qui existe, chez les Néréidiens, entre la physionomie de ces animaux à l'état asexué et la variété de leurs formes épigames ; leur dimorphisme sexuel présente son maximum chez les espèces dont les mâles ou les femelles ont le corps divisé en trois régions distinctes. Sauf chez les Syllidiens, où la diversité des formes épigames est encore plus grande, aucune autre famille d'Annélides Polychètes n'offre un pareil contraste.

---

(1) Ch. GRAVIER et J.-L. DANTAN, Sur deux Néréidiens (Annelides Polychètes) de la baie d'Alger, Bull. Mus. Hist. Natur. 1924, p. 464-468, 12 figures dans le texte.

J.-L. DANTAN

## REMARQUES SUR QUELQUES LARVES PÉLAGIQUES D'ACTINIES

Pendant l'hiver de 1924-25 et celui de 1925-26, les pêches planctoniques faites, de nuit, dans la baie d'Alger, m'ont rapporté un assez grand nombre de larves d'actinies et de cérianthes. Parmi les premières, quelques-unes seulement ont été étudiées, aussi cette note n'a-t-elle pour objet que de faire connaître des observations encore incomplètes.

Les larves d'actinies, toutes sans tentacules, ovoïdes, de taille variant entre 1 mm. et 4 mm. semblaient, à première vue, appartenir seulement à deux espèces : les unes étaient d'un blanc opalescent, les autres un peu brunâtres.

Certaines, après fixation, montrent, à leur surface, de légers sillons correspondant aux mésentères, mais je ne crois pas que ce soit là un caractère sur lequel il faille s'appuyer, car il me paraît dû, à l'action des réactifs : deux larves dont l'une présentait huit sillons assez marqués alors que l'autre en était dépourvue ont montré des structures identiques.

Les six exemplaires étudiés me paraissent appartenir à trois espèces, dont une se rapproche beaucoup de celle décrite par Ch. Gravier sous le nom de larve VI.

Cette larve, que je désignerai jusqu'à nouvel ordre par le nom de larve $\alpha$ , avait 1 mm. 4 de longueur. Elle possédait huit mésentères bien formés et des ébauches à peine marquées de quatre autres. Sa mésoglée épaisse (moitié de l'épaisseur de l'ectoderme) ne renferme que très peu de cellules. L'endoderme le long de la paroi du corps est très vacuolaire et forme, sur les coupes transversales, entre les cloisons, des masses coniques, alors que ce même feuillet, contre la mésoplée pharyngienne, est plus vacuolaire et lui constitue un revêtement régulier. Les entéroïdes sont au nombre de huit ; les quatre latéraux étant un peu plus développés. Enfin la musculature est très peu développée.

Larve $\beta$. Elle est représentée par trois exemplaires mesurant 1 mm, 1 mm. 4 et 2 mm. Elles renferment toutes douze mésentères, mais ceux désignés par les chiffres 5 et 6 sont très peu développés ; cependant, ils étaient plus marqués dans la plus petite des trois.

La mésoglée est presque aussi épaisse que l'ectoderme et renferme beaucoup de cellules (vingt-cinq environ sur chaque coupe transversale de 5 μ d'épaisseur.

L'endoderme, très mince et très peu vacuolaire le long de la paroi du corps, est un peu plus épais, et encore peu vacuolaire, sur le pourtour du pharynx ; par contre, les cellules du feuillet interne qui tapissent les cloisons présentent de très grandes vacuoles et, à la partie inférieure du corps, après la disparition des entéroïdes, elles s'assemblent pour former un réseau à larges mailles qui remplit toute la cavité gastro-vasculaire, sauf la partie centrale. La musculaire est très faible, les entéroïdes au nombre de quatre.

Larve γ. Sa longueur est de 3 mm. 2. Huit côtes sont esquissées correspondant aux huit mésentères. Sa mésoglée est assez épaisse, le tiers de l'ectoderme ; l'endoderme est vacuolaire le long des cloisons et, au milieu de chaque loge, il produit des saillies très marquées, formées parfois de deux épaisseurs de cellules, qui simulent des cloisons, mais s'en distinguent aisément par le fait qu'elles ne renferment pas de mésoglée. Dans leur intervalle, et autour du pharynx, le feuillet interne est mince et peu vacuolaire. La musculature est bien développée : chaque cloison porte des muscles longitudinaux et des muscles pariéto-basilaires. Elle montre huit enteroïdes.

De l'étude histologique de ces larves, je puis dès maintenant tirer les conclusions suivantes :

L'apparition des cloisons 5 et 6 est conforme aux observations faites par Faurot dans le genre *Halcampa*.

La mésoglée, toujours fibrillaire, présente tous les caractères d'un tissu conjonctif.

Les parties latérales des entéroïdes sont d'origine endodermique et connue, d'après les observations de Krempf sur les Madréporaires et des miennes sur les Antipathaires, la paroi interne du pharynx aurait, elle aussi la même origine, il en résulte que ces organes dérivent tout entiers du feuillet interne.

Maurice ROSE
Chef de Travaux de Zoologie générale à l'Université d'Alger

## 1° SUR LE GALVANOTROPISME DES *GAMMARUS* D'EAU DOUCE

Les *Gammarus* d'eau douce, sont très nettement sensibles à l'action du courant continu traversant le bac où ils nagent. Si l'on place de nombreux individus dans une cuve où plongent deux électrodes, ils se précipitent dès la fermeture du circuit et pour un courant convenable, sur l'une d'elles. La valeur de la réaction et son signe, ne sont pas constants, mais dépendent de nombreux facteurs physico-chimiques. Je signalerai ici l'action de l'intensité du courant sur les *Gammarus* d'eau douce qui vivent dans les douves du parc du Prytanée militaire de la Flèche.

Les animaux en expérience étaient placés dans un bac de verre, de section elliptique, plein d'eau distillée, où plongeaient deux électrodes constituées par des feuilles d'étain collées contre deux parois opposées, distantes de 12 centimètres. L'intensité du courant n'a pas pu être mesurée avec précision, faute d'appareils assez sensibles. L'énergie électrique était fournie par une batterie d'accumulateurs montées en série, et pouvant donner des forces électromotrices, mesurées aux électrodes, variant de 2 à 12 volts 5, par écarts progressifs de 2 volts. La température, constante dans toutes les expériences, était de 17° C.

Pour une différence de potentiel de 2 volts, les *Gammarus* s'accumulent au pôle négatif en majorité, très peu se placent au pôle positif. Un va-et-vient des divers individus s'établit entre les deux électrodes. Si l'on renverse le courant, la répartition se modifie lentement et finit par se renverser dans ses grandes lignes.

Pour 4 volts 5, le galvanotropisme négatif s'affirme chez la moitié environ des individus, le reste de ceux-ci passe alternativement d'une électrode à l'autre. L'inversion du courant entraîne celle de la répartition.

Pour 6 volts 5 et 8 volts 5, le galvanotropisme devient très net, mais positif, ce qui peut se vérifier par plusieurs renversements successifs du sens du courant.

Pour 10 volts 5 et 12 volts 5, le galvanotropisme très intense redevient négatif dans certaines expériences tout au moins.

Ces faits semblent montrer que, dans les conditions expérimentales définies ci-dessus, les *Gammarus* sont négatifs au-dessous de 6 volts et au-dessus de 9 volts, positifs entre ces deux différences de potentiel. Le sens de leur réaction, comme aussi son intensité, est donc fonction de l'intensité du courant qu'ils subissent.

---

## 2° INFLUENCE DES RÉDUCTEURS ET DES OXYDANTS SUR LE GALVANOTROPISME DES GAMMARUS D'EAU DOUCE

---

Dans le permanganate de potasse, les Gammarus se montrent constamment négatifs pour un courant de 1/20ᵉ d'ampère, sous 8 volts. Ils sont positifs dans l'acide chromique.

Ils le sont également dans le sulfate de fer, le sulfure d'ammonium.

Si, dans un bac à permanganate où sont des *Gammarus* négatifs, on ajoute du sulfate de fer, les animaux deviennent positifs ; l'addition de permanganate nouveau les ramène à l'état négatif, et on peut ainsi les faire voyager d'une électrode à l'autre, par additions alternées des deux substances actives. Les *Gammarus* servent en quelque sorte d'indicateurs marquant la fin de la réaction des deux sels l'un sur l'autre.

Or, le sulfure d'ammonium ajouté au permanganate ne renverse pas la réaction des animaux comme l'a fait le sulfate de fer. Il semble probable que celui-ci étant nettement acide, agit surtout par les ions H qu'il introduit dans le milieu. Son action est en effet en tout point comparable à celle des acides minéraux expérimentés.

L'action positive de l'acide chromique à la fois acide et oxydant, serait peut-être due à l'influence prédominante des ions H qu'il libère en se dissociant.

---

## 3° INFLUENCE DES ÉLECTROLYTES SUR LE SIGNE DU GALVANOTROPISME DES GAMMARUS D'EAU DOUCE

---

Si l'on place des *Gammarus* dans des solutions variées contenues dans des bacs identiques où l'on puisse faire passer un courant continu et constant, on observe des variations très nettes dans l'intensité et le signe des réactions observées.

Pour un courant de moins de 1/20° d'ampère, sous 8 volts, des électrodes d'étain distantes de 12 cm., à une température de 17° C, on a dans l'acide sulfurique N/1000, l'acide chlorhydrique N/500, l'acide azotique N/500, un galvanotropisme positif très net, que l'on peut contrôler par des inversions successives du courant. La vigueur de la réaction ne paraît pas s'atténuer avec le temps.

Dans la soude N/500, la potasse N/500, l'ammoniaque à l'état de traces, le galvanotropisme des animaux est négatif, très intense, mais il semble diminuer de valeur avec le temps qui s'écoule. Au bout de quinze minutes, il paraît nettement affaibli.

Dans le chlorure de sodium, N/500, la réaction est nette et positive, dans le chlorure de calcium N/500, elle est tantôt positive vigoureusement, tantôt fortement négative. Dans le premier cas, elle devient souvent négative assez vite. Il semble que l'âge de la solution ait une grosse influence sur le sens de la riposte galvanotropique. La concentration en acide carbonique et en oxygène dissous jouerait, semble-t-il, un rôle non négligeable.

Dans le chlorure de potassium N/500, l'urée N/250 ou N/500, l'acide urique à l'état de traces, la réponse est négative. Dans tous les cas où elle présente ce signe, il suffit d'acidifier légèrement le milieu par un acide fort pour qu'elle devienne aussitôt positive. Les ions H semblent donc avoir une action très forte sur le sens de la réaction.

---

## 4° SUR UN CAS DE RÉGÉNÉRATION CHEZ UN CALANIDE MARIN, *CALANUS MINOR*, CLAUS

---

On a signalé des cas de régénération assez nombreux et assez variés chez les Crustacés supérieurs, en particulier les Décapodes et les Amphipodes. Chez les Copépodes, on ne trouve que fort peu d'exemples de reconstruction d'organes disparus, et chez les Copépodes pélagiques, je n'ai, jusqu'ici, encore rien rencontré dans la littérature scientifique se rapportant à de tels phénomènes.

J'ai eu l'occasion, dans un plankton récolté en baie d'Alger, le 9 février 1927, en surface, de trouver un individu femelle adulte de *Calanus minor*, Claus, présentant une intéressante anomalie de régénération.

La première antenne droite de ce Calanide, avait été brisée entre le huitième et le neuvième article. La plaie guérit en donnant un bourgeon charnu, convexe et saillant au dehors, très fortement pigmenté en noir à sa partie distale. Sur ce bourgeon s'est développé un abondant faisceau de très longues soies grêles, non plumeuses, au nombre d'une vingtaine environ, formant un plumet terminal touffu.

La régénération, dans ce cas, a donc reproduit, non pas le membre disparu avec ses articles constitutifs, mais des organes d'un ordre inférieur, les soies, qui normalement sont portées par chacun des articles antennaires.

Chez *Calanus minor* femelle, la première antenne est formée de 25 articles, portant chacun deux soies assez courtes. La régénération a remplacé les 17 articles manquants par une vingtaine de soies grêles et longues, d'un type spécial. De plus, la soie distale du huitième article resté en place, s'est transformée en un fort aiguillon chitineux. La modification a donc porté, non seulement sur les parties néoformées, mais aussi sur le dernier article persistant, au voisinage seulement de la zone cicatricielle.

---

## 5° SUR UN CHAMPIGNON PARASITE D'UN SIPHONOPHORE PÉLAGIQUE *ABYLOPSIS PENTAGONA*

---

On connaît d'assez nombreux champignons parasites des animaux et des végétaux aquatiques d'eau douce. Au contraire, les êtres vivants du milieu marin sont beaucoup moins souvent infestés par des champignons, et si les algues du littoral se montrent encore quelquefois envahies par certains parasites fungiques, les cas de mycoses chez les animaux sont fort rares, surtout chez les animaux pélagiques.

Des recherches en cours, en collaboration avec M. le Professeur O. Duboscq, sur l'évolution d'un flagellé nouveau, le *Trypanophis major*, m'ont conduit à examiner de très près un Siphonophore pélagique, *Abylopsis pentagona*, à divers stades de son évolution. Dans un plankton du 15 mars 1927, j'ai eu la chance de rencontrer un individu adulte d'Abylopsis infesté par un champignon parasite. Celui-ci formait dans le statocyste du Siphonophore, trois taches noires, d'assez grande taille et d'aspect finement granuleux, dont je n'ai pu, au premier abord et à cause de l'épaisseur des tissus déterminer la nature exacte. L'animal fixé au Bouin, fut disséqué sous la loupe binoculaire, le statocyste isolé et dilacéré, puis coloré au Giemsa. La préparation examinée ensuite, a permis de constater qu'on avait affaire à un champignon en pleine végétation que M. le Professeur Pinoy a pu rapporter au genre *Nocardia*.

Il y avait trois points d'infection, peut-être par des spores, à partir desquels le mycélium s'est développé d'une manière rayonnante. En tout cas, cette infection est certainement très rare, puisque sur des centaines de Siphonophores examinés, c'est le premier individu envahi que l'on a eu la chance de rencontrer, et qui sans nul doute méritait d'être signalé ici.

O. DUBOSCQ et M. ROSE

## LES STADES GRÉGARINIENS ET LES KYSTES DE *TRYPANOPHIS MAJOR*, Dubosq et Rose

Dans une note précédente (*Bull. Soc. Zool. de France*, LI. 1926), nous avons fait connaître un nouveau *Trypanophis*, parasite des *Abylopsis pentagona* du plankton d'Alger. En continuant l'étude de ce Flagellé, nous avons pu préciser la position et la structure du noyau et trouver des stades non décrits (stades grégariniens et kystes) que nous croyons bien appartenir à notre *Trypanophis*.

Nous avions provisoirement interprété comme noyau le gros corps chromatique de l'extrémité postérieure du corps. Mais nous disions . « Si nous avons quelque doute sur sa valeur nucléaire, c'est d'abord à cause de sa position si reculée et parce que nous n'avons pu le colorer par le carmin, tandis que se trouve teint par ce colorant si électif une traînée granuleuse située au-dessous de la membrane ondulante vers le milieu du corps ». Maintenant nous n'avons plus d'hésitation. Notre première interprétation était mauvaise. La traînée granuleuse du milieu du corps que nous représentions dans notre figure 4, est bien le noyau. Sa membrane est à peine distincte. Il est fait de nombreux granules peu colorables et contient en son milieu un gros caryosome entouré d'une area claire. Dans beaucoup de préparations, et particulièrement sur le vivant, on ne voit que ce caryosome.

Nous n'insisterons pas sur les autres structures du Flagellé. Nous avons pu colorer les mitochondries par le vert Janus, faire apparaître par le rouge neutre des corpuscules plus gros, périphériques, épars dans toute la longueur de l'animal et que nous interprétons comme vacuome, enfin constater la structure hétérogène des corpuscules en cassette, décrits jusqu'ici comme homogènes. Ces faits seront précisés dans un travail plus étendu. Ce que nous désirons surtout signaler aujourd'hui, c'est la présence à côté des stades flagellés, de nombreux éléments grégariniformes que nous rapportons au *Tryponophis major*.

Tandis que les Flagellés adultes circulent avant tout dans la cavité du stomatocyste, les stades grégariniens sont en dehors de cette cavité, extérieurs à elle, situés presque tous sur le pédicule rétréci du statocyste, c'est-à-dire sur le début du stolon.

Dans cette région, nous trouvons aussi, et nous le soulignons, un certain nombre de stades flagellés, surtout de très petites formes et des stades moyens ne dépassant pas 50. µA côté d'eux, piqués sur la paroi comme le sont des Grégarines sur l'épithélium intestinal, foisonnent des stades rappelant les *Monocystidées*, telles que les *Lankesteria*. Leur longueur varie de 17 à 55.µ Ils sont immobiles, sans traces de flagelles. Nous appellerons cependant, au moins provisoirement, blépharoplaste, le bouton sidérophile qui termine leur rostre et par lequel ils adhèrent à la paroi du stomatocyste. Ce rostre plus ou moins saillant, est un petit cône à paroi épaissie. Le noyau, situé vers le tiers antérieur du corps, contient toujours un karyosome excentrique et des grains chromatiques en chapelet, forment une sorte de spirème. Dans le cytoplasme, le crésylblau démontre des gouttelettes éparses, mais nombreuses, surtout au voisinage du noyau. Elles représentent sans doute le vacuome. Enfin, immédiatement en arrière du noyau, un gros amas de grains graisseux apparaît constant, au moins dans les grandes formes. En avant du noyau, on trouve aussi de petits amas de ces grains noircis par l'acide osmique et colorés par le Soudan III. Cette surcharge de grains de réserve indique bien, semble-t-il, la nature prékystique des stades grégariniens. Nous avons d'ailleurs vu de gros corps en croissant à paroi épaisse, mesurant 10 µ de large, véritables kystes. Comme ils n'adhèrent plus au stomatocyste, ils doivent quitter le Siphonophore, et représenter les formes de résistance qui passent dans un autre hôte. Si notre interprétation des stades grégariniens se trouve justifiée, le cycle des *Trypanophis* serait moins simple qu'il n'apparaissait d'abord.

---

L. PARROT

Chef de Laboratoire à l'Institut Pasteur d'Algérie

## PHLÉBOTOMES D'ALGÉRIE

Bien que les Phlébotomes, Psychodidés piqueurs, abondent dans certaines régions de l'Algérie au point que l'observateur le moins prévenu ne puisse ignorer leur activité importune, leur existence y est restée méconnue jusqu'en 1904, date à laquelle Edm. et Et. Sergent les signalent à Biskra, à l'occasion de leurs premiers travaux sur la transmission de la leishamaniose cutanée de l'homme (bouton d'Orient). Depuis, la recherche et l'identification des Phlébotomes algériens ont été méthodiquement poursuivies par l'Institut Pasteur d'Algérie, comme une introduction nécessaire à l'étude de leur rôle pathogène probable. Ces investigations ont porté leur fruit : en collaboration avec Edm. Sergent, Et. Sergent, A. Donatien et M. Béguet, nous avons montré, en 1921, qu'un des représentants du genre *Phlebotomus*, *Phl. papatasi* (Scop.), propage le bouton d'Orient.

***

On sait aujourd'hui que la faune de notre colonie compte cinq espèces de Phlébotomes : *Phl. papatasi* (Scop.), *Phl. perniciosus* Newstead, *Phl. sergenti* Parrot, *Phl. minutus* var. *africanus* Newst. et *Phl. fallax* Parr. Nous possédons, d'autre part, une documentation assez abondante sur la répartition de ces espèces sur le territoire algérien et sur leurs principaux caractères biologiques.

Les unes et les autres existent à peu près partout avec, cependant, certaines variations de prédominance de telle ou telle espèce suivant les régions et même suivant les localités. D'une façon générale, on peut dire que *Phl. perniciosus* se rencontre surtout sur le Littoral et sur les Hauts-Plateaux (1). Vers le Sud, il ne dépasse pas le parallèle d'El Outaya (22 km. au N. de Biskra). *Phl. papatasi* abonde dans le Sahara septentrional, de même que *Phl. minutus* var. *africanus*. *Phl. fallax* paraît être exclusivement saharien. Enfin, *Phl. sergenti* n'est connu jusqu'ici que de trois localités du département de Constantine : El Kantara, Mac-Mahon, d'où il a été décrit, et Mila (Et. Sergent).

*Phl. papatasi*, *Phl. perniciosus* et *Phl. sergenti*, à indice alaire supérieur à l'unité, se nourrissent de préférence, sinon exclusivement, aux dépens des vertébrés à sang chaud, et de l'homme en particulier. *Phl. minutus* var. *africanus* et *Phl. fallax*, à indice alaire inférieur à l'unité (sous-genre *Prophlebotomus*, de França et Parrot), parasitent électivement les Reptiles, entre autres le Geckotien vulgairement connu ici sous le nom de Tarente (*Tarentola mauritanica* (L.) et ses variétés.

En collaboration avec A. Donatien, nous avons pu réaliser récemment (octobre-décembre 1926) l'élevage au laboratoire de *Phl. papatasi*, à partir de femelles fécondées capturées à Biskra, puis transportées vivantes à Alger. En atmosphère humide et à la température moyenne de 28°, ces femelles ont pondu après 3 à 5 jours. Les œufs ont éclos au bout de 9 à 11 jours. Les larves, nourries avec des crottes de lapin stérilisées, ont donné des nymphes après 24 à 45 jours ; l'envol des adultes s'est produit de 10 à 12 jours plus tard. Au total, l'évolution complète, de l'œuf à l'insecte parfait, a duré de 43 à 68 jours.

(1) La prédominance de *Phl. perniciosus* dans le Nord de la Colonie permet de le soupçonner tout particulièrement de transmettre la leishmaniose viscérale infantile et canine.

Dr A. CROS
Mascara

## EMPLOIS CRIMINEL ET THÉRAPEUTIQUE DES INSECTES VÉSICANTS PAR LES INDIGÈNES

Les Arabes semblent avoir quelques notions des propriétés vésicantes des Méloés en général, du *Meloe majalis* L. en particulier, ainsi qu'en témoigne le fait suivant :

Un jour que j'avais trouvé un *Meloe majalis* sur la route de Selatna en train de creuser son trou de ponte, comme je l'observais, vint à passer un indigène qui me demanda si cet insecte était venimeux. Il me raconta que son frère s'étant assis par mégarde sur un de ces insectes et l'ayant ainsi écrasé contre sa cuisse, avait eu à ce niveau une énorme cloque remplie d'eau. Il m'apprit également que les Méloés passent parmi les Arabes pour un toxique violent, dont ils se serviraient pour empoisonner les gens. On placerait pour cela dans une boîte neuf Méloés qui se dévorent entre eux. (Je dois dire en passant que je n'ai jamais observé rien de pareil). Quand il n'en reste plus qu'un seul qui a mangé tous les autres et concentré en lui tout leur venin, on le tue à son tour, on le fait sécher, on le réduit en poudre, et l'on délaye cette poudre dans une tasse de café qu'on fait boire à la personne dont on veut se défaire. Le moyen serait infaillible.

Ce même indigène m'a affirmé que l'année précédente, une femme de son douar avait ainsi empoisonné un garçonnet d'une douzaine d'années qui lui était à charge. Pour cet enfant, trois Méloés avaient suffi. Je lui ai demandé alors quels symptômes s'étaient manifestés ; il m'a répondu que la drogue avait été administrée le matin, et que le soir même l'enfant était mort après avoir présenté des vomissements et des coliques. Je me suis informé s'il n'y avait pas eu des hématuries ; il m'a déclaré que non, que l'enfant n'avait pas uriné de sang. Le fait est-il exact ? Je l'ignore. Il est en tout cas hors de doute pour moi que l'absorption d'une certaine quantité de poudre de Méloé ne serait pas sans danger à cause de la cantharidine que ces insectes contiennent dans d'assez fortes proportions. Fumouze a en effet constaté que les Méloés très employés en Espagne dans la médecine vétérinaire peuvent renfermer jusqu'à 12 grammes pour 1.000 de cantharidine. Les essais de Beguin sur *Meloe majalis* ont donné des résultats tout à fait comparables : il a obtenu un rendement de 7 gr. 25 de principe actif par kilogramme d'insectes.

Un autre jour que je tenais à la main un *Meloe cavensis* Petagna que je venais de trouver, un Arabe que je rencontrai me parla également des propriétés toxiques des Méloés : d'après lui il suffirait d'en absorber quatre ou cinq pour tomber foudroyé. C'est donc une croyance assez répandue chez les indigènes de la région de Mascara.

Il m'apprit aussi que les Arabes appellent ces insectes : *Gueta béchachile*, ce qui veut dire : qui coupe la chair, mais en donnant à ce mot *chair* la signification spéciale de : parties génitales. De retour en ville, j'interrogeai un taleb parlant bien le français pour avoir la traduction exacte de ces termes. Ils signifient littéralement : coupe verges, le mot *béchachile* étant le pluriel de *béchoula* qui est le terme employé pour désigner la verge des petits enfants. Ce nom s'appliquerait, d'après mon interprète, non aux Méloés, mais aux Mille-Pattes, qu'on aurait ainsi nommés parce que les enfants qui vont les dénicher sous les pierres auraient souvent le désagrément de les voir se glisser sous leur gandoura, et remonter vers les parties génitales. Pour les lettrés le nom du Méloé serait *Terkebbas*. Quoi qu'il en soit, le terme *Gueta béchachile* est appliqué aussi par les campagnards aux Méloés, et semblerait indiquer la connaissance des effets produits sur la vessie et les organes génitaux par le principe vésicant de ces insectes. Cela n'a d'ailleurs rien de surprenant, car les propriétés des Cantharides qui sont analogues sont connues de longue date par les Indigènes qui les emploient volontiers dans le cas d'impuissance, affection qu'ils désignent par le mot *beurd* qui signifie *froid*, terme qui correspond à notre mot *frigidité*, lequel s'emploie dans le même sens. Un Israélite m'a montré jadis des débris de Coléoptères qu'il disait appartenir à des Cantharides, et qu'il vendait à l'occasion aux Arabes comme remède aphrodisiaque. D'autre part, un aide-pharmacien de la ville m'a plongé dans un profond étonnement en me révélant que les Arabes lui demandaient assez souvent de ces petits emplâtres vésicants aujourd'hui tombés en désuétude, mais que nos aïeux employaient couramment, et qui sont connus sous le nom de *Mouches de Milan*, et qu'ils les avalaient pour ranimer leurs forces viriles défaillantes.

M. A. Colozzi, pharmacien très érudit de Mascara, à qui j'ai parlé de ces faits, m'a appris que les Arabes attribuent aux Méloés un pouvoir anti-rabique : il m'a cité l'exemple de deux Indigènes, un caïd et un fellah, mordus par un chien enragé : le fellah néglige de se soigner et meurt de la rage ; le caïd a recours aux soins d'un taleb qui lui fait prendre des pilules (dix) faites avec des Méloés pulvérisés, ainsi que M. A. Colozzi l'a reconnu en analysant une de ces pilules, et reste bien portant. Ces pilules, dont il n'a pris qu'une partie, ont produit du reste un commencement d'intoxication, et c'est pour cela qu'il est venu les montrer au pharmacien. Cette médication serait empruntée aux Chinois qui se serviraient depuis un temps immémorial de Méloés contre la rage.

J'ai eu depuis l'occasion de lire dans la « France Médicale » un travail publié par M. Boigey, médecin-aide-major à Biskra, qui parlant de ce remède, s'exprime ainsi :

« J'ai eu entre les mains un formulaire arabe que m'a prêté un tebib en renom. Il contenait cent recettes applicables aux maladies les plus variées, et avait été imprimé en 1803. Voici la traduction du remède applicable à la rage :

« Louange à Dieu ! Remède contre la rage et l'on guérit s'il plaît à Dieu ! On prend du *Dernona* (nom arabe d'un scarabée, le *Meloe tuccius* de Rossi, dont les congénères sont communs en France) le poids d'un grain de blé, et on l'écrase dans du bouillon de viande que la personne mordue doit boire entre les vingt-et-unième et vingt-septième jours après la morsure. Si elle le prenait avant ou après elle ne guérirait pas. Chabane el Akrem, 1293. Ce que je dis est tiré du livre du Cheikh El Syeuti. Il ne doit y avoir ni poivre ni sel dans le bouillon. »

---

Dr Jacques PELLEGRIN

Docteur ès Sciences

Sous-directeur de Laboratoire au Muséum national d'histoire naturelle

---

## LES REPTILES ET LES BATRACIENS DE L'AFRIQUE DU NORD FRANÇAISE

---

La faune herpétologique de la Berbérie est riche et variée et fort intéressante à étudier. Par contre, les Batraciens s'y montrent relativement assez peu nombreux.

L'ensemble se rattache surtout à la zone paléarctique circumméditerranéenne. Cependant vers le Sud, dans les régions désertiques sahariennes, apparaissent certaines formes éthiopiennes, principalement parmi les Ophidiens vénimeux.

On trouvera ci-dessous une liste complète par familles des Reptiles et Batraciens jusqu'ici signalés en Berbérie et dans les parties avoisinantes du Nord du Sahara (1).

Pour l'établir je me suis servi principalement des travaux de MM. Lataste, Boulenger et Doumergue. A la suite du nom des espèces sera

(1) Pour les Reptiles aquatiques et Batraciens du Sahara central, Cf. Dr J. Pellegrin, Les Vertébrés des eaux douces du Sahara (*Ass. fr. Av. Sc.*, Congrès de Tunis, 1913, p. 346).

indiqué par une initiale l'habitat général : B signifiant l'ensemble de la Berbérie, M le Maroc, A l'Algérie, T la Tunisie, S le Nord du Sahara.

D'autre part, grâce aux récoltes faites par MM. Alluaud, Pallary et par moi-même dans l'Atlas marocain, j'ai pu établir jusqu'à quelle altitude peuvent se rencontrer un certain nombre de Reptiles et de Batraciens. Le signe * indique que l'espèce a été trouvé de 1.000 à 1.500 mètres, ** de 1.500 à 2.000, *** au-dessus de 2.000.

## REPTILES

### Testunidés (1)

1. *Testudo ibera* Pallas. — B. S.
2. *Emys orbicularis* Linné. — A. T.
3. *Clemmys leprosa* Shaw. — B. S.

### Geckonidés

4. *Stenodactylus guttatus* Cuv. — B. S. (var. *mauritanicus* Guichenot, *Hirouxi* Doumergue, *Wilkinsonni* Strauche).
6. *Saurodactylus mauritanicus* D. et B. — M. A. S.
6. *Saurodatylus mauritanicus* Det. B. — M. A. S.
** 7. *Gymnodactylus trachyblepharus* Boettger. — M.
** 8. *Gymnodactylus mœrens* Chabanaud. — M.
9. *Phyllodactylus europœus* Gené. — T.
10. *Ptyodactylus lobatus* Geoffr. — A. S.
11. *Hemydactylus turcicus* L. — B. S.
* 12. *Tarentola mauritanica* L. — B. S. (var. *facetana* Boettg., *deserti* Lataste, *Saharœ* Doum., *lissoïda* (Doum.).
13. *Tarentola neglecta* Strauch. — A. S.

### Agamidés

14. *Agama inermis* Reuss. — B. S. (var. *agilis* Strauch).
15. *Agama Tournevillei* Lat. — A. S.
* 16. *Agama Bibroni* A. Dum. — M. A. S.
17. *Uromastix acanthinurus* Bell. — B. S.

### Anguidés

* 18. *Ophisaurus Koellikeri* Günther. — M.
19. *Anguis fragilis* L. — A.

### Varanidés

20. *Varanus griseus* Daud. — B. S.

(1) Les Tortues marines ne figurent pas sur cette liste.

### Amphisbænidés

21. *Blanus cinereus* Vand. — M. A.
22. *Trogonophis Wiegmanni* Kaup. — B.

### Lacertidés

** 23. *Lacerta ocellata* Daud. var. *pater* Lataste. — B.
*** 24. *Lacerta muralis* Laur. B (var. *tiliguerta* Gmelin, *Vaucheré*. Boulenger, *Bocagei* Seoane).
** 25. *Lacerta perspicillata* D. et B. — M. A.
26. *Psammodromus Blanci* Lat. — A. T.
27. *Psammodromus microdactylus* Boettg. — M.
** 28. *Psammodromus algirus* Lat. — B. S.
** 29. *Acanthodactylus vulgaris* D. et B. B. (var. *Belli* Gray, *atlanticus* Blgr., *mauritanicus* Doum., *Blanci* Doum., *lineomaculatus* D. et B.).
30. *Acanthodactylus Savignyi* Aud. — M. A.
** 31. *Acanthodactylus pardalis* Licht. — B. S. (var. *Bedriagæ* Lat., *maculatus* Gray, *Latastei* Blgr., *spinicauda* Doum.).
32. *Acanthodactylus boskianus* Daud. var. *asper* Audouin. — A. T. S.
33. *Acanthodactylus scutellatus* Aud. A. T. S. (var. *longipes* Blgr., *Audouini* Blgr., *aureus* Gthr., *inornatus* Gray).
** 34. *Eremias guttulata* Licht. — B. S. (var. *Olivieri* Aud., *Latastei* Blgr., *susana* Blgr.).
35. *Ophiops occidentalis* Boulenger. — A. T.

### Scincidés

36. *Mabuia vittata* Oliv. — A. T. S.
37. *Eumeces Schneideri* Daud. — A. T. S.
38. *Eumeces algeriensis* Peters. — M. A. S. (var. *meridionalis* Doum.).
39. *Scincus fasciatus* Peters. — A. T. S.
40. *Scincus officinalis* Laur. — A. T. S.
41. *Chalcides ocellatus* Forsk. — B. S. (var. *tiligugu* Blgr., *parallelus* Doum., *vittatus* Blgr., *polylepis* Blgr.).
42. *Chalcides lineatus* Leuck. — M. A.
43. *Chalcides tridactylus* Laur. — A. T. S.
44. *Chalcides mionecton* Boettg. — M.
45. *Chalcides mauritanicus* D. et B. — A.
46. *Chalcides sepsoides* Aud. — A. T. S. (var. *Boulengeri* Anderson) (1).

---

(1) M. Doumergue indique d'Oran un Scincidé de Malaisie *Lygosoma chalcides* L., sans doute importé.

Chaméléonidés

** 47. *Chamæleon vulgaris* Daud. — B. S.

Glauconiidés

48. *Glauconia macrorhynchus* Jan. — A.

Boidés

49. *Eryx jaculus* L. — A. T. S.

Colubridés

50. *Tropidonotus natrix* L. — A. T.
** 51. *Tropidonotus viperinus* Latr. — B. (var. *aurolineatus* Gerv.)
52. *Zamenis algirus* Jan. — A. T. S.
53. *Zamenis hippocrepis* L. — B.
54. *Zamenis diadema* Schl. — A. T. S.
55. *Lithorhynchus diadema* D. et B. — A. T. S. (var. *Hirouxi* Doum.).
** 56. *Coronella Amaliæ* Boettg. — M. A.
57. *Coronella girondica* Daud. — M. A.
58. *Coelopeltis monspessulana* Herm. — B. S. (var. *Neumayeri* Fitz., *insignitus* Geoffr.).
59. *Coelopeltis moilensis* Reuss. — A. T. S.
60. *Psammophis Schokari* Forsk. — B. S.
** 61. *Macroprotodon cucullatus* I. Geoffr. — B. S.
62. *Naia haie* L. — B. S.

Vipéridés

63. *Vipera Latastei* Bosca. — M. A.
64. *Vipera lebetina* L. — B. S.
65. *Bitis arietans* Merr. — M.
66. *Cerastes cornutus* Forsk. — A. T. S. (var. *mutila* Doum.).
67. *Cerastes vipera* L. — A. T. S.
68. *Echis carinatus* Schneid. — A. T. S.

## BATRACIENS

Ranidés

*** 1. *Rana esculenta* L. — B. S. (var. *ridibunda* Pallas, *saharica* Blgr.).

Bufonidés

2. *Bufo viridis* Laur. — B. S.
** 3. *Bufo mauritanicus* Schl. — B.
4. *Bufo vulgaris* Laur. — M. A.

HYLIDÉS

*** 5. *Hyla arborea* L. — B. (var. *meridionalis* Boettg., *Savignyi* Aud.).

PÉLOBATIDÉS

6. *Pelobates cultripes* Cuv. — M.

DISCOGLOSSIDÉS

*** 7. *Discoglossus pictus* Otth. — B.

SALAMANDRIDÉS

** 8. *Salamandra maculosa* Laur. var. *algira* Bedr. — M. A.
9. *Molge Poireti* Gerv. — A.
10. *Molge Hagenmulleri* Lat. — A.
11. *Molge Waltli* Mich. — M.

Comme on le voit les Reptiles sont représentés dans l'Afrique du Nord française par 68 espèces, réparties en 42 genres et 13 familles, les Batraciens par 11 appartenant à 7 genres et 6 familles.

Deux genres (*Saurodactylus* et *Trogonophis*, 17 espèces et 23 variétés (sur 40), de Reptiles sont spéciaux à la Berbérie ou aux parties avoisinantes du Sahara, 3 espèces et 2 variétés seulement (sur 5) de Batraciens sont particuliers à ces régions.

En ce qui concerne l'altitude on constate que parmi les Sauriens 3 ont été rencontrés au-dessus de 1.000, mètres, 9 au-dessus de 1.500, 1 au-dessus de 2.000, parmi les Ophidiens 3 au-dessus de 1.500. Pour les Batraciens anoures 1 dépasse 1.500 mètres et 3, 2.000 mètres, un Urodèle, la Salamandre, monte à 1.500 mètres. Au fur et à mesure des investigations dans les chaînes de l'Atlas marocain, un certain nombre d'autres espèces viendront certainement s'ajouter à celles déjà signalées ici.

Robert DU BUYSSON

## LES CHRYSIDIDES DE L'ALGÉRIE

Ayant étudié les collections des grands Musées d'Histoire naturelle et un très grand nombre de collections particulières, je puis affirmer que le bassin de la Méditerranée est celui qui offre les plus beaux coloris chez les Chrysidides qui l'habitent. Les teintes dorées, feu, roses, violettes, vertes et bleues sont portées par ces insectes sur leurs téguments brillants et métalliques, et les rendent par leur beauté rivales des Cassides exotiques. Beaucoup de naturalistes ont parcouru l'Algérie depuis l'Exploration scientififique officielle, depuis 1849, date de la publication des résultats de cette Exploration. Aussi le nombre des espèces de Chrysidides connues d'Algérie est presque aussi grand que celui des espèces de l'Europe tout entière.

Quatorze genres y sont représentés et l'ensemble des espèces atteint près de deux cents. Quelques espèces vivant sur la colonie algérienne se trouvent également au Maroc, en Tunisie, comme aussi dans d'autres régions du même bassin. Quelques-unes représentent la faune tropicale de l'Afrique, d'autres la faune paléarctique ; plusieurs n'ont pas été rencontrées sur d'autres territoires. Ces petits insectes sont très agiles et craintifs, de sorte que leur capture est difficile, réclame une bonne vue et une certaine habitude du filet. Il est donc permis de croire que beaucoup d'autres espèces ont leur domicile dans les localités chaudes, abritées et riches en fleurs.

Les Chrysidides vivent du nectar des fleurs, des exsudations sucrées des végétaux, et elles sont toutes parasites, c'est-à-dire qu'elles déposent leurs œufs dans le nid de certains Hyménoptères nidifiants qu'elles savent choisir. Elles profitent d'un moment d'absence de l'hôte recherché pour y déposer un œuf, d'où sortira une larve carnassière qui consommera lentement celle du nidifiant sans la tuer du premier coup de ses mandibules, faibles du reste au début de sa croissance.

Les Chrysidides sont privées de glandes à venin, sauf quelques rares exceptions. Elles sont parasites de certains hyménoptères mellifères, de Sphégides et d'Euménides. On connaît une Chrysis de Chine qui est munie de glandes à venin et dont la larve vit de la chenille d'un papillon qui cependant est enfermée dans un cocon aussi dur que de la corne. Mais la Chrysis sait, avec patience, pratiquer, à l'aide de ses mandibules, une ouverture et y passer son oviscapte. Il est vraisemblable que l'œuf est placé sur un point de la chenille préalablement anesthésié par du venin. Les Cleptes, qui ont aussi des glandes à venin, déposeraient leurs œufs directement dans la larve de certaines Tenthrédines. Au point de vue biologique, il y a sans doute encore des découvertes à faire. Les Chrysidides sont évidemment des insectes charmants, mais leur utilité pour l'homme semble nulle. Comme elles sont généralement inconnues du public, les artistes ne se sont pas inspirés de leur parure, qui pourtant est une merveille. Les anciens semblent également les avoir ignorées, car elles ne sont mentionnées dans aucun auteur et on ne les reconnaît dans aucune sculpture. Du reste leur éclat métallique défie le pinceau le plus habile. Je ne connais que le regretté professeur de dessin du Muséum de Paris, A. Millot, qui ait réussi à les reproduire avec leur éclat, tout comme du reste il était arrivé, par l'aquarelle, à représenter les plus brillantes Cassides à l'état vivant.

Voici l'exposé de ce que l'on connaît comme représentants de la famille qui nous occupe, tant pour l'Algérie que pour la Tunisie et le Maroc :

1° Heterocoelia *nigriventris* Dahlb.
2° Cleptes : sept espèces.
3° Notozus : deux espèces communes en Europe.
4° Ellampus : huit espèces.
5° Philoctetes : six espèces.
6° Holopyga : sept espèces.
7° Hedychridium : dix espèces.
8° Hedychrum : six espèces.
9° Chrysogona *assimilis* Dahlb.
10° Spinolia : cinq espèces.
11° Euchoeus : cinq espèces munies de couleurs éclatantes.
12° Chrysis : cent trente-cinq espèces environ.
13° Stilbum *splendidum* F. avec de nombreuses variétés.
14° Parnopes : deux espèces.

Voici également les noms des principaux entomologistes qui ont aidé le plus à la connaissance des Chrysidides de la Colonie, par les matériaux qu'ils ont rapportés de leurs voyages en Algérie, depuis H. Lucas qui avait été chargé de la partie entomologique durant l'Exploration scientifique : Abeille de Perrin, F. Ancey, L. Bleuse, Dr Chobaut, Dr Cros, Capitaine Ferton, J. de Gaulle, J. Gazagnaire, J. Gribodo, Mathieu, Rev. Morice, Pic, G. Seurat, J. Vachal, capitaine de Vauloger.

L. LAVAUDEN

## LA COMPOSITION ET LES ORIGINES DE LA FAUNE MAMMALOGIQUE ET ORNITHOLOGIQUE DE LA BERBÉRIE

Nous donnerons le nom de Berbérie à l'ensemble des territoires africains compris entre la Méditerranée, au Nord, et le Sahara au Sud, Ces territoires comprennent, politiquement, le Maroc, l'Algérie et la Tunisie. On y a quelquefois rattaché la Tripolitaine et même la Cyrénaïque. Mais il faut se souvenir que, dans le Sud-Tunisien (région de Ben-Gardane), le désert vient jusqu'à la côte et que, d'autre part, on retrouve dans la faune de la Tripolitaine et surtout de la Cyrénaïque, des influences orientales et égyptiennes qui impriment à cette faune un caractère très particulier.

La Berbérie ne constitue pas une entité géographique ou faunistique, mais elle n'en est pas moins très naturellement délimitée. Elle comprend un certain nombre de *régions naturelles géographiques*, qui correspondent elles-mêmes à des *milieux biologiques* différents, possédant chacun des *éléments faunistiques* caractéristiques.

Au point de vue mammalogique, la faune berbéresque est caractérisée par l'absence presque absolue d'éléments endémiques particuliers. On ne peut guère en citer qu'un seul : le Mouflon à manchettes (*Ammotragus lervia* Pallas). Tous les autres Mammifères de la Berbérie sont, plus ou moins étroitement, apparentés à des formes européennes, éthiopiennes, ou asiatiques, et paraissent avoir, avec ces formes, une origine commune,

Les principaux éléments d'origine européenne sont le Cerf (*Cervus elaphus barbarus* Bennet), le Sanglier (*Sus scrofa mauritanicus* Sclat.), la Loutre (*Lutra lutra angustifrons* Lataste), la Musaraigne d'Afrique (*Crocidura whitakeri* de Winton), les différents Lièvres, le Lérot (*Eliomys mumbianus lerotinus* Lataste), le Renard (*Vulpes vulpes atlantica* de Winton, et la plupart des Chiroptères ; il faut sans doute aussi compter, parmi ces éléments européens le Magot (*Innuus*), abondant au Maroc et sur certains points de l'Algérie (1).

(1) La petite colonie de Magots de Gibraltar paraît être, non pas une relicte d'origine européenne primitive, mais une colonie secondaire, d'origine marocaine. Ainsi, le Magot venu d'abord d'Europe en Afrique, et disparu d'Europe, y aurait de nouveau reparu, sur cet unique point.

L'élément éthiopien est représenté, dans la faune berbéresque, par l'Antilope bubale (*Bubalis buselaphus* Pallas), qui a disparu de la Tunisie et de la plus grande partie de l'Algérie, mais qui persiste encore au Maroc (région de la Haute Moulouya) et même sur quelques points du Sud-oranais. Outre cette Antilope, on peut considérer comme étant d'affinités (et par suite d'origine) éthiopiennes : les Gazelles (Genre *Gazella*), les Macroscélides (*Genre Elephantulus*), le Ratel (*Mellivora ratel leuconota* Sclat.) (1), les Genettes (*Genetta afra afra* F. Cuv. et *G. a. bonapartei* Loche), l'Ecureuil barbaresque (*Xerus getulu sgetulus* L.), la plupart des petits Rongeurs (G. *Gerbillus, Meriones, Arvicanthis, Jaculus*, etc.) et deux Chiroptères (*Hipposiderus caffer tephrus* Cabrera et *Asellia tridens* Geoff.).

L'élément asiatique comprendra l'Antilope Addax (*Addax nasomaculatus* de Blainville) et le Caracal (*Lynx caracal berberorum* Matschie).

Il convient en outre de distinguer, sous l'apport de ces composantes, un *élément paléotropical ancien*, composé de formes archaïques, ou peu spécialisées, et à large dispersion géographique. Nous voyons cet élément représenté par la Mangouste (*Herpestes ichneumon numidicus* F. Cuv.), le Guépard (*Acinonyx jubatus guttatus* Herm.), les Chacals (*Thos lupaster* et formes), l'Hyène (*Hyaena hyaena* L.) et les Porcs-Epics (*Hystrix cristata* L. et formes).

Enfin, il ne faut point oublier le petit groupe des *Ctenodactylidés* qui présente cette particularité stupéfiante d'offrir des affinités sud-américaines, sans qu'on puisse, jusqu'ici, expliquer d'une façon satisfaisante, sa présence en Berbérie, qui pose le problème des relations faunistiques entre l'Amérique et l'Afrique occidentale.

*
* *

L'avifaune berbéresque présente des particularités analogues, mais non identiques, toutefois.

D'abord, les types endémiques sont plus nombreux. Nous en trouvons quatre, dont trois correspondent à des genres particuliers : *Diplootocus moussieri* Olph. Galliard, *Chersophilus duponti* Vieillot, *Rhamphocorys clot. bey* Bp. et *Alectoris barbara* Bonnaterre (la *Caccabis petrosa* des auteurs) (2).

Nous trouvons ensuite un élément européen très important, mais que l'on peut scinder en deux : d'une part, les Oiseaux européens pro-

(1) Le Ratel a été signalé dans le Sud-Ouest marocain par M. L. Joleaud (Bull. S. Z. F. 1922).

(2) On a voulu parfois ranger, parmi ces types endémiques, *Picus vaillanti* Malh. et *Sylvia deserticola* Whitaker. Quelle que soit l'opinion que l'on puisse avoir sur la taxonomie de ces formes, il est absolument évident qu'elles sont étroitement alliées respectivement à *Picus viridis* et à *Sylvia undata*, formes essentiellement européennes, et qu'elles ne peuvent dès lors être mises au même rang que les formes véritablement endémiques de l'Afrique septentrionale.

prement dits, c'est-à-dire nichant dans le Nord ou le Centre de l'Europe, et venant soit hiverner, soit transiter en Berbérie, au moment de leurs migrations annuelles (1). D'autre part, les Oiseaux d'origine européenne, mais fixés en Berbérie à l'état permanent et présentant des formes, soit fortement différenciées (*Fringilla spodiogenys* Bp. et ses formes, *Parus cœruleus ultramarinus* Malh., *Parus ater ledouci* Malh., *Corvus corax tingitanus* Irby, *Passer domesticus tingitanus* Bp., *Athene noctua glaux* Bp., etc.), soit au contraire identiques aux formes d'Europe (*Sylvia melanocephala* L., *Sylvia conspicillata* Temm., *Sylvia sarda* Temm., *Aquila fasciata* Vieill., *A. pennata* Gmel., etc.).

L'élément éthiopien est hautement caractéristique : Pintade sauvage du Maroc (*Numida sabyi* Hart.), Francolin du Maroc (*Francolinus bicalcaratus ayesha* Hart.), Hibou du Cap (*Asio capensis maroccanus* Loche), Aigle ravisseur (*Aquila rapax belisarius* Le Vaill.), Turdoïde obscur (*Pycnonotus barbatus* Desf.), Téléphone tschagra (*Harpolestes senegallus cucullatus* Gm.), Tourterelle du Sénégal (*Streptopelia senegalensis phœnicophila* Hart.), etc.

La plupart de ces formes sont des formes forestières, dont la présence est liée à une certaine humidité, et dont la localisation s'explique en raison de ce facteur essentiel. Toutes ces formes tropicales sont localisées dans la zone tellienne de l'Algérie et de la Tunisie, et sur le versant atlantique du Maroc. Il n'existe, dans l'avifaune nord-africaine que peu de types tropicaux de pays secs : on ne peut guère citer que *Crateropus fulvus fulvus* Desf., *Turnix sylvaticus* Gmel. et *Chorìotis arabs* L. Cette dernière espèce, assez répandue jadis dans le Sud-algérien, en a entièrement disparu aujourd'hui.

On a discuté beaucoup sur la localisation de ces types tropicaux. Certains auteurs ont pensé qu'ils avaient pénétré en Berbérie en se faufilant le long de la côte atlantique. Nous avons déjà pris position sur ce sujet et on est tombé aujourd'hui d'accord avec nous, pour considérer ces formes comme des relictes.

L'élément asiatique est représenté par le Canard Casarca (*Casarca ferruginea* Pall.), l'Hirondelle rousseline (*Hirundo daurica* Pall.), le Martinet à croupion blanc (*Cypselus affinis galilejensis* Ant.) et *Rhodopechys sanguinae aliena* Whot.

Chose étrange, cet élément asiatique est surtout localisé au Maroc ! Cela est dû, à notre avis, à l'existence d'une grande voie de migration est-ouest, qui partant de l'embouchure du Danube vient, par les côtes d'Espagne, s'épanouir largement sur la région marocaine (2), où se sont fixées certaines espèces ayant emprunté cette voie.

(1) Ces Oiseaux voyageurs peuvent parfois laisser des traînards, des isolés, qui se *sédentarisent* et peuvent donner naissance à des descendants, sédentarisés eux aussi, qui peuvent être l'origine d'une sous-espèce dérivée.

(2) Nous avons exposé cette question dans l'introduction de notre ouvrage *Oiseaux de Tunisie*. Blondel-Larougery, 1924.

Enfin, l'élément paléotropical ancien est représenté par l'*Elanus cœruleus* Desf., par le *Caprimulgus aegyptius saharae* Erl., par les diverses espèces du Genre *Pterocles*, par le Rollier (*Coracias garrulus* L.) (1) et enfin par l'Autruche, qui n'appartient d'ailleurs plus à la Berbérie qu'à titre de souvenir historique.

---

Pierre FAUVEL
Professeur à l'Université catholique d'Angers

---

## SUR QUELQUES POLYCHÈTES D'ALGÉRIE ET DE TUNISIE

---

La Faune des Annélides Polychètes de la Méditerranée est une des plus étudiées et des mieux connues. Elle a été le sujet de nombreux travaux à Naples surtout, puis à Gênes, à Monaco, à Cannes, à Marseille, à Cette, à Banyuls et plus récemment sur les côtes d'Espagne. L'Adriatique a été aussi très étudiée à ce point de vue. Par contre, la côte africaine semble avoir été singulièrement négligée.

A l'exception des mémoires de Viguier sur le plancton de la Baie d'Alger et de quelques mentions de localités par Marenzeller (2), on ne trouve que de bien rares indications disséminées dans d'autres travaux. Jamais, à notre connaissance, la Faune des Polychètes des côtes d'Algérie ou de Tunisie n'a encore été l'objet de recherches suivies et cela est regrettable, car cette étude fournirait sûrement bien des observations intéressantes.

Tout dernièrement, les pêches pélagiques, et surtout les pêches au feu, ont déjà donné des résultats fort encourageants à MM. les Professeurs Gravier et Dantan. Ils ont ainsi recueilli la *Nereis* (*Neanthes*) *tunchalensis* (Langerhans) qui n'avait pas encore été signalée dans la Méditerranée et ils en ont décrit la forme épitoque.

L'exploration de la côte Tunisienne, en particulier de la Petite Syrte, par M. le professeur Seurat, lui a permis de recueillir un certain nom-

(1) Cet Oiseau est considéré comme faisant partie de la faune européenne. Il niche même en Camargue. Mais c'est, à n'en pas douter, un Oiseau archaïque, d'origine tropicale, et dont la vaste dispersion géographique actuelle souligne les origines très anciennes.

(2) Polycheeten des Grundes gesammelt.

bre de Polychètes dont il a bien voulu nous confier l'examen. Bien que les Polychètes vivant dans les conditions si spéciales de ce niveau littoral élevé soient en nombre assez restreint, elles nous ont fourni des formes nouvelles intéressantes, entre autres, une variété de *Perinereis macropus* (Claparède) chez laquelle les paragnathes coupants des groupes VI de la trompe sont remplacés, en tout ou partie, par des paragnathes coniques. Cette variété *conodonta* est à *P. macropus* ce que, chez la *P. nuntia*, la forme *nuntia*, à paragnathes coniques, est à la forme *heterodonta* à paragnathes coupants. La forme typique de *P. macropus* a été aussi recueillie par M. Seurat à l'état atoque et à l'état épitoque, mâle et femelle.

L'*Aricia fœtida* Claparède présente de nombreuses variétés, dont plusieurs ont été élevées au rang d'espèces par Eisig. Dans les collections du Prince de Monaco, nous avons trouvé des spécimens de Bône correspondant à l'A. *ramosa* Eisig qui avait d'ailleurs été déjà décrite auparavant (en 1896) par Orlandi sous le nom d'A. *ligustica*, simple variété à notre sens. M. le Professeur Seurat a récolté à Adjim, dans la vase littorale, une variété différente que nous avons désignée sous le nom d'*Adjimensis*. Les mêmes côtes nous ont fourni plusieurs spécimens de *Clymene palermitana* Grube qui nous ont permis d'en compléter la description.

Ces quelques exemples, pris au hasard, montrent tout l'intérêt que présente l'exploration des côtes de l'Algérie et de la Tunisie encore si peu connues en ce qui concerne les Polychètes.

---

E. SOLLAUD

Maître de Conférences à la Faculté des Sciences de Rennes

---

## LES CREVETTES DES EAUX SUPRALITTORALES ET CONTINENTALES DE LA BERBÉRIE

---

Il n'y a pas à compter, parmi les éléments vraiment caractéristiques de la faune supralittorale, un certain nombre de formes marines, qui pullulent normalement sur la côte même, et qui, grâce à une suffisante euryhalinité, peuvent remonter plus ou moins loin dans les cours d'eau, ou devenir les hôtes accidentels des marais, fossés et étangs saumâtres voisins de la mer (c'est en particulier le cas pour la crevette *Leander squilla elegans* De Man).

Comme le long des côtes atlantiques de l'Europe, les deux Palémonides *Leander longirostris* (H. M.-Edw.) et *Palaemonetes varians* (Leach) (*sensu stricto*) sont des éléments typiques de la faune des eaux saumâtres supralittorales (envois de MM. E. Chevreux et H. Gauthier). Les embouchures sont le domaine d'élection, peut-être même le domaine exclusif du premier (il donne lieu à une pêche active dans les estuaires de plusieurs grands fleuves comme la Loire et la Gironde). Ce *Leander*, dont l'existence dans les régions méditerranéennes n'avait encore été signalée qu'en Corse (par Heller), paraît être fréquent dans la Seybouse et l'oued Bou Djemaa, où il remonte jusqu'à plusieurs kilomètres de la côte ; il a été trouvé d'autre part au Maroc, dans le cours inférieur de l'oued Mellah et de l'oued Bou Regreg, et il est peu vraisemblable qu'il fasse défaut dans les régions intermédiaires.

Le *Palaemonetes varians* Leach, qui habite de préférence des collections d'eau saumâtre calmes et d'étendue restreinte, est aussi répandu dans les régions littorales du Maroc et de l'Algérie que le long des côtes occidentales de l'Europe ; son domaine ne paraît pas s'étendre vers l'Est au delà des côes septentrionales de la Tunisie. Partout cette espèce semble présenter, quelle que soit la salure de l'eau, le mode pœcilogonique « *microgenitor* », caractérisé par des œufs relativement petits (il en sort une larve *epizoea*).

*
* *

Les eaux franchement continentales hébergent trois espèces de Crevettes (eaux douces ou à faible salinité). Deux d'entre elles sont des représentants de la famille des Atyidés, c'est-à-dire d'un groupe qui fait tout entier, et depuis longtemps, partie intégrante de la faune dulçaquicole. La plus commune est *Atyaephyra Desmaresti occidentalis* Bouvier, largement répandue au Maroc, en Algérie et dans le Nord de la Tunisie ; son domaine s'étend assez loin vers le Sud dans le Sahara oranais, puisqu'on l'a trouvée récemment dans l'oued Saoura, au niveau de la sebkha du Gourara. Comme elle s'accommode d'une faible salinité, on trouve parfois cette espèce dans la région littorale, mêlée à *L. Longirostris* ou à P[tes] *varians*.

L'autre Atyidé, propre au Maroc, *Dugastella marocana* Bouvier, est une forme archaïque qui n'a persisté que dans une aire remarquablement restreinte. Elle n'est pas localisée cependant, comme on le croyait, dans la source de Settat ; MM. Ch. Alluaud et R. Dollfus l'ont retrouvée en d'autres stations au Maroc : source de Tiznit, ruisseau d'Aïn-Schok, cascade de l'oued Mellah.

La troisième espèce est une forme thalassoïde : c'est un Palémonide, le *Palaemonetes punicus Soll.*.. Elle est voisine du P[tes] *varians* (Leach), dont elle se distingue surtout par une structure très particulière des appendices copulateurs (pléopodes I et II du mâle) ; elle en diffère également par son mode pœcilogonique « *mesogenitor* » : œufs assez gros, intermédiaires par leurs dimensions entre ceux des P^tes^ *varians* (Leach) (mode *microgenitor*) et ceux de l'espèce voisines P^tes^ *antennarius* (H. M.-Edw.) (mode *microgenitor*), des eaux douces d'Italie, de Dalmatie et des régions voisines ; l'éclosion, qui survient à un stade avancé du développement, libère, au moins dans la région de Gabès, une larve *subparva* (1). Il est peu douteux que l'origine du *Palaemonetes punicus* doive être cherchée dans une mutation survenue dans une colonie isolée de *Palaemonetes varians*. Son domaine paraît s'étendre essentiellement sur la zone affaissée (dépression des grands chotts) qui marque la bordure septentrionale du Sahara tunisien et constantinien, du littoral de la petite Syrte, à la région de Biskra (eaux douces ou légèrement salées).

On est tout naturellement porté à admettre, puisqu'il s'agit d'une forme thalassoïde, que le peuplement de ce domaine s'est fait du rivage actuel vers l'intérieur, de l'Est à l'Ouest (2). Or, l'étude morphologique comparative de spécimens provenant de localités diverses mène à une conclusion tout autre (3). En effet, c'est dans la partie occidentale de son habitat, la plus éloignée de la mer, que *Palaemonetes punicus* ressemble le plus aux *Palaemonetes varians* du littoral algérien, dont on ne le distingue pas à un examen superficiel ; il a conservé là, en particulier, des formes relativement grêles et élancés. Vers l'Est, où son domaine touche à la côte, il prend peu à peu des formes plus lourdes, plus ramassées, sans parler de différences de détails qui justifieraient l'établissement d'une variété géographique distincte ; ici, il s'éloigne davantage du *Palaemonetes varians*, dont on le distingue aisément à première vue. Il est dès lors très vraisemblable que les *Palaemonetes punicus* qui pullulent dans les oueds côtiers du golfe de Gabès ne doivent pas être comptés parmi les éléments de la « faune de pénétration » de ces cours d'eau, mais dérivent au contraire d'éléments venus de l'intérieur. Les lagunes, d'abord saumâtres, puis graduellement dessalées, laissées dans la région de Biskra lors du retrait définitif de la mer vindobonienne vers le Nord, ont peut-être été le centre de formation et de dispersion de l'espèce ; de là, le peuplement a dû se faire de proche en proche, dans la zone d'épandage des oueds

(1) E. SOLLAUD. Le développement larvaire des *Palaemoninae*. (*Bull. biol. Fr. Belg.*, LVII, 1923).

(2) On pourrait être tenté d'établir une relation entre la répartition actuelle du P^tes^ *punicus* et l'invasion d'une mer quaternaire dans la dépression des chotts ; mais l'hypothèse d'une telle invasion marine, autrefois admise, a été reconnue inexacte.

(3) Je ne saurais trop remercier MM. L.-G. Seurat, professeur, et H. Gauthier, assistant, à la Faculté des Sciences d'Alger, pour les matériaux qu'ils ont bien voulu me faire parvenir.

Djedi et Igharghar, de l'Ouest vers l'Est, pour atteindre finalement la région littorale actuelle de la petite Syrte, où l'espèce s'est trouvée secondairement en contact avec des formes d'eau saumâtre, d'origine marine immédiate.

---

# L. CHOPARD

---

## CONSIDÉRATIONS SUR LA FAUNE DES ORTHOPTÈRES DE L'AFRIQUE DU NORD

---

Depuis la publication de la Faune des Orthoptères de l'Algérie et de la Tunisie par A. Finot en 1897, un certain nombre d'entomologistes ont largement contribué par leurs recherches et leurs publications à compléter nos connaissances sur cette faune (1). De plus les récoltes des entomologistes espagnols ont permis à I. Bolivar de donner en 1914 un Catalogue des Dermaptères et Orthoptères du Maroc et F. Werner a fait connaître d'une façon très satisfaisante les espèces exis-

(1) Voir en particulier les travaux suivants :

Dr H. Krauss, 1902, Beitrag zur Kenntniss der Rrthopterenfauna der Sahara (*Z. B. Ges. Wien*, LII, pp. 230-254).

A. Finot, 1902. Liste des Orthoptères capturés dans le Sahara algérien par M. le professeur Lameere (*Ann. Soc. ent. Belge.*, XLVI, pp. 432-435.)

J. Vosseler, 1902. Beiträge zur Faunistik und Biologie der Orthopteren Algeriens und Tunesiens (*Zool. Jahrb. Syst.*, XVI, pp. 337-404, pl. 17-18; XVII, pp. 1-98, pl. 1-3).

I. Bolivar, 1908. Note sur les Orthoptères recueillis par M. Henri Gadeau de Kerville en Khroumirie (Tunisie). Extrait du Voyage zoologique en Khroumirie, Paris, Baillière.

I. Bolivar, 1913. Ernst Hartert's Expedition to the Central Western Sahara. XVII. Orthoptères (*Nov. Zool.*, XX, pp. 603-615).

F. Werner, 1914. Ergebnisse einer von Prof. F. Werner im Sommer 1910 mit Unterstützung aus dem Legate Wedl ausgeführten zoologischen Forschungsreise nach Algerien. III. Orthopteren (*Sitzber. K. Ak. Wiss. Wien.*, CXXIII, pp. 363-404.

Th. Steck, 1915. Orthopteren Ausbeute aus Tunesien (*Mitt. nat. Ges. Bern*, pp. XIII-XIV.

B.P. Uvarov, 1923. Records and descriptions of Orthoptera from North West Afrika. (*Nov. Zool.*, XXX, pp. 59-78, pl. 1).

tant en Tripolitaine (1). De cet ensemble de travaux résulte que le groupe des Orthoptères est un des groupes d'Insectes les mieux connus pour toute la région s'étendant de l'Egypte à l'empire marocain. BOLIVAR a donné un excellent résumé de tous ces travaux sous forme de tableaux comparatifs publiés sous le titre « Extension de la fauna palearctica en Marruescos (*Trab. Mus. Nac. Ciencias nat.*, Madrid 1915) ». En ce qui concerne spécialement l'Algérie et la Tunisie, on pourra trouver dans ces tableaux un Catalogue à peu près complet des espèces actuellement connues de la région. Ce catalogue, avec les quelques additions qui y ont été faites depuis (2), permet de compter 246 espèces ou formes d'Orthoptères et de Dermaptères de la faune algérienne, 230 du Maroc (3) et 147 seulement pour la Tunisie. Si l'on considère que les Orthoptères sont des Insectes qui deviennent de plus en plus nombreux à mesure qu'on s'avance vers les pays tropicaux, ces chiffres sont bien faibles comparés à la faune française, qui compte 210 espèces, et surtout à la faune espagnole qui en compte 281. Mais l'Afrique du Nord n'a reçu de la région éthiopienne qu'un nombre d'espèces extrêmement restreint, lesquelles ont pu traverser le Grand Désert, soit grâce à la puissance de leur vol (*Schistocerca gregaria, Acridium ruficorne*), soit en se propageant par les oasis (*Gryllotalpa africana, Oxythespis, Pyrgomorpha cognata, Brachytrypes megacephala*). D'autre part, la faune européenne n'a passé sur le territoire

---

(1) I. BOLIVAR, 1914. Dermapteros y Ortopteros de Marruecos (*Mem. R. Soc. esp. Hist. nat.*, VIII, pp. 157-238).

F. WERNER, 1908. Zur Kenntniss der Orthopteren-Fauna von Tripolis und Barka, nach der Sammlung von Dr. Bruno Klaptocz im Jahre 1906 (*Zool. Jahrb. Syst.* XXVII, pp. 83-143, 2 pl.). Consulter aussi pour la Tripolitaine.

Dr. M. SALFI, 1924. Contribuzioni alla conoscenza degli Ortotteri libici. 1. *Locustidae* marmarici (*Boll. Soc. Nat. Nap.*, XXXVI, pp. 288-304).

ID., 1925. Contribuzioni alla conoscenza degli Ortotteri libici 2. *Orthecaria e Saltatoria* di Cirenaica (*Ibid.*, XXXVII, pp. 90-94).

ID., 1926. Contribuzioni alla conoscenza degli Ortotteri libici. 3. Di alcune specie cirenaiche di Mantidae, Phasgonurdae e Locustidae (*Arch. Zool. ital.*, XI, pp. 65-104, pl. 2-6).

(2) Il n'est peut-être pas inutile de citer ici les espèces décrites ou simplement signalées depuis la publication de BOLIVAR :

*Iris deserti* Uvarov, 1923, Aïn Guettara, Aïn Sefra.
*Uromenus Innocenti lobata* Sauss. (Uvarov 1923), Aïn Sefra.
*Chorthippus albolineatus* Lucas (Uvarov 1923).
*Notopleura Rothschildi* Uvarov, 1923. Aïn Sefra.
*Thalpomena coerulescens* Uvarov, 1923, Aïn Sefra.
*Sphingonotus rubescens* Walk. (Uvarov 1923), Aïn Sefra.
*Pyrgomorpha Vossleri* Uvarov, 1923, Hammam R'irha, Saïda, Mascara.
*Thisoicetrus littoralis Bolivari* Uvarov 1923, Biskra.
*Thisoicetrus littoralis minuta* Uvarov 1921, *Trans. ent. Soc. London*, p. 123, Bône.
*Schistocerca gregaria flaviventris* Burm. (Uvarov 1923), Aïn Guettara.
*Gryllus nitidus* Chopard, 1925, *Ann. Soc. ent. Fr.*, p. 291, Sidi bel Abbès.
*Sciobia Bouvieri* Bolivar 1925, *Eos*, I, p. 433, Rovigo, La Metidja, Batna.

Par contre, le *Chorthippus pulvinatus* Fisch serait, d'après UVAROV, à rayer de la faune nord-africaine.

(3) Dans ce nombre sont comptées les nombreuses espèces de *Sciobiae* (Gryllides) décrites par BOLIVAR in Contribution à la connaissance des *Sciobiae* (*Eos*, I (1925), pp. 375-440).

africain que d'une façon très incomplète et des groupes entiers, tels que les Sténobothrides qui apportent à la faune espagnole près de 50 espèces, n'y sont représentés que par quelques formes ; il en est de même pour les *Ectobius*, pour les *Chelidurinae*, beaucoup de *Decticinae* et toutes les espèces montagnardes en Europe. Il en résulte que, dans son énorme majorité, la faune nord-africaine est une faune paléarctique, ayant les rapports les plus étroits avec celle de tous les pays circa -méditerranéens, mais à laquelle manquent nombre d'espèces venues du Nord et qui se sont propagées jusqu'en Provence et une partie de l'Espagne. D'autre part, cette faune méditerraneéenne s'est enrichie d'assez nombreuses formes dont les unes semblent s'être différenciées sur place, les autres ont dû émigrer de la région orientale du bassin méditerranéen. Enfin, certains groupes, particulièrement abondants, tels que les *Sciobiae* et les *Pamphaginae*, ont manifestement leur centre de dispersion en Afrique du Nord et représentent peut-être les vestiges d'une faune africaine plus ancienne.

Considérant, en Algérie spécialement, la distribution des espèces du Nord au Sud, on trouve d'abord une région littorale caractérisée surtout par les espèces méditerranéennes dont les unes habitent également l'Espagne et la Provence, les autres sont spéciales à l'Algérie mais à affinités nettement paléarctiques ; à ces formes se joignent de nombreux *Pamphagus*, *Eugaster Guyoni* et les Grillons du groupe des *Sciobiae*. Cette faune méditerranéenne ne reste d'ailleurs nullement confinée à la région littorale, mais pénètre plus ou moins vers le Sud, suivant les conditions climatiques locales ; certains éléments atteignent des points déjà presque désertiques tls qu Biskra, Bni-Ounif, Aïn-Sefra.

Les Hauts Plateaux et l'Atlas ne semblent pas différer de la région littorale quant aux caractères généraux, mais on pourrait observer nombre de détails intéressants dans la distribution des espèces, surtout en ce qui concerne les *Ephippigerinae*, les *Sciobiae*, les *Pamphaginae*. Il y a lieu de noter que cette région a été certainement moins bien explorée que le littoral et que la région désertique, dont nous avons encore à nous occuper. Il n'y a pas à parler d'une faune de montagne proprement dite, quoique WERNER ait pu observer dans le Djurdjura (1914) que les espèces de Pamphagiens se substituent les unes aux autres et sont assez caractéristiques des différentes altitudes.

La région des Hauts Plateaux mène tout naturellement à la faune des steppes, moins riche et présentant certaines formes caractéristiques qui se confondent d'ailleurs peu à peu avec la faune du désert proprement dite. A part les cas de pénétration signalés plus haut, cette faune désertique a peu de rapports avec la faune méditerranéenne et montre plutôt des affinités avec celle de l'Arabie et de la Transcaucasie ; nombre de ses représentants ont dû venir de la région Orientale de la Méditerranée et même de l'Asie centrale. Parmi les espèces caractéristiques de la steppe et du désert, citons les *Eremiaphila*, *Eremobia*, *Egnatius*, *Heterogamia ursina*, *Platypterna*, *Eremogryllus*, *Notopleura*, *Sphingonotus Vossleri*, *Pamphagus Saharae*, *Ephippiger Innocenti*, etc. Remarquons qu'à l'inverse des Coléoptères de la même région, la plupart de ces Orthoptères sont remarquablement mimétiques, non seulement par leur homochromie, mais aussi par la sculpture de leurs téguments. Au milieu de la région désertique, les oasis forment des îlots peuplés d'une faune spéciale composée en partie d'éléments caractéristiques (*Gryllus palmetorum*, G. *hygrophila*, *Gryllodes*, *Blepharopsis mendica*) et en partie d'éléments venus du Nord ou, exceptionnellement, du Sud (*Gryllotalpa africana*. *Brachytrypes megacephalus*, *Oxythespis*).

Notons enfin pour terminer que des différences importantes s'observent en allant de l'Est à l'Ouest, la faune étant plus riche dans l'Ouest, comme si les migrations avaient amené une concentration des espèces dans cette région. C'est surtout sur la faune désertique et sur les groupes richement différenciés en Afrique du Nord que l'on peut étudier cette distribution ; on remarque ainsi que les Pamphaginae sont représentés au Maroc par des *Eunapiodes*, des *Euryparyphes*, des *Paraeumigus*, en Algérie par des *Acinipe*, des *Pamphagus*, des *Ocneridia* ; de même les *Sciobiae* ont surtout des *Lissoblemmus* au Maroc, des *Sciobia* en Algérie ; les Acridiens de la région désertique du département de Constantine sont en partie différents de ceux du Sud-Oranais. Bien d'autres exemples pourraient être cités ; qu'il suffise d'indiquer que sur les 230 espèces d'Orthoptères du Maroc 110 seulement se retrouvent en Algérie tandis qu'une dizaine d'espèces à peine semblent propres à la Tunisie.

---

H. NEUVILLE

Sous-directeur du Service d'anatomie comparée au Muséum national d'Histoire naturelle

---

## OBSERVATIONS SUR LE GENRE *STENO* GRAY, 1844 (*GLYPHIDELPHIS* P. GERV. 1859)

---

Les Cétodontes de petite ou de moyenne taille, jadis confondus sous le nom de Dauphins, sont maintenant répartis en un certain nombre de genres, une quinzaine environ, dont la distinction est souvent difficile. Quant à la difficulté d'en reconnaître les diverses espèces, je n'en dirai rien, si ce n'est qu'elle équivaut souvent, dans l'état de confusion de nos connaissances cétologiques actuelles, à une quasi impossibilité.

Il est rare que des pièces assez complètes pour permettre de préciser ces connaissances arrivent dans les Laboratoires, généralement dépourvus, d'ailleurs, de collections suffisantes pour que l'on puisse s'y livrer aux comparaisons qui, seules, peuvent être concluantes. Tombant généralement entre les mains de pêcheurs qui les rejettent, ou qui les décapitent très grossièrement (parfois, comme je l'ai vu faire, en brisant le crâne à coups de hache) pour toucher la légère prime que l'administration de la Marine leur délivre sur le vu de la tête, les petits Cétacées, quand il en est pris, sont généralement perdus d'emblée. Le mieux qui puisse arriver, c'est qu'ils soient envoyés dans une ville pour y être exposés comme curiosité, ce qui laisse aux naturalistes une chance de les voir et de les acquérir ; mais cette chance est rare.

Ce sont presque toujours des Dauphins communs, parfois aussi des Marsouins, qui finisent ainsi. Les prises, notamment dans des filets, plus rarement au harpon (nos pêcheurs n'étant pas généralement pourvus de cet engin), et aussi les échouements, portent cependant sur quelques autres Cétacés : j'ai vu ramener par des pêcheurs, en Méditerranée, un *Grampus*, et une autre fois un *Steno*. Et d'après des dires qui, pour être sujets à vérification, n'en paraissent pas moins renfermer une part de vérité, il semble que des représentants d'autres genres, comme des *Tursiops* et des *Prodelphinus*, soient parfois aussi capturés, et perdus. Il y a quelques années, un *Kogia* authentique parvint même ainsi au Laboratoire de Roscoff. On voit donc de quelle importance peuvent être ces prises.

Le *Steno* que je viens de mentionner fut capturé dans les parages des îles Embiez, près de Toulon. C'était une femelle qui venait de mettre bas depuis très peu de temps, peut-être simplement depuis quelques heures ; cette circonstance, qui avait dû diminuer sa vigueur, permet de comprendre comment cet animal, dont la taille était d'environ 2 m. 50, avait pu s'embarrasser dans un filet relativement peu résistant (une battue) et se laisser hisser à bord, encore vivant, sans mettre ce filet en pièce, ce qu'eût certainement fait un sujet en pleine possession de la force inhérente à cette taille.

Lorsque je le vis, sa détermination m'embarrassa fort. Ses proportions générales étaient à peu près celles d'un *D. delphis*, mais son museau était plus long et plus grêle. Sa coloration, d'un gris de plomb en dessus et blanche en dessous, me parût déconcertante. Je pensai à un *Tursiops*. La dentition commençait à me confirmer dans cette supposition, lorsque, ayant brisé une dent en essayant de l'extraire (cette extraction étant à peu près impossible à l'état frais, en raison de dispositions spéciales que je décrirai ultérieurement), et l'examinant de près, dans le but de reconnaître si elle était recouverte d'émail ou de cortical osseux (cément), je m'aperçus qu'elle était légèrement carénée et portait un émail chagriné ; mais ce dernier caractère était si faiblement marqué qu'il était à peine perceptible à l'œil nu, et qu'il m'eût échappé si mon attention n'avait été attirée de longue date sur les détails de l'anatomie dentaire.

Revenu à Paris, je m'y entourai de tous les documents nécessaires et vis que ce sujet ne pouvait être qu'un *Steno*. En l'absence des caractères spéciaux des dents, je crois que sa détermination eût été pratiquement impossible. En effet, les caractères extérieurs attribués au genre *Steno* comportent d'abord une coloration noire en dessus, blanche en dessous, parfois teintée de rose ou de jaune, et parfois aussi marquée de taches, que je n'ai pas observées sur mon sujet, mais que je crois, d'après les descriptions, attribuables à l'action des Céphalopodes, ce qui explique leur variabilité.

La coloration présentée par ce *Steno* des Embiez s'écarte nettement de celle qui est attribuée aux deux espèces auxquelles se réduisent toutes celles que l'on a distinguées dans ce genre et qui sont le *S. rostratus* (Desm.) et le *S. perspicillatus* Peters ; le *S. consimilis* Malm 1871, omis dans les révisions des Delphinidés, ne me paraît pas être un *Steno*, mais plus vraisemblablement un *Prodelphinus* (*euphrosyne* Gray ou *attenuatus* Gray). Les espèces *rostratus* et *perspicilatus* n'en forment même peut-être — sinon probablement — qu'une seule. Déjà, on a pu se demander si le sujet décrit sous le nom de *perspicillatus* ne représente pas une simple variation de l'espèce typique, je veux dire de celle qui, sous le nom de *rostratus*, fut l'objet de si longues recherches de la part de Cuvier, de de Blainville, de Desmarest, etc. Je crois qu'il faut maintenant reconnaître à cette espèce une variabilité très étendue, qui n'a rien d'irrecevable, ni même de surprenant, si l'on veut bien se reporter à ce que l'on sait, notamment, de la variabilité des *Inia* ou simplement de celle des *D. delphis* ; que l'on se souvienne à ce sujet que les différents aspects de cette dernière espèce lui ont valu, de la part des classificateurs, une vingtaine de noms spécifiques.

La forme du rostre des *Steno*, comprimé latéralement comme celui des *Sotalia*, au lieu d'être aplati de haut en bas, « en bec d'oie », comme celui des *Tursiops* et des *Delphinus*, est également variable, à tel point que l'on s'est demandé s'il n'y aurait pas, dans le genre *Steno*, au moins deux formes, dont l'une posséderait un rostre plus étroit ou plus comprimé. Flower, puis True, ont depuis longtemps donné à ce sujet des mensurations ne laissant guère de doute sur le peu de valeur de ce caractère. Les techniques de ces mensurations n'ayant pas été exposées, je les ai reprises de manière différente, pour éviter toute erreur de comparaison, sur les neuf crânes de *Steno* que possède le Muséum de Paris.

Voici comment j'ai procédé pour déterminer les caractéristiques les plus apparentes de ces pièces. J'ai mesuré : 1° leur longueur totale, le crâne étant placé, sans sa mâchoire inférieure, sur la planchette de Broca ; 2° leur largeur maxima ; 3° la largeur du rostre à la jonction du tiers antérieur et du tiers moyen de la longueur totale mesurée comme il vient d'être dit. Cette dernière mesure m'a paru intéressante

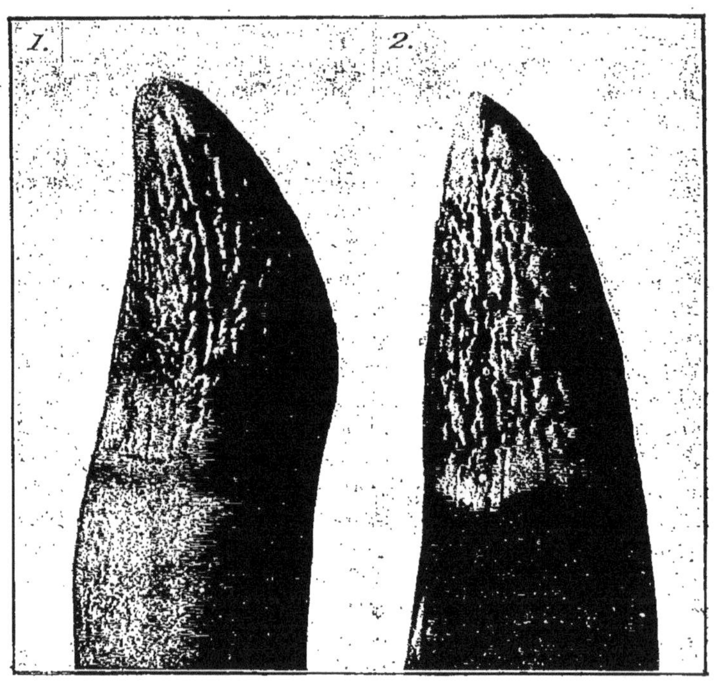


Dents de *Steno rostratus* (couronne et collet).
Fig. 1. — Face mitoyenne, montrant notamment la carène de la couronne, dans l'axe longitudinal de la partie chagrinée. ×6.
Fig. 2. — Face linguale. ×6.

en ce que la région où elle est prise est celle où les différences de largeur du rostre sont le plus appréciables. Je ne parlerai pas ici de longueur du rostre, car cette partie du crâne n'a pas de limite proximale précise. Sur tous les sujets dont j'ai disposé, le premier cinquième, ou environ, de la longueur totale, présente un effilement à peu près équivalent, et la fin du second tiers, quic onstitue la base du rostre, s'élargit aussi de façon sensiblement équivalente.

Pour dégager de mes mensurations une conclusion numérique, j'ai calculé, pour chaque sujet, un indice établi en multipliant par cent la largeur du rostre, prise comme il vient d'être dit, puis en divisant le nombre ainsi obtenu par la longueur totale du crâne. On obtient ainsi une expression mathématique du degré de cette compression latérale du rostre qui contribue à caractériser le genre *Steno* et lui a valu ce nom.

| Longueur totale | Largeur maxima | Larg. du rostre à la jonction du tiers ant. et du tiers moyen | Indice |
|---|---|---|---|
| 526 mm | 226 mm | 60 mm | 11,40 |
| 517 (?) | 221 | 54 | 10,44 |
| 512 | 210 | 51 | 9,96 |
| 510 | 211 | 61 | 11,96 |
| 506 | 200 | 45 | 8,89 |
| 503 | 208 | 50 | 9,94 |
| 501 | 204 | 47 | 9,38 |
| 492 | 195 | 40 | 8,13 |
| 491 | 210 | 54 | 10,99 |

A première vue, les nombres de la troisième colonne montrent déjà l'irrégularité de la largeur du rostre. Pour mieux apprécier cette variation, il suffit de ranger les indices par ordre croissant, cet ordre étant celui de la largeur proportionnelle du rostre. L'on obtient ainsi la graduation suivante :

8,13—8,89—9,38—9,94—9,96—10,44—10,99—11,40—11,96

Si faible que soit le nombre des sujets mesurés, cette série prouve qu'il s'agit là d'une variation graduelle, ne pouvant traduire aucune différence spécifique et ne représentant donc que des variations individuelles. Le genre *Tursiops* en offre d'à peu près équivalentes.

En résumé, importance des caractères des dents, variation importante dans la couleur, variation moins importante, mais cependant très appréciable, même à première vue, dans un caractère ostéologique essentiel, telles sont les données sur lesquelles je crois devoir attirer ici l'attention de ceux qui auraient à déterminer des sujets pouvant appartenir au genre *Steno*.

R. LEGENDRE

Sous-Directeur du Laboratoire maritime de Concarneau

# POISSONS OBSERVÉS A CONCARNEAU ET SUR LA COTE SUD DE BRETAGNE

En 1912, Guérin-Ganivet a établi le catalogue de la faune ichtyologique des côtes méridionales de la Bretagne (1).

La publication par Fage (2), des captures du Dr Johs. Schmidt à bord du « Thor », celles de Le Danois (3) sur les pêches du « Pourquoi-Pas? » au large des côtes de Bretagne, les observations faites au Laboratoire maritime du Collège de France, à Concarneau, permettent d'ajouter à cette liste les renseignements suivants :

*Amphioxus lanceolatus.* — Fréquent dans le maerl.

*Petromyzon marinus.* — Deux individus trouvés le 29 juillet 1923, fixés au flanc droit d'un *Lamna cornubica*.

*Carcharias glaucus.* — Fréquents. Deux mâles longs de 2 m. 95 ont été apportés à Concarneau le 2 septembre 1926.

*Galeus canis.* — Communs. Atteignent 1 m. 50. On trouve parfois dans leur estomac des sardines étêtées, ce qui laisse supposer qu'ils pourraient être les « Bélugas », destructeurs de filets.

*Mustelus vulgaris.* — Apporté de temps à autre par des pêcheurs.

*Lamna cornubica.* — Capturé parfois. Une femelle de 2 m. 60 a été prise le 20 juillet 1923 ; 3 jeunes le 2 août 1926.

*Oxyrhina Spallanzanii.* — Très rare. Une femelle de 87 centimètres a été prise au large de Penmarc'h le 11 septembre 1924.

*Cetorhinus maximus.* — Plusieurs individus sont apportés à Concarneau chaque année, de mai à août.

*Hexanchus griseus.* — Un individu apporté par un chalutier à Lorient en septembre 1926.

*Centrina Salviani.* — Rare. Un individu de 90 centimètres a été pris en août 1925 par un chalutier de Lorient.

---

(1) J. Guérin-Canivet. La faune ichthyologique des côtes méridionales de la Bretagne. *Trav. scient. Labor. Concarneau*, IV, 1912, 122 pp.

(2) L. Fage. Shore-Fishes. *Report on the Danish Oceanogr. Exped.*, Vol. II, Biology, 1918; Engraulidae, Clupeidae. *Ibid.*, 1920.

(3) E. Le Danois. Croisières scientifiques du « Pourquoi-Pas? » 1912 et 1913. *Bull. Mus. nat. Hist. natur.*, XIX, 1913, p. 428.
Etudes sur quelques poissons des océans arctique et atlantique. *Ann. Inst. Océanogr.*, VII, 1914.

*Polyprion cernium.* — Très rare. Un exemplaire de 16,5 centim. pris par un chalutier de Lorient, a été apporté à Concarneau.

*Capros aper.* — Un individu de 12 cm. 2 a été trouvé le 21 janvier 1926 parmi les Langoustines provenant des fonds d'une centaine de mètres autour des Glénans.

*Centrolophus pompilus.* — 4 individus ont été vus, le 14 août 1926, dans le S.-S.-E. des Glénans, nageant autour d'un *Cetorhinus maximus.*

*Brama Raii.* — Apportés fréquemment l'été par des thonniers qui les prennent au large à la ligne, de nuit.

*Pelamys sarda.* — Un exemplaire pris par un thonnier le 31 août 1926, près des Glénans.

*Auxis bisus.* — Quelques individus pris dans la baie de la Forêt au début de septembre 1925.

*Lophius piscatorius.* — Commun. Souvent pris parmi les Langoustines et trouvé par le « Pourquoi-Pas ? » au sud de Penmarc'h.

*Trigla gurnardus.* — Communs parmi les Langoustines. Jeunes trouvés par le « Thor » au nord de la pointe Saint-Mathieu.

*Cyclopterus lumpus.* — Petits individus trouvés parfois parmi les Langoustines.

*Gobius Friesi.* — Assez communs parmi les Langoustines au printemps.

*Gobius Jeffreysi.* — 4 exemplaires ramenés par Le Danois, à bord du *Pourquoi-Pas ?* au sud de Penmarc'h, le 25 mai 1913.

*Gobius scorpioides.* — 4 jeunes capturés par le « Thor » au large de l'île de Sein, le 18 septembre 1910.

*Gobius microps.* — 21 jeunes pris par le « Thor » au large d'Ouessant le 13 septembre 1906.

*Crystallogobius Nilssonii.* — 1 jeune trouvé par le « Thor » au large de Brest le 11 mars 1909.

*Callionymus lyra.* — Communs parmi les Langoustines. Le Danois en a capturé au sud de Penmarc'h. Le « Thor » a recueilli des jeunes au nord de la pointe Saint-Mathieu le 7 mai 1906.

*Cepola rubescens.* — Un individu de 50 cm. a été trouvé le 3 avril 1926 parmi les Langoustines.

*Blennius ocellaris.* — Parfois parmi les Langoustines. Un jeune a été pris par le « Thor » au large d'Ouessant le 13 septembre 1906.

*Coris Giofredi.* — Dans la région, un seul individu avait été signalé par Valenciennes à Brest, en 1826. Un second a été pris aux Glénans, un siècle après, en mai 1926.

*Gadus luscus.* — Très commun parmi les Langoustines.

*Gadus minutus.* — Très commun sur les fonds à Langoustines.

*Merlangus vulgaris.* — Très fréquent sur les mêmes fonds.

*Merluccius vulgaris.* — Petit individus nombreux parmi les Langoustines. Pris par Le Danois au sud de Penmarc'h le 25 mai 1913.

*Motella cimbria.* — Signalé pour la première fois dans la faune française par Le Danois. Assez fréquent parmi les Langoustines.

*Ammodytes lanceolatus.* — Jeunes pris à l'ouest de la pointe du Raz par le « Thor » le 8 mai 1906.

*Ammodytes tobianus.* — Jeune pris en surface par le « Thor » au large de Concarneau le 30 novembre 1908.

*Zeugopterus megastoma.* — Abondant parmi les Langoustines. Trouvé par Le Danois au sud de Penmarc'h.

*Arnoglossus laterna.* — Fréquent parmi les Langoustines.

*Solea variegata.* — Trouvé par Le Danois au sud de Penmarc'h le 25 mai 1913.

*Scomberesox saurus.* — Fréquent au printemps près de la côte. Parfois abondant autour de la lumière des pêches au feu, le soir.

*Argentina sphyraena.* — Fréquent parmi les Langoustines.

*Clupea sprattus.* — Johs. Schmidt a trouvé des stades post-larvaires à l'ouest et au sud de Penmarc'h le 8 mai 1906.

*Promecocephalus lagocephalus.* — Très rare : un exemplaire signalé à Arcachon en 1870, un à Noirmoutiers en 1876, un à Piriac en 1908. Un individu de 40 cm. a été trouvé le 7 septembre 1926 à l'île Tudy.

---

Lucien POHL

---

## LA RÉCOLTE DU NAISSAIN DES MÉLÉAGRINES, EN VUE DE LA CULTURE SOUS-MARINE DES PERLES FINES

---

La capture méthodique du naissain des Huîtres perlières a donné lieu à de nombreuses recherches, mais il semble que les divers essais qu'on a tentés n'aient pas, jusqu'à ces derniers temps, donné de résultats appréciables. Aucun des procédés originaux qui ont été rendus publics ne paraît avoir permis de récolter ce naissain en quantités suffisantes pour l'établissement d'une méléagriniculture à rendement régulier.

Au Japon, ce problème a pris une importance toute particulière du fait de la découverte par K. Mikimoto d'une nouvelle méthode de culture des perles fines (1), découverte qui a provoqué une augmentation

(1) Louis Boutan. Etude sur les perles fines et, en particulier, sur les nouvelles perles complètes de culture japonaise. Bulletin de la Station biologique d'Arcachon, décembre 1921.

considérable des besoins en approvisisionnement de jeunes Mollusques perliers. On sait, en effet, que la méthode imaginée par ce cultivateur pour l'obtention des perles fines complètes consiste essentiellement en une greffe d'épithélium palléal, en une transplantation de cellules épithéliales du manteau d'un premier Mollusque sacrifié, dans les tissus sous-épidermiques d'un second Mollusque conservé vivant dans la mer. Cette méthode ingénieuse exige donc l'emploi de deux Méléagrines pour la production d'une seule perle (1), et elle met le cultivateur dans la nécessité d'avoir à sa disposition une quantité très importante de jeunes Huîtres perlières : c'est une des conditions essentielles de la réussite de son entreprise. Si l'on songe que Mikimoto exploite à présent une dizaine de fermes sous-marines de culture couvrant à peu près 17.000 hectares, que son industrie nécessite l'usage de 80 bâtiments, qu'il occupe dans ses parcs et dans ses bureaux un millier de personnes et qu'il traite environ 3 millions d'Huîtres perlières par an (2), on comprendra aisément que la capture du naissain en quantités suffisantes ait été une de ses principales préoccupations.

Un rapport publié récement au Japon par le Comité pour l'étude des perles de culture (3) et adressé au Baron Yoshiro Sakatani, Président de l'Association Impériale pour l'Encouragement des Inventions à Tokyo, donne à ce sujet des détails intéressants et sans doute inédits. Suivant ce rapport, cette culture des jeunes Huîtres perlières peut être mise en parallèle avec l'élevage du ver à soie, qui a pris un développement si considérable et qui nous fait presque oublier le temps où l'on recueillait le ver à l'état sauvage ; d'après lui on est pleinement justifié à prétendre que « la culture des huîtres perlières inaugure une ère nouvelle dans les industries de la mer » (4).

Les appareils collecteurs des jeunes Méléagrines (5) sont placés sur plusieurs rangées dans des sortes de cages en fil de fer, qui les protègent efficacement contre les pieuvres, les raies, les crabes, les astéries et la plupart de leurs autres ennemis. Ils sont revêtus d'une couche de

(1) En pratique, le nombre des Méléagrines sacrifiées peut être légèrement réduit, car l'opérateur habile peut détacher plusieurs morceaux d'épithélium ou « sacs perliers » du manteau de chaque Mollusque ; mais dans ce cas, de grandes précautions doivent être prises pour ne pas greffer un sac composé, même en partie, de tissu sécrétant le periostracum, car on obtiendrait des perles rapidement altérables. (Voir travaux de M. L. Boutan).

(2) Le pourcentage de réussite des greffes est actuellement d'env. 26 %.

(3) Rapport sur la perle de culture Mikimoto, par MM. Dr Chujiro, Sazaki, Dr Seitaro Goto, Dr Kamikichi Kishinoye, Dr Mikinosuke Miyajima, Hidezane Seno.

(4) Tel est aussi l'avis de M. le Professeur L. Boutan, qui a longuement décrit toutes les phases de la margariculture dans son beau livre « La Perle ». Doin, éditeur, 1925.

(5) On sait que les jeunes Mélégrines, après avoir flotté dans l'eau de mer sous forme de larves, cherchent à s'attacher à l'aide de leur byssus, contrairement aux jeunes Huîtres comestibles qui s'attachent directement par une de leurs valves ; les collecteurs ne sauraient donc être identiques dans les deux cas.

calcaire adhérent et disposés en forme de triangle très ouvert (1). Comme les jeunes Mollusques marquent une aversion pour la lumière, les côtés et le fond de ces cages sont entourés de cloisons noires. Ces cages sont immergées à certaines profondeurs, aux endroits où le naissain est le plus abondant : celles qui ont été mises à l'eau en juillet sont relevées en novembre.

Les résultats obtenus sont remarquables : la cage qui a été trouvée renfermer le plus grand nombre de petites Méléagrines en contenait 10.000 ; la moins fournie en avait un millier.

D'après ce même rapport, le rendement serait si intéressant que la baie d'Ago, province de Miye, où se pratique cette méléagriniculture méthodique, serait devenue le rendez-vous de tous ceux qu'intéresse l'industrie perlière au Japon ; c'est là que les cultivateurs de perles s'approvisionnent en jeunes Huîtres perlières ; c'est là aussi qu'ont lieu les ventes aux enchères, au cours desquelles les cultivateurs se disputent à prix d'or les Mollusques perliers dont ils ont besoin pour leurs fermes sous-marines.

La croissance des jeunes Méléagrines obtenues par ce procédé est indiquée par les chiffres suivants :

| | Années | | | |
|---|---|---|---|---|
| | 1re | 2e | 3e | 4e |
| Hauteur moyenne de la coquille | 2,4 cm. | 5,1 cm. | 6,9 cm. | 7,5 cm. |
| Longueur moy. de la coquille. | 2,4 cm. | 4,8 cm. | 6,0 cm. | 6,9 cm. |

Il semble bien, en conséquence, qu'il existe à l'heure actuelle un procédé scientifique d'une efficacité relativement très grande pour la récolte du naissain des Méléagrines, et que cette méthode se présente comme étant infiniment supérieure à toutes celles qui avaient été imaginées antérieurement. Or, comme nous l'avons indiqué dans des notes précédentes (2), les savants biologistes ont prouvé par des arguments irréfutables (3) que les perles complètes de culture sont de véritables perles fines, produites par les mêmes Mollusques et dans les mêmes conditions naturelles que les perles fines accidentelles, et qu'elles sont même, en réalité, mieux sécrétées et plus durables que les produits sauvages. L'opinion des biologistes à ce sujet a été admirablement synthétisée de la façon suivante dans un travail qui a paru il y a quelques mois sous la plume de M. le Professeur L. Joubin, Membre de l'Insti-

(1) Un rapport précédent nous décrivait ces collecteurs comme étant en bambou et signalait que ce sont des plongeuses bien entraînées appelées « Ama » qui les disposent aux emplacements choisis. Voir : Robert Ph. Dollfus. La perle fine et le progrès de sa culture sous-marine au Japon. La Nature, n° 2603, 23 février 1924.

(2) Lucien Pohl. Mémoires présentés aux 47e (Bordeaux 1923), 49e (Grenoble 1925), et 50e (Lyon 1926) Congrès de l'A.F.A.S.

(3) Travaux de MM. les Professeurs L. Boutan (voir surtout son beau livre « La Perle », Doin éditeur, 1925), L. Joubin, Paul Portier, A. Gruvel, E.-L. Bouvier, Etienne Rabaud, H. Lyster Jameson, Sir Arthur Shipley, etc., de MM. Robert Ph. Dollfus, Dr J. Pellegrin, G. Petit, A. Krempf, Paul Chabanaud, Léon Bertin, Charles Epry, Dr Eppler, Dr H. Michel., etc., etc.

tut (1) : « En fait, les Japonais sont parvenus à substituer un parasite à un autre, et l'huître perlière, ne pouvant qu'obéir à sa nature, sécrète lentement de la perle autour du parasite. *Quoi qu'on puisse en dire, c'est de la vraie perle, car l'huître perlière est bien incapable d'en secréter de la fausse.* Toutes les analyses des chimistes ou des minéralogistes qui ont cherché des différences entre la perle produite autour d'un parasite et celle produite autour d'un noyau de nacre ne peuvent aboutir à rien. Une huître perlière ne sécrète que de la vraie perle, et rien d'autre. »

Il en résulte que la pêche hasardeuse des perles fines doit disparaître peu à peu pour faire place à la margariculture sur des bases scientifiques. Toute contribution à la biologie des Mollusques perliers, et spécialement à l'étude de leurs larves et à la capture des jeunes individus, nous paraît par suite devoir favoriser le progrès. La France pourrait, semble-t-il, en profiter pour tirer parti d'une ressource, jusqu'à présent inexploitée, de certaines de ses colonies.

---

E. CAZIOT

Commandant d'Artillerie, retraité

---

## NOTES SUR L'HELIX REVELATA FERUSSAC ET LES FORMES AFFINES

---

Dans mon Etude sur la Faune malacologique terrestre Lusitanienne, publié en 1915 et 1916 dans les Annales de la Société Linnéenne de Lyon (page 64 en 1915, 95 en 1916), j'ai signalé l'Helix *revelata* Férussac comme une espèce absolument Lusitanienne. J'en ai fait connaître la distribution géographique dans la région Ouest de la France et S. O. de l'Angleterre, en faisant remarquer qu'elle avait été signalée au Portugal sous le nom de *ponantina* Morelet et aussi au Maroc ; il n'est donc pas étonnant, disais-je, qu'étant donné sa distribution géographique si étendue, cette espèce s'est assez modifiée pour qu'on ait cru reconnaître des espèces nouvelles auxquelles on donne le nom de *montivaga* West, *Agardhi Hollenera, Conimbricensis, Nevesiana, Aporina, Silva, venetorum, Vittatusi, Platylasia* et *Ptilosa* Bourguignat.

Dans les « Proceedings of the Malacological Society of London » de

(1) Louis Joubin. Les Métamorphoses des animaux marins, 1926, p. 94.

1917, MM. Kennard et Woodward ont publié au sujet de cette forme, un travail remarquable de précision, dont je donne les détails ci-après :

Ils établissent, tout d'abord, que le nom spécifique de *revelata* procède d'une identification erronée et que ce vocable doit être abandonné. En effet, Férussac, dans son tableau de la famille des Limaçons 1821 (Ed. de janvier, p. 68 ; éd. de juin, p. 44), sous le genre *Helix*, sous-genre *Helicella*, 3e groupe, « les Hygromanes », cite au n° 273, *revelata Nobis*, en ajoutant : Habit. la France, les environs de Paris et d'Angers, mais *ne donne aucune description* ni ne *présente aucune figure.*

En 1831, Michaud, dans son « Complément à l'Histoire Naturelle des Mollusques de France » de Draparnaud, décrit (pp. 27-28) et figure (pl. XV, f. 6-8) ce qu'il croit être la coquille de Férussac, en donnant comme habitat additionnel « les vallons des Alpes » et en ajoutant « qu'elle est rare ».

La brève description de Michaud s'applique par plus d'un côté à la forme anglaise qui a longtemps porté le nom qu'il avait adopté ; mais son espèce n'est pas comparabls à celle-ci, quant à la grandeur ; elle compte aussi un tour de spire de plus (5 au lieu de 4) et a une hauteur plus grande ; de plus, les localités citées ne sont pas celles où cette coquille anglaise se rencontre. L'espèce de Michaud n'est donc pas identique à la forme britannique qui, à tort, a été confondue avec elle.

Quoi qu'il en soit, ce nom de *revelata* ne peut être maintenu puisque la coquille pour laquelle il avait été proposé est inconnue et l'adoption de ce nom par Michaud ne saurait être rendu valable.

Ensuite Bouchard-Chantereux, en 1837 (Mém. Soc. Agric. Boulogne, sér. II, tom. I, p. 180), indique l'espèce connue de Férussac et Michaud dans son « Catalogue des Mollusques observés dans le Pas-de-Calais » ; pourtant le mollusque britannique est étranger à cette région et la coquille de Bouchard-Chantereux, suivant la suggestion de Moquin-Tandon (Hist. Nat. Moll. France, II, p. 212) doivent se rapporter à l'Helix *fusca*. C'est aussi l'opinion de Jeffreys (Brit. Conch., I, p. 204).

En octobre 1837, J.-C. Bellamy trouva, près de Mevagissy (Cornwall) un Helix nouveau pour lui, aquel il proposa le nom de *subvirescens* (Bellamy, Nat. Hist. South Devon. p. 420, fig. Tab. XVIII).

Bellamy exposa sa coquille au meeting de l'Association Britannique rassemblé à Plymouth en 1841. Son nom ne figure pas dans le rapport établi à ce moment ; mais Couch, dans son « Cornish Fauna » (Pt. II, p. 47) s'exprime ainsi : « M. Bellamy découvrit cette espèce près Mevagissy, et depuis Forbes l'a trouvée à Guernesey ». L'original spécimen de M. Bellamy fut examiné par les éminents naturalistes présents au meeting et spécialement par M. Gray.

D'après ce qui précède, il apparaît que la coquille anglaise a été, à tort, confondue avec l'H. *revelata* de Férussac et de Michaud et doit porter le nom de *subvirescens* attribué par Bellamy.

En 1845, Morelet (Descrip. Moll. Portugal, p. 65, pl. VI, fig. 4) décrit et figure, sous le nom de *ponantina* une coquille quelque peu plus grande, obscurément bifasciée ayant un péristome réfléchi avec un bourrelet blanc.

Récluz ayant revisé l'ouvrage de Morelet, cette même année (Rev. Zool., p. 34) change ce nom de *ponantina* (1) en *occidentalis*, en donnant la raison que ce nom était impropre.

L'année suivante, Pfeiffer établit, sur un spécimen de la collection Cuming, son Helix lisbonensis (Symb. Hist. Helic., 1846, p. 68) ; mais par la suite (Mon. Helic., I, 1848, p. 131) l'indiqua comme synonyme de l'espèce de Morelet qu'il accepta sous le nom *d'occidentalis*.

Moquin-Tandon (Hist. Moll. France, II, p. 221, 1856, pl. XVII) cite l'espèce de Morelet sous le nom donné par Recluz d'*occidentalis* et considère la *revelata* de Michaud, mais non celle de Férussac ou de Bouchard-Chantereux comme synonyme. Il ne parle pas de la coquille anglaise.

Servain, en 1880 (Études Moll., Espagne et Port.) ajoute (p. 54) l'H. *Sulmurina* et (p. 56) la nouvele variété : *martigenopsis* de l'H *revelata*, tandis que Locard, en 1882 (Prod. Malac. Franç. I, pp. 316-317) publie les noms manuscrits de Bourguignat, H. *venetorum*, et H. *Villula*.

Silva e Castro, en 1887 (Jorn. Acad. R. Sci. Lisbonne, XI, pp. 232-237) augmente de 5 les espèces de ce groupe : H. *nevesiana;* H. *conimbricensis ;* H. *platylasia* Bourg. M. S. ; H. *rossi* et *aporina* Locard et l'H. *atachypora* Bourg M. S. fut ajoutée par Loccard dans sa Conchyl. portugaise (Arch. Musée Lyon, VII, Mém. I, 1899). Il n'est fait aucun essai de groupement dans ces études.

Westerlund (Fauna pakaarct., région Binnenconch. Helix, p. 61, 1899) semble avoir compris nombre de ces formes sous le nom de *revelata* Férussac. Tandis qu'en même temps, il découvre et nomme *montivaga* une espèce qu'on trouve dans un lot d'Helix *ponontina* que Morel et lui avait envoyé.

Germain (Moll. France, II, p. 128, 1913), accepte l'Helix *revelata* de Férussac avec les Helix *venetorum* et *villula* de Bourguignat comme synonymes et considère l'Helix *ptylota* Brgt. comme une espèce distincte. Il ne fait aucune allusion à la coquille de Morcelet ni à la forme britannique.

Etant donné l'absence de spécimens authentiques et de descriptions adéquates, il n'est pas possible d'assigner la place que doit occuper chacune de ces formes dans la nomenclature ; les auteurs anglais se sont bornés à proposer la classification suivante pour les formes étudiées dans ce travail :

(1) Ponantine, en portugais; fonento u poente signifie : ouest.

*Groupe A., à bords tranchants, sans bourrelet interne*, H. *revelata* Férussac ou Michaud, forme alpestre rare pour laquelle, quand on la retrouvera, il sera nécessaire de lui appliquer un autre nom, celui-ci ne pouvant servir puisque l'espèce de Férussac n'est pas déterminée.

H. *ponantina* Morelet ((=*occidentalis* Récluz), syn. H. *lisbonensis* synonyme, H. *ptilota* Brgt, et peut-être quelques autres.

*Groupe B, à péristome réfléchi avec bourrelet blanc interne :*

H. *montivage* West, syn. H. *Salmurina* Servain.

H. *ponentina* Morelet (=*occidentalis* Récluz), syn. H. *lisbonensis* Pfeiffer et probablement la majeure partie des formes continentales mentionnées.

---

Ch. ABSOLON

Professeur à l'Université Charles, de Prague
Conservateur au Musée d'état de Moravie, à Brno

---

## LES GRANDES AMPHIPODES AVEUGLES DANS LES GROTTES BALKANIQUES

---

Il est de notoriété publique que les savants et les explorateurs français font depuis de nombreuses années, des études et des découvertes magnifiques en biospéologie dans les nombreuses grottes des Causses et dans celles des Alpes et des Pyrénées. Au début, ce fut surtout vers les Coléoptères qu'allait toute l'attention.

A la fin du siècle dernier, c'est mon ami, Armand Viré qui a commencé l'étude générale de la faune des grottes françaises.

Le siècle actuel est illustré par les noms de E.-G. Racovitza et de R. Jeannel et de leurs très nombreux collaborateurs à leurs « Biospeologica » (Archives de Zoologie expérimentale). La France peut être, à juste titre, fière de posséder une telle œuvre. Personnellement, j'ai eu l'honneur, et cela en 1913, de pouvoir décrire dans les colonnes de Biospeologica l'espèce nouvelle, *Acherontiella onychiuriformis* (*Insecta Collembola*) appartenant à un genre nouveau et provenant précisément de la région où nous nous trouvons réunis actuellement, Grotte Jfri Jvenan, de l'Algérie. La magnifique étude biospéologique de Djurdjura faite par P. de Peyerimhof concerne aussi l'Algérie. Je suis contemporain de A. Viré ayant commencé à travailler pour la biospéologie en Moravie en 1896, et je suis resté fidèle à ce genre de recherches et d'études.

Dans l'ancienne Autriche, à laquelle appartenait alors notre République tchécoslovaque actuelle, une base littéraire pour les études biospéologiques, fut posée il y a longtemps, au courant du siècle passé. J'ai étudié, dans mon pays, en Moravie, beaucoup de grottes. Ayant acquis ainsi par mon travail de plusieurs années en Moravie des notions pratiques, je me suis décidé en 1908 à entreprendre l'étude du Karst, Causses énormes des Balkans s'étendant de l'Istrie à l'Albanie, depuis la Sava et le Danube jusqu'à la Mer Adriatique. Ce sont les Causses les plus étendus et les plus continus du globe. Jusqu'à ce jour, j'ai entrepris neuf grands voyages ; j'ai étudié un grand nombre de rivières et de cours d'eau souterrains et plus de cinq cents grottes, avens et sources ; j'en ai emporté de grandes collections zoologiques. Tout ce que j'ai recueilli a été classé, et des spécialistes procèdent à l'élaboration méthodique de ces collections.

Les cours d'eau souterrains les plus importants dans les Balkans sont l'Ombla et la Buna en Herzégovine-Dalmatie. Ombla apparaît et disparaît cinq fois et cinq fois il change de nom : Dramesina, Musica, Jasovica, Trebinjcica ; Ombla, coule sur les hauteurs des montagnes de Lebrsnik et il se jette enfin dans la mer non loin de la belle ville de Dubrovnik (Raguse). Le fleuve Ombla, long environ de cent kilomètres est le plus important, parmi les cours d'eau souterrains de la terre. Pour la troisième fois, l'Ombla resurgit à proximité de la ville de Bile, continue à couler sous le nom de Trebinjcica en longeant la frontière du Monténégro et pénètre, près de la ville de Trebinje, dans une vallée longue de 57 kilomètres qui se termine par un cul-de-sac portant le nom « Popovo polje » (la vallée fermée des Abbés) ; elle disparaît de nouveau sous la terre pour former ensuite, près de la mer, en Dalmatie, le cours important de l'Ombla; en ce point, on pourrait facilement construire une hydrocentrale d'une puissance de 70.000 HP.

Il va sans dire que le monde souterrain, aquatique et terrestre, créé par l'Ombla, est d'une grande richesse. La faune est représentée par deux cents espèces différentes, pour la plupart endémiques, à aire géographique restreinte, ayant souvent aussi le caractère de relictes. De cette manière, nous pouvons considérer le pays au sud-est de l'Herzégovine presque comme une petite unité indépendante, on pourrait dire, comme un centre indépendant de création (Schöpfungszentrum), auquel je donnerai le nom de « Coin d'Orjen », en souvenir des hauteurs de Orjen (la montagne d'Aigle), qui atteignent mille huit cent quatre-vingt-dix-sept mètres.

Dans cette région, on trouve le plus grand mollusque des cavernes, *Aegopis spelaeus nov. spec.* ainsi que le Mollusque velu, *Pholeoteras eutrix*, *Spelaeoconcha continentalis nov. sp.*; *Scotoplanetes n. gen. Abs.* (*Carabidae*). Le coléoptère amphibie *Hadesia* est un coléoptère aquatique comme la guêpe *Polynema natans*, le *Curculionide* aveugle

*Absoloniella cylindrica n. g. Formànek* ; la mouche dégénérée, *Speomya absoloni n. g. Bezzi* ; les grands et féroces myriapodes *Polybothrus leostygys Verh.*, *Poly bothrus gloriastygys Abs.* (*Myriapoda*, *Lithobiidae*), *Typhloglomerie coeca Verh.* ; de nombeuses araignées aveugles, l'*Opilionid Travunia anophthalma Abs.* ; des crustacés du sous-ordre des Décapodes, la curieuse *Troglocaridella hercegovinensis Abs.* (*Fam. Carididae*), des Isopodes du genre *Titanethes* et la *Monolistra hercegovinensis n. sp. Abs.* (*Flabellifera*) ; les Amphipodes sont représentés par *Stygodytes balcanicus n. g. Abs.*, *Metohia carinata n. g. Abs.*, *Typhlogammarus Mrazeki Sch.* et les grandes formes du genre *Niphargus* ; les Vers, par l'unique sangsue aveugle *Dina absoloni n. sp. Johannson*, adaptée à la vie obscuricole ; mais il faut citer aussi une nouvelle espèce de l'ordre des Polychaetes *Marifugia cavatica nov. gen. nomen in litteris*, l'unique Serpulide trouvé jusqu'à présent dans les eaux douces, tous les autres Serpulides habitent exclusivement dans la mer. C'est donc une découverte surprenante pour la limnobiologie que j'ai soumise au célèbre polychétologue français, le professeur P. Fauvel, lors de la visite que je lui ai faite à l'Université d'Angers.

J'ai mentionné plus haut un petit nombre de formes, trouvées par moi, mais on peut déjà constater que cette petite faune est d'un grand intérêt au point de vue du système et de la biologie.

Je veux parler maintenant plus spécialement des Amphipodes aveugles, habitant ce « coin d'Orjen ». J'irai droit au but en disant que ce sont des formes apparentées, aux genres *Niphargus et Gammarus*, aveugles et adaptées à la vie souterraine. Ces deux genres appartiennent à la famille de Gammaridae. Dans la littérature, surtout dans la littérature populaire, nous pouvons lire l'opinion, que ce Niphargus est une dérivation aveugle de la forme du *Gammarus pulex*. Mais c'est une grande erreur, évidente pour tout connaisseur du système des Amphipodes. Les deux formes diffèrent déjà génériquement. Surtout par l'analyse de *Maxilla I.* sur la palpe, de l'endopodite et de l'exopodite, on arrive rapidement et avec sûreté à reconnaître la parentée de l'espèce et de la forme même de ceux, qui par leur habitus leur ressemblent tant. Car la Maxilla I., chez les formes niphar-*goïdes* est d'une toute autre structure, que chez les gammaroides. Cela ne veut pas dire qu'on ne trouverait plus d'autres différences dans l'organisation et la structure des corps (*Pereiopoda*, *Telson*, etc.) chez ces deux groupes, mais elle est la plus frappante chez Maxilla I.

Cette analyse a démontré que la plupart de ces Amphipodes aveugles vivant dans les Balkans et en Europe centrale appartiennent au groupe des niphargoides et que ce Niphargus n'était qu'une très ancienne forme philogénétique, qui s'était conservée comme une relique dans les eaux souterraines comme celle du legio Anomostraca du genre de Bathynella.

Par contre, on a ignoré longtemps ce représentant aveugle, souterrain, du groupe des gammaroides, jusqu'au jour où le premier fut découvert dans ce Coin d'Orjen et décrit sous le nom de *Typhlogammarus*. Je passe aujourd'hui sous silence le troisième groupe des formes, assez grand, du genre Crangonyx.

Dans l'Ombla, j'ai constaté aussi l'existence de quatre espèces d'amphipodes aveugles. *Stygodytes balcanicus n. g. n. sp.* est le plus remarquable par sa grandeur ; il est bizarre par la structure du corps et par ses longues antennes. Il est aussi le plus grand Amphipode des eaux douces de l'Europe ; son corps atteint la longueur de cinq centimètres ; avec ses antennes, il mesure huit centimètres ; la tête et les segments du corps sont d'une blancheur de neige ; l'urosome 3 (trois),

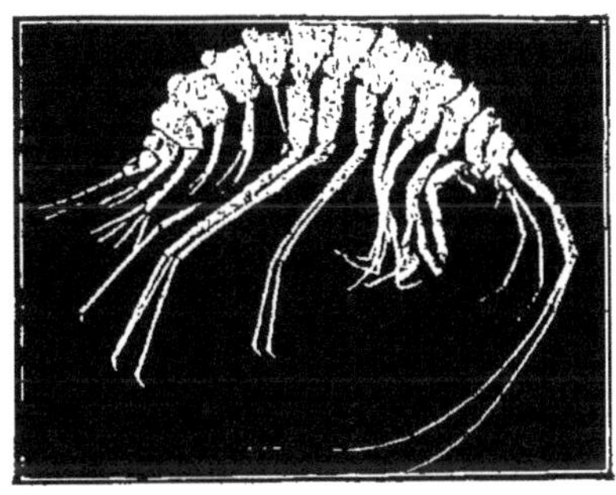

Fig. 1. — Stygodytes balcanicus novum genus N. Sp. (Gr. nat. 4 cm.).

est couvert d'épines groupées en forme de couronne, ce qui rappelle les grands Amphipodes du Baikal (*Acanthogammarus*, etc.).

Les célèbres spécialistes des Amphipodes, tels que le professeur Ossian Sars de Christiania, T. R. Stebbing (Ephraïm Lodge), E. Chevreux (Bône), le professeur Steuer à Innsbruck, Mr. A. O. Walker (Maidstone), H. Sexton, de Plymouth ; R. Gurney, de Stalham, W.-J. Calman, de Londres, et tant d'autres, auxquels j'ai fait part de ma trouvaille de ces Stygodytes, ont exprimé leur étonnement de l'existence d'un tel amphipode dans les eaux continentales de l'Europe. L'analyse morphologique a démontré que ce Stygodyte n'était, malgré son apparence exotique qu'une forme pure niphargoïde.

Il serait difficile de dire si ce Stygodyte est par son origine une relique de la mer tertiaire (comparez avec les travaux géographiques du professeur Cvijic (mort en 1927 sur les Dinarides), ou apparenté à une forme vivante encore aujourd'hui, dans la mer Adriatique, où si enfin, la présence des épines bizarre est une apparition, née par quelque convergence, comme chez les Amphipodes du Baïkal.

Je me permets de faire connaître ma trouvaille, non loin du « Coin d'Orjen » sur la hauteur de Mosor, en Dalmatie centrale, d'une Planaire terrestre (*Vermes, Turbellaria*) ; *Geopaludicolia absoloni* n. g. n. sp. Komarek ; *Geopaludicolidae nov. fam.*), qui vit — tel un fossile vivan — dans un aven profond et isolé et représente peut-être une très vieille relique, dont la parenté et la famille sont mortes et disparues de la surface de la terre et qui nous démontre ainsi l'origine terrestre des Triclades des eaux douces. Notre Stygodytes est peut-être aussi une forme semblable, ou il est le type extrême de Niphargus.

Le second Amphipode est une très grande force, c'est le *Niphargus herculeanus* n. sp. Il m'est impossible de constater sa valeur spécifique. On pourra procéder à ceci quand la systématique de ce genre difficile sera placée sur des bases plus sûres.

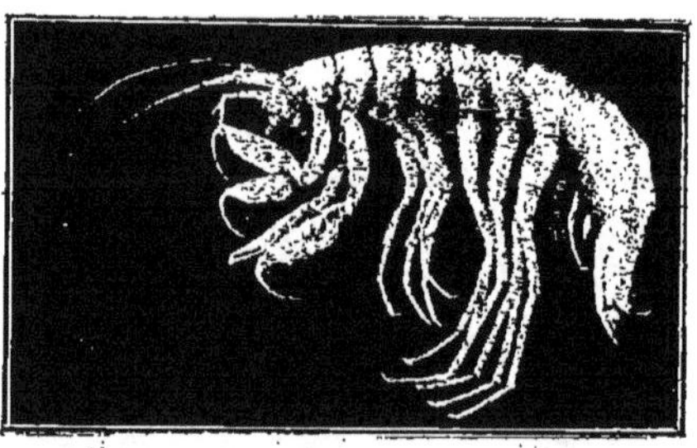

Fig. 2. — Typhlogammarus Sp. (Aff. Mràzeki) (Gr. nat. 3 1/2 cm.).

Le troisième grand Amphipode est celui de *Typhlogammarus mraseki Schäff.* : que j'avais trouvé en grand nombre dans beaucoup d'endroits, dans les sources, dans les cours souterrains et aussi sur les murs des grottes qui laissaient filtrer l'eau ; il s'agit — comme cela est dit plus haut — d'une espèce remarquable par sa forme gammaroïdienne. En face du grand contingent des formes niphargoïdes, elle est restée longtemps isolée.

Dans l'Ombla, dans son deuxième cours à la surface de la terre, dénommé Musica, au nord-est de l'Herzégovine, j'ai trouvé enfin le quatrième grand Amphipode, *Metohia carinata* nov. gen. n. sp. (Metohia est l'ancienne dénomination turque de la ville de Gacko). Je pense que cet Amphipode est répandu sur toute la longueur de l'Ombla.

*Metohia* est remarquable, parce qu'elle est la seconde forme gammaroïde pure ; elle nous fait penser, par son habitus, au genre *Carinogammarus*. Le septième segment du mésosome et les trois du métasome sont carénés au bord dorsal. L'Exopodite de la *Maxilla I.* porte onze dents placées sur trois rangs. Ce Crustacé atteint jusqu'à trois centimètres de longueur ; il est blanchâtre et entièrement aveugle.

Ces quatre formes attirent notre attention par leur grandeur et leur habitus ; leur détermination et leur classement sont donc faciles.

J'ai ramassé, au cours de plusieurs années, d'innombrables séries d'individus du genre de Niphargus à tous les degrés de formation, mais

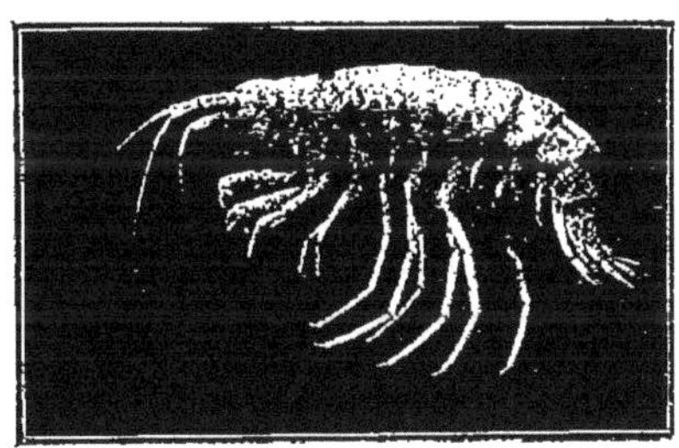

Fig. 3. — Metohia carinata n. g. n. sp. (Gr. nat. 3 cm.).

il n'est pas possible de les déterminer avec sûreté en raison du chaos qui règne dans la systématique de ce genre si variable.

---

E. BUGNION

Professeur honoraire d'anatomie humaine à l'Université de Lauzanne

---

## LE GÉSIER DES HYMÉNOPTÈRES

---

Le gésier de l'insecte est la partie du tube digestif comprise entre le jabot et l'estomac. Des appellations synonymes sont : le *cardia*, la *valvule cardiaque*, l'*appareil masticateur*, le *proventriculus*, en anglais : *the gizzard, the stomach-mouth*, en allemand : *der Kaumagen, der Zwischendarm*.

Emprunté à l'anatomie des oiseaux, le nom *gésier* introduit dans la terminologie entomologique par Léon Dufour (1841), remonte à une époque où, chez les insectes également, une fonction triturante avait été attribuée à cet organe. — Les insectes qui ont un gésier bien développé, garni de lames chitineuses à l'intérieur, sont : les Orthoptères, les Termites, les Libellules, divers Coléoptères, les Mallophages, quelques Larves et un certain nombre d'Hyménoptères.

Le gésier des Hyménoptères peut être divisé en trois segments :

1° le *calice* de forme conique, invaginé à l'intérieur du jabot, garni de quatre sépales chitinisés, faisant l'office d'une soupape ; 2° le *col*, partie rétrécie, visible à découvert entre le jabot et l'estomac ; 3° le *segment tubulaire*, invaginé dans l'estomac, formé de deux tubes épithéliaux emboîtés l'un dans l'autre.

L'interstice ménagé entre les sépales a, sur la coupe transverse, l'aspect d'une fente cruciale. Il y a des muscles longitudinaux placés en dehors des sépales, destinés à ouvrir la soupape et des muscles annulaires, placés en dehors des précédents, destinés à la fermer.

Cheshire (1886), ayant mis sous la loupe le gésier *vivant* de l'Abeille, a observé que les sépales du calice s'écartent et se rapprochent en suite de contractions rythmiques. On voit, au cours de ces contractions, la valvule cardiaque « happer » le contenu du jabot (nectar et pollen) et pousser les grains de pollen vers l'estomac.

L'utilité de cet appareil est manifeste non seulement pour l'insecte isolé, mais aussi pour la communauté dans son ensemble. Ainsi, par exemple, lorsque l'hiver approche, l'Abeille ferme sa valvule et garde dans son jabot le nectar et le pollen qu'elle a réussi à recueillir, tandis que quand la saison est favorable, elle ouvre le dit orifice et laisse le contenu du jabot pénétrer dans l'estomac.

C'est le pasteur Schönfeld qui, en 1886, a contribué surtout à attirer l'attention des apiculteurs sur cette fonction intéressante, c'est en son honneur que le gésier a été désigné sous le nom de *Valvule de Schönfeld*. Malheureusement pour la science apicole, le pasteur silésien commit dans la suite une grave erreur. N'a-t-il pas affirmé que la valvule du gésier peut fonctionner dans les deux sens, c'est-à-dire que l'Abeille peut non seulement faire passer le contenu du jabot dans l'estomac, mais encore faire refluer le chyle stomacal vers le jabot, au moment notamment où elle se prépare à dégorger. Une telle manière de voir étant admise, il n'y avait qu'un pas à faire pour certifier que la gelée royale préparée par la nourrice est essentiellement tirée de ce chyle régurgité. C'était le renversement total de la doctrine d'après laquelle la « gelée royale » est une sécrétion glandulaire fournie par les glandes salivaires frontales.

La théorie de Schönfeld est, comme on va voir, inadmissible. En effet, si plaçant sur le porte-objet une préparation fraîche et pressant avec le scalpel sur l'estomac, on essaie de faire refluer son contenu vers le jabot, on s'aperçoit bientôt qu'il n'en pase pas une goutte. Le seul résultat de cette opération est de replier sur lui-même le prolongement tubulaire du gésier et de l'aplatir contre la paroi de l'estomac (1).

Il y a plus, si pressant avec deux petits scalpels sur le jabot et

(1) Bordas (1894) a fait des constatations identiques sur divers Hyménoptères en injectant, au moyen d'une pipette, un liquide coloré dans l'estomac.

l'estomac, on tire doucement dans deux directions opposées, on voit, au bout de quelques instants, la partie invaginée du gésier « se dévaginer » d'un bout à l'autre. Les croquis ci-joints empruntés au Bourdon, à la Guèpe et au Poliste (fig. 1, 2, 3) suffiront, je pense, à convaincre ceux de mes lecteurs qui pourraient encore avoir des doutes.

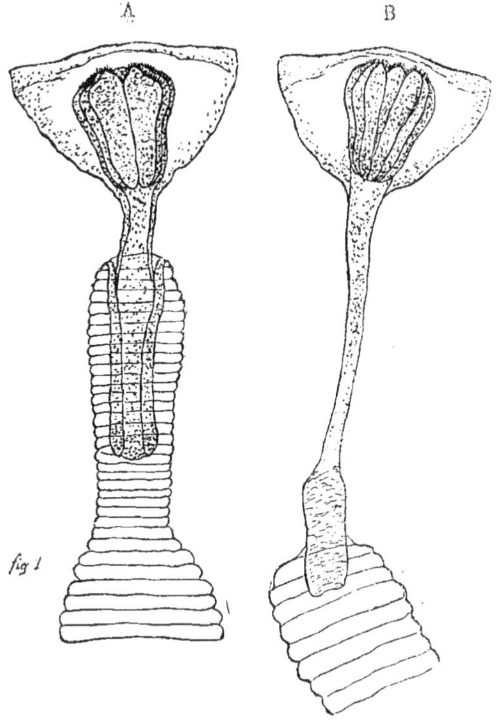


*Fig.* 1 — *Bombus terrestris* femelle.

A. Le gésier avec le bout postérieur du jabot et le bout antérieur de l'estomac. Préparation fixée dans la sol. alc. de Bouin puis montée au baume. X 14. — Le segment tubulaire du gésier invaginé sur lui-même a été dessiné par transparence.

B. Le gésier préparé à l'état frais avec son segment tubulaire partiellement « dévaginé ». X 14.

Ne voit-on pas, à la simple inspection de ces figures, qu'un tube membraneux disposé de cette manière rend le reflux du chyle absolument impossible ?

Il faudrait pour que le reflux du chyle pût se produire, qu'au lieu de se prolonger par un tube mou et flexible, le gésier se terminât du côté de l'estomac par un entonnoir chitinisé. Cet entonnoir devrait être assez rigide pour rester perméable au moment où les contractions de l'estomac se produiraient. — La préparation empruntée à la Guêpe est, à cet égard, particulièrement démonstrative. Est-ce que ce tube membraneux qui s'avance à l'intérieur de l'estomac au delà du premier tiers de sa longueur ne semble pas justement avoir été créé par la nature pour opposer au reflux du Chyle une barrière

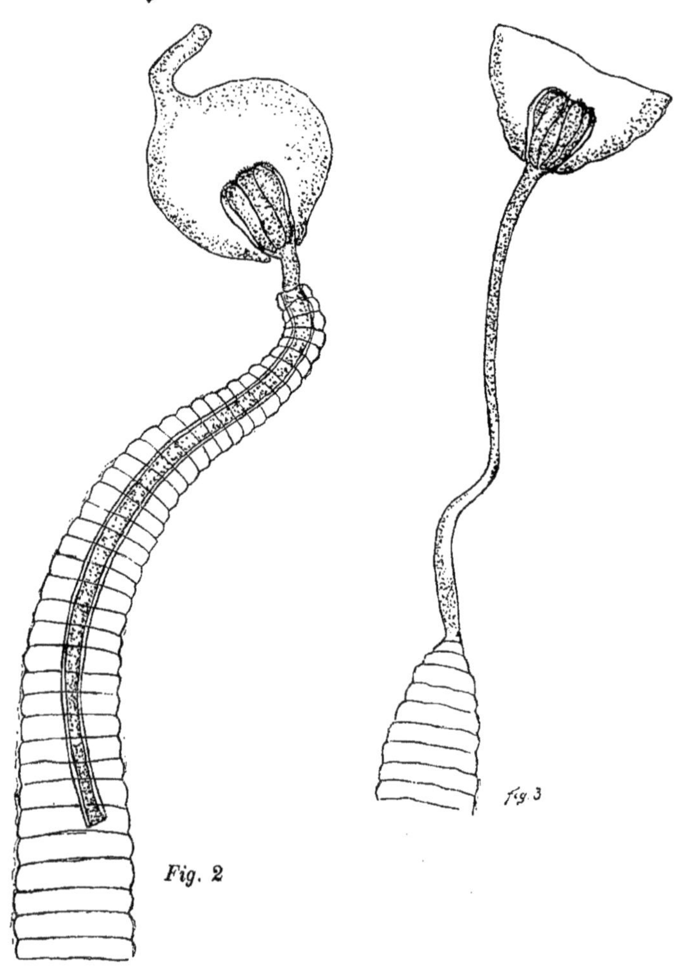


*Fig.* 2. — *Vespa vulgaris* ouvrière.

Le gésier avec le jabot et la partie antérieure de l'estomac, montés dans la solution gommeuse de Faure. X 14. — Le calice et le segment tubulaire du gésier ont été dessinés par transparence. Ce dernier mesure 5 1/2 mill., l'estomac entier était long de 17 mill. Le prolongement tubulaire entièrement « dévaginé » mesurait 11 mill., soit plus de la moitié de la longueur de l'estomac.

*Fig.* 3. — *Polistes gallicus.*

Le gésier avec une portion du jabot et le bout antérieur de l'estomac. Le segment tubulaire, entièrement « dévaginé », mesure 5 mill. X 14.

infranchissable ? — Schiemenz a démontré déjà en 1883, en suite de recherches exécutées dans le laboratoire de Leuckart, que la structure du gésier rend le reflux du chyle inadmissible.

Il faut citer encore à l'appui de notre thèse plusieurs travaux modernes, plus spécialement de Snodgrass, Metzer, Zander, v. Buttel Reepen, Heselhaus et Trappmann. L'article de Trappmann (1923) que j'ai sous les yeux en ce moment renferme des dessins de coupes microscopiques (*Apis mellifica*) qui méritent de retenir notre attention. Il ressort de ces figures, ainsi que des descriptions correspondantes : 1° que les sépales du calice sont garnis de poils rigides dirigés d'avant en arrière ; 2° que l'épithélium interne du segment tubulaire est formé de cellules allongées à direction oblique ; 3° enfin que les deux tubes emboîtés sont unis l'un à l'autre par du tissu connectif, des fibres musculaires et des trachées. De telles dispositions montrent d'une manière bien évidente : 1° que l'écoulement des aliments (miel et pollen) contenus dans le jabot ne peut s'effectuer que dans une direction unique, *d'avant en arrière ;* 2° qu'une « dévagination » du segment tubulaire (dévagination qui permettrait le reflux du chyle stomacal vers le jabot) est chez l'Abeille vivante une impossibilité anatomique.

Un dernier argument en faveur des conclusions proposées est le rapprochement que l'on doit faire entre l'Abeille et la Fourmi au point de vue de la structure du gésier et des fonctions qui lui incombent. Les Fourmis supérieures (*Camponotus, Formica, Messor*, etc.) ayant, de même que les Apiaires sociaux, l'habitude de dégorger des aliments à leurs larves (et parfois aux adultes de leur espèce), nous sommes en droit d'admettre que le gésier s'est, dans ces deux familles d'insectes, adapté à cette fonction. Le rôle principal de la valvule serait d'ouvrir le cardia lorsque l'Abeille ou la Fourmi doit se nourrir, de le fermer au contraire ; en gardant le contenu du jabot intact, lorsque l'insecte doit dégorger.

Les recherches de Forel sur le gésier des Fourmis sont à cet égard fort instructives. Usant des appellations introduites par cet auteur, on peut dire que, placé entre *l'estomac social* représenté par le jabot et *l'estomac individuel* représenté par le ventricule chylifique, le gésier fonctionne comme une soupape qui s'ouvre et se ferme à volonté. Il reste toutefois bien entendu que, chez les Fourmis également, la valvule laisse passer lorsque c'est nécessaire le liquide nourricier du jabot dans l'estomac, mais ne laisse jamais le chyle stomacal refluer en sens inverse.

*Ouvrages cités :*

1841. *Dufour L.* Mémoires présentés, etc. Acad. sc. Paris. T. 7.

1878. *Forel A.* Bull. Soc. Vaud. T. 15. — Le Monde social des Fourmis. 1922-23.

1883. *Schiemens P.* Zeits. f. wiss. Zool.

1886. *Cheshire F.* Bees and Beekeeping.
1886. *Schönfeld.* Arch. f. Anat. n. Ph.
1887. *Schneider A.* Zool. Anz. et Zool. Beitr. II.
1894. *Bordas L.* Ann. Sc. nat. Zool. T. 19.
1910. *Metzer C.* Zeits. f. wiss. Zool.
1910. *Snodgrass.* Anatomy of the Honey Bee. U. S. Dep. of Agr.
1911. *Zander E.* Der Bau der Biene.
1915. *Buttel Reepen H.* v. Leben u. Wesen der Bienen.
1922. *Heselhaus F.* Hautdrüsen der Apiden. Zool Iakr. Vol. 43.
1923. *Trappmann W.* Arch. f. Bienen Kunde.

---

Armand PORCHEREL
Docteur-Vétérinaire à Lyon

---

## HÉRÉDITÉ DES CARACTÈRES LAINIERS (1)

---

Comment se fait la transmission des caractères lainiers des ascendants aux descendants ?

C'est là, une question très intéressante, lorsqu'on a en vue, l'amélioration d'une race autochtone, par croisement avec une autre race, dont la laine est de meilleure qualité.

Des observations recueillies chez diverses espèces, nous ont incité à faire des recherches sur ce sujet, en nous appuyant sur la théorie du professeur Etienne Rabaud : « L'Hérédité est sous la dépendance des inter-actions du complexe-organisme x milieu ».

Si, lors de l'union du spermatozoïde avec l'ovule, il se produit des réactions, qui sont loin d'avoir toujours la même intensité, il faut aussi tenir compte, des échanges de l'œuf, avec le milieu, dans lequel il vit. Suivant toute évidence, les actions que ce milieu exerce, influent sur les substances plastiques, en modifient l'activité et par suite leur « *inter-action* ».

Lorsque les organismes sont fort voisins comme cela arrive pour des sujets de même race pure, leurs complexes renferment des substances plastiques semblables et par suite réalisent des conditions très analogues. « Avec l'union des complexes organismes hétérogènes, comme ceux d'individus d'espèces ou de races différentes, il en va

(1) Travail du laboratoire de Chimie agricole de la Faculté des Sciences, Professeur Couturier.

tout autrement. Les uns par rapport aux autres, ils constituent des milieux entièrement nouveaux et les diverses substances plastiques ne produisent plus les mêmes effets » (1).

Ce ne sont pas là de pures hypothèses, mais de véritables faits, prouvés d'ailleurs par les recherches exécutées, dans ces dernières années, sur la constitution de la matière vivante.

Les travaux de Mayer et Schaeffer (2), « sur les constantes cellulaires », cités par Rabaud, constituent de précieux arguments en faveur de la théorie physico-chimique de l'hérédité. Dans une communication toute récente, faite à l'Académie des Sciences, Joyet Lavergne a démontré que dans les Prèles, les Phanérogames, les Sporozoaires, une différence se manifeste dans la nature des réserves lipoïdes et graisses suivant le sexe. Les différences de nature et de proportions dans les réserves lipoïdes et graisses constituent un caractère de sexualisation du cytoplasme, les cellules polarisées dans le sens femelle, acquièrent des réserves en graisse, qui réduisent l'acide osmique, les réserves lipoïdes qui donneront les gamètes mâles, n'ont pas cette qualité (3).

Aux inter-actions de l'organisme provoquées par des constitutions chimiques différentes, il convient d'ajouter l'influence du milieu ambiant, si mobile, changeant et divers.

Les saisons entraînent dans le métabolisme, des modifications appréciables, Maignon a, en effet, démontré que suivant les saisons, les rats résistent plus ou moins à l'action toxique de l'albumine.

Fernand Houssay, dans ses expériences sur les poules carnivores n'est-il pas arrivé à modifier complètement la texture du gésier ? Sous l'influence du régime, la musculature a considérablement diminué, caractère qui s'est transmis par l'hérédité (4).

Terroine, dans un remarquable travail sur le métabolisme des matières grasses dans le régime animal, a fait voir que la richesse du sang en acides gras, principes caractéristiques des matières grasses, est très variable d'un animal à l'autre.

Peut-être, comme le fait remarquer Porcher (5), est-ce là, une raison des différences si considérables qu'on note entre les animaux producteurs de lait.

« Par la sélection, dit-il, on peut obtenir de grands producteurs laitiers, mais si ces producteurs n'ont pas de « sang butyreux », on n'en fait pas de grands producteurs de matière grasse.

---

(1) Etienne RABAUD, *L'Hérédité.*

(2) MAYER et SCHAEFFER, Recherches sur les constantes cellulaires, *Journal de physiologie et de pathologie générale* 1914.

(3) C.R.A.S., 31-1-1927. JOYET-LAVERGNE, Sur l'action de l'acide osmique et les caractères physico-chimiques de la sexualisation du cytoplasme.

(4) F. HOUSSAY, Etudes sur six générations de Poules carnivores, 1907.

(5) Ch. PORCHER, Le procès de la matière grasse du lait, *Le Lait*, janvier 1925.

La notion de « sang » si courante en zootechnie, se traduit ici chimiquement ; la vérification expérimentale, en serait intéressante.

Nous avons tenu à faire ces citations, qui à notre humble avis, tendent à appuyer cette thse, que les recherches sur l'hérédité, comme nous l'écrivait le Professeur Rabaud, « doivent se tourner vers la physiologie, et même vers la physico-chimie ».

Si pour étudier les phénomènes héréditaires, notre choix s'est porté sur le mouton, c'est que cet animal peut, par sa toison, nous fournir des caractères faciles à observer ; de plus, nous avons pensé, que nous pourrions ainsi faire œuvre utile, pour l'amélioration de nos races, en vue de la production d'une bonne laine.

Lorsqu'on croise des moutons à laine différente, on peut observer des variations nombreuses, dont la répartition des brins non semblables. sur l'étendue de la toison.

Il n'y a rien là, qui puisse nous étonner, si on considère ce qui se passe dans d'autres espèces, lorsqu'on croise des sujets de race et de couleur différentes.

Qu'il nous soit permis de citer quelques exemples.

Dans des expériences déjà anciennes, que nous avons faites sur des lapins, au sujet de l'Hérédité de la couleur (1), nous avons pu constater que la répartition des poils de couleur différente se faisait souvent avec des variantes inattendues.

Un lapin russe est accouplé avec une lapine de couleur fauve, plus claire sous le ventre.

Dans une premièr eportée, nous obtenons 10 petits : 3 fauves, 7 à pelage noir abondamment parsemé de poils fauves. Avec une deuxième portée, on a 6 petits : 2 fauves, 4 à poils mélangés noir et fauve.

Faisant accoupler deux sujets fauves de la première portée, puis un mâle à poils mélangés et une femelle fauve de la même portée, enfin, à deux reprises différentes, un lapin et une lapine à poils mélangés, nous obtenons en tout, avec ces différentes portées :

16 lapins à poils noirs et fauves mélangés ;

12 lapins à poils fauves ;

7 lapins blancs dont 2 avec les extrémités grises ;

4 angoras : 2 bleus, 1 blanc, 1 à poils mélangés ;

2 noirs dont un avec une tache blanche sur la patte antérieure droite.

Il y a là, pour un même couple originel, de très grandes variations, et même apparition de caractères nouveaux (lapin angora).

Une vache normande pie-bringée est accouplée avec un taureau comtois pie-rouge ; elle donne un veau *pie-noir*, avec petites taches noires au mufle, une corne noire, une corne blanche, une petite tache rouge sur le côté droit du front, au niveau de la corne. L'année sui-

(1) A. PORCHEREL, Hérédité de la couleur, *Journal de Médecine vétérinarie et de Zootechnie*, 1921.

vante, la même vache est couverte par un autre taureau pie-rouge, on obtient un veau *pie-rouge*.

« Un taureau Schwytz est accouplé avec une vache comtoise pie-rouge ; on obtient un sujet femelle ayant la robe de la mère. Une autre vache comtoise accouplée avec le même taureau, donne un produit ayant le pelage du Schwytz, avec des reflets jaunâtres, des taches rouge sur le côté droit du front, au niveau de la corne. L'année suiblanches à la tête, un mufle noir, des cornes d'une teinte « blond verdâtre », pas de bordure aux oreilles, une vulve auréolée de rose « à rondelle » (1).

Une chienne Saint-Bernard 9 ans, à poils longs, est couverte par un Groenendaël (berger belge) 3 ans, dont le pelage noir présente du blanc au poitrail.

Le seul produit qu'il nous ait été donné d'examiner montre les caractères suivants : conformation de la mère, le pelage noir avec une liste blanche en tête, un collier blanc, s'étendant sur le poitrail, les pattes et l'extrémité de la queue blanches.

De son père, il ne possède que le noir du pelage, il n'existe aucune trace des taches de couleur orange, du pelage de la mère.

Si des caractères phanéroptiques, nous passons aux caractères morphologiques, là encore il ne faut pas être surpris des variations qu'on rencontre, comme nous avons pu le constater, dans notre étude sur le mulet (2).

Ces exemples de variations dans la transmission des caractères, empruntés à diverses espèces ne montrent-ils pas l'influence des interactions du complexe-organisme x milieu.

## ESPECE OVINE

Nous citerons une observation recueillie sur un produit Barcelonnette × Mérinos. La race de Barcelonnette qu'on rencontre principalement dans les Hautes et Basses-Alpes, est une race de forte taille, de forte ossature. Le bélier arrive au poids de 100 kilos et la brebis atteint 75 kilos. La toison est grossière (35 μ en moyenne), son poids est de 2 k. 700 pour la brebis et de 3 k. 200 pour le mâle.

Des échantillons de laine recueillis au tiers supérieur de l'épaule, au milieu du dos, dans les régions du ventre, des cuisses, et à la partie inférieure des membres, nous ont permis de constater que les brins fins du Mérinos se trouvent principalement à l'épaule, et au milieu du dos. La Barcelonnette domine au contraire dans les régions, cuisses, ventre et membres.

Pour l'ensemble du corps, nous notons 35 μ avec le Barcelonnette et 29 μ avec le Barcelonnette-Mérinos.

---

(1) Observations communiquées par Jean Porcherel, conseiller agricole à Sétif.

(2) A. Porcherel, Hérédité chez le Mulet, *Revue de l'Institut international d'agriculture*, Rome 1925.

Nous pouvons en conclure, que dans ce croisement de première génération, il y a eu juxtaposition et fusion des caractères (1).

Des laines provenant de l'A.O.F. et recueillies sur des moutons algériens nés ou importés là-bas ; sur des Mérinos du Cap, des Macina, des 1/2 sang Algérien-Macina, 3/4 Algérien Macina, des 1/2 sang et 3/4 sang Cap-Macina, nous ont permis de faire des observations très intéressantes.

Les laines des moutons algériens nous ont donné dans l'ensemble 25 µ, celles des Mérinos du Cap 15, et celles du Macina 45 µ.

1° 1/2 sang Algérien-Macina.

Avec certaines toisons, le Macina est complètement dominé ; pour d'autres, il semble bien qu'il y ait un mélange des deux éléments, enfin avec des troisièmes, c'est le Macina qui l'emporte. Les brins épais présentent souvent des rudiments de canal médullaire discontinu, comme le fait a été signalé par le vétérinaire-Major Bigot, sur les laines du Maroc (2).

Les brins fins 19 µ, 20 µ, 21 µ se font remarquer par une régularité du diamètre.

2° 3/4 Algérien-Macina.

Ici les caractères du Macina ont disparu ; nous trouvons là une parfaite homogénéité, les brins sont réguliers pour la plupart dans toute leur longueur, quelques-uns plutôt rares, montrent un canal médullaire non continu.

3° 1/2 Sang Cap-Macina.

A part quelques échantillons, dans la majorité des cas, nous avons un mélange des laines des deux races en présence, avec souvent une prédominance du Macina ; à noter des traces de canal médullaire dans les brins grossiers.

Un nouvel échantillon reçu en février 1927 nous a permis de faire les mêmes constatations ; toutefois, pour ce dernier, il y aurait plutôt « fusion de caractères ».

4° 3/4 Cap-Macina.

La laine est certainement meilleure, il y a là plus d'uniformité qu'avec les précédents, mais si dans l'ensemble, nous comparons avec le 3/4 Algérien-Macina, il n'y a aucune différence entre les deux, 22 µ, 7, pour le 3/4 Cap-Macina, et 22 µ, 9 pour le 3/4 Algérien-Macina.

Il nous est d'ailleurs difficile de faire une comparaison rationnelle, puisque notre examen pour le 3/4 Cap-Macina n'a porté que sur un seul échantillon qui nous ait été adressé.

---

(1) Il est regrettable que nous n'ayions pu obtenir des échantillons provenant d'autres sujets, ce qui nous aurait permis de faire une comparaison.

(2) Vétérinaire-major Bigot, Constitution à l'étude de la laine et du jarre au Maroc. Etude histologique et zootechnique. Thèse de doctorat, Lyon 1926.

Pourquoi avec des résultats qui sont les mêmes, vouloir aller chercher si loin des éléments améliorateurs, lorsqu'ils se trouvent sous la main?...

Pour nous, qui ne voulons envisager que le point de vue « Hérédité », nous croyons pouvoir dire, que les résultats si différents que nous avons obtenus, dans l'examen des échantillons de même origine, mis à notre disposition, montrent bien les inter-actions du complexe organisme × milieu.

Ils montrent aussi, qu'en A.O.F., le mouton Algérien se trouve dans des conditions meilleures, pour exercer son action amélioratrice, d'où la nécessité d'en poursuivre une sélection attentive, pour lui permettre de transmettre avec fidélité ses caractères.

En plus des inter-actions du complexe-organisme, il faut compter avec le milieu, qui lui aussi exerce une influence modifiant et faisant varier les premières.

Grâce à l'amabilité de notre confrère de Sétif, M. Canac, de Jean Porcherel, Conseiller agricole de l'arrondissement, de quelques colons, nous avons pu examiner les laines de différents troupeaux.

L'homogénéité que nous avions absservée en 1924, sur le troupeau de M. Ryf, à Bir-Roumada, nous a paru encore meilleure ; dans l'ensemble, pour 1924 et 1927, la moyenne obtenue est de 25 $\mu$.

Tels sont les faits sur l'Hérédité des caractères lainiers que nous avons cru pouvoir présenter à la Xe Section du Congrès de l'A.F.A.S., ils sont tels que nous les avons recueillis, nous les faisons connaître sans aucune arrière-pensée, ni idée préconçue. Nous serions très heureux, s'ils pouvaient trouver une application pour l'amélioration de nos races lainières.

A l'objection qui nous a été faite, que « *mesurer métriquement la finesse et la hauteur de la laine, c'est œuvre de laboratoire et non pas œuvre commerciale* », nous répondrons, en citant quelques lignes d'un travail (1) qui nous a été communiqué quelques semaines avant le Congrès de Constantine.

« Avec le seul secours de l'œil et de la main, le lainier exercé est parvenu à de remarquables capacités de discrimination, *mais seul le microscope peut révéler avec précision* les différences réelles existant entre les fibres, en particulier en ce qui concerne leur épaisseur. »

Pour ce qui regarde les animaux reproducteurs, nous lisons : « L'observation avec le seul secours de l'œil et de la main, principalement par le classeur de moutons expérimenté, peut contribuer à donner une idée générale du type de laine, que produit un mouton, mais il est clair que sous le rapport de la finesse des fibres, *ces moyens ne per-*

(1) Une analyse biométrique des laines mérinos. Professeurs J.-E. Duerden, M.S.C., P.H.D., et V. Bosman (Publications du Ministre de l'Agriculture de l'Union Sud-Africaine).

*mettent pas de pénétrer jusqu'aux mêmes détails que le microscope.* A part les boucles (crimps), l'expert ne possède aucune indication quant à l'épaisseur réelle de la majorité des fibres : seules les fibres grossières hors série, sont susceptibles d'être distinguées par contraste ».

Nous terminerons là notre citation ; ces idées sont justes, elles paraîtront sans doute peu pratiques à certains, elles montrent néanmoins que lorsqu'il s'agit d'hérédité, de sélection de reproducteurs, le classement à l'œil n'est pas suffisant ; elles montrent aussi, combien un contrôle lainier, comme nous l'avons déjà exprimé (1), est utile, indispensable même, lorsqu'il s'agit de sélection de reproducteurs donnant la meilleur laine, tant au point de vue qualité que quantité.

« *Faire œuvre de laboratoire est utile à l'élevage.* »

---

(1) Armand et Jean PORCHEREL, La production de la laine dans nos Colonies, Congrès de l'A.F.A.S., Lyon, juillet 1926.

11e section

# ANTHROPOLOGIE

*Président d'honneur* ...... A. Debruge, Correspondant du Ministère de l'Instruction Publique.

*Président* .............. M. Reygasse, Administrateur principal, Correspondant du Ministère de l'Instruction publique.


## F. EHRMANN

Assistant au Laboratoire de Géologie-Minéralogie
à la Faculté des Sciences d'Alger


## DÉCOUVERTE DE NOMBREUSES STATIONS PRÉHISTORIQUES SUR LE LITTORAL OUEST ET EST DE BOUGIE

De 1910 à 1914, lorsque j'établissais les contours géologiques des feuilles de Djeblaa, Cap Sigli, Bougie et Sidi-Aïch, j'avais trouvé de très nombreuses stations préhistoriques, en particulier sur le littoral, entre Port-Gueydon et le Gouraya de Bougie. Mes études reprises en 1918 et poursuivies vers l'Est sur les feuilles de : Oued Amizour, Ziama, Taza, Djidjelli et El-Milia, m'ont permis de reconnaître des sites préhistoriques plus nombreux encore.

Sur le littoral de Port-Gueydon à Bougie, les silex taillés abondent dans les stations de plein air qui se trouvent en général à la surface des terrasses marines du quaternaire récent. Vers le Cap Sigli, des abris sous roches creusés dans les grés de l'Eocène supérieur (numidien) ont également fourni des silex taillés.

Dans le golfe de Bougie, les stations préhistoriques comprennent des grottes, abris sous roches ou sites de plein air.

Dans les grottes, j'ai déjà signalé d'abondants restes de rhinocéros, buffles, antilopes (1) qui sont mêlés aux patelles de toutes tailles. Une station en plein air située en bas des escaliers de la mine de Beni-Seghoual m'a fourni de la poterie recouverte d'une croûte cal-

(1) F. Ehrmann. Le quaternaire des grottes de Ziama. (Bull. S.H.N.A.N. T. II, numéro du 15 juill. 1920).

caire et des silex taillés du néolithique. D'autres grottes contiennent dans les déblais des débris d'ours et des silex taillés qui pourraient être rapportés au paléolithique supérieur.

A l'Est de Djidjelli, et jusqu'à l'embouchure de l'Oued Zhour, on trouve un assez grand nombre de stations de plein air où les silex sont extrêmement abondants, en particulier dans les Beni Aziz, entre l'embouchure de l'Oued Nil et celle de l'Oued El Kebir, aux environs de la Mechta Romila.

Toutes ces stations vont sous peu faire l'objet d'études de détail (1) et tout particulièrement les grottes du golfe de Bougie (Falaises de Ziama) qui présentent un triple intérêt stratigraphique, paléontologique et préhistorique.

---

# A. DEBRUGE

## LA GROTTE DES HYÈNES DANS LE DJEBEL ROKNIA

Mes premières recherches dans la Commune mixte du Belezma (Corneille) datent de 1922. A cette époque, j'ai pu fouiller la grotte du djebel Fartas (2). En mai et juin 1925, avec une subvention de la Société archéologique de Constantine, une première fouille, de trente-deux jours, a été faite dans la grotte des hyènes (Djebel Roknia, douar Zana) (3).

Fort d'une promesse pour continuer mes recherches dans ce milieu, avec peine je pus obtenir 500 fr., mais la cumulant avec d'autres, dont 500 fr. de l'A. F. A. S., j'ai pu, dès le printemps de 1926, retourner passer deux mois dans ce milieu particulièrement intéressant.

*Historique.* — La grotte des hyènes m'a été signalée par M. le Dr de Mouzon, médecin de colonisation, qui l'avait repérée en chassant.

*Situation.* — A 6 km. environ, direction N.-O. de Corneille, une piste va rejoindre la route de Bernelle à Zana par le col du même nom. A gauche de ce col, vers le 20e km., on trouve le djebel Rok-

---

(1) Comme suite à la visite faite avec MM. BOULE, professeur au Museum National et ARRAMBOURG, collaborateur du Service Géologique.

(2) La grotte du Djebel Fartas, Debruge. Le squelette du Djebel Fartas, Dr Leblanc. Recueil Soc. arch. de Constantine, 1923.

(3) La grotte des hyènes. Debruge, Recueil Soc. arch. Constantine 1925.

nia, montagne séparant la région de Zana de celle de la cuvette de Bourzelle. En remontant vers l'Ouest le versant de cette montagne et en suivant une succession de ravins, en regard du douar Hadjinah, on en trouve un particulièrement accidenté ; en le remontant, à 500 mètres environ, on tombe sur la grotte des hyènes perdue dans une sinuosité de la gorge profonde et très cachée.

Orientée N. -E., l'ouverture donne en pente rapide sur le vide et les rejets multipliés ont formé un vaste cône de déjections.

*Salle* 1. — Sauf sous les volumineux blocs d'éboulis, accotés à droite, cette vaste salle sur ouverture se trouve dégagée ; le dispositif des couches était le suivant :

0,10, déjections d'actualité.

0,30, poussières uniformes rougeâtres, stériles.

0,50, noirâtre, cendres, charbon, escargots, cailloutis, foyers : néolithique moyen.

0,30, même nature, néolithique ancien.

0,60, même nature, le cailloutis fait défaut et les hélix sont écrasés, absence de foyers ; microlithique.

0,20, même nature, escargots variés et nombreux cailloutis, foyers : aurignacien évolué par le haut et ancien à la base.

0,30, tantôt moins, tantôt beaucoup plus ; argilo-sablonneux, jaune, industrie que j'appelle anté ou préaurignacienne.

Vient ensuite le sable blanc dont j'ai parlé.

Il existait dans cette vaste salle un mélange fort préjudiciable à la séparation des faunes et de l'industrie, puisque là c'est le chaos ; néanmoins les coupes données ont pu être faites avec soin à certains endroits plus préservés. J'ai pensé que les sables rouges, sous les déjections de surface, avaient pu être charriés par le vent persistant, car dans ce boyau torrentiel, il souffle pour ainsi dire en permanence.

*Salle 2 des tortues.* — Constituée par un vaste panneau stalagmitique ménageant trois ouvertures, cette curieuse salle a été ainsi appelée parce que j'y ai recueilli une quantité innombrable de restes, surtout d'une petite variété plate, de tortue d'eau. Deux carapaces sectionnées de leur plastron, recueillies intactes, me font dire que nos préhistoriques de l'époque pouvaient sans doute les utiliser comme des récipients.

*Salles* 3, 4. — Un vaste panneau également stalagmitique obstruait totalement la salle 3. Dès après l'abandon par les aurignaciens, les suintements ont dû être extrêmement actifs, puisque la fermeture est devenue hermétique. En effet, et là seulement, existaient très pures les industries pré-aurignacienne et aurignacienne.

La salle 4 communique avec un boyau impraticable avec la salle 3 de gauche, puis donne sur la salle 5 dans laquelle nous allons pénétrer : un simple charnier d'actualité reposant sur le roc formant fond existait en surface.

*Salle* 5 *du Bos Opistonomus.* — Un simple boyau donnait accès dans cette salle aujourd'hui totalement vidée. En surface existait un formidable charnier surtout des têtes : chevaux, bœufs, chameaux, chèvres, moutons, chiens, etc., et même quelques têtes humaines, ce qui m'a fait donner à cette grotte le nom sous lequel je la présente. En surface, un limon rougeâtre, puis en dessous un deuxième charnier fort ancien ; l'industrie se raréfie et se limite pour ainsi dire au préaurignacien et à l'aurignacien avec deux forts tronçons des cornes dans la couche jaune la plus ancienne.

*Salle* 9, *couloir des chevaux préhistoriques.* — Stalactites et stalagmites, piliers en nappes, planchers véritables parfois superposés sur plusieurs étages, la pente sa'ccentue en descendant vers la droite côté de la salle 10. Ne pouvant utiliser la poudre dans pareil milieu, il faut à chaque pas prendre la masse afin de constituer un passage pour la brouette.

J'ai extrait de ce couloir une énorme quantité de restes de divers chevaux préhistoriques, surtout des dents souvent en série.

*Salle* 10 *du rhinocéros.* — Même nature de terrain se poursuivant de plus en plus en pente ; cette salle n'a pu être terminée, car il y avait danger. J'ai recueilli une dent de rhinocéros.

*Salle* 6. — Chose curieuse, cette petite salle ne m'a procuré qu'une industrie néolithique ancienne.

*Salles* 7 *et* 8. — Bien que la faune soit toujours abondante, je n'ai pas relevé la moindre trace de séjour des hommes préhistoriques dans cette partie profonde de la grotte. Mes fouilles s'arrêtent là à 45 m. environ de l'ouverture ; un long boyau inaccessible pénètre encore dans le massif.

*Industries.* — Les industries de diverses époques sont variées ; j'en présente de belles séries au Congrès, car la totalité des documents recueillis peut constituer un musée véritable.

*Faune.* — La faune remarquable abondante et variée a été confiée à mon savant ami et collègue M. Doumergue d'Oran. Je sais le travail délicat et considérable qu'il a entrepris et je l'en remercie.

*Anthropologie.* — J'ai recueilli de nombreux témoins humains dont je n'ai retenu que les plus intéressants remontant à l'aurignacien. J'ai retrouvé là, de façon particulièrement heureuse, le type de Mechta el Arbi, avec des offrandes intentionnelles.

Notre si dévoué et savant collègue M. le Dr P. Royer a bien voulu assumer la lourde tâche de vous présenter ces restes, je lui en exprime toute ma gratitude.

*Conclusions.* — Bien que la Société archéologique de Constantine possède un travail plus complet, il m'a paru utile de signaler cette grotte si remarquable au Congrès, car il est rare de recueillir dans un même milieu pareille quantité et diversité de documents préhistoriques se rapportant à autant d'époques différentes.

Jeanne ALQUIER

## L'AGE DES TOMBEAUX MÉGALITHIQUES D'AIN-EL-HAMMAM

### (Douar des Ouled Si Sliman, C. M. de Barika, département de Constantine)

Ces tombeaux ont été signalés pour la première fois par M. Gsell (Recherches archéologiques... p. 122) qui en fait à nouveau mention dans son Atlas archéologique (1911, Feuille 26, Bou-Thaleb, N° 158) dans les termes suivants : « Près d'El Hammam, au N., tombeaux « indigènes en pierres sèches (tumulus). Ces tombeaux sont nombreux « sur les pentes du Djebel Bou Ari à l'est du N° 158. — Indications « de MM. Jacquetton et Joly. »

*Situation*. — Ces tombeaux au nombre de plusieurs centaines sont disséminés sur les pentes du Djebel bou Ari et sur les contreforts qui avoisinent Ain et Hammam. Ils sont plus rares dans la plaine qui est irriguée et cultivée, mais sans doute parce que les indigènes les ont fait disparaître en partie. Seuls ont subsisté, au milieu des champs, ceux qui par leurs dimensions et le poids des pierres qui les composent offraient à des laboureurs mal outillés un obstacle insurmontable. Nous pensons que primitivement la source chaude d'Aïn el Hammam a été le centre d'une grande nécropole mégalithique.

*Classification*. — Ces tombeaux sont mégalithiques sinon de fait, à tout le moins d'intention. Un petit nombre, il est vrai, est composé de pierres sèches amoncelées ; nous pensons que ce sont les plus récents. Il est bien certain que les indigènes actuels seraient dans l'impossibilité de remuer les gros blocs dont la plupart d'entre eux sont formés.

Les dimensions varient de 3 à 16 mètres. Ils sont toujours circulaires, au moins extérieurement.

Nous avons reconnu les variétés suivantes :

1° Cercle de gros blocs non équarris, centre dénudé.

2° Cercle de blocs amoncelés sur deux ou trois rangs formant une sorte d'enceinte sans ouverture. Centre dénudé, la tombe est au fond d'un entonnoir comblé avec des pierres brutes.

3° Même type, mais le tumulus circulaire extérieurement est rectangulaire à l'intérieur. Le centre est toujours dénudé. La tombe est dans la terre, au centre et à une faible profondeur.

4° Les blocs amoncelés forment un véritable tumulus sous lequel est la tombe ; les matériaux sont de plus petites dimensions.

*Alignements.* — Une petite élévation rocheuse qui se trouve à 500 m. au SE du Hammam présente sur son sommet quelques tumuli de grandes dimensions des types 3 et 4 ; elle est parsemée d'alignements de grosses pierres brutes enfoncées dans le sol qu'elles ne dépassent guère. Ces alignements se coupent à angles droits et délimitent des rectangles de dimensions variables dont la destination nous échappe. Cette élévation est entièrement dénudée et impropre à la culture.

A une centaine de mètres au NO du Hammam, commandant la route de Ras el Aioun, il y a sur un mamelon rocheux, dans une position naturelle assez forte, une sorte de fortin pentagonal fait de pierres brutes. Ses côtés sont respectivement de 24, 35, 27, 9 et 28 mètres. Il existait une porte au Sud vers le Hammam. Les murs, de peu d'élévation, sont bâtis au mortier ; ils ont 0,80 de large et sont bordés à l'intérieur par une sorte de chemin de ronde de 1 m. de large. Au centre subsistent de gros blocs de rochers. Ce fortin se trouve à l'angle de deux murailles dont l'une bâtie au mortier descend les pentes de la colline vers Ain el Hammam et dont l'autre en pierres sèches descend vers le chemin de Ras el Aioun qu'elle coupe perpendiculairement. Dans l'angle formé par ces deux murailles, il y a une carrière romaine où gisent encore quelques pierres de taille prêtes à être utilisées.

*Travaux romains, carrières.* — Toutes les pentes qui avoisinent Ain el Hammam sont formées de bancs calcairres que les Romains ont exploités. On retrouve les lits de carrière, les trous destinés à recevoir les coins de bois, les rainures qui délimitaient les blocs à détacher et les pierres détachées plus ou moins équarries.

Les tumuli sont uniquement bâtis avec des pierres brutes trouvées sur place et dont on a utilisé les parties courbes afin d'obtenir un cercle parfait. C'est pour cette raison qu'aucune des pierres romaines taillées n'est entrée dans la construction des tombeaux.

Il y a cependant deux exceptions qui ont leur importance :

1° les indigènes nous ont montré sur la piste qui va d'Ain el Hammam à Enchir Guellal, un tumulus d'où ils avaient extrait une dalle
taillées n'est entrée dans la construction des tombeaux.
centre du tumulus devait recouvrir la tombe ; elle était d'ailleurs enterrée.

2° A 100 mètres au SE du Hammam, tangent à un olivier centenaire, nous avons remarqué un tumulus pour lequel on avait utilisé une pierre provenant des carrières romaines voisines ; cette pierre n'est pas taillée, mais elle porte les traces de la cavité qui fut faite par l'ouvrier romain pour y placer le coin de bois. Ce tumulus est assis sur un banc de carrière de 20 mètres de long. Non loin, des bancs de pierres avaient été préparés pour l'exploitation et les trous avaient été faits pour les coins, mais ces pierres furent abandonnées ; sous l'influence des agents atmosphériques, ou par suite d'un choc violent, elles ont été brisées, mais au hasard des lignes de moindre résistance et non en suivant les lignes préparées par les carriers romains. Or les morceaux détachés ont été emportés en partie justement parce qu'ils étaient bruts, alors que les pierres de taille, plus petites et plus maniables, gisent à côté inutilisées.

*La route romaine.* — Il y a à 200 mètres environ de Ain el Hammam, au nord, dans la direction d'Enchir Rouchbi, le groupe de bornes militaires romaines (Renier 4348-4351, C. I. L. 10.413-10.416 = 22.520). Ce groupe a échappé aux recherches de M. Gsell parce qu'il se trouve à une cinquantaine de mètres à l'est de la piste actuelle, non loin d'un arbre marabout, et surtout parce qu'il est caché aux regards par une grande quantité de tumuli presque tous tangents les uns aux autres.

Quatre bases de miliaires sont encore en place et indiquent la direction de la route (20° NE), ce qui est la direction d'Enchir Rouchbi où l'on retrouve le groupe de bornes qui le précède. Or la direction donnée par ces bases viendrait couper plusieurs tumuli si l'on voulait ouvrir à nouveau la route romaine et si la piste actuelle a été déviée ce n'est pas pour une autre cause.

*Résumé.* — Il résulte de ce qui précède :

1° Que les tumili ont été bâtis à proximité des carrières romaines, certains même dessus.

2° Que si les pierres taillées n'ont pas été utilisées dans ces constructions, c'est que leurs faces rectilignes ne se prêtaient pas à la forme circulaire des tumuli.

3° Que cependant des pierres travaillées par les carriers romains ont été cassées et employées.

4° Que certains tumuli ont été construits sur la route romaine.

*Les fouilles.* — Cette région est inaccessible aux voitures et appartient tout entière aux indigènes du douar des Ouled Si Sliman. Pour faire nos fouilles, nous avons dû camper un mois sous la tente. Les indigènes sont peu curieux de ces monuments qui parsèment leur territoire et ils ne les ont certainement jamais fouillés.

Les ossements se trouvent au centre du tumulus, presque toujours brisés, pêle-mêle et incomplets. Ils sont presque à fleur de terre, mais leur dégagement, très minutieux à cause de leur mauvais état de conservation, demande chaque fois de longues heures.

Nous avons fouillé 19 tombes et n'avons obtenu que 7 fois des résultats positifs. Nous attribuons les insuccès à deux causes :

1° Le squelette et le mobilier à fleur de terre ont été désagrégés entièrement par le climat assez rude de ces régions. Tumuli du type N° 1.

2° Nous n'avons pas fouillé assez profond ; Tumuli du type N° 2.

Voici le résultat global des fouilles :

*Fouille* 3. — Tumulus type 1

2 crânes d'enfants,

en débris

1 crâne adulte

62 dents humaines

8 dents d'herbivores

2 monnaies romaines consulaires argent

Restes d'un fibule de bronze

Coquille marine jadis percée

1 vase en débris (poterie, fait à la main)

1 vase en débris fait au tour.

*Fouille* 9. — Tumulus type 3

Tibias et fémurs d'adulte.

Pas de mobilier.

*Fouille* 10 *et* 11. — Tumulus type 3

Débris crâne d'adulte

Débris crâne enfant

Débris poterie grossière

Un tesson poterie faite au tour

*Fouille* 12. — Tumulus type 1

Un squelette complet, avec les 32 dents (il s'agit certainement d'un nomade du sud caravanier qui décédé aura été enterré là en délogeant le squelette primitif. Nous avons emporté ce squelette qui présente la particularité d'avoir au milieu du sternum un trou circulaire aux bords arrondis d'1 cent. 5 de diamètre.

Nous avons retrouvé les débris du squelette primitif et comme mobiler :

14 débris d'un vase mince tourné et cuit orné d'un double filet. Incomplet

3 débris d'un vase grossier non tourné

Une pointe de silex.

*Fouille* 13. — Tumulus type 1

Débris de 2 squelettes d'adultes.

13 débris de poterie très grossière, avec bouton.

6 débris d'un vase en poterie grossière avec 2 boutons.

*Fouille* 15. — Tumulus type 1

Débris de crâne adulte, os longs, dents.

30 débris poterie grossière avec une oreille.

*Fouille* 16. — Tumulus type 1

Débris crâne et dents

23 débris vase très grossier
5 débris poterie très grossière
3 débris de poterie grossière
un vase *entier* poterie grossière.

*Résumé.* — Sept fouilles ont donné des résultats :

Squelettes :

Fouille 3 : 3
Fouille 9 : 1
Fouille 11 : 2
Fouille 12 : 1 (et un second bien postérieur)
Fouille 13 : 2
Fouille 15 : 1
Fouille 16 : 1

Vases faits au tour :

Fouille 3
Fouille 11
Fouille 12

Vases grossiers :

Fouille 3
Fouille 11
Fouille 12
Fouille 13 : 2 vases
Fouille 15
Fouille 16 : 4 vases dont un entier.

Divers :

Fouille 3 : 2 monnaies en argent, fibule, coquille marine, 8 dents d'herbivore.
Fouille 12 : une pointe de silex.

Nous n'avons pas de renseignements sur les tumuli du type 4 que nous croyons être les plus récents, ni sur ceux du type 2 pour lesquels nous n'avons pu obtenir de résultats.

Nos conclusions ne valent donc que pour les tumuli des types 1 (5 fouilles) et 3 (2 fouilles).

*
* *

*Conclusions.* — Trois tumuli présentent plusieurs squelettes, ce qui paraît indiquer des ensevelissements successifs ou bien des réinhumations.

Tous les squelettes, tous les vases sauf un sont brisés et incomplets ; le cadavre ou le squelette a pu être enseveli dans la position assise, ce qui expliquerait le mélange des os, mais nous ignorons pourquoi il ne subsiste qu'une faible partie des ossements et pas toujours les plus résistants.

Le vase brisé a pu être une pratique funéraire.

La coquille marine percée, la pointe de silex peuvent être des amulettes.

Les pièces de monnaie, la fibule, les vases tournés sont postérieurs à l'occupation romaine.

Nous croyons avoir démontré que les monuments de cette nécropole du type 1 et 3 sont postérieurs à l'occupation romaine et antérieurs aux pratiques funéraires musulmanes bien différentes.

Les monuments du type 4 sont probablement plus récents.

Les tumuli du type 2 ont pu être antérieurs aux romains.

---

D. PEYRONY

Délégué des Beaux-Arts aux Eyzies-de-Tayac (Dordogne)

---

## NOUVEAUX OBJETS DE PARURE DU PALÉOLITHIQUE SUPÉRIEUR

---

Dès les premières recherches faites dans les gisements préhistoriques de l' « Age du renne », on recueillit des dents et des coquillages percés qu'on identifia comme éléments d'objets de parure : colliers, bracelets, résilles, etc. Depuis lors, il en a été trouvé partout dans les régions de l'ancien continent, explorées méthodiquement. Mais je ne crois pas qu'il ait été signalé jusqu'ici de pièces semblables à celles que je vais décrire. Elles proviennent des gisements Castanet à Castelmerle, commune de Sergeac et du Fourneau du Diable, commune de Bourdeilles (Dordogne).

Gisement Castanet. — Mes fouilles dans ce dépôt aurignacien moyen m'ont donné des fragments d'objets en ivoire cintrés, plus ou moins plats, à extrémité perforée.

Le plus complet a la forme d'un arc de cercle (Fig. 1, n° 1) ; le bout supérieur, qui est entier, est aplati, large de 4 mm. et percé d'un trou rond; il se continue suivant une courbe régulière, s'épaississant et s'élargissant jusqu'au milieu, puis rediminuant de dimensions insensiblement jusqu'à l'autre extrémité, un peu cassée, qui paraissait se terminer de la même façon que l'autre.

Cette pièce, que je tenais en réserve depuis quelques années, m'intriguait particulièrement. J'hésitais à la présenter, ne pouvant, jusqu'ici, lui attribuer un usage pratique. L'idée de collier ou de bracelet qui m'était souvent venue, était écartée pour différentes raisons.

Un *bandeau* en celluloïde, que je vis, ces temps derniers, sur la tête de quelques jeunes filles, me fit penser que mon bibelot énigmatique pouvait avoir eu la même destination. En effet, cet arc de cercle paraissait fait pour s'adapter à la tête ; les deux trous terminaux étaient destinés à recevoir les liens s'attachant en arrière pour fixer le bandeau et retenir la chevelure.

Cette parure, d'un blanc laiteux, devait être du plus bel effet sur des cheveux noirs ou châtains. Mais quel travail elle avait dû coûter à son auteur !

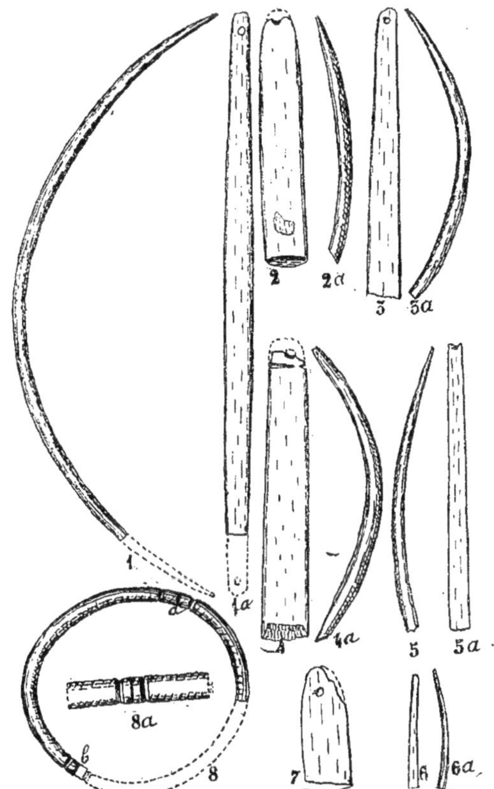


Fig. 1. — Objets de parure du paléolithique supérieur. — Numéros 1 et 1a, bandeau en ivoire. — Numéros 2, 2a, 3, 3a, 4, 4a, 5, 5a, 6, 6a, 7, fragments de bandeaux en ivoire (abri Castanet, à Sergeac (Dordogne). — Aurignacien moyen 1/2 G.N.). — Numéro 8, Bracelet en ivoire (Fourneau du diable à Bourdeilles (Dordogne). Solutréen supérieur. Le numéro 8 a montré l'ajustement de deux bouts d'arcs (1 1/2 G. N.).

Les autres fragments, moins importants, appartiennent à des types plus ou moins larges (Fig. 1, n$^{os}$ 2, 3, 4, 5, 6, 7). Le n° 4 paraît avoir été cassé à la hauteur du trou avant que le bandeau fût inutilisable.

Alors, au lieu de le perforer de nouveau, on a fait, à 2 mm. du bout, une incision transversale contournant l'objet et permettant de fixer le lien en l'absence de trou.

M. Didon avait trouvé une série de fragments de pièces identiques aux miennes dans l'abri Blanchard ; il les avait classées parmi les aiguilles (1). Il m'était difficile d'accepter sa détermination, car, à l'inverse des aiguilles, nos objets s'élargissaient et s'épaississaient en s'éloignant du chas ; de plus, leur forme arquée les aurait rendu peu pratiques (2).

Gisement du Fourneau du Diable. — Dans le gisement solutréen du Fourneau du Diable, commune de Bourdeilles, j'ai recueilli un petit bracelet en ivoire, malheureusement incomplet (Fig. 1, n° 8). Il se compose de deux arcs de cercle irréguliers et semblables, se réunissant bout à bout, deux à deux, en a et b ; des entailles transversales, faites en moyenne à 3 mm. des extrémités, permettaient de relier solidement les deux parties en les ligaturant et terminer ainsi le bijou (Fig. 1, n° 8 a). La pièce a 6 mm. de large et trois d'épaiseur. Elle porte sur chaque champ une série d'encoches, disposées assez régulièrement, qui sont de pures décorations (3). Le même décor se retrouve plus tard sur des bracelets de l'âge du Bronze.

Il m'a semblé que ces différentes pièces, assez rares, étaient de nature à intéresser les membres du Congrès ; aussi, me suis-je décidé à les présenter.

---

Dr Henri MARTIN

---

## NOTE SUR QUELQUES OSSEMENTS HUMAINS NÉANDERTHALIENS TROUVÉS EN 1926 A LA QUINA

---

Les fouilles poursuivies en 1926 à La Quina m'ont encore fourni plusieurs fragments humains. C'est dans une nouvelle tranchée désignée sous la cote L, déjà signalée au Congrès de Lyon, que j'ai trouvé ces vestiges disséminés au milieu d'une grande quantité de silex taillés

(1) L. Didon. L'abri Blanchard des Roches. Extrait du Bulletin de la Société historique et archéologique du Périgord, 1911.

(2) Dans mes dernières fouilles dans le gisement préhistorique de La Ferrassie, j'ai recueilli trois fragments de pièces analogues à ceux que je viens de décrire.

(3) D'après M. l'abbé Breuil, les gisements de Spy (Aurignaciu), de Brassampouy (Aurignaciu) et du Placard Solutréen) ont donné des fragments de bracelets.

très caractéristiques et d'ossements d'animaux quaternaires où le renne domine.

Les ossements humains sont les suivants :

1° Fragment fronto-pariétal gauche (69 mm. × 39).

2° Fragment de pariétal gauche, région de l'angle postéro-inférieur (85,5 × 39).

3° Fragment de pariétal droit (54 × 52,5).

4° Fragment d'occipital région du pressoir (36,5 × 21).

5° Deuxième molaire supérieure droite.

6° Canine supérieure gauche.

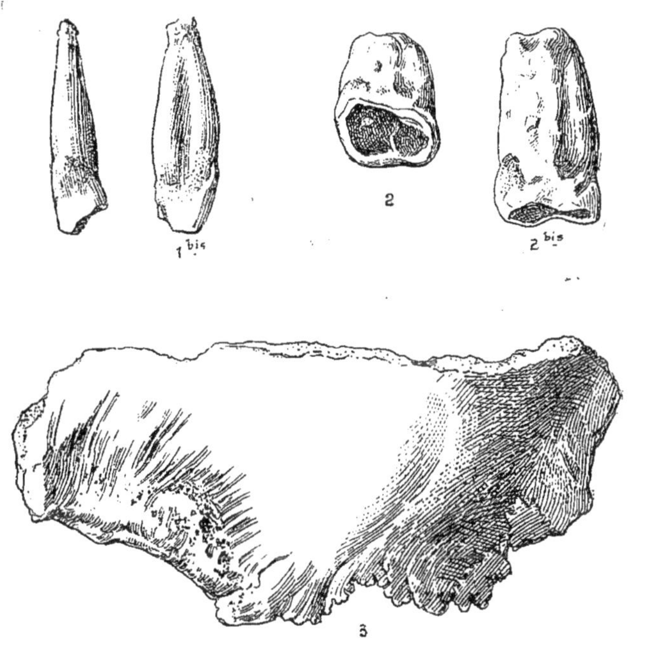


Fig. 1. — Canine supérieure gauche. Face labiale.
Fig. 1 *bis*. — Même dent. Face mésiale. Sillon longitudinal sur la racine. Tendance à la bifidité.
Fig. 2. — Deuxième molaire supérieure droite. Couronne vue par sa face triturante. La face mésiale de la racine est vue en profil fuyant.
Fig. 2 *bis*. — Même dent vue par sa face mésiale.
Fig. 3. — Fragments de pariétal gauche

*(Les figures sont de grandeur naturelle.)*

Ces différentes pièces proviennent de la base de la couche moustérienne moyenne, elles étaient réparties au même niveau horizontal sur une surface de 1 m² 50 environ. Elles semblent appartenir à un même squelette, sauf la canine trouvée à un niveau plus élevé. La coloration jaune paille des fragments crâniens est la même et la robusticité est identique. D'autre part, ces pièces ne se doublent pas. Le débris le plus important appartient à la région postérieure et inférieure du pariétal gauche (Fig. 3). Une certaine étendue de la suture lambdoïde existe, on peut également identifier la région de l'astérion. La région postérieure de la suture temporo-pariétale est visible. L'épaisseur au-dessus de cette articulation, dans la région moyenne, atteint 11 millimètres. Les autres débris du crâne sont également très épais. mais ils ne peuvent servir à aucune tentative de reconstitution.

Canine supérieure gauche (Fig. 1 et 1 bis).

Longueur totale 29 mm. 3.

Hauteur maximum de la couronne (face labiale) 10 mm. 3.

Diamètre labio buccal maximum de la racine 9 mm. 5.

Diamètre mésio distal de la racine 6 mm.

Diamètre mésio distal de la couronne 8 mm.

Diamètre labio buccal de la couronne 9 mm. 5.

La couronne est fortement usée, on peut estimer l'abrasion du cuspide à un minimum de 5 mm. La couronne est large, sa face mésiale est bombée et l'angle distal est accentué, même débordant. La face mésiale et la face distale portent au niveau du collet les échancrures normales. La face buccale possède encore les traces du cuspide interne, cette partie de la dent est même divisée en trois cuspidettes très distinctes. Les facettes d'usure sont très marquées, car l'angle cuspidien qui pénètre dans l'intervalle formé par la C et la PM' inférieures est très modifié ; le côté distal de l'angle est profondément usé. La racine, sur sa face mésiale et sur sa face distale, est creusée d'un sillon très marqué, cette disposition est une tendance à la bifidité. Il existe deux canaux, mais un seul apex un peu renflé.

Deuxième molaire supérieure droite (Fig. 2 et 2 bis).

Longueur totale 25 mm. 5, pour la racine 18 mm. 5.

Couronne : diamètre jugo buccal 13 mm. 6.

Diamètre mesio distal 9 mm. 6.

Les cuspides ne sont plus visibles, la couronne est déformée et offre une surface trapézoïcale à cause des facettes d'usure provoquées par le contact des dents voisines. La face mésiale de la couronne est particulièrement atteinte par le frottement de la M', car l'épaisseur de l'émail au niveau de la facette d'usure est réduite à une couche très mince. Sur la face distale de la couronne, l'usure est moins prononcée, les facettes de contact sont au nombre de quatre, mais l'émail offre encore une épaiseur de 1 millimètre.

La table triturante n'est pas exactement horizontale, mais au contraire concave, et regarde légèrement en dedans ; l'émail forme même sur la face jugale une sorte de bec dirigé inférieurement. L'ivoire est visible sur toute la face triturante, il est cependant traversé d'avant en arrière par une mince lame d'émail séparant la table en deux îlots, l'îlot externe porte aussi une trace adamantine, ce sont les vestiges des anciens sillons intercuspidiens. Les racines sont soudées et forment un puissant pivot où on ne peut distinguer aisément les différents éléments. La racine palatine cependant se devine à cause des légers sillons à la face mésiale et à la face distale. Cette dent est encore d'une puissance extrême et malgré l'usure qui a réduit considérablement la hauteur de la couronne ainsi que son diamètre mésio distal, on peut affirmer que cette deuxième molaire serait aujourd'hui d'une taille exceptionnelle. Ces deux dents appartiennent à des sujets fortement constitués au point de vue mastication. Elles proviennent de deux couches archéologiques moustériennes distinctes ; la canine se trouvait dans le niveau supérieur et la molaire dans l'assise moyenne de la même tranchée. Quoique appartenant à deux hommes différents, ces dents répondent certainement au type néanderthalien.

Ces trouvailles paraîtront bien précaires devant certaines découvertes faites précédemment à La Quina, mais elles viennent confirmer d'une part l'unité du type humain dans cette station et, d'autre part, la dissémination habituelle des ossements.

L'absence de sépulture est évidente encore aujourd'hui à La Quina. Je ne reviens pas sur les discussions ouvertes à propos de cette question, mais je ne veux pas laisser tomber dans l'oubli ces nouveaux fragments éparpillés dans les couches moustériennes puisqu'ils confirment mes précédentes constatations.

---

Dr Ch. ABSOLON

Professeur à l'Université
Conservateur du Musée d'Etat de Moravie

## L'AURIGNACIEN TRÈS ANCIEN OU PSEUDO-MOUSTÉRIEN EN MORAVIE

Au cours de ma conférence faite à Paris le 4 novembre 1926 à l'occasion du cinquantième anniversaire de l'Ecole d'Anthropologie, j'avais l'honneur d'attirer l'attention, au moins brièvement, sur l'état actuel des études paléolithiques moraves et de même j'ai démontré que ma patrie, la Moravie, pouvait être considérée comme un pays ayant une très grande importance pour l'étude du palaeolitisme en Europe centrale et orientale. Ceci fut du reste aussi constaté par les membres de l'Institut international d'Anthropologie lors de leur visite, et du congrès présidé en 1923 en Moravie par le professeur Capitan. Le musée de notre pays, que j'ai l'honneur de représenter auprès de vous, Messieurs, a créé une nouvelle et grande section destinée uniquement au paléolitisme ; on y trouve toutes les collections paléolaeolithiques moraves réunies et le musée fait procéder à un nouveau et sévère examen des stations moraves.

Ma conférence est publiée dans la Revue enthropologique (Année 37).

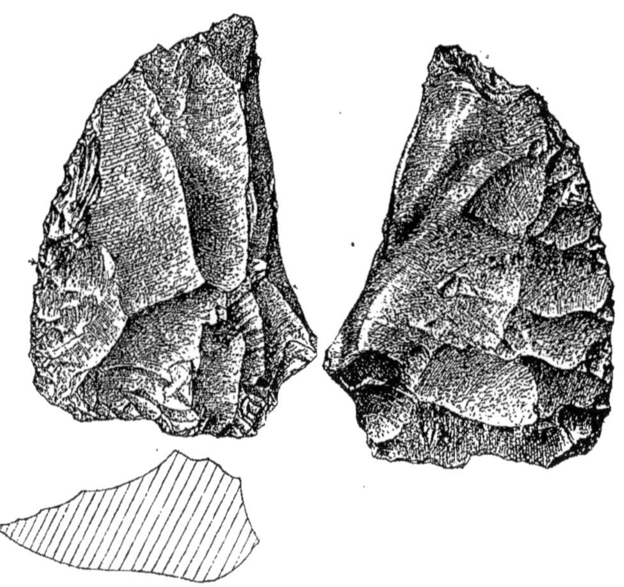

Fig. 1. — Un racloir « pseudo achenléen » (Aurignacien primitif) de Peliarna (1/1) (Extrait Acta miner. mor. 1526).
(Extr. Acta mus. mor. 1526).

Ma communication d'aujourd'hui concerne l'industrie de pierre, qu'on pourrait, à juste titre, dénommer : l'industrie Pseudo-Moustérienne morave. Parmi le matériel, réuni dans le musée, notre attention spéciale est attirée sur cette industrie d'un type primitif trouvée dans les grottes : *Byci Skala, Pekarna, Kulna* et dans le loesse de la station *Ondratice*. En ce qui concerne les trois grottes mentionnées, le matériel provient des découvertes faites en 1890 par un amateur M. Kriz, qui faisait, malheureusement, procéder à ces travaux sans respecter la stratigraphie. Par contre, un riche matériel fut prélevé, avec précaution, dans la Byci Skala, en ces temps derniers, par mon collaborateur, M.

Czizek, d'une couche dont l'emplacement fut sans aucun doute au-dessous du Magdalénien.

M. Czizek, après un examen approfondi, a constaté le caractère plus primitif de cette couche et il l'avait désigné comme Moustérienne.

La grande station subaérienne à Ondratice — à 40 kilomètres au nord-est de Brno, se trouve sur des champs fertiles et en réalité elle n'est pas encore bien étudiée. Car tout le matériel provenant de là ne fut pas déterré, mais depuis plusieurs années trouvé et ramassé après la pluie et après le labourage des champs. Malgré cela, nous possédons actuellement déjà une collection de plusieurs milliers d'objets, parmi lesquels des centaines de palaeolithes sans défauts ; le plus grand nombre de tous ces objets fut trouvé pendant l'époque 1924-1927, quand la direction de notre musée avait organisé et ordonné des recherches intenses en y faisant procéder par son propre représentant.

Actuellement, nous avons mis au programme de soumettre le plus tôt possible cette station à un examen critique et approfondi au point de vue stratigraphique.

Ce matériel d'Ondratice est malheureusement formé et composé d'un pêle-mêle de trois groupes :

*a*) d'un peu de néolithe, mais surtout

*b*) d'un riche Aurignacien supérieur absolument identique avec l'Aurignacien de Predmosti, aussi dénommé « Protosolutréen » ; d'un terme qui, à mon avis, ne serait pas pour la Moravie d'une compétence absolue, des instruments finement retouchés en silex « harnstein » en jaspe, etc.

*c*) d'une industrie grossière, d'instruments d'un caractère primitif fabriqués en « hornstein » d'un typique gris quarcit. Le professeur Obermaier et M. Ch. Maska, en se basant sur le premier matériel, de peu d'importance du reste, trouvé par Maska et acheté par lui à un collectionneur — amateur local — ont désigné en 1911 dans le journal « Anthropologie » ces trouvailles de Ondratice pour « Solutréenne ».

Obermaier fait passer, sous les numéros 6 jusqu'à 10, ces instruments comme provenant d'une industrie qui n'a rien de commun avec la Solutréenne, elle est incontestablement moustéroïdienne, mais ce matériel de peu d'importance et peu nombreux de Maska, en tout 35 exemplaires y inclus les 4 dessins de Obermaier — le tout se trouve aujourd'hui en notre musée — ne permet pas en ce moment de pouvoir classer typologiquement cette industrie.

Mais quand il augmentait en nombre, il devenait évident qu'il s'agissait d'une industrie plus ancienen que celle du solutréenne ; du type ad b aurignacien et ad c naturellement désigné comme Moustérien. Déjà, lors de sa visite à Brno, en 1923, mon ami, l'abbé H. Breuil désigne aussi ce matériel ad c, dans le texte sous son dessin, pour le « silex moustérien », mais clairvoyant, il attire l'attention sur sa ressemblance avec l'Aurignacien ancien ou il le considère comme une transition du Moustérien à l'Aurignacien.

C'est seulement après l'année 1924, après mes visites répétées dans ces lieux de mystère, à Ondratice, après l'augmentation sensible — près de quatre-vingts pour cent — de la collection dans notre musée et après avoir trouvé un grand nombre encore de types nouveaux que la question a pu faire un nouveau pas vers son éclaircissement. Pour y arriver, la nouvelle méthode, celle d'une nouvelle exploration de la fameuse grotte Pekarna, alias Kostelik, commencé d'après mon conseil par le musée, en 1925, nous fut un point de repère précieux.

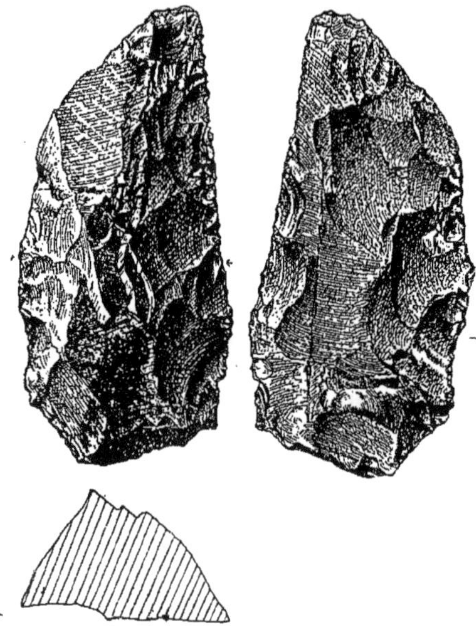

Fig. 2. — Un coup de poing « pseudo moustérien » de Peliarna (1/)
(Extr. Acta mus. mor. 1526).

Plokarna est d'une grande richesse et une station d'importance pour le système palaeolithique en Europe centrale. Presque tout le matériel provenant de là-bas et amassé en 47 ans, est centralisé et réuni chez nous à Brno. Par sa typologie, il était Acheuléen, Moustérien, Aurignacien, Magdalénien et Neolithique et on pouvait alors reconstituer le profil hypothétique des sept couches de Kostelik, comme il fut dessiné par nous avant le commencement des travaux nouveaux en 1924 dans le but de rechercher ce profil théoique in natura.

L'abbé Breuil, à la disposition de qui j'avais mis toutes nos collections, a dessiné un choix d'artefaits de Pekarna, en commençant par le type primitif d'aspect Acheuléen-Moustérien.

Nous avons heurté à Kostelik contre de vastes couches non percées et non fouillées, nous y avons trouvé ces sept couches superposées : un niveau historique, un Néolithique supérieur, un Néolithique ancien, ensuite un hiatus important séparant nettement le Néolithe du Paléolithe, ensuite deux couches Magdaléniennes, et au-dessous d'elles un niveau Aurignacien, du type confer Predmosti. Il n'y avait pas de traces de Moustérien et Acheuléen.

Par contre, en 1926, à notre grande surprise, nous avons trouvé dans la couche aurignacienne en cohérence complète, mais néanmoins absolument au fond, et touchant la démarcation, des couches stériles qu'

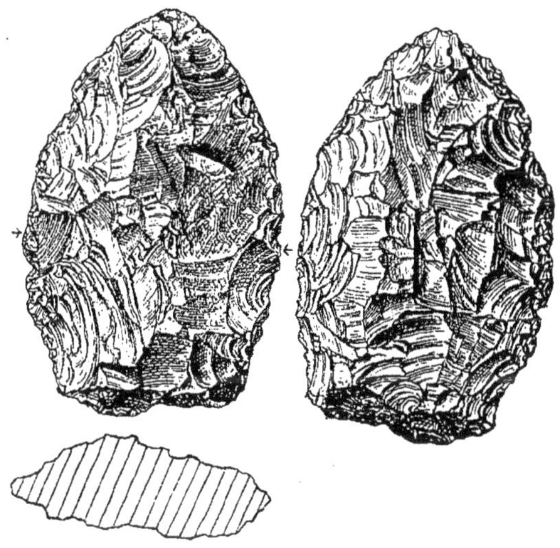

Fig. 3. — Pseudo feuille de laurier à retouche biface (Cristal de roche) de Peliarna. L'Aurignacien évolué (1/) (Extr. Acta mus. mor. 1526).

succédaient, une série de grossiers et grands instrument en quarzites, du type primitif. Cet emplacement constaté avec certitude au point de vue de la stratigraphie nous pouvait renseigner clairement sur le caractère de cette industrie : elle devait être du type aurignacien très ancien, qui paraissait avoir du caractère moustéroïdien et même encore du plus primitif, l'acheuleoïdien ; phénomène convergent.

Si la culture humaine s'était développée d'une façon polyphyléthique comme l'homme lui-même, alors de même l'industrie Aurignacienne devait passer par l'école d'évolution ; si les cultures humaines s'étaient développées d'une façon monophyléthique, alors ce premier Aurignacien serait la transition du Moustérien à l'Aurignacien selon la théorie de Breuil.

En tous les cas, cet Aurignacien primitif est dans quelques-uns de ses types, au point de vue de typologie, plus primitif que le Moustérien, mais au point de vue géologique, plus jeune que le Moustérien, de la première phase du paléolithique supérieur.

J'ai l'honneur de vous soumettre, Messieurs, une série de types de ces quatre stations : de Pekarna, Kulna, Byci Skala et d'Ondratice. Il y a des lames grossières, de pseudo pointes moustériennes, de disques, de pointes, de racloirs, de grattoirs, de formes irrégulières de racloirs, différentes encoches sur les lames et les grattoirs, mais surtout des burins primitifs nucléoformes et en forme de lames, etc.

Ces burins sont surtout très intéressants, car nous y voyons le type élémentaire de l'industrie des burins ,qui est d'une si grande importance pour l'Aurignacien avancé ; on pourrait du reste appliquer pour elle la même dénomination que l'on donne dans la paléonthologie à celle des fossiles conducteurs « Leitfossilien ». En dehors de la présence de burins, le grand nombre de lames et de grattoirs est à remarquer et à souligner.

La caractéristique générale de cette industrie, c'est la grossièreté, la primitivité, toute une autre retouche que celle du moustérien et enfin en général, un assez grand nombre d'instruments volumineux (il y a même ici des exemplaires), on dirait des véritables instruments et non des noyaux nucléoformes d'un poids de un à deux kilogrammes et demi. Nous avons trouvé un nucléus dont je me permets de vous soumettre la photographie, qui selon l'opinion du professeur Capitan de Paris est le plus grand nucléus qui fut trouvé sur la terre dans le paléolitique. Il mesure un mètre et il pèse 54 kg 20. Cette grandeur des instruments nous fait penser au Chelléen, mais je crois voir en cela de la convergence, comme c'est aussi le cas pour le nélithe où, après une micro-industrie Azilienne, nous vîmes succéder des instruments gigantesques en pierre.

Les facettes de base, sur quelques exemplaires, semblent avoir l'aspect du moustérien, mais régulièrement et en général la facette est entièrement lisse, comme c'est le cas pour cet instrument énorme en forme de feuille, dont j'ai l'honneur de vous soumettre l'image et où la facette est de dix-sept centimètres carrés de surface. Ensuite leurs caractéristiques universelles, c'est l'asymétrie des faces inférieures. Dans l'Aurignacien supérieur morave, on trouve presque tous les instruments fabriqués en forme bilatérale symétrique et la bulbe s'oriente vers la partie inférieure de la plus longue axe. Il y a aussi des exemplaires dont la partie supérieure forme déjà une espèce d'instrument, mais sur leur partie inférieure, ils possèdent deux bulbes et deux axes qui se croissent, dont une, à la fin, a le caractère dominant On pourrait en déduire que l'homme commençait ici à apprendre à fabriquer les instruments en pierre. Enfin, la caractéristique très spéciale de cette industrie primitive est son uniformité minéralogique : la quartzite. C'est un caractère tellement frappant, qu'on pourrait s'en servir aussi pour la classification même de tout matériel qui fut trouvé par différents auteurs sans le secours de la stratigraphie. Quand on trouve — cela arrive rarement — ce matériel dans les couches supérieures, dans l'Aurignacien récent ou dans le Magdalénien, il doit s'agir du matériel reutelisé ou retouché d'une façon néopaléolithique typique.

L'analogie de cet Aurignacien ancien morave avec l'industrie à Abri Audi, à Moustier, etc., en France, ou avec celle du loesse chinois (Père Teillard) pourra être en général admissible (1). En tous cas, ces trouvailles moraves pourront servir à la révision de quelques strates paléolithiques de l'Europe Centrale. Je me permets de remarquer encore que dans notre matériel il y avait des formes absolument analogues avec celles trouvées à Markleeberg.

---

# PIROUTET

---

## LES RACES HUMAINES

---

(1) Conf. Mes Etudes. « L'exploration paléolithique de la caverne Pekarna », Acta musei moraviensis, J. XXIV, 1926, XXV, 1927 (Sep. Pars I. 59 p. 4 tabl. Pars II, 90 p. 12 tabl.).

**Sous-Section**

# HISTOIRE & ARCHÉOLOGIE

| | |
|---|---|
| *Président d'honneur* ...... | M. COUR, Président de la Société archéologique de Constantine. |
| *Président* ................ | M. THÉPENIER, Vice-président de la Société archéologique de Constantine. |
| *Vice-Président* ........... | M. BOSCO. |
| *Secrétaire* ................ | Mme VICREY. |

## Emile THEPENIER

Vice-Président de la Société Archéologique

### 1° LES THERMES OUEST DE CIRTA

Depuis une quinzaine d'années, je suis attentivement les travaux de terrassements exécutés pour diverses constructions au voisinage de la prison civile et aux alentours du nouveau Quartier Bellevue. J'y ai recueilli des vestiges importants qui font l'objet d'un autre mémoire.

Dans les terrains s'étendant entre la rue Denfert-Rochereau et l'avenue du 3e Groupe d'Artillerie, j'avais récolté des carreaux en terre cuite, grossièrement travaillés, très épais, de 18 centimètres de côté dont je ne pouvais définir l'usage.

Ma religion devait être éclairée quelques années après. En effet, lors de la construction de la clinique du docteur Oulié, des puits destinés à être remplis de béton et devant soutenir l'immeuble furent poussés dans des terrains rapportés, jusqu'à 16 mètres de profondeur. Tout l'épais remblai traversé avait été formé avec les terres et décombres provenant du nivellement du mamelon situé à l'ouest, où fut édifiée la prison civile. Les fouilles ramenèrent à la surface de nombreuses pierres de blocage, un morceau de marbre noir, une brique trapézoïdale de 32 centimètres de long et d'innombrables morceaux de travertin ainsi que des briques triangulaires semilater et un fragment de corniche d'imposte de porte cintrée.

Il y avait donc la trace d'un monument qu'il s'agissait d'identifier. Il était clair aussi que tous ces déblais provenaient nettement du voisinage de même nature, car sur les terres proches gisent en surface ou à peine enfoncées d'innombrables pierres de blocage et un morceau de construction de ce genre est encore visible et soutient un mur mitoyen à la propriété Alessandri et Giuli.

Quelques pièces permettent de préciser à quel monument elles avaient appartenu. La brique trapézoïdale provenait d'un fourneau et les fragments de travertin des voûtes recouvrant les chambres de chauffe. A Timgad les voûtes des grands thermes sud qui sont à peu près intactes sont construites en cette nature de calcaire ; les carreaux de ma découverte antérieure appartenaient vraisemblablement au carrelage des magasins à combustibles ; les briques triangulaires étaient les parements des murs en blocage dont les chaînages de pierre de taille avaient été réemployés peut-être, dès des époques lointaines. Restait l'alimentation en eau de ces Thermes extra-muros. La conduite des eaux potables passait à un niveau de cinq mètres environ inférieur. La solution de cette question était cependant des plus facile.

J'avais étudié en 1916 une canalisation encore très visible, se raccordant à d'anciennes citernes qu'avait vues Ravoisié en 1844 et qui ne sont aujourd'hui que des débris informes et je croyais que les eaux y recueillies qui provenaient de sources existant alors sur le plateau et qui maintenant sourdent encore à un niveau inférieur, se déversaient par ce chenal dans la grande conduite de Cirta. Il faut maintenant conclure autrement. Cette canalisation de 53 centimètres de large et de 200 mètres environ alimentait nos Thermes. Les eaux devaient être retenues par une vanne qui, levée à certaines heures, fournissait à l'établissement une eau abondante. Ces thermes devaient être fréquentés par une partie de la population faubourienne, mais devaient être loin d'égaler le luxe de ceux d'Arius Pacatus situés au centre de la ville, car nous n'avons pu découvrir aucun fragment ni de colonne ni de mosaïque.

---

## 2° SUR QUATRE STÈLES PUNIQUES DE CIRTA

---

Lors des travaux exécutés pour la construction de maisons dans le quartier de Bellevue à Constantine. J'ai eu la bonne fortune de récolter quatre stèles puniques. J'en possédais déjà une et le fragment d'une autre recueillis il y a quinze ans dans la même région et qui ont fait l'objet de publications à leur époque dans le Recueil de la Société Archéologique de Constantine. Tout le territoire s'étendant des coteaux de l'antique Amsaga jusqu'au cimetière européen a été depuis la conquête une carrière précieuse de ces petits monuments votifs.

Delamarre, dès 1844, en avait découvert quelques-uns qui font partie de la collection phénicienne du musée du Louvre. Une de ces stèles a beaucoup d'analogie avec le N° 2 de ce mémoire ; d'une hauteur de 0,38 cent., large de 0,22, son sommet tronqué, elle porte à la partie supérieure le signe de Tanit tenant de la main droite le caducée, et en dessous dans un cadre, le mot (ΒΑΣ) ΙΛΕΙΔΗΣ, nom du dédicant. Cette stèle a été recueillie au lieudit Ferme des chasseurs, c'est au voisinage de cet endroit que fut trouvé, en 1875, un gisement de 170 de ces mêmes stèles. A plus d'un kilomètre de là, mais en suivant toujours le même parallèle, des stèles de ce genre furent mises à jours en 1866, dans le cimetière européen. D'autre part, notre excellent collègue M. Bosco en a trouvé un certain nombre dans les mêmes parages.

Ce même archéologue identifia récemment une nécropole de ce peuple et de cette religion dans les rochers et les grottes de Mansourah, à l'est de Constantine. Des tombeaux creusés dans le roc, d'un travail très soigné, ont été mis à jour en 1888, lors de la construction de la route de la Corniche, à l'endroit où a été creusée à la mine la première tranchée ; ce genre de tombes se poursuit jusqu'à Sidi-Mabrouk, à 2 kilomètres de la ville.

Si l'on rapproche toutes ces trouvailles du nom de Cirta (Kart-la-ville) et des inscriptions en caractères phéniciens frappées sur les monnaies des rois numides, Massinissa et ses successeurs, on peut en déduire que bien des siècles avant l'occupation romaine une colonie de ce peuple était établie à Constantine et y avait installé son commerce, sa religion et sa civilisation.

Avec leur audace et leur amour du gain bien connus, ces hardis navigateurs, qui devaient s'établir sur la côte en célibataires, pouvaient avoir contracté des unions avec les femmes du pays et à leur descendance ils avaient inculqué leurs mœurs, leur religion, leur langue qui fut si profondément empreinte qu'elle subsistait encore six siècles après la chute de Carthage et qu'à leur arrivée les Arabes trouvèrent des gens parlant un langage dont ils pouvaient saisir quelques mots. Du reste les tombes taillées dans le roc se révèlent innombrables dans l'intérieur de l'antique Numidie et dénotent une longue occupation. Dans ma collection de six stèles, la première que j'ai trouvée, en 1912, a des caractères d'une netteté et d'une géométrie parfaite qui dénotent qu'elle fut érigée à une époque de pleine splendeur.

Ceci dit, passons à l'examen de ces documents.

N° 1 : Pierre de Sicile (Syracuse).

Cette stèle, très lourde, a les dimensions suivantes :

H. : 49,5 ; L. : 20,5 ; Ep. : 16.

La partie supérieure triangulaire a été ébréchée par l'ouvrier qui voulait la dégager, ignorant ce dont il s'agissait, par deux coups de pioche récents :

Elle porte les emblèmes trinitaires gravés au trait sur la pierre tendre et d'une façon assez grossière. En bas une colombe marchant à gauche, au milieu un cercle avec 2 barres en dessous, figurant le soleil, soit avec des rayons, soit humanisé, ce qui serait alors 2 jambes, et dans lequel on pourrait voir l'origine du signe tanitique. En haut dans la pointe, une étoile à cinq branches, l'étoile polaire. Ces trois emblèmes représentent donc de haut en bas la trinité phénicienne : Tanit, Baal, Eschmoun.

Mais comment expliquer à une telle distance de la mer la présence d'une pierre syracusaine ? Peut-être une pierre de lest apportée à Russicada ou à Ubo et importée à Cirta, ou encore y avait-il à Syracuse une fabrique de stèles qui étaient un objet d'exportation. Toutes les suppositions sont permises et en rapprochant ce cas du tarif de sacrifices de Marseille et de la funéraire sur marbre noir d'Avignon, sur lesquels beaucoup d'encre a coulé et que certains savants et non des moindres ont dit avoir été importés, nous pourrions en conclure en admettant cette hypothèse, qu'il y avait dans certaines localités des fabriques d'inscriptions qui les vendaient à leur clientèle ou à des architectes édifiant les temples d'outre-mer. Quoi qu'il en soit, cette stèle paraît remonter à une haute antiquité. Elle est brisée dans le bas.

Le N° 2 est en calcaire du pays.

H. : 28 ; L. : 28 ; Ep. : 8.

Elle est soigneusement taillée, le sommet triangulaire bien régulier et très pointu. Elle est brisée à la base (Fig. 1).

Elle est à rapprocher de l'inscription de Delamarre en raison du texte grec qui y est gravé ΟΡΘΩΝ Est-ce le verbe ΟΡΘΕΩ ou le nom du dédicant ? Dans le premier cas, il signifierait : érigé, élevé, et comme le signe tanitique est immédiatement en dessous, on pourrait expliquer : érigé en l'honneur de la divinité.

Mais qu'étaient ces Grecs qui avaient conservé leur langue, et qui abandonnant les dieux de l'Olympe, avaient adopté la religion phénicienne, parce que plus lascive ?

Ils vivaient aux temps de Massinissa et de Micipsa, et confirmant les données de l'histoire, étaient ces artistes appelés par ces rois numides pour embellir leur capitale, et originaires, non de Grèce, mais soit d'une colonie grecque de Sicile, soit même de celle de Carthage, celle qui sculpta les merveilleux sarcophages anthropoïdes du musée Saint-Louis, découverts par le R. P. Delattre.

N° 3 : Calcaire du pays.

H. : 37 ; L. : 25 ; Ep. : 10.5.

Taille grossière, le sommet triangulaire et irrégulier (fig. 2).

Le lapicide devait être un ouvrier maladroit ou la stèle est de basse époque. La base a disparu.

Au sommet, croissant lunaire renversé de 6° 1/2, taillé dans un petit tableau hémisphérique.

En dessous, dans un cadre de 16 sur 13,5, profond de 1 cent. : à

Fig. 1.

gauche, le signe de Tanit sans bras, le col très allongé ; à côté, sur deux lignes, les mots : Tât Adoun — ce qui a été offert au Seigneur. On distingue encore très bien sur l'ensemble de cette stèle la taille au ciseau et les coups de boucharde pour égaliser.

N° 4. — Calcaire du pays. Cette stèle est presque entière. Une petite partie de la base seule a été écornée. Elle mesure : H. : 0,53 ; L. : 21,5; Ep. : 11 ; taillée au ciseau. Dans le triangle, le croissant lunaire renversé sur le globe solaire, figurant l'œil sacré, l'oudja de Baal ou d'Osiris. Immédiatement en dessous, un registre creusé au ciseau et à la boucharde de 0,17 sur 0,11, contenant une inscription votive sur deux lignes en caractères excessivement menus, du genre dit numidique. C'est une dédicace à Baal Hamon, la divinité en grand honneur à Cirta par Hannibaal, fils de Mérès, parce que sa prière avait été

Fig. 2.

écoutée. Les alef ont la forme d'X habituelle à cet alphabet. Les deux lignes n'occupent que le tiers du tableau (fig. 3).

A remarquer la répétition de la formule de consécration : Ach nadar ach nadar, comme si l'orant avait voulu affirmer davantage sa foi.

En dessous, trois emblèmes : au centre, le signe tanitique, la partie triangulaire sculptée en double cordon en relief, les bras levés à angle droit vers le ciel. A gauche, un avant-bras long de 16 cent., recouvert de la manche hiératique se fermant étroitement au ras de la naissance de la main, avec un renflement figurant un ornement peut-être métallique, la paume de la main bien ouverte indique l'attitude de la bénédiction ; à droite, un caducée dont le manche a disparu en partie, un cordon s'en détache sur le côté gauche, ce pouvait être un ruban qui devait exister également sur le côté droit.

Fig. 3.

Voici quatre documents qui viennent appuyer et enrichir l'histoire des Phéniciens de Cirta, et démontrer une fois de plus leur présence en cette cité.

---

## 3° UNE VILLA ROMAINE PRÈS CONDORCET

Nous devons à M. Dufrêne, habitant du centre de Condorcet, créé à 8 kilomètres ouest de Batna, la découverte d'une importante villa romaine dans la propriété de M. Blaizins. Rien ne signalait la présence de substructions, bien qu'au voisinage on rencontre nombre de pierres éparses et des tombeaux qui avaient été déjà signalés depuis plus de 50 ans. Cette région fut colonisée d'une façon intense par Rome ; à une dizaine de kilomètres se trouvent les ruines importantes de Lambiridi.

La villa dont nous parlons était située à quelques mètres du point d'embranchement de la route de Batna avec le chemin conduisant à Condorcet qui se poursuit vers le col du Talmet, exactement entre le village et le cimetière français.

A un kilomètre environ de la fouille et à deux du village, dans la direction du Sud, s'élève le coudiat Tiza qui domine la plaine de Lambiridi ; sur son flanc sud on voit des tronçons de colonnes, des débris de poteries. On y a découvert une urne funéraire en terre grossière, renfermant des cendres et des débris d'os.

Au sommet, un escalier taillé dans le roc.

Un petit autel votif qui se trouve maintenant chez un colon y a été découvert ; il porte l'inscription suivante :

| | *Transcription* |
|---|---|
| Gen. Dio | Genio Divo |
| Frvg. Co | Frvgiferi Co |
| Rnel. Sac | Rnelio Sacrvm |
| Vot. Sol | Votvm Solvit |
| Lib. Animo | Libente Animo |
| Cid | |

Il en résulte qu'il a été consacré par certain Cornelius au divin génie Frugifer (1) et qu'il a accompli son vœu de grand cœur. Le pays devait produire beaucoup de fruits et Cornelius devait avoir un verger qui lui donnait une abondante récolte, ce qui motiva cet autel. Les mots sont bien séparés par des feuilles de lierre — hederae. Quant à C I D, c'est peut-être C L D que l'on pourrait traduire Cornelius libenter dedit.

A proximité et au sud-ouest du village de Condorcet, ruines de constructions sur environ 150 hectares. Ce sont des murs symétriques ; ils sont construits en pierres sèches avec chaînages de grosses pierres ; ils sont simplement superficiels et de construction postérieure à l'époque romaine. A leur voisinage deux tumuli n'ont donné à la fouille poussée jusqu'à 60 centimètres qu'un lit de tuiles romaines brûlées et décomposées par l'humidité.

Une portion de conduite à l'enduit de ciment y a été mise à jour.

(1) Frugifer, transformation de Mithra, mué ensuite en Saturne.

Mais revenons à notre villa située 100 mètres environ au sud du second tumulus précédemment décrit.

Une tuile portant l'empreinte de la 3e Légion LEGA semble indiquer qu'elle était la demeure d'un vétéran et par suite que tout le pays avait été colonisé par des soldats libérés de ce célèbre corps de troupe.

La partie mise à jour mesure 15 mètres de long sur 8 m. 50 de large et se compose de 7 pièces.

Le N° 1 a son sol recouvert d'une mosaïque en très mauvais état. Trois figures y subsistent encore. On pourrait y voir un centaure, une divinité aux cheveux épars ou une naïade. Cette mosaïque a subi une réparation à une basse époque ; la tête du Centaure a été remplacée par un essai de mosaïque en brique ordinaire. Au coin sud un fragment de phrase : ENARIS EST. En restituant le V initial et en supprimant l'S final, on trouve là un des axiomes de la vie romaine, considérant la chasse comme un des plaisirs préférés avec le jeu, le bain et la table. Il devait y avoir sur la partie de mosaïque disparue, des scènes de chasse ou des pièces de gibier. Il y aurait alors eu là un petit triclinium. Vers la partie nord-est la mosaïque est en bon état et est formée de dessins géométriques. Cette dissemblance entre les deux fragments dans une pièce de plus de 20 mètres carrés semblerait indiquer qu'elle était divisée en deux.

Au sud et contiguë à cette première pièce, une citerne ou piscine avec mur sud en hémicycle et un tuyau de plomb pour l'écoulement des eaux.

Au sud-ouest (N° II) hypocaustes avec suie et cendres, les murs presqu'à une hauteur de 0 m. 80 sont encore plaqués de débris de mosaïques, c'était donc là le caldarium du propriétaire.

Au N° IV, chambre en forme d'abside dont le sous-sol est recouvert d'une mosaïque représentant une coquille en assez bon état.

V, chambre dont les murs sont à double paroi. On y voit la trace du feu, suie et cendres. Cette pièce avec son chauffage central était le tepidarium des thermes particuliers de l'heureux propriétaire de cette villa.

En VI et VII, il y avait des débris d'hypocaustes et des fragments de mosaïque, mais ces débris d'hypocaustes ne semblent pas appartenir à ces pièces ; ils peuvent y avoir été déposés lors de la ruine de l'édifice.

Dès que le temps se rassérénera des fouilles ultérieures permettront de mettre à jour le reste de la construction.

Quoi qu'il en soit, on peut déjà conclure que le vétéran qui l'habitait jouissait d'une certaine opulence, peut-être était-ce un officier de la IIIe légion, et qu'il avait su, sous ce climat très froid en hiver, aménager son habitation avec tout le confort connu à cette époque.

Marcelle WEISSEN-SZUMLANSKA

## ESSAI D'IDENTIFICATION DES DOLMENS

François ICARD
Correspondant du Ministère

## RÉSUMÉ DE 2 MÉMOIRES CONCERNANT DES MARQUES CÉRAMIQUES PHÉNICIENNES, GRECQUES, ROMAINES ET DES SCEAUX ET PLOMBS TROUVÉS PAR LUI A CARTHAGE

N'oublions pas de rappeler que c'est M. Icard qui découvrit le sanctuaire consacré à Tanit et à Baal Hamon, mis à jour à Salammbô en 1922, qui nous révéla avec ses étages de stèles votives placées au-dessus d'urnes contenant les débris de sacrifices d'enfants les mystères de la religion de Carthage.

Les marques carthaginoises, au nombre de 31 (suivant planche), sont rondes, carrées ou ovales. On y voit figurer tantôt une lettre N$^{os}$ 10, 16, 19, 28, tantôt deux lettres qui se répètent, N$^{os}$ 4, 5, 7, 9, 17, 20, 21, 23, 25 ; d'autres fois un mot N° 2 haben pierre N° 27 Hannibaal, ou bien différents emblèmes, palmettes, caducées. Les N$^{os}$ 1 et 30 ont deux lettres séparées par ce dernier symbole hé r et he n (la grâce), au N° 24 le triangle tanitique.

Les plombs peuvent se subdiviser en sceaux de bulles, de douanes, de marchés ou de conventions. La plupart portent un canal ou des trous par où passait la ficelle de scellement. Ils sont byzantins et frappés des deux côtés. Le N° 1 est le sceau de Sergius commerciaire (haut fonctionnaire des douanes impériales d'Afrique), à l'avers le buste d'un empereur byzantin, au revers le nom et les titres de Sergius. Le N° 6 est au nom de *Julianus ;* le N° 9 porte la formule : *mère de Dieu, protège Sergius.* En raison de la quantité des documents et du peu de place dont nous disposons, nous communiquons simplement les planches 1, 2 et 3 qui en donnent l'image fidèle.

L'ensemble de ce travail des plus intéressants a valu des félicitations à M. Icard.

Planche 1

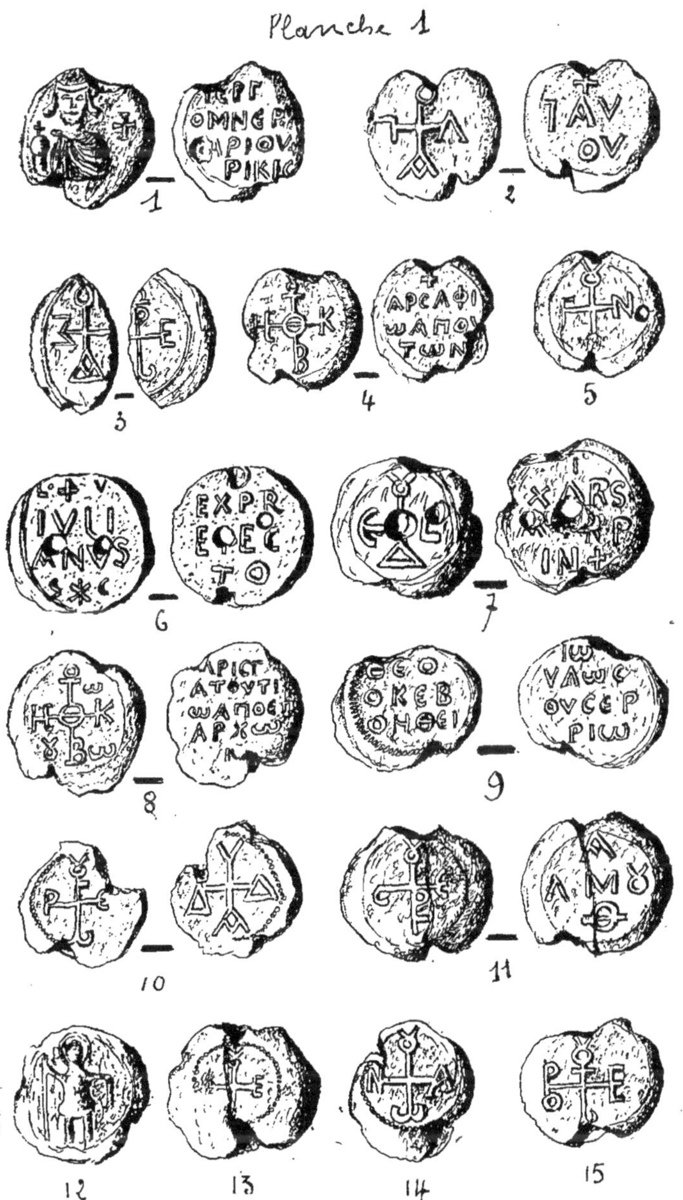

Planche 2

Planche 3

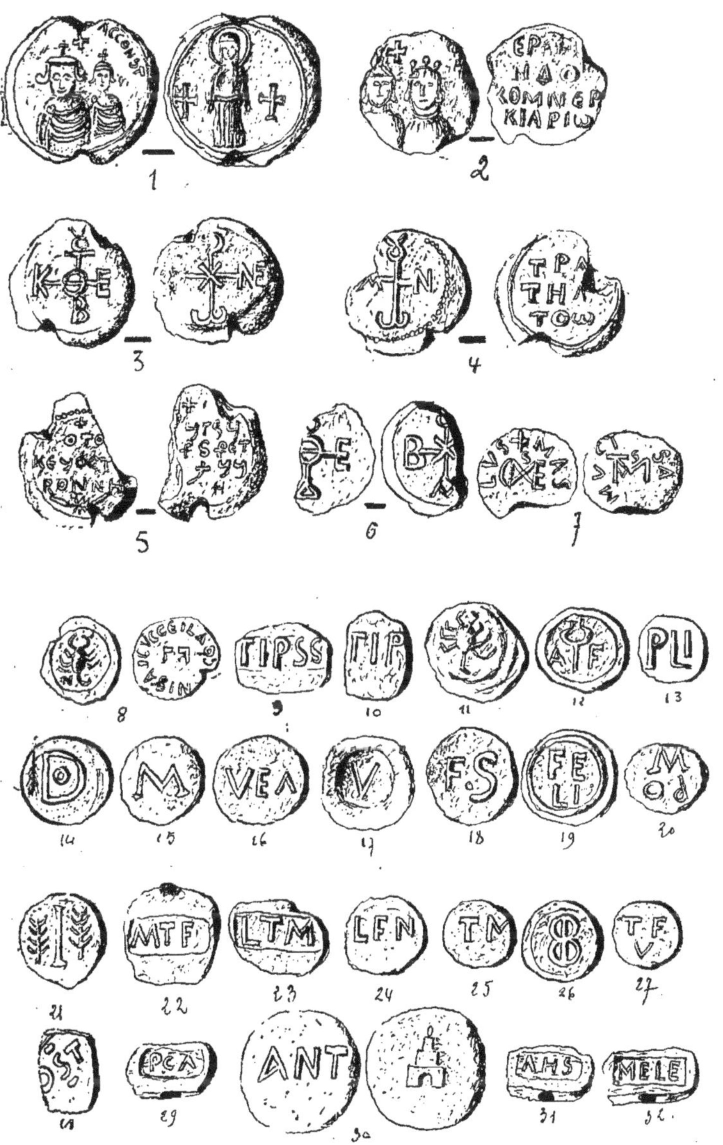

1
2
3
4
5
6
7
8
9
10
11
12
13
PLI
14
15
VEA
16
17
FS
18
FE
LI
19
20
21
MTF
22
LTM
23
LFN
24
TM
25
26
27
29
ANT
30
31
MELE
32

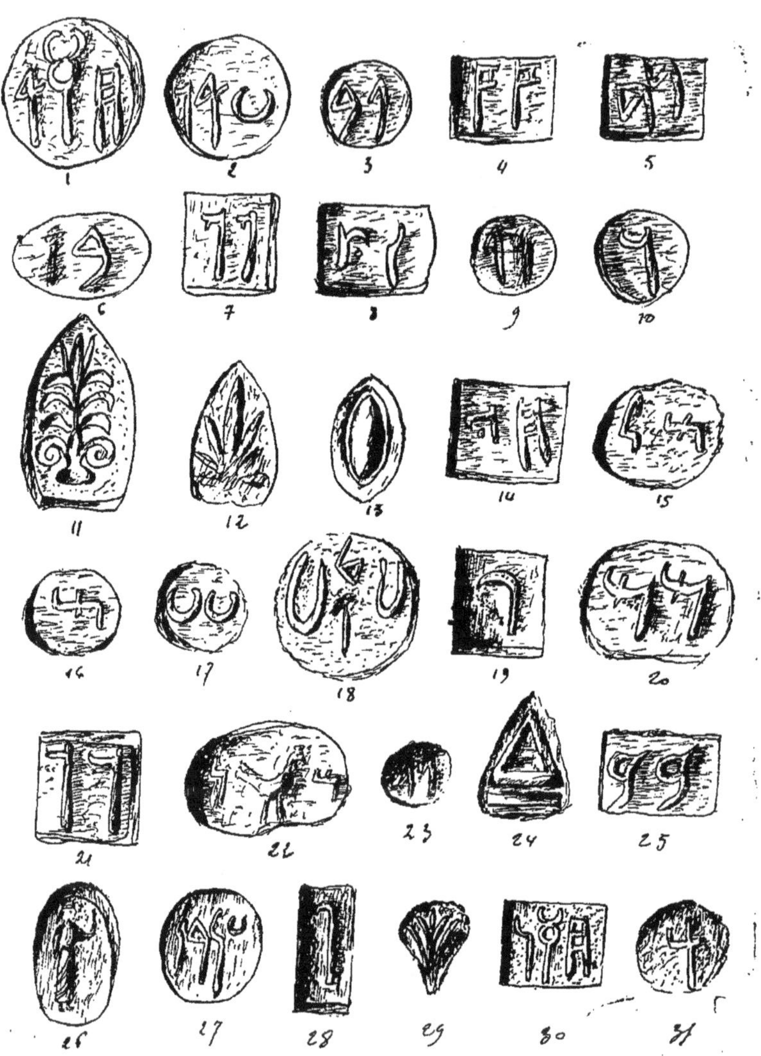

Com[t] A. MAITROT DE LA MOTTE-CAPRON
Alger

# DE RE PUNICA IN HIPPONENSIUM REGIONUM ARTIBUS

Nombreux ont été les peuples qui ont passé et ont séjourné plus ou moins longtemps sur le sol du Nord de l'Afrique, mais aucun n'a laissé une trace aussi nette et aussi durable que ne le firent les Phéniciens et les Carthaginois, leurs descendants, ou mieux, pour employer le terme générique, les Puniques.

C'est à tel point qu'à la belle époque de l'empire romain, au moment où l'Afrique du Nord donna naissance à saint Cyprien et à Tertullien de Carthage, à saint Augustin de Thagaste et à l'écrivain Arnobe, le vulgum pecus (pour employer un barbarisme courant) ne parlait que les langues berbère ou punique.

La sœur de l'empereur Septime Sévère, de l'ordre équestre de Leptis Magna, balbutiait à peine le latin et Sicinius Prudens, gendre d'Apulée de Madura, l'auteur de l' « Ane d'Or » ne comprenait que le punique ; c'était la même langue que parlaient la plupart des Hipponéens, à l'époque de saint Augustin (1).

Mais ce fut surtout dans les arts que cette empreinte profonde se manifesta.

Chacun sait que la Trinité grecque et la Trinité romaine dérivaient de la Trinité phénicienne. Baal ou Moloch, à moins que ce ne fût Malach, ne fut que l'ancêtre de Κρονος ou de Saturne ; Melcarth se mua en Ηλιος ou Apollon ; Thanit ou Thanat s'humanisa en Σεληνη ou Diane.

Mais dans tout l'empire romain, comme dans la mythologie grecque, la parenté en resta là. Chacun des dieux se sépara nettement de ses frères d'origine ; l'un d'eux même, Melcarth, se détripla en Apollon, Hercule et Bacchus. En Afrique, au contraire, la Trinité resta indissoluble et sur toutes les stèles, on trouve une figure barbue d'homme fait, une tête gracile d'éphèbe et le masque aimable d'une jeune femme. Quelques sculpteurs poussèrent même le punisme jusqu'à accoster la barbe imposante du personnage central, d'un soleil rayonnant et d'un croissant de lune.

(1) Sermo CLXVII-3 ; Epistola CVIII-14.

Mais je ne veux pas faire ici l'étude des traces puniques dans toute l'Afrique du Nord, mais rechercher seulement quelles elles ont été à Hippone et à Bône.

Il ne faut pas s'étonner de les trouver si nombreuses dans la cité de saint Augustin. Fondée autant qu'on peut le savoir au XIIe siècle avant notre ère, la vieille ville subit le sort de Carthage, jusqu'au IIIe siècle, époque à laquelle les rois numides en firent leur capitale de prédilection. Cette situation dura jusqu'en l'an 25, avec une interruption de 16 ans, lors de l'existence éphémère de la province romaine d'Africa Nova (46 à 30).

Comme les Numides n'eurent jamais d'art et de génie particuliers, les choses restèrent ce qu'elles étaient lors de la domination punique.

Puis ce fut la période romaine, mais les habitudes étaient prises et les maîtres du monde observant fidèlement les règles qu'ils s'étaient tracées, respectèrent les coutumes et les mœurs qui ne les gênaient pas dans l'exercice de leur autorité.

De sorte que les Hipponéens continuèrent fort tranquillement à semer des fleurs puniques sur la trame nouvelle, mais assez lâche, qui leur était donnée.

Les traces puniques peuvent se diviser en deux catégories : ce qui concerne l'architecture et ce qui concerne les arts.

Il est très curieux de constater que les maîtres du grand appareil ne firent que très rarement usage de leur science. Tout au contraire, ils continuèrent à laisser construire suivant les procédés, excellents d'ailleurs, des Carthaginois, blocage et pisé. Mieux encore, les gens du pays enterrèrent leurs morts suivant les procédés chananéens et dans la direction de Tyr qu'ils ignoraient très probablement.

De même, très certainement qu'ils ne connaissaient pas l'origine des fleurs, des feuilles de lotus, des haches de sacrifice, des triangles, des disques, des croissants, de tous les emblèmes religieux dont ils décoraient leurs mosaïques, leurs frises, leurs statues, leurs stèles. Ils allèrent même jusqu'à n'employer que les couleurs qui étaient phéniciennes d'origine : le noir, couleur de deuil ; le jaune, d'essence religieuse et le rouge, devenu national par souvenir de la pourpre de Tyr et ces couleurs et ces emblèmes étaient tellement passés dans les mœurs que les chrétiens s'en servirent pour décorer leur basilique.

Plus tard encore, les artistes également chrétiens qui composèrent des mosaïques ornementales, en faisant appel aux ressources nombreuses que leur offrait la mythologie ancienne, représentèrent non les dieux romains, mais les divinités phéniciennes romanisées.

Ce qui est blaucoup plus curieux encore, c'est que ces traces se retrouvent à Bône, créée beaucoup plus tard et sur un emplacement tout autre. D'une façon générale, l'influence romaine se fait sentir dans les cintres classiques des maisons, alors que les arcs mauresques sont si nombreux dans les autres villes de l'Algérie. Mais le punisme joue toujours un très grand rôle et à Bône, comme à Hippone, plus inconsciemment encore, on jette à pleines mains, sur une trame très fidèlement romaine, des roses, des lotus, des croissants aussi purs, aussi délicats que ceux que l'on trouve dans la vieille ville dont le sol, tout au moins, avait connu les Puniques.

Que conclure de tout ceci ? Ou que l'influence phénicienne a été telle que les peuples qui se sont succédés en Afrique Mineure se la sont transmise, ou, ce qui est plus vraisemblable et plus conforme à la vérité historique, qu'il n'y a jamais eu qu'un seul peuple : les Berbères. Ceux-ci ont reçu des Phéniciens, des Romains, des Juifs, des Chrétiens, des Musulmans, des traditions dont la plus vive a été celle des Carthaginois, c'est-à-dire celle du premier peuple qui les a arrachés à leur barbarie.

Je n'ignore pas que je froisse quelques théories. Mais ce froissement est plus apparent que réel. Je sais qu'on attribue aux Romains une grande, une très grande influence sur les peuples qu'ils ont si bien civilisés dans l'Afrique du Nord, influence dont les traces sont si nombreuses que la trace romaine est la plus nette et que nous pouvons considérer les Berbères comme les continuateurs, au travers des siècles de l'Islam, de la vieille tradition latine.

Je vais beaucoup plus et beaucoup moins loin. Je ne dénie pas que les Berbères sont nos frères en Japhet, mais bien avant même que les Romains n'existassent. Je reconnais les traces latines dans certaines vénérations pour des restes de monuments chrétiens, comme le témoigne la lettre du savant abbé Delapart que j'ai reproduite dans la Survie des Symboles. Dans la langue si particulariste des Kabyles, on trouve des mots latins non déformés, comme orto, le jardin, ulmo, l'orme. Les employés des mosquées, au Maroc, sonnent les heures des nuits de Rhamadan, avec des naffar, de grandes trompettes de cuivre, qui ne sont pas autre chose que la tuba romaine...

Mais, bien que latin d'origine, j'ai, dans l'esprit, un peu de la rudesse et de la vitalité du peuple le plus ancien du Monde, de ce peuple dont parlent toutes les traditions, tous les livres antiques et parmi eux, le plus ancien de tous, la Bible. Chacun naturellement, lui donne un nom dans sa langue, mais ce qui est curieux, c'est que tous ces noms ont la même éthymologie et c'est à cette éthymologie que j'en réfère pour moi-même. Je suis, moi aussi, un Ber ber, un homme libre et je ne crains nullement de dire, parce que je crois que c'est la vérité que les rois indépendants de la Numidie, que les chefs des cavaliers mercenaires de Carthage, que les sénateurs africains de Rome, que les patrices diocésains de Byzance, que les chefs des dynasties musulmanes de l'Ifrikia, qui ont vécu dans l'Afrique Mineure, ont tenu leurs fiefs, leurs qualités, leurs privilèges des races conquérantes, mais ils ont toujours fini par absorber leurs vainqueurs. Ils furent, tour à tour, puniques, romains, vandales, byzantins, arabes, turcs, français, mais ils furent surtout berbères et sont restés berbères. Ils ont conservé quelques traces des civilisations qu'ils ont subies, mais ces traces sont devenues tellement vagues, se sont tellement diluées dans leurs propres mœurs restées immuables qu'il est difficile aujourd'hui, même à des yeux d'archéologue, de les discerner de façon intéressante. Toutefois, exception doit être faite pour les Puniques, qu'on les appelle Phéniciens, Carthaginois ou Chananéens. Ce sont les premiers qui sont venus les troubler en leurs coutumes assez rudimentaires et assez peu précises, ceci à l'appui de la thèse des savants qui veulent que le bassin méditerranéen ait été civilisé par des migrateurs de la mer Egée. Et ces esprits fiers qui devaient réagir contre les influences étrangères, ont conservé inconsciemment trace de celle de leurs premiers vainqueurs. C'est ce qu'on appelle physiologiquement l'empreinte, la marque ineffaçable et sans cesse reproduite à la suite du premier croisement quel que soit le temps écoulé depuis et quel que soit le nombre des croisements postérieurs. C'est pourquoi, j'ai intitulé ce mémoire, non de rebus, des choses, des traces, mais de *re* de la marque par excellence, de l'empreinte.

La question en elle-même n'est pas neuve. Quatre de mes savants collègues l'ont traitée. M. Thépenier, de la Société de Constantine, lorsqu'il a étudié les stèles punicosaturnines découvertes dans l'intérieur des terres, à Guelma et à Hamman Meskoutine en particulier, M. Bosco, de la même société, lorsqu'il a découvert et étudié la nécropole phénicienne du Mansourah et des quantités de stèles d'autres provenances, le docteur V. Trenga, de la Société de Géographie d'Alger, dans ses Essais sur les Juifs berbères et le regretté Chanoine Leroy, de l'Académie d'Hippone, lorsqu'il a décrit le temple de Baal-Saturne qui dominait de sa masse, la cité romaine qui devait avoir comme évêque, le plus grand docteur de la Chrétienté, un berbère latinisé.

Et ce dernier ne devait-il pas nous donner raison, par une sorte de prescience, lorsqu'il faisait, dans une de ses Homélies, un rapprochement entre le mot latin Salus (salut) et le mot punique Tsalos (trois) et en concluait spirituellement que le Salut était dans la Trinité et ses ouailles ne se souvenaient certainement plus de la Trinité, qui avait tenu une si grande place dans l'hagiographie phénicienne, mais comprenaient encore le mot qui eut dû leur être étranger.

Moi-même l'ai traitée à propos des traces puniques découvertes dans les cimetières marocains, sous le titre : Survie des symboles (Société de Constantine) et des origines phéniciennes des tatouages de l'Afrique du Nord (Société de Géographie d'Alger). Mais j'ai voulu, aujourd'hui, prendre un endroit bien déterminé et chercher si, depuis la création du centre habité, ces traces se sont conservées. Bone-Hippone se prête merveilleusement à cette étude, car les deux villes ont vécu l'une après l'autre, mais à des endroits différents et il aurait pu se faire que la cadette eut échappé à l'empreinte qui est très nette chez l'aînée. Or Bone créée à une époque où le souvenir historique des Puniques avait disparu entièrement, où dominaient dans le pays, des races, des mœurs, des croyances absolument nouvelles, Bone, dis-je, reproduit toujours avec la même intensité, faut-il même dire, avec la même pureté l'empreinte, reçue plus de deux mille ans avant sa fondation et trois mille ans plus tard, au moment de l'arrivée des Français, héritiers des Romains, on bâtissait encore des immeubles que l'on décorait des emblèmes chers à Salamboo, la Carthaginoise. Et si l'on avait interrogé les décorateurs, ils auraient répondu, comme me le fit le sculpteur de la ville sainte de Boujad, au Maroc : « Je le fais, parce que mon Père l'a fait ».

---

Achille ROBERT

Administrateur principal honoraire de commune mixte à Bordj-bou-Arréridj
(Département de Constantine)

---

## LA RÉGION DE BORDJ-BOU-ARRÉRIDJ, MÉDJANA ET ZEMMORA SOUS L'AUTORITÉ TURQUE (1555-1830)

---

Les territoires de Bordj-bou-Arréridj, Medjana, Zemmora sur lesquels se déroulèrent les principaux événements que nous relatons sont situés dans la partie Ouest du département de Constantine et dépendent de l'arrondissement de Sétif. Les territoires de Medjana et Zemmora font partie de la Commune mixte des Biban et celui de Bordj-bou-Arréridj de la Commune de plein exercice du même nom.

La région de Bordj-bou-Arréridj et de Medjana comprend treize centres européens appartenant aux communes mixtes des Maadid et des Biban, Zemmora est un village arabe situé dans la Commune mixte des Biban.

Les Espagnols, qui, dès 1510, s'étaient installés dans divers ports du Nord africain, durent se défendre contre les frères Barberousse Aroudj et Kheir ed dine d'origine turque. Ces audacieux pirates attaquèrent les positions espagnoles de 1515 à 1530 et le 28 septembre 1555 réussirent à s'emparer du port de Bougie.

Le chef espagnol Peralta, malgré sa belle défense, fut vaincu par le pacha Salah Reis et de cette époque date le déclin de l'occupation espagnole en Afrique et l'installation des Turcs dans la province de Constantine. Les Turcs occupent d'abord les villes du litoral méditerranéen et de ces ports les pirates ravagent tout le bassin de la Méditerranée. Ils capturent de 1613 à 1621, soit pendant 8 ans huit cent soixante-dix navires appartenant à diverses nations européennes. Indépendamment des ports de Bône, Collo, Djidjelli, Bougie les villes de l'intérieur Msila, Biskra, Ngaous, Tebessa et Zemmora reçoivent des garnisons turques. Chaque année, une colonne turque partait d'Alger, traversait le département d'Alger et débouchait à Medjana et Zemmora et exigeait, manu militari, le paiement de l'impôt Denouche. Cet impôt consistait en 100.000 réaux Bacita (350.000 fr.), des mulets, chevaux, moutons, bœufs pour une valeur de 310.000 fr. En outre, les contribuables devaient verser une certaine quantité de couscouss, dattes, olives, peaux, beurre, haïeks, chechia, soit une redevance annuelle de 2.200.000 francs. Les indigènes ont conservé le souvenir d'odieuses spoliations pratiquées lors du recouvrement du Denouche par les agents turcs.

C'est sous le règne de Salah Reis en 1552 que se produisit la première expédition turque contre Ben Djelab de Tougourth. Une armée de 4.000 combattants fut dirigée d'Alger sur Medjana ; elle reçut sur ce point d'Abd El Aziz, chef des Beni Abbas, un supplément de 8.000 kabyles. Tougourth fut emportée d'assaut après trois jours de siège. Au retour de cette expédition, une discussion s'éleva entre Abd El Aziz et Salah Reis au sujet du butin, la rupture fut complète, les troupes d'Abd El Azis livrèrent un combat contre les Turcs à Boni, localité située à 28 kilomètres de Medjana mais elles furent vaincues (1552). En 1558, les Turcs occupent Medjana, Bordj-bou-Arréridj et Zemmora localités où des postes militaires furent installés par Hassane Pacha.

Le fort turc de Bordj-bou-Arréridj fut construit sur une éminence émergeant au milieu de la plaine de Medjana sur le point où se trouve actuellement le logement du Commandant d'armes de Bordj bou-Arréridj. Le fort turc de Zemmora fut édifié sur le point occupé actuellement par l'école indigène et divers travaux de captage de source, construction d'un pont et d'un abreuvoir furent aussi exécutés par les Turcs.

Les Kabyles des Beni Abbas luttèrent constamment de 1556 à 1625 contre les Turcs, les membres des diverses branches de la famille Mokrani désireux d'exercer le pouvoir se livrièrent à des luttes fratricides le plus souvent suscitées par les Turcs et la série des crimes commis de part et d'autre serait trop longue à énumérer. Les forts turcs de Bordj-bou-Arréridj, Medjana furent plusieurs fois démolis par les rebelles kabyles et reconstruits par les Turcs.

En 1725, le voyageur français Peysonnel écrivait le 15 février de la même année : « Ces troupes (de la milice turque) si redoutables dans « tout le royaume sont obligées de baisser leurs étendards et leurs « armes en passant par un détroit fâcheux, la Porte de fer entre des « montagnes escarpées. La nation des Beni Abbas qui habite ces mon- « tagnes les force à la soumission ».

La redevance exigée par les Beni Abbas à la Porte de fer se continua jusqu'au passage le 28 octobre 1837 de la colonne du Général de Galbois par le défilé des Portes de fer (Biban).

En 1740, les Turcs qui avaient été obligés de quitter le pays à la suite des rébellions revinrent à Bordj-bou-Arréridj, ils rétablirent le fort et y laissèrent une garnison, mais peu de temps après, le dit fort était de nouveau démoli par les Mokrani.

En 1814, Tchaker Bey de Constantine avec une colonne passant par Sétif et Aïn Tagrout invita les Mokrani à se présenter à lui. Au moment de la rencontre, huit membres de cette famille furent lâchement assassinés. En 1819, Ben Abdellah et Abdesselam chefs de la fraction des Oulad Hadj (des Mokrani) convoquèrent à l'instigation de Mahammed bey el naili les hommes des autres branches de leur famille. Vingt-deux parents, tous des Oulad Mokrane, qui se rendirent à la convocation furent massacrés ! Nous n'indiquons ces massacres que pour démontrer l'hypocrisie, la cruauté des Oulad Mokrane aussi bien que celles des fonctionnaires turcs de l'époque.

Du reste, les insurrections contre l'autorité turque se succédaient presque sans interruption et à côté de cela, les agissements criminels des Oulad Mokrane ensanglantèrent le pays pendant toute la durée de l'occupation turque.

La garnison turque de Zemmora abandonnée par les autorités turques d'Alger dût à un moment donné et afin de pourvoir à son existence cultiver les environs du camp turc, bientôt les janissaires contractèrent des alliances avec les indigènes du voisinage et actuellement les habitants de la fraction Dra Halima revendiquent le titre de descendants des Turcs.

Les Turcs occupèrent d'une façon effective la région de Zemmora, Bordj-bou-Arréridj, Medjana de 1559 à 1830, soit pendant 271 ans. Pendant cette période, ils luttèrent constamment contre les rebellions des populations autochtones.

Maurice PIROUTET

Docteur ès Sciences
Assistant de Géologie appliquée à l'Université d'Alger

---

# LES SÉPULTURES DU NÉOLITHIQUE ET DU BRONZE I DANS LE JURA SALINOIS

## Occupation Ligure (?) et apparition des Protoceltes

---

La plus ancienne sépulture néolithique de la région de Salins paraît être une fosse à incinération. Un creux de rocher, sorte de fosse peut-être plus ou moins aménagée très sommairement, était rempli de débris ramassés sur l'emplacement de foyers, ou bûchers, avec fragments d'os calcinés, et disposés en lits séparés par des pavages. Quelques os d'animaux, non passés au feu, et quelques tessons y étaient associés. Attenante au hameau robenhausien de Grelimbach (ou du Mernou de Chicy), elle date, comme lui, de l'apparition dans le pays de la gaine emmanchure en bois, de cerf, pour haches polies, du type primitif et non encore débarrassée de la partie corticale dans la portion qui avait été engagée dans le manche.

TUMULUS.

Les sépultures tumulaires sont extrêmement nombreuses. Malheureusement, il est bien rare que dans les fouilles exécutées jadis, on ait noté la posture qui avait été donnée aux squelettes. Elles se sont montrées fréquentes surtout à Alaise, Clucy, Cernans, Dournon, etc... Souvent un même tertre funéraire abrite des tombeaux d'âges différents. Tel est le cas notamment d'un tumulus d'Alaise qui a donné jadis à Castan une moitié d'un gros marteau-hache perforé en roche grisâtre, objet tout à fait inaccoutumé dans la région, avec un couteau du Bronze III et des restes d'incinérations du La Tène III ou gallo-romaines.

Parmi ces sépultures tumulaires, les plus anciennes semblent être des inhumations repliées placées dans des cistes, généralement en grandes dalles ; j'en puis citer quelques-unes du Bois des Tuiles, à Géraize. Toutefois, comme cistes couvertes, et quasi mégalithiques ou mieux en grandes dalles, je n'en puis citer que deux, l'une du bois des Tuiles, aménagée dans une fente de rocher, découverte par A. Fardet, de Clucy, et une autre fouillée par Castan vers 1858, de Refranche, au lieu dit « sur le mont ». Cette dernière renfermait deux corps placés tête bêche, mais le compte rendu de la fouille a omis de mentionner la posture donnée aux cadavres. Un mobilier franchement néolithique les accompagnait ainsi que les individus inhumés en dehors et autour de la ciste.

Postérieurement, je crois, qu'il faut placer les sépultures de corps ensevelis sur le côté et très fortement repliés d'abord, dans des sortes de cistes, en pierres plates mais sans couverture et assez grossièrement édifiées, puis sans aucune trace d'entourage régulier, et enfin des sépultures d'inhumés allongés dans quelques cas associés à des incinérations.

J'ai récemment reconnu ces différentes catégories de sépulture dans un vaste cimetière tumulaire des pâturages de Mesnay. Les inhumés allongés sont dans un entourage plus ou moins rectangulaire de pierres plates posées de champ et recouverts de pierres placées transversalement, non à plat mais verticalement. Dans un cas, j'ai bien constaté la simultanéité du dépôt des restes humains incinérés et d'un corps inhumé. Un tumulus des Moidons Papillard m'a également livré une inhumation de ce type avec des tessons indubitablement néolithiques. Au même niveau, et tout à côté, la même tombelle renfermait un corps inhumé sans sa tête ni ses jambes. Les inhumations de corps brisés apparaissent donc déjà.

Parmi les tumulus des pâturages de Mesnay, deux sont surtout intéressants. Le premier m'a montré trois corps fortement repliés déposés l'un au-dessus de l'autre dans une étroite crevasse de rocher formant ciste, et deux autres, dans la même posture, sur le sol naturel. Dans le second, au centre, entre deux bancs de rocher constituant les deux côtés d'une ciste fermée aux deux extrémités par des pierres plates verticales étaient les restes d'un individu fortement replié ; sur le sol rocheux naturel s'en trouvaient deux autres, dans la même posture, un de chaque côté, mais sans entourage de pierres. Plus haut encore se sont rencontrés des inhumés allongés avec pierres les entourant et les recouvrant disposées comme je viens de le dire ci-dessus. Enfin, dans la partie corticale de la région centrale du tumulus étaient quelques petits fragments d'os calcinés accompagnés par une épingle en bronze typique du Bronze I, à tête formée d'une petite palette ovale surmontée d'un enroulement.

Non loin de là, un tumulus, du bois de Montfoiron, éventré anciennement, m'a donné au-dessous des traces de deux corps d'adultes allongés, les restes d'un enfant inhumé allongé, lui aussi, et accompagné d'une petite coquille marine et d'environ 130 de ces petites rondelles perforées découpées dans des valves de *Cardium* et si fréquentes dans les dolmens lozériens.

*Bronze I.*

Nos tumulus du Bronze I renferment des inhumations allongées, quelques incinérations et de beaucoup plus rares inhumations repliées.

Il s'en est montré à Amancey, à Champagnole, à la Chaux-sur-Cresille (Salins), à Clucy, et principalement sur le plateau entre les hautes vallées de la Furieuse et de la Cuisance.

Les tombes de beaucoup les plus fréquentes et aussi celles qui, sauf exceptions, possèdent seules un mobilier contenant du métal, sont celles d'inhumés allongés ; ce sont les seules qui ont livré des armes (poignards).

Le mode de construction des sépultures et les rites funéraires (à part les inhumations repliées, exceptionnelles) sont tellement identiques avec ce que nous constatons dans la même région pendant la deuxième moitié de la période Hallstattienne, qu'il n'est pas douteux que les gens de nos tumulus du Hallstattien récent soient issus du même groupe de culture que celui dont s'étaient détachés, bien auparavant, les constructeurs de nos tombelles du Bronze I. Or les habitants de notre région à la fin du Hallstattien étant indubitablement des Celtes, c'est donc au stock celtique qu'appartenaient les habitants du pays au Bronze I (1).

Pour ce qui est de nos populations des inhumations repliées, il faut, je crois, les rattacher au grand groupe qui a laissé, en Suisse et dans le nord de l'Italie, des tombes analogues, mais toutefois distinctes puisqu'il s'agit là de tombes plates et non tumulaires. C'est probablement à elles qu'il faut attribuer les traces laissées dans la toponymie franc-comtoise par la langue des Ligures des linguistes, peut-être différents des Ligures de l'Histoire (2).

---

(1) Dans le langage populaire franc-comtois, l'outil qui se rapproche le plus de la faucille de l'âge du Bronze, la serpette, est appelé *larot*, *lairot*, *lairet*. Dans le Val du Sauget, la lune porte le même que la serpette : *lera*. Enfin souvent le même instrument, de même que la grande serpe, est dénommé lune. Existe-t-il un rapprochement entre ces mots et l'irlandais actuel : *lair* (gén. *larach*) qui désigne la lune? (Cf. J. Loth. Notes étymologiques et lexicographiques, Revue celtique, T. 36, p. 103 et 104). Etant absolument incompétent, je me contente de signaler le fait à l'appréciation des linguistes celtisants. S'il avait quelque valeur, il en résulterait que la contrée était déjà entamée par des tribus protoceltiques dès une phase fort ancienne de l'âge du Bronze. En effet, depuis le début du Bronze, le pays n'a plus reçu que de simples pénétrations ou invasions de groupes peu nombreux constituant seulement une aristocratie, tandis que le fond de la population demeurait le même. Or, le nom d'un tel outil ne peut guère avoir été introduit par une aristocratie, il ne peut devoir son origine qu'à la population foncière agricole. Enfin, dès maintenant, je puis dire que les constructeurs de nos tumulus du Bronze I étaient, en grande majorité, des Brachycéphales de grande taille tout comme les édificateurs des Round Barrows. Si ce qui précède paraît en opposition avec la théorie attribuant aux Ligures l'invention de la faucille, je ferai observer que c'est probablement la faucille primitive, celle à armature de silex, plutôt que celle en bronze dont nous devons l'introduction aux Ligures.

(2) Bien que l'identité des Ligures des linguistes avec ceux des auteurs anciens soit probable, elle est loin d'être certaine. Les noms des lieux considérés comme ligures parce qu'ils se rencontrent dans l'ancien habitat de ce peuple, peuvent avoir un origine beaucoup plus ancienne que l'établissement des Ligures dans ces contrées et avoir été conservées par ceux-ci qui, du reste, ont dû se mélanger avec les descendants de leurs prédécesseurs. En Nouvelle-Calédonie, par exemple, la population indigène aura disparu et la domination française aura pu, elle aussi, prendre fin bien plus tard, alors que, longtemps encore après, des noms de lieux indigènes persisteront à côté de désignations françaises, sans que, pour autant, on ait le droit de les considérer toutes, en bloc, comme d'origine française.

Dr V. TRENGA
Alger

## ESSAI SUR LES JUIFS BERBÈRES
### Contribution à l'onomastique judeo-berbère

Il est indéniable que le compact et homogène groupement ethnique nord-africain, communément désigné sous le nom commode de Berbères, a conservé, pendant des millénaires, ses caractères primitifs et essentiels de race, tout en empruntant — de gré ou de force — des éléments divers, psychiques, religieux, sociaux, politiques, aux nombreuses civilisations qui, au cours des siècles, tentèrent, avec plus ou moins de succès, d'entamer le bloc autochtone. On a souvent étudié les influences des civilisations phénicienne, grecque, romaine, byzantine, arabe, turque ; on s'essaie, aujourd'hui, à inventorier les résultats de l'influence française. Mais l'attention des savants a été moins attirée sur l'influence de la civilisation et de la religion juives sur ces Berbères.

Or cette influence est extrêmement intéressante, d'autant plus que les Berbères judaïsés, qu'ils aient conservé leur nom ou aient opté pour des cognomina israélites, ont conservé, malgré une religion et une civilisation très particularistes, les caractères ethniques communs aux autres Berbères, surtout l'esprit farouche d'indépendance, caractéristique primordiale de l'âme berbère.

Tout le monde peut citer l'exemple classique de la Kahena, chef de clan berbère et de souche sacerdotale, incarnation de la résistance à l'envahissement étranger. Pour tous ceux qui connaissent les peuples de l'Afrique Mineure, il est absolument certain que cette Dahia bent Tabet, prêtresse juive, n'aurait jamais pu réunir sous ses étendards, ce fut-il agi pour toute la population indigène d'une question de vie ou de mort, des tribus païennes, des tribus juives et des tribus chrétiennes, si toutes ces tribus n'avaient eu une origine commune, et si elle-même n'avait été berbère de race (1).

() Nous n'insistons pas sur le caractère sacerdotal de la Kahena ou Cohena. Certaines personnes prétendent que les Cohen descendent des serviteurs du temple, descendant de Cohen et formant la tribu de ce nom. Or la tribu de Cohen ne figure pas dans les primitives tribus au nombre de 12, portées à 13 après la mort de Joseph et d'après de vieilles matrones juives, Cohen indique seulement que dans la famille autorisée à porter ce cognomen avant son nom, il y a eu un ancêtre né coiffé, au sens physiologique du mot. Cette idée de jettatura bienfaisante issue de la particularité de la naissance d'un ancêtre, existe également très nette dans les tribus de la Grande Kabylie. Cela prouve surabondamment la double origine berbère et juive de la Kahena.

*
* *

Sans entrer dans le vif de la question, nous nous contenterons, dans ce modeste essai, d'étudier, à la lumière de l'onomastique, les relations étroites qui apparentent les Juifs aux Berbères dans le nord de l'Afrique, en rappelant les travaux initiaux et d'une haute portée d'un spécialiste, le savant Slouschz.

Se basant sur des témoignages archéologiques et sur la trace non équivoque, chez les Berbères islamisés, d'influences juives anté-islamiques, Slouschz est arrivé à déceler dans le Nord de l'Afrique, en particulier dans l'Atlas et jusqu'au Sahara, la persistance, durant de longs siècles d'histoire, en pleine race berbère, considérée comme autochtone, d'un véritable judaïsme. Judaïsme, à vrai dire, primitif, non orthodoxe, non talmudique — ignoré des historiens juifs classiques — et caractérisé par des conceptions religieuses éclectiques, plus politiques que religieuses, et dominées par un syncrétisme qui donne une allure particulière, originale, aux croyances de ces Proto-Israélites, aussi éloignés des Caraïtes — qu'ils ignoraient totalement — que des Talmudistes, également inconnus pour eux.

Ces Judéo-Berbères sont les ancêtres non douteux de nombre de Juifs algériens, devenus actuellement Français et dont nous nous proposons d'étudier les patronymes, tirés du lieu d'origine de leurs familles.

Slouschz assigne au judaïsme berbère primitif, antérabbinique, antétalmudique, les caractères suivants :

1° persistance des temples et autels, à l'exclusion de synagogues ;

2° traditions de certains clans d'Aaronides qui exercent le culte des sacrifices, alors que les synagogues s'en passent actuellement ;

3° permanence de nécropoles taillées dans le roc ;

4° survivances linguistiques et rituelles se rattachant à la Palestine ou à la Cyrénaïque.

Un autre savant israélite, Ab. Cahen, grand rabbin de la province de Constantine, à la fin du Second Empire, signale la présence des Juifs, dans l'Afrique du Nord, vers 320 avant J.-C., c'est-à-dire à l'époque de la prise de Jérusalem par Ptolémée Soter. Ce monarque transporta en Afrique plus de 100.000 Juifs qui s'établirent en partie en Cyrénaïque et en Lybie (Josèphe, contra Appio., II, 4). Ces colons auraient enseigné leur religion d'ordre philosophique aux barbares au milieu desquels ils auraient été transportés et auraient créé une race spéciale de Judéo-Berbères, avec des caractères psychiques très particuliers et très frappants.

Mais l'étude présente se bornera à l'examen des patronymes. Il est à remarquer que presque tous les noms juifs de l'Afrique du Nord se terminent par la lettre *i* ou la lettre plus récente, parce que francisante *y*. Or cette lettre est, en arabe, le signe de l'origine de lieu.

Malgré l'y, tous les noms de ce genre sont très difficiles à franciser et ils conservent, indélébile et indéniable, une forme radicale qui en fait des noms d'origine nettement berbères, qu'il s'agisse des noms venus de la Tripolitaine, en particulier de la région de Nefoussa qui a toujours été considérée comme une région juive très importante, ou de ceux venus des grandes tribus marocaines du Sous, des Branès, des Rhiata ou des environs de Taza. L'existence de ces tribus marocaines juives est nettement prouvée par le grand historien berbère Ibn-Khaldoun, qui possède, sur cette question, des lumières totalement inconnues aux historiens européens et, en particulier, aux historiens juifs. Il cite parmi les tribus entières qui professaient le judaïsme, les Nefoussa en Ifrikia (Tripolitaine), les Mediouna dans les environs de Tlemcen, les Bahloula, les Rhiata, les Fazaz et les Fendeloua au Maroc. Il insiste d'une façon particulière sur les Djeroua qui ont fourni des dynastics et des rois à toutes les tribus de la branche des Branès.

De nos jours, on trouve fréquemment des familles dont le patronyme prouve nettement l'origine berbère et il n'est pas jusqu'aux fautes apparentes d'orthographe qui ne confirment cette théorie. Par exemple, le singulier de Branès est Bernoussi et cependant il n'est pas de famille de ce dernier nom, alors qu'il en est de nombreuses du premier. Tout simplement parce que Mouchi se distinguait d'un correligionnaire d'une autre famille et du même prénom, par le nom de sa tribu, c'était Mouchi des Branès (pluriel). Cette faute apparente est donc une preuve à peu près indéniable de la thèse soutenue.

En dehors des patronymes judéo-berbères tirés directement du lieu d'origine et qui ne peuvent, tant ils sont caractéristiques, prêter ni à confusion ni à discussion, il en est certains qui, véritables sobriquets, sont tellement typiques, sont si spécialement portés par des Juifs nord-africains, qu'on peut les considérer comme attestant une origine berbère aux familles juives qui les portent, depuis certainement un assez grand nombre de générations. Parmi ces sobriquets-patronymes, notons à part Boumendil (avec les variantes, Mendel, Mandel) et Boudjenah (avec les variantes Boujnach, Busnach). Boumendil, l'homme au foulard, ne peut désigner que des juifs d'origine berbère marocaine. Dans certaines contrées du Maroc, en effet, la coiffure obligatoire des juifs est un mouchoir dont la pointe tombe sur le cou et qui est noué sous le menton, à la manière des vieilles Espagnoles. Mendil, du vocabulaire arabe nord-africain, est emprunté à l'espagnol mantilla, mot qui vient lui-même du latin Mantele, mantelum (manus tela). Quant à Boudjenah, l'homme au manteau flottant (Djnah est l'aile, le pan du burnous), il indique que les ancêtres des juifs portant ce nom, même si, habitant les villes, ils ont pris le costume citadin, portaient tout comme les autres berbères le manteau de laine national, le burnous. Des noms comme Tabet et Temime sont portés, à la fois par les Juifs de souche berbère et les Berbères musulmans.

* * *

Une source de patronymes où, de gré ou de force, ont puisé les Juifs de tous les pays du monde, est inépuisable. C'est tout le règne animal, végétal ou minéral. De même que les juifs d'Allemagne et de France s'appellent Cerf, Wolf, Blum, Fleur... les Juifs berbères ont choisi ou ont reçu les noms suivants (nous choisissons les plus caractéristiques) : Elbaz, ou les variantes : Elbeze, Baze... faucon ; Allouche, agneau ; Khriief, Krief, petit agneau ; Zerafa, girafe ; Seksek, Sieksiek, bécasson ; Griguer, ramier ; Douïeb, petit chacal ; Ladjemi, avec variante Lagemi, bouvillon ; Farrache, pediculus pubis ; Bentata (fils de caméléon). Enfin, remarquons que le patronyme Aboulker, le père du bien (Abou l'Kheir, qu'on retrouve en portugais, Albuquerque) est, au Maroc, le surnom du sanglier.

Les Juifs berbères sont appelés ou s'appellent volontiers :

Kachkach, pavot ; Soussan, lys ; Zitôun, olive ; Missika, petit musc ; Djaoui, benjoin ; Zaffran, safran ; Kaoua ou N'Kaoua, café ; Kemoun ou Kamoun, cumin ; Hadida, sulfure de cuivre ; Morjan (Morjean), corail ; ces derniers patronymes rappellent certainement que les Juifs, de tout temps dans le nord de l'Afrique, héritiers sans doute des Phéniciens, se sont spécialisés dans le commerce d'épicerie, de droguerie, de parfumerie... (à rapprocher le patronyme juif espagnol Pimienta, poivre et les patronymes juifs allemands Zucker-handl, sucre-candi et Pfeffer-horn, grain de poivre)...

Cette brève notice aura eu, surtout, la modeste prétention d'attirer les curieux des choses et des gens du Nord de l'Afrique, dans une voie encore trop peu frayée à notre avis : la recherche des rapports étroits entre la civilisation juive et la berbère aux époques anté-islamiques. Cette recherche aidera à la solution d'une question capitale qui se pose et doit, après des recherches diverses, aboutir, selon nous, à l'affirmative : *celle de la pérennité de certains caractères primordiaux de la race berbère, malgré les apports étrangers*, à quelque siècle de l'Histoire que l'on se place, à quelque civilisation que l'on s'adresse.

ERWAN MAREC
Administrateur de la Marine
Secrétaire général de l'Académie d'Hippone

## LES DERNIÈRES FOUILLES D'HIPPONE LA ROYALE

L'antique Hippone, la ville épiscopale de saint Augustin, n'offrait jusqu'à ces derniers temps, aux visiteurs attirés par le prestige incontesté qu'elle exerce encore sur le monde civilisé, que d'assez rares vestiges

Statue d'Hercule.

assez peu en rapport avec l'ancienneté de sa fondation et le retentissement de son nom dans l'histoire. En dehors des immenses citernes, exagérément restaurées, et de quelques riches villas aux mosaïques remarquables, on pouvait croire que rien n'avait survécu aux invasions et aux pillages.

Il semble que depuis quelques années, sous l'impulsion de M. Marec, Secrétaire général de l'Académie d'Hippone, les fouilles, négligées, voire abandonnées, sont entrées dans une ère nouvelle. En tous cas, les résultats obtenus avec des crédits limités, sur des terrains privés et fatalement morcelés, permettent d'envisager comme réalisable dans un avenir prochain, pour peu qu'on se décide à soustraire le vieux sol d'Hippone à l'industrie envahissante, la résurrection partielle de la glorieuse cité.

M. Marec a non seulement dégagé des rues, un baptistère et les dépendances d'une basilique, avec de belles épitaphes byzantines et quelques spécimens intéressants de l'art chrétien, mais il a retrouvé et remis à jour les grands Thermes publics de la ville, somptueux édi-

Statues d'Esculape, de Minerve et base de statue à dédicace.

fice du début du IIIe siècle, avec ses salles souterraines aux voûtes intactes, ses salles chaudes avec leurs canalisations, leurs hypocaustes encore recouverts des parements de marbre, ses salles froides ornées d'inscriptions et de statues monumentales. Trois de ces dernières méritent de retenir l'attention, notamment un Hercule haut de 3 mètres, vigoureuse et habile réplique de l'Hercule Farnèse, et une Minerve signée, en marbre de Paros, dont la sobriété, le style infiniment aisé, la nerveuse élégance indiquent des qualités qu'on ne trouve pas en Afrique latine non plus qu'à l'époque où ces Thermes furent édifiés — une dédicace à Septime-Sévère, sous le règne de Caracalla, permet de la fixer avec certitude — et prouvent en outre qu'il s'agit là d'œuvres importées. Le contraste qu'elles présentent avec les effigies si médiocres exhumées généralement d'édifices similaires nous assure du luxe et du goût éclairé des habitants d'Hippone et permet de bien augurer de la qualité des découvertes à venir.

# Commandant CAZIOT

## LES RATS DANS L'HISTOIRE

Les rats ont une page dans l'histoire ; les plus vieux textes de la littérature grecque en font mention, l'un est dans l'Iliade (S. 29), poème dans lequel on constate l'épithète de « tueur de rats » donnée à Apollon.

Tout le monde connaît l'Iliade et l'Odyssée, le chef-d'œuvre de l'Antiquité grecque. Le premier de ces poèmes présente une peinture fidèle des mœurs et des coutumes de la Grèce et de l'Asie Mineure à l'époque de la guerre de Troie et des deux ou trois siècles qui suivirent ce grand événement.

L'Odyssée est le contraire de l'Iliade : c'est la peinture de la vie rustique et de la vie familiale.

Nombreuses sont les études ; les travaux relatifs à la flore, la faune et l'élevage des animaux domestiques. Plus de 70 animaux sont mentionnés dans ce poème. La plupart ont pu être identifiés, car si le poète ne connaissait pas les caractères zoologiques afférents à chacun d'eux, du moins savait-il les peindre par des épithètes appropriées à leur caractère ou à leur nature. Cela a suffi au naturaliste pour en déterminer le genre.

Les rats sont ensuite cités par Hérodote (450 avant J.-C.) quand il raconte l'invasion de l'Egypte par Sennacherib. On sait que ce roi d'Assyrie, de 703 à 681, fit, au commencement de son règne, la guerre qui le conduisit à Lachis, sur le chemin de Gaza à Jérusalem, à la jonction des routes d'Egypte, de Palestine et de la Philistie septentrionale, puis dans l'isthme où son armée fut à moitié anéantie par la peste avant d'avoir atteint la frontière du delta.

Les Hébreux, dont le roi Ezechias avait été humilié par Sennacherib, considérèrent cet événement comme une vengeance exercée par Dieu, et on peut lire dans le Lévitique, considéré comme le rituel de la religion juive, que dans la nuit en question 185.000 hommes du camp Assyrien furent tués par l'ange de Jahveh et que, dès le lever du jour, Sennacherib, en constatant le nombre de cadavres, s'en retourna aussitôt à Ninive.

Les Egyptiens, qui étaient aussi menacés, délivrés alors de toute crainte d'invasion, rendirent à leur tour grâce à leur dieu Phtah de Memphis, dieu identifié à Osiris et à Sokaris que ce peuple reconnaissait comme le premier roi dans la liste des dynasties divines. Le grand prêtre de ce dieu, du nom de Sethon, régnait en maître et dépouilla la classe guerrière qui avait refusé de combattre les Assyriens. C'est alors que craignant l'invasion, il pria Phtah (Kephaistos, dans le texte grec) de venir à leur secours. Ce dieu l'exauça en lui promettant des auxiliaires puissants, c'est-à-dire une armée de rats qui, dans la nuit, rongèrent les carquois des Assyriens, les cordes de leurs arcs et la poignée de leurs boucliers.

Une statue fut élevée à Sethon ; elle tenait un rat à la main. Maspero, le savant égyptologue français, pense que cette statue devait représenter un roi offrant un rat accroupi dans une corbeille. Cela semble une indication du rôle joué par les rats dans la transmission de la peste. Il est même probable que l'existence de cette statue a donné naissance à la légende imaginée par Hérodote.

Dans le dictionnaire de la Bible, si correctement traduit en français par de Maistre de Sacy (1714), on lit dans un article extrait du Lévitique (XI, p. 29) que :

1° Le rat (en hébreu Akbar) est rangé par la loi mosaïque au nombre des animaux qu'il n'était pas permis aux Juifs de manger ;

2° que au temps d'Isaïe, des Juifs en avaient mangé dans les jardins, ainsi que du porc (Isaïe LXVI, 17) ;

3° que lorsque les habitants de Béthulie sortaient de leur ville pour attaquer les Assyriens, ceux-ci disaient : « Ces rats sortent de leurs trous en nous provoquant au combat. » (Judith, XIV, 12.)

Ce qui fait penser, dit l'abbé Levêtre, à une curieuse caricature Egyptienne publiée par l'Egyptologue Lepsius représentant, sur une feuille de papyrus, des rats assiégeant une ville défendue par des chats ; autrement dit, les soldats d'un pharaon attaquant la garnison d'une ville Syrienne.

On se servait du rat dans le langage allégorique ; Hérodote raconte à ce sujet que les Scythes, menacés par Darius (500 ans avant J.-C.), lui envoyèrent un oiseau, un rat, une grenouille et 5 flèches. Le roi des Perses traduisit que ces barbares leur rendaient ainsi hommage par l'air, la terre et l'eau et lui offraient de le servir ; mais un de ses conseillers le détrompa et lui soutint que cela signifiait « Changez-vous en oiseau (pour vous échapper en volant dans l'air) ou en rat (pour vous échapper en pénétrant dans le sol) ou en grenouille (pour vous échapper en sautant dans les eaux), sinon vous serez frappés par nos flèches. »

L'histore n'indique pas ce que signifiait le nombre 5, il est probable que c'était un de ces nombres qui, comme le 3 et le 7, ont toujours eu une valeur merveilleuse.

Les rats ont été considérés comme les auteurs principaux de la plaie (peste) qui frappa les Philistins après l'enlèvement de l'arche d'alliance.

Cicéron et Caton firent tous leurs efforts pour déraciner les idées superstitieuses qu'on attribuait à ces rongeurs. Caton, à qui on demandait ce que pouvait signifier des chaussures rongées par ces animaux, disait qu'il n'y avait rien là d'étonnant, tandis qu'on pourrait qualifier de prodige le fait que les chaussures aient rongé les rats. Ceux-ci, d'ailleurs, partageaient avec les poulets sacrés et les corbeaux le titre d'auguste.

Les rats se sont répandus dans toutes les parties du globe, le *decumanus* est le plus grand, le plus méchant et le plus destructeur de toutes les espèces. Il n'existait pas dans les Gaules avant les invasions des Barbares. Toussenel affirme que ce rongeur est chez nous le produit des invasions successives des barbares : Telle horde, tel rat.

Nous avons eu le rat des Goths, le rat des Vandales, le rat Normant, Anglais, le rat Tartare, Moscovite, sans compter le rat des Barbares qui se sont succédés les uns après les autres en France.

---

Abbé M. KOPP
Chapelain, Curé de Tebessa

---

## INSCRIPTION ROMAINE TROUVÉE A TEBESSA EN JANVIER 1927

---

Lors de la construction d'un immeuble nouveau dans la rue Constantin, parmi les matériaux de démolition, se trouvait une pierre inscrite. L'ayant remarquée, je la fis déposer au presbytère, et, après nettoyage délicat, je constatais qu'il s'agissait d'une stèle funéraire.

En forme de demi-ellipse, haute de 55 centimètres, de 35 centimètres à sa plus grande largeur, elle était entourée d'un motif en queue d'aronde très peu saillant.

En haut, une croix gammée, swastica, avec une petite fleur de chaque côté.

On y lisait :

D. M. S.
I U L. F A U
S T I N A
E S. CO. R N A T A
V I ... ... ...
I M. A N I C I ....
F E ...........

Les lettres sont d'un travail très grossier, à peine formées, le bas de la pierre est détérioré ainsi que le côté, il est donc difficile de la compléter.

Cependant, je crois y lire :

DIS MANIBUS SACRUM... JULIA FAUSTINA EXORNATA VIXIT ANNIS... M. ANICIUS FECIT...

A JULIA FAUSTINA EXORNATA QUI VECUT TANT D'ANNEES, SON MARI ANICIUS A FAIT CE MONUMENT.

### Explication

Il est évident qu'il s'agit d'une tombe païenne, le D. M. S. dont rien ne vient détruire le sens le prouve évidemment. Son texte ne paraît pas offrir au premier abord une grande importance. Elle en a une cependant : c'est le mot « Anicius » qui y est gravé.

Les grandes familles romaines avaient dans la région d'immenses propriétés : ainsi au sud de Madaure, la table de Peutinger nous cite le vicus Valériani, à 8 milles de « Ad Arvalla » et à 25 milles de « Vatari ». Ce « Vicus Valériani » appartenait à la « Gens Valeria ».

La « Gens Martiliana » a une propriété sur le plateau entre Khenchela et Tébessa. On voit une « Martiliana Virgo » entrée au monastère de Théveste. A Théveste encore, de « Gratissima Virgo Urbica ». Or, cette « Urbica » est une descendante de « Lollius Urbicus » ; elle est donc de la « Gens Lollia ».

Sainte Cristine la Matrone martyre à Théveste est de la « Gens Anicia ». (Mater ejus de Gente Aniciorum descendebat.)

Ici nous retrouvons notre « Anicius ».

Cette « Gens Anicia » était immensément riche.

Zozime parlant d'Anicius Probus, préfet de Rome, dit de ces richesses, qu'on aurait cru qu'il avait ramassé celles de tous les romains. Ammien Marcellin dit que les domaines de cette famille étaient innombrables : « Per Universum poene patrimonia sparsa reliquit. »

Au IV<sup>e</sup> siècle, la « Gens Petronia » se fondit à la « Gens Anicia » et s'éleva avec « Petronius Probanus » ad Anicii Domus Culmen » ; or une « Petronia Virgo » est ensevelie dans la Basilique de Théveste.

Nous avons donc affaire à un « Anicius » de la « Gens Anicii ».

L'intérêt de cette inscription est donc qu'elle vient renforcer l'opinion déjà reçue, que la plaine de Tébessa, qui s'étend de Madaure à Télepte, appartenait à cette « Gens Anicia ».

Ce dont nous pouvons être fiers ! Les Païens et les Chrétiens furent de l'Elite... et c'est beaucoup.

Alexis TROUILLOT

---

## LA RÉGION DE TÉBESSA

---

Etienne GOUSSE

---

## PROCÉDÉS SCIENTIFIQUES POUR FACILITER LES RECHERCHES ARCHÉOLOGIQUES

---

12e section

# SCIENCES MÉDICALES

*Président* ............... M. Ardin-Delteil, Professeur à la Faculté de Médecine d'Alger.
*Vice-Président* ........... M. Henry (de Constantine).
*Secrétaire* ............... M. Bressot (de Constantine).

## M. ARDIN-DELTEIL

Professeur de clinique médicale à la Faculté de Médecine d'Alger

### 1° LES FORMES SPLÉNOPNEUMONIQUES DES PLEURÉSIES ENKYSTÉES INTERLOBAIRES

Il me paraît utile de revenir sur l'intérêt pratique de cette question. Tout récemment, le Professeur E. Sergent, à la Société médicale des hôpitaux de Paris, se proposait de réagir contre l'abus du diagnostic de pleurésie interlobaire. Je crois qu'il est non moins nécessaire de s'élever contre l'abus du diagnostic de splénopneumonie et de répéter une fois de plus ce que j'écrivais en juin 1920, dans le *Paris Médical*, en collaboration avec mon collègue et ami M. Raynaud : *Derrière toute splénopneumonie, il faut suspecter l'existence possible d'une collection enkystée interlobaire.*

Après plusieurs années d'observation attentive des faits, je crois que l'on peut dire des pleurésies enkystées interlobaires, plurésies purulentes dans l'immense majorité des cas, qu'elles se présentent en clinique sous l'une des deux formes suivantes :

1° La pleurésie interlobaire à « signes suspendus », illustrée par la magistrale description de Dieulafoy ;

2° La pleurésie interlobaire à forme splénopneumonique ou pseudopleurétique, telle qu'elle résulte des observations de Chauffard, ou de celles que nous avons publiées avec M. Raynaud, et avec Derrieu et Levi-Valensi (*Paris Médical* 31 *mars* 1923).

*
* *

La première, seule classique jusqu'ici, est remarquable par l'*absence de signes pleuraux proprement dits*, par la présence de signes pulmonaires d'ordre plutôt congestif (submatité souvent très limitée, souffle inconstant, obscurité respiratoire, parfois frottements erratiques).

Ces signes très vagues n'acquièrent une signification plus précise que par la recherche soigneuse et la constatation des « signes suspendus » : *matité suspendue* de Dieulafoy, qui ne se rencontre guère qu'en arrière, dans la région interscapulo-vertébrale, à la partie supérieure de la scissure interlobaire ; *ombre suspendue* décelée par la radioscopie ou la radiographie, à condition de disposer réciproquement l'ampoule et l'écran dans le prolongement du plan oblique passant par la scissure interlobaire, obliquité dirigée de haut en bas et d'arrière en avant.

Le diagnostic ne sera vraiment établi avec certitude, une fois ces constatations acquises, qu'après une ou plusieurs ponctions exploratrices, ou, si celles-ci demeurent blanches, ce qui arrive fréquemment, qu'après vomique, faisant apparaître maintenant sur l'écran une ombre hydro-aérique avec niveau liquide horizontal là où la radiologie n'avait montré jusqu'alors qu'une ombre entièrement sombre. et laissant après elle des signes cavitaires.

*
* *

La seconde, si peu classique jusqu'à présent, est si peu présente à l'esprit de la majorité des praticiens, que seul le diagnostic de splénopneumonie reste porté, et que la pleurésie interlobaire est presque toujours méconnue. Cette seconde forme, à l'opposé d la précédente, est remarquable par la *présence constante d'un syndrome pleurétique, ou plutôt pseudo-pleurétique de la grande cavité pleurale.*

Ce syndrome pseudo-pleurétique est à la fois clinique et radiologique : cliniquement la matité, la diminution ou l'absence des vibrations thoraciques, le souffle pleurétique, l'œgophonie, la pectoriloquie aphone ; radiologiquement ombre étendue dans les deux-tiers inférieurs de l'hémithorax, rappelant, avec une limite supérieure moins nette, l'ombre fournie par les épanchements pleuraux de la grande cavité. Ombre pulmonaire et ombre interlobaire sont ici intimement fusionnées sans possibilité de différenciation.

Le plus souvent, le diagnostic en reste là : une ou plusieurs ponctions pleurales superficielles négatives, en prenant soin d'éliminer les pleurésies bloquées par ponction simultanée avec deux aiguilles, dont l'une joue le rôle de fausset, font éliminer le diagnostic de pleurésie de la grande cavité, et porter celui de congestion pulmonaire pseudo-pleurétique, de splénopneumonie de Grancher. Le reste de l'évolution masquée de la pleurésie interlobaire demeurera lettre morte : la vomique, souvent fragmentée, restera ignorée, les signes radiologiques ne seront plus recherchés, et l'image hydro-aérique qui aurait pu aider à rectifier l'erreur ne sera pas constatée. Le tout évoluera lentement vers la résolution après l'évolution traînante qui a été assignée à la splénopneumonie. Dans des cas plus favorables, la vomique sera plus franche, suivie de l'apparition de signes cavitaires. L'image hydroaérique recherchée radioscopiquement pourra manquer, même à ce moment-là, effacée qu'elle est par la réaction pulmonaire qui seule projette son ombre dans les parties inférieures de l'hémithorax.

Aussi, toutes les fois que l'on a été conduit à porter le diagnostic de splénopneumonie, *doit-on délibérément rechercher la pleurésie interlobaire* par les *moyens indirects* numération leucocytaire qui montrera de l'hyperleucocylose avec polynucléose) et *par les ponctions exploratrices profondes répétées* tout le long du trajet des scissures interlobaires.

Je ne m'attacherai point à rechercher si, dans les cas en question, il y a coexistence de splénopneumonie et de scissurite purulente, détermination simultanée pulmonaire et pleurale partielle de l'infection causale ; si, au contraire, il y a subordination de la réaction pleurale à l'inflammation pulmonaire, ou subordination de la réaction phlegmasique du parenchyme pulmonaire à l'abcès pleural primitif. Toutes ces opinions peuvent être également défendues.

Pratiquement, la question n'est pas là ; elle est dans la méconnaissance à peu près universelle de la pleurésie interlobaire dans un très grand nombre de cas de splénopneumonie. Cette méconnaissance aboutit, sinon à une erreur de diagnostic, tout au moins à un diagnostic incomplet. Il peut en résulter un préjudice grave pour les malades. Si nombre de pleurésies interlobaires, classiques ou non, peuvent évoluer lentement vers l'assèchement et la guérison, après drainage bronchique spontané consécutif à la vomique, il en est d'autres qui évoluent vers la cachexie, la septico pyohémie, si l'intervention libératrice n'est pas mise en œuvre ou si elle est pratiquée trop tardivement. Un malade dont nous avons publié l'observation avec Derrieu et Lévi-Valensi nous a semblé avoir été victime de l'abstention chirurgicale. Il avait présenté un syndrome pseudo-pleurétique de la grande cavité, clinique et radiologique ; j'avais porté le diagnostic de pleurésie interlobaire, vérifié presque aussitôt par la production d'une abondante vomique. Après trois tentatives, une ponction exploratrice profonde ramène du pus blanc jaunâtre à pneumocoques et streptocoques. La leucocytose est de 18.000 globules blancs.

Evacué dans un service de chirurgie, dix ponctions exploratrices négatives font rejeter l'idée d'intervention par le chirurgien. Le malade m'est renvoyé et, au bout de quelques semaines, entre en convalescence apparente et quitte l'hôpital. Pendant près d'un an, il semble guéri, quoique se plaignant d'un point de côté droit assez tenace. Et, un beau jour, il est de nouveau hospitalisé, avec de la fièvre, des douleurs lombaires droites, et l'on assiste, impuissant, à l'évolution d'une méningite aiguë purulente qui l'enlève en quelques heures. Il avait sans doute conservé un foyer dont le réveil provoqua la septicémie qui l'a emporté. Ce sont de tels faits qui me poussent à revenir sur cette question, pour tenter de la vulgariser comme elle le mérite. Et, comme conclusion, je dirai que, à côté de la pleurésie interlobaire classique, à signes suspendus, la forme pseudo pleurétique ou splénopneumonique des abcès interlobaires mérite de prendre la place qui lui revient incontestablement.

---

## 2° FORMES GRAVES DE LA MALADIE SÉRIQUE (Sérothérapie-antigangréneuse)

---

La question des accidents sériques a soulevé de nombreuses controverses On a surtout, jusqu'à ce jour, envisagé deux ordres d'accidents, les uns précoces, se manifestant presque aussitôt après une injection de sérum, les autres survenant tardivement, de huit à douze jours après une ou plusieurs injections de sérum thérapeutique. Les premiers semblent appartenir spécialement au groupe des accidents dits anaphylactiques ; les seconds constituent ce que l'on a appelé la maladie sérique survenant après une sorte de période d'incubation plus ou moins longue suivant les sujets et dont le mécanisme relève sans doute aussi de l'anaphylaxie.

La maladie du sérum, désagréable par les phénomènes douloureux qu'elle engendre tant au niveau de la peau (urticaire) que des articulations (arthralgies), revêt exceptionnellement une forme grave, plus fréquemmnt observée en Allemagne qu'en France.

Certans sérums (antitétanique, antituberculeux, antipesteux) semblent plus aptes à créer ces formes graves de la maladie sérique.

L'usage de fortes doses, rapprochées et prolongées, dans la diphtérie, la méningite cérébro-spinale, le tétanos, expose peut-être davantage les malades aux réactions sériques graves.

J'ai été frappé, à deux reprises, par la forme tout à fait dramatique revêtue par les accidents sériques chez des malades traités par la sérothérapie antigangreneuse massive pour gangrène pulmonaire. Le polymicrobisme observé tant dans les gangrènes chirurgicales consécutives aux grands traumatiques que dans la gangrène pulmonaire dont la flore est peut-être différente, a conduit à l'emploi d'un mélange de sérums antivibrion-septique, anti-œdématiens, anti-perfringens, anti-histolyticus, antistreptococcique qui nécessite l'injection d'environ 80 à 100 centimètres cubes de sérum par dose. — Ces doses massives doivent être répétées, les lésions pulmonaires ne se modifiant que lentement et le foyer gangréneux subissant des réveils fréquents. Il n'existe aucune règle pratique fixant la dose totale à injecter, et certains malades ont pu recevoir des quantités de sérum dépassant trois litres. Les doses sont donc massives, rapprochées, prolongées.

Sur cinq malades ainsi traités, deux ont présenté une maladie du sérum de la plus haute gravité. Chez ces deux malades, un pneumothorax thérapeutique avait également été mis en œuvre.

Le premier, âgé de 40 ans, avait reçu en dix jours 700 centimètres cubes de sérum antigangréneux quand survinrent une éruption scarlatiniforme généralisée avec fièvre très élevée, des douleurs articulaires également généralisées, de l'adynamie, de l'hypotension artérielle, et un collapsus cardiaque progressif, qui, malgré tous les toni-cardiaques employés, détermina la mort le 12e jour après l'apparition des accidents sériques.

Le second, âgé de 63 ans, avait reçu en 12 jours, 1.200 centimètres cubes de sérum, quand la fièvre qui évoluait irrégulièrement entre 38° et 39° se mit à s'élever progressivement pour atteindre 40°. En même temps, tachycardie, arythmie, hypotension artérielle, et apparition d'une dyspnée de type asthmatiforme, avec inspiration très brève et expiration forcée, sans cyanose. Au début, une ou deux papules d'urticaire sur l'abdomen ; peu ou pas de réactions articulaires qui se bornèrent à quelques douleurs au niveau des poignets, des articulations temporo-maxillaires et laryngées. Puis, éruption purpurique couvrant les parties latérales de l'abdomen, les flancs, le dos, les cuisses, les membres supérieurs, hématurie avec cylindrurie, albuminurie ; délire, état ataxo-adynamique avec carphologie, perception d'un broullard de suie ou de nuées de mouches emplissant la chambre, langue rôtie ; azotémie croissante allant de 0 gr. 85 % à 1 gr. 85 ; à plusieurs reprises, syncopes traitées par ouabaïne et adrénaline intra-veineuse.

Cet ensemble effrayant a duré pendant plus de huit jours, — puis petit à petit, tout est rentré dans l'ordre.

Pendant toute la période sérothérapique, l'un et l'autre malade avaient absorbé régulièrement du chlorure de calcium et de l'adrénaline qui n'ont en rien empêché le déchaînement des accidents sériques. Le second a été traité pendant la maladie du sérum, par l'autohémothérapie, qui a peut-être contribué à l'arrêt des accidents sériques.

Faut-il incriminer la nature du sérum, la gravité de l'infection pulmonaire et les résorptions toxiques au niveau du foyer, les phénomènes de lyse microbienne engendrés par le sérum ? Faut-il simplement incriminer les doses considérables de sérum reçues par l'un et l'autre malade ? Il est difficile de répondre séparément à chacune de ces questions, et il est bien probable que l'ensemble de ces facteurs a joué un rôle dans lequel il est bien difficile de démêler la part prépondérante revenant en particulier à chacun d'eux.

Sans entrer dans la discussion du mécanisme intime des modifications humorales qui peuvent présider à de telles réactions, il m'a paru intéressant de rapprocher ces deux observations de réactions sériques graves, au cours d'une sérothérapie intense et prolongée qui ne me paraît pas être exempte de danger.

---

## Dr A. F. X. HENRY

Chef du Laboratoire de Bactériologie départemental
Constantine

---

### 1° CONTRIBUTION A L'ÉTUDE SÉROLOGIQUE DE L'INFECTION PALUSTRE

---

Lorsque Laveran en 1880, à l'Hôpital Militaire de Constantine, fit la découverte de l'hématozoaire du paludisme, en même temps qu'il mettait en évidence l'agent de l'infection malarique, il fournissait un précieux moyen de diagnostic de cette infection.

Mais on sait que chez les paludéens, la recherche de l'hématozoaire peut être négative. Dans le paludisme primaire (fièvres subcontinues), dans le paludisme secondaire (fièvres intermittentes), le parasite peut disparaître de la circulation périphérique à certains moments. — On l'y trouve très rarement dans le paludisme tertiaire (paludisme viscéral et cachexie palustre. — La formule leucocytaire utile dans certains cas peut être voilée par quelques maladies intercurrentes même légères. Une méthode nouvelle complétant la symptomatologie du paludisme peut donc rendre des services.

Au cours d'études poursuivies sur le sérum des paludéens, j'ai été amené à constater des propriétés spéciales de ces sérums — propriétés quasi constantes paraissant mériter de figurer dans la symptomatologie de la malaria.

Le principe qui a guidé nos recherches ne paraît guère avoir été envisagé jusqu'à présent en technique serologique. Dans les travaux récents faits sur le pouvoir précipitant ou floculant de divers sérums, on a surtout envisagé cette propriété comme un phénomène physico-chimique en quelque sorte fortuit quoique assez constant pour certains sérums vis-à-vis de certaines substances (Vernes et ses collaborateurs). Mais la floculation peut, on le sait, être envisagée aussi comme un phénomène du domaine de l'Immunologie. La floculation se présente dans ce cas comme une réaction de l'organisme qui produit des Anticorps vis-à-vis de certaines substances étrangères, les antigènes introduits de l'Extéreur (Exo-Antigènes) pouvant d'ailleurs se multiplier sur place. A côté des Exo-Antigènes, nous envisageons des Antigènes produits dans l'organisme même à la faveur de divers processus (infectieux ou autres). Ces antigènes, que nous appellerons Endogènes peuvent donner lieu à la formation d'Anticorps spéciaux, les Anti-Endogènes.

Tel est le principe de nos recherches. En exposant le processus anatomo-pathologique de l'intoxication palustre, Kelsch et Kiéner ont montré que toutes les lésions laissant des traces sur le cadavre sont subordonnées à l'accumulation dans l'organisme de deux pigments dérivés de l'hémoglobine, l'un le pigment ocre renfermant du fer, l'autre le pigment mélanique moins bien connu dans sa composition (1). Pour nous, ces pigments constituent de véritables Endogènes et doivent donner lieu à la formation d'Anti Endogènes. C'est ainsi que nous avons été amené à constater le pouvoir floculant des sérums paludéens en présence de certaines solutions ferriques et de suspensions de mélanine.

## A. — *Ferrofloculation*

Nous avons mis le sérum des paludéens en présence de diverses préparations permettant l'assimilation facile du fer dans l'organisme (fer colloïdal, complexe de fer avec des lipoïdes — sels organiques de fer — Peptonates — Cacodylates — Glycérophosphates — Méthylarseniates). De nombreuses expériences faites avec ces substances en variant les conditions sont restées sans succès. On n'obtenait avec certaines aucune floculation utilisable. Avec d'autres se produisaient des floculations banales (d'ordre physico-chimique), avec tous les sérums indistinctement. De tous nos essais, nous n'avons retenu que deux solutions, l'une de chlorhydrate d'hématine, qui reste à l'étude et l'autre de méthylarseniate ferrique. Divers échantillons de Méthylarseniate ferrique se sont montrés inutilisables. La solution de métharfer Bouty nous a fourni d'excellents résultats.

*Technique.* — Le sérum est employé très clair, non chauffé. La solution de Bouty à 2 % conservée à la glacière (pour éviter le trouble dû

(1) Kelsch et Kiéner ajoutent : La formation de l'un et de l'autre pigment se poursuit dans tout le cours de l'infection. Mais peu à peu la formation du pigment mélanique devient inconstante, puis exceptionnelle.
La formation du pigment ferrugineux non seulement ne s'arrête pas, mais semble augmenter et acquiert dans certains cas une intensité comparable à celle qu'on observe dans certaines anémies incurables et progressives.

à des moisissures) est diluée au 1/6 et au 1/12 dans de l'eau distillée, ce qui donne des dilutions de 1/300 et 1/600. A chaque dilution ajouter du sérum à raison de 0 cc. 2 par centimètre cube de solution ferrique. On peut donc suivant la quantité de sérum dont on dispose employer plus ou moins de solution ferrique (et même pratiquer des micro-réactions si l'on a peu de sérum). Après addition du sérum, on agite les tubes. On les place à l'étuve à 37° pendant 1 h. 1/2. On les retire et on les laisse 1/2 heure à la température de la chambre. Lecture deux heures au plus après le début de l'expérience. Les réactions sont moins belles en n'employant pas l'étuve. Ne retenir que les floculations nettes. Négliger les floculations douteuses ou celles qui se produisent plus tardivement. Les floculations tardives peuvent être des précipitations lentes d'ordre physico-chimique banal. Il ne serait pas impossible cependant qu'à l'occasion du métabolisme des substances ferrugineuses des anti Endogènes de faible intensité fassent leur apparition.

Nous nous en tiendrons donc à la lecture après deux heures de réaction. La floculation palustre a d'ailleurs un aspect un peu spécial ; il s'agit de grumeaux rappelant ceux d'un sérodiagnostic macroscopique très fort. Les réactions tardives banales donnent plutôt un trouble floconneux.

150 sérums ont été étudiés dont 58 paludéens et 85 non paludéens. Dans notre statistique, nous relevons les points suivants : Tous les paludéens paraissant encore souffrir de leur affection ont présenté une ferrofloculation nette indubitable. La Réaction est forte dans l'intervalle des accès et encore au début de l'accès, vers la fin de l'accès la réaction est très atténuée comme si l'anticorps avait été absorbé par l'antigène mis en liberté. Sept sujets impaludés autrefois mais ayant été sérieusement traités et en bonne santé actuelle avaient une réaction négative : 10 sérums de Syphilitiques paludéens ont donné la réaction ; 18 sérums de syphilitiques non paludéens n'ont pas donné la réaction. Quatre typhoïdiques non paludéens n'ont pas présenté la réaction. Quatre typhoïdiques anciens paludéens ont présenté la réaction. Une malade atteinte de Lymphomatose subleucemique ancienne paludéenne a donné la réaction. Deux tuberculeux cavitaires anémiés non paludéens n'ont pas donné la réaction. Des malades atteints d'affections diverses : otite suppurée, méningite, hémorrhagie cérébrale, urémie, ont fourni des réactions négatives. Deux anémies accentuées mais simples n'ont pas donné la réaction (1). Nos sujets normaux dont 8, récemment arrivés de France, ont présenté une réaction négative. Un sujet non paludéen atteint d'un volumineux hématome à la suite d'une fracture du bras, a fourni une réaction positive. La ferro-

(1) Depuis que nous pratiquons cette réaction, nous n'avons pas eu l'occasion d'observer d'anémie pernicieuse.

floculation est donc un symptôme de processus hématocytoclastique. Dans le paludisme, la réaction est surtout précieuse en dehors des accès. Sa spécialité n'est pas absolue. Elle n'en reste pas moins un symptôme capital de l'infection palustre.

B. — *Mélanine.* — *Réactions*

La mélanine a été préparée comme suit : Prendre des yeux de bœufs (abattus du jour), les ouvrir, éliminer le cristallin, recueillir les liquides gélatineux teintés de noir. Racler la choroïde pour obtenir davantage de mélanine. A ce magma gélatineux, ajouter peu à peu 2 fois son volume d'eau distillée en battant énergiquement. Laisser déposer les particules lourdes. Recueillir l'émulsion homogène. L'additionner de formol du commerce (1/200). Conserver cette suspension colloïdale à la glacière. Elle sera utilisée après dilution pour la floculation et pour la déviation du complément. Avant les dilutions, la suspension mère doit être bien agitée (pour remettre en suspension une partie de la mélanine).

I. *Floculation.* — L'Emulsion mère bien homogène est diluée jusqu'à une légère opacité. Le degré d'opacité optima pourra être choisi en étalonnant avec un sérum positif. En général, la dilution convenable s'obtiendra en arrivant à l'opacité correspondant à celle du tube portant le chiffre 0,20 de l'échelle albuminimétrique de Bloch.

A cette dilution la suspension n'est plus noire. De cette suspension claire (dilution A) faire une nouvelle dilution au 1/2 (dilution B). Pour la réaction, utiliser 3 tubes. Le tube 1 reçoit 1 cc. de dilution A. Les tubes 2 et 3 reçoivent 1 $cm^3$ de la dilution B. Le sérum est ensuite ajouté à raison de 0 cc. 2 pour les tubes 1 et 2 et de 0 cc. 3 pour le tube 3. Agiter. Placer à l'étuve pendant 3-4 heures. Lire aussitôt sans attendre davantage (en raison d'une lyse possible). Avec certains sérums, la floculation s'obtient mieux à la température de 25° qu'à la température de 37°.

Les réactions fortes s'observent facilement à l'œil nu. Pour les réactions légères et moyennes, s'aider de l'agglutinoscope (1). Faire des témons avec des sérums normaux.

II. — *Déviation du complément*

Le chauffage atténuant beaucoup l'activité des sérums, pratiquer la réaction au sérum non chauffé suivant la technique de Hecht-Rubinstein ou encore celle de Debains (méthode de suractivation).

Toutefois, nous pratiquons parallèlement la réaction au sérum chauffé, mais en limitant strictement le chauffage à 56° exactement pendant 5 minutes.

L'antigène mélanique doit être préalablement titré. On part d'une

---

(1) Nous utilisons l'agglutinoscape de Kuhn-Woithe.

dilution dans l'eau physiologique d'une capacité correspondant à celle du tube marqué 0,30 de l'échelle de Bloch. On utilise pour la réaction proprement dite la dose correspondant à la moitié ou aux deux tiers de celle qui empêche l'hémolyse.

Les Mélanines-Réactions récemment découvertes n'ont été appliquées que sur 30 sérums : (15 de paludéens qui venaient d'avoir des accès, 15 de non paludéens). Les résultats ont été très satisfaisants. De nouvelles recherches permettront d'apprécier la valeur et l'importance de ces méthodes.

La déviation du complément paraît dans certains cas un peu plus sensible que la simple réaction de floculation.

---

## 2° SÉROTHÉRAPIE ANTI-PNEUMOCOCCIQUE AVEC SAIGNÉE PRÉALABLE DANS LA PNEUMOCOCCIE CHEZ LES PALUDÉENS

---

Pour juger de la valeur de la sérothérapie antipneumococcique, il faut choisir des cas ou des épidémies dans lesquels la gravité est la règle.

Or il est un fait reconnu. La Pneumococcie chez les paludéens est presque toujours grave. Dans leur traité des maladies de Pays Chauds, page 671, Kelsch et Kiéner écrivent à propos de la Pneumococcie chez les paludéens à la période de hyperhémie (paludisme chronique) :

« La gravité de cette pneumonie est extrême. C'est là son trait le plus caractéristique. Notre statistique, bien que ne comportant que peu de vieillards, porte 70 décès sur 90 cas (environ 70 %). » On peut dire que la Pneumonie des paludéens rappelle la Pneumonie des vieillards. Elle se rapproche aussi beaucoup de la pneumonie au cours de la grippe.

Les cas étudiés par nous l'ont été pendant la guerre en dehors d'une épidémie grippale et en particulier nos cas les plus nombreux d'avril 1918. A cette date, la grippe n'était pas encore signalée ni dans la population civile, ni dans la population militaire (1).

Nos malades étaient presque tous de jeunes recrues indigènes paludéens à grosse rate, gros foie, souvent malingres, presque toujours anémiés. Ils déclaraient avoir eu souvent la fièvre. Chez ceux qui ont guéri, le traitement quino-arsenical arrivait à faire diminuer l'hépatosplénomégolie.

(1) La grippe ne fut signalée qu'au mois d'août.

Au point de vue clinique, nous avons trouvé reproduits les tableaux décrits par Kelsch et Kiéner. Nous avons été frappés par l'hypotension vasculaire considérable. Au point de vue bactériologique, nous avons pratiqué l'examen des crachats et dans un certain nombre de cas l'hémoculture.

Dans les crachats, le pneumocoque était abondant, associé dans certains cas à des streptocoques, et dans certains cas à des spirilles et à des fusiformes. L'hémoculture a été pratiquée dans les cas les plus graves. Chez certains malades, elle fut faite sans que rien cliniquement n'indique une localisation pulmonaire, le Billet d'entrée portant le diagnostic de : *fièvre continue*. Certains sujets avaient l'aspect typhoïde, ne toussaient même pas et avaient été placés au service des contagieux. Rien à l'auscultation. L'hémoculture donnait des pneumocoques et le lendemain seulement des phénomènes pulmonaires étaient constatés.

Chez les malades qui présentaient des signes pulmonaires, l'aspect de gravité nous dictait l'hémoculture. La constatation du Pneumocoque dans le sang ne comporte pas toujours un mauvais pronostic et nous n'avons pas fait des hémocultures systématiques dans tous les cas, mais seulement dans les formes graves. Dans nos ensemencements, le Pneumocoque poussait rapidement (15 heures) et en abondance.

Parmi nos malades décédés, nous avons pu pratiquer 15 autopsies. Elles ont montré des lésions graves. Outre les lésions de Broncho-Pneumonie, de Pneumonie, on trouvait du liquide louche ou purulent dans la plèvre ou dans le péricarde ou dans les deux séreuses. Le foie et la rate étaient énormes — (une rate pesait 1.500 grs, un foie 2.500).

En 1914-1915, sur 5 paludéens pneumococcémiques, un seul malade n'avait pas succombé. Il s'agissait d'ailleurs d'un indigène superbe de stature mais qui resta un pulmonaire et qu'il fallut réformer.

Cette léthalité nous avait incité à pratiquer la sérothérapie d'abord dans la Pneumococcémie. Nous diviserons nos cas de Pneumococcie en deux groupes : ceux dans lesquels l'hémoculture montrait une septicémie et les cas où il n'y avait pas d'état septicémique.

Nos premiers essais de sérumisation datent de 1916. A cette époque, on ne délivrait pas en France de sérum antipneumococcique et c'est du sérum obligeamment envoyé par l'Institut sérothérapique de Berne qui nous a permis de traiter le premier malade qui a bénéficié de la méthode.

Entré à l'hôpital de Constantine le 1er mars 1916 avec un état typhoïde, hémoculture positive, pneumocoque et état pulmonaire consécutif T. 40-2 Pneumonie du sommet droit — le malade, tirailleur B..., gravement touché, traité par le sérum, après sa 3e injection, esquissait sa défervescence dès le 4 mars. — La défervescence s'accomplit en lysis en 3 jours.

En 1917, nous eûmes un cas de pneumococcémie avec broncho-pneumonie et réaction purulente de la plèvre et du péricarde. Sérumisé in extremis, il succomba.

Au début de 1916, un nouveau cas vint nous confirmer la valeur de la sérothérapie. Nous croyons devoir donner quelques détails sur ce cas. Le détenu J..., de l'atelier des travaux publics de Bougie, est évacué sur l'hôpital de Constantine le 22 novembre 1917 pour lésions syphilitiques du palais et du nez. Traitement par le Novarsénoberzol. Dernière injection le 4 janvier 1918. A partir du 12 janvier, fièvre continue, diarrhée sulictère. Le 26 janvier état grave, syndrome méningé manifeste, qui motive l'évacuation aux contagieux. Une ponction lombaire nous donne un liquide clair, légère lymphocytose sans microbes.

Après la ponction lombaire, nous fûmes frappés de la teinte subictérique du malade. Un frottis de sang faisait constater en abondance du plasmodium proecox. La quinine jugula cet accès pernicieux. Mais le 31 janvier, reprise de la fièvre. Absence d'hématozoaires. Hémoculture le 2 février. On obtient du pneumocoque. Souffle au sommet droit — sibilances à gauche — quelques râles. Le malade ayant été blessé au front, nous injections 2 cc. de sérum et 8 heures plus tard, après avoir pratiqué une saignée de 120 cc. dans le but de soulager le rein, nous injections dans la veine 20 cc. de sérum antipneumococcique de l'Institut Pasteur. Le malade étant délirant, perdant urines et matières. Pouls rapide. Le 3 février, saignée de 100 gr. et injection intraveineuse de 40 cc. de sérum. Le malade est toujours délirant. Le 4 février, saignée de 100 cc. et injection intraveineuse de 40 cc. de sérum. Le 5, pas de sérum. La température qui les jours précédents oscillait entre 39 et 40 est revenue à 38,2. Une nouvelle hémoculture est pratiquée. Le 6, le pneumocoque a poussé. Les lésions pulmonaires sont peu modifiées. L'état général est cependant amélioré. Sur le point de manquer de sérum, nous n'injectons que 20 cc. dans la veine. Le lendemain 7 janvier, amélioration nette T. 37,2. Nouvelle hémoculture, après 20 heures à notre surprise elle était positive (1). T. 37,1. Pouls 120 bien frappé. Injection intraveineuse de 30 cc. de sérum après saignée de 90 cc. et prélèvement de sang pour hémoculture. Celle-ci fut enfin négative et bientôt le malade était rétabli.

En résumé : un syphilitique tertiaire gravement impaludé, anémié, est atteint de pneumococcie sévère. Son cas était jugé désespéré.

On a eu la sensation nette de l'action efficace du sérum. Le sérum, il est vrai, n'a pas réussi de suite à détruire complètement le Pneumocoque. Mais l'action du germe a été atténuée. De nouvelles lésions ne se sont plus produites. Le malade a pu faire les frais de son état grave et s'est rétabli.

(1) Lesieur a montré la persistance du Bacille d'Eberth en circulation dans le sang de convalescents de typhoïde.

A partir de ce moment, mon opinion était faite sur la sérothérapie antipneumococcique et je la pratiquai avec confiance.

Voici les résultats de nos observations du traitement des paludéens atteints de Pneumococcie.

1er *Groupe.* — Sur 17 paludéens pneumococcémiques, 3 non sérumisés ont fourni 7 décès. — Sur 9 sérumisés, nous avons eu 4 décès et 5 guérisons (3 à 4 injections intraveineuses de 30 à 40 cc. ont été nécessaires). Nos décès concernent des malades traités in extremis mourant le lendemain ou le surlendemain de leur entrée à l'hôpital (1) — ou ayant présenté des complications purulentes des séreuses (péricarde, plèvre). Les lésions énormes observées à l'autopsie ne pouvant évidemment être supprimées par le sérum.

2e *Groupe.* — Paludéens atteints d'infection pneumococcique sans scepticémie : 36 malades.

Parmi ces malades, 12 ont été soignés sans sérothérapie. Deux étant des cas moyens, les dix autres très sévères. Nous avons eu 8 décès. A 24 autres malades, nous avons appliqué le traitement sérothérapique joint à la médication usuelle.

Parmi ces sérumisés, 19 ont été traités par la voie veineuse après saignée préalable allant de 100 à 200 cc. Les doses de sérum injectées étaient de 30 à 40 cc. Parmi ces cas, deux de gravité moyenne ont guéri par deux injections. Un autre par trois injections. Tous les autres ont été jugés très graves, 5 ont guéri par deux injections intraveineuses et 7 par trois ou 4 injections. Celles-ci étaient séparées par un intervalle d'un jour, parfois de deux jours. Elles étaient cessées lorsque l'amélioration était nette. Sur ces 19 malades injectés par voie veineuse, nous avons eu 15 guérisons et 4 décès. Parmi ces décès, deux furent amenés par la pleurésie à *stréptocoque*, un troisième par une *scepticémie* terminale à streptocoque. Un autre considéré comme perdu dès son entrée succomba de broncho-pneumonie double malgré le sérum.

Nous avons également sérumisé 5 malades par voie sous-cutanée — injections de 60 à 100 cc. Mais dans ces cas injectés sous la peau, la saignée ne fut pas pratiquée. Nous avons eu 4 guérisons et deux décès.

L'un de ces broncho-pneumoniques avait un foie pesant 2 k. 700, la rate 850 grs et les reins 300 grs.

En somme, sur 24 malades de ce deuxième groupe ayant reçu du sérum (presque tous graves), nous avons eu 6 *décès* et 18 *guérisons*.

Si maintenant nous totalisons les cas de nos deux groupes de paludéens pneumococciques, nous obtenons les chiffres suivants :

(1) Ces indigènes se trouvaient en quelque sorte dans un état d'anesthésie vis-à-vis de leur infection et se présentaient à la visite du corps dans un état de maladie très avancé.

20 non sérumisés ont fourni 15 décès et 5 guérisons. — 36 sérumisés ont fourni 10 décès et 26 guérisons.

Nous avons noté que chez nos malades guéris, la défervescence se faisait en lysis et non brusquement. Nous avons noté aussi la diminution, puis la disparition des phénomènes généraux alors que la lésion paraissait encore très étendue.

En outre, la plupart de nos sérumisés présentaient de l'euphorie (même dans les cas mortels=Eutanasie).

La saignée de 90 cc., 100 cc., 120 cc. pratiquée avec de grosses aiguilles courtes (aiguilles de Nicolle), en s'aidant parfois de l'aspiration, était faite dans un bras et l'injection de sérum dans l'autre bras. La constatation de 8 grs d'urée par litre dans le sang d'un de nos malades nous avait conduit à cette pratique de la saignée préalable.

Nous regrettons de ne pas l'avoir pratiqué chez les malades traités par la voie hypodermique.

Nous n'avons jamais observé de phénomènes désagréables, à la suite de la sérumisation intraveineuse, sauf dans un cas. Un peu pressé, j'avais omis la saignée — après l'injection faite lentement — choc interne, dyspnée violente effrayante — faciès violacé. Une saignée de 200 cc. dissipa ces phénomènes inquiétants. Nous injections alors le sérum sans dilution. A l'heure actuelle, la dilution est de rigueur (1). Nous n'avons eu qu'une fois une éruption sérique. Quelques malades huit jours après cessation du sérum faisaient une courte poussée fébrile sans hématozoaires.

En résumé et pour conclure, nous dirons que tout en conservant la thérapeutique médicamenteuse classique, nous estimons que la pneumococcie chez les paludéens est très favorablement influencée par la sérothérapie antipneumococcique. La voie intraveineuse est plus efficace que la voie sous-cutanée. Avant l'injection de sérum, nous recommandons la saignée préalable. Grâce à la sérothérapie, le pronostic n'est plus aussi sombre que du temps de Kelsch et Kiéner.

---

(1) L'injection intramusculaire qui a fait ses preuves en sérothérapie antidiphtérique serait à expérimenter.

Dr DUMOLARD
Alger

## QUELQUES CONSIDÉRATIONS GÉNÉRALES SUR LES AFFECTIONS NEURO-PSYCHIQUES DE L'INDIGÈNE MUSULMAN D'ALGÉRIE

Je désire simplement communiquer au Congrès quelques remarques d'ordre très général au sujet des affections neuro-psychiques que l'on peut observer chez l'Indigène Musulman d'Algérie dans un grand centre hospitalier comme celui de Mustapha.

L'intérêt que peut avoir cette communication (forcément très brève et dans laquelle je me bornerai à une simple vue d'ensemble de la question) réside dans ce fait que les résultats de mes recherches m'ont amené à formuler, après d'autres auteurs d'ailleurs, une hypothèse pathogénique un peu spéciale en ce qui concerne certaines particularités rencontrées dans la pathologie neuro-psychique de l'Indigène Musulman Algérien.

On sait que pendant longtemps, on a admis que, d'une façon générale, les affections nerveuses étaient rares chez l'Indigène Algérien. En juillet 1906, à la Société de Neurologie de Paris, j'émettais un doute au sujet de l'exactitude de cette assertion en montrant que, si l'on tenait compte dans le milieu hospitalier de Mustapha de la petite quantité d'indigènes hospitalisés par rapport au nombre beaucoup plus considérable d'Européens traités dans le même hôpital, on arrivait à des résultats qui semblaient bien montrer que la question était loin d'être tranchée et je concluais que de nouvelles recherches sur ce point étaient nécessaires.

Depuis, un certain nombre d'auteurs ont corroboré mon impression. Moi-même, j'ai poursuivi mes investigations et mon opinion première n'a fait que se confirmer par l'observation attentive et prolongée des faits cliniques. Aujourd'hui, j'estime que si on les observe dans leur ensemble, les affections neuro-psychiques sont aussi fréquentes et aussi diverses chez l'Indigène Musulman Algérien que chez l'Européen habitant l'Algérie. Je ne peux pas ici entrer dans les détails ni citer des chiffres ; je dirai simplement que les recherches statistiques auxquelles j'ai fait procéder et dont les résultats sont consignés dans la thèse de notre confrère Benkhélyl (1) confirment entière-

(1) Contribution à l'étude des affections Neuro-Psychiâtriques et de la Neuro-Syphilis chez l'indigène musulman algérien. Thèse Alger, 1927.

ment mes constatations antérieures. Si bien que l'on peut, comme conséquence logique de cette première catégorie de recherches, formuler à un point de vue très général la conclusion suivante : le système nerveux de l'Indigène n'offre pas de résistance spéciale aux diverses agressions morbides ; les particularités qu'on pourra rencontrer dans la pathologie neuro-psychiatrique de ce dernier devront donc apparaître, non pas comme une réaction d'immunité générale de race, mais comme la conséquence de causes contingentes, occasionnelles en rapport avec les habitudes, les mœurs, les conditions d'existence de l'Indigène Musulman Algérien.

Il est bien évident, en effet, que la pathologie Neuro Psychiatrique de l'Indigène Algérien présente des particularités intéressantes. La plus importante de ces particularités, la seule que je veuille signaler aujourd'hui, réside incontestablement dans le fait suivant signalé depuis bien longtemps par la presque totalité des auteurs : les formes parenchymateuses de la Neuro-Syphilis, tabès et paralysie générale sont encore actuellement relativement rares chez l'Indigène.

C'est ainsi qu'en ce qui concerne la Paralysie générale, je n'ai rencontré dans le service d'observation mentale que je dirige que neuf cas de Paralysie Générale sur 274 Indigènes hospitalisés pour troubles mentaux pendant une période de 55 mois, alors que j'ai relevé dans le même temps sur les mêmes malades 55 cas de démence précoce.

La Neuro-Syphilis Indigène revêt donc dans son ensemble les caracsères spéciaux de la Syphilis exotique aujourd'hui bien connus.

Je ne peux pas bien entendu discuter ici entièrement le problème si controversé de la pathogénie de la Syphilis exotique. — Je ferai remarquer simplement avec la plupart des auteurs qui se sont occupés de la question, qu'il est bien vraisemblable que les causes encore si obscures qui conditionnent cette Syphilis exotique dans son évolution particulière sont multiples et complexes. C'est pourquoi il me paraîtrait logique de supposer, à la suite des auteurs viennois (surtout depuis que l'on connaît l'heureuse influence de la malariathérapie dans la paralysie générale), que le paludisme peut occuper en Algérie une place importante parmi les causes qui jouent un rôle empêchant à l'égard de certaines des manifestations de la Syphilis nerveuse.

Ce n'est là encore qu'une hypothèse. Mais il semble qu'on ne puisse pas élever à priori contre cette hypothèse d'objection capitale.

Aussi ne saurait-elle, à mon avis, être écartée définitivement sans avoir été très sérieusement approfondie.

---

Dr TOULANT
Ancien Interne des Hôpitaux de Paris
Alger

---

# LES ACCIDENTS OCULAIRES DU PALUDISME

---

Les troubles oculaires imputés au paludisme sont extrêmement nombreux. Et il n'est pour ainsi dire aucune lésion de l'œil ou de ses annexes qui n'ait été observée au cours du paludisme et qui ne lui ait été rattachée (1).

La plupart des oculistes considèrent les complications oculaires comme très fréquentes dans la malaria. Poncet déclare que les lésions oculaires visibles à l'ophtalmoscope se rencontrent dans 10 % des cas de cachexie ou d'accès pernicieux, et que l'examen histologique montre des lésions du fond d'œil chez *tous* les sujets morts de paludisme. De nombreux manuels ont reproduit cette affirmation que les complications oculaires s'observent dans 10 % des cas de malaria. Certains auteurs indiquent même une fréquence plus grande encore : 34 % (27 cas sur 30) pour Reich, 30 % (12 cas sur 40) pour Godo ; 20 % des cas sur 30) pour Reich, 30 % (12 cas sur 40) pour Godo ; 20 % des Schweinitz partagent cette opinion sur la grande fréquence du paludisme oculaire. Lucien Raynaud, dans sa thèse, décrit comme fréquentes les lésions oculaires de la malaria.

Par contre, les médecins coloniaux jugent que le paludisme n'atteint que très rarement le globe oculaire. La plupart des traités de Pathologie exotique ne consacrent que quelques lignes au paludisme oculaire. Les oculistes anglo-indiens pensent que les lésions oculaires du paludisme sont rares. Kirkpatrick, cité par Elliot, dit que « il n'a jamais « pu avoir la preuve que la malaria ait été la cause d'une seule affec- « tion du fond de l'œil ».

Ces grosses divergences entre les différents auteurs s'expliquent par les difficultés du diagnostic étiologique des infections oculaires endogènes.

Et nous en avons fait l'expérience, lorsque nous avons tenté de nous faire une opinion personnelle sur la fréquence du paludisme oculaire en Algérie. La fièvre paludéenne y est fréquente, mais dans bien des cas de névrite optique, de paralysie oculo-motrice, d'hémianopsie qui nous avaient été signalés comme étant dus au paludisme, nous avons

---

(1) Cette communication a été publiée in-extenso dans l'Algérie Médicale.

été amenés à mettre en cause la syphilis, l'alcoolisme, l'intoxication quinique, le trachôme, etc...

La difficulté est d'autant plus grande que l'interrogation est souvent très difficile dans le paludisme aigu, surtout chez les indigènes.

*
* *

Quels criteriums pourront nous aider à reconnaître la nature malarienne d'une lésion ?

1. *La Thérapeutique* est un des plus importants, comme le faisait remarquer, il y a 25 ans, L. Raynaud, dans sa thèse sur les troubles oculaires de la malaria. L'action nette de la quinine sur une névrite, sur une amblyopie, est une indication presque certaine de sa nature paludéenne.

2. *La coexistence d'un paludisme en évolution* a son importance diagnostique. Mais il ne suffit pas que l'existence du paludisme soit prouvée pour que nous puissions lui rattacher la lésion oculaire : toutes les coïncidences morbides sont possibles. Par contre, le parallélisme de l'évolution entre la maladie générale et les troubles visuels est un bon argument en faveur de leur liaison étiologique.

3. *Le diagnostic bactériologique*, par examen de frottis d'une lésion de la cornée par exemple, ou par examen nécropsique, n'est que rarement possible.

4. *Le diagnostic par exclusion* est trop souvent celui qui entraîne la conviction du médecin. Et cependant, c'est là un procédé de raisonnement qui cause souvent en clinique de lourdes erreurs, et qui, dans le cas présent, est particulièrement mauvais. Le malade nie tout antécédent syphilitique, il n'y a pas de stigmate net, le Wasserman est négatif, parfois un traitement d'essai, ou plutôt un essai de traitement est tenté sans résultat, et voilà la syphilis éliminée. De même les infections du voisinage, les intoxications exogènes ou endogènes sont écartées. Que le malade habite une région impaludée, qu'il ait des signes de malaria plus ou moins ancienne, nous serons de suite tentés de faire de la lésion oculaire une complication du paludisme, parfois suffisante.

Nous voyons donc qu'il est souvent difficile d'apporter la preuve absolue de la nature paludéenne d'une lésion oculaire.

*
* *

Le cadre de cette communication nous empêche de rapporter ici des observations. Et nous devons nous borner à exposer notre conception du paludisme oculaire :

1° *Conjonctive.* — Nous n'avons jamais constaté et nous n'avons lu aucune observation démonstrative de conjonctivité paludéenne.

Ce qui est fréquent au cours des accès, c'est une hyperthémie marquée de la conjonctive, qui serait parfois accompagnée d'œdème palpébral

2° *Cornée.* — La kératite superficielle n'est pas exceptionnelle : elle est souvent bénigne et ressemble à l'herpès ou au zona de la cornée. Elle s'accompagne de troubles sensitifs et relève d'une névrite concomitante du trijumeau.

3° *Le tractus uvéal* (iris, corps ciliaire, choroïde) nous semble rarement touché, contrairement à l'opinion commune.

4° *La rétine* est fréquemment le siège *d'hémorragies* plus ou moins abondantes. Ces hémorragies siègent le plus souvent au pôle postérieur de l'œil, sur le territoire des artères ciliaires postérieures.

Les anneaux pugmentaires péripapillaires qui sont parfois observés semblent être le vestige d'hémorragies des gaines du nerf optique.

5° *Les lésions des voies optiques*, nerf optique, bandelettes, voies optiques visuelles du paludisme, sont parmi les plus fréquentes des complications visuelles du paludisme. Elles sont souvent transitoires : obnubilations passagères de la vision d'un œil ou des deux yeux, hémianopsies qui paraissent dus à des troubles circulatoires.

L'atrophie optique, la cécité, l'héméralopie ont été signalées.

6° *Le trijumeau* est souvent touché (névralgie intense, accompagnée parfois de troubles trophiques des paupières et de la cornée).

7° *Les nerfs moteurs* de l'œil nous paraissent rarement lésés. Dans les observations publiées de paralysie oculo-motrice, le rôle du paludisme ne nous paraît pas avoir été nettement prouvé.

En résumé, les complications oculaires du paludisme sont beaucoup moins fréquentes qu'il n'est classique de l'écrire. Nous sommes cependant disposés à admettre l'origine paludéenne d'un certain nombre de lésions oculaires, et notamment de *névrites* (trijumeau, nerf optique) et de *troubles circulatoires* (congestions passagères ou hémorragies des voies optiques intra-cérébrales, du nerf optique et de la rétine).

## BIBLIOGRAPHIE

Un index bibliographique très complet des travaux antérieurs à 1891 se trouve à la fin de la thèse de Lucien Raynaud sur les Troubles oculaires de la malaria, Thèse de Paris, 1892, et dans l'article de Poncet, in Ann. d'Oculistique, 1878.

Armand-Delille, Abrami, Paisseau et Lemaire, Le paludisme Macédonien, Masson, éd., Paris 1917.

Bourland, Annales d'Oculistique, novembre 1912.

Bivol (Mlle), Atrophie optique accompagnée de paralysiès musculaires dans le paludisme. Soc. Roumaine d'Ophtalmologie, 19 mars 1925.

Carlotti, Troubles de l'appareil visuel attribuables au paludisme en Macédoine, Ann. d'Ocul., oct.-nov. 1918, p. 478.

Chavernac, Complications oculaires du paludisme, Marseille Médical, 1916.

Elliot, traduit par Coutela, Ophtalmologie tropicale, pp. 308-319, Masson, édit., Paris 1922.

Lavat, Atrophie optique unilatérale et artérite rétinienne chez un paludéen, Ann. d'Oculistique, 1923, pp. 561-568.

Monnier-Vinard, Paisseau et Lemaire, Soc. Méd. des Hôpit. de Paris, 20 octobre 1916.

Paisseau et Lemaire, Presse Médicale, 4 décembre 1919.

De Schweinitz, Diseases of the Eye, 8e édition, Sanders, édit.

Sedan, Migraine ophtalmique d'origine paludéenne Marseille Médical, juin 1922.

Worms et Pesme, Complications oculaires du paludisme, Soc. Française d'Ophtalmologie, Congrès de 1924, pp. 602-623.

---

Institut Pasteur d'Algérie

G. SENEVET, M. BÉGUET et P. WITAS

## LA GIARDIASE EN ALGÉRIE

Considéré, au cours des années qui précédèrent immédiatement la guerre, comme un simple saprophyte capable, seulement aux colonies, de devenir nocif, le *Giardia intestinalis* acquiert une importance de plus en plus grande comme agent pathogène.

Nous ne pouvons dans cette courte note résumer tous les travaux qui lui ont été consacrés en Europe et dont les conclusions convergentes appuient l'affirmation précédente.

Mais, ici, en Algérie, nous avons observé d'assez nombreux cas cliniques, où les troubles intestinaux coïncidaient avec la présence des seuls Giardia, et cessèrent en même temps que leur disparition.

De plus, nous avons eu l'impression, au cours des examens de selles, pratiqués par nous, à l'Institut Pasteur d'Algérie, que les constatations de ce parasite devenaient de plus en plus fréquentes.

Nous apportons ici des chiffres statistiques qui confirment cette impression.

I. — *Statistique de l'Institut Pasteur d'Algérie*

Depuis 1911, date où cet établissement a commencé à fonctionner nous relevons les chiffres suivants :

| Années — | Examens de selles (1) | Cas de Giardiase | Pourcentage — |
|---|---|---|---|
| 1911 | 40 | 0 | 0 |
| 1912 | 0 | 0 | 0 |
| 1913 | 4 | 0 | 0 |
| 1914 | 11 | 0 | 0 |
| 1915 | 75 | 0 | 0 |
| 1916 | 179 | 0 | 0 |
| 1917 | 41 | 0 | 0 |
| 1918 | 34 | 0 | 0 |
| 1919 | 51 | 0 | 0 |
| 1920 | 58 | 2 | 4 % |
| 1921 | 56 | 4 | 7 % |
| 1922 | 71 | 4 | 5 % |
| 1923 | 66 | 3 | 4 % |
| 1924 | 96 | 6 | 6 % |
| 1925 | 135 | 9 | 6 % |
| 1926 | 191 | 19 | 10 % |

Si l'on totalise les sept années 1920-26, où l'on a trouvé des cas de Giardiase, on obtient :

673 examens — 47 cas — 7 %

Répartition géographique de ces différents cas.

Les malades dans les selles desquels on a trouvé les parasites habitaient :

| | |
|---|---|
| Alger | 29 fois |
| Hussein-dey | 3 » |
| Coléa | 1 » |
| Rouïba | 1 » |
| El Affroun | 1 » |
| Géryville | 2 » |
| Maison-Carrée | 2 » |
| Bouïra | 1 » |
| Saint-Eugène | 1 » |
| Chéragas | 1 » |
| Douéra | 1 » |
| Sidi bel Abbès | 1 » |
| Marengo | 1 » |
| Oued el Alleug | 1 » |

II. *Remarques étiologiques.* — La statistique précédente ne mentionne les *Giardia* pour la première fois qu'en 1920. Sans vouloir pré-

(1) Non compris les examens de selles pour recherche du vibrion cholérique.

tendre, d'après cela, que la maladie n'existait pas auparavant en Algérie, on peut néanmoins penser qu'un changement dans la fréquence a dû se produire à ce moment. A partir de cette date on trouve, en effet, chaque année des cas de Giardiase, alors qu'on n'en trouvait pas auparavant.

Or, si l'on songe que la démobilisation s'est effectuée en 1919, de mai à octobre ; si l'on songe à la forte proportion d'Algériens dans les troupes d'Orient, on peut se demander si le retour des démobilisés n'a pas été pour quelque chose dans l'étiologie de ces cas de Giardiase.

Cette hypothèse, basée sur la statistique, est renforcée par certains faits que nous avons observés.

D'abord la grande fréquence de Giardiase chez les soldats de l'armée d'Orient. L'un de nous a noté au Laboratoire de Salonique plus de 500 cas de Giardiase au cours d'examens de selles.

En outre, nous avons pu noter, au cours de l'année 1920, des contaminations algériennes, où l'origine était nettement un démobilisé :

1er cas. — Enfant de huit mois, présente un syndrome dysentérique bénin. A l'examen des selles, grande quantité de *Giardia*. L'oncle de l'enfant, qui jouait fréquemment avec lui, avait été hospitalisé en Orient, pour dysenterie. A l'examen des selles de l'oncle, nous trouvons des *Giardia.*

2°. — A... a fait deux anées de séjour à l'armée d'Orient, d'où il est revenu avec de la dysenterie. Sa fille âgée de deux ans a de la diarrhée. Nous trouvons de très nombreux kystes de *Giardia* dans ses selles.

2°. — Femme 50 ans, n'a jamais quitté Alger, présente une entérite chronique avec *Giardia* dans les selles. Son fils a fait un long séjour à l'Armée d'Orient où il a été hospitalisé trois mois.

Il y a lieu de remarquer que ces observations datent de 1920, à l'époque précisément où la statistique indique pour la première fois des constatations positives.

Dans les observations ultérieures, il n'est pas toujours possible de rattacher à un démobilisé la genèse d'un cas de lambliase. On peut supposer que les premiers infectés ont été à leur tour des semeurs de germes. Une observation familiale où cinq personnes furent contaminées tour à tour semble appuyer cette façon de voir.

En résumé, il semble que la lambliase ait été rare en Algérie, au cours des années qui ont précédé 1919. La démobilisation d'un grand nombre de soldats ayant fait campagne en Orient, soit aux Dardanelles, soit en Macédoine a pu introduire en Algérie nombre de semeurs de *Giardia.* L'affection se serait acclimatée en notre pays. Il importe que les médecins le sachent. Il faut penser à la giardiase, affection de diagnostic facile et contre laquelle nous disposons d'un médicament efficace : le stovarsol.

Institut Pasteur d'Algérie

J. MONTPELLIER et A. CATANEI

# LES MYCOSES DU MEMBRE INFÉRIEUR EN ALGÉRIE FORMES CLINIQUES ET PARASITOLOGIE

En Algérie, ce sont les mycoses du membre inférieur qui, parmi les maladies dues à des Champignons pathogènes — les Teignes mises à part — ont fourni, jusqu'à présent, le plus grand nombre d'observations. Leur étude a commencé, il y a 35 ans, avec le cas de mycétome du pied, publié par Gémy et Vincent, en 1892 (1). Toutes les lésions mycosiques du membre inférieur observées jusqu'à l'an dernier appartiennent à ce syndrome ; c'est à cette époque que nous avons vu, pour la première fois, une forme clinique et parasitaire différente.

I. — **Les mycétomes du pied.** — Pendant une période d'une trentaine d'années qui a suivi la découverte du premier cas algérien de mycétome du pied, il ne fut publié que trois observations nouvelles accompagnées d'une étude parasitologique. La recherche attentive de cette mycose à partir de 1921, a permis à l'un de nous de l'observer six fois en l'espace de quelques années. Au total, dix cas algériens de mycétome du pied (dont un inédit) ont fait l'objet d'une étude complète, jusqu'à ce jour.

A. *Formes cliniques.* — Les mycétomes du pied observés en Algérie sont de deux types principaux : *a*) néoplasique ou circonscrit ; *b*) « Pied de Madura ».

*a*) Dans le premier type, vu une seule fois, la lésion consistait en une tumeur présentant le relief du poing, de consistante plutôt solide, en forme de brioche dont l'extrémité antérieure surplombait le 4ᵉ orteil, la base s'étalant vers le 1/3 postérieur du pied.

*b*) Le deuxième type, qui est le plus fréquent, débute par une lésion peu étendue, mal limitée et sans caractères précis, présentant un ou plusieurs trajets fistuleux. Complètement constitué, il est caractérisé par une hypertrophie locale ; le pied paraît « soufflé » ; cet aspect étant d'ordinaire accentué par l'atrophie de la jambe due à l'impotence fonctionnelle. L'augmentation de volume, le plus souvent li-

(1) GÉMY et H. VINCENT, Sur une affection parasitaire du pied non encore décrite (variété de Pied de Madura). *Ann. Dermat. et Syphil.*, n° 5, mai 1892.

mitée aux régions tarsienne et métatarsienne, atteint parfois la face plantaire qui, en général, épaissie, bombe plus ou moins. Sur la peau, de teinte généralement violacée et irrégulièrement pigmentée, se détachent un certain nombre de nodules de la grosseur d'un pois ou d'une petite noisette. Les uns sont en voie de formation ; d'autres, prêts à s'ouvrir, sont coiffés d'une fine pellicule dont la rupture donne issue à une ou deux grosses gouttes de pus jaunâtre, généralement bien lié, dans lequel on reconnaît les *grains* caractéristiques ; quelques autres, ouverts, sont plus ou moins affaissés et creusés en cratères étroits où aboutissent des trajets fistuleux assez peu profonds ; certains, enfin, apparaissent ratatinés et cicatriciels.

A côté de cette forme clinique, on peut observer des « pieds soufflés » d'un type bien défini qui constituent, en quelque sorte, des termes de passage entre le type tumoral circonscrit proprement dit et le « Pied de Madura » ; cet aspect caractérisant, en effet, le stade ultime du mycétome ancien.

B. *Parasitologie.* — Les Champignons trouvés dans les mycétomes du pied, en Algérie, sont des Hyphomycètes appartenant à trois genres différents. Ce sont, par ordre de fréquence :

*Nocardia madurae* (H. Vincent, 1894) du groupe des Microsiphonés.

*Scedosporium apiospermum* (Saccardo, 1911) du groupe des Aleuriosporés.

*Madurella mycetomi* (Laveran, 1902) du groupe des Thallosporés (1).

*Nocardia madurae* (H. Vincent, 1894) du groupe des Microsiphotome cultivé, a été isolé et décrit par H. Vincent, à Alger, en 1894 ; il a été revu dans 6 autres cas. Il provoque un mycétome à grains blanc-jaunâtre, de teinte ivoire, assez réguliers en général, à surface mûriforme, de consistance caséeuse, ayant une diamètre moyen de 2 millimètres. *Scedosporium apiospermum*, isolé 2 fois, produit des grains, également blanc-jaunâtre et s'écrasant facilement, généralement lisses et réguliers, parfois tomenteux et mûriformes par suite de l'agglomération de grains plus petits. *Madurella mycetomi* a été trouvé dans un cas de mycétome produisant des grains noirs, durs, de 2 millimètres de diamètre, en moyenne, un peu irréguliers, parfois arrondis, dont la surface présente des aspérités.

**II. — Nouvelle mycose du membre inférieur.** — A. *Forme clinique.* — Sur la jambe et au cou-de-pied, la peau, en partie scléreuse, cicatricielle et atrophique, en partie pachydermique et bigarrée de zones blanches et de régions rouges pigmentées, présente une série d'éléments éruptifs essentiellement polymorphes. Les éléments les plus caractérisés sont : des lésions ulcéro-croûteuses, à croûtes rupioïdes repo-

(1) De la classification de P. Vuillemin.

sant soit sur une cavité ecthymatiforme, soit sur une ulcération de surface irrégulière, à bords minces, décollés (tiers supérieur de la jambe) ; des lésions tuberculo-ulcéreuses, plus ou moins agglomérées en placards vermoulus (tiers inférieur, face interne) ; des lésions fortement framboesoïdes (cou-de-pied) ; enfin, des nodules étalés, pseudo-chéloïdiens, parfois pustuleux. Sur la face postérieure du mollet existe une grosse ulcération creuse, à bords épais, durs, d'aspect parfaitement gommeux, reposant sur un vaste placard de pachydermite scléro-gommeuse. Toutes ces lésions sont intriquées dans un assemblage assez difficile à décrire. Leur début remonte à peu près à dix ans. A 12 centimètres au-dessus du genou du même membre, on observe une gomme musculaire du quadriceps, nettement flctuante, du volume d'une mandarine. Adénopathie crurale, indolore, dure, sans périadénite notable.

B. *Parasitologie.* — L'examen histologique d'une lésion ulcéro-papillomateuse du mollet et d'un nodule pseudo-chéloïdien du cou-de-pied nous a permis d'observer des éléments parasitaires végétaux. Par l'ensemencement du pus et du produit de ponction de la gomme musculaire fermée, nous avons pu isoler un Champignon du genre *Hormodendron* Bonorden, 1851. Nous pensons qu'il s'agit d'une espèce nouvelle pour laquelle nous avons proposé le nom de *H. algeriensis.*

En résumé, la plupart des mycoses observées en Algérie, en dehors des Teignes, ont pour siège le membre inférieur. On a étudié jusqu'à présent, dans ce pays, dix cas de mycétome du pied revêtant deux types cliniques distincts et dus à trois Champignons différents. En plus de ce syndrome, nous avons signalé récemment une mycose du membre inférieur d'un type clinique et parasitaire nouveau.

---

Institut Pasteur d'Algérie

H. FOLEY

## LE BOUTON D'ORIENT DANS LE SAHARA ALGÉRIEN

Ce sont les médecins militaires qui ont révélé l'existence du bouton d'Orient en Algérie et fait connaître sa distribution géographique dans la partie septentrionale du Sahara algérien. Les troupes françaises s'installèrent à Biskra au mois de mars 1844. Dès le mois de novembre suivant, l'attention des médecins de la garnison était attirée par une « affection cutanée épidémique », qui « porta la désolation dans le nouveau camp français », entraînant de nombreuses hospitalisations. Ils remarquèrent immédiatement ses analogies avec la dermatose qui était connue en Syrie sous le nom de *bouton d'Alep* et pour la plupart n'hésitèrent pas à affirmer l'identité des deux maladies.

A partir de 1845, dans plusieurs thèses inaugurales et dans une série de notes, parues dans la *Gazette médicale de l'Algérie* et dans le *Recueil des mémoires de médecine, de chirurgie et de pharmacie militaires*, ils étudient les oscillations annuelles et saisonnières du *bouton de Biskra*, sa fréquence suivant l'âge, le sexe, la race, le tempérament et surtout ses formes et son évolution : leurs publications, où l'élégance du style s'allie souvent à la précision des descriptions cliniques, ne laissent pas le moindre doute sur l'exactitude de leurs diagnostics.

Ils constatent bientôt que l'affection n'est pas exclusivement localisée à la région de Biskra, et l'inspecteur Guyon, qui, dès 1835, avait eu l'occasion de rencontrer à Bône des individus porteurs de cicatrices de boutons contractés à Alep ou à Bagdad, écrit, en 1852 : « Mieux vaut la nommer *bouton des Zibans*, car elle s'observe dans toutes les oasis qui constituent cette contrée », depuis Sidi Oqba jusqu'aux Ouled Djellal, où Castaing la signale en effet, en 1853-54. Des renseignements indigènes font soupçonner aussi la dermatose à Touggourt, à Ouargla, à Bou Semghoun, dans le Sud de la province d'Oran. Cabasse, qui avait été prisonnier des Arabes, écrit, en 1848, dans sa *Relation de la captivité des Français chez les Arabes*, qu'on la rencontre aux environs de Tlemcen et jusque sur la Moulouya.

En 1859 et 1860 — 7 ans après l'occupation de cette ville (décembre 1852) — Manoha et Arnould découvrent à Laghouat une vingtaine de cas, et Didelot en signale d'autres en 1862, Legrain, n'ayant pas observé le bouton pendant son séjour à El Oued, en 1892-93, déclare qu'il n'existe pas dans le Souf, ni dans les oasis situées en pleins sables.

A partir de 1903, la découverte du parasite par Wright va permettre d'étayer solidement sur des examens de laboratoire les constatations nouvelles. Billet, en 1906, Boigey, en 1907, vérifient la présence de *Leishmania* dans des boutons contractés à Biskra. La zone d'endémicité de la maladie reste cependant limitée aux localités déjà indiquées jusqu'en 1914, où Foley, Vialatte et Adde signalent un nouveau foyer, très éloigné des précédents, à Bou Anane, poste occupé par nos troupes depuis la fin de 1908, sur un affluent du Guir, au voisinage de la frontière sud-algéro-marocaine.

De nouvelles investigations sont activement poursuivies, depuis 1918, sous l'impulsion de l'Institut Pasteur d'Algérie. Baqué (1921), puis Bidault (1923) observent de nombreux cas à El Oued et dans les ksour environnants — pays de dunes, où les affleurements rocailleux font défaut sur un rayon de 200 kil. — infirmant ainsi la théorie, énoncée en 1914 par Chatton, des relations entre la présence du bouton d'Orient et le *facies rupestre* du sol. En 1924, Céard découvre la dermatose chez des Indigènes sédentaires, arabes ou négroïdes, à Colomb-Béchar, dans une région à caractère saharien nettement accentué. Enfin Piquemal, aux Ouled Djellal (1923), Boisseau, à Laghouat (1926), relatent et font vérifier par l'examen microscopique des cas autochtones.

Dans le Sud de l'Algérie, l'aire de répartition du bouton d'Orient s'étend donc, en bordure de l'Atlas, du Maroc à la Tunisie, pénétrant assez loin dans les régions sahariennes. On trouvera peut-être, dans les oasis du Sahara central, de nouveaux foyers qui relieraient cette zone d'endémicité à celle dont les médecins coloniaux ont esquissé le tracé, depuis une quinzaine d'années, entre le lac Tchad, le Niger et le Dahomey.

Dans leurs premières publications relatives au « bouton de Biskara », les médecins de l'armée d'Afrique cherchent à déterminer les causes de la maladie et à expliquer son caractère épidémique ; ils envisagent d'abord et discutent toutes les hypothèses émises au sujet du bouton d'Alep, et d'autres nouvelles, où se reflètent les théories médicales régnantes. De leurs exposés et de leurs controverses se dégage bientôt la notion de l'impossibilité de résoudre cette question « avant de s'être livré à une investigation patiente » de toutes les conditions locales : « Confesser qu'on ne sait pas, écrit Sonrier (1857), c'est encore faire progresser la science. »

Ils abordent donc le problème étiologique d'un point de vue plus restreint et s'efforcent de découvrir une « influence locale ». Ils recherchent la lésion chez les animaux, chien, chat, etc... E.-L. Bertherand (1854) affirme l'existence du « *chancre du Sahara* » chez le cheval. Weber (1876) essaiera de démontrer l'inoculabilité des lésions. Déjà, en 1860, Manocha et Arnould avaient noté l'apparition du bouton de Laghouat à la suite d'une piqûre d'épine. Sériziat déclare, en 1866, qu'il a vu à Biskra des boutons « qui ont eu incontestablement pour origine une piqûre de moustique ». En 1875, dans son *Traité des maladies et épidémies des armées*, Laveran écrit : « Ne pourrait-on pas accuser la piqûre de quelques-uns des insectes qui pullulent dans les climats chauds ? »

On sait que cette hypothèse, vaguement formulée par nos devanciers, devait aboutir, à la suite des travaux de l'Institut Pasteur d'Algérie (1921), à la découverte du rôle de *Phlebotomum papatasi* dans la transmission de la leishmaniose cutanée.

Edm. et Et. SERGENT
H. FOLEY, L. PARROT et A. CATANEI

## LA MESURE DU PALUDISME ENDÉMIQUE

Pour apprécier le degré d'insalubrité d'une région géographique donnée, du point de vue du paludisme, on tient compte, le plus souvent. de deux éléments statistiques essentiels : *l'index splénique* et *l'index plasmodique*. Plus rarement, on s'inspire en outre de *l'index endémique*, au sens de Ross, et de la valeur de la *rate hypertrophiée moyenne*, du même auteur. Nous voudrions montrer ici, d'après notre expérience personnelle, que ces deux dernières données méritent plus d'attention qu'on ne leur en accorde d'habitude et qu'elles peuvent servir utilement à la connaissance et à la mesure du paludisme endémique régional.

*
* *

L'index splénique et l'index plasmodique sont basés sur la constatation de deux signes révélateurs de l'infection paludéenne, aiguë ou chronique : 1° l'hypertrophie de la rate ou splénomégalie, reconnue par la palpation de l'organe ; 2° la présence de l'hématozoaire causal dans la circulation périphérique, reconnue par l'examen microscopique du sang. L'index splénique d'une localité est la proportion pour cent des sujets, âgés de 1 jour à 15 ans, trouvés porteurs d'une rate de volume anormal dans cette localité ; l'index plasmodique est la proportion pour cent des sujets trouvés porteurs de *Plasmodium* parmi la même population infantile. Si, dans un groupement indigène A, on note de l'hypertrophie de la rate chez 25 enfants sur 125 examinés, on dit qu'au moment de l'examen l'index splénique de A atteint 20 % ; si le sang de 18 enfants montre des hématozoaires, on dit que l'index plasmodique atteint 14 %. Les chiffres de 20 % et de 14 % traduisent et mesurent la fréquence du paludisme dans le groupement A, ainsi que l'insalubrité de la région environnante, car il est bien évident que plus une région est malsaine, plus la proportion des paludéens y est forte.

Cependant, l'index splénique et l'index plasmodique ne donnent pas, de la fréquence du paludisme, une idée aussi claire ni aussi complète qu'on pourrait le supposer. Il existe, en effet, des paludéens avérés qui échappent soit au calcul de l'index splénique (sujets infectés depuis peu, d'enfants de race noire, habitants des oasis sahariennes), soit au calcul de l'index plasmodique (porteurs de grosse rate âgés de 10 à 15 ans en particulier). Ainsi l'index splénique et l'index plasmodique d'une même localité ne concordent jamais exactement, et on se trouve bien empêché de dire quel est celui des deux qui, traduisant le mieux les conditions sanitaires, doit être pris en considération de préférence. L'embarras est grand surtout quand il s'agit de comparer l'état de salubrité de deux localités différentes ou de faire un choix entre plusieurs (pour l'installation d'un village ou d'un camp militaire, par exemple).

*L'index endémique de Ross* (1) n'offre pas ces inconvénients. Il consiste à répartir les sujets examinés en 4 groupes : a) enfants non splénomégaliques révélés paludéens par l'examen microscopique du sang ; b) sujets splénomégaliques dont le sang ne montre pas de parasites ; c) sujets splénomégaliques avec parasites visibles ; d) sujets apparemment sains. L'ensemble des paludéens est représenté par le total a + b + c et le rapport de ce total au nombre de sujets examinés N constitue *l'index endémique.*

$$\text{I. E.} = \frac{(a+b+c) \times 100}{N}$$

La formule de l'index splénique étant $\frac{(b+c) \times 100}{N}$ et celle de l'index plasmodique étant $\frac{(a+c) \times 100}{N}$, on voit que l'index endémique englobe des paludéens de la catégorie *a* ou de la catégorie *b* qui n'entrent pas dans le cadre de l'index splénique et de l'index plasmodique considérés isolément. D'où sa précision plus grande. On remarque de plus combien, avec cette notation unique, les comparaisons de localité à localité deviennent sûres et faciles. L'index endémique de Ross nous paraît donc devoir être utilisé comme un complément indispensable de l'index splénique et de l'index plasmodique.

*
* *

La *rate hypertrophiée moyenne*, de R. Ross, est le degré moyen d'hypertrophie de la rate, constaté par la palpation chez les paludéens splénomégaliques d'une même localité. Toutes autres choses étant égales d'ailleurs (âge des sujets examinés, absence de traitement quinique ou de prophylaxie), la splénomégalie palustre croît en proportion de la quantité totale de virus paludéen inoculée à chaque individu par les Anophèles propagateurs de l'infection. En d'autres

(1) R. Ross, *The prevention of Malaria*, Londres 1910, p. 152 et p. 223. L'index endémique de Ross ne doit pas être confondu avec l'index endémique de Stephens et Christophers, qui n'est autre que l'index plasmodique.

termes, il y a un rapport de cause à effet entre l'intensité du paludisme et la taille des rates hypertrophiées ; évaluer l'une, c'est, en définitive, mesurer l'autre.

Pour déterminer la valeur numérique de la rate hypertrophiée moyenne (Rp), un procédé simple consiste à mesurer en travers de doigt la distance qui sépare le rebord costal gauche de l'extrémité distale de la tumeur splénique, chez chaque splénomégalique. On attribue à chaque rate examinée la valeur 1, 2, 3, 4 ou 5 suivant qu'elle mesure 1, 2, 3, 4 ou 5 travers de doigt, et la valeur 6 à toutes les rates excédant 5 travers. On additionne ces valeurs et on divise le total par le nombre des rates hypertrophiées. Si, par exemple, dans une localité L, on a trouvé 90 rates hypertrophiées dont 33 de 1 travers de doigt, 31 de 2 travers, 17 de 3 travers, 6 de 4 travers, 1 de 5 travers et 2 de 6 travers, on dit que la rate moyenne hypertrophiée y atteint :

$$\frac{33 \times 1 + 31 \times 2 + 17 \times 3 + 6 \times 4 + 1 \times 5 + 2 \times 6}{90} = \frac{187}{90} = 2$$

Il y a avantage à associer, dans une même formule, les données de la recherche de l'index splénique avec les résultats de la splénométrie, pour avoir une représentation plus expressive encore, quantitative et qualitative à la fois, du paludisme régional. C'est là ce que nous appelons *l'index splénométrique*. Il s'obtient en multipliant le chiffre de l'index splénique par la valeur de la rate hypertrophiée moyenne. Cette notation rend de grands services, en particulier pour vérifier l'efficacité des procédés de la lutte antipaludique.

---

G. LEMAIRE

Médecin des Hôpitaux d'Alger

---

## FONCTIONS TOXIQUES DU LIQUIDE HYDATIQUE

---

Les comparaisons que l'on peut établir, les analogies qui existent entre les accidents observés en parasitologie humaine, sont nombreuses, et les phénomènes d'ordre toxique sont ceux qui nous paraissent offrir le plus grand intérêt ; ils soulèvent une foule de problèmes biologiques, et leur pathéogénie n'en est pas complètement expliquée.

L'échinocoque se prête particulièrement bien aux investigations de cette nature, par l'abondance et le volume du matériel d'étude ; les effets du liquide hydatique sur l'organisme humain sont d'autre part, depuis longtemps connus, et leur symptomatologie particulièrement bien décrite (1).

Quoi qu'on en ait pu penser tout d'abord, le liquide hydatique ne renferme pas de toxine primaire (2) ; les inoculations d'assez fortes quantités de ce liquide sont inoffensives pour des sujets normaux. Ces inoculations sont au contraire agressives pour les sujets atteints d'échinococcose, et le contact fortuit de ce liquide avec leurs tissus, donne lieu parfois à des accidents redoutables (3).

En ce qui concerne les accidents graves ou mortels, le contact du liquide avec les tissus est une condition nécessaire, et leur gravité est en raison directe de leur soudaineté, de la rapidité avec laquelle ils succèdent à ce contact. Les expériences de Chauffard et Boidin (1906) (4) ont permis d'apparenter très nettement leur symptomatologie à celle des accidents anaphylactiques. Celle-ci produit, jusque dans leur succession, les accidents que l'on observe à la suite des réinoculations sériques.

La pathogénie de ces accidents peut-elle être serrée de plus près ? C'est ce que nous allons discuter.

### *Urticaire hydatique*

D'allure plus bénigne, l'urticaire fait très souvent partie du cortège de symptômes consécutifs à l'imprégnation hydatique directe des tissus. Il semble qu'en certains cas, l'urticaire puisse être observée en dehors de ces circonstances, sans qu'on puisse invoquer une rupture des membranes, c'est-à-dire dans le cas de kystes intacts, ainsi que le prétendait Dieulafoy, pour qui l'urticaire était parfois un symptôme précoce, révélateur, lorsque celui-ci ne pouvait être rapporté à une autre cause.

C'est à propos de l'urticaire, que se sont offrontées les deux théories, l'une anatomique, l'autre physiologique, de MM. Debove et Achard (1888-1904) qui donnent, chacune, une explication pathogénique de cette apparition.

Nous verrons que la théorie anatomique d'Achard (kystes fissurés), et la théorie physiologique de Debove (osmose d'un produit toxique),

---

(1) Cf. Dévé, L'intoxication hydatique post-opératoire, *Revue de Chirurgie*, mai 1911.

(2) J. H. Botteri, expérimentant sur l'homme, montre l'innocuité de la première inoculation (Uber Ekinokokken anaphylaxie. Zeitsft. für die gesamte exp. Medizin, 1922, 1923, 1925).

(3) Cf. Dévé, *loc. cit.*

(4) *Soc. méd. des Hôp.*, 13 déc. 1906.

se partagent encore, à l'heure actuelle, l'opinion médicale, lorsqu'il s'agit d'interpréter les résultats fournis par les méthodes biologiques. On invoque encore, pour interpréter les résultats négatifs, l'imperméabilité des kystes (toxicité enclose, toxicité dissociée de Chauffard).

L'application de la méthode intradermique au diagnostic de l'échinococcose (Troisier, Boidin et Laroche 1910, et surtout Casoni 1912), jette un nouveau jour sur cette question. L'énorme pourcentage de réactions positives, chez les malades atteints d'échinococcose, plaide en faveur d'une osmose physiologique d'un produit toxique. Les membranes hydatiques jouent le rôle d'une membrane animale et la substance qui dialyse ne peut être de nature albuminoïde. L'expérience (1) démontre que le produit d'une dialyse très sévère contient des acides aminés donnant les réactions de la créatinine et de l'acide succinique (2), et que ce dialysat permet d'obtenir la réaction dermique caractéristique, chez les sujets porteurs de kystes hydatiques, dans les mêmes conditions où elle est obtenue avec le liquide hydatique complet (3). Il est donc impossible de refuser un rôle important aux produits de dialyse, dans les phénomènes de sensibilisation, dans la production de l'urticaire et de l'œdème local.

Bien plus, on peut obtenir une sensibilisation dermique des sujets normaux, à l'aide d'injections sous-cutanées, répétées, du dialysat seul. Il est vrai de dire que cette sensibilisation est très longue à obtenir. Mais nous n'avons aucune idée des décharges parasitaires, et l'analyse du liquide hydatique ne permet pas toujours de se rendre compte de l'activité biologique du parasite ; car les acides aminés dialysent très rapidement, très vraisemblablement comme moyen de « self-defence » de l'échinocoque.

De nouvelles recherches sont à entreprendre dans ce sens, et le sujet est loin d'être épuisé. Ainsi, il est nécessaire de savoir si les acides aminés du dialysat sont réellement spécifiques (de l'espèce de parasite). Ils jouent certainement un rôle dans l'intoxication lente de la cachexie hydatique, observée chez les malades atteints de kystes nombreux.

D'autre part, certains sujets sensibles à l'injection intradermique de peptone (tuberculose des séreuses et cancer, assez fréquemment), présentent des réactions de Casoni positives (avec le liquide hydatique complet). Il nous est même arrivé de constater deux fois des intradermo-réactions assez nettes, avec le dialysat, en dehors de l'échinococcose. Quoi qu'il en soit, l'épreuve au dialysat nous paraît déjà réaliser un progrès sur l'épreuve au liquide hydatique total ; mais nous

(1) G. Lemarie et J. Thiodet, C.R. de la Soc. de Biologie, 19 juin 1926.

(2) G. Lemaire, Thiodet et Derrieu, C.R. de la Soc. de Biologie, 11 déc. 1926.

(3) G. Lemaire, *La Presse Médicale*, 18 sept. 1926.

ne craignons pas de dire que l'épreuve intradermique nous paraît être un phénomène beaucoup plus complexe qu'on le croit généralement.

### *Anaphylaxie hydatique*

Nous avons vu qu'on peut dissocier jusqu'à un certain point l'urticaire et l'œdème local expérimental (chez les sujets sensibilisés), de l'ensemble des phénomènes toxiques provoqués par le liquide hydatique, en ce sens que l'on peut mettre en quelque sorte en évidence une première fonction *amino-toxique*. Or on sait que les acides aminés ne sensibilisent pas l'organisme (1) au point de permettre de reproduire les phénomènes anaphylactiques.

Ces derniers, lorsqu'ils sont observés au cours de l'échinococcose dépendent d'une autre fonction toxique du liquide hydatique, de la présence dans ce liquide de substances albuminoïdes, substances étrangères capables de produire les états anaphylactiques. Cette fonction *protéo-toxique* est absolument distincte de la fonction amino-toxique. Une preuve expérimentale de cette dissociation des deux fonctions toxiques nous est donnée par Botteri, qui n'a pu obtenir d'état anaphylactique avec des liquides hydatiques provenant du poumon de bœufs, ne contenant pas de substances albuminoïdes ; et cependant ces liquides étaient biologiquement actifs, puisqu'ils donnaient des intradermo-réactions positives.

Mais, tandis que la première s'exerce de façon normale et permanente dans le cas de parasites actifs, la seconde n'entre en jeu qu'à l'occasion d'une fissure, d'une rupture, d'une ponction de membranes, d'une intervention chirurgicale, c'est-à-dire d'une première imprégnation directe des tissus par le liquide hydatique.

Nous ne pouvons, ici, discuter de façon plus précise les conditions d'apparition des phénomènes toxiques au cours de l'échinococcose ; nous nous promettons de le faire plus longuement. Qu'il suffise de rappeler, d'une part, que l'inondation hydatique les séreuses, spontanée (rupture par pression interne), ou traumatique, n'est que rarement suivie de phénomènes graves, et que beaucoup de chirurgiens opérant couramment des kystes hydatiques, les ont rarement observés à la suite de leurs interventions (c'est sans doute qu'il s'agissait là d'un premier contact direct) ; d'autre part, que les phénomènes graves ou mortels sont fréquemment signalés chez les malades porteurs de kystes multiples ou très volumineux, de kystes exogènes, de kystes bourrés de vésicules filles ou atteints d'échinococcose secondaire.

L'état anatomique du kyste, l'état de son évolution jouent ici un rôle prépondérant, qui mérite d'être scrupuleusement mentionné dans

(1) Cf. Botteri, *loc. cit.* et Zunz, de Bruxelles, *Bull. de l'Académie royale de Belgique*, juil. 1925.

les observations. On peut saisir quelquefois que la sensibilisation a été provoquée par une ponction précédant de quelques jours une intervention.

L'époque de la sensibilisation, son intensité, les quantités de liquide épanchés au moment des contacts jouent sans doute un rôle dans la rapidité d'apparition et dans la gravité des phénomènes toxiques observés.

Le fait que des quantités minimes suffisent parfois à déclancher des accidents mortels, doit rendre le chirurgien extrêmement prudent, en retirant soit le liquide, soit la membrane mère. C'est probablement dans ce dernier temps que des parcelles de liquide entrent en contact avec les parois du kyste, formées par les tissus de l'hôte. Nouvelle preuve que ce n'est pas le kyste qui est imperméable, mais que les membranes parasitaires seules remplissent cet office de protection contre les albumines étrangères.

Une autre considération pratique découle de nos connaissances pathogéniques. Si l'on admet que ce sont les albumines qui provoquent les accidents anaphylactiques, il y a lieu de chercher à les modifier et à les rendre inoffensives, avant de retirer le liquide. Le formol est un excellent parasiticide, mais il n'empêche pas, nous le savons, les accidents de se produire. Le formol n'est, en effet, pas un agent coagulant, et il ne modifie qu'à la longue les albumines toxiques, avec le secours de la chaleur (Ramon).

Il y a lieu d'utiliser simultanément un agent coagulant à effet rapide, alcool ou sulfate de soude, à condition de le laisser peu de temps.

L'adjonction d'un colorant inerte permettrait également de surprendre certains détails anatomiques et de surveiller les contacts du liquide hydatique avec les tissus.

### *Réactions sérologiques*

On pourrait, à propos des réactions sériques (réactions d'Apphatie Imatz-Lorenz, Weimberg, ou déviation du complément, précipito-diagnostic de Fleig et Lisbonne), faire les mêmes remarques qu'à propos de l'anaphylaxie. Les mêmes irrégularités sont observées ; elles peuvent recevoir très vraisemblablement les mêmes explications.

Notre expérience personnelle, portant toujours sur un antigène humain éprouvé, ne nous a donné que des pourcentages ne dépassant pas 20 à 25 % de réactions positives, chez les malades atteints d'échinococcose. Nous en concluons que l'antigène qui entre en jeu dans la réaction de déviation, ne traverse pas normalement les membranes hydatiques, et qu'il doit être de nature albuminoïde. Ces pourcentages correspondent à peu près à ceux observés en clinique, d'échinococcose secondaire ou de modification des membranes.

Certaines réactions négatives peuvent s'expliquer soit par l'état normal des membranes, soit par l'inactivité biologique du parasite, soit enfin par des modifications antérieures (1) et lointaines des kystes (vésicules flétries, calcification), mais cela n'a rien d'absolu dans ce dernier cas. Certaines réactions négatives s'observent encore au cours de la cachexie hydatique (anergie, saturation permanente des anticorps).

C'est intentionnellement que nous ne parlons pas ici des lipoïdes du liquide hydatique. S'ils peuvent parfois fausser le sens des réactions de fixation (notamment chez les syphilitiques), nous savons qu'ils ne possèdent aucune fonction toxique.

### *Les membranes hydatiques*

Il nous reste à dire un mot au sujet des membranes hydatiques. Les extraits aqueux ne renferment pas de mucine, pas d'acides aminés, et donnent les réactions habituelles des albumines (sérine). Or, de tels extraits, contenant 0 g. 10 d'albumine par litre, donnent des réactions dermiques intenses, chez les sujets atteints d'échinococcose ou sensibilisés par le liquide hydatique. Il y a lieu de se demander si l'action des ferments leucocytaires n'est pas susceptible d'exercer une certaine digestion (minime certainement) sur les parois externes des membranes, n'en favorise pas la résorbtion, et si elle n'entre pas en jeu de cette manière, dans la production d'anticorps. Peut-être, malgré l'opinion contraire des expérimentateurs qui ont surtout employé les extraits alcooliques, les extraits aqueux de membranes constituent-ils un excellent antigène. Des recherches sont poursuivies dans ce sens.

Quoi qu'il en soit, nous étions bien en droit, plus haut, de considérer la sensibilisation dermique des malades atteints d'échinococcose, comme un phénomène extrêmement complexe, d'interprétation fort délicate, et qui mérite de susciter de nouvelles recherches susceptibles d'apporter quelques éclaircissements à la pathogénie des manifestations de l'allergie.

---

(1) On peut également voir toutes les réactions devenir négatives, à la suite d'un shock anaphylactique déterminé par une ponction, une rupture, qui équivaut à une désensibilisation temporaire.

Travail de la Clinique Oto-Rhino-laryngologique
de la Faculté de Paris

Dr Armand GOZLAN
Chef de laboratoire de radiologie à l'hôpital civil d'Alger

## LIQUIDE CÉPHALO RACHIDIEN ET CLINIQUE DANS LE PRONOSTIC DES MÉNINGITES OTITIQUES

Dans notre travail inaugural (1), considérant la valeur respective du syndrome biopsique et du syndrome clinique dans le pronostic des méningites otitiques, nous en étions arrivés, avec notre maître Aboulker, contrairement à l'opinion classique, aux conclusions suivantes :

1° Le laboratoire ne permet pas d'acquérir d'une façon certaine, dans un cas donné, cette notion précieuse, dominante au regard de l'opinion classique, de méningite otitique aseptique et ce, quel que soit le procédé d'examen employé.

*a)* Les résultats négatifs de *l'examen bactériologique* (examens directs sur lames, cultures, inoculations) ne permettent jamais de considérer le liquide céphalorachidien comme certainement stérile. Tout au plus, peut-on considérer de pareilles méningites comme « pratiquement aseptiques ».

*b)* *L'examen cytologique* et, en particulier, « *l'état d'intégrité* » *des polynucléaires*, ne peuvent faire considérer comme réellement aseptiques les liquides des épanchements méningés puriformes. L'intégrité des polynucléaires ne prouve pas que le malade doit guérir ; leur altération ne veut pas dire que la mort est certaine.

*c)* *Les caractères chimiques* du liquide de ponction lombaire (teneur et variation en sucre et en albumine) n'ont, dans l'état actuel des examens pratiqués, qu'une valeur toute relative pour reconnaître dans ce liquide l'absence ou la présence des microbes.

2° Non seulement l'asepsie du liquide cérébro-spinal ne peut être affirmée d'une façon absolue, mais même établie, elle ne prouverait rien quant au *pronostic*, car on a pu constater des méningites septiques curables et des méningites aseptiques mortelles. La présence

(1) Clinique et laboratoire dans le pronostic la Classification et le traitement des méningites otitiques (Thèse Alger, avril 1926).

des microbes est loin d'avoir un pronostic invariablement impitoyable ; l'absence de microbes ne donne pas la certitude d'une issue favorable, loin de là.

*L'intoxication méningée* explique les faits de méningites aseptiques mortelles, sans qu'il soit nécessaire de contester la réalité de l'asepsie d'un liquide dont les examens directs et cultures restent invariablement négatifs. A côté des méningites par intoxication ou par infection, qui sont le plus souvent, sinon toujours des toxi-infections méningées, il y a des intoxinations méningées mortelles cliniquement pures.

Plus que la formule bactériologique, cytologique ou chimique, un élément capital : *la formule toxinique de l'épanchement*, élément qui manque le plus souvent, devrait venir compléter les renseignements fournis par l'analyse du liquide céphalo-rachidien.

La considération du pouvoir toxinique du liquide céphalo-rachidien sur l'animal et la mesure de ses variations peuvent, en effet, nous donner d'utiles renseignements pronostiques, et cela, que l'on ait affaire à des méningites toxiniennes, septiques ou aseptiques.

Toutefois, une pareille recherche de la formule toxinique, si intéressante par les résultats qu'elle fournit, relève des mêmes critiques que celles adressées à l'inoculation ; les résultats se font trop attendre alors que le temps presse. Aussi « tant que nous n'aurons pas un moyen de mesurer les variations du pouvoir toxinique du liquide méningé aussi rapide et pratique que l'examen biopsique, tant que nous ne pourrons pas, l'examen clinique terminé, à la formule cytologique, chimique et bactériologique, joindre la formule toxinique, c'est l'examen du malade qui, selon nous, restera, dans la majorité des cas, la clef de voûte du pronostic. » (Docteur H. Aboulker.)

Nous devons de plus ajouter que même établie, cette formule toxinique ne nous donnerait encore là qu'une mesure approximative de l'intoxination méningée sans aucune indication sur l'intoxination générale dont seul l'examen clinique donne une idée.

3° Au point de vue du *pronostic*, l'examen clinique, comparé aux autres méthodes d'exploration a certainement le plus de valeur. Certes, il n'est pas question de négliger l'examen du liquide céphalo-rachidien, mais le médecin doit comprendre ce que, devant un malade, il peut attendre de chacune des deux méthodes. Il est évident que lorsque laboratoire et clinique sont en désaccord, c'est à la clinique et à la clinique seule qu'il faudra s'adresser pour interpréter les imprécisions, les réponses parfois déconcertantes du syndrome biopsique.

Au cours de cette année, nous avons eu à nouveau l'occasion d'observer dans le service de notre Maître, quelques cas de méningites otitiques qui viennent encore confirmer les conclusions de notre travail.

Trois d'entre elles surtout nous ont paru particulièrement démonstratives, aussi nous a-t-il semblé intéressant de les rapporter.

### *Observation I*

(Méningite septique — guérison)

T..., 18 ans, entré au pavillon de garde, le 28 mai 1926, à 8 heures du soir, pour écoulement de l'oreille gauche, s'accompagnant de céphalée et de fièvre.

L'examen montre une otite moyenne avec réaction mastoïdienne, vertiges, somnolence, pas de vomissements. Légère raideur de la nuque.

*Ponction lombaire.* — On retire 25 c. de liquide légèrement trouble et un peu hypertendu qui n'a pas été examiné.

Intervention immédiate sous anesthésie locale par M. le Docteur Sudaka. L'antre et les cellules péri-antrales sont pleines de pus et de fongosités. Le sinus latéral mis à nu a un aspect normal. Curetage de la cavité des cellules antrales et mastoïdiennes.

*Le 29 mai.* — Température 39°, pouls 120°. Syndrome méningé complet. Néanmoins, le psychisme est conservé, le malade répond aux questions qu'on lui pose.

2e *ponction Lombaire.* — Liquide trouble, hypertendu. Eléments très abondants, polynucléaires très altérés en prédominance. Quelques lymphocytes.

A l'examen direct et aux cultures : micro-organismes prenant très irrégulièrement le gram, non identifiés. Albumine 0,85.

*Le 30 mai.* — Amélioration manifeste.

1er *avril.* — Ni vomissements, ni raideur de la nuque, seulement une ébauche de Kernig.

*Ponction lombaire.* — Liquide céphalo-rachidien clair.

A l'examen : quelques lymphocytes, pas de polynucléaires. Cultures sur différents milieux, négatives. Albumine 0,40.

10 *avril.* — Le malade se lève et fait quelques pas. Depuis l'amélioration se poursuit.

En août, le malade est presque complètement guéri.

Dans cette observation, à ne considérer que les résultats de l'examen du liquide céphalo-rachidien de la première ponction, le pronostic porté devait être fatal, pourtant le malade a guéri. Au contraire, dans le cas que nous allons maintenant résumer, avec un examen biopsique nullement inquiétant, le malade est mort !

*Observation II*
(Méningite aseptique mortelle)

F..., âgée de 4 ans, entre à l'hôpital le 17 novembre 1926, pour otite droite avec réaction méningée.

Début, il y a 6 jours environ.

A l'examen, on trouve une otite suppurée droite avec tuméfaction de la région mastoïdienne droite. Sensibilité à la pression surtout au niveau de l'antre. La petite malade est dans un état de torpeur très prononcé.

De temps en temps, elle se réveille pour se plaindre de sa tête. Pas de vomissements, constipation, fièvre élevée, raideur de la nuque. Kernig. Pronostic clinique très grave.

*Ponction lombaire :* Liquide céphalo-rachidien, trouble, un peu hypertendu. Lymphocytose légère. Albumine 0,40. Pas de microbes ni à l'examen direct de plusieurs lames ni aux ensemencements sur milieux usuels et anaérobies.

Séro-diagnostic : négatif.

Trépanation de la mastoïde qui est pleine de pus, dure-mère très procidente et sinus au contact du conduit, tous deux d'aspect normal.

Dans la nuit, convulsions de la face et du côté droit. Température 40,5°, pouls 144.

Le lendemain : convulsions répétées, coma progressif. Mort.

*Observation III*

M... entre à l'hôpital le 1er mars 1927, pour céphalée et otalgie droite.

Début des accidents il y a 6 jours environ par des douleurs d'oreille à droite puis à gauche. La température s'allume, s'accompagnant d'une violente céphalée occipitale. Vomissements. Constipation. Pas d'otorrhée.

A l'examen : les deux tympans sont uniformément rouges. Mais à droite le tympan bombe dans ses deux quadrans postérieurs ; de plus, il y a une réaction mastoïdienne légère à droite, au niveau de l'antre et de la pointe.

Raideur de la nuque et Kernig très marqués. Délire tranquille. Pas de nystagmus. On note de l'herpès narinaire et labial.

*Ponction lombaire.* — Tension 52. Liquide louche. Polynucléaires très abondants. *non altérés*, avec une certaine proportion de lymphocytes.

*Remarque.* — Contradiction entre la présence de microbes et l'intégrité des polynucléaires.

A l'examen direct et à la culture : staphylocoques. Albumine 1 gr. 20.

*Intervention* par M. le Docteur Sudaka, le 2 mars.

1° Ponction du tympan qui ramène une gouttelette séro-purulente où l'examen révèle la présence de staphylocoques.

2° Sous anesthésie locale, trépanation de la mastoïde, très pneumatisée. Au niveau de l'antre, ostéite avec pus et fongosités. Les autres groupes cellulaires sont intacts. Toutefois, à la pointe on découvre une cellule remplie de pus, sans lésions pariétales.

Mise à nu des méninges au-dessus de l'antre sur une étendue de cinquante centimes. Exploration au décolleur. Pas de collection extradurale Mise à nu du sinus qui ne bat pas mais est de coloration normale.

*Le 3 mars.* — Délire plus marqué que la veille. Le malade n'accuse pas de céphalée, lèvres fuligineuses, langue rôtie, utines sèche, pouls 116.

*Ponction lombaire.* — Liquide clair, non hypertendu, légèrement fibrineux à cytologie normale. Pas de microbes à l'examen direct ni après culture. Albumine : normale.

Le 3 mars (au soir) : coma, décès.

*
* *

Dans cette observation, il y a deux phases : dans une première période : clinique et laboratoire vont à peu près de pair : état clinique sérieux, témoin d'une atteinte grave, avec par ailleurs liquide C. R. montrant des polynucléaires non altérés, avec staphylocoques et hyperalbuminose. Constatation à pronostic sombre.

Dans une deuxième période : l'état clinique s'aggrave encore et au moment où l'issue fatale est presque certaine, une ponction lombaire, faite en quelque sorte in extremis, montre un liquide céphalo-rachinien, absolument normal, tant au point de vue cytologique, chimique que bactériologique.

Comment expliquer ces dissemblances souvent « paradoxales » ?

Des théories multiples, ingénieuses ont essayé de leur donner une interprétation. Mais en réalité, pour si séduisantes qu'elles soient, aucune ne répond à la pluralité de cas.

En fait, dans cette observation, il eût été intéressant de suivre sur l'animal les variations du pouvoir toxinique du liquide. On aurait constaté en effet :

1° que ce qui fait la gravité du pronostic, ce n'est pas la présence des microbes ou des toxines dans le liquide céphalo-rachidien, c'est leur degré de virulence ;

2° qu'avec un liquide virulent, l'état clinique seul bien interprété donne la mesure de l'intoxication locale et générale.

Dr BONNET
Constantine

## 1° OCELLATION LIMBIQUE ET TRACHOME (PRÉSENTATION DE MALADES)

Le dépistage des trachomateux est possible avec la plus grande certitude par le seul examen de la partie supérieure du limbe scléro-cornéen. Mais cette recherche doit se faire à la loupe binoculaire simple avec éclairage diffus, ou par le procédé des deux loupes. Le grossissement ainsi obtenu est assurément faible, de l'ordre de 1 diamètre et demi à 2 diamètres, il est cependant indispensable, de même que l'éclairage, pour observer nettement.

Vue dans ces conditions, la partie supérieure du limbe présente chez les trachomateux une signature absolument caractéristique et indélébile du trachome, qui est, quand cette séquelle est intégrale, une rangée de cupules transparentes, entourées de fibres cicatricielles blanches et fines parfois mêlées de fins vaisseaux.

Ces « ocelles limbiques » peuvent être incomplets, la partie inférieure manquant. Ils ont alors l'aspect d'arcades plus ou moins profondes, mais reconnaissables même sous un panus modéré.

Cette ocellation de la partie supérieure du limbe est le reliquat de grain sagou cornéens que l'on a chance d'observer quelquefois.

La recherche systématique de ce signe, de beaucoup le plus constant et le plus net de tous les signes du trachome, conduit à la connaissance très importante du trachome dit « bénin », c'est-à-dire du trachome qui a guéri, le plus souvent spontanément, avec conservation de la vascularisation normale de la conjonctive tarsienne supérieure et sans cicatrices ou presque.

En ce qui concerne la fréquence de l'ocellation limbique, on peut citer les faits suivants :

Entre le 8 octobre et le 1er décembre 1926, soit pendant une période approximative de 2 mois, j'ai examiné le limbe de tous les malades de ma consultation privée venant consulter soit pour des poussées trachomateuses, soit pour toute autre chose, j'ai obtenu les chiffres suivants :

48 cas de trachome,
44 fois des ocelles limbiques,
4 fois des grains sagou limbiques.

Sur ces 48 cas, existaient :

19 cas de trachome classique,

29 cas de trachome dit bénin avec aspect normal, à l'œil nu s'entend, de la conjonctive tarsienne supérieure.

Soit sensiblement 1 cas de trachome classique pour 2 cas de trachome bénin.

Mon collaborateur et ami, M. le Médecin-major Canis, au cours d'une tournée d'incorporation, relève les chiffres suivants :

157 trachomateux.
157 porteurs de l'ocellation limbique.
63 cas de trachome classique.
94 cas de trachome dit bénin.

Le même observateur lors de la révision de la classe indigène dans tout l'arrondissement de Philippeville constate :

Sur 3.054 indigènes de 20 ans dont les paupières ont été systématiquement retournées :

1.095 cas de trachome,

1.087 fois existaient les ocelles limbiques ; dans 8 cas seulement ceux-ci étaient masqués sous une importante poussée du panus, mais nous savons qu'ils reparaissent par la suite.

373 cas de trachome classique,

722 cas de trachome dit bénin.

La répartition géographique fort intéressante ainsi obtenue a été publiée par M. Canis dans l'Algérie médicale.

---

## 2° NOTES CLINIQUES SUR LE TRACHOME

Ce qui suit résulte de l'observation systématique à la loupe de Berger avec éclairage (ampoule 3 v. 5) de très nombreux cas de trachome :

La conjonctive tarsienne supérieure revêt dans le trachome deux aspects principaux : ou la vascularisation normale a disparu, ou elle persiste.

Dans le premier cas, on trouve sur la muqueuse plus ou moins enflammée ou dans son épaisseur les néoformations suivantes : des grains sagou typiques, clairs ou troubles, selon leur degré d'inflammation, des nodules de matière caséeuse, gris jaunâtre, des îlots jaune clair formés de liquide muco-purulent, des grains calcaires, parfois de gros follicules lymphatiques, ovoïdes, réguliers et translucides. Les grains sagou paraissent être la lésion active ; les autres formations : îlots caséeux, muco-purulents et grains calcaires, semblent être le résultat de la dégénérescence des grains, qui, emprisonnés dans le cul-de-sac, peuvent difficilement guérir par ulcération et expulsion au dehors de leur contenu, et se transforment sur place.

Dans le cas de persistance de la vascularisation normale, on se trouve en présence d'un trachome bénin, cas extrêmement commun, qui a guéri spontanément en laissant, outre la signature cornéenne dont il sera question plus loin, les traces conjonctivales suivantes :

Les vaisseaux sont plus flexueux qu'à l'état normal et la muqueuse épaissie ne permet plus de voir les glandes de Meïbomius ; de plus, il existe très souvent quelques réseaux fibreux cicatriciels dans la région sous-ciliaire (Arlt) ou bien quelques vaisseaux sont croisés par de petites cicatricelles parfois en étoiles.

La cornée offre à l'examen, principalement dans la région supérieure, une lésion qui est remarquablement constante.

A l'état d'activité, il s'agit d'une ou parfois plusieurs rangées de grains arrondis, aplatis et comme enchâssés dans le limbe, de coloration jaunâtre, semblables en somme aux grains sagou conjonctivaux : ils sont en file régulière (fig. 1) encadrés de vaisseaux plus ou moins gorgés selon le degré d'inflammation (panus) (fig. 2), parfois recouverts par de l'œdème et sur plusieurs rangs (panus crassus) (fig. 3). L'inflammation est quelquefois si violente que les grains se gonflent, deviennent polyédriques par pression réciproque ; ils sont séparés par des vaisseaux très gorgés ; leur aspect est trouble et leur surface sillonnée de très fins vaisseaux parallèles comme ceux de la kératite parenchymateuse ; l'ensemble est surélevé et donne à l'œil nu l'aspect d'une membrane épaisse (fig. 4). A la période inflammatoire des grains, il existe très souvent une ulcération centrale ou paracentrale sans caractère propre (fig. 5). Si le siège d'élection des grains est la partie supérieure du limbe, il peut en exister aussi dans ses autres parties (fig. 6).

Sur la cornée, le grain sagou ne guérit pas par transformation en produits secondaires comme dans la conjonctive ; il disparaît entièrement en laissant son empreinte plus ou moins complète. La figure 1 (grains translucides sans réaction) représente probablement la période post-inflammatoire ou bénigne d'emblée ; la fig. 7 donne un aspect de transition, les grains ABEFG ont disparu laissant une cupule translucide encadrée de fibres blanches ; la matière sagou des grains C et D a disparu incomplètement ; elle est absente à la partie inférieure des godets, mais persiste encore à la partie supérieure ; il y a six mois tous les grains étaient en période d'état.

Les cupules laissées par l'atrophie des grains sont parfois entières (fig 8), entourées par des fibres blanches plus ou moins denses, mêlées de temps à autre de quelques fins vaisseaux. La partie inférieure des cupules peut manquer (fig. 9) ; les fibres forment alors des arches bien dessinées. La trace peut être moindre encore, mais reste typique sous forme d'un feston (fig. 10) ou de dépression avec feston (fig. 11).

Un tableau courant est celui qui résulte de la guérison de cas analogues à celui de la fig. 5, arcades plus ou moins marquées avec néphélion central (fig. 12). Enfin, les grains qui ont existé dans les autres régions que la partie supérieure du limbe laissent là comme ailleurs leur marque typique (fig. 13).

Sans préjudice des autres déductions possibles des faits précédents, et pour rester sur le terrain clinique et particulièrement séméiologique, il est à remarquer que la présence sur le limbe des grains ou de leur trace si caractéristique est d'une constance remarquable et qu'elle permet d'affirmer le diagnostic, même dans les cas de trachome bénin, où la vascularisation conjonctivale supérieure paraît normale et où cependant il est toujours possible de noter soit un épaississement de la muqueuse, soit même quelques cicatrices typiques, quoique peu apparentes.

---

Dr Marcel BERAUD

Ex-chef de Laboratoire à la Faculté de Médecine d'Alger

---

## 1° RÉACTION DE WASSERMAN ET FLOCULATION

---

Pour les médecins isolés des centres, perdus dans les colonies, le diagnostic sérologique de la syphilis, par les procédés de floculation ou d'opacification présente par la simplicité de leur exécution, un caractère d'intérêt de tout premier ordre.

Nombreuses sont dans cet ordre d'idées, les réactions et les techniques proposées.

Toutes font appel au pouvoir surfloculant des sérums syphilitiques, le point capital est de trouver l'antigène, ou le mélange d'antigène, qui donnera un floculat abondant en présence d'un sérum certainement spécifique. Plus le floculat sera net, moins délicate sera l'interprétation des résultats.

La réaction de Vernes exige un matériel important et coûteux et ne saurait trouver sa place loin d'un laboratoire très outillé ; les conditions physiques qu'elle exige ne sont pas toujours faciles à réaliser. Des différentes réactions que nous avons utilisées, Sebbs et Georgi, Meinicke dont la lecture est souvent délicate au point qu'il est parfois impossible de conclure, — Réaction avec l'antigène cholestériné de Kahn, — que nous citerons pour mémoire, — Réaction de Starobinsky qui n'est en somme qu'une modification de la réaction préconisée par Dujarric de la Rivière et Gallerand, notre préférence va à la réaction actuellement proposée par Dujarric et Kossovitch.

La lecture se fait sans l'aide d'appareil d'optique, la réaction est simple, nécessite peu de sérum, peut être pratiquée partout. Le sérum d'un individu normal ne flocule jamais en présence du mélange teinture de benjoin-antigène. Un sérum entaché de syphilis donne une floculation apparente que les auteurs divisent en trois stades. Floculation à grains fins, à gros grains et totale.

Les auteurs ont trouvé une concordance de 96,5 % avec la réaction de Bordet-Wasserman. Pratiquée par nous dans les conditions fixées par les auteurs, la réaction serre de près le Wasserman, mais les floculations faibles sont très difficiles à interpréter et sans les autres réactions de Hecht, Wasserman, Jacobsthal, — ne pourraient être classées que comme douteuses. De plus, nous estimons que l'intensité de la floculation ne mesure pas toujours l'intensité de l'infection.

Cependant en raison même de sa simplicité et des résultats qu'elle donne, cette réaction présente sur les réactions de son espèce un progrès marqué.

Elle a sa place toute indiquée dans les laboratoires qui pratiquent les réactions courantes d'hémolyse, mais elle ne saurait se substituer à ces dernières.

---

## 2° UTILISATION DU SÉRUM FRAIS DE PORC DANS LA RÉACTION DE BORDET-WASSERMAN

---

Arthur Vernes en 1918 a montré qu'on pouvait utiliser le sérum de porc dans le dépistage sérologique de la syphilis, en utilisant d'une part ce qu'il appelle le pouvoir disperseur et d'autre part la propriété hémolysante naturelle de ce sérum vis-à-vis des hématies de mouton.

Sans entrer dans les détails de sa réaction dont il a donné le protocole dans maintes publications, toutes ses manipulations se terminaient en définitive, pour chaque sérum étudié par la comparaison colorimétrique de deux tubes, les deux seuls de la réaction, le tube de Diagnostique et le tube Témoin. Le retard à l'hémolyse ou son empêchement étant comparé à une échelle colorimétrique dont la gamme de teintes comporte 8 nuances. Bien que peu poussée dans de semblables conditions, l'expertise sérologique pouvait cependant s'étendre sur une gamme assez étendue.

Le mérite de Vernes dans cette réaction a été de vouloir déterminer d'une manière rigoureuse les conditions physiques qui dominent le phénomène, — mais sa réaction au sérum de porc n'est en définitive qu'une réaction dérivée de la réaction type de Wasserman, — la conception erronée de l'antigène, substance spécifique, étant remplacée par la connaissance plus approfondie des qualités de certaines suspensions colloïdales.

En raison d'une part, des complications que peuvent présenter pour certains laboratoires la préparation de sérums anti-mouton, l'élevage des cobayes, et de la facilité d'autre part, de se procurer à l'abattoir les seuls éléments du jour nécessaires à la réaction, sérum de porc, hématies de mouton, il nous a semblé utile de reprendre cette question. Pour le laboratoire bien outillé, la réaction que nous présentons, faite, parallèlement aux réactions sérologiques classiques Hecht, Wasserman, Jacobsthal, réactions de floculations, apporte au dépistage de la maladie et au contrôle de son traitement, un élément d'interprétation : appréciation sensible sur une échelle d'interprétation très étendue et quasi absolue, comme on le verra par la suite.

*Titrages préliminaires.* — Déterminer l'Index Hémolytique du sérum de porc en présence de l'antigène (dilué comme il convient), à la dose utilisée dans la réaction, et en présence d'hématies de mouton en suspension dans l'eau physiologique.

*Réaction proprement dite.* — Le sérum à examiner est réparti à dose fixe dans une série de tubes, les uns contenant de l'antigène, tubes de diagnostiques, les autres sans antigène, tubes témoins.

On fera trois tubes témoins, le nombre des tubes de diagnostique, détail particulier de notre réaction, étant variable suivant la valeur de l'index hémolytique préalablement déterminé et de la finesse d'appréciation recherchée. On utilisera autant de tubes de diagnostique qu'il y a de 1-10 de c. c. d'hématies hémolysées, et on fera suivre ces tubes d'autres tubes qui représenteront l'échelle d'interprétation comme cela va être décrit un peu plus loin.

Après séjour d'une heure à l'étuve, on ajoute les hématies en partant pour les tubes de diagnostic et les tubes témoins de la dose limite franchement hémolysée dans le premier titrage, et en utilisant dans les autres tubes des doses progressivement décroissantes de 1-10 en 1-10 de c. c.

Le fait d'utiliser 3 tubes témoins, permet de se mettre à l'abri d'un pouvoir anticomplémentaire anormal du sérum étudié. Tout empêchement dans les tubes de diagnostic permettra par le décalage entre la dose hémolysable et la dose hémolysée, d'apprécier le caractère positif de la réaction.

Nous savons que l'empêchement à l'hémolyse dans la syphilis est considérable et il nous est arrivé de trouver que des sérums de porc susceptibles d'hémolyser 18 à 20 1-10 d'hématies à la dose de la réaction, voyaient en présence de sérum de spécifique, leurs fonctions hémolysantes annihilées à tel point qu'ils n'étaient plus susceptibles d'hémolyser même la dose de 1-10 de globules que nous avons adoptée comme unité de mesure. Ce fait même nous a montré qu'à côté du caractère positif présenté par tout sérum entaché de syphilis, il y avait dans le degré de positivité des variations très étendues, et nous a incité à une évaluation plus poussée de ce degré, si possible.

Pour ce faire, nous avons ajouté à la réaction un certain nombre de tubes, ou restent fixes, le sérum à étudier, l'antigène et l'unité globulaire, mais où varie la dose de sérum de porc utilisée dans les titrages préliminaires et dans la réaction primitive.

On recherchera donc la dose de sérum de porc qui donnera l'hémolyse de l'unité globulaire, puis par des additions fractionnées de globules, on déterminera combien on doit ajouter à cette réaction d'unités globulaires pour obtenir une saturation des hémolysines contenue dans la dose correspondante de sérum de porc utilisée. Le décalage entre la dose hémolysable et la dose hémolysée traduira d'une manière absolue la valeur positive de la réaction.

Ceux qui utiliseront cette méthode en obtiendront toute satisfaction.

Pratiquée jusqu'à ce jour concurremment aux trois réactions de Hecht, Wasserman, Jacobsthal, telles que les conseille et telles que nous les a enseignées notre Maître Marc Rubinstein, la technique que nous vous proposons aujourd'hui, s'est montrée constamment spécifique, sensible et particulièrement fidèle.

---

## MONTPELLIER et MATAMOROS

Alger

---

### LE NODULE MYCÉTOMIQUE

---

La plupart des processus inflammatoires consécutifs à la pénétration des parasites végétaux dans les tissus, ont été décrits, et il ressort de ces descriptions que certains de ces processus se montrent sous un type histologique assez bien individualisé. A ce propos, la sporotrichose se détache nettement, encore que d'autres champignons, tels que par exemple Hormodendrum algeriensis (1), puissent donner également des lésions franchement sporotrichoïdes.

Il ne semble pas cependant qu'ait été jusqu'ici suffisamment détachée des processus mycosiques la lésion initiale qui marque la réaction des tissus vis-à-vis des champignons donnant lieu à des mycétomes.

En outre des pieds de Madura déjà évolués, dont nous avons pu étudier la constitution anatomique, nous avons eu la bonne fortune d'examiner deux cas de mycétomes à leur tout début. Cela nous a permis de nous faire une idée, pensons-nous précise, de la lésion initiale de ce type de mycoses.

*
* *

Ainsi nous entendons par *nodule mycétomique*, la réaction inflammatoire qui apparaît autour d'un grain mycosique ; proprement, c'est la lésion élémentaire du mycétome.

Ce nodule élémentaire montre donc en son centre un grain constitué par un amas mycosique, variable suivant les espèces, et dont nous n'avons pas à nous occuper ici. Immédiatement appliqués contre ce grain se trouvent de nombreux polynucléaires ; ainsi, ce grain apparaît baigné dans une sorte de nid leucocytaire, dont les éléments, tous neutrophiles, sont, les uns intacts, les autres pycnotiques, essaimés dans une maigre trame fibrineuse.

Ce nid leucocytaire est continu à une deuxième zone riche en cellules fibroblastiques et en néocapillaires ; ces derniers, de type inflammatoire, ont une paroi constituée par deux ou trois assises cellulaires ; leur lumière se trouve à peu près bloquée par un endothélium tuméfié ; assez souvent aussi, leur paroi paraît rupturée et laisse filtrer une petite suffusion sanguine. Cette zone, du moins dans sa partie interne, abonde encore en polynucléaires. On y relève aussi la présence de grands éléments mesurant jusqu'à 40 $\mu$, ronds ou ovoïdes, à contours assez précis. Leur noyau présente les caractères structuraux du noyau des cellules épithéliales ; il est volontiers rejeté en bordure et même déprimé ; souvent unique, on le trouve cependant double et même triple assez fréquemment.

Le protoplasma acidophile paraît irrégulièrement spongieux : il contient jusqu'à 10 polynucléaires, en différents états de lyse.

La présence, quasi constante, de ces macrophages, dont on trouve parfois quelques exemplaires en bordure du magma leucocytaire central et qui frappe l'œil, notamment à des grossissements faible et moyen, donne un aspect vraiment spécial aux coupes.

Au fur et à mesure que l'on s'éloigne du centre, les fibroblastes deviennent plus nombreux ; la trame tissulaire d'abord finement proto-

(1) Montpellier et Catanéi.

plasmique devient plus dense, à collagène fibrillaire ; les polynucléaires cèdent la place à des mono, surtout du type plasmocytes. Ces derniers éléments sont, en bordure, extrêmement abondants.

Disséminés un peu partout quelques éosinophiles, à la vérité rares, ainsi que des labrocytes ; aucunes cellules géantes, si constantes dans d'autres mycoses.

Soulignons l'existence de cellules pigmentées et dont le pigment présente les réactions ferriques, essaimées dans la deuxième zone et évidemment en rapport avec la fragilité des capillaires dont nous avons parlé.

***

Tel est, du moins à en juger d'après ce que nous avons vu, le nodule mycétomique.

On le trouve à l'état de pureté dans les tumeurs mycétomateuses peu évoluées et surtout peu ou pas ouvertes ; dans ces cas, les nodules élémentaires se trouvent essaimés et truffent la gangue fibroconjonctive de la charpente.

Dès que le mycétome est plus ancien, dès que les trajets fistuleux le labourent, dès enfin que des associations microbiennes l'ont envahi, le nodule perd son individualité histologique, et devient un mélange plus ou moins désordonné d'éléments spécifiques et de réaction inflammatoire banale.

***

En définitive, il nous paraît que la lésion élémentaire marquant la réaction inflammatoire spécifique, dans les mycétomes, répond à un type histologique, très particulier qui mérite l'appellation de « nodule mycétomique ».

---

MONTPELLIER et COLONIEU

Alger

---

## LA LANGUE DE JAMIN

---

Depuis quelque temps, notre attention a été tout particulièrement retenue par une glossite superficielle dépapillante très spéciale, survenant chez les malades de la consultation dermatologique du dispensaire de la S.B.M. d'Alger.

Le malade vient demander un soulagement aux sensations d'ardeurs, de brûlures continues, survenues sans causes apparentes depuis 1 à 4 semaines se manifestant dans la bouche à l'ingestion de liquides chauds ou froids, salés ou sucrés, d'aliments épicés, interdisant le poivre rouge (fel-fel), les piments, les condiments, parfois même le pain. Le contact des muqueuses détermine un certain accolement, qui est, dit-il, douloureux. Pas d'altération de l'état général, aucun trouble digestif ou autres.

*
* *

Objectivement, l'aspect diffère suivant les stades d'évolution, que l'on peut schématiquement ramener à trois.

1° *Au début*, la langue est dans l'ensemble saburrale, plutôt de teinte chamois, d'aspect granité ; après raclage, la spatule conserve un enduit épais, véritable bouillie grisâtre laissant à vif les papilles blanches et propres, nettement hyperplasiées.

Dans la région du sillon médian de la langue et à la pointe apparaissent quelques îlots de dépapillation ovalaires ou irréguliers à démarcation nette, qui vont s'étendre d'une façon excentrique, faisant tache d'huile.

2° *A la période d'état*, la dépapillation a gagné toute la pointe et la région médio centrale, ne laissant que 2 bandes latérales, formant un V ouvert en avant, à bords sinueux et francs.

Toute la plage lisse comprise entre les branches du V est de teinte rose lilas, d'aspect humide et brillant. Sur cette zone se détache plus ou moins bien une manière de parage irrégulier, fait de taches opalines. On peut également enlever par raclage cette couche lactescente et adhérente, pour laisser la muqueuse linguale à nu.

Si l'évolution n'est pas encore avancée, il peut persister de véritables îlots semblables aux bandes latérales et qui, étant rongés par leur périphérie, diminuent progressivement de surface avant de disparaître.

La pointe peut présenter une ponctuation formée de petits points rouges, saillies des papilles fongiformes. La face inférieure est toujours respectée, comme les bords qui peuvent garder l'empreinte des arcades dentaires.

3° *Dans une dernière période*, les branches du V sont en voie de disparition ; la langue est entièrement dépouillée de teinte lilacée, avec la pellicule opaline plus ou moins abondante suivant les régions.

Souvent accentuation des plis, donnant un aspect faussement scrotal, plis pouvant se fissurer dans leur fond et venant alors accentuer les phénomènes douloureux.

*
* *

Pendant toute l'évolution de la glossite, persiste généralement au coin des lèvres, sur le versant externe, un enduit blanchâtre, laiteux, résistant au grattage, véritable perlèche chronique.

Les lèvres sont dépolies, finement plissées ; sur la ligne qui délimite, pendant leur occlusion physiologique, le contact des lèvres supérieures et inférieures, on voit, dans les cas aigus, la propagation suivant une traînée blanche, de l'enduit laiteux des commissures.

Les muqueuses gingivales, palatines, juguales et labiales, plus rosées que normalement, ont un aspect dépoli, avec des placards érythémateux ou lactescents. La denture est presque toujours défectueuse, avec déchaussement, caries avancées, et pyorrhée alvéolo-dentaire ; parfois rhinite chronique, streptoccocie et impetigo de la face, du cuir chevelu ou du corps.

Nous observons ces langues en toute saison, depuis un an environ, en particulier sur de jeunes mauresques venant de tous les points de la ville indigène.

L'évolution se fait en 1 à 3 mois, avec persistance des phénomènes subjectifs plus longtemps.

*
* *

Le simple aspect de ces langues calquées sur le même patron, permet un diagnostic spontané.

On élimine facilement :

*Les glossites syphilitiques* (« plaques lisses » de Fournier, « plaques en prairies » de Cornil, plaques muqueuses opalines).

L'*Herpès buccal*, le *lupus érythémateux*, le *lichen plan des muqueuses*, les *langues plicaturées ou langues scrotales*, les *plaques lisses de la langue* (glossite des arthritiques nerveux), la *glossite marginée*, la *glossite des cachectiques et des convalescents*, la *langue villeuse*, la *glossite de Moeller*, dont Harris en 1915 a rassemblé 20 cas, la *glossite de Fontoynont* d'origine stréptococcique avec lésions jugales, la *glossite de Macler*, connue en Amérique.

Nous ne pouvons également la rapprocher de « l'épidémie de stomatite chez les tirailleurs sénégalais en France », décrite par Mallein (1919), formée de « petits disques coalescents en une large plaque polycyclique ourlée de la collerette », intéressant la langue, les joues, se compliquant 1 fois sur 8 de parotidite, et évoluant en une quinzaine de jours.

Notre glossite répond très exactement à la description de la « Stomatite d'automne » de *Jamin*, dont M. Nogue, puis MM. Mathis et Guillet semblent retrouver le même type parmi les nègres du Sénégal.

L'Etiologie de cette glossite est encore discutée ; des opinions diverses ont été là-dessus exprimées.

*
* *

1° *Origine alimentaire : Gayot et Hilleret* incriminent la nourriture exotique des nègres. *Gayot et Malaussène* notent la concomittance de troubles gastro-intestinaux, mais ne peuvent expliquer la persistance des phénomènes buccaux après la disparition de ces troubles.

Ici les langues se rencontrent chez des individus n'ayant aucun trouble digestif, et le régime lacté ne modifie en rien l'état local de la muqueuse linguale.

2° *Origine chimique : Malaussène* rend responsable la chique de ces nègres, composée de tabac et de cendres contenant des sels de chaux et de potasse. Or, les Arabes de nos régions chiquent peu, et ces stomatites se rencontrent dans 90 % des cas chez des femmes et des enfants.

3° *Influence saisonnière :* Pour Jamin, c'est une langue d'automne. Mais au Sénégal, elle est signalée de février à avril 1925, et nous en observons ici toute l'année.

4° *Origine infectieuse : Mathis et Guillet* pensent qu'une bactérie est en cause, après avoir rejeté l'hypothèse de mycose, n'ayant jamais eu de cultures sur milieu de Sabouraud, ni de « Nocardia buccalis » de *Roger*, *Bory* et *Sartory*.

Nogue s'appuie sur la notion d'épidémicité pour admettre l'origine infectieuse.

*
* *

Nous ne pouvons actuellement apporter les conclusions fermes sur l'étiologie de cette affection ; mais nous sommes troublés, du point de vue clinique, par la fréquence relative de cette glossite survenant chez une clientèle spéciale.

La consultation de la S. B. M. d'Alger est située au centre de la ville indigène, et c'est l'élément pauvre, à hygiène corporelle défectueuse, sans aucun soin dentaire, qui paie le plus lourd tribut à cette glossite.

L'indifférence de l'âge et du sexe, la fréquence des lésions microbiennes cutanées, la constance de la perlèche chronique et des infections alvéolo-dentaires, comme la persistance de la glossite après le changement de régime, permettent, du seul point de vue clinique, d'admettre l'origine infectieuse. Pourtant la question de contagion et d'épidémicité paraît douteuse, cette glossite se rencontrant isolément dans les familles, les maisons...

Nous avons pratiqué de nombreux frottis et ensemencé les langues de nos malades sur milieu de Sabouraud.

Nous ferons connaître ultérieurement le résultat de nos recherches.

*
* *

En définitive, il existe dans l'Afrique du Nord, parmi les différentes glossites superficielles — dont quelques-unes sont encore mal précisées — un type très particulier, d'évolution relativement rapide, présentant un tableau clinique parfaitement arrêté. Au surplus, ce type répond à ce que Jamin a décrit le premier en 1925 sous le nom de « stomatite d'automne ».

Bien que nos observations nous permettent d'affirmer que cette affection n'est pas seulement automnale, et quoi qu'il s'agisse d'une véritable stomatite, nous pensons qu'elle mérite de porter l'étiquette de « *Langue de Jamin* ».

*Bibliographie*

1° *H. Jamin.* — Stomatite d'Automne.
In. Arch. de l'Inst. Pasteur de Tunis. 1025 page 126.

2° *Nogue.* — Epidémie de glossite observée au Sénégal.
In Bull. de la Soc. de path. exotique 1925 page 501.

3° *Mathis et Guillet.* — Sur la nature de l'épidémie de glossite observée au Sénéagl.
In Bull. de la Soc. de path. exotique 1925 page 586.

4° *Mallein.* — Epidémie de stomatite chez les tirailleurs sénégalais en France.
Thèse de Bordeaux 1919.

---

## Institut Pasteur d'Algérie

# M. BÉGUET

## DOIT-ON CONSERVER LE *PARAMELITENSIS* POUR LE SÉRODIAGNOSTIC DE LA FIÈVRE ONDULANTE

Nègre et Raynaud ont décrit un type de *melitensis* qu'ils ont désigné sous le nom de *paramelitensis* (1). Burnet a repris la question en proposant de classer les *melitensis* en deux groupes : groupe I, souches non agglutinables par la chaleur en eau physiologique, groupe II, souches agglutinables par la chaleur en eau physiologique (type para), mais en faisant remarquer qu'il n'y a pas de différences cli-

(1) L. Nègre et M. Raynaud, *Paramelitensis* et *Paramelitoccocies*, *Rev. Hyg. et Pol. sanit.*, t. XXXV, n° 9, p. 1009, sept. 1913.

niques correspondant à ces différences microbiennes, tout au moins dans le sens ordinairement employé pour la typhoïde et les paratyphoïdes (1). Nous basant sur plus de 1.000 sérodiagnostics et sur l'étude d'une centaine de souches, nous nous rangeons à l'avis de Burnet. Il est commode de continuer à considérer deux groupes, quoiqu'on puisse trouver tous les intermédiaires entre les extrêmes (2). Car les *melitensis* du groupe I étant les mieux agglutinés par les sérums spécifiques, on peut choisir plus facilement les meilleures souches à utiliser pour le sérodiagnostic de la fièvre ondulante. Mais Burnet a montré que les souches du groupe I pouvaient acquérir les caractères de celles du groupe II (3), et nous avons établi que la différence entre les deux était due à une substance pouvant être enlevée par le noir animal et pouvant être rajoutée à d'autres souches (4). Il s'agit donc de différences entre types culturaux et non entre espèces.

Ces *melitensis* agglutinables par la chaleur (groupe II, para) sont aussi mauvais antigènes (Burnet) et les sérums expérimentaux que l'on prépare avec eux ont toujours un pouvoir agglutinant très faible. Dans tous les cas où nous les avons isolés par hémoculture, ils étaient moins bien agglutinés par le sérum du malade que le type *melitensis* du groupe I, même après plusieurs semaines de culture. Dans tous les cas où nous avons eu une agglutination du type para, *alors que le type melitensis n'était pas agglutiné*, l'hémoculture est restée négative et l'étude plus attentive du malade ou les autres recherches de laboratoire ont presque toujours mis en évidence une affection autre que la fièvre ondulante. De plus, le caractère positif d'une agglutination non spécifique mal interprétée peut être dangereux pour le malade en faisant éliminer d'autres diagnostics, ainsi que l'a signalé Edm. Sergent (5).

Il n'y a donc aucun avantage à utiliser l'agglutinabilité spécifique du *paramelitensis*, comme on a pu l'espérer au début, pour dépister la fièvre ondulante. Mais nous pensons que l'on peut continuer à se servir de cette souche en utilisant son agglutinabilité non spécifique à titre de témoin : dans le cas d'une fièvre ondulante, le *melitensis* (groupe I) est beaucoup mieux agglutiné que le *paramelitensis* (groupe II) ; dans le cas d'une autre affection donnant au sérum un pouvoir agglutinant non spécifique, le *paramelitensis* est seul agglutiné, ou l'est beaucoup mieux que le *melitensis*.

---

(1) Et. BURNET, Sur la notion de *paramelitensis*. *Arch. Inst. Pasteur*, Tunis, t. XIV, n° 3, pp. 247-263, juillet 1925.

(2) M. BÉGUET, Les caractères différentiels des souches dans le genre Brucella et les essais de classification. *C.R. Soc. Biologie*, t. XCIV, p. 1187, 8 mai 1926.

(3) Et. BURNET, Actions d'entraînement entre races et espèces microbeinnes. *Arch. Inst. Pasteur Tunis*, t. XIV, n° 4, pp. 384-403, déc. 1925.

(4) M. BÉGUET, Sur le mécanisme de l'agglutination (*Br. melitensis*) *C.R. Ac. Sc.* 183, n° 4, p. 323, 26 juillet 1926.

(5) Edm. SERGENT, La fièvre ondulante. Diagnostic et traitement, épidémiologie et prophylaxie. *Paris médical*, 1914.

Dr G. OULIÉ

Chirurgien en Chef de l'hôpital de Constantine.

# L'EXTÉRIORISATION DE LA CICATRICE D'INCISION UTÉRINE APRÈS LES CÉSARIENNES TARDIVES

La Chirurgie obstétricale des Césariennes tardives tend à devenir conservatrice. Au nombre des opérations proposées et qui dans la pratique ont donné de bons résultats figure l'extériorisation de la cicatrice d'incision utérine, opération facile qui consiste simplement dans la fixation à la paroi de l'incision du corps utérin, dans son extériorisation de la cavité péritonéale. Cette extériorisation peut être faite avant l'incision utérine ou après suture de celle-ci et dans ce dernier cas soit suivie d'un pansement à plat sur la cicatrice soit suivie de suture de la peau. Peu importent ces détails de technique qui toutes respectent le seul principe important qui est d'extérioriser de la cavité péritonéale la ligne d'incision utérine, mais celle-ci seulement et non l'utérus entier comme le fait l'opération de Portes. Comme dans celle-ci cependant, il est nécessaire de libérer l'utérus et de le remettre en sa place dans un second temps opératoire.

*Historique.* — Préconisée jadis par Lestoquoy, réalisée en 1911 par Kouwer qui, dans un cas infecté, pratiqua l'extériorisation avant d'inciser l'utérus. En 1921, il rapporte cinq cas avec cinq succès. Aux Etats-Unis, Foster ne réalise l'extériorisation qu'après avoir vidé et suturé l'utérus. En 1924, ignorant les faits précédents, je pratique une extériorisation sous-cutanée de la cicatrice d'incision utérine. Vignes et Portes ont trois fois pratiqué cette intervention selon la technique de Foster.

J'apporte les résultats de mon expérience personnelle sur cette intervention que j'ai maintenant pratiquée six fois avec six succès.

*
* *

*Technique opératoire.* — Après césarienne corporéale, l'utérus est suturé au catgut en deux plans, un profond à points séparés, un séromusculaire en surjet. Un surjet suture ensuite le péritoine pariétal au péritoine utérin prenant en même temps muscle utérin et aponévrose pariétale. Il circonscrit ainsi une surface utérine ovalaire très allongée fixée solidement hors de la cavité péritonéale. J'ai toujours jusqu'ici suturé la peau par dessus la cicatrice utérine. Je ne crois pas qu'il faille toujours le faire, j'y reviendrai tout à l'heure.

Dans un second temps opératoire, l'utérus est remis en place après libération.

Pour libérer l'utérus fixé à la paroi dans la région ombilicale, l'incision doit circonscrire la cicatrice pour pénétrer franchement en péritoine libre et les différents plans pariétaux doivent être nettement séparés en vue de la reconstitution anatomique solide de la paroi. On fait ensuite la plastie utérine qui comporte l'incision de la peau adhérente et parfois d'une tranche musculaire cicatricielle. Les lèvres de l'incision utérine sont ensuite suturées et une greffe épiploïque libre appliquée au devant de cette suture utérine.

*Observations personnelles* (résumé)

Sur six cas, statistique intégrale, j'ai obtenu six guérisons. Presque toujours il s'agissait de cas très impurs : travail datant de un à trois jours, avec rupture de la poche des eaux datant de 4 à 52 heures, avec écoulement de méconium, avec touchers répétés, après application de forceps (trois applications dans un cas). Dans un cas, la température était de 39°, le pouls à 120, le liquide amniotique fétide.

Sauf une, toutes les plaies suppurèrent, mais l'infection resta toujours stritement limitée à l'utérus et à la paroi, sans aucune réaction péritonéale et sans signes d'infection générale.

Deux fois, la reposition utérine n'a pas été pratiquée : dans un cas parce que la malade ne souffrant pas s'y est jusqu'ici refusée, dans l'autre parce que la malade est encore en cours de traitement.

Dans un troisième cas, j'ai pratiqué une hystérectomie tardive. Les trois autres fois, j'ai sans incident libéré et replacé l'utérus.

*Considérations opératoires.* — La technique suivie est analogue à celle de Foster que j'ignorais d'ailleurs. Kouwer extériorise la surface d'incision utérine avant d'inciser. Cette précaution me paraît inutile, l'infection primitive du péritoine n'étant guère redoutable, et me paraît très aléatoire, les sutures risquant fort de se relâcher par suite de la rétraction du corps utérin après extraction de l'œuf.

*
* *

J'ai jusqu'ici suturé la peau devant la cicatrice d'incision utérine. J'espérais des cicatrisations par première intention ; je n'en ai obtenu qu'une et je crois qu'il ne faut pratiquer cette suture cutanée que dans les cas où l'infection est très peu probable. Elle permettra alors une réintégration utérine rapide avec toute l'asepsie possible.

En dehors de ce cas exceptionnel, la réintégration utérine doit être faite tardivement, environ deux mois après cicatrisation ou au moins cessation de toute infection locale. Il n'y aura plus alors d'inflammation locale ; la libération et la réintégration utérine seront très aisées.

*Indications.* — Sont justiciables de cette intervention parmi les

Césariennes tardives : tous les cas suspects ou légèrement infectés, les cas très infectés relevant uniquement de la Césarienne suivie d'hystérectomie.

Cette opération peut en somme se substituer à la césarienne basse et à l'opération de Portes.

Elle comporte deux *inconvénients* légers à côté d'avantages multiples :

1° L'opération comporte deux temps ; le second très bénin.

2° En cas d'infection grave, l'hystérectomie secondaire n'est pas aisée. Elle est possible cependant suivi d'un Mickulicz. Dans les cas graves, c'est d'ailleurs une hystérectomie d'emblée qu'il faut pratiquer. *Les avantages* sont appréciables : 1° Intervention aisée à la portée de tous les chirurgiens. Ce n'est pas encore le cas de la césarienne basse. 2° L'utérus et les annexes restent abrités dans l'abdomen, sans adhérences ultérieures et le second temps opératoire se fait en toute sécurité d'asepsie. Ce n'est pas le cas de l'opération de Portes. 3° En cas d'infection, la désunion totale de la suture utérine permet la désinfection à ciel ouvert de la cavité utérine comme dans l'opération de Portes.

*Résultats.* — Très satisfaisants. Deux décès seulement. (Foster.)

*Conclusions.* — Les avantages et les résultats de cette intervention me paraissent suffisants pour légitimer que l'extériorisation de la cicatrice utérine après les césariennes tardives ait une place honorable à côté de l'opération de Portes et de la Césarienne basse et soit plus fréquemment utilisée en pratique courante.

---

E. BRESSOT

Chirurgien de l'hôpital Laveran (Constantine)

---

## LE MASQUE APPENDICULAIRE DE CERTAINES FORMES DE PALUDISME

---

L'auteur relate l'histoire de cinq malades qui présentèrent un syndrome abdominal aigu revêtant le masque de la crise appendiculaire franche, alors qu'il s'agissait en réalité d'une manifestation aiguë de paludisme.

L'histoire clinique de ces malades peut, pour quatre d'entre eux, se résumer de la façon suivante :

Début brusque en pleine santé par des douleurs abdominales vives ; vomissements jaunes verdâtres ; fièvre légère, 38°-38°2 ; pouls bien frappé à 80. A la palpation, la douleur prédominait nettement à droite et dans la région appendiculaire. Rection de défense accentuée de la paroi, mais sans signe de Jacob.

A l'ouverture de la cavité abdominale, hypérémie du réseau vasculaire de l'intestin. Sur la portion terminale de l'intestin grêle et du gros intestin, tout le réseau vasculaire de la sous-muqueuse semblait distendu. L'appendice enlevé était chez trois de ces malades opérés mascropiquement sain ; et, dans deux cas où fut pratiqué un examen histologique, on ne constata aucune trace d'infiltration inflammatoire. Chez un opéré, il fut trouvé de volumineux ganglions mésentériques. Les suites opératoires ont, dans tous les cas, été bénignes.

Chose assez curieuse, l'intervention a fait cesser presque entièrement la douleur abdominale et la contracture ; mais, par contre, les vomissements ont persisté dans deux cas sur trois et toujours la température qui était de 36°3 avant l'opération atteignit 39° le lendemain. Cette élévation de température contrastant avec la souplesse du ventre et s'accompagnant deux fois de frissons permit de rétablir le diagnostic en faisant pratiquer des examens de sang.

Le quatrième malade entré, lui aussi, avec un syndrome typique d'appendicite aigu, refusa l'intervention proposée. Il présenta 48 heures après son entrée un violent accès fébrile à la suite duquel disparurent la contracture, les vomissements et la constipation. D'abord, M. Bressot ne rapporta pas cette cessation brusque des phénomènes abdominaux à sa véritable cause. Ce n'est que quand il les vit reprendre trois jours après, d'ailleurs moins intenses, pour cesser à nouveau en 24 heures avec un nouvel accès fébrile, qu'il posa le vrai diagnostic que vint vérifier le laboratoire.

Quant au cinquième malade observé, il présentait un tableau clinique qui en imposait pour une appendicite retro-coecale haute avec douleur localisée au-dessus de l'épine iliaque antéro-supérieure s'irradiant en avant et en bas. Défense accusée de la paroi. Vomissements. Température 38°3. Pouls 85. Les phénomènes abdominaux restaient identiques malgré la glace et la diète lactée quand le malade, sans autorisation, mange un soir du chocolat et des brioches. Dès le lendemain, la température qui s'était maintenue jusqu'alors en plateau à 38°2 fait pendant quatre jours des oscillations entre 37°2 le matin et 39°4 le soir, sans qu'aucune aggravation du syndrome abdominal soit constatée. Une hémoculture est négative ; l'examen du sang ne montre pas une polynucléose exagérée, mais décèle par contre la présence en assez grande quantité des schizontes de plasmodium vivax. Des injections de quinine amènent en 2 jours une résolution complète des phénomènes abdominaux et de la température. Ce malade part en convalescence de deux mois complètement guéri. Au préalable, un examen radioscopique avait montré une ombre coecale normale, bien mobile avec un appendice qui se dessinait parfaitement, il ne reprit pas de quinine chez lui. Un peu avant l'expiration de son congé, nouvelle crise abdominale. Il est vu par un chirurgien parisien qui conseille l'ablation de l'appendice. Ce dernier enlevé fut reconnu sain à un examen microscopique.

Des examens de sang pratiqués chez ces malades ont montré quatre fois du plasmodium vivax et une fois du plasmodium proecox ; dans deux cas des gamètes et dans trois des schizontes. La quinine a amené très rapidement chez les deux malades non opérés une cessation du météorisme et des phénomènes abdominaux.

Dans ce syndrome pseudo-appendiculaire, certains caractères paraissent à l'auteur intéressants à noter. Le point abdominal douloureux est pour lui plus superficiel que dans l'appendicite, la contracture réflexe moins marquée ; il y avait bien une défense nette au début de l'examen ; mais, si l'on insiste avec douceur, on arrive à vaincre cette contraction et l'on peut déprimer la fosse iliaque ; le signe de Jacob manque dans tous les cas. Enfin, la douleur vive et lancinante à certains moments présente des rémissions et des périodes d'accalmie qui furent nettement constatées chez les deux malades non opérés dès le début de la crise.

L'auteur a observé ces syndromes une fois chez un militaire originaire d'Alger qu'il n'avait quitté que pour habiter Constantine et quatre fois chez des soldats originaires du nord de la France qui venaient d'arriver depuis moins de trois mois à Constantine. En raison du début brutal de l'affection et du manque absolu du moindre soupçon d'antécédent paludéen constaté chez ces malades, M. Bressot ne pense pas que ces syndromes abdominaux soient simplement une manifestation d'un paludisme larvé ; il croit à des accidents remplaçant ou masquant l'accès classique du paludisme et émet l'hypothèse que de tels malades entrent ainsi directement dans la phase aiguë de leur affection.

---

D. TORRE

Constantine

## I. — CANCER EXTRINSÈQUE DU LARYNX AVEC RETENTISSEMENT GANGLIONNAIRE. GUÉRISON PAR HÉMI-LARYNGECTOMIE ET CURAGE DES GANGLIONS DE LA CHAINE CAROTIDIENNE — RÉSULTATS ÉLOIGNÉS — PIÈCE ET PHOTOGRAPHIES.

J'ai l'honneur de vous présenter un cas de cancer extrinsèque du larynx avec retentissement ganglionnaire guéri par hémi-laryngectomie et curage des ganglions.

Fig. 1. — Hémi-larynx (Pièce)

Cette observation a été déjà publiée dans les « Archives Internationales de Laryngologie » (décembre 1924) ; je n'en donnerai qu'un résumé.

Il s'agit d'un homme de 59 ans qui m'est adressé le 6 juillet 1922, pour dyspnée laryngée. Ce malade est cyanosé, présente du tirage sus-sternal et du cornage. L'examen montre une tumeur non ulcérée dé-

Fig. 2. — 1re photographie (Novembre 1922)

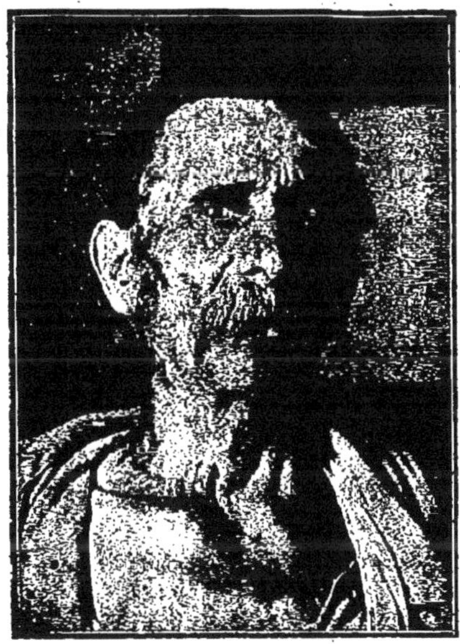

Fig. 3. — 2e photographie (Avril 1923)

veloppée dans le sinus piriforme droit ; elle est lobulée et soulève le repli aryténo-épiglottique et le bord de l'épiglotte ; l'hémi-larynx droit est immobile ; les cordes vocales supérieure et inférieure à droite sont infiltrées.

Le diagnostic de néoplasme s'imposait. Il n'y avait pas de retentissement ganglionnaire appréciable à cette date. Une trachéotomie est faite d'urgence.

Fig. 4. — 3e photographie (Mars 1927)

Un mois après, je constate l'apparition de deux ganglions de la chaîne carotidienne, l'un du volume d'un œuf de pigeon. l'autre d'une noisette. La tumeur a augmenté de volume ; je décide de tenter l'hémilaryngectomie avec curage des ganglions. L'opération est faite le 17 août ; la cicatrisation est terminée le 31 août. La première photographie représente ce malade trois mois après l'opération.

En janvier 1923, cinq mois après l'opération, apparaît un nouveau ganglion de la chaîne carotidienne au-dessus de l'angle de la mâchoire. Le 12 février, je procède à l'extirpation de ce ganglion et à la fermeture de la stomie laryngée. La canule est enlevée au 6e jour sans provoquer de spasme ni de trouble de la respiration. La voix est rauque mais nette. La 2e photographie a été faite en avril 1923, deux mois après la platique.

En janvier 1924, l'orifice laissé par l'emplacement de la canule est fermé ; il persiste actuellement une petite fistule à la partie supérieure qui n'admet plus un stylet boutonnés. La troisième photographie a été faite le 5 mars 1927.

L'intérêt de cette communication réside seul dans ce fait que ce malade après cinq années d'observation n'a présenté ni récidive locale, ni récidive ganglionnaire ; l'observation de ce malade est assez longue pour affirmer la guérison et ce résultat peut être inscrit à l'actif de l'intervention chirurgicale.

---

## II. — PERICHONDRITE DU CARTILAGE THYROIDE SURVENUE AU COURS DE LA CONVALESCENCE D'UNE FIÈVRE TYPHOIDE. — STÉNOSE LARYNGÉE GRAVE, GUÉRIE PAR LARYNGOSTOMIE ET DILATATION CAOUTCHOUTÉE, SUIVANT LA MÉTHODE DE SARGNON.

---

Les lésions du larynx observées au cours ou à la suite de la fièvre typhoïde et décrites sous le nom de « *laryngo-typhus* », sont rares ; j'en ai observé un seul cas ; les lésions primitives constituées par des ulcérations ou des abcès du larynx se compliquent fréquemment de périchondrites et chondrites avec fistules et séquestres, d'ankylose des articulations crico-aryténoïdiennes. Par l'immobilisation des cordes vocales, l'œdème de la muqueuse, l'affaissement et la rétraction cicatricielle au niveau des portions de cartilage mortifiées, ces lésions sont, suivant le mot de Sargnon, « la cause par excellence des sténoses graves ». Cette observation nous en offre un exemple typique.

Malgré la gravité de cette sténose, le traitement par la laryngostomie et la dilatation caoutchoutée, aujourd'hui classique m'a permis de rétablir la respiration normale et j'espère bientôt pouvoir fermer par autoplastie la stomie.

En raison de la rareté de ces lésions, de la gravité de la sténose et du succès du traitement, j'ai pensé que cette observation pouvait présenter un certain intérêt.

### *Observation*

D. Lucien, âgé de 19 ans, m'est adressé le 24 juillet 1923. Ce malade me rapporte l'histoire suivante :

Il a présenté, au mois de mars 1922, une fièvre typhoïde grave ; vers la fin avril, l'alimentation a été reprise, il entrait en convalescence, mais le 5 mai il accuse brusquement des douleurs vives au niveau larynx, surtout à droite avec irradiation vers l'oreille ; ces douleurs sont exaspérées à la déglutition et à la pression sur le cartilage thyroïde. La température atteint 40°. Rapidement les douleurs deviennent plus violentes, la dysphagie plus intense, la respiration est gênée ; la voix, d'abord enrouée, s'éteint. Quelques jours après la face latérale droite du larynx devient le siège d'une tuméfaction.

Cet état dure jusqu'au 25 mai. Le symptôme de dyspnée égare le diagnostic, celui de pleurésie purulente est porté et une intervention même allait être pratiquée ce jour ; une syncope au début de l'anesthésie lui évite seule cette intervention. Le soir, le malade crache un peu de pus et de sang ; la respiration devient aussitôt plus facile. Ces symptômes précisent le diagnostic et le malade est dirigé sur l'Hôpital de Constantine où une trachéotomie est pratiquée d'urgence. Le malade signale que l'incision des parties molles a donné issue à une grande quantité de pus.

Pendant une semaine encore, la température reste élevée, la déglutition douloureuse et difficile. La suppuration abondante provoque une toux continuelle et nécessite des pansements fréquents. Un auto-vaccin a été préparé et le malade en a reçu plusieurs injections. Puis l'état général s'améliore, la fièvre diminue, la dysphagie disparaît presque entièrement, mais la suppuration persiste. Le trajet de la canule s'infiltre, bourgeonne, et n'admet plus qu'une canule N° 1. Le drainage du pus devenant insuffisant, souvent la tuméfaction de la région latérale droite du larynx reparaît et des mois se passent ainsi sans amélioration notable de l'état local.

En avril 1923, le malade a présenté de nouveau des signes d'abcès du larynx à gauche ; cet abcès a été ouvert au galvano-cautère.

Le malade quitte l'hôpital en juillet et vient me consulter.

*Examen.* — A l'examen, j'observe que la face latérale droite du larynx présente une tuméfaction sans rougeur qui n'empiète pas sur la ligne médiane. La pression est douloureuse et fait sourdre du pus par le trajet de la canule. L'orifice de trachéotomie situé au niveau des premiers anneaux de la trachée présente des bourgeons sur la partie droite et médiane. L'obturation de la canule détermine de la suffocation et dénote une obstruction totale sus-canulaire. La canule enlevée, les bourgeons obstruent aussitôt l'orifice et la dyspnée devien rapidement intense. Après anesthésie rapide par instillation d'une solution de cocaïne-adréaline, la canule est remplacée par une sonde de Nélaton N° 16 coupée en biseau. L'exploration de la zone bourgeonnante avec un stylet boutonné permet de trouver un trajet fistuleux qui conduit dans une cavité occupant toute la hauteur de la lame droite du cartilage thyroïde et donne la sensation de cartilage dénudé. L'examen de la trachée par l'orifice de trachéotomie au moyen d'un spéculum d'oreille montre un bourgeonnement très marqué sus et sous-canulaire.

A l'examen du larynx, la muqueuse apparaît infiltrée, ayant les caractères de l'œdème chronique. Les artyténoïdes forment deux masses hypertrophiées arrondies, d'aspect grisâtre et immobiles. Leur saillie est plus accusée vers le pharynx que vers l'intérieur du larynx, ce qui explique la dysphagie qu'accuse encore le malade.

Les cordes vocales épaissies et rouges sont immobilisées en position intermédiaire.

L'examen du nez et du pharynx montre des lésions de rhino-pharyngite hypertrophique, avec catarrhe muco-purulent.

Nous étions donc en présence d'une sténose laryngée et trachéale des plus graves : bourgeonnement de la trachée sus et sous-canulaire, ankylose et non fonctionnement du larynx, hypertrophie des cordes ; causes auxquelles s'ajoutera un affaissement laryngien par destruction de la lame droite du cartilage thyroïde.

Ces lésions indiquaient une laryngo-trachéo-stomie et la dilatation progressive du conduit laryngo-trachéal sténosé. Ce malade a accepté ce traitement long et pénible avec une patience admirable.

Pendant une semaine un traitement préalable de désinfection rhino-pharyngée par pommade nasale, instillations, bains de gorge, est institué. Ce traitement activé par quelques badigeonnages au nitrate d'argent du pharynx et du cavum améliore rapidement l'état catarrhal de ces cavités et l'intervention peut être faite le 30 juillet.

Une large incision médiane allant de l'os hyoïde jusqu'au-dessous de l'orifice de trachéotomie permet de mettre à nu la cavité suppurée périchondrale ; la curette ramène des fongosités et des fragments de cartilage sequestré ; l'exploration montre que la lame droite du cartilage thyroïde est en grande partie détruite. Vers la partie médiane, il persiste une mince bande de cartilage, ce qui permettra de faire la thyrotomie sur du cartilage sain. Voulant tenter de respecter ce qui peut rester du squelette laryngien, je me borne après écouvillonnage de la cavité au chlorure de zinc, à la tamponner légèrement avec une mèche de gaze.

Le larynx est ensuite ouverte par thyrotomie médiane et permet de constater que la lumière cricoïdienne est envahie par bourgeonnement sus-canulaire et entièrement obstruée. L'ouverture du conduit laryngo-trachéale est terminée par la section du cricoïde et des anneaux de la trachée au-dessus et au-dessous de l'orifice de trachéotomie. La canule se trouvait moulée dans une gaine de bourgeons. Ces bourgeons sont curettés soigneusement. Après mobilisation de la peau sur la partie gauche de l'incision, la muqueuse du larynx est suturée à la peau par quelques points séparés. Un boudin de gaze entouré de tulle gras est placé dans la cavité trachéale et fixé à la canule. Les fils de la suture cutanéo-muqueuse sont enlevés au 4e jour et la réunion se fait par première intention. Le sphacèle des parties curettées s'élimine entièrement au 8e jour et le 10 août (au 10e jour), je puis commencer la dilatation par tube de caoutchouc avec un drain N° 26. J'ai adopté le procédé de Sargnon, drain de caoutchouc entouré de gaze et de gutta.

Malgré une progression lente, cette dilatation est mal supportée au début ; les cordes vocales s'ulcèrent bientôt ; la cavité trachéale et cricoïdienne bourgeonne et nécessite le 20 août une cautérisation avec une perle d'acide chromique.

Ce bourgeonnement se reforme bientôt et je procède le 6 septembre à un nouveau curettage. Ceci m'oblige à abandonner provisoirement la dilatation caoutchoutée pour revenir au boudin de gaze.

Mettant ce premier échec sur le compte du voisinage de l'abcès périchondral qui continue à suppurer, le 17 septembre, je me décide à pratiquer la résection des restes de la lame droite. Deux incisions transversales encadrant cette lame mettent à nu la cavité suppurée et permettent d'extraire deux minces bandes de cartilage de 3 à 4 millimètres de large représentant les bords supérieur et postérieur de la

lame. La suppuration se tarit rapidement et dix jours après la cavité était presque entièrement comblée ; la dilatation caoutchoutée est reprise, elle peut être poussée jusqu'au N° 36. Mais les aryténoïdes restent immobiles, gros, et le 16 octobre, je me vois dans l'obligation de pratiquer la résection sous muqueuse de ces cartilages ; la canule est supprimée et j'utilise pour continuer la dilatation des drains de Molinié ; le 30 octobre, j'atteins le N° 40.

Les cordes, formant encore une saillie dans la cavité laryngée, s'ulcèrent au contact du tube ; j'ai dû me résoudre à pratiquer le 16 novembre une ventriculo-cordectomie (l'ablation des cordes et des fausses cordes). La dilatation est continuée et la cicatrisation est terminée le 1er décembre. La photographie représente la stomie à cette date.

Le malade peut rentrer dans sa famille. La respiration est facile au repos ; elle n'est gênée que par la marche rapide ou par l'effort ; elle s'améliore progressivement. Six mois après, la stomie est réduite à un orifice de 1 centimètre environ ; la voix est rauque mais nette. Je me proposais de fermer la stomie par plastique, mais au niveau des cordes vocales s'est formée une mince membrane cicatricielle qui réduit le calibre du larynx. Il était indispensable de détruire cette membrane avant de tenter la fermeture de la stomie. La diathermie était seule indiquée ; ne disposant pas d'appareil à diathermie, je le renvoie à une date ultérieure. Deux applications ont été faites en mars 1925, la première sur la partie postérieure, la deuxième sur la partie antérieure. Après cette deuxième application, le malade présente une poussée de rhino-pharyngite avec état grippal qui provoque une réaction inflammatoire et l'oblige à utiliser une canule pendant quelques jours. Cet incident s'ajoutant à la douleur des applications le décourage et il refuse toute nouvelle tentative pendant deux ans. Je l'ai revu le 28 mars dernier. Les applications précédentes ont dû être timides car la membrane s'est reformée. J'ai réussi à lui faire accepter de nouveau ce traitement et j'ai fait une application le 29 mars dernier.

Une communication récente de Bourgeois à la Société de laryngologie des Hôpitaux de Paris rapporte un cas de guérison d'un malade par l'étincelage diathermique selon la méthode de Heitz-Boyer. Cette méthode présenterait l'avantage sur l'électro-coagulation d'être moins douloureuse, d'être peu destructive et de permettre de limiter en profondeur l'action nécrosante. Je me propose de l'utiliser chez ce malade et espère en obtenir le calibrage définitif de son larynx.

M. AMRAM
Constantine

# STOMATITE AVEC SYNDROME HÉMORRAGIQUE GRAVE AU COURS D'UN TRAITEMENT PAR LES SELS DE BISMUTH

La toxicité des différents médicaments employés en siphyligraphie prend chaque jour un intérêt croissant. Le Bismuth, nouvellement arrivé, peut être lui aussi très nocif : témoin l'observation suivante.

Au mois d'octobre 1926, nous étions mandés auprès d'une malade qui souffrait de la bouche et de la gorge depuis 5 à 6 jours environ.

Celle-ci, âgée d'une trentaine d'années, avait eu dans son jeune âge une rougeole et plus tard deux congestions pulmonaires à 3 ou 4 années d'intervalle. Ses accouchements au nombre de deux furent normaux ; aucune tendance aux phénomènes hémorragiques.

A l'occasion d'une otorrhée chronique de l'un des enfants, le sang des parents dut être examiné. Le Wassermann fut très fortement positif dans le sang de la mère. Des traitements énergiques lui furent alors institués dont un au novarsénobenzol. La mère accouche une autre fois, mais au cours de ce dernier accouchement, une hémorragie inquiétante se produisit. Depuis, la malade se porte bien, elle n'est inquiétée que par l'abondance insolite de ses règles, accident qu'elle n'avait jamais présenté avant son traitement au novar Elle se fait alors piquer au bismuth et elle reçoit vraisemblablement deux injections de trépol, lorsqu'elle commence à se plaindre de la bouche. Sa salivation est abondante, la dysphagie est légère, mais il existe un peu de gêne de la diglutition.

L'exploration de la bouche montre, outre une légère fétidité de l'haleine, une tuméfaction assez considérable des gencives, de la face interne des joues, de la langue où sont marquées les empreintes des dents. La langue est complètement recouverte par un enduit gris noirâtre, très épais, difficile à détacher. Les quelques lambeaux déchiquetés que nous avons pu enlever mettaient à nu une surface ulcérée et saignante. Ces ulcérations sont banales et ne présentent aucun caractère particulier. Les piliers du voile du palais, les amygdales étaient tapissées du même enduit, ainsi que la paroi postérieure du pharynx buccal. La luette, fortement œdematiée en poire, étant encapuchonnée elle aussi. La face interne des joues n'était recouverte que par endroits. Les gencives seules rouges et tuméfiées en paraissaient indemnes.

Il n'y avait donc pas de liseré. Les dents déchaussées sont en très mauvais état. Les ganglions sous-angulo-maxillaires sont légèrement tuméfiés et douloureux. Ils sont mobiles et n'adhèrent pas aux tissus sous-jacents.

La malade est anémiée et présente une asthénie assez marquée, la température oscille autour de 38, le pouls régulier, mais un peu mou, bat à 92. La tension est à 13-6 ; il n'y a pas d'œdèmes, la quantité des urines émise est sensiblement normale. Il n'existe aucune modification de volume du côté du foie ni de la rate, pas de troubles digestifs, rien du côté du cœur et des poumons. Les réflexes tendineux sont normaux, pas de signes oculaires, bref, aucun stigmate clinique de spérificité.

Les jours suivants, des stomatorragies apparaissent abondantes et continues ainsi qu'une forte épistaxie. Celle-ci ne céda qu'après cautérisation pratiquée par notre confrère M. Torre, rhinologiste. Nous remarquons à ce propos que le temps de saignement paraît sensiblement augmenté.

Deux jours après, les hémorragies nasales reprenaient de plus belle, les stomatorragies sont aussi abondantes et un purpura apparaît. Il est constitué exclusivement par des pétéchies ayant les dimensions d'une tête d'épingle à une lentille ; il n'existe pas d'ecchymoses spontanées. Les pétéchies sont nombreuses, disséminées sur la peau du cou, des membres supérieurs et du tronc, elles sont particulièrement abondantes sur la face antérieure du thorax. L'aspect des taches purpuriques mérite d'être précisé. On se trouve en présence d'éléments de 2 à 3 mm. de diamètre dont le centre est plutôt érythémateux que purpurique, tandis que la périphérie est franchement purpurique. Chaque élément s'efface en un temps variable sans qu'on puisse trouver un rapport entre son étendue et sa durée. Les injections sous-cutanées provoquant un suintement sanguin assez abondant suivi de l'apparition d'une assez large ecchymose ; le signe du lacet est positif.

Les jours suivants, l'anémie s'accentue, la malade est très décolorée, l'asthénie devient de plus en plus marquée, le pouls est très mou, il est à 110, la température s'élève à 39 et oscille autour de ce chiffre jusqu'à la fin ; la quantité des urines émise diminue sensiblement. Les hémorragies deviennent plus abondantes, le purpura se généralise à tout le corps et malgré la médication anti-hémorragique et endocrinienne, la malade entre dans le coma et meurt dix heures après. Les examens de sang et d'urine n'ont pu être pratiqués ; nous n'avons pas de contrôle anatomique.

Ainsi donc, il s'agissait vraisemblablement chez notre malade d'une stomatite avec syndrome hémorragique grave ayant abouti rapidement à la mort à la suite de deux injections de bismuth.

Cette observation a retenu notre attention et nous l'avons cru mériter d'être rapportée à plus d'un titre au point de vue clinique et étiologique.

En effet, l'apparition d'un liseré gingival, signature d'un grand nombre de stomatites toxiques, n'est pas constant au cours de la stomatite bismuthique. Si dans les observations de Petersen et Balzer, le liseré gingival est retrouvé, il n'est pas signalé dans celle qu'Aubertin et Destouches viennent de rapporter récemment au sujet d'un cas mortel de stomatite avec néphrite azotémique aiguë.

Nous n'insisterons pas davantage sur le faible nombre d'injections de bismuth pratiquées qui ont déterminé des accidents, fait remarquable encore que les rares observations publiées mentionnent.

Du point de vue étiologique, nous sommes à nous demander s'il s'agit ici d'une intoxication primitive par les sels de bismuth ou si ceux-ci n'ont fait que déclencher des accidents dus à un état dyscrasique latent créé par le novarsenobenzol.

Les faits méritent d'être dissociés. Si la stomatite est un accident de la médication bismuthique, il n'en est pas de même du syndrome hémorragique apparu à la faveur de cette stomatite. Celui-ci paraît avoir été déclenché sur un terrain préparé déjà par le novarsenobenzol. En effet, notre malade a présenté au cours de son dernier accouchement des hémorragies inquiétantes consécutivement au traitement au novar qu'elle avait subi. Depuis, ses règles étaient plus abondantes que de coutume, et ceci avant tout traitement au bismuth.

Nous savons, d'autre part, que ces formes hémorragiques sont l'apanage de l'intoxication par le novar. Depuis les travaux de Paul-Emile Weil et Ich Wal, Rabut et Oury, les syndromes hémorragiques graves avec asthénie entraînant rapidement la mort ne sont pas rares au cours des traitements par les composés arsenobenzoliques. Widal et Madame Bertrand-Fontaine en ont rapporté encore récemment un cas à la Société médicale des Hôpitaux de Paris avec angine nécrotique. On sait également qu'Aubertin rend particulièrement responsable de ces méfaits le noyau benzolique.

Quant au bismuth, au contraire, il n'a pas été signalé d'accident hémorragique net à la suite de son administration, et si M. Robert Debré a rapporté un cas d'hémorragie intestinale mortel chez un enfant à la suite d'administration de bismuth au cours d'une splénomégalie syphilitique, nous ne sommes nullement autorisés à voir dans ce cas des manifestations hémorragiques créées par le bismuth, la sclérose de la rate pouvant à elle seule en déterminer.

Ainsi donc, le bismuth peut déterminer des accidents du type hémorragique : en réveillant un état dyscrasique provoqué par l'arsenobenzol.

Il importe donc à l'avenir, si l'on désire faire des injections de bismuth à des malades traités préalablement par des composés arsenobenzoliques, de rechercher les stigmates hémathologiques et cliniques de ce qui serait en quelque sorte *l'hémogénie acquise* : augmentation du temps de saignement, irrétractilité du caillot et diminution considérable ou absence de plaquettes, augmentation insolite des règles, apparition d'hémorragies spontanément ou à l'occasion d'une cause insignifiante.

En procédant de cette façon, il ne serait peut-être pas très difficile d'éviter bien des ennuis possibles.

---

## J. LEBON et R. MAIRE

---

### L'EXPLORATION DE LA GLANDE PANCRÉATIQUE EXTERNE ET L'ÉPREUVE DE LA SÉCRÉTION PANCRÉATIQUE PROVOQUÉE

---

Lorsqu'en 1909 Einhorm eut imaginé le procédé ingénieux qui permet d'extraire à l'aide d'une sonde les sécrétions duodénales, on pensa qu'il serait désormais facile d'explorer la valeur fonctionnelle de la glande exocrine du pancréas. Pour atteindre ce but, il devait suffir à priori de doser l'activité digestive du liquide duodénal puisque celle-ci est en grande partie fonction de la quantité de ferments que le pancréas déverse dans le duodénum. On dut par la suite reconnaître que le problème présentait une complexité qui avait échappé aux premiers expérimentateurs. On remarqua en particulier que la mesure de l'activité enzymatique du liquide duodénal *extrait sans précautions préalables* ne renseignait que très imparfaitement sur la valeur fonctionnelle du pancréas.

Dans un travail antérieur, l'un de nous, avec son maître Chiray, avait démontré que l'excitation préalable du pancréas s'imposait comme un temps indispensable du tubage pour apprécier avec le plus d'exactitude possible le pouvoir secrétoire de cet organe. En effet, la sécrétion pancréatique étant intermittente et ne se produisant activement que pendant les périodes digestives, il arrive que chez des sujets parfaitement normaux le liquide duodénal extrait à jeun présente une activité enzymatique nettement inférieure à la valeur moyenne. Par contre, si chez les mêmes sujets on provoque la sécrétion pancréatique par un moyen approprié avant d'extraire le liquide duodénal, on retrouve dans ce suc de sécrétion provoquée les ferments digestifs en quantité normale. Le dosage du pouvoir digestif du liquide duodénal après excitation du pancréas évite donc de graves erreurs dans l'appréciation de l'activité fonctionnelle de la glande pancréatique externe. Il restait donc à choisir une substance qui permît de réaliser efficacement et pratiquement l'excitation de la glande pancréatique externe. A cet effet, de nombreuss expériences, entreprises chez des sujets normaux, nous montrèrent que le *lait non écrémé* instillé dans le duodénum semblait jouir d'un pouvoir excito-sécrétoire très actif à l'égard de la sécrétion externe du pancréas. En partant de cette donnée, nous avons pu jeter les bases d'une épreuve de sécrétion pancréatique provoquée. Nous ne décrirons pas ici les détails de technique, que l'un de nous avec son maître Chiray a déjà exposés dans une série de communications antérieures, nous tenons simplement à reproproduire deux types de courbes obtenues chez des sujets normaux d'après les résultats de l'épreuve :

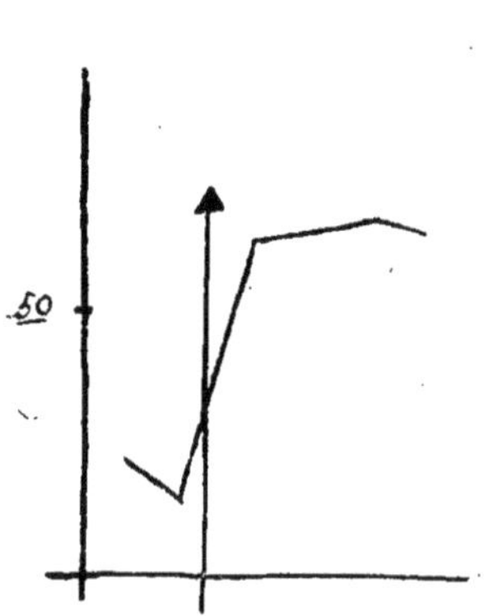


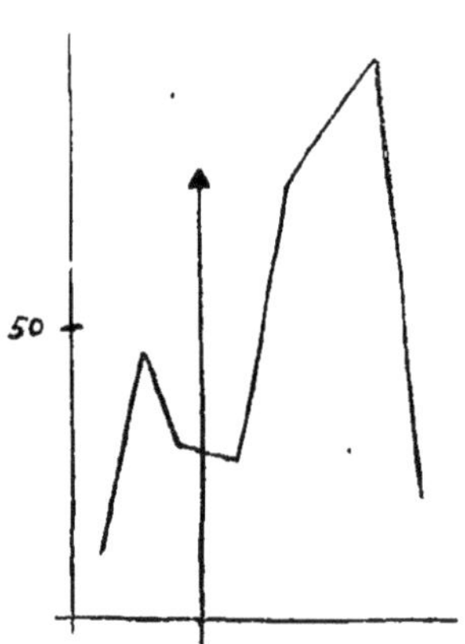


L'intérêt pratique de cette méthode réside dans le fait qu'elle permet de dépister certaines altérations de la sécrétion pancréatique externe qui échappent même aux examens coprologiques les plus minutieux. Nous ne rappellerons ici que les plus intéressantes d'entre les observations que nous avons pu faire au cours de nos différentes recherches.

*La sécrétion pancréatique externe dans les ictères par rétention*

Dans l'ictère par rétention lié au développement d'un néoplasme au niveau de la tête du pancréas, la sécrétion de cet organe est en général fortement diminuée, même en dehors de toute excitation glandulaire préalable. Par contre, au cours des occlusions du canal cholédoque dues soit à un calcul, soit à un cancer cholédocien, cette sécrétion est presque toujours normale, puisqu'en pareil cas, les ferments digestifs continuent à être déversés dans le duodénum. Il y a cependant lieu de formuler quelques réserves sur les données précédentes et il faut surtout bien se garder de les ériger en principes absolus.

Nous nous proposons d'ailleurs de faire prochainement une étude critique sur la valeur séméiologique du tubage duodénal envisagé comme moyen de diagnostic des ictères par rétention.

*La sécrétion pancréatique externe au cours des ictères infectieux*

Si les examens coprologiques et le simple tubage suffisent en général pour identifier le déficit global de la sécrétion pancréatique au cours de certains ictères par rétention d'origine néoplasique, ces moyens d'exploration sont impuissants à déceler les perturbations fonctionnelles du pancréas qui peuvent s'associer à l'insuffisance du foie au cours des ictères infectieux. Par contre, au cours de ces ictères, en ayant recours à l'épreuve de la sécrétion pancréatique provoquée, nous avons observé maintes fois une baisse notable de la courbe de l'activité enzymatique du liquide duodénal :

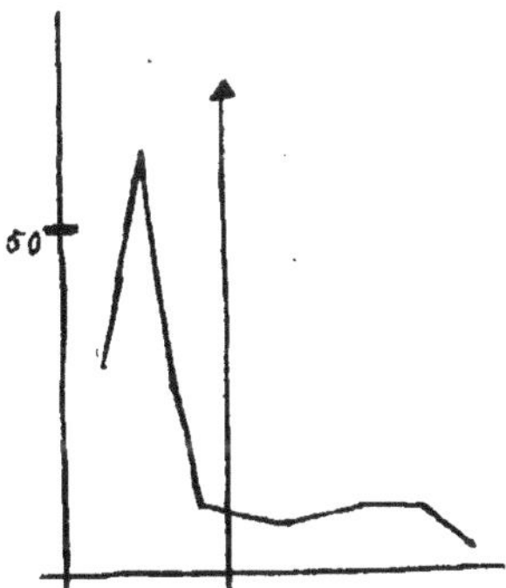


Type de courbe obtenu au cours d'un ictère infectieux, pendant la période d'état

Dans les cas ci-dessus envisagés, on ne pouvait expliquer par l'absence de bile dans le duodénum la diminution de l'activité digestive du suc duodénal puisque l'adjonction de bile au liquide extrait dans de telles conditions n'augmenta que faiblement (de 10 à 15) le pouvoir lipasique du dit liquide.

La preuve établie d'un déficit pancréatique au cours des ictères infectieux conduit à des considérations dont l'importance mérite d'être soulignée. On en arrive à conclure avec O'Weill de Bruxelles, que l'ictère infectieux mérite d'être envisagé sous un jour quelque peu nouveau. Il n'est pas seulement une *hépatite infectieuse*, il est à vrai dire : une *hépato-pancréatite*. A la lueur de ces faits, on comprend que Frissel et Hajeck aient pu considérer l'ictère catarrhal comme une cause possible de diabète en raison des lésions pancréatiques qui lui sont associées.

*La sécrétion pancréatique au cours des cholecystites*

Au cours des cholécystites lithiasiques ou non lithiasiques l'épreuve de la sécrétion provoquée objective maintes fois un déficit fonctionnel du pancréas que l'examen après simple tubage ne permet pas toujours de révéler. Du point de vue seulement pratique, cette constatation est pleine d'intérêt. Il n'est pas inutile pour le médecin qui doit poser une indication opératoire d'être renseigné aussi exactement que possible sur les fonctions pancréatiques du malade qu'il doit faire opérer. En effet, le seul traitement valable de la pancréatite associée à la cholécystite est l'exérèse de la vésicule biliaire. Cette exerèse n'a d'ailleurs par elle-même aucune action perturbatrice sur la sécré-

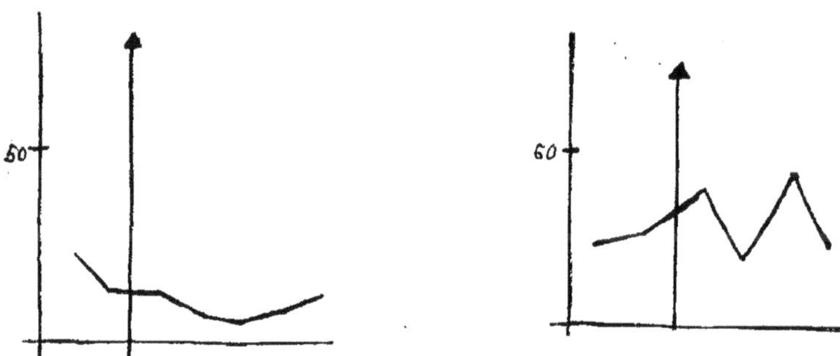


Types de courbes obtenus au cours de cirrhoses hépatiques

tion externe du pancréas comme le soutiennent quelques auteurs. Nous reviendrons sur cette importante question avec Machuel dans une étude d'ensemble sur les suites médicales de la cholécystectomie et sur la physio-pathologie des cholécystectomisés.

*La sécrétion pancréatique au cours des cirrhoses*

Quand nous étudiâmes avec M. Chiray, la sécrétion pancréatique des cirrhotiques par l'examen du suc duodénal prélevé chez ces malades à l'aide du simple tubage, nous fûmes surpris de ne trouver chez eux qu'une faible proportion d'insuffisance pancréatique. Le fait observé ne s'accordait guère avec la notion établie par les anatomo-pathologistes à savoir : l'extrême fréquence de la pancréatite chronique associée à la cirrhose hépatique. Depuis ces toutes premières recherches, nous eûmes l'occasion d'explorer le fonctionnement pancréatique d'un certain nombre de cirrhotiques et, dans la plupart des cas, nous l'avons trouvé déficient.

Chez nombre de ces sujets, nous avons observé qu'il y avait un certain parallélisme entre le trouble du métabolisme des hydrates de carbone révélé par l'épreuve de l'hyperglycemie provoquée et l'insuffisance fonctionnelle du pancréas mesurée par le dosage de l'activité digestive du liquide duodénal. Ce fait vient à l'appui de la thèse soutenue par Achard et ses élèves à savoir que l'insuffisance glycolytique que l'on observe chez les cirrhotiques dépend plus des lésions pancréatiques que des altérations du foie.

*La sécrétion pancréatique dans l'anaphylaxie alimentaire*

Il semble que l'on ait toujours trop méconnu le rôle de l'insuffisance pancréatique dans la genèse des accidents dits « d'anaphylaxie alimentaire ». Il est cependant évident que l'insuffisance protéolitique du pancréas doit jouer un rôle important à côté de l'insuffisance du foie dans la pathogénie de tels accidents. Nous en avons la preuve *biologique* et *thérapeutique* chez un malade qui présentait des phénomènes d'anaphylaxie chaque fois qu'il ingérait des albumines et des œufs en particulier. Chez ce malade, la courbe de sécrétion pancréatique provoquée révélait une déficience très nette du pancréas. L'opothérapie pancréatique diminua d'abord, puis finit par faire disparaître les accidents observés que plusieurs traitements et divers régimes n'avaient pu améliorer.

Le fait par nous observé pose la question des rapports entre l'insuffisance pancréatique et les accidents d'anaphylaxie alimentaire.

Telle est l'épreuve de la sécrétion pancréatique provoquée que nous avons mise au point avec notre maître Chiray et étudiée par la suite autant qu'il nous a été permis de le faire.

A l'heure actuelle, il nous semble à peu près impossible d'apprécier la valeur fonctionnelle du pancréas sans prendre soin de mettre la glande en état d'activité sécrétoire.

Au cours de différents états pathologiques, en particulier au cours de la lithiase, des ictères infectieux, des cirrhoses, cette épreuve met en évidence certains troubles de la sécrétion exocrine du pancréas que la clinique seule ou même le simple tubage sont insuffisants à dépister.

Par ailleurs, les résultats acquis par cette épreuve permettent d'aborder d'importants problèmes qui touchent à la pathologie générale et à la physiologie. Et ce n'est pas le moindre des avantages qu'il est juste de lui reconnaître.

---

Henri ABOULKER

Alger

## PATHOGÉNIE ET TRAITEMENT CHIRURGICAL DU VERTIGE DE MENIÈRE

Nous avons établi dès 1914 que certaines formes du vertige de Ménière, suite d'otites sèches, étaient des syndromes hypertensifs de la loge cérébelleuse que guérissait une *simple trépanation décompressive rétropétreuse avec ou sans incision de la dure mère exécutée sous anesthésie locale.* La lésion labyrinthique est le point de départ de l'hypertension qui par choc en retour semble réaliser une véritable *labyrinthique de stase.* Le vertige nous est apparu comme un *glaucome de l'oreille,* point de vue tout récemment repris par MM. Moreau et Portmann. Enfermé par les classiques dans son étroite prison labyrinthique où il opposait une résistance invincible à tout traitement, le vertige délivré prend désormais sa place dans la vaste loge cérébelleuse. Par d'autres recherches cliniques parallèles aux précédentes et indépendantes d'elles, nous sommes arrivés à établir un essai de classification générale de toutes les méningites de l'oreille. Le *syndrome hypertensif de Ménière* a trouvé alors dans les méningites chroniques cérébelleuses la même dénomination et la même place que nous lui avions dès 1914 assignée sous le nom de *syndrome rétro-pétreux pseudo labyrinthique.* Ces investigations bilatérales se renforcent mutuellement.

L'opération de Hautaut, primitivement trépanation labyrinthique postérieurement étendue derrière le rocher, et surtout l'opération de Portmann, recherche du sac endo-lymphatique derrière le rocher, représentent notre simple trépanation décompressive légèrement compliquée sans nécessité évidente puisque nos résultats anciens et récents sont satisfaisants.

P. SUDAKA
Alger

## ABCÈS DE LA LANGUE

A propos de sept observations inédites, l'auteur dégage les conclusions suivantes :

L'étiologie doit être recherchée, dans une amygdalite linguale antérieure ou dans une effraction de la muqueuse d'origine dentaire ou traumatique. Il s'agit en général de glossites interstitielles et non parenchymateuses encapsulées, ne se propageant ni à travers le raphé ni vers le plancher. Le gonflement de l'organe est tardivement perceptible pour les phlegmons des deux tiers antérieurs. Il passe inaperçu souvent même au laryngoscope pour ceux de la base.

Le seul signe constant est la difficulté ou l'impossibilité de la projection active ou passive de la langue hors de la bouche. Dans aucun cas on n'a perçu de fluctuation.

Le facteur essentiel de gravité est la sténose laryngée par compression ou par œdème.

L'intervention doit être précoce, la résolution étant exceptionnelle (1 cas sur 7) et l'évacuation spontanée hypothétique et trop tardive. L'incision par voie buccale est la règle dans les phlegmons des deux tiers antérieurs et la plupart des postérieurs. La recherche de la collection par voie externe doit être uniquement réservée aux collections profondes de la base ; elle a l'inconvénient de laisser une cicatrice et d'allonger les suites opératoires.

GUIBAL et SICARD

---

## A PROPOS DE TROIS CAS DE FRACTURES DE L'EXTRÉMITÉ SUPÉRIEURE DU TIBIA

---

Les fractures de l'extrémité supérieure du tibia sont bien connues ; cependant, certains points concernant leur fréquence, leur pronostic, leur traitement restent encore à préciser.

Les trois observations suivantes permettent d'essayer la chose.

Observation I. — Fracture comminutive de l'extrémité supérieure du tibia en V renversé chez un homme de 76 ans. Traitement : immobilisation pendant deux mois. Revu 14 mois après, le blessé marche sans difficulté et plie très bien la jambe.

Observation 2. — Fracture séparant la tubérosité externe du tibia. D'abord méconnue. Traitement : immobilisation. Revu 12 mois après, excellent résultat.

Observation 3. — Fracture comminutive de l'extrémité supérieure du tibia chez un homme de 21 ans. Immobilisation. Excellent résultat qui se maintient un an après l'accident.

Ces trois observations montrent que, malgré la gravité du fracas osseux (obs. I, obs. 3), la consolidation peut se faire dans les délais normaux et avec un très bon résultat fonctionnel et même anatomique. Ce résultat est obtenu par le traitement classique : immobilisation et plâtre.

L'observation prouve que beaucoup de fractures sans déplacement analogues peuvent être méconnues, ce qui expliquera la rareté des cas.

---

# LAMARQUE et SICARD

## LUXATION TRAPEZO MÉTACARPIENNE BILATÉRALE

Chez une femme, venue consulter pour une tumeur de la face palmaire du pouce gauche (ostéonchondrome), on constate à droite et à gauche, la présence d'une luxation trapézo-métacarpienne. Celle-ci serait sans traumatisme apparent, sans affection antérieure. L'examen radiologique confirme le diagnostic et révèle en outre une luxation intermetacarpienne à droite.

# Dr J. COULOUMA

## 1° QUELQUES BELLES GUÉRISONS PAR AUTOVACCINOTHÉRAPIE

L'autovaccinothérapie est en train à juste titre de conquérir la faveur médicale.

Cette méthode, vous le savez, consiste à innoculer à un malade ses microbes personnels, cause de l'infection, après les avoir atténués par un procédé de stérilisation. Les médecins ont commencé à injecter à leurs clients des souches microbiennes d'origine différente, mais de même espèce ; ce sont les stocks-vaccins, préparés à l'avance, avec des microbes d'origine quelconque, mais dont l'espèce a été bien caractérisée. On fit dans ce genre des associations microbiennes pour lutter contre les affections polyvalentes où plusieurs espèces interviennent comme les bactériuries ou les leucorrhées chroniques.

Plus tard, les bactériologistes s'avisèrent que la vaccinothérapie par des microbes déterminés serait plus efficace, si on donnait au malade ses microbes personnels atténués.

L'auto-vaccin se prépare en cultivant les microbes du malade sur gélose et en repiquant ces microbes une deuxième fois sur le même milieu ; la seconde souche est diluée dans 10 ou 20 cc. d'eau physiologique jusqu'à ce que les microbes comptés à la cellule de Nageotte ou de Stiasnie se trouvent dans la proportion de 500.000 germes par centimètre cube. Après avoir transvasé dans un autre récipient stérile, on atténue la virulence de ces microbes par 10 à 15 gouttes de la solution iodo-ioduré de gram ; le contact avec l'iode est maintenu pendant trois quarts d'heure. On procède ensuite à la mise en ampoules avec une seringue stérilisée. Immédiatement après, on ajoute dans chaque ampoule une goutte d'une solution d'hyposulfite à cinq pour cent. Après avoir fermé les ampoules, on en brise une au hasard pour vérifier son inocuité par culture sur gélose. Il ne doit pas se former de colonies durant 48 heures d'étuve. Le vaccin est prêt.

A côté de l'auto-vaccin, nous devons parler du vaccin-plaie, appelé aussi bouillon-vaccin. Il est appliqué sur la plaie en pansements renouvelés chaque jour. Sa préparation est différente de l'auto-vaccin : le microbe une fois identifié, est cultivé sur peptone sel pendant 24 heures, cette culture liquide est stérilisée à l'autoclave à 115° pendant 20 minutes. On centrifuge ensuite dans des tubes stériles ; après centrifugation le liquide clair est stérilisé de nouveau à 115° pendant quinze minutes. Il est prêt pour l'usage, nous n'avons plus qu'à l'appliquer sur la plaie.

Le cas le plus remarquable que nous avons le plaisir de vous signaler est justement une guérison par un bouillon vaccin.

Mlle C..., 14 ans, est atteinte de mastoïdite aigue à la suite de furonculose du conduit auditif externe d'après son médecin traitant. Tel n'est pas l'avis du spécialiste appelé en consultation qui pense à une ostéite de la région mastoïdienne sans otite primitive.

L'état est très grave (réaction méningée, vomissements, fièvre 40°).

Les deux cliniciens font la trépanation de la mastoïde, ils observent une suppuration énorme dans la caisse du tympan ; ils font un curetage, une suture et un drainage. Les jours suivants, la suture ne tient pas, la suppuration augmente et la fièvre continue, si bien que les médecins font un prélèvement aseptique et le confient à un laboratoire qui ne découvre pas de germes et conclut à la présence du bacille de Koch. Le spécialiste qui dirige ce laboratoire inocule un cobaye dont la mort s'est paraît-il, produite un mois après. La famille inquiète proteste et un des médecins m'envoie au dixième jour du pus prélevé aseptiquement. Je l'examine sans découvrir de bacille de Koch ; par contre, la présence de nombreux streptocoques caractéristiques me décide à préparer un autovaccin après avis des deux cliniciens traitants.

L'application du bouillon-vaccin amène, dès le premier pansement, une diminution notable de la suppuration, la fièvre diminue et tombe aux environs de 38°. Chaque jour, les mèches imbibées de vaccin paraissent moins imbibées de pus. Pendant quinze jours, il est fait application de mon vaccin, puis la fièvre ayant disparu et la suppuration étant tarie, la plaie est abandonnée, à partir du 25e jour, à la cicatrisation spontanée. Le 40e jour, les médecins constatent la guérison totale avec une cicatrice à peine visible.

Ce cas est d'autant plus intéressant que beaucoup de cliniciens considéraient les auto-vaccins inefficaces dans le cas de streptococcies.

Nous vous parlerons maintenant d'une infection à staphylocoques particulièrement dangereuse.

Charles F...., 18 ans, est atteint d'inflammation de la lèvre supérieure à la suite d'un coup de rasoir du coiffeur. Quatre jours après la contamination, la lèvre s'enfle et des démangeaisons apparaissent. Sept jours après le 6 février, l'enflure gagne les joues et le dessous des yeux. Le médecin appelé diagnostique un anthrax. L'abcès crève et suppure légèrement dès le 7 février ; l'état est grave à cause de la fièvre et du voisinage des veines ophtalmiques, le malade ne peut rien avaler. Comme l'application de l'imunizol N° 10 ne paraît pas donner de résultats, le médecin nous demande de préparer un autovaccin. La première piqûre a été faite le 9 février avec 0 cc,5, le 10 avec 1 cm,3, le 11 avec 2 cm,3, le 12, 2 cm,3 encore et enfin les jours suivants 3 cc. jusqu'au 14 février. En même temps, nous appliquions un vaccin plaie préparé avec les microbes du malade. Dès le 9, la suppuration a augmenté et l'enflure a diminué, deux mèches avec leurs bourbillons se sont vidées le 11. La fièvre a disparu et la suppuration s'est tarie le 14. En somme, la guérison complète est survenue après cinq jours de traitement.

Nous citerons maintenant la guérison remarquable d'une plaie contuse du talon chez un malade de 73 ans, alité depuis plusieurs mois. Le médecin traitant avait pratiqué une incision pour faire disparaître l'œdème. A l'ouverture, les tissus se montrèrent infiltrés et lardacés ; il n'y avait pas de pus, mais une sérosité sanguinolente s'écoulait en abondance. Après grattage du calcanéum, le chirurgien procède à la suture ; au bout de quinze jours, la plaie opératoire était cicatrisée en grande partie, mais il subsistait une fistule.

Notre examen bactériologique, pratiqué en date du 4 décembre 1923 décela la présence du staphylocoque et du streptocoque, nous préparâmes immédiatement un auto-vaccin en nous servant du bouillon et de la gélose. Douze piqûres eurent raison de l'infection ; dès le 20, la fistule tarissait. A la fin du mois, la cicatrisation fut complète ; l'œdème et la douleur avaient complètement disparu.

Le gonocoque est plus difficile à guérir ; nous avouerons bien franchement nos insuccès ; cependant, je signalerai le cas d'un jeune préparateur en pharmacie qui après deux ans de traitement, essaya l'autovaccinothérapie. Je cultivais ses microbes sur gélose molle amidonnée, puis sur gélose ascite. Après une dizaine de piqûres, son écoulement était presque tari. Il s'est marié dernièrement et il ne se ressent plus du mauvais cadeau, reçu autrefois de Vénus.

Conclusions : l'autovaccinothérapie pratiquée, soit en applications locales sur la plaie, soit en injections sous la peau, donne des résultats remarquables. Ce traitement doit être essayé dans tous les cas de plaies rebelles.

Quand la maladie est très grave, il est nécessaire de soigner le malade par les deux méthodes : autovaccin et bouillon-vaccin-plaie.

Enfin, les infections streptocoques peuvent être guéries par l'autovaccinothérapie, comme le prouve le cas de mastoïdite cité dans notre petite communication.

---

## 2° UN CAS CURIEUX DE TUBERCULOSE RÉNALE INFANTILE

---

13e section

# RADIOLOGIE

---

*Président* ................ Dr Miramont de Laroquette, Médecin principal de l'Armée.
*Vice-Président* ........... Dr Gros, Apt.
*Secrétaire* .... ........... Dr Tillier, Alger.

---

## RADIOLOGIE CLINIQUE

---

Robert TILLIER
Ex-Chef de Clinique à la Faculté d'Alger

et

Henry TILLIER
Interne des Hôpitaux de Lyon

---

### LE DIAGNOSTIC RADIOLOGIQUE DE CERTAINS ÉTATS SPASMODIQUES DU TUBE DIGESTIF

---

Les auteurs attirent l'attention sur un certain nombre d'images radiologiques, réalisées par des syndromes intestinaux purement spasmodiques, et qui simulent des images de lésions organiques. Etant donné le rôle du spasme en pathologie digestive, et particulièrement l'importance de la réaction musculaire dans la production des aspects radiologiques qui accompagnent les affections organiques de l'intestin, on conçoit la possibilité d'erreurs lorsqu'on se trouve en présence d'états purement spasmodiques, comme ceux que les auteurs ont eu l'occasion d'observer.

Cette question de syndromes spasmodiques purs est extrêmement importante, surtout si l'on envisage ses conséquences thérapeutiques. Les auteurs l'appuient sur 4 observations, dont ils projettent les clichés :

La 1re observation concerne une femme qui présente un passé pathologique chargé, puisqu'elle a déjà subi 3 laparotomies pour des troubles divers. L'examen révéla des images de sténose au niveau du duodénum, de la fin de l'ileon et de la partie supérieure du sigmoïde, images qui firent penser à une péritonite discrète. L'intervention ne montra cependant que des organes sains, et l'existence d'une bride péritonéale lâche, gastro-pariétale, qui fut sectionnée entre 2 ligatures. A la suite de cette intervention, la guérison fut parfaite.

La 2e observation concerne une femme de 71 ans, hypertendue, avec crises d'hyposystolie ; présentant depuis quelque temps de la constipation opiniâtre avec selles déformées et sanguinolentes, on fit un examen par ingestion opaque, qui montra, au niveau du sigmoïde, une image correspondant à celle d'un néoplasme au début. Un 2e examen par lavement, montrant une nouvelle image de sténose, mais située plus haut que la première, on fit le diagnostic de spasme, en rapport probable avec de l'aortite abdominale ; l'évolution ultérieure, suivie actuellement depuis 2 ans, confirma le diagnostic.

La 3e observation est celle d'une malade opérée jadis (ovaro-salpingectomie droite) et présentant actuellement des troubles d'hyperthyroïdisme et de la constipation chronique. Un premier examen montra le caecum et l'hemicolon droit fixés en position pelvienne ; mais le lendemain, un nouvel examen fit voir ces organes également fixés, mais en position normale cette fois.

Enfin, la 4e observation est celle d'un jeune homme de 19 ans, souffrant de constipation opiniâtre. Un examen par ingestion de bouillie opaque montra une image d'invagination non serrée, de la région médio-transverse ; cet examen provoqua du reste une selle abondante. Ultérieurement, on pratiqua de nouveaux examens, par lavement et par ingestion ; l'image d'invagination ne fut pas retrouvée, mais on nota à sa place une irrégularité avec arrêt partiel de la bouillie.

De ces faits, les auteurs concluent :

1° qu'il existe des spasmes intestinaux, indépendants de toute lésion organique locale. Ces spasmes peuvent revêtir des aspects radiologiques divers, soit simple image de sténose, soit fixation d'un segment du tube digestif, soit même image d'invagination (ce qui ne doit pas surprendre, étant donné le rôle connu de l'élément spasmodique dans le mécanisme de l'invagination.

2° que le diagnostic de ces états est le plus souvent très difficile, d'autant que bien des images de lésions organiques ne font que traduire le spasme associé ; en faveur de l'organicité, on cherchera l'existence possible d'images proprement lésionnelles, la répétition du spasme au même point au cours d'examens répétés à distance. La multiplicité et une certaine variabilité dans le siège de l'image, sa production élective au niveau des zones motrices différenciées de l'intestin (régions iléo-caecale, médio-transverse, sigmoïdienne) seront plutôt en faveur d'un spasme pur (ou en rapport avec une lésion à distance).

3° que le problème de l'origine de ces spasmes dépasse la compétence du radiologiste ; c'est une question d'étude du terrain et d'examen général du sujet, qui ressortit purement à la clinique.

---


DUMOLARD

Médecin des Hôpitaux d'Alger

et

VIALLET

Chef de Laboratoire de Radiologie à l'Hôpital civil d'Alger


---

## PÉRIDUODENO-CHOLECYSTITE (Inversion du Duodénum)

---

### *Résumé*


Le diagnostic du cas relaté repose sur l'observation clinique, les examens radiologiques et le tubage duodénal.

Les examens aux rayons X ont comporté des examens radioscopiques, des films en série du duodénum pris au sélecteur de Béclère et une stéréoradiographie.

Les anomalies constatées furent une amputation du bulbe. un aspect anormalement grèle des première et deuxième portions duodénales, *une inverson partielle du duodénum*, une rétroposition de celui-ci.

L'inversion constatée était caractérisée par le fait que le virage du genu supérius se faisait *sur la gauche* au lieu de se faire sur la droite comme il est normal.

Les auteurs à propos de leur communication citent les travaux de Boppe et Krebs, William Nimer et Brisset. Ils concluent que leur observation personnelle semble prouver que l'inversion limitée, partielle, du duodénum peut s'expliquer, semble-t-il, dans certains cas, par l'élément pathologique seul, par la périduodénite, et que, dans ces cas, il n'est pas obligatoirement nécessaire de rechercher des explications dans le domaine des malformations anatomiques ou embryonnaires.

VIALLET
d'Alger
et
JAHIER
d'Alger

## RADIOGRAPHIE D'UNE GROSSESSE TUBAIRE APRÈS INJECTION INTRA-UTÉRINE DE LIPIODOL

Les auteurs ont pu obtenir une bonne radiographie après lipiodol remplissant totalement la cavité utérine et injectant aussi la trompe droite. Les annexes gauches étaient oblitérés à trois centimètres environ de leur origine.

L'examen du film démontre une présentation du siège. Les détails du squelette fœtal sont nettement visibles.

Il s'agissait de la quatrième gestation chez une femme âgée de 35 ans.

Le film fut réalisé trois mois après la mort du fœtus à terme, précisant de façon indiscutable le diagnostic de grossesse extra-utérine tubaire gauche.

Le kyste fœtal, situé dans le cul de sac vésico-utérin, fut extirpé facilement. Les suites opératoires furent parfaites.

JAUBERT DE BEAUJEU
(Tunis)

## SUR LE DIAGNOSTIC PRÉCOCE DE LA GROSSESSE PAR LA RADIOGRAPHIE

L'A depuis deux ans a employé une technique qui lui a permis d'obtenir dans un assez grand nombre de cas des images des parties osseuses du fœtus entre 3 et 4 mois.

La femme est dans le décubitus ventral, l'ampoule est inclinée à

45°, le rayon normal est dirigé à 4 cm. sous la pointe du coccyx et le foyer est rapproché des plans cutanés aussi près que le permet la sécurité de la malade ; de cette façon, on rejette en dehors de l'espace sus-pubien la projection du sacrum et du coccyx.

Les images obtenues ont l'aspect de bâtonnets épais (membres), de fines lignes courbes (os du crâne) ou d'ombres linéaires parallèles (gril costal) qui permettent d'affirmer la présence d'un fœtus lorsque ces ombres sont retrouvées sur plusieurs épreuves.

L'A rappelle que Iungmann vient de publier dans les Fortchritte (mars 1927) un travail sur le même sujet, mais avec une technique différente.

---

## Dr GUINET

de Tunis

---

### 1° TRÈS VOLUMINEUSE DILATATION DE L'ESTOMAC AVEC FORTE HYPERSÉCRÉTION

---

L'observation que je vous présente m'a paru intéressante à cause de la rareté de la maladie et de la difficulté de son interprétation.

L'examen radioscopique m'a montré l'existence d'une poche d'air très large, mais malgré cela pas très volumineuse surmontant une nappe de liquide très étendue occupant toute la longueur de l'hémi-diaphragme gauche. Lorsque le malade prit la baryte, je vis celle-ci se délayer dans le liquide remplissant l'estomac de sorte que l'image est grisâtre, au lieu d'être noire comme lorsque l'estomac ne contient pas une aussi grande quantité de liquide. Il occupe la surface totale de l'abdomen ; le fond descend au pubis et le bord droit de la grande courbure atteint la ligne axillaire droite. Aucune contraction ne se produit; il ne passe pas de baryte à travers le pylore ; le duodénum est invisible. Aucune douleur ni dans la région épigastrique ni dans la région duodénale. Des examens successifs dont le dernier a eu lieu 24 heures plus tard ne montrent aucune modification de l'image et aucun passage de baryte dans l'intestin. Le lendemain matin, j'évacue par tubage 800 grammes environ du liquide contenu dans l'estomac ; la radioscopie pratiquée aussitôt montre une notable diminution de volume de l'estomac et le passage d'une très petite quantité de baryte dans l'intestin. J'ai fait revenir le malade 48 heures après. Il me dit qu'il a pu s'alimenter et n'a eu aucun vomissement. La radioscopie me montre alors que l'estomac est redevenu sinon normal, mais du moins quatre fois plus petit qu'il ne l'était l'avant-veille. Le pylore est visible ainsi que le commencement du duodénum ; les autres portions du duodénum ne peuvent pas être vues quelle que soit la position qu'on donne au malade. La région pylorique est à cinq travers de doigt à droite de l'ombilic. Aucune lésion organique du pylore ni du duodénum n'est visible à la radio. L'évacuation se fait en 3 heures 1/2 environ, les contractions de l'estomac étant sensiblement normales. Le malade me raconta que ces phénomènes ont été constatés pour la première fois il y a dix ans et depuis cette époque, les examens faits par divers radiologues ont donné les mêmes résultats. Après la constatation de cette énorme dilatation, on pensait qu'une opération était indispensable, mais on y renonçait devant les résultats du deuxième examen. Je ne sais comment appeler une telle maladie et je me demande quelle est son étiologie. Il n'y a aucune lésion organique du pylore ni du bulbe duodénal. Peut-être faut-il faire intervenir le spasme du pylore. Ce cas ressemble à ce que l'on constate dans la dilatation postopératoire de l'estomac. Je crois qu'il faut penser à une constitution spéciale de la paroi gastrique qui l'a fait se distendre sous la pression du liquide secrété exagérément; on pourrait appeler cette maladie estomac en accordéon par hypersécrétion et élasticité exagérée de la paroi.

---

## 2° ANÉVRISME POPLITE VISIBLE A LA RADIOGRAPHIE

---

La radiographie du genou d'un accidenté de travail a montré la présence d'une ombre sacciforme se continuant par un conduit irrégulier dirigé en avant et en haut. L'opacité n'est pas uniforme sur toute sa surface, mais les limites sont nettes et régulières.

L'examen clinique a montré l'existence d'une tuméfaction pulsatile. On a perçu un frémissement et à l'auscultation, on a constaté l'existence d'un double souffle. Un fait semblable est rare. On peut le rapprocher de radiographies d'artérite et de calcification de la crosse de l'aorte signalées par divers auteurs.

---

Drs SOLOMON et TRAN-NHU-LAN

# SITUATION ET DIMENSIONS DE L'ESTOMAC CHEZ LE SUJET NORMAL PTOSE ET DILATATION GASTRIQUES

Faisant depuis quelques années de nombreux examens radioscopiques de l'estomac, nous avons été frappés par la fréquence insolite du diagnostic clinique de ptose et dilatation gastrique portés par les médecins consultants et nous avons voulu préciser par des orthodiagrammes et des mesures orthodiagraphiques la position de l'estomac par rapport aux repères osseux et les dimensions de l'estomac contenant une quantité déterminée de liquide opaque ; ces recherches devaient nous permettre d'interpréter d'une façon convenable les termes de ptose et de dilatation gastrique.

Nos examens ont confirmé d'abord l'opinion de ceux qui soutiennent que la forme de beaucoup la plus fréquente chez l'homme est l'estomac en crochet ou en J. de Rieder, l'estomac en corne d'abondance d'Holzknecht est très rare chez l'adulte normal et ne se voit que chez les sujets à thorax très large.

On peut diviser schématiquement l'estomac, ou plutôt sa projection plane sur l'écran, en trois portions : une portion cardiaque, une portion verticale ou tubulaire, une portion pylorique. Cette division correspond à celle de Holzknecht : pars cardiaca, corpus ou pars media, pars pylorica. Sur un orthodiagramme de l'estomac (pris après ingestion de 400 cm$^3$ de bouillie barytée), on réunit : 1° le point le plus haut et le point le plus bas de l'aire stomacale, c'est le diamètre longitudinal ; 2° la grande et la petite courbure dans la région médio-gastrique dans sa portion la plus rétrécie, c'est le diamètre transverse médio-gastrique ; 3° les points les plus distants de la région pylorique, c'est le diamètre transverse pylorique. A ces diamètres, il faut ajouter : 1° la mesuration de l'aire gastrique effectuée au planimètre ; 2° la distance qui sépare le point le plus bas de l'estomac de la crête iliaque gauche. Quelle est la valeur numérique de ces différentes grandeurs chez le sujet normal ? Nous avons étudié de nombreux sujets français et annamites et nous sommes arrivés aux conclusions suivantes : les variations individuelles sont considérables ; le diamètre transverse pylorique a une valeur moyenne de 10 cm. Le diamètre transverse médio-gastrique est de 7 cm. dans l'estomac du type en corne d'abondance (estomac hypertonique) ; il est de 5 cm. dans les estomacs du type en croche (estomac orthotonique), — il descend à 2-3 centimètres pour certains estomacs, surtout chez les femmes — et appartenant au type désigné par certains auteurs sous le terme hypotonique. Le diamètre longitudinal présente des variations considérables et nous avons trouvé comme valeurs extrêmes 17 et 27 cm.; pour un estomac orthotonique, la valeur est voisine de 22 cm. (20 cm. chez les Annamites).

La distance qui sépare le point le plus déclive de l'estomac de la crête iliaque gauche a oscillé chez nos sujets entre 6 cm. au-dessus de la crête et 15 cm. au-dessous. Si cette distance est plus considérable dans l'estomac dit hypotonique, il n'en est pas toujours ainsi et nous avons trouvé des distances de 8 cm. au-dessous de la crête iliaque pour un estomac orthotonique et de 3 cm. pour un estomac hypotonique ; de plus, pour le même diamètre longitudinal de 22 cm. nous avons trouvé des distances qui variaient entre 1 et 8 cm. au-dessous des crêtes iliaques.

La détermination de l'aire gastrique effectuée avec le planimètre polaire d'Ott nous a donné des résultats très variables, suivant le moment auquel l'orthodiagramme a été pris. Si l'orthodiagramme a été pris dès l'ingestion de la bouillie barytée, la variation est moins grande et la surface de l'aire gastrique oscille autour de 130 cm². Si l'orthodiagramme a été pris à la fin de l'examen, l'aire se réduit beaucoup dans les estomacs hyperthoniques à évacuation rapide (entre 80 et 90 cm²), elle varie peu dans les estomacs à évacuation lente ; la variation de l'aire gastrique chez le même individu est proportionnelle à la mobilité gastrique et à la rapidité de l'évacuation. Il faut ajouter que sa valeur n'est pas toujours bien définie, chez certains sujets, la mobilité et l'évacuation prennent une forme périodique avec le temps.

Les résultats de nos mesurations que nous venons d'exposer d'une façon sommaire et qui feront l'objet d'un travail plus étendu, montrent la variation considérable des grandeurs caractérisant l'estomac normal ; ces résultats nous permettront de discuter aisément la question des ptoses et des dilatations gastriques qui font l'objet de la deuxième partie de notre communication.

II. — Glénart a donné la définition suivante de la ptose : « Un état d'abaissement des viscères abdominaux, sains d'ailleurs, au-dessous de leur siège normal et dans le sens de la pesanteur. » A cette définition, il nous semble préférable de substituer la suivante : « La ptose est l'état d'abaissement d'une viscère dans sa totalité et dans le sens de la pesanteur. »

Le sens du mot ptose ainsi précisé, y a-t-il ptose gastrique et dans l'affirmative quelle est sa fréquence ?

Pour qu'il y ait ptose gastrique, il faut que la portion cardiaque ait perdu tout rapport direct avec la courbe diaphragmatique gauche, il faut que l'abaissement de l'estomac soit total. Or, sur 8.000 examens d'estomac que nous avons pratiqué pendant la guerre dans le laboratoire de notre maître A. Béclère, nous n'avons jamais rencontré une ptose dans le sens vrai du mot, par contre nous avons rencontré trois fois un estomac intrathoracique. Pourtant pour de nombreux gastrologistes la ptose gastrique est très fréquente. Simmonds et avec lui Hayen et Lion (Maladies de l'estomac, p. 590) admettent que toutes les fois que le pylore et la petite courbure apparaissent au-dessous de la glande hépatique normale, il y a ptose. Les mêmes auteurs ajoutent plus loin : « Parfois le pylore n'est pas déplacé et la ptose porte seulement sur la petite courbure ; on la trouve alors généralement adhérant à la vésicule biliaire et au foie. » Mathieu et Roux (Pathologie gastro-intestinale, 4e série, p. 183) insistent également sur la fréquence de la ptose gastrique : « L'estomac atonique est presque toujours ptose ; dans la station debout, sous l'influence du poids des aliments, l'estomac s'étire verticalement ; il prend une longueur anormale, son extrémité inférieure très abaissée descend à plus d'un travers de main au-dessous de l'ombilic. On est donc autorisé à dénommer ce type gastrique sous le nom de ptose atonique. » Dans leur intéressant livre, Berti et Giavedoni (L'apparato digerenti ai raggi X, 1915, p. 93) écrivent : « Pour qu'on puisse parler de ptose. il n'est pas nécessaire qu'en outre du pôle inférieur le cardia et le pylore soient abaissés. »

Ces quelques citations nous montrent combien certains auteurs se sont éloignés de la conception rationelle de la ptose viscérale. En réalité, ils décrivent sous le vocable de ptose gastrique un estomac plus ou moins atonique, à bas fond paraissant plus ou moins abaissé. Pour nous, la ptose gastrique n'existe pas, c'est un terme impropre qu'il vaut mieux ne plus employer. Cette opinion que l'un de nous soutient depuis plus de 10 ans, nous avons eu la satisfaction de la voir partager dans un ouvrage récent (Nouveau traité de Médecine, Tome XIII, Maladies de l'Estomac, par Le Noir et Agasse-Lafont).

III. — Depuis les travaux de Bouchard, la majeure partie des médecins praticiens considèrent la dilatation de l'estomac comme excessivement fréquente. Quel est celui d'entre nous qui n'a pas entendu cette expression de la bouche de n'importe quel dyspeptique : mon médecin m'a dit que j'ai l'estomac très dilaté.

Pour une meilleure analyse des faits, dans le groupe des dilatations gastriques, nous discuterons les trois catégories suivantes : la dilatation chez les dyspeptiques, la dilatation dans les sténoses pyloriques, la dilatation aiguë.

1. — N'existe-t-il chez les dyspeptiques ne présentant pas de lésions sténosantes une dilatation de l'estomac ? Pour beaucoup de cliniciens, la dilatation de l'estomac est mise en évidence par le bruit de clapotage.

Pour que le bruit de clapotage se produise, il faut, il suffit qu'il y ait de l'air et du liquide dans l'estomac. Ces conditions sont réunies chez tout individu pendant les quatre à six heures qui succèdent au repas ; pratiquement les malades sont examinés dans les 4 à 6 heures après le repas, et comme pour beaucoup de praticiens tout estomac qui clapote est un estomac dilaté, nous comprenons la principale raison de la fréquence de la dilatation gastrique. La recherche du clapotage le matin à jeun, avec ou sans ingestion d'eau, donnerait des résultats plus précis. D'après Mathieu et Roux (Pathol., gastro-intest. 4ᵉ série, p. 146), « le bruit de clapotage le matin à jeun sans ingestion d'eau indique une sténose du pylore, une hypersécrétion liée à l'ulcère, ou quelquefois un désordre nerveux. Le bruit de clapotage le matin à jeun après ingestion d'eau indique l'existence d'une atonie musculaire de l'estomac ».

Mais n'oublions pas que le colon est intimement accolé à l'estomac, que le premier est souvent distendu par des gaz et par des liquides, le soit disant clapotage gastrique est le plus souvent du clapotage colique. De nombreuses recherches radioscopiques nous ont montré que le clapotage gastrique, déterminé par un gastrologiste éminent, était presque toujours du clapotage colique.

Radiologiquement, la mesuration de l'aire gastrique chez de nombreux dyspeptiques considérés comme des dilates ne nous a pas montré une ampliation de l'aire et des diamètres qui justifient ce terme de dilatation. On a trouvé parfois chez les dyspeptiques des estomacs plus ou moins atones à évacuation lente. Le mode de remplissage, de contraction, d'évacuation seuls peuvent donner des renseignements sur le degré de tonicité de l'estomac. Chez le dyspeptique sans lésion sténosante, il vaut mieux ne plus employer le terme de dilatation gastrique.

2. — Dans le groupe des sténoses pyloriques, il faut distinguer les sténoses ulcéreuses des sténoses cancéreuses. Dans les premières, le processus de gastrite et de périgastrite est plus ou moins long, il se fait par poussées successives, l'estomac lutte longtemps contre l'obstacle, il y a une première phase d'hypertrophie de la musculeuse, l'ampliation des diamètres du contenu gastrique — portant surtout sur les deux diamètres transverses — se fait à une période plus tardive.

Dans les sténoses cancéreuses, l'envahissement néoplasique étant assez rapide, la sténose se constitue plus vite, la phase d'hypertrophie manque, l'ampliation se produit plus rapidement.

Quelle que soit la cause de la sténose, l'ampliation de l'aire stomacale est plus ou moins considérable, il y a dilatation de l'estomac dans le vrai sens du mot. Le diamètre transverse pylorique dépasse largement la moyenne, le bas-fond stomacal prend une forme caractéristique, *en cuvette*. Le diamètre transverse médio-gastrique devient encore plus considérable, l'estomac prend souvent un aspect sacciforme, à une période avancée aucune contraction ne l'anime plus.

3. — Nous serons brefs sur la dilatation aiguë de l'estomac. On sait que cette affection survient chez certains opérés ou pendant la convalescence de certaines maladies infectieuses. On connaît son mécanisme : l'estomac distendu à l'excès par l'air dégluti — cette aérophagie est souvent inconsciente — maintenu en haut par le diaphragme et le foie, en avant par la paroi abdominale ; il se produit ainsi une traction énergique sur le mésentère et l'artère mésentérique qui étrangle le duodénum comme une ficelle.

Il résulte de ceci que l'appellation dilatation aiguë de l'estomac est défectueuse ; il s'agit d'une occlusion duodénale suite d'une distension de l'estomac.

---

# I. SOLOMON et A. BLONDEAU

---

## LA ROENTGENTHÉRAPIE DANS LES AFFECTIONS INFLAMMATOIRES

---

De nombreux radiothérapeutes ont irradié depuis assez longtemps un certain nombre d'affections inflammatoires en enregistrant souvent des effets favorables, mais cette irradiation était effectuée le plus souvent par suite d'une erreur de diagnostic ou quand l'affection inflammatoire coexistait avec une affection indiquant formellement l'irradiation ; chez une de nos malades, dont nous donnons l'observation résumée plus loin, une annexite fut irradiée en même temps qu'un fibrome et le résultat fut vraiment bon, puisqu'on enregistre la disparition de la masse myomateuse et annexielle, en même temps que l'hyperthermie s'atténuait pour disparaître définitivement. Mais ces irradiations étaient le plus souvent fortuites et c'est incontestablement à Heidenhain que nous devons la première étude systématique sur l'action des rayons de Röntgen dans les affections inflammatoires.

Heidenhain, en collaboration avec Fried, a publié ses premiers résultats en 1924 (1) et ses recherches ultérieures ont confirmé ses premiers résultats. Dans un récent travail (2), Heidenhain donne une statistique détaillée portant sur 855 cas et englobant 27 affections inflam-

---

(1) *Klinische Wochenstcheft*, 1924, p. 1121.
(2) *Strahlentherapie*, Bd. XXIV, 1926, p. 37-51.

matoires diverses. Les résultats ont été jugés favorables dans 76 % des cas. Les cas réagissant le plus favorablement à l'irradiation sont les cas récents ; sous l'action du rayonnement, on observe des modifications favorables de l'état général en même temps que localement on constate une régression complète de l'affection ou une régression avec formation d'une collection qu'on doit évacuer. Heidenhain et Fried attribuent l'effet favorable de l'irradiation à l'augmentation du pouvoir bactéricide du sérum. Les doses à employer sont très petites, la dose oscille entre 50 et 200 R allemands (150 à 600 R français). Heidenhain utilise un rayonnement émis sous 140 KV, filtré sur 0,5 mm. de cuivre. Les champs sont très larges, de façon à dépasser de beaucoup la lésion à traiter, les séances sont au nombre de 1 à 3. Depuis l'apparition du premier travail d'Heidenhain, les publications sur ce sujet sont devenues nombreuses dans les périodiques allemands.

Wagner (2) de Prague a traité 350 cas d'affections inflammatoires gynécologiques avec la méthode des irradiations peu intensives préconisées par Heidenhain. Les affections gynécologiques inflammatoires qui semblent être indiquées pour ces irradiations sont : la péritonite diffuse ou localisée avec exsudat purulent dans le Douglas, la pelvipéritonte gonococcique aiguë, les inflammations annexielles de différentes origines, la paramétrite (phlegmon du tissu celluleux du bassin, les bartholinites, les infections de la muqueuse utérine. Par contre, d'après Wagner, la méthode ne doit pas être utilisée dans les hydrosalpynx, pyosalpynx et pyovarites.

La technique de Wagner peut être ainsi résumée : Tension maxima 180-200 KV, intensité 3 milliampères, filtration sur 0,5 mm. de zinc plus 0,5 mm. d'aluminium, distance focale 30 cm., champ 12 × 16 cm.; l'irradiation durait 6-10 minutes et la dose était comprise entre 150 et 200 R allemands.

Pour expliquer l'action des rayons X dans les affections inflammatoires, on peut imaginer un mécanisme analogue à celui de la protéinothérapie. Pour Wagner il s'agit, en outre, d'un processus local (action sur la peau, sur le sympathique, sur les ovaires, sur les lympathiques).

Fraenkel et Nissujewitsch ont fait des recherches sur la façon dont se comportent les infections expérimentales des animaux sous l'action de l'irradiation ; ces recherches ne leur ont pas montré une augmentation du pouvoir bactéricide du sérum après l'irradiation ; pour eux, l'action de petites doses sur les affections inflammatoires semble être tout à fait locale. Pordes, dans deux mémoires parus récemment (3 et 4), résume le résultat de son expérience depuis 5 ans, concernant

(1) *Strahlentherapie*, Bd. XXIV, 1926, p. 87-100.
(2) *Strahlentherapie*, Bd. XXIV, 1926, p. 78-86.
(3) *Strahlentherapie*, Bd. XXIV, 1927, p. 550-553.
(4) *Strahlentherapie*, Bd. XXIV, 1926, p. 52-72.

les affections inflammatoires traitées dans l'Institut de Holzknecht. Les résultats obtenus concordent avec ceux de Heidenhain. Après le traitement roentgenthérapique, l'évolution de l'inflammation est semblable à celle des cas favorables non irradiés et se terminant par une guérison spontanée ; les rayons X semblent donc imiter l'évolution spontanée optima des processus inflammatoires.

Pour Pordes, l'action des rayons X dans les affections inflammatoires semble consister essentiellement en une action destructive sur l'infiltration, suivie de la mise en liberté d'anticorps formés dans ces cellules.

Pordes a eu plus particulièrement l'occasion d'irradier 300 cas d'affections des dents et des maxillaires. La pulpite ne constitue pas une indication de la roentgenthérapie ; par contre, la périodontite et la périostite donnent les meilleurs résultats. Dans beaucoup de cas, on peut constater une guérison clinique dans les 12 heures qui suivent l'irradiation. Le pronostic après l'irradiation est d'autant meilleur que l'affection présente un caractère plus aigu.

Dans les phlegmons périmaxillaires ,plus particulièrement dans les phlegmons faisant partie des « accidents de la dent de sagesse », la röntgenthérapie donne des résultats rapides et remarquables. Après l'application d'une seule dose de 2 H, rayonnement filtré sur 5 mm. d'aluminium, on constate généralement une chute de la fièvre après 12-16 heures et souvent on assiste à l'ouverture spontanée de l'abcès. Ces phlegmons périmaxillaires paraissent réagir mieux que les phlegmons ayant une autre localisation.

Ce traitement roentgenthérapeutique, après une période de scepticisme, a été adopté par de nombreux stomatologistes autrichiens.

La technique comporte des petits champs, un rayonnement moyennement pénétrant filtré sur 3 mm. d'aluminium, une dose d'environ 2,5 H mesurée à la surface. Habituellement une séance est suffisante, on fera une deuxième application si 24-48 heures après l'irradiation l'effet n'a pas été jugé suffisant. Pordes a obtenu également de très bons résultats dans 6 cas d'affections de l'œil : 1 cas d'ophtalmie sympathique, 3 cas d'iritis et 2 cas de blépharite.

Enfin pour clore cette énumération, nous citerons un travail de Zweifel (1) qui doit avoir obtenu de bons résultats dans le traitement des mastites avec la technique suivante : une seule irradiation du sein, rayonnement filtré sur 0,5-1 mm. de cuivre, distance focale de 30-40 cm., dose administrée 150 R allemands. L'action des rayons de Röntgen sur les affections inflammatoires n'a fait l'objet d'aucun travail systématique en France et nous avons pensé combler cette lacune. Mais les conditions de collaboration radiochirurgicale sont totalement différentes en France de celles qui sont usuelles en Allemagne

(1) *Strahlentherapie*, Bd. XXIV, 1927, p. 318-323.

et ce n'est que très difficilement que nous avons pu entreprendre quelques recherches thérapeutiques. Les affections inflammatoires ont une évolution clinique assez différente, ce n'est qu'en traitant un grand nombre de cas que nous aurions pu nous faire une opinion très nette sur cette question. Malheureusement, malgré tous nos efforts, nous n'avons pu traiter qu'un nombre restreint de cas et encore dans ce petit nombre de cas, l'intrication des méthodes thérapeutiques utilisées ne nous a pas toujours permis de tirer des conclusions très fermes. Ces réserves faites, les faits observés nou ont paru assez intéressants pour être publiés et pour permettre d'en tirer quelques conclusions d'ordre pratique.

Nous avons traité 30 malades, mais ce n'est que dans 12 cas que nous avons pu avoir des renseignements suffisants, les autres cas, malgré toute notre insistance, ont été perdus de vue. Ces 12 cas se répartissent ainsi :

| | |
|---|---|
| Septicémie puerpérale | 4 cas |
| Strumite | 1 cas |
| Abcès sus-hyoïdien | 1 cas |
| Adénopathie cervicale | 1 cas |
| Mastite | 2 cas |
| Annexite | 1 cas |
| Panaris avec phlegmon des gaines synoviales | 1 cas |
| Accidents de la dent de sagesse | 1 cas |

L'appréciation des résultats observés est difficile, surtout à cause de la complexité des méthodes thérapeutiques utilisées, mais il nous a semblé que dans 2/3 des cas l'action de la roentgenthérapie a été particulièrement favorable sur l'évolution des affections traitées. Nous avons constaté fréquemment une chute rapide de la température avec relèvement de l'état général. Dans les affections inflammatoires à tuméfaction constatable facilement, on observe une régression rapide avec ou sans formation d'une collection purulente.

La technique est très simple : nous donnons une dose de 500 R. rayonnement moyennement pénétrant (25 cm.), filtration sur 5 mm. Aluminium ou 0,5 mm. cuivre, par un seul champ couvrant la région malade, généralement un champ de $12 \times 12$ cm. ou de $16 \times 16$ cm. Une deuxième et une troisième application sont effectuées 8 et 15 jours après la première si cette dernière a été jugée insuffisante. Les cas qui n'ont pas bénéficié de ces 3 séances ne nous ont pas semblé être mieux influencés par d'autres applications.

L'irradiation des affections inflammatoires semble donc donner des résultats fréquemment intéressants sans aucun danger ni désagrément pour le malade. Bien maniée, elle est absolument inoffensive et constituera vraisemblablement un agent thérapeutique de premier ordre dans le traitement des affections inflammatoires.

Nous joignons ici les observations de 10 malades que nous avons pu suivre très régulièrement.

*Observation I*

*Madame S...*, 23 *ans*. Septicémie Puerpérale.

Malade ayant accouché d'une môle hydatiforme. A la suite de cet accouchement : septicémie puerpérale, ayant résisté à toutes les médications classiques : colloïdoclasie. Curetage. Auto-vaccin.

Le 3 février 1926. — 500 R sus-pubiens. Etincelle Equivalente 40 cm. Intensité : 3,5. Filtre : 1/10 cuivre plus 2 aluminium. Dis. Focale : 15 cm.

Le 6 février. — 500 R. id.

Déferverscence lente en lysis. Sortie 15 jours après de l'hôpital. Guérie. Revue mars 1927, guérie sans aucun incident pathologique.

*Observation II*

*Madame E...*, 24 *ans*. Septicémie puerpérale.

Entre le 29 janvier 1926 à la Maternité. IIe pare. Couches normales il y a 18 mois ; suite de couches normales.

21 janvier. — Accouchement normal. Délivrance complète « normale » (?)

22 janvier. — Ascension thermique.

23 janvier. — Température 40°.

28 janvier. — Délire. Carphologie. Diarrhée abondante. Pas de signes péritonéaux.

29 janvier. — Hémoculture positive en 12 heures : Streptocoque. Radiothérapie : 500 R région sus-pubienne. Etincelle. Equivalente 40 cm. Intensité 3,5 milliampères. Filtration 5/10 cuivre plus 2 mm. Al. Distance Focale 30 cm.

30 janvier. — Hemoculture positive.

31 janvier. — Hemoculture négative.

1er février. — Température à 37° (matin). Lochies du jour contenant streptocoque.

Deux nouvelles applications de 500 R sont pratiquées à 10 jours d'intervalle, amenant chaque fois une amélioration le 3e ou 4e jour. A la deuxième application succède un stade d'oscillation thermique, puis l'état général s'améliore, le facies devient normal et la malade sort guérie le 10 avril 1926.

*Observation III*

*Madame D...*, 19 ans. Fièvre Puerpérale.

2 février 1926. — Accouchement spontané à terme. Délivrance naturelle. Placenta 660 gr.

6 février. — La température monte à 38,5.

8 février. — Hémoculture positive : Streptocoque.

9 février. — *Radiothérapie* : 500 *R.* Etincelle E. 40 cm. Intensité 3,5. Dist. Focale 30 cm. Filtr. 1/2 mm. cuivre plus 2 mm. alum.

10 février. — Hémoculture négative.

14 février. — Douleur fosse iliaque droite (?)

Sort guérie début de mars 1926.

*Observation IV*

*Madame S..., 20 ans.* Primipare. Septicémie Puerpérale.

30 avril 1926. — Accouchement spontané. Délivrance naturelle complète.

1er mai. — Température monte à 38,2.

3, 4, 5, 6 mai. — Tamponnement 39,8. Quinine 0,50.

7 mai. — Hémoculture négative. Pouls 110.

8 mai 1927. — Hémoculture positive. Streptocoque.

20 mai. — Douleurs polyarticulaires violentes, ne peut pas bouger son épaule droite.

Radiothérapie 500 R. Application sus-pubienne.

21 mai. — Sensible amélioration de l'état général. Quelques douleurs articulaires persistent.

10 juin. — Malade sort guérie .

15 mars. — Elle écrit : « Après le traitement par les rayons X, je me suis trouvée mieux. Je suis guérie. »

*Observation V*

*Madame M..., 20 ans.* Primipare. Abcès sein gauche.

1er février 1926. — Accouchement normal. Délivrance complète, naturelle.

5 février. — Température monte à 39,8.

8 février. — Sensibilité sein gauche. Gros œdème. Plastron induré. Radiothérapie 500 R. région mammaire gauche. Etincelle Equivalente 40 cm. Intensité 3,5. Filtre : 1ü2 mm. zinc plus 2 mm. al. Distance Focale : 30 cm.

9 février. — Température descend à 37,4. Disparition de l'œdème.

10 février. — Radio 500 R. Température 38,2 le soir. Douleur moindre.

13 février. — Abcès collecté. Incision.

2 avril. — Malade sort. Cicatrisation achevée.

*Observaton VI*

*Madame C...* Fibrome et annexite. Malade âgée de 35 ans. Nullipare, présentant des ménorhagies importantes. Depuis 1 mois douleurs abdominales et élévation de température tous les soirs (39°). Le toucher montre la présence d'un gros utérus fibromateux, le cul de sac droit est saillant et douloureux, 2 séances de radiothérapie en juillet 1921 à 8 jours d'intervalle (2 applications ventrales et 1 application sacrée,

500 R par champ) ont pour effet la disparition des douleurs et de la fièvre. Le traitement est continué ensuite jusqu'à l'obtention de la stérilisation ovarienne. La malade revue 6 mois après la dernière séance montrait un facies coloré, aucune poussée fébrile pendant cette période d'observation. Le fibrome a régressé, l'aménorhée a été obtenue et cet état persistait également 6 ans après.

*Observation VII*

*Monsieur V. P...., 54 ans.* Goître diffus avec hémorragies intra kystiques, vraisemblablement strumite.

Il y a 11 ans, petit goître kystique qui est resté sans évoluer jusqu'à il y a 1 mois 1/2. Depuis ce temps, accroissement rapide et formation d'une masse tyroïdienne, sensible au palper, un peu chaude, d'allure inflammatoire, faisant penser à une strumite aiguë, avec peut-être hémorragies intrakystiques. Température 38,5 à 40 (dit le malade) depuis 15 jours, malgré pansements humides, la tuméfaction a gardé ses caractères, la peau n'est ni rouge ni adhérente. Ni dyapnée, ni dysphagie.

Radioscopie : opacité médiastinale au-dessus de la crosse aortique.

3 septembre 1926. — 2 champs latéraux. 1.000 R. Tension 40 cm. Dist. Focale 30 cm. Intensité 3,5. Fil. : 5/10 zinc plus 2 mm. aluminium.

8 mars 1927. — Malade revu : 8 jours après l'application collection bien formée, incisée. Quantité notable depus. Cicatrisation rapide. Actuellement, aucune trace au niveau de l'ancienne collection. Par contre, lobe tyroïdien gauche assez développé, mais indolore, immobile, paraissant être un goître scléro kystique.

*Observation VIII*

*Monsieur F..., 54 ans.* Adénophlegmon cervical gauche.

17 avril 1926. — Il y a 15 jours, apparition d'un ganglion cervical gauche avec augmentation de volume très rapide. Actuellement, énorme adénophlegmon du cou, peau rouge, tendue, fluctuation.

1 séance 500 R. Distance Focale 22 cm. Etincelle Equ. 25 cm. Filtre 5 mm. aluminium.

Revu 17 mars 1927. Régression de la tuméfaction et formation d'une collection massive à la suite de l'irradiation.

Incision. Cicatrisation très rapide. Très bon état local et général.

*Observation IX*

*Monsieur B..., 17 ans.* Accidents de la dent de sagesse.

Envoyé dans le Service avec le diagnostic d'adénopathie angulo-maxillaire. Le malade est porteur d'une tumeur angulo-maxillaire gauche du volume d'une petite mandarine. Cette masse est sensible à la pression, la peau est rouge et peu mobile. L'examen buccal montre de nombreuses caries dentaires ; la face interne de l'angle de la mâchoire est sensible à la palpation. Une radiographie du maxillaire inférieur gauche montre la présence d'une dent de sagesse incluse soulevant la muqueuse. On fait une application de 500 R, champ cervico-facial. 4 jours après l'irradiation la fluctuation est nette et après une nouvelle application de 500 R, la température baisse et la collection est incisée et évacuée. La guérison est obtenu ensuite très rapidement.

*Observation X*

*Madame B...*, 50 *ans*. Panaris.

A la suite d'une piqûre septique, panaris de la phalangette de l'index gauche. Aggravation rapide, œdème du doigt et de la main. Température élevée, le chirurgien traitant envisage la possibilité d'une intervention importante.

Une application de 500 R est effectuée sur la main et le poignet. Chute définitive de la fièvre le lendemain, régression rapide de l'œdème, guérison sans sequelles.

---

## RADIOLOGIE TECHNIQUE

---

MIRAMOND DE LAROQUETTE

**Alger**

---

### COURBES ET TABLEAUX NUMÉRIQUES MOYENS EN UNITÉS R CENTIMÉTRIQUES DES QUANTITÉS INCIDENTES ET ABSORBÉES ET DES DOSES D'ÉRYTHÈME DE DIVERS RAYONNEMENTS L EMPLOYÉS EN RADIOTHÉRAPIE

---

Ces tables et ces courbes rappellent les premiers travaux de Guilleminot et de Belot sur la filtration et ceux de nombreux physiciens, notamment Offen, Barkla, Sadler, Ehrmann, Miller, sur les coefficients d'absorption de rayons monochromatiques de diverses longueurs d'onde.

Nos courbes ont surtout un caractère pratique et ne prétendent pas à l'absolu ; elles concernent les faisceaux composites de divers rayonnements, de 10 à 40 cm. d'étincelle, utilisés aujourd'hui en radiothérapie. Elles sont le résultat de très nombreuses et longues expériences faites aussi exactement que possible avec l'ionomètre de Solomon et des pastilles au platinocyanure de baryum, avec tube Standard sur crédence Gaiffe Gallot et tube Coolidge Müller dans l'air, sur appareil Casel, pour les plus hautes tensions.

Les courbes ont été établies par mon ami M. Stanislas Millot en prenant comme abcisses les épaisseurs des filtres et comme ordonnées les logarithmes des nombres d'R expérimentalement obtenus ; l'emploi des logarithmes a en l'espèce pour avantage de donner plus d'écartement aux courbes qui, avec les méthodes ordinaires, seraient toutes asymptotes à l'horizontale O, et se rapprocheraient par conséquent rapidement les unes des autres. Je ne saurais trop remercier M. Millot de sa toujours cordiale et précieuse collaboration.

Quels que soient les moyens de mesure habituellement utilisés, pastilles, radiochronomètre, ionomètre, et qui doivent continuer à être employés pour l'étude des rayonnements, ces tables et ces courbes pourront servir de directives et de repères donnant des indications rapides sur les quantités de rayons agissantes ou nécessaires, à telle ou telle profondeur ; d'autre part, leur étude d'ensemble est instructive à beaucoup de points de vue et la comparaison des diverses doses d'érythène conduit particulièrement à des déductions importantes sur la valeur énergétique des rayonnements plus ou moins filtrés et sous différentes tensions, ou autrement dit sur la puissance relative des rayons de plus ou moins grande longueur d'onde.

Les mesures ont été prises avec la chambre de Solomon recouverte comme je l'ai préconisé d'un manchon de plomb percé d'une ouverture d'un centimètre carré, sur le milieu de la chambre ionométrique, perpendiculairement au rayon normal.

J'ai montré en effet que la chambre ionométrique longue de 3 cm. et son support long de 8 cm. sont sensibles, mais très inégalement sur toute leur surface. Quand l'une et l'autre sont à découvert, la chute de l'aiguille est 3 à 5 fois plus rapide, suivant l'étendue du support de la chambre. En réduisant la surface d'irradiation de la chambre à 1 $cm^2$ sous le rayon normal, les mesures deviennent plus précises et plus comparables entre elles.

Les tableaux sont donc chiffrés en unités R centimétriques, c'est-à-dire correspondant à un $cm^2$ de surface ; les nombres des R se trouvent par suite réduits d'enviorn 70 à 80 % de ce qu'ils seraient dans les mêmes conditions, si la chambre et son support étaient entièrement soumis au rayonnement.

Toutes les expériences ont été faites avec une intensité de 2 milliampères et à 30 cm. de l'anticathode. Les pastilles ont été placées à demi-distance suivant la technique de Sabouraud Noiré et dans certains cas ont été vérifiées à distance complète suivant la technique et avec le nouveau chromoradiomètre de Boddier.

Les chiffres portés sur les tableaux sont des chiffres moyens. D'une expérience à l'autre en effet. même avec une intensité et une tension maintenues aussi constantes que possible, on constate des différences notables, mais en somme peu importantes, pour un même type de tube et d'appareil, quand tout est bien réglé et mis au point. Celles-ci sont beaucoup plus accusées quand on passe par exemple d'un tube à gaz à un tube électronique, et d'un modèle à un autre des différents Tubes Coolidge, d'où la nécessité de mesurer toujours directement au moins le rayonnement initial. La comparaison des quantités R obtenues sur tube Standadt et sur tube Coolidge Müller est particulièrement démonstrative à ce point de vue.

Les expériences ont été faites avec des filtres d'aluminium de 1/2 à 25 millimètres d'épaisseur. Des expériences analogues avec des milieux diffusants sont actuellement en cours. D'une manière générale, on sait qu'un millimètre d'aluminium correspond à peu près pour l'absorption à un centimètre d'eau ou de tissu organique, quel que soit d'ailleurs le rayonnement envisagé, mais cette correspondance n'est vraie que pour les faibles épaisseurs d'eau ou de tissus ; à partir du 3^e^ et même du 2^e^ centimètre, très probablement à cause de la perte par diffusion, l'absorption totale devient plus élevée pour l'eau et les milieux organiques et le taux de transmission est réduit proportionnellement.

On trouve par exemple avec 40 cm. d'étincelle et pour une même distance du tube, qu'il reste 45 % du rayonnement initial sous 4 mm. d'aluminium et 34 % seulement sous 4 cm. d'eau.

Dans la pratique, pour les mesures en profondeur, en doit tenir compte des pertes complémentaires dues à la diffusion, partiellement compensées il est vrai par les rayons diffusés en sens inverse ; on doit aussi tenir compte de la diminution du rayonnement par éloignement du foyer (loi du carré de la distance). On a ainsi au total des quantités restantes en profondeur très inférieures à celles indiquées sur nos tableaux. On trouvera également des taux de transmission inférieurs à ceux qui ont été ou seraient établis avec tube dans l'huile. La filtration par 7 cm. d'huile équivaut en effet à peu près à 5 1/2 millimètres d'aluminium. A la sortie de la cuve à huile, le faisceau est donc déjà épuré de la plus grande partie de ses éléments mous. Le point de départ des pourcentages est ainsi déplacé et peut prêter à confusion sur sa valeur initiale.

Théoriquement, si nous retenons le principe de Guilleminot géralement admis, de l'effet biologique ou physico chimique proportionnel aux quantités de rayons absorbées, l'étude des tables et des courbes montre que la partie la plus active du faisceau initial devrait être celle qui comprend les rayons les plus mous, celle qui va de 0 à 5 cm. et surtout de 0 à 2 mm. de filtration, puisque c'est celle où l'absorption quantitative, mesurée à l'ionomètre, est de beaucoup la plus élevée. Il y a là certainement une part de vérité et qui peut expliquer en partie les succès constants que l'on obtient en radiothérapie, sur toutes sortes de lésions superficielles ou peu profondes, avec des rayons peu ou pas filtrés. On peut aussi en déduire que d'une manière générale on gagnerait en radiothérapie à employer des filtrations moins fortes que celles qui sont actuellement d'usage courant. Avec des filtres variant de 0 à 6 mm. d'aluminium, on peut en effet obtenir dans la plupart des cas les effets voulus, même sur les organes profonds. L'utilité des appareils de grande pussance et de haute tension reste d'ailleurs hors de discussion, légitimée par beaucoup d'autres considérations. On peut en tous cas, même avec les plus hautes tensions comme avec les plus faibles, employer des rayonnements sans filtre ou très peu filtrés pour les actions superficielles.

Un autre point théoriquement et pratiquement important, que j'ai signalé en 1924 au Congrès de Liége et que j'ai depuis souvent vérifié, résulte de la comparaison des courbes d'absorption et des doses d'érythène des divers rayonnements. On constate en effet que les quantités de rayons mesurées à l'ionomètre, qui sont absorbées pour produire l'effet biologique d'érythène, ou pour obtenir l'effet photo chimique de virage à la teinte B, diminuent progressivement et très fortement quand on augmente l'épuration par les filtres métalliques ou par les tissus traversés. Ainsi avec 40 cm. d'étincelle, la dose de rayons absorbés pour l'érythène est de 50 R à 0 filtre, de 21 R sous 5 mm. d'aluminium, de 12 R sous 10 mm., de 7 R sous 15 mm. et de 4 R sous 20 mm. On peut trouver ainsi démontré que les rayons de plus courte longueur d'onde mesurés à l'ionomètre ont un pouvoir énergétique beaucoup plus élevé ; mais on peut aussi penser qu'une seule et même unité R n'est pas équivalente pour la mesure de toutes les longueurs d'onde. On pourrait enfin avec ces données contester l'exactitude de la loi de Guilleminot.

Pratiquement, elles justifient dans une certaine mesure l'emploi des fortes filtrations, les pertes d'énergie occasionnées par les filtres se trouvant ainsi partiellement compensées par la valeur plus grande du rayonnement restant ; mais elles ne signifient pas que les rayons les plus durs aient une action biologique spécifique.

En effet, tout ce que nous observons en radiothérapie avec nos moyens actuels d'action et d'investigation : érythème, pigmentation, épilation, inhibition ou destruction cellulaire, arrêt des hémorragies, résorption des adénites et des fibromes, régression et disparition des cancers, etc., s'obtient avec tous les rayonnements X, de 10 à 40 cm. d'étincelle ; il y a seulement des différences de technique pour amener et faire observer au point voulu, en surface ou en profondeur, les quantités d'énergie rayonnante nécessaires.

Ces diverses données paraissent un peu divergentes, mais ne sont pas contradictoires ; elles gagneront à être approfondies en raison même de leur complexité et de la difficulté des expériences.

Telles quelles cependant, elles apportent, croyons-nous, en radiothérapie, des précisions importantes et permettent d'établir des directives multiples et souples, appropriées aux diverses conditions des cas cliniques et des appareillages.

---

D^r^ GUNSETT

Directeur du Centre anticancéreux de Strasbourg

---

## LES UNITÉS QUANTITOMÉTRIQUES DANS LA PRATIQUE DE LA ROENTGENTHÉRAPIE

---

Les anciennes unités quantitométriques en usage en roentgenthérapie avaient toutes le très grave défaut d'être imprécises, leur appréciation variant d'une observation à l'autre et d'une lecture à l'autre. En plus, il n'existe aucune proportionnalité entre l'absorption de ces réactifs chimiques et des tissus, les longueurs d'onde en usage en roentgenthérapie profonde surtout, étant précisément celles qui excitent des discontinuités d'absorption de ces substances.

Pour cette raison, on a, depuis Villard en 1908, essayé de remplacer ces méthodes par des méthodes basées sur la mesure de l'ionisation produite par l'absorption des rayons X dans l'air, les méthodes biologiques basées sur l'effet érythème sur la peau manquant également de la précision nécesaire à un travail scientifique sérieux. Mais on se heurta à des difficultés trsè grandes lorsqu'il s'agissait de choisir une *unité ionométrique* de mesure.

En France, dès 1920, Solomon choisit une unité arbitraire mais précise, basée sur la comparaison avec un étalon de radium, facile à contrôler, facile à reproduire, unité désignée par la lettre R.

En Allemagne et en Amérique, on s'est décidé, en 1923, à reprendre une unité dont la définition a été donnée par Villars en 1908, unité électrostatique, absolue, rattachable au système C. G. S.

Les difficultés de la réalisation de cette unité furent grandes, les causes d'erreur viciant les mesures d'ionisation de l'air étant innombrables. La principale consiste dans le fait que « l'effet de paroi » ajoute au calcul une ionisation étrangère à la pure ionisation de l'air et que les radio-électrons libérés par l'absorption dans l'air ont, pour les longueurs d'onde employées actuellement en roententhérapie, des trajectoires d'une longueur telle que leur énergie est annulée prématurément par les parois de la chambre d'ionisation, à moins que cette dernière ne soit démesurément grande.

Le grand mérite des auteurs allemands comme Behnken, Berg, Schwerdtfeger et Thaller, consister dans le fait qu'ils ont réalisé la mesure non viciée de l'unité électrostatique à l'aide de la *chambre d'ionisation à air comprimé* qui permettait de réduire cette dernière à des dimensions normales sans enregistrer de perte d'énergie des radio-électrons.

Ce premier point acquis, Holthusen, Grebe et Martius, Kustner et d'autres montrèrent qu'en vérité la chambre à air comprimé n'était pas nécessaire pour réaliser la mesure de l'unité absolue électrostatique et qu'on y réussissait tout aussi bien par l'emploi d'une chambre d'ionisation de 20 sur 30 cm., à *pression atmosphérique*, à condition de la construire selon certaines règles qu'on avait appris à connaître.

A notre laboratoire, le Docteur Reiss, préparateur au centre anticancéreux de Strasbourg, a réalisé la mesure de l'unité électrostatique absolue à l'aide d'une chambre d'ionisation construite d'après ces principes. Une communication en a été faite à ce congrès même.

Kustner insiste encore sur l'avantage qu'il y a à contrôler la constance et la précision des indication de ces chambres d'ionisation par l'emploi simultané d'une préparation de Radium.

En effet, bien des ionomètres donnent, après un transport par chemin de fer, des indications différant totalement de leur étalonnage primitif. Pour éviter cet inconvénient, Kustner a construit une chambre d'ionisation fort bien comprise, qui semble être la meilleure actuellement en usage en Allemagne. Elle possède un électromètre à fil métallique très fin muni d'une optique de Zeiss. Sa construction est suffisamment solide pour résister à tous les transports sans que ses indications subissent le moindre changement. Celles-ci sont contrôlées à l'aide d'une très petite quantité de Radium, quelques décimilligrammes d'après la formule suivante :

$$D = C \frac{\text{secondes Radium}}{\text{secondes Rayons X}} R.$$

D = Dose. — R = R allemands.

C = Constante de chaque appareil.

Les ionomètres servant dans la pratique en Allemagne sont à mands, soit à Berlin par Behnken à l'aide de la chambre à air comprimé, soit à l'aide de la chambre de Kustner.

Les ionomètres servant dans la pratique en Allemagne sont à petite chambre d'ionisation, quelques-uns ont un conducteur flexible permettant l'application sur le malade, très rarement ce sont des totalisateurs comme l'appareil de Solomon, le dosage se faisant presque toujours par le temps. En général, il semble que ces genres d'appareils ne fonctionnent pas à la satisfaction de tout le monde en Allemagne. C'est ainsi que Holzknecht de Vienne constate dans un récent travail (*Munch. med Wachenchr.* 12 novembre 1926, n° 46, p. 1913) que « la construction d'ionomètres pratiques, qui étalonnés en R absolus doivent mesurer sur le malade la dose reçue, lutte avec les difficultés non encore vaincues. » « Si l'ionométrie, dit-il, a créé une unité de quantité, l'R absolu, qui est au moins aussi précise que d'autres unités d'énergie ou, comme l'unité du temps la seconde, il est également vrai que les ionomètres, c'est-à-dire les horloges, les montres qui doivent indiquer la dose au fur et à mesure de son application, sont encore des instruments bien peu sûrs. Il vaut, dans ces conditions, mieux s'en tenir dans la pratique aux unités anciennes ionométriques, qui ne satisfont évidemment pas à tous les desiderata de la physique (Holtzknecht veut parler des méthodes colorimétriques, de la pastille de Sabouraud et de son unité H), mais certainement aux exigences de la pratique ».

Et Holthusen de s'exprimer ainsi dans une très récente étude sur l'état actuel des mesures ionométriques (Strahlentherapie 1921 janvier, I, p. 1) : « La situation actuelle est celle-ci que nous possédons l'unité absolue du temps, mais nous ne disposons que de montres ou d'horloges très médiocres. Il nous manque encore le pendule normal ou du moins ne l'avons-nous pas encore construit et employé d'une manière suffisante, à l'encontre des Français qui nous sont sans doute supérieurs sur ce point. *C'est surtout à Solomon que revient le mérite d'avoir employé le rayonnement constant et invariable du Radium comme pendule normal.* »

En plus, si nous en croyons deux auteurs américains, Glasser et Meyer (Strahlentherapie, Vol. 24, avril, p. 710), les indications en R absolus allemands diffèrent d'une manière non négligeable d'un ionomètre à l'autre. Les auteurs ont comparé 6 ionomètres de fabrication allemande dont les indications en R allemands variaient jusqu'à 25 %, l'un de ces appareils qui était peut-être détérioré montrait même un écart de 90 %.

Même les certificats d'étalonnage d'un même ionomètre de Wulf fabriqué chez Koch et Sterzel, étalonné en fabrique et réétalonné chez le professeur Behnken à Berlin, montrait une différence de 12 %.

Si l'on considère en outre que Kustner dénie toute valeur à une mesure absolue faite avec une chambre ionométrique non contrôlée par du Radium, on peut se demander avec juste raison si, dans ces conditions, il peut être question de remplacer l'unité française par l'unité absolue allemande.

En effet, l'unité française, l'R de Solomon, unité conventionnelle, échappe à tous ces inconvénients à condition que son étalonnage soit fait d'une manière précise. Cet étalonnage est fait à l'aide d'une source constante de rayonnement X de Radium. A l'heure actuelle, les conditions de cet étalonnage sont encore définies d'une manière trop imprécise, ce qui peut donner lieu à des flottements en ce qui concerne la concordance des différents étalonnages.

Pour cette raison, il serait bon de nommer une commission qui s'occupe de la standardisation de cet étalonnage. Le principe lui-même de la méthode de Solomon est excellent, l'étalonnage au Radium est facile si on s'entend sur les conditions et l'ionomètre de Solomon en tant qu'ionomètre totalisateur et intégrateur est, sans aucun doute, supérieur aux autres ionomètres totalisateurs existant actuellement dans n'importe quel pays.

Il est fort regrettable, d'ailleurs, que les deux unités, l'unité française et l'unité allemande, portent la même dénomination « R ». Celle-ci revient de droit à l'unité française introduite dans la pratique par Solomon trois ans avant l'unité allemande. Cela est d'autant plus regrettable que ces deux unités n'ont pas la même valeur et que de très graves erreurs de dosage peuvent ainsi s'introduire dans la pratique. Nous avons réalisé la comparaison de ces unités en utilisant la chambre d'ionisation de Kustner dont il est question plus haut et plusieurs ionomètres de Solomon soigneusement étalonnés. Dans ces conditions, le rapport entre les deux unités est de

1 R allemand : 3.3 à 3.4 R français

les mesures étant faites avec un voltage de 200 KV et un filtre de 2 millimètres de cuivre.

Ces chiffres ont été confirmés par comparaison à des mesures absolues effectuées à notre laboratoire par le Dr Reiss.

Quant à l'unité absolue, l'*Erg de Dauvillier*, nous n'avons pas encore pu nous décider à l'introduire dans la pratique pour différentes raisons.

2° Les mesures en unité erg ne sont réalisables que pour les filtrages couramment de l'ionomètre de Dauvillier comme *intensimètre* de conbilité donnant 2,19.10-11 ampères par millimètre à 5 mètres de distance.

2° Les mesures en unité erg sont assez difficiles à faire avec l'ionomètre de Dauvillier et elles ne sont réalisables que pour les filtrages de 0,5 à 1,5 millimètres de cuivre. Par contre, nous nous servons couramment de l'ionomètre de Dauvillier comme intensimètre de contrôle pendant la séance et pour l'établissement des isodoses dans le fantôme d'eau. Mais, dans ce dernier cas, nous avons remplacé, pour les gros filtrages et les grandes distances, le galvanomètre, d'ailleurs fort bien construit, par un galvanomètre d'une plus grande sensibilité encore donnant 2,19, 10,10 ampères par millimètre à 5 mètres de distance.

### *Conclusions*

1. L'unité absolue électrostatique a été définie et réalisée d'une manière inattaquable par les physiciens allemands. Mais la question

des mesures pratiques sur le malade, à l'aide de cette unité, est moins bien résolue faute d'ionomètres vraiment appropriés à cet usage.

II. L'unité de Solomon, toute conventionnelle qu'elle est, est l'unité de la pratique journalière. La méthode de Solomon est excellente et la plus facilement applicable avec sécurité au malade à condition que l'étalonnage de l'ionomètre soit irréprochable. A cet effet, une standardisation de cet étalonnage est proposée.

III. L'unité erg de Dauvillier ne semble pas encore pouvoir être introduite dans la pratique. Par contre, l'ionomètre de Dauvillier est excellent comme intensimètre de contrôle et pour effectuer les mesu res dans le fantôme d'eau.

*Vœu adopté par la XIII^e^ Section*

La XIII^e^ Section, après avoir entendu le remarquable rapport de M. Gunsett sur les unités quantitométriques et la discussion qui a eu lieu à ce sujet, émet le vœu suivant :

L'unité quantitométrique utilisée par les radiologistes français fondée sur un étalonnage au radium tel qu'il a été préconisé la première fois en France en 1920, devrait constituer l'unité quantitométrique internationale. Afin d'éviter toute ambiguïté, les conditions dans lesquelles s'opère l'étalonnage au moyen de radium doivent être déterminées rigoureusement par une commission dont la nomination sera faite par la Société de Radiologie Médicale de France.

---

P. REISS

Préparateur au Centre anticancéreux de Strasbourg

## COMPARAISON DE L'UNITÉ R FRANÇAISE ET DE L'UNITÉ R ALLEMANDE CETTE DERNIÈRE ÉTANT MESURÉE A L'AIDE D'UNE GRANDE CHAMBRE D'IONISATION

Les tendances à unifier le dosage des Rayons X ont abouti à deux unités : le R de Solomon et le R allemand. Les deux partant de principes différents, il est intéressant de les comparer et de fixer leur rapport. Les données antérieures ayant été établies par la comparaison d'appareils étalonnés français et d'appareils étalonnés allemands, l'auteur a pensé qu'il vaudrait mieux étalonner un ionomètre Solomon en unités absolues, à l'aide d'une chambre suffisamment grande, pour que, à la pression atmosphérique, l'utilisation des électrons soit pratiquement totale, c'est-à-dire dépassant 20 cm. de distance entre les électrodes. Cette nécessité entraîne le problème d'obtenir une tension assez considérable entre les électrodes pour avoir le courant de saturation, problème solutionné par l'emploi d'un réducteur de potentiel ramenant les 40.000 volts du transformateur d'un contact tournant à 6 ou 8.000 volts. Le courant d'ionisation est mesuré à l'aide d'un galvanomètre à cadre mobile dont la sensibilité est de 2,9 × $10^{10}$ ampères par millimètre à 5 mètres de distance.

En partant de la définition de l'R allemand et en introduisant les facteurs de correction de pression barométrique et de température, on obtient la formule suivante donnant le nombre des R absolus absorbés par seconde dans les conditions précitées :

$$n = \frac{i \ . \ 2{,}19 \ . \ 10^{-10} \ . \ 10^{10} \ . \ 760. \ (1+0{,}003665 \ (t-18^{\circ})}{10. \ V. \ p}$$

où i est le nombre de millimètres parcourus par le spot du galvanomètre, 2,19 . $10^{-10}$ le coefficient de transformation des ampères de i,

$\frac{3 \ . \ 10^{-10}}{10}$ le facteur de transformation des ampères en unités E. S.,

760 la pression barométrique normale en mm. de kg.,

1 + 0, 003665 (t-18°) le facteur ramenant à 18° les mesures faites à une température t,

V le volume d'air irradié,

p la pression barométrique au moment de l'expérience, en mm. de Hg.

Le même rayonnement dans des conditions de fonctionnement de l'appareillage générateur maintenues constantes est ensuite dosé avec un ionomètre Solomon : voici le tableau réunissant les moyennes des résultats de plusieurs séries de mesures pour différentes qualités de rayonnement, les facteurs k et k' correspondant aux équations

R Solomon = k' R allemand

R allemand = kR Solomon

Comparaison de l'Unité R française et de l'Unité R allemande

Tension constante :

| Kilovolts....... | 100 | 150 | 200 | 200 | 200 |
|---|---|---|---|---|---|
| Filtre ......... | 0 | 0 | 0 | 1 mm Cu<br>0,5 mm Al | 2,5 mm Cu<br>2 mm Al |
| k............ | 2,3 | 3,0 | 3,0 | 3,2 | 3,1 |
| k'............. | 0,36 | 0,36 | 0,31 | 0,31 | 0,32 |

Dr JAULIN
Orléans

## DANGERS DES RAYONS X ET DES SUBSTANCES RADIO-ACTIVES POUR LES PROFESSIONNELS MOYENS DE S'EN PRÉSERVER

Les dangers auxquels sont exposés les professionnels peuvent être classés en :

Lésions de la peau : radio et radiumdermite.

Lésions du sang, des organes hématopoiétiques, de certains oorganes (glandes génitales, etc.) de tissus profonds, etc...

Les lésions de la peau sont surtout dangereuses par leur facile transformation en cancer.

Les lésions du sang et des organes hématopoiétiques ont permis de relever dans la littérature médicale 17 cas de mort.

Enfin, les lésions sur les organes génitaux causent l'atrophie de ces organes.

Toutes les observations de mort publiées ne sont pas également démonstratives, néanmoins, celles où l'on a noté à l'autopsie l'atrophie des testicules, le pouvoir radio-actif de certains tissus, les os en particulier, doivent être attribuées aux radiations.

Les altérations du sang généralement trouvées chez des radiologues ayant une santé, en apparence normale, consistent dans la leucopénie et une inversion de la formule entre polynucléaires et mononucléaires. Le nombre des mono tend à égaliser et même à dépasser celui des poly.

On peut émettre l'hypothèse que ces altérations chroniques diminuent la résistance des sujets et peuvent favoriser l'évolution d'une anémie aplastique aiguë ou d'une leucémie.

Les différents moyens de se protéger dans l'exercice de la profession : radioscopie, radiographie, radiothérapie et applications de radium sont passés en revue. Malheureusement, ces moyens peuvent ne pas être toujours efficaces, et, d'autre part, l'imprudence des radiologistes ou les nécessités du métier les font parfois négliger.

MM. PORTES
Professeur de physique médicale à la Faculté de Médecine d'Alger

VIALLET
Chef de Laboratoire de radiologie à l'Hôpital civil d'Alger

BERARD
Ingénieur I. E. G.

## SUR LES BARYTES D'ALGÉRIE LEUR UTILISATION EN RADIOLOGIE REVÊTEMENTS BARYTES — *Présentation d'échantillons*

En vous présentant cette étude sur la « Baryte » des Mines de Bou-Mahni (Grande Kabylie) dont voici quelques échantillons (pris au hasard sur le carreau de la mine), notre intention a été d'abord de signaler aux Radiologistes (en particulier à nos confrères de l'Afrique du Nord) la présence dans notre sous-sol africain d'un gisement considérable de Barytine ($So^4Ba$) dont la presque totalité donne à l'analyse chimique des résultats traduisant une exceptionnelle pureté.

Après avoir institué sur ces « Barytes » Algériennes une série d'expériences, dont les premières remontent à plus de trois années, nous avons jugé utile de vous apporter aussi le résultat de nos observations.

Nous avons pu constater par des mesures répétées l'efficacité du revêtement Baryté, pour tout ce qui touche à la protection. Ces résultats confirment d'ailleurs les expériences des Maîtres spécialisés dans cette question, tels que Angebaud et Lumière (pour ne citer que ceux-là).

Il s'agit donc d'une simple contribution à l'étude de la protection efficace contre les rayons X.

Les gisements de Barytine de Bou-Mahni se trouvent à moins de 100 kilomètres d'Alger, dans un terrain constitué tantôt par des schistes anciens où l'on trouve aussi du quartz, tantôt par des micachistes et des granulistes gneissiques. Suivant les points envisagés, la roche barytique est pure (c'est dans cette région que nous avons puisé la barytine de nos expériences ou imprégnée de veines galénifères plus ou moins importantes.

Les nombreuses analyses d'échantillons prélevés indifféremment dans les diverses parties où macroscopiquement la « Barytine » paraissait homogène et sans tache ont donné des pourcentages en $So^4Ba$ variant entre 99,14 et 99,20 %.

Voici à titre d'exemple une de ces analyses complète sur matière pulvérisée et séchée à 100°.

| | | |
|---|---|---|
| Silice | 0,12 | |
| Alumine | traces | |
| Oxyde de fer | 0,3 | |
| Chaux | traces | |
| Magnésie | traces | |
| Acide sulfurique | 34,10 | Sulfate de Baryte |
| Baryte | 65,04 | 99,14 % |
| Acide carbonique | traces | |
| Perte au feu | 0,60 | |
| Non dosés et pertes | 0,11 | |
| | 100,0 | |
| Densité et poids spécifique | 4,43 | |

La présence dans notre région de cet important gisement de Barytine et les vœux formulés par le Congrès International de Radiologie (Londres 1923) devant amener à étudier l'utilisation de ce sulfate de Baryte, en vue de l'absorption du rayonnement X, tant direct que diffusé ou secondaire, un nouveau service de Radiologie étant constitué à l'Hôpital de Mustapha (Alger), il était logique de tenter l'expérience.

Il s'agissait de protéger efficacement le manipulateur du poste de Radiologie profonde et les malades situés dans une salle d'attente contigüe, d'autre part d'isoler au point de vue rayonnement les salles radioscopiques et de radiographie, ainsi que le laboratoire photographique.

MM. Viallet et Bérard s'attaquèrent à résoudre ce problème de technique et après quelques recherches expérimentales, il fut possible de mettre au point un produit susceptible d'être appliqué sur les murs, planchers ou plafonds aussi facilement qu'un revêtement au ciment.

Au point de vue de l'absorption, des mesures effectives à l'aide de l'Ionomètre Solomon ont prouvé que 9 millimètres environ de l'enduit utilisé correspondaient à 1 millimètre de plomb, et l'élément intéressant (déjà en 1924) était qu'à protection égale le revêtement barytique était quatre fois moins cher que le plomb.

Depuis l'enduit a fait ses preuves, l'épaisseur de la couche protectrice n'a pas varié, alors qu'on sait que le plomb se tasse surtout lorsqu'il est employé sous de faibles épaisseurs.

L'épaisseur de la couche protectrice réalisée à l'Hôpital de Mustapha fait en moyenne de 14 millimètres (environ 1,5 millimètre de plomb), les revêtement faits depuis tantôt trois ans ne présentent aucune fissure et ont donné toute satisfaction.

Tout dernièrement, divers hôpitaux ont employé le même mode de revêtement protectionnel (Centres Anticancereux de Marseille).

D'autres essais ont été tentés en vue de l'utilisation semi-directe du produit naturel pour les examens radioscopiques, l'expérience a été satisfaisante au point que l'un de nous n'a pas hésité, confiant dans la sécurité de la méthode, à absorber une bouillie barytée préparée directement.

D'autres expériences s'imposent que nous poursuivrons systématiquement.

En résumé, ces résultats expérimentaux confirment tous ceux qui ont été signalés jusqu'ici et montrent l'efficacité du revêtement baryté. D'autre part, la facilité de se procurer sur place une matière première très pure, en grande abondance dans notre région, doit inviter en particulier nos confrères à utiliser ce mode de protection simple et efficace dans l'aménagement de leurs installations privées et hospitalières.

---

MIRAMOND DE LAROQUETTE
Alger

---

## PRÉSENTATION D'UN PÉRISCOPE POUR LE CENTRAGE DES TUBES

---

Le centrage des tubes expose l'opérateur, médecin ou manipulateur, au feu direct des rayons. Il en résulte un danger réel si le fait se renouvelle souvent, comme il arrive dans certains services chargés et quand on ne dispose pas de postes multiples.

Le périscope présenté permet d'éviter ce danger et de faire à l'abri des rayons directs les manœuvres nécessaires pour obtenir ou vérifier un centrage exact.

---

# TRAITEMENT DU CANCER

---

Robert COLIEZ
Assistant de Radiologie des Hôpitaux de Paris
(Centre anticancéreux, hôpital Tenon)

---

## TECHNIQUES DE TÉLÉCURIETHÉRAPIE (1)

---

L'évolution schématique de la technique curiethérapique peut se réduire à 3 périodes :

1° La phase de *curiethérapie interne* qui consistait à placer à l'intérieur des organes creux comme la cavité utérine, l'œsophage, le rectum, un seul ou plusieurs tubes en contact avec la muqueuse malade ou de la tumeur à détruire. L'auteur qui a recherché la décroissance du rayonnement dans ces conditions, montre combien elles sont défavorables en raison de la chute très rapide du rayonnement. C'est ainsi que pour une dose de 100 % prise à l'émergence du tube, on n'a plus à 5 cm. de distance que 4,7 % et seulement 1,9 % à 10 centimètres. Des courbes isodoses sont données pour un tube de 10 mgr. de radium intra-cervical et sont exprimées selon la méthode proposée par l'auteur en *débit journalier*, c'est-à-dire *en unités D reçues dans les différents points de l'espace en 24 heures*. Le débit journalier contre la paroi même du tube est de 14,4 D. A 5 et 10 cm., il tombe respectivement à 0,D 63 et 0,D 25. — L'étude de ces courbes reportées sur des coupes anatomiques du bassin montre que dans tous ces cas qui représentent les applications classiques habituelles, les doses reçues à distance, et notamment dans les ligaments larges et les ganglions iliaques, sont tout à fait insuffisantes pour obtenir des résultats thérapeutiques durables. Cette hétérogénéité du rayonnement est due à l'*effet distance* qui joue dans toutes ces applications un rôle considérable.

2° En curiethérapie, comme en roentgenthérapie, on améliore les doses profondes par rapport aux doses de surface en augmentant les distances focales. Les premiers *appareils plastiques* à foyers externes portaient des tubes éloignés de 1 à 2 centimètres de la peau. Peu à peu, grâce aux recherches ionométriques, la répartition des tubes est

---

(1) Rapport présenté au 51e *Congrès pour l'Avancement des Sciences*. (Constantine, Avril 1927).

devenue meilleure, les distances focales se sont augmentées pour arriver à 5 et 6 centimètres. Mais au fur et à mesure que les distances focales augmentaient les quantités de radium nécessaires pour obtenir les mêmes effets à la peau, dans les mêmes temps devaient croître elles-mêmes comme le carré des distances focales. Les recherches de Mallet montrèrent alors, grâce à l'ionomicromètre qu'il construisit avec G. Danne, la nécessité d'écarter les foyers les uns des autres pour obtenir des doses en profondeur meilleures, et même d'isoler les foyers par des cupules de plomb. D'où la nécessité, en raison de la complexité du volume et du poids, des appareils porte-radium, d'avoir recours à des supports extérieurs analogues aux ponts roulants employés en roentgenthérapie profonde.

3° La *télécuriethérapie* est donc une variété spéciale de curiethérapie externe caractérisée par l'emploi de grosses quantités de radium (0,3 à 5 gr.) maintenues par des supports spéciaux à 10 cm. ou plus des téguments. On peut distinguer deux variétés de techniques télécuriethérapiques :

a) *Les appareils à champs croisés et localisés*, qui présentent l'avantage de donner en profondeur des doses considérables (60 %) pour des quantités de radium engagées relativement faibles. C'est la méthode préconisée par L. Mallet et R. Coliez. Chacune des 3 cupules de plomb chargée à 100 mgr. Ra e. donne à la peau, pour une distance focale de 10 cm., un *débit journalier* de 2 D. C'est dire que la dose de radioépidermite (40 D) est obtenue en 20 jours. L'auteur donne pour chacun des foyers et la conjugaison de ceux-ci, des courbes isodoses ionométriques qui sont reportées sur des coupes du bassin, en même temps que des photographies des faisceaux de rayonnement.

A la suite des travaux précédents, Sluys de Bruxelles a employé un intéressant appareil constitué par 13 canons orientables sur une coupole en aluminium. Un appareil de mesure constitué par une petite chambre d'ionisation à air comprimé reliée à un électromètre de Piccard complète cette installation.

A l'Institut de Radium de Paris, MM. Bruzeau et Ferroux emploient 4 gr. de radium contenus dans une cupule supportée par un pont roulant à 10 cm. de distance focale. L'appareil de mesure est constitué par une chambre d'ionisation de petit volume, reliée à un quartz piézo-électrique. Les applications sont de 2 à 3 heures chaque jour ou tous les deux jours.

b) *Les applications à larges champs* ne sont réalisables qu'avec de très grosses masses de radium (2 à 4 gr.) placées à 20 et 30 cm. des téguments. On obtient ainsi, en particulier pour f = 35 cm., des doses en profondeur extrêmement considérables (58,5 %) dont la conjugaison en vue du traitement du cancer utérin, par deux champs croisés, l'un antérieur, l'autre postérieur, donne par sommation à tout le bassin des doses extrêmement homogènes. Dans ces conditions, avec 1 gr. de radium et 30 cm. de distance focale, on obtient un débit journalier de 2 D, 5. Pour des distances focales plus courtes (10 cm.) et des masses de radium plus considérables (4 gr.), il peut devenir nécessaire d'évaluer le *débit horaire* des appareils, qui pour l'exemple précédent (4 gr. à 10 cm.) est de DH=3 D, 16, ce qui correspond donc à une application de 13 heures pour obtenir la radioépidermite. Les appareils de télécuriethérapie chargés à 2 et 4 gr. de radium doivent comporter une protection plombée d'au moins 10 cm. ainsi qu'un dispositif permettant de déplacer le radium par rapport à l'orifice de sortie du rayonnement pendant le placement des malades par les opérateurs. La filtration à employer est au minimum de 2 mm. de platine. Il y aura un gros intérêt au point de vue économique à traiter 2 malades à la fois. (Mayer et Cheval.)

Certains auteurs préfèrent les irradiations continues pendant 15 et 20 jours, dans le but de surprendre toutes les cellules cancéreuses au moment de leur division (Mallet et Coliez). D'autres, au contraire, emploient le radium comme une ampoule à rayons X, en séances discontinues de quelques heures par jour. (Institut du Radium.)

Les méthodes d'irradiation gamma à grande distance représentent une sorte de limite théorique de perfectionnement des techniques vers laquelle tout ce que nous savons, tant de la physique des rayons X que du radium, doit faire tendre nos efforts. Parmi les méthodes actuellement les plus pratiques et les plus économiques, la méthode des champs croisés et localisés semble devoir être préconisée. Les progrès très importants de l'ionomicrométrie en font une méthode précise permettant de connaître pas à pas les progrès à réaliser dans l'homogénéisation du rayonnement ainsi que les doses à donner pour obtenir des résultats plus durables.

F. FERRARI
Chirurgien des Hôpitaux d'Alger

et

Ch. VIALLET
Chef de Laboratoire de Radiologie à l'hôpital civil d'Alger

# LE TRAITEMENT DU CANCER DE LA VERGE PAR LA CURIETHÉRAPIE

*Résumé*

Les auteurs ont observé deux cas de cancer de la verge en 1922 et 1923. Ces malades respectivement âgés de 45 et 42 ans sont actuellement apparemment guéris. Ils ont été traités par Curiepuncture, l'un il y a 4 ans et 8 mois, l'autre il y a 3 ans et 8 mois.

M. le Professeur Mauclaire a fait un rapport au sujet de ces deux cas à la Société Nationale de Chirurgie de Paris.

Dans leur travail actuel, F. et V. apportent des observations extrêmement détaillées. Ils relatent les travaux parus postérieurement à leur communication à la Société de Chirurgie, analysant l'article de Archic. L. Dean du Americal Journal of Roentgenology and Radiumtherapy, ainsi que la publication de Le Roy des Barres dans le Journal de Radiologie de Paris.

Après quelques considérations concernant le traitement, les auteurs concluent que c'est dans le cancer de la verge que l'on peut réaliser parfaitement l'association de la Curiethérapie, de la Radiothérapie, et de la Chirurgie.

Dr GUINET
de Tunis

# RÉSULTAT OBTENU PAR LA RADIOTHÉRAPIE DANS LE TRAITEMENT D'UNE TUMEUR DE LA GRANDE COURBURE DE L'ESTOMAC

Le malade âgé de 63 ans présente des troubles gastriques et de l'amaigrissement ; il a eu une hématémèse. L'examen radiologique montre à la partie moyenne de la grande courbure la présence d'une image lacunaire à contours irréguliers occupant une large surface. A la palpation, on perçoit une masse dure. Cette image persiste quand on essaie de mobiliser le'stomac. Le diagnostic porté est celui de tumeur de la grande courbure de le'stomac. Un traitement radiothérapique est institué au moyen d'un contact tournant Drault, sous 93.000 volts efficaces 3 milli-ampères. Une dose de 2.000 R par porte d'entrée est appliquée (portes d'entrée antérieure, postérieure et latérale). 3 mois après, une radiographie montre qu'il ne persiste plus qu'une petite encoche. Une dose de 1.500 R est à nouveau appliquée. 18 mois après, l'aspect de la grande courbure est redevenu normal.

Le diagnostic peut être discuté avec ulcère calleux, mais dans ce cas on ne sent pas de tuméfaction et l'aspect radiologique est différent. On peut penser aussi à une tumeur rare fibrome ou adénome signalée par Ledoux-Lebard. Enfin le diagnostic qui paraît le plus probable est celui de sarcome de l'estomac qui est assez fréquent et particulièrement radiosensible.

Cette observation est également intéressante, car elle montre le bon résultat que l'on peut obtenir par la radiothérapie à pénétration moyenne.

# TRAITEMENT DE LA TEIGNE

---

MIRAMOND DE LAROQUETTE
Alger

---

## TRAITEMENT DE LA TEIGNE FAVEUSE ORGANISÉ EN 1920 POUR LES RECRUES INDIGÈNES D'ALGÉRIE

---

La conscription indigène en Algérie a révélé un nombre très élevé de faviques, près de 10 % des recrues. L'exemption ou la réforme de ces teigneux fut d'abord largement pratiquée, mais le mal allait en augmentant à tous points de vue. On organisa donc le traitement en grand de tous les faviques, près d'un millier par an, qui furent rassemblés en un groupement ou bataillon spécial et traités par la radiothérapie à l'Hôpital militaire d'Alger.

On récupéra ainsi pour l'armée un effectif considérable et l'on rendit à la population civile indigène un service important en réduisant le nombre des contagieux.

Une lutte systématique contre la teigne devrait être envisagée pour toute la population indigène, comme l'auteur l'a préconisé à la Société de Médecine d'Alger en 1922. Pour être efficace, l'organisation de cette lutte serait à étudier de très près dans ses diverses modalités et possibilités.

---

Dr Charles VIALLET

Chef de Laboratoire de Radiologie à l'Hôpital civil d'Alger

et

Dr Charles GAUDIN

Médecin-major

## ADAPTATION A L'AFRIQUE DU NORD (ALGÉRIE) DU TRAITEMENT RADIOTHÉRAPIQUE DES TEIGNES

Les teignes, affections parasitaires du cuir chevelu, sont très répandues en Algérie.

Extrêmement contagieuses, les teignes trouvent dans le milieu scolaire et dans le milieu familial indigène des conditions favorables à leur propagation.

La constatation de cette affection entraîne pour l'enfant l'éloignement de l'école jusqu'à la guérison complète.

Par les moyens thérapeutiques utilisés jusqu'à ce jour en Algérie, on peut dire qu'aucun résultat sérieux n'a été obtenu.

Il en sera ainsi tant que ne sera pas employé le traitement de choix absolument indiscuté en France comme à l'étranger pour obtenir l'épilation.

Le traitement consiste à pratiquer les irradiations de la tête de l'enfant suivant une méthode déterminée.

La durée de l'opération ne dépasse pas 20 minutes.

20 jours après, les cheveux tombent, 3 mois après la repousse est totale, l'enfant est guéri. Il faut adjoindre à ce traitement l'antiseptie de la tête, car les rayons X n'ont pas détruit les parasites, mais ont seulement produit la chute mécanique des cheveux que sans cela on aurait été obligé d'obtenir à la pince ou par des caustiques après de très longs efforts avec un résultat imparfait.

Le service de santé militaire nous a montré en Algérie un bel exemple en effectuant le traitement du favus, cependant plus difficile que celui de la teigne des enfants.

Il récupère annuellement une moyenne de 500 faviques qui autrefois étaient refusés au Conseil de révision.

Il les prend, les isole, les traite et ne les envoie dans les corps de troupe qu'une fois guéris.

Dans les 3 départements d'Algérie, le traitement radiothérapique n'est assuré qu'à Alger, où le nombre des teigneux diminue. Dans le Sud, aucune organisation n'existe.

Le traitement radiothérapique de la teigne doit être institué dans toute la colonie sur une grande échelle, avec l'intention d'aboutir à l'extinction complète du foyer endémique qui sévit.

Par leur aspect repoussant, par les cicatrices, par les alopécies qu'elles entraînent, par la porte d'entrée constante qu'elles ouvrent aux microbes pyogènes de la peau, source d'adénites banales puis tuberculeuses, les teignes constituent un fléau social véritable.

Il y a au moins 50.000 teigneux en Algérie.

Il faut aller au devant des indigènes ; en effet, on ne peut songer à les amener dans le centre actuel de radiothérapie des teignes.

On ne peut également pas multiplier les centres pour lesquels il faut un matériel et un personnel adapté, d'ailleurs les centres risqueraient de n'avoir pas toujours du travail.

Il faut donc créer le groupe mobile. L'expérience a déjà été tentée en Italie en 1911. Ce groupe complétera, dans certains cas, les centres départementaux qui d'ailleurs sont à créer.

Les pouvoirs publics ont le devoïr d'étudier cette question sociale et de mettre en œuvre le traitement qui en quelques années ramènera aux écoles des milliers d'enfants privés de tout enseignemnt dans la période où le législateur veut qu'il s'instruisent.

Ce sera également accomplir un acte de politique coloniale généreuse, en même temps qu'une œuvre de préservation sociale, à notre égard.

---

14e section

# ODONTOLOGIE

*Président* ................ Dr Bouchard, Lyon.
*Vice-Président* ........... Dr Frison, Professeur à l'Ecole dentaire de France.
*Secrétaire* ................ M. Derouineau, Chirurgien-dentiste, Paris.
*Vice-Secrétaire* ........... M. Atlan.


## Dr FOUREST

Chargé de cours à la Faculté de Médecine d'Alger


## A PROPOS D'UN CAS DE LEUCÉMIE AIGUE

Il est actuellement banal de dire que le Stomatologiste ou le Chirurgien-dentiste doit dans bien des cas faire œuvre de médecin, tant les lésions et les maladies de la cavité buccale sont intimement liées à un état général, qu'elles en soient d'ailleurs l'origine ou la conséquence. Cette nécessité pour le spécialiste dentaire de connaître à fond la médecine, pathologie, clinique et même thérapeutique, devient de nos jours absolument impérieuse. La clientèle devient plus exigeante, sous l'impulsion même des progrès scientifiques que nous lui découvrons, et, par conséquence, la responsabilité morale et... matérielle du praticien devient plus lourde.

Nous pourrons voir bientôt, sans doute, en France, comme cela s'est produit chez nos voisins d'Angleterre, un praticien taxé de faute lourde pour avoir négligé de faire opérer un détartrage et un nettoyage de bouche à un malade qui allait subir sous anesthésie générale une importante intervention ; ne venons-nous pas de voir des responsabilités médicales retenues parce que des radiographies n'avaient pas été préalablement exécutées ! Notre spécialité n'a plus le droit d'ignorer les procédés d'investigation que la médecine et la science en général ont mis au point depuis quelques années ; elle n'a pas le droit de l'ignorer, parce que, à vrai dire, *l'Art dentaire*, pour être une branche de la médecine, est quand même de la médecine, et qu'il doit obligatoirement s'aider de toutes les ressources de la médecine moderne, que ce soit la Radiographie, les examens bactériologiques, les examens de laboratoire du sang, des humeurs ou des tissus, dans leurs modalités déjà si nombreuses.

Aussi nous a-t-il paru intéressant de rapporter l'observation suivante, d'un cas de Leucémie aiguë, maladie effectivement assez rare, mais que le spécialiste dentaire peut avoir l'occasion de diagnostiquer. Le pronostic fatal de cette terrible affection, dont l'évolution est presque toujours très rapide et la difficulté d'un diagnostic clinique avec différentes affections gingivales ou buccales lui donnent un intérêt tout spécial pour le dentiste.

*Observation.* — Le 21 juin 1926, nous recevons la visite de M. X., âgé de 24 ans, garçon superbe et remarquablement bien développé à tous points de vue.

Il vient nous trouver, sur le conseil d'un de ses amis médecin, parce que depuis trois ou quatre semaines, il souffre de ses gencives et craint une infection de la bouche ; il nous parle même de pyorrhée. Il attribue l'origine des accidents actuels à l'extraction d'une dent de sagesse (inf. droite), effectuée un mois auparavant par M. le Chirurgien dentiste L.

L'examen de la bouche révèle immédiatement un état gingival qui fait penser aussitôt, en effet, à de la pyorrhée. Les gencives sont congestionnées et laissent sourdre à la pression de petites gouttes de pus. Les dents, constamment agacées, sont légèrement sensibles à la pression verticale, surtout en bas et à droite où on constate une certaine mobilité. Cependant, pas de culs-de-sac profonds, pas de dépoli des collets. La friabilité excessive des collets qui saignent aisément et la présence de ganglions assez développés dans la région sous-maxillaire nous donnent l'impression d'une spirochétose buccale sub-aiguë. Les antécédents personnels recherchés à ce moment se réduisent, d'après notre malade, à quelques céphalalgies depuis quelques jours et un peu de lassitude, phénomènes d'ailleurs attribués à l'état même de la bouche. Cependant, nous avons appris depuis que ce malade aurait fait, peu de mois auparavant, une para-typhoïde bénigne. Nous faisons immédiatement après nettoyage à l'eau bouillie, et séchage des gencives, un étalement de pus sur lamelle, et prescrivons une analyse d'urine, cela en vue d'un traitement arsénobenzolé vaccinal. Le lendemain, notre malade nous rapporte un examen d'urines normal, et un examen de pus fait par M. le D^r^ B..., notant la « Présence de nombreuses spirilles ». Nous commençons donc, immédiatement avec les soins locaux d'usage, un traitement spécifique, par injections souscellulaires d'acetylarsan et injections sousgingivales de vaccin Inava B. (première application : une demi-ampoule d'acetylarsan, 1 goutte de vaccin). Le 25, continuation des soins et du traitement (1 ampoule acetylarsan, 2 gouttes de vaccin). Nous constatons une légère amélioration locale. Le 29, nous continuons le traitement, mais remarquons une aggravation des symptômes buccaux : les gencives sont très congestionnées et les ganglions sous-maxillaires se sont développés en nombre et en grosseur. Le Facies nous paraît terne et pâli. La température, prise à ce moment, est de 38° (à 14 heures).

Pressantant alors que cette gingivite pouvait être liée à un état général (nous pensions alors à la possibilité d'une typhoïde à forme plus ou moins discrète), nous demandons à notre malade de s'aliter et de nous indiquer le médecin avec lequel nous pourrons le visiter. Dès le lendemain, en effet, nous soumettons M. X. avec M. le Dr S. à une visite générale complète, qui ne permet cependant de porter aucun diagnostic. En somme, à part un peu de température, de la lassitude, le symptôme bucco-gingival est seul à retenir l'attention du malade et du médecin : gencives épaissies, et suppurant déjà par endroits ; haleine presque fétide malgré des soins locaux continus ; la langue est sèche avec hypertrophie papillaire. Nous décidons toutefois de demander à M. le Dr B. de faire les examens du sang : numérations globulaires, agglutinations et hémocultures.

Le 3 juin, le résultat de cet examen de laboratoire nous parvenait, qui, hélas, en nous fournissant le diagnostic de Leucémie aiguë, nous éclairait enfin sur la nature de l'infection gingivale.

Obligés d'informer la famille de notre malade d'un pronostic implacable, nous sollicitons une consultation de deux de nos Maîtres les plus réputés, MM. les professeurs A. D. et qui ne pouvaient que confirmer la terrible affection et son pronostic implacable.

Nous avons continué à lutter, par des lavages incessants, des soins locaux minuteux contre la symptomatologe endo-buccale, la seule qui ait jusqu'au bout retenu l'attention du malade. Nous avons assisté à une véritable prolifération du tissu gingival qui recouvrait parfois totalement certaines portions de l'arcade dentaire, puis des sphacèles, suivis d'hémorragies pénibles se produisaient. La fétidité de la bouche était très accentuée. Le développement ganglionnaire sous-maxillaire et cervical s'accentuait en même temps que s'aggravait l'état local, et bientôt, l'état général. A noter que l'hypertrophie du système ganglionnaires général n'a pas été très accentuée et eut pu, en somme, passer inaperçue dans un examen succinct.

Enfin, la mort survenait le 12 juillet, 22 jours seulement après la première visite de notre malade.

Comme vous le voyez, Messieurs, cette observation est susceptible de retenir l'attention du spécialiste dentaire pour plusieurs raisons d'ordres différents. Parmi celles-ci, il en est une sur laquelle je désire insister, car elle intéresse notre responsabilité professionnelle.

Nous avons noté que notre malade, en se présentant à nous, nous déclare qu'il attribuait son mal à l'extraction d'une dent de sagesse. C'est la tendance habituelle à tout malade de rechercher la cause de son mal — et en général il ne retiendra comme origine causale qu'un traumatisme (chute, coup) ou un *acte opératoire antérieur*. Ce rattachement de cause à effet entre l'extraction, souvent un peu pénible d'une dent de sagesse inférieure et de l'infection gingivale ne doit donc pas nous surprendre. En somme, il est normal de penser que c'est au niveau de cette dent de sagesse, là où le tissu gingival est le plus sensible, le plus délicat, que s'est amorcée l'infection réactionnelle de la leucémie déjà à cette époque en évolution, infection qui inéluctablement allait peu à peu envahir tout le tissu gingival, quels que soient les soins qui eussent pu être donnés. Il y avait à ce moment infection déjà caractérisée autour de cette dent ; de l'arthrite se développait à ce niveau ; l'indication était formelle et c'est pour cela, Messieurs, que notre confrère L. a accepté d'extraire la dent.

Pas un de nous, probablement, n'eût agi autrement et cependant, nous pouvons vous l'affirmer, malgré les tristes précisions fournies à la famille, un très grand nombre de personnes a cru à l'origine opératoire de la maladie, et il nous a fallu détromper nombre de nos connaissances, et même de nos confrères, pour aider M. L. à se dégager d'une responsabilité purement morale, il est vrai, mais qui eût pu être gravement préjudiciable.

Mais alors, voyez ce qui pourrait advenir d'un praticien qui, dans des conditions analogues, n'aurait pas pu, par la suite, fournir la preuve du diagnostic exact de la maladie. Et dans un cas de Leucémie aiguë, la seule preuve possible est un examen de laboratoire ! Je sais bien qu'il n'est pas partout facile de provoquer des examens de laboratoire, aussi arrive-t-il certainement, fréquemment peut-être, des erreurs de diagnostic qui eussent pu être évitées. Dans notre spécialité, nous n'avons pas encore assez pris l'habitude de ces examens, qui devraient être systématiques dans certaines affections de bouche. Le public n'y est pas encore habitué ! C'est à nous de faire son éducation à ce point de vue, et lorsqu'il aura vu lui-même les avantages certains qu'il en peut retirer, il sera le premier à nous les réclamer.

Suivons donc, dans toutes les branches, les progrès scientifiques réalisés, et efforçons-nous de les appliquer à la Stomatologie. L'exercice même de cette spécialité nous impose des connaissances dont l'application est journalière et notre responsabilité s'en aggrave chaque jour. Nous avons pensé qu'en vous communiquant cette observation — qui appartient à la médecine générale — et beaucoup aussi, Messieurs, à notre domaine, comme vous venez de le voir, nous aurons illustré d'un exemple frappant, par sa gravité, cette nécessité pour le spécialiste dentaire de connaître sa médecine et les procédés d'investigations qui s'y rattachent.

Henri VILLAIN
Professeur de bridges et couronnes à l'Ecole dentaire de Paris

# ÉMAILLAGE DES FACES INTERNES ET DES GENCIVES DES BRIDGES

L'art de l'émaillage des métaux précieux remonte à la plus haute antiquité et son application à l'art dentaire n'est pas d'aujourd'hui, puisque Fauchard lui-même dans le tome II de la deuxième édition de son traité des dents, en 1746, consacre tout un chapitre à la « *Manière d'émailler les dents, ou les dentiers artificiels, afin de rendre leur décoration plus régulière et plus agréable* ».

Il découpait des lamelles d'or qu'il ajustait au niveau des dents et de la gencive de son appareil, les donnait à l'émailleur qui les recouvrait d'une fine couche d'émail. Puis la lamelle émaillée était réajustée sur la pièce en os et maintenue en place par des vis ou des goupilles.

Bourdet en 1786, dans son traité de l'art du dentiste, décrit son procédé pour restaurer la gencive. Selon ses propres expressions, il faisait faire par un orfèvre une espèce de cuvette d'or qu'il envoyait ensuite à l'émailleur pour la rendre de la couleur des gencives.

D'autres encore : de Chemont, Delabarre au commencement du 19ᵉ siècle travaillaient les émaux. D. Jenkins et enfin, plus près de nous, notre excellent confrère et ami le Docteur Siffre en 1899 faisait à la Société odontologique de France une communication intitulée « *Procédés de vitrification appliqués à l'obturation des dents* ».

En une brochure de 24 pages, Siffre condense tout l'historique de la céramique et de l'émaillerie, il cite de nombreux passages du « *Manuel du Bijoutier-Orfèvre* » de l'*Encyclopédie Roret* traitant de l' « *Emaillage des Métaux précieux* » et termine par sa technique de l'obturation des dents par blocs d'émail à la portée de tous les dentistes.

J'arrête ici cet exposé très succinct de l'emploi de l'émail, ne voulant pas allonger démesurément cette communication et m'excusant par avance des omissions que j'aurai pu faire.

J'ajoute d'ailleurs que les auteurs que je viens de citer, s'ils ont tous employé l'émail comme restauration dentaire, ils l'ont fait dans un but purement *esthétique*, alors que c'est presque uniquement au point de vue *hygiène* que nous préconisons l'émaillage des faces internes et des gencives des bridges.

De même pour la description de l'émaillage des métaux précieux, je ne saurais mieux faire que de renvoyer les lecteurs, ou plutôt les chercheurs, que le procédé intéressera plus particulièrement, au manuel de Roret que je cite plus haut et dans lequel ils trouveront très simplement décrite :

Des généralités sur l'émaillage des métaux précieux. Emaillage et peinture en émail, — qualités des émaux et des métaux. Composition des émaux. — Email transparent et émail opaque. — Les émaux colorés. — Application des émaux, leur fusion, leur polissage, etc., etc.

Voyons maintenant pourquoi cet émaillage des bridges et comment l'idée m'en est venue.

Vous avez certes tous remarqué combien les bridges, fixes j'entends, étaient presque, pour ne pas dire toujours, très mal nettoyés.

Prenons par exemple le bridge le plus commun, le simple pont composé de deux couronnes sur la première prémolaire et la deuxième grosse molaire inférieures, reliées par un pont ou tablier remplaçant les faces triturantes de la deuxième prémolaire et première grosse molaire inférieures.

Ce bridge, placé dans la bouche d'un patient tant soit peu soucieux de son hygiène buccale, c'est-à-dire se brossant les dents et son bridge naturellement au moins une fois par jour. Le bridge restera très propre au niveau des faces triturantes, sur la partie en contact avec les dents antagonistes, et cela uniquement par l'action mécanique de la mastication. Il sera parfaitement nettoyé sur les parties vestibulaires et linguales là où la brosse aura un accès relativement facile, mais il restera malpropre à la face interne du tablier du pont et pourquoi ? Que dire alors d'un bridge avec faces de porcelaine ?

Tout simplement parce que là où une action mécanique répétée ne peut se faire, l'or que nous employons, qu'il soit à 22 ou 20 carats, s'oxyde tôt ou tard selon le milieu buccal et ne tarde pas à se couvrir d'une couche de mucosités très caractéristiques que nous connaissons tous.

D'autre part, nous savons que là où il y a de la porcelaine bien polie, les surfaces restent en parfait état de propreté même si elles sont en contact direct avec les gencives. Pourquoi, dès lors, ne pas profiter de cette constatation et appliquer sur les faces internes de nos bridges de l'émail et pourquoi plutôt de l'émail que de la porcelaine ?

Notre première idée fut de demander conseil à quelques bijoutiers-orfèvres qui emploient l'émail depuis fort longtemps pour enjoliver les bijoux.

J'appris là que les bijoutiers-orfèvres préparaient bien la pièce métallique en vue de son émaillage, mais que pour cette dernière phase du travail, seul le spécialiste, c'est-à-dire l'émailleur, s'en chargeait.

Je fus adressé à l'un des principaux de Paris, M. Feuillâtre, qui voufut bien étudier avec moi la question, et se chargea d'émailler les quelques pièces que je vais vous présenter aujourd'hui.

Voyons donc rapidement les avantages de l'émail.

Il est d'abord moins cassant que la porcelaine, malgré le degré relativement bas de fusion que nous lui demandons suivant sa composition, puisqu'en général il fond entre 6 et 800 degrés et peut être appliqué sur des bridges tout à fait terminés même avec des soudures à 18 carats sans crainte de fonte pour le métal. Nous savons que pour la porcelaine que nous employons, plus elle est de basse fusion, moins elle est résistante.

L'application de l'émail sur les faces internes des bridges et même sur la gencive ne demande aucune préparation. Au début, nous faisions une légère gouttière pour arrêter l'émail, mais devant la belle ténacité de celui-ci sur l'or à 20 carats, nous avons renoncé parfois à faire ce sillon. Il peut être appliqué sur une grosse épaisseur comme sur une très faible, parfois même presque insignifiante.

La porcelaine, au contraire, demande une loge spéciale afin d'être sertie par le métal, et n'est résistante qu'à condition d'être assez épaisse.

Toutes les colorations sont possibles.

A l'heure actuelle, l'émail est le plus souvent vendu dans le commerce sous forme de plaques solides de toutes nuances, qu'il faut apprendre à préparer, c'est-à-dire à broyer dans un mortier d'agate en poudre assez fine, à laver à l'acide et plusieurs fois à l'eau. Cela en attendant qu'un fabricant d'émail veuille bien nous préparer en poudre, comme nous avons la porcelaine, les émaux de couleurs différentes.

Alors que la porcelaine est composée de : silice, feldspath et kaolin, l'émail, lui, est composé de : silice, minium, nitre et borax auxquels on ajoute des oxydes métalliques pour le colorer.

Voici, Mesieurs, très succinctement décrit, l'émaillage des faces internes et des gencives des bridges, ce procédé peut-il, comme je le pense, rendre quelques services ? C'est ce que je me permets de vous demander.

---

E. LEGROS
Paris

# LE SERVICE DENTAIRE DE L'ÉCOLE DE PUÉRICULTURE DE LA FACULTÉ DE MÉDECINE DE PARIS

L'Ecole de Puériculture est une institution autonome rattachée à l'Université de Paris, placée sous le contrôle scientifique et moral de la Faculté de Médecine.

Cette Ecole est à la fois un établissement général d'enseignement et une œuvre d'assistance sociale dont le rôle s'exerce actuellement dans le XV$^e$ arrondissement.

L'enseignement donné dans cette Ecole s'adresse aux étudiants, aux médecins, sages-femmes, infirmières et à toute personne désirant se perfectionner dans l'étude de la puériculture.

En tant qu'œuvre d'assistance, l'Ecole assure le service :

*a*) d'un pavillon d'allaitement où sont hospitalisées, avec leurs nouveaux-nés, les mères dont la maternité du sein n'est pas normalement établie.

*b*) de trois dispensaires,

dispensaire pour femmes en état de gestation,

dispensaire pour mères-nourrices et enfants du premier âge,

dispensaire pour enfants de 3 à 15 ans.

Toutes les spécialités sont représentées, dont la nôtre par un service dentaire.

Le Docteur Frey qui a fondé ce service a bien voulu me le confier.

Au début, je n'avais que deux consultations par semaine : le mercredi pour les femmes enceintes et le jeudi pour les enfants de 3 à 15 ans ; ces malades envoyés par la consultation de la médecins générale étaient examinés, les fiches faites, et je les dirigeais sur des dispensaires dentaires ou chez des dentistes, suivant leur condition sociale. C'étaient des consultations de dépistage.

Par la suite, disposant de plus de temps, grâce à trois consultations par semaine, et ayant remarqué que les enfants me revenaient sans être soignés, je me suis mis à traiter moi-même les plus nécessiteux : le résultat n'a pas été long à se faire attendre, on peut se rendre compte par la progression du nombre des consultations et des interventions au tableau ci-dessous.

Je revois nombre de petits patients soignés depuis 1921 ; grâce à ces soins (et ici j'insiste sur les soins des dents de lait), l'évolution dentaire, et l'éruption des dents permanentes ont été tout à fait normales. J'ai pu éviter nombre de malpositions par disparition prématurée de dents de lait ; j'ai pu épargner également à mes petits patients les complications souvent graves, tant au point de vue général que local, des dents infectées et non soignées.

Actuellement, je surveille quantité d'enfants de 4 à 15 ans, exactement comme dans une clientèle privée, et je constate que l'hygiène de leur bouche est tout à fait satisfaisante. J'ai conscience de remplir à leur égard mon rôle d'hygiéniste, et mon rôle de technicien dentaire.

Voici le tableau succinct concernant le fonctionnement du service pendant 6 ans.

| | Total des séances | Consultations | Obturations ciment | Obturations ciment | Détartrages | Obturations provisoires | Pansements avec obturations gutta et pâte blanche | Extractions | Total des interventions |
|---|---|---|---|---|---|---|---|---|---|
| 1921 | 100 | 983 | 160 | 17 | 91 | 24 | 118 | 168 | 578 |
| 1922 | 120 | 1397 | 204 | 110 | 72 | 109 | 454 | 213 | 1162 |
| 1923 | 164 | 1464 | 240 | 199 | 77 | 108 | 440 | 229 | 1313 |
| 1924 | 141 | 1487 | 227 | 149 | 40 | 65 | 517 | 174 | 1172 |
| 1925 | 137 | 1638 | 2[illegible]8 | 138 | 45 | 99 | 736 | 139 | 1410 |
| 1926 | 138 | 1853 | 260 | 152 | 53 | 120 | 911 | 91 | 1586 |

| Années | Enfants dirigés sur les écoles dentaires (Ecole de stomatologie et Ecole odontotechnique) | Enfants dirigés chez les praticiens |
|---|---|---|
| 1923 | 190 | 22 |
| 1924 | 151 | 41 |
| 1925 | 194 | 9 |
| 1926 | 179 | 17 |

En dehors de ce tableau général, je crois intéressant de signaler quelques cas particuliers :

L'enfant B... m'est amené à l'âge de 4 ans, sa bouche se présente dans les conditions suivantes :

4^e^ degré avec abcès........................ $d^5$ $g^5$
4^e^ — ........................ $g^4$
3^e^ — ........................ $G^4$
2^e^ avancé................................ $d^4$
2^e^ — ................................ $G^5$ $D^{4-5}$

Actuellement, cet enfant de 6 ans, après de multiples séances (sa seule observation comporte six fiches), a conservé toutes ses dents de lait sans aucun accident et l'éruption de sa première grosse molaire se fait dans des conditions tout à fait normales.

L'enfant V... est examiné pour la première fois le 14 mars 1921, âgé de 5 ans, sa fiche comporte :

| | | |
|---|---|---|
| 4e degré avec abcès | ........................ | $G^5$ |
| 3e — | ........................ | $G^4$ |

depuis multiples caries du 2e.

Aujourd'hui, en 1927, après avoir suivi cette enfant régulièrement, l'évolution dentaire est absolument normale.

L'enfant E..., 5 ans, m'est présenté le 25 mars 1926 avec :

| | | |
|---|---|---|
| 4e degré avec abcès | ........................ | $G^4$ $D^5$ |
| 3e — | ........................ | $G^5$ $D^4$ $G^5$ |
| 2e — | ........................ | $G^4$ $d^{4-5}$ |

Son dentiste, en ville, s'était refusé à faire les soins, comptant sur la chute prématurée de toutes ces dents malades. Après 25 séances, l'enfant peut mastiquer, son état général est meilleur et l'évolution dentaire est rendue normale.

L'enfant S..., 6 ans, m'est amené le 10 septembre 1925, exactement dans les mêmes conditions de refus de soins par un dentiste en ville, il présente des abcès au niveau de presque toutes ses molaires de lait ; le traitement est terminé depuis juin 1926 — mastication devenue normale, — état général meilleur.

L'enfant H..., 4 ans 1/2, m'arrive le 25 novembre 1926 dans les mêmes conditions de refus de soins en ville, il présente des abcès au niveau de plusieurs molaires de lait. En 28 séances, je suis arrivé à le faire mastiquer normalement.

Le petit B..., 4 ans, est examiné pour la première fois le 3 décembre 1925. Cinq dents sont atteintes de caries pénétrantes ; les unes avec crises de pulpite, les autres avec poussées d'abcès. Vingt et une séances et cet enfant mastique dans de bonnes conditions.

En dehors des conclusions d'ordre général et d'ordre local qui s'imposent à la lecture du tableau et des quelques observations qui le suivent, en dehors des soins d'hygiène buccale auxquels s'habitue ma si intéressante clientèle, je ne puis cacher mon immense satisfaction à sentir la reconnaissance des mamans et la confiance joyeuse de tous mes petits patients.

M. CLERC
Chirurgien-dentiste à Oran

# CONSÉQUENCES DU PALUDISME DANS LES AFFECTIONS BUCCO-DENTAIRES

*Résumé*

Le Paludisme, maladie infectieuse qui se généralise dans tout l'organisme, détermine des troubles buccaux dont la gingivite est la plus fréquente manifestation. Dans les accès pernicieux dont la mort est fréquente, il a été observé dans un temps très court l'évolution de la stomatite et du muguet. Dans les cas de paludisme courant les caries dentaires présentent pendant le traitement ordinaire des réactions parfois surprenantes, hypersensibilité des deuxièmes degrés, réactions pulpaires variables et généralement périostite chronique et persistante dans les caries du 4e degré. Au traitement local dentaire, il faut faire du traitement général par la quinine et ses dérivés.

*Prothèse vélo-palatine*

M. Clerc expose les différents cas pathologiques soit congénitaux, soit accidentels qui peuvent déterminer l'absence totale ou partielle de la voute palatine et du voile du palais. Après un exposé rapide de l'anatomie et de la physiologie de la paroi supérieure de la bouche, il énumère les différents appareils de prothèse vélo-palatine qui ont été construits, c'est au voile artificiel de Delair auquel il apporte quelques modifications que M. Clerc s'est arrêté pour confectionner deux appareils de restauration vélo-palatine.

A l'appui de ces assertions, M. Clerc donne connaissance de trois observations qui lui permettent d'affirmer d'heureuses modifications dans la phonation et la déglution de ses malades et lui permettent de conclure que le port de ces appareils donne de bien meilleurs résultats que la staphylorraphie.

E. PIVET

Chirurgien-dentiste de la Faculté de Paris
(Alger)

## LA PROTHÈSE DENTAIRE DANS L'ENSEIGNEMENT ET DANS LES EXAMENS ACTUELS

A défaut de technique nouvelle, permettez-moi, Messieurs, de vous soumettre mes observations, que beaucoup d'entre nous ont dû faire depuis longtemps, au sujet de la prothèse.

La place réduite qu'elle occupe dans l'enseignement et dans les examens n'est-elle pas une lacune ?

N'avez-vous pas été frappés, comme moi, bien souvent, par l'insuffisance marquée des opérateurs qui nous sont adressés, diplômés de date récente ou même depuis un certain nombre d'années.

La plupart de ces opérateurs présentent bien, sont en général propres et connaissent les règles de l'antisepsie ; en somme, ils font, en arrivant, bonne impression. Leurs connaissances théoriques en anatomie, en pathologie ou en thérapeutique sont étendues.

Ils n'oublient pas de mettre en évidence ce côté de leur érudition, ce qui leur permet de gagner notre confiance dès le premier jour. Le lendemain et les jours suivants, il faut déchanter et arriver à cette pénible constatation que leurs mains incomplètement exercées sont inaptes à remplir, utilement, la fonction à laquelle on les a destinées.

Parmi ces jeunes, il existe bien quelques bons praticiens qui sont devenus rapidement habiles en tous points, mais ce sont là des sujets exceptionnels doués d'une habileté manuelle naturelle, nés le plus souvent dans des familles de praticiens qui les ont entraînés au laboratoire pour en faire, plus tard, des Médecins ou des Chirurgiens-dentistes.

Ce sont des exceptions, tandis que la majorité est inférieure au point de vue technique.

Les opérateurs actuels sont, en conséquence, l'inverse de ce qu'étaient les opérateurs d'autrefois. Ces derniers, très adroits, aux mains habilement exercées par de nombreuses années consacrées au travail à la cheville, accomplissaient élégamment et sans aucun effort apparent les travaux de cabinet à la satisfaction des malades et de ceux qui les employaient.

Malheureusement leurs connaissances médicales étaient trop superficielles et il devenait dangereux de leur confier les interventions délicates.

Pour ces raisons majeures, le législateur a sagement agi en exigeant des futurs dentistes une instruction sérieuse à la base et des examens de Faculté confirmant leurs connaissances médicales.

Avec le nouvel enseignement, nous sommes donc arrivés à un résultat dont les conséquences se feront sentir de plus en plus si la prothèse ne tient pas une plus grande place dans le programme des écoles et des examens. On devrait exiger des candidats l'exécution des travaux de prothèse complets, c'est-à-dire depuis la préparation de la bouche avant l'empreinte, la prise d'empreinte, les essayages, le réglage en bouche jusqu'à la mise au point et la pose de tous les genres de prothèse que le futur dentiste est appelé à fournir dans son cabinet.

Naturellement, toutes les phases de cette prothèse, indiquées cidessus, devraient être exécutées, tant à l'examen de validation de stage qu'aux examens définitifs, par le candidat lui-même, sans le secours d'aucun aide comme cela arrive le plus souvent.

Je crois pouvoir affirmer que s'il était exigé des candidats une prothèse sérieuse, réellement exécutée par eux, la valeur de nos futurs confrères en serait accrue pour le plus grand bien de l'armée des patients.

En effet, nous qui connaissons les difficultés d'exécution rencontrées journellement, difficultés d'accès pour certaines dents, situées en des points retirés de la cavité buccale, difficultés augmentées par l'appréhension, la défense ou la mobilité du malade, il nous faut reconnaître qu'une habileté manuelle au-dessus de la moyenne est indispensable à un bon opérateur.

Il n'est pas, à mon avis, de meilleure méthode pour faire un habile opérateur que d'en faire d'abord un bon mécanicien.

Au début, les mains et les doigts sont soumis à une rude épreuve, mais à la longue l'instrument dangereux devient inoffensif, tant il est manié avec prudence et conséquemment avec adresse. Cette même main devenue prudente et adroite sera la même quand elle se servira des instruments de chirurgie au Cabinet et l'on ne verra plus un jeune opérateur maniant la rugine, l'excavateur et la fraise avec hésitation passant, tout à coup, des parties dures aux parties molles en déchirant tout sur leur passage.

Cette ignorance de la prothèse a pour le jeune praticien un autre inconvénient qui consiste à être à la merci de son mécanicien.

Celui-ci se rend rapidement compte de l'infériorité de celui qui devrait être son maître et en abuse. C'est alors le mécanicien qui conçoit, qui trace, qui dirige et le chirurgien dentiste, ne prenant plus aucune initiative, perd finalement toute son autorité.

Il est indispensable d'avoir fait, de pouvoir faire soi-même toute la prothèse, de la première à la dernière phase pour être capable d'en diriger l'exécution au laboratoire.

En conséquence, je vous propose d'émettre le vœu suivant pour être transmis à qui de droit :

Les Membres de la Section d'Odontologie de l'A. F. A. S., réunis à Constantine,

Reconnaissant que les études en chirurgie dentaire sont devenues supérieures à ce qu'elles étaient précédemment et qu'elles vont s'améliorant chaque année au point de vue médico-chirurgical, ce qui est un progrès ;

Mais considérant que *l'exécution personnelle* de la prothèse dentaire est indispensable pour former des praticiens adroits et habiles, émet le vœu que le programme de l'enseignement et les examens consécutifs soient réformés en ce sens en donnant à la prothèse la place importante qu'elle devrait occuper et cela exigible pour tous les candidats sans aucune exception.

---

M. LEBRUN

Professeur à l'École odontotechnique de Paris

---

## FISTULES ALVÉOLAIRES A LONG TRAJET

---

*Résumé*

L'auteur rapporte le cas d'un malade atteint d'un adeno-phlegmon d'origine dentaire suivi de l'ouverture de deux kystes fistuleux dans la région serno-claviculaire.

L'adeno-phlegmon siégeait dans la région sous-maxillaire gauche, il avait comme point de départ une prémolaire du maxillaire supérieur. L'extraction de cette dent a fait tarir les fistules en quelques jours.

De nombreuses photographies et radiographies illustrent cette communication.

---

A. JOYEUX
Chirurgien-dentiste, à Chartres

# NOUVELLE CONCEPTION ET NOUVEAU TRAITEMENT DE LA PYORRÉE PAR PULVÉRISATIONS

Voici deux ans, je fis au Congrès de Grenoble la première communication de mon nouveau traitement de la Pyorrhée par pulvérisations. Devant le chaleureux accueil fait à mes travaux, je continuai mes recherches et, l'année dernière, en vous présentant une instrumentation spécialement étudiée, je vous fis part des bons résultats obtenus, non seulement par moi, mais encore par de nombreux confrères ayant expérimenté ma méthode.

Je voudrais essayer aujourd'hui de vous démontrer en résumé ce que je viens de décrire tout au long dans le travail qui vient de paraître (1) et dont je vous donne la primeur. Je voudrais, dis-je, essayer de vous démontrer et peut-être de vous convaincre, vous parlant avec une expérience de deux ans acquise par des résultats très favorables, appuyés aussi par de nombreuse marques de satisfaction de confrères, que, contrairement à ce que l'on a cru jusqu'à présent, la pyorrhée est bien la conséquence d'une affection purement locale et qu'elle doit être traitée comme telle.

Je vous ferai grâce, Messieurs, de l'historique, de la symptomatologie de cette affection et j'aborderai immédiatement le vif du sujet.

La Pyorrhée est la conséquence d'une affection purement locale, provoquée par l'infection de l'anneau fibro-muqueux enserrant le collet des dents.

Cette infection est causée par les toxines microbiennes évoluant tout à leur aise à l'abri du tartre et la marche de ces accidents, aboutissant fatalement à l'ébranlement et à la chute des dents, varie suivant le degré de résistance de l'individu.

Cette hypothèse, qui est maintenant une certitude, se trouve confirmée par les nombreux témoignages de la plus grande partie des auteurs qui ont écrit sur ce sujet.

Je ne vous en ferai ici qu'un très rapide aperçu, mais je vous prie de constater avec moi que tous, sans exception, ont indiqué comme soins préliminaires à leur traitement le détartrage soigné des dents et ensuite l'application de leur méthode.

(1) La Pyorrhée alvéolo-dentaire (Nouvelle conception et traitement par pulvérisations, par A. Joyeux). Edition Semaine dentaire.

Tous les travaux concluent à une guérison des malades traités.

On est en droit de se demander si la guérison (?) des malades provient de la méthode expérimentée ou du simple détartrage.

Si une méthode nettement définie avait donné des résultats probants, elle aurait été adoptée comme curatif infaillible de la pyorrhée.

Or, il n'en est rien, et les nombreux confrères qui, comme moi, ont essayé diverses méthodes, ont enregistré des améliorations provoquées par le détartrage des dents et ont successivement rejeté tous les autres moyens curatifs parce qu'inefficaces, et toutes les améliorations enregistrées jusqu'à ce jour n'ont été que le fait du détartrage, puisqu'il est absolument entendu que c'est le seul traitement efficace enseigné et pratiqué couramment.

Toutes ces considérations m'ont amené, tout d'abord, à supposer que le tartre pouvait être une des principales causes de la pyorrhée et que sa disparition pourrait amener une extrême amélioration dans l'état de nos malades.

En poursuivant mes travaux, en me documentant, en expérimentant ma méthode, cette hypothèse devint une certitude et, aujourd'hui, je viens vous affirmer, en me basant sur les travaux que je vais vous citer et par mon expérience acquise, que la Pyorrhée est bien provoquée par les toxines microbiennes qui pénètrent dans l'anneau fibro-muqueux et exercent leurs ravages à l'abri de la couche de tartre formée à cet endroit.

Il faut bien se pénétrer de ce fait que la cause principale de la Pyorrhée est comme je vous le disais, provoquée par le tartre qui sert de protection aux toxines microbiennes.

Comment débutent les premiers symptômes de la Pyorrhée ? Nous en trouvons une description complète dans le travail du Docteur Tellier, de Lyon (1), dont voici un des principaux passages :

« Il se formerait, au niveau du collet, un point de pénétration ou-
« vrant une porte d'entrée à l'infection des articulations dentaires :
« traumatisme, corps étranger, et le *tartre sous toutes ses formes.*
« Cette porte d'entrée s'agrandit, il se forme une sorte d'invagina-
« tion qui, petit à petit, s'emplit d'une mucosité blanc grisâtre qu'il
« nomme détritus marginal. »

Voici donc le point de départ nettement mis en lumière, et tous les auteurs que je vais vous citer sont unanimes à voir dans le tartre la cause principale de l'infection de l'anneau fibreux provoquant la pyorrhée.

Ces auteurs, dont je cite les passages principaux dans mon ouuvrage, sont en trop grand nombre, et la lecture des passages serait trop fastidieuse pour vous l'imposer ; je vous en ferai un très rapide résumé :

(1) La Pyorrhée alvéol., par Tellier (Maloine 1912).

Goldberg, Dental Cosmos 1911 ;
W. Domcle, de Torronto ;
Dominion Dental Journal, Mars 1919 ;
Docteur Maurice Roy, l'Odontologie, Juin 1919 ;
Docteur Senne, Laboratoire et Progrès dentaire 1914, p. 253 ;
Docteur Fairfax Reading, Progrès dentaire, 23 mars 1913, page 263 ; 21 septembre 1918, page 846 ;
Ernest Sturridge, Britisch Dental Journal 1913 ;
John Rigge, Pyorrhée alvéolaire, 8 novembre 1908 ;
Professeur Kresinsky, Deütsch Nustf Zäkn 1924 ;
Arthur Meritt, Journal The of Dental Research 1920 ;
Docteur Weill, Semaine dentaire, 1923, page 394 ;
Léger Dorez, Semaine dentaire, 2 mai 1920, page 282 ;
Thomas Hartzell, Dental Cosmos 1913 ;
Georges Harris, Progrès dentaire, 10 mars 1912 ;
Kritchewsky, Le Monde dentaire, mars 1910, page 750, et 1911, page 138 ;
Jewel Gombertz, Dental Cosmos, juillet 1913 ;
Camille Sarthou, Thèse Bordeaux 1916, etc., etc...

Si j'ajoute à cela les anciens auteurs qui jusqu'ici faisaient école, je vous nommerai : Riggs, Allanfi Bonnwill, Younger, Gallippe, Bocdecker, Bryan.

Je vous démontre donc que tous ces auteurs sans exception reconnaissent que le facteur principal entraînant les accidents de la Pyorrhée est le tartre.

Cette opinion, qui doit maintenant faire école et qui devrait être admise par tous ceux que la question intéresse, ouvre la voie au traitement de la Pyorrhée par un procédé simple qui consiste à obtenir la disparition du tartre d'une façon rationnelle ,pour arriver à l'extrême amélioration de l'état des malades et peut-être même à la guérison complète.

Et ceci est d'autant plus vrai, Messieurs, que la majorité des traitements employés jusqu'à ce jour n'avait que ce but. Toutes les méthodes chirurgicales ne visaient que la destruction du tartre, et la méthode qui consistait à instiller des acides plus ou moins concentrés dans l'anneau fibro-muqueux n'avait également pas d'autre but.

Mais ces méthodes ont été abandonnées successivement, parce que le grattage systématique des dents est presque impossible en raison de l'hémorragie imminente qui en résulte, et que l'emploi des acides détruisait non seulement le tartre, mais également les tissus péridentaires, le périoste, etc... rendant la régénération presque impossible.

Et pourtant, malgré l'imperfection de ces méthodes, les auteurs enregistraient de bons résultats : il est donc absolument certain qu'un procédé simple, permettant d'obtenir le résultat cherché d'une façon rationnelle et sans léser en quoi que ce soit les tissus avoisinants, devait amener fatalement un résultat satisfaisant.

C'est le but de ma méthode et je suis heureux de vous dire que les résultats ont dépassé mes espérances.

Il est fort regrettable que je ne puisse avoir à ma disposition un service hospitalier parisien, où il me serait possible de vous faire des démonstrations pratiques et vous faire suivre les malades traités ; mais, à défaut de cela, je vous prie de croire à l'efficacité absolue de ma méthode. Je vous affirme que j'ai traité à peu près une centaine de cas déjà à ma complète satisfaction et que tous mes malades, sans exception, sont enchantés du résultat obtenu et sont unanimes à me déclarer qu'ils *sentent leurs dents se raffermir.*

N'est-ce pas, Messieurs, la preuve la plus éclatante qu'il y a dans ce procédé quelque chose de nouveau qui doit vous intéresser et vous encourager à le mettre en pratique dans vos cabinets, d'autant plus que son application est excessivement facile et que son instrumentation est des plus simples.

J'ai déjà écrit tout au long de mes précédents travaux (1) et dans mon ouvrage sur la Pyorrhée, l'application de ma méthode qui peut se résumer ainsi :

Cette méthode consiste à faire pénétrer dans les clapiers purulents, au moyen des pulvérisateurs que je vous présente, sous forme d'un jet filiforme et sous une forte pression d'air, des liquides qui ont pour effet de pratiquer un nettoyage, une sorte de décapage du collet des dents, dans le but de détruire le détritus marginal et les mucosités que l'on rencontre au niveau du collet, et ce premier liquide est de l'eau oxygénée tiède à 20 volumes.

Après cette première pulvérisation d'eau oxygénée, qui doit durer deux minutes environ, le tartre qui aura été déjà attaqué sera de nouveau traité par une deuxième pulvérisation d'un liquide spécialement destiné à le détruire, et ce liquide à base de Fluorhydrate d'ammonium que l'on devra employer, dilué avec moitié d'eau pour les pulvérisations, se trouve dans le commerce sous le nom de Fluosalyl.

La particularité de ce traitement permet de réaliser d'une façon certaine ce que beaucoup d'auteurs ont toujours cherché à obtenir, c'est-à-dire l'instillation dans les clapiers de liquides appropriés, mais avec cette différence, c'est que la pulvérisation sous forte pression d'air fournie par un compresseur, une soufflerie à pied ou même une poire à main, permet au liquide de pénétrer avec force dans les culs-de-sac, agit d'une façon chimique par la composition des liquides employés, et mécanique par la forte pression qui, soulevant les languettes de gencives décollées, met le tartre à nu et l'attaque plus facilement, en entraîne au dehors tous les exudats.

(1) Lemaine dentaire 1er novembre 1925. Presse dentaire janvier 1926. Lemaine dentaire juillet-septembre 1926.

En terminant, Messieurs, je vais vous dire quelques mots des récidives.

Il arrive parfois qu'à la fin du traitement, on remarque une suppuration persistante au niveau du collet d'une ou quelques dents.

Comment expliquer cette persistance de la suppuration ?

Me basant sur les travaux de Médalia (1) et en approfondissant le processus de désorganisation des toxines microbiennes, j'en arrive à l'hypothèse suivante :

La pénétration se fait en un point du ligament ; à ce point et à l'abri du tartre, les toxines microbiennes évoluent tout à leur aise. Cette pénétration poursuit sa marche en profondeur et forme des clapiers purulents ; tant que les toxines n'ont fait qu'attaquer le périoste et le cément, le traitement local par pulvérisations arrive très facilement à en combattre les effets, mais, lorsque les toxines ont pénétré sur le rebord alvéolaire, elles provoquent à ce niveau une ostéite suppurée, donnant naisance à un pus crémeux dont l'analyse, ainsi que je l'ai faite pratiquer à trois reprises, donne de belles et franches cultures de streptocoques et straphilicoques, microbes de la suppuration.

Il y a donc là une ostéite suppurée très nette, et c'est pour la combattre que j'ai imaginé ce troisième pulvérisateur donnant un jet encore plus fin et qui permet de faire agir sur ce tissu osseux un produit cicatrisant, par exemple : le nitrate d'argent sous forme d'une solution à deux pour cent (2 %).

Il faut prendre certaines précautions pour cette dernière pulvérisation : protéger les muqueuses, pour éviter le goût désagréable de cette solution, et protéger ses doigts au moyen de gants ou de doigts en caoutchouc.

J'ai, par ce procédé, soigné un grand nombre de cas de récidives. Le collet de la dent prend une teinte brune ou même noire, c'est entendu, mais je n'ai plus remarqué de trace de suppuration.

Je voudrais vous convaincre de l'efficacité de cette méthode. Si vous avez quelques cas de Pyorrhée, n'hésitez pas : l'application en est très facile. Essayez-la, et je suis persuadé que vous ne regretterez pas le temps que vous aurez passé à me lire et à m'entendre.

---

(1) MEDALIA. M. D. Dental Coscos 1913. Progrès dentaire 1913. P. 219.

A. DEROUINEAU
Chirurgien-dentiste, à Paris

# DÉMONSTRATION PRATIQUE SUR L'ASEPSIE DE L'INSTRUMENTATION DANS LE TRAITEMENT DES CANAUX

*Considérations générales.* — L'asepsie de l'instrumentation en dentisterie opératoire apparaît à certains confrères et aux étudiants, encore si difficile à réaliser, malgré les travaux précis de nos maîtres et confrères (MM. Housset, Hulin, Lubetzki) qu'il est, je crois, nécessaire d'insister sur la façon pratique d'organiser la stérilisation.

Deux objections me furent souvent présentées :

*Primo :* Il est obligatoire d'être assisté d'une infirmière.

*Secundo :* l'asepsie ne peut exister utilement, à cause de l'état toujours septique d'une bouche.

A la première objection, je répondrai qu'il est un *devoir* pour tout praticien de préparer chaque jour la stérilisation de tout son matériel et que par conséquent il doit le faire.

A la deuxième objection, je répondrai que l'asepsie de la cavité buccale n'est pas nécessaire, qu'il suffit d'aseptiser l'instrumentation employée et qu'aucun liquide septique ne vienne souiller la dent en cours de traitement.

Il est indispensable en effet de savoir que les germes de la pulpe contre lesquels l'organisme se défend sans pouvoir les détruire, ne doivent pas être favorisés dans leur vitalité par des saprophytes venus des instruments ou des parois buccales.

De l'ordre et de la méthode sont nécessaires pour n'être jamais surpris au cours d'une intervention quelle qu'elle soit, et c'est bien pour le praticien qui opère seul. que je résumerai la préparation de l'instrumentation avant la stérilisation. (Il est toutefois désirable qu'il soit assisté dans ce but d'une employée initiée à la stérilisation.)

*Principes de la stérilisation.* — Quatre procédés de stérilisation peuvent être mis en usage :

1° *La chaleur sèche :*

Ce procédé consiste à porter à 175° pendant une demi-heure dans un Poupinel ou stérilisateur électrique, les instruments qu'on veut stériliser ainsi que les cotons, seringues, tubes de verre contenant les petits instruments.

2° *Les vapeurs de formol :*

Ce procédé destiné aux instruments délicats (pièces à main, digues, angles, gants) qui seraient altérés rapidement par les hautes températures dépassant 150°, consiste à porter à 60° pendant 20 minutes, ces instruments dans les vapeurs de formol.

3° *Procédé du flambage des plateaux.*

4° *L'ébullition :*

Procédé qui doit servir à détruire les germes portés par les instruments et plateaux qui ont déjà servi.

*Applications pratiques. — Préparation*

*Premier temps.* — Les instruments seront transportés du meuble au stérilisateur.

Tour les instruments peuvent passer au Poupinel ou au stérilisateur électrique.

Ils seront placés en ordre dans des boîtes métalliques soit pour une ou plusieurs opérations.

Nous préférons mettre dans une boîte moyenne toute l'instrumentation pour plusieurs pulpotomies ou pulpectomies.

Dans plusieurs boîtes le nombre nécessaire de fraises pour pièce à main et à angle.

Dans des tubes de verre le petit matériel pour les canaux : mèches montées sur sondes — en trois grosseurs, tire-nerfs-élargisseurs, etc.

Dans une boîte métallique, contenant du trioxyméthylène, les pièces à main et à angle, ou mieux dans le four à vapeurs de formol (modèle Housset).

Dans une boîte, les cotons, tampons et rouleaux de toute grosseur et les compresses de gaze.

Dans une boîte, les meules montées, disques.

Dans une boîte, les plaques à ciment.

*Deuxième temps. — Du Poupinel à la table d'opération.* — Nous allons disposer nos instruments stériles dans les plateaux stériles. Il importe donc de stériliser nos plateaux.

A chaque patient, deux plateaux seront mis sur la tablette, après flambage à l'alcool.

Avec une pince stérile dont les branches trempent constamment dans de l'alcool à 90° boraté, et en découvrant le plus brièvement possible les boîtes, les instruments seront pris et posés dans un plateau ainsi que les pièces à main et angle, les fraises.

Les tubes de verre seront placés dans l'autre plateau avec les cotons et compresses, digue, gants

*Opération*

Les mains de l'opérateur préparées suivant sa technique ou gantées (nous pratiquons après brossage au savon, le nettoyage à l'alcool à 90°).

La digue ou l'automaton posé — la pompe à salive (s'accrochant au bord du plateau flambé) posée, le champ opératoire passé à l'iode et alcool, le praticien peut opérer suivant sa technique.

Il trouvera ses instruments stériles.

Il montera ses fraises sur la pièce à main ou angle avec la précelle au-dessus du plateau.

Il trouvera, pour la pulpectomie ou pulpotomie des fouloirs stériles pour prendre et poser sa pâte, il pourra la compresser avec des tampons stériles, sans jamais les rouler avec ses mains au cours du traitement.

Pour le traitement des canaux, il trouvera en débouchant un tube de verre, soit un tire-nerf ou vrille — ou mèches stériles de la grosseur désirée — et autant qu'il lui en faudra sans jamais les souiller avec la précelle ayant déjà servi — ce qui arriverait s'il cherchait dans une boîte.

Il trouvera une compresse stérile pour saisir l'insufflateur — ou la poire à air.

*Troisième temps. — De la table d'opération au meuble.* — Il s'agit uniquement de détruire les germes provenus du patient qu'on vient de soigner.

Les instruments et plateaux seront bouilis dans un grand récipient les contenant tous, pendant une demi-heure, essuyés et rangés au meuble.

*Ce qu'il ne faut pas faire :*

Mettre sur la tablette les instruments sans plateau stérile.

Monter les fraises avec les doigts.

Rouler les mèches de coton avec les doigts, « les préparer d'avance ».

Toucher le porte-déchets avec la précelle.

Se servir d'une poire à air qui ne contiendrait pas une pastille de trioxyméthylène.

## *Conclusion*

La discipline rigoureuse du début pour l'organisation de la stérilisation se transforme rapidement en bonne habitude. Nous aurons évité de contaminer nos patients en ne leur apportant pas directement des germes pathogènes et nous aurons gagné un temps précieux au cours d'une intervention en réservant toute notre attention aux soins si délicats du traitement des canaux.

---

Dr Maucice ROYER
Moret-sur-Loing

# NOUVEAU PROCÉDÉ DE FABRICATION DES DENTS ARTIFICIELLES AVEC GENCIVE PORCELAINE

La prothèse dentaire est arrivée, depuis quelques années à un tel degré de développement et de recherches attentives et minutieuses que l'on peut le considérer comme approchant actuellement de la perfection.

Cependant les praticiens, soucieux de leur art, sont obligés de constater qu'il reste encore une grosse lacune à combler en ce qui concerne la restauration esthétique de la gencive naturelle. Depuis longtemps les fabricants de dents artificielles ont essayé de combler cette lacune en mettant à la disposition des praticiens des dents à gencives émail, soit par unité, soit par bloc de deux ou de trois dents ; quelques-uns ont tenté de lancer des blocs de quatre incisives, mais ils ne sont pas encore arrivés à réaliser *en un seul bloc* les incisives, canines et prémolaires.

Il existe bien un procédé spécial pour la confection de dentiers avec gencives, sous le nom de « Continuous-Gum ». Ce procédé a été, et est encore, préconisé par de nombreux maîtres français et étrangers, mais ce genre de travaux nécessite l'emploi de base en platine, dont le prix seul suffit à le faire abandonner, indépendamment du poids considérable de l'appareil prothétique, poids qui constitue une contre-indication presque absolue pour les appareils supérieurs.

Il s'en est suivi qu'actuellement de nombreux fabricants français et étrangers, se sont mis à la recherche de diverses compositions plastiques en utilisant les nombreuses ressources de la chimie ; mais ces produits n'ont donné jusqu'ici que de très mauvais résultats. Au bout d'un temps plus ou moins long, la base s'altère, se fendille, et finalement compromet la solidité de la pièce. M. E. Linet, le céramiste bien connu, auteur d'un lumineux traité sur la Céramique dentaire (1), a exposé de façon magistrale la question de la fabrication des dents et des divers appareils de prothèse en porcelaine. Poursuivant avec opiniâtreté ses études de céramique, science à laquelle il s'est consacré

(1) Emile LINET. La Céramique dentaire, Paris, Maloine.

corps et biens, si je puis dire, M. Linet est arrivé à perfectionner sa technique à ce point qu'aujourd'hui l'emploi rationnel de la gencive en porcelaine, remplaçant le caoutchouc rose, le celluloïd et tous autres procédés similaires, peut et doit devenir d'un usage courant.

C'est le résultat tangible de ces études que j'ai l'honneur de soumettre aujourd'hui à ce Congrès. Voici en quoi consiste le procédé. A l'aide de moules spéciaux, nous fabriquons, comme pour les dents ordinaires, un moulage d'une pièce composé par exemple de dix dents incisives, canines et prémolaires. Puis, et c'est là l'originalité du procédé, nous déterminons la courbe de la gencive artificielle au moyen d'un gabarit semblable à l'arcade sur laquelle doit être appliqué le bloc de gencive porcelaine. Par ce procédé, *qui est appelé à une véritable révolution dans l'Art de la Céramique dentaire*, nous obtenons à la cuisson un bloc de dix dents à gencive, *ajusté pour chaque forme d'arcade.*

Si le nombre des dents à remplacer est inférieur à dix, il est facile de sectionner le bloc pour ne laisser subsister que le nombre de dents nécessaires.

Le procédé que je viens de vous exposer réalise la perfection esthétique ; il supprime pour les dents antérieures, les inconvénients des dents à gencive porcelaine à blocs sectionnés que l'on trouve actuellement dans le commerce.

Il remédie également à tous les inconvénients de la technique du « Continous-Gum » toujours fort onéreux. La prothèse exécutée avec le nouveau procédé Linet est *d'un prix de revient extrêmement avantageux*, ce qui en permet la réalisation dans la *pratique courante.*

Je suis heureux pour conclure de vous faire observer que quoique à l'étranger on se flatte, à prix d'or, d'être les maîtres de l'Art dentaire, c'est à un modeste technicien français que nous sommes redevables de cette belle invention. Comme vous le savez tous, ce fut jadis, d'ailleurs, un Français qui porta outre-mer le secret de la fabrication des dents artificielles.

Souhaitons que l'inventeur, plus riche de travail et d'idées généreuses que de devises appréciées, puisse être enfin récompensé de son labeur.

Dr AUDY
Chirurgien-dentiste, à Senlis (Oise)

## DEUX OBSERVATIONS D'ACCIDENT D'ÉRUPTION DE DENTS PERMANENTES

La première concerne une petite fille de 5 ans et demi qui a présenté un hématome au niveau de la tubérosité maxillaire supérieure gauche avec phénomènes douloureux datant de plusieurs jours coïncidant avec l'éruption de la dent de 6 ans et avec une carie pénétrante infectée de la deuxième molaire temporaire voisine.

L'intérêt de l'observation réside dans la concomitance de la carie infectée de la molaire temporaire qui aurait pu faire croire à un simple abcès provoqué par cette dent.

L'ouverture de la tuméfaction a donné issue à un liquide sanguinolent sans pus et à l'apparition de la surface d'émail de la face triturante au-dessous de la fibro-muqueuse .Le traitement de la dent temporaire cariée a eu lieu, suivi de l'obturation qui en a assuré la conservation.

La deuxième observation est celle d'une fillette âgée de 12 ans moins 3 mois qui présenta des phénomènes douloureux et une ecchymose de la muqueuse avec tuméfaction fluctuante sous-jacente en arrière de la dent de six ans supérieure gauche saine.

L'incision de la tuméfaction donna issue à un liquide jaune citron comparable à un liquide kystique et apparut au fond de la cavité la surface d'émail de la face triturante de la dent de 12 ans avec cessation immédiate des douleurs.

Dr BOUCHARD

## UN CAS DE DENTS SURNUMÉRAIRES AVEC COMPLICATIONS

*Résumé.* — Jeune fille de 15 ans, aucun antécédent morbide notable.

*Etat.* — Tuméfaction notable au niveau des incisives gauches avec ébranlement considérable de ces dents. Très douloureux.

Deux dents surnuméraires palatines dont une la gauche est légèrement ébranlée et douloureuse.

Extraction de la dent surnuméraire gauche ; tout rentre dans l'ordre.

*Cause.* — La dent surnuméraire gauche ébranlée par les dents du bas qui venaient l'accrocher à chaque instant et qui par traumatismes répétés avaient amené une mortification pulpaire.

15e section

# SCIENCES PHARMACEUTIQUES

*Président* ................ Dr Morel, professeur à la Faculté de Médecine de Lyon.

*Vice-Président* ............ M. Collard, Secrétaire général de l'Asociation générale des Syndicats pharmaceutiques.

*Secrétaire* ................ M. Guillaume, Pharmacien à Issoudun.


## René GUYOT

Pharmacien de 1re classe
Licencié ès-Sciences


## MYCELIUM DE L'ARMILLAIRE

*Première note* (Congrès Lyon)

Nous avons signalé en Gironde et dans les départements limitrophes la destruction de nos forêts par un champignon parasite, l'Armillaire. Son mycelium pénètre par la racine, gagne la région libérienne, détourne la sève, l'arbre jaunit et meurt.

Ce mycélium est lumineux ; l'obscurité, l'humidité, la chaleur tempérée sont causes favorisantes de luminosité ; les radiations solaires, la sécheresse, le froid, antagonistes.

Une friction, un choc, réveillent la luminosité éteinte ; il en est de même d'un courant électrique, continu ou discontinu. Dans le premier cas, le réveil se fait à l'anode ; la cathode s'éteint ; l'électrolyse explique cette différence. Dans le deuxième cas, l'entrée ou la sortie du courant donnent lieu à des points alternativement lumineux et obscurs.

Des bois lumineux exposés aux rayons x (expériences Bergonié) se dessèchent et s'éteignent. Suivant la durée de l'action et la pénétration des rayons, l'extinction est complète ou partielle, complète quand les rayons sont pénétrants et que la durée d'exposition est d'une heure.

Le radium a une double action : sur un mycélium éteint et suffisamment humide, il rallume dans un premier temps. L'action étant prolongée, il éteint, il mortifie, il stérilise. Ces faits confirment ceux que nous avons signalés au sujet de bacilles phosphorescents (1).

Les anesthésiques, chloroforme, éther, chlorure d'éthyle, etc., éteignent la luminosité. Si l'action est prolongée, il y a extinction complète, fixation. Si elle est peu prolongée, un courant d'oxygène la réveille. Ce fait est d'ordre général en biologie. Tout ce qui annihile ou suspend l'activité protoplasmique agit de même sur le phénomène lumineux. Les antiseptiques : phénol, gaïacol, créosote, les solutions de sulfates de fer ou de cuivre éteignent la luminosité, comme ils détruisent le mycelium : application pratique, stérilsation des terrains contaminés.

*Action photochimique. — Action directe, Action indirecte*

1° *Action directe.* — L'appareil de Benoît exposé aux radiations du mycelium donne son image très nette, paraissant en blanc sur le positif, en ior sur le négatif (Exposition d'une heure).

2° *Action indirecte.* — Jusqu'ici, rien n'échappe à l'action générale des radiations, mais voici des faits qui en sortent :

Nous enfermons des plaques sensibles dans des sachets hermétiques de papier noir interceptant les radiations lumineuses ; nous disposons au-dessus des médailles, des bagues, des lettres découpée ; nou exposons le tout pendant plusieurs heures dans une chambre noire, la nuit, à l'action du mycelium. L'exposition varie de 4 à 8 heures. Au développement, le contour de plusieurs pièces et objets apparaît : certains objets ne donnent aucune impression. Un fait nous surprend : dans le cas d'action positive, l'image au lieu d'être blanche est brune. C'est ainsi qu'une pièce de monnaie hexagonale donne en brun l'image de ses contours, de ses tourelles. Il en est de même de plusieurs lettres découpées dans des métaux : la partie découpée est représentée en blanc au lieu d'être brune; il y a dans tous les cas inversion. Nous obtenons ainsi directement une épreuve positive. Tous les métaux n'agissent pas de même : le plomb, le fer, l'aluminium, sont inactifs; le zinc, sa limaille, son oxyde, ses sels sont très actifs ; l'étain et le nickel sont actifs. Un tube en U plombifère ne donne aucune image; l'addition de sels de zinc délimite au contraire nettement son contour. Le même tube paraffiné et imprégné de limaille de zinc impressionne fortement. L'oxyde de zinc agit de même. Comment expliquer cette action inégale des différents métaux, les uns actifs, les autres passifs ? Nous l'attribuons à un réveil de fluorescence ou de radio-activité. Les sels de zinc sont en effet fluorescents aux rayons X. Exposant des bois très lumineux près d'un électroscope de Curie. on observe une décharge lente. En exposant les métaux actifs dans les

(1) Bacilles Phosphorescents. Bulletin des travaux de la Société de Pharmacie de Bordeaux, mars-mai 1906.

mêmes conditions d'expérience que précédemment, mais en dehors des radiations myceliennes, aucune image n'apparaî. Ces métaux ne sont donc pas radio-actifs par eux-mêmes, ils le deviennent au contact des radiations du mycelium.

*Cultures.* — Cultivant ce mycelium aux dépens de la spore sur gélose-carotte, nous avons obtenu des rhizomorphes de culture ; ces rhizomorphes produisent en surface des hyphes blanchâtres qui ne sont pas lumineuses, à l'encontre de ce que Brefeld avait constaté « in vitro ». Ces rhizomorphes de culture nous ont permis de contaminer plusieurs essences d'arbres : le pin, le chêne, l'acacia. Sous l'écorce de ces arbres, le mycelium apparaît lumineux ; on trouve des carpophores à l'automne aux pieds de ces arbres mêmes.

La lumière chez les animaux lumineux, d'après M. le Professeur Raphaël Dubois, résulte du conflit des deux substances, l'une détruite par la chaleur, la luciferase, l'autre y résistant, la luciférine. Nos essais d'isolement de ces deux principes ont été jusqu'à présent négatifs. Cela tient sans doute à ce que la lumière est continue chez les bacilles et les champignons, et que la substance oxydable se forme au fur et à mesure de sa destruction : il n'y a ni accumulation, ni réserve : chez les insectes et les animaux lumineux, la lumière est discontinue ; il y a alors accumulation et réserve. L'un des systèmes serait comparable à une pile, l'autre à un accumulateur.

De notre étude ressort la similitude très grande entre le règne végétal et le règne animal. Tout se réduit, en dernière analyse, à des réactions communes cellulaires.

### *Deuxième note* (Congrès Constantine)

M. Georgevitsch signalait à l'Académie des Sciences (séance du 8 février 1926), le dessèchement des forêts de chênes en Yougo-Slavie (page 489). La cause en est au mycelium de l'armillaire (Armillaria-Mellea).

Depuis 1918, j'ai signalé, en Gironde et dans les départements limitrophes, des ravages semblables dus à la même cause, vis-à-vis de nos forêts de pins, de châtaigniers, de nos plantations de noyers, de peupliers, d'ormeaux, de charmes, de vignes, etc... et tout dernièrement sur le tulipier de Virginie (1). A la Foire de Bordeaux (juin 1926), on pouvait voir de très beaux spécimens de bois exotiques, d'okoumé entre autres, atteints par le mycelium d'armillaire. Je ne décrirai pas ici la lutte entreprise contre ce fléau ; je me bornerai à signaler les heureux résultats que j'ai obtenus en stérilisant le sol

(1) Mycelium lumineux, champignons phosphorescents. Bulletin de la Société de Pharmacie de Bordeaux, Guyot, 1919, page 6 et suivantes, page 261 et suivantes; 1920, page 106 et suivantes ; 1921, page 166 et suivantes ; 1924, page 139 et suivantes ; 1926, tome II, pages 75 et 80. Observations relatives aux rhizomorphes de culture, mycelium lumineux de l'armillaire.

par des solutions de sulfate de fer à 1/20 (Expériences Bondon et Castera, Arcachon et Talence (1).

Le mycelium d'armillaire est lumineux ; le champignon parfait, la spore, ne le sont pas ainsi que je l'ai signalé (2). Cette luminosité a été attribuée par de nombreux auteurs, dont Boyer, à des bactéries (3). Boyer s'appuie sur le fait suivant : les cultures placées à l'obscurité ne sont pas lumineuses. Des faits récents infirment cette opinion ; c'est l'objet de ma communication.

Tout d'abord, dans la nature, ce sont les parties du mycelium les plus saines, les plus vivantes, les plus blanches, qui sont le plus lumineuses. Ce fait est confirmé par Gard pour le noyer (4). Si l'on suspend l'activité protoplasmique du mycelium par des anesthésiques ou des antiseptiques (expériences personnelles), la lumière disparaît passagèrement dans le premier cas, définitivement dans le second. Le radium agit comme tel, comme destructeur cellulaire ; la luminosité d'abord réveillée par lui,disparaît sous son action prolongée ainsi que je l'ai établi.

La destruction du mycelium par dilacération en présence d'eau entraîne la disparition de luminosité. L'eau ainsi obtenue n'est pas lumineuse, à l'inverse de ce qui se passerait si la lumière était due à des bactéries.

Des bouillons de culture m'ayant servi à développer des bactéries phosphorescentes (5), ensemencés avec du mycelium lumineux, n'ont donné lieu à aucune luminosité.

De nombreux frottis effectués avec du mycelium récent, et examinés à des grossissements progressifs, n'ont révélé aucune bactérie.

J'ai essayé de reproduire en culture pure la luminosité en partant de la spore, ou mieux des lames hymeniales ; nombreux furent mes essais de milieux de culture et, je dois l'avouer, sans résultats tout d'abord (Voir note précédente).

Remarquant la fréquence du mycelium sur les chênes et les marronniers d'Inde, j'ai pensé utiliser leurs fruits, le gland et le marron d'Inde pour créer des milieux de culture solides, aux dépens d'agar-agar et d'eau. Ayant ensemencé ces deux milieux au moyen de lames hymeniales d'armillaire cueillies aseptiquement, j'ai pu observer en laissant ces flacons dans l'obscurité, des développements d'hyphes blanches en surface, se manifestant à la température du laboratoire. Le développement a été long, il a demandé un mois environ. A l'obs-

(1) Mycelium lumineux de l'armillaire. Bulletin des travaux de la Société de Pharmacie de Bordeaux, tome III 1924, page 151, Guyot.

(2) Bulletin de la Société de Pharmacie de Bordeaux, tome I, page 8, Guyot.

(3) Etude sur la biologie et la culture des champignons supérieurs, thèse de doctorat 1918, Bordeaux, page 35, Boyer.

(4) Gard, L'armillaire et la pourridité du noyer, page 6.

(5) Bacilles phosphorescents par René Guyot, page 74 à 82. Bulletin de la Société de Pyarmacie de Bordeaux 1906.

curité, ces hyphes sont lumineuses (1) ; à l'inverse de ce qui se passe pour les bactéries, cette luminosité dure longtemps : voici trois semaines que je l'observe. Elle s'étend comme une tache lumineuse au fur et à mesure du développement des hyphes.

Ces expériences me paraissent concluantes pour attribuer la luminosité au mycelium lui-même.

Dans les mêmes milieux, j'ai observé aussi le développement de rhizomorphes venant de la surface et se dichotomisant dans toute la masse. Ils affectent la forme de racines d'abord blanches, brunissant ensuite. A leur niveau, le mycelium qui vit en surface est lumineux ; les rhizomorphes ne le sont pas ; ils ne sont pas en contact direct avec l'air. La luminosité du mycelium rentre dans le cadre des oxyluminescences étudiées par le Professeur Raphaël Dubois (2) : l'oxygène la favorise. Les rhizomorphes jouent le rôle dans la nature d'organes chercheurs et propagateurs : ils vont communiquer dans le sous-sol le pourridié, d'arbre en arbre.

J'ai pu reproduire avec eux la maladie, en disposant des rhizomorphes de culture au niveau de racines de pin et d'acacia. Quelques mois plus tard, sous l'écorce, le mycelium lumineux s'insinue, l'arbre meurt et l'on voit à l'automne suivant sur la souche, des armillaires adultes. Tout le cycle d'évolution de la maladie est là.

En résumé, dans cette note, j'apporte quelques faits qui plaident en faveur de la luminosité propre du mycelium de l'armillaire, en dehors de toute action bactérienne, question jusqu'à ce jour controversée.

---

Dr Joseph COULOUMA
Docteur en Pharmacie

## L'AMMONIAQUE DANS LES LIQUIDES DE L'ORGANISME

A première vue, il semble impossible que les liquides de l'organisme contiennent des doses notables d'ammoniaque, corps paraissant toxique ; en réalité, il ne s'agit pas de l'ammoniaque libre, mais des sels ammoniacaux et des acides aminés.

(1) Brefeld a observé lui aussi la luminosité en culture pure : Botanisehe untersuchungen über schimmelpize III Helf Basidiomyceten, I Leipzig.
(2) Raphaël Dubois. La vie et la lumière. Oxyluminescences, page 133.

Nous les avons dosés par la méthode de Ronchèse, utilisée tous les jours dans notre laboratoire pour les analyses complètes d'urine.

Nous commençons à neutraliser les liquides de l'organisme par la soude N/10, en présence de phénolphtaléine, nous ajoutons ensuite du formol, dont l'acidité a été saturée. Il se forme de l'urotropine et née au formal. Cette méthode dose en même temps les corps amiune acidité apparaît, correspondant à la dose d'ammoniaque combinés.

Nous n'ignorons pas les travaux de Bang et les microméthodes qu'il préconise ; nous n'appliquerons pas, cependant, ses procédés délicats et difficilement utilisables dans un laboratoire de praticien.

Voici les résultats de nos petites recherches :

1° *Dans les urines.* — Les urines renferment souvent des doses d'ammoniaque très élevées, si élevées même que nous concluons la plupart du temps à une formation d'ammoniaque, aux dépens de l'urée, par une fermentation postérieure à l'émission ; parfois aussi, l'ammoniaque provient d'une cystite aiguë ou chronique.

Nous avons cherché quelle était la dose normale de l'ammoniaque excrétée par un homme sain à l'émission. La moyenne de nos dosages nous donne 0 gr. 30 par litre d'urine, corps aminés compris. Cette dose augmente dans toutes les affections hépatiques, dans le cas d'urée et de mauvaise assimilation azotée. De la teneur en ammoniaque nous pouvons conclure à la valeur de la fonction urogénique. Nous savons depuis longtemps que les diabétiques, ayant un foie lésé, fabriquent de l'ammoniaque ; dans ce cas, il y a une réaction de défense et de protection de l'organisme contre l'acidose et l'hyperacidité due aux acides acétoniques ou oxybuthyriques. Nous avons eu dosé chez des malades de ce genre 1 gr. et même 1 gr. 50 d'ammoniaque dans de l'urine prélevée aseptiquement.

2° *Dans le lait.* — L'excrétion lactée contient, elle aussi, de l'ammoniaque ; nous avons dosé ce corps, chaque semaine, de septembre à février, sur le lait de vache au moment où la laitière l'apportait à notre maison. La moyenne de nos trente dosages est de 0 gr. 25 par litre, avec un minimum de 0,20 et un maximum de 0,30. Des prélèvements opérés à l'étable ont donné les mêmes résultats. Signalons incidemment que l'acidité des laits dosée à cette occasion est en moyenne de 0 g. 79, calculée en acide sulfurique. L'ébullition ne change guère les résultats ; elle aurait une tendance à augmenter les doses d'acide et d'ammoniaque par concentration due à la diminution de volume ; cette observation prouve que nous dosons toujours des sels ammoniacaux et des acides aminés.

Le lait de femme contient une dose moins importante d'ammoniaque parce qu'il est toujours moins riche en corps azotés que le lait de vache. La moyenne de nos dosages nous donne 0 gr. 11. Simple coïncidence, les centimètres cubes de soude N/10 nécessaires pour neutraliser l'acidité et doser l'ammoniaque sont généralement les mêmes ; la teneur du lait en ammoniaque pourrait être exprimée par une constante, car le lait encore plus que l'urine est sous la dépendance du sang qui le fournit.

3° L'ammoniaque représente dans le sang un terme de passage dans la dégradation des acides aminés, dont l'aboutissement normal chez l'homme est l'Urée. Les acides aminés provenant des albumines, perdent dans un premier stade leur groupe NH2 qui se transforme en ammoniaque, puis en urée. D'après des travaux connus d'Ambard et de ses élèves, d'après Widal et Laudat, la dose d'ammoniaque est très faible dans le sang. En totalisant l'ammoniaque et les acides aminés, nous constatons que les divers auteurs établissent une moyenne de 0 gr. 051 par litre de sang. Ils emploient, il est vrai, des méthodes compliquées que nous ne pouvons pas utiliser faute de temps dans notre modeste laboratoire. Nous donnons ici les résultats de la méthode très simple de Ronchèse appliquée au sang. Nos quelques dosages nous ont donné un pourcentage très élevé : en moyenne le sérum sanguin renferme 0 gr. 80 d'ammoniaque et de corps aminés dosés par le procédé au formol. Chez les urémiques au contraire, cette teneur paraît s'abaisser aux environs de 0,50 ; elle semble proportionnelle au taux de l'urée ; l'ammoniaque diminue alors que l'urée augmente.

Nous savons tous d'autre part que le sang entier est alcalin ; certains auteurs ont même attribué à tort cette alcalinité à la présence des sels ammoniacaux. Or, dans la pratique de nos dosages, nous constatons que le sérum sanguin, exsudé après formation du caillot, est légèrement acide à la phtaléine, même si le dosage est effectué deux heures après la ponction. Cette acidité est d'autant plus forte que la teneur en ammoniaque est plus élevée ; ce phénomène indique que nous sommes dans ce cas en présence d'acides aminés hydrolisés, peut-être au moment de la congélation, d'une molécule albuminoïde instable.

Voici un tableau comparatif de nos dosages sur le sang :

| Dates | Acidité | Ammoniaque | Urée |
|---|---|---|---|
| 13 février | | 0,72 | 0,42 |
| 23 février | 0,15 | 0,50 | 0,90 |
| 10 mars | 0,37 | 0,71 | 0,48 |
| 12 mars | 0,50 | 0,80 | 0,38 |
| 18 mars | 0,60 | 0,88 | 0,41 |
| 22 mars | 0,40 | 0,85 | 0,30 |
| 30 mars | 0,20 | 0,59 | 0,83 |
| 2 avril | 0,57 | 0,98 | 0,35 |
| 16 avril | 0,41 | 0,73 | 0,76 |

Ces modestes recherches nous démontrent la présence des acides aminés et de l'ammoniaque combiné, dans le sang, le lait et les urines, à des doses supérieures aux moyennes admises jusqu'à présent.

Le sang est toujours plus riche, car les acides aminés représentent le dernier terme de la désintégration des albumines en vue de leur utilisation. L'excès non utilisé par le foie est rejeté par les urines. Le lait maternel en contient pour faciliter la nutrition du nouveau-né. L'ammoniaque joue un rôle de protection contre l'hyperacidité nuisible aux tissus et par là même, à la vie.

---

## 2° LES CHLORURES DANS LE SANG

---

L. MUSSO

---

## LA CULTURE DU CAMPHRIER DANS LA RÉGION MÉDITÉRRANÉENNE

---

Le Camphre reçoit des utilisations importantes aussi bien en médecine que dans l'industrie.

Les sources qui nous le fournissent sont au nombre de deux :

1. — La production du camphre par certains végétaux et principalement par le Camphrier ou Laurus Camphora.

2. — La fabrication synthétique du camphre en partant principalement du Pinène de l'essence de térébenthine.

Le camphre naturel ou camphre droit est le seul dont l'emploi est autorisé en France pour les usages médicaux. — Il est également utilisable dans l'industrie (celluloïd, vernis, etc...).

Le camphre synthétique ou camphre racémique est réservé aux usages industriels.

Bien que l'industrie consomme infiniment plus de camphre que la pharmacie, c'est le produit naturel qui est uniquement employé à l'exclusion presque complète du produit synthétique.

L'abandon du Camphre synthétique est dû au monopole mondial que le Japon possède incontestablement du fait de son acquisition de l'île de Formose, la partie du monde la plus riche en camphriers, à la suite du traité de la dernière guerre sino-japonaise.

Plusieurs pays essaient de se libérer du joug commercial japonais en cultivant le camphrier. La production régionale du camphre naturel pourrait avoir pour effet, non seulement de fournir à chaque pays producteur le camphre nécessaire à ses besoins, mais encore de lui ouvrir un marché intéressant. De plus, la fabrication du camphre synthétique pourrait être reprise à partir du moment où elle serait à l'abri des fluctuations anormales des cours.

Parmi les régions favorables à la culture du camphrier, il faut citer la région méditerranéenne et plus particulièrement le midi de la France, l'Italie et l'Algérie.

La possibilité de l'obtention du camphre naturel dans la région méditerranéenne est prouvée :

1° Par le développement considérable que le camphrier peut prendre par exemple dans les environs d'Alger ou dans certaines régions d'Italie.

2° Par la croissance relativement rapide de cet arbre, lorsqu'on le met en terrain favorable.

3° Par l'analyse chimique qui indique un pourcentage élevé : dix à quinze pour mille de camphre dans les feuilles.

Les conditions à réaliser pour la culture du Laurus Camphora sont :

1. Choix de l'habitat.
2. Mode de reproduction.
3. Mode d'exploitation.

1. *Habitat.* — Des conditions moyennes de chaleur et d'humidité sont nécessaires pour la réussite de cette culture. Les terrains relativement légers à sous-sol humide sont préférables.

Les conditions de choix dans la région méditerranéenne semblent être celles de la « Station expérimentale de Reggio de Calabre », où M. le docteur Parrozani et son collaborateur O. Masera ont obtenu des résultats vraiment remarquables de croissance rapide des camphriers.

Voici les moyennes de composition des terres, d'humidité et de température observées dans cette station :

*Composition des terres :*

| | |
|---|---|
| Substratum | 25,2 % |
| Substances organiques | 1,46 % |
| Calcaire | 1,40 % |
| Sable siliceux | 57,43 % |
| Argile | 14,15 % |
| Azote | 0,32 % |
| Potasse | 0,76 % |

*Humidité.* — Au pluviomètre :

Une moyenne de 60 à 100 en hiver
— de 50 à 16 au printemps
— de 16 à 0 en été

— de 40 à 60 en automne

*Température :*

Une moyenne de 4 à 16 en hiver
— de 6 à 25 au printemps
— de 15 à 36 en été
— de 12 à 26 en automne

2. — Mode de reproduction. — Il est particulièrement difficile d'obtenir des quantités importantes de graines sélectionnées du Japon. D'autre part, la coexistence presque générale du Laurus Camphora et du Laurus Glandulifera dans tous les gites à camphriers de la région méditerranéenne provoque l'hybridation.

La reproduction à partir des graines donne par conséquent des sujets à richesse variable :

Il est donc préférable de multiplier les sujets déjà existants dans notre région et reconnus comme les plus riches en camphre.

La reproduction par bourrage tentée à maintes reprises sans succès constant est actuellement de nouveau à l'essai au Jardin du Hamma, près d'Alger, et dans le jardin botanique de Sienne (Italie).

La reproduction par semis puis greffage reste actuellement la méthode la plus courante.

Le greffage de Laurus camphora sur Laurus glandulifera a donné de bons résultats il y a déjà longtemps soit en Algérie, soit à l'étranger. Une tentative remarquablement ingénieuse est celle de M. le Docteur Pollacci à l'Université de Sienne qui réussit couramment la greffe du Laurus camphora sur Laurus nobilis.

3. Exploitation. — Il semble bien que les camphriers de la région méditerranéenne présentent une teneur en camphre faible ou même nulle dans le bois, et, au contraire, une teneur en camphre élevée dans les feuilles.

Ainsi que le préconise M. le Docteur Cavara de Naples, il est donc préférable d'avoir recours à la culture en cépées, de façon à avoir la production la plus élevée possible en feuilles dans un terrain d'étendue restreinte.

L'essai de culture dans le Jardin botanique de Naples en est un excellent exemple : les pieds de camphriers sont espacés d'environ 1 mètre les uns des autres. Quand la plante atteint 3 mètres de hauteur environ, on sectionne à ras de terre un individu sur deux. Les arbres respectés prennent de ce fait un développement plus vigoureux. Ils sont ensuite sacrifiés à leur tour pendant qu'ils sont remplacés par les rejetons de la première coupe ; et ainsi de suite.

L'Algérie doit poursuivre ses premiers essais de culture du camphrier et imiter les tentatives si bien poursuivies en Italie en faisant la plus grande place possible à la culture du Camphrier, parmi ses plantations forestières. Certaines régions du département de Constantine pourraient être avantageusement utilisées dans ce but.

17e section

# BIOGÉOGRAPHIE

*Président* ................ M. L. Joleaud, Professeur à la Faculté des Sciences de Paris.

*Vice-Président* ............ L. Fage, Sous-directeur de laboratoire au Muséum de Paris.

*Secrétaire* ................ C. Arambourg, Professeur à l'Institut agricole de Maison-Carrée.


## L. JOLEAUD

Professeur à la Faculté des Sciences de Paris


## ÉTUDES DE GÉOGRAPHIE ZOOLOGIQUE SUR LA BERBERIE

### Les Insectivores

Les Insectivores de la Berbérie sont encore fort mal connus. Mais le peu que nous savons de leur distribution géographique est extrêmement intéressant. Aussi m'a-t-il paru important d'attirer l'attention des naturalistes de l'Afrique du Nord sur ces petits Mammifères si remarquables par la physionomie archaïque de leur évolution.

De toutes récentes découvertes faites dans le désert de Gobi ont démontré l'extraordinaire ancienneté de ce groupe de Placentaires, dont l'individualisation remonte pour le moins au Crétacé moyen. Ces données paléontologiques cadrent d'ailleurs parfaitement avec le facies si profondément archaïque qu'affectent, d'une façon générale, les Insectivores vis-à-vis des autres Euthériens, considérés comme, en principe, plus jeunes que les Métahériens de nos pays en grande majorité contemporains de l'ère secondaire. Cette ancienneté relative des Insectivores fait donc prévoir a priori une dispersion de ces animaux obéissant à des règles différentes de celles qui régissent la plupart des aires de Mammifères actuels.

Trois genres d'Insectivores sont seuls représentés en Berbérie : les Macroscélides ou Rats à trompe (*Elephantulus*), les Musaraignes (*Crocidura*) et les Hérissons (*Erinaceus*).

Les Macroscélides représentent un groupe essentiellement éthiopien, dont l'Afrique du Nord est la seule région d'habitat holarctique.

Deux espèces de Rats à trompe vivent en Berbérie : elles comportent l'une deux sous-espèces, l'autre une. 1° *Elephantus Rozeti* Duvernoy (1) est répandu d'Oran à Batna et vraisemblablement à Feriana ; c'est, semble-t-il, bien à tort que P. Gervais l'a signalé des environs de Bône. 2° *Elephantulus Rozeti moratus* O. Thomas (2) caractérise le Maroc Sud-Atlantique, les régions de Mazagan, Mogador, Marrakech : Doukkala, Abda, Chiadma, Haha, Haouz. 3° *Elephantulus Rozeti atlantis* O. Thomas (2) semble propre au revers sud du Haut Atlas en pays Goundafa : Seksaoua, Douiran. 4° *Elephantulus deserti* O. Thomas (2) se trouve d'Ain Sefra et de Beni Ounif à Biskra (sans doute par Laghouat). 5° *Elephantulus deserti clivorum* O. Thomas (2) habite à la fois les Hautes steppes algéroises (Ain Oussera, Gueltes Stel, Djelfa, Ain el Ibel, vraisemblablement aussi Bou Saada), l'Aures (Maafa, entre Mac Mahon et El Kantara) et les plateaux de l'Extrême-Sud tunisien (Matmata).

En résumé, les Macroscélides qui, comme beaucoup d'animaux sahariens, remontent en Oranie jusqu'à la Méditerranée (Oran), restent cantonnés aux Hautes Plaines intérieures et à la chaîne sud de l'Atlas, au Maroc, dans les départements d'Alger et de Constantine, ainsi qu'en Tunisie. La forme septentrionale (*Rozeti*) descend sur le revers Sud du Haut Atlas, mais demeure limitée au Nord de l'Aures. L'attribution spécifique ou sous-spécifique des Rats à trompe de Maurétanie, du Hoggar, du Tassili, de Tripolitaine, reste incertaine.

Quatre Musaraignes semblent habiter la Berbérie. Celle qui est la plus répandue dans les pays du Nord-Est se rattache à l'espèce européenne *Crocidura russula* Hermann (ou *aranea* Schreber non Linné) : c'est la forme *mauritanica* Pomel (3) (ou *agilis* Loche (4). Répandue des monts de Tlemcen à la Kroumirie, elle a été signalée des environs d'Alger, de la Kabylie et du djebel Taia (Guelma). Vers l'Ouest, elle est remplacée par une autre sous-espèce, *yebalensis* Cabrera (5), qui, propre au Maroc septentrional (Tetouan, Tanger), confine au type du centre et du Sud de l'Espagne (*pulchra* Cabrera). Dans le Sud, s'y substitue une espèce spéciale, *Crocidura Whitakeri* de Winton (6), qui rappelle spécialement un type de la Nigeria (*C. Crossei* O. Thomas) : partout répandu à la lisière septentrionale du Sahara, *C. Whitakeri* a été signalé

(1) *Mém. Soc. Hist. Nat. Strasbourg*, 1832, p. 1-2.

(2) List of Mammals obtained by the hon. Walter Rotschild, Ernst Hartert and Carl Hilgert in Western Algeria during 1913. *Novit. Zool.*, XX, octobre 1913, p. 586-588.

(3) Note sur la Mammalogie de l'Algérie. *Compt. rend. Acad. Sc.*, XLII, 1856, p. 653.

(4) Cat. Mamm. Algérie, 1858, p. 18 et Expl. Scient. Algérie, 1867, p. 87, pl. IV, fig. 2 (Synonymie d'après O. THOMAS, *Loc. cit.*).

(5) *Bol. R. Soc. Esp. Hist. Nat.*, XIII, 1913, p. 399.

(6) *Proc. Zool. Soc.*, 1897, p. 954.

des régions de Mogador (Haha) et d'Ain Sefra (1.100 m.), comme du rebord Sud de l'Aures ; sans doute est-ce lui qui se trouve dans la région des chotts du Sud Tunisien. D'après O. Thomas (1), ce serait à cette espèce que se rapporteraient les individus décrits par Lataste (2) de Blida (Beni Sliman) et de Tunisie (du Nord ?) sous le nom de *C. suaveolens.* Enfin, *Pachyura etrusca*, si remarquable par l'extrême petitesse de sa taille (long. : 35 mm.), existe certainement en Berbérie, notamment aux environs d'Alger, où Coquerel (3) l'indiquait dès 1848 : c'est à cette forme que s'appliqueraient les dénominations de *algirus*, employée par Levaillant (4), et le *pygmaca*, qualificatif très expressif proposé par Loche (5). Mais nous ne savons rien de précis sur la répartition géographique dans l'Afrique du Nord de ce minuscule Insectivore, si caractéristique des régions méditerranéennes : sans doute reste-t-il confiné au Tell littoral et notamment aux Kabylies.

En somme, parmi les Crocidures barbaresques, un groupe manifeste d'étroites affinités avec les types de l'Europe occidentale, l'autre avec ceux de l'Afrique moyenne. Au Maroc, le Crocidure éthiopien remonte jusqu'à Mogador, où descendait, au contraire, le Macroscélide du Nord. Dans le Sud oranais, comme dans l'Aures, les limites des aires de dispersion des formes septentrionale et méridionale de Rats à trompe et de Musaraignes coïncideraient sensiblement. En Tunisie, ainsi que dans le département d'Alger, le Crocidure méridional, d'ailleurs plutôt montagnard, habiterait l'Atlas assez haut vers le Nord. Enfin, un Insectivore pygmée d'un genre spécial, sans doute très archaïque, des presqu'îles et îles de l'Europe méditerranéenne, semble bien exister également dans le Tell littoral algérien : les formes les plus voisines vivent à Madagascar (*C. madagascariensis* Coquerel et *C. Coquereli* Trt.), ce qui fait songer à des connexions biogéographiques remontant au Tertiaire ancien.

Les Hérissons comptent deux représentants en Berbérie : *Erinaceus algirus* Duvernoy (6) se trouve au Maroc de Tanger au Sud de Mogador (Haha) et en Tunisie de Kroumirie au Djerid (Tozeur) et à Zarzis, pénétrant même en Tripolitaine ; signalé d'Oran, de Kabylie, de Bône, il est connu également de Rhar Rouban (au Sud-Ouest de Tlemcen), de Birin, Ain Oussera, Sidi Makhlouf, sur les Hauts Plateaux algérois, entre Boghari et Laghouat, enfin de Tebessa, dans les Hautes Plaines

(1) *Loc. cit.*

(2) Mammifères de Barbarie, 1885, p. 209, 85.

(3) *Ann. Sc. Nat.*, 3, Zool., IX, 1848, p. 195.

(4) Expl. Scient. Algérie, pl. IV, fig. 2.

(5) *Id.*, p. 52. — La présence de *Pachyura etrusca* en Algérie a été successivement admise par P. GERVAIS, Mammifères, I, 1854, p. 243, E. TROUESSART, Faune des Mammifères de l'Algérie, 1905, p. 375 et A. CABRERA, Mamiferos, Fauna Iberica, 1914, p. 59. Comme le montre le zoologiste espagnol, la confusion est facile avec de jeunes Crocidures.

(6) *Mém. Soc. Hist. Nat. Strasbourg*, III, fasc. 2, 1840, p. 4.

constantinoises. *Erinaceus deserti* Loche (1) habite toute la lisière septentrionale du Sahara, de l'Extrême Sud oranais (Beni Ounif, Colomb-Béchar) par le Sud algérois (Laghouat, Ouargla) aux marches tunisiennes (Gafsa. — Djerid (Tozeur). — Nefzaoua : Kebili, Douz. — Arad : Aram, Bou Grara) et à la Tripolitaine. Les formes purement sahariennes, par exemple de l'Adrar des Iforas et du Tassili des Adjers, n'ont pas encore fait l'objet de travaux spéciaux, permettant de définir leur position taxonomique exacte.

H. Heims de Balsac (2) a trouvé vivant dans la même région *E. algirus* et *E. deserti*, au bled Thala, entre Sfax, Gabes et Gafsa, dans la forêt relicte de Mimosées qui occupe ce pays. Antérieurement M. Kollmann (3) avait insisté déjà sur la présence simultanée de ces deux espèces à Djerba, au Sud du golfe de Gabès. Mais dans cette dernière île, *E. algirus*, au lieu d'être représenté par sa forme type, seule connue sur le continent nord-africain, offre sa variété européenne *E. algirus vagans* O. Thomas (4), de taille sensiblement plus petite. On sait que cette dernière, découverte tout d'abord aux Baléares, a été depuis retrouvée en Andalousie et en Provence. Sans doute s'agit-il là d'un représentant archaïque du groupe, conservé surtout dans le domaine insulaire méditerranéen.

Ainsi les aires de dispersion des Hérissons barbaresques du Nord et du Sud se pénètrent largement en Byzacène du bled Thala à Djerba, comme sans doute aussi en Libye. Au Maroc atlantique, c'est la forme septentrionale qui peuple le pays de l'Arganier, comme c'était le cas pour le Macroscélide, la forme méridionale n'étant pas connue jusqu'à présent au Moghreb.

D'un groupe d'Insectivores à l'autre, la limite des aires de dispersion des variétés telliennes et sahariennes varie donc très sensiblement. Mais les traits qui dominent la biogéographie actuelle de cet ordre de Mammifères archaïques sont, d'une part, l'avancée d'un type éthiopien, *Elephantulus Rozeti*, jusqu'à la Méditerranée (Oran), d'autre part la présence d'une sous-espèce strictement sud-européenne à Djerba, dans la grande île de la Tunisie méridionale.

---

(1) Cat. Mamm. Algérie, 1858, p. 20 et Expl. Scient. Algérie, 1867, p. 56.
(2) Ornithologie du Sahara septentrional, 1924. p. 18.
(3) Remarques sur les Hérissons de l'île de Djerba. *Bull. Mus. H. N. Paris*, XVIII, p. 400-1.
(4) *Proc. Zool. Soc.* London, 1901, p. 38.

Ch. ALLUAUD

## LES LIMITES DE L'ANCIENNE ILE BÉTICO-RIFAINE D'APRÈS LES DONNÉES DE LA ZOOLOGIE ACTUELLE

Bien avant que les géologues aient découvert l'histoire si remarquable du détroit de Gibraltar et de ses deux prédécesseurs, le détroit nord-bétique et le détroit sud-rifain, les zoologistes (et plus spécialement les entomologistes) savaient qu'il existe sur les deux rives du chenal actuel des espèces identiques, confinées au Sud de l'Andalousie et au Nord du Maroc.

La géologie nous apprend que pendant une grande partie de l'ère tertiaire la cordillère bétique et le Rif formaient une chaîne continue, de constitution identique, au Nord et au Sud de laquelle la Méditerranée et l'Atlantique communiquaient. C'était donc bien une véritable île qui, au pliocène (ou peut-être même dès la fin du miocène) a été coupée en deux par l'effondrement du détroit actuel de Gibraltar.

Que reste-t-il de la faune spéciale de cette île bético-rifaine et nous est-il possible de la retrouver encore suffisamment localisée pour essayer de reconstituer les limites de son ancien habitat ? C'est ce que j'ai essayé de faire pendant mon séjour de près de cinq années au Maroc (1920-1924) et au cours du voyage de recherches que je viens d'effectuer sur les confins orano-marocains.

Pour cette étude je me suis adressé aux Coléoptères de la famille des *Carabidae*, dont la plupart sont privés d'ailes, ont un régime carnivore et des métamorphoses terrestres, conditions qui réduisent au minimum les chances de transport accidentel. Ma documentation du côté marocain est beaucoup plus considérable que côté andalous, où j'ai cependant profité des riches récoltes que M. l'abbé H. Breuil a bien voulu faire pour moi dans la région d'Algésiras et autour de la Laguna de la Janda. Des recherches spéciales seraient nécessaires dans les bassins du Guadalquivir et de la Segura (qui représentent l'emplacement du détroit nord-bétique) pour fixer la limite boréale de la faune bético-rifaine.

Du côté marocain, cette faune, longtemps considérée comme confinée à l'extrême Nord (région de Tanger et de Tétouan), peuple en réalité tout le bassin du Sébou et s'avance presque jusqu'aux abords de Casablanca, sa limite méridionale étant la vallée de l'oued Cherrat ou de l'oued Mellah. Vers l'Est on l'a trouvée jusqu'au pied du plateau de Mrirt et, tout récemment, je l'ai rencontrée près de Taza, au pied du col de Touahar. Comme on le voit, les espèces spéciales à l'ancienne île qui nous occupe couvrent, au Maroc une aire considérable mais qui ne semble pas dépasser la ligne de partage entre le bassin du Sébou (versant atlantique) et celui de la Mouloya (versant méditerranéen) à l'Est de laquelle on ne rencontre plus que les espèces typiques de l'Oranie occidentale.

L'intérêt de cette étude réside dans l'indication qu'elle nous fournit sur les modifications que peut subir une faune dont l'habitat a été coupé en deux à une époque géologique connue. On ne peut établir aucune règle générale, les variations ayant affecté chaque espèce d'une façon différente.

Malgré la longue durée qui nous sépare de l'ouverture du détroit de Gibraltar (plusieurs millions d'années d'après les évaluations les plus modérées), certains types sont restés identiques des deux côtés : *Siagona Jenissoni* et *Dejeani*, *Chlaenius cyaneus* et *infantulus*, *Pterostichus decipiens*, *Platytarus gracilis*, *Pseudotrechus mutilatus*, *Brachynus longicornis* et *angustatus*, etc.

D'autres ont légèrement varié et un examen attentif permet de distinguer les individus marocains des individus andalous : *Pterostichus baeticus* (var. *gharbensis* nov. au Maroc), *Anillus Massinissa* (var. *Korbi* en Andalousie), *Brachynus pygmaeus* (subsp. *testaceus* en Andalousie), etc.

D'autres ont suffisamment varié pour avoir été considérés comme distincts : *Typsiharpalus punctatipennis* remplacé par *azruensis* dans le Moyen-Atlas (subalpins des deux côtés), *Bachynus andalusiacus* remplacé au Maroc par *mauretanicus*, etc.

Quelques espèces, vraisemblablement bético-rifaines, ont plus ou moins dépassé les limites de l'ancienne île : *Scarites hespericus*, *Pogonus smaragdinus*, *Trymosternus dilataticollis* ont gagné du terrain vers l'Est (Oranie), d'autres vers le Nord, tel que *Carabus melancholicus*. *Carabus rugosus* a débordé à la fois vers le Nord et vers le Sud. *Metabletus foveolatus*, espèce bétique, a envahi tout le Maroc.

D'autre part le synchronisme de la fermeture des deux détroits n'a pas dû être absolu, car des espèces d'Europe ont pu passer dans la région rifaine (à l'exclusion de l'Algérie), tels que *Scarites Eurytus*, *Panagaeus crux major*, *Carterus cephalotes*, *Badister peltatus*, *Diachromus germanus*, etc.

Inversement *Nebria rubicunda* de toute l'Afrique du Nord a pu passer en Andalousie.

Enfin il y a des espèces spéciales à la région bétique et d'autres à la région rifaine qu'on ne peut rattacher à aucune forme ancestrale connue, tels *Carabus rifensis* et *Cicindela luctuosa* de la région rifaine.

Pour être complète, une étude de biogéographie devrait mentionner les caractères négatifs ; mais ces derniers ne peuvent être dégagés en toute certitude qu'à la suite de recherches longuement répétées et alors qu'il ne reste plus aucune découverte à faire. Ce n'est pas le cas au Maroc où il reste encore beaucoup à trouver dans les régions montagneuses et où l'énigme du Rîf reste encore à peu près entière.

Et c'est ici le cas de refaire cette constatation, assez troublante pour les géographes et naturalistes de notre génération, que l'unique massif du vaste continent africain qui, en plein vingtième siècle, soit resté impénétrable à nos investigations, est précisément le seul qui soit en vue des côtes d'Europe !

---

Louis FAGE

Muséum National d'Histoire Naturelle, Paris

---

## 1° SUR LA PRÉSENCE DU *LYSIOSQUILLA EUSEBIA* RISSO (Crut. Stomatop.) SUR LA COTE S. DE BRETAGNE

---

Le 8 septembre 1926, mon ami René Legendre, cherchant des Balanoglosses dans l'archipel des Glénans, mit à jour, d'un coup de bêche, sur la plage N. de l'île du Loch, un Squillidé dont il reconnut l'intérêt et qu'il me confia.

Il s'agit d'une femelle adulte, longue de 8 cm., du *Lysiosquilla eusebia* Risso, espèce facile à identifier, surtout depuis le travail abondamment illustré de GIESBRECHT (1910)..

Ce *Lysiosquilla*, trouvé d'abord à Nice par RISSO (1816, 1826) fut signalé dans l'Adriatique par NARDO (1869) et, aux dires de LO BIANCO (1909) et de GIESBRECHT, serait assez abondant, bien que difficile à capturer, dans le Golfe de Naples. Sa présence ailleurs n'a jamais été jusqu'ici indiquée. On pourrait donc le considérer comme une espèce méditerranéenne, strictement localisée.

Le genre cependant est représenté dans toutes les mers chaudes ou tempérées ; mais pour l'Atlantique, tandis qu'on en compte environ huit espèces sur la côte américaine, deux seulement ont été signalées sur la côte du vieux monde : le *Lysiosquilla scabricauda* (Lam), indiqué de Boutry, W. Africa, par HERKLOTS (1851) sous le nom de *Squilla Hoeveni*, et le *Lysiosquilla septemspinosa* décrit par MIERS (1881) de l'île Gorée, en Sénégambie.

Il faut rappeler, toutefois, que les Stomatopodes ont une vie larvaire compliquée et passent, avant d'atteindre le littoral, par une série de stades pélagiques de haute mer. Or TATTERSSALL, dès 1905, avait rapporté le fait que des larves de Stomatopodes, appartenant à deux genres distincts, étaient régulièrement présentes dans le plancton d'Irlande au large d'Inishbafin et de Ballynakill. Des larves âgées, longues de 16 mm., lui permirent plus tard (1912) de les attribuer aux genres *Squilla* et *Lysiosquilla*. Le genre *Squilla* est représenté dans ces parages par le *S. Desmaresti* Risso et par le *S. Mantis L.* (cf. MIERS, 1880) ; mais aucun *Lysiosquilla* adulte n'y a jamais été rencontré.

De même en Méditerranée, une seule espèce de *Lysiosquilla* est connue à l'état adulte et c'est précisément celle qui nous occupe ici ; d'une autre, *L. occulta* Gierbr., on a recueilli, outre les larves pélagiques, des stades postlarvaires assez avancés (23 mm.) ; mais dans le plancton de Naples on trouve, de plus, couramment, les larves pélagiques de trois autres espèces (*pleuracula, nux, tridens*) dont les adultes restent introuvables.

Si l'on ajoute à cela que, sauf quelques exceptions, les *Lysiosquilla* adultes sont toujours rares dans les collections, représentés pour la plupart des espèces par un ou deux exemplaires, il faut convenir que nous nous heurtons là à des difficultés particulières de capture qui interdisent toute précision sur la distribution géographique et la bionomie d'un genre intéressant.

On ne sait, en effet, que fort peu de choses sur la manière de vivre de ces *Lysiosquilla*. GIESBRECHT a observé à Naples le *L. eusebia* en aquarium où il l'a vu se cacher dans le sable, laissant émerger seulement ses yeux et ses antennes. Dans ces conditions artificielles, l'animal n'a pas creusé de galerie ; il demeure sédentaire, se tient à l'affût et capture les proies vivantes qui passent à sa portée. Nous possédons heureusement — sur une autre espèce, il est vrai — les observations faites dans la nature par BROOKS (1886). Ce dernier auteur a constaté que, sur la plage de Beaufort, N. C., le *Lysiosquilla excavatrix* creuse, juste au-dessous des plus basses mers, un terrier étroit et circulaire, s'enfonçant à peu près verticalement dans le sable, à une profondeur de plusieurs pieds. Pour arriver à ce résultat, l'animal commence à s'enfouir à reculons dans le sable meuble, puis il se retourne et approfondit sa retraite en s'aidant de la tête et des pattes, consolidant avec l'abdomen les parois de son trou. Quand toute la partie antérieure du terrier est ainsi creusée et consolidée, la Squille continue son œuvre en allant au fond chercher les grains de sable qu'elle remonte entre ses pattes jusqu'à l'orifice d'entrée ; elle se tourne et se retourne dans son trou, pourtant de faible diamètre, avec la plus grande facilité. Lorsque la profondeur atteinte est suffisante, l'animal s'installe dans le haut du terrier et, ainsi immobile et caché, guette ses proies, crustacés, poissons, qu'elle saisit au passage d'un mouvement extrêmement rapide de ses pattes ravisseuses, et qu'elle met en réserve au fond de sa retraite. Elle remonte bientôt et se met de nouveau à l'affût. Il faut que l'animal soit affamé pour qu'on le voie sortir de son trou et, même alors, il ne s'en écarte que de 6 à 8 pouces au plus.

La profondeur de ce terrier, que l'animal n'abandonne pour ainsi dire jamais et au fond duquel il se retire à la moindre alerte, explique la rareté des individus capturés. La difficulté est en outre accrue du fait que ce terrier est creusé dans une zone qui ne découvre pas à marée basse.

Il n'en est pas de même pour les espèces dugenre*Squilla*. Celles-ci sont également fouisseuses, mais leur terrier est peu profond et elles l'abandonnent très volontiers pour errer sur le sable, la vase où leur capture est facile

Quant aux autres genres : *Pseudosquilla, Ondontodactylus Gonodactylus*, ils trouvent un abri dans les anfractuosités des rochers, parmi les coraux (Cf. St. Kemp, 1913).

C'est donc en définitive à un heureux ensemble de coïncidences — forte marée, erreur de l'animal, dont le terrier était peut-être construit à un niveau trop élevé — que nous devons la capture à marée basse de ce *L. eusebia* en Bretagne.

L'espèce est sans doute abondante, quoique ignorée jusqu'à présent. dans la région des Glénans et colonise aussi les côtes d'Irlande, puisque nous pouvons maintenant lui rapporter avec toute vraisemblance les larves signalées par Tattersall.

1886. — Brooks W.K. Voyage of H.M.S. « Challenger ». Vol. XVI. Stomatopoda, p. 190.

1910. — Giesbrecht. W. Stomatopoden (*Fauna u. Flora d. Golfes von Neapel*, XXXIII.

1851. — Herklots. J. A. Additamenta ad Faunam Carcinologicam Africae Occidentalis, p. 17, pl. 1, fig. II (*Lugduni-Batavorum*).

1913. — Kemp. S. An account of the Stomatopoda of the Indo-Pacific region (*Mem. Indian Mus.* IV N° 1).

1909. — Lo Bianco. S. Notizie biologiche riguardanti specialmente il periodo di maturita sessuale degli animali del golfo di Napoli (*Mitt. Zoolog. Stat. z. Neapl.* XIX, p. 599).

1880. — Miers. E. J. On the *Squillidae*. (*Ann. Mag. Nat. Hist.* 5, V. p. 21 et 28).

1881. — Miers. E. J. On a collection of Crustacea made by Baron Hermann Maltzan at Goree Island, Senegambia. (*Ann. Mag. Nat. Hist.* 5, VIII, p. 368).

1869. — Nardo G.D. Annotazioni illustranti cinquantaquattro species di Crostacei (*Mem. dell. Istit. Stesso Venezia*, XIV, p. 112, pl. 3, fig. 7).

1816. — Risso, A. Histoire naturelle des Crustacés, p. 115. (*Paris.*)

1826. — RISSO, A. Histoire naturelle de l'Europe méridionale, V, p. 87 (*Paris*).

1905. — TATTERSALL, W.M. On Stomatopod larvae from the W. Coast of Ireland. (*Ann. Rep. Fish. Ireland* 1902. 3 pt. II. App. VII).

1912. — TATTERSALL. W.M. Biological Survey of Clare Island : Nebalia, Cumacea, Schizopoda and Stomatopoda (*Proc. R. Irish Academy* XXXI. 2. N° 41).

---

## 2° LES CAUSES DE L'ABSENCE DU SPRAT (Clupea Sprattus L.) SUR LES COTES DE L'AFRIQUE DU NORD

---

Le Sprat est le plus répandu de tous nos *Clupeidae :* on le trouve dans l'Atlantique, sur toutes les côtes de l'Europe, depuis Trondhjem jusqu'en Galice et en Portugal. Sa présence est même signalée vers le N. jusqu'aux Lofoden. En Méditerranée, il existe aussi sur toute la côte européenne ; mais il y affecte une distribution assez singulière : on le trouve, en effet, en quantités quelque peu importantes, uniquement au fond des golfes, près des embouchures, des étangs littoraux. A vrai dire, il n'est abondant, et sa pêche n'est pratiquée d'une façon régulière que dans l'Adriatique, où il est connu sous le nom de *Clupea papalina* (BNP). Le Sprat pénètre enfin et se reproduit dans la Mer Noire, où ANTIPA, qui lui donne le nom de *Clupea Sulinae*, signale sa présence en bancs nombreux au voisinage des côtes roumaines.

Voici donc un Clupeidé dont la distribution géographique embrasse au moins 25 degrés de latitude N., qui s'accommode de conditions aussi différentes que celles régnant, par exemple, dans la Baltique et dans l'Adriatique et qui, cependant, fait pratiquement défaut au littoral de l'Afrique du N.

Nous avons peine à comprendre qu'un animal en apparence aussi éclectique puisse rencontrer entre les deux rives de la Méditerranée une barrière infranchissable.

Pour essayer de résoudre ce paradoxe biologique, il faut d'abord rappeler que, contrairement à ce qu'on pourrait croire, le Sprat n'est pas un grand migrateur. Partout, nous voyons ses déplacements limités aux alentours de ses lieux de ponte, et il en est résulté une multitude de races locales aujourd'hui assez bien définies par des caractères morphologiques stables. HEINCKE (1898), G. SCHNEIDER (1904 et 1908) ; REDEKE (1900 et 1910), A. RAMALBO (1922), A. CLIGNY (1909), ANTIPA

(1905) et moi-même (1920 et 1922) avons cherché à préciser les caractéristiques propres à ces races dont chacune peuple un territoire restreint : l'E. de la Baltique, l'O. de la Baltique, le Skagerrak, le S. de la Mer du Nord ; l'Irlande, la Manche, les côtes de Galice et de Portugal, la Méditerranée occidentale, l'Adriatique, la Mer Noire.

Or, si l'on examine les conditions dans lesquelles se reproduisent les Sprats dans chacune de ces localités, on constate que partout les larves, qui s'éloignent peu des côtes, se maintiennent à une profondeur voisine de 30 mètres et dans une zone dont les eaux sont à une température de 8 à 11 degrés C. On en peut conclure que ces conditions sont nécessaires à leur développement : elles sont réalisées en juin dans la Baltique, en avril et mai dans la Mer du Nord, la Manche et l'Atlantique, en décembre et janvier dans la Méditerranée et l'Adriatique, en été dans la Mer Noire où l'on trouve 10°5 à 35 m. de profondeur, et 8°2 à 50 m. au mois d'août.

Donc, le Sprat, contrairement au Hareng par exemple, ne peut subsister dans une région déterminée, que s'il y trouve à une faible profondeur, au moment de la reproduction, des conditions précises de température. Celles-ci sont satisfaites en Méditerranée uniquement en certains points peu nombreux, dans les golfes profonds, dans l'Adriatique, où souvent d'ailleurs il se trouve attiré par les salinités relativement faibles qu'il y rencontre.

A aucun moment, sur les côtes d'Afrique nous ne trouvons ces conditions réalisées. La moyenne des températures à 25 m. de profondeur, pendant les mois d'hiver (décembre à février) est de 14°07 C., notablement supérieure à celle que ses larves peuvent normalement supporter. Nous n'avons donc pas à être surpris de ne point trouver le Sprat installé à demeure sur le littoral algérien. Les rives Nord de la Méditerranée constituent vers le sud l'extrême limite de son habitat, les quelques colonies qui les peuplent y sont d'ailleurs étroitement localisées comme le sont les conditions physiques qui permettent leur maintien.

---

Aug. CHEVALIER

Directeur du Laboratoire d'Agronomie coloniale à l'Ecole des Hautes Etudes

## SUR LES PLANTES QUI PASSENT D'UN VERSANT A L'AUTRE DU SAHARA ET EXISTENT A LA FOIS EN AFRIQUE DU NORD ET AU SOUDAN

Depuis une époque très reculée qui remonte sans doute au début du tertiaire, le continent africain a présenté sur l'emplacement actuel du Sahara une large zone désertique qui pendant une partie au moins du quaternaire s'est étendue vers le Sud, bien au delà des limites actuelles. Cette zone a constitué aux diverses époques géologiques une barrière aussi puissante qu'un océan, qui s'est opposée aux échanges entre les faunes et les flores de l'Afrique du Nord d'une part, de l'Afrique tropicale de l'autre, alors qu'une pénétration des flores s'est faite au contraire entre l'Amérique tempérée et l'Amérique tropicale, entre l'Asie tempérée et l'Asie tropicale du côté de l'Extrême-Orient.

Le Sahara est peuplé d'une flore xérothermique dont la plupart des représentants dérivent d'espèces steppiques méditerranéennes ; un petit nombre d'espèces tropicales seulement s'y sont infiltrées ou conservées.

Un très petit nombre d'espèces de plantes du Soudan s'étendent à travers le Sahara jusqu'à sa limite Nord. Citons l'*Acacia tortilis* en Tunisie et l'*Acacia albida* qui croît en Egypte et en Syrie. On sait que c'est une des espèces les plus communes du Sénégal.

Parmi les autres espèces qui traversent le Sahara, citons : *Calotropis procera*, *Celastrus senegalensis*, *Capparis Sodada*.

Les Euphorbes cactiformes du Maroc, les *Caralluma*. les *Senecio* de la section *Kleinia*, le *Daemia cordata* sont aussi des plantes d'origine tropicale. Enfin la Sapotacée du Maroc (*Arganum sideroxylon*) a aussi semble-t-il une origine tropicale. Elle est assez proche parente du *Reptonia buxifolia*, autre sapotacée de l'Arabie et du Désert Indien.

J'ai cherché aussi à faire le relevé des espèces de l'Afrique du Nord ou même du Sud de l'Europe qui ont franchi le Sahara et se retrouvent jusqu'au Soudan. Le nombre en est assez restreint.

Ce sont pour la plupart des espèces hygrophiles qui ont dû suivre les vallées à l'époque où le Sahara était parcouru de grands fleuves. Ce sont notamment : *Gnaphalium luteo-album*, *Lippia nodiflora*, *Samolus Valerandi*, *Alisma parnassifolia*, *Typha australis*, *Cyperus maritimus*, *Scirpus lacustris*, *Fimbristylis dichotomas*, *Panicum colonum*, *Phragnites communis*. Notons que ces espèces sont des ubiquistes.

D'autres espèces semblent avoir traversé le Sahara et donné naissance à des endémiques au Sénégal et au Soudan. Tels sont : *Tamarix senegalensis* qui se rattache aux *Tamarix mediterranéens*, *Ambrosia senegalensis* qui se lie à *A. maritima*, le *Salix colutocoides* Mirb. des bords du Sénégal, *S. Chevalieri* Seemen des bords du Niger, *S. nigerica* Skan de la Bénoué et du lac Tchad, proches parents des *Salix* des Canaries et de l'Afrique du Nord (*S. canariensis*, *S. pedicellata* et *S. Safsaf*).

Certaines espèces se sont étendues fort loin au Sud en suivant le littoral, par exemple : *Ipomaea stolonifera* Gmel (= *I. littoralis* Boiss.), *Salicornia arabica* (*S. fruticosa*), *Sporobolus pungens* Kth. De même le *Spartina stricta* a remonté du Cap vers la Côte Atlantique d'Europe.

Un certain nombre d'espèces sont communes à l'Afrique du Nord et à l'Afrique du Sud et manquent dans les zones intermédiaires. Il est bien difficile d'expliquer comment s'est fait l'échange entre des régions aussi éloignées.

Un certain nombre d'espèces de l'Afrique du Nord envoient des irradiations fort loin au Sénégal et au Soudan. Tels sont *Cressa cretica* L., *Citrullus Calocynthis* L., *Heteropogon contortus* Roem. et Sch., *Andropogon distachyus* L., *Cymbopogon Schoenanthus* (=*C. laniger* Desf.), qui sous sa variété *proximus* s'étend jusqu'au Haut-Dahomey, *Aristida adscensionis*, *Saccharum spontaneum*, *Hemarthria fasciculata* Desf. (=*Rottboellia fasciculata* Desf.), *Schismus calycinus* (L.) Coss. et Dur. D'autres espèces se sont répandues dans les cultures des deux côtés du Sahara : *Cleome viscosa*, *Oxalis corniculata*, *Tribulus terrestris*, *Aerua javanica*, *Alternanthera sessilis*, *Cyperus rotundus*, *Imperata cylindrica*, *Setaria verticillata*, *S. glauca*, *Digitaria debilis*, *D. sanguinalis*, *Pamicum Crusgalli*, *Tragus racemosus*. Notons que la plupart de ces espèces sont des ubiquistes. Il est très probable que l'ouverture des voies de pénétration à travers le Sahara amènera dans l'avenir l'extension d'autres mauvaises herbes du Soudan en Afrique du Nord et inversement.

Il existe dans le secteur soudanais des espèces tropicales appartenant à un certain nombre de genres plus répandus dans les pays tempérés. Citons les genres : *Sonchus*, *Lactuca*, *Echinops*, *Centaurea*, *Senecio*, *Smilax*, *Asparagus*, *Pancratium*, *Scilla*, etc. Toutes ces espèces sont plus ou moins xérothermiques et à caractères steppiques, et il semble qu'elles sont dérivées dès le tertiaire de végétaux qui occupaient le Sahara et peut-être le Soudan actuel, à l'époque où une steppe plus ou moins continue s'étendait depuis l'Afrique du Nord jusqu'au cœur de l'Afrique. C'est probablement également à une période très lointaine que des groupes végétaux qui semblent originaires de l'Afrique du Sud ou des montagnes de l'Afrique tropicale comme les *Erica*, les *Wahlenbergia*, les *Lobelia*, certains *Helichrysum*, les *Anthoxanthum* alors que le Sahara n'avait pas encore le caractère d'un désert très aride comme aujourd'hui et il ne s'opposait pas d'une manière absolue à la pénétration des flores sans l'intervention de l'homme, comme de nos jours.

---

C. ARAMBOURG

Professeur à l'Institut agricole de Maison-Carrée

---

## LA FAUNE ICHTYOLOGIQUE DU SAHÉLIEN ET SES RAPPORTS ZOOGÉOGRAPHIQUES

---

J'ai eu, au cours de ces dernières années, l'occasion de recueillir dans les dépôts sahéliens du département d'Oran une riche faune ichtyologique qui vient heureusement combler les lacunes de nos connaissances sur les Poissons du Miocène supérieur de la Méditerranée (1).

A cette faune, représentée par plus d'un millier d'individus répartis entre 91 espèces, il faut joindre celle des tripolis de Licata en Sicile qui, placés dans une situationstratigraphique identique à celle des couches sahéliennes d'Oran, peuvent être considérés, ainsi que je l'ai montré, comme synchroniques de ces dernières. La révision des matériaux de cette provenance conservés dans la collection de paléontologie du Muséum National, m'a permis de constater leur très grande analogie avec ceux d'Oran et de compléter les observations faites d'après ceux-ci (2).

Ce sont les résultats d'ensemble obtenus dans l'étude de ces divers matériaux que je désire présenter dans cette note.

Le total des espèces sahéliennes actuellement connues est de 118. Le caractère climatologique d'ensemble de ces Poissons, comme le montre la répartition actuelle de leurs genres, est nettement subtropical, et ils peuvent, au point de vue zoogéographique, se répartir en quatre groupes principaux :

1° des espèces à affinités méditerranéo-mauritaniennes.

2° des espèces à affinités atlantico-américaines.

3° des espèces à affinités indo-pacifiques.

4° des espèces cosmopolites.

---

(1) C. ARAMBOURG, C. R. Ac. Sci., T. 172, n° 20, 1921, p. 1243.
Id. — Les poissons fossiles d'Oran. *Matériaux pour la carte géologique de l'Algérie. Paléontologie*, N° 6, 1927.

(2) C. ARAMBOURG. Révision des Poissons fossiles de Licata. *Annales de Paléontologie*, T. XIV, fasc. 2, 3, 1925.

Le premier groupe, qui représente 55 % de l'ensemble peut se subdiviser lui-même en trois :

a) des espèces encore actuellement vivantes telles que : *Serranus Cabrilla, S. scriba, Zeus faber, Capro saper, Batrachoides didactylus, Lophius budegassa*, etc.

b) des prémutations d'espèces actuelles : *Myctophum probenoiti, Orthopristis proronchus, Parapristipoma prohumile, Lepidopus proargenteus, Tripterygion pronasus, Solea proocellata*, etc.

c) des espèces éteintes, mais beaucoup plus voisines d'espèces méditerranéennes que de toute autre des mêmes genres : *Microchirus abropteryx* Sauv. sp. (aff. *variegatus*), *Epinephelus Casottii* Costa sp. aff. *E. Alexandrinus*), *Scorpœna Jeanneli nob.* (aff. *sc. ustulata* Lowe), etc.

En ajoutant à ces éléments méditerranéens (1) un certain nombre de formes cosmopolites du 4e groupe : *Trachurus trachurus, Caranx prorusselli, Myctophum Columnœ* (1), certains Squales, etc. on constate que plus de 70 % des espèces sahéliennes se rattachent à la faune méditerranéenne ; d'ailleurs, 80 % des genres actuels représentés dans le Sahélien, vivent encore dans la Méditerranée.

La faune ichtyologique de cette époque est donc *subactuelle* avec un *caractère méditerranéen* dominant; j'ai proposé, pour la désigner, le nom de *Faune Paléoméditerranéenne*.

Mais, la présence de formes à affinités américaines et indo-pacifiques montre qu'il s'agit en outre d'une *faune synthétique* qui réunit des éléments faisant aujourd'hui partie de Provinces zoologiques distinctes. Parmi ces formes, certaines permettent de rétablir pour certains genres, par la Mésogée géologique, la continuité d'aires de dispersion aujourd'hui disjointes. C'est ainsi que le genre *Etrumeus* Bleek, dont les deux seules espèces vivantes se rencontrent sur les Côtes Est de l'Amérique du Nord (*E. Sadina* Mitch.) et sur celles du Japon et du Natal (*E. micropus* Schleg.), présente dans le Sahélien un représentant intermédiaire entre elles : *E. Boulei nob.* De même, le genre *Neopercis* Steind, presque exclusivement Pacifique (*N. aurantiaca, N. multifasciata*, etc. des côtes du Japon) possède une seule espèce Atlantique dans les parages du Cap Vert : *N. Atlantica* Vaill. et est représenté dans la Méditerranée sahélienne par *N. mesogea nob.* affine de la précédente et de *N. multifasciata*. Le genre *Bregmaceros*, Indo-pacifique et Atlantique fait aussi partie de la faune sahélienne, etc.

Tous ces faits montrent que la Mesogée a été la voie par laquelle se sont effectués des échanges de faunes entre l'Amérique, l'Europe et l'Asie. Ils permettent aussi d'expliquer les similitudes ichtyofau-

(1) Dont quelques-unes sont tout à fait caractéristiques, comme : *Serranus scriba, Lophius budegassa*, les genres : *Crenilabrus, Maena, Pagellus*, et se retrouvent dans l'Annexe Ibéro-mauritanienne inséparable de la Méditerranée.
(2) Prémutation de *M. laternatum* Garman.

niques bien connues observées entre la Méditerranée ou ses annexes et les côtes du Japon, où se rencontrent un certain nombre d'espèces identiques ou représentatives, absentes de l'Océan indien et de la Mer rouge : cette « bipolarité » (1) n'est que le souvenir d'un état de choses antérieur ; les espèces en question sont *les résidus de la faune miocène* isolés aux deux extrémités de l'Eurasie par la fermeture, depuis le Tortonien, de la communication mésogéenne.

Enfin, l'analyse des rapports de la faune sahélienne avec celles qui l'ont précédée, montre qu'il n'existe aucun lien génétique direct entre elle et la faune éocène des mêmes régions. Cette dernière, franchement tropicale, est formée d'éléments surtout indo-pacifiques ; 18 genres seulement, sur les 109 qui la constituent, se retrouvent parmi les Poissons sahéliens et les espèces de cette dernière formation qui leur appartiennent font partie de groupes phylétiquement distincts de ceux des espèces nummulitiques : *la faune ichtyologique du Sahélien ne dérive pas, par évolution sur place, de celle du nummulitique méditerranéen.*

Des constatations analogues peuvent être faites en ce qui concerne les rapports des faunes de Téléostéens crétacés et nummulitiques, que séparent un profond hiatus.

Il semble donc que le peuplement de la Méditerranée se soit fait d'une manière discontinue, par une série de migrations correspondant aux grands changements géographiques et climatériques : véritables *Vagues fauniques* qui se sont succédé à diverses époques. Les éléments de la Faune Paléoméditerranéenne, d'où dérive directement la faune actuelle, apparaissent dans les formations tertiaires d'Europe, à partir de l'Oligocène. Leur origine doit être recherchée vers l'extrémité orientale de la Mésogée, dans l'Ouest du Pacifique, qui aurait été, suivant la suggestion de D. S. Jordan, le centre principal d'évolution et de dispersion des Poissons.

---

(1) L. Roule, passim.

# L. LAVAUDEN

## LES ZONES DE CONTACT DE LA FAUNE PALÉARCTIQUE ET DE LA FAUNE TROPICALE EN AFRIQUE

L'étude des zones de contact de deux faunes radicalement différentes est toujours du plus haut intérêt ; il est inutile d'insister pour le démontrer. Cette étude, en envisageant les divers groupes zoologiques, peut faire ressortir d'importantes différences, dont les modalités peuvent suggérer des aperçus théoriques tout à fait intéressants.

En Afrique, le contact des deux faunes était resté très mal connu, jusqu'à ces dernières années. Les seules études détaillées avaient été faites en Egypte, dans la vallée du Nil, où les conditions biologiques sont si particulières. Plus à l'ouest, on savait peu de choses, presque rien. Les explorations si remarquables de Barth avaient été faites à une époque où la biogéographie n'existait pas, et où l'ouvrage classique de Wallace sur la répartition géographique des animaux n'était même pas encore publié. Les prédécesseurs de l'illustre Allemand : Caillé, Clapperton, etc., n'étaient pas naturalistes. Il en était de même de ses principaux successeurs. La MissionFoureau-Lamy, si précieuse à d'autres égards, a donné fort peu de résultats au point de vue zoologique. Seule, l'expédition de A. Buchanan, dont les récoltes furent étudiées par le Dr Hartert et le Dr O. Thomas (1) et la Mission Tunis-Tchad, dont nous faisions partie en qualité de naturaliste (2), ont apporté sur le contact des faunes paléarctique et tropicale au sud du Sahara, des lumières décisives.

Buchanan a étudié, particulièrement, la région de l'Aïr. Quant à nous, nous avons suivi un itinéraire plus à l'est, à travers le chapelet d'oasis du Kaouar, les immenses dunes de l'Adjetedaoua, et les plateaux ondulés qui s'étendent d'Agadem à Beduarom.

En ce qui concerne les Oiseaux, les résultats obtenus ont été fort importants. Ils peuvent se résumer comme suit :

1° L'Aïr a une avifaune d'un caractère tropical nettement précisé et comprenant, en particulier, des Pintades, des Soui-Mangas, des Perruches et des Calaos (Lophoceros) (3).

---

(1) Cf. *Novitates zoologicae*, 1921, p. 78-141, et 1924, p. 1-48; *Annales and Magazine of Nat. Hist.* 1925, p. 187-198.

(2) Cf. Voyage d'un naturaliste à travers l'Afrique. *Revue française d'Ornithologie* 1926, pp. 311-356, 428-440, 484-509.

(3) Certains voyageurs, et notamment Erwyn von Bary ont donné à l'Aïr un caractère essentiellement saharien, et non tropical. Cette opinion n'est plus aujourd'hui partagée par la majorité des botanistes.

2° Le passage de l'avifaune paléarctique à l'avifaune tropicale est *net* et *brusque*. Il n'y a ni *transition*, ni *mélange*.

L'apparition de cette avifaune tropicale a lieu à peu près en même temps que celle de la *Steppe à mimosées*. On s'en rend un compte immédiat en constatant la présence d'innombrables nids suspendus. Ces nids, pendus au bout des branches et à ouverture inférieure, sont tout à fait caractéristiques. Ils appartiennent principalement à des Soui-Mangas (Nectarinidés) ou à des Plocéidés.

Quel est maintenant le tracé de cette limite si nette ? Les auteurs du dix-neuvième siècle la plaçaient à peu près à la hauteur du 20e parallèle. Mais ce tracé rectilige était tout hypothétique. On ne savait presque rien, à cette époque, du Sahara méridional. Faute de documentation plus précise, M. Chapin a adopté en partie cette opinion dans la récente synthèse qu'il a présentée sur la répartition des Oiseaux en Afrique (1).

En réalité, cette limite coupe le méridien du Tchad un peu au Sud de Beduaram, c'est-à-dire entre les 15e et 16e degrés ; elle remonte pour contourner l'Aïr, atteint Iferouane (nord de l'Aïr) le 19e degré, redescend vers le 15e degré, et remonte encore pour contourner l'Adran des Iforhas, et atteindre le 20e degré à Tessalit.

*
* *

Les rapports de répartition entre les Mammifères paléarctiques et tropicaux (*Canis riparius* Hemp. et Ehr., *Vulpes rupelli* Rchbr., *Vulpes*

La faune mammalogique saharienne comporte de nombreux éléments tropicaux (*Canis riparius* Hemp. et Ehr., *Vulpes rupelli* Rchbr., *Vulpes pallida harterti* Thuma., *Procavia bounhioli* Kollmann, plusieurs espèces d'*Acomys*, etc.). Mais, si l'on étudie les choses en détail, on voit que ces éléments sont, pour la plupart, concentrés dans les montagnes, où règnent des conditions biologiques plus acceptables.

Il s'est passé ici quelque chose d'analogue à ce qui s'est passé pour la faune forestière équatoriale, qui, dans l'Afrique orientale, s'est disjointe en même temps que la forêt qui lui donnait asile, et ne persiste plus que sur les hautes montagnes.

Les éléments tropicaux de plaine, comme par exemple la Gazelle Mohor (*Gazella dama* Pall.), se révèlent très inadaptés au Sahara, et accusent un recul extrêmement considérable au cours des temps contemporains. La Gazelle Mohor, signalée par Duveyrier dans la plaine d'Admer, au sud du Tassili, ne se rencontre plus aujourd'hui qu'au sud des dunes de l'Adjetedaoua, soit près de 1.000 kilomètres plus au sud.

---

(1) Cf. *American Naturalist* LVII, p. 106 (1923) M. Chapin n'a pu, bien évidemment avoir connaissance des travaux cités plus haut du Dr Hartert (1924), du Dr O. Thomas (1925) et de nous-mêmes (1926) qui ont renouvelé l'aspect de la question

L'examen de la faune mammalogique de l'Aïr confirme le caractère tropical de ce massif. On y rencontre des Phacochères, des Singes (parmi lesquels un Cynocéphale) et en même temps un Oryctérope. C'est dire que l'Aïr ne peut être considéré comme appartenant au Sahara.

La différence de comportement que nous venons de signaler entre les Mammifères et les Oiseaux est assez facilement explicable. Devant l'aggravation progressive des conditions biologiques qui a marqué le dessèchement saharien, tous les êtres vivants ont cherché refuge où ils pouvaient. Les Mammifères, doués de faibles facultés de locomotion, ont disparu presque partout, et n'ont persisté que dans les montagnes, comme le Hoggar ou le Tassili, qui ont continué à leur offrir un milieu acceptable, et ont constitué là de véritables relictes. Les Oiseaux ont profité de leurs ailes pour quitter un séjour devenu par trop inhospitalier.

Il nous paraît certain que l'étude des autres groupes animaux, Insectes et Mollusques notamment, dans les massifs montagneux sahariens, révélerait des faits analogues, permettant des conclusions identiques.

---

Maurice ROSE

Chef de travaux de Zoologie générale à l'Université d'Alger

---

## 1° LES CARACTÉRISTIQUES GÉNÉRALES DU PLANKTON DE LA BAIE D'ALGER

---

Lorsqu'on étudie la population pélagique de la région algéroise, ce qui frappe immédiatement l'observateur, c'est la proportion relativement grande de formes franchement pélagiques qu'on y rencontre. Elles donnent aux récoltes faites au filet fin un faciès de haute mer plus marqué que ne le présentent les pêches méditerranéennes faites à la même distance du rivage, sur les côtes françaises par exemple. En outre, le plankton récolté ne contient pratiquement pas de sable ou de vase en proportion quelque peu importante. Ceci est dû sans aucun doute, à l'absence de marées et de courants un peu puissants. Il y a un contraste net, à ce point de vue, entre le plankton d'Alger et celui du Maroc recueilli à la même distance du littoral.

Mais si les formes de haute mer sont abondantes, elles sont toujours associées cependant, à des espèces beaucoup moins pélagiques et des larves variées qui démontrent l'existence de la terre proche. D'où un faciès néritique et côtier indiscutable des récoltes. Mais la proportion relativement faible de ces espèces indique une mer relativement profonde, un socle continental très bref. Or les larves d'animaux benthoniques adaptées à la vie pélagique temporaire sont assez variées, ce qui démontre l'existence d'une riche faune épanouie sur le court plateau sous-marin. De plus, parmi ces larves, il s'en trouve de très particulières, que je n'ai jamais vues ailleurs, ce qui indique probablement des découvertes zoologiques intéressantes dans des draguages un peu profonds.

Tout ceci s'explique très bien en considérant la structure du rivage et du sol sous-marin, et l'on peut dire que ce sont les conditions géographiques locales qui donnent au monde pélagique de la région d'Alger sa physionomie générale particulière.

Malgré tout, quelques formes vivant d'une manière normale sur le fond montent cependant parfois à la surface, ou sont arrachées de leur support par les tempêtes. C'est le cas de nombreux Ostracodes, d'Harpacticides variés, de certains Cumacés que j'ai capturés en plein jour dans mes coups de filet superficiel, des jeunes Amphioxus de diverses Diatomées benthoniques.

Parfois, l'entraînement est purement mécanique, dans d'autres cas, il semble que les animaux normalement benthoniques, puissent prendre sporadiquement des habitudes quelque peu vagabondes. C'est le cas des mâles de Cumacés d'après Sars, et le cas des jeunes Amphioxus est depuis longtemps classique. C'est pourquoi tous les planktonologistes signalent ces formes lorsqu'ils les rencontrent dans leurs coups de filet. On recueille ainsi des documents qui peuvent être intéressants au point de vue faunistique, ou éclairer la biologie de certains êtres.

A Alger, comme ailleurs, on trouve de ces espèces : mais elles sont assez rares, et le plankton garde dans son allure générale, un caractère plus pélagique que sur les côtes françaises de la Méditerranée, sauf peut-être à Monaco, pour des stations plus éloignées du rivage d'ailleurs.

---

## 2° COMPARAISON ENTRE LE PLANKTON D'ALGER ET CELUI DES COTES MÉDITÉRRANÉENNES FRANÇAISES

---

Si l'on compare rapidement le plankton des contrées algéroises et des rivages français de la Méditerranée, on s'aperçoit que les récoltes présentent des différences qualitatives assez considérables. Examinons plus particulièrement le groupe des Copépodes pélagiques qui est plus spécialement de ma compétence.

En France, *Clausocalanus arcuicornis*, *Paracalanus parvus*, *Oithona nana* sont surabondants en surface, associés à *Acartia Clausi*. A Alger, ces espèces existent toujours, mais en beaucoup moins grande abondance. *Oithona nana* y est même relativement rare. Par contre, *Oithona plumifera*, *O. similis* et d'autres formes encore, sont nettement plus fréquentes. Le genre *Eucalanus* est aussi plus abondamment représenté. *Rhincalanus nasutus* est fort commun l'hiver et au printemps sur la côte africaine, assez rare sur le littoral français. *Calanus brevicornis* se trouve parfois commun dans certaines pêches et je ne l'ai jamais vu à Monaco, ni à Cette, ni à Banyuls. De même, certains *Haloptilus*, des *Acartia* et *Paracartia* sont recueillis en nombre dans la baie algéroise, n'existent pas en France.

Les Centropagidae sont représentés abondamment sur le littoral nord-africain. *Centropages Chierchiae* est parfois abondant. Or je ne l'ai vu qu'une fois à Monaco sur près de 2.000 récoltes réparties sur plus de sept ans. Il se trouvait au-dessous de 100 mètres, tandis qu'ici il se récolte en surface comme sur la côte marocaine. *Centropages hamatus*, *C. violaceus* sont plus abondants dans notre région ; c'est l'inverse pour *C. typicus*.

*Candacia bipinnata* est commune à Alger, inconnue en France. Les autres familles de Copépodes pélagiques donnent des indications du même ordre.

Il est intéressant de constater que certaines formes du plankton de surface communes à Alger, ne se trouvent jamais ou très rarement au même niveau dans les eaux françaises, mais parfois, on les rencontre en profondeur. C'est le cas de *Centropages Chierchiae*, de divers *Haloptilus*, de *Pleuromamma abdominalis*, etc.

Or, beaucoup de ces formes sont incontestablement d'origine atlantique. *Centropages Chierchiae*, par exemple, est d'une extrême abondance sur les côtes marocaines. On l'a signalé en outre à Gibraltar, Malte, Messine, Naples. Mais il devient de plus en plus rare et de plus en plus profond à mesure qu'on s'avance vers l'est. Il paraît en être de même pour *Calanus brevicornis*, *Candacia bipinnata*, diverses *Acartia*, etc.

Je crois qu'on peut considérer comme certain que diverses espèces atlantiques, en pénétrant dans la Méditerranée, réagissent contre le nouveau milieu en s'enfonçant davantage à mesure que le caractère océanique des eaux s'estompe.

Il semble que des faits de nature voisine aient été plus ou moins soupçonnés par les planktonologistes qui se sont occupés du matériel pélagique récolté par l'expédition danoise du Thor, particulièrement en ce qui concerne le phytoplankton et les Péridiniens.

## 3° CONSIDÉRATIONS GÉNÉRALES SUR LE PLANKTON DE LA MÉDITERRANÉE OCCIDENTALE

L'étude, même superficielle, du plankton de la baie d'Alger, montre parmi ses constituants la présence de nombreuses formes d'origine atlantique incontestable. Ce fait, facile à constater, se voit très clairement dans le groupe des Copépodes pélagiques. Selon les espèces, on peut constater une évolution particulière qui ne paraît pas dénuée d'intérêt général.

Certaines formes océaniques pénètrent par Gibraltar, sont entraînées par le courant nord-africain, mais ne peuvent guère s'adapter aux conditions particulières que leur offrent les eaux méditerranéennes. Elles persistent tant que les eaux atlantiques ne sont pas trop modifiées, mais finissent par disparaître peu à peu. Ces espèces offrent un très grand intérêt : car elles permettent de prouver d'une manière indiscutable les échanges faunistiques entre l'Océan et la Méditerranée. Elles fournissent un cas très clair, d'interprétation facile.

D'autres formes immigrées en même temps, finissent peu à peu par s'adapter aux eaux spéciales méditerranéennes, et y mènent une vie plus ou moins précaire, mais suffisante. On les rencontre plus ou moins rares dans la Méditerranée occidentale.

D'autres, au contraire, trouvent les conditions nouvelles plus favorables que celles du milieu d'origine, et se mettent à prospérer et à pulluler comme dans un immense vivier naturel, et leur abondance pourrait sans doute faire ilusion sur l'origine de leur patrie. Ceci semble le cas par exemple, pour *Oithona nana*, et peut-être pour *Clausocalanus* et *Paracalanus*.

Enfin, certaines espèces paraissent particulières à la Méditerranée, et ont sûrement une origine autre que l'Atlantique.

En définitive, il est sûr que Gibraltar nous envoie un grand nombre d'espèces océaniques. Or, de par sa position géographique, cette porte d'entrée est d'un intérêt considérable. Elle se trouve en effet à peu près à la limite nord de l'aire de répartition de certaines formes sub-tropicales, et à la limite sud d'espèces d'eaux tempérées froides. Et ainsi par le détroit, pénètre un mélange de deux faunes qui vont se trouver plus ou moins intriquées dans le bassin, et y évoluer d'une manière plus ou moins indépendante. Leurs éléments seront disséminés par les courants en des endroits variés et, au hasard des conditions générales et locales, s'adapteront plus ou moins, avec ou sans modifications morphologiques, se développeront ou disparaîtront sans laisser de traces. Une immense expérience sur la variation et l'adaptation se fait donc et se renouvelle tout les jours, d'où l'intérêt scientifique considérable d'une étude serrée et méticuleuse du plankton immigrant et de son devenir.

J. DARESTE DE LA CHAVANNE
Assistant à la Faculté des Sciences de Lyon

# SUR LA RÉPARTITION GÉOGRAPHIQUE DU LIAS DE TYPE ALPIN ET SICILIEN A FACIES A BRACHIOPODES DANS L'AFRIQUE DU NORD ET DANS LES RÉGIONS VOISINES CIRCUM-MÉDITÉRRANÉENNES

*Caractères du facies.* — Le Lias de type alpin et sicilien à facies à Brachiopodes est caractérisé :

*a)* Au point de vue lithologique, par des calcaires zoogènes souvent en masses compactes, à stratification généralement confuse, de coloration sombre et rarement claire, durs, à l'aspect marmoréen, constituant un relief caractéristique et jouant un rôle important au point de vue orogénique.

*b)* Au point de vue faunique, par l'abondance des Brachiopodes : *Rhynchonella, Terebratula, Zeilleria, Glossothyris, Spiriferina,* par la présence d'assez nombreux Lamellibranches et de quelques Gastropodes, et généralement par la rareté des Cephalopodes représentés surtout par les genres : *Rhacophyllites, Phylloceras et Harpoceras.* C'est un facies de mer assez profonde.

*Répartition géographique du facies.* — Dans l'Afrique du Nord et

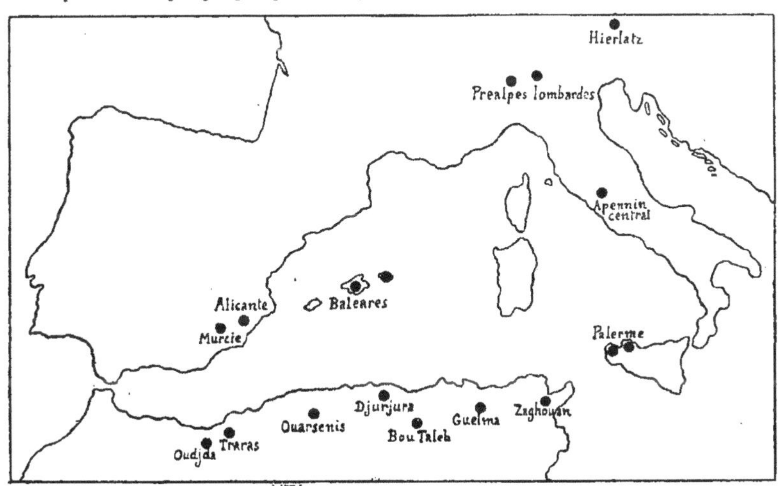


Répartition géographique du Lias.

dans les pays voisins circum-méditerranéens, ce facies ainsi défini se trouve réparti dans les régions suivantes, où il se présente d'une façon particulièrement nette. On le rencontre dans les Alpes tyroliennes à Hierlatz, dans les Préalpes lombardes, en plusieurs points de la chaîne des Apennins, en Sicile, dans le Nord de la Tunisie (Zaghouan), dans la partie septentrionale de l'Algérie, dans la chaîne numidique, dans les Babors, dans la Kabylie du Djurjura et en de nombreux points de l'Atlas tellien (Monts de Guelma, Monts du Hodna au Bou Taleb, massif de l'Ouarsenis, massif des Traras), dans le Maroc nord-oriental dans la région d'Oudjda (massif des Beni Snassen, massif du Djebel Hamra et ses dépendances), dans le Riff, en Espagne, dans les provinces d'Andalousie, de Murcie et d'Alicante, enfin en certains points de l'Archipel des Baléares.

La carte schématique ci-jointe indique les principaux points de l'Afrique du Nord et des régions voisines circum-méditerranéennes, où a été signalé le Lias de type alpin et sicilien à facies à Brachiopodes.

*Extension horizontale du facies.* — Ce facies à Brachiopodes, ainsi réparti géographiquement, correspond à l'emplacement du géosynclinal, qui, à l'époque liasique, entourait le continent tyrrhénien, lequel s'étendait approximativement entre la chaîne des Apennins, la Sicile, les chaînes bordières de l'Afrique du Nord, le Riff, la chaîne bêtique et l'Archipel des Baléares. C'est dans ce géosynclinal que se sont formés ces sédiments de calcaires zoogènes à facies à Brachiopodes, facies de mer assez profonde. Toutefois, ce géosynclinal, où ce faciès a pris naissance, devait présenter une largeur variable. Assez étroit en certains points de son trajet, notamment dans les Apennins et en Sicile, où les aires géographiques occupées par ce facies sont parfois très restreintes, il paraît avoir été plus largement ouvert dans l'Afrique du Nord et dans la péninsule ibérique. De part et d'autre de l'aire de répartition de ce facies à Brachiopodes, c'est-à-dire en dehors du géosynclinal, apparaissent les faunes ordinaires à Cephalopodes. Dans le fond seulement du géosynclinal, les conditions de vie et de sedimentation ayant été bien spéciales, ces formations de calcaires zoogènes à facies à Brachipodes ont pu se développer.

*Extension verticale du facies.* — Ce facies à Brachiopodes n'a pas persisté pendant toute la période liasique dans ce géosynclinal ainsi délimité. Tous les étages du Lias n'ont pas été envahis par ce facies. Celui-ci a apparu dans certaines régions au Lias inférieur et surtout au Lotharingien ; il a persisté au Lias moyen et particulièrement durant le Pliensbachien et le Domérien inférieur, époques pendant lesquelles il se trouve le plus généralisé ; enfin, il a envahi en de nombreux points le Domérien supérieur. Par contre, au Lias supérieur, ce facies bien spécial a fait place à peu près partout aux facies à Cephalopodes habituels des provinces méditerranéennes, à part quelques rares exceptions.

*Succession des faunes de ce facies.* — Parmi ce complexe d'assises calcaires à stratification le plus souvent indiscernable et à faune composée surtout de Brachiopodes, il est délicat à priori de distinguer une succession de faunes bien individualisées. Toutefois, d'après l'étude comparative des faunes provenant des divers gisements situés sur le trajet de ce géosynclinal, il semble que l'on peut y reconnaître quatre faunes principales, ou plutôt quatre ensembles de faunes s'étant succédées durant la formation de ces dépôts de calcaires zoogènes :

1° Une faune caractérisée par de petites Rhynchonelles de forme subtriangulaire en général peu plissées ou incomplètement plissées : *Rh. gryphitica, Rh. Deffneri, Rh. belemnitica, Rh. plicatissima.* Elle représente le niveau des calcaires à Arietites, c'est-à-dire le Sinémurien inférieur. Elle a été reconnue surtout dans les Alpes tyroliennes et vaudoises et dans le Maroc nord-oriental au Sud d'Oudjda.

2° Une faune, dont celle d'Hierlatz peut être prise comme type. Cette faune est caractérisée par la présence de Spiriferines nombreuses : *Spiriferina alpina, Spiriferina angulata,* par l'absence de *Pygope Aspasia* (=*Glossothyris Aspasia*) qui n'est encore représentée que par sa forme ancestrale *Glossothyris nimbata,* par l'abondance des Zeilleria à forme triangulaire, dont *Zeilleria hierlatzica,* par la présence de certaines Rhynchonelles, telles que *Rh. Fraasi, Rh. Greppini, Rh. Guembeli, Rh. inversa.* Cette faune représente le Lotharingien. On la rencontre dans les Alpes tyroliennes à Hierlatz ; cette faune typique n'est pas nettement représentée dans l'Afrique du Nord et en Sicile, les faunes signalées dans ces dernières régions paraissant être d'âge un peu plus récent ; par contre, certaines faunes signalées par M. J. de Cisneros en Espagne dans les provinces de Murcie et d'Alicante semblent se rapprocher davantage de la faune type d'Hierlatz.

3° Une faune, dont celle de Palerme en Sicile peut être prise comme type. Cette faune est caractérisée par la persistance de plusieurs Spiriférines de la faune d'Hierlatz, dont *Spiriferina angulata,* par l'apparition de *Spiriferina Sicula* et surtout de *Spiriferina rostrata* type, par la persistance de certaines Zeilleria à forme triangulaire de la faune d'Hierlatz, dont *Zeilleria Partschi,* et auxquelles s'ajoutent *Zeilleria Catharinæ,* par l'apparition de *Zeilleria numismalis,* par la persistance de quelques Terebratules de la faune d'Hierlatz dont *T. Andleri* et *T. Engelhardti* et auxquelles s'ajoutent *T. shpœnoidalis, T. punctata, T. Jauberti,* par la persistance de certaines Rhynchonelles de la faune d'Hierlatz telles que *Rh. retusifrons* et *Rh. polyptycha* auxquelles s'ajoutent des formes nouvelles telles que *Rh. flabellum, Rh. serrata* et *Rh. Briseis,* enfin par la persistance de certains Gastropodes d'Hierlatz, tels que *Discohelix excavata* et *Eucyclus alpinus* et par l'apparition d'un curieux Gastropode senestre *Zygopleura (Katosira) sinistrorsa.* Cette faune, associée en certains points à de très rares Cephalopodes tels que *Harpoceras Algovianum*, *Harpoceras Kurrianum*, *Harpoceras cele-* le Pliensbachien et en partie au moins le Domérien inférieur. On la rencontre dans les Préalpes lombardes à Gozzano, en Sicile près de Palerme, et dans toute l'Afrique du Nord, depuis le Nord de la Tunisie jusque dans le N.-W. de la province d'Oran : le dôme du Zaghouan, l'Atlas tellien de la Numidie orientale près de Guelma où je l'ai découverte jadis, le massif du Bou Taleb dans les Monts du Hodna étudiés par M. Savornin, le massif du Djurjura, le massif de l'Ouarsenis et le massif des Traras jalonnent cette direction et ont fourni des faunes toutes à peu près de cet âge. Les gisements, signalés en Espagne dans les provinces de Murcie et d'Alicante par M. J. de Cisneros, renferment pour la plupart des faunes analogues. Enfin, dans les Baléares, Hermite et M. Fallot citent certains gisements liasiques à facies à Brachiopodes également contemporains des précédents.

4° Une faune, dont celles recueillies par Gentil et M. Savornin dans le Maroc oriental aux environs d'Oudjda peuvent être prises comme type. Ces faunes sont caractérisées par l'absence de Spiriferines dont le rameau s'éteint, par l'absence de *Glossothyris Aspasia*, par la disparition des Zeilleria à forme triangulaire des faunes précédentes, par la persistance de *Zeilleria numismalis* et par l'abondance de *Zeilleria subnumismalis*, par la persistance de *T. punctata* et de *T. Jauberti*, par l'abondance de *T. subpunctata* et de *T. subovoides*, et par l'apparition de nouvelles Rhynchonelles d'assez forte taille telles que *Rh. Rosenbuschi* et *Rh. Beneckei*. Cette faune à laquelle succède immédiatement une faune de Céphalopodes toarciens, représente sans conteste le Domériens supérieur et probablement une partie du Domérien inférieur. Elle semble n'avoir été rencontrée aussi nettement caractérisée que dans le Maroc Nord-Oriental vers Oudjda, où d'ailleurs elle se présente dans des formations dont le facies lithologique plus marneux est un peu différent du faciès classique des calcaires zoogènes compacts à Brachiopodes. Ce fait tend à prouver qu'on se trouve en ce point un peu en dehors de l'axe de la fosse profonde du géosynclinal circumtyrrhénien. Enfin M. Fallot a signalé dans les Baléares certains gisements liasiques à Brachiopodes dont les espèces citées indiquent le Domérien supérieur.

---

Dr P. RUSSO
Médecin major
Chef des Services hydrologiques du Maroc, à Rabat

# CONTRIBUTION A L'ÉTUDE DES CONDITIONS DE PEUPLEMENT DES MERS MAROCAINES AU JURASSIQUE

Les dernières années ont vu se constituer un fonds de documentation sur le Maroc qui permet de commencer à essayer de synthétiser ce que l'on peut connaître sur ce pays touchant les conditions de peuplement de ses mers à diverses époques. Nous nous cantonnons aujourd'hui dans le Jurassique.

Les documents auxquels sont empruntées les données de départ de cette note sont les publications de MM. Abrard, Beaugé, Daguin, Gentil, Joleaud, Lugeon, pour le Prérif, Gentil, Milans del Bosch, F. Navarro et moi-même pour le Rif, Brives, Gentil, Roch pour le Sud-Ouest, Daguin, Gentil et moi-même pour le Grand Atlas et la Moulouya, Douvillé et P. Termier pour la région de Bou Denib, Gentil, Savornin, H. Termier et moi-même pour le Moyen Atlas, Gentil et moi-même pour le Nord-Est et les Beni Snassen, Flamand et moi-même pour la Bordière des Hauts Plateaux et les Chaînes du Sud. En outre, j'ai personnellement recueilli un assez grand nombre de documents non encore publiés qui trouveront lieu de servir ici.

On peut distinguer au Maroc, sous réserve de découvertes ultérieures, une région où le Jurassique se montre à peu près complet, de l'Infra Lias au Jurassique supérieur, et des régions où il n'est que partiellement représenté.

Il est complet dans la plus grande partie du pays compris entre le Sahara, la Moulouya et la Méditerranée (Maroc oriental). Au contraire, au nord de ce pays (Beni Snassen et Monts d'Oudjda), la transgression du Domérien sur le Trias ou sur le Paléozoïque montre que l'Infra Lias et le Sinémurien ne s'y sont pas déposés.

Dans l'ensemble du Maroc, les faunes recueillies dans le Lias moyen montrent, chez les Beni Snassen, des dépôts à *Phylloceras* accompagnés de dépôts néritiques, et pour le reste des portions du Maroc où se montre le Lias, seulement des dépôts néritiques à *lamellibranches* et *brachiopodes*. Ces faunes néritiques présentent une intéressante constance de type dans tout le pays.

Plus haut, le Lias supérieur montre une extension horizontale bien plus grande ; il se rencontre dans toutes les régions que j'ai nommées au début de cette note : Prérif, Rif, Sud-Ouest, Atlas, etc. Sa faune, bathyale dans l'Est, est néritique dans l'Ouest. Elle est constante et constituée surtout par des *céphalopodes* dans l'Est, plus variable et à *brachiopodes* dans l'Ouest. Les mêmes espèces ont été rencontrées à peu près dans tout le Maroc en ce qui concerne les *Phylloceras* et *Lytoceras*.

Quand nous atteignons le Jurassique Moyen, les faunes bathyales se raréfient, cependant on trouve encore dans le Rif, les Beni Snassen, le Prérif, la Bordière, etc., des échantillons d'*Ammonites* ou de *Belemnites*, mais ce qui domine, ce sont les peuplements néritiques à *Brachiopodes*, parfois extrêmement riches en individus. Dans le Callovien, l'Oxfordien, le Séquanien, ce sont des faunes à *Oursins*. à *Posidonomyes* qui se manifestent et ces étages n'ont été reconnus avec certitude que dans le Maroc oriental.

On remarque que les espèces d'ammonites recueillies dans le Lias supérieur sont presque toutes des espèces du Toarcien aveyronnais, avec des *Phylloceras* et *Lytoceras* qui indiquent à la fois la profondeur grande et le rattachement à la province méditerranéenne. Ces formes bathyales succèdent aux formes néritiques à caractères ibériques et alpins du Lias inférieur et moyen, et sont elles-mêmes remplacées au Jurassique moyen et supérieur par des formes néritiques analogues à celles du Portugal et de Provence.

Les conditions de peuplement au Maroc durant le Jurassique paraissent, en l'état actuel des connaissances, pouvoir être caractérisées comme suit :

1° Continuité entre les mers marocaines à faune néritique du Lias inférieur et moyen et les mers de Lombardie, du Languedoc, de la Meseta ibérique.

2° Continuité des mers profondes du Lias supérieur avec celles de l'Aveyron, des Cévennes, des Alpes, d'Espagne et des Baléares.

(Les diverses espèces recueilies ont passé des mers d'orient aux mers d'occident et non en sens inverse, car les faciès sont à ces époques de moins en moins profonds en allant d'Est en Ouest.)

3° Continuité des mers du Jurassique Moyen avec celles de Normandie, d'Angleterre et d'Andalousie.

4° Continuité des mers du Jurassique supérieur avec celles des Causses et du Portugal.

(Il s'agit presque uniquement de dépôts néritiques dans ces deux dernières séries.)

André THERY
Correspondant du Muséum national d'Histoire naturelle
Institut scientifique chérifien à Rabat (Maroc)

## BIOGÉOGRAPHIE ET ENTOMOLOGIE

L'étude des migrations des formes animales sur le globe offrant la plus grande importance pour la connaissance de la formation des faunes, je crois utile de faire ressortir les difficultés qu'éprouve l'entomologiste dans l'étude de ces migrations durant les temps géologiques, et la nécessité pour lui d'adopter des méthodes de travail adaptées aux obstacles qu'il rencontre.

Ces obstacles sont :

1° Le manque de documents paléontologiques *certains.*

2° La multiplication *inconsidérée* des genres et des espèces dans les formes actuelles.

*Manque de documents paléontologiques certains.* — Les insectes, à l'inverse de ce qui se passe pour les coquilles et les squelettes des mammifères, se conservent difficilement après leur mort et il faut des conditions très spéciales, pour qu'à l'état fossile, ils puissent être déterminés avec certitude. Les insectes les mieux conservés à l'état fossile se rencontrent dans l'ambre et leur étude n'offre guère plus de difficultés que celle des espèces vivantes, mais l'ambre est un produit très localisé sur le Globe (1) et l'étude des insectes qu'il renferme est celle d'une toute petite faune limitée au territoire des forêts de conifères producteurs de cette résine.

Les insectes fossiles que l'on rencontre dans les différentes couches géologiques sont loin d'offrir le même caractère de conservation parfaite, les antennes, les tarses et même parfois les pattes, organes possédant un grand nombre de caractères génériques, manquent souvent complètement ou sont dans un si mauvais état de conservation que l'étude de ces caractères devient impossible. Il est donc peu prudent d'adopter sans contrôle les noms attribués à des animaux aussi mal conservés, quand leurs auteurs les font rentrer dans des genres encore actuellement vivants.

Ce qui s'applique aux Buprestides peut s'appliquer à tous les autres insectes, je prendrai donc comme exemple les insectes de cette famille que j'ai particulièrement étudiés.

Les premiers Buprestides signalés remonteraient à l'ère secondaire

(1) Baltique (Oligocène) ; Sicile (Miocène).

(Trias), ils forment les genres *Pseudobuprestites* Hand., *Parabuprestites* Hand., *Mesostigmodera* Etheridge et Olliff, etc., mais il est infiniment peu probable selon Handlirsch (*Die fossilen Insekten*, 1908), que ces formes appartiennent réellement à la famille des Buprestides. Dans le Lias, les Buprestides seraient abondamment représentés par les genres *Micranthaxia* Heer, *Proctobuprestis* Hand, *Melanophilopsis* Hand., *Melanophilites* Hand., etc. (ces deux derniers créés pour des espèces décrites comme *Melanophila*) ; mais ici encore, Handlirsch affirme que ces genres ne se rattachent nullement à la famille qui nous occupe. Un bon nombre des genres créés par Heer ont été établis d'après un élytre ou même un fragment d'élytre, aussi est-on en droit de considérer ses travaux comme assez peu sérieux.

Dans le Jurassique, au milieu de quelques genres fort douteux, on trouve pour la première fois, un genre (*Eurythyreites* Hand., créé pour *Eurythyrea grandis* Deichmüller), qui paraît bien se rattacher nettement à la famille des Buprestides, mais ce genre dont les espèces atteignent une longueur de 28 mm., ne saurait être considéré comme la forme ancestrale des *Eurythyrea* dont la longueur ne dépasse pas 20 mm. L'abondance des Buprestides dans le Jurassique, signalée par certains auteurs, est une notion fausse, découlant d'un examen trop superficiel, comme c'est le cas pour *Chrysobothris veterana* Heyd. qui ne serait, d'après Handlirsch, autre chose qu'un *Hydrophilidae !*

Aucun Buprestide n'est, à ma connaissance, cité du crétacé. Durant l'ère tertiaire, les genres actuels commencent à apparaître, malheureusement l'ambre qui nous fournit les meilleurs documents ne renferme que peu de Buprestides et jusqu'à ce jour, aucune espèce de cette origine n'a pu être déterminée avec certitude. La formation lacustre d'Œningen a fourni à Heer un grand nombre de Buprestides qu'il a rattachés en majeure partie aux formes actuelles ; sur 19 genres cités par lui, 14 existent encore, mais on peut se demander si ces genres ont été judicieusement choisis, quand on voit la façon dont Heer et Heyden ont traité les formes de l'ère secondaire. Les mêmes doutes sont permis en ce qui concerne les travaux de Wickham auquel on voit décrire comme *Acmaeodera*, des insectes pourvus d'écusson et dont les élytres ne sont pas soudées (1).

Si nous admettons la répartition des genres durant l'époque tertiaire, telle que l'établissent les paléontologues, nous constatons que, déjà à cette époque, la faune holarctique avait atteint le facies actuel, puisque nous rerouvons dans le Miocène de Florissant, aux Etats-Unis, une partie des genres qui se rencontrent dans la formation correspondante d'Œningen, en Europe, et nous remarquons que les genres aujourd'hui propres à la faune paléarctique comme *Capnodis*, *Perotis* et *Lampra* l'étaient déjà au Miocène. Il n'y aurait donc eu durant

(1) Toutes les *Acmaeodera* et elles seules parmi les Buprestides, ont les élytres soudés et par conséquent n'ont pas d'écusson.

l'ère tertiaire, aucune migration des genres et il faudrait admettre que les *Buprestidae*, insectes thermophiles au plus haut degré, n'ont subi aucune modification dans leur distribution du fait des perturbations produites par l'invasion glaciaire durant le Pléistocène ; cela paraît improbable car il est généralement admis que durant l'ère tertiaire, l'Europe et l'Amérique du Nord étaient occupées par une faune à facies tropical nettement prononcé, ce qui ne ressort cependant pas des travaux des paléontologues qui ont étudié la faune entomologique de cette époque et ont toujours cherché à rattacher les insectes qu'ils décrivaient aux espèces actuellement vivantes dans le même pays, et cela sans tenir compte des migrations des formes à travers le Globe qui se sont nécessairement produites dans les temps géologiques.

De ce qui précède, il faut conclure :

ou que la faune de la région néarctique à l'époque actuelle est composée en grande partie et sans modifications dans leur distribution, de genres qui habitaient la même région durant l'ère tertiaire et par conséquent n'a subi aucune influence des perturbations glaciaires du Pléistocène, ce qui semble contraire aux données actuelles de la Science,

ou que les noms de genres récents donnés aux formes de l'ère tertiaire leur ont été attribués à tort et qu'il eût fallu rechercher leurs affinités avec la faune tropicale actuelle. Il est bon de remarquer, toutefois, qu'on n'a pas jusqu'ici retrouvé à l'état fossile les formes de grande taille, caractéristiques de la forme tropicale récente, formes qui représentent l'épanouissement final de rameaux phylétiques très évolués, mais peut être encore en transformation durant l'ère tertiaire, ce qui expliquerait leur faciès se rapprochant de celui de la faune paléarctique actuelle, moins évoluée que la faune tropicale.

2° *Multiplication inconsidérée des genres et des espèces dans les formes actuelles.* — L'étude de la répartition géographique d'un genre sur le Globe peut fournir de précieuses indications biogéographiques, la présence simultanée en Australie et dans l'Amérique du Sud des genres *Curis* et *Stigmodera* établit d'une façon certaine qu'un pont a autrefois réuni les deux pays. Scinder ces genres, comme l'ont fait certains entomologistes, en prenant pour prétexte la différence des habitats et en utilisant des modifications infimes de leurs caractères génériques, est un non-sens qui fait disparaître les rapports biogéographiques existants entre ces deux régions du Globe.

La multiplication inutile des espèces est également regrettable, chaque espèce privée de toutes les formes qui gravitent autour d'elles et ne sont que ses sous-espèces, finit par se trouver localisée dans une toute petite région du Globe. *Sphenoptera parvula* décrite par Fabricius de Tanger occupe tout le bassin de la Méditerranée et s'étend probablement jusqu'en Chine, cependant chacune de ses sous-espèces a reçu un nom propre et a été considérée comme une espèce distincte, alors qu'aucun caractère nettement spécifique ne permettait d'agir ainsi, son aire de dispersion n'était donc pas connue jusqu'au jour où j'ai groupé toutes ses formes sous un même nom spécifique tout en faisant ressortir par des noms spéciaux de sous-espèces les différences qu'elles présentent.

J'ai dit plus haut qu'il était nécessaire pour l'entomologiste d'adopter des méthodes de travail appropriées aux difficultés qu'il rencontre. Ne pouvant utiliser les documents paléontologiques représentés par les insectes fossiles, il pourra sans doute procéder par analogie en étudiant les migrations de formes animales plus élevées, les mammifères, par exemple, quand ceux-ci auront une distribution géographique identique à celle des genres d'insectes examinés (1). Les Eléphants ont une aire de répartition actuelle identique à celle des *Sternocera* et aussi des *Chrysochroa*, auxquels nous réunissons, à titre de sous-genre, les *Steraspis*, cette aire, c'est l'Afrique et l'Inde ; on peut donc en conclure que ces divers animaux se sont suivis dans leurs migrations et que là où se retrouvent, à l'état fossile, les vestiges de l'Eléphant, habitaient également les insectes indiqués ci-dessus.

Enfin, en ce qui concerne le deuxième obstacle en face duquel se trouve le naturaliste, il paraît facile à surmonter, il suffira de ramener les genres et les espèces aux limites dont ils n'auraient jamais dû sortir.

---

Paul VAYSSIERE

Directeur-adjoint de la Station Entomologique de Paris

---

## LE CRIQUET PELERIN ET LES DONNÉES BIOLOGIQUES RÉCENTES SUR LES ACRIDIENS MIGRATEURS

---

Le problème qui domine tous les autres dans la question acridienne, en particulier en ce qui concerne le Criquet pèlerin, est la recherche des fameux foyers permanents, origines des bandes qui envahissent avec une périodicité plus ou moins régulière l'Afrique du Nord. Il semble bien que, ces toutes dernières années, un grand pas a été fait vers la solution grâce à un grand nombre d'observations, aiguil-

(1) C'est la méthode utilisée par Horvath (*Congrès int. d'Entom. de Zurich* (1925), p. 325 qui étudie la répartition des Colobathristides (Hémiptères) en la comparant à celle des mammifères du genre Tapir.

lées sur le dimorphisme des Acridiens migrateurs par les travaux d'Uvarov (1).

La théorie des « phases » s'est en effet adaptée successivement à plusieurs grands migrateurs : d'abord à *Locusta migratoria* (*migratoria* et *danica*), puis à *Locustana pardalina* (2), et enfin à *Schistocerca gregaria*, le Djerad-el-Arbi des Arabes.

Voici en effet ce que H.B. Johnston (3) a observé et qui nous intéresse d'une façon toute particulière, pour notre grand territoire nord-africain : en juillet 1925, des Sauterelles isolées sont vues en divers points de la Côte de la Mer Rouge entre Tokar et Port-Soudan : leur rareté était remarquable : six individus au maximum étaient rencontrés au cours d'une journée de recherches. La végétation était d'ailleurs extrêmement éparse et ces insectes cachés et inactifs sous les petites plantes buissonneuses, paraissaient ne pas s'alimenter. Ils avaient les caractères très typiques du *Schistocerca flaviventris*. A la fin de la même année, la région fut soumise à une période de pluies anormales et lorsqu'en février 1926, Johnston revint exactement aux mêmes points qu'en juillet précédent, il constata que les Sauterelles étaient en concentration importante. Ainsi le solitaire *S. flaviventris* a pu en six mois, produire de nombreux descendants dont la plupart ont des caractères très voisins du *Sch. gregaria* et dont certains étaient absolument identiques à ce dernier. Une longue série de spécimens récoltés montre une transition très remarquable et définie de la phase sédentaire (*flaviventris*) à la phase migratrice (*gregaria*), celle-ci étant en majorité. Les larves sauteuses, issues de ces derniers insectes, étaient en très grande majorité du type grégaire ; elles ravagèrent les récoltes et on en détruisit un grand nombre à l'aide d'appâts empoisonnés.

Johnston aurait observé que les survivantes, dans les mues suivantes, tendirent à prendre la coloration des criquets sédentaires.

Evidemment les faits exposés par l'entomologiste anglais n'ont pas la précision scientifique permettant d'avoir une certitude absolue dans le passage d'une forme à l'autre. Mais il y a de fortes présomptions pour que ces faits soient reconnus exacts expérimentalement, et, jusqu'à preuve du contraire, nous devons considérer *flaviventris* et *gregaria* comme les deux phases d'une espèce dimorphique. Uvarov (4) était déjà arrivé à la même conclusion par l'étude des spécimens des deux formes qui se trouvent dans les collections du British Museum. Il

(1) B. P. UVAROV. Quelques problèmes de la biologie des sauterelles, Ann. des Epiphyties. IX, 1923.
Voir également : P. VAYSSIÈRE : Le problème acridien et sa solution internationale. Matér. pr. l'étude des Calamités. N° 2. 1924.

(2) J. C. FAURE : The life-history of the Brown Locust (*Locustana pardalina*). Journ. Dpt. Agric. Bull. N° 4, 1923.

(3) H. B. JOHNSTON: A further contribution to our knowledge of the bionomics and control of the migratory Locust, *Schistocerca gregaria* Fosrk. (*peregrina* Oliv.). in the Sudan. Welc. tropic. Rsch. Labor., entom. Sect. Bull. 22, juin 1926.

(4) B. P. UVAROV, Notes on Locuts of economic importance, with some new data on the periodicity of Locust invasion. *Bull. of entom. Research*, XIV, 1923.

donna les caractères morphologiques qui permettent de différencier les deux phases, caractères qui plus sommairement ont été décrits par Johnston dans le tableau suivant :

| *Sch. gregaria* (migrateur) | *Sch. flaviventris* |
| --- | --- |
| 1. — Corps de l'insecte ailé, à maturité sexuelle, essentiellement jaune (mâle et femelle). Stades intermédiaires, plus ou moins jaune chez le mâle, colorés marron ou plombés chez la femelle. | 1. — Adultes beaucoup plus distinctement marqués, particulièrement dans la région thoracique. Une forte ligne claire longitudinale sur l'axe du thorax. |
| 2. — Fraîchement mués, adultes sont rose brillant. | 2. — Fraîchement mués, adultes sont blanc verdâtre. |
| 3. — Fortement grégaire à tous les stades. | 3. — Non grégaire. Les stades larvaires ne marchent pas. Les adultes sont dispersés en attendant leur complète maturité. |
| 4. — Derniers stades larvaires jaune marqué de noir. | 4. — Derniers stades larvaires vert ou avec des traces de marques noires. |
| 5. — Reproduction en été et en automne. | 5. — Reproduction probablement hivernale. |
| 6. — Est généralement émigrant. | 6. — N'émigre pas. |

Je rappelle que la collection du Museum d'Histoire Naturelle de Paris possède deux exemplaires de *flaviventris* récoltés à Laghouat par M. P. Lesne (1), et que Uvarov en connaît de Aïn Gettara. Il faudrait donc que nos entomologistes algériens recherchent les foyers de *flaviventris* qui existent dans leur pays et nous fournissent les éléments permettant d'aborder le problème des migrations acridiennes avec une base rationnelle.

Je n'ignore pas que Plotnikov a récemment essayé de battre en brèche la théorie des phases d'Uvarov en voulant démontrer que *Locusta migratoria* et *L. danica* sont deux espèces tout à fait distinctes (2).

J'ai analysé tous les arguments fournis dans ce but et je n'ai rien pu retenir qui infirme les idées de son compatriote sur les Acridiens migrateurs : le fait que chez *L. migratoria*, quelquefois un petit nombre d'œufs éclot au cours de l'été pendant lequel les oothèques ont été pondus au lieu de rester jusqu'au printemps suivant ne me paraît pas en opposition avec la théorie d'Uvarov. N'est-il pas dit plus loin par Pletnikov lui-même que l'élevage dense de *L. danica* doit fort pro-

(1) P. Vayssière, *Matériaux pour l'étude des Calamités* N° 8, p. 356, 1926.
(2) V. J. Plotnikov. *Locusta (Pachytylus) migratoria* L. et *L. danica* L. comme formes indépendantes et leurs descendants. Station d'essais d'Ouzbekstan pour la protection des végétaux. Tachkent, 1927, 33 p. (en russe).

bablement faire apparaître chez ce dernier la diapause embryonnaire constatée seulement chez le Criquet migrateur ?

Les expériences mendéliennes et les tableaux de mensuration ne me paraissent pas plus convaincants, surtout si on leur oppose les observations de Faure sur *Locustana pardalina* et de Johnston sur *Schistocerca gregaria* (1).

Pour ce dernier, il serait nécessaire de préciser justement le nombre de générations annuelles, nombre qui est variable selon l'espèce et la phase considérée. Pour le *S. gregaria* des hypothèses seules sont possibles : la phase migratrice a-t-elle, par exemple, deux générations comme certains auteurs ont tendance à le croire ? C'est possible, mais rien ne permet de l'affirmer, d'autant plus qu'il est vraisemblable que les vols constatés pendant deux ou plusieurs années consécutives n'ont pas forcément une relation phylogénétique entre eux ; les causes qui ont provoqué le passage de la phase sédentaire à la phase migratrice peuvent agir pendant un temps plus ou moins long et provoquer l'apparition successive de vols dans l'Afrique du Nord, totalement indépendants des vols de retour de l'été précédent.

Il faut préciser les diverses localités où peuvent s'effectuer le passage d'une phase dans l'autre et également les conditions grâce auxquelles ce passage d'opère. Il y a lieu de ne pas oublier que *flaviventris* au Soudan égyptien se reproduit en hiver et qu'il serait intéressant de pouvoir surveiller en Algérie et au Maroc au cours de cette saison, l'évolution des Acridiens disséminés sur le territoire et n'attirant pas l'attention. En connexion avec l'évolution des migrateurs, récemment V. P. Pospelov (2) a montré l'influence de la température et de l'humidité sur la maturation des œufs. La température étant de 35° C. et l'humidité au point de saturation, la maturation des organes génitaux et des œufs qu'ils renferment est obtenue chez *L. migratoria*, phase migratrice, et elle atteint exactement le même point que chez les congénères qui ont effectué pendant le même laps de temps, leur vol normal. Si au contraire, les insectes sont maintenus pendant la même durée à 20° C., ils meurent sans parvenir à la maturité sexuelle. Ces nouvelles données complètent très utilement les observations si importantes de Kunckel d'Herculais sur le Criquet pèlerin et celles plus récentes de Dampf (3) sur *Schistocerca paranensis* Burm. Chez cette espèce le développement du corps gras, des muscles des ailes, des ovaires, des œufs et enfin des sacs aériens a été suivi et a permis d'expliquer le changement de comportement des individus ailés, au cours de leur existence.

---

(1) Analyse du travail de Plotnikov dans : P.V.

(2) V. P. POSPELOV. The influence of tmeperature on the maturation and general health of *Locusta figratoria* L. *Bull. entom. Res.* XVI, 4, Londres 1926.

(3) A. DAMPF. Contribuciones a la Morfologia y Biologia de la *Schistooerca paranensis*, La Langosta devastadora de America. Monogr. Inst. Higien, N° 3, Mexico, 1925.

Enfin le dernier point sur lequel il y a lieu d'insister : les maladies microbiennes et la possibilité de les utiliser expérimentalement pour enrayer la multiplication des acridiens. On sait que M. Béguet (2) a pu conclure de ses « Campagnes d'expérimentation » de la méthode biologique contre les *Schistocerca...*, que : « on trouve dans le contenu intestinal des Acridiens d'Algérie normaux ou malades, des coccobacilles présentant les caractéristiques générales que donne d'Hérelle pour son *Coccobacillus acridiorum* ». Pospelov confirme ces observations en rappelant que Mereshkovsky en 1925 avait également démontré que le *Coccobacillus acridiorum* d'Hérelle, considéré en général comme parasite pathogène des Sauterelles, est en réalité un symbiote normal, toujours présent en quantité variable dans le sang de ces insectes. Il montre en outre que sous des conditions défavorables de température et d'humidité, le *C. acridiorum* devient un dangereux parasite, surtout au moment des mues. Cette constatation permet d'expliquer, dans une certaine mesure, pourquoi la période des mues est critique pour les Sauterelles.

Ainsi donc, sans attendre l'arrivée de vols de Criquets pèlerins, des études sur la biologie de ces insectes peuvent être entreprises et sont susceptibles d'apporter des éléments extrêmement précieux pour la prévision des vols eux-mêmes.

---

L. CHOPARD

## DISTRIBUTION GÉOGRAPHIQUE DE CERTAINS GROUPES D'ORTHOPTÈRES DE L'AFRIQUE DU NORD

Parmi les Orthoptères, parfois si nombreux en Afrique septentrionale, certains groupes attirent particulièrement l'attention de l'entomologiste et même souvent du simple curieux. On doit citer en tout premier lieu les Pamphagiens, ces grands Acridiens dont les femelles, énormes, atteignent jusqu'à 9 centimètres de longueur. Entièrement aptères ou munis seulement de tout petits élytres lobiformes, ces gros insectes sautent lourdement sur le sol et sont incapables de grands déplacements ; aussi ont-ils fourni nombre de races locales et présentent-ils pour le biogéographe un intérêt tout particulier. Ces

(2) M. Béguet. Etude des caractéristiques des Coccobacilles d'Acridiens isolés en Algérie de 1913 à 1916. *Arch. Inst. Pasteur de Tunis*, XI, 2, 1919.

Insectes sont presque exclusivement attachés au continent africain et leur origine éthiopienne ne peut faire aucun doute ; mais, comme I. BOLIVAR l'a fait remarquer (Genera Insectorum, *Pamphaginae*), les espèces du Nord de l'Afrique forment un groupe bien distinct.

La distribution géographique des vrais Pamphagiens comprend presque uniquement le Maroc, l'Algérie et la Tunisie, avec une trentaine d'espèces et les genres *Pamphagodes, Eunapiodes, Euryparyphes, Paraeumigus, Amigus, Acinipe, Pamphagus, Glauia, Ocneridia, Ariasa* et *Finotia* ; ils sont répandus dans toute la région depuis le littoral jusqu'au désert, présentant naturellement des formes spéciales suivant les localités ; on les rencontre même en montagne jusqu'à 1.800 mètres au moins. Il s'agit donc d'un groupe d'origine africaine et qui s'est richement développé au Nord du Sahara, tandis qu'un second groupe (les *Pamphagodes*) trouve son centre de dispersion en Afrique australe.

De l'Afrique du Nord, certaines espèces ont passé sur le continent européen, au Sud de l'Espagne et au Portugal d'une part (*Euryparyphes rugulosus, E. Stali, E. Bolivari*, genre *Eumigus*, quelques *Acinipe*), en Sicile et même en Sardaigne d'autre part (*Acinipe simillima, Pamphagus marmoratus, Ocneridia canonica*) ; une espèce a même été signalée à Naples, mais il est à remarquer que le *P. marmoratus*, qui se trouve en Sardaigne, n'a atteint ni la Corse, ni l'Italie. Enfin, un certain nombre de formes, la plupart appartenant à un groupe un peu spécial (*Nocarodes*), habitent la Syrie, l'Asie Mineure, le Caucase.

On peut supposer que ce groupe des Pamphagiens vrais a la même origine que les *Pamphagodes* de l'Afrique australe, mais s'en est séparé depuis fort longtemps. Certaines espèces ont pu passer en Espagne vers le Pliocène supérieur, avant la naissance du détroit de Gibraltar, de même que d'autres ont pu gagner la Sicile et la Sardaigne avant l'effondrement méditerranéen ; les conditions climatiques, ainsi que certains obstacles, tels que le détroit de Bonifacio, les ont empêchées par la suite de se répandre davantage vers le Nord.

De la répartition géographique des Pamphagiens est à rapprocher la distribution des *Sciobiae* et des *Ephippigerinae*. Les *Sciobiae* sont des Gryllides qui semblent originaires d'Afrique, comme les Pamphagiens; leur aire d'extension peut être presque calquée sur celle de ces derniers avec la seule différence que les *Sciobiae* n'ont pas atteint la Sicile et n'envoient aucun rameau vers l'Asie Mineure.

Quant aux Ephippigères, ils sont manifestement d'origine paléarctique ; leur centre de dispersion est certainement la péninsule ibérique qui compte plus de cinquante espèces ; de là, ils se sont répandus sur les deux bords de la Méditerranée, ne dépassant pas la Tunisie au Sud, mais gagnant par le Nord toute l'Italie et quelques espèces s'étendant même jusqu'en Hollande, en Suisse et en Europe centrale.

Bien que la répartition actuelle de ces trois groupes d'Orthoptères soit très analogue, il paraît certain que les migrations des Ephippigères se sont accomplies d'Europe vers l'Afrique du Nord, alors que celles des Pamphagiens et des Sciobiae ont eu lieu en sens inverse.

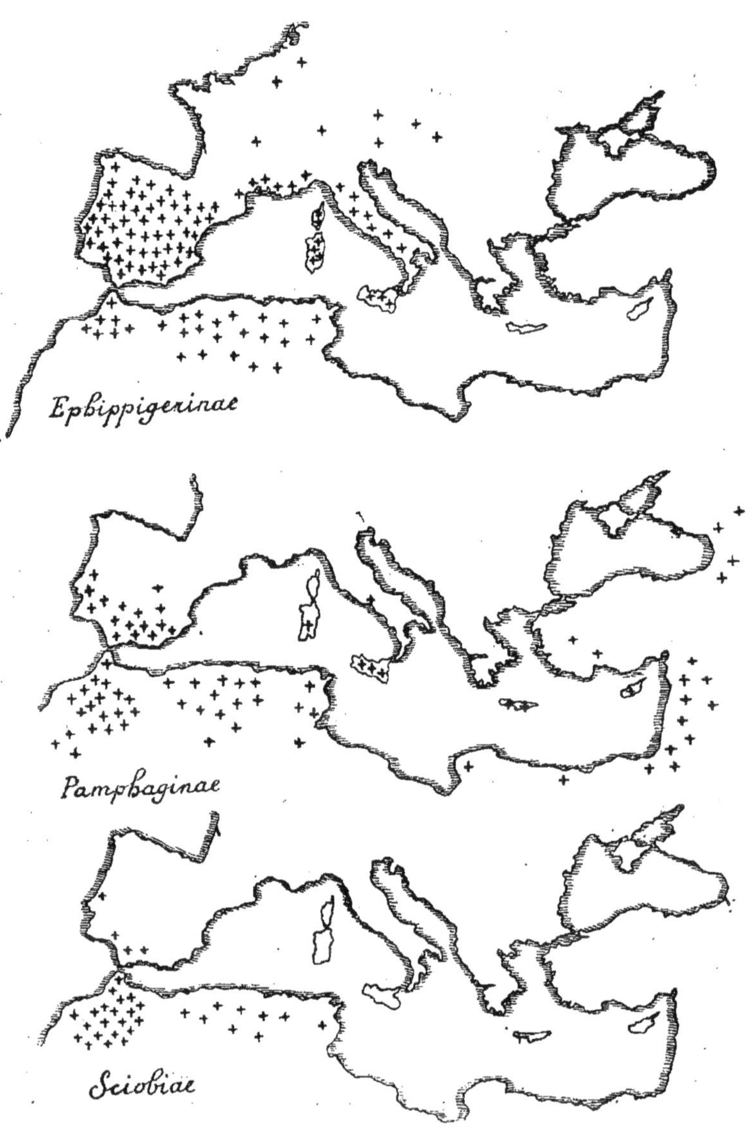


Répartition géographique de trois groupes d'Orthoptères.

Prof. G. COLOSI
(R. Università, Siena)

## SUR LA FAUNE DE LA CYRÉNAIQUE

La faune de la région de Barka, relativement pauvre en nombre d'espèces, présente néanmoins par rapport à celles de l'Afrique mineure et de l'Egypte, un intérêt particulier (1).

La Cyrénaïque a paru comme terre émergée à la fin du miocène et ne peut qu'avoir une faune de constitution récente. Nous pouvons y constater, à un premier coup d'œil, l'absence de plusieurs éléments très répandus dans toute la région circumméditerranéenne, la pauvreté d'espèces endémiques, la disjonction accusée avec la faune égyptienne. Une telle faune a dû se constituer aux dépens : 1° d'éléments marins qui passèrent à la vie d'eau douce ou terrestre après l'émersion du pays de Barka ; 2° d'éléments circumméditerranéens anciens et sahariens qui habitaient préalablement les côtes nubiennes mioceniques et qui se déplaçaient par migration active ; 3° d'éléments parvenus par transport passif ou récemment introduits.

Parmi les éléments de la première catégorie il faut signaler, je crois, *Typhlocaris lethaea*, décapode d'eau douce trouvé près de Bengasi, dont l'un des congénères (*T. galilea*) vit dans le lac Tiberiade (Palestine), et l'autre (*T. salentina*) à Terra d'Otranto (Puglie, Italie) et *Syngnathus algeriensis*, poisson thalassoïde qui se rencontre aussi en Algérie et en Egypte. Ces éléments fauniques ne sont pas nombreux car le nombre des formes qui ont abandonné la mer pour passer à la vie d'eau douce ou terrestre après le miocène moyen est bien réduit. Mais, puisque au contraire, très nombreuses sont les formes qui avaient précédemment colonisé les terres et les eaux continentales, nous constatons en Cyrénaïque l'absence de plusieurs éléments qui abondent dans les autres contrées circumméditerranéennes. C'est le cas de *Potamon edule* : ce crabe possède une large distribution et vit dans le Maroc, l'Algérie, la Tunisie, l'Egypte septentrionale, l'Italie, la Sicile, la Grèce, Chypre, Rhodes, la Syrie, le Sinaï, la Crimée, le Caucase, le bassin méridional

(1) Des études synthétiques sur la faune de Barka sont les suivantes :
GHIGI A. Materiali per la studio delle fauna libica. *Mem. Accad. Istit. Bologna* (6), X, 1912-13.
COLOSI G. Rapporti faunistici fra la Cirenaica, l'Egitto e le regioni limitrofe. *Boll. Mus. Zool. Anat. comp. Univers. Torino*, XXXVIII, 1923.
GHIGI A. — Fauna cirenaica. *Annuar. scient. industr.*, LVIII, 1921.
COLOSI G. Caratteri delle fauna cirenaica. *L'Universo*, VII, 1926.

de la mer Caspienne, la Georgie, la Perse, l'Afghanistan, le Beloutchistan, le Pendjab, le bassin du Brahmaputra, c'est-à-dire sur les terres recouvertes par la Tethys pendant l'éocène : la transmigration des *Potamonini* dans l'eau douce s'est effectuée après l'éocène et avant l'émersion de la Cyrénaïque. Pareillement *Artemia salina* qui, à l'exclusion du Sud-Amérique peuple tous les pays de la terre, semble faire défaut en Cyrénaïque, car ce phyllopode avait abandonné la mer depuis l'époque secondaire, comme le démontrent les dépôts éocéniques de l'île de Wight ; on le rencontre cependant dans le Fezzan où se dessinaient les côtes africaines antérieurement à l'émersion de la région de Barka. Le manque de *Melanopsis* dépend peut-être de la même cause, tandis que dans l'Egypte, dont l'origine est presque contemporaine mais la manière de formation est diverse, il faut la chercher dans l'infiltration des éléments éthiopiques hygrophiles.

A la deuxième catégorie appartient la plus grande partie des espèces habitant la Cyrénaïque. Plusieurs animaux qui peuplaient les régions limitrophes, qui étaient capables d'élargir leur aire de distribution et trouvaient des conditions favorables à leur vie dans la région de Barka lors de son émersion ou peu après, ont colonisé cette terre par migrations actives. Des vingt mammifères cyrénaïques (1), neuf appartiennent aux rongeurs dont l'aptitude aux migrations est bien connue. Mais les *Myoxidae* et les *Sciuridae*, quoique très répandus dans toutes les terres circumméditerranéennes, n'ont pas atteint la région de Barka ni l'Egypte ; les *Suidae*, les *Soricidae*, *Ovis* et *Capra* y font aussi défaut. Tous les reptiles (2) et les batraciens (3) appartiennent à des espèces répandues, à l'exception d'*Ophiops elegans*, dans le Nord-Afrique.

*Clarias lazera* rentre peut-être dans cette deuxième catégorie : ce poisson se rencontre aussi en Algérie, en Syrie, dans le Niger, dans le Congo et dans la région du Tibesti ; son congénère, *C. anguillaris* vit dans le bassin du Nil et dans le lac Tchad (4).

Parmi les mollusques prosobranches on n'a trouvé en Cyrénaïque

---

(1) *Pipistrellus Kuhlii*, *Emiechinus auritus*, *Zorrilla lybica*, *Canis anthus*, *Vulpes aegyptiaca*, *Vulpes cyrenaica*, *Hyaena hyaena*, *Genetta afra*, *Cynailurus guttatus*, *Felis lybica cyrenarum*, *Ellomys cyrenaicus*, *Dipodillus amoenus*, *Meriones Guyoni*, *Mus musculus gentilis*, *Spalax aegyptiacus*, *Jaculus orientalis*, *Hystrix cristata*, *Lepus barcaeus*, *Lepus Whitakeri*, *Gazella dorcas* (FESTA).

(2) *Testudo hibera*, *Stenodactylus elegans*, *Hemidactylus turcicus*, *Tarentola mauritanica*, *Agama inermis*, *Varanus griseus*, *Acanthodactylus boskianus*, *A. pardalis*, *Eremias guttulata*, *Ophiops elegans*, *Mabuia vittata*, *M. quinquetaeniata*, *Eumeces Schneideri*, *Chalcides ocellatus*, *Chamaeleon vulgaris*, *Eryx jaculus*, *Lytorhuncus diadema*, *Zamenis algirus*, *Macropotodon cucullatus*, *Coelopeltis monspessulana*, *Psammophis Schokari*, *Naja haje*, *Cerastes cornutus*, *Echis carinatus* (CALABRESI).

(3) *Rana ridibunda*, *Bufo viridis* (CALABRESI).

(4) Liste des poissons d'eau douce ou saumâtre de la Cyrénaïque : *Cyprinodon fasciatus*, *Blennius basiliscus*, *Gobius rhodopterus*, *Syngnathus algeriensis*, *Mugil ? saliens*, *Clarias lazera*, *Anguilla vulgaris*, *Carassius auratus* (VINCIGUERRA). La dernière espèce est évidemment d'introduction récente.

que *Ericia sulcata*, *Amnicola pycnocheilia*, *Melania tuberculata* et *Truncatella truncatula* ; les *Aciculidae*, répandus dans l'Europe méridionale, l'Asie mineure, l'Afrique mineure, y font défaut et on ne rencontre pas de pulmonés basommatophores, à l'exception d'*Alexia myosotis* et d'un *Planor bis*, tandis que ces mollusques ont plusieurs représentants sur les côtes de l'Afrique du Nord (1).

A la troisième catégorie appartiennent plusieurs espèces de crustacés phyllopodes dont les œufs peuvent résister au dessèchement et être transportés par le vent (2). Les espèces propres à la région doivent s'être formées sur place aux dépens des espèces-souches immigrées. *Artemia salina*, dont les œufs, très délicats, ne supportent pas le dessèchement et d'autre part restent mêlés aux caillots de sel toujours humide des salines, résistant à l'action des vents, ne pourrait pas rentrer dans cette catégorie.

Si l'on compare la faune de la Cyrénaïque avec celles des autres pays nord-africains, on remarque aussitôt des dissemblances très accusées avec l'Afrique mineure et l'Egypte. En effet les terres de l'Afrique mineure émergèrent de la mer à la fin de l'époque éocène, c'est-à-dire bien avant la Cyrénaïque, leur colonisation a eu une plus longue durée, les formes reçues directement de la mer et les éléments circumméditerranéens anciens et éthiopique immigrés y sont plus nombreux. Les *Macroscelidae* et les *Octodontidae* parmi les mammifères, les *Glauconidae* et les *Anguidae* parmi les reptiles, les *Salamandridae*, les *Discoglossidae*, les *Hylidae* parmi les batraciens font partie de la faune de l'Afrique mineure, tandis qu'ils manquent en Cyrénaïque et plusieurs d'eux dans l'Egypte.

Dans l'Egypte on remarque l'invasion d'éléments éthiopiques : mes collègues Germain et Pallary l'ont démontré pour la faune malacologique fluviatile et leurs conclusions peuvent s'étendre à beaucoup d'animaux hygrophiles (sauf aux batraciens).

La faune de l'Egypte s'est constituée en même temps que la faune cyrénaïque ; mais la basse-Egypte s'est soulevée progressivement du Sud au Nord ; elle était colonisée au fur et à mesure qu'elle émergeait et une contribution puissante à cette colonisation lui était donnée par le Nil et sa faune qui s'avançaient faisant succomber dans la lutte pour l'existence des éléments hygrophiles d'origine circumméditerranéenne.

---

(1) Liste des mollusques terrestres et d'eau douce de la Cyrénaïque : *Agriolimax barcaeus*, *Parmacella festae*, *oleacina algira*, *Vitrina tripolitana*, *Hyalinia aequata*, *Leucochroa candidissima*, *Euparypha pisana*, *Eobania vermiculata*, *H. reboudiana*, *H. variabilis*, *H. icmalea*, *H. davidiana*, *H. barneyana*, *H. tuberculosa*, *Eremina Ehrembergi*, *Rumina decollata*, *Baliminus episomus*, *Orcula orientalis*, *Clausilia bidens*, *C. Klaptoczi*, *C. bengasiana*, *Succinea Pfeifferi*, *Alexia myosotis*, *Planorbis ? atticus*, *Ericia sulcata*, *Amnicola pycnocheilia*, *Melania tuberculata*, *Truncatella truncatula* (Gambetta).

(2) Liste des phyllopodes de la Cyrénaïque : *Daphnia pulex*, *Branchipus stagnalis*, *Chirocephalus Festae*, *Streptocephalus torvicornis*, *Cyzicus cyrenaicus*, *Leptestheria lybica*, *Lepidurus barcaeus*, *Apus Zanoni*, *A. cancriformis* (Colosi).

René ABRARD

Sous-directeur de Laboratoire au Muséum, Paris

## EXTENSION GÉOGRAPHIQUE ET STRATIGRAPHIQUES DE *VELATES SCHMIEDELIANUS* CHEMNITZ

Dans son deuxième ouvrage, Deshayes parlant de *Velates Schmiedelianus*, dit que peu d'espèces du bassin de Paris sont aussi intéressantes pour le géologue et le paléontologiste (1).

En 1871, P. Fischer, annonçant la découverte de ce Mollusque dans le Tertiaire de Madagascar, ajoute : « Je doute qu'un seul Mollusque vivant présente une area aussi vaste que celle qu'occupait le *Nerita Schmiedeliana*, s'étendant alors depuis la France, l'Espagne jusqu'à l'Arménie et le Pendjab d'une part, et depuis la Hongrie et l'Egypte jusqu'à Madagascar d'autre part. » (2).

C'est qu'en effet, par sa très grande aire de répartition géographique, et par les variations de sa distribution stratigraphique d'une région à une autre, cette espèce mérite de retenir tout particulièrement l'attention.

Dans le bassin de Paris, elle est essentiellement caractéristique des sables de Cuise, c'est-à-dire du Londinien marin ; elle s'y rencontre à plusieurs niveaux, aussi bien dans les sables à *Turritella Solanderi* de Pierrefonds que dans les sables plus élevés de Cuise-la-Motte. La forme du bassin de Paris n'est en rien moins vigoureuse que celles des régions plus chaudes, et les individus de Pierrefonds notamment atteignent la taille des plus grands exemplaires des régions méditerranéennes. L'arrivée de cette espèce est une indication très nette du début du réchauffement de la mer, réchauffement qui va aller en croissant, le Lutétien étant infiniment plus chaud que le Londinien ; sa présence est à rapprocher de celle de *Gisortia tuberculosa*, autre espèce chaude de grande taille qui contraste avec le reste de la faune cuisienne représentée par des formes en moyenne petites.

M. Cossmann signale un exemplaire de *Velates Schmiedelianus* dans le Thanétien du Thil (3); je crois que ce fait demanderait confirmation, les conditions bathymétriques au Thanétien étant radicalement différentes de ce qu'elles étaient au Cuisien. Le même auteur admet aussi que cette espèce se trouve dans le Lutétien inférieur du bassin de

(1) Description des Animaux sans vertèbres..., t. III, p. 18-19.

(2) P. Fisher, Sur l'existence du terrain tertiaire inférieur à Madagascar. *C.R. Ac. Sc.*, t. 73, p. 1392-1394, 1871.

(3) Catalogue illustré, 3, p. 92.

Paris, mais il est certain que c'est Deshayes qui est dans la vérité lorsqu'il considère comme remaniés les moules de ce Mollusque que l'on trouve à Chaumont-en-Vexin ; on en acquiert d'ailleurs la preuve au Mont-de-Magny, où l'on voit le Lutétien reposer sur un calcaire cuisien à moules de *Velates*, en partie démantelé et corrodé, et où on retrouve de ces moules, très différents lithologiquement du sédiment lutétien, à la base de ce sédiment.

Dans les Corbières, c'est dans le Lutétien que se trouve *Velates Schmiedelianus ;* la forme est tout à fait typique et ne se distingue en rien de celle du Londinien parisien.

C'est dans le Nummulitique alpin que cette espèce présente la répartition stratigraphique la plus large ; elle existe dans le Lutétien du Monte-Postale et de San Giovanni Ilarione ; dans le Lutétien supérieur de la Palarea et de Ronca ; dans le Bartonien des Diablerets, les couches à *Cerithium Diaboli* du Vicentin, à la Granella ; enfin, elle remonte jusque dans l'Oligocène (la Trinita, tuf de Castel-Gomberto) (1).

L'espèce existe à Kressenberg, dans le Lutétien ; c'est encore dans cet étage qu'on la retrouve en Hongrie, et c'est la partie des couches de Mokattam qui correspond au Lutétien, qui constitue son gisement égyptien.

En continuant notre course vers l'Est, nous arrivons à un groupe de gisements asiatiques très importants. Dans le Sind, *Velates Schmiedelianus* est abondant dans le « groupe de Khirthar » qui est caractérisé par *Nummulites lævigatus*, *perforatus* (=*aturicus*) et *millecaput ;* ces couches peuvent donc être sans aucune hésitation rapportées au Lutétien, d'autant que le groupe de Khirthar se montre stratigraphiquement superposé à la *série de Ranikot* caractérisée par *Nummulites planulatus* et *Siderolites miscella.* J'ai pu examiner un grand échantillon de *Velates* de cette région, et constater son identité avec les exemplaires européens. L'espèce a été également signalée par Hayden dans le Thibet central et par Nœtling en Birmanie.

Enfin, une dernière région où il est des plus intéressant de retrouver cette forme remarquable est le sud de Madagascar ; signalée par Fischer en 1871 de la montagne de Manouhoui à l'Est de Tuléar, elle a été retrouvée par J. Piveteau (2) au village d'Ifanata dans la vallée de l'Omhahy, à l'Est de Tuléar également. Fischer n'en connaissait que des moules, mais j'en ai vu des individus ayant en partie conservé leur test, dans la collection rapportée par J. Piveteau. Un fait très important est la découverte par ce dernier auteur de calcaires à *Nummulites atacicus*, très vraisemblablement lutétiens, à un niveau stratigraphique supérieur aux calcaires à *Velates*, qui peuvent donc être considérés comme Londiniens.

(1) On trouvera le détail des localités dans J. Boussac, Etudes paléontologiques sur le Nummuilithique alpin. *Mém. Serv. Carte geol. France*, 1911, p. 269-270.
(2) Renseignement inédit de J. Piveteau.

En coordonnant les données ci-dessus, nous sommes conduits aux constatations suivantes ; 1° en deux points extrêmes, bassin de Paris et Madagascar, *Velates Schmiedelianus* se trouve dans le Londinien ; *l'extension géographique maximum correspond donc à un étage donné, le Londinien* ; 2° après le Londinien, il y a en quelque sorte retrait d'extension géographique à chaque extrémité de l'area, et finalement, à l'Oligocène, l'espèce n'existe plus que dans le Vicentin où elle existe d'ailleurs depuis le Lutétien ; *l'extension stratigraphique maximum se fait donc dans une région bien déterminée, le Vicentin.*

J'ai déjà fait remarquer à propos de *Nummulites Bouillei* que très souvent, une espèce à grande répartition stratigraphique avait cette répartition dans une même région, et que très souvent une espèce à grande répartition géographique avait cette répartition dans un même étage, la propagation d'une région à une autre se faisant en général beaucoup plus rapidement qu'on ne serait porté à le croire. Ceci bien entendu ne peut s'appliquer qu'à une mer largement ouverte et où les communications étaient faciles, comme la Mésogée au Nummulitique. *Velates Schmiedelianus* présente les deux cas, grande extension géographique et grande extension stratigraphique, et dans les deux, vérifie cette remarque.

---

A. WEISS

---

## LINGUATULIDÆ — POROCÉPHALES NOUVEAUX DE TUNISIE

---

La famille des Linguatulidae renferme des parasites, intéressant la parasitologie humaine et animale.

Mais, signalons dans l'intérêt de la Biogéographie, dans l'intérêt de la science que le grand Lézard vert (Lacerti ocellati) et le Lézard piqueté (Lacerti viridis) sont en Tunisie les hôtes des Porocephales dont quelques-unes sont nouveaux par leurs caractères plastiques et par les hôtes qui les hébergent.

Ces Porocephalles sont : *Raellietiella lacerti*, n. esp., *Reighardia Carthaginensi*, n. esp., *Reighardia Edelae*, n. esp., et *Porocephalus heterogonis*, n. esp.

Un spécimen de Porocephalus de ces Lézards présente une telle forme différentielle de la forme homogène du genre qu'on pourrait en cas de continuité du phénomène, légitimement créer pour lui un nouveau genre de Linguatulidés. Il est regrettable que les auteurs négligent trop la description du sexe mâle des Linguatulidés.

Dans la plupart des formes ♂, c'est à peine si l'on trouve une indication de la taille, c'est bien insuffisant, surtout lorsqu'il s'agit d'un parasite qui a changé plusieurs fois de position systématique et qui probablement n'est pas encore définitivement établi.

Considérant la diversité des formes des Linguatulidés qu'on trouve dans un même hôte, il faut admettre qu'il y a là un véritable phénomène de Biocoenose.

Nous n'insistons pas sur l'Etiologie des Porocephales du Lézard de la Tunisie, elle est sans doute celle des Porocephales habitant dans d'autres régions d'autres hôtes ; elle est assez bien connue. Remarquons seulement que le Cycle de la vie parasitaire du Lézard en Tunisie est souvent assuré au détriment de l'hôte infesté comme nous avons pu le constater.

Les Porocephales du Lézard Vert et piqueté sont des parasites du sac aérien de leur hôte. Une fois nous avons constaté que Porocephalus heterogonis parasite, le sac pulmonaire et aussi toute la cavité thoracique.

*Oriundus Carthagine — juxta Tuniseus.*

---

18e Section

# AGRONOMIE

*Président* ................ M. PERRUCHOT, Chef du Service agricole à Constantine.

Les communications très nombreuses, faites à cette section, ont fait l'objet d'un volume spécial publié à Constantine, sous la direction de M. Perruchot, chef du service agricole, qui était président de la section.

**19e section**

# GÉOGRAPHIE

*Président* ................ M. LARNAUDE, Professeur à l'Université d'Alger.

## BONNIARD

Professeur au Collège de Bizerte

### 1° SUR LA TOPOGRAPHIE DU GOULET DU LAC DE BIZERTE ET SES TRANSFORMATIONS ACTUELLES

Le goulet de Bizerte est un bel estuaire de 7 km. de long, de 1.000 à 1.500 mètres de large, faisant communiquer le lac avec la mer par la vallée synclinale qui s'ouvre largement entre la chaîne de Kebir-Messlem et le petit massif du Kerrita-Ben Negro.

C'est une vallée fluviale envahie par la mer ; telle est la définition qu'en donne M. Gautier (1). M. Solignac (2) nous apprend que le lit du goulet est très vieux et qu'il a subi des vicissitudes assez nombreuses depuis sa naissance. Formé dans le Sahélien, il est devenu au pliocène une simple vallée continentale ; puis au quaternaire, une invasion marine s'est produite de nouveau, probablement en relation avec l'affaissement d'une centaine de mètres constaté à 8 km. au N.-O. de Bizerte, à l'embouchure de l'oued Damous (3).

Quoi qu'il en soit, tout dans la topographie actuelle permet de reconnaître dans le goulet l'allure générale de ria. La rive Nord, basse, présente une succession de baies (Bellaouidet, Menzel-Smaïl, Karouba, Sidi-Meriem, Ponty, Sebra) séparées par des pointes et des bancs de roche ou de gravier. A chacune de ces baies aboutit un oued qui a creusé une vallée surimposée dans le plateau de pliocène continental. Ce plateau marque l'ancien lit du cours d'eau qui a précédé l'ennoyage actuel.

(1) GAUTIER. La structure de l'Algérie. Alger, 1922, p. 180-182.
(2) SOLIGNAC. Les formations tertiaires et quaternaires de la région de Bizerte (Note préliminaire présentée au Congrès de l'A. F. A. S., 1923.)
(3) SOLIGNAC. Loc. cit.

Le lit du goulet a été repoussé vers le sud, le long de l'anticlinal dont il entame le flanc. Cette rive Sud est taillée dans les grès glauconieux fortement ferrugineux de l'éocène moyen, qui recouvrent en concordance les calcaires nummulitiques du djebel Kerrita.

Les strates bien réglées, plongeant à 70° sous le lit du goulet, forment des falaises abruptes, hautes de 25 à 30 mètres, surmontant immédiatement des fonds de 10 mètres. Vers la mer, la rive dessine une large courbe dans les argiles jaunes surmontées par une couche très fossilifère de sahélien, puis dans une terre rouge à brique ; enfin, à hauteur du canal, dans le sable des dunes fortement aggloméré.

En son milieu le goulet possède un chenal naturel d'au moins 10 m. de profondeur et d'une largeur moyenne de 500 à 700 m., réduite à moins de 300 m. au sud de Ras-el-Ouzir (banc rocheux transversal) et à l'entrée du lac où le chenal tortueux s'est creusé dans la plate-forme gréseuse de quaternaire marin de l'enchir Charaa et de la Djezira-el-Kebira.

Ainsi le goulet de Bizerte est bien une ria avec une profonde vallée axiale et sur la rive gauche des vallées latérales ennoyées. Sur cette rive, la topographie sous-marine reproduit fidèlement le dessin de la topographie continentale. Si on ne retrouve pas ce caractère sur la rive Sud, c'est que le lit du goulet n'occupe plus le fond du synclinal. C'est d'ailleurs sur cette rive Sud que semblent se produire actuellement les modifications les plus profondes dans la topographie, modifications dues à peu près exclusivement à l'action violente des vents. Là, en effet, sous l'action combinée des vents dominants et des courants, les falaises sont énergiquement attaquées. Elles se creusent de petites baies demi-circulaires où les strates gréseuses se prolongent par des écueils, des blocs libres et des chaussées pavées érodées par le courant. Plus au Nord, quand les grès disparaissent, la plate-forme s'élargit et le recul de la rive est plus rapide : on a dû protéger la route de Menzel Abderrahman sur une longueur de 200 m. par un mur de soutènement.

Par contre, l'envasement peut être considéré comme négligeable. Les baies de la rive Nord ne s'envasent que très lentement parce qu'elles ne reçoivent qu'une très petite quantité d'eaux fluviales. Le fond de la baie de Sebra s'est colmaté parce que le remblai de la voie ferrée l'a isolé ; mais partout ailleurs, on peut constater que de très vieux oliviers poussent tout près du bord.

Dans le chenal, les vases qui peuvent venir du lac ne séjournent pas car le courant les entraîne (1).

---

(1) L'échouement du cuirassé « Bretagne » en 1925, à l'entrée du canal, n'est pas dû à l'envasement, mais à la formation d'un petit banc de sable à la suite de la rupture du brise-lame qui, par la brèche ouverte en 1915, permettait le passage des sables.

C'est vers l'embouchure que se sont produites les récentes transformations les plus importantes dues encore à l'action des vents. En 1881, le goulet ne communiquait plus avec la mer que par un étroit chenal sans profondeur ; le reste du passage était obstrué par un cordon de sable ; l'étroit chenal même s'ensablait rapidement et la communication entre le lac et la mer menaçait de devenir intermittente ; elle le serait devenue déjà probablement (1) sans la protection que donnaient au chenal les vieux quais phéniciens, la présence de la ville qui a existé de tous temps autour de son vieux port, et l'embryon de jetée qu'on avait fait à l'entrée. Les vases ne pouvant plus être chassées s'accumulaient vers l'intérieur où elles formaient des hauts fonds de moins de 1 mètre.

Le percement du canal a eu pour résultat de supprimer la menace de l'envasement et de régulariser le régime des courants, en même temps que les gros ouvrages de l'entrée (deux jetées et un brise-lames) empêchaient désormais l'ensablement. Tous ces travaux ont donc contribué à revivifier le goulet, à en faire un large fleuve qui pousse ses eaux par périodes de six heures, tantôt dans un sens, tantôt dans l'autre.

Car le goulet de Bizerte, à qui le voit pour la première fois, donne bien l'impression d'un très grand fleuve. Tous les navigateurs ont été d'accord pour lui donner ce nom : les Arabes l'appellent oued, les marins de Charles-Quint le nommaient rio et les navigateurs italiens fiume.

En définitive, pour les géographes c'est une ria magnifique, la seule de l'Afrique du Nord, une des plus belles du bassin occidental de la Méditerranée, où les vallées ennoyées sont assez rares. Elle a sur celles-ci l'avantage de posséder avec la nappe du lac et le bassin de décantation de la Garaat Achkel un système original et complexe qui en fait un des plus beaux ports du monde.

---

## 2° SUR LES VARIATIONS DES RIVAGES DU LAC DE BIZERTE DANS LES TEMPS HISTORIQUES

---

Les côtes du lac de Bizerte présentent deux types bien distincts : à l'ouest, jusqu'à l'embouchure de l'oued Tindja, où se déversent les oueds les plus importants du bassin versant, l'alluvionnement est rapide et la terre gagne sur l'eau. Partout ailleurs l'abrasion forme des falaises

(1) L'embouchure du goulet se trouve, en effet, dans l'axe de la traînée de dunes formée par les vents dominants du N.-O. en travers de la baie de Bizerte.

de 1 à 25 mètres de haut, selon la nature du littoral et sa situation par rapport aux vents dominants.

Il semble bien, en efet, comme nous l'avons vu dans l'étude sur la topographie du goulet, que les vents ont une influence très grande sur l'attaque du littoral. Il suffit d'ailleurs de jeter un coup d'œil sur

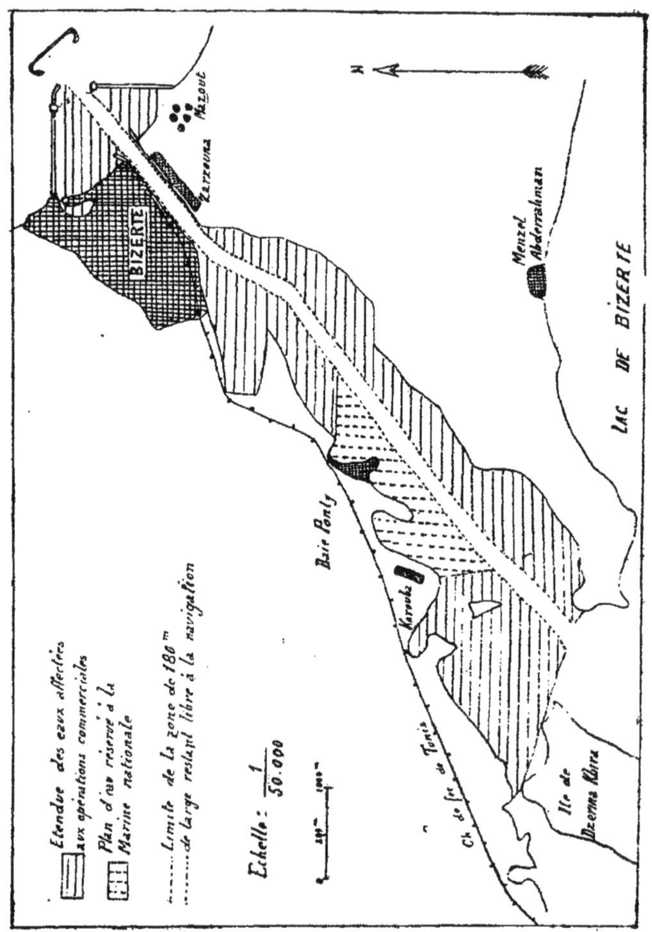


une carte pour se rendre compte que le fond du lac présente la même forme régulière que la baie de Bizerte et toutes les baies de la côte algérienne.

Mais les observations que j'ai faites en deux points opposés : à l'est de l'Arsenal, sur la rive sud, et au village de Menzel Abderrahman, sur la rive nord, me font croire que l'influence des vents ne suffit pas à expliquer certains faits.

Au lieu dit Sidi-Abdallah au sud-est de l'Arsenal se trouve un groupe important de ruines dont les murailles sapées par l'eau et en voie de destruction forment la falaise et la petite pointe que la côte fait à cet endroit. En bas, d'autres murs de direction Est-Ouest sont ennoyés vers l'Est. D'autre part les instructions nautiques (n° 313, 1919), nous apprennent qu'à 600 m. au large de l'oued Kocéine, on rencontre des vestiges d'anciens quais à 2 m. de profondeur, avec blocs de pierre de taille, ainsi qu'à 200 et 300 m. en avant des pointes du Caïd et Tindjani (1).

Les oueds voisins ont creusé profondément leur lit dans la roche du quaternaire marin qui n'est recouvert là que par 1 m. d'alluvions. Seul, l'oued Kocéine est pérenne, mais les autres thalwegs (oued Guénine et autres non marqués sur la carte) sont des fossés profonds d'au moins 3 m., larges de 5, remplis d'eau même quand ils ne coulent pas ; ces thalwegs sont envahis par l'eau de mer. L'un d'eux cependant est une vallée sèche (sources captées dans les environs) et forme une petite valleuse suspendue au-dessus du niveau du lac.

Dans la région de Menzel-Abderrahman, des faits nombreux démontrent incontestablement l'avance du lac.

Avant le creusement du canal, la différence de niveau du lac, en hiver et en été, était bien plus grande qu'aujourd'hui, ce qui s'expliquait par les apports considérables d'eaux pluviales, suffisants pour arrêter les mouvements de marée pendant six mois. On a vu des années exceptionnellement pluvieuses, où le niveau du lac montait de 1 m. au-dessus du niveau normal ; de vieux pêcheurs se souviennent d'avoir vu circuler les poissons entre les broussailles submergées. C'est dans ces hivers que l'eau taillait les vieilles falaises qu'on peut voir encore aujourd'hui (cimetière).

Après le creusement du canal (1895), le lac conservait un niveau stable, très voisin du niveau d'été d'autrefois ; il se maintenait à environ 60 m. du village. Depuis, la laisse de basse mer n'a cessé d'avancer chaque année (une vingtaine de mètres depuis la guerre) sur toute la côte jusqu'à la pointe de Charaa.

Le village est obligé de défendre ses maisons avec des tas de pierres ou de mortier à la base des murs et ses jardins avec des murs de soutènement, mais ces mesures sont insuffisantes à protéger les vergers ; cette année, l'eau a gagné au moins 2 mètres, déracinant des figuiers, détruisant les haies de cactus, déplaçant la piste ; partout elle a atteint le pied des falaises qu'elle avait formées pendant les hivers d'autrefois.

Plus à l'ouest, la falaise recule ; les sources indiquées sur la carte au 1/50.000e et qui étaient aménagées en abreuvoir (canal et récipient

(1) Au S. de l'embouchure de l'Oued Tindja se trouve une rue pavée qui s'enfonce sous l'eau. Au bout place pavée aussi complètement submergée, les indigènes des environs l'appellent « le souk ».

dans la roche) sont aujourd'hui sous l'eau. Enfin à l'extrémité de la presqu'île de Charaa qui est sur une table gréseuse parfaitement plate de quaternaire marin, de grands bassins creusés dans la roche étaient remplis parfois en automne et en hiver et quand la mer se retirait, l'eau s'évaporait et les gens de Menzel Abderrahman recueillaient assez de sel pour leur consommation. Aujourd'hui ces marais salants sont sous l'eau.

Toute la plage indiquée par la carte marine le long du rivage nord du lac n'existe plus. Le sable a été enlevé et remplacé par un lit de gros galets.

De cet ensemble d'observations, nous pouvons déduire que le lac est en transgression au Nord et au Sud, et cette transgression s'est faite au moins en partie dans la période historique (ruines profondément noyées) ; elle semble s'accuser aujourd'hui depuis le creusement du canal qui a ouvert une large communication avec la mer.

Doit-on l'imputer à la seule action des vents ? Nous ne le pensons pas. Le littoral de Menzel Abderrahman est à l'abri des vents dominants du N.-O. qui lorsqu'ils se font sentir rejettent l'eau vers le large. D'autre part, la profondeur et l'ennoyage des thalwegs de la côte Sud prouvent qu'à l'érosion jadis énergique grâce à un niveau de base inférieur, a succédé une période de calme, marquée par la submersion des thalwegs inférieurs, c'est-à-dire par un mouvement positif du niveau marin. L'ampleur de ce mouvement dans la période historique peut se mesurer à la profondeur des ruines submergées.

Il nous semble possible de conclure que cette transgression des eaux du lac de Bizerte est le résultat de l'action des vents et probablement d'un mouvement positif. Cette hypothèse n'est d'ailleurs pas infirmée par les observations qu'on peut faire sur le littoral où les falaises sont continues, les caps activement démantelés et les ruines parfois ennoyées, comme au Ras Enghela. Mais nulle part ailleurs, le mouvement ne peut être aussi apparent que dans le lac.

---

## 3° SUR UNE SECONDE COMMUNICATION DU LAC DE BIZERTE AVEC LA MER A UNE ÉPOQUE ANTÉRIEURE

---

Au Djebel er Remel (région littorale à l'Est de Bizerte) se trouve au pied Est de la cote 64 un important gisement de quaternaire marin à l'altitude de 20 à 25 mètres. Il se compose de bancs et de gros blocs de coquillages où domine Cardium edule. Ces blocs apparaissent au

N.-E. de la cote 64, au fond d'une de ces dépressions sableuses orientées N.O.-S.E. entre les alignements de, dunes et sont visibles aussi longtemps que le sable ne les recouvre pas. Ils disparaissent vers le S.-E. sous une dune transversale d'une trentaine de mètres qui barre la dépression.

En continuant dans la direction du S.-E., on ne trouve nulle part de relief supérieur à 35 m. et tous les reliefs sont des dunes mouvantes de sable pur. On passe ainsi entre les cotes 51 et 54 qui sont des sommets calcaires recouverts de sable et on tombe dans la dépression de 10 à 15 mètres où passe la conduite d'eau de la ville de Bizerte.

La présence de ce niveau marin permet de croire à l'existence d'une communication du lac avec la mer à une époque antérieure entre les côtes 64 et 54 et peut-être même dans toute la région comprise entre les hauteurs calcaires de Menzel Djemil et du Djebel ed Demna, où à l'exception de quelques pitons calcaires isolés recouverts de sable, les reliefs ne sont formés que des dunes mouvantes qui doivent reposer directement sur la plateforme de quaternaire marin qu'on observe au pied de la cote 64.

L'examen de la carte au 1/50.000$^{e}$ nous montre au pied des dunes une zone déprimée continue en partie recouverte de marécages. La Sebkha du champ de tir semble être l'amorce de cette dépression sur le littoral.

A une époque antérieure (au monastirien ou au tyrrhénien) le lac communiquait donc largement avec la mer par son angle N.-E. Comme rien ne permet de supposer qu'il y ait eu alors une modification sensible du goulet actuel, le lac était un golfe à deux entrées entre lesquelles s'étendait la grande île de Menzel Djemil et sans doute plusieurs petites.

## 4° UN GRAND PORT INUTILISÉ : BIZERTE

Bizerte est un non-sens géographique : ce port, qui est le meilleur et le plus vaste de l'Afrique du Nord, est presque désert.

Les causes de ce non-sens sont connues. Au début, la Marine nationale se montra nettement hostile à l'existence d'un port de commerce actif à côté du port de guerre ; en conséquence, dans l'organisation économique de la Régence, on s'habitua à ne considérer Bizerte que comme un port militaire, et on partagea le pays entre les trois ports de Tunis, Sousse et Sfax vers lesquels convergèrent toutes les grandes voies du pays. L'hinterland de Bizerte fut extrêmement réduit par la zone d'attraction de Tunis. Plus tard, lorsque Bizerte essaya de s'offrir comme débouché d'une partie des minerais de l'Est Constantinois, il se heurta à l'opposition irréductible de l'Algérie. Le port dut donc se contenter d'être le débouché des minerais de la région septentrionale de la Tunisie dont la production semble assez limitée.

Après la guerre, l'activité commerciale de Bizerte parut s'accroître (1); et en 1920, la Marine militaire, renonçant à sa politique d'exclusivité délimita dans le goulet un plan d'eau de 746 hectares affecté aux opérations commerciales (voir figure). Mais cette renaissance ne dure pas, comme le montre le tableau suivant du trafic de 1920 à 1926.

| Années | Tonnes de marchandises aux entrées | Tonnes de marchandises aux sorties |
|---|---|---|
| 1920 .................. | 163.180 | 165.644 |
| 1921 .................. | 225.190 | 150.429 |
| 1922 .................. | 127.324 | 215.916 |
| 1923 .................. | 159.226 | 313.215 |
| 1924 .................. | 150.937 | 186.475 |
| 1925 .................. | 149.704 | 144.457 |
| 1926 .................. | 110.077 | 101.740 |

Deux des principaux éléments de trafic sont en diminution constante (2) : le mazout et les minerais de fer, le premier en raison des taxes considérables sur le stationnement des navires qui mettent Bizerte en état d'infériorité vis-à-vis de Malte et des ports algériens ; le second à cause de la baisse de la production aux mines de fer de Douaria. Aussi le trafic de Bizerte qui était en 1922 le 1/10 du trafic total des quatre grands ports tunisiens, n'en était plus que le 1/22 en 1926.

Il y a là évidemment un problème très difficile à résoudre. Bizerte n'ayant pas d'hinterland, il ne peut être question d'en faire un grand port tunisien. Peut-on en faire un grand port d'escale ? Il remplit pour cela certaines conditions : sa situation est unique entre les deux bassins méditerranéens et sa région fertile peut ravitailler les bateaux en vivres beaucoup mieux que Malte ; ses cuves à mazout (36.000 tonnes) pourraient suffire à ravitailler tous les bateaux de la Méditerranée. Mais une question se pose : fournir du combustible à des prix avantageux, pour soutenir la concurrence d'Alger et de Malte. Or, pour que Bizerte devienne un grand port charbonnier, il est indispensable d'adapter ses taxes à celles des ports similaires et d'assurer aux navires

(1) Bonniard, Bizerte et sa région. Ann. de Géogr., mars 1925.

(2) *Mazout*. En 1924 : 100.000 tonnes à l'importation ; 92.000 tonnes à l'exportation.
En 1926 : 8.000 tonnes à l'importation ; 9.000 tonnes à l'exportation.
*Minerais de fer*. En 1923: 270.000 tonnes à l'exportation ; 1926: 54.000 tonnes à l'exportation.

charbonniers un fret de retour afin de diminuer le prix de revient du charbon.

Nous avons vu que la question du fret n'a pas encore été résolue et qu'il n'est pas aisé de la résoudre.

Les défenseurs de Bizerte ont songé à l'établissement d'un port franc qui trouverait ici les conditions les plus favorables. La Marine nationale ne s'y oppose pas, elle considère même que l'existence d'un port franc à Bizerte lui serait très utile (lettre du Préfet maritime au Président de la Chambre de Commerce de Bizerte du 15 février 1923). Toutes les assemblées françaises de Tunisie : Chambres de commerce, d'agriculture, Grand Conseil, ne voient que des avantages à l'établissement d'un port franc à Bizerte. Mais le gouvernement français qui a résisté jusqu'à présent à l'octroi de zones franches aux ports de la Métropole et de l'Algérie hésitera probablement à accorder à Bizerte ce privilège, qui constituerait pour lui un précédent.

Cependant, il faut réveiller Bizerte ; il faut utiliser ce grand port, c'est une œuvre à laquelle le gouvernement du protectorat et le gouvernement français ne peuvent renoncer.

De toutes les régions de la Régence, la région de Bizerte est, au point de vue du peuplement français, la seule qui puisse se comparer à l'Algérie, la seule dans laquelle les Français se sentent un peu chez eux. Développer le port de Bizerte, c'est développer l'activité et par conséquent l'influence française de Tunisie. Il ne faut pas oublier qu'en ce moment surtout, c'est une œuvre nationale de première importance.

---

J. SION

---

## L'UTILISATION DES GARRIGUES ET DES MAQUIS DU LANGUEDOC ET DE LA PROVENCE

---

Ces régions donnent aujourd'hui l'impression d'une solitude quasi complète, et cela en toute saison. On se sent infiniment plus seul que sur la lande bretonne, avec ses coupeurs d'ajoncs et de fougères, ses pâtres, ses menus et multiples défrichements. Cette impression est confirmée par les chiffres. Dans les garrigues de l'Hérault, M. Sorre n'a compté que de 0 à 20 habitants par kilomètre carré, tandis que M. Robert attribue encore 39 habitants à la zone la moins dense de la Bretagne intérieure.

Or, si ces régions ont toujours été de mauvais pays, elles furent cependant jadis plus peuplées, mieux utilisées. On peut même se demander si, aux origines de l'occupation, les garrigues n'ont pas souvent attiré l'homme davantage que des zones voisines plus fertiles, justement parce que la forêt y était moins dense. C'est là ce que semblent indiquer des cartes de la répartition des vestiges historiques dans le Bas-Languedoc, dressées par un de mes élèves, M. Cam. Hugues. Au Moustérien, à l'âge du Renne, des tribus de chasseurs parcouraient les garrigues, alors qu'elles ne pénétraient pas dans les Cévennes. Au Néolithique, on a lieu de croire à une densité relativement forte le long des canons qui, traversant ces plateaux, sont bordés d'une quantité d'abris sous roches. De cette époque datent aussi de nombreuses enceintes de grosses pierres, dont les unes servaient à la défense et ont conservé des fonds de cabanes, dont les autres étaient des parcs à bestiaux. Des murs épais de ce genre, les *clapiers*, se forment aujourd'hui encore là où l'on cultive un coin de garrigue, ainsi autour des mazets suburbains. Or ils sont nombreux, ainsi que des terrasses (*faïsses* ou *bancels*) et des rideaux d'origine humaine, dans des endroits aujourd'hui abandonnés (parties les plus sauvages de la garrigue de Nîmes, *élanches* autour de la Ciotat, massif de l'Etoile).

Des maisons en ruines, parfois constituant un village à église, se rencontrent en pleine brousse. La disposition de nombreux bourgs à la lisière inférieure de la garrigue ou du maquis implique le désir d'utiliser les garrigues, cela non seulement pour les troupeaux et les oliveraies qui grimpaient au-dessus du village, mais aussi pour les défrichements.

Ceux-ci semblent s'être étendus vers la fin du XVIII^e^ siècle. Ainsi on tenta alors la colonisation de la Clape ; on y découpa les pentes en terrasses, cultivées sans charrues, engraissées grâce aux moutons et aux varechs. Cependant il semble difficile d'admettre, avec le baron Trouvé, préfet de l'Aude en 1818, que « cette fureur de défrichement... détruisit les pâturages connus sous le nom de garrigues et fit disparaître la plus grande partie des dépaissances ». Les nombreuses déclarations de défrichements qu'on trouve dans les archives prouvent, non qu'ils furent toujours réalisés, mais que ces terrains avaient une valeur grandissante, puisqu'on s'en disputait âprement la possession.

L'utilisation de la brousse dépendait naturellement des qualités assez diverses du sol, de l'éloignement par rapport aux habitations ; elle variait même selon les classes sociales du village et l'idée que chacune se faisait de ce qu'elle pouvait demander à la brousse. Ainsi les uns y voyaient surtout des coins où l'on pouvait semer un peu de blé, planter quelques pieds de vignes, d'oliviers, de mûriers. Mais d'autre part garrigues et maquis étaient surtout considérés comme des pâturages : il n'est pas nécessaire d'insister sur l'importance des grands troupeaux transhumants ni sur celle de l'industrie lainière dans le Languedoc. Moins connus sont des faits de cueillette. Les paysans coupaient les herbes odorantes pour les distilleries, nombreuses à cette époque où la difficulté des transports forçait à convertir beaucoup de vin en alcool. Puis c'était le fameux miel de Narbonne, que Montpellier vendait au moyen âge dans les pays barbaresques. C'était aussi le vermillon des chênes kermés, employé principalement pour teindre les draps en écarlate. Sa récolte fut assez importante pour demeurer en Provence un droit seigneurial ; elle provoqua plusieurs règlements pour la conservation de ces fourrés de « chênes garrus » ou « vermilières ». Les écorces de chênes-verts étaient prisées pour le tannage qui fut peut-être la principale industrie de la Provence avant le XVI^e siècle.

Toute cette vie s'est retirée, pour des causes multiples. D'abord la culture y était souvent peu rémunératrice, toujours précaire, abandonnée dans les époques d'insécurité où s'effondraient terrasses et rideaux. De plus la brousse se prêtait, non pas à un genre de vie unique, en équilibre avec le milieu, mais à plusieurs genres de vie dont les intérêts se heurtaient (opposition du berger et du cultivateur ou du propriétaire de vermilières ; le cultivateur abattait les yeuses pour le chauffage ; pour les tanneries, on arrachait les kermès jusqu'aux racines, exposant ainsi le sol au ravinement torrentiel, etc.). D'autres facteurs, bien connus, résident dans la concurrence étrangère pour les huiles, la laine, dans le remplacement des chaumes où paissait l'hiver une partie du bétail, par la vigne. Mais celle-ci joua le rôle prépondérant dans la décadence de la vie sur la brousse.

Son action s'est exercée depuis longtemps déjà. Vers 1820, après avoir fait remarquer que la vigne donne de la valeur aux terres les plus médiocres, donc aux garrigues, Trouvé observait que « ces plants de garrigues sont négligés parce qu'on vise aux gros rendements ». Cette évolution fut précipitée par la crise phylloxérique. En concentrant le vignoble du Languedoc dans la plaine, elle l'élimina quasi totalement des coteaux et des plateaux, jadis souvent plantés, comme le montrent d'anciennes cartes agronomiques. Mais ces conséquences directes sont peu de chose en comparaison de la mentalité qu'elle créa chez le viticulteur du Languedoc. La lutte contre les maladies de la vigne entraîna une augmentation du travail, mais aussi des bénéfices, dont témoignent ces maisons neuves de paysans, banales mais claires et cossues, qui entourent le noyau ancien dans les gros villages de la plaine. Quasi hypnotisée par ces gains, cette région néglige volontiers toute autre activité. De même qu'il est difficile dans un pays aussi riche de trouver des capitaux pour les mines ou la pêche industrielle, on se désintéresse de toute terre incapable de produire quelques centaines d'hectolitres à l'hectare. Personne n'a l'idée que d'anciens modes d'activité, une fois modernisés, pourraient être rémunérateurs (abeilles, caux de lavande, herbes médicinales, moutons). Dans les garrigues languedociennes, la vie s'est restreinte à quelques dépressions isolées : c'est déjà un peuplement par oasis.

(Abandonnée à elle-même, la garrigue verra-t-elle du moins se régénérer sa végétation ? Théoriquement, oui, MM. Flahault et Braun-Blanquet ont montré que ses diverses associations buissonnantes tendent à revenir vers un stade d'équilibre, caractérisé par celle du chêne yeuse. Mais ce stade est rarement atteint. D'abord, parce que le sol a souvent été emporté par le vent et le ruissellement. Puis parce que les taillis, dès qu'ils s'élèvent à 1-2 mètres, sont généralement coupés pour le chauffage, quand ils n'ont pas été incendiés. Il faudrait veiller à la préservation de l'arbuste qui paraît seul capable de rendre à ses terrains un peu de leur ancienne valeur humaine.)

Cette région présente donc un exemple de ces évolutions régressives si fréquentes en pays méditerranéens. On pourrait contester qu'il y ait décadence puisque, si les habitants ont déserté des étendues peu fertiles ou trop éloignées de leurs villages, ils tirent un gros revenu des plaines mieux cultivées. C'est le processus par lequel le montagnard laisse revenir à la sauvagerie les champs d'accès pénible, en intensifiant l'exploitation des vallées. Mais il est toujours fâcheux qu'on ne tire plus aucun parti de la terre, plus fâcheux encore dans le Languedoc, qui s'expose sans aucune défense aux périls de la monoculture et de la surproduction.

Ainsi l'homme, dans son utilisation du milieu naturel, choisit entre les éléments de celui-ci. Remarquons quelle part de liberté il conserve. En effet, plusieurs genres de vie simultanés lui sont permis par un milieu déterminé , et il trouve parfois juxtaposés dans une même région des milieux divers, avec la possibiilté de concentrer son effort sur l'un ou de négliger les autres. Des faits de ce genre sont peut-être à retenir au moment où l'on remet en discusison le vieux principe géographique de l'adaptation de l'homme aux conditions physiques (L. Febvre, E. Rabaud).

---

Dr Maurice ROYER
de Moret-sur-Loing

## LA FORÊT DE FONTAINEBLEAU DANS SES RAPPORTS AVEC LA VALLÉE DU LOING

La Forêt domaniale de Fontainebleau, si l'on en excepte les Bois de la Commanderie récemment acquis par l'Etat (1), occupe une superficie de près de 17.000 hectares, comprise dans un périmètre d'environ 90 kilomètres. Elle se trouve baignée par la Seine sur ses côtés Nord et Nord-Est ; les vallées de l'Ecole et de son affluent le ru de Rebais, grossi de nombreux petits rus, s'étend à l'Ouest et au Sud-Ouest ; enfin la vallée du Loing la limite au Sud et au Sud-Est.

Si l'on considère la Forêt de Fontainebleau comme un vaste pluviomètre, les eaux de ruissellement s'écoulent nécessairement soit dans la Seine, soit dans l'Ecole et ses affluents, soit dans le Loing. Seuls deux rus de peu d'importance prennent naissance dans la Forêt même de Fontainebleau : 1° le ru de la mare aux Evées, qui se jette directement dans la Seine à Boissise-le-Roi, après un parcours de 9 kilomètres ; 2° le ru de Changis formé des eaux qui alimentent les bassins des jardins du palais ainsi que le canal du parc, ce ru se jette dans la Seine à 450 mètres au Sud du pont de Valvins, après un parcours de 2,5 kilomètres. Signalons que l'aqueduc de la Vanne traverse la forêt de Fontainebleau de l'Est à l'Ouest, dans sa plus grande largeur.

Il nous a paru intéressant de délimiter la partie de la forêt qui appartient au bassin du Loing et c'est le tracé de la ligne de partage des eaux que nous avons l'honneur de soumettre aujourd'hui à ce Congrès.

Le Loing canalisé depuis sa sortie de Moret se jette dans la Seine à l'Ouest du village de Saint-Mammès. Ce n'est pas de ce point précis que doit partir la ligne de partage des eaux entre Seine et Loing. En effet, toute la partie de plaine marécageuse qui s'étend depuis le confluent du Loing et de la Seine jusqu'au village de Veneux, et dont un étang, le Lutin, occupe une assez vaste étendue, fait partie de l'ancien lit du Loing. Cet étang se déverse dans la Seine, près du lieu-dit : le port de Veneux, après avoir collecté les eaux des hauteurs de Veneux. C'est donc du port de Veneux que part notre ligne de partage des eaux. Cette ligne traverse le village de Veneux et pénètre en

(1) Cf. Paul BOUEX, Les Bois de la Commanderie (commune de Grez-sur-Loing) ; *Bull. Ass. Nat. Vallée du Loing*, IX, [1926], pp. 77-82, avec une carte.

Forêt de Fontainebleau, vers la terminaison de la route d'Irai au bornage, entre les bornes 47 et 48. Elle gagne la cote 93,5, à l'intersection de la route Eléonore et de celle de la Porte-Nadon, coupe la route du Châtaignier, et atteint la route nationale n° 5 bis à la cote 95,5, à 75 mètres environ de la terminaison de la route Desquinemare. De la cote 95,5, la ligne de partage coupe idéalement dans une direction Sud-Est le terrain délimité par une courbe de niveau 95 et vient aboutir à la route Lefouen (cote 105,6) sur le mamelon Ouest du Rocher Brûlé. Obliquant plus nettement à l'Ouest, la ligne atteint une courbe intermédiaire 92,5, très appréciable au niveau des routes forestières. La délimitation est ici rendue fort délicate par suite de l'aqueduc de la Vanne, qui a fait subir aux routes qu'il traverse des exhaussements artificiels. Cette courbe 92,5 s'étend au Nord de l'aqueduc de la Vanne, coupe les routes de Marion des Roches, du Bois Prieur, de Zamet et des Sablons délimitant une vaste poche à ventre Ouest qui exclut ainsi la presque totalité de la Plaine Rayonnée dont l'égout de la partie Ouest se déverse dans une mardelle à sec (cote 90) au pied du Rocher Besnard, alors que la plus grande partie des eaux vont se déverser dans la cuvette située au pied du Rocher des Princes (cote 85). Il résulte de ces observations que le Rocher Brûlé proprement dit reste en dehors du bassin du Loing ; les eaux reçues sur le versant Nord s'écoulent sur le plateau du Chêne Feuillu, les eaux reçues sur le versant Sud s'écoulent dans la Plaine Rayonnée. A la hauteur de la route des Sablons, sur le côté Sud de l'aqueduc de la Vanne part une légère crête mamelonnée qui coupe la route de Vidossang à environ 250 mètres Ouest de son passage sur l'aqueduc et rejoint dans une direction Nord-Sud les premières élévations du Rocher Besnard.

A partir de ce moment la ligne s'oriente nettement de l'Est à l'Ouest, passant par les crêtes du Rocher Besnard et coupant successivement les routes de Zamet, du Génévrier, de Marion des Roches, Lefouen, des Sablons, du Bois Prieur, Desquinemare pour arriver à la cote 105,9 qui domine la route de Fontainebleau à Lorrez-le-Bocage. Obliquant alors légèrement vers le Sud-Ouest la ligne aborde le flanc Est de la Malmontagne, suit la route de la Malmontagne jusqu'à l'intersection avec la route du Râle (cote 128,3), reprend brusquement une direction Nord-Sud, atteint la cote 131,5, descend le flanc Sud de la Malmontagne, coupe au bas de la vallée la route Biron, pour aborder le mamelon central du Mont-Aiveu et arriver sur le plateau (cote 132,5), au point culminant de la région Sud de la forêt. De cette cote la ligne atteint une seconde fois le fond de la vallée, coupe la route de la Garenne de Gros-Bois, remonte le flanc Nord du Haut-Mont, suit la crête vers l'Ouest jusqu'à la route du Haut-Mont, emprunte cette route jusqu'au sommet du Long Rocher, après avoir dans une troisième descente coupé la route du Long Rocher (cote 92,7). La ligne oblique alors à l'Ouest suivant la route du Languedoc, le long de la crête du Restant du Long Rocher jusqu'à la pointe Occidentale, coupe la route de la Mort, celle des Etroitures, atteint le mamelon Est du Rocher des Etroitures (cote 132,4), descend sur la route de Fontainebleau à Egreville, remonte sur le massif Ouest des Etroitures (cote 127,9), passe au belvédère François-Carnot, d'où l'on domine au Nord le Rocher Boulin dénudé depuis l'incendie de 1911, à l'Est l'extrémité Occidentale de la Malmontagne et au Sud l'amorce du thalweg de Beauregard, branche la plus importante du ru de Bourron. Du belvédère François-Carnot, la ligne de partage qui suit presque exactement le sentier Denecourt, nous amène sur le plateau de la Mare aux Fées, ravagé par l'incendie du 17 avril 1923. La ligne passe au Nord de la Grande Mare qu'elle contourne à l'Ouest pour aboutir à l'angle de la route de la Grande Mare et de celle du Chêne Pinguet. Coupant obliquement dans une direction Sud-Ouest elle traverse la route des Fées, puis celle de la Gorge aux Loups pour couper la route des Forts de Marlotte à environ 100 mètres au Nord du carrefour du même nom ; elle prend alors une direction Est-Ouest jusqu'à la route des Ventes-Bourbon, suit en obliquant vers le Nord-Ouest une direction parallèle à la route du Braconnier pour aboutir à la cote 132, à l'intersection de la route des Ventes-Héron et du chemin de Fontainebleau à Marlotte. De cette cote la ligne oblique brusquement à l'Ouest empruntant la route des Ventes-Héron pour couper la route nationale de Paris à Antibes à 300 mètres au Sud de la Croix de Saint-Hérem. Elle pénètre alors dans le canton des Grandes-Bruyères par la route de la Brisée, coupe les routes du Sud, du Brocquart, passe au Sud de la maison forestière des Erables et Déluge, oblique ensuite vers le Nord-Ouest et atteint la route Ronde à l'intersection des routes de la Quête et du Revoir (cote 130,8). De ce point la ligne de partage passe au travers du Marchais Olivier et Coulevrai, coupant successivement les routes de la Reposée, du Rembuché, de Villiers, du Frévoir, des Primevères, détermine une petite boucle Ouest, recoupe une seconde fois la route des Primevères et celle du Frévoir pour passer à quelques mètres au Sud du carrefour des Primevères, coupant en arc de cercle la route des Barnolets pour la première fois, et les routes de la Justice, Marthe, des Primevères, puis repasse à l'Ouest la route des Barnolets pour gagner dans une direction Nord-Ouest la cote 128,7, au carrefour des Ventes Lopinot. Obliquant à l'Ouest elle coupe la route des Tapisseries, la route de Fontainebleau à Recloses à sa rencontre avec la route de l'Avenir, suit cette route jusqu'à son intersection avec la route du Carrosse, coupe la route des Ventes à Galène, traverse une seconde fois la route de l'Avenir, passe au Nord de la plus grande des Mares à Fourmis, atteint la cote 128,4 à l'intersection de la route du Parc-aux-Bœufs et celle des Petites-Mares ; elle prend alors une direction N.-N.O., coupant obliquement la route du Nid-de-Corbeau, puis celle du Coquillard pour atteindre une courbe 130 à quelques mètres au Sud de la route du Chêne-aux-Chapons ; elle suit cette route à quelques mètres au Sud jusqu'à la route de la Princesse-Marie qu'elle suit jusqu'à sa rencontre avec les routes du Coquillard et du Parc-aux-Bœufs (cote 128,4) ; délimitant ainsi une vaste poche à ventre Nord, puis reprenant une direction Sud-Est, la ligne traverse pour la troisième fois la route des Barnolets, vient effleurer une carrière récemment ouverte, suit le chemin de cette carrière qui aboutit à la route de la Génisse, coupe cette route et atteint le chemin de bornage entre les bornes 257 et 258.

La ligne de partage des eaux depuis son entrée en Forêt de Fontainebleau (commune de Veneux-Les Sablons), jusqu'à sa sortie (commune de Recloses), a une longueur d'environ 18 kilomètres ; elle circonscrit avec la ligne de bornage une superficie de 1.842 hectares. Ce territoire représente environ le dixième de la Forêt de Fontainebleau.

---

20<sup>e</sup> Section

# ÉCONOMIE POLITIQUE ET STATISTIQUE

*Président* ................ M. ALQUIER, Conservateur de la Bibliothèque et des Musées de Constantine.

## Fernand LABORDE

Directeur de la Société des Mines du Djébel-Ressas
Djébel-Ressas (Tunisie)

## LA POPULATION ITALIENNE EN TUNISIE

Depuis quelques années, la presse italienne et certains hommes politiques de l'Italie multiplient leurs allusions aux prétendus droits que l'histoire, le voisinage et l'immigration créeraient au royaume d'Italie sur la Régence de Tunis.

L'argument tiré du nombre des Italiens fixés en Tunisie et de sa prédominance par rapport au nombre des Français est un de ceux qu'on invoque le plus fréquemment à l'appui des prétentions italiennes.

Même en France elle a impressionné de bons esprits, qu'elle a conduits à préconiser une politique de naturalisation française à outrance, qui ne va pas sans inconvénients pour le Protectorat.

Or, il importe de savoir que, s'il n'y avait en Tunisie que 708 Français en 1881, contre 11.206 Italiens, il y en avait, en 1921, 54.476, contre 84.799. Le rapport des premiers aux seconds, armée française non comprise, n'avait donc cessé de croître progressivement, passant de 7 à 64 0/0, cela sans recourir à la politique de naturalisation.

En 1926, après l'inauguration de cette politique, le rapport est monté à 80 0/0, avec 71.020 Français pour 89.216 Italiens.

L'écart entre les deux populations n'a donc pas cessé de se réduire à l'avantage des Français.

Il faut savoir aussi que l'élément italien domine seulement dans le Contrôle civil de Tunis, c'est-à-dire dans la capitale et dans la banlieue. Dans le reste de la Régence, la population française l'emporte dès 1926.

La supériorité numérique des Italiens provient surtout de leur plus grande natalité, car si l'on compare les deux populations pour les individus âgés de 20 à 39 ans par exemple, on arrve à un pourcentage de 91 Français pour 100 Italiens.

On ne la constate d'ailleurs que dans l'agriculture et dans l'industrie, et grâce au grand nombre des ouvriers italiens, principalement dans les mines, les Français fournissant une proportion de patrons plus élevée que les Italiens.

Enfin la population française renferme une bien moindre proportion d'illettrés et de condamnés de droit commun.

Pour toutes ces raisons, la population italienne en Tunisie ne présente pas la supériorité écrasante qu'on lui attribue parfois sur la population française. Son rôle économique et social, son instruction et sa moralité demeurent très inférieurs aux caractéristiques correspondantes de la population française.

L'Italie ne saurait donc y trouver aucun argument légitime en faveur d'une extension des droits et des privilèges dont jouissent déjà ses nationaux en pays de Protectorat.

**21e section**

# PÉDAGOGIE

---

*Président* ................ H. PIÉRON, Professeur au Collège de France.
*Secrétaire* ................ ALLARD, Instituteur à Constantine.

---

Charles BRUNEAU
Instituteur public
197, avenue de Neuilly, Neuilly-sur-Seine

---

## L'ÉCOLE PUBLIQUE ET LE MILIEU

---

En dépit des progrès et de l'extension des études pédagogiques, en dépit de l'étude critique de l'école, des enfants, des méthodes scolaires, l'école ne semble pas rendre toujours ce qu'on escomptait d'elle, et les progrès théoriques dont nous nous félicitons n'apportent pas tous les fruits attendus.

Cela ne proviendrait-il pas, en partie, de ce que l'école est encore trop considérée en abstraction, et non comme une chose concrète, vivante, placée dans un milieu déterminé, caractérisé ?

Nos programmes d'enseignement, nos horaires, nos méthodes, s'adressent, de Dunkerque jusqu'au delà de Perpignan, sans se laisser arrêter par la Grande Bleue ni par les murailles de l'Atlas, à tous les enfants d'âge scolaire, sauf une timide variante en ce qui concerne les futurs inscrits maritimes de nos « écoles du littoral ».

Bretons et Lorrains, Basques, Flamands et Parisiens, Tourangeaux ou Lyonnais, et peut-être même Algériens, qu'ils soient de la ville ou de la campagne, de la plaine ou du mont, d'une province patoisante — il y en a encore, ailleurs qu'en Algérie — ou d'un pays de « beau parler français », consacreront le même temps aux exercices d'éducation physique, — trop peu, partout, mais surtout à la ville où le besoin s'en fait sentir à un tel point aujourd'hui — aux exercices d'éducation intellectuelle, à l'étude du français, des sciences, du calcul, du dessin...

Et l'école populeuse de la banlieue de la grande ville, fréquentée par des enfants de nationalités, d'origines diverses (60 % d'étrangers dans telle grosse école d'Aubervilliers, en bordure immédiate de Paris), a une organisation théorique identique à celle de l'école du petit village auvergnat, caussenard ou savoyard, dont les élèves sont écoliers de 8 heures du matin à 4 heures du soir, de novembre à mai, et « pâtres ou « vaque-à-tout », le reste du temps, et à celle de l'école du quartier riche de la ville, prolongée par des « cours » payants, des répétitions, des leçons particulières, du 1er octobre au 31 juillet. Mêmes livres de classe, mêmes lectures, mêmes choix d'auteurs classiques, mêmes dictées, mêmes journaux pédagogiques, mêmes leçons d'histoire, de géographie et de morale.

Ces années dernières, même effort particulier de propagande, très louable en soi, en faveur de l'hygiène, qui se traduit malheureusement par les mêmes tentatives, les mêmes interventions dans la Flandre où la propreté règne à l'avance, dans la banlieue rouennaise où sévit l'alcool, et dans le village haut perché du Queyras où la famille entière loge, avec le bétail, pendant le long hiver, et où, écrit le géographe Blanchard, « l'air est vicié dans les étables par toutes les respirations qui s'y exercent à tel point que le matin on ne peut y faire flamber une allumette, faute d'oxygène. »

Même cours d'agriculture, en quarante leçons mêmement distribuées, dans la Beauce, au milieu de l'océan des blés — peut-être comportera-t-il une leçon de pisciculture, en ce pays sans eau ? — dans la Bretagne des cultures maraîchères — peut-être y parlera-t-on du mildew et de la cochylis ? — dans le Noirmont à la forêt sans fin, dans la Normandie herbagère et dans le Languedoc vinicole.

Il y a des exceptions, dira-t-on ? Nos collègues de l'A.F.A.S., Baqué dans l'Hérault, Jacquet dans la Gironde, Chaynes dans le Tarn, Delaunay dans le Calvados, et quelques autres savent adapter leur enseignement à leur milieu. Mais n'a-t-on pas dit : exceptions. Et l'adaptation ne se fait-elle encore que dans une certaine mesure ? Des règlements, des programmes, des examens interviennent, de façon catégorique, pour limiter ce qui aurait besoin d'être toujours stimulé, l'initiative des maîtres.

Une circulaire ministérielle, adressée aux architectes au sujet des constructions de locaux scolaires, leur recommandait excellemment de donner à ces constructions, sans cesser d'observer les règles de l'hygiène et du confort, un cachet local, en harmonie avec le climat, le paysage, les traditions, le style local.

Ne devrait-on pas agir de même quand il s'agit de l'enseignement?

Pourquoi ne tiendrait-on pas compte, pour dresser le programme de l'éducation physique par exemple, de l'état du milieu, des besoins réels de l'enfant.

Dans nos écoles de la région parisienne, la plupart des élèves, à la fin de l'année scolaire, et déjà, chaque jour, le mercredi surtout, dans la deuxième partie de la journée scolaire, sont dans un état de fatigue nerveuse, d'instabilité attentive et musculaire qui rendent la classe pénible, inefficace, je dirai nuisible. Que n'y multiplie-t-on, dans la soirée, les exercices physiques, et n'allonge-t-on alors les enseignements du dessin, du chant, les travaux manuels, qui fatiguent moins l'attention ?

Dans des écoles rurales, d'autres besoins se font sentir, peuvent se faire sentir.

Dans certains centres, la moralité générale des familles, et par conséquent des élèves, est plus élevée que dans d'autres. Ici, dans tel milieu de chiffonniers, les gens sont dépensiers, imprévoyants, mais généreux. Là, dans tel coin de Beauce, les gens sont âpres au gain, très « regardants », bien égoïstes. Pourquoi faire, ici et là, les mêmes leçons, dans les mêmes heures, sur l'économie et l'entr'aide. Ici, le sentiment de la famille est très en honneur. Là il n'existe pour ainsi dire plus. Pourquoi étudier ici et là, pendant la même durée, avec le même soin, les « devoirs des parents envers les enfants », puis ceux « des enfants envers leurs parents » ?

Dans telle école de la montagne, les jeunes gens fréquentaient autrefois pendant l'hiver, et fréquenteraient encore volontiers, l'école du jour jusque 17, 19 ans. Leur donnera-t-on à faire des exercices de français, de calcul, d'histoire, de géographie, pris dans les manuels du cours moyen — de 9 à 11 ans — ou du cours supérieur — de 11 à 13 ans — sous prétexte que leur orthographe n'est pas très sûre, et que les programmes ne prévoient rien d'autre, au lieu de les initier, de stimuler leur intérêt, à la vie professionnelle, à la vie ménagère, à la vie civique auxquelles ils sont déjà mêlés.

Et à leurs cadets qui quitteront tôt l'école pour conduire le bétail aux champs, pourquoi ne pas distribuer seulement les parties essentielles du programmes, celles qui les amèneraient à pénétrer leur milieu, à ouvrir leur intelligence sur les choses qui les entourent, sur la forme de leur maison, sur l'arrangement de leur jardin, sur l'utilité sociale et l'histoire des travaux auxquels leurs parents se livrent, sur le but des associations qui les enrôleront.

Mais, objecte-t-on, vous êtes trop ambitieux : Le rôle de l'école publique n'est-il pas avant tout de faire acquérir aux enfants qu'on lui confie quelques automatismes, quelques mécanismes, lecture, écriture, calcul, qui sont indispensables dans la vie moderne ? En fait, on ne borne plus là son action, et c'est heureux.

Et si, d'une part, il ne faut pas, pour apprendre aux enfants quelques automatismes utiles, mécaniser les esprits, il ne faudrait pas davantage, dans le but de cultiver nos élèves, les déraciner, les transplanter dans un monde hors du temps présent et des lieux voisins, d'où la solide leçon et le rude contrôle des faits sont absents. Un certain intellectualisme qui n'est pas sans danger pour les pures spéculations de l'esprit pourrait fausser bien plus dangereusement encore l'enseignement public.

Dans une commune des Hautes-Alpes qui était fière, autrefois, de la valeur de son école, et qui essaimait en Provence, pendant l'hiver, des instituteurs saisonniers, la population est passée de 1.740 habitants en 1790 à 1.829 en 1836, 1.528 en 1856, 1.204 en 1871, 841 en 1886, 654 en 1901, 511 en 1921, 358 en 1926. Des causes économiques certes sont intervenues dans l'exode des populations, encore que le val d'Anniviers, de quelque ressemblance avec la vallée d'Abriès, avait 1.975 habitants en 1870, 2.238 en 1900 et 2.831 en 1910. Mais les notables du Queyras font grief à l'école contemporaine de discréditer le pays dans l'esprit des écoliers. Et le docteur Emmanuel Labat adresse un reproche analogue aux écoles gasconnes.

Toutes les écoles, tous les enfants sont trop souvent considérés comme des entités. M. Lapie avait pensé un instant à former dans des écoles normales particulières les maîtres destinés aux écoles rurales et ceux destinés aux écoles urbaines. Il se heurta à trop de traditions.

Il faudrait tout au moins orienter la préparation professionnelle des instituteurs vers une compréhension beaucoup plus effective, intime et personnelle du milieu dans lequel ils auront à exercer.

Voyons les choses telles qu'elles sont. Une grande partie de nos efforts sont perdus. Notre enseignement, parce qu'il est trop souvent en l'air, qu'il ne s'appuie pas solidement sur les réalités présentes, et qu'il ne veut pas composer avec les circonstances locales, est en partie inefficace. Son uniformité, dans tout le pays, ne produit ni cet esprit national qu'envisageait Pécaut, ni cette convergence mentale dont parlait A. Comte, mais une uniformité verbale qui sous des apparences satisfaisant la logique et l'intelligence, peut conduire à de graves mécomptes.

Aussi émettons-nous le vœu, au moment où des idées simplistes, comme celle du traitement unique pendant toute la carrière administrative, ou celle de l'instituteur fonctionnaire national pouvant indifféremment enseigner du Nord au Midi, ou certaines formes prêtées à l'école unique, se répandent dans le personnel enseignant, que l'école publique française soit plus étroitement liée et adaptée à son milieu.

---

E. RION

Institutrice à Saint-Didier (Haute-Savoie)

## LA PRÉPARATION DES MAITRES DE L'ÉCOLE PRIMAIRE

En Allemagne, on appelle « séminaires » les établissements correspondant à nos écoles normales. Les séminaires pour les futurs instituteurs ne devraient pas être compris comme les séminaires pour les futurs ecclésiastiques : ces derniers auront pour mission de préparer leurs fidèles *à la mort*, tandis que les instituteurs devront préparer leurs élèves *à la vie*.

L'institution des écoles normales — faite en d'autres temps — oublie le rôle *social* de l'instituteur ; les futurs guides de l'enfant qui devront promener celui-ci à travers « le monde au travail » (1) sont enfermés dans un internat ! Quelle est l'origine de nos séminaristes laïques ? La grande majorité appartient à des familles de fonctionnaires : instituteurs, gendarmes, douaniers, facteurs... Ces jeunes gens ont été bien peu en contact avec le « monde économique » dans leurs familles, et du foyer paternel à l'horizon restreint, ils passent à l'internat de l'école normale ! Nous ne pouvons guère changer le recrutement des futurs instituteurs. Les fils de paysans, d'artisans, de petits commerçants sont généralement fidèles au métier paternel et le fils du fonctionnaire et de l'employé, ne peut guère être autre chose qu'un fonctionnaire où un employé.

L'école primaire supérieure, recevant les enfants de *travailleurs* divers, est un milieu plus mêlé que l'école normale ; le fils de l'épicier y voisine avec le fils de l'instituteur ; si ce dernier, voué à la carrière de l'enseignement, est interne, les externes viennent lui apporter les échos du dehors. L'école primaire supérieure pourrait assumer la charge de la préparation du Brevet supérieur — ou d'un examen analogue : baccalauréat, diplôme de fin d'études secondaires (2), afin d'éviter à nos futurs maîtres l'internat de nos écoles normales.

Et la préparation professionnelle proprement dite ? Actuellement, les élèves-maîtres font de brefs stages dans les classes primaires annexées à l'école normale. Quelle est la valeur de ces classes-modèles ? L'école

(1) FRANCHET. Au seuil de la vie laborieuse. Bibliothèque d'éducation, 15, rue de Cluny, Paris.

(2) Qu'est ce que l'école unique. Revue de l'enseignement primaire. E. RION, 15, rue de Cluny, Paris.

primaire française traverse, aujourd'hui, une crise ; dans les premières années de son existence, les écoliers étaient *mus* par le double préjugé de la lettre imprimée et de l'instruction. On apprenait tout dans les livres et l'instruction ouvrait toutes les portes. Les temps ont changé : de nos jours, des illettrés font de grosses fortunes en vendant du café ou du calicot et se moquent des « gens instruits » qui n'ont ni villa, ni automobile. Nos écoliers boudent à l'étude, parce que l'instruction est à la veille de devenir une chose inutile. Si nous voulons enrayer le mal et amener nos enfants à *vouloir* apprendre quelque chose, nous sommes obligés de leur trouver de nouveaux *mobiles* d'action. Les pédagogues *étrangers*, s'appuyant sur les acquisitions récentes de la psychologie enfantine, ont pensé qu'il était possible de faire travailler l'écolier en cherchant à satisfaire les besoins naturels de l'enfant : besoin d'activité physique et intellectuelle, instinct d'imitation, goût pour le *jeu* sous ses formes multiples, etc. (1). Malheureusement, pour l'école primaire française, nos maîtres ont adopté à l'égard de la pédagogie « nouvelle » la même attitude que les physiologistes de jadis à l'égard de la théorie de Harwey sur la circulation du sang. Nos maîtres s'entêtent à vouloir ignorer, ou ce qui est plus grave, tournent en ridicule, des théories qui ont, à leurs yeux, le grand tort de venir de *l'étranger*. Nous devons au contraire les étudier sans parti pris, dans le seul but de chercher la *vérité* et de faire œuvre utile et *patriotique*. M. Gay (2), directeur de l'école normale d'instituteurs de la Seine, constatant que « les écoliers d'aujourd'hui ne ressemblent guère à ceux du passé », incrimine la méthode étrangère des « centres d'intérêts ». Est-ce qu'il y a un *seul* maître, en France, ayant observé, *à l'étranger*, l'application de cette méthode ? La méthode exposée sous ce titre, dans les revues pédagogiques françaises, n'a de commun que le nom, avec la méthode employée dans les écoles des Etats-Unis, par exemple (3). Les méthodes « compliquées, présomptueuses » de la pédagogie étrangère sont peut-être d'une étonnante simplicité dans leur pays d'origine. Les maîtres français lâchent la proie pour l'ombre et croient superflu de regarder sur le sol (4). Les choses ne se passent pas ainsi en Amérique. Les trois R : Reading, writing, reckoning, lire, écrire et compter, sont restés *l'essentiel* à l'école américaine. N'accusons pas les méthodes étrangères, qui donnent d'excellents résultats à l'étranger, mais sont inconnues chez nous, de ce que le public est à la veille d'appeler « la faillite de l'école primaire ». Adoptons, au contraire, bien vite les méthodes de la pédagogie *nouvelle* et organisons dans le plus bref délai, des *classes-modèles* pour nos stagiaires.

(1) « Motivation ». Education enfantine. Nathan, éditeur, Paris. Pédagogie américaine.

(2) Profits et pertes. Manuel général, 8 janvier 1927.

(3) La leçon de choses à l'école primaire. AMIEUX. Bibliothèque du Musée pédagogique.

(4) M. GAY. Article cité.

Le stage fait actuellement par les élèves-maîtres dans les classes annexées est une simple prise de contact avec des méthodes surannées. Ce stage, même très court, a des effets désastreux. Les directeurs d'école normale murent portes et fenêtres de leur maison, afin de conserver intactes les méthodes de la première heure, et les élèves-maîtres ignorent l'existence d'une « pédagogie nouvelle », ce qu'ils ont vu à l'école normale est sacré, ne doit pas être mis en doute ; et les voilà, à vingt ans, avec des idées fausses, qu'ils garderont *fidèlement* jusqu'à la fin de leur carrière !

Personne ne conteste plus aujourd'hui que la pédagogie pratique doit être basée sur les données de la psychologie enfantine. Mais les « psychologistes » sont presque tous des étrangers, hélas! (1). Puisque les étrangers doivent rester à la porte de nos écoles normales, l'enseignement de la psychologie est encore loin de la perfection dans ces établissements (2).

Nous n'avons pas su innover, ayons du moins la sagesse d'imiter et emboitons docilement le pas derrière les psychologues et les pédagogues étrangers. L'étude de la psychologie enfantine doit figurer au programme du diplôme exigé des futurs instituteurs. Ces jeunes gens n'ont plus qu'à faire un long stage dans une classe-modèle. Ces classes-modèles doivent être un milieu où chacune des facultés intellectuelles de l'enfant : mémoire, raisonnement, imagination, etc., pourra trouver un « stimulant » (3).

Les classes-modèles pourraient être ramenées à trois types : classe enfantine — 5 à 9 ans ; classe de grands — 9 à 13 ans ; classe unique — 5 à 13 ans. Ces classes devraient être disséminées dans tout le département. Les stagiaires, une fois pourvus d'un emploi, se trouveraient dans des conditions analogues à celles de leur ancienne classe-modèle. Comme tout se transforme et que la « *science* » se renouvelle toujours, les ex-stagiaires seraient invités à faire chaque année une « retraite » pédagogique dans une classe-modèle. Il va de soi que les maîtres, chargés de ces classes, sauront se « tenir au courant » des progrès de la science pédagogique, suivre avec curiosité et bienveillance les impulsions donés par les Dewey, Montessori, Decroly, Ferrière... Bovet, éducateurs de génie, tous étrangers, qui viennent de surgir à notre horizon pédagogique et troubler notre quiétude. Faisons bon accueil à ces novateurs et sachons avec leur aide, *rénover* l'école primaire française (4).

---

(1) BERTRAND. Ecole maternelle française, novembre 1926. Bougerolles, éditeur, 74, rue de Rennes, Paris.
(2) BERTRAND. Article cité.
(3) Opinions sur le choix de l'élite. Manuel Général. E. RION (Hachette, éditeur).
(4) Vers l'école rénovée. DECROLY et BOON. Nathan, éditeur.

# Syndicat National des Instituteurs et Institutrices de France

Section du Haut-Rhin.

## LES JEUX DES ENFANTS

### Questionnaire

*Avez-vous remarqué dans votre village que les enfants ne jouent pas indifféremment aux mêmes jeux toute l'année?*

Les enfants ne jouent pas aux mêmes jeux toute l'année : il y a une diversité inévitable — et nécessaire — dans l'aménagement comme dans le travail : il est trop clair, d'autre part, que les saisons ont une influence décisive sur les changements de jeux.

*Dans quel ordre précis se succèdent les jeux chez les garçons ?*

De la documentation écrite fournie par les élèves eux-mêmes comme de l'observation et du rappel personnel de souvenirs, il résulte que l'on peut classer les jeux par saisons :

A. *Automne. Jeux de mouvement et de délassement (libre activité)* :

Jeux de chasse et de poursuite. Camps adverses : jeux du drapeau. Le gendarme et les voleurs. Petite guerre.

Jeux de cache-cache et de fuite.

Jeux de mouvement : sauts en longueur, en hauteur, en profondeur. Saut de mouton, etc.

B. *Hiver : Jeux par excédent d'énergie.*

Jeu de barres. Jeux de luttes. Boules de neige.

Jeux de saison : glissade, lugge, ski.

Toute la gamme des jeux de poursuite.

Jeux d'imagination : bonshommes de neige.

Jeux occasionnels : cache-cache (obscurité), etc.

C. *Printemps : Activité mieux équilibrée. Le renouveau provoque l'initiative et l'invention.*

Jeux de balles (cavalier, balle au trou).

Jeu des quatre coins.

Jeu de l'ours.

Toupie. Billes.

Jeu de la bougie, etc.

D. *Eté : Moins d'exubérance, et, parfois, retour au calme.*

Arc, flèches, frondes.

Petite guerre dans les bois.

Quilles.

Colin-Maillard.

Jeux de dames.

Jeux qui préfèrent la divination (pile ou face, dés), etc., etc.

*Y a-t-il un ordre de succession différent suivant l'âge des enfants ?*

Non, à cause de l'instinct d'imitation. Tout au plus, les plus jeunes évitent-ils les jeux trop violents ou qui leur paraissent trop compliqués. Dans le cas particulier de récréation scolaire, quand la majorité joue aux billes, par exemple, le reste se garde de troubler ces jeux par d'autres ébats, et se met à l'unisson.

*Durée et date précise d'apparition de chacun d'eux (garçons) :*

*Janvier.* — Jeu de barres (2 à 3 semaines).

*Février.* — Jeux de lutte et de poursuite (4 semaines).

*Mars.* — Jeux de course (au chat et à la souris, etc.) (4 semaines).

*Avril.* — Jeu de billes (6 à 7 semaines).

*Mai.* — Jeux de balles. « Bougie ». Quatre-coins (5 semaines).

*Juin.* — Toupies. Jeu de l'ours (4 semaines).

*Juillet.* — Jeux « à l'ombre » : jeux de patience, de dames, etc., Colin-Maillard (5 semaines).

*Août.* — Petite guerre (en août et septembre).

*Septembre.* — Frondes, arcs, flèches. Quilles (deux semaines).

*Octobre.* — Jeux de chasse (4 semaines).

*Novembre.* — Jeux de mouvement. Sauts. Sauts de mouton.

*Décembre.* — Jeux violents, lutte, boules de neige, glissades, etc. (en novembre et décembre).

La durée indiquée ne doit pas faire illusion : elle se rapporte uniquement au jeu dominant, et varie d'ailleurs suivant les années (température, circonstances). Inévitablement, les enfants mêlent leur jeu du moment d'autres amusements accessoires.

*Leur nom local.*

Leur dénomination, en dialecte alsacien, ne peut s'écrire facilement et ne peut être traduite exactement en langue française. Cette dénomination varie d'ailleurs de canton à canton (déformation du bas dialecte).

*Sont-ils vraiment locaux ou d'origine étrangère ?*

Pas d'origine étrangère et pas de différence essentielle avec les jeux de la région Est de Paris.

Jeux vraiment locaux : 1. Jeux de poursuite et de petite guerre (atavisme « militaire » du jeune Alsacien). Circonstances historiques : luttes séculaires entre Français et Allemands : aujourd'hui encore, comme du temps de l'annexion allemande, il y a deux camps : les Français et les Allemands. Proximité des forêts et des montagnes.

2. Arc, flèche, fronde. La localité est entourée de très vieux châteaux-forts et le souvenir des luttes du Moyen Age s'est transmis de

génération en génération. (Vers l'an 1.200, un seigneur a, par inadvertance, transpercé son frère d'une *flèche.*) Découverte de *flèches* datant de l'occupation romaine.

3. Lugge, ski, etc. : plaisirs de la saison d'hiver dans les Vosges.

*Les enfants fabriquent-ils eux-mêmes leurs jeux ?*

Non, à part quelques objets comme frondes, flèches, seringues, etc.

*Y a-t-il une industrie locale ?*

Non, les magasins vendent les jouets usuels à l'usage des tout petits.

*Raisons qui motivent le passage d'un jeu à un autre.*

1. Besoin indispensable de variété, de changement. L'habitude émousse le plaisir.

2. Caractère spontané du jeu, directement opposé à toute idée de durée : l'activité tend à se manifester dans tous les sens.

3. Imitation et initiative d'un chef, d'un groupe voisin.

4. Circonstances atmosphériques : neige, pluie.

5. Faits divers : Un crime : Jeu du gendarme et des voleurs.

Un incendie : Jeu des pompiers.

Séance de cinéma : Détectives et criminels.

Leçon d'histoire : Du Guesclin et les Anglais.

(inévitablement tous les ans, pendant la semaine de cette leçon d'histoire), etc.

*Y a-t-il des enfants qui ne se soumettent pas à la règle générale ?*

Oui, mais assez rarement. Ils ne sont l'objet d'aucune brimade.

*Raisons :* 1. Esprit de contradiction, entêtement.

2. Manque d'initiative, de hardiesse : peur de « perdre », d'être « vaincu ».

3. Nature individuelle (indifférents, lymphatiques, etc.).

*Avez-vous quelque indication sur ce qui se passe dans les villages voisins ?*

Les villages voisins sont en pays de plaine. Les jeux sont sensiblement les mêmes, quoique moins variés et plus calmes (vie au grand air, occupations agricoles, groupes moins nombreux, peu d'accidents de terrain).

*Entrevoyez-vous que la règle de succession des jeux soit vraie en dehors de votre village ? du canton, de l'arrondissement, du département ?*

La règle de succession semble ne pas varier, quant à l'essentiel, sauf pour ce qui concerne les grandes villes, où forcément certains jeux ne peuvent être introduits (glissades, petite guerre).

*Ces règles de succession ont-elles varié au cours des âges, d'après les renseignements que vous fournissent les vieillards ? Certains jeux ont-ils disparu ? Lesquels ? Quels jeux les ont remplacés ?*

Les témoignages des vieillards sont unanimes : On a joué, à toute époque, à la balle, aux billes, à la course pendant les mêmes saisons. (Unanimité aussi à constater une plus grande violence, une plus grande brutalité parfois. Causes : *a*) après-guerre ; *b*) sports en honneur.) Certains jeux ont disparu : la raquette, le palet, le diabolo, le jeu de bascule et de lancement d'un morceau de bois posé à terre, etc. Le Colin-Maillard n'est presque plus joué. Remplacés par : ski, patinette, jeux de ballon (foot-ball), pelote, etc.

*Voyez-vous parfois les enfants introduire des modifications dans leurs jeux ?*

Oui, assez fréquemment. Causes diverses : ennui de l'uniformité. Plus grande commodité apparente. Initiative d'un chef en mal de nouveauté. Souci de favoriser certains camarades malchanceux, etc. Il faut remarquer que ces modifications ne sont pas durables et que les règles essentielles se transmettent telles quelles de génération à génération (témoignage des adultes).

*Connaissez-vous des travaux faits dans la région sur les jeux locaux ? Travaux récents ou travaux anciens ?*

Non.

---

P. LANGEVIN

Professeur au Collège de France

---

## CONFÉRENCE FAITE A LA SECTION DE PÉDAGOGIE, LE SAMEDI 16 AVRIL 1927

---

*Nous ne possédons pas le texte in extenso de la conférence de M. Langevin. Nous en donnons ci-après un résumé.*

### L'ÉCOLE UNIQUE

La section de pédagogie du Congrès de l'Association française pour l'Avancement des Sciences a ouvert ses travaux par une remarquable conférence sur l'Ecole Unique. Sollicité par M. Pieron, professeur au Collège de France et président de la Section de Pédagogie, M. le Professeur Langevin avait accepté avec empressement de répondre au vœu unanime du monde universitaire de notre ville et c'est devant un nombreux auditoire et en présence de M. Taillart, Recteur de l'Académie d'Alger, représentant le Ministre de l'Instruction publique, et de M. Noël, Inspecteur d'Académie, que l'éminent conférencier expose le caractère véritable de la réforme dite de l'école unique, « modification profonde de nos institutions, tentative ayant pour but de sauter par-dessus une génération » (F. Buisson), pour avancer l'heure d'avènement d'une société plus juste. « Cette réforme, expose le professeur Langevin, est destinée au fond à tenir les promesses contenues dans ce premier paragraphe de la Déclaration des Droits de l'Homme. Tous les hommes naissent libres et égaux en droits... » Et le premier des droits est le droit à un développement complet de ses aptitudes. C'est aussi le droit des enfants à l'égalité devant l'instruction et la culture. La nation a le devoir de mettre en valeur toutes les ressources intellectuelles de ses citoyens et de ses citoyennes. Il y a là intérêt particulier et aussi intérêt général. Chacun à sa place au plus grand bénéfice de chacun et de tous. Les richesses dont nous disposons au point de vue des aptitudes intellectuelles et de toutes les aptitudes (manuelles, artistiques, etc.), doivent être toutes miss en valeur. Il s'agit de dégager non une élite, mais des élites. Après une interruption de plus d'un siècle, c'est l'œuvre de la Révolution, de Condorcet, des Conventionnels que nous reprenons. »

Après avoir montré le désordre véritable qui règne dans l'organisation actuelle des trois ordres d'enseignement, après avoir montré comment les améliorations progressives apportées dans l'enseignement primaire (C. Complémentaire, E.P.S., E.N.) en avaient fait un enseignement en quelque sorte fermé sur lui-même, après avoir fait remarquer, malgré ses multiples créations intéressantes basées sur le principe de la gratuité, l'inorganisation de l'enseignement professionnel, le Professeur Langevin montre précisément qu'il y a dans le projet de l'Ecole unique le désir de simplifier et d'améliorer l'organisation des services de l'Enseignement et d'accord avec le Cartel de Salut Social, les Compagnons de l'Université nouvelle, le Droit humain, les Groupes fraternels de l'enseignement, la Confédération générale du travail, la Ligue des Droits de l'Homme, le Syndicat national des Instituteurs et les Syndicats de l'Enseignement des deuxième et troisième degrés, il rappelle à grands traits les grandes lignes de la réforme demandée.

A la base, l'enseignement du premier degré jusqu'à 11 et 12 ans, obligatoire et commun à tous les enfants. Il vaut mieux, dit à ce sujet le professeur Langevin, voir les enfants se donner des coups de poing à l'école que plus tard des coups de fusil dans la rue. Cette école commune doit être laïque, puisqu'elle ne doit enseigner que ce qui unit et laisser ce qui divise. Elle doit être laïque, c'est-à-dire selon les émouvantes et nobles paroles de Lavisse, « ne pas limiter à l'horizon visible la pensée humaine, ni interdire la recherche du divin. Ne pas mépriser ni violenter les consciences détenues encore sous le charme des vieilles croyances, refuser aux religions qui passent le droit de gouverner l'humanité qui dure... C'est croire que la vie mérite d'être vécue, l'aimer, réprouver la définition de la terre « vallée de larmes », c'est ne prendre son parti d'aucune misère, d'aucune injustice, d'aucun mal. C'est pratiquer trois vertus. La charité, c'est-à-dire l'amour des hommes ; l'Espérance, c'est-à-dire le pressentiment qu'un jour viendra dans la postérité lointaine où se réaliseront les rêves de paix, de justice et de bonheur que faisaient les ancêtres en regardant le ciel ; la Foi, c'est-à-dire la volonté de croire à l'utilité victorieuse de l'effort humain perpétuel.

Un concours national d'admission au deuxième degré serait la base du recrutement et de la formation des élites. Les élèves seraient répartis en trois sections (d'après les notes obtenues dans les différentes matières et d'après leurs aptitudes) : la section classique, la section moderne et la section technique. Jusqu'à la fin du deuxième degré (15 ans), la répartition des matières est telle que de nombreux cours peuvent être communs. La spécialisation n'est encore qu'amorcée, de manière à permettre au terme de ce deuxième degré un changement de section. Un établissement de ce second degré correspondrait à nos collèges.

Au troisième degré (de 15 à 18 ans), la différenciation des études sera plus complète (second cycle des lycées, écoles normales). L'enseignement y sera donné dans les sections suivantes :

1° Enseignement post-scolaire ;

2° Ecoles nationales professionnelles ;

3° Ecoles d'arts et métiers ;

4° Ecoles normales ;

5° Ecoles d'administration et Ecoles techniques privées ;

6° Lycées (Classes de secondes, première, mathématiques et philosophie).

Et nous voici au seuil du quatrième degré (Instituts dont le groupement formerait les Universités).

Une culture générale commune, c'est-à-dire fondée sur les mêmes méthodes et données dans le même esprit se poursuivra à travers les enseignements des trois premiers degrés et parallèlement dans les diverses sections.

Les éléments communs seront essentiellement le travail manuel et les arts, les sciences expérimentales et théoriques, l'histoire des faits et des idées, les langues et les littératures, la philosophie. Il faut permettre à chacun, grâce à un nombre suffisant de notions communes, de garder le contact avec des formes d'activité autres que la sienne, d'apprécier l'importance et la noblesse de toutes et de changer éventuellement sa spécialisation s'il a été mal orienté. L'enfant prématurément spécialisé a trop de tendances à se renfermer dans le cadre étroit des préoccupations professionnelles où se développe l'esprit de caste ou de classe ; l'homme est ensuite trop absorbé par la profession, pour qu'il ne soit pas nécessaire de réagir. Dans l'intérêt de tous et pour une meilleure collaboration, il faut poursuivre à travers l'ensemble des trois premiers degrés, une culture générale commune à toutes les sections, tout en respectant les modalités imposées par le temps dont on dispose.

L'esprit commun dans lequel cette culture doit être donnée et la manière dont les programmes doivent en être développés sont déterminés par cette idée que la culture générale doit représenter tout ce qui, indépendamment de la profession, prépare l'enfant à la vie, c'est-à-dire au contact avec les choses et les hommes, lui permette d'agir sur les choses d'accord avec les hommes et conformément aux lois qui régissent les unes et les autres. Le contact avec les choses concerne le côté plutôt scientifique et technique, le contact avec les hommes le côté plutôt littéraire et moral de la culture. Les humanités anciennes représentaient une conception trop étroite de la culture.

Ce contact doit d'ailleurs concerner le passé comme le présent. Chaque esprit, pour appartenir à l'humanité, doit, suivant une loi biologique respectée par la psychologie même de l'enfant, repasser, en les abrégeant, par les étapes diverses du développement de l'esprit humain. De là le rôle éminent de l'histoire des faits et surtout des idées, du contact avec les grandes pensées et les grandes découvertes.

A ce dernier point de vue on est certainement loin encore d'avoir réalisé un enseignement conforme à l'état actuel du développement de l'esprit et du remarquable travail d'adaptation consciente de la pensée au fait qu'a permis depuis quatre siècles l'utilisation de la méthode expérimentale. On est loin d'avoir tiré de l'enseignement scientifique tout ce qu'il peut donner, on l'a beaucoup trop limité, intentionnellement peut-être, à son aspect utilitaire et technique, on l'a beaucoup trop donné sous forme dogmatique et verbale. Enfin l'enseignement doit avoir donné à l'enfant, non seulement l'habitude d'assimiler, mais aussi le goût d'agir et de créer. L'action met en jeu l'affectivité bien plus que l'attitude passive et crée dans l'esprit de l'enfant des centres d'intérêts infiniment utiles au point de vue pédagogique. Elle contribue à former le caractère autant que l'intelligence, elle donne à l'enfant confiance en lui-même et personnalité. A ce point de vue, le travail manuel et l'art doivent être considérés comme faisant partie essentielle d'une culture générale vraiment humaine. Leur importance pour l'éducation et l'éminente dignité que présente la faculté de créer ont été trop méconnues dans notre enseignement.

En conclusion, que voulons-nous ?

« Nous voulons la réforme de l'enseignement pour des raisons morales, philosophiques, nationales, sociales.

« Nous voulons un ministère de l'éducation et une nouvelle conception de ses « directions administratives » ;

« Nous voulons un système d'institutions organisant la sélection et l'orientation, la spécialisation et l'unité de formation, l'élévation du niveau intellectuel de la masse et l'ascension de véritables élites.

« Nous voulons des écoles élémentaires (6 à 12 ans), des cours complémentaires (12 à 15 ans), la post-scolaire (15-18 ans) pour le plus grand nombre ; puis des collèges (lycées) (11 à 18 ans), des facultés et des grandes écoles, tous ces établissements ouverts à ceux qui le méritent et à ceux-là seulement.

« Nous voulons la gratuité effective et la suppression des frontières de l'argent. Nous voulons que chaque enfant puisse s'élever au plus haut degré du savoir si ses aptitudes le lui permettent, que chaque travailleur puisse satisfaire sa curiosité intellectuelle et se cultiver s'il en éprouve le besoin.

Nous voulons la justice pour nos enfants et l'organisation rationnelle du rendement social de l'éducation.

« Nous commençons à voir clair.

« Il ne nous reste plus qu'à vouloir ferme. »

22e section

# HYGIÈNE ET MÉDECINE PUBLIQUE

*Président* ................ Dr Dequidt, Inspecteur général des Services d'Hygiène de Paris.

*Vice-Président* ............ Dr Piquet, Directeur des Services d'Hygiène du département de Constantine.

*Secrétaire* ................ Dr Cavaillon.


## Prof. Allyre CHASSEVANT

Directeur de l'Institut d'hygiène et de médecine coloniale de l'Afrique du Nord
Professeur d'hygiène à la Faculté de Médecine d'Alger
Secrétaire général de l'Association algérienne contre la tuberculose


### 1° ORGANISATION DE LA DÉFENSE SOCIALE CONTRE LA TUBERCULOSE EN ALGÉRIE

L'extension de la tuberculose en Algérie a été signalée par les médecins algériens depuis les premiers Congrès internationaux de médecine.

En 1900, le Professeur Crespin et ses élèves ont exposé les causes de l'extension de ce fléau dans notre colonie et montré les remèdes ; malheureusement depuis cette époque, malgré les études des Professeurs, médecins des hôpitaux, médecins de colonisation, qui ont jeté le cri d'alarme, il n'a été opposé aux progrès de cette maladie sociale, aucune barrière sérieuse. Les travaux des Professeurs Ardin-Delteil, Soulié, Chassevant, des médecins des Hôpitaux Aubry, Lemaire, du Docteur Argenson, médecin chef du Dispensaire d'Alger, les enquêtes faites par l'Institut Pasteur d'Algérie, et par l'Association Algérienne contre la Tuberculose, dans les milieux européens et indigènes, ont constamment montré l'extension de la maladie, non seulement dans les taudis des villes, mais dans les villages, les mechtas et douars, jusqu'aux confins du désert ; l'extension du fléau semble suivre les progrès de la pénétration de la civilisation.

Nous ne voulons pas rappeler ici les causes de cette extension, ni celles de l'insuffisance de moyens de défense opposés jusqu'à présent par les pouvoirs publics ; en 1922, nous avons résumé la question dans un article publié dans le Journal de Médecine et de Chirurgie de l'Afrique du Nord (1).

Dans un récent rapport, présenté par nous à la commission de la réforme de l'assistance et de l'Hygiène en Algérie, commission interdélégataire, nous avons exposé ce qui existe, et ce qu'il faut faire, pour combattre l'extension de la Tuberculose en Algérie ; nous allons résumer dans cette communication les points principaux de ce rapport.

Comme en France, il faut diriger contre la Tuberculose divers moyens d'attaque, qui doivent être coordonnés pour tarir les sources de dispersion du mal.

Un tuberculeux secouru incomplètement et tardivement essaime autour de lui des germes de contagion, et crée un foyer de contamination, qui fait croître le nombre des malades en progression géométrique, alors que l'assistance ne soulage qu'incomplètement et inutilement un nombre infime de malades.

Mais en Algérie, les mœurs des indigènes viennent compliquer la tâche des œuvres sociales organisées comme en France, qui s'adressent à la population d'origine européenne, et à la population indigène éduquée des villes.

Les indigènes qui viennent se contaminer dans les villes d'Algérie, de France et de l'étranger, rentrent malades dans leurs Mechtas et leurs Douars, pour y mourir, semant la tuberculose dans leurs Gourbis et contaminant les autres membres de leurs familles.

Pour organiser la défense contre la tuberculose, le corps médical algérien a créé une Association algérienne contre la Tuberculose, qui s'adressant au public, s'efforce d'éduquer les élus, d'organiser des comités locaux et régionaux qui secondent l'action des organisations officielles : Offices publics d'hygiène sociale départementaux, qui fonctionnent au ralenti dans les trois départements, faute de subventions suffisantes.

Dans notre rapport, nous constations que la défense sociale contre la Tuberculose, actuellement en voie d'extension, nécessitait la réalisation des moyens de défense suivants, par ordre d'urgence :

a) *Séparation des malades tuberculeux des autres malades dans les divers hôpitaux et infirmeries de la colonie.*

Pour réaliser cette séparation, il faut :

1° d'*extrême urgence* : réserver dans les hôpitaux existants un nombre de lits suffisants pour y recueillir tous les tuberculeux actuellement

(1) Allyre CHASSEVANT. Organisation de la Défense sociale contre la Tuberculose en Algérie *Journ. de Méd. et de Chir. de l'Afrique du Nord*, 1922, p. 340.

répartis sans discrimination dans les diverses salles des hôpitaux et infirmeries, salles communes, foyers de contagion.

2° Augmenter le nombre des lits réservés aux tuberculeux, pour permettre le traitement et l'hospitalisation des tuberculeux contagieux, qui créent dans les villes et les villages des foyers de contagion, en créant des hôpitaux-sanatoriums en dehors et à proximité des grands centres.

Pour réaliser à bref délai ces créations, il faut que les Pouvoirs publics associent leur action avec l'initiative privée.

Le Corps médical d'Algérie et la Fédération des mutilés d'Algérie ont créé deux organismes, qui bien dirigés et subventionnés, tant par l'autorité administrative que par la population, veulent à bref délai résoudre la question : c'est l'Association algérienne contre la tuberculose qui en organisant dans tous les centres ses comités locaux, seconde l'action des médecins praticiens et celle de l'Office public d'Hygiène sociale du Département : c'est l'Association des Sanatoriums d'Algérie, qui se propose de construire des sanatoriums populaires, pour seconder l'Assistance publique.

Il dépend des Délégations financières de hâter ces réalisations, sans créer de nouveaux fonctionnaires, en votant simplement des prix de journées pour les malades contagieux, suivant les barèmes établis en France pour l'œuvre similaire de Bligny.

b) *Préservation de l'enfance et de l'adolescence :*

Généraliser la vaccination des tout petits par le procédé Calmette avec le vaccin CGB.

Créer dans les principaux centres des filiales de l'œuvre des Tout-Petits.

Développer dans les principaux centres les filiales de l'œuvre Grancher.

Ecoles : l'inspection des écoles devrait sélectionner dans les villes à écoles multiples, les enfants malingres, qui devraient être placés dans les écoles en plein air, avec cantines scolaires (utiliser les services de l'œuvre l' « Action pour tous »).

Créer des préventoriums en utilisant des hôpitaux militaires actuellement désaffectés (par exemple l'hôpital de Ténès).

Organiser des hôpitaux marins.

c) *Défense des indigènes :*

Surveiller au retour les indigènes malades, qui reviennent de France ou de l'étranger, les visiter à l'arrivée et créer un passeport sanitaire.

Hospitalisation des malades contagieux dans des infirmeries ou hôpitaux indigènes spécialisés, établis à proximité de leurs Douars et Mechtas, dans les communes mixtes.

On peut dès à présent organiser ces services en Kabylie à Azazga, à Akbou, à Fort-National, à Michelet, et dans le pénitencier désaffecté du Gouraya, près Bougie.

*Education populaire, organisation de la propagande*

Depuis que la notion de la contagion de la tuberculose a pénétré dans le public, il s'est produit dans tous les milieux un sentiment de crainte, qui se traduit par une mise à l'index et tend à repousser comme des parias, les malades supposés atteints de tuberculose.

Cette crainte irraisonnée se traduit par des mesures maladroites, souvent inopérantes. Les municipalités s'opposent à la création de sanatoriums ou d'hôpitaux spécialisés sur leurs territoires, acceptant dans les salles communes de leurs hôpitaux communaux les tousseurs, cracheurs qui dissimulant leur diagnostic ou l'ignorant, sèment la contagion partout, contaminant leurs proches et leurs voisins, véritable cause de l'extension de la tuberculose.

Il faut donc par une large propagande, combattre cette opinion absurde ; apprendre surtout aux élus et à l'élite, qu'un malade qui connaît la cause de son mal et qui se soigne n'est plus contagieux ni dangereux ; qu'au contraire le malade qui néglige ses rhumes ou bronchites est dangereux pour son entourage.

Il faut faire comprendre à tous qu'en multipliant les hôpitaux spécialisés, on pourra soigner et guérir des malades qui actuellement s'acheminent lentement vers la phtisie et la mort, semant la tuberculose autour d'eux.

Comment réaliser cette propagande en Algérie ?

Elle ne peut être qu'une des branches de l'enseignement par la collaboration étroite du personnel enseignant avec les médecins traitants, notamment des médecins de colonisation, des médecins communaux.

Les pouvoirs publics doivent largement subventionner les œuvres qui collaborent à cette propagande.

Depuis 1923, l'Institut d'hygiène et de médecine coloniale créé par le Ministre de l'Instruction publique, sous la présidence du Recteur de l'Université, et chargé de faire l'éducation du public sur tout ce qui concerne l'hygiène, a coordonné tous les efforts et toutes les bonnes volontés, et dans la mesure des modiques ressources mises à sa disposition a réalisé une propagande efficace.

Il a groupé autour de lui :

L'Association algérienne contre la tuberculose, qui a manifesté son activité par l'étude des conditions de défense contre la tuberculose en Algérie, dans plusieurs rapports et communications faites par les phtisiologues les plus écoutés de la colonie ;

Les sociétés de la Croix-Rouge, S.S.B.M. et U.F.F. dont il a assuré l'enseignement des infirmières au point de vue de l'hygiène et de la tuberculose.

Il a fait chaque année un cours public d'hygiène sociale, illustré de films qui lui ont été prêtés par la Ligue internationale des Croix-Rouges et par le Comité national contre la tuberculose.

Cette année, six films prêtés par la Ligue des sociétés de la Croix-

Rouge, sont mis à sa disposition et vont être utilisés pour la propagande, suivant les demandes des instituteurs et les médecins des villes de l'intérieur, après avoir été employés à Alger aux Cours publics et aux conférences des Sociétés des Croix-Rouges, de l'Association algérienne contre la tuberculose, du Comité algérien de l'hygiène par l'exemple.

Mais pour réaliser la propagande utile et nécessaire, il faut en Algérie, comme en France, créer une cinémathèque universitaire, dont les films d'éducation d'hygiène et de propagande antituberculeuse et d'hygiène sociale, doivent constituer une section.

D'accord avec le Ministère de l'Instruction publique, avec le Ministère de l'Agriculture, avec la ligue des Sociétés de la Croix-Rouge, le Directeur de l'Institut d'hygiène et de médecine coloniale de l'Afrique du Nord, étudie le moyen de créer des films adaptés aux mœurs et à la mentalité de la population algérienne.

On a en effet constaté qu'en Algérie, comme du reste dans les colonies anglaises (Indes), les films édités soit en Amérique, soit en Europe, n'ont pas toute l'efficacité éducative nécessaire ; le Professeur Chassevant a constaté que les films mis à sa disposition sont utiles pour illustrer les conférences et cours faits à la population d'élite des villes ; moins compris par les enfants, ils sont totalement incompris par la population indigène.

Il faut donc adapter la propagande aux mœurs et à la mentalité particulière de la population, et pour cela utiliser les personnes compétentes, qui vivent en contact journalier avec cette population : les médecins et les instituteurs ; encourager leurs efforts, stimuler leur initiative ; c'est au Recteur, secondé par les Inspecteurs d'Académie, par le Doyen de la Faculté de médecine et par le Directeur de l'Institut d'Hygiène qu'il convient de prendre l'initiative de créer la cinémathèque universitaire, qui doit mettre entre les mains des éducateurs et des propagandistes les films adaptés indispensables.

Mais en attendant la réalisation de ce vœu déjà émis à plusieurs reprises par l'Association algérienne contre la tuberculose, il convient d'utiliser au maximum les moyens de propagande mis à notre disposition par l'Institut d'hygiène.

Les Comités régionaux et locaux de cette association, d'accord avec les Offices publics départementaux d'hygiène sociale, peuvent déjà faire utile propagande.

Toute personne peut dès maintenant, en s'adressant soit au Comité central de l'Association algérienne contre la tuberculose, soit à l'Institut d'hygiène et de médecine coloniale de l'Afrique du Nord, 1, rue Lys-du-Pac, obtenir des films de propagande et des tracts et sujets de conférence.

En résumé : Il existe en Algérie tous les rouages nécessaires pour réaliser la défense contre la tuberculose ; mais jusqu'à présent les pouvoirs publics n'ont pas suffisamment secondé leurs efforts, et les Délégations financières mal renseignées et parfois tendancieusement trompées, n'ont pas accordé aux œuvres et aux organisations même officielles, tels que les Offices départementaux d'hygiène sociale, l'Institut d'hygiène et de médecine coloniale, l'Association algérienne contre la tuberculose, l'association des Sanatoriums d'Algérie, etc., les subventions suffisantes.

*Conclusions*

Tout est à faire en Algérie, pour réaliser la défense sociale contre la tuberculose, et combattre ce fléau qui est en voie d'extension.

Il faut d'extrême urgence :

Séparer dans tous les hôpitaux et infirmeries les tuberculeux des autres malades ;

Créer des Hôpitaux sanatoriums ;

Créer des Sanatoriums de cure ;

Préserver l'enfance et l'adolescence contre la contagion ;

Surveiller les indigènes malades, les isoler, les soigner ;

Faire l'éducation et la propagande.

Seuls, les pouvoirs publics sont incapables de réaliser à bref délai ce programme.

Il faut donc s'appuyer sur l'initiative privée, utiliser les œuvres qui existent :

Association algérienne contre la tuberculose ;

Association des Sanatoriums populaires d'Algérie ;

Institut d'Hygiène et de médecine coloniale de l'Afrique du Nord ;

Comité algérien de l' « Hygiène par l'exemple » ;

L'Action pour tous ;

Le Comité algérien de l' « Œuvre Grancher » ;

Les Comités algériens des Asosciations des Croix-Rouges : S.S.B.M., U.F.F., A.D.F.

En coordonnant les initiatives de ces œuvres et établissements publics ou privés, en secondant l'initiative du Corps médical algérien, qui a créé l'Association algérienne contre la tuberculose ;

En aidant l'œuvre des Sanatoriums populaires créée par l'Association algérienne contre la tuberculose en collaboration avec la Fédération des mutilés d'Algérie ;

Les Délégations financières et le Gouvernement Général pourront réaliser enfin la défense sociale contre la tuberculose en Algérie, et faire reculer ce fléau, qui était inconnu avant notre conquête.

## 2° ROLE DES INFIRMIÈRES-VISITEUSES

En Algérie, comme en France, la défense contre les maladies évitables et l'assistance aux malades sont placées dans le cadre administratif et dans celui de l'assistance publique. Les infortunes et souffrances criardes sont insuffisamment soulagées ; les épidémies qui viennent, périodiquement, affoler les populations sont inefficacement combattues par des moyens de fortune, mais on ne trouve aucune ressource pour prévenir les maladies communes, combattre l'ignorance et les superstitions qui tuent, chaque année, plusieurs milliers d'enfants et d'adolescents.

Le budget de l'assistance dépasse de beaucoup celui de la prophylaxie, et ces millions sont insuffisants pour secourir les infortunées victimes de l'incurie hygiénique.

Divers facteurs viennent entraver, en Algérie, l'application rationnelle des mesures sanitaires, l'enseignement pratique des mesures d'hygiène et de la médecine sociale. Ce sont :

La diversité d'origine des races ethniques qui composent la population, dont l'évolution sociale est plus ou moins avancée.

Les mœurs, religions, superstitions, qui opposent, soit de l'hostilité, soit une résistance passive invincible.

L'indifférence de la masse populaire, qui accepte de vivre, sans dégoût, dans des taudis, au milieu de l'ordure, dans une promiscuité repoussante.

Les coutumes qui ferment le gynécée aux étrangers et ne permettent que difficilement et à la dernière extrémité la présence de médecins, sage-femmes ou infirmières au chevet des femmes et enfants malades.

La crédulité et l'ignorance de la masse populaire, qui considère la médecine comme une sorcellerie, le médecin comme un thaumaturge ; cet état d'esprit la rend rebelle aux mesures de protection préventive et d'isolement des contagieux, ainsi qu'à la désinfection.

Dissémination de la population sur un vaste territoire, dans des mechtas et des douars isolés, presque inaccessibles, sans routes ni moyens de communications rapides.

Ignorance des élus chargés de voter et répartir le budget, qui, pour la plupart, partagent les préjugés de leurs électeurs.

Insuffisance du nombre des médecins qui sont isolés dans des circonscriptions trop vastes et qui succombent, malgré leur activité et leur dévouement, aux tâches multiples qu'ils ont à remplir, et ne peuvent que donner leurs soins aux malades les plus gravement atteints. Souvent, les prescriptions les plus urgentes et judicieuses ne sont qu'incomplètement exécutées, ce qui explique l'éclosion d'épidémies qui seraient, théoriquement, impossibles si toutes les mesures administratives pouvaient être prises, comme le commandent les circulaires, souvent lettres mortes.

Il ne faut pas oublier qu'un cinquième seulement de la population est d'origine européenne ; que cette population habite, surtout, les villes et les centres de colonisation, qu'elle appartient, en général, à diverses races venues des rivages de la Méditerranée, qui ont importé leurs coutumes ancestrales, souvent déplorables, au point de vue de la propreté et de l'hygiène ; que, dans les campagnes, cette population est submergée par la masse des indigènes, pour la plupart pauvres meskines, qui ne réagissent pas contre la maladie.

Depuis la fin de la guerre mondiale, on s'est efforcé, en Algérie comme en France, d'orienter la défense de la santé publique dans un cadre social.

Considérant que l'enseignement de la médecine sociale est là base indispensable de tout progrès, le Gouverneur Général Abel a créé à l'Université d'Alger, un Institut d'Hygiène réclamé depuis longtemps par les Maîtres de la médecine algérienne.

Cet Institut a été chargé de l'organisation de tous les enseignements de perfectionnement et de vulgarisation de la médecine sociale, de donner aux Pouvoirs publics, aux départements, aux communes et aux particuliers tous renseignements utiles pour l'organisation de leurs services.

Après avoir organisé l'enseignement supérieur de l'hygiène et de la médecine coloniale pour les médecins désireux de se spécialiser dans ces branches de la médecine sociale, l'Institut s'est mis en rapport avec les œuvres dues à l'initiative privée, si fécondes, pour organiser l'enseignement populaire de l'hygiène.

Un comité algérien de la société « l'Hygiène par l'exemple » a été constitué sous la présidence d'honneur de Mmes Steeg et Viollette, pour seconder les instituteurs et introduire l'enseignement de l'hygiène pratique à l'école.

Les sections des Associations de la Croix-Rouge ont introduit l'enseignement de l'hygiène dans leurs dispensaires. La Société de Secours aux Blessés militaires fait un enseignement dans son dispensaire de la rue Marengo et forme des infirmières. Ce comité envisage la formation d'infirmières-visiteuses coloniales, spécialisées pour les pays musulmans de langue arabe et berbère.

L'Association des Femmes de France fait, de même, un enseignement complet d'infirmières militaires.

L'Association des Dames Françaises s'occupe, plus spécialement, d'œuvres complémentaires : Assistance aux mères, Enfants à la montagne, etc...

Toutes trois ont des dispensaires très actifs, et vont à domicile dans les taudis indigènes, soulager les infortunes.

Pour seconder l'action limitée du dispensaire d'hygiène sociale, organe officiel, le corps médical a créé une *Association Algérienne contre la Tuberculose*, qui compte, dans son sein, l'élite des phtisiologues de l'Algérie. Par son activité et les études techniques de son Comité, cette association a établi un plan complet de défense contre la tuberculose en Algérie, qui ne demande, pour être appliqué, que le vote par les Délégations financières des ressources nécessaires.

L'orientation rationnelle de la protection de la santé publique doit prévenir la maladie et la misère qui en est la triste conséquence. Ainsi se trouve posé le problème de la réforme et de la réorganisation de l'Assistance médicale et des services d'hygiène sociale.

Les médecins de colonisation, admirables pionniers de la civilisation française en Afrique du Nord, malgré leur dévouement et leur abnégation, ne peuvent pas assurer, sans aide, les nouvelles obligations que leur impose le rôle actuel du médecin social · l'empêcheur de la maladie ; ils doivent être secondés par des collaborateurs et collaboratrices instruits et dévoués qui les assistent pour l'accomplissement de leur rôle social.

C'est particulièrement le rôle de l'infirmière-visiteuse dont l'assistance a déjà donné, dans divers pays (Angleterre et Amérique) les résultats les plus efficaces.

Mais il faut, pour qu'elles puissent remplir leur tâche en pays musulman, qu'elles aient acquis, en outre de leurs connaissances professionnelles générales, des notions pratiques de la langue, des mœurs, des coutumes et des superstitions des populations au milieu desquelles elles sont appelées à exercer leur sacerdoce.

Alger est la ville la plus qualifiée pour permettre aux personnes qui se destinent à la carrière d'infirmière-visiteuse coloniale, qui désirent vivre au milieu des populations musulmanes, d'acquérir ces notions nécessaires.

Elle offre toutes les ressources d'une ville de Faculté ; on y trouve une population cosmopolite, des quartiers musulmans où on peut observer les mœurs de ces populations impénétrables et leurs superstitions ; dans les hôpitaux, on soigne les maladies sociales contagieuses et épidémiques, particulières aux pays chauds, qui sévissent sur ces populations.

Du reste, le Gouvernement Général de l'Algérie a créé une Ecole coloniale d'infirmières-visiteuses aux Hôpitaux civils d'Alger, les comités algériens et sociétés de Croix-Rouge ont organisé un enseignement pour les infirmières coloniales qui désirent subir le diplôme d'Etat d'infirmière visiteuse.

Les femmes dévouées qui veulent se destiner à la carrière d'infirmière visiteuse coloniale doivent savoir que c'est une rude profession, qui réclame des aptitudes physiques et morales particulières : une bonne santé habituelle, une résistance à la fatigue corporelle, car le service exige de longues randonnées à dos de mulet, parfois de longues étapes à pied, dans des sentiers à peine tracés, au flanc des ravins escarpés, sous un climat excessif, tour à tour glacé ou torride, sous des pluies torrentielles ou un soleil implacable. L'organisme doit pouvoir résister aux variations brusques de température.

Il faut, de plus, que l'infirmière impose respect à une population demi-sauvage, dissimulée et farouche, habituée à mépriser les femmes.

Il faut donc, avant de s'engager dans cette voie, venir à Alger pour prendre contact avec cette population arabe et berbère, si intéressante à civiliser et qui devient si confiante et loyale si on a su prendre sur elle l'ascendant nécessaire.

---

G. LEMAIRE

Directeur du Bureau d'Hygiène d'Alger

---

## EXODE DE LA MAIN-D'ŒUVRE INDIGÈNE ALGÉRIENNE ET MESURES SANITAIRES

---

La main-d'œuvre indigène algérienne employée en France, est passée de 10.000 avant la guerre à 110.000 à l'heure actuelle. Cette population se renouvelle constamment, car on évalue les départs mensuels aux environs de 5.000.

Les relations se sont donc accrues de façon considérable, du fait de l'envoi en France, pendant la guerre, de plusieurs centaines de mille indigènes, comme combattants ou comme manœuvres. La race kabyle, qui représente 90 % de cette population pourvue d'emplois, manifeste donc de remarquables facultés d'adaptation.

Un pareil exode dépasse parfois les besoins réels ; aussi a-t-il besoin d'être réglementé, afin d'éviter les déboires et les rapatriements onéreux. Actuellement, les départs sont subordonnés à la justification d'un contrat de travail.

Il y a lieu, d'autre part, de lutter contre l'introduction en France des maladies épidémiques, notamment le typhus et la variole. Depuis l'an dernier, l'Administration algérienne a institué une visite médicale au départ, et exigé le certificat de revaccination récente. Il serait nécessaire d'exiger, en outre, la désinfection des effets et l'épouillage des individus, tant que le typhus sera signalé en Algérie.

En France, l'indigène vit fréquemment dans des conditions défectueuses et y contracte souvent la tuberculose. Il faut attirer l'attention des médecins appelés à les soigner, sur la fréquence des formes aiguës de cette maladie (pneumonie, broncho-pneumonie), afin de procéder à des éliminations précoces, par voie d'hospitalisation. Il y a lieu de favoriser les groupements indigènes qui résultent naturellement des affinités de race et de coutumes, parce que de surveillance plus commode. Mais il est indispensable de les soumettre à certaines règles d'hygiène, telles que le logement individuel, la création de cantines, les visites corporelles passées à l'occasion de douches gratuites, pouvant y attirer périodiquement les ouvriers.

Promiscuité et parasitisme sont les deux points principaux sur lesquels l'attention des hygiénistes doit être tenue en éveil, en vue d'une protection meilleure. Il est souhaitable que les mesures sanitaires prises tant en France qu'en Algérie résultent d'une collaboration et d'une action coordonnée.

---

Lucien VIBOREL

Directeur de la Propagande du Comité National de Défense contre la Tuberculose
Secrétaire général de la Commission générale de Propagande de l'Office National d'Hygiène Sociale
Expert près l'Institut International de Coopération intellectuelle de la Société des Nations

---

## L'ORGANISATION DE LA PROPAGANDE CONTRE LA TUBERCULOSE ET EN FAVEUR DE L'HYGIÈNE SOCIALE EN ALGÉRIE

---

La nécessité d'équiper l'Algérie au point de vue de la propagande d'hygiène sociale, est apparue depuis longtemps au Comité National de Défense contre la Tuberculose, comme elle est apparue dès sa création à la Commission Générale de Propagande de l'Office National d'Hygiène Sociale.

D'accord avec le gouvernement général de l'Algérie et avec les Offices départementaux, un voyage, pour jeter les bases d'une organisation, a pu être effectué en avril 1926 par M. Lucien Viborel.

D'heureuses circonstances ont permis à M. Viborel d'effectuer cette mission avec M. le Docteur Cavaillon, Directeur du Service de Prophylaxie des maladies vénériennes au Ministère du Travail et de l'Hygiène qui s'est rendu en Algérie pour coordonner et simplifier les efforts antivénériens.

De ce fait, on a pu envisager la question de la propagande dans toute son ampleur. M. le Professeur Léon Bernard se trouvant à Alger au moment de l'arrivée de M. Viborel et de M. le Docteur Cavaillon, et ayant approuvé le principe de la propagande polyvalente.

## I. — *Simple aperçu de l'effort contre les maladies sociales en Algérie*

Jusqu'ici l'Administration Algérienne s'est orientée surtout contre les dangers inquiétants des maladies pestilentielles, ou des affections à allure épidémique comme le typhus ou la variole.

Contre les maladies sociales, l'Algérie n'est pour ainsi dire pas armée ; la tuberculose, la syphilis, principales causes de mortalité infantile, ne sont pas encore combattues avec tous les moyens efficaces. A Alger, la tuberculose fait cinq à six fois plus de victimes en milieu indigène qu'en milieu européen. Tandis qu'en France, il meurt 23,1 personnes de tuberculose sur 10.000, à Alger il meurt 26 Européens et 77 indigènes pour 10.000. Le *trachome* fait de son côté un grand nombre d'aveugles, particulièrement dans les régions du Sud-Algérien.

Que dire de la mortalité infantile si alarmante dans les milieux indigènes ! elle est au moins trois fois plus forte que chez les Européens.

L'effort fondamental doit donc être un effort de propagande qui préparera la voie aux œuvres de prophylaxie et surtout un effort d'éducation hygiénique à l'école, qui assurera l'efficace préservation.

## II. — *Etat actuel de la propagande d'hygiène sociale en Algérie*

Voyons ce qui a été réalisé jusqu'à ce jour dans le domaine de la propagande d'hygiène sociale. A part l'effort de l'Institut Pasteur d'Alger, de l'Inspection Générale des Services d'Hygiène et de la Santé Publique en Algérie et de l'Institut d'Hygiène, peu de choses ont été faites.

L'Institut Pasteur a surtout lutté, depuis ces vingt dernières années, contre le paludisme. Sous la direction des Docteurs Edmond et Etienne Sergent, une vaste campagne de propagande éducative a été organisée par le tract, la brochure, le film.

Une importante littérature, quelquefois illustrée, toujours imprimée en français et en arabe, a été éditée par M. le Docteur Lucien Raynaud, et par les Directeurs des Services départementaux d'hygiène d'Alger, d'Oran et de Constantine.

D'autre part, les cours populaires créés et dirigés à l'Institut d'Hygiène d'Alger, par M. le Professeur A. Chassevant, constituent un excellent moyen de diffusion des principes de prophylaxie et un mode efficace d'éducation sanitaire.

A signaler également l'effort très louable des dévoués médecins, professeurs et instituteurs qui ne cessent de vulgariser, dans leur zone, les éléments d'hygiène sociale.

Comme on le voit, actuellement il n'existe que des bonnes volontés éparses, sans lien et le plus souvent sans grands moyens.

Enfin le Comité National de Défense contre la Tuberculose, préoccupé de doter l'Algérie d'une organisation méthodique de propagande éducative, avait mis à la disposition de tous les éducateurs la documentation imprimée ou cinématographique dont ils pouvaient avoir besoin.

### III. — *L'effort d'organisation*

Pendant son séjour en Algérie (6-20 avril), M. Viborel s'est attaché à établir une organisation stable, d'accord avec le Gouvernement Général de l'Algérie, les Préfets d'Alger, d'Oran et de Constantine et les Offices départementaux d'Hygiène sociale, filiales du Comité National. Hâtons-nous de dire qu'il allait au devant d'un vœu unanime et que sa tâche fut facilitée par la compréhension et le désir d'agir de toutes les autorités, du corps médical et de toutes les bonnes volontés.

De nombreuses personnalités furent sollicitées de faire partie d'un Comité interdépartemental de propagande d'hygiène sociale dont le siège central serait à Alger, mais dont les sections permanentes départementales auraient respectivement leur siège à *Oran* et à *Constantine* pour les départements, et à *Aïn-Sefra*, *Ghardaia*, *Touggourt*, et à *Ouergla*.

Une réunion eut lieu à Alger, le 12 avril 1926, sous le patronage de M. le Gouverneur Général de l'Algérie, et sous la présidence de M. Paysant, Président de l'Office Public d'Hygiène Sociale du département d'Alger ; de nombreuses personnalités y assistaient.

Un comité d'organisation de l'organisme définitif se constitua sous la présidence de M. Paysant, une commisison restreinte fut également constituée. Le principe de la propagande polyvalente fut vivement apprécié et approuvé à l'unanimité.

L'idée de la cinémathèque centrale à Alger fut également admise.

A signaler l'importante déclaration de M. le Recteur de l'Académie annonçant que le nouvel organisme pouvait compter sur le concours actif des 8.000 instituteurs de l'Algérie.

### IV. — *Plan d'ensemble de la propagande d'hygiène sociale en Algérie*

#### *Première partie*

A) *Création à Alger d'un Comité* interdépartemental de propagande d'hygiène sociale, affilié à l'Office National d'hygiène sociale et au Comité National de Défense contre la Tuberculose, siégeant à l'Inspection Générale de la Santé publique.

Ce Comité aurait à Oran, à Constantine et dans les territoires du Sud, des Sections ou des délégués actifs.

B) *Programme d'action à réaliser par étapes :*

1° Multiplier surtout parmi les médecins de colonisation et parmi les membres de l'enseignement, les propagandistes actifs.

2° Organiser des conférences populaires avec démonstrations cinématographiques.

3° Créer à Alger une bibliothèque de documentation à l'usage des propagandistes populaires, avec pour centre la Bibliothèque de l'Inspection Générale de l'Hygiène.

4° Créer à Alger, au gouvernement général (Service photographique et cinématographique), une cinémathèque d'hygiène sociale.

5° Organiser une campagne permanente de presse.

6° Publier une série de documents de propagande :

*a*) Pour les éducateurs : un petit livret contenant de brèves conférences sur les maladies sociales ;

*b*) Pour le grand public : *a'*) enfants — des cartes illustrées avec des conseils en langue française et en langue arabe ; *b'*) adultes — des affiches illustrées, avec texte bilingue également.

7° Créer une série de films d'enseignement de l'hygiène et de prophylaxie des maladies transmissibles, spécialement aptes à frapper l'imagination des indigènes.

8° Organiser une campagne intensive de propagande avec le concours des techniciens de l'Office National d'hygiène sociale et des conférenciers de l'Algérie. (Cette campagne pourrait commencer au début de 1928 et se poursuivre jusqu'à la fin de mars.)

## *Deuxième partie*

### *Ce que l'on pourrait organiser dès maintenant*

Le centre de rayonnement de la propagande est tout naturellement *l'infirmerie indigène*. Le médecin ou l'infirmier sont des éducateurs tout désignés.

Documentés par l'organisation centrale de Paris — laquelle serait conseillée par les plus hautes compétences que compte l'hygiène sociale en Algérie, — médecins et infirmiers pourraient essayer d'utiliser les moyens ci-après :

1° Les *conteurs arabes*, très entourés et écoutés bouche bée dans les marchés. Leur donner un canevas très précis en ce qui concerne la doctrine, mais en leur laissant le soin de broder pour tout ce qui concerne les détails pittoresques.

2° *Le phonographe*, très aimé des Arabes. Quelques airs indigènes et chansons populaires, une petite histoire d'hygiène sociale courte et facile à saisir, fourniraient une série de thèmes pour disques.

3° *Le cinématographe*, combiné parfois avec le phonographe, jouerait évidemment le grand rôle, avec accompagnement de commentaires par un médecin ou un indigène instruit, habitué à parler à la foule.

Les Arabes aiment bien le cinématographe, qui les étonne et les rend attentifs : il faut naturellement que les films soient mis à leur portée, que les sujets, très simples, soient empruntés à la région, de même que les décors.

4° *Les conférences* sont moins utiles, surtout sans illustration. Il faut des choses vivantes sous peine de voir l'attention vite perdue.

Ils ne peuvent suivre longtemps un discours si celui-ci ne les amuse pas et n'est pas interrompu par des discussions, du bruit qui permettent à l'esprit de se reposer et de reprendre facilement la suite des idées et des faits.

5° Les *journaux* sont peu lus, autant dire que la presse n'a pas une influence notable.

6° Les *affiches* également peu lues, et les *tracts* sans grande action. Ne pas oublier qu'il y a très peu d'indigènes lettrés et que la grosse partie de la population est kabyle et ne sait pas lire.

7° Il est incontestable, par contre, que l'organisation d'une équipe automobile, munie d'un appareil cinématographique et de tout le matériel nécessaire pour la projection, avec une petite exposition d'hygiène formée de quelques tableaux avec des images en couleur, mise en mouvement dans le bled, annoncée à l'avance avec déploiement d'appareils, ferait sensation et laisserait dans la mémoire de tous, surtout des femmes et des enfants, un souvenir presque indéfini.

8° Le moyen fondamental d'éducation demeure toujours, il ne faut pas l'oublier, *l'enseignement de l'hygiène à l'école*.

Nous pouvons compter aussi bien sur les 8.000 instituteurs algériens que sur les Directeurs des Universités musulmanes (Médersa) et les Directeurs des Ecoles Coraniques.

Voilà, nous semble-t-il, quelques points essentiels d'un programme pratique immédiatement réalisable de propagande contre la Tuberculose et les autres maladies sociales en Algérie.

---

# LISTE DES MEMBRES DE L'ASSOCIATION

# LISTE DES BIENFAITEURS

## DE L'ASSOCIATION FRANÇAISE POUR L'AVANCEMENT DES SCIENCES

MM. UN ANONYME.
BAILLOU (André), Propriétaire, à Bordeaux.
Mlle BARDIN, à Montmorency (Seine-et-Oise).
MM. BISCHOFFSHEIM (Raphaël-Louis), Membre de l'Institut.
BONNET (Jean-Jacques-Edmond), Docteur en Médecine.
BOUDET (Claude), à Lyon.
BOURDEAU (J.-P.-L.), à Billère, près Pau.
BROSSARD (Louis-Cyrille), à Etampes.
BRUNET (Benjamin), ancien Négociant, à la Pointe-à-Pitre.
CHEUX, Pharmacien-major de l'armée, en retraite, à Ernée.
Mme Vve CLAMAGERAN, à Paris.
MM. CLAMAGERAN, Sénateur, à Paris.
COHEN (Benjamin), à Paris.
DANTON, Ingénieur civil des mines, à Neuilly-sur-Seine.
DELAHAYE (Jules), à Paris.
DES ROSIERS (J.-B.-A.), Propriétaire, à Paris.
DUFAYEL, Négociant, à Paris.
Mme Vve DURAND-GLAYE (Alfred), à Paris.
MM. DUTENS (Alfred), à Paris.
EICHTHAL (le baron Adolphe D'), Président honoraire du Conseil d'administration de la Compagnie des chemins de fer du Midi, à Paris.
FONTARIVE, à Linneville-sur-Gien.
GIRARD, Directeur de la Manufacture des tabacs de Lyon.
GOBERT, Président honoraire du Tribunal civil de Saint-Omer.
Mme Vve GUEZARD (J.-M.), à Paris.
MM. GUEZARD (J.-M.), à Paris.
GUILLEMINET (André), Pharmacien, à Lyon.
JACKSON (James), à Paris.
Mme JUGLAR (Joséphine), à Paris.
MM. KUHLMANN (Frédéric), Correspondant de l'Institut, Chimiste, à Lille.
LAMY (Ernest), ancien Banquier, à Paris.
LEFRANC (Emile), Mécanicien, à Reims.
LEGROUX (le commandant Adrien), à Orléans.
LOMPECH (Denis), à Miramont.
MASSON (G.), Librairie de l'Académie de Médecine, à Paris.
MAUNOIR (Charles), ancien Secrétaire général de la Société de Géographie de Paris.
OLLIER, Correspondant de l'Institut, Professeur à la Faculté de Médecine de Lyon.
Mme Vve PARQUET, à Paris.
MM. PERDRIGEON, Agent de change, à Paris.
PEREIRE (Emile), à Paris.
Mme Vve POCHARD, à Paris.
MM. RIGOUT, Docteur en Médecine, à Paris.
ROUX (Gustave), à Paris.
SIEBERT, à Paris.
THEURLOT, à Paris.
LA COMPAGNIE GENERALE TRANSATLANTIQUE, à Paris.
VILLE DE MONTPELLIER.
VILLE DE PARIS

# LISTE DES MEMBRES FONDATEURS

DE

## L'ASSOCIATION FRANÇAISE POUR L'AVANCEMENT DES SCIENCES

FUSIONNÉE AVEC

## L'ASSOCIATION SCIENTIFIQUE DE FRANCE

(*Fondée par Le Verrier en 1864*)

### MEMBRES FONDATEURS

| | PARTS |
|---|---|
| ABARTIAGUE-SCULFORT (William D'), Ingénieur civil, château d'Abartiague. — Ossès (Basses-Pyrénées) | 1 |
| ABBADIE (Antoine D'), Membre de l'Institut et du Bureau des Longitudes (*Décédé*) | 4 |
| ALBERTI, Banquier (*Décédé*) | 1 |
| ALMEIDA (D'), Inspecteur général de l'Instruction publique (*Décédé*) | 1 |
| AMBOIX DE LARBONT (le Général Henri D'), 24, place Malesherbes). — Paris (*Décédé*) | 1 |
| ANDOUILLÉ (Edmond), sous-Gouverneur honoraire de la *Banque de France* (*Décédé*) | 2 |
| ANDRÉ (Alfred), Régent de la *Banque de France*, Administrateur de la *Compagnie des Chemins de fer de Paris à Lyon et à la Méditerranée*, ancien Député (*Décédé*) | 2 |
| ANDRÉ (Edouard), ancien Député (*Décédé*) | 1 |
| ANDRÉ (Frédéric), Ingénieur en chef des Ponts et Chaussées (*Décédé*) | 1 |
| AUBERT (Charles), Avocat, 13, rue Caqué. — Reims (Marne) | 1 |
| AUDIBERT, Directeur de la *Compagnie des Chemins de fer de Paris à Lyon et à la Méditerranée* (*Décédé*) | 2 |
| AYNARD (Edouard), Membre de l'Institut, ancien Président de la Chambre de Commerce, Député du Rhône (*Décédé*) | 1 |
| AZAM (Eugène), Professeur honoraire à la Faculté de Médecine de Bordeaux, Associé national de l'Académie de Médecine (*Décédé*) | 1 |
| BAILLE (J.-B. Alexandre), ancien Répétiteur à l'Ecole Polytechnique, ancien Professeur à l'Ecole municipale de Physique et de Chimie industrielle de la Ville de Paris, 26, rue Oberkampf. — Paris | 1 |
| BAILLIÈRE (Germer), ancien Libraire-Editeur, ancien Membre du Conseil municipal de Paris (*Décédé*) | 1 |
| BAILLON (H), Professeur à la Faculté de Médecine de Paris (*Décédé*) | 1 |
| BALARD, Membre de l'Institut (*Décédé*) | 1 |
| BALASCHOFF (Pierre DE), Rentier (*Décédé*) | 1 |
| BAMBERGER (Henri), Banquier (*Décédé*) | 1 |
| BAPTEROSSES (F.), Manufacturier. — Briare (Loiret) | 1 |
| BARBIER-DELAYENS (Victor), Propriétaire (*Décédé*) | 1 |
| BARBOUX (Henri), Membre de l'Académie Française, Avocat à la Cour d'Appel, ancien Bâtonnier de l'Ordre (*Décédé*) | 1 |

Bartholoni (Fernand), ancien Président du Conseil d'Administration de la *Compagnie des Chemins de fer d'Orléans (Décédé)* ................ 1
Baudouin (Noël), Ingénieur civil *(Décédé)* ................ 1
Béchamp (Antoine), ancien Professeur à la Faculté de Médecine de Montpellier, Correspondant de l'Académie de Médecine *(Décédé)*...... 1
Becker (Mme Vve), *(Décédée)* ................ 1
Bell (Edouard-Théodore), Négociant, 57, Broadway, New-York (Etats-Unis d'Amérique) ................ 1
Belon, Fabricant *(Décédé)* ................ 1
Beral (Eloi), Inspecteur général des mines en retraite, Conseiller d'Etat honoraire, Sénateur *(Décédé)* ................ 1
Berdellé (Charles), ancien Garde général des Forêts *(Décédé)*.......... 1
Bernard (Claude), Membre de l'Académie française et de l'Académie des Sciences *(Décédé)* ................ 1
Bertrand (Paul-Charles-Edouard), Paléobotaniste, Professeur à l'Université de Lille ................ 1
Billault-Billaudot et Cie, Fabricants de produits chimiques, 22, rue de La Sorbonne, Paris ................ 1
Billy (de), Inspecteur général des Mines *(Décédé)*................ 1
Billy (Charles de), Conseiller référendaire honoraire à la Cour des Comptes *(Décédé)* ................ 1
Bischoffsheim (L.-R.), Banquier *(Décédé)*................ 1
Bischoffsheim (Raphaël-Louis), Membre de l'Institut, Ingénieur des Arts et Manufactures *(Décédé)* ................ 1
Blot, Membre de l'Académie de Médecine *(Décédé)* ................ 1
Bochet (Vincent du) *(Décédé)* ................ 1
Boissonnet (le Général André-Alfred), ancien Sénateur *(Décédé)* .......... 1
Boivin (Emile), Raffineur, 64, rue de Lisbonne, Paris................ 1
Bonaparte (le Prince Roland), Membre de l'Institut, 10, avenue d'Iéna, Paris *(Décédé)*................ 1
Bondet (Adrien), Professeur honoraire à la Faculté de Médecine, Associé national de l'Académie de Médecine, Médecin de l'Hôtel-Dieu *(Décédé)*................ 1
Bonneau (Théodore), Notaire honoraire *(Décédé)* ................ 1
Borie (Victor), Membre de la *Société nationale d'Agriculture de France (Décédé)* ................ 1
Bouchard (Charles), Membre de l'Institut et de l'Académie de Médecine, Professeur honoraire à la Faculté de Médecine, Médecin honoraire des Hôpitaux *(Décédé)*................ 1
Boudet (F.), Membre de l'Académie de Médecine *(Décédé)*............ 1
Bouillaud, Membre de l'Institut, Professeur à la Faculté de Médecine *(Décédé)* ................ 1
Boulé (Auguste), Inspecteur général des Ponts et Chaussées en retraite *(Décédé)*................ 1
Brandenburg (Albert), Négociant *(Décédé)* ................ 1
Bréguet, Membre de l'Institut et du Bureau des Longitudes *(Décédé)*.... 2
Bréguet (Antoine), Directeur de la *Revue scientifique*, ancien Elève de l'Ecole Polytechnique *(Décédé)* ................ 1
Breittmayer (Albert), ancien sous-Directeur des Docks et Entrepôts de Marseille *(Décédé)* ................ 1
Broca (Paul), Professeur à la Faculté de Médecine de Paris, Membre de l'Académie de Médecine, Sénateur *(Décédé)*................ 1
Brocard (Henri), Lieutenant-Colonel du Génie territorial, ancien élève de l'Ecole Polytechnique *(Décédé)* ................ 1
Broet, ancien Membre de l'Assemblée nationale *(Décédé)*................ 1

BROUZET (Charles), Ingénieur civil, 38, rue Victor-Hugo, Lyon (Rhône) (*Décédé*)........ 1

CACHEUX (Emile), Ingénieur des Arts et Manufactures, Président honoraire de la *Société française d'Hygiène*, Président-Fondateur honoraire de l'Enseignement professionnel et technique des Pêches maritimes, 25, quai Saint-Michel, Paris (*Décédé*)........ 1

CAMBEFORT (Jules), Administrateur de la *Compagnie des Chemins de fer de Paris à Lyon et à la Méditerranée* (*Décédé*)........ 1

CAMONDO (le Comte Abraham DE), Banquier (*Décédé*)........ 1

CAMONDO (le Comte Nissim DE) (*Décédé*)........ 1

CANET (Gustave), Ingénieur des Arts et Manufactures, Directeur de l'Artillerie de MM. Schneider et Cie, ancien Président de la *Société des Ingénieur civils de France* (*Décédé*)........ 1

CAPERON (père), Négociant (*Décédé*)........ 1

CAPERON (fils) (*Décédé*)........ 1

CARLIER (Auguste), Publiciste (*Décédé*)........ 1

CARNOT (Adolphe), Membre de l'Institut, Inspecteur général des Mines en retraite, Directeur et Professeur honoraire à l'Ecole nationale supérieure des Mines, Professeur honoraire à l'Institut national agronomique (*Décédé*)........ 1

CASTHELAZ (John), Fabricant de produits chimiques (*Décédé*)........ 1

CAVENTOU (père), Membre de l'Académie de Médecine (*Décédé*)........ 1

CAVENTOU (Eugène), Membre et ancien Président de l'Académie de Médecine (*Décédé*)........ 1

CERNUSCHI (Henri), Publiciste (*Décédé*)........ 1

CHABAUD-LATOUR (le Général DE), Sénateur (*Décédé*)........ 1

CHABRIÈRES-ARLÈS, Trésorier-payeur général du département du Rhône (*Décédé*)........ 1

CHAMBRE DE COMMERCE DE BORDEAUX, Palais de la Bourse, Bordeaux (Gironde)........ 1

— — LYON, Palais du Commerce, Lyon (Rhône).. 1

— — MARSEILLE (Bouches-du-Rhône)........ 1

— — NANTES, Place de la Bourse, Nantes (Loire-Inférieure)........ 1

— — ROUEN (Seine-Inférieure)........ 1

CHANTRE (Ernest), Correspondant de l'Institut, Directeur honoraire du Muséum des Sciences naturelles de Lyon (*Décédé*)........ 1

CHARCOT (Jean-Martin), Membre de l'Institut et de l'Académie de Médecine, Professeur à la Faculté de Médecine, Médecin des Hôpitaux de Paris (*Décédé*)........ 1

CHASLES, Membre de l'Institut (*Décédé*)........ 2

Dr CHAUVEAU (Auguste), Membre de l'Institut et de l'Académie de Médecine, Inspecteur général des Ecoles nationales vétérinaires, Professeur au Muséum national d'Histoire naturelle (*Décédé*)........ 1

CHEVALIER (J.-P.), Négociant (*Décédé*)........ 1

CLAMAGERAN (Jules), ancien Ministre des Finances, Sénateur (*Décédé*).... 1

CLERMONT (Philippe DE), sous-Directeur honoraire du Laboratoire de Chimie de la Sorbonne (*Décédé*)........ 1

Dr CLIN (Ernest-Marie), Lauréat de la Faculté de Médecine (Prix Montyon), ancien interne des Hôpitaux de Paris, Membre perpétuel de la *Société chimique* (*Décédé*)........ 1

CLOQUET (le baron Jules), Membre de l'Institut (*Décédé*)........ 1

COLLIGNON (Edouard), Inspecteur général des Ponts et Chaussées en retraite, Examinateur honoraire de sortie à l'Ecole Polytechnique (*Décédé*)........ 1

COMBAL, Professeur à la Faculté de Médecine de Montpellier (*Décédé*).... 1
COMBEROUSSE (Charles DE), Ingénieur des Arts et Manufactures, Professeur au Conservatoire national des Arts et Métiers et à l'Ecole centrale des Arts et Manufactures (*Décédé*) .......................... 1
COMBES, Inspecteur général, Directeur de l'Ecole nationale supérieure des Mines (*Décédé*) .......................................... 1
COMPAGNIE DES CHEMINS DE FER DU MIDI, 54, boulevard Haussmann, Paris. ............................................ 5
COMPAGNIE DES CHEMINS DE FER D'ORLÉANS, 8, rue de Londres, Paris.. 5
— — DE L'OUEST-ETAT, 20, rue de Rome, Paris .......................... 5
DE PARIS A LYON ET A LA MÉDITERRANÉE, 88, rue St-Lazare, Paris ...... 5
— DES FONDERIES ET FORGES DE L'HORME, 8, rue Victor-Hugo, Lyon (Rhône) ........................................ 1
— DES FONDERIES ET FORGES DE TERRE-NOIRE, LA VOULTE ET BESSÈGES (*Dissoute*) .......................... 1
— DU GAZ DE LYON, 3, quai des Célestins. Lyon (Rhône)........ 1
— PARISIENNE DU GAZ (*Dissoute*)........................... 4
— DES MESSAGERIES MARITIMES, 1, rue Vignon, Paris .......... 1
— DES MINERAIS DE FER MAGNÉTIQUE DE MOKTA-EL-HADID (le Conseil d'administration de la), 60, rue de la Victoire, Paris. ....................................... 1
— DES MINES, FONDERIES ET FORGES D'ALAIS, 53, rue de Châteaudun, Paris ..................................... 1
DES MINES DE ROCHE-LA-MOLIÈRE ET FIRMINY, 13, rue de la République, Lyon (Rhône) ........................... 1
— DES SALINS DU MIDI, 94, rue de la Victoire, Paris........... 2
— GÉNÉRALE DES VERRERIES DE LA LOIRE ET DU RHONE (*Dissoute*).. 1
COPPET (Louis DE), Chimiste, villa de Coppet, 12, rue Magnan, Nice (Alpes-Maritimes). ........................................ 1
CORNU (Alfred), Membre de l'Institut et du Bureau des Longitudes, Ingénieur en chef des Mines, Professeur à l'Ecole Polytechnique (*Décédé*). .............................................. 1
CUSSON, Membre de l'Institut et de la *Société botanique de France* (*Décédé*). .............................................. 1
COURTOIS DE VICOSE, Président de la Chambre de Commerce, Membre du Comité consultatif des Chemins de fer (*Décédé*)................ 1
COURTY, Professeur à la Faculté de Médecine de Montpellier (*Décédé*).... 1
CROUAN (Fernand), Armateur, vice-Président honoraire de la Chambre de Commerce de Nantes (*Décédé*) .............................. 1
DAGUIN (Ernest), ancien Président du Tribunal de Commerce de la Seine, Administrateur de la *Compagnie des Chemins de fer de l'Est* (*Décédé*). .............................................. 1
DALLIGNY (A.), ancien Maire du VIIIe arrondissement (*Décédé*) ......... 1
DANTON, Ingénieur civil des Mines (*Décédé*)........................ 1
DAVILLIER, Banquier (*Décédé*) ...................................... 1
DEGOUSÉE (Edmond), Ingénieur des Arts et Manufactures (*Décédé*)...... 1
DELAUNAY, Membre de l'Institut, Ingénieur des Mines, Directeur de l'Observatoire national (*Décédé*) ................................ 1
Dr DELORE (Xavier), Correspondant national de l'Académie de Médecine, ancien Chirurgien en chef de la Charité de Lyon. Romanèche-Thorins (Saône-et-Loire) ...................................... 1
DEMARQUAY, Membre de l'Académie de Médecine (*Décédé*)............. 1
DEMAY (Prosper), Entrepreneur de travaux publics (*Décédé*) ........... 1

DEMONGEOT, Ingénieur des Mines, Maître des requêtes au Conseil d'Etat (*Décédé*). . .......... 1
DHOSTEL, adjoint au maire du 2e arrondissement de Paris (*Décédé*)...... 1
Dr DIDAY (R.), Associé national de l'Académie de Médecine, ancien Chirurgien en chef de l'Antiquaille, Secrétaire général de la *Société de Médecine* (*Décédé*) .......... 1
DOLLFUS (Mme Vve Auguste) (*Décédée*) .......... 1
DOLLFUS (Auguste) (*Décédé*) .......... 1
DORVAULT, Directeur de la *Pharmacie centrale de France* (*Décédé*)—...... 1
DOUAY (Léon), (*Décédé*) .......... 1
DRAKE DEL CASTILLO (Emmanuel) (*Décédé*).......... 1
DUMAS (Jean-Baptiste), Secrétaire perpétuel de l'Académie des Sciences, Membre de l'Académie française (*Décédé*) .......... 1
DUPOUY (Eugène), ancien Sénateur, ancien Président du Conseil général de la Gironde (*Décédé*) .......... 1
DUPUY DE LOME, Membre de l'Institut, Sénateur (*Décédé*).......... 1
DUPUY (Léon), Professeur au Lycée de Bordeaux (*Décédé*).......... 1
DUPUY (Paul), Professeur honoraire à la Faculté de Médecine de Bordeaux (*Décédé*) .......... 2
DURAND-BILLION, ancien Architecte (*Décédé*) .......... 1
DUVERGIER, Président de la *Société des Sciences Industrielles de Lyon* (*Décédé*). . .......... 1
ECOLE MONGE (le Conseil d'administration de l') (*Dissous*) .......... 1
EGLISE ÉVANGÉLIQUE LIBÉRALE, 7 *bis*, rue Daval, Paris.......... 1
EICHTHAL (le Baron Adolphe D'), Président honoraire du Conseil d'administration de la *Compagnie des Chemins de fer du Midi* (*Décédé*).... 10
ENGEL (Michel), Relieur, 91, rue du Cherche-Midi, Paris.......... 1
ERHARDT-SEHITBLE, Graveur (*Décédé*) .......... 1
ESPAGNY (le Comte D'), Trésorier-payeur général du Rhône (*Décédé*).... 1
FAURE (Lucien), Président de la Chambre de Commerce de Bordeaux (*Décédé*). . .......... 1
FRÉMY (Mme Edmond) (*Décédée*) .......... 1
FRÉMY (Edmond), Membre de l'Institut, Directeur et Professeur honoraire du Muséum national d'Histoire naturelle (*Décédé*).......... 1
FRIEDEL (Mme Vve Charles), (née Combes) (*Décédée*).......... 1
FRIEDEL (Charles), Membre de l'Institut, Professeur à la Faculté des Sciences de Paris (*Décédé*) .......... 1
FROSSARD (Charles), vice-Président de la *Société Ramond* (*Décédé*)...... 1
Dr FUMOUZE (Armand), Pharmacien de 1re classe (*Décédé*).......... 1
GALANTE (Emile), Fabricant d'instruments de chirurgie (*Décédé*) ........ 1
GALLINE (P.), Banquier, Président de la Chambre de Commerce de Lyon (*Décédé*). . . .......... 1
GARIEL (C.-M.), Professeur honoraire à la Faculté de Médecine, ancien Président de l'Académie de Médecine, Inspecteur général des Ponts et Chaussées en retraite, 6, rue Edouard-Detaille, Paris (*Décédé*)...... 1
GAUDRY (Albert), Membre de l'Institut, Professeur honoraire au Muséum national d'Histoire naturelle (*Décédé*) .......... 2
GAUTHIER-VILLARS (Albert), Imprimeur-Editeur, ancien Elève de l'Ecole Polytechnique (*Décédé*). . .......... 1
GEOFFROY-SAINT-HILAIRE (Albert), ancien Directeur du Jardin zoologique d'Acclimatation, ancien Président de la *Société nationale d'Acclimatation de France* (*Décédé*) .......... 1
GÉRARDIN (André), Correspondant du Ministère de l'Instruction publique, 32, quai Claude-le-Lorrain, Nancy (Meurthe-et-Moselle) .......... 1

Germain (Henri), Membre de l'Institut, ancien Député, Président du Conseil d'administration du *Crédit Lyonnais* (*Décédé*) ............... 1
Germain (Philippe) (*Décédé*) ........................................ 1
Gillet (fils aîné), Teinturier, 9, quai de Serin, Lyon (Rhône) .......... 1
Dr Gintrac (père), Correspondant de l'Institut (*Décédé*)............... 1
Girard (Aimé), Membre de l'Institut, Professeur au Conservatoire national des Arts et Métiers et à l'Institut national agronomique (*Décédé*). . . ................................................ 1
Girard (Charles), Chef honoraire du Laboratoire municipal de la Préfecture de police (*Décédé*) ........................................ 1
Goldschmidt (Frédéric), Rentier (*Décédé*) ............................ 1
Goldschmidt (Léopold), Banquier (*Décédé*) ............................ 1
Goldschmidt (S.-H.) (*Décédé*) ........................................ 1
Gouin (Ernest), Ingénieur, ancien Elève de Polytechnique, Régent de la *Banque de France* (*Décédé*) ........................................ 1
Gounouilhou (Gustave), Imprimeur (*Décédé*) ............................ 1
Dr Grimoux (Henri), Médecin honoraire des Hôpitaux de Beaufort (*Décédé*) . ..................................................... 1
Grison (Charles), Pharmacien (*Décédé*) ................................ 1
Gruner, Inspecteur général des Mines (*Décédé*) ........................ 1
Gubler, Professeur à la Faculté de Médecine de Paris, Membre de l'Académie de Médecine (*Décédé*) ........................................ 1
Dr Guérin (Alphonse), Membre de l'Académie de Médecine (*Décédé*).... 1
Guézard (Mme Jean-Marie), 16, rue des Ecoles, Paris ................. 20
Guézard (Jean-Marie), Propriétaire (*Décédé*) .......................... 1
Guiche (le Marquis de la) (*Décédé*) ................................... 1
Guilleminet (André), Membre des Sociétés de Pharmacie, Fabricant-Propriétaire des Produits pharmaceutiques de Macors (*Décédé*)........ 1
Guimet (Emile), Directeur-Fondateur du Musée Guimet (*Decedé*)........ 1
Hachette et Cie, Libraires- Editeurs, 79, boulevard Saint-Germain, Paris. 1
Hadamard (David), Négociant en Diamants (*Décédé*) ................... 1
Haton de la Goupillière (J.-N.), Membre de l'Institut, Inspecteur général en retraite, Directeur honoraire de l'Ecole nationale supérieure des Mines, 56, rue de Vaugirard, Paris ............................ 1
Haussonville (le Comte d'), Membre de l'Académie française, Sénateur (*Décédé*) ................................................ 5
Hecht (Etienne), Négociant (*Décédé*).................................. 1
Hentsch, Banquier (*Décédé*)............................................ 2
Hillel frères (*Décédés*)................................................ 2
Hottinguer, Banquier, 38, rue de Provence, Paris........................ 1
Houel (Jules), ancien Ingénieur de la *Compagnie de Fives-Lille*, ancien Elève de l'Ecole centrale des Arts et Manufactures (*Décédé*).......... 1
Hovelacque (Abel), Professeur à l'*Ecole d'Antropologie*, ancien Député (*Décédé*) ............................................... 1
Dr Hureau de Villeneuve (Abel), Lauréat de l'Institut (*Décédé*)........ 1
Huyot, Ingénieur des Mines, Directeur de la *Compagnie des Chemins de fer du Midi* (*Décédé*)........................................ 1
Hyde (Jame, Hazen), Docteur *honoris causa* de l'Université de Rennes, 67, boulevard Lannes, Paris ........................................ 1
Jacquemart (Frédéric), ancien Négociant (*Décédé*)...................... 1
Jameson (Conrad), Banquier, ancien Elève de l'Ecole centrale des Arts et Manufactures (*Décédé*)........................................ 1
Javal, Membre de l'Assemblée nationale (*Décédé*)........................ 1

JEANBERNAT (Emmanuel), Avocat, Docteur en droit, Villa Doria, boulevard Chave, à Marseille (Bouches-du-Rhône)........................ 1
JOHNSTON (Nathaniel), ancien Député (*Décédé*)........................ 1
JUGLAR (M^me^ Joséphine) (*Décédée*) ........................ 1
KANN, Banquier (*Décédé*)........................ 1
KŒNIGSWARTER (Antoine) (*Décédé*)........................ 1
KŒNIGSWARTER (le baron Maximilien DE), ancien Député (*Décédé*)...... 1
KRANTZ (Jean-Baptiste), Inspecteur général honoraire des Ponts et Chaussées, Sénateur (*Décédé*) ........................ 1
KUHLMANN (Frédéric), Correspondant de l'Institut (*Décédé*) .......... 1
KUPPENHEIM (J.), Négociant, Membre du Conseil des Hospices de Lyon (*Décédé*) ........................ 1
D^r^ LAGNEAU (Gustave), Membre de l'Académie de Médecine (*Décédé*).... 1
LALANDE (Armand), Négociant (*Décédé*)........................ 1
LAMÉ-FLEURY (E.), ancien Conseiller d'Etat, Inspecteur général des Mines en retraite (*Décédé*) ........................ 1
LAMY (Ernest), ancien Banquier (*Décédé*) ........................ 1
LAN, Ingénieur en chef des Mines, Directeur de la *Compagnie des Forges de Châtillon et Commentry* (*Décédé*) ........................ 1
LAPPARENT (Albert DE), Secrétaire perpétuel de l'Académie des Sciences, ancien Ingénieur des Mines, Professeur à l'Ecole libre des Hautes-Etudes (*Décédé*) ........................ 1
D^r^ LARREY (le Baron Félix-Hippolyte), Membre de l'Institut et de l'Académie de Médecine, ancien Président du Conseil de Santé des Armées (*Décédé*) ........................ 1
LAURENCEL (le Comte DE), (*Décédé*)........................ 1
LAUTH (Charles), Directeur honoraire de l'Ecole municipale de Physique et de Chimie industrielles de la Ville de Paris, Administrateur honoraire de la Manufacture nationale de porcelaines de Sèvres (*Décédé*).. 1
LE CHATELIER, Inspecteur général des Mines (*Décédé*)........................ 1
LECONTE, Ingénieur civil des Mines (*Décédé*)........................ 2
LECOQ DE BOISBAUDRAN (François), Correspondant de l'Institut (*Décédé*). 1
LE FORT (Léon), Professeur à la Faculté de Médecine de Paris, Membre de l'Académie de Médecine, Chirurgien des Hôpitaux de Paris (*Décédé*). 1
LE MARCHAND (Augustin), Ingénieur (*Décédé*)........................ 1
LEMONNIER (Paul-Hippolyte), Ingénieur, ancien Elève de l'Ecole Polytechnique (*Décédé*) ........................ 1
LÈQUES (Henri-François), Ingénieur géographe, Membre de la *Société de Géographie*, Nouméa (Nouvelle-Calédonie)........................ 1
LESSEPS (le Comte Ferdinand DE), Membre de l'Académie française et de l'Académie des Sciences, Président-Fondateur de la *Compagnie universelle du Canal maritime de l'Isthme de Suez* (*Décédé*)............ 1
LEUDET (M^me^ V^ve^ Emile) (*Décédée*)........................ 1
D^r^ LEUDET (Emile), Correspondant de l'Académie des Sciences, Membre associé national de l'Académie de Médecine, Directeur de l'Ecole de Médecine de Rouen (*Décédé*)........................ 1
LEVALLOIS (J.), Inspecteur général des Mines en retraite (*Décédé*)...... 1
LE VERRIER (U.-J.), Membre de l'Institut, Directeur de l'Observatoire national, Fondateur et Président de l'*Association scientifique de France* (*Décédé*) ........................ 1
LÉVY-CRÉMIEUX, Banquier (*Décédé*) ........................ 1
LOCHE (Maurice), Inspecteur général des Ponts et Chaussées (*Décédé*).. 1

Lortet (Louis), Correspondant de l'Institut et de l'Académie de Médecine, Doyen honoraire de la Faculté de Médecine de Lyon, Directeur honoraire du Muséum des Sciences naturelles (*Décédé*)................ 1
Lugol (Edouard), Avocat (*Décédé*)................................ 1
Lutscher (A.), Banquier, 62, rue de Tocqueville, Paris.................. 2
Luze (de) (père), Négociant (*Décédé*)................................ 1
Dr Magitot (Emile), Membre de l'Académie de Médecine (*Décédé*)... 1
Majoux (Georges), Industriel, *Ateliers et Chantiers de la Seine maritime*, Le Trait (Seine-Inférieure)................................ 1
Mangini (Lucien), Ingénieur civil, ancien Sénateur (*Décédé*)............. 1
Mannberger, Banquier (*Décédé*)................................ 1
Mannheim (le Colonel Amédée), Professeur honoraire à l'Ecole Polytechnique (*Décédé*)................................ 1
Manssy (Eugène), Négociant, 6, rue Barralerie, Montpellier (Hérault).... 1
Marès (Henri), Correspondant de l'Institut, Ingénieur des Arts et Manufactures (*Décédé*)................................ 1
Martinet (Emile), ancien Imprimeur (*Décédé*)................................ 1
Marveille de Calviac (Jules de) (*Décédé*)................................ 1
Masson (Georges), Libraire de l'Académie de Médecine, Président de la Chambre de Commerce de Paris (*Décédé*)................................ 1
M. E. (anonyme) (*Décédé*)................................ 1
Ménier, Membre de la Chambre de Commerce de Paris, Député et Membre du Conseil général de Seine-et-Marne (*Décédé*)............... 10
Merle (Henri (*Décédé*)................................ 1
Merz (John-Théodore), Docteur en Philosophie (*Décédé*)............... 1
Meynard (J.-J.), Ingénieur en chef des Ponts et Chaussées en retraite (*Décédé*)................................ 1
Milne-Edwards (H.), Membre de l'Institut, Doyen de la Faculté des Sciences de Paris, Président de l'*Association scientifique de France* (*Décédé*)................................ 1
Mirabaud (Robert), Banquier), 70, avenue Marceau, Paris............... 1
Dr Monod (Charles), Membre de l'Académie de Médecine, Agrégé à la Faculté de Médecine, Chirurgien honoraire des Hôpitaux de Paris (*Décédé*)................................ 1
Mony (C.), ancien Ingénieur du *Chemin de fer de Saint-Germain*, Directeur des *Houillères de Commentry* (*Décédé*)............... 1
Morel d'Arleux (Charles), Notaire honoraire (*Décédé*)............... 1
Morizot (Dr Eugène), 23, rue Chanzy, Périgueux (Dordogne), 1926...... 1
Dr Nélaton, Membre de l'Institut (*Décédé*)................................ 1
Nottin (Lucien), 91, rue Lafayette, Paris................................ 1
Ollier (Léopold), Correspondant de l'Institut, Professeur à la Faculté de Médecine, Associé national de l'Académie de Médecine, ancien Chirurgien titulaire de l'Hôtel-Dieu de Lyon (*Décédé*)............... 1
Oppenheim (frères), Banquiers (*Décédés*)................................ 2
Parmentier (le Général Théodore) (*Décédé*)................................ 1
Parran (Alphonse), Ingénieur en chef des Mines en retraite, Directeur de la *Compagnie des minerais de fer magnétique de Mokta-el-Hadid* (*Décédé*)................................ 1
Parrot, Professeur à la Faculté de Médecine de Paris, Membre de l'Académie de Médecine (*Décédé*)................................ 1
Pasteur (Louis), Membre de l'Académie française, de l'Académie des Sciences et de l'Académie de médecine (*Décédé*)............... 1
Pennès (J.-A.), ancien Fabricant de produits chimiques et hygiéniques (*Décédé*)................................ 1

PERDRIGEON DU VERNIER (J.), Agent de change honoraire (*Décédé*)...... 1
PERROT (Adolphe), Docteur ès-Sciences, ancien Préparateur de Chimie à la Faculté de Médecine de Paris (*Décédé*)........................ 2
PEYRE (Jules), ancien Banquier (*Décédé*)............................ 1
PIAT (Albert), Constructeur-mécanicien, 85, rue Saint-Maur, Paris...... 1
PIATON, Président du Conseil d'administration des Hospices de Lyon (*Décédé*)............................................................ 1
PICCIONI (Antoine) (*Décédé*)............................................ 2
POIRRIER (Alcide), Fabricant de produits chimiques, ancien Sénateur de la Seine (*Décédé*)................................................ 2
POLIGNAC (le Prince Camille DE), Général de Division en retraite (*Décédé*). 1
POMMERY (Louis), Négociant en vins de Champagne (*Décédé*)........... 1
POTIER (Alfred), Membre de l'Institut, Inspecteur général des Mines en retraite, Professeur à l'Ecole Polytechnique (*Décédé*)............. 1
POUPINEL (Jules), Membre du Conseil général de Seine-et-Oise (*Décédé*).. 1
POUPINEL (Paul), (*Décédé*)............................................. 1
PROT (Paul), Industriel, Président du Syndicat de la Parfumerie française, 65, rue Jouffroy, Paris.................................... 1
QUATREFAGES DE BRÉAU (Armand DE), Membre de l'Institut et de l'Académie de Médecine, Professeur au Muséum national d'Histoire naturelle (*Décédé*)..................................................... 1
QUÉVILLON (le Général Fernand) (*Décédé*)............................. 1
RAOUL-DUVAL (Fernand), Régent de la *Banque de France*, Président du Conseil d'administration de la *Compagnie Parisienne du Gaz* (*Décédé*). 1
RÉCIPON (Emile), Propriétaire, Député d'Ille-et-Vilaine (*Décédé*).......... 1
REINACH (Herman-Joseph), Banquier (*Décédé*)........................... 1
RENARD (Charles), Ingénieur chimiste (*Décédé*)........................ 1
RENOUARD (M^me^ Alfred), 49, avenue Mozart, Paris (*Décédé*)........... 1
RENOUARD (Alfred), Ingénieur civil, Administrateur de *Sociétés techniques*, 49, avenue Mozart, Paris.................................. 1
RENOUARD (Alfred) (fils), Docteur en Droit, 49, avenue Mozart, Paris .... 1
RENOUVIER (Charles), Membre de l'Institut, ancien Elève de l'Ecole Polytechnique, Publiciste (*Décédé*)................................... 1
RIAZ (Auguste DE), Propriétaire, ancien Administrateur de la *Banque de France* (*Décédé*)..................................................... 1
D^r^ RICORD, Membre de l'Académie de Médecine, Chirurgien honoraire de l'Hôpital du Midi (*Décédé*)......................................... 1
RIFFAULT (le Général) (*Décédé*)........................................ 1
RIGAUD (M^me^ V^ve^ Francisque) (*Décédée*)............................... 1
RIGAUD (Francisque), Fabricant de Produits chimiques, ancien Député, Membre du Conseil général de la Seine (*Décédé*).................... 1
RISLER (Charles), Chimiste, Maire du VII^e^ arrondissement (*Décédé*)...... 1
ROCHETTE (Ferdinand DE LA), Ingénieur-Directeur des *Hauts Fourneaux et Fonderies de Givors* (*Décédé*).................................. 1
ROLLANT, Membre de l'Institut, Directeur général honoraire des Manufactures de l'Etat (*Décédé*)......................................... 1
ROSIERS (DES), Propriétaire (*Décédé*)................................... 1
ROTHSCHILD (le baron Alphonse DE), Membre de l'Institut (*Décédé*)........ 1
D^r^ ROUSSEL (Théophile), Membre de l'Institut et de l'Académie de Médecine, Sénateur et Président du Conseil général de la Lozère (*Décédé*).. 1
ROUVIÈRE (Albert), Ingénieur des Arts et Manufactures, Propriétaire-Agriculteur (*Décédé*).................................................. 1
SAINT-LAURENT (Albert DE), Avocat (*Décédé*)............................ 1

SAINT-PAUL DE SAINÇAY, Directeur de la *Société de la Vieille-Montagne* (*Décédé*) ........ 1
SALET (Georges), Maître de Conférences à la Faculté des Sciences de Paris (*Décédé*) ........ 1
SALLERON, Constructeur (*Décédé*) ........ 1
SALVADOR (Casimir) (*Décédé*) ........ 2
**SAUVAGE, Directeur de la *Compagnie des Chemins de fer de l'Est* (*Décédé*).** 2
SAY (Léon), Membre de l'Académie française et de l'Académie des Sciences morales et politiques, Député des Basses-Pyrénées (*Décédé*)........ 1
SCHEURER-KESTNER (Auguste), Sénateur (*Décédé*)........ 1
SCHRADER (Ferdinand), ancien Directeur des classes de la *Société philomathique de Bordeaux* (*Décédé*) ........ 1
Dr SÉDILLOT (C.), Membre de l'Institut, ancien Médecin-Inspecteur général des armées, Directeur de l'Ecole militaire de santé de Strasbourg (*Décédé*) ........ 1
SERRET, Membre de l'Institut (*Décédé*) ........ 1
Dr SEYNES (Jules DE), Agrégé à la Faculté de Médecine (*Décédé*)........ 1
SIÉBER (H.-A.). (*Décédé*) ........ 1
SILVA (R.-D.), Professeur à l'Ecole centrale des Arts et Manufactures, ancien Professeur à l'Ecole municipale de Physique et de Chimie industrielles (*Décédé*) ........ 1
SIRVEN (B.), Manufacturier, 76, rue de La Colombette, Toulouse (Haute-Garonne) ........ 1
SOCIÉTÉ ANONYME DES FORGES ET CHANTIERS DE LA MÉDITERRANÉE. 25, boulevard Malesherbes), Paris ........ 1
SOCIÉTÉ ANONYME DES HOUILLÈRES DE MONTRAMBERT ET DE LA BÉRAUDIÈRE (*Dissoute*) ........ 1
SOCIÉTÉ ANONYME DES MINES DE HOUILLE DE BLANZY, à Montceau-les-Mines et 35, rue Saint-Dominique, Paris ........ 1
SOCIÉTÉ DES INGÉNIEURS CIVILS DE FRANCE, 19, rue Blanche, Paris........ 1
SOCIÉTÉ GÉNÉRALE DES TÉLÉPHONES (*Dissoute*)........ 1
SOCIÉTÉ ANONYME D'EXPLOITATIONS MINIÈRES DE PECHELBRONN, 32, allée de La Robertsau, Strasbourg (Bas-Rhin)........ 1
SOLVAY (Ernest), Correspondant de l'Institut, Industriel, Sénateur (*Décédé*) 1
SOLVAY et Cie, Usine de Produits chimiques de Varangéville-Dombasle, par Dombasle (Meurthe-et-Moselle)........ 2
STRZELECKI (le Général Casimir) (*Décédé*)........ 1
Dr SUCHARD (*Décédé*) ........ 1
SURELL, Ingénieur en chef des Ponts et Chaussées en retraite, Administrateur de la *Compagnie des Chemins de fer du Midi* (*Décédé*)........ 1
TALABOT (Paulin), Directeur général de la *Compagnie des Chemins de fer de Paris à Lyon et à la Méditerranée* (*Décédé*)........ 1
THÉNARD (le baron Paul), Membre de l'Institut (*Décédé*) ........ 1
TISSIÉ-SARRUS, Banquier, 2, rue du Petit-Saint-Jean, Montpellier (Hérault) (*Décédé*) ........ 1
TOURASSE (Pierre-Louis), Propriétaire (*Décédé*) ........ 8
TRÉBUCIEN (Ernest), Manufacturier, Magny-le-Freûle, par Mézidon (Calvados) (*Décédé*) ........ 1
VAUTIER (Emile), Ingénieur civil (*Décédé*) ........ 1
VERDET (Gabriel), ancien Président du Tribunal de Commerce (*Décédé*)........ 1
VERNE (Félix). Banquier (*Décédé*) ........ 1
VERNES D'ARLANDES (Théodore) (*Décédé*) ........ 1
VERRIER (J.-F.-G.), Membre de plusieurs Sociétés savantes (Décédé) ........ 1

VIELJEUX (Léonce), Armateur, 2, rue de la Monnaie, La Rochelle (Char.-Inf.) .......... 1
VIGNON (Jules), Rentier (*Décédé*) .......... 1
VILLE D'ERNÉE (*Mayenne*) .......... 1
VILLE DE MARSEILLE (Bouches-du-Rhône) .......... 1
VILLE DE REIMS (Marne) .......... 1
VILLE DE ROUEN (Seine-Inférieure) .......... 1
Dr VOISIN (Auguste), Médecin des Hôpitaux (*Décédé*) .......... 1
VORONOFF (Serge), Directeur du Laboratoire de Chirurgie expérimentale du Collège de France, Directeur Adjoint du Laboratoire de biologie générale de l'Ecole des Hautes Etudes, 40, avenue Bugeaud, Paris .......... 1
WALLACE (Sir Richard) (*Décédé*) .......... 2
WORMS DE ROMILLY, ancien Président de la *Société française de Physique* (*Décédé*) .......... 1
WURTZ (Adolphe), Membre de l'Institut, Professeur à la Faculté de Médecine et à la Faculté des Sciences de Paris, Sénateur (*Décédé*) .......... 1
WURTZ (Théodore), Propriétaire (*Décédé*) .......... 1
YVER (Paul), Manufacturier (*Décédé*) .......... 1
KLERKER (John), ancien Professeur à l'Université de Lund à Skanœr (Suède) .......... 2

---

# LISTE GÉNÉRALE DES MEMBRES

DE

## L'ASSOCIATION FRANÇAISE POUR L'AVANCEMENT DES SCIENCES

FUSIONNÉE AVEC

## L'ASSOCIATION SCIENTIFIQUE DE FRANCE

(*Fondée par Le Verrier, en 1864*)

---

*Les noms des Membres Fondateurs sont suivis de la lettre* **F** *et ceux des Membres à vie de la lettre* **R**. — *L'année où les Membres se sont fait inscrire est indiquée entre parenthèses.* — *Le nombre en chiffres romains qui suit la date d'entrée est le numéro de la section à laquelle s'intéresse plus particulièrement chaque Membre de l'Association.*

---

**Abadie (Jean),** Prof. à la Fac. de Méd., Méd. des Hôp., 3, rue des Trois-Conils. Bordeaux (Gironde). R. (1920).

**Abartiague-Sculfort (William d,),** Ing. civ., château d'Abartiague. Ossés (Basses-Pyrénées). **F.** (1895).

**Abelous,** Doyen de la Fac. de Méd. Toulouse (Haute-Garonne) (1909).

**Abramowitsch (Dr),** 30, rue de Saint-Quentin. Le Havre (Seine-Inférieure) 1914, XII, XXII.

**Abrard (René),** Lic. ès Sc., 2, boulevard de Courcelles. Paris 17e (1918).

**Absolon (Charles),** Professeur à l'Université, Conserv. du Musée de Moravie. Brno (Tchéco-Slovaquie) (1927), XI.

**Académie des Sciences, Belles-Lettres et Arts du Tarn-et-Garonne.** Montauban (Tarn-et-Garonne) (1913).

**Académie du Var,** 5, rue Hoche. Toulon (Var) (1914).

**Achard (Edouard),** Ing.-Agr., Cons. techn. auprès de la Fédération des Etats Syriens. Haut-Commissariat de la République Française en Syrie et au Liban. Beyrouth (Syrie). **R** (1922).

**Achener (Charles),** Pharm. Mulhouse (Haut-Rhin) (1920).

**Ackermann (Dr François),** 2, rue de la Croix-d'Or. Genève (Suisse) (1923).

**Ackermann (Jules),** Chir.-Dent. Gérardmer (Vosges) (1926), XIV.

**Adad (Henri),** Professeur au Lycée (Mathématiques), 1, rue Blanqui. Constantine (1927).

**Adam (André),** Chir.-Dent., 54, rue Jeanne-d'Arc. Rouen (Seine-Inférieure) (1921), XIV.

**Adenis (René),** Notaire, 24, rue Vital-Carles. Bordeaux (Gironde). **R** (1923).

**Adler (Joseph),** Pharm. de l'Hôp. Rothschild, 15, rue Santerre. Paris 12e (1909). XII, XV.

**Agache (Donat),** 38, boulevard Maillot. Neuilly-sur-Seine (Seine) (1914).

**Agasse-Lafont (Dr E.),** anc. Int. des Hôp., Chef du Lab. de Clin. à l'Hôp. Saint-Antoine, 19, avenue Mac-Mahon. Paris 17e (1908), XII, XXII.

**Agniel (G.),** Ing. à la Comp. des Mines de Vicoigne, Nœux et Drocourt. Fouquières-lès-Béthune, par Béthune (Pas-de-Calais) (1909).

**Aguilar (Dr Florestan),** Professeur à l'Université de Madrid, calle Fernando VI, 4. Madrid (Espagne) (1923).

**Aguilar y Santillan**, Président d'honneur et Secrét. perp. de la Sté Scientif. « Antonio Alzate ». Mexico (Mexique). **R** (1925).
**Aiglon**, Chir.-Dent., 16, boulevard Séguin. Oran (Algérie) (1927).
**Aiglon (M<sup>me</sup>)**, 16, boulevard Séguin. Oran (Algérie) (1927).
**Aimard (Dr J.)**, Dir. des Services d'Electro-radiologie de l'Etablissement thermal de Vichy, 2, rue Royale. Vichy (Allier) (1923), XIII.
**Albelda y Albert (José)**, Ingeniero Jefe de caminos, canales y puertos. Academico Corresp. de las Reales de la Historia y Bellas-Artes de San-Fernando, 13, Burgos y Mazo. Huelva (Espagne) (1923).
**Alezais (Dr Henri)**, Dir. de l'Ec. de Méd., 3, rue d'Arcole. Marseille (Bouches-du-Rhône) (1891), XII.
**Alimen (Mlle)**, Prof. à l'Ecole Normale supérieure. Fontenay-aux-Roses (Seine) (1927).
**Alinat (Dr Paul)**, 24, rue Aiguillerie. Montpellier (Hérault) (1923).
**Allanic (Dr)**, 2, rue de Vienne. Oran (Algérie) (1927).
**Allard (Edouard-Henri)**, Directeur de l'Ecole Diderot, rue Sassy. Constantine (1927), XXI.
**Alleaume (A.)**, Courtier en marchandises assermenté, 25, rue Fontenelle. Le Havre (Seine-Inférieure) (1914).
**Allemand-Martin (Antoine)**, Doct. ès Sc., Prof. de Sc. nat. au Lycée de Lyon, 45, rue Malesherbes. Lyon (Rhône). **R** (1906).
**Allorge (Pierre)**, Lic. ès Sc. nat., 7, rue des Wallons. Paris 18e. **R** (1918).
**Aloi (Henri)**, Chir.-Den. Bône (1927), XIV.
**Aloi (Noël)**, Chir.-Dent. Bône (1927), XIV.
**Aloi (Georges)**, Chir.-Dent. Sétif (Constantine) (1927), XIV.
**Alluaud (Charles)**, Zoologiste, 3, rue du Dragon. Paris 6e (1927).
**Alphandery (Eugène)**, 79, avenue de Villiers. Paris 17e. **R** (1898).
**Alquier (Prosper)**, Archiviste départemental, 31, route de Sétif. Constantine (1926).
**Alquier (Jeanne)**, 31, route de Sétif. Constantine (1927).
**Amalric (Dr Joseph)**, Doct. en Méd., 19, boulevard de Strasbourg. Toulon-sur-Mer (Var) (1923).
**Amans (Dr Paul)**, Doct. ès Sc., 45, avenue de Lodève. Montpellier (Hérault) (1881).
**Ambrosi**, 9, place du Général-Beuret. Paris 15e (1913).
**Ameline (Dr Marius)**, Lic. ès Sc. Phys., Méd. en Chef, Dir. de la Colonie d'Aliénés de la Seine. Ainay-le-Château (Allier) (1914).
**Amet (Emile)**, Indust., Usine Saint-Hubert. Sézanne (Marne). **R** (1902).
**Ami (Dr Henri)**, Géologue, 464, Wilbrod. St. Ottawa (Canada). **R** (1923), VIII, XI, XIX.
**Amillac**, Chir.-Dent., place d'Armes. Oran (Algérie) (1926).
**Amoroso (Dr Pietro)**, Professeur, Ministre plénipotentiaire honoraire, 24, rue Inconorata. Naples (Italie). **R** (1925), XII.
**Amram (Lucien)**, Doct. en Méd., 40, rue de France. Constantine (1927).
**Amzehnoff**, Chir.-Dent., 38, rue David. Verviers (Belgique) (1924), XIV.
**Ancel (Géo)**, Député de la Seine-Inférieure, 103, boulevard de Strasbourg. Le Havre (Seine-Inférieure) (1914).
**Andouard (P.)**, Dir. de la Station Agron., Institut Pasteur, 26, boulevard Victor-Hugo. Nantes (Loire-Inférieure) (1919).
**Andrade (Jules)**, Corresp. de l'Inst., Prof. à la Fac. des Sc., 3, villas Bisontines. Besançon (Doubs) (1922).
**André**, Pharm., 81, avenue de Malakoff. Paris 16e (1907).
**André (Georges)**, Chir.-Dent., Diplômé de la Fac. de Méd., 8, rue de Rome. Paris 8e (1921).

**André (Dr Gustave)**, Membre de l'Acad. des Sc., Prof. à l'Inst. nat. agron., Agr. à la Fac. de Méd., 120, boulevard Raspail. Paris 6e. R (1907).

**André (Marc)**, Prép. au Mus. Nat. d'Hist. nat., 61, rue de Buffon. Paris 5e. R (1924), X.

**Andrieux (Maurice)**, Chir.-Dent. Joinville (Haute-Marne) (1921).

**Andrimont (René d')**, Ingénieur-Géologue, Prof. hon. à l'Univ. Col. d'Anvers, 6, rue Joseph-Dupont. Bruxelles (Belgique) (1923).

**Androuin (Mãxime)**, Ing. civ., 44, rue de Dombasle. Paris 15e (1921).

**Anduze de St-Paul (Fernand)**, Lic. ès Sc., Ing., Météorol. agric. adj. à la Stat. météorol., 11, rue Rondelet. Montpellier (Héraul) ((1922).

**Anéma**, Chir.-Dent., 172, boulevard Haussmann. Paris 8e (1926), XIV.

**Angebaud (Dr Pierre)**, Radiol., 4, rue du Citoyen-Bézy. Oran (Algérie) (1921), XIII.

**Angenot (Mlle)**, Institutrice, 13, rue de Vauzelles. Lyon (Rhône) (1926).

**Anglada (Dr Jean)**, anc. Chef de Clin. méd., 15, rue du Jeu-de-Paume. Montpellier (Hérault). L'été à la Bourboule (Puy-de-Dôme) (1912).

**Anres (Dr)**. Valence-sur-Rhône (Drôme) (1920).

**Anselme (Paul)**, Pharm. Strasbourg (Bas-Rhin) 1920).

**Anthony (Dr Raoul)**, Prof. au Muséum nat. d'Hist. nat. et à l'Ec. d'Anthrop., Dir. adj. à l'Ec. des Hautes-Etudes, 55, rue de Buffon. Paris 5e (1904), X.

**Antoniewiecz (Vladimir)**, Prof. à l'Univ. de Varsovie, Nowy Swiat, 72. Varsovie (Pologne) (1923), XI.

**Appell (Paul)**, Memb. de l'Inst., Doyen hon. de la Fac. des Sc., anc. Recteur de l'Acad. de Paris, 8, quai du 4-Septembre. Boulogne-sur-Seine (Seine). R (1904).

**Aprato (Anton)**, Médecin-dentiste. Bettembourg (Grand-Duché du Luxembourg) (1926).

**Arbel (Antoine)**, Anc. Député, villa des Feuillants. Sainte-Hilaire-Saint-Mesmin (Loiret). R (1897).

**Arcelin (Mme Fabien)**, 6, rue du Plat. Lyon (Rhône) (1921).

**Arcelin (Dr Fabien)**, Chef du Serv. radiol. à l'Hôp. Saint-Joseph, 6, rue du Plat. Lyon (Rhône) (1908).

**Arçay (Georges-Pierre)**, Chef de Lab. de Chronométrie à la Fac. des Sc. de Besançon, 30, rue Migerand. Besançon (Doubs) (1925), II.

**Ardin-Delteil (Paul)**, Prof. à la Fac. de Méd., 1, rue de Mulhouse. Alger (1908).

**Argaud**, Prof. à la Fac. de Méd., rue Legendre. Toulouse (Haute-Garonne) (1908).

**Arloing (Fernand)**, Prof. à la Fac. de Méd., 6, rue du Plat. Lyon (Rhône). R (1913).

**Armengaud (Eugène)**, Ing. des Arts et Man., 21, boulevard Poissonnière. Paris 2e (1887).

**Armet de Lisle (Emile)**, Indust., 18, rue Malher. Paris 4e (1907).

**Arnal (Dr Emile)**, 127, boulevard Saint-Michel. Paris 5e (1927).

**Arnaud (Dr Léon)**, Méd.-Dir. de la Maison de Santé, 2, rue Falret. Vanves (Seine) (1914), XVI.

**Arne (Dr T.-J.)**, Statens Historiska Museum. Stockholm (Suède) (1924), XI.

**Arnold (Paul)**, Chir.-Dent. de la Fac. de Méd., 39, rue de la Chaussée-d'Antin. Paris 9e (1920), XIV.

**Arnoux (René)**, Ing.-Construc., anc. Ing. des Ateliers Bréguet, anc. Ing.-Conseil de la Comp. continentale Edison, 45, rue du Ranelagh. Paris 16e. R (1889).

**Arroyo (Georges)**, Chir.-Dent., 12 bis, aven. Mac-Mahon. Paris 17e (1921).

**Arroyo (Dr Ricardo)**, Chir.-Dent., 37, avenue Victor-Hugo. Paris 16e (1927).

**Arsandaux (Henri)**, Prof. à l'Ec. mun. de Phys. et de Chim. indust., 10, rue Vauquelin. Paris 5e. R (1921).

**Arsonval (Dr Arsène d')**, Memb. de l'Inst. et de l'Acad. de Méd., Prof. au Collège de France, 49 bis, avenue de la Belle-Gabrielle. Nogent-sur-Marne (Seine) (1890), XVI.

**Artigas (Dr J. Antonio de)**, Seminario Artigas, 25, rue Granada, Apartado 583. Madrid (Espagne) (1919).

**Arvengas (Albert)**, Archéol. L'Ile-sur-Tarn (Tarn). R (1881).

**Aspa (Géo)**, Chir.-Dent., 60, rue de la République. Harfleur (Seine-Inférieure) (1921), XIV.

**Association odontologique de Bordeaux** (M. E. Chaumette, trésorier), 34, rue Vital-Carles. Bordeaux (Gironde) (1902).

**Association des Anciens Elèves de l'Ecole Cle Lyonnaise**, 7, rue Grôlée. Lyon (1926).

**Association des Anciens Elèves de l'Ecole upérieure de Filature et de Tissage de l'Est, rue d'Alsace.** Epinal (Vosges) (1912).

**Association des Naturalistes de Levallois-Perret**, 37 bis, rue Lannoi. Levallois-Perret (Seine) (1902).

**Association des Ingénieurs civils Portugais**, place du Commerce. Lisbonne (Portugal). R (1885).

**Association des Naturalistes de la Vallée du Loing**, 33, rue des Granges. Moret-sur-Loing (Seine-et-Marne) (119), XIV, XIX.

**Association Brésilienne pour l'Encouragement de l'Agriculture**, 44, rue de Lisbonne. Paris 8e (1926), XVIII.

**Association pour l'Enseignement des Sciences anthropologiques** (Ecole d'Anthropologie), 15, rue de l'Ecole-de-Médecine. Paris 6e. R (1891).

**Association générale des Syndicats pharmaceutiques de France**, 13, rue Ballu. Paris 9e (1912).

**Association Interle des Pharmaciens d'Egypte**, 9, Kautaret el Dekka. Le Caire (1926).

**Association Sténographique Unitaire** (Système Prévost-Delaunay, Président: M. Hautefeuille), 52, rue de Chabrol. Paris 10e (1913).

**Astre (Gaston)**, Chargé de Cours de Géologie à la Fac. des Sc., 11, rue Ozenne. Toulouse (Haute-Garonne) (1927).

**Astruc (Mme Albert)**, 17, boulevard Berthelot. Montpellier (Hérault) (1920).

**Astruc (Albert)**, Prof. à la Fac. de Pharm., 17, boulevard Berthelot. Montpellier (Hérault). R (1912).

**Athané (Mme Urbain)**, 11, rue d'Enghien. Bordeaux (Gironde) (1919).

**Athané (Dr Urbain)**, 11, rue d'Enghien. Bordeaux (Gironde) (1919).

**Aubenton-Carafa (Charles d')**, Directeur général de la Cie du Gaz de Lyon, 11, Cours de Verdun. Lyon (Rhône) (1926), III, IV, V.

**Aubert (Xavier)**, Industr., 3, rue du Havre. Dijon (Côte-d'Or) (1916).

**Abouy (Jean)**, Dir. du Lab. mun., agréé pour le Gard et l'Ardèche, 72, rue Roussy. Nîmes (Gard) (1921).

**Aubrun (Witold-Philippe)**, Externe en Méd., 59, boulevard Raspail. Paris 6e (1927).

**Aubry (Léon)**. Jouy-les-Reims (Marne) (1911), I.

**Aubry-Baillière (Dr Justin)**, 5, rue Brochant. Paris 17e (1923).

**Auché (Bernard)**, Docteur en Médecine, Professeur d'Hygiène à la Faculté de Médecine de Bordeaux, 8, rue Vital-Carles. Bordeaux (Gironde) (1923).

**Audan (Dr Jules-Joseph)**, 3, rue Félix-Poulat. Grenoble (Isère) (1925).

**Audebrand (Alexis-Marie-Léon)**, Lieut.-Col. d'Artil. en retraite, 279, Cours Jean-Jaurès- Grenoble (Isère) (1925).

**Audy (Dr Achille)**, Chir.-Dent., 9, rue Villevert. Senlis (Oise) (1904).

**Augé (Dr Léon)**, Méd. de l'Hôp., Electrothérap., 16, boulevard de la Gare. Narbonne (Aude) (1904).

**Auger (Pierre-Victor)**, Physicien, Doct. ès Sc., Chef de travaux à l'Ecole centrale, 25, rue Jean-Dolent. Paris 14e (1927).

**Aumont (Dr Gilbert)**, 244, Cours de l'Yser. Bordeaux (Gironde) (1923).

**Auricoste (Joseph)**, Fabric. d'Horlog. de précis., Cons. du Com. extérieur, 10, rue La Boétie. Paris 8e (1909).

**Aury-Pauquet (Louis)**, Mem. du Cons. d'Arrond., Adj. au Maire (villa des Fleurs), 45, rue Henri-Pauquet. Creil (Oise) (1903).

**Automobile-Club et Yacht-Club de France**, 6, place de la Concorde. Paris 8e. **R** (1897).

**Aymar (Alphonse)**, Dir. de Contrib. dir., 11, rue du Général-Destaing. Aurillac (Cantal). **R** (1904).

**Ayraud (Roger)**, Doct. en Méd., 18, pl. de Verdun, La Rochelle (Charente-Inférieure) (1928).

**Ayrignac (Dr Joseph)**, Doct. en Méd., 1, rue Frédéric-Bastiat. Paris (1923).

**Bablet (Dr Jean)**, Méd.-Maj. des Troupes coloniales, Institut Pasteur, Hanoï (Tonkin). **R** (1919).

**Badolle (Dr)**, 4, rue Alphonse-Fochier. Lyon (Rhône) (1926), XIII.

**Bagnol (Henri)**, 5, place Kléber. Strasbourg (Bas-Rhin) (1920).

**Baillat**, Chir.-Dent., 3, rue Fénelon. Lyon Rhône) (1926).

**Baille (Mme J.-B. Alexandre)**, 26, rue Oberkampf. Paris 11e. **R** (1874).

**Baille (J.-B. Alexandre)**, anc. Répét. à l'Ec. Polytech., anc. Prof. à l'Ec. mun. de Phys. et de Chim. industr. de la Ville de Paris, 26, rue Oberkampf. Paris 11e. **F** (1872).

**Baillière (Paul)**, Doct. en Droit, Avocat à la Cour d'Appel, 20, boulevard de Courcelles. Paris (1887).

**Bailly-Salin (Louis)**, Pharm. de 1re cl., 18, rue de la République. Sens (Yonne) (1925), XV.

**Bailly-Salin (Dr Paul)**, 18, rue Mondereau. Sens (Yonne) (1911).

**Baldit (Albert)**, Inspecteur régional à l'Office nation. météorol. villa Mondon. Le Puy (Haute-Loire) (1926), VII.

**Balion (Jean)**, Chir.-Dent., 89, rue Porte-Dijeaux. Bordeaux (Gironde) (1923), XIV.

**Balladier (Mme Léonie)**, 31, rue du Niger. Paris 12e (1924).

**Balme (Jean)**, Prof. de Botan., 165, rue Apartado. Mexico (Mexique). **R** (1927), IX.

**Balthazard (Victor)**, Prof. à la Fac. de Méd., Memb. de l'Acad. de Méd., anc. Elève de l'Ec. Polytech., 6, place Saint-Michel. Paris 6e (1906).

**Balvay (Dr Arthur)**, anc. Int. des Hôp., 8, avenue Berthelot. Lyon (Rhône) (1911).

**Bance (Ernest-Jean-Henri)**, Pharm. Chimiste, Chef de Laboratoire à l'Institut Pasteur de Tunis, 160, avenue Gambetta. Tunis (Tunisie) (1928), VI, XV.

**Bapterosses (F.)**, Manufac. Briare (Loiret). **F** (1878).

**Barail (Dr)**, Chir.-Dent., 85, rue Blomet. Paris 15e (1924), XIV.

**Baratier (Dr)**. Bellenave (Allier) (1876).

**Barbe (Mlle)**, Directrice d'Ecole. Munster (Haut-Rhin) (1926), XXI.

**Barbellion (Dr Pierre)**, Doct. en Méd., 52, rue Taitbout. Paris 9e (1927).

**Barbette Edouard)**, Doct. en Sc. phys. et math., 12, rue Courtois. Liége (Belgique) (1924), I.

**Barbey (Armand)**, Inst. Hécourt, par Pacy-sur-Eure (Eure) (1921), XXI.

**Barbier (Dr Pierre)**, 34, rue de Vaugirard. Paris 6e (1922), XII, XXII.

**Barbier (Paul)**, 26, rue de la République. Lyon (Rhône) (1926).

**Barbier (Mme Marie-Jeanne)**, 34, rue de Vaugirard. Paris 6e (1923).

**Barbillion (Louis-Charles)**, Professeur, 1, rue Villars. Grenoble (Isère) 1925), V.

**Barcat (Dr J.-J.)**, 42, rue de Courcelles. Paris 8e (1908).

**Bard (Louis)**, Prof. à la Fac. de Méd., Assoc. nat. de l'Acad. de Méd., 5, avenue Jules-Ferry. Lyon (Rhône). **R** (1895), XVI.

**Bardié (Armand)**, Memb. de la Soc. d'Archéol., 49, cours Georges-Clemenceau. Bordeaux (Gironde) (1913).

**Bardot (Henri)**, Fabric. de Prod. chim., 190, rue Croix-Nivert. Paris 15e (1887).

**Bardou (Paul)**, Pharm. sup., 2, place Vanhœnacker. Lille (Nord) (1909).

**Bargeaud (Paul)**, Percep. en retraite. Etaules (Charente-Inférieure). **R** (1877).

**Barillet (Dr Alexandre)**. La Dauphinerie-de-Vihiers (Maine-et-Loire) (1912).

**Barillier-Beaupré (Alphonse)**, Lic. en Droit, Les Grands-Peupliers. Fenioux (Deux-Sèvres). **R** (1893).

**Barlot (Jean)**, Lic. ès Sc. Phys., Chargé de Cours à la Fac. des Sc., 4, rue du Capitaine-Fauré. Lyon (Rhône) (1921).

**Barral (Etienne)**, Prof. à la Fac. de Méd., 7, rue Boissac. Lyon (Rhône). **R** (1903).

**Barret de Nazaris (Etienne)**, Doct. en Méd., 51, rue d'Isly. Alger (Algérie) (1927), XII.

**Barrier (Elisa)**, Pharmacienne, Professeur de Pharmacie à l'Ecole de Grenoble, 125, Cours Berriat. Grenoble (Isère) (1925), XV.

**Barrillon (Paul)**, Ing. en chef des P. et Ch., Ing. en chef du Port, 70, rue Jeanne-d'Arc. Rouen (Seine-Inférieure) (1921).

**Barriol (Alfred)**, Chef de Divis. à la Comp. des Chem. de fer de Paris à Lyon et à la Méditerranée, Actuaire-Conseil, Secr. gén. de la Soc. de Statistique de Paris, 17, rue de Londres. Paris 9e. **R** (1904), XX.

**Barrois (Charles)**, Memb. de l'Inst., Prof. à la Fac. des Sc., 41, rue Pascal. Lille (Nord). **R** (1877).

**Barth (Dr Henry)**, Méd. des Hôp., Secr. gén. de l'Assoc. des Méd. de la Seine, 2, rue Saint-Thomas-d'Aquin. Paris 7e. **R** (1902).

**Barthe (Léonce)**, Prof. à la Fac. de Méd., Pharm. en chef des Hôp., 6, rue Théodore-Ducos. Bordeaux (Gironde) (1895).

**Barthélemy (Edmond)**, Doct. en Pharm., 9, rue Gambetta. Brive (Corrèze) (1923), XII, XV.

**Barthélemy (Sauvaire-François-Pierre, Marquis de)**, Explorateur et Colon., 42, avenue du Bois-de-Boulogne. Paris 16e et château de Douaville. Paray-Douaville (Seine-et-Oise) (1892).

**Barthet (Georges)**, Pharm., 1, rue de Phalsbourg. Paris 17e (1921).

**Bartholomé (Dr Jean)**, Inspecteur des Pharmacies, rue des Vennes. Liége (Belgique) (1924).

**Barton (Ldward-Campbell)**, Ingén. électr., Université de Brisbanne. Queensland (Australie) (1926).

**Basset (Albert)**, Dir. d'Assur., 19, rue de Douai. Paris 9e (1921).

**Basset (Alfred)**, Nég., 2, rue Pleuvry. Le Havre (Seine-Inférieure) (1914).
**Bastide (Scévola)**, Prop., Vitic., Memb. de la Ch. de Com., 11, rue Maguelonne. Montpellier (Hérault). **R** (1881).
**Batteau (Georges)**, Fondé de pouv. de la Maison Ruspally (27, rue de Liége), 68, boulevard de Lorraine. Clichy (Seine), VIII.
**Baudot (Auguste)**, Doct. en Pharm., 4, rue Mariotte. Dijon (Côte-d'Or) (1911), XV.
**Baudoin (Dr Marcel)**, anc. Int. des Hôp., anc. Chef de Lab. à la Fac. de Méd. de Paris, castel Maraîchin. Croix-de-Vie (Vendée), VIII, IX, X, XI.
**Baudoux** (Dr **J.-Geo**), 10, avenue des Arts. Bruxelles (Belgique) (1923), XIV.
**Baume (Georges)**, Doct. ès Sc., 14, avenue du Président-Wilson. Paris 16e. **R** (1912).
**Baussillon (Dr)**, 31, place Bellecourt. Lyon (Rhône) (1926).
**Baux**, Chir.-Dent., 6, rue Dumont-d'Urville. Toulon (Var) (1925), XIV.
**Baye (le Baron Joseph de)**, Memb. de la Soc. des Antiquaires de France, Corresp. du Min. de l'Instr. publ., 58, avenue de la Grande-Armée. Paris 17e et château de Baye (Marne). **R** (1893).
**Bayet (Dr Adrien)**, Prof. à l'Univ., 33, rue Bréderode. Bruxelles (Belgique) (1919).
**Bayeux (Dr Raoul-Robert)**, 52, avenue Kléber. Paris 16e. **R** (1926), XII.
**Beauchais (E.)**, 24, boulevard Raspail. Paris 7e (1887).
**Beaudier (Dr Henri)**. Attigny (Ardennes) (1887), XII.
**Beaugé (Alfred)**, Directeur général de l'Office Chérifien des Phosphates. Rabat (Maroc). **R** (1923).
**Beauregardt (Albert)**, Chir.-Dent. diplômé de la Fac. de Méd., 32, rue de Liége. Paris 9e (1920).
**Beaussillon (Lucien)**, Chir.-Dent., 26, avenue Gambetta. La Charité-sur-Loire (Nièvre) (1920).
**Beauverie (Jean)**, Prof. à la Fac. des Sc. Lyon (Rhône) (1906).
**Becker (Colonel Rodolphe)**, 18, rue Herder. Strasbourg (Bas-Rhin) (1924).
**Béclère (Dr Antoine)**, Memb. de l'Acad. de Méd., Méd. des Hôp., 122, rue La Boétie. Paris 8e (1899).
**Béclère (Dr Henri)**, 1, rue de Villersexel. Paris 7e (1924).
**Bédart (Dr Gabriel)**, 17, rue Masséna. Lille (Nord) (1909).
**Bégouen (le Comte Henri)**, Chargé du Cours d'Archéol. Préhist. à l'Univ., Conserv. au Musée, 16, rue Velane. Toulouse (Haute-Garonne) (1922), XI.
**Béhaghel (Mme Henri)**, château de Beaurepaire. Beaumarie-Saint-Martin, par Montreuil-sur-Mer (Pas-de-Calais). **R** (1902).
**Behal (Auguste)**, Memb. de l'Inst. et de l'Acad. de Méd., Prof. à la Fac. de Pharm., Parm. de l'Hôp. de la Maternité, 4, avenue de l'Observatoire. Paris 6e (1890).
**Behiels (Dr Joseph)**, 128, rue de La Vallée. Saint-Nicolas (Waes) (Belgique) (1921), XIII.
**Beigbeder (David)**, anc. Ing. des Poudres et Salpêtres, 6, rue Yvon-Villarceau. Paris 16e. **R** (1894).
**Beille (Lucien)**, Prof. à la Fac. de Méd., Présid. de la Soc. linnéenne, 28, rue Théodore-Ducos. Bordeaux (Gironde) (1887), IX.
**Bellamy (Paul)**, Maire, Greffier en chef du Trib. civ., 19, rue Voltaire. Nantes (Loire-Inférieure) (1898).
**Bellet (Henri)**, Ing. civ., 35, quai Saint-Vincent. Lyon (Rhône). **R** (1904).
**Bellet (Léon)**, Institut. Saint-Didier-d'Aussiat (Ain) (1923), XXI.
**Belliard (Fernand)**, Industriel, 9, place du Pont. Bordeaux (Gironde) (1923).

**Bellier (Jean)**, Dir. hon. du Lab. mun. de Chim. de Lyon, 67, avenue Jean-Jaurès. Rosny-sous-Bois (Seine) (1906).

**Belloteau**, Chir.-Dent., 5, rue d'Iéna. Angoulême (Charente) (1923), XIV.

**Bélot (Charles)**, Doct. en Méd. (Electro-radiologie), 7, rue du Chéleff. Mostaganem (Oran) (1927), XIII.

**Belot (Emile)**, Dir. des Manufac. de l'Etat, anc. Elève de l'Ec. Polytech., 319, rue de Charenton. Paris 12e 1908), II.

**Belot (Dr Joseph)**, Assist. de Radiol. à l'Hôp. Saint-Antoine, 36, rue de Bellechasse. Paris 7e (1904), XIII.

**Beltrami (Dr Georges)**, Prof. à l'Ec. de Méd., 58, rue Saint-Ferréol. Marseille Bouches-du-Rhône) (1920).

**Beurois**, Radiologiste, 25, rue Gambetta. Dax (Landes) (1926), XIII.

**Bémont (Gustave)**, Chef des Trav. Chim. à l'Ec. mun. de Phys. et de Chim. indust. de la Ville de Paris, 21, rue du Cardinal-Lemoine. Paris 5e (1886).

**Bénac (André)**, Administrateur de la Compagnie P.-O., 11, rue de Milan. Paris 9e (1923).

**Bénard (Henri)**, Prof. de Phys. à la Sorbonne, 12, rue Cuvier. Paris 5e (1901), V, VII.

**Bénavent**, Chir.-Dent., 39, rue des Faures. Bordeaux (Gironde) (1923), XIV.

**Benhamon (Dr)**, 3, rue Dumont-d'Urville. Alger (Algérie) (1927), XII.

**Bennejant (Dr Charles)**, Lic. ès Sc., Chir.-Dent., 40, boulevard Séguin. Oran (Algérie) (1908), XIV.

**Bérard**, Ingénieur, 7, rue Ledru-Rollin. Alger (Algérie) (1924).

**Bérard**, Ingénieur I.E.G., 3, rue Ballay. Alger (Algérie) (1927).

**Béraud (Dr Barcel)**, ex-Chef de Labor. à la Fac. de Méd., Radiologue, 8, rue Marge. Alger (1927), XIII.

**Berg (Armand)**, Prof. à la Fac. des Sc. et à l'Ec. de Méd., 12, boulevard de la Gare. Marseille (Bouches-du-Rhône) (1902).

**Berge (René)**, Ing. civ. des Mines, Memb. du Cons. gén. de la Seine-Inférieure, 12, avenue Pierre-Ier-de-Serbie. Paris 16e 1881).

**Berger (Dr Emmanuel)**. Coutras (Gironde) (1895).

**Berger (Em.)**, Chef de Bureau honoraire, Minist. des Beaux-Arts, 6, rue Berthollet. Paris 5e (1926).

**Bergon (Mlle)**, 6, rue de la Martinière. Lyon (Rhône) (1926).

**Bergugnat (Dr Louis)**. Argelès-Gazost (Hautes-Pyrénées) (1910).

**Bérillon (Mme Edgar)**, 4, rue de Castellane. Paris 8e (1906).

**Bérillon (Dr Edgar)**, Méd. insp. des Asiles pub. d'Aliénés, Dir. de la Revue de l'Hypnotisme, 4, rue de Castellane. Paris 8e (1887), XVI, XXI, XXII.

**Bérillon (Mlle Lucie)**, Prof. de Lettres au Lycée Molière, 27, rue Mazarine. Paris 6e (1906).

**Berland (Lucien)**, Assistant au Muséum Nat. d'Hist. Nat., 45 bis, rue de Buffon. Paris 5e. **R** (1926), X.

**Berlande (André)**, Chef des travaux à la Fac. des Sc. d'Alger (Algérie) (1927).

**Berloty (l'Abbé Bonaventure)**, Dir. de l'Observatoire de Ksara. Saadnaïl, par Beyrouth (Syrie) (119), VII.

**Bermond d'Auriac (Etienne de)**, Lic. ès Sc., château de Roquenaud. Saint-Eugène, par Lavaur (Tarn) (1909).

**Bernard (Auguste-Jean)**, Doct. en Méd. Rouïba (Alger) (1927), XII.

**Bernard (C.-A.)**, Professeur agrégé, 8, boulevard Carnot. Hanoï (Tonkin) 1913).

**Bernard (Léon)**, Prof. à la Fac. de Méd., Membre de l'Acad. de Méd., Méd. des Hôp., 166, rue du Faubourg-Saint-Honoré. Paris 8e (1907).

**Bernède (Pierre-Paul)**, Imprimeur, 41, quai des Chartrons. Bordeaux (Gironde) (1925).

**Bernelin (Mlle)**, Préparateur à la Fac. des Sc., 70, rue de la Charité. Lyon 1926).

**Bernetière**, Chir.-Dent., 26, cours de la Marne. Bordeaux (Gironde) (1928).

**Bernier**, Chir.-Dent., 266, chaussée de Vleurgat. Bruxelles (Belgique) (1924).

**Béroud (l'Abbé Jean-Marie)**. Mionnay (Ain) (1906).

**Bert (Jules)**, Chir.-Dent., diplômé de la Fac. de Méd. de Paris, 14, rue de l'Héronnière. Nantes (Loire-Inférieure) (1920).

**Bertault (Adrien)**, **Pharm.**, 54, rue des Bourguignons. Asnières (Seine) (1921), XV.

**Bertaux (René)**, Chir.-Dent., 47, rue Jeanne-d'Arc. Rouen (Seine-Inférieure (1914), XIV.

**Berthe (Dr Gilbert)**, Pharm., 53, rue Geoffroy-Saint-Hilaire. Paris 5e (1920).

**Berthelon (Dr Claude)**, Lic. ès Sc., Méd.-Dir. du Sanatorium des Instituteurs. Sainte-Feyre (Creuse) (1906).

**Berthois (Léopold)**, Géomètre, 5, rue Nationale. Rennes (Ille-et-Vilaine) (1927).

**Bertier**, Directeur de l'Ecole des Roches. Verneuil-sur-Avre (Eure) (1927).

**Bertin (Gustave)**, Secrét. du Com. fr. du Tunnel sous la Manche, 4, rue de Compiègne. Paris 10e (1925), III, IV.

**Bertrand**, Chir.-Dent., 71, rue des Petits-Champs. Paris 1er (1924), XIV.

**Bertrand (Henry)**, Fabr. de Soieries, 1, Grande-Rue-des-Feuillants. Lyon (Rhône) (1906).

**Bertrand (J.)**, Pharm .de 1re cl., 49, rue de la République. Fontenay-le-Comte (Vendée) (1887).

**Bertrand (Léon)**, Prof. à la Fac. des Sc. de Paris, 87, boulevard de Port-Royal. Paris 13e (1924).

**Bertrand (Dr Marcel)**, rue Guynemer. Périgueux (Dordogne) (1923), XIII.

**Bertrand (Maurice-Félix)**, Ing. civ. des Mines, 30, rue de l'Etat-Tiers. Liége (Belgique) (1924).

**Bertrand (Paul-Charles-Edouard)**, Paléobotan., Prof. à l'Univ. de Lille, 159, rue Brûle-Maison. Lille (Nord). **F** (1924).

**Besnard (René)**, 4, rue Corneille. Tours (Indre-et-Loire) (1919).

**Besson (Dr Albert)**, Lauréat de l'Inst., anc. Méd.-Maj. de l'Armée, anc. Chef de Lab., 202, avenue du Maine. Paris 14e (1896).

**Besson (Mlle Suzanne)**, Chir.-Dent., 1, place Ernest-Renan. Dijon (Côte-d'Or) (1925), XIV.

**Bethenod**, Ingénieur, 15, rue Michel-Ange. Paris 16e (1926).

**Béthouard (Emile)**, Conserv. des Hypothèques en retraite, villa Vallouise, 224, Vallon-de-l'Oriol. Marseille (Bouches-du-Rhône). **R** (1884).

**Béthune (A.)**, Président de la Sté belge d'Etudes et d'Expansion, 5, boulevard d'Avroy. Liége (Belgique) (1924).

**Beyssac**, Chir.-Dent., 11, rue du Président-Carnot. Lyon (Rhône) (1925), XIV.

**Bézagu (Louis)**, Prop., 61, cours d'Aquitaine. Bordeaux (Gironde). **R** (1920).

**Bezançon (Fernand)**, Prof. à la Fac. de Méd., Mem. de l'Acad. de Méd., Méd. des Hôp., 76, rue de Monceau. Paris 8e (1906).

**Bezançon (Dr Paul)**, anc. Int. des Hôp., 51, rue de Miromesnil. Paris 8e. **R** (1878).

**Bezault (Bernard)**, Ing. sanitaire, Archit. diplômé par le Gouvern., 28, rue de Châteaudun. Paris 9e (1907).

**Bézin (Emile)**. Ing., 37, rue Saint-Roch. Le Havre (Seine-Inférieure) (1914).

**Biais (D^r Augustin)**, Professeur à l'Ecole de Médecine, 10, rue Pierre-Curie. Limoges (Haute-Vienne) (1925), V.

**Biarritz-Association (Société des Sciences, Lettres et Arts)**, M. P. Feuillade, Présid., 7, rue Cambarre. Biarritz (Basses-Pyrénées) (1913).

**Bibliotek der Technische Hoogelchool.** Delft (Pays-Bas) (1925).

**Bibliothèque Municipale de Châlons-sur-Marne** (Marne) (1925).

**Bibliothèque-Musée,** 10, rue de l'Etat-Major. Alger. **R** (1880).

**Bibliothèque publique de la Ville.** Grande-Rue. Boulogne-sur-Mer (Pas-de-Calais). **R** (1879).

**Bibliothèque de l'Université libre,** 14, rue des Sols. Bruxelles (Belgique) (1923).

**Bibliothèque pédagogique de la 2e Circonscription d'Auch** (M. F. Sillières, secrétaire), Ecole publique de garçons. Lectoure (Gers) (1924).

**Bibliothèque pédagogique de la Circonscription d'Enseignement primaire de Châteaudun,** Ecole de garçons, rue d'Orléans. Châteaudun (Eure-et-Loir) (1924).

**Bibliothèque pédagogique de la Circonscription de Senlis.** Secrétaire : M. Locq, Directeur de l'Ecole publique. Creil (Oise) (1925), XXI.

**Bibliothèque de l'Université de Gand,** 2, Fossé d'Othon. Gand (Belgique) (1925).

**Bibliothèque publique et universitaire.** Genève (Suisse) (1923).

**Bibliothèque de l'Université de Lund** (Suède) (1924).

**Bibliothèque de la Faculté de Pharmacie,** 4, avenue de l'Observatoire. Paris 6e. **R** (1902).

**Bibliothèque du Sénat,** rue de Vaugirard. Paris 6e (1896).

**Bibliothèque de la Ville,** Halleneuve. Pau (Basses-Pyrénées). **R** (1887).

**Bibliothèque Municipale de la Ville.** Salins-les-Bains (Jura) (1914).

**Bibliothèque centrale.** Zurich (Suisse) (1921).

**Bienfait (D^r)**, 60, boulevard d'Avroy. Liége (Belgique) (1923), XIII.

**Bienfait (Jules)**, 60, boulevard d'Avroy. Liége (Belgique) (1924).

**Bienvenue (Fulgence)**, Insp. gén. des P. et Ch., 112, boulevard de Courcelles. Paris 17e (1889).

**Bierry (D^r Henri)**, Doct. ès Sc., Prof. à la Fac. des Sc., place Victor-Hugo. Marseille (Bouches-du-Rhône) (1922).

**Bignon (Jean)**, Ing. des Arts et Man., Agron. Bourbon-l'Archambault (Allier) (1876), II, III.

**Bigorne-Léguillier (M^me).** Aumale (Seine-Inférieure) (1921).

**Bigot (Alexandre)**, Corresp. de l'Inst., Doyen de la Fac. des Sc. Mathieu (Calvados) (1892).

**Bigourdan (Guillaume)**, Mem. de l'Inst. et du Bureau des Longitudes, Astron. à l'Observatoire nat., 6, rue Cassini. Paris 14e. **R** (1905), II.

**Bigwood (Georges)**, Prof. à l'Univ., 17, rue Mignot-Delstanche. Bruxelles (Belgique) (1924), XX.

**Bilhaut (D^r Marceau-Charles) (fils)** 25, rue Godot-de-Mauroy. Paris 9e (1899), XII.

**Billault, Billaudot et Cie,** Fabric. de Produits chim., 22, rue de la Sorbonne. Paris 5e. **F** (1872).

**Billet (D^r)**, 5, rue du Jeu-de-Paume. Montpellier (Hérault) (1922).

**Billiard (D^r André)**, Chef du Serv. d'Electro-Radiol. de l'Hôtel-Dieu, 31, rue Fontenelle. Rouen (Seine-Inférieure) (1921), XIII.

**Billieux**, Chir.-Dent., 10, rue Emile-Zola. Lyon (Rhône) (1926).

**Billoret (Marcel)**, Chir.-Dent., 239 bis, rue de Vaugirard. Paris 15e (1923).

**Binet (Emile), Entrep.**, 46, rue Bernardin-de-Saint-Pierre. Le Havre (Seine-Inférieure) (1914).

**Bloret (Georges)**, Doct. ès Sc., Prof. à la Fac. libre des Sc. Angers (Maine-et-Loire) (1922).

**Biquard (Pierre)**, Sous-Directeur de Lab. à l'Ecole de Physique et Chimie, 1, rue Saint-Laurent. Paris 15e (1927), V.

**Biquet (Dr M.)**, Médecin laryngologue à l'Hôpital Militaire, 15, rue Darchis. Liége (Belgique) (1924).

**Biscuit (Edmond)**, anc. Notaire. Boult-sur-Suippe, par Bazancourt (Marne) (1887).

**Bisson**, Radiologiste, 12, rue Dupont-des-Loges. Paris 7e (1926).

**Bizard (Dr Léon)**, Méd. princ. de la Préfect. de Pol., Chef de Lab. à l'Hôpital Saint-Louis, 15, rue Marguerite. Paris 17e (1908).

**Bizos (Maurice)**, Instituteur, 19, rue Blomet. Paris 15e (1923), XXI.

**Blais (Dr)**, 13, quai d'Orléans. Le Havre (Seine-Inférieure) (1914).

**Blanc (Dr)**, Chir.-Dent., 4, avenue Gambetta. Arcachon (Gironde) (1923), XIV.

**Blanc (Auguste)**, Prof. de Phys. à la Fac. des Sc., 110, rue Bicoquet. Caen (Calvados) (1921), V.

**Blanc (Jean)**, Agent mécanicien des Postes et Télégraphes, 159, route de Montrouge. Malakoff (Seine) (1926).

**Blanc (L.)**, Chir.-Dent., 33, rue des Carmes. Nancy (Meurthe-et-Moselle) (1922), XIV.

**Blanchard (Raoul)**, Professeur à la Faculté des Lettres de Grenoble, 2, rue des Trois-Cloîtres. Grenoble (Isère) (1925), XIX.

**Blanchet (Augustin)**, Fabric. de papiers, château d'Alivet. Renage (Isère) (1885).

**Blanchetière (Alexandre)**, Agr. à la Fac. de Méd., 21, rue de l'Ecole-de-Médecine. Paris 6e (1920).

**Blandy**, Expert agrégé par les Trib. d'Alger, 5, Rampe Chasserian. Alger (1927).

**Blanpin**, Chir.-Dent., 12, rue des Halles. Paris 1er (1924), XIV.

**Blaringhem (Louis)**, Prof. au Conserv. nat. des Arts-et-Métiers, 40, boulevard Montparnasse. Paris 15e. **R** (1908).

**Blatière (Auguste)**, Chir.-Dent., 31, rue de Vitry. Choisy-le-Roi (Seine). **R** (1920), XIV.

**Blatter (Antoine)**, Prof. à l'Ec. dentaire de Paris, 88, avenue Niel. Paris 17e (1902), XIV.

**Blayac (Joseph)**, Prof. de Géol. à la Fac. des Sc. Montpellier (Hérault) (1909), VIII.

**Blin (Théodore-Louis)**, Prof. de Sciences Phys., 16, rue des Agaves. Monaco (Principauté) (1927).

**Bloch (Amédée)**, Pharm. Metz (Moselle) (1920).

**Bloch (André)**, Doct. en Méd., 25, rue Marbeuf. Paris (1927).

**Bloch (Dr Adolphe)**, anc. Méd. de l'Hôp. du Havre, 24, rue d'Aumale. Paris 9e. **R** (1902).

**Bloch (Fernand)**, Pharm. Bichheim (Bas-Rhin) (1920).

**Bloch (Maurice)**, Pharm. Mulhouse (Haut-Rhin) (1920).

**Blocman (Marcel)**, Chir.-Dent., 19, rue des Pyramides. Paris 1er (1923), XIV.

**Blondeau (André)**, Médecin Electro-Radiologiste, 17, rue Milton. Paris 9e (1927), XIII.

**Blondeau**, Chir.-Dent., 4 bis, rue de Lyon. Paris 12e (1926).

**Blondel (André)**, Mem. de l'Inst., Ing. en chef et Prof. à l'Ec. nat. des P. et Ch., 41, avenue de La Bourdonnais. Paris 7e (1896).

**Blondel (Emile)**, Chim., Manufac., Juge au Trib. de Com., 171, rue du Renard. Rouen (Seine-Inférieure). **R** (1883).

**Blondel (Robert)**, Indust. St-Léger-du-Bourg-Denis (Seine-Inférieure) (1921).

**Blondin (Joseph)**, Ex-Prof. Agr. de Phys. au Lycée Rollin, Dir. techn. de la Revue générale de l'Electricité, 171, rue du Faubourg-Poissonnière. Paris 9e. **R** (1901).

**Blondin** (Maurice-Léon), Ing. E. S. E., Lic. ès Sc., Secrét. gén. de la Revue générale de l'Electricité, 171, rue du Faub.-Poissonnière. Paris 9e. **R** (1923), V.

**Blondlot (René)**, Corresp. de l'Inst., Prof. hon. à la Fac. des Sc., 16, quai Claude-le-Lorrain. Nancy (Meurthe-et-Moselle) (1886).

**Blum (Dr Paul)**, Chargé de Cours à la Fac. de Méd., 22, allée de La Robertsau. Strasbourg (Bas-Rhin) (1920).

**Blutte (Henri)**, Instituteur, 114, avenue Gambetta. Paris 20e (1926), XXI.

**Boberil (le Vicomte Roger du)**, Mem. des Soc. Phys. et Math. de France, Maison Ferrari. Clamart (Seine). **R** (1903).

**Boca (Léon)**, 12, place Saint-Michel. Saint-Brieuc (Côte-du-Nord) (1875).

**Boccardi (Jean)**, ex-Dir. de l'Observatoire Pino-Torinese, Mem. corresp. du Bureau des Longit. de Paris, villa des Lierres. Nyons (Drôme) (1922), II.

**Bocquet (Léonce)**, Directeur de l'Ecole publique. Montataire (Oise) (1923).

**Bodroux (Daniel)**, Prép. de Chimie à la Fac. des Sc. de Poitiers, 20, rue de Penthièvre. Poitiers (Vienne) (1923), VI.

**Bodroux (Fernand)**, Prof. à la Fac. des Sc., 20, rue de Penthièvre. Poitiers (Vienne). **R** (1917).

**Bœckel (Jules)**, Prof. hon. à la Fac. de Méd., Associé nat. de l'Acad. de Méd., Chirurg. consult. du territoire d'Alsace, Lauréat de l'Inst., 2, quai Saint-Nicolas. Strasbourg (Bas-Rhin). **R** (1889).

**Bœuf (Félicien)**, Chef du Serv. Botan. Ariana (Tunisie) (1901).

**Bohl (Alphonse)**, Chir.-Dent. diplômé de la Fac. de Méd. de Paris, 30, rue Henri-IV. Castres-sur-Agout (Tarn) (1910), XIV.

**Boignard (Dr Georges)**. Méru (Oise) (1920).

**Boileau (H.)**, 36, rue du Colisée. Paris 8e (1927).

**Boine (Dr Joseph)**, Dir. du Serv. de Radiol. à l'Univ., 134, avenue des Alliés. Louvain (Belgique) (1924), XIII.

**Boinot (Georges)**, Pharm. de 1re cl., anc. Int. des Hôp., 79, boulevard Voltaire. Paris 11e (1924), XV.

**Bois (Désiré)**. Prof. au Muséum nat. d'Hist. nat. et à l'Ec. coloniale, 57, rue Cuvier. Paris 5e (1910).

**Boismoreau (Dr Emile)**, villa Ker'Hellé. Saint-Mesmin-le-Vieux (Vendée) (1920).

**Boissieux (Augustin)**, Chir.-Dent., 17, cours Berriat. Grenoble (Isère) (1925), XIV.

**Boissinot**, 29, cours d'Aquitaine. Bordeaux (Gironde) (1923), XIV.

**Boisson (Dr René)**, Chir.-Dent., 35, rue Belliard. Bruxelles (Belgique) (1923), XIV.

**Boit (Albert)**, Principal du Collège de Pont-l'Evêque (Calvados) (1922), VIII, XI, XIX.

**Boivin (Emile)**, Raffineur, 78, rue de Courcelles. Paris 8e. **F** (1875).

**Boivin (Marcel)**, Chir.-Dent., 33, rue des Carmes. Nancy (Meurthe-et-Moselle) (1924), XIV.

**Bollært (Félix)**. Ing. civ. des Mines, anc. Elève de l'Ec. Polytech., Présid. du Cons. d'Administr. de la Société des Mines de Lens, 27, quai d'Orsay. Paris 7e. **R** (1909).

**Bon (Henry)**, Doct. en Méd., 123, Grande-Rue. Besançon (Doubs) (1927).

**Bonmarchand** (**M**[lle]), Prof. de Science, 130 ter, boulevard de Clichy. Paris (1927).

**Bonnamour** (**D**[r] **Stéphane**), 137, avenue de Saxe. Lyon (Rhône) (1906).

**Bonnard** (**Paul**), Agr. de Philos., anc. Elève de l'Ecole Normale Supérieure, Avocat, 141, rue de Vaugirard. Paris 15e .R (1880).

**Bonnay**, Chir.-Dent., 17, rue Docteur-A.-Dumas. Thiers (Puy-de-Dôme) (1926).

**Bonnefoy** (**D**[r]), Chef du Serv. Radiographique de Pathé-Cinéma, 15, rue des Pyramides. Paris 1er (1920), XIII.

**Bonnet** (**Camille**), Directeur de l'Ammoniaque Synthétique. Waziers près Douai (Nord) (1923).

**Bonnet** (**Louis**), Chir.-Dent., 38, rue Pastorelli. Nice (Alpes-Maritimes) (1920), XIV.

**Bonnet** (**J.**), Pharmacien, 5, rue Pierre-Blanc. Lyon (Rhône) (1923), XV.

**Bonnet** (**Pierre**), Prépar. de Géol. à la Fac. des Sc., 3, rue Froidevaux. Paris (1921), VIII.

**Bonnet et Spazin**, Construc. de Machines, 11, quai de l'Industrie. Lyon-Vaise (Rhône) (1906).

**Bonniard** (**François-Jean**), Professeur au Collège de Bizerte, rue de Mateur. Bizerte (Tunisie) (1927), XIX.

**Bonnin** (**D**[r] **Henri**), Méd. des Hôp., 63, cours Pasteur. Bordeaux (1923).

**Bonvalet** (**Maurice**), Pharm. de 1re cl., anc. Int. des Hôp. de Paris, Prof. à l'Ec. de Méd. et de Pharm., 123, place Beauvoisine. Rouen (Seine-Inférieure). **R** (1914), XV.

**Bonzel** (**Arthur**), Sup. du Juge de Paix, 14, rue Marais. Haubourdin (Nord). **R** (1881).

**Bordas** (**D**[r] **Léonard**), Prof. de Zool. à la Fac. des Sc., 15, rue Michelet. Rennes (Ille-et-Vilaine). **R** (1899).

**Bordé** (**Paul**), Ing.-Opticien, 99, boulevard Haussmann. Paris 8e (1896).

**Bordet** (**Lucien**), Insp. des Fin., anc. Elève de l'Ec. Polytech., 181, boulevard Saint-Germain. Paris 7e. **R** (1889).

**Bordier** (**D**[r] **Henry**), Agr. de Phys. à la Fac. de Méd., 9, rue Grôlée. Lyon (Rhône). **R** (1898).

**Borel** (**Emile**), Memb. de l'Inst., Dir. hon. de l'Ec. norm. sup., Prof. à la Fac. des Sc., 32, rue du Bac. Paris 7e. **R** (1904), I.

**Borkowski** (**P.**), Chir.-Dent., 11 bis, rue d'Orléans. Neuilly-sur-Seine (Seine) (1914), XIV.

**Borochowitch**, Chir.-Dent., 10, avenue de la Gare. Hirson (Aisne) (1924). XIV.

**Borrey** (**Gabriel**). Chir.-Dent. diplômé de la Fac. de Méd. de Paris, 3, place de la Bourse. Lyon (Rhône) (1904), XIV.

**Bory**, Ingénieur, 49, cours Gambetta. Lyon (Rhône).

**Bosmans**, Prés. de la Soc. de Math. de Belgique, Collège Saint-Michel, 24, boulevard Saint-Michel. Bruxelles (Belgique) (1924).

**Bossavy** (**M**[me] **J.**), 12, avenue de Paris. Versailles (Seine-et-Oise) (1923).

**Bossavy** (**Jules**), Directeur départemental honoraire des Postes et des Télégr., Secr. gén. de la Soc. Préhistorique française, 12, avenue de Paris. Versailles (Seine-et-Oise) (1917), XI.

**Bossière** (**René**), Président et Administr. délégué de la Cie Gle des Iles Kerguelen Saint-Paul et Amsterdam, 2, rue des Orphelines. Le Havre (Seine-Inférieure) (1914).

**Bottin.** Montgeron (Seine-et-Oise) (1927).

**Bottu** (**Henry**), Prof. à l'Ec. de Méd. de Reims, 25, rue Pergolèse. Paris 16e (1907).

**Boucard** (**D**[r] **Pierre**), 112, rue La Boétie. Paris 8e (1914), XII.

**Bouchacourt (Léon)**, anc. Int. des Hôp., anc. Chef de Clin. à la Fac. de Méd., Chef du Serv. de Radiol. à la Maison Dubois, 62, rue de Miromesnil. Paris 8e. R (1901), XIII.

**Bouchard (Mme Vve Charles)**, villa Ménival, route de Fréjus. Cannes (Alpes-Maritimes) (1879).

**Bouchard (Dr François)**, Chir.-Dent., 10, rue du Président-Carnot. Lyon (Rhône). R (1904), XIV.

**Bouchard (J.)**, Chir.-Dent., 107, cours Wilson. Saintes (Charente-Inférieure) (1923), XIV.

**Bouchard, Instituteur**, 12, rue Cuvier. Lyon (Rhône) (1926).

**Bouchardon (Victor), Ingénieur**, 17, rue Daniel-Stern. Paris 15e (1923).

**Bouché (Alexandre)**, 68, rue du Cardinal-Lemoine. Paris 5e. **R** (1885).

**Bouchet (Alphonse)**, Professeur, 82, cours Jean-Jaurès. Grenoble (Isère) (1925), XXI.

**Bouchet (J.)**, Chir.-Dent., rue des Avies. Pons (Charente-Inférieure) (1923).

**Boucher (Maurice)**, anc. Cap. d'Artil., anc. Elève de l'Ec. Polytech., 2, carrefour de Montreuil. Versailles (Seine-et-Oise). **R** (1901).

**Boudet (Dr Gabriel)**, 22, rue Aiguillerie. Montpellier (Hérault) (1895).

**Boudy (Clotaire)**, Chir.-Dent., 146, rue de Rennes. Paris 6e (1908), XIV.

**Bouffier et Pravaz (fils)**, Fabric. de Soieries, 16, rue Lafont. Lyon (Rhône) (1906).

**Boufflette.** Creil (Oise) (1914).

**Bouillenne (Raymond)**, 18, rue Renoz. Liége (Belgique) (1924), IX.

**Bouillot (Charles)**, Instituteur, 37, rue Lakanal. Villeurbannes-Charpennes (Rhône) (1926).

**Bouland (Albert)**, Chir.-Dent., 15, rue Collette. Paris 17e (1920), XIV.

**Boulanger (C.)**, anc. Notaire, Conservat. hon. du Musée de Péronne, Corresp. du Min. de l'Instr. Publ. Bagnoles-de-l'Orne (Orne) (1921).

**Boulay (Mlle Lucie-Madeleine)**, 14, boulevard de Verdun. Orléans (Loiret) (1924).

**Boulet (Paul)**, Int. des Hôp., Prép. à la Fac. de Méd., 2, avenue de Toulouse. Montpellier (Hérault) (1922).

**Bouligand**, Prof. de Mécanique rat. et appl., Faculté des Sciences. Poitiers (Vienne) (1925), II.

**Boulland (Dr Henri)**, 36, boulevard Victor-Hugo. Limoges (Haute-Vienne) (1876).

**Bounhiol (Dr Jean-Paul)**, Prof. à la Fac. des Sc., 11, rue Gaston-Lespiault Bordeaux (Gironde) (1902).

**Bounhiol (Jean-Jacques-Léon)**, Institut de Zoologie, cours Barbey. Bordeaux (Gironde). **R** (1923), X.

**Bouquet (Jean-Marie-Louis)**, Doct. en Méd., Clinique Beauséjour. Bône (Algérie) (1927).

**Bourcart (Jacques)**, Explorat., 224, rue de Tolbiac. Paris 13e (1921), VIII.

**Bourchenin (Pierre-Daniel)**, Doct. ès Lettres, anc. Past. de l'Egl. réf., anc. Prés. de l'Acad. des Sc., Arts et Belles-Lettres du Tarn-et-Garonne, 8, rue La Capelle. Montauban Tarn-et-Garonne (1926), XI, XIV, XXI.

**Bourdeau (Mme)**, Institutrice. Magne par Saint-Lignaire (Deux-Sèvres) (1925), XXI.

**Bourdil (François-Fernand)**, Ing. des Arts et Man., 29, rue Octave-Feuillet. Paris 16e (1872).

**Bourdon (Benjamin)**, Prof. de Philos. à la Fac. des Let., 17, rue Martenot. Rennes (Ille-et-Vilaine) (1914), XVI.

**Bourgarit (Gaston)**, Chir.-Dent. diplômé de la Fac. de Méd. de Lyon, 10, rue des Clercs. Grenoble (Isère) (1920), XIV.

**Bourgeois (Edouard)**, Prof. à l'Univ., 36, rue Journelle. Liége (Belgique) (1924).

**Bourgeois (Dr Henri)**, Oto-rhino-laryngol. des Hôp., 44, rue de Naples, Paris 8e (1920), XII.

**Bourgeois (Léon)**, Ingénieur, 28, avenue du Boulevard. Bruxelles (Belgique) (1924), XIII.

**Bourgery (Henri)**, anc. Notaire, Mem. de la Soc. Géol. de France, Les Capucins. Nogent-le-Rotrou (Eure-et-Loir). **R** (1890), VIII.

**Bourguignon (Dr Georges)**, anc. Int. des Hôp., Chef du Lab. d'Electro-Radiothérap. de la Salpêtrière, 15, rue Royer-Collard. Paris 5e (1914), XIII.

**Bourguignon (Léon)**, Chir.-Dent., 6, quai Spinola. Bruges (Belgique) (1924), XIV.

**Bourion (François)**, 65, rue du Général-Fabvier. Nancy (Meurthe-et-Moselle) (1919).

**Bournons (M.)**, 127, rue Stassard. Bruxelles (Belgique) (1924), XIV.

**Bourrilly (Joseph)**, Juge de Paix. Rabat (Maroc occidental) (1912).

**Bourse (Gustave)**, Numismate, Mem. de la Soc. d'Ethnogr., 6, rue Beautreillis. Paris 4e. **R** (1922).

**Boursin**, Inspecteur prim., 77, rue de Clamart. Compiègne (Oise) (1924).

**Bousquet (Dr)**, Chir.-Dent., 58, rue d'Antibes. Cannes (Alpes-Maritimes) (1923), XIV.

**Bousquet (Georges)**, Pharm., 82, rue Croix-Verte. Albi (Tarn) (1922).

**Boutan (Auguste)**, Ing., Adm. Délég. de la Comp. du Gaz de Lyon, 3, quai des Célestins. Lyon (Rhône) (1906).

**Boutan (Louis)**, Prof. à la Fac. des Sc. Alger (1892), XVI.

**Boutanquoi (Olivier)**, Délégué départemental de la Sté Préhistorique franç., Dir. de l'Ec. prim. Vineuil-Saint-Firmin (Oise) (1914), XI, XXI.

**Boutaricq (Jean-Armand)**, avoué, 9, rue Peysseguin. La Réole (Gironde) (1923), XVIII.

**Boutin (Auguste)**, Prof., 26, rue La Vieuville. Paris 18e (1908).

**Boutmy (Lucien)**, Ing., 78, boulevard Saint-Germain. Paris 5e (1920).

**Bouvet (Julien)**, Prop., 5, quai National. Angers (Maine-et-Loire). **R** (1896).

**Bouvier (Louis)**, Memb. de l'Inst., Prof. au Muséum nat. d'Hist. nat. 55, rue de Buffon. Paris 5e. **R** (1903).

**Bouvry**, 30, rue Victor-Hugo. Le Mans (Sarthe) (1924), XIV.

**Bouyssonie (l'Abbé Jean)**, Prof. à l'Ec. Bossuet. Cublac (Corrèze) (1910), XI.

**Bouzat (Albert)**, Prof. de Chim. à la Fac. des Sc., 7, rue de Belfort. Rennes (Ille-et-Vilaine) (1908), VI.

**Bovier (E.)**, Lic. ès Sc., 3, chemin du Square. Genève (Suisse) (1927).

**Boyer (Camille)**, Chir.-Dent., Cosne (Nièvre) (1908), XIV.

**Boyer (Germain)**, Nég. en soies, 11, rue de la Bourse. Saint-Etienne (Loire) (1897).

**Boyer**, Doct. de la Fac. de Méd. de Paris, 55 bis, rue Victor-Hugo. Carcassonne (Aude). **R.** (1926).

**Bracq**, Chir.-Dent., 8, boulevard Gambetta. Saint-Quentin (Aisne) (1924), XIV.

**Braecke (Mlle Marie)**, Doct. ès Sc., Doct. en Pharmacie de l'Univ. de Paris, 52, rue Traversière. Bruxelles (Belgique) (1925), XV.

**Braemer (Louis)**, Prof. à la Fac. de Pharm., 2, quai Saint-Thomas. Strasbourg (Bas-Rhin) (1887), IX, XV.

**Brahy (Joseph)**, 33, rue Fabry. Liége (1924).

**Brandenberger (Jacques)**, Ingén.-Chim., 179, boulevard Bineau. Neuilly-sur-Seine (1926).

**Brangier**, Instituteur, Ecole rue Fondary. Paris 15e (1923), XXI.

**Brasseur (Alphonse)**, Pharm., 12, rue du Pont-d'Avroy. Liége (Belgique) (1924), XV.

**Braun (Mlle Suzanne)**, 59, rue Rodier, Paris 9e (1928), XI.

**Braun (Albert)**, rue des Grandes-Arcades. Strasbourg (Bas-Rhin) (1920).

**Brégaud (Mme)**, 4, rue Lacépède. Alger (Algérie) (1927).

**Brégeat (Dr Albert)**, Chir. de l'Hôp. civ., Dir. de la Santé, 5, rue Lamartine. Oran (Algérie). **R** (1888).

**Bréguet (Louis)**, Ing.-Construc., Mem. du Cons. mun., Mem. corresp. de la Ch. de Com., 31, rue Morel. Douai (Nord) et 115, rue de la Pompe. Paris 16e (1909).

**Brejgo (Boleslas)**, Prof., 69, Muiznieku iela. Daugavpils (Lettonie) (1926).

**Brémen (André)**, Pharm., 2, rue Louvrex. Liége (Belgique) (1924).

**Brenet (Mlle Marie-Thérèse)**, 10, rue de Lorraine. Besançon (Doubs) (1921), VI.

**Bressou (Clément)**, Prof. à l'Ec. nat. vétér. d'Alfort (Seine) (1920).

**Breton (René)**, Instit. Senonches (Eure-et-Loir) (1924), XXI.

**Breugelmans**, Pharm., 6, rue Veeweyde. Bruxelles (Belgique) (1924), XV.

**Breuil (l'Abbé Henri)**, Prof. à l'Inst. de Paléontol. humaine, 52, avenue de La Motte-Picquet. Paris 15e (1899), XI.

**Bricka (Scipion)**, Prop., villa Fénétrange, 19, boulevard Berthelot. Montpellier (Hérault) (1877).

**Briguet (Maurice)**, Notaire, 7, cours d'Alsace-Lorraine. Bordeaux (Gironde). **R** (1923).

**Brille (Jacques-Marcel)**, Chir.-Dent. diplômé de la Fac. de Méd., 11, rue Edouard-VII. Paris 9e (1920), XIV.

**Brillouin (Marcel)**, Mem. de l'Inst., Prof. au Collège de France, 31, boulevard de Port-Royal. Paris 13e. **R** (1882).

**Brillouin (Léon-Nicolas)**, Sous-Dir. de Lab. au Collège de France, 30, quai du Louvre. Paris (1927).

**Briot (Henri)**, Chef d'escadron d'Artillerie, 35, boulevard de Strasbourg. Bourges (Cher) (1923), I, II et XX.

**Brioux (Charles)**, Dir. de la St. agron. du départ., 36, rue Blaise-Pascal. Rouen (Seine-Inférieure) (1921), XVIII.

**Brisson (Pierre-Armand)**, Pharm., 31, rue Boissy-d'Anglas. Paris 8e (1920).

**British Museum (Natural) History**, University College. Londres W. C. 2.

**Brives (Abel)**, Doct. ès Sc., Prépar. à la Fac. des Sc., 16, rue Malakoff. Alger (1897).

**Brodeur**, Chir.-Dent., 11 bis, rue Blanche. Paris 9e (1921).

**Brodhurst**, Chir.-Dent., 34, avenue de la Princesse. Le Vésinet (Seine-et-Oise) (1923), XIV.

**Brodin (Jules-Henri)**, Direct. du Gaz de Vaize et des applications industrielles du Gaz, 78, rue Gorge-de-Loup. Lyon (Rhône) (1926).

**Broglie (Mme la Duchesse Camille de)**, 29, rue de Châteaubriand. Paris 8e (1923).

**Broglie (le Duc Maurice de)**, Doct. ès Sc. Phys., 29, rue de Châteaubriand. Paris 8e (1909), V.

**Brognard (Lucien)**, Pharm., 16, rue Léon-Gambetta. Lillebonne (Seine-Inférieure) (1921), XV.

**Bronford (Joseph)**, Pharm., 524, rue Saint-Nicolas. Glain (Prov. de Liége) (Belgique) (1924), XV.

**Brooker (William-Henry)**, **Chir.-Dent.**, 41, rue Thiers. Rouen (Seine-Inférieure) (1921).

**Brouardel (Mme Vve Paul)**, 68, rue de Bellechasse. Paris 7e (1899).

**Broussillon (Pierre-Léonce)**, Prop., 87 bis, rue d'Antibes. Cannes (Alpes-Maritimes) (1916).

**Brouwers**, Chir.-Dent., 14, rue Fresch. Liége (Belgique) (1924), XIV.

**Bruère (Samuel)**, Chim., 3, boulevard Morland. Paris 4e (1906), VI.

**Bru (Dr Camille)**, Radiologiste, 29, boulevard de la République. Agen (Lot-et-Garonne) (1925), XIII.

**Bruet (Edmond)**, Ingénieur des Mines, 7, rue Madiras. Courbevoie (Seine) (1924), VIII.

**Brugirard**, Chir.-Dent., 1, boulevard des Brotteaux. Lyon (Rhône) (1926) XIV.

**Bruhl (Paul)**, Nég., 57, rue de Châteaudun. Paris 9e. **R** (1886).

**Brumpt (Emile)**, Prof. à la Fac. de Méd., Mem. de l'Acad. de Méd., Chef de trav. à l'Inst. de Méd. coloniale, 42, rue Denfert-Rochereau. Paris 5e. **R** (1909).

**Brun (Pierre-Auguste)**, Juge au Tribunal, 24, rue Rohault de Fleury. Constantine (Algérie) (1927).

**Brun (Dr)**, anc. Int. des Hôp. de Paris, Chirurg. en chef de l'Hôp. Sadiki, 4, rue de Moscou. Tunis (1920).

**Brun (Bernard)**, Ing. agron., Ing. du génie rural, 44, boulevard Gambetta. Nice (Alpes-Maritimes) (1918), XVIII.

**Bruneau (Charles)**, Instituteur public, 197, avenue de Neuilly. Neuilly-sur-Seine (Seine) (1923), XXI.

**Bruneau (Paul-Régis)**, employé de Banque, 123, rue de Sèze. Lyon (Rhône) (1927), V.

**Bruneau-Biles (Dr Charles)**, 1, avenue Garibaldi. Limoges (Haute-Vienne) (1922).

**Bruneau (Pierre)**, Pharm., Chef de Lab. à la Fac. de Méd., 64, rue de La Rochefoucauld. Paris 9e (1908).

**Brunhès (Jean)**, Prof. au Col. de France, 13, quai du Quatre-Septembre. Boulogne-sur-Seine (Seine). **R** (1903).

**Bruno (Albert)**, Insp. gén. des Stat. agron. et Lab., 12, rue de la Bourse. Mulhouse (Haut-Rhin) (1921), XVIII.

**Brunschwig (Léon)**, Maître de Conf. à la Fac. des Lettres, 53, rue Scheffer. Paris 16e (1914), XVI.

**Brunschwig (Dr)**, Chirurg., 24, rue Séry. Le Havre (Seine-Inférieure) (1914).

**Brusson (Antonin)**, Manufac. Villemur (Haute-Garonne) (1904).

**Bruzon (Joseph et Cie)**, Ing. des Arts et Man., usine de Portillon. Saint-Cyr-sur-Loire, par Tours (Indre-et-Loire). **R** (1878).

**Brylinski (Emile)**, Ing. des Télég., 5, avenue Teissonnière. Asnières (Seine). **R** (1894).

**Buchère (Edouard)**, Lic. ès Sc., Prés. de la France colonisatrice, 48, rue Louis-Bouilhet. Rouen (Seine-Inférieure). **R** (1909).

**Buchet (Charles)**, Dir. de la Pharmacie centrale de France, 7, rue de Jouy. Paris (1890), XV.

**Bugnon (Pierre)**, Chef des Trav. de Botan. à la Fac. des Sc., Jardin des Plantes. Caen (Calvados) (1919).

**Bugnon (Edouard)**, Prof. honoraire d'Anatomie humaine à l'Université de Lausanne « La Luciole ». Aix-en-Provence (Bouches-du-Rhône) (1927).

**Buisseret (A.)**, Avocat à la Cour, 118, rue de Serbie. Liége (Belgique) (1924), XXI.

**Buisson (Albert-François)**, Doct. en Pharm., Industr., 156, rue de Sèvres. Paris 15e (1919).

**Bultot (Joséphine)**, Institutrice, 53, rue Hainchamps. Seraing-sur-Meuse (Belgique) (1924), XXI.

**Bunau-Varilla (Philippe)**, anc. Ing. des P. et Ch., 53, avenue d'Iéna. Paris 16e (1893).

**Bunodière (de La)**, Insp. des Forêts, en retraite. Lyons-la-Forêt (Eure) (1887).

**Bunts (Dr)**, Colonel-Chirurg., 1821 East, 68 Street. Cleveland (Ohio) (Etats-Unis d'Amérique) (1922).

**Buot (Emile)**, Prop., Le Châlet. Azay-le-Rideau (Indre-et-Loire). **R** (1902).

**Burckhardt (Oscar)**, Général de Brigade du cadre de réserve, 4, avenue des Ternes. Paris 17e. **R** (1922).

**Burdin**, Radiologue, 1, avenue Thiers. Antibes (Alpes-Maritimes) (1926).

**Bureau (Dr Emile)**, Prof. sup. à l'Ec. de Méd., Sec. de la Soc. des Sc. nat. de l'Ouest de la France, 12, boulevard Delorme. Nantes (Loire-Inférieure) (1894).

**Bureau (Dr Louis)**, Dir. du Muséum d'Hist. nat., Prof. à l'Ec. de Méd., 15, rue Gresset. Nantes (Loire-Inférieure). **R** (1875).

**Bureau Régional d'Etudes sur les Engrais (Sté de Potasses d'Alsace)**, 20, avenue de Noailles. Lyon (Rhône) (1926).

**Burollet (André)**, Lic. ès Sc., Doct. en Pharm., Pharm. maj. à l'Hôp. mil. Rabat (Maroc) (1922), XV.

**Buron (Henri)**, Docteur en Médecine, 29, rue Madame. Paris 6e. **R** (1924).

**Burr (Roberts)**, Prof. de Chim., Institut Nat. Santiago du Chili (1926).

**Bursey (M. W.)**, 24, Buckingham St. Strand. Londres W. C. 2. (Angleterre). **R** (1895).

**Buttolo (J.)**, Rentier, 74, avenue de la République. Paris 11e (1925), III.

**Buyse (Raymond-Louis)**, Doct. en Sc. pédag., Insp. de l'Ens. prim., 1 bis, rue Saint-Georges. Tournai (Belgique) (1924), XXI.

**Bydzovsky (Dr Bohumil)**, Prof. à l'Université Charles, 5, rue Riegrova. Prague (Tchécoslovaquie) (1926).

**Byron (Thomas-Henry)**, Chemical Engineer, 3001, Fyteenth street. N. E. Washington (U.S.A.) (1927), VI.

**Cade (Dr André)**, Agr. à la Fac. de Méd., Méd. des Hôp., 10, rue de la Charité. Lyon (Rhône) (1906).

**Cadenat (Dr E.)**, Chirurg.-Dent., 3, place du Capitole. Toulouse (Haute-Garonne) (1923), XIV.

**Cadenat (Dr)**, chez le Doct. Mariani. Toury (Eure-et-Loire) (1924).

**Cadenaule (Dr Ph.)**, 1, rue de Condé. Bordeaux (Gironde) (1923), XXII.

**Cadoret**, Dir. des Services Agricoles. Chambéry (Savoie) (1926).

**Caënens (Dr Hilaire)**, anc. Méd. en chef des Hôp. milit., 92, rue Saint-Bertin. Saint-Omer (Pas-de-Calais) (1922).

**Cahen (Dr Jean)**, 86, rue Bosquet. Bruxelles (Belgique) (1923), XIII.

**Cainson (L.)**, Chargé de Cours à la Faculté des Sciences. Liége (Belgique) (1924).

**Calame (Louis)**, Chir.-Dent., diplômé de la Fac. de Méd. de Paris, 1, avenue Victor-Hugo. Valence-sur-Rhône (Drôme) (1904), XIV.

**Calando (E)**, L'été, Châteaumeillant (Cher). L'hiver (villa Collet), 3, boulevard Crouet. Grasse (Alpes-Maritimes) (1887).

**Calando (Pierre)**, 64, rue de Passy. Paris 16e (1924), XVIII.

**Calcagni (Lucien)**, 78, cours Clemenceau. Bordeaux (Gironde) (1923).

**Calderon (Fernand)**, Fabric. de Prod. chim., 19, rue Montaigne. Paris 8e. **R** (1888).

**Calrsund (Otto)**, 66, rue de la Voie-Verte, Paris 14e (1928), XI.

**Callot (Lucien-Adolphe-Auguste)**, Prov. du Lycée de Constantine (1926).

**Calmette (Dr Albert)**, Corresp. de l'Inst., Prof. hon. à la Fac. de Méd. de Lille, Mem. de l'Acad. de Méd., sous-direct. de l'Inst. Pasteur, 61, boulevard des Invalides. Paris 7e. **R** (1907).

**Calzoni (Umberto)**, Dir. du Musée préhist. Umbro, Palazzo Gallenga Perugia (Italie) (1925), XI.

**Camaret (Joseph)**, Ingénieur du Génie Maritime, Chef des Services techniques de la Compagnie Delmas et Vieljeux, rue de l'Aviation. La Rochelle (Charente-Inférieure) (1928).

**Camena d'Almeida (Pierre)**, Prof. de Géogr. à l'Univ. de Bordeaux, Faculté des Lettres, cours Pasteur. Bordeaux (Gironde) (1923), XIX.

**Camescasse (Jacques)**, Expert-Comptable, Paris-Jardins. Draveil (Seine-et-Oise) (1914).

**Camichel (Charles)**, Corresp. de l'Inst., Prof. à la Fac. des Sc., Dir. de l'Inst. Electrotechn., 24, rue Maignac. Toulouse (Haute-Garonne) (1922).

**Campagne (Jean-Pierre-Paul)**, Lic. en Droit (hôtel d'Angleterre). Biarritz (Basses-Pyrénées) (1895).

**Campbell (Kenneth-Charles)**, 56, Victoria Street. London (S. W. I.) (Angleterre) (1921).

**Campodonico (Alcibiades)**, Chir.-Dent., Lima (Pérou) (1922), XIV.

**Camus (Dr Lucien)**, Mem. de l'Acad. de Méd., S.-Dir. du Serv. de la Vaccine à l'Acad. de Méd., 14, rue Monsieur-le-Prince. Paris 6e. **R** (1912).

**Camus (Dr Pierre)**, Doc. en méd., 44, rue de Naples. Paris 8e (1927).

**Camuset (Dr René)**, Lic. en droit, 5, cité du Cardinal-Lemoine. Paris 5e (1924).

**Canac (François)**, Doct. ès Sc., Dir. Scient. du Lab., centre d'Etudes, arsenal, avenue Valbourdin. Toulon (Var) (1921), V.

**Cannac (Dr R.)**. Bons (Haute-Savoie) (1920), XII.

**Cantin (René)**, Ingénieur adjoint du S. V., 10, rue Guynemer. La Roche-sur-Yon (Vendée) (1928).

**Capelin (Edgar)**, Sec. gén. de la Soc. d'Emulation du Bourbonnais, 81, rue de Bourgogne. Moulins (Allier) (1914).

**Capitan (Dr Louis)**, Mem. de l'Acad. de Méd., Chargé de Cours au Collège de France (Antiquités américaines), Prof. à l'Ec. d'Anthrop., Mem. du Comité des Trav. Hist. et Scient., 5, rue des Ursulines. Paris 5e (1898).

**Capon (Jacques)**, Dir. de l'Ecole sup. de Com. et d'Indust., 9, rue de L'Avalasse. Rouen (Seine-Inférieure) (1921).

**Caprilès**, Chir.-Dent., 2, Cours des Gourgues. Bordeaux (Gironde) (1923).

**Carbonel (Jean-Hubert)**, Doct. en Pharm., Lamagistère (Tarn-et-Garonne) (1927).

**Carbonel (Mme)**, Lamagistère (Tarn-et-Garonne) (1927).

**Carcassonne**, Chir.-Dent., 3, rue du Général-Joubert. Oran (Algérie) (1925).

**Carez (Léon)**, Doct. ès Sc., 18, rue Hamelin. Paris 16e (1887), XII.

**Caron (Mlle Anna)**, Dir. du Lycée Jules Ferry, 77, boulevard de Clichy. Paris (1927).

**Carpentier (Mme Jules)**, 34, rue Guynemer. Paris 6e (1902).

**Carpentier (Théophile)**, Pharm., 172, rue des Charrettes. Rouen (Seine-Inférieure) (1921).

**Cariolle (Fernand-Gaston)**, Employé de Commerce, 6, rue de Verneuil. Creil (Oise) (1924).

**Carlier (Louis)**, 1, rue de la Gare. Solesmes (Nord) (1927).

**Carrea (Dr Prof. Juan U.)**, 268, Cerrito. Buenos-Aires (République Argentine) (1923).

**Carrus (Sauveur)**, Prof. de Math. à la Faculté d'Alger, 11, rue Babazoum. Alger (1927).

**Cartan (Elie-Joseph)**, Prof. à la Fac. des Sc. de Paris, 27, avenue de Montespan. Le Chesnay (Seine-et-Oise) **R** (1925), I.
**Carteret (Marcel)**, Pharm. de 1re cl., anc. Int. des Hôp., 15, rue d'Argenteuil. Paris 1er (1919).
**Cartier**, Chir.-Dent., 111, rue Judaïque. Bordeaux (Gironde) (1923), XIV.
**Carulla (D[r])**, Radiologiste, 285, rue Corcega. Barcelone (Espagne) (1926).
**Casassus (Dr Adrien)**, 2, rue Lyautey. Paris 16e (1919).
**Casier (Marcel)**, Capit. pharm., 15, rue Boduognat. Bruxelles (Belgique) (1924), XV.
**Casman (Raymond)**, 231, rue Lozana. Anvers (Belgique) (1924), XIII.
**Cassé (Dr Robert)**, 18, rue de Lisbonne. Paris 8e 1914).
**Castex (Dr Louis)**, 118, rue de Pessac. Bordeaux (Gironde) (1923), VIII.
**Castex (le Vicomte Maurice de)**, 6, rue de Penthièvre. Paris 8e (1887).
**Castro e Almeida (Mme Virginia)**, Ecrivain (Hôtel West End), 7, rue Clément-Marot. Paris 8e (1925), XXI.
**Catelan (Louis)**, Prop. LeBuis-les-Baronnies (Drôme). **R** (1920), XI.
**Caubet (Cyrille)**, Doyen hon., Prof. de la Fac. de Méd., 44, rue d'Alsace-Lorraine. Toulouse (Haute-Garonne). **R** (1878).
**Caullery (Maurice)**, Prof. à la Fac. des Sc., 6, rue Mizon. Paris 15e. **R** (1904).
**Caumartin (Dr Abel-Edouard)**, Chir.-Dent., Chargé de Cours à la Fac. de Méd., 183, rue Solférino. Lille (Nord) (1921), XIV.
**Cavafian**, Chir.-Dent., 25, faubourg Montmartre. Paris 9e (1924), XIV.
**Cavaillès (Dr Roger)**, 4, square La Bruyère. Paris 9e. **R** (1917).
**Cavalié (Dr Marcel)**, agré. Fac. de Méd., Chargé du Cours de Clin. dent., 18, rue Esprit-des-Lois. Bordeaux (Gironde) (1906).
**Cavalier (Mlle Marie-Louise)**, Institutrice, 21, rue Sébastien-Gryphe. Lyon (Rhône) (1927).
**Cayeux (Lucien)**, Prof. au Collège de France, 6, place Denfert-Rochereau. Paris 14e (1918).
**Cayron (E.)**, Chir.-Dent., 9 bis, rue Garat. Saint-Jean-de-Luz (Basses-Pyrénées) (1923), XIV.
**Cazalis de Fondouce (Paul-Louis)**, Ing. des Arts et Man., anc. Sec. gén. de l'Acad. des Sc. et Lettres de Montpellier, 6, rue de la République. Montpellier (Hérault). **R** (1872).
**Cazedessus (Jean-Bernard)**, Instituteur, Lafitte-Vigordane, par Saint-Elix-le-Château (Haute-Garonne) (1926), XI.
**Cazin (Léon)**, Pharm. de 1re cl. Blois-les-Grouets (Loir-et-Cher) (1924).
**Cazin (Dr Maurice)**, anc. Chef de Clin. chirurg. de l'Hôtel-Dieu, 60, rue Violet. Paris 15e. **R** (1899).
**Centlivre**, Chir.-Dent., 16, rue de la Sinne. Mulhouse (Haut-Rhin) (1926),
**Cépède (Mme Casimir)**, anc. Prof. de l'Enseignem. second., 30, avenue Reille. Paris 14e (1923), XXI.
**Cépède (Casimir)**, Doct .ès Sc., Prépar. à la Fac. des Sc., Fondat. de l'Inst. de Biol. appliq., 30, avenue Reille. Paris 14e. **R** (1907).
**Cercle Angevin de la Ligue de l'Enseignement**, place des Halles. Angers (Maine-et-Loire) (1913), XXI.
**Cercle Pédagogique du Canton Scolaire de Wavre**, Secrét. : M. O. Jacqmot, chef d'école à Grez-Doiceau. Wavre (Brabant) (Belgique) (1926).
**Cerf (D[r])**, 42, boulevard de Port-Royal. Paris 13e (1924).
**Cerf (Léon)**, Chir.-Dent., 11, rue Rouweroy. Liége (Belgique) (1924), XIV.
**Cerisier (Mme Marguerite)**, Directrice d'Ecole Publ. Lormont (Gironde) (1923), XXI.

**Cesaro,** Prof. émér. à l'Univ. de Liége. Mem. de l'Acad. des Sc. de Liége (Belgique) (1924).

**Chabanas,** Instituteur, Ecole rue du Pont-de-Lodi. Paris (1924), XXI.

**Chabanas (Alphonse),** Institut., 129, rue Blomet. Paris (1923), XXI.

**Chaber (Dr Pierre),** 5, rue Gambetta. Royan-les-Bains (Charente-Inférieure). R (1889).

**Chabert (Charles),** Chir.-Dent., 28, rue Fondaudège. Bordeaux (Gironde) (1923), XIV.

**Chabrié (Dr Camille),** Doct. ès Sc., Prof. de Chimie appliquée à la Fac. des Sc., 83, rue Denfert-Rochereau. Paris 14e (1882).

**Chagny (l'Abbé),** 41, rue de la Charité. Lyon (Rhône) (1926).

**Chailley (Joseph),** anc. Député, Avocat à la Cour d'Appel, 17, rue d'Anjou Paris 8e. R (1887).

**Chainaye (René),** chausée de Huy. Amay (Prov. de Liége) (Belgique) (1924).

**Chaîne Joseph),** Prof. à la Fac. des Sciences, Conservateur du Musée d'Hist. naturelle, 247, cours de l'Argonne. Bordeaux (Gironde) (1923).

**Chaîne (Alphonse),** Chaponost (Rhône). R (1906).

**Chamagne (Georges),** Doct. en Pharm., 5, rue du Loing. Paris 14e (1923).

**Chamba (Dr),** Lic. ès Sc., 349, avenue Berthelot. Lyon-Montplaisir (Rhône) (1923), XIII.

**Chambas (Ernest),** Doct. en droit, Lic. ès Sc., Conservat. des hypoth. Gien (Loiret) (1926), XI.

**Chambaud,** Ing. E. C. P., 1, rue Félix-Faure. Paris 15e (1926).

**Chambenoit,** Nég., 7, rue Trousseau. Paris 2e (1926).

**Chambon,** Hôtel-Dieu. Lyon (Rhône) (1926).

**Chambre des Avoués au Tribunal de 1re instance.** Bordeaux (Gironde). R (1872).

**Chambre de Commerce de Bayonne** (Basses-Pyrénées) (1887).

— **Bordeaux** (Palais de la Bourse). Bordeaux (Gironde). F (1872).

— **Boulogne-sur-Mer** (Pas-de-Calais) (1887).

— **Le Havre** (Seine-Inférieure). R (1887).

— **Lyon** (Palais du Commerce). Lyon (Rhône). F (1873).

— **Marseille** (Palais de la Bourse). Marseille (Bouches-du-Rhône). F (1878).

— **Tarn-et-Garonne.** Montauban (Tarn-et-Garonne). R (1887).

— **Nantes,** place de la Bourse. Nantes (Loire-Inférieure). F (1875).

— **Narbonne** (Aude) (1887).

— **Rouen** (Seine-Inférieure). F (1883).

— **Saint-Etienne** (Loire). R (1897).

**Champagne Heidsieck et Co Monopole,** 83, rue Coquebert. Reims (Marne) (1907).

**Champeil (Mme Marguerite),** Doct. en méd., 1, rue Elisée-Reclus. Alger (1927).

**Champion (Edouard),** Edit., 5, quai Malaquais. Paris 6e (1923).

**Champy (Christian),** Prof. agr. Fac. de Méd., 55, rue Geoffroy-Saint-Hilaire. Paris 5e. R (1926).

**Champy (L.),** Dir. gén. de la Comp. des Mines. Anzin (Nord) (1909).

**Chandessais (Mve Charles),** 28, rue d'Assas. Paris 6e. R (1901)

**Chandon-Moët (le Comte Jean-Rémy)**, Nég. en vins de Champagne, Maire, 9, rue du Commerce. Epernay (Marne). **R** (1909).

**Chanier (Eugène)**, Greffier du Trib. de Comm., 45, boulevard Ledru-Rollin. Moulins (Allier) (1898).

**Chantiers de Normandie**, Rouen (Seine-Inférieure). **R** (1921).

**Chapelon (Jacques)**, Ing. au Corps nat. des Mines, Répét. d'Analyse à l'Ec. Polytech., 2, boulevard Morland. Paris 4e (1909).

**Chaperon (Dr R.)**, Assist. de Radiol. des Hôp., 70, avenue Kléber. Paris 16e (1923), XIII.

**Chapey (Gustave)**, Chir.-Dent., 2, rue Emile-Zola. Saint-Ouen (Seine) (1920), XIV.

**Chapman (Royal-Norton)**, Europeen Parasite Laboratory, à Mont Fenouillet. Hyères (Var) (1927).

**Chappée (Julien)**, 2, route de Rouillon. Le Mans (Sarthe) (1922).

**Chappellier (Albert)**, Ing. agron., Doct. ès Sc. nat., Dir. de la Stat. des Vertébrés utiles et nuisibles de l'Inst. des recherches agron., 5, avenue Pierre-Curie. Saint-Cyr-l'Ecole (Seine-et-Oise) (1899).

**Chaptal (Léon-Emile)**, Dir. de la St. de Phys. et de Climat. agricoles, Domaine de Bel-Air, Chemin de la Paillade. Montpellier (Hérault). **R** (1927).

**Chaput (Jules-Ernest)**, Prof. de Géol., Faculté des Sciences. Strasbourg (Bas-Rhin) (1921), VI.

**Charbonneaux (Emile)**, Maître de Verreries, 27, rue Libergier. Reims (Marne) (1907).

**Charles (Florent)**, Ing. Assist. à l'Univ., Ing. à Zongouldak (Turquie) (1925), VIII.

**Charles (Louis)**, Pharm. exp. chimiste, Juge de paix suppl., 8, Allées de Meilhan. Marseille (Bouches-du-Rhône) (1925), XV.

**Charlet (Maurice)**, Ing.-Cons., anc. Elève de l'Ec. cent. des Arts et Man., 48, rue de la République. Lyon (Rhône) (1906).

**Charlier**, 25, rue de Turin. Bruxelles (Belgique) (1927).

**Charlier (Dr)**, Prof. de Radiogr. dentaire, 20, rue de Pétrograd. Paris 8e (1922), XIII.

**Charnier (Pierre-Henri)**, Instituteur, 7, rue Méditerranée. Lyon (Rhône) (1926).

**Charpentier (Clément)**, Avocat à la Cour d'Appel, 20, rue Ernest-Cresson. Paris 14e. **R** (1920), XVI.

**Charpentier (Dr René)**, anc. Chef de Clin. à la Fac. de Méd. de Paris, Dir. de la Maison de Santé du Parc, 119, rue Perronet, Neuilly-sur-Seine (Seine) (1920), XVI.

**Charpy (Dr Pierre)**, Chef du Laboratoire de radiologie. Hôpital Andral, 30, rue Marbeuf. Paris (1926), XIII.

**Charras (A)**, Pharm-Chim., anc. Int. des Hôp., Saint-Cyr-en-Provence (Var) (1912), XV.

**Charrier (Jean-François-Henri)**, Doct. ès Sc., Prof. au Collège Regnault. Tanger (Maroc) (1923), X.

**Charron (Dr Louis-Daniel)**, 34, rue Montelet. Bordeaux (Gironde) (-923).

**Charruey (René)**, 20, rue des Portes-Cochères. Arras (Pas-de-Calais) (1888).

**Chartet**, Chir.-Dent., 138, rue de Rivoli. Paris 1er (1923), XIV.

**Charve Léon)**, Doyen hon. de la Fac. des Sc., villa Gambie, 23, rue Va-à-la-Mer. Marseille (Bouches-du-Rhône) (1891).

**Charvilhat (Dr Gaston)**, 4, rue Blatin. Clermont-Ferrand (Puy-de-Dôme) (1908).

**Chaspoul (M.)**, Lic. ès Sc., Doct. en Pharm., 8, rue de la Barre. Lyon (Rhône) (1913).

**Chassaigne (Louis)**, Doct. en Pharm. Ruffec (Charente) (1904), XV.
**Chassant (Maurice)**, Prof. à l'Ec. nat. d'Agr., domaine d'Alco. Montpellier (Hérault) (1922), XVIII.
**Chassevant (Albert)**, Prof. à la Fac. de Méd. d'Alger, 8, rue Mercuro. Alger (1927).
**Chaullaguet-Helm (Dr Mme Juliette)**, 34, rue Hamelin. Paris 16e. **R** (1903).
**Chaumet**, 12, place Vendôme. Paris 1er (1912).
**Chaumette (Pierre-Joseph)**, Chir.-Dent., 71, cours Pasteur. Bordeaux (Gironde) (1923), XIV.
**Chaumier (Dr Edmond)**, Direct. de l'Inst. vacc., 4, rue Corneille. Tours (Indre-et-Loire) (1912).
**Chauvassaigne (Daniel)**, Admin. de la Soc. des Lièges agglomérés « Le Lidium », château des Mirefleurs. Les Martres-de-Veyre (Puy-de-Dôme). **R** (1887).
**Chauvet (Dr Fernand)**, 14, rue Balzac. Tours (Indre-et-Loire) (1914).
**Chauvet (Gustave)**, Not. hon., Mem. non résidant du Comité des Trav. hist. et Scient. de la Charente, 30, rue du Jardin-des-Plantes. Poitiers (Vienne). **R** (1872).
**Chauvinière (Marquis Léon de la)**, 5, rue de l'Alboni. Paris 16e (1923), XVIII.
**Chavanne (Georges)**, Prof. à l'Univ. de Bruxelles, 82, rue Berckmans. Bruxelles (Belgique) (1924).
**Chavepayre (L.)**, Ing. élect., 3, rue Fresnel. Paris 16e (1923).
**Chebanier**, Prof., place Tiers. Marvejols (Lozère) (1925).
**Chelle (Louis)**, Prof. à la Fac. de Méd. Bordeaux (Gironde).
**Chemin (Emile)**, Doct. ès Sc., Prof. Agr. de Sc. nat. au Lycée Buffon, 59, rue Gallieni. Viroflay (Seine-et-Oise) (1920).
**Cheminal (Charles)**, Prof. de Sc. au Collège de Maubeuge (Nord) (1927).
**Chenet (Dr)**, Chir.-Dent., 7, rue Lamennais. Paris 8e (1921), XIV.
**Chomette (Alexis)**, Ing. Géol. Vatomandry (Madagascar) (1926).
**Chermezon (Henri)**, Doct. ès Sc., Chef des Trav. prat. à la Fac. des Sc., rue de l'Université (Institut de Botanique). Strasbourg (Bas-Rhin). **R** (1920), IX.
**Chesneau (Mlle Marguerite)**, Institutrice, 39, boulevard de Port-Royal. Paris 13e (1923), XXI.
**Cheval (Dr Max)**, Chir. Adj. de la Clin. de l'Univ., 16, rue Alphonse-Hottat. Bruxelles (Belgique) (1923).
**Chevalier (Alexandre)**, Direct. d'école. Romans (Drôme) (1926), XXI.
**Chevalier (Georges)**, Int. en Pharm., Hôp. Saint-Louis, rue Bichat. Paris 10e (1927).
**Chevalier (Auguste-J.-B.)**, Doct. ès Sc. nat., Insp. génér. de l'Agr. au Min. des Colonies, 14, boulevard Saint-Marcel. Paris 5e (1897), IX, XVII.
**Chevallier (André)**, Chef de Lab., Fac. de Méd., 11, rue Montvert. Lyon (Rhône) (1926).
**Chevreux (Edouard)**, Corresp. du Muséum nat. d'Hist. nat., Présid. de l'Acad. d'Hippone, route du Cap. Bône (départem. de Constantine) (Algérie) (1882).
**Chicandard (Georges)**, Lic. ès Sc. Phys., Pharm. de 1re cl., Admin.-Dir. de la Soc. anonyme des Prod. chim. de Fontaines-sur-Saône, 264, Grande-Rue de Montplaisir. Lyon (Rhône). **R** (1894).
**Choisy (Maurice)**, Lichenologue, 55, quai Pierre-Scize. Lyon (Rhône) (1926).
**Chopard (Lucien)**, Doct. ès Sc., 2, square Arago. Paris 13e (1924), X.

**Chouillet (A.)**, Insp. des Contrib. dir. et du Cadastre, 40, rue de Seine. Paris 6e )1919).

**Chouillou (Albert)**, Agric., anc. Elève de l'Ec. nat. d'Agric. de Grignon, 101, rue du Bac. Asnières (Seine). **R** (1894).

**Chouvon (Ernest)**, Doct. en Chirurg. dent., anc. Prof. à l'Ec. dent. de Lyon, villa des Fleurs. Cannes (Alpes-Maritimes) (1914), XIV.

**Chrétien (Henri)**, Chef du Serv. d'Astron. phys. à l'Observatoire de Nice, 23, rue Preschez. Saint-Cloud (Seine-et-Oise). **R** (1904), II.

**Christesco (le Capitaine Stefan)**, Ing., 7, rue Victorien-Sardou. Paris 16e (1919), V.

**Chuchu (André)**, Indust., anc. Elève de l'Ec. Polytech., 67, rue Clemenceau. Friville-Escarbotin (Somme) (1922).

**Chuiton (Dr Edouard)**, 2, rue de la Mairie. Brest (Finistère) (1904).

**Cirou (Mme le Dr Gerty)**, Médecin de l'Hôpital. Tlemcen (Oran) (1927).

**Cirou (Paul)**, Inventeur. Tlemcen (Oran) (1927), V.

**Claine (Jules)**, Consul général de France en retraite, 93, rue de Rennes. Paris 6e (1924), XI.

**Clapier (Casimir)**, Doct. ès Sc. Math., Prof. au Collège des Sc. Soc., 47, avenue de Lodève. Montpellier (Hérault) (1905), I.

**Claoué (Dr Charles)**, 41, rue du Chemin du Parc. Le Bouscat-Bordeaux (Gironde) (1926), XII.

**Claude (Georges)**, Ing., Mem. de l'Institut, 12, boulevard Richelieu. Rueil (Seine-et-Oise). **R** (1921), VI.

**Claudel (Victor)**, Fabr. de papiers. Docelles (Vosges) (1886).

**Claverie (Auguste)**, Bandagiste, 234, rue du Faubourg-Saint-Martin. Paris 10e (1895).

**Clément (Mme Hugues)**, 37, quai Gailleton. Lyon (Rhône) (1923).

**Clément (Hugues)**, anc. Ext. des Hôp., Doct. ès Sc., chargé de Cours à la Fac. des Sc., 37, quai Gailleton. Lyon (Rhône) (1908).

**Clerc (Dr Marcel)**, 257, boulevard Raspail. Paris 14e (1914).

**Clerc (Antonin)**, 52, avenue de Wagram. Paris 17e (1909).

**Clerc**, Chir.-Dent., 4, rue d'Alsace-Lorraine. Oran (Algérie) (1927).

**Clermont (Philibert de)**, Avocat à la Cour d'Ap, 29, rue Vergniaud. Paris 13e. **R** (1885).

**Clermont (Raoul de)**, Ing. agron. diplômé de l'Inst. nat. agron., Avocat à la Cour d'Ap., anc. Attaché d'ambassade, 10, rue de l'Université. Paris 7e. **R** (1885), XVIII.

**Cluzet (Joseph)**, Prof. à la Fac. de Méd., 106, rue de l'Hôtel-de-Ville. Lyon (Rhône), XIII.

**Cohen**, Chir.-Dent., 11, place Masséna. Nice (Alpes-Maritimes) (1926).

**Cofteros (Jean)**, Chir.-Dent., 25a, rue Bourboulinas. Le Pirée (Grèce) (1925), XIV.

**Cohen (Benjamin)**, Ing. civ., 45, rue de la Chaussée-d'Antin. Paris 9e. **R** (1903).

**Coiffard (J.)**. Villebois-La-Valette (Charente) (1914).

**Coignet (Jean)**, Ing. civ. des Mines, V.-Présid. de la Ch. de Comm., anc. Elève de l'Ec. Polytech., 12, quai des Brotteaux. Lyon (Rhône) (1886).

**Colanéri (Dr Louis)**, Assistant d'Electro-Radiologie des Hôp., 23, rue Fortuny. Paris, XVII.

**Colas**, Chir.-Dent., 20, avenue d'Alsace-Lorraine. Grenoble (Isère) (1925), XV.

**Colet (Raoul)**, Chir.-Dent., 244, Chaussée de Waterloo. Bruxelles (Belgique) (1925), XIV.

**Coliez (Dr Robert)**, Assist. de Radiol. des Hôp. de Paris, chef des trav. de Radiothér. à l'Hôp. Tenon, 95, rue de Rennes. Paris 6e (1923), XIII.

**Collard (Edouard-Louis)**, Pharm., 2, place de Vaugirard. Paris 15e (1911), XV.

**Collard (Jules) (fils)**, Chargé de Cours à la Fac. de Pharm., 2, rue Saint-Georges. Strasbourg (Bas-Rhin). **R** (1914), XV.

**Colleville (Dr Georges)**, 2, rue du Val-de-Grâce. Paris 5e (1924).

**Collignon (Armand)**, Indust., 14, rue Gaillon. Paris 2e (1914).

**Collignon (Lucien)**, ancien Négociant, 139, boulevard Saint-Germain. Paris 6e (1923).

**Collignon (Dr René)**, Corresp. de l'Acad. de Méd., Mem. du Comité des Trav. Scient. et Hist., 6, rue de la Marine. Cherbourg (Manche) (1880).

**Collin (Auguste)**, Indust., 193, rue du Faubourg-Saint-Denis. Paris 10e (1907).

**Collin (Léon)**, Doct. ès Sc. Phys. et Nat., Chargé de Conf. à la Fac. des Sc., Prof. au Lycée, 8, rue Hippolyte-Lucas. Rennes (Ille-et-Vilaine). **R** (1909).

**Collot (Michel)**, Nég. en cuirs, 27, rue de Turbigo. Paris 2e (1887).

**Colombet (Paul)**, 3, rue Béranger. Lyon (Rhône) (1926).

**Colosi Giuseppe)**, Profes. de zoologie et d'anatom. comparée à l'Université de Sienne, Piazza Giordano Bruno, 3, Sienne (Italie) **R** (1927).

**Comandon (Dr Jean)**, 7, rue Avice. Sèvres (Seine-et-Oise) (1914).

**Combemale (Eugène)**, Présid. du Synd. région de Montpellier-Lodève, 12, rue Edouard-Adam. Montpellier (Hérault) (1922).

**Combes (Raoul)**, Doct. ès Sc., Maître de Conférences à la Sorbonne, 15 bis, rue Alexandre-Parodi. Paris (1910).

**Comet**, Bibliothécaire au Musée Océanographique. Monaco (Principauté de Monaco). **R** (1925).

**Comité Central d'Etudes Scientifiques et Sociales**, 7, rue Las-Cases. Paris 7e (1926). **R.**

**Comité Médical des Bouches-du-Rhône**, 3, Marché des Capucines. Marseille (Bouches-du-Rhône). **R** (1893).

**Commission archéologique de Narbonne.** Narbonne (Aude) (1887).

**Compagnie normande de Navigation à vapeur**, 55, Grand-Quai. Le Havre (Seine-Inférieure) (1914).

— **La Foncière (Transports)**, 11, rue Pizay. Lyon (Rhône) (1906).

— **des Fonderies et Forges de l'Horme**, 8, rue Victor-Hugo. Lyon (Rhône). **F** (1873).

— **du Gaz de Lyon**, 3, quai des Célestins. Lyon (Rhône). **F** (1873).

— **des Mines de Roche-la-Molière et Firminy**, 13, rue de la République. Lyon (Rhône). **F** (1873).

— **des Chemins de fer du Midi**, 54, boulevard Haussmann. Paris 9e. **F** (872).

— **des Chemins de fer d'Orléans**, 8, rue de Londres. Paris 9e. **F** (1872).

— **des Chemins de fer de l'Ouest-Etat**, 20, rue de Rome. Paris 8e. **F** (1872).

— **des Chemins de fer de Paris à Lyon et à la Méditerranée**, 88, rue Saint-Lazare. Paris 9e. **F** (1872).

— **des Messageries Maritimes**, 1, rue Vignon. Paris 8e. **F** (1872).

— **des Minerais de fer magnétique de Mokta-el-Hadid (le Conseil d'Administration de la)**, 60, rue de la Victoire. Paris 9e. **F** (1872).

— **des Mines, Fonderies et Forges d'Alais,** 43, rue de Châteaudun. Paris 9^e^. **F** (1872).
— **des Mines de La Grand'Combe,** 26, rue Laffite. Paris 9^e^ (1821).
— **des Salins du Midi,** 94, rue de la Victoire. Paris 9^e^. **F** (1872).
**Compagnon (Joseph),** Ing. des Arts et Man. Saint-Pierre-du-Vauvrey (Eure) (1921).
**Comptoir Français de l'Azote,** 26, rue de la Baume.. Paris 8^e^ (1924), XVIII.
**Comptoir National d'Escompte (Agence du),** 11, rue du Bât-d'Argent. Lyon (Rhône) (1906).
**Conard (Alexandre-Xavier),** Doct. ès Sc., Chargé de Cours, 1850, chaussée de Wavre. Bruxelles (1927).
**Conchon-Quinet (Hippolyte),** Indust., boulevard Pasteur. Clermont-Ferrand (Puy-de-Dôme) (1908).
**Conrozier (D^r^ Maurice),** 10, place Saint-Sébastien. Alais (Gard) (1925).
**Conseil départemental d'Hygiène de l'Aisne.** Laon (Aisne). **R** (1909).
**Cook (Elsie-Kathleen),** Prof. de Géographie, 15, The Grove Roud. Isleworth (Midlesea) (England) (1927). **R.**
**Coppet (Louis de),** Chim., villa de Coppet, 12, rue Magnan. Nice (Alpes-Maritimes). **F** (1872).
**Coquier,** Chir.-Dent., 16, rue de Bourgogne. Vienne (Isère) (1923), XIV.
**Corbin (Paul),** Mem. de la Soc. géol. de France, anc. Elève de l'Ec. Polytech., Admin. des Usines électromotrices de Chedde, 43, avenue du Bois-de-Boulogne. Paris 16^e^ (1891).
**Coret (G.),** Ingénieur à la Société du Gaz de Paris, 135, boulev. Magenta. Paris 10^e^ (1926).
**Cornu (M^ve^ V^ve^ Alfred),** 9, rue de Grenelle. Paris 6^e^. **R** (1884).
**Cornu (Louis-Victor),** Pharm. de 1^re^ cl., Ing. agr. (Grignon 94), rue Stanislas et rue des Michottes. Nancy (Meurthe-et-Moselle). **R** (1923), XVIII.
**Coryn (D^r^ Gustave),** 15, rue des Cultes. Bruxelles (Belgique) (1923), XIII.
**Costantini (Henri),** Prof. de Clin. chirurg., Fac. d'Alger, 20, rue de la Liberté. Alger (1927), XII.
**Cossé (M^me^ Simone),** Avocat, 8, boulevard Carnot. Constantine (1927).
**Coste (D^r^),** 2, rue de la République. Lyon (Rhône) (1920).
**Coste (D^r^),** 13, rue du Plat. Lyon (Rhône) (1925), XIV.
**Cote (Claudius),** Faïencier, 33, rue du Plat. Lyon (Rhône) (1906).
**Cottarel (Anthelme),** Chir.-Dent., 52, avenue de Neuilly. Neuilly-sur-Seine (Seine) (1921), XIV.
**Cottarel (Nizier),** Chir.-Dent., 129, rue Lafayette. Paris 10^e^ (1920), XIV.
**Cottarel (M^lle^ Jeanne),** Dentiste, 2, rue de l'Alliance. Pantin (Seine) (1927).
**Cotte (Charles),** Corresp. du Min. de l'Instruc. pub., Notaire, 34, place des Prêcheurs. Aix-en-Provence (Bouches-du-Rhône) (1904).
**Cotte (D^r^ Jules),** Prof. à l'Ec. de Méd., 213, rue d'Endoume. Marseille (Bouches-du-Rhône) (1902), X.
**Cottenot (Paul-Henri),** Doct. en Méd., 11, rue Théodule-Ribot. Paris 17^e^ (1926).
**Cotton (Aimé),** Prof. à la Fac. des Sc. de Paris, Maître de Conf. de Phys. à l'Ec. norm. sup., 18, rue Maurice-Berteaux. Sèvres (Seine-et-Oise) (1911).
**Cottreau,** Assistant de Paléontol. au Muséum nat. d'Hist. nat., 252, rue de Rivoli. Paris 1^er^ (1921).
**Couband (Paul),** Soc. gén. de la Comp. fermière de Vichy, 24, boulevard des Capucines. Paris 9^e^ (1896).
**Coulon (Eugène),** Chir.-Dent., 12, rue des Trois-Conils. Bordeaux (Gironde) (1923) XIV.
**Coulongeat (D^r^ Clément),** Prof. à l'Ecole de Médecine de Poitiers, Faculté des Sciences. Poitiers (Vienne) X.

**Coulouma (Joseph)**, Ingén. Chim. Expert des Tribunaux, Lic. ès Sc. pharm. de 1re cl., 2, rue de la Mairie. Béziers (Hérault) (1923), VI. XV, XIX.
**Counord (E.)**, Ing. civ., 148, cours du Médoc. Bordeaux (Gironde). **R** (1872).
**Counson (L.)**, Chargé de Cours à l'Univ., 20, rue Simonon. Liége (Belgique) (1924).
**Coupin (Mlle Fernande)**, Doct. ès Sc. prép. au Muséum Nat. d'Hist. Nat., 55, rue de Buffon. Paris (5e). **R** (1924) X.
**Couprie-Lalande (Louis)**, Avocat près la Cour d'Ap., Mem. fondat. de la Soc. des Agric. de France, Secrét. de la Soc. d'Ec. Pol. de Bordeaux, 74, rue du Hautoir. Bordeaux (Gironde) **R** (1884).
**Court (Auguste)**, Professeur à la Chaire d'Arabe, Place Négrier, à Constantine (1927).
**Couraud (Joel)**, Pharm. de 1re cl., 94, rue Notre-Dame. Bordeaux (Gironde) (1923), XV.
**Courmont (Paul)**, Prof. à la Fac. de Méd., Dir. de l'Inst. Bactériol., 33, rue Sainte-Hélène. Lyon (Rhône) (1906).
**Courrier (Dr Robert)**, Chargé de Cours à la Fac. de Médecine Labor. d'Histologie, Alger (1927).
**Courtis (Dr Elie)**, 48, rue de Metz. Toulouse (Haute-Garonne) (1923), XIV.
**Courty (Georges)**, Prof. à l'Ec. spéc. des Trav. publ., 64, rue Vercingétorix. Paris 14e. **R** (1904), VIII, XI.
**Cousin (Mlle Germaine)**, Lic. ès Sc., Préparateur au lab. de Biol. exp. de la Fac. des Sc., 1, rue Victor-Cousin. Paris 5e (1920).
**Cousin (Paul)**, Chirurg.-Dent., 30, boulevard de Strasbourg. Le Havre (Seine-Inférieure) (1914), XIV.
**Coutagne (Georges)**, Ing. des Poudres et Salpêtres, 29, quai des Brotteaux. Lyon (Rhône). **R** (1881).
**Coutard (Dr Henri)**, 1, rue Pierre-Curie. Paris 5e (1912).
**Couten (Louis)**, Président de la Ch. de Com. de la Meuse, Conseiller du Comm. Ext. de la France, 4, rue Alphonse-de-Neuville. Paris 17e (1895).
**Couten (Roger)**, Indust., 26, rue du Chemin-de-Fer. Villemomble (Seine). **R** (1907).
**Coutier (Léon)**, Marbrier, 91, rue Saint-Denis. Noisy-le-Sec (Seine) (1921), XI.
**Coutil (Léon)**, Corresp. hon. du Min. de l'Instruct. pub., Peintre-Graveur. Les Andelys (Eure). **R** (1905). XI.
**Couturier (Albert)**, Ing. Agron., 1, rue de la Mairie. Boulogne-sur-Seine (Seine) (1925), XVIII.
**Couturier (François)**, Professeur à la Faculté des Sciences de Lyon, 14, quai de Serbie, à Lyon (Rhône) (1926). VI.
**Cowan (Charles)**, Chirurg.-Dent., 62, rue Gioffredo. Nice (Alpes-Maritimes) (1921), XIV.
**Coyon (Dr Amand)**, Méd. des Hôp., Chef de Clin. à la Fac. de Méd., 4, rue de l'Arcade. Paris 8e (1908), XII.
**Coze (André) (fils)**, 5, rue des Romains. Reims (Marne) (1880).
**Crapez (Ernest)**, Pharm. Châteauneuf-en-Thimerais (Eure-et-Loir) (1913).
**Cremel-Maurain (Mme Jeanne-Charlotte)**, Directrice à l'Ecole Primaire Supérieure, rue Pasteur, à Gap (Hautes-Alpes) (1927), XXI.
**Crendiropoulo (Dr Milton)**, Dir. du Lab. bactériol. de l'hôpital grec. Alexandrie (Egypte) (1908).
**Crépy (Eugène)**, Filat. 19, boulev. de la Liberté. Lille (Nord). **R** (1899).
**Créqui-Montfort de Courtivron (le Marquis de)**, 166, boulevard Bineau. Neuilly-sur-Seine (Seine). **R** (1921), XI.
**Crespin (Mme E.)**, 1, rue du Soudan. Alger (1922).

**Cristol (Marius)**, Chirurg.-Dent., 29, rue Victor-Hugo. Castres (Tarn) (1922). XIV.

**Cristol (D^r Paul)**, Chef de Lab. de Chim. à la Fac. de Méd., Institut de Biologie, rue Montels. Montpellier (Hérault) (1922).

**Critzman (D^r Daniel)**, anc. Int. des Hôp., 28, rue Greuze. Paris 16e (1890).

**Crocé-Spinelli (Bernard)**, Dir. du Conserv. mun. de Musique et de Déclamation, Chef d'orchestre de la Soc. de Sainte-Cécile (Assoc. des concerts classiques), 124, rue de la Trésorerie. Bordeaux (Gironde) (1910).

**Croës (Jehan de)**, Chirurg.-Dent., Prof. sup. à l'Ec. dent. de Paris, 6, square de l'Opéra (22, rue Caumartin). Paris 9e (1903). XIV.

**Cros (D^r)**, 6, rue Dublineau, à Mascara (Algérie) (1927).

**Crova (Benjamin-Alexandre)**, Capitaine de frégate en retraite, 27, rue Arcelin. Cherbourg (Manche) (1926).

**Cuénod (D^r)**, 1, rue Zarkoun. Tunis (1913).

**Curchod (D^r Jules)**, 19, boulevard Georges-Favon. Genève (Suisse) (1904).

**Curtis-Webb (V.)**, 8, Imperial Square. Cheltenham (Angleterre) (1923).

**Cussac (Joseph de)**, Conserv. des Eaux et Forêts en retraite, 3, rue de La Coudre. Fontainebleau (Seine-et-Marne). **R** (1902).

**Cuvillier (Jean)**, Prof. de sc. nat. au Lycée du Caire, 56, rue Kasr-el-Nil. Le Caire (Egypte) (1924).

**Czekalski (Joseph-Stanislas)**, Prof. à l'Ec. des Sciences politiques, à Varsovie, 14, rue Targowa (Pologne) (1927).

**Daclin.** Pharm. Cluny (Saône-et-Loire) (1911).

**Dacos (Fernand)**, Ing. Ass. à l'Instit. Montefiore, 26, rue André-Dumont. Liége (Belgique) (1924).

**Daffa (Henri)**, Ing. Civ. des P. et Ch. Exp. près les trib. mixtes, 1, rue Eloui. Le Caire (Egypte) (1926), III, IV.

**Daguin (Fernand)**, Préparateur à la Fac. des Sciences. Montpellier (Hérault) (1922).

**Dahlet (Alfred)**, Pharm., place Brand. Strasbourg (Bas-Rhin) (1920).

**Dailloux**, 5, boulevard de la Chapelle. Paris 10e (1927).

**Daligault (René)**, Démonstrat. dent., 10, rue Roquépine. Paris 8e (1920).

**Daligault, Indust.**, 44, rue du Beau-Panorama. Sainte-Adresse (Seine-Inférieure) (1913).

**Dalloni (Marius)**, Prof. de Géologie appliquée à la Fac. des Sc., Collab. au Service de la Carte Géol. détaillée de la France et à la Carte Géol. de l'Algérie, 15 ter, rue Daguerre. Alger (1903), VIII.

**Dalloni (M^me)**, 15 ter, rue Daguerre, Alger (Algérie) (1927).

**Dal-Piaz**, Présid. du Cons. d'Admin. de la Comp. gén. Transat., 6, rue Auber. Paris (1913).

**Dal Piaz (Georges)**, Prof. à l'Université de Padoue (Italie) (1927).

**Damas (D.)**, Prof. à la Fac. des Sc., Dir. de l'Institut Ed. Van Beneden, 23, quai Van Beneden. Liége (Belgique). **R** (1924) X.

**Dambrin (Léopold)**, Pharm., 84, avenue de Tervueren. Bruxelles (Belgique) (1924) XV.

**Damien (Benoît)**, Doyen hon. de la Fac. des Sc. de Lille, près la Mairie. Aulnoy-lez-Valenciennes (Nord) (1908).

**Daminet**, Pharm., rue Van Artevelde. Bruxelles (Belgique) (1924). XV.

**Damoy (Georges)**, Pharm., 47, rue du Bac. Rouen (Seine-Inférieure) (1921).

**Damoy (Julien)**, Nég., 31, boulevard de Sébastopol. Paris 1er (1881).

**Dangeard (Louis)**, Prépar. à la Fac. des Sc. Rennes (Ille-et-Vilaine) (1923).

**Danger (René)**, Dir. du Journal des Géom. Experts, Prof. à l'Ec. spéciale des Travaux publics, 6, rue d'Angoulême. Paris 11e (1923), II.

**Danguy (Louis)**, Insp. d'Agric., 1, rue Dubois. Nantes (Loire-Inférieure) (1898).

**Danguy (Paul)**, Lic. ès Sc., Assist. de Botan. au Muséum nat. d'Hist. nat., 14, rue Vulpian. Paris 13e **R** (1897) IX.

**Danjou (E.)**, Pharm., place Malherbe. Caen (Calvados) (1914).

**Dantan (Jean-Louis)**, Maître de Conf. à la Fac. des Sc., Alger (1921).

**Darcissac (Marcel)**, Chir.-dent., 44, rue de Moscou. Paris 8e (1924) XIV.

**Dariaux (Dr André)**, Chef-Adjoint du Serv. d'Electro-Radiol. à l'Hôp. Lariboisière. 9 bis, boulevard Rochechouart. Paris 9e (1925) XIII.

**Darodlé**, Ing. Chim. aux Mines de Tadergount, à Kerrata (Constantine) (1927).

**Dassieu (Dr Mathieu)**, 6, rue Serviez. Pau (Basses-Pyrénées) (1892).

**Daumézon (Mme Louise-Georges)**, Lic. ès Sc., Dir. du Bur. mun. d'Hy., 13, cours Mirabeau. Narbonne (Aude) (1914), XXII.

**Dausset (D[r])**, Villa Hélianthe. Biarritz (Basses-Pyrénées) (1923). XIII.

**Dautel (Henry)**, Nég. Brienne-le-Château (Aube) (1909).

**Dautzenberg (Philippe)**, Zool., 209, rue de l'Université. Paris 7e (1899) X.

**Dauvé (Camille)**, Doct. ès Sc. Phys., Lic. ès Sc. Math., Prof. au Collège Monge, 7, rue Grancey. Beaune (Côte-d'Or) (1902).

**Dauvé (Dr Georges)**, 21, rue Saint-Jean. Chaumont (Haute-Marne) (1913).

**Dauzère (Camille)**, Prof.-Agr. des Sc. Phys. au Lycée, Dir. de l'Observ. astr. et météorol. du Pic du Midi, 6, rue André-Délieux. Toulouse (Haute-Garonne (1908), II.

**Davias (Daniel)**, Nég., 12, rue de la Société. Jarnac (Charente) (1906).

**David**, Chirurg.-Dent., 4, place Gambetta. Saint-Etienne (Loire) (1923) XIV.

**David (Dr Henri)**, 6, rue de la Gare. Angers (Maine-et-Loire) (1924).

**David (Dr Léon)**, 57, boulevard Barbès. Paris 18e (1924) XII.

**David (Louis-F.)**, Ing. civ. des Mines, Ing. cons. de la Soc. des Pétroles de Dabrowa, 9, avenue Sainte-Foy. Neuilly-sur-Seine (Seine). **R** (1912).

**Davies (Miss)**, Prof., 15, The Growe Road. Isleworth (Middlesea) England (1927).

**Davis (Watson)**, Editeur, Science Service, 21 Strest B. S.T.S., D.C. (U. S.A.) (1926).

**Davigneau**, Chir.-Dent., 29, faub. Poissonnière. Paris 9e (1925) XIV.

**De Bel**, Chir.-Dent., 21, rue Louvrex. Liége (Belgique) (1924) XIV.

**Debray (Albert)**, Chirurg.-Dent., 16, rue Bassano. Paris 16e (1923), XIV.

**Debreuille**, Pharm., Graville-Sainte-Honorine (Seine-Inférieure) (1914), XV.

**Debruge (Arthur)**, Corresp. du Min. de l'Inst. publ., Contrôleur des Postes et Télégr., 8, rue Blanchet. Constantine (Algérie) (1900), XI.

**Dechambre (Dr Edmond)**, 26, rue Blatin. Clermont-Ferrand (Puy-de-Dôme) (1912), XII.

**Déchet (Jean-Baptiste)**, Brétigny-sur-Orge (Seine-et-Oise). **R** (1903).

**Decouvelaere**, Chir--dent., 34, rue Chanzy. Tourcoing (Nord) (1924), XIV.

**Decramer**, pharmacien, rue du Maréchal-Foch, La Madeleine (Nord) (1927).

**Decroly (Dr Ovide)**, Prof. à l'Univ., 2, rue du Vosségat. Uccle (Belgique) (1924), XVI.

**Dedeken (Mme)**, 66, rue de la Couronne. Bruxelles (Belgique) (1927).

**Dédron (Pierre)**, Prof. de Math. Spéciales au Lycée Condorcet, 112 ter, avenue de Suffren. Paris 15e (1925), I.

**Defays (Georges)**, Pharm. milit. Hôp. Milit. Aix-la-Chapelle (1924), XV.

**Deglatigny (Louis)**, 29, rue Blaise-Pascal. Rouen (Seine-Inférieure). **R** (1892).

**Degouys**, Chirurg.-Dent., 47, rue de Paris. Elbeuf (Seine-Inférieure) (1921).

**Deguilhem (Pierre)**, Pharmacien. Monbahus (Lot-et-Garonne) (1923) XV.

**Dehalu (Marcel)**, Admin. Inspect de l'Univ. de Liége (Belgique) (1924).

**Dehaut (E.)**, 147, rue du Faubourg-Saint-Denis. Paris 10e (1887).

**Dehillotte (Gaston)**, Chirurg.-Dent., anc. chef de Clin., ex-Prof. à l'Ec. dent. de Bordeaux, 135, boulevard Carnot. Agen (Lot-et-Garonne) (1923).

**Dehorne (A.)**, Prof. à la Fac. des Sc., 159, rue Brûle-Maison. Lille (Nord) (1911).

**Dehorne (Mlle Lucienne)**, Doct. ès Sc., Chef de travaux. 344, rue Saint-Jacques. Paris 5e **R** (1917).

**Déjardin (Dr François)**, Chirurgien à l'Hôp. des Anglais, 28, rue Trappé. Liége (Belgique) (1924).

**Delacroix (Alexis)**, Notaire hon., 58, bd Pasteur. Amiens (Somme) (1908).

**Delacroix (Henri)**, Prof. à la Fac. des Lettres, 16, rue de l'Assomption. Paris 16e (1914) XVI.

**Delafon (Maurice)**, Ing. sanitaire, Indust., 14, quai de la Râpée. Paris 12e (1892).

**Delage**, Dir. gén. des Usines de Prod. Chim. de la Soc. de Saint-Gobain, 1, place des Saussaies. Paris 8e (1921).

**Delagrave (Charles)**, Libr.-Edit., 15, rue Soufflot. Paris 5e (1887).

**Delaire (Alexis)**, Sec. gén. de la Soc. d'Econom. sociale, anc. Elève de l'Ec. Polytech., 54, rue de Seine. Paris 6e **R** (1886).

**Delaite (Julien)**, Doct. ès Sc., 13, rue Hors-Château. Liége (Belgique) (1924).

**Delano (Frédéric)**, journaliste, 16, avenue de l'Péra. Paris 1er (1925).

**Delaplace (Mlle le Dr Suzanne)**, 126, avenue Emile-Zola. Paris 15e (1925).

**Delaporte (Paul)**, Ing. civ., Expert près le Trib. de 1re Inst. et la Cour d'Appel, 109, quai d'Orsay. Paris 7e (1920).

**Delarbre (Mlle)**, Chirurg.-Dent., 39, r. Notre-Dame-de-Lorette. Paris 9e (1922).

**Delastre (H.)**, Ing. des Arts et Man., 4, rue Claude-Groulard. Rouen (Seine-Inférieure) (1919).

**Delaunay**, Instituteur. Coulombs par Creuilly (Calvados) (1925) XXI.

**Delaunay (Henri-Marie-Eugène)**, Agrégé de Physiologie Fac. de Méd. de Bordeaux, 25, rue Rolland. Bordeaux (Gironde) (1923), XVI, XXII.

**Delaunay (Dr Paul)**, Anc. Int. des Hôp. de Paris, V.-Prés. de la Soc. d'Agric., Sc. et Arts de la Sarthe, 36, rue Chanzy. Le Mans (Sarthe) (1920).

**Delbet (Pierre)**, Mem. de l'Acad. de Méd., Prof. à la Fac. de Méd. Chirurg. des Hôp., 24, rue du Bac. Paris 7e (1907).

**Deleixe (Eugène)**, Méd. Ass. à l'Univ. de Liége, Hôp. de Bavière. Liége (Belgique) (1924).

**Delemer (Jean)**, Doct. en Droit, Indust., Admin. de la Compagnie de Pérenchies, 42, rue Voltaire. Lille (Nord) (1909).

**Delépine (Gaston)**, Dr ès Sc., Prof. de Géol. à la Faculté libre des Sciences de Lille, 13, rue de Toul. Lille (Nord) (1925), VIII.

**Delépine (Marcel)**, Prof. à la Fac. de Pharm., Pharm. en Chef des Hôp., 2, rue Alphonse-Daudet. Paris 14e (1908) XV.

**Delestrac (Léopold)**, Pharmacien, 5, rue des Contrats. Pertuis (Vaucluse) (1924) XV.

**Deleu (Louis)**, 31, rue des Pierres. Bruges (Belgique) (1924).

**Delgass (Basile-William)**, Ingén. Chef de la Section Etrang. du Commissar. du Peuple des Voies de Communication, 2, rue de la Commune. Moscou (Russie). **R.** (1923).

**Delherm (M^me Louis)**, 1, rue Las-Cases. Paris 7e (1914).

**Delherm (D^r Louis)**, anc. Int. des Hôp., 1, rue Las-Cases. Paris 7e (1907).

**Delidon (Emile)**, Pharmacien de 1re cl., 20, rue de Saint-Dizier. Nancy (Meurthe-et-Moselle) (1921).

**Delmas (Fernand)**, Ing., Archit., Prof. d'Archit. à l'Ec. cent. des Arts et Man., 4 bis, rue de Lota (135, rue de Longchamp). Paris 16e (1887).

**Delmas (Jean-Charles)**, Doct. en pharm. Pharm. chef, 2, rue Esprit-des-Lois, Bordeaux (Gironde) (1924).

**Delmas (Léon)**, 42 boulevard Arago. Paris 13e (1926), XX.

**Delmer**, Chargé de Cours à l'Univ., 15, rue Gérard. Etterbeck Bruxelles (Belgique) (1923).

**Delon (Jules)**, Ing. construc., 41, chemin du Pré-Gaudry. Lyon (Rhône) (1910).

**Delore (D^r Xavier)**, Corresp. de l'Acad. de Méd., anc. Chirurg. en chef de la Charité de Lyon. Romanèche-Thorins (Saône-et-Loire). **F** (1873).

**Delourmel**, Chir.-Dent., 88, rue Lafayette. Paris 9e (1924) XIV.

**Delpeut**, Chirurg.-Dent., boulevard Ney. Sarlat (Dordogne) (1923), XIV.

**Delporte (D^r F.)**, Agrégé à l'Univ., 16, rue du Grand-Cerf. Bruxelles (Belgique). (1923) XIII.

**Delviesemaison (D^r Victor)**, Doct. en Méd. et Chir.-Dent., 20, rue de la Victoire. Bruxelles (Belgique) (1923), XIV.

**Delvolvé (Jean)**, Prof. à la Fac. des Lettres, 46, rue d'Aubuisson. Toulouse (Haute-Garonne) (1920) XVI.

**Demassieux (M^me Nathalie)** assistante de chimie à la Sorbonne, 26, rue Berthollet, Paris 5e (1927).

**Demblon (Auguste)**, Ingénieur, 16, rue Gérard. Anvers (Belgique) (1926).

**De Mont (Jules)**, Docteur ès Sciences, 13, Cours des Bastions, à Genève (Suisse) (1926).

**Demarty (J.)**, Comptoir Géologique et minéralogique, 63, avenue de Royat. Chamalières (Puy-de-Dôme) (1908).

**Demolon (Albert)**, Lic. ès Sc., Ing. agron., Inspecteur général des Stations agronomiques de France, Ministère de l'Agriculture, 42 bis, rue de Bourgogne, Paris 7e (1910).

**Demorlaine (Joseph)**, Conservateur des Eaux et Forêts, 107, boulevard Raspail. Paris 6e (1901).

**Demortier (Paul)**, Chirurg.-Dent., 33, rue du Palais. Verviers (1924), XIV.

**Demoulin (Léopold)**, Chirurg.-Dent., 15, avenue Fonsny. Bruxelles (Belgique) (1920).

**Demoulin (Mathieu)**, Verviers (Belgique) (1924).

**Demoussy (Emile)**, Sous-Directeur du Labor. de Physiol. végét. au Muséum nat. d'Hist. nat., 45 bis, rue Buffon. Paris 5e (1887).

**Demozay**, Dir. gén. des Etablissements Jacob Holtzer, Forges et Aciéries d'Unieux (Loire), 77, rue La Boétie. Paris 8e **R** (1922).

**De Myttenaere (D^r Ferdinand)**, Insp. princ. des Pharm., 19, rue de l'Industrie. Hal Belgique) (1924) XV.

**Denigès (Georges)**, Prof. de Chim. biol. à la Fac. de Méd., 53, rue d'Alzon. Bordeaux (Gironde). **R** (1895).

**Denis (Marcel)**, Doct. ès Sc. Faculté des Sciences. Clermont-Ferrand (Puy-de-Dôme) R (1919).

**Denizot (Georges)**, Prépar. de Géol. à la Fac. des Sc. Marseille (Bouches-du-Rhône) (1921) VIII.

**Denoyès (D^r Joseph)**, 15, rue du Castillet. Perpignan (Pyrénées-Orientales) (1922).

**Denys (Roger)**, Ing. en chef des P. et Ch., 1, rue de Courty. Paris 7e **R** (1893).

**Députation permanente du Conseil provincial de Liége**, représentée par M. Gérard, Député permanent. Vottem Liége (Belgique) (1925).

**Dequidt (Dr)**, Inspecteur général de l'Hygiène, 4, rue de Sèvres. Paris 6e (1926), XXII.

**Derbana (Dr)**, 13, quai de la Guillotière. Lyon (Rhône) (1926).

**Derouineau**, Chir.-Dent, 61, avenue d'Italie. Paris 13e (1925), XIV.

**Derrien (Eugène)**, Doyen de la Fac. de Méd., 1, rue Albisson. Montpellier (Hérault) (1910).

**Derscheid (J.-M.)**, 59, rue de Stassart. Bruxelles (Belgique) (1924).

**Deruyts**, Prof. à l'Univ. de Liége, membre de l'Acad. Royale de Belgique, 37, rue Louvrex. Liége (Belgique) (1924).

**Dervillé (Stéphane)**, Nég. en marbres, Présid. du Cons. d'Administr. de la Comp. des Chem. de fer de Paris à Lyon et à la Méditerranée, Censeur de la Banque de France, 37, rue Fortuny. Paris 17e. **R** (1895).

**Desage (Dr Rodolphe)**, Doct. en Méd., 28, boulevard Leseure. Oran (Algérie) (1927).

**Desban (Irénée)**, Instituteur, 3, rue Borromée. Paris 15e (1923), XXI.

**Desbordes (Marius)**, Prof. à l'Ecole commerciale, 43, rue Brochant. Paris 17e (1927).

**Des Cilleuls**, 6, place de la Commanderie. Nancy (Meurthe-et-Moselle) (1923), XIV.

**Desclaux (Dr Louis)**, Méd. des Prisons, Membre correspondant de la Société de Médecine Légale de France, Méd. Légiste, membre du Conseil Central d'Hygiène, 24, boulevard Delorme. Nantes (Loire-Inférieure). **R** (1916), XII, XXII.

**Descours, Cabaud et Cie**, Nég. en Métaux, 5, rue de Penthièvre. Lyon (Rhône) (1906).

**Descourtis (le Général)** 57, rue de Lille. Paris 7e (1913).

**Desgrez (Alexandre)**, Membre de l'Institut, Prof. à la Fac. de Méd., Mem. de l'Acad. de Méd., vice-président du Cons. d'Hyg., 78, boulevard Saint-Germain. Paris 5e. **R** (1906).

**Desgrez (Charles)**, Interne en Pharmacie, 78, boulevard Saint-Germain, Paris 5e (1927).

**Deslandres (Henri)**, Mem. de l'Inst. et du Bureau des Longit., Dir. de l'Observatoire nat. d'Astron. phys. de Paris, anc. Elève de l'Ec. Polytech., 56, bis, route des Gardes. Meudon-Bellevue (Seine-et-Oise) (1884), II.

**Deslandres (Paul)**, Archiv.-Paléog., Conservateur à la Bibliothèque de l'Arsenal, 81, rue des Saints-Pères. Paris 6e. **R** (1904).

**Desmaisons (Henri)**, Doct. en Pharm., 28, rue Frépillon. Noisy-le-Sec (Seine) (1924).

**Desmarres (Robert)**, Ing. civ. des Mines, 52, boulevard Malesherbes. Paris 8e (1892), III, IV.

**Desmonts (Dr Emile)**, 55, Grande-Rue. Montpellier (Hérault) (1922).

**Desoil (G.)**, Prof. de Zoologie médical, Faculté Mixte de Méd. et de Pharm. de Lille (Nord) (1927).

**Desplats (Dr René)**, 181, rue Nationale. Lille (Nord) (1907).

**Detrait (Robert)**, Prof. agr. des Sc. Phys., avenue Bab-el-Oued. Alger (1927).

**Devalmont (Louis)**, **Pharm.**, 10, rue Emile-Zola. Sotteville-les-Rouen (Seine-Inférieure). **R** (1916).

**Devanlay (G.)**, Ing. des Arts et Man., Chef de Bur. hon. aux Chem. de fer de l'Etat, 20, rue Dulong. Paris 17e. **R** (1919).

**Dévauchelle (Fernand)**, Chir.-Dent., Chef du Lab. de Radiol. à l'Ec. dentaire, 97, boulevard Haussmann. Paris 8e (1920), XIV.

**evé (Dr Félix)**, Prof. à l'Ec. de Méd., 14, rue des Carmes. Rouen (Seine-Inférieure) (1921).

**e Vlamynck**, Chir.-Dent., 70, boulevard de Waterloo. Bruxelles (Belgique) (1924), XIV.

**evoucoux (Georges)**, Chir.-Dent., 48, boulevard Haussmann. Paris 9e (1921).

**Witte (Gaston-François)**, Attaché au Musée de Tervueren et au Jardin Zoologique d'Anvers, 203, avenue de la Chasse. Bruxelles (Belgique) (1924).

**exant (Robert)**, Chir.-Dent., 4, rue Achille-Allier. Montluçon (Allier) (1923), XIV.

**ezeine (Fritz)**, Pharm. Dir. des Labor. Fédera, 104, rue Belliard. Bruxelles (Belgique) (1924).

**harvent (Isaïe)**, Archéologue, 40, boulevard d'Artois. Béthune (Pas-de-Calais). **R** (1924).

**Didier (Léon)**, Ing. princ. à la Comp. des Mines. Bruay (Pas-de-Calais) (1905).

**lédérichs (J.-A.)**, Maître de Mines, 11, quai des Brotteaux. Lyon (Rhône) (1873).

**Die-Fério**, Chir.-Dent., 6, boulevard des Deux-Villes. Charleville (Ardennes) (1924), XIV.

**Dieudonné (Mlle Marie)**, Prof. hon. à l'Ec. Sophie-Germain. 118, rue Lafontaine. Paris 16e (1919), VII, IX, X.

**Dieuzaide (Dr)**, Lectourne (Gers) (1921).

**Dieuzaide**, Directeur du Camp Bernard Rollot, Plateau Dieuz. Barèges (Hautes-Pyrénées) (1927).

**Dioclès (Dr Louis)**, Hôp. milit. Villemin, 149 bis, rue Blomet. Paris 15e (1925), XIII.

**Directeur des Services Vétérinaires du Puy-de-Dôme. Clermont-Ferrand** (Puy-de-Dôme) (1923).

**Direction Départementale d'Hygiène de l'Aisne** (M. le Médecin-Directeur), à la Préfecture. Laon (Aisne) (1921).

**Dislère (Paul)**, Présid. de Sect. hon. au Cons. d'Etat, anc. Ing. de la Marine, Présid. du Cons. d'administr. de l'Ec. coloniale, 10, avenue de l'Opéra. Paris 1er. **R** (1894).

**Divry (Alfred)**, Représent. de Com. Saint-Cyr-du-Vaudreuil (Eure) (1922).

**Dixsaut (Léon)**, Prof. Agr. de Phys. au Lycée Pasteur et à l'Ec. sup. de Com., 2, avenue Philippe-le-Boucher. Neuilly-sur-Seine (Seine) (1907), V.

**Dolfus (Gustave-F.)**, Collab. princ. à la Carte Géol. de France, 45, rue de Chabrol. Paris 10e (1906), VIII.

**Dollfus (Robert)**, Muséum d'Histoire Naturelle, 66, rue Ampère. Paris 17e. **R** (1913).

**Domergue (Albert)**, Prof. à l'Ec. de Méd., 341, rue Paradis. Marseille (Bouches-du-Rhône). **R** (1895).

**Dominique**, Direct. d'Ecole, rue de la Victoire. Paris 9e (1925), XXI.

**Donat-Agache**, 38, boulevard Maillot. Neuilly-sur-Seine (Seine) (1914).

**Dondey (P.)**, Chir.-Dent., 2, avenue d'Alsace-Lorraine. Grenoble (Isère) (1925), XIV.

**Donglier (Raphaël)**, Maître de Conf. à la Fac. des Sc. de Paris, 5, rue Bobierre-de-Vallière. Bourg-la-Reine (Seine) (1908).

**Dor (Pierre)**, Ing. des Arts et Man., 63, rue Paradis. Marseille (Bouches-du-Rhône) (1912).

**Doraulo (Dr Raoul)**. Mathieu (Calvados) (1921).

**Dornic (P.)**, Ing. agronome, directeur de la Station d'industrie laitière et de l'Ecole professionnelle de laiterie de Surgères (Ch.-Inf.) (1928).

**Dornier (Olivier)**, Ing.-Chim., 19, rue des Cordelières. Paris 13e (1921).
**Dorvaux**, Chir.-Dent., 14, rue Clemenceau. Dunkerque (Nord) (1927).
**Dosmond (Mlle Rose)**, Prof. d'Anglais au Lycée de Jeunes filles de Lyon 3, place des Célestins. Lyon (Rhône) (1927).
**Douat**, Chir.-Dent., 81, rue du Palais-Gallien. Bordeaux (Gironde) (1923).
**Doublet (E.)**, Astronome, Lycée. Rodez (Aveyron) (1923), I et II.
**Doumer (Emmanuel)**, Prof. à la Fac. de Méd., Corresp. nat. de l'Acad. d Méd., 57, rue Nicolas-Leblanc. Lille (Nord). **R** (1899).
**Douvillé (Henri)**, Mem. de l'Inst., Ing. en chef, Prof. à l'Ec. nat. sup des Mines, 207, boulevard Saint-Germain. Paris 7e. **R** (1875).
**Douin (Frédéric-Paul)**, Etudiant, 14, rue Feydel. Cahors (Lot) (1927).
**Douin (Louis)**, 14, rue Feydel. Cahors (Lot) (1926).
**Douin (Robert)**, 9, rue de Verdun, Bron (Rhône) (1925), IX.
**Douin-Lavazza (Louis)**, Industriel, 926, rue Charcas. Buenos-Aires (République Argentine) (1927). **R.**
**Dransart (Dr Henry)**, Dir. de l'Inst. ophtalm. Somain (Nord). **R** (1877).
**Drault et Ch. Raulot-Lapointe (L.)**, Construct. d'instr. pour les sciences (Radiol.), 73, rue Dutot. Paris 15e (1923), XIII.
**Drioton (Clément)**, Mem. de la Commis. des Antiquités de la Côte-d'Or et de la Soc. de Spéléologie, Conservateur du Musée archéologique, 32, rue de l'Hôtel-de-Ville. Troyes (Aube) (1901).
**Druart (Henri)**, Nég. en matér., 53, rue Thiers. Reims (Marne) (1923).
**Druart (René)**, Nég., 39, chaussée du Port. Reims (Marne) (1913).
**Dubar (L.)**, Prof. à la Fac. de Méd., 82, rue de Tournai. Lille (Nord) (1909).
**Dubard (Dr Maurice)**, Prof. à l'Ec. de Méd., 11, rue de Montigny. Dijon (Côte-d'Or) (1911).
**Dubois**, Chir.-Dent., 1, rue Joseph-Rigal. Gaillac (Tarn) (1921), XIV.
**Dubois (Auguste)**, Princ. hon. du Collège Monge, Maire de Beaune, 4, boulevard Saint-Martin. Beaune (Côte-d'Or) (1904).
**Dubois (Pascal)**, Prof. à l'Ec. Odontech., 4, rue Meyerbeer. Paris 9e (1922), XIV.
**Dubois-Trépagne (Dr Paul)**, 25, rue de Louvrex. Liége (Belgique) (1921).
**Dubory (Dr Gabriel)**, 5, rue de la Croix-Blanche. Bordeaux (Gironde) (1923).
**Dubosq (Octave)**, Directeur du Lab. Arago. Banyuls-sur-Mer (Pyrénées-Orientales). **R** (1904), X.
**Dubroca (Marcellin)**, Prof. au Lycée Pasteur. Neuilly-sur-Seine (Seine) (1921).
**Dubuc (Gaston)**, Inst., 61, rue Stephenson. Paris 18e (1914), XXI.
**Ducamp (Dr Louis)**, Dir. des Serv. d'Hyg., 96, avenue de l'Hippodrome. Lille (Nord) (1902).
**Duch (Gabriel)**, Assistant à la Faculté des Sciences de Lyon, 67, rue Pasteur. Lyon (Rhône) (1927).
**Ducancel (Pierre)**, Nég. en Prod. chim., 75, rue des Moulins. Reims (Marne) (1907), VI, VIII.
**Ducloux (E.)**, Dir. du Serv. de l'Elevage, 6, rue du Contrôle-Civil. Tunis **R** (1913).
**Ducomet (Vital)**, Prof. de Botan. à l'Ec. nat. d'Agr. Grignon (Seine-et-Oise) (1903), IX, XVIII.
**Ducosté (Dr)**, Médecin-chef à l'Asile de Villejuif (Seine) (1920), XVI.
**Ducrocq (le Général Henri)**. Arçais (Deux-Sèvres). **R** (1882).
**Ducuing**, 12, rue Fondaudège. Bordeaux (Gironde) (1923), XIV.
**Dufour (Mme Jeanne)**, 2, rue Bigonnet. Mâcon (Saône-et-Loire) (1923).
**Dufour (Mlle Suzanne)**, Professeur à l'Ecole primaire Supérieure de filles, place de la Fédération. Nérac (Lot-et-Garonne) (1927).
**Dufour (Dr)**, 2, rue Bigonnet. Mâcon (Saône-et-Loire) (1923), XIII.

**ufour (Léon)**, Dir.-adj. du Lab. de Biologie végét. de la Fac. des Sc. de Paris. Avon (Seine-et-Marne). **R** (1893).

**ufour (D^r^ Marc)**, Rect., Prof. d'Ophtalmol. à l'Univ., 7, rue du Midi. Lausanne (Suisse). **R** (1894).

**ufraisse (Charles)**, Chef de Lab. au Collège de France, 189, rue de Tolbiac. Paris 13^e^ (1918).

**ufrénoy (Jean)**, Directeur de la Station de Pathologie Végétale. Brive (Corrèze). 2, rue d'Assas. Paris 6^e^ (1918).

**u Guet (Raymond)**, Homme de Lettres, 12, rue de la Procession. Chatou (Seine-et-Oise) (1927).

**uhem (Arthur)**, 16-22, rue Saint-Genois. Lille (Nord) (1909).

**Dujardin-Beaumetz (M^lle^ Rose)**, 85, rue de la Pompe. Paris 16^e^ (1924).

**Dulac (D^r^ H.)**, 14, boulevard Lachèze. Montbrison (Loire). **R** (1872).

**Dulière (Auguste)**, Cap. en 1^er^ Pharm., rue de Bruxelles. Namur (Belgique) (1924), XXI.

**Dumas (Georges)**, Prof. à la Fac. des Lettres, 6, rue Garancière. Paris 6^e^ (1914), XVI.

**Dumas (Hippolyte)**, Indust., anc. Elève de l'Ec. Polytech. Mousquéty, par l'Isle-sur-Sorgue (Vaucluse). **R** (1883).

**Dumas (D^r^ Raoul)**, Médecin-Inspect. des Troupes Col., anc. Insp. gén. des Serv. san. et méd. des Colonies, 107, boulevard de la Mission-Marchand. Courbevoie (Seine) (1924).

**Dumas (D^r^)**, 28, rue Bellecardière. Lyon (Rhône) (1926).

**Dumas (Louis)**, Prof. au Cours complém., 42, avenue de la Gare de Fleury. Meudon (Seine-et-Oise) (1925), XI.

**Dumas-Edwards (M^me^ J.-B.)**, 15, rue Duguay-Trouin. Paris 6^e^. **R** (1886).

**Dumolard**, Médecin des Hôpitaux d'Alger, 64, rue d'Isly. Alger (Algérie) (1927).

**Dumouthiers (Gustave)**, Pharm., 11, rue de Bourgogne. Paris 7^e^ (1916).

**Dumouthiers (Jacques)**, Int. des Hôp., 11, rue de Bourgogne. Paris 7^e^ (1916).

**Duncombe (Lionel)**, Chir.-Dent., boulevard Edouard-VII. Nice-Cimiez (Alpes-Maritimes) (1921).

**Du Pasquier (Louis-Gustave)**, Prof. à l'Université, 33, Sablons. Neuchâtel (Suisse) (1923), I, II, V.

**Dupérié (D^r^ Raymond)**, Prof. à la Fac. de Méd., 6, rue Mazarin. Bordeaux (Gironde) (1923), XII.

**Dupeyrac (D^r^ Gustave)**, 90, rue de Rome. Marseille Bouches-du-Rhône) (1906).

**Dupeyroux (D^r^)**, 23, rue des Mèches. Créteil (Seine) (1924).

**Duplan (Gaston)**, 10, rue Eugène-Fromentin. La Rochelle (Charente-Inférieure) (1923), XIV.

**Duplay (Simon)**, Prof. hon. à la Fac. de Méd., Mem. de l'Acad. de Méd., Chirurg. hon. des Hôp., 9, rue Edouard-Detaille. Paris 17^e^. **R** (1879).

**Dupont (Charles)**, Sec. gén. de la Comp. des Mines. Aniche (Nord). **R** (1909).

**Dupont (E.)**, Dir. des Docks, Présid. de la Soc. de Géogr. Commerciale, 13, quai de Marseille. Le Havre (Seine-Inférieure) (1913).

**Dupont (François)**, Secrétaire aux Docks, 12, quai de Marseille. Le Havre (Seine-Inférieure) (1914).

**Dupont (Joseph)**, Pharm., 68, rue Saint-Pierre. Caen (Calvados) (1921).

**Dupont (M^lle^ Henriette)**, 15, rue Casimir-Perrier. Paris 7^e^ (1927).

**Dupouy (D^r^ Abel)**, boulevard Saint-Jacques. Condom (Gers). **R** (1902).

**Duraffourd**, Chargé de l'exécut. des trav. topogr. et de la reconstit. fonc. des Etats de Syrie. Damas (Syrie) (1923).

**Durand (Joseph)**, Chargé d'un Cours de Chim. à la Fac. des Sc., allées Sain Michel. Toulouse (Haute-Garonne) (1912).

**Durand-Nonidi (Dr)**, 3, rue Alphonse-Fochier. Lyon (Rhône) (1926).

**Durand-Viel**, Mem. du Cons. mun., 3, boulevard François-Ier. Le Ha (Seine-Inférieure) (1914).

**Duranthon (Marcel)**, Chir.-Dent., 44, cours Georges-Clemenceau. Bordea (Gironde) (1923), XIV.

**Duret (Philibert)**, Avoué honoraire, 5, cours Wilson. Vienne (Isère) (1925) XI.

**Durif**, Instit., 127, avenue du Maine. Paris 14e (1924), XXI.

**Durrant-Soyer (R.)**, Radiol., 9, boulevard du Quatorze-Juillet. Troyes (Aube) (1919).

**Dusaugey (Ernest)**, Ing. civ. des Mines, 4, place de Verdun. Grenoble (Isère) (1925), III et IV.

**Dutertre (A.-P.)**, Prép. à la Fac. des Sc. de Lille, Conserv. du Musée géol. de Boulogne-sur-Mer, 159, rue Brûle-Maison. Lille (Nord), et 36, rue Victor-Hugo. Boulogne-sur-Mer (Pas-de-Calais) (1923), VIII.

**Dutertre (Dr Emile)**, Chirurg. de l'Hôp. Saint-Louis, 12, rue Coquelin. Boulogne-sur-Mer (Pas-de-Calais) (1899).

**Duteurtre (Marcel)**, Mem. de la Soc. Géol. de Normandie, 48, rue de Saint-Quentin. Le Havre (Seine-Inférieure) (1914).

**Dutois (Albert)**, Pharm., 12, rue Saint-Séverin. Liége (Belgique) (1924).

**Duverger (Dr)**, Prof. Agr. à la Fac. de Méd. de Bordeaux, 3, place Rohan. Bordeaux (Gironde) (1923), XII.

**Duvert (Georges)**, Indust., La Gabie. Verneuil-sur-Vienne (Haute-Vienne) (1890).

**Duvert (Marcel)**, Indust. Le Chalet, par Verneuil-sur-Vienne (Haute-Vienne) (1904).

**Duys (Mlle Jeanne)**, Directrice d'Ecole à Blanckenberghe, Ecole Alexandre Declaeve Mytkake (Belgique) (1927).

**Ecole Normale d'Instituteurs.** Auch (Gers) (1925), XVI, XXI.

**Ecole Normale d'Instituteurs de Beauvais**, représentée par Mme la Directrice. Beauvais (Oise) (1925).

**Ecole Normale d'Instituteurs de Grenoble**, Directeur : M. Besseige. Grenoble (Isère) (1925).

**Ecole Normale Supérieure (Mme la Directrice de).** Fontenay-aux-Roses (Seine) (1924).

**Ecole Primaire Supérieure de Jeunes filles.** Directrice : Mme Zeller. La Rochelle (Charente-Inférieure) (1925).

**Ecole Polytechnique**, 21, rue Descartes. Paris 5e (1912).

**Ecole spéciale d'Architecture**, 254, boulevard Raspail. Paris 14e (1885).

**Eglise évangélique libérale**, 7 bis, rue Daval. Paris 11e. **F** (1893).

**Ehrismann**, Pharm., rue d'Austerlitz. Strasbourg (Bas-Rhin) (1920).

**Ehrmann (France)**, Asistant de Géol. à la Fac. des Sc., 31, rue Borely-la-Sapie. Alger (Algérie) (1923).

**Ehrmann (Mme Léa)**, Prof. de Musique, villa Hélène, chemin Picard. Alger (1927).

**Eichtal (Eugène d')**, Mem. de l'Inst., Admin. de la Comp. des Chem. de fer du Midi, 144, boulevard Malesherbes. Paris. **R** (1875, XVI.

**Eicus (Charles)**, Banq., 36, rue u Colisée. Paris 8e. **R** (1917).

**Ellie (Raoul)**, Ing. des Arts et Man., 19, rue Duluc. Bordeaux (Gironde). **R** (1892).

**Ellissen (Albert)**, Ing., Admin. de la Comp. des Chem. de fer du Nord de l'Espagne, 6, avenue de Messine. Paris 8e. **R** (1877).

**Emerique (Mlle Hélène-Jenny)**, Etudiante, 10, avenue d'Eylau. Paris 16e (1927).

**Emetaz (Maurice)**, 165, Lloyd Road, Montclair. New-Jersey (Etats-Unis d'Amérique) (1926).

**Emonet (D, André)**, 29, rue des Batignolles. Paris (1907).

**Endel (Jacques)**, Etudiant en Chirurg. dentaire, 8, rue Lécluse. Paris 17e (1926).

**Engel (Michel)**, Relieur, 91, rue du Cherche-Midi. Paris 6e. F (1872).

**Engelbach (Dr Paul)**, Chirurg. des Hôp., 26, rue Naude. Le Havre (Seine-Inférieure) (1913).

**Enjoubert (Hilaire)**, 35, boulevard Victor-Hugo. Pertuis (Vaucluse) (1914).

**Ensh (Dr Norbert)**, Chef du Serv. d'Hyg. à Schaerbeck. Bruxelles (Belgique) (1927).

**Erestmann (Marcel)**, Chir.-Dent. Auchel (Pas-de-Calais) (1926), XIV.

**Erhardt (Mlle)**, Prof. d'Allemand, Lycée de Jeunes filles de Lyon. 18, cours Morand. Lyon (Rhône) (1927).

**Erpicum (Dr Richard)**, 2, rue de Sluse. Liége (Belgique) (1924).

**Errera (Alfred)**, 1039, chaussée de Charleroi. Uccle (Belgique) (1924), I.

**Escallon (Dr J.)**, 1, cours de Verdun. Lyon (Rhône) (1926).

**Escande (Dr François)**, Agr. de Phys. à la Fac. de Méd., 17, rue de Metz. Toulouse (Haute-Garonne) (1910).

**Etablissements Kullmann**, Produits Chim., 11, rue de la Baume. Paris (1926).

**Etève (Léandre)**. Ing. des P. et Ch., Dir. adj. de l'Ec. spéc. des Trav. publ., 12, rue du Sommerard. Paris 5e (1922).

**Etienbled**, Chir.-Dent., 82, boulevard Montparnasse. Paris 14e (1924), XIV.

**Etienne (Georges)**, Correspond. nat. de l'Acad. de Méd., Prof. à la Fac. de Méd., 22, rue du Faubourg-Saint-Jean. Nancy (Meurthe-et-Moselle) (1906).

**Euzière (Dr Jules)**, Professeur à la Fac. de Méd., 12, rue Marceau. Montpellier (Hérault) (1922).

**Eudlitz**, Chir.-Dent., 8, rue Alfred-Laurant. Boulogne (Seine) (1907).

**Even (Dr Charles)**, Chir.-Dent., 8, rue de l'Union. Roubaix (Nord) (1921).

**Eydoux** (Denis), Ing. des P. et Ch., 3, rue Théodore-de-Banville. Paris 17e (1921).

**Eymard (Noël)**, Chir.-Dent., 6, rue du Sauvage. Mulhouse (Haut-Rhin) (1920).

**Eymin (Gaston)**, Chir.-Dent., 2, avenue d'Alsace-Lorraine. Grenoble (Isère) (1925), XIV.

**Eyssério (Joseph)**. Artiste Peintre, 14, rue Duplessis. Carpentras (Vaucluse). **R** (1880).

**Fabre (D[r] Mme V[ve] Sophia)**, 182, rue du Faubourg-Saint-Honoré. Paris 8e (1911).

**Fabre (Charles)**, Prof. à la Fac. des Sc., Dir. de la Stat. agronom., 18, rue Fermat. Toulouse (Haute-Garonne). **R** (1905).

**Fabre (Paul)**, Notaire, rue de la Mairie. Eymet (Dordogne) (1908).

**Fabre (René)**, Doct. ès Sc., Pharm. en chef de l'Hôp. Necker, 151, rue de Sèvres. Paris 15e (1923), XV.

**Fabre (H.)**, Secrétaire à la Chambre de Commerce, 4, rue Victor-Hugo. Avignon (Vaucluse) (1926).

**Fabret (Mme François)**, 6, avenue de Verdun. Nice (Alpes-Maritimes) (1914)

**Fabret (François)**, Chir.-Dent., Inspect. départ. d'Hygiène dent., 6, avenue de Verdun. Nice (Alpe-Maritimes) (1914).

**Facultad de Ciencias Fisicomatematicas puras y aplicadas.** Universidad Nacional de La Plata, Calle 1, esq. 47. La Plata (République Argentine), (1925), I, II, VII.

**Fage (Louis),** Doct. ès Sc., Assistant de Zool. au Muséum nat. d'Hist. nat., 61, rue de Buffon. Paris 5e (1911), X, XVII.

**Faideau (Ferdinand),** Professeur honoraire, 44, rue Villeneuve. La Rochelle (Charente-Inférieure) (1928), IX.

**Fairon (Emile),** Conservateur des Archives de l'Etat, 5, rue de Drèze. Pépinster (Prov. de Liége. Belgique) (1924).

**Falguière (W.),** Dir. de l'Ec. primaire sup., 28, rue de la Mairie. Boulogne-sur-Seine (Seine) (1920), XVI.

**Farah (Dr Najib),** 21, rue Cherif-Pacha. Alexandrie (Egypte) (1925), XII.

**Farman (Maurice),** 167, rue de Silly. Boulogne-Billancourt (Seine) (1904).

**Fauchay (Dr Jean),** 47, rue Chanzy. Oloron-Sainte-Marie (Basses-Pyrénées) (1923), XIII.

**Fauchille (Auguste),** Doct. en Droit, Lic. ès Lettres, Avocat à la Cour d'Ap., 56, rue Royale. Lille (Nord) (1878).

**Faucon (Georges),** Greffier en chef du Trib. de Com., 10, rue Pouchet. Rouen (Seine-Inférieure) (1921).

**Faucon (Marius-Antoine),** Doct. ès Sc., Prof. à la Fac. de Pharm., 17, boulevard de l'Esplanade. Montpellier (Hérault). **R** (1913).

**Faucon (Paul),** Membre non résidant de l'Acad. d'Agr. et Corresp. du Muséum nat. d'Hist. nat. La Fauconnerie, Contrôle de Sfax (Tunisie) (1923).

**Fauconnier (Albert),** Doct. ès Sc. phys. et math., Phys. des Usines Philipps, 33, rue Gounod. Saint-Cloud (Seine-et-Oise) (1924).

**Faugère (Maurice-Jean-Eugène),** Doct. en Méd., 15, avenue de la Bouzaréah. Alger (1927).

**Faure (Alfred),** Dir. de l'Ec. nat. vétér. de Lyon, anc. Député. Décines (Isère). **R** (1888).

**Faure (Dr Jean-Louis),** Prof. à la Fac. de Méd., Mem. de l'Acad. de Méd., Chirurg. des Hôp., 10, rue de Seine. Paris 6e (1907).

**Faure (Dr Maurice),** anc. Int. des Hôp. de Paris. En été: La Malou-les-Bains (Hérault). L'hiver: 24, rue Verdi. Nice (Alpes-Maritimes) (1910).

**Fauré-Hérouart (Dominique),** anc. Mem. Cons. d'Arrond., anc. Maire, 2, rue des Nations. Montataire (Oise) (1887).

**Fauvel** (Pierre), Doct. ès Sc. nat., Prof. de Zool. à la Fac. libre des Sc., villa Cécilia, 12, rue du Pin. Angers (Maine-et-Loire). **R** (1899).

**Favas (Joseph),** Prop., Mem. titul. de la Soc. franç. d'Archéol. Montagnac (Hérault) (1922).

**Favereaux (Georges),** 16, avenue de La Bourdonnais. Paris 7e. **R** (1901).

**Favier,** Inspecteur de l'Ens. prim. à Senlis, 71, avenue Mozart. Paris 16e (1925), XXI.

**Favre (Louis),** Ing. agron., 16, rue des Ecoles. Paris 5e (1891).

**Favreau (Dr Maurice),** Chef de Clin. obstétricale à la Faculté, 22, rue Castéja. Bordeaux (Gironde) (1923), XII.

**Fay (Cyrus-N.),** Chir.-Dent., 35, rue Capouillet. Bruxelles (Belgique) (1921).

**Fay (Walter),** Chirurg.-Dent., 67, rue Marie-Thérèse. Bruxelles (Belgique) (1907).

**Fayolle (Marquis Gérard de),** Conservateur du Musée du Périgord, Président de la Soc. Historique et Archéol. du Périgord, 18, rue du Plantier. Périgueux (Dordogne), XI.

**Fayot (Louis),** Ing., Dir. des Ateliers de la Maison Bréguet de Douai, 4, rue Froidevaux. Paris 14e (1891).

**Fecqmenne,** Méd., 11, rue des Augustins. Liége (Belgique) (1924).

**Fédération des Syndicats Agricoles de l'Oranie,** 9, boulevard du Lycée. Oran (Algérie) (1925), XVIII.

**Féret (René),** Dir. du Lab. des P. et Ch., anc. Elève de l'Ec. Polytech., 85, boulevard Mariette. Boulogne-sur-Mer (Pas-de-Calais) (1899).

**Ferrand (Ferdinand),** Mem. de la Ch. de Com., 94, cours Gambetta. Lyon (Rhône) (1906).

**Ferrand (François),** Chir.-Dent., 6 bis, rue de Châteaudun. Paris 9e (1920).

**Ferrari (Dr F.),** Chirurg. des Hôp., 65, rue d'Isly. Alger (Algérie) (1927).

**Ferry (Léon),** Chir.-Dent., 45, quai de Paris. Rouen (Seine-Inférieure) (1921).

**Fertin,** Chir.-Dent., 16, rue de l'Orphéon. Lille (Nord) (1926).

**Fery (Charles),** Prof. de Phys., 28, rue de l'Arbalète. Paris 5e (1927), V.

**Fèvre (Lucien),** Ing. des Mines, 1, avenue Alphonse-XIII. Paris (1909).

**Feyn (Etienne),** Pharm. Les Awirs (Prov. de Liége, Belgique) (1924), XV.

**Feytaud (Dr Jean),** Dir. de la Station Entomologique, Chargé de Conférences à la Faculté des Sciences, Institut de Zoologie, cours de la Marne. Bordeaux (Gironde) (1923), X.

**Ficheur (Emile),** Doyen de la Fac. des Sc., Dir.-adj. du Serv. géol. de l'Algérie, 77, rue Michelet. Alger. **R** (1900).

**Fieben (Henri-Joseph),** Expert comptable agréé du Trib. de Com., Chef de la Comptabilité des Usines R. Wallut. Montataire (Oise) (1923).

**Filderman,** 48, rue Notre-Dame-de-Lorette. Paris 9e (1927).

**Fillassier (Dr Alfred),** Méd.-Dir. de la Maison de Santé, 10, quai Galliéni. Suresnes (Seine) (1920), XVI.

**Fischer (Henri),** Prép. de Méd. opér. à la Faculté, 44, rue Adrien-Baysselance. Bordeaux (Gironde) (1926), XII.

**Fischer de Chevriers,** Prop., 23, rue Vernet. Paris 8e. **R** (1885).

**Flamant (Ernest),** Chir.-Dent., 11, rue du Parc. Fontainebleau (Seine-et-Marne) (1921).

**Flandin (Ernest),** Avocat à la Cour d'Ap., Député du Calvados, 27, boulevard Malesherbes. Paris 8e. **R** (1886).

**Florance,** Présid. de la Soc. d'Hist. nat. et d'Anthrop., 16, boulevard Eugène-Riffault. Blois (Loir-et-Cher) (1922).

**Foch (Jacques-Léon-Adrien),** Prof. à la Fac. des Sc. de Bordeaux, 41, rue Permentade. Bordeaux (Gironde) (1923).

**Folley,** 114, boulevard Saint-Germain. Paris 6e (1912).

**Fontaine (D.),** Chir.-Dent., 41, rue de Serbie. Liége (Belgique) (1924).

**Fontaine (Georges),** Ing. des Construc. civ., anc. Elève de l'Ec. nat. des P. et Ch., 3, avenue du Lycée-Lakanal. Bourg-la-Reine (Seine). **R** (1912).

**Fontaine,** Instituteur, Saint-Rambert-l'Ile-Barbe (Rhône) (1926).

**Fontègne (Julien),** Dir. du Serv. d'Orientation Profes. au Sous-Secrétariat d'Etat de l'Enseignement Technique, 110, rue de Grenelle. Paris 7e (1920), XVI.

**Fontgalland (Humbert de),** Mem. de la Soc. Astron. de France, 147, boulevard Saint-Germain. Paris 6e (1911).

**Fonzès-Diacon (Mme Henri),** 23, cours Gambetta. Montpellier (Hérault) (1920).

**Fonzès-Diacon (Henri),** Prof. à la Fac. de Pharm., 23, cours Gambetta. Montpellier (Hérault) (1920).

**Ford,** Médecin Bactériologiste, 45, rue de Lyon. Genève (Suisse) (1926).

**Fordham (Sir George).** Odsey, Ashwell, Baldock, Harts (Angleterre) (1913), VIII, XIX.

**Forestier (Pierre),** Doct. ès Sc., 7, rue Cuvier. Lyon (Rhône) (1926).

**Forest (Dr),** 4, boulevard de la République. Alger (Algérie) (1927).

**Fortel (Amédée) (fils),** Prop. Sillery (Marne). **R** (1880).

**Fortier (Emile)**, Dir. d'Ec. pub. Gaillon (Eure) (1921).
**Fortin (Raoul)**, Géol., 24, rue du Pré. Rouen (Seine-Inférieure). **R** (1902), VIII. XI.
**Fosse (Richard)**, Prof., 103, rue Barthélemy-Delespaul. Lille (Nord) (1927).
**Fouard (Eugène)**, Doct. ès Sc. phys., Chim. exp. près de Trib. Civil de la Seine, 78, boulevard National. Vincennes (Seine) (1924), V, VI.
**Fouarge (Louis)**, Chargé de Cours à l'Univ. de Liége, 19, rue Sartay. Chératte (Prov, de Liége, Belgique) (1924).
**Foucault (Marcel)**, Prof. à la Fac. des Let., Clos Durand, route de Mende. Montpellier (Hérault) (1914), XVI.
**Fougnon (Mlle)**, 222, avenue de Saxe. Lyon (Rhône) (1926).
**Fouju (Gustave)**, Représ. de Com., 33, rue de Rivoli. Paris 4e (1891).
**Foulon**, Chir.-Dent., 30, rue Chanzy. Orléans (Loiret) (1923), XIV.
**Foulon**, Instituteur, 11, rue Achille-Domart. Aubervilliers (Seine) (1923).
**Fouquez**, 1, rue Ernest-Renan. Paris 15e (1923), XIV.
**Fourest**, Chir.-Dent., 14, rue Brousseaud. Limoges (Haute-Vienne) (1927).
**Fourmarier (Paul)**, Prof. à l'Univ., Membre de l'Acad. Royale de Belgique, 140, avenue de l'Observatoire. Liége (Belgique). **R** (1923).
**Fourneau (Ernest)**, Chef de Serv. à l'Inst. Pasteur, 25, rue Dutot. Paris 15e (1914).
**Fournier (Georges)**, Chir.-Dent., 19, rue de la République. Lyon (Rhône) (1926).
**Fournier**, Chir.-Dent., 4, place de l'Hôtel-de-Ville. Thonon-les-Bains (Haute-Savoie) (1925), XIV.
**Fournier (Alfred)**, Prof. hon. à la Fac. de Méd., Mem. de l'Acad. de Méd., Méd. hon. des Hôp., 77, rue de Miromesnil. Paris 8e. **R** (1878).
**Fournier (Eugène)**, Doyen et Prof. à la Fac. des Sc., 10, avenue de Fontaine-Argent. Besançon (Doubs) (1891).
**Fourot**, Directeur de l'Ecole Normale de Bonneville (Haute-Savoie) (1926).
**Fourquet (Elie)**, Prof. à l'Ec. Odontech. de France, 107, rue de Sèvres. Paris 6e (1910).
**Fouyer (J.)**, Chir.-Dent. diplômé de la Fac. de Méd. de Paris, chemin du Génie, Pavillon Saint-Louis. Marseille-Malmousque (Bouches-du-Rhône) (1912).
**Foveau de Courmelles (Dr François-Victor)**, Corresp. de la Royale Acad. de Méd. et de Chirurg. de Barcelone, Lic. ès Sc. Phys., ès Sc. Nat. et en Droit, Lauréat de l'Acad. de Méd., 9, rue Tronchet. Paris 8e. **R** (1905).
**Fraenckel (Paul)**, Manufac., Présid. de la Ch. de Com., 25, rue Camille-Randoing. Elbeuf (Seine-Inférieure). **R** (1921).
**Fraipont (Charles)**, Prof. de Paléontol. et d'Anthropol. à l'Univ., 60, avenue des Thermes. Liége (Belgique) (1921).
**Franchet (Louis)**, Chim., 11, rue Barreau. Asnières (Seine) (1908).
**Francillon (Dr Mlle Marthe)**, anc. Int. des Hôp., 18, avenue Friedland. Paris 8e. **R** (1906).
**François (Mme Marcel)**, 110, rue Ordener. Paris 18e (1924).
**François (Marcel)**, Prép. à l'Ec. des Hautes-Etudes, Lab. de Psychol., physiol. de la Sorbonne, 110, rue Ordener. Paris 18e (1923), XVI.
**François (Dr Paul)**, 21, rue Mertens. Anvers (Belgique) (1912).
**Franssen (Camille)**, Pharm. milit., 72, rue Monulphe. Liége (Belgique) (1924), XV.
**Frappaz (Dr Toussaint)**, 42, place des Maisons-Neuves. Lyon-Villeurbanne (Rhône) (1906).
**Fraysse**, Institut. Lanton (Gironde) (1923), XXI.
**Freidel**, Chir.-Dent., 5, place Saint-Jean. Nancy (Meurthe-et-Moselle) (1926).
**Freixinet (Dr Joaquin-Jiménez)**, Alcala, 85.3o. Madrid (Espagne) (1923).

**Frémont-Saint-Chaffray (Mme Berthe)**, 54, rue de Seine. Paris 6e (1895).

**Frémy (l'Abbé Pierre)**, Lic. ès Sc. nat., Prof. de Sc. nat. à l'Institut libre. Saint-Lô (Manche). R (1920), IX, VIII, X.

**Frey (Mlle Ida)**, 7, Plattengarten. Zurich (Suisse) (1921).

**Frey (Dr Léon)**, Prof. hon. à l'Ec. dent. de Paris, 61, avenue de Neuilly. Neuilly-sur-Seine (Seine) (1901).

**Friedel (Jean)**, Doct ès Sc., Chef des Trav. de Botan. à la Fac des Sc., 42, avenue de France. Nancy (Meurthe-et-Moselle). R (1910), IX.

**Frinault (Paul)**, Chir.-Dent., 2 bis, boulevard du Temple. Paris 11e (1922).

**Frison (Dr Léon)**, Prof. à l'Ec. dent. de France, 9, rue de Surène. Paris 8e (1909), XIV.

**Friteau (Dr)**, Chir.-Dent., 91, boulevard Haussmann. Paris 8e (1923), XIV.

**Fritz-Vilars (Georges)**, Indust. et Nég. en Prod. chim., 4, rue Duguay-Trouin. Rouen (Seine-Inférieure).

**Fromage (Georges)**, 1, route de Darnétal. Rouen (Seine-Inférieure) (1916).

**Fron (Albert)**, Insp. des Eaux et Forêts, square Philippe-le-Bon. Chaumont (Haute-Marne). R (1902), VII, IX, XVII, XVII.

**Fron (Georges)**, Doct. ès Sc., Prof. à l'Inst. nat. Agronom., 90, rue d'Assas. Paris 6e. R (1897), XVIII.

**Frossard (Eug.ne)**, Prof. au Lycée, Chargé de Conf. à la Fac. des Lettres, 6, rue de la Liberté. Grenoble (Isère) (1925).

**Furon (Raymond)**, 2, rue Carnot. Chaville (Seine-et-Oise) (1921).

**Gabian (Gustave)**, Prop. Vitic., 34, rue de L'Aspic. Nîmes (Gard) (1912).

**Gabillet (Julien-H.)**, Chir.-Dent., 20, avenue de la République. Paris 11e (1923), XIV.

**Gadeau de Kerville (Henri)**, Corresp. du Muséum nat. d'Hist. nat., 7, rue du Passage-Dupont. Rouen (Seine-Inférieure). R (1908).

**Gagnepain (F.)**, Lauréat de l'Inst., Sous-Directeur du Labor. de Botan. au Muséum nat. d'Hist. nat., 64, rue de la Folie. Montgeron (Seine-et-Oise) (1921), IX.

**Gagnières (Jean)**, Pharm., impasse Desaix. Clermont-Ferrand (Puy-de-Dôme) (1909).

**Gaiffe (Georges)**, Ing.-Elect., anc. Construc. d'Inst. de précis., 59, boulevard Saint-Michel. Paris 5e (1907), XIII.

**Gaignerot (Dr)**, 8, place du Parlement. Bordeaux (Gironde) (1923).

**Gaillard (Claude)**, Doct. ès Sc., Dir. du Muséum nat. d'Hist. nat., 17, rue de Cronstadt. Lyon (Rhône) (1906), XI.

**Gailly (Mme)**, Pharm. Verviers (Belgique) (1924), XV.

**Galavielle (Dr Léopold)**, Agr. à la Fac. de Méd., 23, rue Maguelone. Montpellier (Hérault) (1922).

**Gallavardin (Dr)**, Dentiste, 50, rue de la République. Lyon (Rhône) (1926).

**Gallice (Henry)**, Nég. en vins de Champagne, 13, rue du Commerce. Epernay (Marne) (1880).

**Gallois et Cie**, Construct. d'appar. scient. et médic., 41, boulevard des Brotteaux. Lyon (Rhône) (1923).

**Gallopin (Abel)**, anc. Magist., place du Maréchal-Foch. Montoire-sur-Loir (Loir-et-Cher). R (1899).

**Gallot (Georges)**, Gérant de la Soc. Gallot et Cie, Fabric. d'Inst. de Précis., 69, boulevard Pasteur. Paris 15e (1904), XIII.

**Gambier (Mlle Eliane)**, Etudiante, 3, rue Lécuyer. Paris 18e (1927).

**Gamonet (Henri)**, Sec. gén. du Syndic. prof. de la Presse scient., 49, rue d'Orsel. Paris 18e (1914).

**Gamel (Georges)**, Pharm., 2, place de la Salamandre. Nîmes (Gard) (1911).

**Gandillon (Pierre)**, Ing.-Cons., Admin.-Délég. de la Compagnie française de Salubrité, 3, boulevard de Charonne. Paris 11e (1921), III et IV.

**Gandolfi Hornyold (Alfonso)**, Doct. ès Sc., Museo Naval. San Sebastian (Espagne). **R** (1924), X.

**Ganichaud (Abbé Basile)**, Prof. à l'Externat des Enfants Nantais, 18, rue de Gigant. Nantes (Loire-Inférieure) (1926), VIII.

**Garchey (Louis)**, Ingénieur, 5, rue Tronchet. Paris 8e. **R** (1926).

**Garçon (Jules)**, Bib. de la Soc. d'Encouragement pour l'Industrie Nationale, 82, rue Taitbout. Paris 9e (1904).

**Gardair (Aimé)**, Dir. de la Comp. gén. des Prod. chim. du Midi, 51, rue Saint-Ferréol. Marseille (Bouches-du-Rhône) (1891).

**Gardère (Dr)**, 59, rue Victor-Hugo. Lyon (Rhône) (1926).

**Garenq (Pierre)**, Prop., 8, rue du Courreau. Montpellier (Hérault) (1922).

**Gariel (Mme C.-M.)**, 6, rue Edouard-Detaille. Paris 17e. **R** (1879).

**Gariel (Mme Léon)**, 56, rue Cuvier. Saint-Germain-en-Laye (Seine-et-Oise) **R** (1895).

**Garnier (Georges)**, 15, rue Pétrarque. Paris 16e. **R** (1923).

**Garnier (Jules)**, Doct. en Pharm., 2, rue Victor-Hugo, Pensionnat Louis-Pasteur. Le Cannet (Alpes-Maritimes) (1920).

**Garnier (Dr Marcel)**, Agr. à la Fac. de Méd., Méd. des Hôp., 1, rue d'Argenson. Paris 8e (1909).

**Garraud (Dr Théodore)**, Prof. à l'Ec. de Méd., 4, rue de la Préfecture. Limoges (Haute-Vienne) (1905).

**Garric (Jules)**, Banquier, 3, rue Esprit-des-Lois. Bordeaux (Gironde) (1887).

**Garrod (Miss Dorothy)**, 85, Banbury Road. Oxford (Angleterre) (1923).

**Gascard (Albert)**, Prof. à l'Ec. de Méd. et de Pharm., Pharm. des Hôp., 1, place Saint-Louis. Bihorel-les-Rouen (Seine-Inférieure). **R** (1884).

**Gasqueton (Mme Georges)**, château Capbern. Saint-Estèphe-Médoc (Gironde). **R** (1898).

**Gasser (Dr Jules)**, Sénateur d'Oran, 71, boulevard Bineau. Neuilly-sur-Seine (Seine) (1925).

**Gaston (Dr Jules)**, aven. Lamartine. Charbonnières-les-Bains (Rhône) (1926).

**Gastou (Dr Paul-Louis)**, 12, rue Darcet. Paris 17e (1911).

**Gatine (Albert)**, Insp. gén. des Fin., 1, rue de Beaune. Paris 7e. **R** (1893).

**Gaubert (Mlle Lucienne)**, Direct. d'Ecole. La Salvetat (Hérault). **R** (1922), XXI.

**Gaucher**, Prof. hon. à la Fac. de Pharm. de Montpellier, 5, rue Danton. Paris (1912).

**Gaudechon (Henry)**, Doct. ès Sc. Phys., 49, rue Montlausier. Clermont-Ferrand (Puy-de-Dôme) (1914).

**Gaudin (Charles)**, Médecin-Major de l'Hôpital Militaire de Batna (Algérie) (1927).

**Gaudin (Philbert)**, 43 bis, rue Nationale. Les Sables-d'Olonne (Vendée) (1924), XI.

**Gauducheau (René)**, anc. Int. des Hôp. de Paris, Méd. radiol. des Hôp. de Nantes, 35, rue Jean-Jaurès. Nantes (Loire-Inférieure). **R** (1924).

**Gaugry (Octave)**, Pharm., 9, boulevard Raspail. Paris (1920).

**Gauquelin (Abbé Louis)**, Membre de la Soc. Hist. et Archéol. du Vexin et de la Soc. Libre de l'Eure, villa du Lys-Blanc. Jeufosse, par Bonnières (Seine-et-Oise) (1924), VIII, IX, XI.

**Gautherot (René)**, Prof. à l'Ecole Pratique, rue du Bois-Bourgeois. Montbéliard (Doubs) (1925).

**Gauthier (D, Léopold)**, villa Guès, 38, rue Pastorelli. Nice (Alpes-Maritimes) (1920).

**Gautier (Dr Georges)**, Dir. du Lab. d'Electrothérap. et de la Revue internat. ld'Electrothérap., 130, rue de la Pompe. Paris 16e. **R** (1899)

**Gautier (Henri)**, Doyen de la Fac. de Pharm., 16, rue de Belzunce. Paris 10e. **R** (1920).

**Gavelle (Julien)**, Admin. du Journal des Débats, 50, rue d'Auteuil. Paris 16e. **R** (1903).

**Gayon (Ulysse)**, Corresp. de l'Inst., Doyen de la Fac. des Sc., Dir. de la Stat. agron., 14, rue Rohan. Bordeaux (Gironde). **R** (1888), XVIII.

**Gayral (Raymond)**, Appareils de Radiographie et de Chirurgie, 9, rue Burdeau. Alger (1927).

**Gazagnaire (Joseph)**, Maire, anc. Sec. de la Soc. entomol. de France, 29, rue Centrale. Cannes (Alpes-Maritimes). **R** (1902).

**Gazagne (Gaston)**, Ing., rue Parmentier. Arles-sur-Rhône (Bouches-du-Rhône) (1891).

**Gelin (l'Abbé Emile)**, Doct. en Philos. et en Théologie, Prof. de Math. sup. au Collège de Saint-Quitin. Huy (Belgique). **R** (1881).

**Gelly (Georges)**, Chir.-Dent., 210, rue de la Convention. Paris 15e (1922).

**Gendreau (Dr J. Ernest)**, 185, rue Saint-Denis. Montréal (Canada) (1923).

**Geneau (Mme)**, 17, boulevard Saint-Marcel. Paris 13e. **R** (1924), XI.

**Geneau (Charles)**, Lic. ès Sc., Prépar. à la Fac. des Sc. (P. C. N.), Prof. à l'Ec. mun. Colbert, 17, boulevard Saint-Marcel. Paris 13e. **R** (1908), XI.

**Genestal**, anc. Maire, Nég., 4, rue Bellevue. Le Havre (Seine-Inférieure) (1914).

**Générier (Charles)**, Pharmacien, 33, boulevard du Château. Neuilly (Seine) (1927), XV.

**Geoffroy (Félicien)**, Chir.-Dent. diplômé de la Fac. de Méd., Chef de Clin. à l'Ec. dent. de Paris, Expert, 29, boulevard Raspail. Paris 7e (1906), XIV.

**Georgion (Thomas)**, Médecin Radiolog., Chef de serv. à l'Hôpital Grec. Alexandrie (Egypte) (1925), XIII.

**Gérard (Dr Félix)**, Doct. ès Sc., Pharm. de 1re cl., Méd.-chef de serv. à l'Hôp. Civ. français, Prof. à l'Ec. Nat. Col. d'Agric. de Tunis, 100, rue de Serbie. Tunis (1913), IX, X, XII, XV, XXII.

**Gérard (G.)**, Préfet des Et. de l'Athénée Royal. Liége (Belgique) (1924).

**Gérard (Pol)**, Prof. à l'Université, 67, rue Joseph-Stallaërt. Bruxelles (Belgique) (1924).

**Gérard (Dr Léon)**, 4, rue François-Ponsard. Paris 16e (1920).

**Gérardin (Mme André)**, 32, quai Claude-Le-Lorrain. Nancy (Meurthe-et-Moselle). **R** (1920), I.

**Gérardin (André)**, Corresp. du Min. de l'Instruc. pub., Mem. de la Soc. Math. de France et du Cercle Math. de Palerme, 32, quai Claude-le-Lorrain. Nancy (Meurthe-et-Moselle). **F** (1908), I.

**Gerber (Charles)**, Prof. de Botan. à la Fac. de Méd., 18, rue Saint-Jean-Baptiste. Toulouse (Haute-Garonne) (1896), IX.

**Gérente (Mme Paul)**, 19, boulevard Beauséjour. Paris 16e. **R** (1890).

**Gérin (Dr Médéric-Thomas de)**, 3, rue Casimir-Delavigne. Paris 6e. **R** (1925), XII, XXII.

**Gerling (Edgar)**, Médecin-Dentiste, 6, rue de Verdun. Mulhouse (Haut-Rhin) (1920), XIV.

**Germain (Louis)**, Doct. ès Sc., Assistant de Malacologie au Muséum nat. d'Hist. nat., Prép. à l'Inst. Océanog., 120, rue de Tolbiac. Paris 13e (1903).

**Germain de Maidy (Léon)**, Insp. divis. de la Soc. française d'Archéol., 26, rue Héré. Nancy (Meurthe-et-Moselle). **R** (1904).

**Germay (Rodolphe-Henri)**, Doct. ès Sc. Phys. et Math., Ass. à l'Univ. de Liége (Belgique) (1924), I.

**Gèze (Jean-Baptiste)**, Doct. ès Sc., Ing.-agron., Prof. d'Agric., 8, rue du Cannau. Montpellier (Hérault) (1910), XVIII.

**Ghesquière** (Librairie Champion, 7, quai Malaquais. Paris 6e) (1927).

**Ghimus (Démètre)**, Méd. Radiol., 15, rue Arculni. Bucarest (Roumanie) (1924), XIII.

**Giacomini**, Chir.-Dent., 165, rue de Paris. Clamart (Seine) (1927).

**Giao**, Institut Royal de Géophysique du Globe, Uccle-Bruxelles (Belgique), (1927), VII.

**Giauffret**, Préparateur au Musée Océanographique. Monaco (Principauté de Monaco) (1925), X.

**Gibert**, Chir.-Dent. Aurillac (Cantal) (1926), XIV.

**Gidon (Dr Ferdinand)**, Doct. ès Sc., Prof. à l'Ec. de Méd., 151, rue Basse-Saint-Gilles. Caen (Calvados) (1913).

**Gigandet (Eugène) (fils)**, Nég., 16, rue Montaux. Marseille (Bouches-du-Rhône). **R** (1891).

**Gignoux (Maurice)**, Prof. à la Fac. des Sc., 1, rue Blessig (Institut de Géol.). Strasbourg (Bas-Rhin) (1920).

**Gihr (Hubert)**, rue de la Marseillaise. Strasbourg (Bas-Rhin) (1920).

**Gilbert (Dr René)**, P. D. de Radiol., Méd. à l'Univ. de Genève, Méd.-Chef du Serv. cent. de Radiol. à l'Hôpit. cantonal, 16, rue de Hollande. Genève (Suisse) (1923), XIII.

**Gillet (fils aîné)**, Teintur., 9, quai de Serin. Lyon (Rhône). **F** (1873).

**Gillet (René)**, Radiol., 9, place de la République. Vernon (Eure) (1924).

**Gillet (Mlle Suzette)**, Prép. à la Fac. des Sc. de Strasbourg, 1, rue Blessig. Strasbourg (Bas-Rhin) (1923), VIII.

**Gillot (Paul)**, Chef de trav. à la Fac. de Pharm,. 6, rue de Verdun. Nancy (Meurthe-et-Moselle) (1924), VI.

**Girard (Emile-André-Raymond)**, Planteur, 94, boulevard Malesherbes. Paris 17e (1925), XVIII. **R.**

**Girard (Mme Emile)**, 94, boulevard Malesherbes. Paris 17e (1927).

**Girard (Mme Julien)**, 3, boulevard Bourdon. Paris 4e (1913).

**Girard (Julien)**, 3, boulevard Bourdon. Paris 4e. **R** (1887).

**Girardin (Paul)**, Recteur de l'Université, 3, route de Villars. Fribourg (Suisse) (1907).

**Girardot (Louis-Abel)**, Géol., Prof. hon. de Sc. nat. au Lycée, Conserv. du Musée de la Ville, 28, rue des Salines. Lons-le-Saunier (Jura) (1893).

**Giraud (Dr Gaston)**, Professeur Agrégé à la Faculté de Médecine, 9, boulevard de l'Observatoire. Montpellier (Hérault) (1922).

**Giraud (Léon)**, Ing. des Arts et Man., Dir. des Exploitations du Kouif-Tébessa (départ. de Constantine) (Algérie) (1921).

**Giry (Mme Marius)**, Cottage Sylvestre. Le Busc-sur-Mer, par Six-Fours (Var) (1895).

**Givaudan (Claudius)**, Ingénieur, 315, cours Gambetta. Lyon (Rhône) (1926).

**Givelet André et Cie**, Successeurs de Saint-Marceaux, Nég. en vins de Champagne, 10, rue de Sillery. Reims (Marne) (1907).

**Givenchy (Paul de)**, anc. Prés. de la Société Préhist. Franç., 84, rue de Rennes. Paris 6e (1909).

**Glangeaud (Louis)**, Lic. ès Sc., Cottage Jeune France, Haut Telemly. Alger (Algérie) (1925).

**Glangeaud (Philippe)**, Corresp. de l'Inst., Prof. de Géol. à la Fac. des Sc., 46 bis, boulevard Lafayette. Clermont-Ferrand (Puy-de-Dôme) (1907).

**Glay (Emile)**, Instituteur public, 208, rue Lafayette. Paris 10e (1923), XXI.

**Gley (Dr Eugène)**, Prof. au Collège de France, Memb. de l'Acad. de Méd., 14, rue Monsieur-le-Prince. Paris 6e. **R** (1908).

***Gobeaux (D$^{r}$)**, 16, place de l'Industrie. Bruxelles (Belgique).

**Goby (Paul)**, Mem. de la Soc. Géol. de France, Conserv. des Monuments préhist. du département, 2, place Neuve. Grasse (Alpes-Maritimes) (1905).

**Goby (Pierre)**, Chef du Lab. de Radiog. des Hôp., Inventeur de la Microradiographie, 5, boulevard Victor-Hugo. Grasse (Alpes-Maritimes) (1912).

**Godard (Félix)**, Ing. en chef de la Marine en retraite, 6 bis, rue Auber. Paris 9$^{e}$. R (1899).

**Godchot (M$^{me}$ Marcel)**, 4, rue d'Alger. Montpellier (Hérault) (1920).

**Godchot (Marcel)**, Prof. de Chimie à la Fac. des Sc., 4, rue d'Alger. Montpellier (Hérault) (1920).

**Godefroy**, Chir.-Dent., 4, rue de Sèze. Paris 9$^{e}$ (1923), XIV.

**Godefroy (René)**, Ing. civ. des Mines. Mont-Saint-Martin (Meurthe-et-Moselle) (1909).

**Godillot-Alexis (Georges)**, Ing. des Arts et Man., 2, rue Blanche. Paris 9$^{e}$ (1887).

**Goedseels (l'Abbé Pierre-Jean-Elouard)**, 84, rue de Mérode. Malines (Belgique). R (1925), II.

**Goffart (Jules)**, Doct. ès Sc., Prof. à l'Athénée Royal, 53, rue Ambiorix Liége (Belgique) (1925), XXI.

**Goffin**, Chir.-Dent., 58, rue du Midi. Verviers (Belgique) (1924), XIV.

**Goldenberg (D$^{r}$)**, Inst. Pasteur, 80, avenue de Villiers. Paris 17$^{e}$ (1923).

**Goldschoen (M$^{lle}$ Annie)**, 300, rue de Vaugirard. Paris (1927).

**Goldsmith (M$^{lle}$ Marie)**, Doct. ès Sc., Prépar. à la Fac. des Sc., 2, rue Marie-Rose. Paris (1920), XVI.

**Golfier (M$^{lle}$)**, 9 bis, passage Ducom. Bordeaux (Gironde) (1923), XIV.

**Gombaud (Jean)**, **Chir.-Dent.**, 11, rue du Pont-Neuf. Bayonne (Basses-Pyrénées) (1923), XIV.

**Gompel (Marcel)**, 17, rue Pierre-Nicole. Paris 5$^{e}$ (1926).

**Gonin (M$^{me}$ Pierre)**. Saint-Bel (Rhône) (1913).

**Gonin (Pierre)**, Pharm. Saint-Bel (Rhône) (1913).

**Gonnessiat (François)**, Directeur de l'Observatoire. Bouzaréah. Alger (1927).

**Goormaghtigh (René)**, Ing. des Constr. civ., Prof. à l'Ec. industr., 10, rue Arthur-Varocqué. La Louvière (Belgique) (1919).

**Goris (Albert)**, Doct. ès Sc., Agr. à la Fac. de Pharm., Pharm. des Hôp., 200, rue du Faubourg-Saint-Denis. Paris 10$^{e}$ (1909).

**Gort (Viscount)**. East-Cowes-Castle (Isle of Wight) (Angleterre) (1889).

**Gosme (Alfred)**, Nég. en laines, 11, rue de Châteaudun. Paris 9$^{e}$ (1907).

**Gossiôme (Paul)**, Nég. Yerres (Seine-et-Oise) (1887).

**Gotté (Marie-Joseph)**, 22, Grande-Rue. Thann (Haut-Rhin) (1920).

**Gouin (Adolphe)**, Ing. des Arts et Man., Admin.-gérant de la Soc. des Savonneries Menpenti, 118, Grand-Chemin de Toulon. Marseille (Bouches-du-Rhône). (1895).

**Goust (M$^{lle}$ Lucienne)**, Institutrice. Mantes (Seine-et-Oise) (1927).

**Goulesque (M$^{lle}$ Jeanne)**, Etudiante, Faculté des Sciences d'Alger, 6, rue Saint-Augustin. Alger (Algérie) (1927).

**Gourdon (D$^{r}$ Joseph)**, Chargé de Cours à la Fac. de Méd., Dir. du Serv. orthopédique de l'Hôpital des Enfants, 62, cours de l'Intendance Bordeaux (Gironde) (1923).

**Gouttenoire (Antoine)**, Chir.-Dent., Prof. à l'Ec. dent., 25, rue du Bât-d'Argent. Lyon (Rhône) (1912), XIV.

**Goyau (Georges)**, Agr. de l'Univ., Homme de Lettres, 36, rue de la Pompe. Paris 16$^{e}$ (1908).

**Grandidier (Guillaume)**, Doct. ès Sc., Sec. gén. de la Soc. de Géog., 53, avenue Montaigne. Paris 8$^{e}$ (1921), XIX.

**Grangeon (Lucien)**, Fabr. de Mobil. pour opér., 6, rue Rabelais. Lyon (Rhône) (1925), XIII.
**Granger**, rue Alsace-Lorraine. Corbeil (Seine-et-Oise) (1927).
**Granjux (Dr Adrien)**, Sec. gén. de la Fédération des Œuvres Grancher, 18, rue Bonaparte. Paris 6e (1906), XXII.
**Granvigne (Charles)**, Ing.-Agron., Dir. de la Stat. Agron. agréée de l'Aube, la Côte-d'Or, la Haute-Marne et de la Haute-Saône, 14, avenue Victor-Hugo. Dijon (Côte-d'Or). **R (1910)**, XVIII.
**Grassé (Pierre)**, Prépar. à la Fac. des Sc., 5 bis, rue de La Palissade. Montpellier (Hérault) (1922).
**Grau Casas (Joseph)**, Physicien Radiol., 117, Casanova. Barcelone (Espagne) (1923), XIII.
**Gravier (Charles)**, Membre de l'Inst., Doct. ès Sc., Prof. de Zool. au Muséum nat. d'Hist. nat., 55, rue de Buffon. Paris 5e. **R** (1906).
**Gravis (Auguste)**, Prof. à l'Université de Liége, Memb. de l'Acad. Royale de Belgique, 22, rue Fusch. Liége (Belgique) (1923), IX.
**Grélard (Gustave)**, Agent voyer, rue du Pont-de-la-Ville. Les Herbiers (Vendée) (1923), I, II, III, IV.
**Grémeaux (Dr Alfred)**, Electrothérap. 3 bis, rue de Suzon. Dijon (Côte-d'Or) (1911).
**Grenier (Louis)**, Chir.-Dent., 68, rue de l'Hôtel-de-Ville. Lyon (Rhône) (1923), XIV.
**Grenier (René)**, Ing. civ. des Mines, Minotier. Pocancy, par Vertus (Marne) (1902).
**Grignard (Victor)**, Corresp. de l'Inst., Prof. à la Fac. des Sc., 67, rue Pasteur. Lyon (Rhône) (1905), VI.
**Grigoraki (Léonidas)**, Doct. ès Sc., 29, rue d'Enghien. Lyon (Rhône) (1926).
**Grillet (Nicolas)**, Ing. Dir. gén. de la Soc. chim. des Usines du Rhône, 10, boulevard Maillot. Neuilly-sur-Seine (Seine). **R** (120).
**Grillot (Marcel-François)**, Publiciste, 6, rue Ledru-Rollin. Constantine (1927).
**Grimbert (Léon)**, Mem. de l'Acad. de Méd., Prof. à la Fac. de Pharm., 4, rue Adolphe-Focillon. Paris 14e (1922), XV.
**Grollet (Charles)**, Vétér., Sec. gén. de la Soc. de Pathol. comparée, 55, avenue Kléber. Paris 16e (1908).
**Gros (Dr Albert)**. Apt (Vaucluse) (1908).
**Gros (Mlle Marthe)**, Doct. en Pharm. Apt (Vaucluse) (1924), VI, XV.
**Gros et Roman**, Manufac. Wesserling (Haut-Rhin) (1887).
**Gross (Mme Frédéric)**, 19, rue Isabey. Nancy) (Meurthe-et-Moselle). **R** (1901).
**Gross (Frédéric)**, Doyen et Prof. hon. de la Fac. de Méd., Associé nat. de l'Acad. de Méd., 19, rue Isabey. Nancy (Meurthe-et-Moselle). **R** (1901).
**Groupe Pédagogique pour l'enseignement vivant**. Secr. : M. Beau, Instituteur. Le Vesoud, par Domène (Isère) (1926), XXI.
**Cauderay (Dr)**, 75, boulevard de Strasbourg. Le Havre.
**Groupe pédagogique girondin**, Secrétaire : M. Jacquet, Instit. à Tabanac, par Langoiran (Gironde) (1925), XXI.
**Gruner (Edouard)**, Ing. civ. des Mines, anc. Elève de l'Ec. Polytech., Sec. du Comité cent. des Houillères, 55, rue de Châteaudun. Paris 9e (1897).
**Gruvel (Jean-Abel)**, Prof. au Muséum nat. d'Hist. nat., 57, rue Cuvier. Paris (1923), X.
**Grynfeltt (Edouard)**, Prof. à la Fac. de Méd., 8, place Saint-Côme. Montpellier (Hérault) (1886).
**Guébel (Charles)**, Chir.-Dent., 2, rue Pasquier. Paris 8e (1920), XIV.

**Guében (Georges)**, Doct. en Sc. Phys. et Math., Ass. à l'Univ. de Liége, 50, rue des Wallons. Liége (Belgique) (1924).
**Guédon (Alfred)**, Nég., place de la Brèche. Niort (Deux-Sèvres) (1920).
**Guelpa (Dr)**, 43, rue Le Peletier. Paris 9e (1925), XII.
**Guénin (Georges)**, Corresp. du Min. de l'Instruc. pub., Prof. Agrégé d'Hist. au Lycée Pasteur, 9, rue Chartran. Neuilly-sur-Seine (Seine) (1911).
**Guéricolas (Mlle)**, Chir.-Dent., 23, rue Faidherbe. Paris 11e (1923), XIV.
**Guérin (Paul)**, Doct. ès Sc., Prof. à la Fac. de Pharm., 4, avenue de l'Observatoire. Paris 6e (1898).
**Guerne (le Baron Jules de)**, anc. Présid. de la Soc. Zool. de France et de la Commis. cent. de la Soc. de Géog. de Paris, 6, rue de Tournon. Paris 6e. **R** (1887.
**Guerreiro**, Chir.-Dent., rua de Sao-Paulo, 26, 1° Lisbonne (Portugal) (1925) XIV.
**Gueugnon (François)**, Ing., Chef des Trav. pratiques à l'Ec. normale de l'Enseignement technique, 54, rue de Bondy. Paris 10e (1921).
**Guex (Louis)**, Chir.-Dent. diplômé de la Fac. de Méd. de Paris, 27, rue de la Nuée-Bleue. Strasbourg (Bas-Rhin). **R** (1920), XIV.
**Guézard (Mme Jean-Marie)**, 16, rue des Ecoles. Paris 5e. **F** (1920).
**Guiart (Jules)**, Doct. ès Sc., Prof. à la Fac. de Méd., Corresp. nat. de l'Acad. de Méd., 58, boulevard de la Croix-Rousse. Lyon (Rhône) (1906).
**Guichard (Georges)**, Chir.-Dent., 206, boulevard Saint-Germain. Paris 7e (1921), XIV.
**Guicherd (Jean)**, Insp. gén. de l'Agric., 69, boulevard Pasteur. Paris 15e (1908).
**Guiffard (Léon)**, Avoc. à la Cour d'Ap., 9, rue de Thann. Paris 17e. **R** (1912).
**Guignard (Léon)**, Mem. de l'Inst. et de l'Acad. de Méd., Doyen hon. de la Fac. de Pharm., 6, rue du Val-de-Grâce. Paris 5e (1893).
**Guignard (Dr)**. Le Moutet (Allier) (1926).
**Guigue (Mlle Simone)**, Ingénieur Chimiste, 8, rue Biscarrat. Constantine (1927).
**Guilbert (Dr Charles)**, Chef de Lab. des Hôp., 25, rue d'Offémont. Paris 17e (1920), XIII.
**Guilbert (Gabriel)**, Météor., 9 bis, rue Albert-Joly. Versailles (Seine-et-Oise) (1894).
**Guillaume (Albert)**, Prof. sup. à l'Ec. de Méd. et de Pharm., Pharm. des Hôp., 15, rue de Crosne. Rouen (Seine-Inférieure) (1921), IX.
**Guillaume (Mme Georges)**, 41, rue de la République. Issoudun (Indre) (1912).
**Guillaume (Mlle Magdeleine)**, 41, rue de la République. Issoudun (Indre) (1919).
**Guillaume (Joseph)**, Astronome, 11, rue des Alliés. Saint-Genis-Laval (Rhône) (1906), II.
**Guillaumin (André)**, Assistant au Muséum nat. d'Hist. nat., 61, rue de Buffon. Paris 5e (1924), IX.
**Guillemard (Henri)**, Prof. de Chim. à la Fac. de Méd., 5, rue Thiers. Alger (1909).
**Guillemot (Charles)**, Mécan., 73, rue Saint-Louis-en-l'Ile. Paris 4e (1887).
**Guillerault**, Nég., 8, place Jules-Ferry. Le Havre (Seine-Inférieure) (1914).
**Guillermard (Joseph)**, 34, rue Sainte-Hélène. Lyon (Rhône) (1912).
**Guilliermond (Alexandre)**, Lauréat de l'Inst., Doct. ès Sc., Chargé de Cours à la Fac. des Sc., 12, rue Cuvier. Paris 5e (1905).

**Guillochon (Lucien)**, Assistant au Serv. de Botan., Prof. à l'Ec. coloniale d'Agric., route de l'Ariana (villa du Belvédère). Tunis (1920).

**Guillot (Mlle)**, Institutrice. Montagny, par Louhans (Saône-et-Loire) (1926).

**Guinard (Pierre)**, Professeur de Mathématiques, 47, boulevard de Châteaudun. Saint-Denis) (Seine) (1927).

**Guinet (Charles)**, Chir.-Dent. La Tour-du-Pin (Isère) (1920), XIV.

**Guinet (Maurice)**, Docteur en médecine, 8, rue Amilcar. Tunis (Tunisie) (1927).

**Guitard (E.-H.)**, Sec. gén. de la Société d'Histoire de la Pharmacie, 39, rue de la Concorde. Toulouse (Haute-Garonne) (1926).

**Guillon (Mlle)**, 6, rue Jaboulay. Lyon (Rhône) (1926).

**Gunsett (Dr Auguste)**, Chargé de Cours à la Fac. de Méd., 4, rue du Général-de-Castelnau. Strasbourg (Bas-Rhin) (1920).

**Guyon (Charles)**, Chir-Dent., 14, rue de l'Ecureuil. Rouen (Seine-Inférieure) (1921), XIV.

**Guyot (Dr Joseph)**, Agr. à la Fac. de Méd. Chirurg. des Hôp., 14, rue Boudet. Bordeaux (Gironde) (1903).

**Guyot (Maurice)**, Ing. Chim., 49, rue Jean-Jaurès. Creil (Oise). **R** (1903).

**Guyot (René)**, Lic. ès Sc., Pharm. de 1re cl., 24, rue Castillon. Bordeaux (Gironde) (1923).

**Haazen (Valère)**, Pharm., 15, avenue Isabelle. Anvers (Belgique) (1924), XV.

**Haazen (Mlle B.)**, 15, avenue Isabelle. Anvers (Belgique) (1925).

**Hachette et Cie**, Libr.-Edit., 79, boulevard Saint-Germain. Paris 6e. **F** (1872).

**Hackspill (Louis-Jean-Henri)**, Prof. de Chimie, Université de Strasbourg, 14, rue Silbermann. Strasbourg (Haut-Rhin). **R** (1927).

**Hadengue (Dr Pierre)**, Chef du Lab. d'Electro-Radiologie de l'Hôp., 10, rue de Provence. Versailles (Seine-et-Oise) (1923).

**Hairs (Eugène)**, Prof. à l'Univ., 32, rue César-Franck. Liége (Belgique) (1924), XV.

**Halbron (Dr Paul)**, anc. Int.-Lauréat des Hôp., Chef de Clin. adj. à la Fac. de Méd., 27, rue Marbeuf. Paris 8e (1907).

**Halkin (Henri)**, Chargé de Cours à l'Univ., 16, rue des Vingt-Deux. Liége (Belgique) (1924).

**Hall (H. U.)**, Assistant Curator. Sect. of gen. Ethnology. University Museum. Philadelphia (Etats-Unis), XI.

**Hallet (Dr Arthur)**, Chirurgien à l'Hôpital des Anglais, rue Sainte-Marie. Liége (Belgique) (1924).

**Hallette (Albert)**, 6, route de Bohain. Le Cateau (Nord). **R** (1899).

**Hallion (Dr Louis)**, anc. Int. des Hôp., Dir. adj. du Lab. de Physiol. pathol. des Hautes-Etudes (Collège de France), 54, rue du Faubourg-Saint-Honoré. Paris 8e (1895).

**Halluin (Dr Maurice d')**, Prof. adj. à la Fac. libre de Méd., 15, rue de Châteauneuf. Nice (Alpes-Maritimes) (1924), XIII.

**Hally-Smith (Dr Daniel)**, Chir.-Dent., 22, place Vendôme. Paris Ier (1920), XIV.

**Haloua (Félix)**, Chir.-Dent., diplômé de la Fac. de Méd , 4, rue de Stockholm. Paris 8e (1920), XIV.

**Hameau (Mme Magdeleine)**, Villa Renée. Arcachon (Gironde) (1909).

**Hamed-Chaker-Bay (Dr)**, place Ataba et rue Mohamed-Aly-Ataba. Le Caire (Egypte) (1914).

**Hamandjian (Henri)**, Chir.-Dent., 10, rue de la Fidélité. Paris 10e (1927).

**Hamman (Paul)**, Chir.-Dent., Maison médicale de Nice, 90, avenue Stephen-Liégeard. Nice (Alpes-Maritimes) (1920).

**Hamon (Mme Gilberte)**, 5, rue d'Alsace-Lorraine. Orléans (Loiret) (1924).

**Hamon (Dr Jean)**, 5, rue d'Alsace-Lorraine. Orléans (Loiret) (1924).

**Hannevart (Mlle G.)**, D. Sc. Régente d'Ecole Moyenne, 109, rue du Général-Graty. Bruxelles (Belgique) (1926).

**Hanocq (Charles)**, Prof. à l'Univ. de Liége, 46, boulevard Emile-de-Lavelaye. Liége (Belgique) (1924).

**Hanriot (Dr René)**, 8, rue de La Commanderie. Nancy (Meurthe-et-Moselle) (1922).

**Hansen Dovermans (Aurore)**, Institutrice, 19, rue de Chênée. Searing (Belgique) (1924).

**Haran (D[r])**, rue San-José 1920. Montevideo (Uruguay) (1926).

**Harcourt (Raoul d')**, Chef de Serv. au Départ. de l'Etr. à la Sté Générale, 138, avenue de Wagram. Paris 17e (1925), XI.

**Haret (Dr G.)**, Radiol. des Hôp., Expert près les Trib., 8, rue Pierre-Haret. Paris 9e (1914).

**Hartmann**, Notaire, 31, place de la Bourse. Le Havre (Seine-Inférieure) (1914).

**Harwood (H.-J.)**, Chir.-Dent., 130, avenue de Versailles. Paris 16e (1901), XIV.

**Haumont (Louis)**, Ing. Agron., 12, rue de la Bourse. Mulhouse (Haut-Rhin) (1924), XVIII.

**Hautchamps (Dr Léon)**, Dir. du Lab. de Radiol. des Hôp., 4, rue Renier-Chalon. Bruxelles (Belgique) (1910).

**Hauth (Alfred)**, Pharm. Saverne (Bas-Rhin) (1920).

**Harvé (D[r])**, 5, rue de l'Alboni. Paris 16e (1926).

**Hawthorn (Dr Edouard)**, Inst. de Bactériologie, 286, rue Paradis. Marseille (Bouches-du-Rhône) (1906).

**Hecart (Mlle Henriette)**, Professeur, 3, avenue des Chalets. Paris 16e (1925), V à XVII.

**Hégly (Victor-Michel)**, Ing. en chef des Ponts et Chaussées, 10, rue de l'Esplanade. Metz (Moselle) (1924), III, IV.

**Heide (Albert-S.)**, Chir.-Dent., 1 et 3, rue de Penthièvre. Paris 8e (1920).

**Heidsieck (Charles)**, Nég. en vins de Champagne, 46, rue de la Justice. Reims (Marne) (1907).

**Heimendinger (Dr A.)**, 13, rue Fischart. Strasbourg (Bas-Rhin) (1920).

**Helm de Balsac (Henri)**, Externe des Hôpitaux, 104, rue de Rennes. Paris 6e (1925), X.

**Héléna (Philippe)**, 4, rue Hippolyte-Faure. Narbonne (Aude) (1919), XI.

**Helmlinger (Jean)**. Digoin (Saône-et-Loire) (1920).

**Hennekinne (Alb.)**, Pharm. Chef de trav. à l'Univ. de Gand, 107, avenue Saint-Denis. Gand (Belgique) (1924), XV.

**Henrard (Dr Etienne)**, Présid. de la Soc. Belge de Radiol., 11, rue Joseph-II. Bruxelles (Belgique) (1904), XIII.

**Henrijean (Dr François)**, Prof. à l'Univ., Mem. de l'Acad. de Méd., 11, rue Fabry. Liége (Belgique) (1907).

**Henry (Alfred)**, Ing. des Arts et Manuf., 7, rue des Pins. Boulogne-sur-Seine (Seine). **R** (1923), VII.

**Henry (Louis-Isidore)**, Ing. gén. du Génie militaire (C. B.), 6, rue Picot. Toulon (Var). **R** (1899).

**Henry (Dr Narcisse)**, 31, avenue de la Victoire. Nice (Alpes-Maritimes) (1922), VII.

**Henry (Dr Alexandre)**, Médecin Bactériologiste, 61, avenue de Bienfait. Constantine (Algérie) (1926).

**Heremans (Mlle)**, Chir.-Dent., 87, rue de la Station. Soignies (Belgique) (1924), XIV.

**Hérichard (Emile)**, Ing. des Constr. civ., anc. Elève de l'Ec. nat. des P. et Ch., 45, avenue Félix-Faure. Paris 15e. **R** (1901).

**Hérisson (J.-Gaston)**, Adm. des Serv. Civils, 208, rue Mac-Mahon. Saïgon (Cochinchine) (1924), XVIII.

**Hermann (Henri)**, Prof. agr. à la Fac. de Méd., 10, rue Thuillier. Alger (Algérie) (1927).

**Hermann-Dupasquier**, Nég., 17, rue Jules-Lecesne. Le Havre (Seine-Inférieure (1914).

**Héron (Guillaume)**, Prop.-Agric., 3, allée Saint-Etienne. Toulouse (Haute-Garonne). **R** (1877).

**Herpin (René)**, Lic. ès Sc., Prof. à l'Inst. Saint-Paul, 10, rue Emile-Zola. Cherbourg (Manche) (1921), IX, X.

**Herran (Adolphe)**, Ing. civ. des Mines, 103, avenue de Villiers. Paris 17e. **R** (1903).

**Hervieux (Dr Charles)**, Doct. ès Sc. physiques, Prof. à l'Ec. Nat. Vétér. de Toulouse, Prof. agr. des Fac. de Médecine. Toulouse (Haute-Garonne) (1907).

**Herzmark (Nicolas)**, Ingénieur, 27, avenue Mac-Mahon. Paris 17e (1926).

**Hesse**, Chir.-Dent., 40, rue Jardon. Verviers (Belgique) (1924), XIV.

**Hetzel (Jules)**, Libr.-Edit., 12, rue des Saints-Pères. Paris 7e. **R** (1895).

**Hewitt (John-Théodore)**, Chimiste Manor House, Sutton Road. Heston (Middlesex, Angleterre). **R** (1923, VI.

**Heymann (Dr)**, Hôpital militaire. Hanoï (Indo-Chine) (1923), XIII.

**Hypwell (Dr Abraham-Lander)**, Chir.-Dent., 91, avenue des Champs-Elysées. Paris 8e (1920), XIV.

**Hirsch (Louis)**, Chir.-Dent., rue Lambert-le-Bègue. Liége (Belgique) (1924).

**Hirtz (Dr)**, Méd.-Maj. de 1re cl., Chef du Serv. de Physiothérap., à l'Hôp. milit. du Val-de-Grâce, 13, rue Le Verrier. Paris 6e (1914).

**Hissette (Edouard)**, Pharm., 1, avenue de la Paix. Strasbourg (Bas-Rhin) (1920).

**Hitzel (Edmée-Geneviève)**, Prof. agr., Lycée de Tours, 1, rue Alfred-de-Vigny. Tours (Indre-et-Loire) (1927).

**Hody (de)**, Chir.-Dent. Monthureux-sur-Saône (Vosges) (1924), XIV.

**Hollande (Dr Edmond)**, 3, rue Pierre-Haret. Paris 9e (1920), XI bis.

**Holstein (Bernard)**, Chir.-Dent., 17, rue Jeanne-d'Arc. Rouen (Seine-Inférieure) (1921), XIV.

**Holstein (Otto)**, Command. de réserve de l'Armée Américaine, 155, Casilla Trujillo (Pérou). **R** (1922).

**Hommell (Robert)**, Dir. de l'Agr. en Alsace et Lorraine, 4, place de la République. Strasbourg (Bas-Rhin) (1920), XVIII.

**Hommey (Dr Joseph)**, Méd. de l'Hôp., Mem. du Cons. départ. d'Hygiène, 26, rue Patin. Sées (Orne). **R** (1894).

**Hornus (Charles)**. Mulhouse (Haut-Rhin) (1920).

**Hostinsky (Bohuslav)**, Prof. à la Fac. des Sc. Kounicova 59. Brno (République Tchécoslovaque). **R** (1922).

**Hottinguer**, Banquier, 38, rue de Provence. Paris 9e. **F** (1872).

**Houard (Clodomir)**, Prof. à Fac. des Sc., Dir. de l'Inst. et du Jardin Bot., rue de l'Université. Strasbourg (Bas-Rhin) (1899), IX.

**Hourry**. Brunoy (Seine-et-Oise) (1927).

**Housset (Paul)**, Chir.-Dent., 87, boulevard Haussmann. Paris 8e (1921), XIV.

**Huart-Saint-Mauris (Baron d'),** Château de Colombier, près Vesoul (Haute-Saône) (1924), XI.

**Hubens (Armand),** Pharm., 7, rue du Mouton-Blanc. Liège (Belgique) (1924), XV.

**Hubert (Gabriel),** Doct. en Pharm., Lic. ès Sc., 59, Grande-Rue. Mayenne (Mayenne) (1922).

**Hubert (Henry),** Doct. ès Sc., Admin. en chef des Colonies, 12, rue Carnot. Dakar (Sénégal) (1908), VII, VIII.

**Hubert de Vautier (Emile),** Entrep. de confec. milit., 114, rue de la République. Marseille (Bouches-du-Rhône). **R** (1891).

**Hude (Dr Louis),** Radiol., 33, rue Pasteur. Saintes (Charente-Inférieure) (1923), XIII.

**Huet**, ing. civ. Avranches (Manche) (1924), III, IV.

**Huet (Emile)**, Chirurg.-Dent., 166, rue Belliard. Bruxelles (Belgique) (1920).

**Hugounenq (Louis),** Doyen hon. de la Fac. de Méd., 17, avenue de Noailles. Lyon (Rhône) (1906), VI.

**Hugues (Albert),** Mem. de la Soc. Préhist. française et de la Soc. d'Ornithol. Saint-Geniès-de-Malgoirès (Gard). **R** (1910).

**Hugues (Camille),** Lic. ès Lettres. Saint-Geniès-de-Malgoirès (Gard). **R** (1926).

**Huguet,** Chir.-Dent., 156, rue du Palais-Gallien. Bordeaux (Gironde) (1923), XIV.

**Huguet (Dr Jean),** 116, rue Sylvabelle. Marseille (Bouches-du-Rhône) (1922).

**Hulin,** Chir.-Dent., 24, rue de Berri. Paris 8e (1923), XIV.

**Humbel (Mme Vve Lucien).** Eloyes (Vosges). **R** (1887).

**Humbert (Henri),** Chef des Trav. de Bot. à la Fac. des Sciences d'Alger. Alger (Algérie). **R** (1914).

**Humblot,** Chir.-Dent., 34, rue de la Cordonnerie. Meaux (Seine-et-Marne) (1921), XIV.

**Hume (Edgar-Erskine),** Lieut-Col. (de carrière) de l'Armée Américaine, Surgeon General's Office. War Department. Washington D. C. (U. S. A.). **R** (1923).

**Huray (Frédéric),** Pharm., 57, rue de la République. Rouen (Seine-Inférieure) (1921).

**Hurtaud,** Pharm. Saint-Hilaire-la-Palud (Deux-Sèvres) (1927).

**Husquin de Rhéville (Georges),** Lic. ès Sc. Math., Ing. des Arts et Man., 76, avenue de Villiers. Paris 17e. **R** (1913).

**Husson,** Dir. de la Soc. des Carrières de l'Ouest, 127, rue du Val-de-Saire. Cherbourg (Manche) (1905).

**Hussein,** Doct. en Méd., 1, rue Turpin. Lyon (Rhône) (1926).

**Huter (Dr Eugène),** avenue de la Forêt-Noire. Strasbourg (Bas-Rhin) (1920).

**Huttinger (Charles),** place de la Chapelle. La Baule-sur-Mer (Loire-Inférieure) (1922).

**Huvé,** Industriel. Aubagne (Bouches-du-Rhône) (1927).

**Huybrechts (Maurice),** Prof. à l'Univ., 5, rue de Chestret. Liége (Belgique) (1923), VI.

**Hyde (Jame-Hazen),** Doct. honoris causa, de l'Université de Rennes. 67, boulevard Lannes. Paris 16e. **F** (1911).

**Hyvert (Georges),** Ing. civ., 143, quai Riquet. Carcassonne (Aude) (1922).

**Iberica,** Revue Scientifique, Apartado, 3, Calle del Palau, Barcelone (Espagne) (1923).

**Icard (François)**, adj. en retraite, correspondant du Ministère de l'Inst. Pub., rue Sidi-el-Bena, 20. Tunis (1927), XI.

**Idiers (Albert)**, Pharm. hon., 263, rue François-Gay. Woluwe-les-Bruxelles (Belgique) (1913).

**Imbert (Yvan)**, Instit. Gommerville, par Beaudreville (Eure-et-Loir) (1924), XXI.

**Infray (Léon)**, Pharm., 7, place Cauchoise. Rouen (Seine-Inférieure) (1921).

**Ingweller (Raymond)**, 14, rue Saint-Georges. Hagueneau (Bas-Rhin) (1920)

**Institut Géologique de l'niversité de Padoue** (Italie) (1925), VIII.

**Institut Metz** (Œuvre philanthropique et Ecole d'Apprentis des Usines). Domeldange (Grand-Duché de Luxembourg). **R** (1920).

**Instiut Scientifique Chérifien (le Directeur de l')**, avenue Moulay-Youssef. Rabat (Maroc) (1922).

**Isaac (Auguste)**, anc. Présid. de la Ch. de Com., 12, quai des Broteaux. Lyon (Rhône) (1906).

**Isambert (François)**, 3, rue de Châteaudun. Chartres (Eure-et-Loir) (1924).

**Isay (Mme Mayer)**. Blâmont (Meurthe-et-Moselle). **R** (1888).

**Isay (Meyer)**, Filat., anc. Cap. du Génie, anc. Elève de l'Ecole Polytech. Blâmont (Meurthe-et-Moselle). **R** (1888).

**Isidor (Pierre-Maurice)**, 9, rue d'Anjou. Paris 8e.

**Izard (Gabriel)**, Doct. en Méd., 38, avenue Junot. Paris 18e (1923), XI, XIV.

**Jabaud**, Instituteur, 26, rue Dupuch. Alger (Algérie) (1927).

**Jacquemon (Albert)**, Chir.-Dent., 1, rue Béranger. Grenoble (Isère) (1925), XIV.

**Jacquerez (Charles)**, Agent Voyer en retraite, 34, rue Jacques-Delille. Saint-Dié (Vosges). **R** (1903).

**Jacques (Joseph)**, Pharm. chim. exp. Thimister (Belgique) (1924), VI, XV.

**Jacques-Leseigneur (Henri)**, Commissaire en chef de la Marine, 8, rue de Belloy. Paris 16e (1905).

**Jacquet (Joseph)**, Lic. ès Sc. Nat., Prof. à l'Ec. Saint-François, 39, rue Vannerie. Dijon (Côte-d'Or) (1923), VIII, IX, X, XVIII.

**Jacquet (Paul)**, Institeur. Tabanac, par Langoiran (Gironde) (1923), XXI.

**Jacquin (Anatole)**, Confis., 12, rue Pernelle. Paris, et villa des Lys. Dammarie-les-Lys (Seine-et-Marne). **R** (1894).

**Jacquinet (Dr René)**, Directeur de l'Ec. de Méd., 35, rue Thiers. Reims (Marne) (1907).

**Jadin (Fernand)**, Corresp. de l'Inst., Doyen de la Fac. de Pharm., 2, rue Saint-Georges. Strasbourg (Bas-Rhin). **R** (1895).

**Jadoulle (Andrée)**, Institutrice. Seraing-sur-Meuse (Belgique) (1924), XXI.

**Jahier (Dr)**, Chef de Clin. obstrétricale à la Fac. d'Alger, 41, rue Sadi-Carnot. Alger (Algérie) (1927).

**Jaillet (Charles)**, Montée de Beaumur. Vienne (Isère) (1925), XI.

**Jammes (Léon)**, Prof. à la Fac. des Sc., 4, place Sainte-Scarbe. Toulouse (Haute-Garonne) (1908), X.

**Janet (Dr Pierre)**, Mem. de l'Inst., Prof. au Collège de France, 54, rue de Varenne. Paris 7e (1914), XVI.

**Jannin (Georges)**, Ing. Agric., Direct. des Serv. Agric. à la Préfecture. Dijon (Côte-d'Or) (1921), XVIII.

**Janse (Olov-Robert)**, Doct. ès Lettres, Attaché au Musée des Antiq. Nat. Saint-Germain-en-Laye (Seine-et-Oise) (1923), XI.

**Japiot (Dr Paul)**, 4, rue Gailleton. Lyon (Rhône) (1912).

**Jarry**, rue Saint-Spire. Corbeil (Seine-et-Oise) (1927).

**Jaspar (Jean)**, Pharm., 90, rue Sainte-Marguerite. Liége (Belgique) (1924).

**Jaubert (Dr Adrien)**, Insp. de la vérif. des Décès, 57, rue Pigalle. Paris 9e. **R** (1895).

**Jaubert de Beaujeu (Dr)**, Chef du Labor. de Radiologie de l'Hôpital Français et de l'Hôp. Sadiki, 14, passage des Entrepreneurs. Tunis (Tunisie) (1927), XIII.

**Jaulin (Dr Maurice)**, Radiol. et Physioth., 30, rue Pasteur. Orléans (Loiret) (1907). XIII.

**Jaumotte (Jules)** ,Dir. de l'Inst. Roy. Météor. de Belgique, avenue Circulaire. Uccle (Belgique) (1924), VII.

**Javal (Dr Adolphe)**, Chef de Lab. à la Fac. de Méd., 14, rue Franklin. Paris 16e. **R** (1905).

**Javillier (Jean-Maurice)**, Maître de Conf. à la Fac. des Sc., Direct. du Lab. de Chim. physiol. à l'Inst. des Recherches agron., 19, rue Ernest-Renan. Paris 15e (1911), XVIII.

**Jean (Paul-H.)**, Chir.-Dent., 38, Nanking Road. Shanghaï (Chine) (1920).

**Jeanbernat de Ferrari Doria (Emmanuel-Barthélemy)**, Avocat, doc. en droit, villa Doria, boulevard Chave. Marseille (Bouches-du-Rhône). **F** (1923).

**Jeannel (Maurice)**, Doyen et Prof. de Clin. chirurg. à la Fac. de Méd., Corresp. nat. de l'Acad. de Méd., 1, rue Ozenne. Toulouse (Haute-Garonne). **R** (1902).

**Jeannel (Dr René)**, Doct. ès Sc., Prof. à la Fac. des Sc., Direct. du Vivarium, Muséum Nat. d'Hist. Nat., 57, rue Cuvier. Paris 5e (1912).

**Jeunehomme (Edgar)**, Prof. à l'Athénée, répét. à l'Univ., 27, rue Sélys. Liége (Belgique) (1924).

**Joachim (Albert)**, Chir.-Dent., 3, rue des Hornes. Bruxelles (Belgique) (1920), XIV.

**Job (André)**, Prof. au Conserv. nat. des Arts et Métiers, 18, avenue d'Orléans. Paris 14e (1918).

**Jodin (Dr Henri)**, Doct. ès Sc., Prépar. à la Fac. des Sc., 58, rue de Clichy. Paris 9e (1895).

**Jodot (Paul)**, Chef des Trav. à l'Ec. nat. Sup. des Mines, Prépar. à l'Ec. nat. des Ponts-et-Chaussées, 12, rue du Regard. Paris 6e (1908).

**Joleaud (Mlle Jeanne)**, 143, boulevard Saint-Michel. Paris 5e. **R** (1924).

**Joleaud (Léonce)**, Maître de Conf. à la Fac. des Sc., 143, boulevard Saint-Michel. Paris 5e. **R** (1908).

**Joly**, Chirurg.-Dent., 5, rue de la Tannerie. Calais (Pas-de-Calais) (1923), XIV.

**Joly (Henry)**, Doct. ès Sc. nat., Chargé de Cours de Géol. à la Fac. des Sciences, 53, boul. d'Alsace-Lorraine prolongé. Nancy (Meurthe-et-Moselle) (1908).

**Joly (Dr Marcel)**, 82, rue La Fontaine. Paris 16e (1923). XIII.

**Jong (Dr Sam de)**, 75, rue de Courcelles. Paris 8e (1907).

**Joseph (Etienne)** (le Frère) des Ecoles chrétiennes, Collège de l'Immaculée Conception, Calle Juan Tutau. Figueras (Espagne) (1923), VIII.

**Josse (Adrien)**, Banq., 37, boulevard Haussmann. Paris 9e (1909).

**Josse (Hippolyte)**. Ing.-Cons. en matière de Brevets d'invention, anc. Elève de l'Ec. Polytech., 17, boulevard de la Madeleine. Paris 1er (1897).

**Jouanne (Mme Vve Amélie)**, 53, rue de Lyon. Paris 12e (1919).

**Joubin (Dr Louis)**, Mem. de l'Inst., Prof. au Muséum nat. d'Hist. nat., Mem. du Comité des Trav. Hist. et Scient., 36, rue Geoffroy-Saint-Hilaire. Paris 5e (1887).

**Jouen (Emile)**, Chirurg.-Dent., 2, place du Vieux-Marché. Rouen (Seine-Inférieure) (1921), XIV.

**Jouenne (Mme Alice)**, Institutr. à l'Ec. de Plein Air, 71, rue du Cardinal-Lemoine. Paris 5e (1923), XXI.

**Joumier (Jérémie)**, Prop., Saint-Cybardeaux (Charente) (1906), XII, XVIII.

**Jourdan (A.-G.-L.)**, Ing. civ. « Lumen ». Beaumont (Ile de Jersey) (Channel Islands). **R** (1889).

**Journal Le Havre-Eclair**, 11, rue de la Bourse. Le Havre (Seine-Inférieure) (1914).

**Journée (Constant)**, Prof. à l'Inst. Agron. de l'Etat à Gembloux, 66, rue Henri-Lemaître. Namur (Belgique) (1924), XVIII.

**Jouveshomme**, Instituteur, 1, place de la Gare-des-Vallées. Bois-Colombes (Seine) (1924), XXI.

**Joyeux**, Chir.-Dent., 15, rue des Vieux-Capucins. Chartres (Eure-et-Loir) (1925), XIV.

**Judet (Mme Henri)**, 1, rue de Villersexel. Paris 7e (1913).

**Judet (Dr Henri)**, Doct. ès Sc., 1, rue de Villersexel. Paris 7e (1913).

**Juge (Dr Camille)**, Chirurg. des Hôp., 11, boulevard Baille. Marseille (Bouches-du-Rhône) (1908).

**Julia (Gaston-Maurice)**, Professeur de math. à la Fac. des Sciences, 4 bis, rue Traversière. Versailles (Seine-et-Oise).

**Julien (Dr Robert)**, 21, avenue Durante. Nice (Alpes-Maritimes) (1909).

**Jullien (Alexandre)**, Chim., 6, Grande-Rue de Monplaisir. Lyon (Rhône) **R** (1906), VI.

**Jullien (Dr Joseph)**, rue Caladé. Joyeuse (Ardèche) (1905).

**Jullien (Raymond)**, **Pharm.**, 146, rue Saint-Vivien. Rouen (Seine-Inférieure) (1921).

**Julsonnet (Henri)**, Pharm. Milit., rue Bouillenne. Fléron (Belgique) (1924).

**Jundzitt (le Comte Casimir)**, Prop. Agric. Domanow-Réginow (Russie). **R** (1886).

**Junot (Maurice)**, Dir. des Voyages pratiques, 2, rue Scribe. Paris 9e (1899).

**Juppont (Pierre)**, Ing. des Arts et Man., 67, allées Jean-Jaurès. Toulouse (Haute-Garonne) (1903).

**Kaiser (R.)**, Court., 101, boulevard de Strasbourg. Le Havre (Seine-Inférieure) (1914).

**Kaisin (Félix)**, Prof. de Géol. à l'Univ. de Louvain (Belgique) (1924), VIII.

**Kartener (Marcel)**, Comptable, 30, faubourg d'Alsace. Badonviller (Meurthe-et-Moselle) (1924), XVIII.

**Kauffeisen**, Pharm. Pont-Saint-Vincent (Meurthe-et-Moselle) (1911).

**Kauffmann (Dr)**, Electro-Radiologie, 95, rue de Monceau. Paris 8e (1923).

**Kauffmann (Roger)**, Indust., 208, rue Saint-Denis. Paris 2e (1920).

**Kauffmann (Roger)**, Maître de Conf., Dir. du Labor. de Fermentation à l'Inst. nat. agron., 9 bis, rue d'Assas. Paris 6e (1922), XVIII.

**Kelley (Harper)**, archéologue Banque Morgan et Cie, 14, place Vendôme. Paris. **R** (1928).

**Kelley (Mme Alice)**, chez Morgan et Cie, 14, pl. Vendôme. Paris (1928), XI.

**Kelsey**, Chir.-Dent., 2, place de la Préfecture. Marseille (Bouches-du-Rhône) (1923), XIV.

**Kéon (Raymond)**, Ingénieur-Indust., 33, avenue Legrand. Bruxelles (Belgique (1923).

**Kerbérénès (Mme Maxime)**, Institutrice, 169, avenue Jean-Jaurès. Paris 19e (1925), XXI.

**Kergomard (Joseph)**, Professeur de Géographie au Lycée Louis-le-Grand, 166, boulevard du Montparnasse. Paris (1927).

**Kergomard (Jean)**, Directeur de l'Ecole Normale d'instituteurs de Lyon, 1, rue Philippe-de-Lassalle. Lyon (1927).

**Kergrohen (Dr A.)**, Ex. Chef de Clin. d'Elect. méd. de la Fac. de Méd. de Bordeaux, 1, rue Choquet-de-Lindu. Brest (Finistère) (1923), XIII.

**Kestner (Paul)**, Ing. civ., 38, rue Ribéra.. Paris 16e (1909).

**Kharachnick**, Ingén.-Archit. de la Ville de Saint-Etienne, 10, rue Conte-Grandchamp. Saint-Etienne (Loire) (1926), III, IV, XXII.

**Killiani (Charles)**, Chef d'escadron d'Artil. coloniale en retraite, 10 bis, rue Daguerre. Paris 14e. **R** (1909).

**Kimpflin** , Doct. ès Sc., 50 bis, rue Violet. Paris 15e (1907).

**Kirchner (Marcel)**, Ing. des P. et Ch., 76, rue du Champ-des-Oiseaux. Rouen (Seine-Inférieure) (1921).

**Kisch (Norbert de)**, Chir.-Dent. diplômé de la Fac. de Méd. de Paris, 2, place de la Mairie. Saint-Mandé (Seine) (1909), XIV.

**Klein**, Chir.-Dent., 3, rue Childebert. Lyon (Rhône) (1926), XIV.

**Klein**, 35, rue Gerber. Strasbourg (Bas-Rhin) (1926).

**Klercker (John)**, anc. Professeur à l'Université de Lund. Skanör (Suède). **F** (1926).

**Kling (André)**. Doct. ès Sc., Dir. du Lab. mun. de la Ville de Paris (Préfecture de Police), 6, villa George-Sand. Paris 16e (1918).

**Klotz (H. et G.)**, 18, place Vendôme. Paris. **R** (1909).

**Knapen**, 8, place Lehon. Bruxelles (Belgique) (1914).

**Knight (Meldin)**, Professeur Etudes Coloniales, 29, rue Jacob. Paris 6e (1927).

**Knittel (Georges)**, Chir.-Dent., 46, avenue de la République. Colmar (Haut-Rhin) (1920), XIV.

**Kœchlin-Claudon (Emile)**, Ing. des Arts et Man., 21, boulevard Delessert. Paris 16e. **R** (1880).

**Kœnigs (Gabriel-Xavier-Paul)**, Membre de l'Académie des Sciences de Paris, Prof. de Mécanique à la Sorbonne et au Conservatoire des Arts et Métiers, Membre corresp. de l'Acad. des Sc. de Madrid, 77, rue du Faubourg-Saint-Jacques. Paris 14e. **R** (1927)

**Koetschet**, Direct. scient. des Usines du Rhône. Saint-Fons (Rhône) (1920).

**Kohl**, Chir.-Dent., 1, rue Trappée. Liége (Belgique) (1924), XIV.

**Kollmann (Max)**, Prof. à la Fac. des Sc., place Victor-Hugo. Marseille (Bouches-du-Rhône) (1921), X.

**Kopp (André)**, Ing.-Agron., Sous-Dir. de la Stat. Agron. Pointe-à-Pitre (Guadeloupe) (1921), IX, XVIII.

**Kossecki (C.-X. de)**, Avocat, 66, rue Caumartin. Paris (1927).

**Kraïtchik (Maurice)**, Ing., 51, rue Wéry. Bruxelles (Belgique) (1921).

**Kreiss (Adolphe)**, Ing. civ., 186, avenue Victor-Hugo. Paris 16e. **R** (1886).

**Kritchevsky (Dr S.)**, Chir.-Dent., 81, boulevard Malesherbes. Paris 8e (1921), XIV.

**Kténas (Constantin)**, Membre de l'Académie d'Athènes, Prof. à l'Université, Géologue, 38, rue de l'Académie. Athènes (1927).

**Kuhlmann (Etablissements)**, Prod. Chim.,, 11, rue de La Baume. Paris 8e (1926).

**Kuhnholtz-Lordat (Georges)**, Professeur à l'Ecole nat. d'Agriculture, 5, rue Saint-Vincent-de-Paul. Montpellier (Hérault) (1927).

**Künckel d'Herculais (Mme Jules)**, 45, rue Blanche. Paris 9e; l'été, château de Grand-Croix. Ardentes (Indre). **R** (1911).

**Kühn (Herbert)**, Prof. à l'Université de Cologne (Roë), 5, Hombergestrasse (Allemagne) (1927).

**Labarthe,** Chir.-Dent., 38, cours Lemercier. Saintes (Charente-Inférieure) (1924), XIV.

**Labat (D^r André),** Agr. à la Fac. de Méd., 64, rue Rosa-Bonheur. Bordeaux (Gironde) (1919).

**Labbé (D^r Henri),** Agr. à la Fac. de Méd., 52, avenue de Saxe. Paris 15^e (1914).

**Labbé (Marcel),** Prof. à la Fac. de Méd., Méd. des Hôp., 9, rue de Prony. Paris 17^e (1907).

**Labbé (Paul),** Explorat., anc. Sec. gén. de la Soc. de Géog. de com. de Paris, 30, rue Washington. Paris 8^e (1913), XIX.

**Labeau (D^r Roger),** Assist. de Radiol. à l'Hôp. Saint-André, 50, rue Judaïque. Bordeaux (Gironde). **R** (1923), XIII.

**Laboissière (Victor),** 73, rue Carnot. Levallois-Perret (Seine) (1913).

**Laboratoire de Géographie physique de l'Université de Paris, Faculté des Sciences,** Sorbonne. Paris 5^e (1923).

**Laboratoire de Zoologie de la Faculté des Sciences,** rue Monge. Dijon (Côte-d'Or) (1911).

**Laborde (D^r Eugène),** Prof. à la Fac. de Pharm., 2, rue Saint-Georges. Strasbourg (Bas-Rhin) (1909).

**Laborde (Fernand),** Ing. des Arts et Man., Dir. de la Soc. des Mines du Djebel-Ressas, Vice-Présid. du Comité des Mines et Phosphates de Tunisie. Djebel-Ressas, par La Laverie (Tunisie) (1913).

**Laborderie (André de),** Nég. en Prod. chim., 96, rue Victor-Hugo. Ivry (Seine) (1923).

**Laborderie (D^r J.).** Sarlat (Dordogne) (1923).

**Labounoux (Paul),** Dir. des Serv. agric. du départ, 37, rue Thiers. Rouen (Seine-Inférieure) (1921).

**Labrouste (Henri),** Maître de Conf. à la Fac. des Sc., 26, rue Censier. Paris 5^e (1920).

**Labruyère, Indust.,** 6, villa Guibert (83, rue de La Tour). Paris 16^e (1920).

**Lachapèle (Albert),** Interne des Hôpit., 27, rue d'Ornano. Bordeaux (1923).

**Lacomme (D^r Léon),** Lic. ès Sc., Insp. départ. d'Hyg. de la Somme (Villa Jojo), 36, avenue d'Edimbourg. Amiens (Somme) (1906).

**Lacoste (Georges),** Pharmacien. Cambo (Basses-Pyrénées) (1923), XV.

**Lacroix (Alfred),** Sec. perp. de l'Acad. des Sc., Assoc. étranger de l'Acad. des Sc. des Etats-Unis, Mem. de l'Acad. des Sc., Lettres et Arts de Danemark, Prof. au Muséum nat. d'Hist. nat., Doct. hon. causa de l'Univ. de Liége, 61, rue de Buffon. Paris 5^e (1908), VIII.

**Lacroix (D^r André),** 20, rue Thiers. Rouen (Seine-Inférieure) (1921).

**Lacroix (D^r Eugène),** 47, rue des Charpennes. Lyon (Rhône) (1926).

**Lacroix (J.-L.),** 4, rue Thiers. Niort (Deux-Sèvres) (1923), X.

**Lacroix (D^r Louis),** 20, rue Guersant. Paris 17^e (1910).

**Lacroix,** Professeur de Physiologie, Faculté de Médecine. Québec (Canada) (1926).

**Lacronique (D^r Gaston-Jean),** Dent. des Hôp., 17, rue de Pétrograd. Paris 8^e (1921), XIV.

**Ladureau (Mme Albert),** 37, boulevard Gambetta. Nice (Alpes-Maritimes). **R** (1882).

**Ladureau (Albert),** Ing.-Chim., ex-Dir. des Lab. de l'Etat, 37, boulevard Gambetta. Nice (Alpes-Maritimes). **R** (1882).

**Lafarge,** Chir.-Dent., 5, place du Pont. Bordeaux (Gironde) (1923), XIV.

**Lafaurie (Georges),** Courtier. Le Havre (Seine-Inférieure) (1914).

**Lafaurie (Maurice)**, 104, rue du Palais-Gallien. Bordeaux (Gironde). R (1887).

**Laféteur (Ferdinand)**, Répétiteur, Ecole professionnelle sup. Lavoisier, 89, boulevard de Port-Royal. Paris 13e (1926).

**Lafon**, Chir.-Dent., 30, rue du Parlement-Sainte-Catherine. Bordeaux (Gironde) (1923), XIV.

**Lafont (Ernest)**, Directeur d'Ecole, rue Sainte-Catherine. Villeneuve-sur-Lot (Lot-et-Garonne) (1923), XXI.

**Lafosse et de Ménibus**, Filat., 12, avenue Fauguet. Deville-les-Rouen (Seine-Inférieure) (1916).

**Lagache (Jules)**, Ing. des Arts et Man., Admin. de la Soc. des Prod. chim. agric., 22, rue des Allamandiers. Bordeaux (Gironde). R (1895).

**Lagane (Armand)**, Ing., 29, quai de Rohan. Lorient (Morbihan) (1921).

**Lagarde (Dr M.)**, 9, rue de Bassano. Paris 16e (1913).

**Lagarrigue (Ferdinand)**, Membre du Cons. de Surv. du Crédit Municipal de Paris, Dir. de Coopérative, 27, avenue de Suffren. Paris 7e (1926), XX.

**Lagatu (Henri)**, Prof. de Chim. à l'Ec. nat. d'Agric., Dir. de la Stat. agron., 1, rue de la Monnaie. Montpellier (Hérault) (1912).

**Lagneau (Didier)**, Ing. civ. des Mines, 35, avenue Kléber. Paris 16e. R (1902).

**Lagotala (Mlle Nelly)**, 16, rue de Candalle. Genève (Suisse) (1921).

**Lagotala (Henri)**, Doct. ès Sc., Géol., 16, rue de Candalle. Genève (Suisse) (1921).

**Laguesse (Edouard)**, Prof. à la Fac. de Méd., Corresp. nat. de l'Acad. de Méd., 50, rue d'Artois. Lille (Nord) (1909).

**Lahaut (Henri-Louis)**, Commandant pharm., 41, rue de Dave. Jambes (Prov. de Namur. (Belgique) (1924), XV.

**Lahy (Jean-Maurice)**, Chef de Trav. au Lab. de Psychol. expériment. de l'Ec. des Hautes-Etudes, 22, avenue de l'Observatoire. Paris (1914), XVI.

**Laillier (Alfred)**, Indust, 33 a, rue de Grammont. Rouen (Seine-Inférieure) (1916).

**Lajeot (Emile)**, Colonel pharm. Chef de l'armée belge, 49, avenue du Pont-de Luttre. Bruxelles (Belgique) (1924), XV.

**Laksine**, Chirurg.-Dent., 71, rue d'Antibes. Cannes (Alpes-Maritimes) (1922).

**Lalitte (Henri-Paul)**, Ingén. des Arts et Manufactures, 2, rue Eugène-Millon. Paris (15e) (1926).

**Lallemand (Charles)**, Mem. de l'Inst. du Bureau des Longit. et de l'Acad. dei Lincei, Insp. gén. des Mines, Dir. du Serv. du Nivellement gén. de la France, Chef du serv. technique du Cadastre, 58, boulevard Emile-Augier. Paris 16e. R (1906).

**Lallier (Paul)**, anc. Maire. La Ferté-sous-Jouarre (Seine-et-Marne). R (1905).

**Lalo**, Prof. de Philos. au Lycée, 22, avenue de Picardie. Versailles (Seine-et-Oise) (1920).

**Lamarque (Paul)**, Prof. agrégé de Phys. à l'Univ. de Montpellier, 4, passage Lonjon. Montpellier (Hérault) (1921).

**Lamarre**, Prép. de géol. au Coll. de France, 16, rue Ernest-Cresson. Paris 14e (1924), VIII.

**Lamarre (Henri)**, Ussy-sur-Marne, par La Ferté-sous-Jouarre (Seine-et-Marne) (1924), XI.

**Lamarre (Onésime)**, Avocat, anc. Notaire, 8, rue Thiers. Niort (Deux-Sèvres). R (1892), XIX, XXI, XXII.

**Lamberet (Constant)**, Chef de District princ. à la Comp. des Chemins de fer de Paris à Lyon et à la Méditerranée, 5, rue Garibaldi. Villeneuve-Saint-Georges (Seine-et-Oise).

**Lambert (Mlle Marthe),** Prof. de Dessin de la Ville de Paris, 12, rue de Bellevue Villeneuve-Saint-Georges (Seine-et-Oise) (1927).

**Lambert (Jules),** Présid. hon. du Trib. civ., 30, rue des Boulangers. Paris 5e (1907).

**Lambert (Louis),** Insp. du Contr. Sanit. à l'Office des Pêches, 1. place Jean-Jaurès. Alfortville (Seine) (1926).

**Lambert (Mayer),** Prof. de Phys. à la Fac. de Méd., 56 bis, rue du Faubourg-Stanislas. Nancy (Meurthe-et-Moselle) (1920), XVI.

**Lambert (Max),** 13, rue Cortambert. Paris 16e (1927).

**Lamblin (l'Abbé Joseph),** Prof. à l'Ec. Saint-François-de-Sales, 39, rue Vannerie. Dijon (Côte-d'Or). **R** (1898).

**Lambotte (Dr),** 40, rue du Général-Bertrand. Liége (Belgique) (1922).

**Lamer (Dr Paul),** 35, rue du Havre. Sainte-Adresse (Seine-Inférieure) (1914).

**Lamy (Edouard),** Assist. de Malacol. au Muséum nat. d'Hist. nat., 55, rue de Buffon. Paris 5e. **R** (1921).

**Lance (Robert),** Doct. ès Sc., Ingén. Conseil, 16, rue Péron. Croissy-sur-Seine (Seine-et-Oise). **R** (1923).

**Landot,** Chir.-Dent., 1, rue Jeannin. Dijon (Côte-d'Or) (1926), XIV.

**Landreau (René),** Chir.-Dent., 66, cours de la Marne. Bordeaux (Gironde) (1923), XIV.

**Lanelongue (Martial),** Prof. à la Fac. de Méd., Corresp. nat. de l'Acad. de Méd., 24, rue du Temple. Bordeaux (Gironde) (1894).

**Lanes (Jean),** anc. Sec.-gén. de la Présid. de la République, Trésor.-payeur gén. de Seine-et-Oise. Versailles (Seine-et-Oise). **R** (1900).

**Lange (Mme Albert),** 50, cours d'Orléans. Charleville (Ardennes). **R** (1892).

**Langevin (Paul),** Doct. ès Sc., Prof. au Col. de France, Dir. de l'Ec. mun. de Phys. et de Chim. indust. de la Ville de Paris, rue Vauquelin. Paris 5e. **R** (1904).

**Langevin (Jean),** Professeur de Physique, 11, rue Larrey. Paris. **R** (1927).

**Langevin (André),** Ingénieur E. P. C. T., Electricien, 28, rue Pascal. Paris 13e. **R** (1927).

**Lanquine (Antonin),** Chef des Trav. de Géol. à la Fac. des Sc. de l'Univ. de Paris et à l'Ecole Centr. des Arts et Manufactures, Prof. de Géol. à l'Ecole spéciale d'Architecture, Collab. au Serv. de la Carte Géol. de France, Laboratoire de Géologie de la Sorbonne, 1, rue Victor-Cousin. Paris 5e (1911), VIII.

**Lanson (père et fils),** Nég. en vins de Champagne, 10, boulevard Lundy. Reims (Marne) (1907).

**Lapicque (Louis),** Prof. de Physiol. à la Fac. des Sc. Paris 5e (1921).

**Lapierre (Georges),** Instit., 12, rue de Trétaigne. Paris 18e (1923), XXI.

**Lapierre,** Chir.-Dent., 1, rue Victor-Hugo. Lyon (Rhône) (1926), XIV.

**Laporte (Jean),** Pharm., 160, rue Fondaudège. Bordeaux (Gironde) (1923).

**Laporte (Xavier),** Pharm., place des Palmiers. Arcachon (Gironde) (1923).

**Lapparent (Jacques de),** Prof. à l'Univ. de Strasbourg, 12, quai Koch. Strasbourg Bas-Rhin) (1923), VIII et XI.

**Lapeyre (Dr André),** Electro-Radiol., place du Boutge. Albi (Tarn).

**Laprade (Mme Solange),** 16, rue Saint-Vincent-de-Paul. Paris. **R** (1913).

**Laprade (Pierre),** Avocat à la Cour d'Appel, 16, rue Saint-Vincent-de-Paul. Paris. **R (1924).**

**Laprévote (S.),** Indust., 12, rue Abbaye-d'Ainay. Lyon (Rhône) (1906).

**Laquerrière (Mme Albert),** 60, rue de Rome. Paris 8e (1904).

**Laquerrière (Dr Albert),** 60, rue de Rome. Paris 8e (1903).

**Larivière (Gustave)**, Gérant de la Commis. des Ardoisières d'Angers, 52, boulevard du Roi-René. Angers (Maine-et-Loire) (1903).

**Larmande (M^lle Madeleine)**, Professeur au Lycée Victor-Duruy, 159, rue Marcadet. Paris 18^e (1927).

**La Roche (Octave)**, Ingénieur, 2, rue de Verdun. Asnères (Seine) (1925), XIII.

**Laroute (M^lle)**, Institutrice. Oulches (Indre), XXI.

**Larréa**, Chir.-Dent., 10, rue Blanc-Dutroust. Bordeaux (Gironde) (1923), XIV.

**Larue (Pierre)**, Doct. de l'Univ., Ing. agron. et hydrologue, Avocat. Gurgy, par Monétau (Yonne) (1904), XVIII.

**Lasfargues (Maurice)**, Instituteur, 7, rue Danville. Paris 14^e (1926), XXI.

**Lassalle (D^r Charles)**, Méd. de l'Hôp. gén., 43, rue Roussy. Nîmes (Gard) 1912).

**Lassalle-Dordins (Jean)**, Ingénieur E. T. P., Chef du Service du Cadastre. Marrakech (Maroc) (1923), I et II.

**Lassence (Alfred de)**, Prop., Mem. du Cons. mun. (villa Lassence), 12, avenue de Tarbes. Pau (Basses-Pyrénées). **R** (1886).

**Lasserre**, Chir.-Dent., 51, rue Sainte-Colombe. Bordeaux (Gironde) (1923).

**Lasserre (M^lle Blanche)**, Institutrice, 11a, rue d'Altenheim. Strasbourg (Bas-Rhin) (1924), XXI.

**Lasserre (A.)**, Prof. au Lycée, 39, rue Daguerre. Alger (1905).

**Lasseur (G.)**, Agent voyer princ., Chev. de la Lég. d'hon., 13, place du Cours. Alençon (Orne) (1923).

**Lassus de Saint-Geniès (Jacques de)**, Ing. des Arts et Man., 6, rue Gounod. Paris 17^e (1921).

**Latarjet (A.)**, Prof. à la Fac. de Méd., 1, cours du Midi. Lyon (Rhône) 1913).

**Lataste (D^r Fernand)**, anc. Sous-Dir. du Musée nat. d'Hist. nat., Prof. hon. à l'Univ. du Chili. Cadillac-sur-Garonne (Gironde). **R** (1881).

**Latham (Jean)**, Ing. civ. des Mines, Indust. Caudebec-en-Caux (Seine-Inférieure) (1921).

**Latham (Robert)**, Nég., 26, rue Félix-Faure. Le Havre (Seine-Inférieure) (1914).

**Latil (M^lle), Docteur**, 28, rue Pierre-Corneille. Lyon (Rhône) (1926).

**La Tour (H. de)**, 2, rue Lécluse. Paris 17^e (1922).

**Laurans (Joseph-Henri)**, Ingénieur, 69, boulevard de la Corderie. Marseille (Bouches-du-Rhône) (1925), XIII.

**Laurent**, Chir.-Dent., 1, rue du Président-Wilson. Saint-Etienne (Loire) (1926), XIV.

**Laurent (Louis)**, Doct. ès Sc. nat., Prof. à l'Inst. colonial, 20, rue des Abeilles. Marseille (Bouches-du-Rhône). **R** (1906).

**Laurent (Omer)**, Ing. Agr., 219, avenue Brugmann. Uccle (Belgique) (1924).

**Lauret**, Ing. en chef de la Soc. Zénith, 3, rue Cavé. Neuilly-sur-Seine (Seine) (1921), III, IV.

**Lavenir (André)**, Instituteur. Saint-Vérand (Rhône) (1925), XXI.

**Lavertugeon (M^me)**, 9, rue Castillon. Bordeaux (Gironde) (1926).

**Lavertugeon (Ernest)**, 9, rue Castillon. Bordeaux (Gironde) 1926).

**Lavialle (Pierre)**, Professeur à la Fac. de Pharmacie de Strasbourg, 2, rue Saint-Georges. Strasbourg (Bas-Rhin) (1924), VI.

**Lazari**, Chir.-Dent. Bône (Algérie) (1927).

**Lebard (Paul)**, Prépar. au Muséum nat. d'Hist. nat., 61, rue de Buffon. Paris 5^e (1914).

**Lebeau (Paul)**, Prof. à la Fac. de Pharm., 4, avenue de l'Observatoire. Paris 6e (1920).

**Le Bègue (Georges)**, Chir.-Dent., 76, avenue de Villiers. Paris 17e (1914).

**Lebeuf (Auguste)**, Corresp. de l'Inst., Dir. de l'Observatoire, Prof. d'Astron. à la Fac. des Sc. Besançon (Doubs) (1907).

**Leblanc (Mme Henri)**, 4, avenue Malakoff. Paris 16e (1907).

**Lebled**, Chir.-Dent., 2, boulevard du Sud. Avranches (Manche) (1923).

**Lebon (Dr H.)**, anc. Int. des Hôp., 71, avenue de Villiers. Paris 17e (1911).

**Leborgne (Mme)**, Directrice d'Ecole Maternelle. Blendecques (Pas-de-Calais) (1925), XXI.

**Le Breton (André)**, Prop., 43, boulevard Cauchoise. Rouen (Seine-Inférieure). **R** (1889).

**Lebrun**, Chir.-Dent., 24, rue Péclet. Paris 15e (1921), XIV.

**Leburton (Louisa)**, Institutrice, 62, rue des Villas. Seraing-sur-Meuse (Belgique) (1924), XXI.

**Le Carpentier (Edouard)**, Avocat, 41, rue de l'Alma. Cherbourg (Manche) (1905), XVIII.

**Le Cerf (F.)**, Prépar. au Muséum nat. d'Hist. nat., 13, rue Guy-de-la-Brosse. Paris 5e (1906).

**Le Chatelier (Alfred)**, Corresp. de l'Acad. royale dei Lincei et de l'Acad. royale des Sc. de Turin, Prof. au Collège de France, Dir. de Lab. à l'Ec. des Hautes-Etudes, 61, avenue Victor-Hugo. Paris. **R** (1889).

**Lechtova-Trnka (Mme Mara)**, Lic. ès Sc., Prof. au Lycée de Sofia, 70, rue de Ponthieu. Paris 8e (1922).

**Leclercq (Mlle Suzanne)**, Doct. ès Sc., Ass. de paléont. à la Fac. des Sc. Université. Liége (Belgique) (1924), VIII.

**Leclercq (Dr)**, Méd. Radiol., rue Raikem. Liége (Belgique) (1924), XIII.

**Lecœur (Edouard)**, Ing.-Archit., 30, rue Guy-de-Maupassant. Rouen (Seine-Inférieure) (1883).

**Lecointre (Georges)**, Lic. ès Sc., Géol. et Agric., château de Grillemont. La Chapelle-Blanche (Indre-et-Loire). **R** (1921).

**Lecomte (Henri)**, Mem. de l'Inst., Prof. au Muséum nat. d'Hist. nat., 24, rue des Ecoles. Paris 5e (1901).

**Lecomte (Jean)**, Doct. ès Sc., 6, rue de l'Alboni. Paris 16e. **R** (1920).

**Le Corbeiller (Philippe)**, Ingénieur des Télégraphes, 5, rue Froidevaux. Paris 14e (1926), I.

**Lecornu (Léon)**, Mem. de l'Inst., Insp. gén. et Prof. à l'Ec. nat. sup. des Mines et à l'Ec. Polytech., 3, rue Gay-Lussac. Paris 5e. **R** (1901).

**Le Couppey de la Forest (Max)**, Insp. gén. du Génie rural, 86, avenue de Breteuil. Paris 15e. **R** (1908).

**Lecrille (Paul)**, Attaché à l'Off. gén. des Assurances soc. d'Alsace et Lorraine, 49, rue du Maréchal-Foch. Strasbourg (Bas-Rhin) (1920).

**Lederlin (Dr Armand)**, 19, rue de la Faisanderie. Paris 16e (1927).

**Le Dieu (Dr Paul)**, 140 et 155, boulevard Malesherbes. Paris 17e. **R** (1881).

**Ledoux (Dr Louis)**, 18, place Stéphanie. Bruxelles (Belgique) (1923), XIII.

**Ledoux Paul)**, Ass. à l'Univ. de Bruxelles, 139, rue Masuy. Schaerbeek-Bruxelles (Belgique) (1924).

**Ledoux-Lebard (Dr)**, 22, rue Clément-Marot. Paris 8e (1912).

**Leduc (Dr H.)**, 16 ter, avenue Bosquet. Paris 7e (1878).

**Leduc (Dr Stéphane)**, Coresp. nat. de l'Acad. de Méd., Prof. à 'Ec. de Méd., 5, quai de La Fosse. Nantes (Loire-Inférieure). **R** (1907).

**Leenhardt (André)**, Dir. de la Comp. gén. des Pétroles, 2, rue Fongate. Marseille (Bouches-du-Rhône) (1891).

**Leenhardt (Dr Etienne)**, Agr. à la Fac. de Méd., 16, rue Marceau. Montpellier (Hérault) (1922).

**Leenhardt (Frantz)**, Prof. hon. à l'Univ. de Toulouse, château de Fonfroide-le-Haut. Montpellier (Hérault). **R** (1895).

**Lefébure (Mme Albert)**, 18, rue de la Gare. Neufchâtel-en-Bray (Seine-Inférieure). **R** (1927).

**Lefébure (Albert)**, Vétér. Neufchâtel-en-Bray (Seine-Inférieure) (1902). **R.**

**Lefèbvre des Noëttes (Commandant)**. Bièvres (Seine-et-Oise) (1926).

**Lefèvre (Mme)**, 78, rue Jeanne-d'Arc. Rouen (Seine-Inférieure) (1924).

**Lefèvre**, Chir.-Dent., 78, rue Jeanne-d'Arc. Rouen (Seine-Inférieure) (1921).

**Lefèvre (Jules)**, Prof. Agr. au Lycée Pasteur, 29, rue Tézy. Neuilly-sur-Seine (Seine) (1905).

**Lefort (Ferdinand)**, Pharm., 126, rue Grande. Fontainebleau (Seine-et-Marne) (1920).

**Le François (Eugène)**, Libraire-Editeur, 91, boulevard Saint-Germain. Paris 6e (1926).

**Legendre (Dr A.-F.)**, Méd.-Maj. de 1re cl. des troupes coloniales, 11, rue de Varize. Paris 16e (1911).

**Legendre (Charles)**, Dir. de la Revue scient. du Limousin, Insp. des Contrib. indir., 48, avenue Garibaldi. Limoges (Haute-Vienne) (1890).

**Legendre (René)**, Dir. du Lab. de Physiol. comparée à l'Ec. prat. des Hautes-Etudes, 27, rue d'Alésia. Paris 15e (1922), X, XVII.

**Legendre**, Chir.-Dent., 25, rue Lacondamine. Paris 17e (1926), X.

**Léger (Mme Arthur)**. La Boissière (Oise) (1901).

**Léger (Louis)**, Prof. de Zool. à la Fac. des Sc., 9, place des Alpes. Grenoble (Isère). **R** (1903), X.

**Léger (Joseph)**, Pharmacien, 3, rue du Chemin-de-Fer. Saint-Denis (Seine) (1927).

**Le Goff (Dr Jean-Marie)**, Lic. ès Sc., Pharm. de 1re cl., 178, rue du Faubourg-Saint-Honoré. Paris 8e. **R** (1914).

**Legouy (Henriette-Edith)**, Prof. au Lycée Jules-Ferry, 128, avenue Emile-Zola. Paris (1927).

**Legraye (Michel)**, Ing. des Mines, Ass. de Géol. à l'Univ, 67, rue Wazon. Liége (Belgique) (1924).

**Legriel (Paul)**, Lic. en Droit, Archit. diplômé par le Gouvernement, Expert près le Trib. civ. et le Cons. de Préfect. de la Seine, 97, boulevard Haussmann. Paris 8e. **R** (1902), XI bis, XXII.

**Legros**, 11, rue Verniquet. Paris 17e (1927).

**Leguay**, Chir.-Dent., 1, boulevard Arago. Paris 13e (1925), XIV.

**Le Hénaff (Louis)**, Dir. des Hospices civ., 1, rue de Germont. Rouen (Seine Inférieure) (1921).

**Leinekugel-Le Cocq (G.)**, Ing. hydrog. en chef de la Marine du cadre de réserve, Ing. construc., Etablissements métallurgiques. Larche (Corrèze) (1903).

**Le Jars (Dr)**, 96, rue de la Victoire. Paris 9e (1909).

**Lejeune (Dr Louis)**, 1, rue des Urbanistes. Liége (Belgique) (1906).

**Lejeune (Henri)**, Doct. en Méd., 14, rue Waldeck-Rousseau. Cosne (Nièvre) (1926).

**Le Juge de Segrais (Christian)**, Chir.-Dent., 45, rue Beckmann. Liége (Belgique) (1924).

**Lelièvre (De Ernest)**, anc. Int. des Hôp. de Paris, 15, rue du Cloître. Laon (Aisne). **R** (1881).

**Lelièvre (René)**, Chir.-Dent., Etabl. Michelin. Clermont-Ferrand (Puy-de-Dôme) (1925), XIV.

**Lemaire (Gaston)**, Médecin des Hôpitaux d'Alger,, 52, rue Michelet. Alger (1927).

**Le Marchand (Georges)**, Actuaire, 28, rue Fénelon. Lyon (Rhône) (1926), XX.

**Lematte (M^me^ Louis)**, 52, rue La Bruyère. Paris 9^e^ (1913).

**Lematte (Louis)**, Présid. de l'Assoc. des Doct. en Pharm., 52, rue La Bruyère. Paris 9^e^ (1913).

**Lemay (P.)**, Dir. de la Comp. des Mines. Aniche (Nord) (1909).

**Lemée (H.)**, Chir.-Dent., 79, rue de Paris. Nantes (Loire-Inférieure) (1925).

**Lemée (Henry)**, Pharmacien de 1^re^ classe de l'Ecole sup. de Paris, 5, place de la Mairie. Saint-Mandé (Seine) (1926).

**Lemière (D^r^ Raymond)**, Chir.-Dent., 40, rue Vignon. Paris 9^e^ (1909), XIV.

**Le Moignic (D^r^ Eugène)**, anc. Méd. de la Marine, Dir. du Lab. des Lipo-vaccins, 32, rue de Vouillé. Paris 15^e^ (1922).

**Lemoine (Léon)**, 22, rue de la Tirelire. Reims (Marne) (1907).

**Lemoine (M^me^ Paul)**, Doct. ès Sc., 71, rue de Rennes. Paris 6^e^ (1922), XVII.

**Lemoine (Paul)**, Prof. de Géol. au Muséum nat. d'Hist. nat., 71, rue de Rennes. Paris 6^e^. **R** (1908), VIII, XVII.

**Le Monnier (Georges)**, Prof. de Botan. à la Fac. des Sc., 3, rue de Serre. Nancy (Meurthe-et-Moselle). **R** (1872).

**Lémonon (Ernet-Henri)**, Rédact. techn., 27, rue d'Enghien. Paris 10^e^ (1920).

**Lemoyne (T.)**, 41, rue Claude-Bernard. Paris 5^e^ (1922), I.

**Lenoir (D^r^ Paul)**, Méd. des Hôp., 156, rue de Rivoli. Paris 1^er^ (1899).

**Le Nouène (D^r^)**, 87, boulevard François-I^er^. Le Havre (Seine-Inférieure) (1914).

**Lenourichel (Edouard)**. Floirac (Gironde) (1912).

**Le Page-Viger (D^r^)**, Dir. du Bureau mun. d'Hyg., 1, rue de la Bretonnerie. Orléans (Loiret). **R** (1902).

**Lepape (Adolphe)**, Lic. ès Sc. Phys., Chef de Lab. au Collège de France, 52, rue de Bourgogne. Paris 7^e^. **R** (1911).

**Lepennetier (D^r^ François)**, Radiol. des Hôp. de Paris, Chef adjoint de l'Hôpital Saint-Louis, 169, boulevard Saint-Germain. Paris 6^e^ (1925), XIII.

**Lépine (Jean)**, Prof. à la Fac. de Méd., Corresp. nat. de l'Acad. de Méd., Méd. de l'Asile pub. d'Aliénés du départ. du Rhône, 1, place Gailleton. Lyon (Rhône). **R** (1885), XVI.

**Lépine (Pierre)**, Doct. en Méd., 90 bis, avenue Henri-Martin. Paris 16^e^. **R** (1920).

**Lépousé (Charles)**, Directeur d'Ecole, 48, rue Robert. Lyon (Rhône) (1926)

**Lépousé**, Doct. ès Sc., Directeur à l'Usine d'Electricité, 130, rue Masui Bruxelles (Belgique) (1926).

**Leprince (D^r^ Maurice)**, Pharm. de 1^re^ cl., Mem. du Cons. de Surveil. de l'Assistance pub., 62, rue de la Tour. Paris 16^e^ (1913).

**Le Quellec**, Chir.-Dent., 23, rue des Halles. Paris 1^er^ (1913).

**Lèques (Henri-François)**, Ing.-Géog., Membre de la Soc. de Géog. Nouméa (Nouvelle-Calédonie). **F** (1890).

**Lerefait (D^r^ Albert)**, Méd. en chef hon. de l'Hospice gén., 11, rue Potard. Rouen (Seine-Inférieure) (1921).

**Leriche (D^r^ Joseph)**. Joigny (Yonne) (1925), XII et XXII.

**Leriche (Maurice)**, Prof. à l'Univ. libre de Bruxelles. Maretz (Nord). **R** (1904).

**Le Roux (Nicolas)**, Ing. en chef des P. et Ch., 24, rue de Varenne. Paris 7^e^ (1899).

**Leroy (Alphonse)**, 30, rue Hemricourt. Liége (Belgique) (1924).
**Leroy (Eugène)**, Ing.-Chim., 44 A, rue Jacquard. Le Petit-Quévilly (Seine-Inférieure) (1921).
**Leroy D$^r$ G.)**, Chirurg. des Hôp., Méd. du Bureau d'Hyg., 96, rue de Normandie. Le Havre (Seine-Inférieure) (1913).
**Lesage (Honoré)**, Prof. de Philos. au Lycée, 38, boulevard Gambetta. Brest (Finistère) (1923).
**Lesage (D$^r$ Pierre)**, Prof. de Botan. à la Fac. des Sc., 5, quai Châteaubriand. Rennes (Ille-et-Vilaine). **R** (1899).
**Lesbre**, 2, quai Chauveau. Lyon (Rhône) (1926.
**Lescœur (D$^r$ Léon)**, Prép. à la Fac. de Méd., 63, boulevard de Vaugirard. Paris 15$^e$ (1924), VI.
**Le Sérurier (Charles)**, Dir. hon. des Douanes, 51, rue Montaux. Marseille (Bouches-du-Rhône). **R** (1891).
**Leseurre**, Chimiste, 56, rue Emile-Roux. Fontenay-sous-Bois (Seine) (1926).
**Lesne (Pierre)**, Assistant de Zool. au Muséum nat. d'Hist. nat., 55, rue de Buffon. Paris 5$^e$. **R** (1920), X.
**Lespine (Jean)**, Chir.-Dent. Langon (Gironde) (1925), XIV.
**Le Sueur (Adrien)**, Avocat à la Cour d'Ap., 43, rue Lafayette. Paris 9$^e$ (1910).
**Lesson**, Fabricant de courroies, rue Ferray. Corbeil (Seine-et-Oise) (1927).
**Letestu (Maurice)**, Ing. des Arts et Man., Construc.-hydraul., 64, rue Amelot. Paris 11$^e$ (1887).
**Letroye (Armand)**, Doct. ès Sc. Phys. et Mathém., 26, rue Philippe-Baucq. Bruxelles (Belgique) (1924), I, II.
**Leudet (D$^r$ Robert)**, anc. Int. des Hôp., ex-Prof. à l'Ec. de Méd. de Rouen, 72, rue de Bellechasse. Paris 7$^e$. **R** (1881).
**Levasseur (Alphonse)**, Instit. pub., Sec. de la Comm. pédag. du Synd. nat. des Instit. de France, 4, rue de l'Echo. Louviers (Eure) (1923), XXI.
**Levêque (André)**, Pharm. en chef des Asiles de la Seine, Prép. à la Fac. de Pharm. de Paris, 2, place de la Tourelle. Saint-Mandé (Seine) (1923), XV.
**Levère (D$^r$ Raymond)**, 27, boulevard Victor-Hugo. Nice (Alpes-Maritimes) (1914).
**Leverdier (Georges)**, Présid. de la Ch. de Com., 8, boulevard des Belges. Rouen (Seine-Inférieure) (1916).
**Lévi (Pierre-Robert)**, Doct.-Dent., 58, rue d'Italie. Marseille (Bouches-du-Rhône) (1926).
**Le Villain**, 54, rue du Faubourg-Poissonnière. Paris. **R** (1927), VIII.
**Levoux (Eugène)**, Vice-Président du Conseil Application scient. du radium. 12, rue Chomel. Paris 7$^e$ (1923), XIII.
**Lévy (D$^r$ Albert)**, Chir.-Dent., Chef des Trav. dent. à la Fac. de Méd., 16, rue Ehrmann. Strasbourg (Bas-Rhin) (1920), XIV.
**Lévy (Alfred)**, Pharm., Présid. de la Soc. de Pharm., 10, place Saint-Jacques. Metz (Moselle) (1919), XV.
**Lévy (Raphaël-Georges)**, Mem. de l'Inst., Prof. à l'Ec. des Sc. polit., 3, rue de Noisiel. Paris 16$^e$ (1894).
**Lévy (Robert)**, Maître de Conférences, Faculté des Sciences, 96, boulevard du Montparnasse. Paris 14$^e$ (1927).
**Lévy-Bing (D$^r$ Alfred)**, Méd. de l'Hosp. Saint-Lazare, 154, boulevard Haussmann. Paris 8$^e$ (1908).
**Lhomme (Alfred)**, Négociant en Draperies, 8, rue Ravignan. Paris 18$^e$ (1925).
**L'Hoest (D$^r$)**, Méd. Alién., rue Basse-Wez. Liége (Belgique) (1924), XVI.
**Lhuillier (M$^{me}$ F.)**, 16, rue du Commerce. Paris 15$^e$ (1925).

**Lhuillier (Maurice)**, 16, rue du Commerce. Paris 15e (1921)
**Libouton (de)**, Chir.-Dent., 17, rue de Lisbonne. Paris 8e (1923), XIV.
**Library of the Peking Union Medical College.** Pékin (Chine) (1921).
**Lickteig (le Professeur)**, Chir.-Dent., 2, rue Schwilgué. Strasbourg (Bas-Rhin (1919).
**Lierman (Marcel)**, Ing. agr., Agric. Ansy-en-Almont, par Pommiers (Aisne) (1924), XVIII.
**Liger (Mlle)**, 3, rue de Penthièvre. Paris. R (1927).
**Lignier (Commandant).** Theurey, par Givry (Saône-et-Loire) (1926).
**Limongelli (Dominique)**, Ing.-Expert (diplômé de l'Univ. de Lausanne), Mem. corresp. de l'Inst. Egypt. et de la Soc. Entomol. Egypt., 13, rue el Nimr (Boîte postale 526). Le Caire (Egypte). R (1911).
**Lindet (Léon)**, Mem. de l'Inst., Prof. à l'Inst. nat. agron., 108, boulevard Saint-Germain. Paris 6e. R (1889).
**Linet (Emile)**, Céramiste, 61, Grande-Rue. Bry-sur-Marne (Seine) (1926).
**Lion (Camille)**, Industr., 26 bis, rue de Le Nôtre. Rouen (Seine-Inférieure). R (1921).
**Lisbonne (Marcel)**, Prof. à la Fac. de Méd., 14, avenue du Stand. Montpellier (Hérault) (1922).
**Llaguet (Dr Bastien)**, Dir. du Bureau d'Hygiène, 29, rue Tanesse. Bordeaux (Gironde) (1923), X et XXII.
**Llopis (Rodolfo)**, Profesor de Geographia de fa Escuola Normal de Maestras de Cuenca, Infanta 14. Madrid (Espagne) (1927), XXI.
**Lobert (Henri)**, Prop., Présid. de la Soc. Chorale, 84, rue de Saint-Amand. Anzin (Nord) (1905).
**Lohest (Max)**, Prof. à l'Univ. de Liége, Membre de l'Acad. Royale des Sc., 46, Mont-Saint-Martin. Liége (Belgique) (1923).
**Loir (Dr Adrien)**, anc. Présid. de l'Inst. de Carthage, anc. Prof. à la Fac. de Méd. de Montréal (Université Laval), Dir. du Bureau mun. d'Hygiène, 12 bis, rue de Caligny. Le Havre (Seine-Inférieure). R (1893).
**Loir (Jean-Pasteur-Paul)**, Lic. en Droit, Ing. att. à la Cie d'Orléans, 72, rue Gambetta. Périgueux (Dordogne). R (1923).
**Loiseau (René)**, Ingénieur, 7, rue Nicolas-Charlet. Paris 15e (1927).
**Loisel Dr Gustave)**, Doct. ès Sc., Dir. du Lab. d'Embryol. gén. à l'Ec. prat. des Hautes-Etudes, 6, rue de l'Ecole-de-Médecine. Paris 6e. R (1901).
**Loisel (Jules)**, Présid. de l'Assoc. gén. des Syndicats pharmaceutiques. Mem-de la Ch. de Com., 44, rue de la Manufacture. Beauvais (Oise) (1914).
**Loiselet (Mme Alexandre)**, 62, rue Ambroise-Cottet. Troyes (Aube) (1920).
**Loiselet (Alexandre)**, anc. Elève de l'Ec. des Hautes-Etudes com., 62, rue Ambroise-Cottet. Troyes (Aube) (1920).
**Loiseleur (Dr Jean)**, 68, quai d'Avesnières. Laval (Mayenne) (1923.
**Loisy (Elysée de)**, Ing. civ. des Mines, Industr., 40, avenue de La Bourdonnais. Paris 7e (1921).
**Lonay (Hyacinthe)**, Chargé de Cours à l'Univ., 69, rue Wazon. Liége (Belgique) (1924).
**Loncq (Emile)**, Membre hon. du Cons. départ. d'Hyg. pub., 6, rue de La Plaine. Laon (Aisne). R (1902), XXII.
**Loopis (Rodolfo)**, professor de geographia de la escuela normal de maestros de Cuenca. Infanta 14. Madrid (Espagne) (1927).
**Looten (Léon)**, Ingénieur de la Sté des Transports en Commun de la T.C.R.P., 4, rue Emile-Zola. Saint-Ouen (Seine) (1927).
**Lopès-Dias (Joseph)**,, Ing. des Arts et Man., 98, rue Paulin. Bordeaux (Gironde). R (1888).
**Lopez (Mme Valentine)**, 11, rue Claude-Chahu. Paris 16e (1927).

**Loppé (M^me Etienne)**, 6, rue Delayant. La Rochelle (Charente-Inférieure) (1924).

**Loppé (D^r Etienne)**, 6, rue Delayant. La Rochelle (Charente-Inférieure). **R** (1924), X, XI.

**Lorent (Léandre)**, Professeur à l'Ecole moyenne de Liége, Directeur des Cours supérieurs de Sciences Commerciales, 23, rue Gramme. Liége (Belgique) (1925), I.

**Lortat-Jacob (D^r Léon)**, Méd. des Hôp., 11, avenue Carnot. Paris 17^e (1907).

**Lotz (Auguste)**, Méd. Stomatol., 16, rue du Vingt-Deux-Novembre. Strasbourg (Bas-Rhin) (1920).

**Lougnon (Victor)**, Ing. des Arts et Man., Juge au Trib. de 1^re Inst., 1, rue de la Banque. Moulins (Allier). **R** (1875).

**Loup**, Chir.-Dent., 116, cours d'Alsace-Lorraine. Bordeaux (Gironde) (1923), XIV.

**Louste (D^r Achille)**, Chef de Clin. à la Fac. de Méd. (Hôpital Saint-Louis), 36, rue d'Artois. Paris 8^e (1908).

**Louvain (M^lle)**, Chir.-Dent., 108, rue Brulé-Gaiton. Lille (Nord) (1927).

**Loye (Joseph de)**, anc. Mem. de l'Ec. française de Rome, Conservateur de la Bibl., 2, rue de Turenne. Nîmes (Gard) (1922).

**Lubetzki**, Chir.-Dent., 10 bis, rue Herran. Paris 16^e (1921), XIV.

**Luboshez (Benjamin)**, Ing. dipl. de l'Univ. de Londres, 108, Station road. Harrow (Middlesex, Angleterre) (1924).

**Luboshez (Nathan-Ellen)**, Radiol., 108, Station road. Harrow (Middleesex, Angleterre) (1924), XIII.

**Luc (Maurice)**, Ing. en chef d'Agric. Coloniale, 42, rue Barbey-de-Jouy. Paris 7^e (1925), XVIII.

**Luciani (Pierre-Paul)**, Pharm. de 1^re cl., Présid .de l'Assoc. gén. des Pharm. de Tunisie, 9, avenue de Carthage. Tunis (1912).

**Lumière (Auguste)**, Corresp. nat. de l'Acad. de Méd., Indust., 262, cours Gambetta. Lyon (Rhône) (1906).

**Lumière (Louis)**, Mem. de l'Inst., Indust., 156, boulevard Bineau. Neuilly-sur-Seine (Seine) (1906).

**Luneau**, Chir.-Dent., 81, rue du Palais-Gallien. Bordeaux (Gironde) (1923).

**Luquet (Aimé)**. Professeur au Collège de Riom (Puy-de-Dôme) 1927).

**Lurquin (Constant)**, Ass. Univ. de Bruxelles, 35, rue Américaine. Bruxelles (Belgique) (1924).

**Lutaud (Léon)**, Lic. ès Lettres et ès Sc., Chef des Trav. prat. à la Fac. des Sc. et à l'Ec. nat. sup. des Mines, 86, avenue Mozart. Paris 16^e. **R** (1918).

**Lutscher (A.)**, Banquier, 62, rue de Tocqueville. Paris 17^e. **F** (1872).

**Lütz (Emile)**. Pharm. Strasbourg (Bas-Rhin) (1920).

**Luzzatti et Cie**, Fabric. d'huiles, avenue d'Arenc, 6, traverse du Château-Vert. Marseille (Bouches-du-Rhône) (1891).

**Lyon (Gustave)**, Ing. civ. des Mines, Chef de la Maison Pleyel, Wolff et Cie, anc. Elève de l'Ec. Polytech., 22, rue Rochechouart. Paris 9^e (1887).

**Macary**, Chir.-Dent. Marvejols (Lozère) (1925), XIV.

**Mac Son (Leo)**, 6, Prinsessegrecht. La Haye (Hollande). **R** (1923), XIV.

**Maes (L.)**, Pharm. Verviers (Belgique) (1924).

**Magné**, Chir.-Dent., 24, rue du Palais-Gallien. Bordeaux (Gironde) (1923).

**Magneville**, Chir.-Dent., 17, rue d'Isly. Alger (Algérie) (1927).

**Magnin (Emile-Maurice)**, Industriel, 12. rue du Hanovre. Paris 2^e (1926).

**Mahon (Henri)**, Archit., 5, rue Jules-Michelet. Creil (Oise) (1906).

**Maignon (François)**. Prof. de Physiol. à l'Ec. nat. vétér. d'Alfort, 3, square Robiac. Paris 7^e (1907).

**Maigret (Henri)**, Ing. des Arts et Man., 29, rue du Sentier. Paris 2e. **R** (1895).

**Maillard (Louis)**, Prof. à la Fac. de Méd. Alger (1906).

**Maillebiau (Ernest)**, Ing.-Construc., 283, rue Pierre-Legrand. Fives-Lille (Nord) (1909).

**Mailles (Charles)**, Colonel 17e rég. de tirailleurs colon., S. P. 615, villa « Les Mimosas », rue Saint-Léon, Le Mourillon. Toulon (Var) (1923).

**Maillet (Edmond)**, Doct. ès Sc. Math., Ing. en chef des P. et Ch., Répét. à l'Ec. Polytech., 11, rue de Fontenay. Bourg-la-Reine (Seine). **R** (1900).

**Maingot (Dr Georges)**, Chef du Lab. de Radiol. à l'Hôp. Laënnec, 22, avenue Victoria. Paris 1er (1911).

**Maire (René)**, Prof. à la Fac. des Sc., Présid. de la Soc. d'Hist. nat. de l'Afrique du Nord, 8, rue Linné. Alger (1913).

**Majoux (Georges)**, Indust., Ateliers et Chantiers de la Seine maritime. Le Trait (Seine-Inférieure). **F** (1921).

**Malaquin (Alphonse)**, Prof. à la Fac. des Sc. de Lille, 159, rue Brûle-Maison. Lille (Nord) (1892).

**Malaquin (Paul)**, Pharm., anc. Int. des Hôp. de Paris, Chimiste-Exp. des Tribunaux, 37, boulevard Joseph-Garnier. Nices (Alpes-Maritimes). **R** (1923), VI, IX, X, XI.

**Malbot (Mlle Marguerite)**, Prof. au Collège Sévigné, rue Antoine-Chantin. Paris 14e (1927).

**Malis**, Pharmacien. Perpignan (Pyrénées-Orientales) (1927).

**Malis (Mme)**. Perpignan (Pyrénées-Orientales) (1927).

**Mallet (Dr Lucien)**, 21, rue de Madrid. Paris 8e (1921).

**Malmanche (Adrien)**, Pharm., Doct. ès Sc. nat., 37, avenue de Paris. Rueil (Seine-et-Oise) (1923).

**Malméjac (Jean)**, Prép. de recherches au Labor. de Physiologie à la Fac. de Méd. d'Alger, 21, boulevard Baudin. Alger (1927).

**Malot (Dr)**, 52, rue Victor-Hugo. Lyon (Rhône) (1920).

**Malvoz (Ernest)**, Prof. d'Hyg. et Bactér. à l'Univ., 1, rue des Bonnes-Villes. Liége (Belgique).

**Man (Robert de)**, Admin.-Dir. des Etablissements de Man (Société anonyme de Radiologie et d'Electrologie médicale), 193, avenue du Margrave. Anvers (Belgique) (1921).

**Manceau**, Prof. agrégé à la Fac. de Médecine, avenue Berthelot, Ecole de Santé Militaire. Lyon (Rhône) (1927).

**Mangin (Louis)**, Mem. de l'Inst., Dir. et Prof. au Muséum nat. d'Hist. nat., 57, rue Cuvier. Paris 5e (1908).

**Mangold (Rodolphe)**, Chirurg.-Dent., rue du Ménil. Le Thillot (Vosges) (1920).

**Manigold (Pedro)**, Off. d'admin. princ. d'Artil. à la Cartoucherie, boulevard Narcel. Sainte-Foy-les-Lyon (Rhône) (1913).

**Manley-Bendall**, Vice-Présid. de la Soc. d'Océanogr. de France, 15, rue de Tivoli. Bordeaux (Gironde) (1923).

**Mannheim (Mlle Nelly)**, 1, boulevard Beauséjour. Paris 16e (1924).

**Manquené**, Chef du Service agricole général du Département d'Oran. Préfecture d'Oran (Algérie) (1927).

**Mansoutre (Julien)**, Chir.-Dent., 18, rue Flangergues. Montpellier (Hérault) (1922), XIV.

**Manteau (René)**, Chir.-Dent., Chef de Clin. à l'Ec. dentaire, 49, rue des Mathurins. Paris 8e (1920), XIV.

**Mantelet (Camille)**, Ing. Comptoir fr. de l'Azote, 157, boulevard de la République, La Madeleine. Lille (Nord) (1924), XVIII.

**Marat (Elie)**, Directeur d'Ecole publique, 57, rue Molière. Lyon (Rhône) (1926).

**Marcelet (Henri)**, Pharm. de 1re cl., 4, rue de Lépante. Nice (Alpes-Maritimes) (1925), VI.

**Marcelin (Paul)**, Conservateur du Musée d'Histoire naturelle, 17, Grande-Rue. Nîmes (Gard) (1912).

**Marchegay (Mme Vve Alphonse)**, chemin de Navarre. La Mulatière, par Lyon (Rhône). **R** (1881).

**Maréchal (Paul)**, 5, rue Sainte-Beuve. Paris 6e. **R** (1889).

**Marette (Mme Charles)**. Châteauneuf-en-Thimerais (Eure-et-Loir) (1896).

**Marette (Jacques)**, Directeur des Etablissements Pathé Cinéma, 117, boulevard Haussmann. Paris 8e (1926).

**Marette (Dr Charles)**, Lic. ès Sc. Phys., Pharm. de 1re cl., anc. Sous-Chef de Lab. à la Fac. de Méd. de Paris. Châteauneuf-en-Thimerais (Eure-et-Loir). **R** (1902).

**Mareuse (André)**, Industriel, 8, rue Gustave-Flaubert. Paris 17e. **R** (1899).

**Margarot (Dr Jean)**, Agr. à la Fac. de Méd., 8, rue Maguelone. Montpellier Hérault) (1922).

**Margerie (Emmanuel de)**, anc. Présid. de la Soc. de Géol. de France, Dir. du Serv. de la Carte géol. de l'Alsace et de la Lorraine, 3, boulevar Tauler. Strasbourg (Bas-Rhin) (1913), VIII.

**Mariani (Dr Joseph)**. Toury (Eure-et-Loir) (1924).

**Mariaule**, Pharmacie centrale de l'Armée. Anvers-Berchem (Belgique (1924).

**Marie (Augustin)**, Pharm. hon., anc. Présid. du Trib. de Com., Maison Lyon, place de Jérusalem. Avignon (Vaucluse) (1912).

**Marie (Charles)**, Doct. ès Sc., Chef de Trav. de Chimie Physique à la Fac. des Sc., 9, rue de Bagneux. Paris 6e (1914).

**Marignan (Dr Emile)**, Dir. du Musée arlésien d'Ethnog. Marsillargues (Hérault) (1879).

**Marin (Louis)**, Admin. du Collège des Sc. soc., Député de Meurthe-et-Moselle, 137, boulevard Saint-Michel. Paris 5e. **R** (1899).

**Marineau**, Chir.-Dent., 4, avenue de l'Opéra. Paris 1er (1924), XIV.

**Marin-Tabouret (Henri)**, Inst., 11, rue du Vallon-de-l'Oriol. Marseille (Bouches-du-Rhône) (1903).

**Marly (Pierre)**, Propriétaire agriculteur, 11, rue Adrien-Baysselance. Bordeaux (Gironde) (1923), XVIII.

**Marquisan (Henri)**, Ing. des Arts et Man., Dir. de la Soc. du Gaz de Marseille, 16, rue de Phalsbourg. Paris 17e (1891).

**Marrel (Léon)**, Maître de forges. Rive-de-Gier Loire) (1897).

**Marsais (Paul)**, Ing.-Agron., Chef de Trav. à l'Inst. nat. Agron., 107, avenue de Gravelle. Saint-Maurice (Seine) (1914).

**Marsat**, Etud. en Méd., Assist. de Radiol. à l'Hôp. de Bel-Air, 1, rue du Commandant-Arnoult. Bordeaux (Gironde) (1925), XIII.

**Martel (Henri)**, Mem. de l'Acad. de Méd., Doct. ès Sc., Chef du Serv. vétér. à la Préf. de Police, 71, rue Carnot. Suresnes (Seine) (1909).

**Martial (Dr René-Félix)**, 6, rue Bosio. Paris 16e (1925), XXII.

**Martin (Charles)**, Ingénieur des Arts et Manufactures, 201, boulevard Saint-Germain. Paris 16e (1926).

**Martin (Mme Henri)**, 6, axenue des Sycomores. Paris 16e (1923), XI.

**Martin (Henri)**, anc. Présid. de la Soc. Préhist. Française, 6, avenue des Sycomores, villa Montmorency. Paris 16e et La Quina, par Villebois-Lavalette (Charente) (1899), XI.

**Martin (Léon)**, Prof. à l'Ecole de Médecine et de Pharm., 125, cours Berriat. Grenoble (Isère) (1925).

**Martin (l'Abbé Jean-Baptiste)**, Doct. ès Sc., Curé. Beynost (Ain) (1912).

**Martin (Maurice-Joseph)**, Pharm. de 1re cl., Chir.-Dent., 7, rue Gambetta. Sedan (Ardennes) (1924), XIV.

**Martin (Paul-Jules)**, Prof. de Sc. à l'Ec. prim. sup. Lamballe (Côtes-du-Nord) (1923), XXI.

**Martin (Mlle Paule)**, Prof. au Lycée de Mulhouse, 46, rue Sainte-Geneviève. Mulhouse (Haut-Rhin) (1927).

**Martinet** (Joseph), Dir. de l'Ec. de Chim., Prof. sup. à la Fac. des Sc., 36, rue de Dôle. Besançon Doubs (1921).

**Martinet (Mme Victoire)**, Prépar. à l'Ec. de Chim., 36, rue de Dôle. Besançon (Doubs) (1921).

**Martonne (Commandant de)**, Chef du Serv. Géogr. de l'Afrique Occidentale franç., 6, rue Carnot. Dakar (Sénégal) (1923).

**Martzloff**, Chirurg.-Dent., 14, cours Georges-Clémenceau. Bordeaux (Gironde) (1923), XIV.

**Marvaud (Dr Jean-Henri)**, Doct. à l'Hôpital Militaire de Belfort (Territoire de Belfort) (1925), XIII.

**Mascart (Jean-Marcel)**, Directeur de l'Observatoire de Lyon, Prof. à la Fac. des Sciences. Saint-Genis-Laval (Rhône) (1927).

**Masquelliès (Georges)**, Nég., 59, boulevard de la Liberté. Lille (Nord) (1909).

**Massemy**, Chir.-Dent., 10, rue du Docteur-Mazet. Grenoble (Isère) (1925).

**Massiéra (Paul)**, Prof. au Collège de Sétif. Sétif (Constantine) (1927).

**Massiot (Georges)**, Construct. d'inst. pour les Sc., 13, boulevard des Filles-du-Calvaire. Paris 3e (1907).

**Massol (Gustave)**, Corresp. nat. de l'Acad. de Méd., Doyen de la Fac. de Pharm. (villa Germaine), 22, boulevard des Arceaux. Montpellier (Hérault). **R** (1879).

**Masson (Pierre-V.)**, de la Librairie Masson et Cie, 120, boulevard Saint-Germain. Paris 6e. **R** (1899).

**Masson (René)**, Chir.-Dent., 12, rue Caumartin. Paris 9e (1925), XIV.

**Masurel-Baratte (Edmond)**, Manufac., 63 bis, rue Nationale. Tourcoing (Nord) (1909).

**Mathias (Emile)**, Corresp. de l'Inst., Doyen hon. de la Fac. des Sc., Dir. de l'Observatoire météorol. du Puy-de-Dôme. Côte-de-Landais, par Clermont-Ferrand (Puy-de-Dôme) (1887).

**Mathias (Jean)**, Notaire à Hirsac (Charente) (1919).

**Mathias (Paul-Camille-Jean)**, Doct. ès Sc., Agr. de l'Univ. 27, rue de l'Abbé-Grégoire. Paris 6e (1925), X.

**Mathieu (Mlle Jeanne)**, rue du Maréchal-Foch. Bouzonville (Moselle). **R** (1905).

**Mathivet**, Inst., 125, avenue du Roule. Neuilly-sur-Seine (Seine) (1924).

**Matignon (Camille)**, Prof. au Collège de France, 7, boulevard Carnot. Bourg-la-Reine (Seine). **R** (1908).

**Mauguière (Dr André**, 42, rue de Paris. Troyes (Aube) (1923), XIII.

**Maurain (Charles)**, Prof. à la Fac. des Sc., Dir. de l'Inst. de Phys. du Globe, 83, rue Denfert-Rochereau. Paris 14e. **R** (1923), VII.

**Maurech**, Chir.-Dent., 58, rue Saint-Ferréol. Marseille (Bouches-du-Rhône) (1924), XIV.

**Maurel (Dr)**, Chir.-Dent., 11, rue Thibaud. Paris 14e (1922), XIV.

**Maurel (Emile)**, Nég., 7, rue d'Orléans. Bordeaux (Gironde). **R** (1872).

**Maurizot (Dr Félix-Albert)**, 62, quai de la Liberté. Apt (Vaucluse) (1926).

**Maurouard (Lucien)**, Ministre plénipotentiaire, Trés.-payeur gén. de la Charente, anc. Elève de l'Ec. Polytech., 39, avenue Mozart. Paris 16e et Angoulême (Charente). **R** (1890).

**Maury Louis)**, Prof. hon., 26, rue Simon. Reims (Marne). R (1924).

**Maximin (Dr)**, 28, rue Franklin. Lyon (Rhône) (1920), XII, XIV.

**Maxwell (James-Etienne-Philippe)**, Président de l'Offce départ. agricole de la Gironde, 87, rue du Palais-Gallien. Bordeaux (Gironde) (1923).

**Maxwell (Joseph)**, Procureur général, 37, rue Thiac. Bordeaux (Gironde), (1923).

**Mayer (André)**, Prof. au Collège de France, 33, rue du Faubourg-Poissonnière. Paris 9e (1913).

**Mayet (Dr Lucien)**, Doct. ès Sc., Chargé de Cours d'Anthrop. et de Paléontol. humaine à l'Université, 17, place Morand. Lyon (Rhône). R (1905), XI.

**Mayette (Mme Simonne)**, 1, rue Palestro. Paris 2e (1927).

**Maystadt (Ernest)**, Etudiant, 15, rue Tranchée. Verviers (Belgique) (1924).

**Maystadt (Henri)**, Chirur.-Dent., 11, rue Tranchée. Verviers (Belgique) (1909).

**Maystadt (Jean)**, Chir.-Dent., 39, rue du Congrès. Bruxelles (Belgique) (1924). XIV.

**Meallet (Mme Valentine)**, 3, villa de la Terrasse. Paris 17e (1927).

**Médard (Edmond)**, Prop., 36, boulevard de Strasbourg. Lunel (Hérault) (1922).

**Melle-Cottarel**, Chir.-Dent., 37, place des Carmes. Rouen (Seine-Inférieure) (1921).

**Melles (Gaston)**, Homme de Sc., 29, rue Descartes. Paris 5e (1919).

**Mellet (Mme Odile)**, 64, boulevard Saint-Germain. Paris 5e. R (1913).

**Mémery (Henri)**, Sténographe, 24, rue des Visitandines. Talence (Gironde) (1923), II, VII.

**Ménager**, Dir. de la Cie Ouest Central Electric réunis, 9, rue d'Orléans. Nantes (Loire-Inférieure) (1923).

**Mencière (Mme Louis)**, 38, rue de Courlancy. Reims (Marne) (1906).

**Mencière (Dr Louis)**, 38, rue de Courlancy. Reims (Marne) (1906).

**Mendelssohn (Dr Maurice)**, anc. Prof. à l'Univ. de Pétrograd, Corresp. de l'Acad. de Méd., 49, rue de Courcelles. Paris 8e (1922).

**Menegaux (Auguste)**, Doct. ès Sc., Sous-Direct. de Labor. au Muséum nat. d'Hist. nat., 10, impasse de l'Yvette. Bourg-la-Reine (Seine). R (102).

**Mengaud (Louis)**, Professeur de géologie à la Faculté des Sciences de Bordeaux (1908).

**Mengel (Octave)**, Dir. de l'Observatoire météor. Perpignan (Pyrénées-Orientales) (1912), III, VII, VIII, XVII, XVIII, XIX.

**Mengus (Charles)**, Pharm., 45, rue du Faubourg-de-Pierre. Strasbourg (Bas-Rhin) (1920).

**Menier (Gaston)**, Sénateur, 56, rue de Châteaudun. Paris 9e (1922).

**Menjou, Ingénieur**, 22, rue Franklin. Lyon (Rhône) (1926).

**Menletinsky**, rue Mahmoud-Pacha-El-Falaky. Alexandrie (Egypte) (1926).

**Mentienne (Adrien)**, anc. Maire, Mem. de la Soc. de l'Histoire de Paris et de l'Ile-de-France. Bry-sur-Marne (Seine). R (1901).

**Mentré (Paul-Octave)**, Prof. à la Fac. des Sc. Nancy (Meurthe-et-Moselle) et à Constantinople, Faculté des Sciences. R (1925), I.

**Mercier (Louis)**, Prof. de Zool. à la Fac. des Sc. de Caen, Dir. du Lab. **maritime.** Luc-sur-Mer (Calvados), Caen (Calvados) (1920), X.

**Mérindol**, Chir.-Dent, 44, cours Jean-Jaurès. Grenoble (Isère) (1925), XIV.

**Merckling (Ernest)**, Chir.-Dent., 3, avenue de la Liberté. Strasbourg (Bas-Rhin) (1920).

**Merlin (Octave)**, Chir.-Dent., 11, rue des Trois-Journées. Toulouse (Haute-Garonne) (1911).

**Merlin (Roger)**. Bruyères (Voges). R (1880).

**Mermet (Claude-Jean)**, Chir.-Dent., 15, rue de Belfort. Givors (Rhône) (1926).

**Merwart (Emile)**, Gouverneur des col., 50, rue de Paris. Saint-Denis-de-la-Réunion (Océan Indien). **R** (1922), XI.

**Mesnards (Dr P. des)**, rue Saint-Vivien. Saintes (Charente-Inférieure). **R** (1882), XII.

**Mesnil (Félix)**, Mem. de l'Inst., Prof. à l'Inst. Pasteur, 21, rue Ernest-Renan. Paris 15e. **R** (1910).

**Messian (Dr Jean)**, 1, avenue Van-Eyck. Anvers (Belgique) (1920).

**Mestrezat (Dr William)**, Agr. des Fac. de Méd., Chef de Laboratoire à l'Inst. Pasteur, 4, rue Pérignon. Paris 7e (1912).

**Métadier (Albert)**, Ing. des Constr. civ., anc. Elève de l'Ec. nat. des P. et Ch., 23, boulevard Béranger. Tours (Indre-et-Loire) (1922).

**Métadier (Albert)**, Ing. des Constr. civ., anc. Elève de l'Ec. nat. des P. et Ch., 23, boulevard Béranger. Tours (Indre-et-Loire) (1922).

**Métadier (Jacques)**, 13, rue de La Grandière. Tours (Indre-et-Loire) (1916).

**Métay (André)**, Prof. de Sc. nat. au Lycée. Coutances (Manche) (1925), IX.

**Métropolitain Librairie Pei Fei.** Péking (Chine) (1926).

**Mettrier (Maurice)**, Insp. gén. des Mines, 12, rue de Varize. Paris 16e. **R** (1903).

**Metdepeminghen (Maurice-Jean)**, Architecte en chef du Brabant, 36, rue Léopold-Courouble. Bruxelles, Province de Brabant (Belgique) (1927).

**Metz (Commandant André)**, « Les Cerisiers », sentier de Paris. Sceaux (Seine). **R** (1920).

**Meunier (Jean)**, Doct. ès Sc., Chef des Trav., Chargé de Cours à l'Ec. cent. des Arts et Man., 53, boulevard Murat. Paris 16e (1910), VI.

**Meunier**, Inspecteur du travail des Chemins de fer, 31, avenue Denfert-Rochereau. Saint-Etienne (Loire) (1926).

**Meyer (Adolphe)**, Dir. des Musées Com., Colonial et Indust., 299, rue de Solférino. Lille (Nord) (1910).

**Meyer (André)**, Doct. ès Sc. Phys., Maître de Conférence, Faculté des Sciences de Caen, 2, rue du Général-Moulin, à la Maladrerie, par Caen (Calvados) (1912).

**Meyer (Dr Jules)**, Méd.-Insp. de l'Armée, Dir. du Serv. de Santé du 19e Corps d'Armée, Kermoor. Alger-Mustapha. **R** (1913).

**Meyer (Léon)**, Courtier de Commerce, 31, rue de la Bourse. Le Havre (Seine-Inférieure) (1914).

**Meyerson (I.)**, Directeur-Adjoint du Laboratoire de Psychol., Exp. de la Sorbonne, Sec. de la Rédact. du Journal de Psychol., 23, rue Saint-Hippolyte. Paris 13e (1920), XVI.

**Micanel (Edgar-Jules-Eugène)**, Avocat à la Cour, Ingénieur I. E. G., 11, rue Cornélie-Gémond. Grenoble (Isère) (1926), III. IV.

**Michaut (Mme Victor)**, 2, rue des Perrières. Lyon (Côte-d'Or) (1915).

**Michel (Mlle Jeanne)**, Prof. de Sc. au Lycée. Saint-Denis (Ile de la Réunion). **R** (1922).

**Michel**, Chir.-Dent., 14, rue des Carmes. Rouen (Seine-Inférieure) (1921).

**Michel (Charles)**, Entrep. de peinture, 84, rue Leibnitz. Paris 18e (1887).

**Michel (Georges)**, Ing. des Arts et Man., Chim., 40 ,rue Sainte. Marseille (Bouches-du-Rhône) (1908).

**Michel (Henry)**, Archit.-Conserv. du Musée archéol., 14, rue Fontaine-Ecu. Besançon (Doubs) (1893), XI.

**Michel (Mme Albertine)**, 71, avenue Victor-Emmanuel. Paris 8e) (1927).

**Michelin**, Indust., place des Carmes-Déchaus. Clermont-Ferrand (Puy-de-Dôme) (1908).

**Michelin (A.-L.)**, Dra-El-Mizan. Alger (Algérie) (1927).
**Midy (Marcel)**, Pharm. de 1re cl., 4, rue du Colonel-Moll. Paris 17e (1917), XV.
**Miégeville (P.-Emile)**, Chir.-Dent., 20, rue Pasteur. Pau (Basses-Pyrénées) (1914), XIV.
**Miégeville (V.-E.)**, Chir.-Dent., 4, rue Ordener. Paris 18e (1922), XIV.
**Migot (Edouard)**, Nég. en vins de Champagne, rue Vernouillet. Reims (Marne) (1907).
**Migot (Dr André)**, Prépar. d'Anat. comparée à la Fac. des Sc. de Paris, Laboratoire Arago. Banyul-sur-Mer (Pyrénées-Orientales) (1922) X.
**Milice (Albert)**, Publiciste, 12, rue de Clermont. Beauvais (Oise) (1914).
**Milon (Yves)**, Prépar. à la Fac. des Sc. de Rennes (Ille-et-Vilaine) (1923).
**Milhaud (Marcel)**, Médecin, 7, rue du Rempart-d'Ainay. Lyon (Rhône) (1926).
**Millet (Jean)**, Chir.-Dent.,, 161, boulevard de la Croix-Rousse. Lyon (Rhône) (1912).
**Milz (Ulysse)**, Pharm., rue Ferdinand-Nicolay. Tilleur (Prov. de Liége, Belgique) 1924), XV.
**Mineur (Adolphe)**, Prof. à l'Univ. de Bruxelles, 97, rue Victoria. Bruxelles (Belgique) (1924).
**Ministère de l'Instruction Publique et des Beaux-Arts** (Direction des Recherches et Inventions, 1, avenue du Général-Galliéni. Meudon-Bellevue (Seine-et-Oise).
**Miquet (Paul-Louis)**, Ingénieur de la Société Electro-Métallurgique de Montrichar. Saint-Julien-de-Maurienne (Savoie) (1927).
**Mirabaud (Robert)**, Banquier, 70, avenue Marceau. Paris 8e. **R** (1872).
**Mirande (Marcel)**, Prof. à la Fac. des Sc. Grenoble (Isère) (1925), IX.
**Mocqueris (Edmond)**, 58, boulevard d'Argenson. Neuilly-sur-Seine (Seine). **R** (1883).
**Mocqueris (Paul)**, Ing. de la Construc. à la Comp. des Chem. de fer de Bône-Guelma et prolongements, 43, avenue Jules-Ferry. Tunis. **R** (1883).
**Moinet (Jean-Paul)**, Indust. La Boissière (Oise). **R** (1913).
**Moinet (Mme Jules)**. La Boissière (Oise) (1910).
**Molinery (Dr Raymond)**, Dir. des Thermes. Bagnères-de-Luchon (Haute-Garonne) (1922).
**Molliard (Marin)**, Doyen de la Fac. des Sc., Mem. de l'Inst., 16, rue Vauquelin. Paris 5e. **R** (1920).
**Moncenix (Dr Georges-Alphonse)**, 3, avenue Alsace-Lorraine. Grenoble (Isère) (1925), XXII.
**Moncky (Dr Léon-Jean de)**, 113, boulevard Beaumarchais. Paris 3e (1923).
**Mondain (Dr Charles)**, 49, avenue George-V. Paris 8e (1903).
**Mondolfo (Joseph)**, Admin. des Eaux de Bagnoles-de-l'Orne, de Bride-les-Bains et de Salins (Savoie), 34, boulevard Haussmann. Paris 9e (1922).
**Monin (E.-L.)**, Chir.-Dent., Trésor. de la Soc. Dauphinoise d'Odontologie, 3, place Sainte-Claire. Grenoble (Isère) (1925), XIV.
**Monjoie (Gaston)**, Chirur.-Dent., avenue Ad.-Buyl, Bruxelles (Belgique) (1925), XIV.
**Monmerqué (Arthur)**, Insp. gén. des P. et Ch., 19, rue Decamps. Paris 16e. **R** (1899).
**Monod (Dr Robert)**, Chirurg des Hôp., 9, rue de Prony. Paris 17e (1927).
**Monod (Mme Gabrielle)**, Doct. en Méd.,, 9, rue de Prony. Paris 17e (1927).
**Monoyer (Armand)**, 43, avenue de l'Exposition. Liége (Belgique) (1924).
**Monpillié (Georges)**, 61, cours d'Aquitaine. Bordeaux (Gironde) (1923).

**Montané (Dr Louis)**, anc. Prof. d'Anthrop. à l'Univ. de La Havane, 15, rue de Carrières. Chatou (Seine-et-Oise) (1921).

**Monteil-Pons (Mlle Lucy-Jane)**, Chargée de Cours de Letres au Lycée Fallière, 7, passage Ben-Ayed. Tunis (Régence de Tunis) (1927).

**Montel (Mlle Eliane)**, Agrégée de l'Université, 12, avenue Pereire. Asnières (Seine) (1927).

**Montessus de Ballore (Robert-Fernand-Bernard)**, Doct. ès Sc., Prof. à l'Off. Nat. Météor., 46, rue Jacob. Paris 6e (1923).

**Montfleury (L. de)**, Juge d'instruct., 78, rue de Montivilliers. Le Havre (Seine-Inférieure) (1914).

**Montfort (Dr)**, Prof. à l'Ec. de Méd. Chirurg. des Hôp., 14, rue de la Rosière. Nantes (Loire-Inférieure). R (1878).

**Montlaur** (le Comte Amaury de), Ing. civ., 41, avenue de Friedland. Paris 8e. R (1903).

**Montpellier (Jean-Marie)**, Doct. en Méd., 17 bis, rue Richelieu. Alger (1927).

**Moog (Dr Robert)**, Agr. à la Fac. de Méd., 19, rue Perchepinte. Toulouse (Haute-Garonne) (1913).

**Moquet (Mlle Lucienne)**, Prépar. techn. au Labor. de Chimie, Méd. de la Fac. de Méd., 9, rue Turbigo. Paris 1er (1924), VI.

**Moquin-Tandon (Gaston)**, Prof. à la Fac. des Sc., 4, allée Saint-Etienne. Toulouse (Haute-Garonne) (1902).

**Morche (Robert)**, Présid. de l'Assoc. des Littérateurs indépendants, Dir. de la Revue des Indépendants, 103, avenue de la Marne. Asnières (Seine) (1910).

**Moreau (Léon)**, Lic. ès Sc., Ing. agron., Dir. de la Station œnologique de Maine-et-Loire, 3, rue Rabelais. Angers (Maine-et-Loire) (1902).

**Moreau-Bérillon (Mme)**, Professeur au Lycée, 32, rue des Moissons. Reims (Marne) (1925), XXII.

**Moreau (Marie)**, Professeur au Lycée de jeunes filles d'Alger, 50, chemin du Télemly. Alger (1927).

**Moreau (Henry-Zéphirin)**, Etudiant, 60, chemin du Télemly. Alger (1927).

**Moreau (Henry-Joseph)**, Secrétaire de l'Académie d'Alger.

**Morel (Albert)**, Prof. à la Fac. de Méd., 13, quai Claude-Bernard. Lyon (Rhône) (1906).

**Morel (Dr G.)**, 11, rue Thibaud. Paris 14e (1923), XIV.

**Morel d'Arleux (Mme Charles)**, 13, avenue de l'Opéra. Paris 1er. R (1886).

**Morel-Blondel (Charles)**, Ing. des Arts et Man., 17, rue du Docteur-Louis-Dumesnil. Rouen (Seine-Inférieure) (1921).

**Morel-Kahn (Dr Henri)**, Assist. de Radiol. des Hôp., 154, boulevard Haussmann. Paris 8e (1922).

**Moret**, Maître de Conférences de Géologie à la Faculté des Sciences, Institut de Géologie, place Notre-Dame. Grenoble (Isère) (1924).

**Morgand (P.)**, **Maire**, 185, boulevard de Strasbourg. Le Havre (Seine-Inférieure) (1914).

**Morin (Théodore)**, Doct. en Droit, 50, avenue du Président-Wilson. Paris 8e. R (1881).

**Morlet (Dr Alfred)**, Radiol., 21, avenue des Bouleaux. Anvers (Belgique) (1920), XIII.

**Morineau**, Chir.-Dent., 4, avenue de l'Opéra. Paris 1er (1924), XIV.

**Morisseaux (Eugène)**, Directeur de la Société de Gaz et d'Electricité du Hainau. Farciennes (Belgique) (1924).

**Maurizot (Dr Félix-Albert)**, 62, quai de la Liberté. Apt (Vaucluse) (1926), XXII.

**Morquer (René)**, Préparateur de Botan., Fac. des Sc. Toulouse (Haute-Garonne) (1924).

**Mortillet (Adrien de)**, Prof. à l'Ec. d'Anthrop., Conserv. des collections de la Soc. d'Anthrop., Présid. de la Soc. d'Excursions scient. de Paris, 154, rue de Tolbiac. Paris 13^e^. **R** (1885), XI.

**Mortillet (Léon de)**, Horticulteur pépiniériste, villa « Les Ombrages », 13, Grande-Rue. La Tronche (Isère) (1925), XVIII.

**Mortillet (Paul de)**, Palethnol., rue du Closet. Lusigny-sur-Barse (Aube) (1919), XI.

**Mossé (Alphonse)**, Prof. de Clin. médic. à la Fac. de Méd., Corresp. nat. de l'Acad. de Méd., 36, rue du Taur. Toulouse (Haute-Garonne). **R** (1880).

**Mossier (Louis)**, 93, rue de Rennes. Paris 6^e^. **R** (1922).

**Moullade (D^r^)**, 21, place Victor-Hugo. Roanne (Loire) (1927).

**Moulin (M^lle^ Magdeleine)**, Professeur à l'Ecole primaire supérieure de filles. Lembeye (Basses-Pyrénées) (1927).

**Mouly (Joseph)**, Agent de la Soc. nat. de Chirurg., 27, rue Berthollet. Paris 5^e^ (1907).

**Mouly (M^lle^ Paule)**, Instit. pub., 80, avenue Jean-Jaurès (quartier de la Pie). Parc-Saint-Maur (Seine) (1920).

**Moure (D^r^ Emile)**, Prof. adj. à la Fac. de Méd., 25 bis, cours de Verdun. Bordeaux (Gironde). **R** (1902).

**Mouret (M^me^ F.)**, Château du Nègre. Vendres (Hérault) (1922).

**Moureu (Charles)**, Mem. de l'Inst., de l'Acad. de Méd. et de l'Acad. royale des Sc., Belles-Let. et Beaux-Arts de Belgique, Prof. au Collège de France, Prof. hon. à la Fac. de Pharm., Vice-Présid. du Conseil d'Hyg., 18, rue Pierre-Curie. Paris 5^e^. **R** (1907).

**Mourgue (D^r^ Raoul)**, Lauréat de l'Inst., laboratoire d'histologie de la Fac. de Méd. de Montpellier (1920), XII, XVI.

**Mousis (Albert)**, Chir.-Dent. de la Fac. de Méd. de Paris, Lauréat de l'Ecole dentaire de Paris, 2, place de Verdun. Tarbes (Hautes-Pyrénées) (1923), XIV.

**Mousseron (Georges)**, Dir. des Usines Thomas frères. Sorgues-sur-l'Ouvèze (Vaucluse) (1912).

**Mouton (Fernand)**, Chirur.-Dent., 77, boulevard de Blossac. Châtellerault (Vienne) (1921).

**Mouton (Xavier)**, Chirurg.-Dent., 40, boulevard de Belfort. Amiens (Somme) (1920).

**Moutot (Henri)**, Doct. en Méd., Dermato-Stomatologiste, 110, rue de l'Hôtel-de-Ville. Lyon (Rhône) (1927).

**Müller (Jean) (fils)**, Ing., Ecole de Médecine. Grenoble (Isère). **R** (1912).

**Müller (Hippolyte)**, Biblioth. de l'Ec. de Méd., Conserv. du Musée Dauphinois. Grenoble (Isère) (1898), XI.

**Müller (M^lle^ Louise)**, Secrét. du Conserv. de mus., 6, Grande-Rue-de-l'Eglise. Strasbourg (Bas-Rhin) (1923).

**Müntz (Georges)**, Ing. en chef des P. et Ch. en retraite, Ing. princ. hon. de la Comp. des Chem. de fer de l'Est, 20, rue de Navarin. Paris 9^e^ (1886).

**Murat (Alexandre)**, 39, rue des Francs-Maçons. Saint-Etienne (Loire) (1926).

**Muratet (D^r^ Léon)**, Prof. agrégé à la Fac. de Méd., Prof. à l'Ecole des Beaux-Arts, 117, rue Malbec. Bordeaux (Gironde) (1923).

**Murbeck (Suante)**, Professor emeritus de l'Université de Lund (Suède) (1928).

**Musard Jean)**, Instituteur, 51 bis, route de Vaulx. Villeurbanne (Rhône) (1926).

**Musée Océanographique**, Monaco (Principauté de Monaco) (1924).

**Musée Royal d'Histoire Naturelle de Belgique,** 31, rue Vautier. Bruxelles (Belgique) (1927).

**Muséum d'Histoire naturelle** (M. Paul Marcelin, Conservateur). Nîmes (Gard) (1910).

**Mussio,** Chir.-Dent., boulevard Ney. Sarlat (Dordogne) (1923), XIV.

**Musso (Louis),** Professeur à la Faculté d'Alger, 37, rue d'Isly. Alger (1927).

**Muyser (R. de),** Ing., 4, avenue de La Côte-d'Eich. Luxembourg (Grand-Duché) (1920).

**Nadaud (Dr Pierre),** Radiol., 23, boulevard du Champ-de-Mars. Colmar (Haut-Rhin) (1924), XIII.

**Nanta (André),** Syphiligraphe, 20, boulevard Carnot. Alger (Algérie) (1927).

**Narcisse-Rihal,** Négoc., 126, boulevard de Strasbourg. Le Havre (Seine-Inférieure) (1914).

**Narcy,** Notaire, 90, boulevard de Strasbourg. Le Havre (Seine-Inférieure) (1914).

**Natier (Dr Marcel),** Dir. de l'Inst. Laryngol. de Paris, 10, rue de Bellechasse. Paris 7e (1903).

**Naudin,** Instituteur. Saint-Florentin, par Vatan (Indre) (1925), XXI.

**Nauwelaerts,** Chir.-Dent., 25, rue du Congrès. Bruxelles (Belgique) (1924).

**Navarro,** Pharm. Saint-Germain-du-Bel-Air (Lot) (1913).

**Navas (Longin),** S. J., Professeur colegio del Salvador. Apartado 32. Saragosse (Espagne) (1923), X.

**Navelle (Eugène-Auguste),** Admin.-Cons. des Aff. indig. de Cochinchine en retraite, Bastidon-du-Bosquet. Le Cannet (Alpes-Maritimes) (1916).

**Nayrac (Paul),** Doct. ès Sc., Censeur des Etudes au Lycée. Laval (Mayenne) (1914), XVI.

**Négrin (Paul),** Prop. Cannes-La-Bocca (Alpes-Maritimes). R (1902).

**Netter (Léon),** Pharm., 10, rue de la Nuée-Bleue. Strasbourg (Bas-Rhin) (1920).

**Neuman (Fernand),** Chef de Serv. des Hôp., Agr. à l'Univ., 27, rue Wynants. Bruxelles (Belgique) (1923), XIII.

**Neveu (Dr Auguste),** 126, rue Pierre-Loti. Rochefort-sur-Mer (Charente-Inférieure) (1923).

**Neveu (Auguste),** Ing. des Arts et Man. Rueil (Seine-et-Oise). **R** (1892).

**Neyrond des Granges (Mme),** 7, rue du Peyrat. Lyon (Rhône). **R** (1906).

**Nibelle (Maurice),** Avocat, 9, rue des Arsins. Rouen (Seine-Inférieure). **R** (1898).

**Nicaise (Dr Victor),** anc. Int. des Hôp., 3, rue Mollien. Paris 8e. **R** (1891).

**Nicloux (Maurice),** Prof. à la Fac. de Méd. Strasbourg (Bas-Rhin). **R** (1908).

**Nicolas (Gustave),** Prof. de Botan. à la Fac. des Sc., 17, rue Saint-Bernard. Toulouse (Haute-Garonne). **R** (1921).

**Nicolas (Joseph),** Prof. à la Fac. de Méd., Méd. des Hôp., 19, place Morand. Lyon (Rhône). **R** (1898).

**Niéto (Jose),** Chir.-Dent., 26, boulevard Maréchal-Joffre. Rueil (S.-et-O.) (1925), XIV.

**Nithard (Auguste),** Pharm., rue de Mascara. Perrégaux (département d'Oran) (Algérie) (1912).

**Nivet (Gustave),** 34, rue Parmentier. Neuilly-sur-Seine (Seine). **R** (1881).

**Nobécourt (Dr),** Assistant à l'Institut Arloing, villa Davin. Saint-Henry, près Tunis (1926).

**Noble (Joseph),** villa Solejo, avenue Cernuschi. Nice (Alpes-Maritimes). **R** (1920).

**Nœninger (Joseph),** Pharm. Saint-Louis (Haut-Rhin) (1920).

**Noever (Joseph),** Méd., 162, rue Royale. Bruxelles (Belgique) (1921).

**Nogaro (Dr Bertrand),** Professeur à la Faculté de Droit de l'Univ. de Paris, 7, rue Edmond-Guillout. Paris 15e (1923).

**Nogier (Dr Thomas),** Agr. de Phys. médic. à la Fac. de Méd., 11, rue de La Charité. Lyon (Rhône). **R** (1905).

**Normand (Augustin),** Indust., 36, boulevard de Strasbourg. Le Havre (Seine-Inférieure) (1914).

**Normand.** Juvisy (Seine-et-Oise) (1927).

**Nottin (Lucien),** 91, rue Lafayette. Paris 9e. **F** (1888).

**Nougaret (Dr Joseph).** Saint-André-de-Sangonis (Hérault) (1922).

**Nouguier (Marguerite),** Professeur de Physique, Chimie, Hygiène, 6, rue du Couédic. Brest (Finistère) (1927).

**Nouvelle (Georges),** Ing. civ., 25, rue Brézin. Paris 14e (1878).

**Nux (Dr Louis),** Chargé de Cours à la Fac. de Méd., Stomatologiste des Hôp., 21, allées Jean-Jaurès. Toulouse (Haute-Garonne) (1902).

**Nuyens (Maurice-Charles),** Assistant à l'Université, 11, place Van-Meenen. Bruxelles (Belgique) (1925), I, V.

**Ocagne (Maurice d'),** Mem. de l'Inst., Insp. gén. et Prof. à l'Ec. nat. des P. et Ch., Prof. à l'Ec. Polytech., 30, rue La Boétie. Paris 8e. **R** (1893).

**Octobcn (François),** Ecole d'application des chars de combat. Versailles (Seine-et-Oise) (1920), XI.

**Odin (René),** Publiciste, 10, rue des Dames. Asnières (Seine) (1926).

**Office Agricole départemental de la Côte-d'Or,** rue de la Préfecture. Dijon (Côte-d'Or) (1921).

**Office Central Espérantiste,** 51, rue de Clichy. Paris 9e (1923), XXI.

**Office Chérifien des Phosphates.** Rabat (Maroc) (1923).

**Office National du Crédit Agricole,** 5, rue Casimir-Périer. Paris 7e (1926).

**Offret (Albert),** Prof. de Minéral. à la Fac. des Sc., 16, quai Claude-Bernard. Lyon (Rhône). **R** (1899).

**Olivier (Eugène-Victor),** Prof. agrégé d'Anatomie, Faculté de Méd. de Paris, 116, rue de Rennes. Paris 6e. **R** (1927).

**Olivier (Jean),** Lic. ès Sc., Les Ramillons. Chemilly (Allier) (1915).

**Olivieri (J.),** Pharm. de 1re cl., avenue du Premier-Consul. Ajaccio (Corse) (1912).

**Ollagnier (Dr Pierre),** 11, rue d'Angleterre. Nice (Alpes-Maritimes) (1908).

**Oncins,** 41, rue de la Fusterie. Bordeaux (Gironde) (1923), XIV.

**Oppermann (Alfred),** Ing. en chef des Mines, 8, rue Cherchell. Marseille (Bouches-du-Rhône) (1891).

**Osteau (Arthur),** Chir.-Dent., 48, rue Jourdan. Bruxelles (Belgique) (1924).

**Osteau (Léopol),** Chir.-Dent., 46, rue de la Porte-de-Hal. Bruxelles (Belgique) (1924), XIV.

**Ostermeyer (Xavier),** Agron.-Vitic., château d'Isembourg. Rouffach (Haut-Rhin) (1920).

**Otaola (Juan de),** Chir.-Dent., Calle del Banco de Bilbao, n° 1, 2°. Bilbao (Espagne) (1906).

**Ott (Dr Charles),** Insp. départ. d'Hyg., 57, rue de Lyons. Rouen (Seine-Inférieure) (1913).

**Oudin (Georges),** Directeur de la Chronique Pharmaceutique, 9, rue Rubens. Paris 13e (1911).

**Oullé (Dr Gaston-Eugène-Augustin),** Chirurgien, 17, rue Denfert-Rochereau. Constantine (1927).

**Oustric,** Chir.-Dent., 48, boulevard Clemenceau. Draguignan (Var) (1925).

**Outhenin-Chalandre (Joseph).** Charleval (Eure). **R** (1883).

**Pageot (Lucien),** Pharmacien. Saint-Germain-en-Laye (Seine-et-Oise) (1924).

**Pagès (Paul).** Murat (Cantal). **R** (1925).

**Pahaut (Henri)**, Pharm. milit., Hôp. milit., rue Saint-Laurent. Liége (Belgique) (1924), XV.

**Pailliottin (Louis)**, Prof. à l'Ec. dentaire, 2, rue de Châteaudun. Paris (1907).

**Pailly (Robert)**, Ing. civ. des Mines, Dir. de l'Usine de la Soc. de Saint-Gobain, 42, rue Bouvreuil. Rouen (Seine-Inférieure) (1921).

**Painlevé (Paul)**, Mem. de l'Inst., Prof. à la Fac. des Sc., Ministre de la Guerre (1904).

**Paix (Edmond)**, 4, rue de Pétrograd. Paris (1909).

**Pajaud (Dr)**. Cognac (Charente) (1924), XIII.

**Palfray (l'Abbé Léon)**, 20, rue Jean-Daudin. Paris 15e. **R** (1923).

**Pallary (Paul)**, Instituteur, faubourg d'Eckmühl-Noiseux. Oran (Algérie). **R** (1924).

**Pallasse (Dr Eugène)**, Chef de Clin. adj. à la Fac. de Méd., 4, rue des Prêtres. Lyon (Rhône). **R** (1906).

**Palmer (René)**, Chir.-Dent., 39, rue Dicquemare. Le Havre (Seine-Inférieure) (1914).

**Palun (Auguste)**, Juge au Trib. de Com., 13, rue Banasterie. Avignon (Vaucluse). **R** (1880).

**Pamard (Dr Paul)**, anc. Int. des Hôp. de Paris, 4, place Lamirande. Avignon (Vaucluse). **R** (1891).

**Pamard (Dr Louis)**, 47, rue des Mathurins. Paris (1909).

**Pancier (Félix)**, Pharm. sup., Dir. de l'Ec. de Méd. et de Pharm., 21, rue Saint-Leu. Amiens (Somme) (1922).

**Pantet (Ruben)**, Publiciste, passage Casteret. Pau (Basses-Pyrénées) (1910), I, VIII.

**Paquay (Armand)**, Pharm. Beyne-Heusay (Prov. de Liége) (Belgique (1924), XV.

**Paraire (Jules)**, Chir.-Dent., 35, quai Vauban. Perpignan (Pyrénées-Orientales) (1924), XIV.

**Pardé (Maurice)**, Prof. en congé, 3, chemin Vauché. Saint-Rambert-L'Ile-Barbe (Rhône) (1922).

**Parès (Dr Louis)**, 1, rue du Carré-du-Roi. Montpellier (Hérault) (1912).

**Paris (Paul)**, Lic. ès Sc., Prépar. à la Fac. des Sc., 32, rue de la Colombière. Dijon (Côte-d'Or) (1901).

**Pascal (Joseph)**, Prof. à l'Ec. libre Saint-Joseph, 16, boulevard du Pont-Joubert. Poitiers (Vienne) (1917).

**Paschetta (Charles)**, Docteur Radiologiste, 42, rue Verdi. Nice (Alpes-Maritimes) (1926).

**Passemard (Emmanuel)**, rue Esprit-des-Lois. Toulouse (Haute-Garonne) (1916), XI.

**Pastre (Gaston)**, Doct. ès Sc., 6, rue du Général-René. Montpellier (Hérault) (1922).

**Patté (Paul)**, Professeur au Collège de Blida (Algérie) (1927).

**Patte (Etienne)**, Capitaine H. C. serv. Géol. de l'Indochine, 71 bis, rue de Vaugirard. Paris 6e (1924), VIII, XI.

**Paul (Félix)**, 1, place de la Sorbonne. Paris 5e. **R** (1912).

**Paul (P.)**. Balaruc-les-Bains (Hérault) (1922).

**Paulignan**, Chir.-Dent.. Mascara (Algérie (1927).

**Paul-Manceau (Dr G.)**, Assist. adj. du Disp. de Syphilligraphie de l'Hôp. Baudelocque, Avocat à la Cour d'Ap., 12, rue de Bellechasse. Paris 7e. **R** (1919), XII, XXI, XXII.

**Paumier**, Chir.-Dent, 9, cours Victor-Hugo. Villeneuve-sur-Lot (Lot-et-Garonne) (1926).

**Pautrier**, Prof. à la Fac. de Méd., 2, quai Saint-Nicolas. Strasbourg (Bas-Rhin) (1920).

**Pautrot (Alexandre)**, Propriétaire-viticulture, 12, rue du Temple. Bordeaux (Gironde) (1923).

**Pauwen (Joseph)**, Doct. ès Sc., chef de travaux à l'Univ., 320, rue de la Campine. Liége (Belgique) (1924).

**Pavillard (Jules)**, Prof. à la Fac. des Sc., 11, rue Marceau. Montpellier (Hérault) (1918).

**Payen (L.) et Cie**, Nég. en Soieries, 9, rue Pizay. Lyon (Rhône) (1906).

**Payenneville (Dr Joseph)**, Méd. des Hôp., 10, place de La Rougemare. Rouen (Seine-Inférieure) (1920).

**Pecchia**, Chir.-Dent., 68, boulevard Saint-Germain. Paris 5e (1913), XIV.

**Pech (Jacques-Louis)**, Prof. à la Fac. de Méd. Montpellier (Hérault) (1922).

**Pédraglio-Hoël (Mme Hélène)**, 29, avenue Camus. Nantes (Loire-Inférieure). R (1887).

**Peironet (Gaston)**, Chir.-Dent., 37, rue Pierre-Lasne. Marseille (Bouches-du-Rhône) (1926).

**Pélagaud (Elysée)**, Doct. ès Sc., château de La Pinède. Cap d'Antibes, par Juan-les-Pins (Alpes-Maritimes). R (1879).

**Pélicand (Louis)**, Chir.-Dent., 253, cours Gambetta. Lyon (Rhône) (1926).

**Pélissé (Francisque-Lucien)**, Ingénieur E. G. I. (Radiologie méricale), 11, place Raspail. Lyon (Rhône) (1927).

**Pélissié (Dr Henri)**, Présid. du Comité d'Initiative. Luzech (Lot) (1914).

**Pellegrin (François)**, Doct. ès Sc., Prépar. au Muséum nat. d'Hist. nat., 71, boulevard du Montparnasse. Paris 6e. R (1914).

**Pellegrin (Dr Jacques)**, Doct. ès Sc., Sous-Direct. de Labor. au Muséum nat. d'Hist. nat., 1, rue Vauquelin. Paris 5e. R (1904).

**Pellet (Auguste)**, Prof. hon. à la Fac. des Sc., 77, boulevard Gergovia. Clermont-Ferrand (Puy-de-Dôme). R (1881).

**Pellier Cuit**, Chir.-Dent., place Thiers. Fécamp (Seine-Inférieure) (1927).

**Pelletier (Dr Mlle Anne-Madeleine)**, Lic. ès Sc., 75 bis, rue Monge. Paris 5e (1924), VI.

**Pellin (Félix-Philibert)**, de la Maison Philibert Pellin (Inst. de précis.), 5, avenue d'Orléans. Paris 14e (1887).

**Pelliot (Paul)**, Expl., Prof. au Collège de France, 38, rue de Varenne. Paris 7e (1905).

**Pélasse (J.)**, Chargé de Cours à la Faculté des Sciences, 18, rue du Béguin. Lyon (Rhône) (1926).

**Peltereau (Ernest)**, Notaire hon. Vendôme (Loir-et-Cher). R (1884).

**Peltier (Jean)**, Ingénieur, 8, rue de la Monnaie. Nancy (Meurthe-et-Moselle) (1924), III, IV.

**Peny (Frédéric)**, Dir. de la Banque Nat. de Belgique à Liége, 9, boulevard d'Avroy. Liége (Belgique) (1924).

**Péquart (Saint-Just)**, Indust., La Haute-Rive. Champigneulles (Meurthe-et-Moselle) (1921).

**Péraire (Dr Maurice)**, anc. Int. des Hôp., 197, boulevard Saint-Germain. Paris 7e (1902).

**Percot**, Pharm., 112, rue de Paris. Le Havre (Seine-Inférieure) (1914).

**Pérard (Joseph)**, Ing. des Arts et Man., anc. Sec. gén. de la Soc. d'Aquiculture et de Pêche, 42, rue Saint-Jacques. Paris 5e R (1899).

**Pereire (Henri)**, Ing. des Arts et Man., Admin. de la Comp. des Chem. de fer du Midi, 33, boulevard de Courcelles. Paris 8e. R (1875).

**Pérez (Albert)**, Doct. en Méd., 8, passage Ravolti. Tunis (1927).

**Pérez (Charles)**, Prof. de Zool. à la Fac. des Sc., 88, avenue de Breteuil. Paris 15e (1905).

**Périgny (le Comte Maurice de)**, Explorat., 4, avenue Malakoff. Paris 16e. R (1909).

**Perlès (Mme Suzanne)**, 148, avenue de Wagram. Paris 17e (1927).

**Pérochon (Dr)**. Poitiers (Vienne) (1926).

**Péron (Rémy)**, Directeur d'Ecole, 74 bis, rue Mazenod. Lyon (Rhône) (1926).

**Perquel (Adrien)**, Lic. en Droit, 53, rue de Châteaudun. Paris 9e (1920).

**Perquel (Mme Lucien)**, 18, rue Le Peletier. Paris 9e. R (1909).

**Perquel (Raymond)**, 53, rue de Châteaudun. Paris 9e (1920).

**Perraud (Sylvain)**, Assistant à la Faculté des Sciences, Chimie agricole, 8, rue de la Barre. Lyon (Rhône) (1926).

**Perrier (Georges)**, Général d'Art., Membre de l'Institut, Correspondant du Bureau des Longitudes, 39 bis, boulevard Exelmans. Paris (1909), II.

**Perrier (Dr Gustave)**, Prof. de Chimie à la Fac. des Sc., 80, rue du Faubourg-de-Fougères. Rennes (Ille-et-Vilaine) (1895), VI.

**Perrier (Dr Louis)**, Prof. à la Fac. libre de Théol. protestante, 8, rue Bizeray, villa Cevenole. Montpellier (Hérault) (1909).

**Perières (René-Pierre)**, Ingénieur civil des Mines, Hôtel de Londres, rue Biot. Paris 17e (1928).

**Perrin (Elie)**, Prof. hon. de Math., 85, rue de la Convention. Paris 15e. R (1891).

**Perrin de Puycousin (Maurice)**, anc. Avocat à la Cour d'Appel, Membre de l'Acad. de Mâcon, membre non rés. de l'Acad. de Dijon, membre du Comm. perm. de l'Assoc. des Soc. Sav. de Bourgogne, membre du Comité rég. des Arts appl., Conservateur du Musée Greuze. Tournus (Saône-et-Loire) (1926), XI.

**Perrot (Emile)**, Prof. à la Fac. de Pharm., 12 bis, boulevard de Port-Royal. Paris 5e. R (1891).

**Perrot.** Saint-Germain-les-Corbeil (Seine-et-Oise) (1927).

**Perruchot (Henry)**, Chef du Service agricole, rue Berthelot, faubourg Lamy. Constantine (1927).

**Péry (Gabriel)**, Pharmacien de 1re cl., ex-Interne des Hôp. de Bordeaux, 40, Allées de Tourny. Bordeaux (Gironde) (1923).

**Peschaud** (Dr Gabriel), Maire, anc. Député, Sénateur du Cantal, rue Neuve-du-Balat. Murat (Cantal). R (1905).

**Petit (Edouard), Instituteur,** 63, rue Caulaincourt. Paris 18e (1926), XXI.

**Petit (Georges)**, Doct. ès Sc., Prép. au Muséum nat. d'Hist. nat., 57, rue Cuvier. Paris 5e (1924).

**Petit (Mme Anne)**, 6, quai de Courbevoie. Courbevoie (Seine) (1924).

**Petit (Louis-Albert)**, Pharm., 8, rue Favart. Paris 2e (1914).

**Petit (Marc)**, Ing. Chim., 15, place des Carmes. Limoges (Haute-Vienne) (1923).

**Petitjean (Lucien)**, Chef de la Section de Prévision Météorologique d'Algérie, 17, boulevard Laferrière. Alger (1927).

**Petrovitch (Michel)**, Professeur à l'Université, 26, Hossancie Venec. Belgrade (Yougoslavie) (1925), I.

**Pettit (Dr Auguste)**, Doct. ès Sc., Chef de Lab. à l'Inst. Pasteur, 70, rue Julien. Vanves (Seine). R (1909).

**Peylaboud (Paul)**, 9, boulevard de la République. Chalon-sur-Saône (Saône-et-Loire) (1927).

**Peyron (Dr Albert)**, Prof. à l'Ec. de Méd. de Marseille, Institut Pasteur, 25, rue Dutot. Paris 15e (1912).

**Peyrony (Denis)**, Délég. du Min. de l'Instruc. pub. et des Beaux-Arts. Les Eyzies-de-Tayac (Dordogne). R (1905).

**Peytral (Mlle Eglantine)**, Préparateur de Chimie générale, 100, rue Michelet. Alger (1927).

**Pézard (Hélène)**, Professeur agrégé au Lycée d'Amiens, Sciences Physiques et Naturelles, 154, rue Laurendeau. Amiens (Somme) (1927).

**Pfender (Mlle Juliette)**, Lic. ès Sc., 171, rue du Faubourg-Poissonnière. Paris 9e (1920).

**Philbert (H.)**, Courtier, 8, rue Jules-Janin. Le Havre (Seine-Inférieure).

**Philibert (Dr André)**, 4, avenue Hoche. Paris 8e (1910).

**Philippe (Eugène)**, Industriel. Le Ménil-Thillot (Vosges) (1917).

**Philippe (l'Abbé Joseph)**, Curé. Breuilpont (Eure) (1919).

**Philippe (Léon)**, 23 bis, rue de Turin. Paris 8e. **R** (1875).

**Phisalix (Dr Mme Césaire)**, Chef des Trav. de Pathol. au Muséum nat. d'Hist. nat., 62, boulevard Saint-Germain. Paris 5e. **R** (1909), X.

**Piat (Albert)**, Construc.-Mécan., 85, rue Saint-Maur. Paris 11e. **F** (1873).

**Piat (fils)**, Mécan.-Fondeur, 85, rue Saint-Maur. Paris 11e (1887).

**Picard (Emile)**, Secrétaire perp. de l'Acad. des Sc., Prof. à l'Univ. de Paris, Membre du Bureau des Longitudes, 25, quai Conti. Paris 6e. **R** (1904).

**Picart (Luc)**, Dir. de l'Observ. de Bordeaux. Floirac (Gironde) (1922).

**Picheral (Dr Charles)**, 1, rue Jeanne-d'Arc. Nîmes (Gard) (1922).

**Pichorel (Mme)**, Dir. de l'Ec. Matern. Sceaux (Seine) (1923), XXI.

**Picot (Louis)**, Chir.-Dent., 114, rue Pelleport. Bordeaux (Gironde) (1923).

**Picquet (Henry)**, Chef de Bat. du Génie ,Examin. d'admis. à l'Ec. Polytech., 83, boulevard Saint-Michel. Paris 5e. **R** (1894).

**Piéron (Mme Henri)**, Les Chênes, 52, route de La Plaine. Le Vésinet (Seine-et-Oise) (1914), XVI.

**Piéron (Henri)**, Prof. au Collège de France, Dir. du Lab. de Psychol., Physiol. à l'Ec. prat. des Hautes-Etudes, Doct. ès Sc. nat., Agr. de l'Univ., Dir, de l'Année Psychol., Les Chênes, 52, route de La Plaine. Le Vésinet (Seine-et-Oise) (1907), XVI.

**Pierrot (Mlle Cécile)**, Agrégée d'Histoire et Géographie, 2, rue des Haudriettes. Paris 3e (1927).

**Piéry (Marius)**, Agrégé de la Faculté de Médecine de Lyon, 6, rue Emile-Zola. Lyon (Rhône) (1926).

**Piga (Dr Antonio)**, Electrol., Marqués de Cubas, 9. Madrid (Espagne) (1923), XIII.

**Pilger (Prof. Dr R.)**, Bibliothèque Botanisch-Gartens und Bottany Muséum, 6-8 Königin Luisestrasse. Berlin- Dahlen (Allemagne) (1927).

**Pilmyer (Henri)**, Chir.-Dent., 37, rue du Parc. Fontenay-sous-Bois (Seine) (1901), XIV.

**Pilon (Hector)**, Ing., 23, rue Casimir-Périer. Paris 7e (1911), XIII.

**Pinasseau (F.)**, Notaire hon., 6, rue Fénelon. Angoulême (Charente) (1882).

**Pinèdre (Marc)**, Chir.-Dent., Conseiller d'Arrond., 53 bis, cours de la Marne. Bordeaux (Gironde) (1923).

**Pinon (Paul), Nég.**, 12, rue Echauderie. Reims (Marne). **R** (1890).

**Pinoy (Pierre-Ernest)**, Professeur à la Faculté de Médecine d'Alger (Algérie) (1927).

**Pionchon (Joseph)**, Prof. à la Fac. des Sc., 16, rue Berlier. Dijon (Côte-d'Or) (1904).

**Piraud (Victor)**, Conservateur du Muséum d'Histoire Naturelle, rue Dolomieu. Grenoble (Isère) (1925).

**Piquet**, Chir.-Dent., 28, rue d'Etretat. Fécamp (Seine-Inférieure) (1925).

**Piquet (Dr Louis)**, Directeur des Services d'Hygiène, 21, rue Caraman. Constantine (Algérie) (1927).

**Pirlot (Alfred)**, Ing., Chef de trav. et Répét. à l'Univ., 11, rue des Wallons. Liége (Belgique) (1924).

**Piroutet (Maurice)**, Doct. ès Sc. nat., Préparateur de Géologie appliquée à l'Université. Alger (1911).

**Piscot-Bap (M^me Marie)**, 133, boulevard Pereire. Paris 17e (1927).

**Pissot**, Pharmacien. Poncin (Ain) (1926).

**Pistat (Louis)**, Rent. Saint-Paul (Alpes-Maritimes) (1912).

**Pitot (Edmond)**, Chir.-Dent., 22, rue Chisaire. Mons (Belgique) (1909).

**Pitres (Albert)**, Doyen hon. de la Fac. de Méd., Corresp. nat. de l'Acad. de Méd., Méd. de l'Hôp. Saint-André, 119, cours d'Alsace-Lorraine. Bordeaux (Gironde). **R** (1885).

**Pitsch (Dr G.)**, Prof. à l'Ecole de Stomat., Dent. des Hôp., 2, rue de Pétrograd. Paris 8e (1924), XIV.

**Pivet**, Chir.-Dent., 1 bis, rue Michelet. Alger (Algérie) (1927).

**Piveteau (Jean)**, Attaché au Lab. de Paléont. du Muséum, 14, avenue Daumesnil. Paris 12e (1925), VIII.

**Place (Joseph)**, Industriel, 32, place Saint-Georges. Paris 9e (1927).

**Plain (René)**, Ing., anc. Elève de l'Ec. Polytechn., Admin.-Dir. de la Comp. des Matériaux indust. Châteauponsac (Haute-Vienne) (1921).

**Plantier (Dr Ludovic)**, Méd. de l'Hôp., 19, boulevard de la République. Annonay (Ardèche). **R** (1922).

**Platschick (Benvenuto)**, Chir.-Dent., 12, rue de Hanovre. Paris 2e (1906).

**Plaussu (Dr Eugène)**, Electro-Radiol., 3, rue Félix-Poulat. Grenoble (Isère) (1925), XIII.

**Plumandon (Albert)**, Prof. de l'Univ., Côte de Landais, Observatoire du Puy-de-Dôme (1919).

**Poche (le Baron Guillaume)**, Banq. Alep (Syrie). **R** (1909).

**Pohl (Lucien)**, Importateur, 4, rue d'Hauteville. Paris 10e (1923), X.

**Poinot (Marcel)**, Doct. en Méd., 10, avenue Serpenoise. Metz (Moselle) (1926).

**Poirault (Georges)**, Dir. des Lab. d'Ens. sup. de la villa Thuret. Antibes (Alpes-Maritimes) (1900).

**Poirée (Dr Emile)**, Médecin princ. Hôpital milit., La Rochelle (Charente-Inférieure) (1920).

**Polet (Léon)**, Pharm., 6, rue de Bihorel. Rouen (Seine-Inférieure) (1921).

**Polignac (le Comte Melchior de)**. Kerbastic-sur-Gestel (Morbihan). **R** (1883).

**Polliot (M^me Jeanne)**, 14, rue Chanoinesse. Paris (1923).

**Poisson (Raymond-Alfred)**, Doct. ès Sc., Chef des travaux zoologiques, 1, rue du Gaillon. Caen (Calvados) (1927).

**Pomey (Léon)**, Doct. ès Sc., Ing. en chef des Manuf. de l'Etat, 10, rue Rosa-Bonheur. Paris 15e (1924), I.

**Pommerol**, Avocat, anc. Rédac. de la Revue « Matériaux pour l'Hist. prim. de l'Homme ». Gerzat (Puy-de-Dôme). **R** (1878).

**Pomès (M^lle Mathilde)**, Professeur, 20, rue de Grenelle. Paris 7e (1927).

**Poncet (M^lle Sophie-Louise)**, Institutrice, 22, quai de Bondy. Lyon (Rhône) (1926).

**Poncet (Dr)**, Inspecteur d'hygiène à Louhans (Saône-et-Loire) (1926).

**Pontier (Dr Georges)**, route d'Elnes. Lumbres (Pas-de-Calais) (1912).

**Porcher (Charles)**, Prof. à l'Ec. nat. vétér., 1, quai Pierre-Scize. Lyon (Rhône) (1908).

**Pontheil (M^lle Isabelle)**, Professeur au Lycée Victor-Duruy, 30, rue Chevert. Paris 7e (1927).

**Porcherel (Armand)**, Docteur Vétérinaire, Chef de travaux à l'Ecole vétérinaire de Lyon, 37, rue Tronchet. Lyon (Rhône) (1926).

**Porcherel (Jean)**, Ingénieur agricole, Conseiller agricole de l'arrondissement de Sétif. Constantine (1926).

**Porte (Dr René)**, Professeur à l'Ecole de Médecine, 6, rue Clot-Bey. Grenoble (Isère) (1925), XII.

**Porter (le Professeur Carlos-E.)**, Zool., Dir. du Musée de Valparaiso et de la Revista chilena de Historia natural, Casilla 2874. Santiago (Chili) (1911), X.

**Portevin (Hippolyte)**, Ing. Archit., anc. Elève de l'Ec. Polytech., 153, boulevard Malesherbes. Paris 17e. **R** (1879).

**Potier de la Varde (le Capitaine R.)**. Les Eaux, par Saint-Pair-sur-Mer (Manche) (1921).

**Pottier (Jacques)**, Chef de trav. prat. de botan. gén. à la Fac. des Sciences de Besançon. Les Graviers-Blancs, près Besançon (Doubs) (1924).

**Poucel (Dr Eugène)**, Chirurg. en chef des Hôp., 22, boulevard du Musée. Marseille (Bouches-du-Rhône) (1891).

**Pouget (Isidore)**, Prof. de Chim. appliquée à la Fac. des Sc., 1, avenue Maillot. Alger (1908).

**Pougnet (Jean)**, Lic. ès Sc., Pharm. de 1re cl., rue Nationale. Beaulieu (Corrèze) (1911).

**Poular (Edgard-Jules-Marie)**, Lieut. pharm. Hôp. milit. Camp de Béverloo (Belgique) (1924), XV.

**Poulenc frères (Les Etablissements)**, Fabrique de Prod. chim., 122, boulevard Saint-Germain. Paris 6e (1906).

**Poulet (Paul)**, Ingénieur, Dir. des Mines de Ligny. Lambres-les-Aire, par Aire-sur-la-Lys (Pas-de-Calais) (1924), I.

**Pouly (Dr René)**, anc. Int., Lauréat des Hôp. de Lyon, 4, rue de l'Hôtel-de-Ville. Annonay (Ardèche) (1906).

**Poupinel (Dr Gaston)**, anc. Int. des Hôp. de Paris. Le Mesnil, par Saint-Arnoult-en-Yvelines (Seine-et-Oise). **R** (1884).

**Poutiers (Raymond)**, Chef de Trav. de l'Insectarium. Menton (Alpes-Maritimes) (1921).

**Poutrain (Fernand)**, Chir.-Dent., 20, rue des Chevaliers. Bruxelles (Belgique) (1923), XIV.

**Poyer (Dr Georges)**, Chargé de Cours à la Fac. des Lettres, 8, avenue du Stand. Montpellier (Hérault) (1914), XVI.

**Pradel (Dr)**, Méd. de 1re cl. de la Marine, 32, rue de Vouillé. Paris 15e (1922).

**Pralon (Léopold)**, Ing. civ. des Mines, Délég. gén. du Cons. d'Admin. de la Soc. de Denain et d'Anzin, anc. Elève de l'Ec. Polytech., 9, rue Alfred-de-Vigny. Paris 8e (1881).

**Prével (Alfred)**, Chir.-Dent., diplômé de la Fac. de Méd., 390, rue Saint-Honoré. Paris 1er (1920).

**Prevet (Ch)**, Nég. 48, rue des Petites-Ecuries. Paris 10e. **R** (1878).

**Prévost**, Chir.-Dent., 50 bis, rue de la République. Rouen (Seine-Inférieure) (1923), XIV.

**Prévost (Georges)**, Ing. civ. des Mines, anc. Elève de l'Ec. Polytech., 30, quai de Bourgogne. Bordeaux (Gironde) et 1, rue Huysmans. Paris 6e (1894). **R.**

**Prévost (Eugène)**, Ing. des Ponts et Chaus., 18, rue Saint-Paul. Lagny (Seine-et-Marne) (1923).

**Priem (Dr Hector)**, 1, place Saint-Laurent. Gand (Belgique) (1925), XIV.

**Primat (Jean)**, Ing. de la Tract. au Chem. de fer de l'Est de Lyon, anc. Elève de l'Ec. cent. des Arts et Man., 8, impasse Genas. Villeurbanne (Rhône) (1904).

**Priolo (Mme Léonce)**, 2, rue Ferrier. Brive (Corrèze). **R** (1892).

**Priolo (Dr Léonce)**, anc. Int. des Hôp. de Paris, Chirurg. de l'Hôp., 2, rue Ferrier. Brive (Corrèze). **R** (1892).

**Privat (Edouard)**, Libr.-Edit., Juge sup. au Trib. de Com., 14, rue des Arts. Toulouse (Haute-Garonne). **R** (1910).

**Prost-Maréchal (Dr Camille)**, Méd. Insp. du Cadre de Réserve, 17, rue Origet. Tours (Indre-et-Loire) (1907).

**Prot (Paul)**, Indust., Présid. du Syndic. de la Parfumerie française, 65, rue Jouffroy. Paris. **F** (1888).

**Prothon (Dr Pierre)**, anc. Int. des Hôp. de Lyon, Chirurg.-adj. de l'Hôp. gén., 5, place Championnet. Valence (Drôme) (1911).

**Proust (André)**, Propriétaire, château de Montboisé, par Saint-Mesmin-le-Vieux (Vendée) (1924).

**Proust (Dr Robert)**, Chirurgien des Hôp., 2, avenue Hoche. Paris 8e (1923).

**Prudhomme (Dr J.)**, Chirurg.-Dent., diplômé des Fac. de Méd. de New-York et de Paris, 81, rue Paradis. Marseille (Bouches-du-Rhône) (1920).

**Prud'homme (Lucien)**, 10, rue de Prony. Paris 17e (1927).

**Prunet (Adolphe)**, Prof. à la Fac. des Sc., 14, Grande-Rue-Saint-Michel. Toulouse (Haute-Garonne) (1903).

**Public Library of New South-Wales.** Macquarie Street. Sydney (Australie) (1925).

**Puiseux (Pierre)**, Mem. de l'Inst., Prof. adj. à la Fac. des Sc., Astron. hon. à l'Observatoire nat., 2, rue Le Verrier. Paris 6e (1904), II.

**Puteaux,** Chir.-Dent., 38, rue de la Paroisse. Versailles (Seine-et-Oise) (1923).

**Quaterman (Edouard)**, Chir.-Dent., 36, rue de la Loi. Bruxelles (Belgique) (1904).

**Quatrefages de Bréau (Léonce de)**, Ing., Chef de serv. à la Comp. des Chem. de fer du Nord, anc. Elève de l'Ec. cent. des Arts et Man., 50, rue Saint-Ferdinand. Paris 17e. **R** (1877).

**Quenedey (Raymond)**, Chef de Bat. au 39e Rég. d'Infant., 79, rue Thiers. Rouen (Seine-Inférieure).

**Quentin (Dr Georges)**, 7, rue Noël. Reims (Marne) (1907).

**Queuille (Georges)**, Pharm. de 1re cl., 36, rue Rabelais. Niort (Deux-Sèvres) (1899).

**Queva (Charles)**, Prof. de Botan. à la Fac. des Sc., 4, rue Gagneraux. Dijon (Côte-d'Or). **R** (1911).

**Queyron (Philippe)**, Vétér. La Réole (Gironde) (1906).

**Quintero (Dr James-Thompson)**, Chir.-Dent., Chargé de Cours à l'Ec. dent., 1, quai Jules-Courmont. Lyon (Rhône). **R** (1920).

**Quintin (Louis)**, Chir.-Dent., villa Marie-Thérèse, avenue de Provence. Antibes (Alpes-Maritimes) (1906).

**Quiquet (Albert)**, Actuaire de la Comp. d'Assurances La Nationale-Vie, anc. Elève de l'Ec. Norm. Sup., 92, boulevard Saint-Germain. Paris 5e. **R** (1901).

**Quirin (Gustave)**, Doct. en Pharm., Prof. à l'Ec. de Méd. et de Pharm., 56, rue Cérès. Reims (Marne) (1907).

**Rabaté,** Directeur d'Ecole. Vatan (Indre) (1926).

**Rabaud (Etienne)**, Prof. à la Fac. des Sc., 3, rue Vauquelin. Paris 5e **R** (1905), XVI.

**Rabaud (Mme)**, 3, rue Vauquelin. Paris 5e (1927).

**Rabichon (Armand)**, Ing.-Géol., 29, rue de Miromesnil. Paris, et 34, strada Alexandru-Lahovary. Bucarest (Roumanie). **R** (1921).

**Rabourdin (Mlle)**, Professeur à l'Ecole Normale d'Orléans. Orléans (Loiret) (1927).

**Radais (Maxime)**, Doyen de la Fac. de Pharm., 4, avenue de l'Observatoire. Paris 6e (1894).

**Radelet**, Dir. de l'Ens. des Enfants anormaux, 22, rue Hacha. Liége (Belgique) (1924).

**Radzitzky d'Ostrowick (Baron Ivan de)**, Conserv. à l'Univ., 6, rue Paul-Devaux. Liége (Belgique) (1924).

**Raffegeau (Dr Donatien)**, Dir. de l'Etablis. hydrothérap., 9, avenue des Pages. Le Vésinet (Seine-et-Oise) (1894), XVI.

**Rafin (Dr Maurice)**, Chirurg. de l'Hôp. Saint-Joseph, 120, avenue de Saxe. Lyon (Rhône). **R** (1906).

**Raimbert (Louis)**, Ing., Sec. gén. de l'Assoc. des Chim. de Sucrerie et de Distillerie, 150, boulevard de Magenta. Paris 10e. **R** (1896).

**Ramé (Mlle Marguerite)**, 16, rue de Chalon. Paris 12e. **R** (1892).

**Ramond-Gonbaud (Georges)**, Sous-Direct. de Géol. au Muséum nat. d'Hist. nat., 18, rue Louis-Philippe. Neuilly-sur-Seine (Seine). **R** (1903).

**Ranque (Dr A.)**, 16, rue Dragon. Marseille (Bouches-du-Rhône) (1914).

**Raoult-Deslongchamps (Dr Lucien)**, 7, rue La Bruyère. Paris 9e (1907).

**Rappin (Dr Gustave)**, Prof. hon. à l'Ec. de Méd., Dir. de l'Inst. Pasteur, boulevard Victor-Hugo. Nantes (Loire-Inférieure) (1897).

**Raquet**, Pharmacien, rue Solférino. Lille (Nord) (1927).

**Rateau (Auguste)**, Mem. de l'Inst., Ing. en chef, anc. Prof. à l'Ec. nat. sup. des Mines, 10 bis, avenue Elisée-Reclus. Paris 7e (1887).

**Raton (Marius)**, Chir.-Dent., 4, rue Octavio-Mey. Lyon (Rhône) (1912).

**Raudoin (Mme Lucie)**, Agr. des Sc. nat., 19, rue Gay-Lussac. Paris 5e (1918).

**Ravaz (Louis)**, Dir. de l'Ec. nat. d'Agric. Montpellier (Hérault) (1922).

**Ravel (Elie)**, Présid. de la Confédér. des Caves coopér. Marsillargues (Hérault) (1922).

**Raveneau (Louis)**, Agr. d'Histoire, 76, rue d'Assas. Paris 6e. **R** (1902).

**Ravet**, Chir.-Dent., 9, rue Bât-d'Argent. Lyon (Rhône) (1907).

**Ravet (Marcel)**, Dir. Comm. des Labor. Légia, 10, rue des Croisiers. Liége (Belgique) (1924).

**Raynal (Dr Albert-Jean-Lucien)**, Electro-Radiologiste, 16, rue Pétiniand-Beaupeyrat. Limoges (Haute-Vienne), XIII.

**Raynal (Théodore)**, Chir.-Dent., diplômé de la Fac. de Méd. de Paris, ex-Chargé de Cours à l'Ec. de Méd., 34, cours Lieutaud. Marseille (Bouches-du-Rhône) (1912).

**Razous (Jean)**, Ingénieur E. T. P., 35, avenue du Parc-Montsouris. Paris 14e (1926), III, IV.

**Razous (Paul)**, Lic. ès Sc. Math. et Phys., Commis.-Contrôl. au Min. du Trav. et de la Prévoyance sociale, Prof. à l'Ec. spéc. de Trav. pub., 35, avenue du Parc-Montsouris. Paris 14e (1909).

**Réaubourg (G.)**, Doct. en Pharm., 1, rue Raynouard. Paris 16e (1914).

**Rebel**, Chir.-Dent., 37, rue de Rome. Paris 8e (1925), XIV.

**Rebière (Georges)**, Lic. ès Sc., Pharm. de 1re cl., Dir. tech. des Lab. Clin., 1, rue André-Theuriet. Bourg-la-Reine (Seine). **R** (1914).

**Reboul (le Colonel Frédéric)**, Sect. hist. de l'Et.-Maj. de l'Armée, 16, rue Montaigne. Paris 8e. **R** (1903).

**Reboul (Gabriel)**, Ing. civ. des Mines, Ardoisières du Bel-Air. Combrée (Maine-et-Loire) (1919).

**Reboullet**, Chir.-Dent., 2, place Croix-Paquet. Lyon (Rhône) (1926), XIV.

**Reboux**, Chir.-Dent., 29, rue Bourbonnoux. Bourges (Cher) (1923).

**Réchou (Georges)**, Lic. ès Sc., Prof. d'Electro-Radiologie à la Fac. de Méd., 38, rue Saint-Genès. Bordeaux (Gironde) (1914).

**Reddon (Dr Henry)**, Méd.-Dir. de la villa Penthièvre. Sceaux (Seine). **R** (1902).

**Redon (Mme Yvonne)**, Institutrice publ., 11, rue Meynadier. Paris 19e (1925).

**Redont (Edouard)**, Archit. paysagiste du Min. de l'Instruc. pub. et des Beaux-Arts, 34, boulevard Olry-Rœderer. Reims (Marne) (1907).

**Regard (Alexis)**, Chir.-Dent., 21, place de l'Hôtel-de-Ville. Le Havre (Seine-Inférieure) (1914).

**Regaud (Dr Claudius)**, Prof. à l'Inst. Pasteur, Dir. du Lab. de Radio-Physiol. de l'Univ., 1, rue Pierre-Curie. Paris 5e (1906).

**Région (Xe) économique.** Montpellier (Hérault) (1922).

**Régis (Léon)**, Médecin, 10, boulevard Poissonnière. Paris 9e (1927).

**Régnart (René-L.-F.)**, Chir.-Dent., 56, rue Tiquetonne. Paris 2e (1923), XIV.

**Regnault (le Baron Edouard)**, 40, boulevard du Roi. Versailles (Seine-et-Oise). **R** (1912).

**Regnault (Dr Félix)**, anc. Int. des Hôp., 84, rue Lecourbe. Paris 15e. **R** (1905).

**Régnier (Joseph)**, Direct. d'Ec. Bellegarde (Ain) (1923), XXI.

**Régnier (André)**, Ecole de Garçons, rue Pomard. Paris 12e (1924), XXI.

**Régnier (Robert)**, Dir. de la Station Entomol., 16, rue Dufay. Rouen (Seine-Inférieure) (1921), X.

**Reinach (Théodore)**, Mem. de l'Inst., Doct. ès Lettres et en Droit, 2, place des Etats-Unis. Paris 16e. **R** (1899).

**Rème (Edmond)**, Ingénieur des Ponts et Chaussées, place Victor-Hugo. Philippeville. **R** (1927).

**Rémy-Roux (Dr J)**, Médecin en chef du Serv. de Radiol. et d'Electrologie des Hôp., 9, rue Arnaud-de-Fabre. Avignon (Vaucluse) (1906), XIII.

**Renard (Jules)**, Publiciste, 28, rue Serpente. Paris 6e (1926).

**Renard (Lucien)**, Médecin, Pharmacien, 19, rue d'Artois. Lille (Nord) (1927).

**Renard (Paul)**, Lieut-Colonel hon. du Génie, 8 bis, rue de l'Eperon. Paris 5e (1905), III, IV.

**Renaud (A.-S.)**, Prof. at the Univ. of Denver. Denver (Colorado, Etats-Unis) (1923), XI.

**Renaud (Jean)**, Ing. des P. et Ch., 52, quai Gaston-Boulet. Rouen (Seine-Inférieure) (1921).

**Renaud (Dr Maurice)**, Doct. en Pharm., 10, avenue Kléber. Paris 16e (1907).

**Renault (Mme Christine)**, 4, rue Corneille. Tours (Indre-et-Loire) (1919).

**Rengniez (Paul)**, anc. Int. des Hôp.,, Pharm. de 1re cl., 56, rue de Passy. Paris 16e (1907).

**Renhold (Michel)**, Chir.-Dent., Professeur à l'Ecole dent. de Paris, 8, rue Vintimille. Paris 9e (1921), XIV.

**Renier**, Chef du Serv. Géol. de Belgique. Bruxelles (Belgique) (1924).

**Renier (J.)**, Chir.-Dent., 1, rue du Britais. Laval (Mayenne) (1924), XIV.

**Renouard (Alfred)**, Ing. civ., Admin. de Soc. techniq., 49, avenue Mozart. Paris 16e. **F** (1877).

**Renouard (Alfred) (fils)**, Docteur en Droit, 49, avenue Mozart. Paris 16e. **F** (1906).

**Repelin (M. le Prof. Joseph)**, Prof. à la Fac. des Sc., 86, rue Saint-Savournin Marseille (Bouches-du-Rhône) (1895).

**Retterer (Emile)**, Pharm. Munster (Haut-Rhin) (1920).

**Réveillon-Harley (M. le Prof. Georges)**. Lic. ès Sc., Prof. de Sc. à l'Ec. sup. prof., 3, villa Jarlet. Saint-Maur-des-Fossés (Seine) (1905), V, VI.

**Revenant (Mlle)**, 16, rue Claude-Joseph-Bonnet. Lyon (Rhône) (1926).

**Rey (A.)**, Imprim.-Edit., 4, rue Gentil. Lyon (Rhône) (1905).
**Rey (Arnold)**, Pasteur, 55, rue des Champs. Liége (Belgique) (1924) XIX.
**Rey (Augustin)**, 2, rue Edouard-VII. Paris 9e R (1925), XX, XXII.
**Reygasse (Maurice)**, Admin. princ., Corresp. du min. de l'Instr. publ. Tébessa (départ. de Constantine) (Algérie) (1913), XI.
**Reynald (Mme Régis)**. Sétif (Constantine) (1927).
**Reynier**, Professeur à l'Ecole Normale. Le Petit-Tournon, par Privas (Ardèche) (1926).
**Riabouchinsky (Dr)**, 2, rue Belloni. Paris 15e (1923), II.
**Riat (Constant-Célestin)**, Chef de Bataillon d'Inf., en retraite, rue Damrémont, faubourg Thiers. Sidi-Bel-Abbès (Oran) (1927).
**Ribaut (Henri)**, Prof. à la Fac. de Méd., 18, rue Lafayette. Toulouse (Haute-Garonne) (1920).
**Ribot (Dr G.)**, Dir. du Serv. sanitaire marit., 7, quai du Port. Marseille (Bouches-du-Rhône) (1914), XXII.
**Ricci (Pierre)**, Instituteur, 22, place Bellecourt. Lyon (Rhône) (1926).
**Richard (Albert)**, Vétér. départ., 29, rue de Fontenelle. Rouen (Seine-Inférieure) (1921).
**Richard (Jules-Antoine)**, Doct. ès Sc. Math., Prof. au Lycée, 100, rue de Strasbourg. Châteauroux (Indre) (1914).
**Richard (Jules)**, Ing., Fabric. d'Inst. de Phys., 25, rue Mélingue. Paris 19e (1884).
**Richard-Bloch (Jean)**, 63, rue de la République. Meudon (Seine-et-Oise) (1923).
**Richer (Dr Paul)**, Mem. de l'Inst. et de l'Acad. de Méd., Prof. d'Anat. à l'Ec. nat. des Beaux-Arts, 50, rue Guynemer. Paris 6e (1883).
**Richet (Charles)**, Mem. de l'Inst. et de l'Acad. de Méd., Prof. hon. à la Fac. de Méd., 15, rue de l'Université. Paris 7e (1880).
**Richez (Albert)**, Directeur d'Ecole, 1, rue Levert. Paris 20e (1923), XXI.
**Richier (Clément)**, Prop., villa Bagatelle, avenue Beauregard. Hyères (Var). R (1895).
**Ridder (Gustave de)**, Notaire, 4, rue Perrault. Paris 1er. R (1886).
**Rieder (Joseph)**, Pharm. Kaysersberg (Haut-Rhin) (1920).
**Rieder (William)**, Doct. en Méd., Radiologiste, 6, rue de Bellechasse. Paris 6e (1926).
**Riehl**, Chir.-Dent., 3, place Grangier. Dijon (Côte-d'Or) (1921).
**Rifaux (Dr Alphonse)**, Chir.-Dent., 1, rue de la Banque. Chalon-sur-Saône (Saône-et-Loire) (1911), XIV.
**Riffaud (Mlle Madeleine)**, Professeur, 3, avenue des Chalets. Paris 16e. R (1925), V.
**Rigollier (André)**, Chirurg.-Dent., 3, place Vaucanson. Grenoble (Isère) (1922).
**Rigotard (Laurent)**, Ingénieur agronome. Chantesse (Isère) (1925), XVIII.
**Rimbaud (Dr)**, Agr. à la Fac. de Méd., 18, rue Nationale. Montpellier (Hérault) (1922).
**Riou (Mme)**, Institutrice. Saint-Didier (Haute-Savoie) (1925).
**Risser (René**, Chef du Serv. de l'Actuariat du Ministère du Trav. et de la Prévoyance sociale, 5, rue Sédillot. Paris 7e (1912).
**Riston (le Baron Victor)**, Doct. en Droit, villa des Ondes. Saint-Lunaire (Ille-et-Vilaine). R (1886).
**Rivet (Mme Paul)**, 77, boulevard Saint-Marcel. Paris 13e. R (1922).

**Rivet (Dr Paul)**, Sous-directeur du Laboratoire d'Anthropologie au Muséum national d'Histoire naturelle, 77, boulevard Saint-Marcel. Paris 13e. **R** (1918), XI.

**Robert (Achille)**, Administrateur principal de Commune mixte honoraire. Bordj-Bou-Arréridj (Constantine) (1927).

**Robert (Gabriel)**, Avocat à la Cour d'Ap., 2, quai Jules-de-Courmont. Lyon (Rhône). **R** (1881).

**Robin (A.)**, Banq., Consul hon. de Turquie, château de La Gaye. Vourles (Rhône). **R** (1873).

**Robin (Albert)**, Prof. à la Fac. de Méd., Mem. de l'Acad. de Méd., Méd. des Hôp., 12, rue Beaujon. Paris 8e (1908).

**Robin (Dr Georges)**, Prof. à l'Ec. dent. de Paris, 59, rue des Mathurins. Paris 8e (1907).

**Robin (Jean-Baptiste)**, Dent., 51, rue Cérès. Reims (Marne) (1907).

**Robinet**, 68, avenue des Champs-Elysées. Paris 8e (1922).

**Robinet (Georges)**, Chirurg.-Dent., diplômé de la Fac. de Méd., 68, av. des Champs-Elysées. Paris 8e (1920), XIV.

**Robinson (Georges)**, 4, rue Aufray. Le Havre (Seine-Inférieure) (1914).

**Rocca, Tassy et de Roux**, Fabr. d'huiles, 9, rue de l'Arsenal. Marseille (Bouches-du-Rhône) (1923).

**Rochaix (Dr Anthelme)**, Agr. à la Fac. de Méd., Sous-Dir. de l'Inst. batériol. de Lyon et du Sud-Est, 65, avenue de Noailles. Lyon (Rhône). **R** (1912).

**Rochard (André)**, 31 bis, avenue Maréchal-Foch. Nice (Alpes-Maritimes) (1911).

**Rochas (Jean-G.)**, Ing. en chef des P. et T., Dir. des Serv. tech. de la Rég. de Paris extra-muros, 34, rue Lecourbe. Paris 15e (1925).

**Roche-Agussol (Maurice)**, Prof. à la Fac. de Droit, 2, place du Palais. Montpellier (Hérault) (1922).

**Roché (Georges)**, Insp. gén. hon. des Pêches marit., 4, rue Dante. Paris 5e (1905).

**Rochet et Schneider**, Construc. d'Autom., 57-59, chemin Feuillat. Lyon-Monplaisir (Rhône) (1906).

**Rochu (l'Abbé Marius)**, 45, esplanade de La Tourette. Marseille (Bouches-du-Rhône) (1922).

**Rocques (Xavier)**, Expert-Chim., anc. Chim. princ. au Lab. mun. de la Préf. de Police, 6, place Voltaire. Paris 11e. **R** (1905).

**Rodocanachi (Emmanuel)**, Homme de Lettres, 54, rue de Lisbonne. Paris 8e. **R** (1889).

**Rodophe (Edouard)**, Chirurg.-Dent., 55, boulevard Malesherbes. Paris 8e (1901).

**Rogéon (J.)**, Chirurg.-Dent., 20, rue du Calvaire. Nantes (Loire-Inférieure) (1923), XIV.

**Rogez (Henri)**, Doyen de la Fac. de Méd., Mem. de l'Acad. de Méd., 85, boulevard Saint-Germain. Paris 5e (1909).

**Rogier (Mme Henry)**, 19, avenue de Villiers. Paris 17e (1908).

**Rogier (Henri)**, Pharm., 19, av. de Villiers. Paris 17e (1908).

**Rohden (Charles de)**, Mécan., 14, rue Tesson. Paris 10e. **R** (1872).

**Rohden (Théodore de)**, 14, rue Tesson. Paris 10e. **R** (1888).

**Rojas (de)**, 41, boulevard Raspail. Paris 7e (1923), XIV.

**Roland (Dr)**, Chirurg.-Dent., 18, rue Pierre-Curie. Paris 5e (1924), XIV.

**Rolants (Edmond)**, Chef du Lab. d'Hyg. appliquée à l'Institut Pasteur, 1, rue Denain. Lille (Nord). **R** (1907).

**Rolland (François-Alexis)**, Chef du Serv. Géol. à l'Inst. Scient. chérifien, 89, rue Victor-Hugo. Levallois-Perret (Seine) (1922).

**Rolland (Dr G.)**, Chirurg.-Dent., 10, rue Margaux. Bordeaux (Gironde) (1923), XIV.

**Rollet de l'Isle (Maurice)**, Ing. hydrog. gén. de la Marine, Dir. du Serv. hydrog., 35, rue du Sommerard. Paris 5e (1921).

**Roman (Frédéric)**, Doct. ès Sc., Chargé de Cours à la Fac. des Sc., 2, quai Saint-Clair. Lyon (Rhône) (1912).

**Ronchesne (Guillaume)**, Pharm., 514, rue Saint-Léonard. Liége (Belgique) (1924), XV.

**Rongau (François)**, Directeur de l'Ecole Normale d'instituteurs. Varzy (Nièvre) (1924), XXI.

**Ronneaux (Dr Georges)**, 10, rue Lavoisier. Paris 8e (1911).

**Ronsin (Paul-Louis)**, Juge de paix sup. des 2e et 4e cantons, 73, rue Libergier. Reims (Marne) (1907).

**Ronssin (Maurice)**, Admin. d'immeubles, 1, square Théodore-Judlin. Paris 15e (1920).

**Ropiquet (Clément)**, Ing.-Construc.-Elect., 29, rue Croix-Saint-Firmin. Amiens (Somme) (1899).

**Roque (Germain)**, Prof. à la Fac. de Méd., 5, place de la Charité. Lyon (Rhône) (1906).

**Roques (Dr Bernard)**, Ex-Aide de Clin. électrothér. à la Fac. de Méd., Dir. du Serv. d'Electr. méd. (Hôp. des Enfants), 94, cours d'Alsace-Lorraine. Bordeaux (Gironde) (1903), XIII.

**Rose (Maurice)**, Chef de Laboratoire, Faculté des Sciences. Alger (Algérie) (1908).

**Rosén (Daniel)**, Pharmacien. Klippan (Suède) (1923), IX.

**Rosenthal (Dr Emile)**, 24, rue de France. Nice (Alpes-Maritimes) (1925).

**Rösch (Dr Gabriel-Louis)**, 21, rue Chabrière. Sidi-Bel-Abbès (Oran) (1927).

**Rosenthal (Dr Jacques)**, Chirurg.-Dent., 1, place du Trône. Bruxelles (Belgique) (1909).

**Rosenthal**, 16, rue du Musée. Bruxelles (Belgique) (1926).

**Rosselet (Alfred)**, Doct. en Méd., Prof. à l'Université de Lausanne, Radiologiste, 18, avenue Secrétan. Lausanne (Suisse) (1926).

**Roth (Louis)**, Chirurg.-Dent. diplômé de la Fac. de Méd., 5, place Saint-Pierre-le-Vieux. Strasbourg (Bas-Rhin) (1920).

**Rothé (Edmond)**, Prof. à la Fac. des Sc., Dir. de l'Inst. de Phys. du Globe, 38, boulevard d'Anvers. Strasbourg (Bas-Rhin) (1904).

**Roucayrol (Dr Ernest)**, 43, rue du Rocher. Paris 8e (1923).

**Rouède**, 25, bis, cours de Verdun. Bordeaux (Gironde) (1923), XIV.

**Rouel (Alfred)**, Direct. de l'Ecole prim. sup. de Saint-Aignan (Loir-et-Cher) (1924), XXI.

**Roule (Louis)**, Prof. de Zool. au Muséum nat. d'Hist. nat., 57, rue Cuvier. Paris 5e (1887), X.

**Roulleaux-Dugage (le Baron Henry)**, Député et Mem. du Cons. gén. de l'Orne, 15, rue Le Sueur. Paris 16e (1913).

**Rouquette (Victor)**, Chirurg.-Dent., 175, rue de la Convention. Paris 15e (1924), XIV.

**Rouquié (Mme Céline)**, Direct. d'Ecole Mat., 52, rue Vauvenargues. Paris 18e (1924), XXI.

**Roure**, Chir.-Dent., 8, rue des Archers. Lyon (Rhône) (1927).

**Rousseau (Dr)**, 6, place de l'Hôtel-de-Ville. Saint-Etienne (Loire) (1926).

**Rousseau (Célestin)**, Pharmacien. Villa Beauséjour, 82, Grande-Rue. Enghien-les-Bains (Seine-et-Oise) (1923), XV.

**Rousseau (Lucien)**. Cheffois, par La Châtaigneraie (Vendée) (1921), XI.

**Roussel (Dr Georges-Alphonse)**, Dent. de la Fac. de New-York, 101, avenue des Champs-Elysées. Paris 8e (1907).

**Roussel**, Instit., Ecole rue Fondary. Paris 15e (1923), XXI.

**Rousselet (Louis)**, Archéol., 126, boulevard Saint-Germain. Paris 6e. **R** (1880).

**Rouvier (Denis-Louis)**, Chirurg.-Dent., Prof. à l'Ec. Dent., 44, avenue de Noailles. Lyon (Rhône) (1920).

**Rouville (Etienne de)**, Doct. ès Sc., Chargé d'un Cours complém. à la Fac. des Sc., « Les Fauvettes », 9, rue Moquin-Tandon. Montpellier (Hérault) (1893), X.

**Roux**, Chirurg.-Dent., 50, rue Beauvoisine. Rouen (Seine-Inférieure) (1921).

**Roux (Antoine)**, Prof. de Philos. au Lycée de Rodez, 23, rue Laromiguière. Rodez (Aveyron) (1923).

**Roux (Claudius)**, Docteur ès Sciences, 2, rue Tramassac. Lyon (Rhône) (1926).

**Roux (Henri-Auguste)**, Doct. en Méd., Médecin de l'Hôp. Civil, 8, rue du Repentir. Oran (1927).

**Roux (Dr Emile)**, Mem. de l'Inst. et de l'Acad. de Méd., Dir. de l'Inst. Pasteur, 25, rue Dutot. Paris 15e (1887), X.

**Rouzaud**, Indust. Royat (Puy-de-Dôme) (1908).

**Roy (Albert)**, Pharm., 79 bis, boulevard Suchet. Paris 16e (1916).

**Roy (Dr Joseph)**, 2 bis, rue d'Assas. Dijon (Côte-d'Or) (1926), XXII.

**Roy (Dr Maurice)**, Dent. des Hôp., Prof. à l'Ec. dent., 32, rue de Penthièvre. Paris 8e (1901), XIV.

**Royer (Dr Maurice)**, 33, rue des Granges. Moret-sur-Loing. **R** (Seine-et-Marne) (1908), X, XIX.

**Royer (Paul)**, Lic. ès Sc., anc. Chef de Lab. d'Histol. et de Bactériol. clin., 47, rue Monsieur-le-Prince. Paris 6e. **R** (1921).

**Ruf (Joannès)**, 8, rue du Cirque. Vienne (Isère) (1925).

**Ruppe (Louis)**, Chir.-Dent., 99, boulevard Haussmann. Paris 8e (1914).

**Rushby (Mlle Nellie)**, 25, avenue Kléber. Paris 16e (1924).

**Russel (William)**, Doct. ès Sc. nat., 49, boulev. St-Marcel. Paris 13e (1893).

**Russo (Dr Philibert)**, Médecin-Major, Doct. ès Sc. nat., Chef du Serv. Hydro. de l'armée au Maroc, Coll. au Serv. géol., Villa des Fleurs, rue El Ksour (Touarga). Rabat (Maroc) (1921), VIII.

**Sabatier (Paul)**, Mem. de l'Inst., de la Soc. royale de Londre et de l'Acad. d'Amsterdam, Doyen de la Fac. des Sc., 11, allées des Zéphirs. Toulouse (Haute-Garonne). **R** (1893).

**Sabrazès (Jean)**, Prof. d'Anat. pathol. et de Microscopie clin. à la Fac. de Méd., Directeur du Centre régional de Lutte contre le Cancer de Bordeaux et du Sud-Ouest, 50, rue Ferrère. Bordeaux (Gironde) (1922).

**Sac**, Instituteur à Rioupéroux (Isère) (1926).

**Sacerdote (Paul)**, Doct. ès Sc., Prof. de Phys. au Col. Chaptal, 27, quai d'Orsay. Paris 7e (1913).

**Sadrin (L.)**, Chirurg.-Dent., 37, boulevard Malesherbes. Paris 8e (1921).

**Saïdman (Dr Jean)**, 27, rue de La Boétie. Paris 8e (1925), XIII.

**Sainclair**, chir.-dent., 42, rue de la République. Lyon (1926) XIV.

**Saint-Périer (Mme la Comtesse René de)**. Morigny-Champigny, par Etampes (Seine-et-Oise) (1922).

**Saint-Périer (Dr le Comte René de)**. Morigny-Champigny, par Etampes (Seine-et-Oise). **R** (1919).

**Salas (Mme)**, 6, quai du Marché-Neuf. Paris 4e (1924).

**Salas, Chir.-Dent.**, 6, quai du Marché-Neuf. Paris 4e (1924), XIV.
**Salathé (Dr Auguste)**, 22, rue Armengaud. Saint-Cloud (Seine-et-Oise) (1887).
**Salet (Pierre)**, 120, boulevard Saint-Germain. Paris 6e (1895).
**Salliée-Viard (Jules)**, 2, avenue du Panorama. Savigny-sur-Orge (Seine-et-Oise). **R** (1910).
**Salmon (Eugène)**, Prof. de Math. au Lycée, 27, rue Louis-Laget. Nîmes (Gard) (1911).
**Samama (Nissim)**, Doct. en Droit, Avocat à la Cour d'Ap., 2, rue Borghèse. Neuilly-sur-Seine (Seine) (1891).
**Samuel (Albert)**, Remisier, 1, rue Pajou. Paris 16e (1919).
**Sancerne (Mlle)**, Attachée à la Clinique Baudelocque, 42, rue des Ecoles. Paris 5e **R** (1927).
**Santé de Neuville (Mme Marie-Louise)**, Publiciste, 30, rue de Pétrograd. Paris 8e (1926).
**Sarrazin (Mlle Lucie)**, Prof. de Sciences Naturelles, Lycée Jules-Ferry, 5, rue Steinkerque. Paris 18e (1927).
**Sanglé (René)**, Lic. ès Sc., Prof. à l'Inst. nat. Agron., Mem. corresp. de l'Institut des Hautes-Etudes Marocaines, 72, avenue d'Orléans. Paris 14e (1913).
**Sannié (Dr Charles)**, 31, rue de Verneuil. Paris 7e (1923), VI.
**Sapet**, Chir.-Dent., 5, avenue d'Orléans. Paris 14e (1924), XIV.
**Sartory (Auguste)**, Prof. à la Fac. de Pharm., 2, rue Saint-Georges. Strasbourg (Bas-Rhin) (1919).
**Sasserath**, Chir.-Dent., 6, rue Saint-Pierre. Liége (Belgique) (1924), XIV.
**Satie (Conrad)**, Ing.-Chim., 3, allée des Quatre-Frères. Le Raincy (Seine-et-Oise) (1912).
**Satre (Mme Antoine)**, 3, place du Marché-aux-Herbes. Grenoble (Isère) (1923).
**Satre (Dr Antoine)**, anc. Int. des Hôp., Lic. ès Sc. Phys., 3, place du Marché-aux-Herbes. Grenoble (Isère). **R** (1910).
**Sauchet (Mlle)**, av. de Genève. La Tournette, Annecy (Haute-Savoie) (1927).
**Saurin (Edmond-Marie)**, Lic. ès Sc., 18, rue des Arts-et-Métiers. Aix-en-Provence (Bouches-du-Rhône) (1927).
**Sauvage**, Ing. Chim. Corbehem (Pas-de-Calais) (1926).
**Saugrain (Gaston)**, Doct. en Droit. Avocat à la Cour d'Ap., 1, rue Bernard-Palissy. Paris 6e. **R** (1893).
**Saunier (Honoré)**, Agent-Voyer d'Arrond. princ., 2, rue Casimir-Périer. Le Havre (Seine-Inférieure) (1921).
**Saurin (Edmond-Marie)**, licencié ès sciences, 18, rue des Arts-et-Métiers. Aix-en-Provence (Bouches-du-Rhône) (1927).
**Saurin (Jules)**, Dir. Admin. Délég. de la Soc. des Fermes françaises de Tunisie, 120, rue de Serbie. Tunis (1913).
**Savornin (Justin)**, Prof. de Géol. et Minéralogie à la Fac. des Sc., villa Gyptis, 14, rue d'Alembert. Alger (1904).
**Savouré (Mlle Jacqueline)**, 3, rue du Louvre. Paris (1927).
**Schardt (Mme)**. Prof. à l'Ec. Prim. Sup. de Jeunes filles d'Alger (Algérie) (1927).
**Scharpf (René)**, Doct. en Méd., ex-chef de clinique Neurologie à la Faculté de Strasbourg, 21, rue Edgar-Quinet. Alger (1927).
**Schaaf (Dr Auguste)**, Chef du Serv. Radiol., Clinique médicale A, place de l'Hôpital. Strasbourg (Bas-Rhin) (1922).
**Schamelhout (Albert)**, Doct. en Sc., 12, rue Malibran. Ixelles-Bruxelles (Belgique) (1924).
**Schatzman**, Chir.-Dent., 158, rue de Courcelles. Paris 17e (1922), XIV.

**Schaudel (Louis)**, Recev. princ. des Douanes en retraite, Mem. de l'Acad. de Stanislas, 13, avenue de la Chapelotte. Badonviller (Meurthe-et-Moselle) (1904), VIII, XI.

**Schisselé (Lucien)**, Pharm., 69, avenue des Vosges. Strasbourg (Bas-Rhin) (1920).

**Schlesch (Hans-Andréas)**, Pharmacien, 14, rue Gustave-Adolfsgade. Copenhague (Danemark) **F** (1926).

**Schlœsing (Théophile)**, Mem. de l'Inst., Dir. de l'Ec. d'applic. des Manuf. de l'Etat, 36, rue Michel-Ange. Paris 16e **R** ,1921).

**Schmid (Paul)**, Chir.-Dent. Rigistrasse. Baar (Canton de Zug, Suisse) (1925), XIV.

**Schmidt (Paul)**, Pharm., Strasbourg (Bas-Rhin) (1920).

**Schmit (Emile)**, Pharm., Vice-Prés. de la Soc. Acad. de la Marne, 24, rue Grande-Etape. Châlons-sur-Marne (Marne) (1907).

**Schmit (Dr Charles)**, 9, rue d'Astorg. Paris 8e (1899).

**Schmitz (Mlle Rolande)**, 41, rue Gioffredo. Nice (Alpes-Maritimes) (1925), II. **R.**

**Schneider (Ernest)**, Chir.-Dent., 38, Grande-Rue. Luxembourg (Grand-Duché) (1925), XIV.

**Schneider (Eugène)**, Maître de Forges, Député de Saône-et-Loire, 42, rue d'Anjou. Paris 8e (1887).

**Schoch (Louis)**, Chirurg.-Dent., La Palisse (Allier) (1920), XIV.

**Schoch (Paul)**, Dr ès Sc., Instituteur, 157, rue de Dornach. Bâle (Suisse) (1925), XI.

**Schodduyn (l'Abbé René)**, Prof. hon. de l'Univ., Dir. du Lab. maritime. Ambleteuse (Pas-de-Calais) (1909).

**Schofs (F.)**, Prof. à l'Univ., 41, rue Louvrex. Liége (Belgique) (1922).

**Schraenen (Willem)**, Secrét. de la Ligue Nat. belge contre le Cancer, membre de l'Inst. intern. d'Anthrop., 3, avenue Saint-Augustin. Bruxelles (Belgique) (1924).

**Schuster (Dr Jan)**, Prof. à l'Ecole Reale tchèque. Jecna ulica. Prague II (Rép. Tchéco-Slovaque) (1923).

**Schwabacher**, Chir.-Dent., 13, rue La Boétie. Paris 8e (1925), XIV.

**Schwartz (Albert)**, 15, rue Serpenoise. Metz (Moselle) (1920).

**Schwartz (Gaston)**, Chirurg.-Dent., 9, boulevard de l'Esplanade. Montpellier (Hérault) (1922).

**Schwérer (Pierre-Alban)**, anc. Notaire, 179, boulevard Haussmann. Paris 8e. **R** (1885).

**Schwob**, Dir. du Phare de la Loire, anc. Elève de l'Ec. Polytech., 12, place du Commerce. Nantes (Loire-Inférieure) (1881).

**Scouvart (Mlle Alice)**, Doct. en Sc. phys. et math., Prof. Athénée. Jeunes filles, 85, rue Croix-de-Fer. Bruxelles (Belgique) (1927).

**Scrive-Loyer (Jules)**, Prop., 308, rue Léon-Gambetta. Lille (Nord) (1895).

**Sebban (Henri)**, Prof., 6, rue Cavelier-de-la-Salle. Alger (1919).

**Sebert (le Général Hippolyte)**, Mem. de l'Inst., Admin. de la Soc. anonyme des Forges et Chantiers de la Méditerranée, 14, rue Brémontier. Paris 17e. **R** (1891).

**Secrétaire administratif de la Société des Ingénieurs civils de France (le)**, 19, rue Blanche. Paris 9e (1869).

**Section départementale de l'Ain du Syndicat National des Institutrices et Instituteurs de France et des Colonies**, M. Neyraud, secrét., 6, rue Alphonse-Mas. Bourg (Ain) (1924).

**Section Départementale de l'Ardèche** du Synd. Nat. des Institutrices et Instituteurs de France et des Colonies. Secrétaire M. Blisson. Voqué (Ardèche) (1926), XXI.

**Section départementale de l'Ariège du Syndicat National des Institutrices et Instituteurs de France et des Colonies.** M. Delpiat, secrétaire. Saint-Martin-de-Caralp. Ariège (1925), XXI.

**Section départementale du Bas-Rhin du Syndicat National des Institutrices et Instituteurs de France et des Colonies.** Secrét. gén., L.-C. Klein, 8, rue du Haut-Barr. Strasbourg (Bas-Rhin) (1926), XXI.

**Section départementale des Bouches-du-Rhône du Syndicat National des Institutrices et Instituteurs de France et des Colonies.** Secrét. : M. Taupenot, 18, rue Eydoux. Marseille (Bouches-du-Rhône) (1926).

**Section Départementale du Cantal** du Synd. Nat. des Institutrices et Instituteurs de France et des Colonies. Secrétaire M. Lavergne, Dir. Ecole. Maurs (Cantal) (1926), XXI

**Section départementale de la Creuse du Syndicat national des Institutrices et Instituteurs de France et des Colonies.** Secrétaire : M. Lelache. Pontarion (Creuse).

**Section départementale de la Drôme du Syndicat National des Institutrices et Instituteurs de France et des Colonies.** M. Th. Arnoux, instituteur à Montmeyran (Ddôme) (1925).

**Section départementale de l'Eure du Syndicat National des Institutrices et Instituteurs de France et des Colonies.** Jeulin, secr., Saint-Etienne, par Saint-Pierre-du-Vauvray (Eure) (1924).

**Section départementale d'Eure-et-Loir du Syndicat National des Institutrices et Instituteurs de France et des Colonies.** Trésorier : M. Breton, instituteur. Senonches (Eure-et-Loir) (1926).

**Section départementale du Gers du Syndicat National des Institutrices et Instituteurs de France et des Colonies.** M. Vivès, secrét. Saint-Sauvy par Aubiet (Gers) (1925), XXI.

**Section départementale de la Gironde du Syndicat National des Institutrices et Instituteurs de France et des Colonies.** 5, place Saint-Projet. Bordeaux (Gironde) (1923), XXI.

**Section départementale de la Haute-Loire du Syndicat National des Institutrices et Instituteurs de France et des Colonies.** M. Foully, Secrétaire. Allègre (Haute-Loire) (1924), XXI.

**Section départementale de la Haute-Marne du Syndicat National des Institutrices et Instituteurs de France et des Colonies.** Trésorier : M. Camus, instit., Bussières-les-Bellemont (Haute-Marne) (1926).

**Section départementale du Haut-Rhin du Syndicat National des Institutrices et Instituteurs de France et des Colonies.** Secr. général : M. Boulanger, 17, rue de l'Etoile. Mulhouse (Haut-Rhin) (1925).

**Section départementale de la Haute-Saône du Syndicat National des Institutrices et Instituteurs de France et des Colonies.** Vitrey (Haute-Saône) (1927).

**Section départementale de la Haute-Vienne du Syndicat National des Institutrices et Instituteurs de France et des Colonies.** Secrétaire : M. Dupin, 5 ter, boulevard Victor-Hugo. Limoges (Haute-Vienne) (1926).

**Section départementale de l'Hérault du Syndicat National des Institutrices et Instituteurs de France et des Colonies.** Secrétaire : M. Baqué, Instituteur. Montbazin (Hérault) (1925), XXI.

**Section départementale d'Indre-et-Loire du Syndicat National des Institutrices et Instituteurs de France et des Colonies.** Secrétaire : M. Auriaux, Beaumont-la-Ronce (1926), XXI.

**Section départementale de l'Isère du Syndicat des Institutrices et Instituteurs de France et des Colonies.** M. Reynaud, Secrét., 54, Cours Berriat. Grenoble (Isère) (1925), XXI.

**Section départementale de la Loire-Inférieure du Syndicat National des Institutrices et Instituteurs de France et des Colonies.** Secr., M. Mercier, Ecole rue Maryland. Nantes (Loire-Inférieure) (1925).

**Section départementale du Loiret du Syndicat National des Institutrices et Instituteurs de France et des Colonies.** M. Bouguereau, Secr. Adon par La Bussière (Loiret) (1924).

**Section départementale Loir-et-Chérienne du Syndicat National des Institutrices et Instituteurs de France et des Colonies.** E. Vacher, Secr. de la Sect. Villefranche-sur-Cher (Loir-et-Cher).

**Section départementale de la Lozère du Syndicat National des Institutrices et Instituteurs de France et des Colonies.** Secrétaire : Comte, instituteur. Florac (Lozère) (1926), XXI.

**Section départementale de la Meurthe-et-Moselle du Syndicat National des Institutrices et Instituteurs de France et des Colonies.** Secrét. : M. Mennegaud, Directeur d'école. Foug (Meurthe-et-Moselle) (1926).

**Section départementale de l'Oise du Syndicat National des Institutrices et Instituteurs de France et des Colonies,** représentée par M. Boutanquoi. Vineuil-Saint-Firmin (Oise) (1923).

**Section départementale des Pyrénées-Orientales du Syndicat National des Institutrices et Instituteurs de France et des Colonies.** Secrét. : M. Gruat. Catalex près Prades (Pyrénées-Orientales) (1926), XXI.

**Section départementale du Rhône du Syndicat des Institutrices et Instituteurs de France et des Colonies.** M. Ballandras, 7, rue des Marronniers. Lyon (Rhône).

**Section départementale de la Saône-et-Loire du Syndicat National des Institutrices et Instituteurs de France et des Colonies,** 25, rue du Col.-Denfert. Châlons-sur-Marne (1926), XXI.

**Section (1^re^) départementale de la Sarthe du Syndicat National des Institutrices et Instituteurs de France et des Colonies.** Secr., M. Launay. Château-du-Loir (Sarthe) (1925), XXI.

**Section départementale de la Seine du Syndicat National des Institutrices et Instituteurs de France et des Colonies.** Secr., M. Auguste Pujos, Instituteur, 36, rue de la Grange-aux-Belles. Paris 10^e^ (1925), XXI.

**Section départementale de la Seine-et-Oise du Syndicat National des Institutrices et Instituteurs de France et des Colonies.** Secr., M. Carême, Instituteur. Neuilly-Plaisance (S.-et-O.) (1925), XXI.

**Section départementale de la Somme du Syndicat National des Institutrices et Instituteurs de France et des Colonies.** Secr., M. Flet, 69, rue Cottenchy. Amiens (Somme) (1923).

**Section départementale du Tarn du Syndicat National des Institutrices et Instituteurs de France et des Colonies,** représentée par M. Pech, 21, rue de la Gravière. Castres (Tarn) (1923).

**Section départementale du Vaucluse du Syndicat National des Institutrices et France et des Colonies.** Secrét., M. Cluchier, Instituteur, Orange (Vaucluse) (1924), XXI.

**Section départementale de la Vendée du Syndicat National des Institutrices et Instituteurs de France et des Colonies.** Secr., M. Charrier, Instituteur à Saint-Gilles-sur-Vie. Trésorier, M. Girardeau, Instituteur à Champagné-les-Marais (Vendée) (1925), XXI.

**Section départementale du Syndicat National des Institutrices et des Instituteurs de l'Yonne.** Secrét. : M. Marcoux, inst. Egriselles-le-Boccage (Yonne) (1926).

**Sédallian,** Médecin bactériologiste, 39, rue du Commandant-Fuzier. Lyon (Rhône) (1926).

**Sédillot (Maurice),** Entomol., Mem. de la Com. scient. de Tunisie, 20, rue de l'Odéon. Paris 6e **R** (1886).

**Ségovia (Louis de),** ing. civ. des Mines,, Potamographe. Luchon (Haute-Garonne) (1923).

**Seimbille,** Chirurg.-Dent., 24, avenue Victoria. Paris 1er 1921).

**Séligmann (Colonel),** Dir. gén. de l'Inst., Cartogr. mil., Président du Comité nat. de Géod. et Géophys. de Belgique. Bruxelles (1924), II.

**Sellier (Jean),** Prof. à la Fac. de Méd., 29, rue Boudet. Bordeaux (Gironde) (1895).

**Sélys-Longchamps (Marc de),** Doct. ès Sc., Prof. à l'Univ. libre, 61, avenue Jean-Linden. Bruxelles (Belgique). **R** (1912).

**Sélys-Longchamps (Roger de),** Conseiller provincial. Braibant, par Ciney (Belgique) (1926).

**Senderens (l'Abbé Jean-Baptiste),** Corresp. de l'Acad. des Sc., Doct. ès Sc., Barbachen, par Rabastens-de-Bigorre (Hautes-Pyrénées) (1908).

**Senevet (Georges),** Agrégé à la Faculté de Médecine d'Alger. 8, rue Borély-la-Sapie. Alger (1926).

**Sérane (Dr Jean-Jacques),** Doct. en méd., 3, rue Léon-Delhomme. Paris (1926).

**Sergent (Georges),** Bonneterie en gros, 40 bis, rue de Sévigné. Paris 3e (1907).

**Sergesco-Kasterka (Mme Maria),** Dr de la Fac. des Let. de Paris. Femme de lettres, 6, rue Blainville. Paris 5e **R** (1925), XVI, XIX.

**Sergesco (Pierre),** Docteur ès Sc., Mat. Prof. Agr. Maître de Conférence Université de Cluj (Roumanie) (1924), I.

**Servais (Jean),** Professeur à l'Ecole d'Anthropologie, Conservateur des musées archéol. de la Ville de Liége et de l'Inst. Archéol.. 7, rue Joseph-Demoulin. Liége (Belgique), (1923).

**Service de l'Agriculture (M. le Directeur du),** 11, rue de l'Hôtel-de-Ville. Genève (Suisse) (1926).

**Sesson,** rue Féray, Corbeil (Seine-et-Oise) (1927).

**Seurat (Léon),** Prof. à la Fac. des Sc., 14, rue Berthelot. Alger. **R** (1926).

**Seyewetz,** Chargé de Cours à la Faculté des Sciences, sous-directeur de l'Ec. de Chimie Ind., 67, rue Pasteur. Lyon (1926).

**Seynes (Léonce de),** 58, rue Calade. Avignon (Vaucluse). **R** (1872).

**Seynes (Louis de),** Ing.-Agron., 37, avenue Montaigne. Paris 8e (1909).

**Seyot (Pierre),** Prof. à la Fac. de Pharm. Nancy (Meurthe-et-Moselle) (1905).

**Seyrol (C.),** Avoué à la Cour d'Ap., 13, rue Grôlée. Lyon (Rhône) (1914).

**Sicard (Georges),** Doct. en Méd., Chef de Clinique chirurgicale, 6, rue Bayard. Oran (Algérie) (1927).

**Siégler (Ernest),** Ing. en chef des P. et Ch., Ing. en chef de la Voie à la Comp. des Chem. de fer de l'Est, 4, rue Michel-Ange. Paris 16e. **R** (1874).

**Siffre (Dr Ferdinand),** Chir.-Dent., Dir. hon. de l'Ecole Odontotechnique, 97, boulevard Saint-Michel. Paris 5e (1921), XIV.

**Sigalas (Clément),** Prof. à la Fac. de Méd., Corresp. nat. de l'Acad. de Méd., 99, rue Saint-Genès. Bordeaux (Gironde) (1892).

**Silvestre de Sacy (Léon),** Géologue, Dir. de la Banque de France (Bureau auxiliaire de Saint-Germain-en-Laye), 18, rue de la République. Saint-Germain-en-Laye (Seine-et-Oise) (1923), VIII.

**Siméon (Paul),** Ing. civ., Représent. de la Soc. I. et A. Pavin de Lafarge, anc. Elève de l'Ec. Polytech., 158, boulevard Pereire. Paris 17e. **R** (1902).

**Simon (Pierre),** Ingénieur-Chimiste, 31, rue Victor-Hugo. Lyon (Rhône) (1926).

**Simonnet (Emile-René),** Ingénieur-Chimiste, 6 bis, chemin Feuillat. Lyon (Rhône).

**Simonnet (Henri),** Doct. ès Sciences naturelles Vétérinaire diplômé de l'Ecole d'Alfort, 54, avenue Bosquet. Paris 7e (1928).

**Simon-Weil, Pharm.,** 2, rue du Marché-aux-Grains. Strasbourg (Bas-Rhin) (1920).

**Sion (Jules),** Prof. à la Fac. des Lettres, 3, boulevard Ledru-Rollin. Montpellier (Hérault) (1922).

**Sire (Dr Gabriel),** 28, descente de la Citadelle. Béziers (Hérault) (1922).

**Siret (Louis),** Ing. Cuevas de Vera (province d'Almeria) (Espagne). **R** (1897), III, IV.

**Sirven (B.),** Manufac., 76, rue de la Colombette. Toulouse (Haute-Garonne). **F** (1910).

**Sluys (Dr Félix),** 15, rue des Cultes. Bruxelles (Belgique) (1911).

**Smith (Elmer-A.),** Doct. ès Sc., Consulting Engineer and Physicist, 1281 Paterson P'K Road. Secaucus (New-Jersey), I, III, IV (US.A) (1927).

**Société académique de Brest.** Brest (Finistère). **R** (1889).

**Société académique de la Loire-Inférieure,** 1, rue Suffren. Nantes (Loire-Inférieure). **R** (1872).

**Société d'Agriculture, Commerce, Sciences et Arts du département de la Marne.** Châlons-sur-Marne (1876).

**Société d'Agriculture, Industrie, Sciences, Arts, Belles-Lettres du département de la Loire,** 6, rue de la République. Saint-Etienne (Loire) (1876).

**Société anonyme de la Brasserie de Tantonville.** Tantonville (Meurthe-e-Moselle) (1886).

**Société Anonyme Dentoria,** 153, rue Armand-Sylvestre. Courbevoie (Seine) (1924).

**Société anonyme d'Exploitation minières de Péchelbronn,** 32, allée de La Robertsau. Strasbourg (Bas-Rhin). **F** (1921).

**Société anonyme des Etablissements Leflaive,** 5, avenue du Coq. Paris 9e (1909).

**Société anonyme des Filatures de Schappes,** quai Jules-Courmont. Lyon (Rhône) (1900).

**Société anonyme des Minerais et Métaux,** 88, rue de Courcelles. Paris 8e (1924).

**Société anonyme des Forges et Chantiers de la Méditerranée,** 25, boulevard Malesherbes. Paris 8e. **F** (1873).

**Société anonyme des Hauts-Fourneaux et Fonderies de Pont-à-Mousson,** 9, 11, 13, rue Saint-Léon. Nancy (Meurthe-et-Moselle). **R** (1907).

**Société anonyme des Mines de Houille de Blanzy.** Montceau-les-Mines (Saône-et-Loire) et 35, rue Saint-Dominique. Paris 7e. **F** (1878).

**Société anonyme des Mines de la Loire,** 2, place Marengo. Saint-Etienne (Loire) (1923).

**Société archéologique Champenoise,** 2, rue de Pouilly. Reims (Marne) (1910).

**Société Archéologique de Bordeaux,** 53, rue des Trois-Conils. Bordeaux (Gironde) (1923).

**Société de Borda.** Dax (Landes) (1889).
**Société Botanique de France,** 84, rue de Grenelle. Paris 7e. **R** (1897).
**Société Bourguignonne d'Histoire Naturelle et de Préhistoire,** 4, rue du Havre. Dijon (Côte-d'Or) (1914).
**Société des anciens Elèves des Ecoles nationales d'Arts et Métiers,** 9 bis, avenue d'Iéna. Paris 16e (1883).
**Société Centrale d'Apiculture,** 28, rue Serpente (hôtel des Sociétés Savantes). Paris 6e (1913).
**Société centrale des Architectes,** 8, rue Danton (hôtel des Sociétés Savantes).
**Société de Chimie Industrielle,** 49, rue des Mathurins. Paris 8e (1924), VI.
**Société de Comptabilité de France,** 92, rue de Richelieu. Paris 2e (1913).
**Société départementale d'Agriculture,** 73, Grande-Rue. Besançon (Doubs) (1911).
**Société d'initiative d'Enseignement Scientifique par l'Aspect,** 26, rue du Canon. Le Havre (Seine-Inférieure) (1913).
**Société d'Etudes scientifiques d'Angers,** place des Halles. Angers (Maine-et-Loire) (1895).
**Société d'Etudes Scientifiques et Archéologiques.** Draguignan (Var) (1914).
**Société d'Emulation de Montbéliard.** Montbéliard (Doubs) (1893).
**Société d'Etudes des Sciences naturelles,** Muséum d'Histoire Nat. (M. Henri Noël, Trésorier, 17, rue de France). Nîmes (Gard) (1891).
**Société d'Eclairage par le Gaz,** 16, avenue de la République. Clermont-Ferrand (Puy-de-Dôme) (1908).
**Société entomologique de France,** 28, rue Serpente (hôtel des Sociétés Savantes). Paris 6e (1886).
**Société Française des Electriciens,** 14, rue de Staël. Paris 15e (1925).
**Société française de Photographie,** 51, rue de Clichy. Paris 9e. **R** (1895).
**Société Générale (Banque),** 6, rue de la République. Lyon (Rhône) (1906).
**Société de Géographie,** 10, avenue d'Iéna. Paris 16e. **R** (1881).
**Société de Géographie commerciale du Havre,** 5, rue Lord-Kitchener. Le Havre (Seine-Inférieure) (1890).
**Société de Géographie et d'Etudes Coloniales de Marseille,** 40, allées Gambetta. Marseille (Bouches-du-Rhône) (1917).
**Société de Géographie de Lille,** 116, rue de l'Hôpital-Militaire. Lille (Nord) (1914).
**Société générale et unique des Ciments de la Porte de France,** avenue d'Alsace-Lorraine. Grenoble (Isère) (1913).
**Société Historique de Compiègne,** place de l'Hôtel-de-Ville. Compiègne (Oise) (1925).
**Société d'Histoire naturelle,** 5, place des Montagnes-Noires. Colmar (Haut-Rhin).
**Société d'Histoire Naturelle de la Savoie.** Chambéry (Savoie) (1914).
**Société Horticole, Viticole et Botanique de Seine-et-Marne,** 28, avenue Thiers. Melun (Seine-et-Marne) (1914).
**Société industrielle d'Amiens.** Amiens (Somme). **R** (1877).
**Société industrielle de l'Est,** 40, rue Gambetta. Nancy (Meurthe-et-Moselle) (1910).
**Société Industrielle de Mulhouse,** 8, rue de la Bourse. Mulhouse (Haut-Rhin) (1925).
**Société industrielle de Reims,** 30, rue Cérès. Reims (Marne). **R** (1880).
**Société industrielle,** place de la Cathédrale. Rouen (Seine-Inférieure) (1921).
**Société des Ingénieurs civils de France,** 19, rue Blanche. Paris 9e. **F** (1881).
**Société libre d'Agriculture, Sciences, Arts et Belles-Lettres de l'Eure.** Evreux (Eure). **R** (1884).

**Société linnéenne de Bordeaux** (à l'Athénée), 53, rue des Trois-Conils. Bordeaux (Gironde) (1878).

**Société Linnéenne de la Seine Maritime,** 56, rue du Lycée. Le Havre (Seine-Inférieure) (1914).

**Société de Médecine de Besançon et de la Franche-Comté.** Besançon (Doubs) (1891).

**Société de Médecine et de Chirurgie de Bordeaux** (à l'Athénée), 53, rue des Trois-Conils. Bordeaux (Gironde) (1873).

**Société de Médecine de Caen et du Calvados.** Caen (Calvados) (1895).

**Société de Médecine et de Chirurgie.** La Rochelle (Charente-Inférieure) (1873).

**Société de Médecine Vétérinaire pratique,** 28, rue Serpente (hôtel des Sociétés Savantes). Paris 6e. **R** (1909).

**Société de Médecine vétérinaire de l'Yonne.** Auxerre (Yonne) (1883).

**Société Mutuelle de Prévoyance des Employés de Commerce,** 8, rue de Caligny. Le Havre (Seine-Inférieure) (1914).

**Société nationale des Sciences naturelles et mathématiques de Cherbourg.** Cherbourg (Manche). **R** (1878).

**Société mycologique de la Côte-d'Or,** 65 bis, rue Saumaise. Dijon (Côte-d'Or) (1910).

**Société Odontologique de France,** 5, rue Garancière. Paris 6e (1925), **XIV.**

**Société de Pharmacie de Bordeaux** (à l'Athénée), 53, rue des Trois-Conils. Bordeaux (Gironde) (1878).

**Société des Pharmaciens des Bouches-du-Rhône,** 3, marché des Capucines. Marseille (Bouches-du-Rhône) (1879).

**Société des Pharmaciens de la Côte-d'Or.** Dijon (Côte-d'Or) (1914).

**Société des Pharmaciens.** Metz (Moselle) (1919).

**Société de Pharmacie de Paris,** 4, avenue de l'Observatoire (Faculté de Pharmacie). Paris 6e (1880).

**Société philomathique de Bordeaux,** 2, cours du 30-Juillet. Bordeaux (Gironde). **R** (1872).

**Société polymathique du Morbihan.** Vannes (Morbihan).

**Société Préhistorique de France,** 12, avenue de Paris (chez M. Bossavy), Sec. gén.). Versailles (Seine-et-Oise) (1913).

**Société Quartz et Silice,** 5, rue Cambacérès. Paris 8e (1924).

**Société Ramond.** Bagnères-de-Bigorre (Hautes-Pyrénées) (1881).

**Société de Recherches Archéologiques d'Héricourt** (Haute-Saône) (1927).

**Société des Sciences, Arts et Lettres de Pau.** Pau (Basses-Pyrénées). **R** (1895).

**Société des Sciences et Arts de Vitry-le-François.** Vitry-le-François (Marne). **R** (1903).

**Société des Sciences Historiques et Naturelles de la Corse,** 18, boulevard du Cardo. Bastia (Corse) (1913).

**Société des Sciences Historiques et Naturelles.** Semur-en-Auxois (Côte-d'Or) (1910).

**Société des Sciences Historiques et Naturelles de l'Yonne,** 49, rue Joubert. Auxerre (Yonne) (1914).

**Société des Sciences Médicales de Gannat.** Gannat (Allier) (1905).

**Société des Sciences Médicales de Montpellier et du Languedoc méditerranéen,** salle Théophraste-Renaudot, Faculté de Médecine. Montpellier (Hérault) (1922).

**Société des Sciences de Nancy.** Nancy (Meurthe-et-Moselle). **R** (1880).

**Société des Sciences naturelles de la Charente-Inférieure**, 28, rue Albert-I$^{er}$. La Rochelle (Charente-Inférieure) (1872).

**Société des Sciences naturelles et d'Enseignement populaire de Tarare.** Tarare (Rhône) (1897).

**Société des Sciences physiques et naturelles de Bordeaux**, Hôtel des Facultés, 20, cours Pasteur. Bordeaux (Gironde). **R** (1883).

**Société des Sciences de Seine-et-Oise**, 5, rue Gambetta. Versailles (Seine-et-Oise) (1913).

**Société la « Soie Feyzin »** (M. Rotier, Administrateur). Feyzin (Isère) (1926).

**Société des Sciences et des Lettres de Loir-et-Cher.** Blois (Loir-et-Cher) (1882).

**Société scientifique d'Arcachon.** Arcachon (Gironde) (1893).

**Société de Statistique de Paris**, 88, rue Saint-Lazare. Paris 9$^e$ (1913).

**Société de Tréfileries et Laminoirs du Havre**, 29, rue de Londres. Paris 9$^e$ (1914).

**Société de Trey**, 10, rue Roquépine. Paris 8$^e$ (1920).

**Société des Usines de Bourdon**, par Aulnat (Puy-de-Dôme) (1908).

**Société Zénith**, 55, chemin Feuillet. Lyon (Rhône).

**Solas (D$^r$)**, 118, boulevard de Clichy. Paris 18$^e$ (1924).

**Soleillant (André)**, Chirurg.-Dent. Paray-le-Monial (Saône-et-Loire) (1924).

**Soleillant (Ch.)**, Chir.-Dent. Paray-le-Monial (Saône-et-Loire) (1924), XIV.

**Solignac (Marcel)**, Lic. ès Sc., Ing.-Géol. Service des Mines, 12, rue Emile-Duclaux. Tunis (1918).

**Solignac**, Ingénieur-Chim., 87, quai de la Fosse. Nantes (Loire-Inférieure) (1925), VI.

**Sollaud (Edmond)**, Maître de Conf. à la Fac. des Sc., Inst. de Zool. de Rennes (Ille-et-Vilaine). **R** (1920), X, XVII.

**Sollier (D$^r$ Paul)**, 14, rue Clément-Marot. Paris 8$^e$ (1914).

**Solomon (Iser)**, Doct. en Méd., Radilogiste des Hôpitaux, 27, avenue Trudaine. Paris 9$^e$. **R** (1926).

**Solvay et Cie**, Usine de Prod. chim. de Varangeville-Dombasle, par Dombasle (Meurthe-et-Moselle). **F** (1878).

**Sommelet (Marcel)**, Prof. agr. à la Fac. de Pharm., 40, rue Bichat. Paris 10$^e$ (1924), XV.

**Soreau (Rodolphe)**, Ing., anc. Elève de l'Ec. Polytech., Chargé de Cours au Conserv. nat. des Arts et Mét., Expert près le Cons. de Préfect. de la Seine, 65, rue de la Victoire. Paris 9$^e$ (1899).

**Sorel (Jules)**, Pharm., 16, rue Alexandre-Legros. Fécamp (Seine-Inférieure) (1921).

**Sorel-Barillet (Daniel)**, Commissionnaire en marchandises, 17, rue Eugène-Manuel. Paris 16$^e$ (1927).

**Sorin de Bonne (Louis)**, Avocat, anc. Sous-Préfet, château d'Estrées. Molinet (Allier) (1887).

**Soubeiran (Louis-Maxime)**, Dir. de l'Ec. prat. de Com. et d'indust. Béziers (Hérault). **R** (1898).

**Souchon (D$^r$ Louis)**, 3 bis, place du Château. Nîmes (Gard) (1912).

**Soulard (Claude)**, Chir.-Dent., diplômé de la Fac. de Méd., Prof. à l'Ec. dent., 8, rue de la République. Lyon (Rhône) (1904).

**Soulié (Henri)**, Doct. en Méd., Prof. de Pathologie générale et de Microbiologie, Fac. de Méd., 31, rue Hoche. Alger (1927).

**Soulier (Albert)**, Prof. de Zool. à la Fac. des Sc., 12, rue du Faubourg-Boutonnet. Montpellier (Hérault). **R** (1906).

**Soulier (André)**, Pharm. de 1re cl., place du Plot. Le Puy (Haute-Loire) (1914).

**Soulingeas (J.-A.)**, 19, rue Albouy. Paris 10e (1920).

**Sourdeau (Dr)**, 20, rue Victor-Hugo. Le Mans (Sarthe) (1923), XIII.

**Souveine**, Chir.,Dent., 5, rue de la République. Troyes (Aube) (1921).

**Spalding (William-M.)**, 90, rue du Palais-Gallien. Bordeaux (Gironde) (1923).

**Spéder (Dr E.)**, Dir.-adj. des Services d'Electro-Radiol. des Hôp. de Bordeaux, Méd.-Chef des Serv. cent. d'Electro-Radiol. et de Physiothér. du Maroc, 53, rue de l'Industrie. Casablanca (Maroc) (1923), XIII.

**Spindler (Charles)**, Pharm. Muttersholtz (Bas-Rhin) (1920).

**Spira (Paul)**, Méd.-Dent., Prépar. à la Fac. de Méd. de Strasbourg, 3, rue Messimy. Colmar (Haut-Rhin) (1920).

**Spirus-Gay (Jean)**, Professeur, Sec. gén. de la Soc. anthropotech. de France 10, cité Riverin. Paris 10e (1921).

**Stahl (Georges)**, Pharm. Metz (Moselle) (1920).

Belgique) (1924).

**Stanko (Dr Markian)**, N. D. Delano (California) (Etat-Unis). **R** (1925).

**Surmont (H.)**, Prof. à la Fac. de Méd., 10, rue du Dragon. Lille (Nord) (1909).

**Swetschin (Nicolas)**, Chirurg.Dent., 1, place des Cordeliers. Lyon (Rhône) (1920), XIV.

**Stainier**, Pharm., Ass. à l'Univ. de Liége. Haccourt-Visé (Prov. de Liége, **R** (1899).

**Station d'Essais de Semences**, 67, avenue de Témara. Rabat (Maroc) (1923).

**Station Œnologique et Agronomique du Gard**, 1, rue Bernard-Lazare. Nîmes (Gard) (1908).

**Steib (Jules)**, Prof. de Sc. au Lycée Fustel-de-Coulanges, 8, rue de La Finkmatt. Strasbourg (Bas-Rhin) (1920).

**Steinbrenner (Victor)**, Pharmac., 6, quai Saint-Jean. Strasbourg (Bas-Rhin) (1920).

**Steinmetz (me Charles)**, 7, rue Nollet. Paris 18e. **R** (1911).

**Steinmetz (Charles)**, Rent., 7, rue Nollet. Paris 18e. **R** (1885).

**Stern (Edgar)**, Banquier, 20, avenue Montaigne. Paris 8e (1887).

**Stiernon (Dr Alfred)**, 20, rue Seutin. Bruxelles (Belgique) (1925), XII.

**Stockis (Dr Eugène)**, Prof. de Méd. légale à l'Univ., Mem. de l'Acad. de Méd., Vice-Présid. de la Fédération belge de Soc. scient., 20, quai Ed.-Van-Beneden. Liége (Belgique). **R** (1921).

**Stoupel (Dr Alex)**, 20, place Georges-Brugman. Bruxelles (Belgique) (1923).

**Strauss (Armand)**, Ing., 1, avenue Florentine. Colombes (Seine) (1904).

**Strauss (Marcel)**, Pharm., Reichshoffen (Bas-Rhin) (1920).

**Stroemberg (Kjell)**, Correspondant de Stockholm Dagolad, 4, boulevard Malesherbes. Paris (1927).

**Stuhl (Dr Franck)**, Chir.-Dent., 23, boulevard des Capucines. Paris 2e (1920).

**Sudaka (Dr Paul)**, Chef de Clinique oto-rhino-laryngologique, 11, rue de Contantine. Alger (1927).

**Suais (Abel)**, Ing. en chef des Trav. pub. des Colonies, Dir. de la Comp. impériale des Chem. de fer Ethiopiens, 13, rue Léon-Cogniet. **Paris 17e.**

**Syndicat autonome des Inst. de la Loire.** Saint-Marcellin (Loire) (1926).

**Syndicat des Instituteurs de la Savoie.** M. Marin, Instituteur à Aiton, par Aiguebelle (Savoie) (1925), XXI.

**Syndicat des Capitaines au long cours**, 146, boulevard de Strasbourg. Le Havre (Seine-Inférieure) (1914).

**Syndicat des Membres de l'enseignement de l'Oise**, à Roy-Boissy, par Marseille-en-Beauvoisis (Oise) (1924), XXI.
**Syndicat des Membres de l'Enseignement laïque du Rhône**, Secrétaire : M. Fontaine. Saint-Rambert-l'Ile-Barbe (Rhône) (1925).
**Syndicat National des Institutrices et Instituteurs de France.** Secr. gén. : Roussel.
**Syndicat des Membres de l'Enseignement de l'Indre**, Secr., M. Ballereau, Instituteur à Bommiers, par Ambrault (Indre) (1925).
**Syndicat des Pharmaciens de l'Indre.** Châteauroux (Indre) (1872), XV.
**Syndicat professionnel des Institutrices et Instituteurs publics de la Seine**, Président : M. Agnès, 85, route de Châtillon. Montrouge (Seine) (1925).
**Taboury (Mme Félix)**, Fac. des Sc. Poitiers (Vienne) (1908).
**Taboury (Félix)**, Prof. à la Fac. des Sc., 19, rue Arsène-Orillard. Poitiers (Vienne) (1903).
**Taboury (P.-A.)**, Ing. Valroses, par Couzeix (Haute-Vienne) (1903).
**Tacail (Charles)**, Chir.-Dent., 37, rue de Rome. Paris 8e (1922).
**Tagger (Dr)**, Chir.-Dent., 2, rue Anguel-Kantscheff. Sofia (Bulgarie) (1926).
**Talon (Mlle)**, 320, avenue Jean-Jaurès. Lyon (Rhône) (1926).
**Tamisier (Désiré-J.-B.)**, Pharmacien, 77, rue de la République. Saint-Chamond (Loire) (1923), VI.
**Tancré (Edouard)**, Instituteur, 79, rue de Cointe.Liége (Belgique), XXI.
**Tannery (Mme Paul)**, 16, rue Bouchut. Paris 15e (1924).
**Tanret (Dr Georges)**, 10, rue du Commandant-Rivière. Paris 8e. **R** (1895).
**Tardy (Mme Vve Charles)**. Simandre (Ain) (1895).
**Tarrade (Dr)**, 10, rond-point Sadi-Carnot. Limoges (Haute-Vienne) (1923).
**Tarrius (Dr Jean)**, Dir. de la Maison de Santé, 8, avenue de la République. Epinay-sur-Seine (Seine) (1922).
**Tarrou (Dr Jean)**. Anduze (Gard) (1912).
**Tarry (Harold)**, Insp. des Fin. en retraite, anc. Elève de l'Ec. Polytech., 6, rue Ortolan. Paris 5e. **R** (1889).
**Tassilly (Eugène)**, Agr. à la Fac. de Pharm., 11, rue Lagarde. Paris 5e (1900), XV.
**Taté (Claude-Emile)**, Chimiste-Industriel, 123, avenue Mozart. Paris 16e (1927).
**Taveau.** Saulx-les-Chartreux (Seine-et-Oise) (1927).
**Tavernier (Pascal)**, Admin. de la Banque de France, Présid. de la Ch. de Com., 12, rue de la Paix. Saint-Etienne (Loire). **R** (1897).
**Tavernier (René)**, Insp. gén. de P. et Ch. en retraite, 90, rue d'Assas. Paris 6e (1926), III, IV.
**Téatini (Dario)**, Ing. Prof. à l'Inst. polytech. de Liége, Sous-Dir. de l'usine de Hougaerde. Hougaerde (Belgique) (1924).
**Téchoueyres (Dr Emile)**, Méd.-Maj. hors cadre, Dir. du Lab. de Bactériol., 5, rue de la Prison. Reims (Marne) (1907).
**Tédenat**, Prof. à la Fac. de Méd., boulevard Ledru-Rollin (Enclos-Tissié). Montpellier (Hérault) (1922).
**Teissier (Pierre)**, Prof. à la Fac. de Méd., Mem. de l'Acad. de Méd., Méd. des Hôp., 142 bis, rue de Grenelle. Paris 7e (1906).
**Teissier (Dr Georges)**, Ophtalm., 7, rue Vauban. Bayonne (Basses-Pyrénées) (1923), XII.
**Templier (Mme Marcelle)**, Institutrice, 12, rue de Belzunce. Paris 10e (1927).
**Terroine (Emile)**, Prof. à la Fac. des Sc., 35, rue Geiler. Strasbourg (Bas-Rhin) (1920).
**Tertois (Mlle Yvonne)**, Prof. au Lycée de Jeunes filles de Versailles, 5, rue Perrot. Malakoff (Seine) (1927).

**Testenoire (Joseph)**, Ing., anc. Elève de l'Ec. cent. des Arts et Man., Dir. de la Condition des Soies, 7, rue Saint-Polycarpe. Lyon (Rhône) (1906).

**Teulade (Marc)**, Avocat, Mem. de la Soc. de Géog. et de la Soc. d'Hist. nat. de Toulouse, 22, rue Pharaon. Toulouse (Haute-Garonne). **R** (1896).

**Teulié (Henri)**, Bibliothécaire de l'Université, 20, cours Pasteur. Bordeaux (Gironde) (1923).

**Texier (Dr Victor)**, 8, rue Jean-Jacques-Rousseau. Nantes (Loire-Inférieure) (1898).

**Thaon (Lieutenant-Colonel Maurice), Ingénieur**, 79, rue de Maubeuge. Paris 9e (1928).

**Thébault (V.)**, Inspecteur d'Assurances, 50, rue de Wagram. Le Mans (Sarthe) (1925), I.

**Théoule (Dr Georges)**, Chir.-Dent., 124, cours Tolstoï. Lyon-Villeurbanne (Rhône) (1925), XIV.

**Thépenier (Emile)**, Directeur du Crédit municipal, 5, boulevard Pasteur. Constantine (Algérie) (1927).

**Théry (André)**, Ing. Agron. E. M., Corresp. du Muséum nat. d'Hist. nat., Adj. au Direct. de l'Institut scientifique Chérifien, avenue Moulay-Yussef. Rabat (Maroc) (1925).

**Thévenin (René)**, Homme de Lettres, 14, rue des Patriarches. Paris 5e (1924).

**Thibierge (Dr Georges)**, Mem. de l'Acad. de Méd., Méd. des Hôp., 64, rue des Mathurins. Paris 8e. **R** (1893).

**Thibonneau (Dr)**, Radiologiste, 80, avenue de Breteuil. Paris 15e (1924), XIII, XIV.

**Thieullent (Henri)**, Négoc., 47, quai d'Orléans. Le Havre (Seine-Inférieure) (1914).

**Thimister (Dieudonné)**, Pharm. Verviers (Belgique) (1924), XV.

**Thimister (Robert)**, Pharm. Ensival (Prov. de Liége, Belgique) (1924), XV.

**Thomas (Dale-Carmichael)**, 54, Montagne aux Herbes-Potagères. Bruxelles (Belgique) (1924).

**Thomasset.** Saint-Gilles (Saône-et-Loire) (1927).

**Thomé (Mlle Marie)**, Institutrice, Ecole Ampère, rue Nationale. Constantine (1927).

**Thone (Georges)**, Editeur, 13, rue de la Commune. Liége (Belgique) (1924).

**Thouvenel (Nicolas)**, Prof. hon. de Phys. au Lycée Charlemagne, 19, boulevard Morland. Paris 4e. **R** (1906), V.

**Thurneyssen (Emile)**, Admin. de la Comp. gén. Transat., 10, rue de Tilsitt. Paris 8e. **R** (1883).

**Tiffeneau (Dr Marc)**, Professeur à la Fac. de Méd., 12, rue Rosa-Bonheur. Paris 15e (1914).

**Tillier (Dr R.)**, ex-Chef de Clinique de la Faculté, 1, rue Elisée-Reclus. Alger (1927), XIII.

**Tillier (Dr Henry)**, 38, rue Victor-Hugo. Lyon (Rhône) (1927).

**Timonoff (V.-E.)**, Prof., Doct. ès Sc. techn., 9, perspective Internationale. Pétrograd (Russie). **R** (1923).

**Tireau (Charles)**, Chir.-Dent., 17, boulevard Hausmann. Paris 9e (1921).

**Tison (Dr Edouard)**, Doct. ès Sc. nat., anc. Méd. en chef de l'Hôp. Saint-Joseph, 38, rue Guynemer. Paris 6e (1875).

**Tissot (Arthur-Charles)**, Régleur horloger, 51, rue de Belfort. Besançon (Doubs) (1926).

**Tolot (Dr Gaspard)**, 9, rue des Archers. Lyon (Rhône) (1906).

**Tombeck (Daniel)**, Doct. ès Sc., Expert près le Trib. civil de la Seine, 12, rue Cuvier. Paris 5e (1908).

**Tonneau (André)**, Major-Pharm. Hôp. milit. Camp de Béverloo (Belgique) (1924), XV.

**Torande (Léon-Gabriel)**, Pharm., Publiciste, 147, boulevard du Montparnasse. Paris 6e (1912).

**Torday (Emile)**, Anthrop., The Grove Boltons 10. Londres S. W. (Angleterre). **R** (1926).

**Torre (Dominique)**, Médecin, 56, rue Nationale. Constantine (Algérie) (1927).

**Torrekens (Mlle E.)**, Directrice de l'Ec. Normale de jeunes filles, 148, rue Masui. Echaerbech (Belgique) (1924).

**Torres-Carreras (Ramon)**, Méd.-Rad., 25-7, Calle Arago. Barcelone (Espagne) (1923), XIII.

**Tortel (Pierre)**, Prop., Maire, château de Chapeau. Montbeugny (Allier) (1908).

**Tortillet (Marius)**, Institut. Bélignat (Ain) (1923), XX.I

**Touche (Dr Rémy)**, anc. Int. des Hôp. de Paris, Chirurg.-adj. de l'Hôtel-Dieu, 57, boulevard Alexandre-Martin. Orléans (Loiret) (1895).

**Toulant (Dr Pierre)**, 17, rue d'Isly. Alger (Algérie) (1927).

**Tournade**, Prof. de Physiologie, Faculté d'Alger. **R** (1927).

**Toutain (Jules)**, Doct. ès Lettres, Agr. de l'Univ., Dir.-adj. de l'Ec. des Hautes-Etudes, Mem. du Comité des Trav. Hist. et Scient., 25, rue du Four. Paris 6e (1910).

**Trabut-Cussac (Paul)**, Prop., 6, quai Louis-XVIII. Bordeaux (Gironde) (1887).

**Trajat, Chir.-Dent.**, 17, Montée Saint-Barthélemy. Lyon (Rhône) (1926).

**Tramasure (Dr Maurice)**, Pharm., 22, rue de la Chevalerie. Bruxelles (Belgique) (1924), XV.

**Trallero (Mariano)**, villa Piramide. Corniche. Cette (Hérault) (1910).

**Traploir (Gaston)**, Ingénieur, 6, rue Saint-André. Le Mans (Sarthe) (1927).

**Traynard (Emile)**, Prof. à la Fac. des Sc. de Besançon (Doubs). **R** (1909).

**Trélat (Gaston)**, Archit., Dir. de l'Ec. spéc. d'Archit., 266, boulevard Raspail. Paris 14e (1876).

**Trépan (Auguste)**, Chirurg.-Dent., 21, rue Maguelone. Montpellier (Hérault) (1922).

**Trincaud La Tour (Emile de)**, Banq., 7, cours de Verdun. Bordeaux (Gironde). **R** (1908).

**Tripier (Henri)**, Ing. des Arts et Man., 17, rue Alphonse-de-Neuville. Paris 17e. **R** (1904).

**Trocmé (Henri)**, Sous-Dir. de l'Ecole des Roches, Ecole des Roches. Verneuil (Eure) (1925), XIX.

**Tronchet (Dr)**, Assistant de Botanique à la Faculté des Sciences de Lyon (Rhône) (1926), IX.

**Trouvelot (B.)**, de la Station Entomologique de Paris, 16, rue Claude-Bernard. Paris 5e (1926), X, XVIII.

**Truffaut (Georges)**, Ing.-Agric., 90 bis, avenue de Paris, Versailles (Seine-et-Oise) (1921).

**Tsen Cheng**, Licencié ès Sciences, 12, rue Cuvier. Paris 5e (1926).

**Tscheuschner (Hubert)**, Jardinier, Météorol., Physiol., rue d'Ossoy. Varreddes près Meaux (Seine-et-Marne). **R** (1912).

**Tudesq**, Chirurg.-Dent., 13, avenue de Toulouse. Montpellier (Hérault) (1924), XIV.

**Tuleu (Mme Charles-Aubin)**, 58, rue d'Hauteville. Paris 10e **R** (1896).

**Tuleu (Charles-Aubin)**, Ing. civ., anc. Elève de l'Ec. Polytech., 58, rue d'Hauteville. Paris 10e. **R** (1896).

**Turin (Dr Eugène)**, Chirurg., rue de la Gare. Choisy-en-Brie (Seine-et-Marne) (1919).

**Turpain (Albert)**, Prof. de Phys. à la Fac. des Sc., Dir. de l'Inst. de Phys., 7, rue Théophraste-Renaudot. Poitiers (Vienne). **R** (1899).

**Turpain (Mlle Jane)**, 7 ,rue Théophrasete-Renaudot. Poitiers (Vienne) (1924).

**Turpin (Henry)**, Présid. de la Soc. Indust., 23, rue Pouchet. Rouen (Seine-Inférieure) (1916).

**Turrière (Emile)**, Prof. de Math. à la Faculté de Montpellier (Hérault) (1927).

**Union Syndicale de Seine-et-Marne**, représentée par son Secrétaire pédagogique, M. Gailly. Saint-Cyr-sur-Morin (Seine-et-Marne) (1923), XXI.

**Usines du Rhône (Laboratoire des)**, 21, rue Jean-Goujon. Paris 8e (1922).

**Vacher (Eugène)**, Directeur d'Ecole. Villefranche-sur-Cher (Loir-et-Cher) (1927).

**Vaillant (De Louis)**, Méd. des Troupes colon., en retraite. Insp. départ. des Serv. d'Hygiène du Pas-de-Calais, 6, rue de la Gouvernance. Arras Pas-de-Calais) (1926), XI, XII, XIX, XXII.

**Vaillant (Pierre)**, Prof. à la Fac. des Sc., 2, rue du Président-Carnot. Grenoble (Isère) (1925), V.

**Valenti (Guillaume)**, Ingénieur, 8, rue Cannebière. Paris 12e (1926).

**Valentin (Albert)**, Docteur en Pharmacie, 79, rue Wazemmes. Lille (Nord) (1927).

**Valette (Robert-Jean)**, Chirurg.-Dent., 118, boulevard des Alliés. Caen (Calvados) (1921).

**Vallée (Dr Cyrille)**, Prof. à la Fac. de Méd., 2, rue Desmazières. Lille (Nord) (1909).

**Vallée (Henri)**, Pharm. Rouffach (Haut-Rhin) (1920).

**Valot (Paul)**, Doct. en Droit, 13, rue Parmentier. Dijon (Côte-d'Or). **R** (1895), XVIII.

**Van Aerde (Emile)**, Chirurg.-Dent., 16, square de Jussieu. Lille (Nord) (1909).

**Van Aubel (Dr Eugène)**, 33, rue Van-Brée. Anvers (Belgique) (1921).

**Van Aubel (Edmond)**, Prof. à l'Univ., 120, chaussée de Courtrai. Gand (Belgique). **R** (1889).

**Van Aubel (René)**, Ingénieur, Attaché au Service Géologique du Katanga. Elisabethville (Via Capetown) (Congo Belge) (1925), VIII.

**Van Dam**, Chirurg.-Dent., 6, chausée de Turnhout. Anvers (Belgique) (1924), XIV.

**Vandel (Albert)**, Maître de Conf. à la Fac. des Sc. Toulouse (Haute-Garonne) (1924), X.

**Vandenbosch (Mme)**, Chirurg.-Dent. Wandrechies (Nord) (1927).

**Vanderlinden**, Chirurg.-Dent., 2, rue Foutainas. Bruxelles (Belgique) (1924), XIV.

**Vanderwael (Dr Arthur)**, 24, rue de la Campine. Liége (Belgique) (1924).

**Vaney (Clément)**, Prof. à la Fac. des Sc., 69, rue Cuvier. Lyon (Rhône) (1906).

**Vaney (Félix)**, Prof. au Lycée Cantonal de Lausanne, 17, av. Fraisse. Lausanne (Suisse). **R** (1926).

**Van Gaver (Dr Ferdinand)**, Doct. ès Sc., Lic. en Droit, Prépar. de Zool. à la Fac. des Sc., Prof. à l'Inst. Colonial, 216, avenue du Prado. Marseille (Bouches-du-Rhône) (1905), IX, X, XI, XII.

**Van Hoorde (H.)**, Chirurg.-Dent., 21, rue Ernest-Solvay. Bruxelles (Belgique) (1923), XIV.

**Van Iseghem (Henri)**, Présid. du Trib. civ., anc. Mem. du Cons. gén. de la Loire-Inférieure, 7, rue du Calvaire. Nantes (Loire-Inférieure). **R** (1878).
**Van Pee,** Méd. Radiol. à l'Hôpital, 119, rue des Palais. Verviers (Belgique) (1924).
**Van Sey Mortier**, 7, rue de la Liberté. Audenarde (Belgique) (1924).
**Van Stratum (Dr Albéric)**, 95, boulevard de la Sauvenière. Liége (Belgique) (1924).
**Vaquez (Henri)**, Prof. à la Fac. de Méd., Méd. des Hôp., 27, rue du Général-Foy. Paris 8e (1906).
**Varay (E.)**, Agent gén. de « La Fiarix », 75, rue Ney. Lyon (Rhône) (1923).
**Varinard des Côtes (Pierre)**, Vice-Prés. de la Soc. de Graphologie, membre du Conseil supérieur de la Fédér. régionaliste de Philologie et Graphistique, 4, rue Garancière. Paris 6e (1923).
**Vasselle (Dr Pierre)**, Méd. des Hôp., 9, rue Duthoit. Amiens (Somme) (1912).
**Vassy (Albert)**, Conservat. des Musées, 39, rue du Cirque. Vienne (Isère) (1904).
**Vaucher (Charles-Alexandre)**, Ing.-Elect., 3, rue de l'Avenir. Bécon-les-Bruyères par Courbevoie (Seine) (1919).
**Vaudrey (Paul)**, Ing.-Construc., Elect., 51, rue de Paradis. Paris 10e. **R** (1903).
**Vaudrey (Roland)**, Etudiant, 40, route de Cormontreuil. Reims (Marne). **R** (1927).
**Vautier (Théodore)**, Prof. à la Fac. des Sc., 5, Montée Balmont. Lyon (Rhône), **R (1873)**.
**Vautrin (Dr Alexis)**, Agr. à la Fac. de Méd., 45, cours Léopold. Nancy (Meurthe-et-Moselle) (1886).
**Vayssière (Paul-Etienne)**, Directeur-Adjoint de la Station Entomologique, 64, rue Claude-Bernard. Paris 5e (1927).
**Vedel**, Prof. de Clin. Méd. à la Fac. de Méd., 7, rue de Verdun. Montpellier (Hérault) (1922).
**Velasquez (Carlos-Ernest)**, Doct. en Droit et ès Sc. polit., Consul de Colombie à Marseille, 8, rue Bassano. Paris 16e (1924).
**Verain (Louis)**, Prof. à la Faculté des Sciences d'Alger. (Algérie) **R** (1926).
**Verchère (Dr Fernand)**, Chirurg. de Saint-Lazare, 101, rue du Bac. Paris 7e (1884).
**Verge (Dr Alphonse-Willie)**, baie Sainte-Claire. Ile d'Anticosti (Canada) (1910).
**Vergely**, Prof. à l'Ecole Normale de garçons à Montbrison (Loire) (1926).
**Verger (Dr Léon)**, Dir. des Serv. Electrothér. des Hôp., 20, rue Castillon. Bordeaux (Gironde) (1923), XIII.
**Vergne (Edouard)**, Médecin-Major de 1re cl., Direct. du Musée du Val-de-Grâce, 178, Faubourg Saint-Honoré. Paris 8e (1923), XI.
**Vergne (Henri)**, Doct. è Sc. Math., Ing., Prof. à l'Ec. des Arts et Man.,
**Vergnes (Auguste)**, Planteur à Mayumbâ (Congo français), 14, rue de la Grange-Batelière. Paris 9e. **R** (1899).
**Verne (Frédéric)**, Préfet Honoraire. Luzech (Lot) (1926).
**Verne (Jean-Marie)**, 38, rue de Varenne. Paris 7e. **R** (1926).
**Verneuil (Christian de)**, Ing. civ. attaché aux Etudes du Crédit Lyonnais, des-Plantes. Lyon (Rhône). **R** (1881).
**Verney (Noël)**, Doct. en Droit, Avocat à la Cour d'Ap., 4, rue du Jardin-21, rue Fontaine. Paris 9e (1880).

**Veronnet (Alex.)**, Astronome à l'Observatoire, Chargé de Conf. à l'Univ., 24, boulevard d'Anvers. Strasbourg (Bas-Rhin) (1920).
**Verrerie scientifique (La)**, 12, avenue du Maine. Paris 14e (1921).
**Versepuy**, Ing., Dir. de l'Usine à Gaz, 7, rue du Périgord. Toulouse (Haute-Garonne) (1910).
**Vésignié (Louis)**, Colonel d'Artil. en retraite, 22, rue du Général-Foy. Paris 8e. R (1921).
**Vésine-Larue**, 19, rue aux Juifs. Rouen (Seine-Inférieure) (1925).
**Veyrat**, Chirurg.-Dent., Champ de Mars. Bourgoin (Isère) (1925), XIV.
**Vial (Abbé)**, 58, rue Pierre-Dupont. Lyon (Rhône) (1926).
**Vial (Joanny)**, Préparateur de Physiologie, Fac. de Méd., 8, cours Morand. Lyon (Rhône) (1927).
**Viala (Pierre)**, Mem. de l'Inst., Prof. à l'Inst. nat. Agron., 35, boulevard Saint-Michel Paris 5e (1914), XVIII.
**Viala Longeot (Joseph)**, Doct. en Pharm., 4, rue Droite. Narbonne (Aude). R (1924), VI, XV.
**Viallet (Dr)**, Anc. Interne des Hôp., Chef de Lab. de Radiol. à l'Hôpital civil, 7, rue Ledru-Rollin. Alger (Algérie) (1923), XIII.
31, rue de Lubeck, Paris 16e. R (1912).
**Vialtel (Louis)**, Directeur d'Ecole Publique, 37, rue Lakanal. Villeurbanne (Rhône) (1926).
**Viau (Georges)**, Chirurg.-Dent., Diplômé de la Fac. de Méd., Prof. à l'Ec. dentaire de Paris, 109, boulevard Malesherbes. Paris 8e (1901), XIV.
**Vicat (André)**, Chirurg.-Dent., diplômé de la Fac. de Méd. de Paris, 20, rue d'Algérie. Lyon (Rhône) (1904).
**Vichot (Mme Julien)**, 6, rue de La Barre. Lyon (Rhône). R (1913).
**Vichot (Dr Julien)**, Prof. à l'Ec. dent., Dent. des Hôp., 6, rue de La Barre. Lyon (Rhône). R (1901).
**Viorey (Mme Marcelle-Georges)**, Villa Lotusia. Bellevue supérieur. Constantine (1927).
**Vidal (D.)**, Prof. à l'Ec. nat. d'Agric., 22, rue Lakanal. Montpellier (Hérault) (1922).
**Vidal (Jean)**, Inspecteur Primaire. Corte (Corse) (1925).
**Vidal de Veyres**, Chirurg.-Dent., 4, rue Pérese. Aix (Bouches-du-Rhône) (1925), XIV.
**Vieille (Paul)**, Mem. de l'Inst., Insp. gén. des Poudres et Salpêtres, 12, quai Henri-IV. Paris 4e (1890).
**Vieille-Cessay (l'Abbé François)**, Dir. du Grand-Séminaire, 12, rue Charles-Nodier. Besançon (Doubs). R (1897).
**Viel (Albert)**, Dir. de la Succursale de la Soc. Gén., 6, rue de la République. Lyon (Rhône) (1907).
**Vieljeux (Léonce)**, Armateur, 2, rue de la Monnaie. La Rochelle (Charente-Inférieure). F (1927).
**Viennot (M.)**, Prép. de Géol. appl. à la Fac. des Sc., 104, rue du Bac. Paris 7e (1924), VIII.
**Vigarié (Emile)**, Mem. du Cons. gén., Maire. Laissac (Aveyron) (1887).
**Vigliano**, Etudiant, 14, avenue Carnot. Cachan (Seine) (1927).
**Vignard (Edmond)**, Ing.-Chimiste, Chef des Labor. à la Raff. Say, 123, boulevard de la Gare. Paris 13e.
**Vigné (Dr)**, chaussée des Etats-Unis. Le Havre (Seine-Inférieure) (1914).
**Vigneron (Dr Jean)**, 10, rue du Château. Angoulême (Charente) (1910).
**Vignon (Louis)**, Prof. à l'Ec. coloniale, Lauréat de l'Inst., Maître des requêtes hon. au Cons. d'Etat, villa Claude-Vignon Saint-Jean, Cap Ferrat (Alpes-Maritimes). R (1903).

**Viguier (Dr C.)**, Corresp. de l'Inst., anc. Prof. à la Fac. des Sc. d'Alger. Le Haut-Chêne par Lison (Calvados). R (1887).

**Viguier (René)**, Prof. à la Fac. des Sc., Dir. de l'Inst. Botan., 51, rue Saint-Martin. Caen (Calvados). R (1907), IX.

**Vilars (Paul)**, Indust., 8, rue Duguay-Trouin. Rouen (Seine-Inférieure) (1921).

**Villain (Georges)**, Prof. à l'Ec. dent. de Paris, 10, rue de l'Isly. Paris 8e (1907), XIV.

**Villain (Henri)**, Chirurg.-Dent., diplômé de la Fac. de Méd., Prof. à l'Ec. dent., 10, rue de l'Isly. Paris 8e (1906), XIV.

**Villar (Francis)**, Prof. à la Fac. de Méd., Chirurg. des Hôp., 9, rue Castillon. Bordeaux (Gironde). R (1903).

**Villard (Dr Henri)**, 4, rue Maguelone. Montpellier (Hérault) (1922).

**Villard (Pierre)**, Doct. en Droit, 6, quai d'Occident. Lyon (Rhône). R (1889).

**Villaret (Paul)**, Mem. du Cons. gén., 13, rue Madeleine. Nîmes (Gard) (1887).

**Ville de Marseille** (Bouches-du-Rhône). F (1891).

**Ville de Reims** (Marne). F (1880).

**Ville de Rouen** (Seine-Inférieure). F (1884).

**Ville d'Ernée** (Mayenne). F (1889).

**Villedieu (Georges)**, Prof. de Chim. à l'Ec. de Méd. de Tours, 55, rue de l'Alma. Tours (Indre-et-Loire) (1923), VI.

**Villemereuil (Adrien Bonamy de)**, 52 bis, boulevard Saint-Jacques. Paris 14e (1904).

**Vilmorin (Mme Philippe de)**, 1, rue de la Chaise. Paris 7e (1927).

**Vilmorin (Jacques de)**, Nég. en grains, 54, rue de Varenne. Paris 7e (1921).

**Vilmorin (Pierre Lévêque de)**, 4, rue Cambon. Paris 1er (1921),

**Vincens (J.)**, Dir. de la Station œnologique, Halle aux Grains. Toulouse (Haute-Garonne) (1923).

**Vincent (Dr Jean)**, Méd.-Insp. gén., Mem. de l'Acad. de Méd. et de l'Inst., Dir. du Lab. de l'Armée, 77, boulevard du Montparnasse. Paris 6e (1922).

**Vincent (Marcel)**, Interne des Hôpitaux, 9, rue du Plat. Lyon (Rhône) (1926).

**Vincent**, Chir.-Dent., 26, rue Jean-Sans-Peur. Lille (Nord) (1926).

**Vinerta (Dr)**, Oran (Algérie) (1888).

**Violet (D, Henri)**, Ex-Chef de Clin. gynécologique à l'Université, 142, cours Gambetta. Lyon (Rhône) (1923).

**Violle (Jules)**, Mem. de l'Inst., Prof. au Conserv. nat. des Arts et Mét., 89, boulevard Saint-Michel. Paris 5e. R (1894).

**Viré (Armand)**, Doct. ès Sc., Lauréat de l'Inst., Dir. du Lab. de Biol. souterraine au Muséum nat. d'Hist. nat. (Ecole des Hautes-Etudes), 8, rue Lagarde. Paris 5e (1899).

**Vires (Joseph)**, Prof. à la Fac. de Méd., Méd. en chef de l'Hôp. gén., 18, rue Jacques-Cœur. Montpellier (Hérault) (1914).

**Viron (Dr Lucien)**, Pharm. en chef de la Salpêtrière, Rédac. en chef de l'Union pharm., 11, avenue Herbillon. Saint-Mandé (Seine) (1895), XV.

**Visseaux (Jacques)**, Indust., 87, quai Pierre-Seize. Lyon (Rhône) (1916).

**Vivario (René)**, Chargé de Cours à l'Univ., 24, rue Duvivier. Liége (Belgique) (1924), VI.

**Vivet (Ernest)**, Pharm., 5 bis, route du Havre. Rouen (Seine-Inférieure) (1921).

**Volmar (Yves)**, Professeur à la Fac. de Pharm., 2, rue Saint-Georges. Strasbourg (Bas-Rhin) (1920).

**Voronoff (Dr Serge)**, Dir. du labor. de Chir. exper. au Coll. de France, Dir. adj. du Labor. de biol. gén. de l'Ecole des Hautes-Etudes, 40, avenue Bugeaud. Paris 16e. **F** (1924).

**Vraësken**, Chirurg.-Dent., 11, rue Jean-Bart. Dunkerque (Nord) (1925).

**Vuibert (Henry)**, Publiciste, 26, rue des Ecoles. Paris 5e (1897).

**Vuillemin (Georges)**, Ing. civ. des Mines, 6, avenue Gambetta. Saint-Germain-en-Laye (Seine-et-Oise). **R** (1875).

**Vuillemin (Paul)**, Corresp. de l'Inst., Prof. à la Fac. de Méd. de Nancy, 16, rue d'Amance. Malzéville (Meurthe-et-Moselle). **R** (1906).

**Vuillemin (Paul)**, Chim. fédéral. Pharm., 24, rue du Lac. Yverdon (canton de Vaud (Suisse) (1912).

**Vulpian (Dr André de)**, Lic. ès Sc. nat., 38, avenue de Wagram. Paris 8e. **R** (1899).

**Vurpas (Dr Claude)**, 161, rue de Charonne. Paris 11e (1914), XVI.

**Wacher (Auguste)**, Ingénieur en Chef des E. E. F. (Entreprises électriques de Fribourg), 29, av. de la Gare, Fribourg (Suisse) (1927).

**Wagner (Gustave)**, 1, place du Dôme. Strasbourg (Bas-Rhin) (1920).

**Walbaum (Edouard)**, Manufac. La Gouvillonne, Chenay, par Merfy (Marne) (1880).

**Walfard-Binet (Armand)**, Sec. de l'Association vitic. Champenoise. Succ. de Heidsieck et Cie Monopole. L'Etang par Courtisols (Marne) (1907).

**Wallerstein (Mme Sophie)**, château d'Arès. Arès (Gironde) (1923).

**Wallis-Davy (René)**, Chirurg.-Dent., 7, boulevard Rochechouart. Paris 9e (1920), XIV.

**Wallon (Dr Henri)**, Agr. de l'Univ., 19, rue de la Tour. Paris 16e (1914).

**Walter (Emile)**, Pharm. 16, rue de la Gare. Saverne (Bas-Rhin) (1920).

**Walter**, Chirurg.-Dent., 42, rue des Têtes. Colmar (Haut-Rhin) (1926).

**Walther (Dr Charles)**, Mem. de l'Acad. de Méd., Agr. à la Fac. de Méd., Chirurg. des Hôp., 68, rue de Bellechasse. Paris 7e (1896).

**Watry (Dr)**, Chir.-Dent., 7, rue Bourla. Anvers (Belgique) (1924), XIV.

**Watteville (Charles de)**, Doct. ès Sc. Phys., 11, rue Stanislas. Paris 16e (1908).

**Wehrlé (Philippe)**, Chef du Serv. des Avert. à l'Off. Nat. Météor., 176, rue de l'Université. Paris 7e (1923), VII.

**Weill (Mlle)**, Directr. de l'Ecole Norm. d'Institutrices. Draguignan (Var) (1924).

**Weinberg (Mlle Dagmar)**, Préparateur au Laboratoire de Psychologie, 20, rue Daviel. Paris 13e (1927).

**Weisgerber (Dr Charles-Henri)**, 62, rue de Prony. Paris 17e (1880).

**Weiss (Georges)**, Doyen de la Fac. de Méd., Mem. de l'Acad. de Méd., Ing. des P. et Ch., 14, quai Rouget-de-Lisle. Strasbourg (Bas-Rhin). **R** (1895).

**Weitz (Dr)**, Lic. ès Sc., Prépar. à la Fac. de Pharm., 1, rue Delouvain. Paris 19e (1914).

**Wendel (Louis)**, Chirurg.-Dent., 15, place du Temple-Neuf. Strasbourg (Bas-Rhin) (1920).

**Wendling (André-Victor)**, Prof. de Phys., agr. de la Fac. des Sc. et de l'Ec. Polytech. de l'Univ. de Montréal, Ing. Electr. E. S. E. Lic. ès Sc. Math., 122, rue Berri. Montréal (P. Q.) (Canada) (1920).

**Wenz (Alfred)**, Nég. en laine, 1, rue de Metz. Paris 10e (1907).

**Wenz (Emile)**, Nég., 1, rue de Metz. Paris 10e. **R** (1903).

**Bertrand de Mun**, Nég. en vins de Champagne, 6, rue de Mars. Reims (Marne) (1907).

**Werner**, Conservat. du Musée historique. Mulhouse (Haut-Rhin) (1921).

**Wetter**, Prof. à l'Université Charles-IV. 6 Utzclerne Carky. Prague III. Tchécoslovaquie (1926).

**Weyland (Joseph)**, 10, avenue de Gênes (passage). Forbach (Moselle) (1920)

**Widal (Fernand)**, Mem. de l'Inst. de l'Acad. de Méd. et du Cons. sup. d'Hyg. de France, Prof. à la Fac. de Méd., Méd. des Hôp., 155, boulevard Haussmann. Paris 8e (1906).

**Wildemann (Emile de)**, Dir. du Jardin des Plantes, 122, rue des Confédérés. Bruxelles (Belgique) (1910).

**Winants (Marcel)**, Doct. ès Sc. Phys. et Math., 27, rue Henri-Maus. Liége (Belgique) (1924), XIII.

**Winckler (Charles)**, Industr., 3, rue de l'Humilité. Lyon (Rhône) (1906).

**Wintergest**, Chir.-Dent., 49, rue Rivay. Levallois-Perret (Seine) (1925), XIV.

**Wintrebert (Dr Paul)**, anc. Int. des Hôp., Prof. d'Anat. comp. à la Fac. des Sc., Laboratoire d'Anatomie comparée de la Sorbonne. Paris 5e. **R** (1907).

**Wiriot (Mme Georges)**, Chirurg.-Dent., 139, rue de Paris. Le Havre (Seine-Inférieure) (1921).

**Wiriot (Georges)**, Chirurg.-Dent., 139, rue de Paris. Le Havre (Seine-Inférieure) (1921).

**Wisner (Léon)**, Chirurg.-Dent., 2, rue de la Mésange. Strasbourg (Bas-Rhin) (1920).

**Wolf-Thierry (Mlle)**, Rent., 19, rue de la Côte-Morisse. Le Havre (Seine-Inférieure) (1914).

**Worms**, 7, rue du Pont-Mouja. Nancy (Meurthe-et-Moselle) (1925).

**Worms de Romilly (Paul)**, Insp. gén. des Mines en retraite, 5, rue du Général-Langlois. Paris 16e (1910).

**Wouters (Mme Louis)**, Le Mas-de-l'Orée. Veneux-les-Sablons (Seine-et-Marne) (1909).

**Wouters (Louis)**, Juge de Paix sup., Homme de Lettres, anc. Chef de Cabinet de Préfet, Le Mas-de-L'Orée. Veneux-les-Sablons (Seine-et-Marne) **R** (1896).

**Wurth (Charles)**, Ingénieur, 8, rue Victor-Macé. Paris 8e (1926).

**Wurtz (Mlle Frieda)**, Institutrice, 9, rue de l'Ecole. Andolsheim (Haut-Rhin) (1926).

**Yves-Guyot**, Rédact. en chef du Journal des Economistes, anc. Min. des Trav. publ., 95, rue de Seine. Paris 6e. **R** (1879), XX.

**Zaborowski (Georges)**, Chim., 130-132, avenue de la Gare. Ermont (Seine-et-Oise) (1910).

**Zeckendorff**, Chir.-Dent., 6, rue Lonhienne. Liége (Belgique) (1924), XIV.

**Zeller (Mme)**, Direct. de l'Ec. prim. sup. de Jeunes filles. La Rochelle (Charente-Inférieure) (1925), XXI.

**Zimmermann (Adophe)**, Chirurg.-Dent., 10, rue Ernest-Cresson. Paris 14e (1913).

**Zimmern (Dr Adolphe)**, Agr. à la Fac. de Méd., 5, rue Philippe-du-Roule. Paris 8e (1901).

**Zindel (Edouard)**, Dir. en retraite de l'Usine de Bayonne de la Soc. de Saint-Gobain, Chauny et Cirey, 5, boulevard de la Croisette. Cannes (Alpes-Maritimes). **R** (1903).

**Zivy (Paul)**, Ing. des Arts et Man., 148, boulevard Haussmann. Paris 8e. **R** (1897).

**Zula (Paul)**, Chirurg.-Dent., 81, avenue Parmentier. Paris 11e (1921).

**Zundel (Jean)**, Vétér. princ. d'Alsace et de Lorraine, 5, quai au Sable. Strasbourg (Bas-Rhin) (1920).

**Zunz (Edgard)**, Prof. à l'Univ. de Bruxelles, 69, rue des Deux-Eglises. Bruxelles (Belgique) (1924).

**Zurcher (Philippe)**, Ing. en chef des P. et Ch., Dir. gén. des Trav. du Chem. de fer de Frutigen à Brigue (Berne, Lodschbrig, Simplon) 12, avenue Flachat. Asnières (Seine) (1876).

# TABLE DES MATIÈRES

Pages



# CONGRÈS DE CONSTANTINE

ASSEMBLÉE GÉNÉRALE
16 avril 1927



SÉANCE GÉNÉRALE D'OUVERTURE



SEANCES DE SECTIONS

1er GROUPE. — Sciences Mathématiques.

1re SECTION. — *Mathématiques.*

8° Section. — *Géologie, Minéralogie.*

9e Section. — *Botanique.*



10e Section. — *Zoologie, Anatomie et Physiologie.*

11e SECTION. — *Anthropologie.*



SOUS-SECTION. — *Histoire et Archéologie.*

12° Section. — *Sciences médicales.*

## 13e SECTION. — *Radiologie.*

14e SECTION. — *Odontologie.*

ODONTOLOGIE

15ᵉ SECTION. — *Sciences pharmaceutiques.*

SCIENCES PHARMACEUTIQUES



17ᵉ SECTION. — *Biogéographie*



18ᵉ SECTION. — *Agronomie*

19e Section. — *Géographie.*



20e Section. — *Economie politique et statistique*



21e Section. — *Pédagogie*



22e Section. — *Hygiène et Médecine publique.*

# TABLE ANALYTIQUE

ÉDITÉ PAR
L'ASSOCIATION FRANÇAISE
POUR
L'AVANCEMENT DES SCIENCES
*28, Rue Serpente, Paris (6e)*

Paris — Société Générale d'Imprimerie et d'Édition, 17, rue Cassette

www.ingramcontent.com/pod-product-compliance
Ingram Content Group UK Ltd.
Pitfield, Milton Keynes, MK11 3LW, UK
UKHW021128260726
13994UKWH00001B/45